全国煤矿复杂难采煤层开采技术研究与应用

（上册）

中国煤炭工业协会
河南能源集团有限公司 组织编写

中国矿业大学出版社
·徐州·

图书在版编目(CIP)数据

全国煤矿复杂难采煤层开采技术研究与应用 / 中国煤炭工业协会，河南能源集团有限公司组织编写. 徐州：中国矿业大学出版社，2024. 8. —ISBN 978-7-5646-6405-3

Ⅰ. TD823.8

中国国家版本馆 CIP 数据核字第 20248EP822 号

书　　名　全国煤矿复杂难采煤层开采技术研究与应用
组织编写　中国煤炭工业协会　河南能源集团有限公司
责任编辑　马晓彦　李　敬　陈　慧
出版发行　中国矿业大学出版社有限责任公司
（江苏省徐州市解放南路　邮编 221008）
营销热线　(0516)83885370　83884103
出版服务　(0516)83995789　83884920
网　　址　http://www.cumtp.com　**E-mail**:cumtpvip@cumtp.com
印　　刷　日照报业印刷有限公司
开　　本　889 mm×1194 mm　1/16　**印张** 61.25　**字数** 1770 千字
版次印次　2024 年 8 月第 1 版　2024 年 8 月第 1 次印刷
总 定 价　272.00 元(上下册)

《全国煤矿复杂难采煤层开采技术研究与应用》编委会

编委会主任	梁嘉琨	李延江		
编委会副主任	孙守仁	马正兰		
编委会成员	解宏绪	刘　峰	王虹桥	
	张　宏	罗梅健	杨　恒	
主　　编	孙守仁	宋录生		
副 主 编	铁旭初	贾明魁		
编写组人员	王景亮	苏传荣	李石坚	李迎春
	陈养才	郭中华	曹文君	葛维明
	翟　清	唐秀银	杨五毅	王　文
	丛密滋	刘　玉	张志勇	雷永超
	马　震	陈　晨	王洪盘	江琳洁

前　言

在人类探索自然、利用自然资源的伟大征途中，煤炭作为传统能源的重要组成部分，长久以来支撑着全球工业文明的进步与发展。随着科技的日新月异和能源结构的逐步优化，煤炭行业面临着前所未有的挑战与机遇。特别是面对全国范围内广泛分布的复杂难采煤层，其开采技术的突破与实践经验的积累，不仅关乎煤炭资源的高效、安全、绿色开采，更直接影响到国家能源安全、经济发展与环境保护的协调统一。因此，《全国煤矿复杂难采煤层开采技术研究与应用》论文集的编纂，旨在汇聚行业智慧，展示最新成果，推动技术创新，为煤炭行业的可持续发展贡献力量。

复杂难采煤层，因其地质条件复杂多变、煤层赋存状态不稳定、开采难度大、安全风险高而著称。这些煤层往往存在煤层薄、倾角大、夹矸多、构造复杂、瓦斯含量高、水害威胁严重等多重问题，给传统开采技术带来了巨大挑战。然而，正是这些看似"难啃的硬骨头"，却蕴藏着丰富的煤炭资源，对于缓解我国能源紧张局面、保障能源供应安全具有重要意义。复杂难采煤层的开采，是煤炭行业面临的一项长期而艰巨的任务，我国在复杂难采煤层开采技术上的探索从未停止。从最初的完全依赖引进国外技术设备，到逐步进行消化吸收，再到现在的自主创新，我国在复杂难采煤层的开采技术上取得了显著进步，包括：加强地质勘探力度，提高地质资料的准确性和可靠性；研发适应复杂地质条件的开采装备和技术，如大倾角煤层综采技术、薄煤层机械化开采技术等；优化开采设计，实现资源的最大化回收；强化安全管理，确保生产过程中的安全稳定；等等。这些措施的实施，为复杂难采煤层的开采提供了有力保障。

然而，要实现复杂难采煤层的安全、高效、绿色开采，仅靠单一技术或装备的突破是远远不够的。它需要多学科、多领域的综合技术创新和集成应用，更需要在实践中不断探索和完善。来自于国内众多煤炭企业和科研单位的专家学者们，围绕复杂难采煤层的勘查、设计、开采、安全、环保等方面的技术难题，展开深入研究。经过多年的努力，一系列符合我国复杂难采煤层特点的开采技术体系逐渐形成，并在实践中得到了验证和完善。这其中既有对现有技术的改进和优化，也有全新理论和方法的提出。这些成果和经验的取得，标志着我国在复杂难采煤层开采技术领域取得了由跟跑到领跑的转变，对于提升我国煤炭行业的竞争力和可持续发展能力具有重大意义。

在此背景下，《全国煤矿复杂难采煤层开采技术研究与应用》论文集的出版，正是对我国在该领域研究成果和实践经验的一次集中展示。论文集汇聚了国内专家学者及一线工程技术人员的最新研究成果，涵盖了复杂难采煤层开采的各个方面，体现了我国煤炭行业在面对资源开采难度增加、环保要求加强和能源转型压力增大条件下的主动求变和积极探索，不仅有助于推动煤炭行业的科技创新，促进产学研用的深度融合，也为实现煤炭资源的高效开发和清洁利用提供了重要的参考。它代表了我国在复杂难采煤层开采技术方面的新成就，也反映了煤炭行业面向未来的发展方向和探索精神。通过对这些关键技术的系统总结和分享，本论文集将成为推动行业进步的重要力量，并为全球煤炭开采技术的发展提供宝贵的经验和启示。

展望未来，煤炭行业将在全球能源转型的大背景下迎来新的发展机遇和挑战。随着"双碳"目标的提出和能源结构的不断优化调整，煤炭行业将更加注重高质量发展、绿色发展和可持续发展。在这个过程中，复杂难采煤层的开采技术将继续成为行业关注的焦点和热点。我们期待通过本次论文集的出版和交流，能够进一步激发行业内的创新活力，推动复杂难采煤层开采技术的不断突破和进步。同时，我们也呼吁广大科技工作者和工程技术人员继续秉持创新精神和实践精神，勇攀科技高峰，为煤炭行业的可持续发展贡献更多的智慧和力量。

总之，《全国煤矿复杂难采煤层开采技术研究与应用》论文集的出版是我国煤炭行业技术创新与实践经验的一次集中展示和深刻总结，不仅记录了我国煤炭行业在复杂难采煤层开采领域所取得的辉煌成就和宝贵经验，更展望了行业未来的发展方向和美好前景。我们坚信在全体同仁的共同努力下，我国煤炭行业一定能够迎来更加灿烂的明天！

编　者

2024 年 8 月

关于公布全国煤矿复杂难采煤层开采技术研究与应用优秀论文的通知

各有关单位：

为加快复杂难采煤层技术的研发与应用，进一步推动复杂难采煤层开采技术进步，中国煤炭工业协会和河南能源集团有限公司共同组织开展了煤矿复杂难采煤层开采技术研究与应用优秀论文征集工作。经企业自主申报、专家初评、终评审定等工作程序，最终确定121篇论文为优秀论文，其中特等奖10篇、一等奖27篇、二等奖52篇、三等奖32篇，现予以公布(详见附件)。

本次入选的121篇优秀论文紧密围绕当前煤矿复杂难采的热点、难点问题，从理念创新、技术创新和管理创新等方面进行了大胆的探索、研究与实践，论文选题新颖，观点明确，论据充分，特别是针对大倾角薄煤层智能化开采、复杂地质构造煤层开采、深部"三软"煤层开采、极复杂多灾害煤层安全高效开采、厚松散层薄基岩下分层开采等提出了具有较高的理论水平和应用价值的论文成果，有明显的创新性、实用性和可推广性，并产生了一定的经济效益、社会效益和环境效益。希望优秀论文完成单位和个人继续努力、敢于探索，勇于创新，为进一步丰富煤炭开采技术理论与生产实践，深化煤炭企业改革发展做出更大贡献。

附件：全国煤矿复杂难采煤层开采技术研究与应用优秀论文

中国煤炭工业协会

2024年8月20日

附件：

全国煤矿复杂难采煤层开采技术研究与应用优秀论文

序号	论文题目	作者姓名
特等奖(10篇)		
1	极复杂多灾害煤层高效治理安全开采技术	杨恒
2	60°急倾斜薄煤层采煤机关键技术研究与应用	李庆亮，乐南更，魏升
3	基于开挖补偿理论的厚煤层大采高坚硬顶板巷道大变形控制方法	王绍威，倪学宁，徐敬帅，李亚运，王云峰
4	恒阻锚索非对称支护在泊江海子煤矿侏罗系复合顶板工作面末采期间的应用与效果	陆春辉，陈阿峰，吕士磊，高翔
5	大倾角综放工作面刮板输送机及支架控制技术研究	周伟，张伟，潘军
6	复杂应力条件下孤岛工作面冲击地压防治研究	王瑞，乔振长，杨龙
7	厚松散层薄基岩下分层开采覆岩破坏高度研究	王文卫，芦晓伟，丁坤朋，王文
8	Civil 3D 建模技术在煤矿建设工程中的应用	李刚，张枝伟，王晓东，任富强，杨兴，肖铸
9	综放工作面地面压裂坚硬岩层防治冲击地压技术研究	白永明，吴学明，邹磊，赵华全，张亚潮，严斌，李伟
10	深部“三软”中厚煤层软弱煤巷支护技术探究及应用	李宣东，杨想录，邢万里，张斌斌
一等奖(27篇)		
11	雁南煤矿软岩巷道围岩变形特征与控制技术研究	王玉珏
12	“三下”急倾斜特厚煤层大采高充填开采工艺与装备	胡璟，王永忠，刘长安
13	倾斜煤层综采液压支架稳定性及其控制技术研究	田春阳，朱涛，姜光

表(续)

序号	论文题目	作者姓名
14	晓南矿薄煤层工作面切顶卸压技术的应用	靳瑞,刘永巍,林立文
15	冲击地压矿井突出及易自燃煤层“110 工法”技术研究与应用	赵星,田立志,刘金状
16	在线式区域瓦斯智能控制技术	陈志平
17	厚松软覆岩煤层开采顶板破断失稳规律实验研究	康志鹏,余国锋,罗勇
18	煤油气共生矿井瓦斯(油型气)治理技术研究	王军辉,冯步云,马益民,曾锋
19	特厚煤层“五含”顶板切顶卸压技术研究及应用	孙满义,刘纪良,杨洋
20	大倾角起伏特厚煤层综放采场覆岩破断及矿压显现规律研究	孙德强,盛磊
21	复杂条件大倾角厚煤层智能化开采关键技术研究	刘强,王雷,赵楠楠
22	综采工作面“不扩面”快速拆除工艺及实践研究	赵玉明,张培,陈璐
23	极复杂条件下孤岛煤柱综采工作面安全快速过老巷技术研究与应用	孙爱国,李明珠,王珠光
24	近、极近距离煤层群开采稳定性综合控制研究	丁三红,徐启雷,张智森
25	复杂地质构造煤层安全高效开采技术研究与应用	杨绪鹏,李学,高娜
26	复合型软岩矿井综合防治水管理实践	秦萌,孙国,王洪涛,刘统申,张小平
27	复杂条件孤岛工作面安全开采技术及矿压显现规律研究	李小磊,李鑫磊,任梓源
28	突出软煤层多空洞条件下全煤锚网支护技术研究	孟武峰
29	大倾角波状挡边带式输送机在有限作业空间内的应用革新	王得涛,胡雷,王磊

表(续)

序号	论文题目	作者姓名
30	急倾斜大采高智能化综采首采面开采关键技术研究与应用	刘华君,王伟平,杨启军,张雪亮
31	复杂地质条件煤层瓦斯压力在线测定技术研究	林华颖,付金磊,衡献伟
32	贵州地区井地联合开发利用叠置煤层气技术	赵康
33	基于倾角效应的大倾角煤层采动裂隙演化定量分析研究	解盘石,林伟典,黄宝发
34	褶曲构造区特厚煤层开采冲击地压防治技术研究与应用	焦小年,柳选军,李海江,王冰,王东杰,张磊
35	强冲击特厚煤层冲击地压立体防治技术应用与分析	席国军,焦彪,杨华东,董哲,史星星,田晓兵,张怀忠,牟俊康
36	大倾角特厚易燃煤层分层开采下行通风防灭火技术探究	达国志,董昊福,张玮
37	综采工作面长度与矿震事件频次和能量释放相关性研究	刘海双,刘深
二等奖(52篇)		
38	基于气体变化率法判定煤自燃特征温度	王志刚,吕英华
39	薄煤层接长臂式联合采煤机开采设备及工艺研究	李正甲,刘会国,苏继敏
40	特厚煤层小煤柱塑性封堵防灭火技术研究与应用	王玉国
41	开滦股份吕家坨矿业分公司综采工作面转采工艺实践	高占朋
42	特厚煤层小煤柱(孤岛)放顶煤瓦斯与防火防治关键技术研究	王建军
43	煤与瓦斯突出矿井松软煤层中空气复合定向钻施工抽采钻孔的实际应用	李光强,李明,李智
44	极近距离煤层联合开采孤岛工作面合理错距研究	付强,王文志,张晓敏

表(续)

序号	论文题目	作者姓名
45	大倾角煤层大坡度下山综掘关键技术研究与应用	纪磊,史华伟,蔡永生
46	大倾角煤层大采高工作面片帮机理与控制研究	姬长兴,李建伟,时套套
47	远距离喷浆技术在康平煤田的探索与应用	杨志国,吴琼瑛
48	晓南矿智能化掘进工作面应用与实践	陈德新
49	自移式“机械手”在采煤工作面安装与拆除运输机中部槽的应用	刘鹏
50	注浆锚索(杆)的施工与应用	冯青林,刘颖,崔晟铭
51	大倾角不规则工作面转角、增减面、渡旧巷、渡断层等回采工艺的综合应用	董崇军,刘鹏,赵书远
52	大兴井田采空区自燃“三带”规律研究	陈志平
53	劈裂灌浆技术之底板灌浆试验	王吉凯,郭宏峰
54	矿用泡沫抑尘技术在小康煤矿的应用	王勇,董宁,徐锰林
55	软岩巷道大变形控制技术的研究与试验	王吉凯,史文明,郭宏峰
56	大隆矿皮带尾自动清货装置的研制与应用浅析	赵星,刘金状,王鹏远
57	浅谈液压支架回撤设备的优化及应用	冷亚非
58	龙湖煤矿膏体充填综采工艺应用与创新	沙金
59	深部复合顶板巷道支护设计与优化工程实践	苏朝晖,胡伟,赵志永
60	综采工作面高速回采工艺方法优化	倪绍文

表(续)

序号	论文题目	作者姓名
61	深部复杂地质构造煤层窄沿空采煤工作面矿压显现与控制技术实践应用	刘明亮,郭永建,张周鑫
62	大倾角破碎顶板综放工作面柔性网铺网使棚技术	方建雨,芦浩,董盼盼
63	综采工作面安全高效回采及收作回撤技术研究与应用	周其鹏,陈中华,柴华桥
64	近突出煤层岩巷盾构法施工与治灾协同快速掘进工艺技术研究	沈阳,贺子明,陈宇峰
65	极复杂工作面"一站到位"开采技术的研究与应用	王曙光,徐启雷,李坤
66	大埋深综放工作面过复杂地质构造技术的研究与应用	王广伟,类兴财,王永磊
67	异形综采工作面联采技术研究与实践	韩小冰,王占坤,杨耀宗
68	深井软岩巷道超前支护技术研究	侯典臣,李鑫磊,郇恒恒
69	基岩风化带性质对顶板突水溃砂的影响研究	李小二,许延春,马子民,苗葳,张二蒙,姜文浩,卓运亮,田雨果
70	基于复合岩体弹性模量优化底板注浆加固深度	许成富,苗葳,张博淞,李磊,王立彬
71	槽波地震技术在巷道超前探测中的应用	刘宝宝,温亨聪
72	采空区侧煤体的应力与瓦斯分布规律研究	王迪
73	超长综采工作面过特大断层技术应用与实践	陈龙
74	多构造三软煤层回采巷道覆岩运动及控制分析	苏金华,任金武,张继远,田孟含,张盼,辛亚军,吴春浩
75	帷幕注浆改造技术在断层破碎带的应用与安全隔水层厚度分析	王磊

表(续)

序号	论文题目	作者姓名
76	低浓度抽采钻孔疏通提浓技术研究与应用	王超,孔祥翔,张志强
77	井工煤矿采空区水害防治管理与实践	王勇,巩起立,刘煜炜
78	船型向斜构造高应力高瓦斯工作面开采技术研究	黄艳,刘海涛,杨开安
79	急倾斜大采高智能化综采设备选型优化与安全设施研发配套	刘华君,杨启军,向敏
80	110607 综采工作面采空区防灭火技术研究	宁志勇
81	低透气松软煤层水力冲孔技术应用与分析	刘颖,牟洁,王琳
82	近距离煤层群隔层“探、治”瓦斯技术体系研究及应用	张书军,刘东,赵康
83	基于高位定向长钻孔的大佛寺煤矿卸压瓦斯抽采技术研究与应用	贺海鸿,杨朝,张亚潮,王俊,郑文龙,李建华,张圆圆,李庆钊
84	定向长钻孔分段压裂大区域煤层增透强化瓦斯抽采工程应用	原德胜,郭魏虎,马小辉,王向阳,王晨阳
85	冲击倾向性特厚煤层大倾角切巷综掘技术研究与应用	李宣东,上官科峰,张斌斌,金建成
86	冲击地压煤层相同采区采掘互扰微震活动时空演化规律分析	陈翰伟,朱金平,李学军
87	特厚冲击地压煤层采掘工作面相互扰动特征与应力互馈规律分析	陈翰伟,朱金平,李学军
88	“三阶分段组合措施孔法”在井工煤矿高冒区自然发火防治中的研究与实践	白镓泺,吴军,王文
89	极近距离采空区下中厚煤层工作面扩掘安装一体化技术的实践	冯家良,支永东,康汉丰
三等奖(32 篇)		
90	大埋深煤层顶板弱胶结砂砾岩高压含水层水害防治对策	韩克勇

表(续)

序号	论文题目	作者姓名
91	复杂地质条件下受构造挤压煤层厚度变化探测方法及特征规律研究	周鹏,王文军
92	永智煤矿大巷煤柱回收技术研究	郭建东,邬海江,王雁峰
93	基于水压致裂的厚硬顶板破断控制技术研究	赵高明,王灵杰,檀小胜
94	煤矿掘进巷道穿层过轨道石门工艺研究	尤占一,陈健民,马超
95	深井开采地应力测试研究及应用	徐爱国,刘磊,刘宇
96	胶带输送机在大倾角巷道使用中存在的问题与对策研究	张顶柱
97	工作面区域应力判定及冲击地压多源监测预警研究	杨兴,耿辉,郭蕴颉
98	张集煤矿 1410(3)上提工作面安全高效回采关键技术探索与成功应用	魏明,周增辉,朱小举
99	大采深综放工作面“三软”煤层开采的技术研究与应用	郭雷
100	坚硬顶板工作面初采放顶高效小孔径水力压裂应用创新	营龙,牛峰,李晓飞
101	许疃煤矿复杂地质条件综采面液压支架选型研究	刘振,胡威,祁连光
102	智能化工作面过仰采、复合顶板、断层及褶曲技术研究与应用	孙永恒,刘洪涛,解海军
103	朱庄矿Ⅲ635 工作面切顶留巷矿压显现及围岩运动特征研究	侯志强,关浩,林卫国
104	“三软”煤层大倾角综放工作面安全高效开采关键技术研究与应用	王伟,赵坤鹏
105	厚砂岩坚硬顶板条件下沿空留巷技术研究与应用	倪杰,董村
106	义桥矿井南部边角资源煤柱留设合理性研究	左常清,刘尊欣,刘亚楠

表(续)

序号	论文题目	作者姓名
107	海滨矿区”三软“岩层动压影响区域巷道超前加固技术研究与应用	马帝涛,任宝全,王晓翠,郭立斌,闫洪森,张凡
108	带式输送机转弯装置适用技术研究	李世先,张永良,张帅帅
109	顶空薄夹矸下层煤超长工作面布置设计与生产实践	王中财
110	采煤工作面沿空留巷工艺关键技术研究及应用	朱振伟,李淑文,李全水,朱奕秋
111	含不同落差断层深部煤层开采围岩稳定性研究	詹召伟,王彦敏,高超,王传晨,彭瑞,姜士源,杨学红
112	厚硬顶板工作面切顶卸压研究与应用	许来峥
113	永夏矿区沿空留巷“切顶卸压＋补强支护”围岩控制技术应用实践	李秋礼,周琼阳
114	“三软”煤层高应力大采长工作面优化设计	孟现锋,辛亚军,任金武,张盼
115	大倾角沿空留巷顶板控制技术研究与应用	宁太勇
116	郁山煤业二$_1$煤层开采覆岩“两带”高度发育规律研究	陈刚
117	复杂条件下综采工作面超前支护技术应用	杨磷,黄正平
118	薄煤工作面过断层多层位开采应用与研究	敖翠云
119	构造发育区煤层开采技术研究与应用	胡金春,兰红,田友稳
120	致密厚硬玄武岩下开采围岩动态平衡稳定性监测	邹佳宇,段勇信,景小键
121	高海拔急倾斜厚煤层错层位综放开采关键技术研究	甘江宁,施贵年,孔祥俊

目　录

上　册

特等奖获奖文章

一等奖获奖文章

二等奖获奖文章

下　册

二等奖获奖文章

三等奖获奖文章

特等奖获奖文章

极复杂多灾害煤层高效治理安全开采技术

杨恒

（河南能源集团有限公司，河南，郑州　450000）

摘　要　河南能源集团有限公司（以下简称河南能源）所属煤矿分布呈现点多面广形态，地质条件复杂多变，面临瓦斯、水、火、冲击地压、薄基岩等灾害威胁的矿井有46对，较为严重的复合型灾害矿井有16对，呈现出极复杂、多灾害特点，严重制约矿井安全高效生产和企业的可持续发展。河南能源坚持守正创新，在不断的研究探索中，形成了包括"复杂高突煤层瓦斯井上下联合治理技术""井地分源超前区域水害防治技术""冲击地压灾害综合防治技术""深井薄基岩破碎顶板厚煤层开采技术""高地应力弱围岩巷道掘进强力支护技术"等的灾害治理技术体系，推动灾害治理装备的集成化、自动化、智能化发展，助力矿井减人提效、降本增效和单进单产提升；针对"三下"压煤开采难题，建立了适用于新安矿区、焦作矿区的覆岩离层注浆减沉开采技术及装备体系，为煤矿安全高效绿色生产提供了坚实的技术和装备支持。

关键词　复杂煤层；灾害治理；地面井区域治理；水害分源治理；薄基岩开采

1　河南能源煤炭板块概况

河南能源是经过两次战略重组成立的省管重要骨干企业，产业涉及煤炭、化工新材料、电力及新能源、现代物贸等，控股大有能源、九天化工2家上市公司；保有煤炭资源储量283.94亿t（其中省内58.72亿t、省外225.22亿t）；采矿权保有储量84.57亿t，可采储量45.3亿t；探矿权保有储量144.37亿t，拟配置资源储量55亿t。目前河南能源生产矿井共52对（井工矿51对，露天矿1对），分布于河南、新疆、内蒙古、贵州、青海、陕西等省区，主要有无烟煤、长焰煤、贫瘦煤、不黏煤、焦煤、气煤和贫煤7个煤种；核定生产能力为8 735万t/a（其中河南省内矿井38对，核定生产能力为5 200万t/a；河南省外矿井14对，核定生产能力为3 535万t/a）；2023年商品煤产量为6 637万t。

2　矿井复杂多灾害情况分析

河南能源所属煤矿分布呈现点多面广形态，导致其具有灾害种类全、危害重、差异性大、复合性强等特点，面临有瓦斯、水、火、冲击地压等单一或复合灾害的矿井有64对，如图1所示，高瓦斯和煤与瓦斯突出（以下简称高突）矿井36对；水文地质复杂和极复杂矿井12对，冲击地压矿井3对，自然发火矿井13对。部分矿井伴有薄基岩、软岩、火成岩、陷落柱、落水洞、火烧区、复杂断层和褶曲等异常构造体，或存在三下压煤、近距离突出煤层群、大埋深导致的高地应力等方面的开采技术难题。目前高突、水文地质复杂或极复杂、自然发火、冲击地压、薄基岩等两种以上复合灾害的矿井共有16对，其中2种灾害耦合的矿井12对、3种灾害耦合的矿井4对，在这些矿井中又以瓦斯和自然发火、冲击地压和自然发火耦合的矿井灾害治理难度最大。

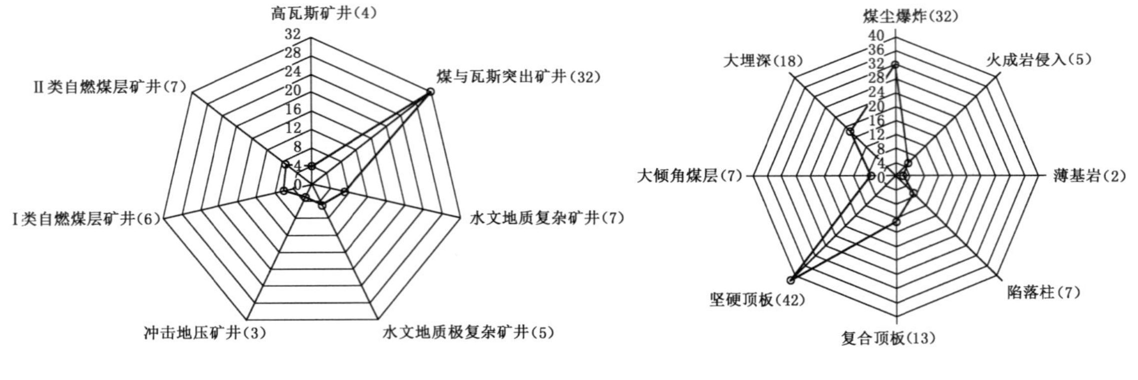

(a) 重大灾害矿井数量　　(b) 其他特殊致灾条件

图1　河南能源矿井灾害类型及其矿井数量

2.1　瓦斯灾害情况

现有高瓦斯矿井4对、煤与瓦斯突出矿井32对，高突矿井生产能力共计4 595万t/a，主要分布在河南省焦作矿区、安阳-鹤壁矿区、新安矿区及贵州省，大多数突出矿井存在高瓦斯含量、高地应力和低透气性等问题，属于难抽或可抽煤层，地质条件复杂，瓦斯治理难度大。如焦作矿区煤层瓦斯含量最高达42 m^3/t，瓦斯压力最高达3.65 MPa，煤层透气性系数在0.11～5.64 $m^2/(MPa^2 \cdot d)$之间；贵州地区煤层群最大瓦斯含量为24.99 m^3/t，最大瓦斯压力为2.94 MPa，煤层透气性系数在0.004 097～9.346 $m^2/(MPa^2 \cdot d)$之间。

2.2　冲击地压情况

现有冲击地压矿井3对，位于义马矿区范围内，3对矿井核定生产能力为690万t/a，煤层和顶底板均具有弱冲击倾向性，受到巨厚砾岩顶板、F_{16}逆冲断层、推覆挤压应力、“两硬一软”地层结构、煤层合并、开采深度等关键因素影响，3对矿井煤层都具有Ⅰ类自然发火倾向，千秋煤矿、耿村煤矿还受瓦斯灾害威胁。

2.3　水文地质情况

现有水文地质条件中等矿井39对，水文地质条件复杂矿井7对、极复杂矿井5对。水文地质条件复杂矿井主要分布于义马矿区、焦作矿区和新疆，水文地质条件极复杂矿井主要分布在焦作矿区，其主要含水层有：寒武、奥陶系的灰岩含水层，太原组上段L_8、下段L_2和L_3灰岩含水层，山西组砂岩含水层，松散岩类孔隙水含水层。其奥陶系灰岩接受大气降水补给，富水性极强，以平均12.7‰的水力坡度向南流至矿区的水量达到12～20 m^3/s，并与太原组下段灰岩浅部水力联系密切，太原组上段L_8灰岩含水层是矿区主要直接威胁水源，压力高达8.3 MPa，与煤层底板最小间距不足20 m。

2.4　薄基岩开采情况

焦作矿区赋存深埋厚冲积层薄基岩煤层，有薄基岩开采矿井2对，基岩厚度小于30 m区域的资源储量超过5 000万t，最小基岩厚度只有21 m，覆岩构成的特殊性导致顶板活动剧烈、地表下沉系数大，采场面临强矿压、突水溃砂威胁，沉陷区出现裂缝和积水，破坏房屋和农田。

2.5　大埋深高地应力情况

随着煤炭开采，矿井逐渐向深部延伸，所属矿井中采掘区域最大埋深达700 m以上的矿井有

18 对，主要分布于焦作矿区、安阳-鹤壁矿区和永城矿区，最大深度达到 1 018 m，最大埋深接近 700 m 的矿井 3 对。大埋深造成高地应力，部分区域累加构造应力，且煤层顶底板多发育有泥岩、砂质泥岩等软岩，焦作矿区还赋存有薄基岩和深埋厚冲积层异常地质体，造成围岩层应力传递性强、结构稳定性较差，巷道应力显现严重，面临巷道变形控制难度大、支护工艺复杂、支护效率低、维护及返修成本高、掘进效率低等问题。

此外，所属矿井在建筑物下、铁(公)路下、水体下的保有储量高达 14.3 亿 t，压覆类型包括公路、铁路、村庄、水库、桥梁、河流、地下水、高压线塔、城镇及规划区，压覆类型多、地质条件不一，压覆煤层资源回收难度大。

矿井地质条件的复杂性，灾害的多样性、严重性和复合性，严重威胁了矿井的安全生产，大幅度增加了矿井施工的难度、工程量、时间成本和资金成本，成为制约采掘接替、高效生产、产能稳定、可持续发展的关键因素。因此，必须针对各类灾害和特殊地质条件开展技术和配套装备创新，实现灾害治理的有效性、高效性，以灾害治理的高质量促进矿井生产的高质量发展。

3 极复杂多灾害煤层高效治理技术情况

3.1 复杂高突煤层瓦斯井上下联合治理技术

河南能源构建形成了“11536”瓦斯防治管理模式，即一个核心理念、一条瓦斯治理技术主线、五类卸压增透措施、“三区联动”示范带动、六项管理机制。坚持“开采保护层优先，底抽巷穿层抽采治理为主，顺层抽采治理为辅”的瓦斯治理技术主线，辅以水力冲孔、松动爆破、机械扩孔造穴、超高压水力割缝、高压注氮驱替五类增透增产措施，并积极探索矿井规划区、准备区、生产区煤层瓦斯井上下“三区联动”瓦斯治理模式，如图 2 所示。

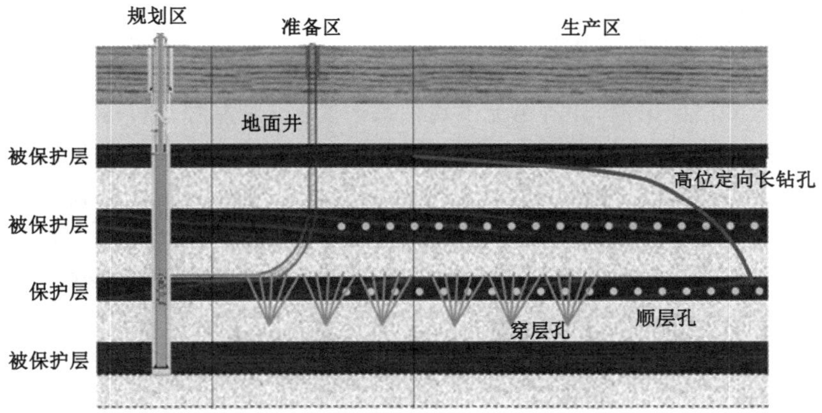

图 2　综合瓦斯治理技术路线

3.1.1 单一煤层或首采层瓦斯治理技术模式

面对复杂的瓦斯地质条件，针对单一突出厚煤层或煤层群首采层，河南能源在岩石抽采巷穿层抽采方面不断优化配套系统，做优做细穿层抽采工作，逐步形成了“巷、钻、冲、计、运、管、封、抽、监、评”十位一体穿层钻孔瓦斯治理模式，细化底板抽采巷布置、钻孔施工、卸煤增透、煤水分离、卸煤计量、煤渣运输、全程下筛管、钻孔封孔、视频监控、抽采管理等十个瓦斯治理环节的设计、设备选型、施工、测量、验收等方面的具体要求，为所属突出矿井瓦斯治工作提供了坚实的技术保障。卸压增透方面，采取了软煤层水力冲孔、硬煤层机械扩孔、高压水力割缝、爆破松动等措施；封孔方面，积极采取增加岩柱厚度、增加封孔段长度、两堵两注、三堵三注、帷幕注浆等措施，实现“高浓度、持久抽”，不断优化瓦斯抽采效果。

3.1.2 开采保护层区域瓦斯治理技术模式

保护层开采过程中，利用岩石抽采巷穿层钻孔或拦截钻孔、高位抽采巷、高位钻场、高位钻孔、高位定向长钻孔等对被保护层瓦斯进行抽采治理，图 3 为贵州地区采用高位钻场和高位钻孔抽采被保护层瓦斯，一般情况下单组抽采纯流量可达 10 m^3/min 以上，单巷抽采被保护层瓦斯纯量则高达 40 m^3/min 以上，被保护层瓦斯抽采率在 60%以上，被保护层瓦斯治理效果显著。

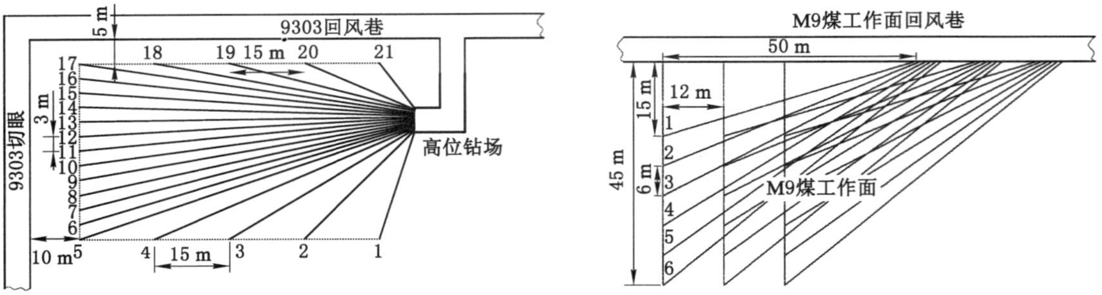

(a) 高位钻场　　　　(b) 高位钻孔

图 3　被保护层瓦斯抽采方式

河南能源率先在豫西地区孟津煤矿开展了保护层开采区域瓦斯治理技术试验，其主采二$_1$ 煤煤厚为 0～9.6 m，平均为 2.5 m，坚固性系数为 0.12～0.46，瓦斯含量为 7.97～16.37 m^3/t，瓦斯压力为 0.9～3.1 MPa，煤层透气性系数为 0.048 9 $m^2/(MPa^2 \cdot d)$，钻孔瓦斯流量衰减系数为 0.67 d^{-1}。针对二$_1$ 煤层软、瓦斯含量高、透气性低、抽采流量衰减快、治理时间长、治理成本高的现状，优先开采煤层较硬、瓦斯含量较低、透气性较高的二$_2$ 煤层(作为保护层)，通过底抽巷穿层钻孔对二$_1$ 煤层瓦斯进行抽采。

如图 4 所示，保护层回采前，评价单元平均抽采浓度在 6%左右、抽采纯流量为 0.4 m^3/min，保护层回采后抽采浓度及抽采纯流量急剧上升，保护层回采 50～200 m 时抽采浓度稳定在 50%以上，后逐渐下降稳定在 30%左右，最大抽采浓度达到 90%以上，最大抽采纯流量达到 13.57 m^3/min。开采保护层后，高浓度瓦斯实现了发电，日发电量 6 万度(1 度＝1 kW・h)以上，当前日发电量为 3 万度左右，累计发电量在 2 500 万度以上，达到“以用促抽，以抽保安”的瓦斯防治效果。

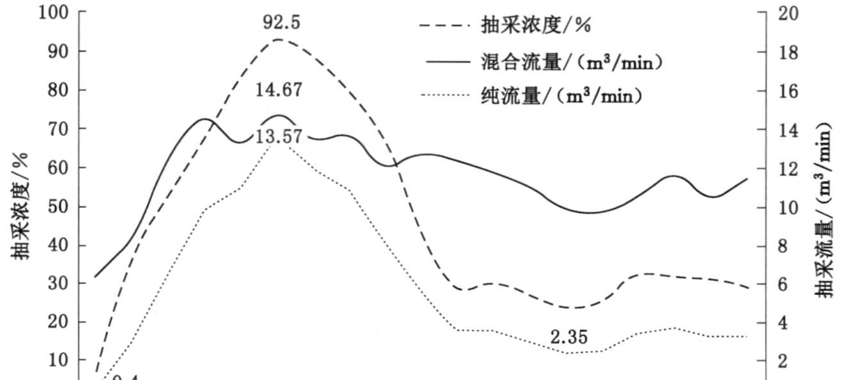

图 4　被保护层评价单元瓦斯抽采量变化曲线图

3.1.3 地面井排采区域瓦斯治理技术模式

多年来，河南能源不断尝试地面井治理煤层瓦斯技术，先后在鹤壁六矿、中马村矿、九里山矿等矿井进行了工程试验，取得一定的效果。随着煤层钻井、压裂、排采装备的升级及施工经验的丰富，工程试验进程持续向前，于2020年初开始在贵州新田煤矿进行地面井治理煤层群瓦斯试验，如图5所示，完成了1组U型分段压裂水平井(编号XT-H1-V1)、1口L型分段压裂水平井(编号XT01-H1)和1口参数井(编号XT-01V)的布井、参数测试、射孔、分段压裂和排采工程，共完成20段压裂施工，其中XT-01V井完成1段压裂施工，XT01-H1井完成9段压裂施工，XT-H1井完成10段压裂施工。

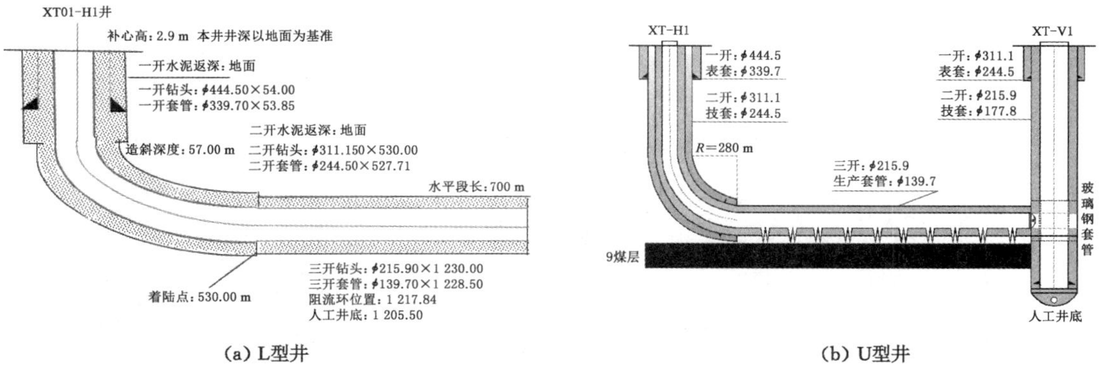

图5　地面井井型结构

如图6所示，U型井组最高日产气量达到5 192 m^3，其中产气量4 000 m^3/d以上共计65 d，产气量3 000 m^3/d以上共计300余天；L型水平井最高日产气量达到5 334 m^3，其中产气量5 000 m^3/d以上共计21 d，产气量4 000 m^3/d以上共计578 d。截至2024年8月2日，U型井组日产气量为2 414 m^3，累计产气量为250.9万 m^3，L型水平井日产气量为3 922 m^3，累计产气量为305.5万 m^3。两井组累计产气量超过550万 m^3，目前日产气量相对稳定，但保持缓慢下降趋势。

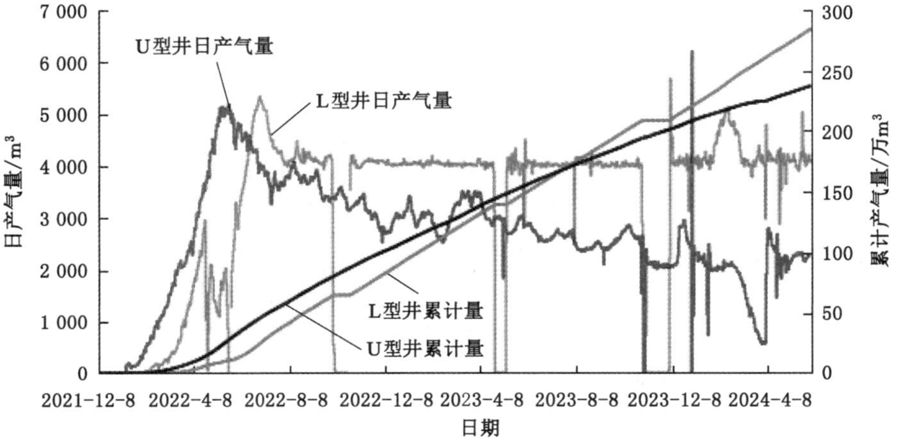

图6　新田煤矿L型和U型水平井产气曲线图

在前期工作基础上，地面井工程已经在贵州、新疆、河南焦作地区开展进一步试验，2024年贵州地区新增地面井4口、焦作地区新增地面井2口，新疆地区新增地面井3口，快速推进了地面井瓦斯治理技术的发展进程。

3.1.4 瓦斯治理配套装备升级

河南能源不仅持续优化瓦斯治理技术路线，还致力于瓦斯治理装备向大型化、智能化、自动化、集成化发展，推广使用大功率钻机提升钻进能力。在鹤煤六矿建设了一条智能化抽采示范巷道，布置 4 台 ZYWL-4000SY 型智能钻机，实现在地面远程操作钻机自动安装、拆卸钻杆，操作 4 台钻机人员由原来的 12 人减少至 2～4 人（地面 1 人、井下 2～3 人），减人提效效果显著；持续升级改造抽采泵，提升矿井抽采能力；自主研发新型履带式大容量自运煤防喷装置，具备行走、自动出渣、计量、防止瓦斯超限等功能，出渣口装设有瓦斯传感器，可对钻机和螺旋输送装置电源进行闭锁，防止打钻瓦斯超限的有效率达到 90%，提高瓦斯灾害治理效率。此外，河南能源还联合研发了变频式集中恒压供水系统、集中煤水处理系统，如图 7 所示，实现了打钻用水的远程控制、集中供水、变频稳压、单孔冲煤量在线监测、煤水集中输送和分离等功能，不仅能够优化打钻作业环境、减人提效、节能降耗，还能节省打钻作业所占空间，为下一步巷道设计优化及瓦斯治理巷道单进提升提供条件。

(a) 变频恒压供水

(b) 煤水分离集中处理装备

图 7 变频式集中恒压供水系统和煤水集中处理装置

3.2 煤矿井地分源超前区域水害防治技术

河南能源坚持以老空水防治为关键，以底板水防治为重点，按照“一矿一策、一区域一措施”的治理思路，推行分类防治、源头治理，由传统的全面底板注浆改造工艺转变为“宜疏则疏、疏注结合、区域治理、全面验证”的综合治理工艺。

井下防治水方面：一是限压放水，即在车集、城郊等矿井下山无煤柱沿空掘进工作面实施安全限压放水工程，10 余个头面累计放水近 20 万 m^3；二是预留泄水孔疏泄，即全面推进采煤工作面低洼点底抽巷超前实施泄水钻孔工程，使采空区涌水自然流入底抽巷，防止采空区积水形成；三是控水限压疏排，即在丰阳、枣园等矿井推进实施邻近关闭矿井钻孔控制放水工程，控制水位、降低威胁；四是定向钻机远距离超前疏放，即在榆树岭、石壕等矿井开展远距离老空水超前疏放工程，如图 8 所示，累计施工钻孔近 20 个，疏放水量超过 40 万 m^3，效果显著；五是井下帷幕注浆加固，即为解决邻近小煤矿老空水威胁问题，在新安等矿井开展井下煤（岩）柱薄弱区帷幕注浆加固工程，累计注浆干料近 2 万 t，加固效果显著，安全回采煤炭 200 余万吨。

地面超前区域水害防治方面：一是地面注浆堵巷帷幕，即为解决邻近大水矿井关闭后涌水量激增溃水的风险，在主焦等矿井实施地面注浆堵巷帷幕工程，切断了开采区域与邻近大水矿井的水力联系；二是老空水与地表水协同治理，即针对 2021 年极端异常天气老空水与地表水协同致灾问题，积极推进观音堂、常村等重点矿井综合治理工程，消除了威胁矿井安全生产的重大风险；三是地面超前区域治理，即自 2016 年 6 月在焦煤公司赵固一矿顺利实施以来，已完成 17 对矿井、60 台钻机的地面超前治理工程部署，实现了“先治后掘”及探治与掘进分离，达到了“不掘突水头、不采突水面”的安全带压开采目标，实现了“四提高、两减少”（巷道掘进效率明显提高，水害治理效果明显提高，断层探查精度明显提高，水害治理效率明显提高，井下大水钻孔数量明显减少和井下治理工程注浆量明显减少），解决了井下高承压水钻孔施工安全和采掘接替紧张问题，至 2022 年底，已施工结束地面区域治理工程 30 余项，解放煤炭资源 6 000 余万吨，安全采出煤量近 4 000 万 t。地面超前区域水害防治示意图如图 9 所示。

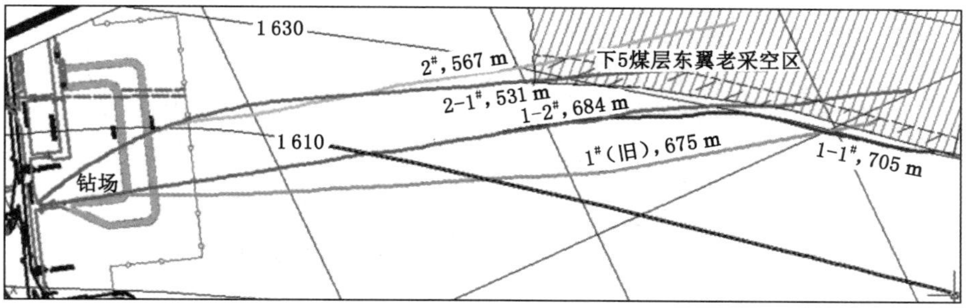

图 8 远距离超前疏放

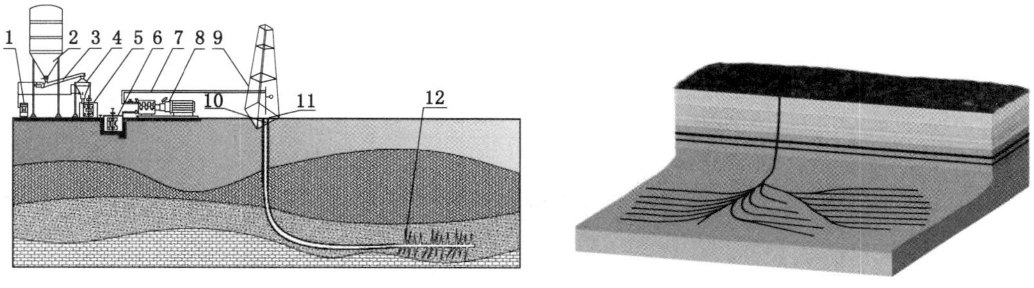

(a) 地面治理装备系统

(b) 地面治理多分支孔

1—控制开关；2—水泥罐；3—绞龙；4—制浆机；5—搅拌系统；6—储浆池；7—注浆管路；8—高压注浆泵；9—施工井架；10—钻孔主孔；11—止水套管；12—分支孔。

图 9 地面超前区域水害防治示意图

3.3 冲击地压灾害综合防治技术

在全面分析义马矿区冲击地压地质因素、探索义马矿区冲击地压地质机理的基础上，河南能源系统梳理历次冲击地压事件发生的原因、特点、位置，采用宏观评价法（可能性指数法与综合指数法）与基于应力增量叠加的多因素耦合评价法，通过定性分析、定量评估，对开采区域进行了冲击地压危险等级划分，确定了强、中、弱不同冲击地压危险等级区域，如图 10 所示，实现分区、分级、分类治理。

河南能源坚持“区域治理先行、局部防治跟进”的防冲工作路线，持续调整生产布局，优化开采设计方案，确定合理的开采顺序，实现矿井、采区间的协调性开采；科学设计采掘巷道布置方式、巷道布置层位，工作面上巷采用宽度小于 6 m 的煤柱或内错式（负煤柱）布置方式，切眼长度增加至 230 m 左右（最大 280 m），使工作面下巷布置在相邻工作面侧向支承压力影响区之外，降低工作面整体冲击危险性；重新核定生产能力，降低开采强度，缓解高强度开采造成的采掘接替紧张、采掘扰动及卸压时间紧张等问题，为防治冲击地压工作创造良好的条件；严控工作面推进速度，坚持匀速推采，强冲击地压危险工作面推进速度不大于 0.8 m/d，中等冲击地压危险工作面推进速度不大于 1.6 m/d，弱冲击地压危险工作面推进速度不大于 2.4 m/d。

河南能源强化区域多参数联合监测分析，坚持“钻屑检测与应力监测为主、微震监测为辅”的监测预警理念，安装有 ARAMIS、ESG、SOS、KJ549 微震监测系统 9 套，实现对矿井、采区范围内顶底板及煤层破裂频次、能量的监测；采区下山煤柱和工作面回采巷道安装有 KJ550、KJ615、KJ743 应力监测系统 12 套，实现对煤体应力的实时监测，构建了如图 11 所示的监测预警系统，并配备有监控预警平台，实现自动化、多参数联合预警。

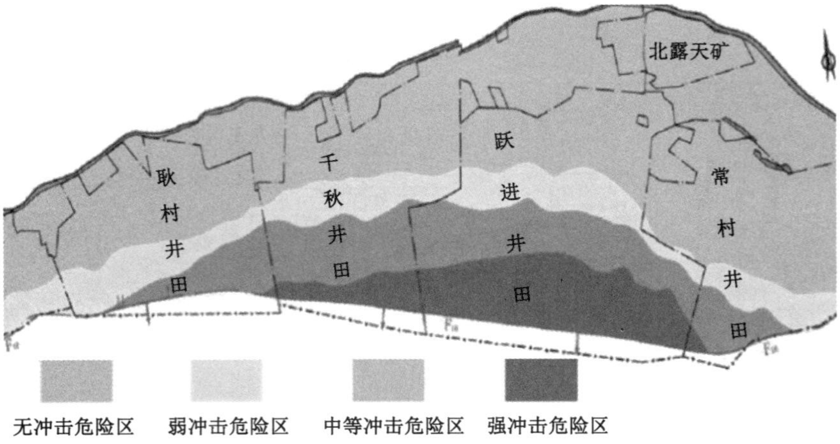

图 10　义马矿区冲击危险性地质分区图

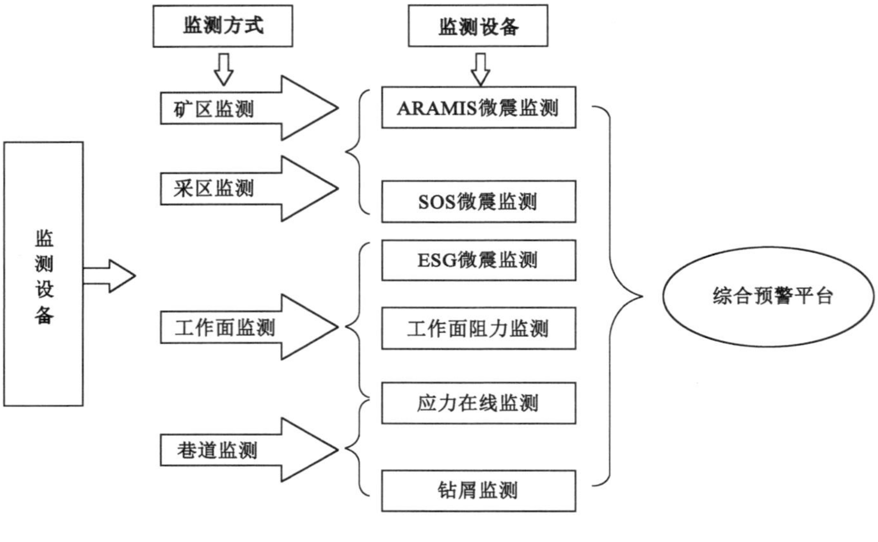

图 11　监测预警系统构成

局部治理方面，河南能源建立"以大直径钻孔卸压和煤层注水为常规卸压措施，爆破卸压为特殊卸压措施"的卸压解危体系，为切实强化卸压效果，增大孔径至 153 mm，提高钻孔深度至 50 m，通过对卸压钻孔排粉量称重，查明工作面应力分布状态，采用分层卸压、扇形卸压等多种方式实现对异常区域的精准卸压；坚持"以主动支护为主，被动支护为辅"的支护路线，冲击地压危险区掘进工作面采用锚网索（一级）＋36U 型钢支架（二级）＋防冲吸能支架、液压抬棚"三级"复合支护，安装"六柱式全断面防冲吸能支架、U 型构件梁支架、转载机护盾式防冲击巷道支护、滑移式临时支护"等高强度支护装置，形成转载机段全封闭护盾式支护结构，保障作业人员作业环境的安全。通过区域与局部灾害治理，3 对冲击地压矿井已实现 8 年无冲击事故的安全生产状态。

3.4　深井薄基岩破碎顶板厚煤层开采技术

河南能源初步形成了"物探先行，钻探验证，构造加固，留设煤柱"的薄基岩开采技术路线，制定了“限采高、控顶板、重设备、强管理”现场管理措施。在薄基岩区域掘进前，利用相邻区域实际揭露或勘探资料对掘进区域煤层顶板基岩厚度和冲积层底部赋水、赋砂情况进行预判，同时采用瞬变电磁等物探方式探查掘进工作面前方一定范围内顶板赋水情况，出现异常区则进行钻探验证和治理；选用槽波、坑透等物探方法查明采煤工作面及外围 30 m 范围的构造发育情况；选用瞬变电磁、直流电法等物探方法查明工作面外围 30 m 范围的基岩层厚度及冲积层底部含水层的赋水情况；按照 50 m×50 m 网格钻孔间距探查基岩层厚度和冲积层底部含水含砂层的赋水、赋砂情况，工作面内及外侧 30 m 范围存在的构造破碎带，采用 30 m×30 m 的网格钻孔间距，对构造破碎带进行注浆加固，注浆加固的垂厚不小于 40 m。

留设防砂安全煤（岩）柱开采时，探查钻孔进入冲积层的垂高不得小于累计采厚，且冲积层底部黏土层厚度应≥5 m；留设防水煤（岩）柱开采时，探查钻孔的垂高不得小于防水安全煤（岩）柱，并通过研究和实践确定了防水、防砂煤（岩）柱留设厚度，进一步确定了不同薄基岩条件下厚煤层分层开采的厚度参数。

3.5 高地应力弱围岩巷道掘进强力支护技术

3.5.1 高地应力弱围岩巷道掘进强力支护技术

因考虑与煤层底板间距、L_9和L_8灰岩层位、巷道掘进及L_8灰岩水防治等综合因素，焦作矿区底抽巷一般布置于L_9灰岩下部的泥岩或砂质泥岩中，顶部沿L_9灰岩掘进，原设计为半圆拱形断面，支护方式为一次初喷 50 mm＋锚网索、二次 U36 型钢棚＋复喷 100 mm＋注浆的联合支护。

优化设计后，将半圆拱形断面优化为矩形断面，取消了架棚支护，采用“初喷 50 mm＋锚网索＋复喷 100 mm＋顶底板注浆补强锚索＋注浆”强力一次性联合支护，顶、帮锚索规格为 ϕ21.6 mm×3 250 mm，顶、底板注浆补强锚索规格为 ϕ22 mm×6250 mm，巷道注浆为全断面注浆，顶、底板均采用注浆锚索进行注浆，帮部采用金属焊管进行注浆，注浆方式为深孔（4 m）、浅孔（2.5 m）交替注浆。掘进机割矸后，紧跟迎头进行初喷、一次锚网索支护，复喷滞后迎头 50～70 m，顶底板补强支护滞后复喷 20～30 m。

改进支护方式后，巷道支护强度明显提高，赵固二矿支护成本从原来的 17 500 元/m 减少到 12 300 元/m，节约支护材料成本 5 200 元/m；综掘机配合强力一次性联合支护后，巷道掘进速度从 80 m/月提高到 150 m/月，单进提升效果显著。

3.5.2 高地应力“三软煤层”巷道支护技术

嵩山煤矿主要构造形迹为断裂和滑动构造，原岩应力高，煤体疏松，强度极低，硬度系数小于 0.3，煤层顶底板以泥岩、砂质泥岩、粉砂岩为主，松软、破碎、稳定性差，属于典型的碎块式散体结构，“三软煤层”特性明显，原采用的架棚被动支护方式无法保证长距离煤巷断面的保持，因此多年来采取了特殊的采掘布置形式：每个采煤工作面均布置 2 条底板岩石集中巷，经石门分段短距离掘进煤巷（150～180 m），工作面分段回采，顺槽从掘进贯通到回采结束需翻修 3～4 次，每米 U 型钢支护巷道需投入 3.09 万～3.87 万元，且机械化程度低、维护工程量大、劳动强度大、安全性低，严重影响采掘接替。

为解决这一难题，河南能源不断开展技术攻关和工程试验，先后进行了多种支护方式的技术攻关和工程试验，最终形成了以锚索支护理论为依据、主动支护为主线的“U36 型钢棚＋全锚索”煤巷复合支护技术。据观测，巷道围岩变形速度 7 d 内为剧烈衰减期，8～30 d 为缓慢衰减期，约两个月后巷道围岩变形速度趋于稳定，巷道变形量均在可控范围内，仅需间断落底，达到了预期效果，如图 12。矿井实现了大采长工作面布置，单段煤巷最长达到 1 044 m，相比传统支护形式，年减少巷道返修量约 3 000 m，节约维修成本 2 000 余万元；提高了掘进机械化程度，降低了劳动强度，煤巷单进水平由 100 m 左右提高到 180 m 以上，有力保障了采掘效率和矿井接替。为进一步强化支护效果，还在河南省内首次引进使用 ϕ28.6 mm 锚索，设计了高强度卡位式 U 型构件，自主创新应用了锚索锚固段夹持铁丝增固方式，发明了施工角度灵活且固定效果好的新型锚杆机支架，研发了抗剪抗拉的调心球垫和让压装置(图 13)，应用了可锚固后注浆的增程式新型锚注装置。

图 12　U36 型钢棚＋全锚索支护效果

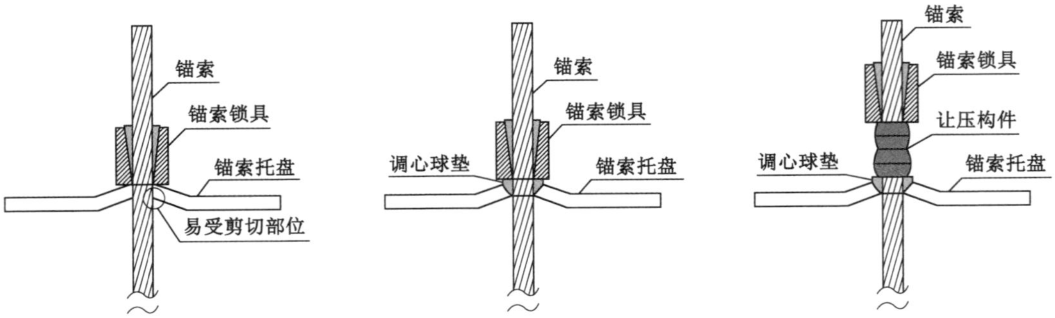

图 13　调心球垫和让压装置

3.6　覆岩离层注浆减沉开采技术

覆岩离层注浆减沉技术体系由离层层位判定、注浆孔连续观测、地面注浆系统、地表下沉量监测系统组成，其技术原理如图 14 所示。即通过地面钻孔对采动覆岩离层区进行高压注浆充填，离层区内因注浆充填产生的液压作用，向上托举离层的上部岩层，向下进一步压弯下伏岩层、压实垮落带，使其在工作面中部形成一定宽度的压实支撑区，利用压实区与隔离煤柱联合控制覆岩关键层结构的稳定性，从而减小地表下沉，保护地表采煤影响范围内的农田及其构筑物。该技术不改变采煤工艺，地表下沉系数约为 0.1，地面建构筑物均处于Ⅰ级破坏内，实现村庄下采煤不迁村。该技术首先在新义煤矿 12030 工作面应用，完成了 18 个钻孔施工，累计钻探工程量为 9 066.54 m，注浆量为 52.91 万 t，地面最大下沉量为 600 mm，通过对地表巡查，在回采影响范围内地表建构筑物破坏程度均无增加，达到预期效果，能够以较低的开采成本获得显著的经济效益和社会效益。该技术已在义安矿业、焦作古汉山矿推广应用。

3.7　灾害高效治理促进矿井安全高效发展

河南能源坚持守正创新，大力发展灾害高效治理技术迭代升级与新技术创新，推广灾害治理新装备，取得灾害治理新成效，并在切顶卸压沿空留巷、其他复杂条件下锚网支护、岩巷快速掘进技术及装备等方面取得较大成果。在解决各类灾害难题的基础上，推进系统优化、装备升级、自动化和智能化建设，基本实现 100 万 t/a 以下矿井“一井一面”、100 万 t/a 以上矿井“一井一面”或“一井两

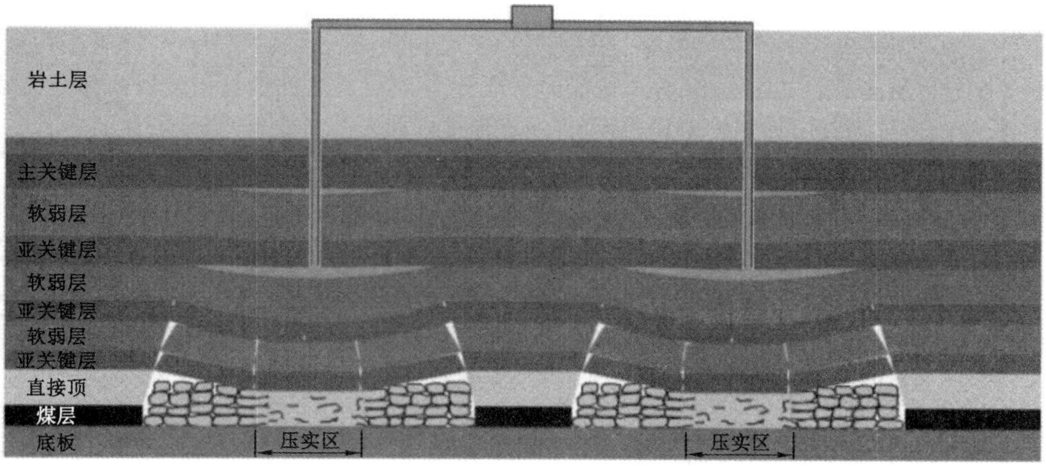

图 14　注浆减沉技术原理示意图

面”的高效生产模式，在产量基本稳定的前提下，采掘头面由“十三五”末期的 370 多个减少到目前的 270 多个，人员工效从 2019 年的 737 t/(人·月)提升到 2024 年的 815 t/(人·月)，推进了矿井安全高效生产进程。

4　极复杂多灾害煤层安全高效开采技术发展规划

瓦斯防治方面，下一步河南能源将开发能够自动更新的矿井三级瓦斯地质图管理系统，实现瓦斯精细地质管理；开展不同地质条件下岩巷快速掘进支护成套技术及装备研究应用，尤其推进 TBM 在复杂地质条件下的适用性研究，为瓦斯灾害治理提供时间和空间条件；全面推广地面井区域治理瓦斯技术，研发井地联合水力喷射掏煤卸压增透技术及成套装备，实现低透气性煤层无“应力阴影”影响的地面井卸压增透强化抽采工程实践；推进瓦斯治理装备和系统的集成化、精细化、自动化和智能化，河南能源持续推动群组操作模式，减少人员、提高效率。

防治水方面，河南能源坚持“一矿一策、一区域一措施”分类治理的思路，拓展区域治理应用范围，逐步试验推广并将其应用于大型断层超前立体注浆加固、突水点帷幕注浆减水、地质构造精细探查验证、多含水层立体注浆加固改造、煤层与瓦斯赋存状况探查等领域。

冲击地压防治方面，河南能源坚持“区域治理先行，局部防治跟进”的原则，持续推进顶板预裂爆破技术、地面 L 型水平井分段水力压裂技术、水力旋切扩孔掏槽超强卸压技术、高强度支护装置等的研究和实践工作，研发冲击倾向性智能判定和全方位监测技术体系，实现冲击防治的智能化、自动化、精细化和标准化。

薄基岩开采方面，河南能源重点开展巨厚松散层薄基岩下顶板致灾机理、注浆改造关键技术及评价体系研究，结合工业性试验，形成顶板注浆改造“驱水固砂”“提限开采”的探—治—检关键技术体系，实现 15～30 m 薄基岩下工作面开采溃水溃砂灾害可控，为煤炭资源安全回采提供科学技术支撑。

“三下”采煤方面，河南能源研发上覆岩层多层位移动监测技术，结合理论分析、数值计算，精准掌握开采过程地表沉陷的时空演化规律，探究离层注浆和充填开采工作面覆岩破断特征，明确注浆、充填不同阶段下工作面来压规律及顶板管控措施，形成各矿区注浆减沉和充填开采的成套工艺参数，实现资源回收利用最大化。

5 结论

本文在分析所属矿井灾害类型、分布情况的基础上，对矿井灾害防治技术发展的部分成果进行分类阐述，并给出了灾害治理的发展规划，以进一步促进矿井安全高效生产，结论如下：

(1) 河南能源所属煤矿分布呈现点多面广形态，地质条件复杂多变，灾害种类全、危害重、差异性大，且存在耦合灾害影响，对矿井安全高效开采影响重大。

(2) 近年来，河南能源坚持守正创新，针对复杂地质条件下不同灾害治理技术难题，建立了包括瓦斯井上下联合治理技术、井地分源超前区域水害防治技术、冲击地压灾害综合防治技术、深井薄基岩破碎顶板厚煤层开采技术、高地应力弱围岩巷道掘进强力支护技术等的灾害治理技术体系，推动灾害治理装备的集成化、自动化、智能化发展，有效推动了煤矿的安全高效生产。

(3) 针对“三下”压煤开采难题，建立了适用于新安矿区、焦作矿区覆岩离层注浆减沉开采技术及装备体系，为煤矿安全高效绿色生产提供技术和装备支撑。

60°急倾斜薄煤层采煤机关键技术研究与应用

李庆亮，乐南更，魏升

（1. 中煤科工集团上海有限公司，上海　200030；2. 天地上海采掘装备科技有限公司，上海　201400）

摘　要　本文研究了适应急倾斜较薄煤层采煤机的关键技术，包括采煤机的总体配套技术、高牵重比牵引行走部关键技术、摇臂传动系统关键技术等。研究结果在四川达竹煤电集团斌郎煤矿、江煤贵州矿业集团有限责任公司小牛煤矿等最大65°急倾斜工作面应用，运行效果稳定可靠，对全国急倾斜煤层开采装备的发展具有重要的参考意义。

关键词　急倾斜薄煤层；采煤机；牵引行走系统；齿轮传动；摇臂润滑

0　前言

倾角大于45°的急倾斜煤层在我国四川、贵州、新疆等矿区均有分布，据统计急倾斜煤层占全国煤炭总储量的15%～20%。急倾斜煤层因矿压变化大、通风难度高、工作面稳定性差、安全风险大等因素，一般机械化程度低，煤层开采难度大，对设备的要求更高[1]。国内外满足最低1.2 m薄煤层采高要求的有446、556、570等众多机型，但在倾角大于45°的急倾斜工作面使用中，主要存在以下问题：牵引力小，爬坡能力不足；制动性能弱，易出现溜车；行走系统可靠性差，机械故障频繁；摇臂高位传动系统不能有效润滑；等等[2]。四川达竹煤电集团斌郎、铁山南等煤矿急倾斜薄煤层综采工作面倾角普遍在45°～60°之间，受地质条件变化和工作空间的影响，煤层开采难度大。基于此，针对急倾斜薄煤层采煤机市场的迫切需求，本文对急倾斜开采的薄煤层采煤机关键技术进行研究，开发了满足60°急倾斜薄煤层综采工作面的采煤机装备。

1　总体技术及配套设计

1.1　采煤机总体结构技术研究

针对急倾斜薄煤层工作面的综合情况，确定采煤机能满足最小采高1.2 m、最大采高3.0 m的工作面煤层变化，对采煤机的机面高度、过煤空间、装机功率等约束条件进行结构优化，将机面高度控制在850 mm以下。采煤机在1.2 m采高状态下的三机中部配套断面情况如图1所示。

薄煤层工作面往往有夹矸、断层等复杂地质条件，较大的截割功率是采煤机实现薄煤层复杂地质条件可靠运行的保证[3]。为降低摇臂厚度，采用双电机并排布置结构，在保证不减小过机间隙的同时，提高采煤机摇臂电机下方的有效过煤空间。同时，对摇臂传动系统优化排布，采用多级直齿加二级行星的传动方式，在满足坚硬煤岩截割的同时实现摇臂的轻量化设计，满足大功率、低采高要求。

急倾斜薄煤层工作面倾角可达65°，必须提高整机牵重比（牵引力/重量），以适应急倾斜工作

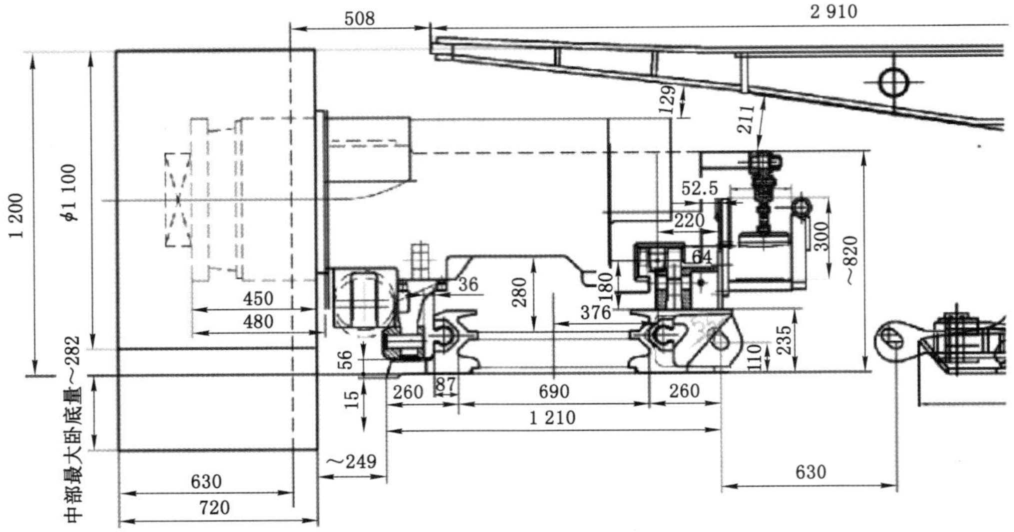

图 1　1.2 m 采高状态下三机中部配套断面图

面的牵引要求。因此，为提高牵引速度同时增加牵引力矩，对牵引传动系统优化排布，合理布置直齿传动和行星减速传动，最大限度地降低牵引部中间壳体的厚度，在满足机面高度的同时增加牵引速度和牵引力矩。

综合考虑后确定了采煤机的整机结构，机身分 3 段，机身之间通过高强度液压螺杆及圆柱销连接，便于整机拆卸和组装，摇臂采用双电机横向布置结构。

1.2　整机参数匹配性研究

1.2.1　滚筒转速与牵引速度匹配

急倾斜薄煤层地质条件一般较复杂，煤质及夹矸较硬，当采煤机截割硬岩时，传动系统负荷增大，易出现过载等现象，导致故障增加[4]。因此，需对采煤机滚筒转速和牵引速度的匹配性进行研究。

通过建模，建立模拟方案分配参数表，导入实际工作参数，进行模拟分析。输入采煤机工作参数和工作面煤壁参数，模型可以自动计算模拟出各个时刻的受力，如图 2 所示。

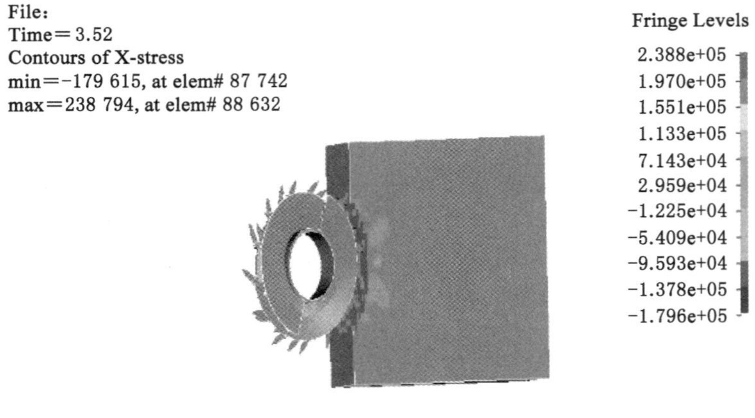

图 2　滚筒工作受力分析模型

设定滚筒截齿布置的相关参数，给每个截齿定义组元，可获取到截齿受到的各分力及合力，如图 3 所示。

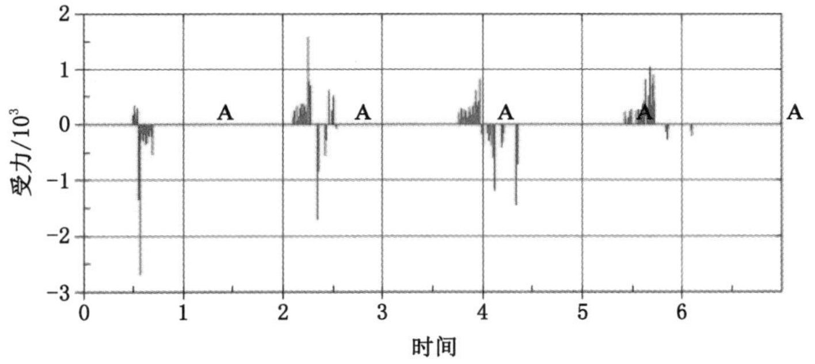

图 3 滚筒各个截齿受力模拟

根据采煤机的最大牵引速度模型，在速度曲线中设置等加速，当滚筒整体受力突然出现剧增的时刻，即为该采煤机的牵引速度上限。通过不断改进、优化模拟分配参数，使牵引速度与滚筒转速相匹配。

1.2.2 截割功率与牵引功率匹配

利用离散元求解方法得到各个方向较为准确的截割力，以此反算出采煤机在截割煤岩时产生的牵引反力。综合叠加重量分力、电缆拖拽力、摩擦力等得出采煤机正常割煤所需的最小牵引力，计算出所需牵引功率。利用后处理软件推算采煤机在设定牵引速度和煤层参数条件下所需的截割力矩，计算出采煤机的输出扭矩。

综合理论计算、仿真分析，得出采煤机主要技术参数如表 1 所示。

表 1 采煤机主要技术参数

采煤机型号	MG2×160/730-WD3
总功率/kW	730
截割功率/kW	2×2×160
牵引功率/kW	2×40
牵引速度/(m/min)	0～9/15
滚筒转速/(r/min)	44,53

2 高牵重比牵引行走部关键技术研究

2.1 采煤机行走能力研究

急倾斜工作面倾角大，对采煤机的行走能力提出了较高要求。建立采煤机在 60°倾角时的受力模型，如图 4 所示。

图中，$G=300$ kN；$F_1=G\cos 60°=150$ kN；$F_2=G\sin 60°=260$ kN；$f=kF_1=0.15\times150=22.5$ kN（k 取 0.15）；$F=490$ kN。

因此，采煤机上行牵引阻力 $F_{总}=F_2+f=282.5$ kN；理论富裕牵引力（上行空刀）$Fo1=F-F_2-f=207.5$ kN。

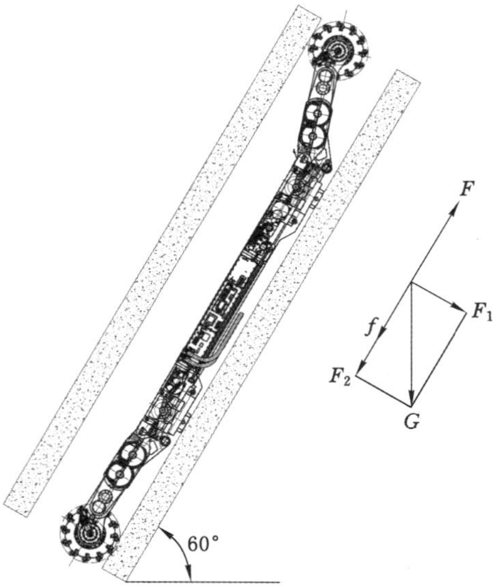

G—采煤机重力；F_1—正压力；F_2—下滑力；f—摩擦力；F—额定牵引力。

图 4　60°倾角采煤机受力分析

基于以上受力分析，对传动系统结构和传动比进行优化，开发了大扭矩牵引行走系统，额定牵引力为 490 kN，牵重比达到 1.7，解决了 60°急倾斜工作面上行爬坡的问题。

2.2　采煤机承载能力研究

根据对采煤机的行走能力计算，采用 40 kW 的牵引电机，整机牵引功率共计 80 kW。对传动系统优化排布，如图 5 所示，牵引行走传动系统由牵引减速箱和行走部两部分组成，牵引减速箱内有两级直齿和两级行星机构传动。

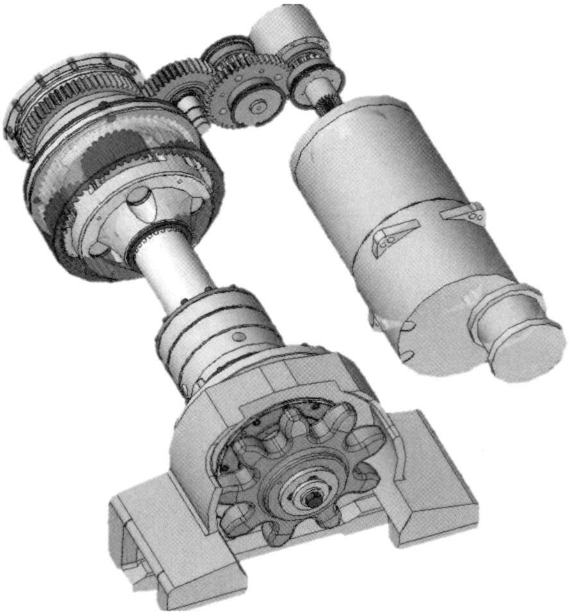

图 5　传动系统优化排布示意图

行走轮和导向滑靴是采煤机行走系统的关键部件，其承载能力和寿命对整机可靠性产生直接影响，一旦出现问题将导致整个采煤机停止运行，严重影响采煤机的整机性能和生产[5]。因此，为了满足急倾斜工作面的使用要求，开发了薄煤层 151 节距行走轮，并利用现代设计理论和方法，对行走轮和导向滑靴的承载能力进行深入研究。

2.2.1　优化行走轮齿廓曲线

采煤机行走轮和刮板输送机销排组成的销轨式无链牵引系统为开式非共轭啮合传动系统。这种系统对于牵引速度较小时，冲击小、受力小；当牵引速度加大时，瞬时加速度引起的冲击较大，会导致断齿[6]。

对行走轮齿形进行优化，应用多体动力学软件对行走轮和销齿啮合参数进行仿真分析，通过修改行走轮齿形参数，分析比较速度-时间曲线，开发了一种新型渐开线-摆线复合齿形，其速度曲线较为平稳，如图 6 所示，渐开线-摆线复合齿形如图 7 所示。

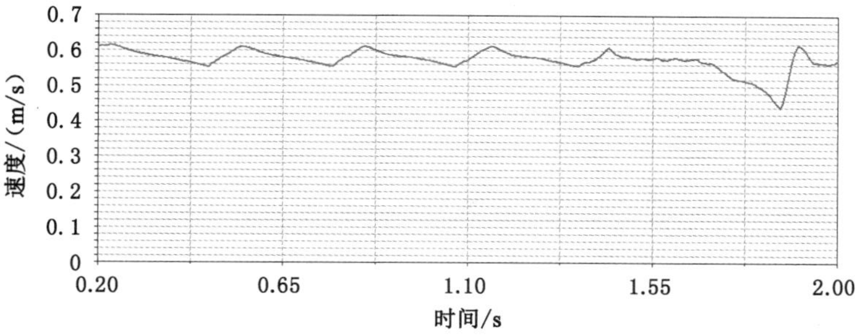

图 6　复合齿形速度-时间

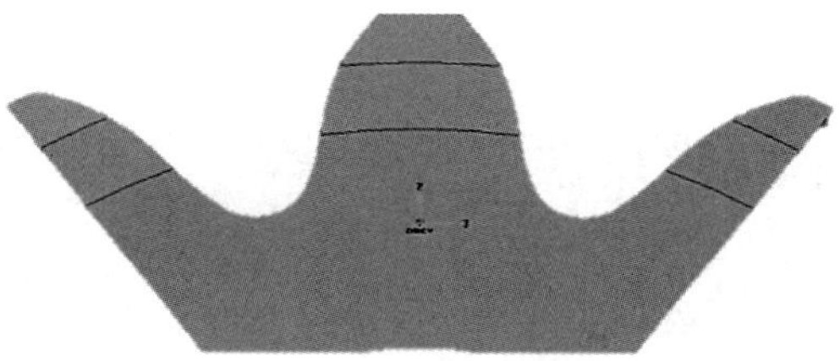

图 7　渐开线-摆线复合齿形

根据使用情况，该复合齿形行走轮啮合平稳、无干涉，达到了强度高、啮合性能好的目的。

2.2.2　行走轮可靠性研究

行走轮在采煤机工作过程中主要起牵引、传动作用，在与销排啮合的接触面上会产生受力变形，导致行走轮损坏失效。

根据强度理论，应力最大部位在距离表面一定深度的次表面，当接触应力大于许用层深接触应力时，即会导致齿面剥落[7]。本文采取变温、变碳势的方法对行走轮的深层渗碳工艺进行研究，可实现行走轮渗碳层深度达 4 mm 以上。

同时，对行走轮强度进行校核，基于建模软件完成行走轮三维建模，将其导入有限元分析软件，并进行属性设置、网格划分和加载求解。将行走轮轮齿简化为悬臂梁，在齿顶施加圆周力，内圈施加全约束。行走轮材料选用电渣重熔钢，抗拉强度 σ_b 为 1 170 MPa，根据使用要求，取安全系数为 1.5，则许用应力[σ]为 780 MPa。行走轮弯曲强度分析结果如图 8 所示，最大应力为 514 kN，小于许用应力，弯曲强度满足使用要求。

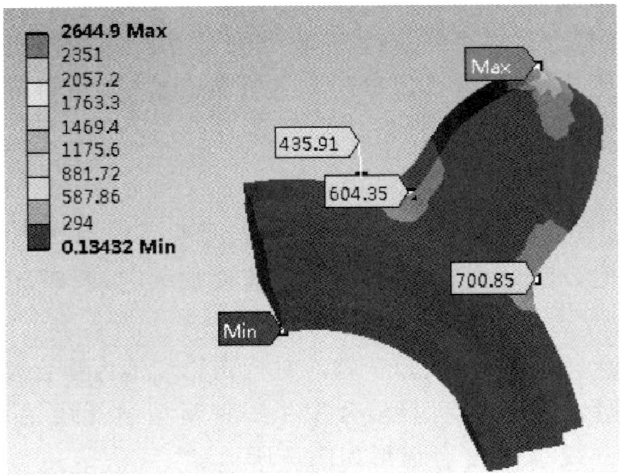

图 8　行走轮弯曲强度分析结果

2.2.3　导向滑靴强度分析

导向滑靴在采煤机工作过程中起着承载、导向的作用，是采煤机牵引部分较易发生损坏的部件之一[8]。对导向滑靴采用锻焊结合的结构及采取堆焊高强度耐磨层或内嵌高强度耐磨板等优化措施，有效提高导向滑靴的强度和耐磨性。对采煤机建立力和力矩平衡方程，对导向滑靴受力情况进行有限元分析。对导向滑靴建立三维模型，将其导入有限元软件中，并进行属性设置、网格划分和加载求解。将导向滑靴销轴孔圆柱面设置为完全固定约束，再将计算所得的载荷假设均布在导向滑靴的相应内侧面上。应力、位移云图仿真结果如图 9 所示。由图 9 可得，导向滑靴的最大应力为 267 MPa，最大位移为 0.464 mm。导向滑靴抗拉强度 σ_b 为 980 MPa，取安全系数为 2，则许用应力 $[\sigma]$ 为 490 MPa，满足使用要求。

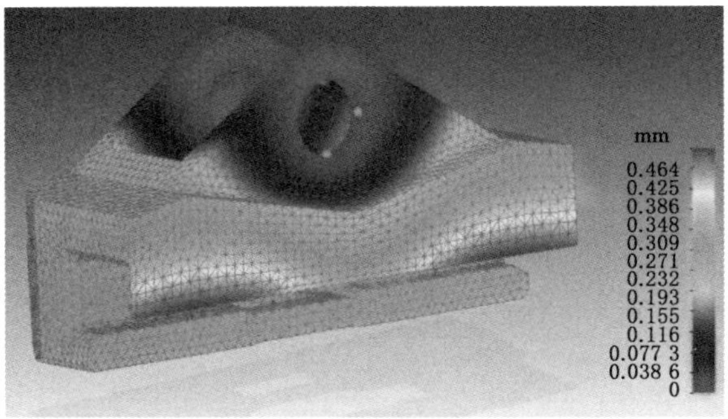

(a) 位移云图

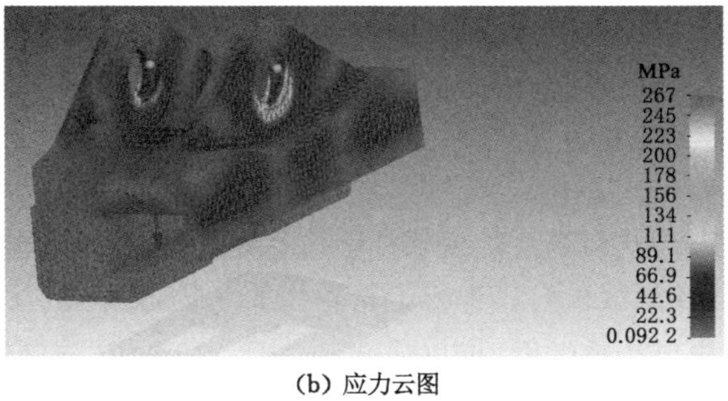

(b) 应力云图

图 9　应力、位移仿真结果

2.3 采煤机制动能力研究

为保证采煤机在60°倾角工作面停机状态下不下滑，采煤机需要配置较大扭矩的制动器，开发了常闭式弹簧预紧、液压缸松闸的YDD600型湿式液压制动器，其静态扭矩高达600 N·m。液压制动器安装在左、右牵引减速箱Ⅰ轴，其结构如图10所示。行走轮处扭矩可达109 494 N·m，等效牵引力为569 kN，采煤机沿工作面向下分力 $F_{总}$ 为260 kN，因此单个制动器的制动力就可以满足大倾角制动的使用要求。

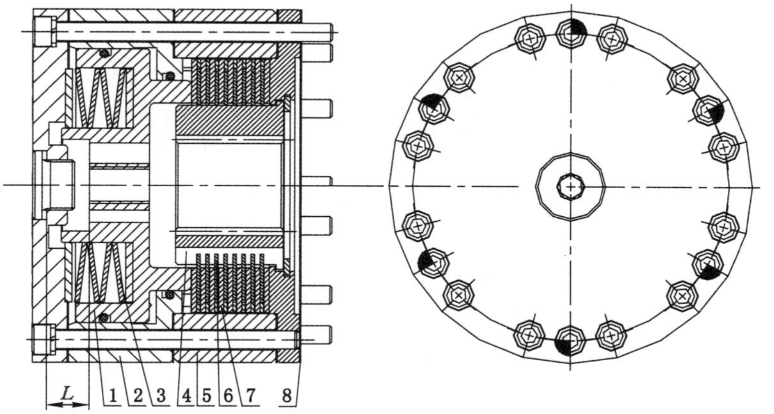

1—活塞；2—缸体；3—碟形弹簧；4—花键套；5—外壳；6—内摩擦片；7—外摩擦片；8—密封纸垫。

图10 液压制动器结构示意图

3 摇臂传动系统关键技术研究

3.1 高速端重载直齿修形技术研究

该型摇臂采用双电机横向布置结构，大大增加了摇臂的功率密度，会导致出现齿轮润滑不足、偏载、齿面剥落等问题，从而出现齿轮故障[9]。高功率、小尺寸齿轮在设计中往往采取增大齿宽来增加齿轮传动性能，但齿宽增加会导致齿面在齿宽方向上因受力不均等问题而剥落，如图11所示为典型的摇臂直齿齿面剥落损伤。

图11 摇臂直齿齿面剥落损伤

基于以上问题，利用仿真软件对采煤机齿轮建立模型，充分考虑齿面啮合点轨迹、压力角变化、齿面正常及偏载下受力特性等参数影响，建立修形后齿轮模型并进行仿真分析，分析结果显示修形后齿面受力呈中部集中周边逐渐降低状态，验证了该修形方案的可行性。

3.2 小体积、高功率密度行星机构可靠性研究

为满足最小1.2 m的采高要求，需尽量减小行星头的结构尺寸，因此，有必要对小直径、高

功率密度行星架的可靠性进行深入研究。研发了小体积、高功率密度行星架，其结构如图 12 所示。该结构优化了立柱的截面形状，在增加行星架连接立柱断面同时，提高立柱的强度；同时，为防止应力集中造成立柱开裂失效，对立柱根部进行内凹圆角处理，提高立柱过渡处的受力状态。

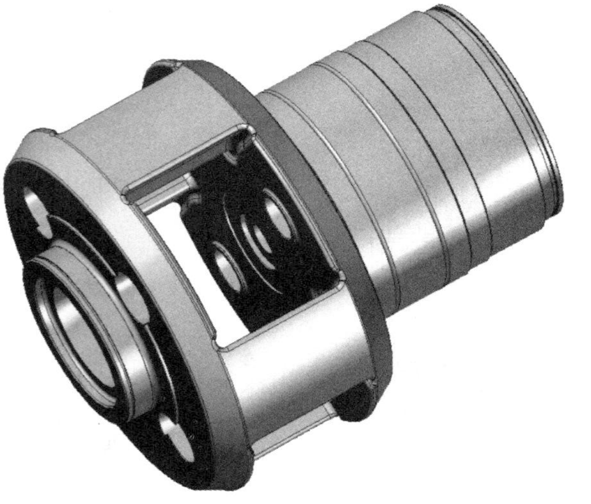

图 12　小体积行星架结构图

利用软件对行星架建立三维建模，将其导入仿真分析软件中，设置属性及约束，完成加载求解，得到行星架应力云图如图 13 所示，可见行星架最大应力为 402.71 MPa，满足强度要求，较未改进前降低了 25%以上。

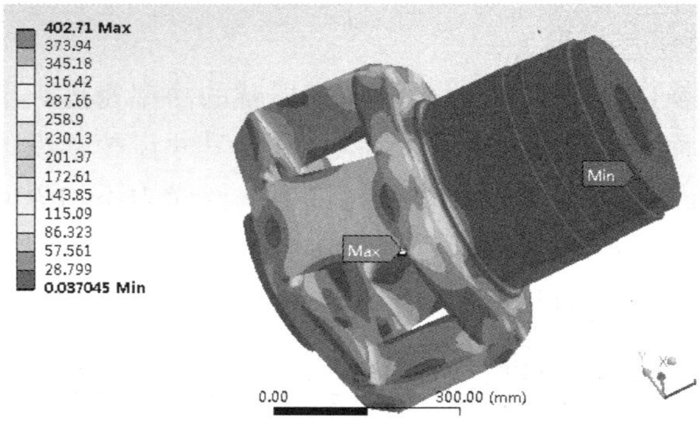

图 13　行星架应力云图

3.3　急倾斜摇臂双向闭环精准润滑系统研究

急倾斜条件下，摇臂齿轮能否得到有效润滑是影响采煤机可靠性的关键因素。采煤机一般前摇臂割顶，后摇臂割底，摇臂摆角叠加工作面倾角，使润滑油在重力作用下处于低位，居于高位一端的齿轮、轴承若不及时润滑，会迅速发热，从而引起磨损、胶合等失效症状。

针对急倾斜和极限状态下摇臂直齿腔轴承润滑不充分的问题，通过布置特殊的润滑油道，可对高、低速端轴承进行双向闭环精准润滑。如图 14 所示，根据工作面布置情况，可在摇臂高速端或低速端分别设置高速润滑泵组件或低速润滑泵组件，润滑泵组件将齿轮油压至摇臂壳体油道中并对摇臂内的轴承进行循环润滑。双向循环精准润滑系统局部剖视图如图 15 所示。

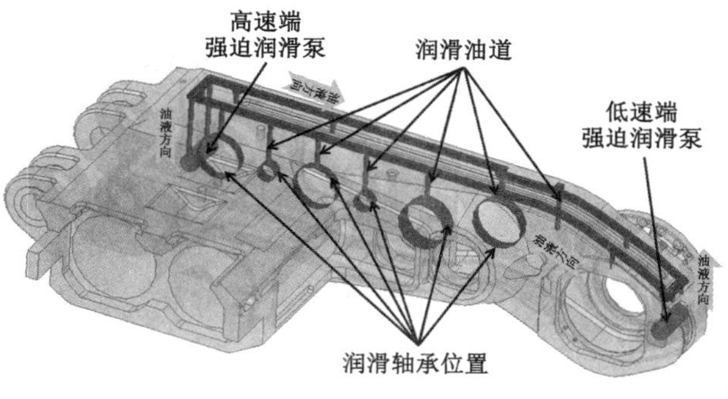

图 14 双向闭环精准润滑系统布置结构图

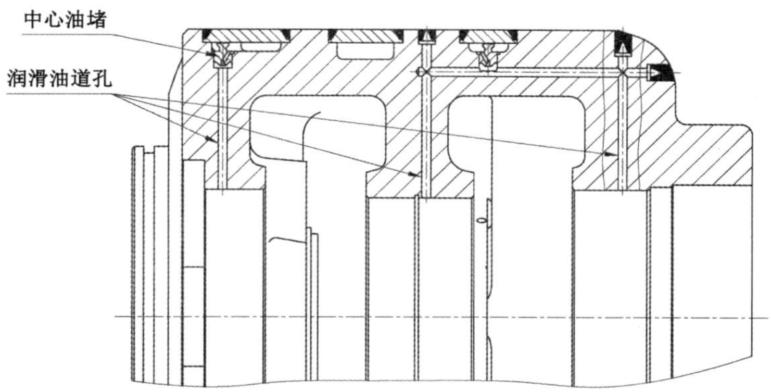

图 15 双向循环精准润滑系统局部剖视图

4 结论

本文研究了适应急倾斜较薄煤层采煤机的总体配套技术，通过对采煤机滚筒转速与牵引转速、截割功率与牵引功率匹配性研究，得出整机最佳功率匹配组合；开发了紧凑型大扭矩牵引行走系统，实现了急倾斜工作面重载调速和负荷平衡，并对行走系统中行走轮、导向滑靴等关键零部件进行优化设计，提高了急倾斜复杂工况下行走系统的可靠性；研制了大扭矩湿式液压制动器，保证急倾斜条件下采煤机的安全可靠制动；深入研究摇臂传动系统，提出了一种直齿齿面修形方法，提高了高速端齿轮的啮合性能；研究行星架的可靠性，实现了行星减速机构的小体积高传动比稳定传动；开发了摇臂双向主动精准润滑系统，解决了急倾斜状态下摇臂高位传动润滑不良的问题。研究结果在四川达竹煤电集团斌郎煤矿、江煤贵州矿业集团有限责任公司小牛煤矿等最大 65°急倾斜工作面应用，运行效果稳定可靠，对全国急倾斜煤层开采装备的发展具有重要的参考意义。

参考文献

[1] 史春祥.急倾斜大采高采煤机的研制与应用[J].煤矿机电，2019，40(1)：1-4.
[2] 胡滔.急倾斜薄煤层采煤机关键技术研究[J].煤矿机械，2022，43(8)：50-53.
[3] 王灿.急倾斜煤层采煤机的关键技术研究[J].煤矿机械，2021，42(8)：57-59.
[4] 徐百平.急倾斜薄煤层采煤方法研究与应用[J].价值工程，2019，38(17)：161-163.
[5] 张晓波，苏延任，杜晓华，等.急倾斜薄煤层采煤机关键技术研究与应用[J].煤矿机械，

2019,40(3):136-138.

[6] 刘峰.适应保护层开采的薄煤层采煤机研制与应用[J].煤矿机械,2023,44(9):66-67.

[7] 乐南更.大功率薄煤层采煤机行走机构失效分析与改进[J].煤矿机械,2023,44(7):122-124.

[8] 李卫卫,雷丙涛,陈庆贺.薄煤层采煤机摇臂的设计研发改进[J].煤矿机械,2023,44(6):128-130.

[9] 任春平,赵中旭,万丰,等.含夹矸煤层采煤机滚筒截割载荷特性研究[J].煤炭技术,2023,42(5):185-188.

基于开挖补偿理论的厚煤层大采高坚硬顶板巷道大变形控制方法

王绍威[1]，倪学宁[1]，徐敬帅[1]，李亚运[2]，王云峰[2]

（1. 山西和顺天池能源有限责任公司，山西 晋中 032709；2. 山西银锋科技有限公司，山西 太原 030600）

摘　要　在相当长的时期内，煤炭仍然是能源经济安全稳定供应的“压舱石”，煤炭安全高效生产是保证能源有效利用的重要环节。厚煤层大采高坚硬顶板开采空间大，矿压作用复杂多变，波及岩层范围广，极易引起巷道围岩大变形破坏。针对这一问题，本文提出了一种适用于厚煤层大采高坚硬顶板巷道围岩大变形的支护理论——开挖补偿理论，研发了适用于厚煤层坚硬顶板防控核心材料——NPR 高预应力锚索；并提出了厚煤层大采高坚硬顶板切顶卸压无煤柱开采技术。在实际工程中，对厚煤层大采高坚硬顶板的防控应用效果进行了现场应用，研究成果可为解决类似煤矿开采问题提供参考和依据。

关键词　补偿理论；切顶卸压；围岩大变形；控制机理

0　引言

基于我国能源资源禀赋的基本国情，煤炭仍是能源经济安全稳定供应的“压舱石”[1]，继续推进煤炭安全高效智能绿色开发和清洁低碳高效利用是保证能源有效利用的重要环节。厚煤层大采高坚硬顶板由于开采空间大、开采强度高、波及范围广，传统留煤柱的巷道布置方式使煤柱处于应力增高区，必将引起巷道强矿压显现，导致巷道围岩大变形、冲击地压等破坏性问题[2-7]。

针对厚煤层大采高坚硬顶板的围岩控制问题，我国学者进行了大量研究[8-15]。在理论方面，何满潮[16]提出了平衡开采理论，形成了无煤柱自成巷 110/N00 工法开采体系。潘俊锋等[17]建立了顶板“人造解放层”卸压防控工程力学模型，表明了通过区域性改造煤层上覆岩层结构与载荷，可以改变岩层基础静载荷集聚。杨胜利[18]基于中厚板理论构建了采场覆岩破断与运移的力学模型，揭示了坚硬厚顶板破断失稳致灾机理，提出了坚硬厚顶板切落式破坏动载荷计算方法。在控制手段方面，崔佐军等[19]提出了以“高强螺纹钢锚杆＋高强钢绞线锚索＋W 型钢带＋钢筋网＋中顶、小煤柱侧帮喷浆＋水力压裂切顶卸压”为核心的特厚煤层坚硬顶板沿空巷道支-卸协同控制技术，并在现场进行了成功应用。于斌等[20]研发了大空间采场远近场坚硬顶板井上下控制理论及技术体系，提出了坚硬顶板地面压裂＋X 的协同控制技术，实现了对远近场坚硬顶板的多点协同调控。马宏源等[21]采用基于卸压和联合支护的防冲技术，有效控制了围岩大变形和能量集聚问题。总体而言，上述研究从不同角度对厚煤层大采高坚硬顶板围岩控制问题进行了分析，并取得了丰硕的研究成果。

本文在上述学者研究的基础上，提出了一种适用于厚煤层大采高坚硬顶板巷道围岩大变形的支护理论——开挖补偿理论，研发了适用于厚煤层坚硬顶板防控核心材料——NPR 高预应力锚索；并提出了厚煤层大采高坚硬顶板切顶卸压无煤柱开采技术。在实际工程中，对厚煤层大采高坚硬顶板的防控应用效果进行了现场验证，研究成果可为解决类似煤矿开采问题提供参考和依据。

1 开挖补偿理论

工作面开采是导致巷道围岩大变形的根本原因。随着开采的进行，开挖理论(图 1)可分为第一开挖效应和第二开挖效应。工作面开采后，围岩在临空一侧围岩径向应力 σ_3 接近于 0，此为第一开挖效应。随着工作面围岩在扰动下产生滑移错动，岩块产生开裂并发生旋转变形，导致浅部围岩碎胀变形。此时，切向应力 σ_1 几乎增大了 2 倍，此为第二开挖效应。浅部岩体的表现形式为发生断裂变形，而深部岩体由于围岩的限制和约束，运动形式和运动空间受限。当 σ_1 峰值接近或达到深部岩体强度时，深部围岩发生裂隙损伤。

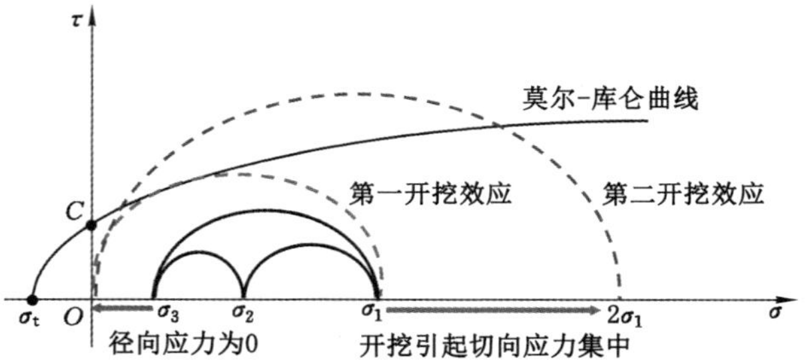

图 1 开挖理论

基于开挖理论，提出了与之对应的开挖补偿理论(图 2)来保证工作面围岩稳定。其思路为：

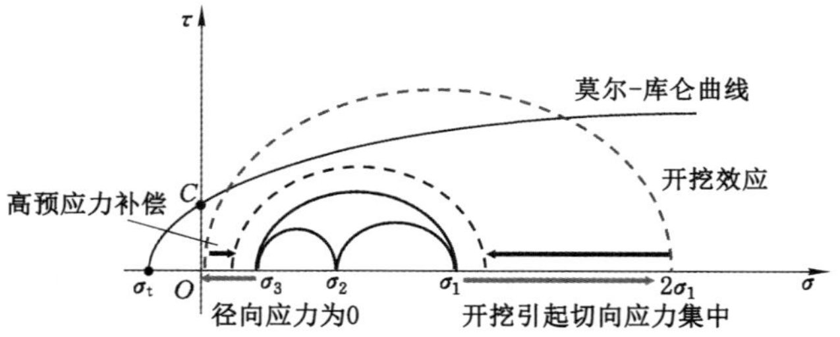

图 2 开挖补偿理论

(1) 针对浅部围岩：受工作面开采动压影响而产生碎胀及损伤的岩体，施加高预应力支护及时补偿围岩开挖损失的径向应力 σ_3，并使径向应力 σ_3 尽可能恢复到原岩应力；限制浅部围岩产生断裂破坏，防止其节理裂隙扩展贯通。

(2) 针对深部围岩：降低受矿压影响下的采动应力，削弱切向应力 σ_1 的围岩应力集中，减少工作面回采对巷道围岩的应力扰动。

2 NPR 高预应力锚索支护

2.1 NPR 支护材料

基于上述理论分析可知，为满足高预应力支护的要求，亟须寻求一种能忍受岩体大变形的新材料。普通 PR 锚索的可用延伸率一般为 3%～5%，在围岩大变形的条件下，锚索易失效，无法提供有效支护作用。何满潮团队于 2007 年研发出恒阻力为 130 kN 的恒阻大变形锚索，因具有负泊松比效应，也称其为 NPR 锚索。负泊松比材料相当于一种理想塑性材料，其应力-应变曲线如图 3 所示。理想塑性材料需要满足以下三个条件：① 出现负泊松比效应，即泊松比显著变小；② 屈服平台消失；③ 应变值大于 20%。

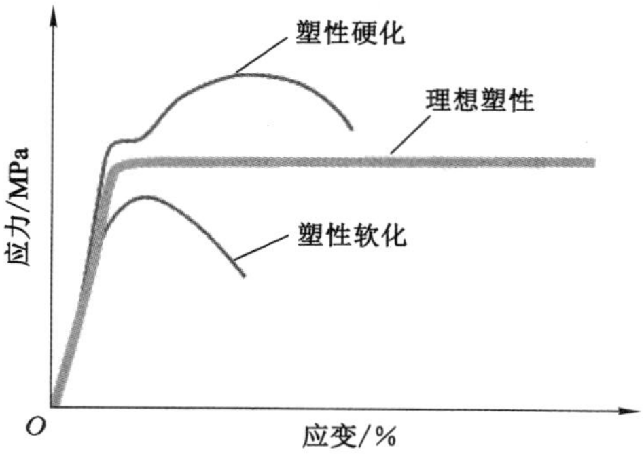

图 3　理想塑性材料应力-应变曲线

NPR 材料在拉伸破断作用下发生大变形且无颈缩现象，而普通钢材以及高强高韧钢在拉伸破断作用下，均发生了明显的颈缩现象，如图 4 所示。

(a) NPR材料

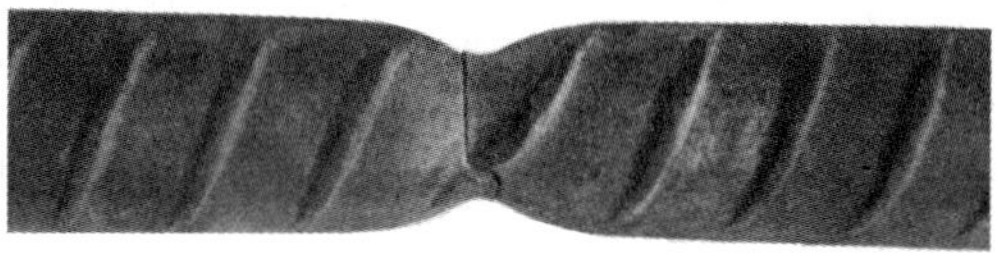

(b) 普通钢材

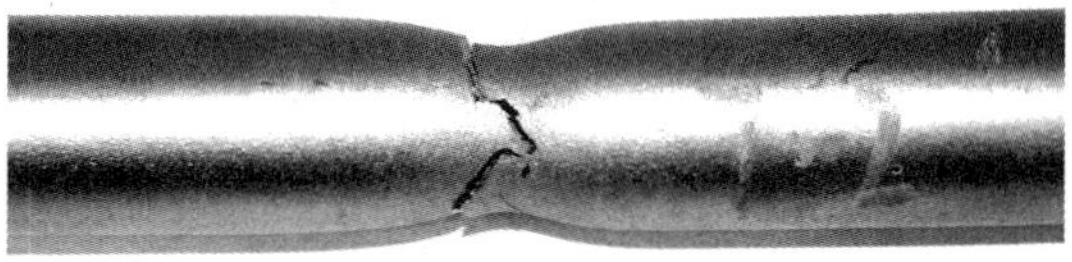

(c) 高强高韧钢

图 4　不同材料的颈缩现象

2.2　NPR 高预应力锚索

基于 NPR 材料的优异性能，研发了 NPR 恒阻结构（图 5），形成了 NPR 高预应力锚索支护技术，恒阻值可达 350 kN，如图 6 所示。

NPR 高预应力锚索支护技术通过恒阻材料实现了负泊松比效应，表现出“让中有抗，抗中有让，防断恒阻”的特性。NPR 高预应力锚索在现场应用过程中要经历以下两个阶段：① 围岩出现大变形破坏初期，当围岩的变形能超出锚索的恒阻力范围，恒阻体在恒阻套管内发生滑移，即 NPR 高预应力锚索随着围岩大变形而发生径向拉伸的大变形，以此吸收变形能，避免由于岩体大变形而发生破断失效。② 当围岩发生大变形之后，岩体内部应力达到新的平衡，围岩的变形能小于恒阻

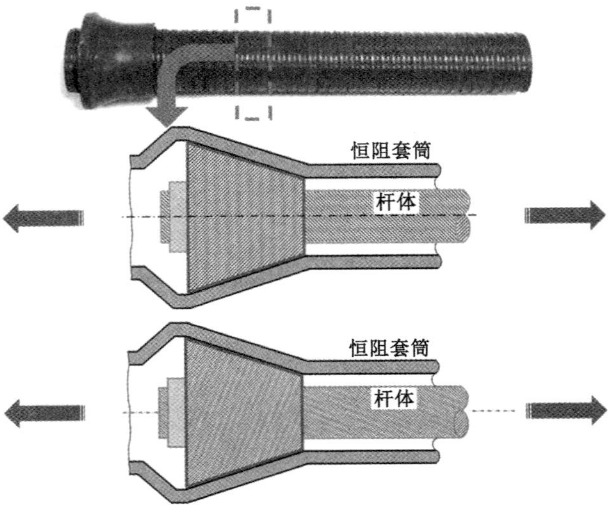

图 5　NPR 恒阻结构

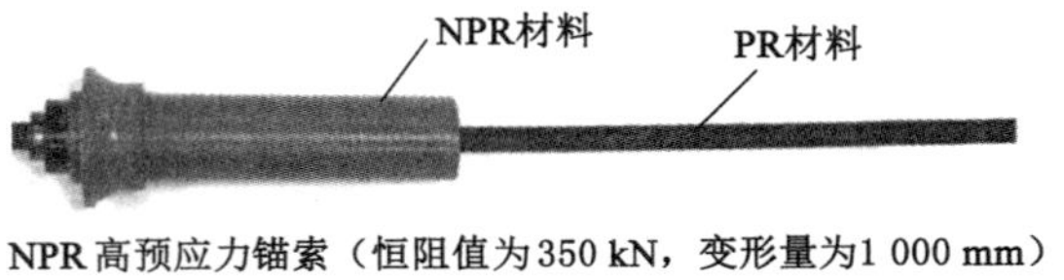

图 6　NPR 高预应力锚索

器的设计恒阻力，NPR 高预应力锚索轴力小于恒阻体与恒阻套管的摩擦阻力，围岩在 NPR 高预应力锚索的支护作用下处于稳定状态。NPR 高预应力锚索在锚索轴力大于恒阻力后，仍然具有一定的抗力，不会出现突然断裂失效、围岩破坏的现象，可以实现地下工程围岩的稳定，消除了冒顶、塌方、偏帮、底鼓等安全隐患。

2.3　NPR 材料有效吸收能量计算

开展普通螺纹钢材料和 NPR 材料拉伸试验，得到如图 7 所示的曲线。

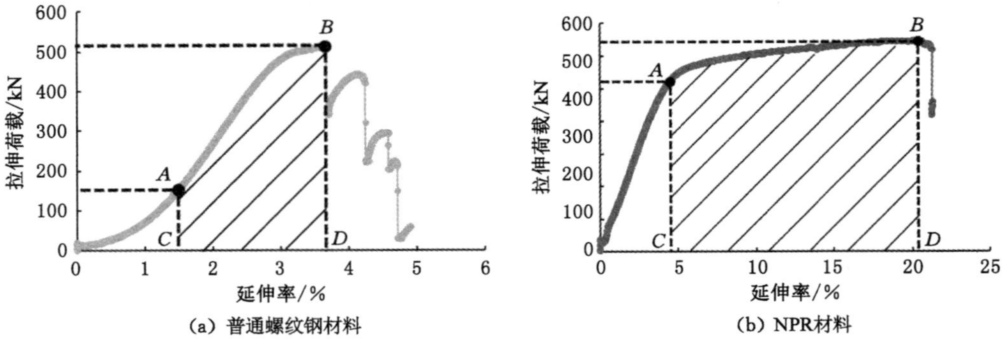

图 7　拉伸试验

煤矿一般将锚索的预紧力设计为锚索破断荷载的 30%～50%。普通锚索以破断力 30%来定义工作荷载（A 点），即实际施工中施加的锚索预紧力。NPR 高预应力锚索以屈服强度作为工作荷载，即实际施工中可以施加的锚索预紧力。

建立有效吸收能量计算公式：

$$E_{ABCD}=\frac{1}{2}(F_A+F_B)\delta_{CD} \tag{1}$$

式中 F_A——锚索施加的预紧力(工作荷载)，kN；

F_B——锚索的破断力，kN；

δ_{CD}——CD 段的延伸率，%。

经计算，NPR 高预应力锚索的有效吸收能量是普通锚索的 6 倍。这表明 NPR 高预应力锚索支护的吸能特性更优越，可满足现场围岩大变形能量吸收的防控要求。

3 切顶卸压无煤柱开采技术

基于开挖补偿理论的要求，降低受矿压影响下的采动应力，削弱切向应力 σ_1 的围岩应力集中，减少工作面回采对巷道围岩的应力扰动，因此提出了切顶卸压无煤柱开采技术。为满足切顶卸压无煤柱开采技术需求，研发了顶板定向切缝和矸石巷帮挡矸支护两项关键技术。

切顶卸压无煤柱开采技术(图 8)通过对工作面预留巷道顶板进行超前预裂切缝、顶板锚索支护和矸石巷帮挡矸支护，从而保留巷道为下一工作面继续服务，这样做可以减少一半的巷道掘进量，并取消煤柱留设，有利于减小巷道围岩应力集中。

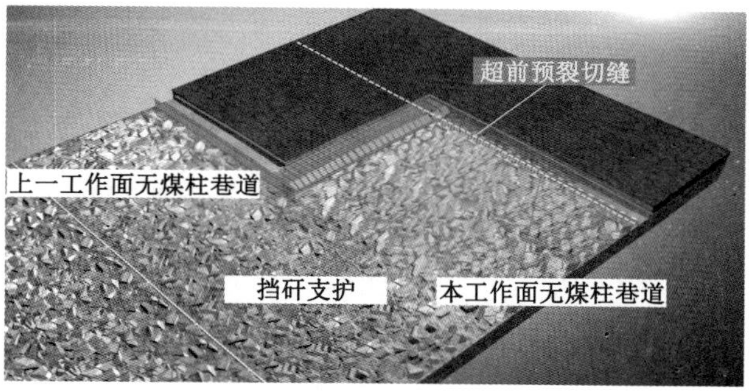

图 8 切顶卸压无煤柱开采技术

3.1 顶板定向切缝技术

为了控制采空区顶板垮落高度，使其定向垮落充满采空区，需要实现巷道顶板有效切顶。本文综合考虑岩体抗压不抗拉特性，提出了双向聚能张拉成型爆破顶板定向预裂切缝技术(图 9)。

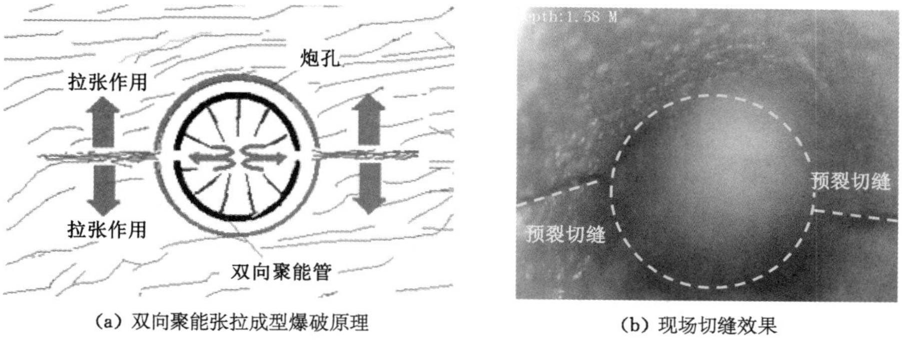

(a) 双向聚能张拉成型爆破原理 (b) 现场切缝效果

图 9 顶板定向切缝技术

该技术采用双向聚能张拉装置进行顶板定向切缝。爆破时，双向聚能张拉装置开口对应的孔壁产生初始裂隙，炮孔围岩整体均匀受压，在垂直初始裂隙方向（设定方向）产生拉张作用力，致使岩体沿预裂方向失稳、断裂，从而促进裂隙的进一步扩展、延伸。

3.2 矸石巷帮挡矸支护技术

采空区顶板垮落前对无煤柱自成巷产生较大的竖向压力，以及其在垮落形成矸石的过程中产生较大动压，矸石巷帮挡矸支护易发生弯曲失稳型和滑移失稳型破坏。因此，需要研发一种既能抵抗较大作用力，又能控制围岩变形并形成稳定矸石巷帮的支护技术。针对上述问题，本文提出了矸石巷帮挡矸支护技术，该技术主要通过护帮支架装置、挡矸网和可伸缩 U 型钢进行联合支护，如图 10 所示。

图 10 矸石巷帮挡矸支护技术

护帮支架在覆岩运动时既可以提供较大的支撑力来抵抗顶板变形，又能够保持一定的“让压”功能。可伸缩 U 型钢在顶板岩层下沉挤压作用下会主动进行让压，产生相对位移，有效避免挡矸支护结构在受到较大挤压力时发生弯曲失稳。垮落矸石在挡矸支护构件的共同配合下堆积形成墙面，在压实稳定后形成矸石巷帮。

4 现场应用

4.1 工作面概况

天池煤矿 603 工作面可采煤层为 15# 煤，埋深为 482.5 m，煤层厚度为 4.9 m。工作面走向长度为 1 629 m，倾向长度为 180 m。煤层结构复杂，上覆岩层依次是厚度为 0.70 m 的泥岩、0.30 m 的 $15^{\#}_{上}$ 煤，16.20 m 的中砂岩、1.00 m 的粉砂岩、0.20 m 的 $14^{\#}_{下}$ 煤、1.20 m 的泥岩、0.80 m 的 14# 煤、7.71 m 的 K_2 石灰岩；底部为 4.00 m 的铝质泥岩和 10.95 m 的砂质泥岩。工作面布置及煤层柱状图如图 11 所示。

4.2 切顶卸压无煤柱开采技术方案设计

4.2.1 切顶参数及支护设计

603 工作面进风顺槽切顶留巷设计，采用以“切顶卸压＋NPR 高预应力锚索＋矸石巷帮挡矸支护”为主体的设计方案，通过预裂切缝爆破，在局部范围内切断工作面顶板应力传递，减弱巷道顶板压力，且预裂爆破能够很好地保护巷道顶板完整性。利用 NPR 高预应力锚索进行补强加固，控制顶板下沉，使所留巷道围岩能够最大限度地发挥自身承载作用。结合矸石巷帮挡矸支护减少巷道变形，保证留巷效果。

根据顶板岩性，碎胀系数定为 1.3。在煤厚变化不大且不考虑底鼓及顶板下沉的情况下，结合钻孔柱状图岩层状况分析，工作面采高取均值 4.8 m 时，预裂切缝孔深度设计为 14 m，切缝角度为

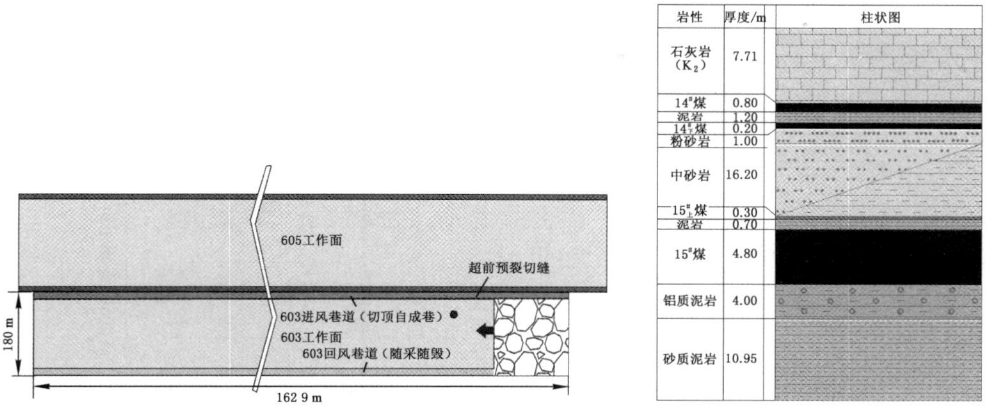

图 11　工作面布置及煤层柱状图

15°，具体情况根据顶板岩性变化对设计进行修正。为切断基本顶 K_2 石灰岩，减弱周期来压强度，每隔 10 m 设置一个切缝孔深度为 27 m、与铅垂线夹角为 30°的钻孔进行深孔预裂。对巷道顶板进行预裂切顶前采用 NPR 高预应力锚索补强加固。NPR 高预应力锚索垂直于顶板方向布置，共布设 3 列，第一列距留巷正帮 700 mm，排距为 900 mm；第二列距第一列 1 800 mm，排距为 900 m；第三列距第二列 1 800 mm，排距为 900 m。相邻锚索之间用槽钢连接，槽钢垂直于巷道走向。顶板预裂切缝参数及支护断面设计如图 12 所示。

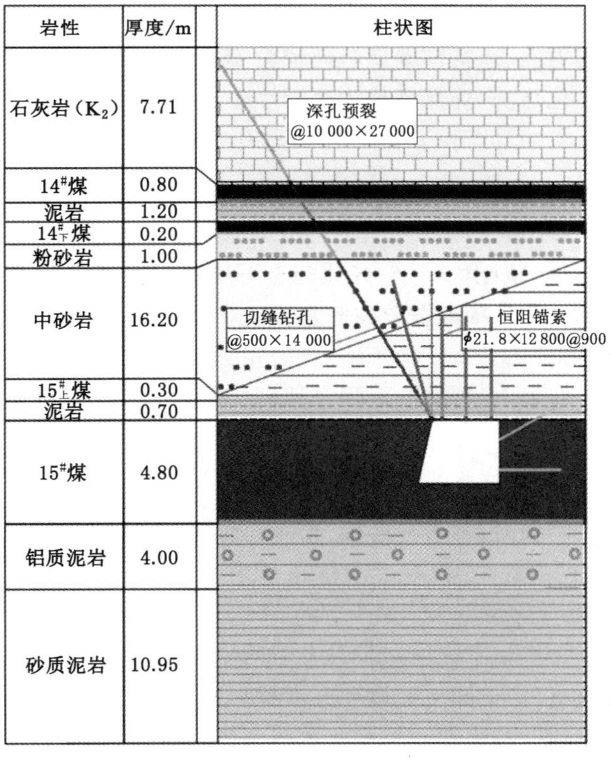

(a) 顶板预裂切缝参数

图 12　顶板预裂切缝参数及支护断面设计

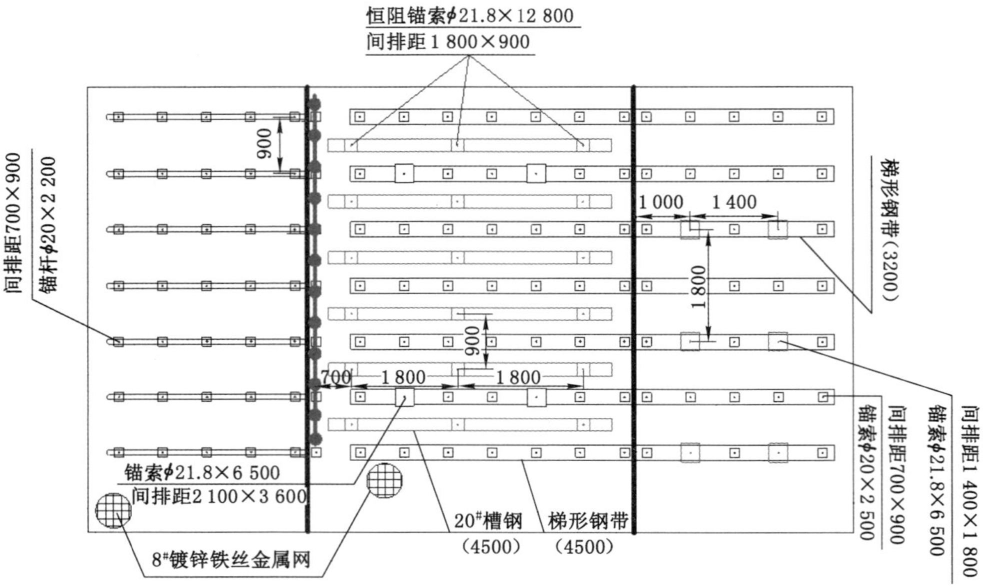

(b) 巷道支护设计平面图

图 12(续)

4.2.2 双向聚能爆破参数设计

双向聚能管采用特制聚能管，特制聚能管外径为 42 mm，内径为 36.5 mm，管长为 1 500 mm。聚能爆破采用三级煤矿乳化炸药，炸药规格为每卷 ϕ32 mm×300 mm，爆破孔口采用专业设备用炮泥封孔，封孔长度为 2 m。聚能管安装于爆破孔内，每孔 8 根聚能管，采用 3+3+2+2+2+2+1+1 的装药方式，如图 13 所示。

4.2.3 挡矸及临时支护设计

在滞后工作面 0～300 m 范围内，采空区顶板岩石垮落对巷道顶板产生一定的摩擦作用，巷道受动压影响明显，顶板压力较大，顶板需要临时加强支护。架后临时支护主要采用单体液压支柱配合槽钢进行滞后支护，槽钢长 4.5 m。此外，为了防止采空区的矸石窜入采空区，同时需要挡矸支护。采用两层钢筋网与可伸缩 U 型钢进行联合挡矸支护，可伸缩 U 型钢排距为 500 mm，滞后临时支护断面图如图 14 所示。

4.3 现场应用效果

图 15 为 603 进风巷道顶底板移近量曲线，由图可知：

(1) 在滞后工作面 80 m 范围内，受采空区覆岩运动影响，巷道顶底移近量一直处于上升的状态。

(2) 至工作面推进约 125 m 时，曲线基本趋于平稳，顶底移近量约为 52 mm。

上述工程试验研究表明，切顶卸压无煤柱开采技术取消了煤柱留设及巷道掘进，改变了采场上覆岩层结构及其运动特征和破断规律。自成巷道形成后，顶板围岩受回采动压影响较小；同时由于 NPR 高预应力锚索及侧向挡矸支护体系的支撑作用，显著减小了厚煤层大采高坚硬顶板巷道围岩的变形速率及变形量，控制效果显著，达到了技术可行、安全开采的目标。

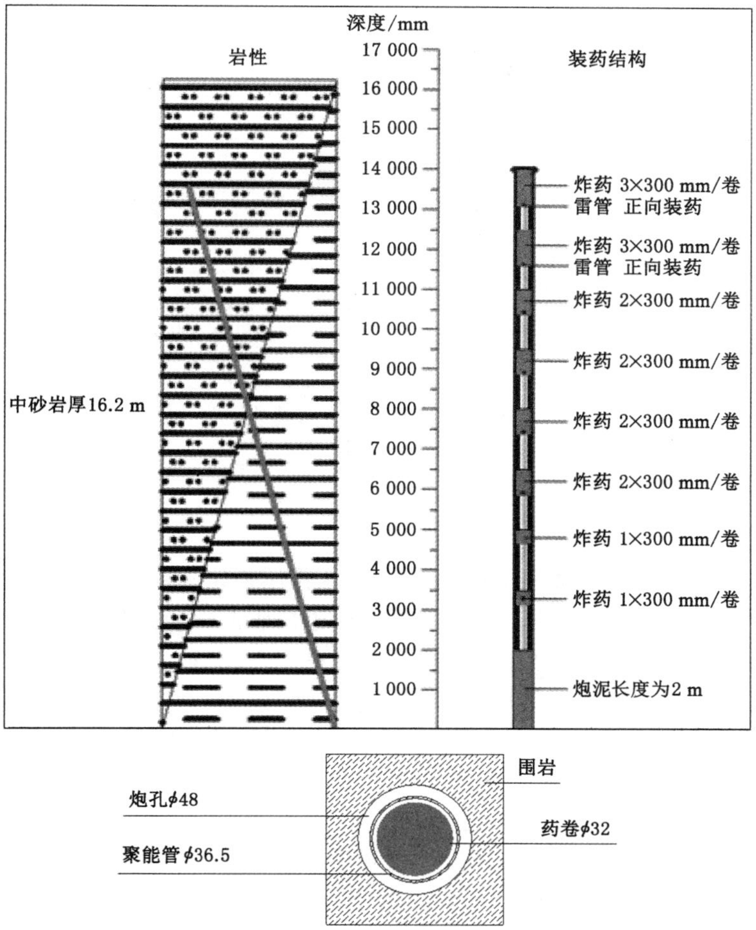

图 13　定向预裂爆破装药结构示意图

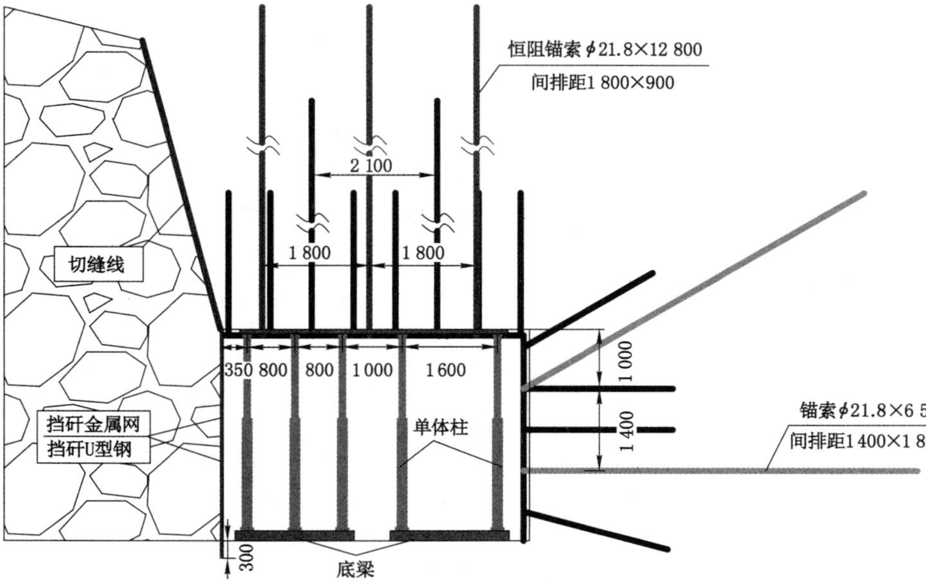

图 14　滞后临时支护断面图

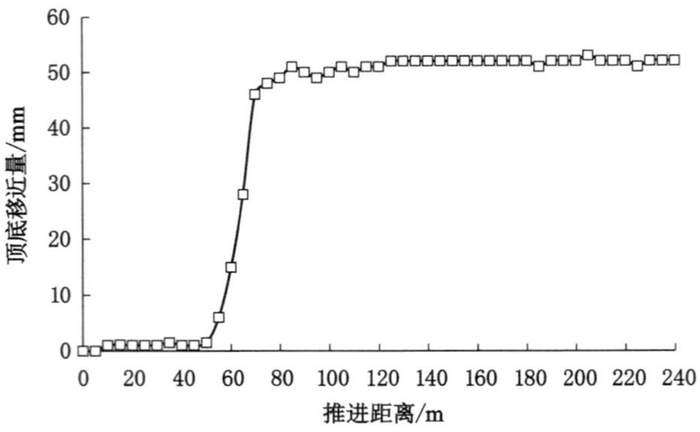

图 15　顶底板移近量曲线

5　结论

（1）针对厚煤层大采高坚硬顶板开采空间大、矿压作用复杂多变的问题，本文基于开挖补偿理论总结了工作面开采过程中巷道围岩的破坏机理，提出了保证厚煤层大采高坚硬顶板围岩稳定的基本思路，研发了适用于厚煤层坚硬顶板防控核心材料——NPR 高预应力锚索，并提出了厚煤层大采高坚硬顶板切顶卸压无煤柱开采技术。

（2）NPR 高预应力锚索具有“让中有抗，抗中有让，防断恒阻”的特性，其有效吸收能量是普通锚索的 6 倍。这表明了 NPR 高预应力锚索支护的吸能特性更优越，可满足现场围岩大变形能量吸收的防控要求。

（3）厚煤层大采高坚硬顶板切顶卸压无煤柱开采关键技术主要包括顶板定向切缝技术和矸石巷帮挡矸支护技术，可满足顶板的有效垮落与采空区的充分填充，保证自成巷道的稳定。

（4）针对厚煤层大采高坚硬顶板围岩控制技术开展的现场工程试验研究表明，采用 NPR 高预应力锚索及矸石巷帮挡矸支护系统支护围岩，显著减小了巷道围岩变形速率及变形量，取得了较好的围岩控制效果，证明了该技术及其工艺的合理性与可行性。

参考文献

［1］王琦，江贝，辛忠欣，等. 无煤柱自成巷三维地质力学模型试验系统研制与工程应用[J]. 岩石力学与工程学报，2020，39(8)：1582-1594.

［2］岳帅帅，谢生荣，陈冬冬，等. 15 m 特厚煤层综放高强度开采窄煤柱围岩控制研究[J]. 采矿与安全工程学报，2017，34(5)：905-913.

［3］刘垚鑫，高明仕，贺永亮，等. 倾斜特厚煤层综放沿空掘巷围岩稳定性研究[J]. 中国矿业大学学报，2021，50(6)：1051-1059.

［4］董合祥. 特厚煤层综放开采沿空掘巷窄煤柱围岩控制[J]. 采矿与岩层控制工程学报，2021，3(3)：28-38.

［5］郭重托. 特厚煤层迎采扰动沿空掘巷围岩控制技术研究[J]. 煤炭工程，2020，52(11)：42-46.

［6］马宏源，潘俊锋，席国军，等. 坚硬顶板强冲击工作面多巷交叉区域防冲技术[J]. 工矿自动化，2022，48(4)：121-127.

［7］郜阳. 坚硬顶板采场定向造缝覆岩三维破断特征及应力场演化规律[D]. 徐州：中国矿业大学，2021.

［8］李英杰，倪婷，左建平，等. 坚硬顶板定向水力压裂裂纹起裂机制及影响因素分析[J]. 岩石力学

与工程学报,2022,41(10):2015-2029.
[9] 王康,来兴平,郭俊兵,等.坚硬顶板特厚煤层综放面区段煤柱合理宽度研究[J].煤炭工程,2019,51(5):43-47.
[10] 霍丙杰,荆雪冬,于斌,等.坚硬顶板厚煤层采场来压强度分级预测方法研究[J].岩石力学与工程学报,2019,38(9):1828-1835.
[11] 卜庆为,涂敏,张向阳,等.采场厚硬顶板破断失稳与能量聚散演化研究[J].采矿与安全工程学报,2022,39(5):867-878.
[12] 杨俊哲,郑凯歌,王振荣,等.坚硬顶板动力灾害超前弱化治理技术[J].煤炭学报,2020,45(10):3371-3379.
[13] 孙闯,陈东旭,程耀辉,等.急倾斜煤层坚硬顶板塌落规律及控制研究[J].岩石力学与工程学报,2019,38(8):1647-1658.
[14] 董合祥,段宏飞,王亚军.特厚煤层坚硬顶板临空煤巷强矿压显现机理及控制技术[J].煤矿安全,2018,49(9):271-275.
[15] 弓培林,靳钟铭.大采高采场覆岩结构特征及运动规律研究[J].煤炭学报,2004,29(1):7-11.
[16] 何满潮.无煤柱自成巷开采理论与110工法[J].采矿与安全工程学报,2023,40(5):869-881.
[17] 潘俊锋,康红普,闫耀东,等.顶板"人造解放层"防治冲击地压方法、机理及应用[J].煤炭学报,2023,48(2):636-648.
[18] 杨胜利.基于中厚板理论的坚硬厚顶板破断致灾机制与控制研究[D].徐州:中国矿业大学,2019.
[19] 崔佐军,范小龙,马秉亮,等.特厚煤层坚硬顶板沿空巷道支-卸协同控制技术及实践[J].煤炭科技,2023,44(4):137-142,149.
[20] 于斌,邰阳,匡铁军,等.大空间采场远近场坚硬顶板井上下控制理论及技术体系[J].煤炭学报,2023,48(5):1875-1893.
[21] 马宏源,潘俊锋,席国军,等.坚硬顶板强冲击工作面多巷交叉区域防冲技术[J].工矿自动化,2022,48(4):121-127.

恒阻锚索非对称支护在泊江海子煤矿侏罗系复合顶板工作面末采期间的应用与效果

陆春辉[1]，陈阿峰[2]，吕士磊[1]，高翔[1]

（1. 平安煤矿瓦斯治理国家工程研究中心有限责任公司，安徽 淮南 232000；
2. 内蒙古银宏能源开发有限公司泊江海子煤矿，内蒙古 鄂尔多斯 010007）

摘　要　针对泊江海子煤矿113107工作面末采期间收作巷侏罗系复合顶板围岩发生非对称变形支护困难的问题，综合运用实验室试验、数值模拟和工业性试验等方法，对113107工作面软岩顶板围岩稳定性控制方案及支护参数进行了研究，恒阻锚索的非对称支护形式提高了巷道变形的均一性，保证了末采期间收作巷围岩的稳定和工作面设备的安全回撤，为类似工程实践提供了借鉴。

关键词　末采；复合顶板；围岩控制；非对称支护

1　引言

在矿井生产过程中，工作面的快速接替对于实现煤矿高效生产具有重要意义[1]。工作面推进进入末采阶段后，收作巷受超前支承压力的影响，矿压显现剧烈，围岩应力和变形速率相比正常回采期间明显增大。当收作巷围岩支护强度不足时，巷道会出现顶板下沉、片帮，甚至发生压架事故，而收作巷作为工作面设备回撤的必经通道，围岩失稳给综采设备回撤带来的危险性会严重影响工程进度和工作面的接替工作[2]。因此，必须针对不同末采矿压规律下的收作巷围岩变形机理进行巷道稳定性控制方法研究[3-7]，从而保证工作面收作的安全稳定。

本文基于泊江海子煤矿113107工作面末采期间侏罗系复合顶板易破碎冒落，且受采空区侧向应力影响顶板较难控制的问题，综合运用实验室试验、数值模拟、现场监测和工业性试验的方法，对末采期间软岩顶板工作面多重应力影响下的收作巷围岩稳定性控制方法进行了研究，得到了工作面末采矿压规律，提出了“锚杆＋锚索＋锚网＋恒阻锚索”的非对称梯度式支护的收作巷顶板控制技术，保证了收作期间工作面的安全稳定，为相似条件下工作面收作巷道围岩稳定性控制提供了参考。

2　工程概况

113107工作面北起系统大巷保护煤柱线，南至井田边界保护煤柱线，东邻113106工作面已回采完成。设计回采长度为2 760 m，开采3^{-1}煤层，煤层厚度为2.9～6.4 m，煤层倾角为0°～6°，项目研究期间已回采1 900余米，收作巷道长度为250 m。113107工作面平面布置如图1所示。

根据泊江海子煤矿地勘资料，该工作面煤层伪顶、直接顶岩性主要由泥岩、砂质泥岩、煤线组

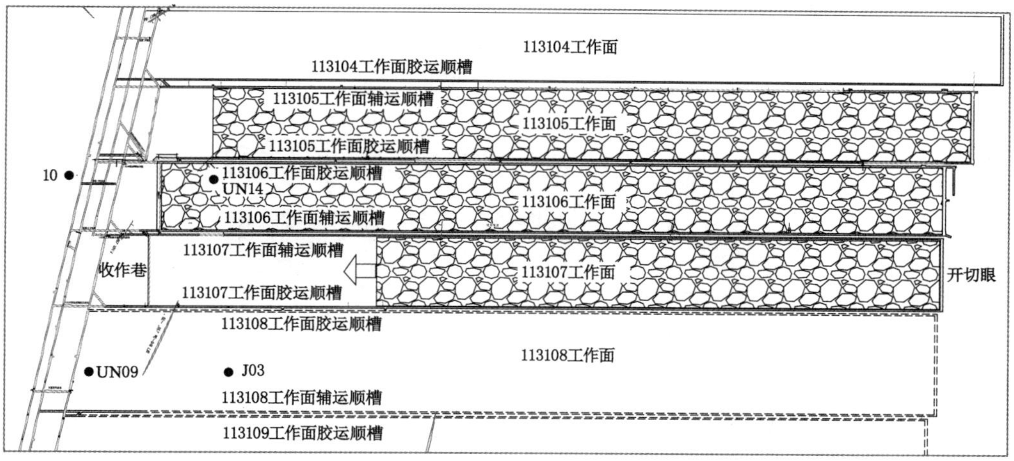

图 1　113107 工作面平面布置图

成，岩层层理发育，岩性脆，泥质或钙质胶结，遇水后强度下降明显，稳固性差。加之中生代侏罗系软岩黏土矿物含量高，含有大量的高岭石、伊/蒙混层矿物，整体表现为低应力软岩和节理化软岩。113107 工作面收作巷的顶底板岩性分布剖面图如图 2 所示。

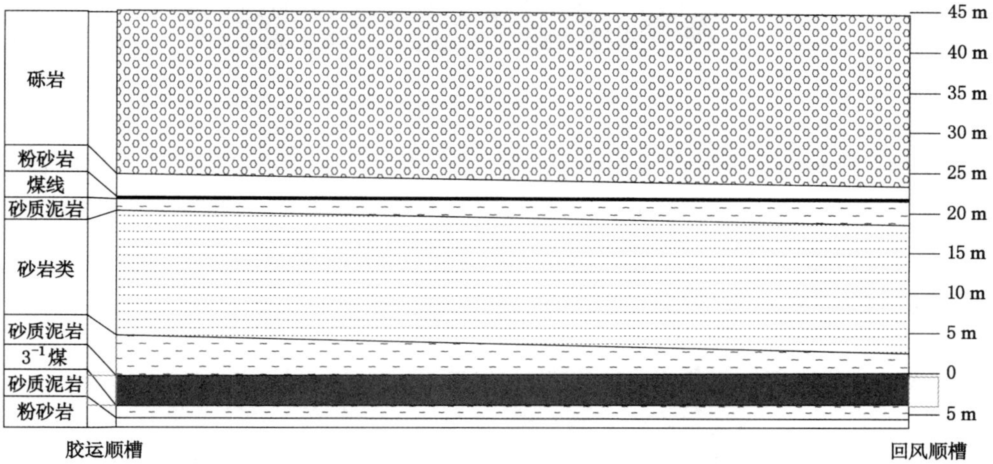

图 2　113107 工作面收作巷的顶底板岩性分布剖面图

3　收作巷关键位置及整体支护设计

工作面收作期间，巷道的支护形式及支护参数是影响围岩稳定性的关键因素。收作停采期间，工作面两巷在超前集中应力的持续作用下将会发生围岩蠕变，造成围岩大变形，影响装备回撤效率及安全生产。因此，工作面末采期间必须对巷道围岩实现有效控制。

根据工程实际，为确保末采期间支架回撤前短臂梁的稳定性，经模拟分析确定关键支护位置位于支架采空侧，该区域采用断面非对称锚索支护。另工作面回风顺槽东邻 113106 工作面采空区，受采空区侧向应力及工作面超前压力叠加影响，回风顺槽侧约 30 m 采场范围将受到集中应力影响，需要对此区域进行加强支护，采取倾向非对称加强支护，如图 3、图 4 所示。

综上，收作巷整体采用“长短锚索梁＋锚杆＋网”的支护形式，采用“断面短锚索＋走向长锚索”的长短交叉联合支护的方式，顺着收作巷的走向锚索布设三列，包括掘巷前在支架顶梁前端布设的

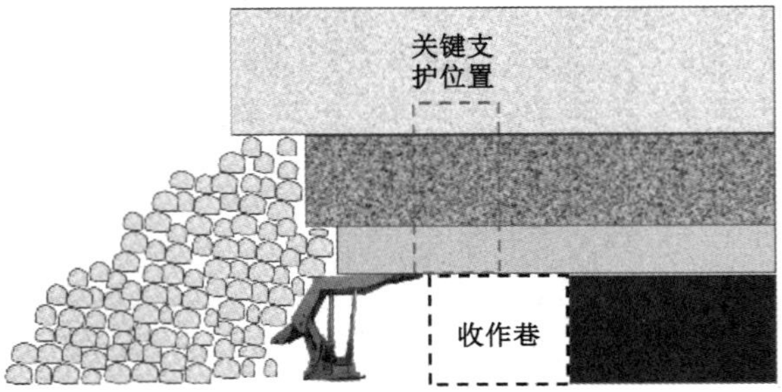

图 3　收作巷关键支护位置示意图

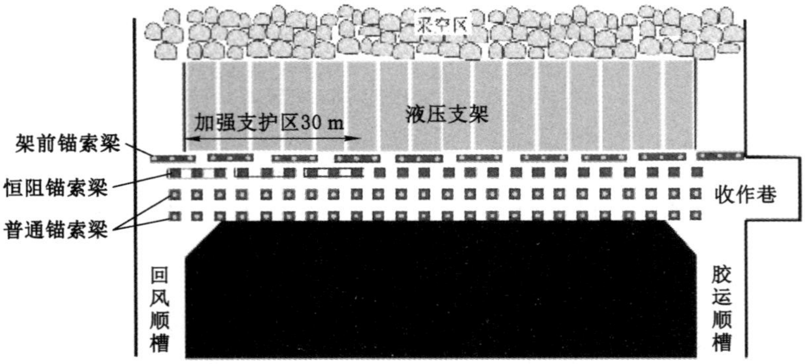

图 4　收作巷侧加强支护区域示意图

普通锚索梁及掘巷后在巷中线布设的普通锚索梁，以及在两列锚索梁中间布设的恒阻锚索梁。恒阻锚索梁主要划分为两个区段：回风巷侧加强支护 30 m 范围的槽钢恒阻锚索梁和正常段的 W 型钢带恒阻锚索梁。

4　支护参数设计优化数值分析

利用 FLAC3D 数值模拟软件建立计算模型，根据国内外相似工作面支护方案以及末采期间收作巷围岩控制实践经验，对普通锚杆索对称布置、加强锚索非对称支护及恒阻锚索非对称支护三种不同支护方案进行了模拟，对比分析不同支护方案对于收作巷稳定与围岩控制的效果。

普通锚杆＋普通锚索＋加强锚索的支护方式虽然可以在很大程度上提高顶板支护的强度，但是并不能适应顶板的变形，因此，基于恒阻锚索的“恒阻＋大变形”特性，提出采用恒阻锚索补强顶板的方式，提高顶板作为整体承载结构的强度和抗变形能力。恒阻锚索沿着巷道轴线布置，将其布置在靠近工作面采空区的一侧，介于两列加强锚索之间，可以最大限度地发挥恒阻锚索适应和抵抗顶板变形的能力。三种设计支护方案如图 5、图 6 所示。

通过对收作巷不同支护形式下围岩垂直应力分布研究得出：收作巷在普通锚杆索的支护作用下，受到采动引起的集中压力作用，在收作巷实体煤内部形成了采动超前支承压力集中区，最大压力值可达 21.4 MPa，与巷道煤帮的距离为 7.4 m，采空区压实承载过程中亦逐渐有应力的集中分布。在增加两列加强锚索支护后，从垂直应力分布情况来看，收作巷实体煤内的支撑压力集中区的最大压力值可达 19.7 MPa，与巷道煤帮的距离为 7.5 m。在增加临空侧恒阻锚索支护后，收作巷实体煤内的支撑压力集中区的最大压力值为 19.1 MPa，与巷道煤帮的距离为 7.6 m。

通过不同支护形式下收作巷顶板下沉量模拟研究，得到收作巷在不同支护形式下的顶板下沉变化规律（变形监测点与采空区的距离分别为 1 m、2 m 和 4 m），如图 7 所示。

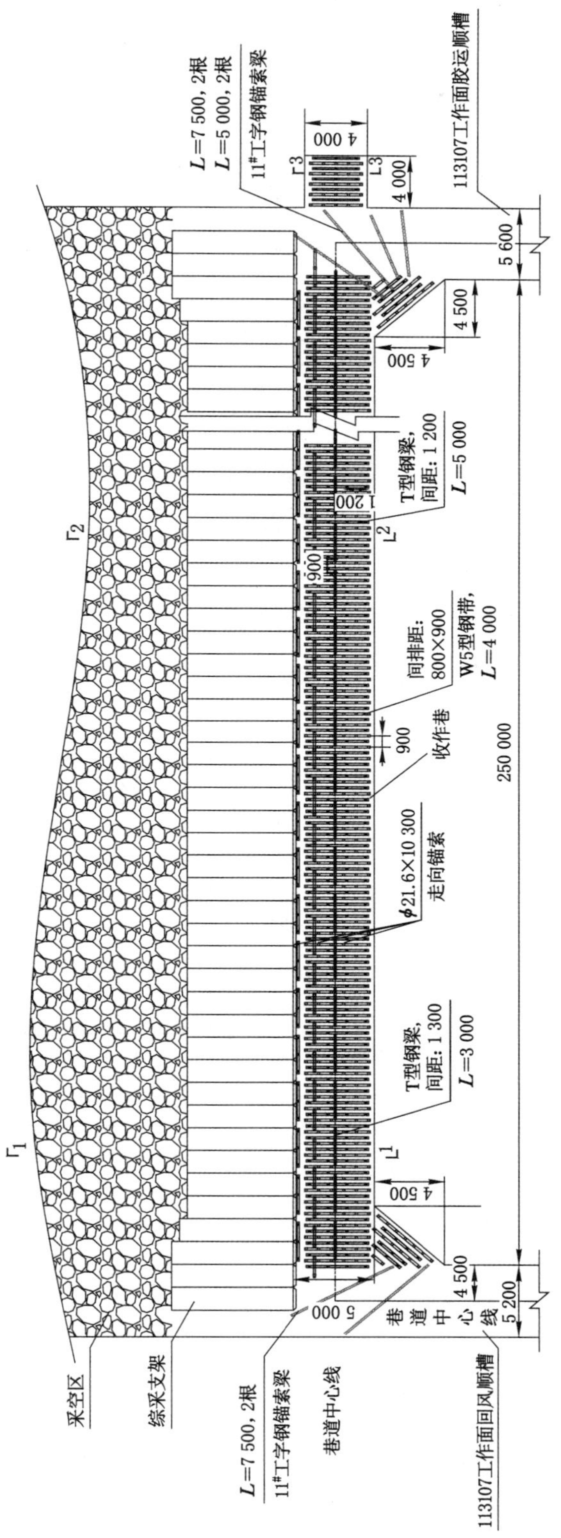

图5 收作巷支护整体强化设计

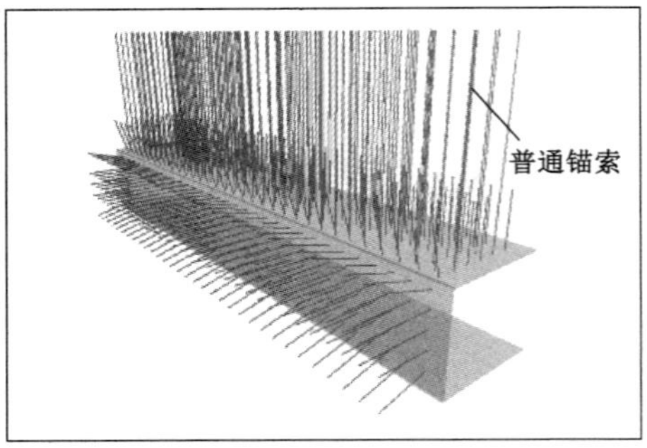

(a) 普通锚杆索对称布置

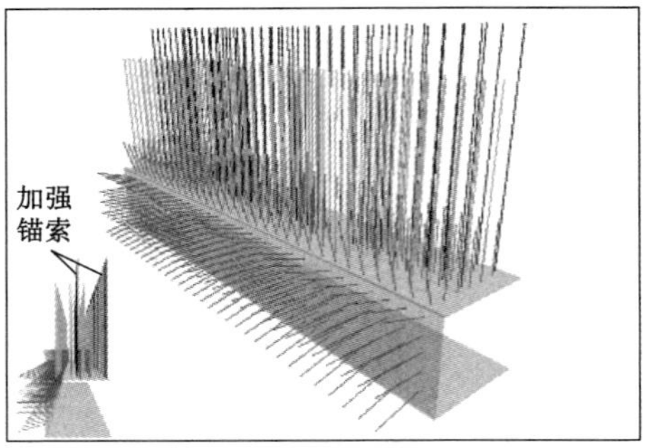

(b) 加强锚索非对称支护

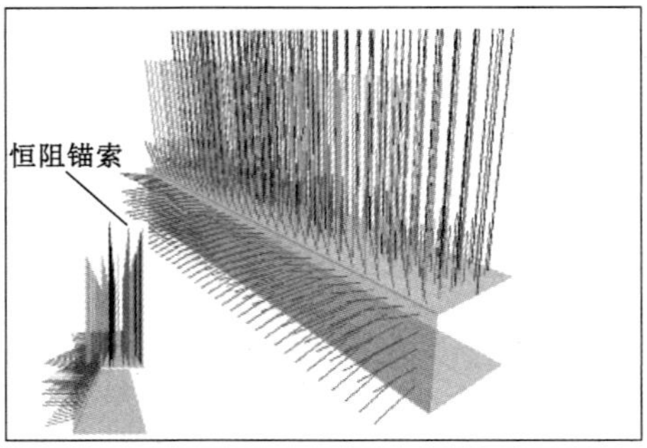

(c) 恒阻锚索非对称支护

图 6　不同支护方案设计示意图

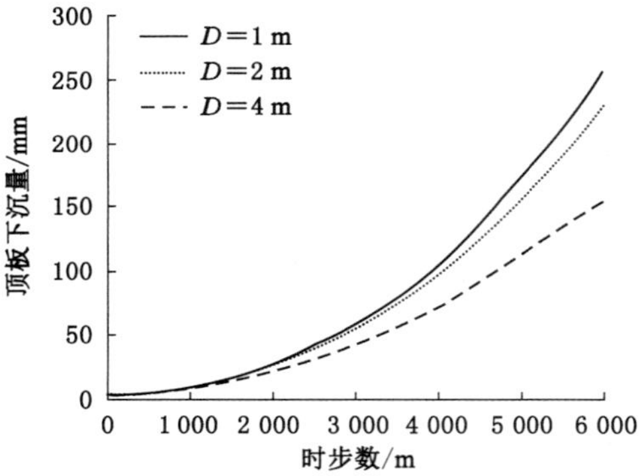

(a) 普通锚杆索

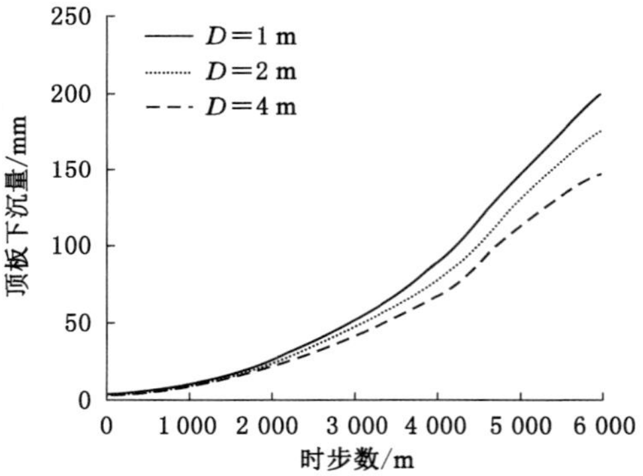

(b) 加强锚索

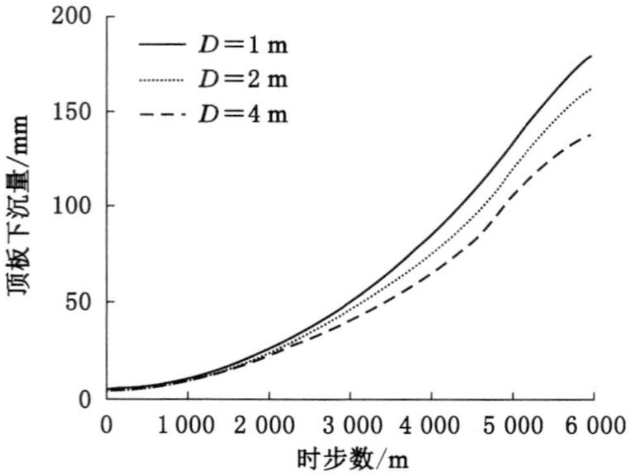

(c) 恒阻锚索

图 7　不同支护形式下收作巷顶板下沉量分布

由图 7 可知，越靠近采空区，顶板下沉量越大，采用普通锚杆索支护时，在距离采空区 1 m、2 m 和 4 m 位置上的顶板下沉量分别为 254.7 mm、228.8 mm 和 152.8 mm，巷道顶板下沉量较大。采用两列加强锚索补强支护后，巷道顶板下沉量较普通锚杆索支护明显降低，在距离采空区 1 m、2 m 和 4 m 位置上的顶板下沉量分别为 198.5 mm、175.5 mm 和 145.7 mm，对比普通锚杆索支护，巷道顶板下沉量分别降低了 56.2 mm、53.3 mm 和 7.1 mm，可见非对称锚索支护显著降低了巷道临空侧顶板下沉量。在收作巷的临空侧顶板继续增加一列恒阻锚索补强支护后，巷道顶板下沉量继续降低，在距离采空区 1 m、2 m 和 4 m 位置上的顶板下沉量分别为 178.3 mm、161.6 mm 和 137.3 mm，对比加强锚索支护，巷道顶板下沉量分别降低了 20.2 mm、13.9 mm 和 8.4 mm，可见恒阻锚索能够提高收作巷顶板的整体性，采用 2 列加强锚索＋1 列恒阻锚索的非对称支护方式，显著降低了巷道临空侧顶板下沉量，提高了巷道变形的均一性。恒阻锚索的非对称支护形式使顶板下沉量下降了约 30%，保障了复合顶板工作面末采期间顶板的有效控制，为支架安全回撤提供更大的可操作空间。

5 现场应用效果

收作巷顶板和帮部现场支护效果如图 8 所示。

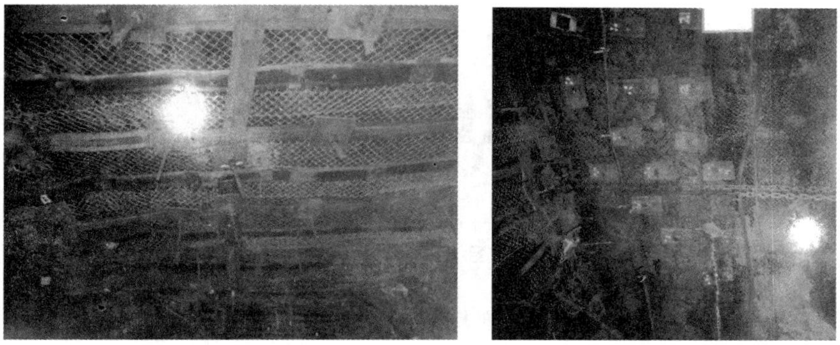

(a) 顶板　　(b) 帮部

图 8　收作巷现场支护效果

工作面停采期间对支架前后立柱高度进行了定期监测，为对比一致性，选择 113105 工作面末采停采期间的支架累计下缩量与 113107 工作面进行对比分析。图 9 为工作面末采停采期间支架累计下缩量变化情况图。

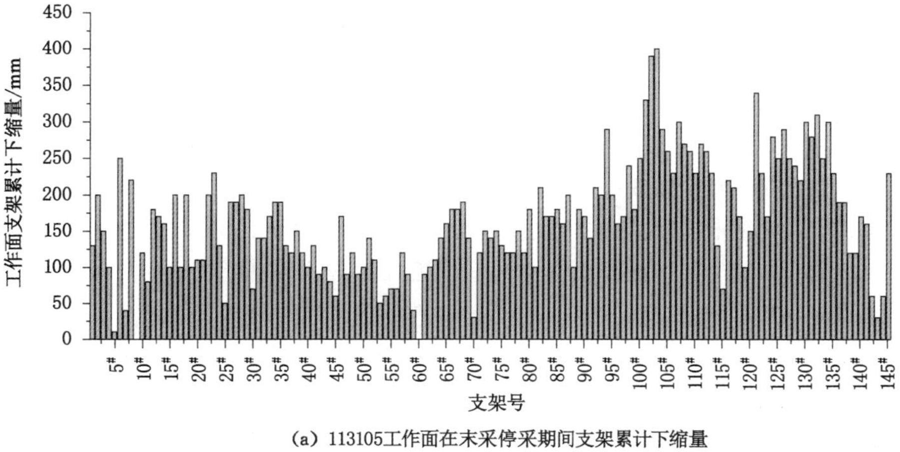

(a) 113105工作面在末采停采期间支架累计下缩量

图 9　工作面末采停采期间支架累计下缩量变化情况图

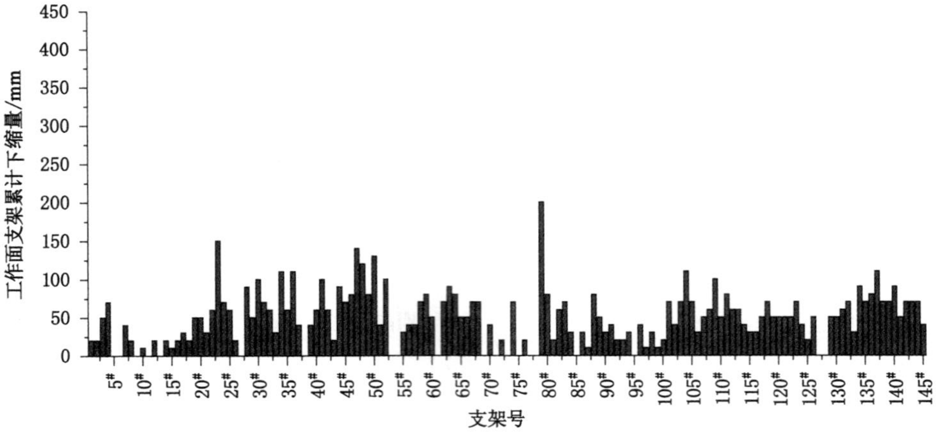

(b) 113107工作面在末采停采期间支架累计下缩量

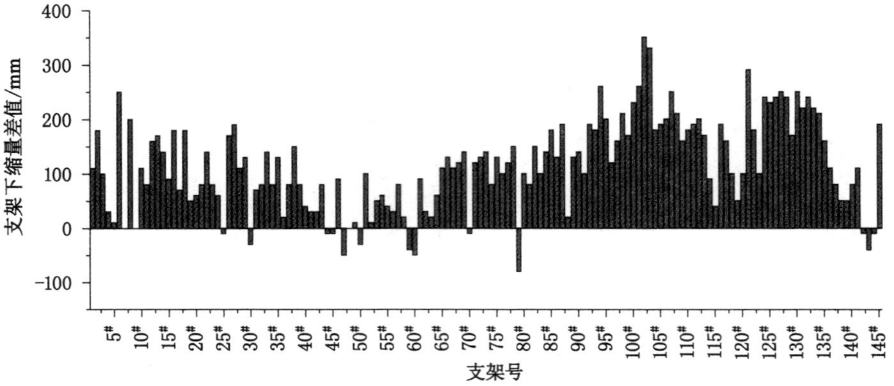

(c) 两工作面在末采停采期间支架累计下缩量差值

图 9(续)

由图 9 可以看出,113105 工作面在末采停采期间支架前立柱累计下缩量平均为 164 mm,113107 工作面末采停采期间支架前立柱累计下缩量为 47 mm,较 113105 工作面末采期间支架下缩量减小 117 mm,降低了 71%。

6 结论

(1) 工作面在上个来压结束后选择矿压显现相对较小的区段进行停采掘进和支护收作巷,便于收作巷顶板的稳定性控制。

(2) 恒阻锚索的非对称支护形式显著降低了巷道临空侧顶板下沉量,保障了复合顶板工作面末采期间顶板的有效控制,为支架安全回撤提供了更大的可操作空间。

(3) 现场实施非对称的梯度式支护的收作巷顶板控制技术后,113107 工作面末采停采期间支架累计下缩量较相邻 113105 工作面降低了 71%,顶板控制效果显著。

参考文献

[1] 王艳军.我国综采工作面设备搬家现状及发展趋势[J].煤炭技术,2010,29(4):7-9.

[2] 姚海,贾鑫.浅埋深厚煤层超长综采工作面贯通压架事故探析[J].煤炭科学技术,2017,45(增刊 2):77-81.

[3] 郑芳菲，孙中光，李少刚，等. 综采工作面末采阶段等压原理与顶板控制技术[J]. 矿业安全与环保，2015，42(2)：64-67.
[4] 杨仁树，李永亮，朱晔，等. 特殊条件下大采高工作面回撤通道稳定性控制研究[J]. 煤炭科学技术，2017，45 (1)：10-15.
[5] 李臣，郭晓菲，霍天宏，等. 预掘双回撤通道煤柱留设及其围岩稳定性控制[J]. 华中科技大学学报(自然科学版)，2021，49(4)：20-25.
[6] 王晓振，鞠金峰，许家林. 神东浅埋综采面末采段让压开采原理及应用[J]. 采矿与安全工程学报，2012，29(2)：151-156.
[7] 刘会利，郭彦科. 浅埋中厚煤层超长工作面末采矿压规律研究[J]. 煤炭工程，2021，53(3)：6-10.

大倾角综放工作面刮板输送机及支架控制技术研究

周伟，张伟，潘军

（淮北矿业（集团）有限责任公司生产装备分公司，安徽 淮北　235000）

摘　要　淮北矿业股份有限公司下属矿井综放工作面在回采过程中面临大倾角威胁，为了有效解决大倾角综放工作面支架和两部车控制理论研究与现场实践，提炼出综采放顶煤工作面两部刮板输送机和液压支架控制技术。提出设备控制平行四边形原理，经过理论计算得出支架调斜角计算方法，通过调斜角的控制达到支架和两部刮板输送机的平衡。通过对现场支架、刮板输送机调整的实践总结，提出了微调支架、单体靠架、使棚控顶等行之有效的综放工作面设备控制方法，以及调整过程中的安全管控重点，为综采放顶煤工作面安全高效生产提供了有力保障。

关键词　大倾角；刮板输送机控制；支架控制；平行四边形原理；调斜角

0　引言

煤矿综采放顶煤工作面（以下简称综放工作面）有着单产单效高、掘进率低、对煤层赋存起伏变化适应性强等优点，广泛应用于复杂条件下中厚、特厚煤层的开采。但因综放工作面煤顶下回采支架状态及两部车控制难度大，特别是在大倾角工作面回采过程中易发生大面积片漏、支架歪斜、两部车上窜下滑等，严重制约综放工作面安全高效生产。目前淮北矿业集团朱仙庄煤矿、芦岭煤矿、涡北煤矿、青东煤矿等多对矿井多个工作面采用综采放顶煤工艺回采，其中朱仙庄煤矿8煤层平均煤厚9 m左右、松软起伏变化较大、倾角大，采用综采放顶煤工艺开采具有较强的代表性。基于朱仙庄煤矿近年来Ⅱ831、Ⅱ851、Ⅱ830等多个综放工作面回采实践和理论研究，总结出一套行之有效的支架和两部车控制方法，为工作面安全高效生产提供了可靠保证。

1　综采放顶煤工艺

1.1　采煤工艺

综采放顶煤工作面采用走向长壁布置工作面；煤帮侧采煤机破煤，前部刮板输送机运煤；老塘侧利用支架尾梁摆动，插板伸缩放煤至后部刮板输送机运煤；采用综放液压支架支护顶板，保护两部刮板输送机。

1.2　工艺流程

收护帮→割煤→伸伸缩前梁→打开护帮→移前部刮板输送机→移架护顶→放顶煤→移后部刮板输送机。

1.3　设备布置

工作面内布置有综放液压支架（过渡支架）、前后部刮板输送机、采煤机，机巷布置有转载机、破碎机、带式输送机运煤，上下端头布置超前支架支护两巷顶板。综放工作面平面图如图1所示。

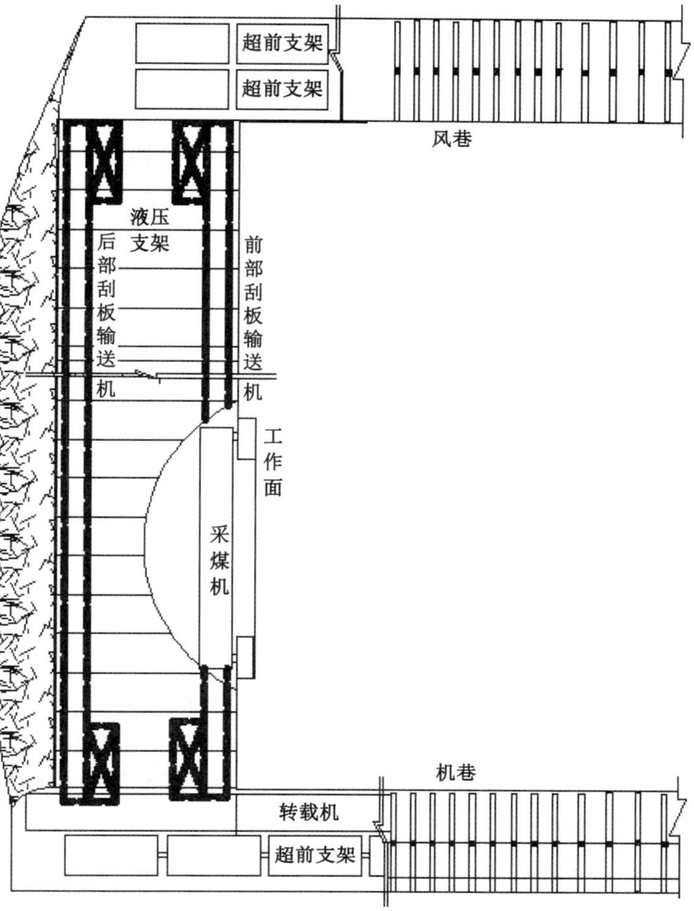

图1 综放工作面平面图

2 刮板输送机及支架控制原理

综采放顶煤刮板输送机和支架调整始终伴随着工作面回采的整个过程，刮板输送机和支架状态的好坏制约着煤矿安全高效生产。

刮板输送机的调整可以分为拉靠直接调整和在空间上利用平行四边形原理甩面控制。液压支架则跟随刮板输送机的调整进行调整，由于支架重量以及与底部接触面积大导致摩擦力大，往往造成支架自然(平行四边形原理)调整速度跟不上刮板输送机的调整速度，要想保证良好的支架状态就需要人工干预调整支架。现场通过支架侧护千斤顶、底调千斤顶、防倒防滑千斤顶等工具来调整支架，使支架上窜、下滑速度与刮板输送机保持一致。同时，支架调整速度慢也制约着刮板输送机的上窜、下滑，想要完美地控制刮板输送机和支架，就是要找到一个平衡点，这样才能保证支架正规、机头搭接合理。

3 刮板输送机机头调节方法

3.1 搭接状态

综放工作面两部刮板输送机机头与机巷转载机搭接状态可以分为合理搭接、机头过短、机头过长 3 种状态。

合理搭接主要表现在：刮板输送机落煤点在转载机溜槽中间，不出现转载机洒煤或刮板输送机带回头煤现象，同时又能保证支架与刮板输送机合适的高度(0.8～1.5 m)，如图 2(a)所示。

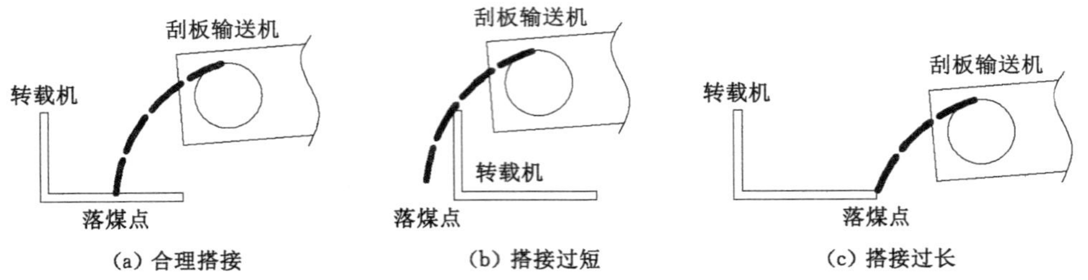

图 2　搭接状况

搭接过短主要表现在：刮板输送机落煤点不在转载机内，煤需要落到机头底板后滑落到转载机内，如图 2(b)所示。

搭接过长主要表现在：刮板输送机落煤点在转载机外侧，煤无法全部落入转载机内，如图 2(c)所示。

3.2　直接调整机头搭接方法

解决机头搭接最直接的方法就是靠转载机和控制机头高度，机头过短可向机巷上帮靠转载机并适当抬高刮板输送机机头，机头过长可向机巷下帮靠转载机并适当卧刮板输送机机头。

通过靠转载机及调整刮板输送机机头高度来保障搭接合理，是最快速、最直接解决搭接问题的方法，但往往在靠转载机的过程中可能导致人行道宽度不足、后路不畅、运输设备弯曲，在控制刮板输送机机头高度过程中可能导致下端头落差增大影响支护、支架压电机等次生隐患。同时这种方法最大的弊端是，它的调节空间是有限的，转载机的可调节范围在 1 m 左右，刮板输送机机头高度的调节范围在 0.5 m 左右，而往往在实际生产过程中机头上窜、下滑是持续不断的，如不从本质上查找原因来解决问题，这种直接调节方法远远达不到安全高效的生产要求，就需要通过甩面来调节机头搭接。

4　甩面控制刮板输送机及支架技术

4.1　甩面概念

所谓甩面，简单地讲就是对工作面机头、机尾进尺进行人为的控制，使其机头进尺明显大于(小于)机尾，从而改变工作面与两巷的夹角，达到控制工作面设备的目的。

4.2　甩面适应性

在复杂地质条件下，工作面两巷落差变化范围很大，往往造成工作面不等长布置，在整个回采期内，工作面的实际长度变化很大。以朱仙庄矿Ⅱ3 采区工作面为例，一般工作面长度变化在 3～5 m，最大可达 10 m 以上，这种情况下靠直接拉靠的方法调整刮板输送机机头很难完成，那么就需要通过甩面来完成刮板输送机的控制。甩面控制工作面设备是一个持续进行的过程，从理论上讲甩面控制工作面设备的范围是无限的，所以它的适应性很强。

4.3　甩面技术研究

由于煤层赋存条件不同，往往工作面布置时两巷高度不一样(一般风巷更高)，这就导致设备在自然状态下就有一个下滑的趋势，在工作面回采时都会有轻微滑动，在这里将工作面每回采一刀这个自然滑动距离称为平衡常数，用 L 表示。

我们将支架连接前后两部刮板输送机，简化成一个“平行四边形”的几何结构，通过甩面控制“平行四边形”与机巷的夹角，达到抵消平衡常数的目的，从而控制工作面刮板输送机及支架。简化平行四边形见图 3。

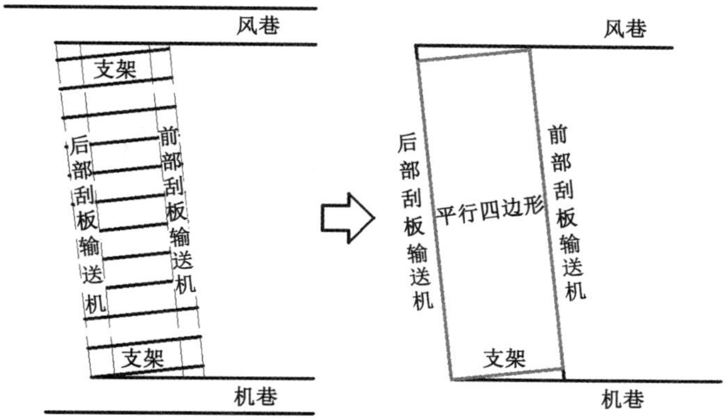

图 3　简化平行四边形

4.3.1　矩形模型计算

把支架和两部刮板输送机近似地看成矩形，两部刮板输送机与机巷夹角为 α，工作面每刀进尺为 d，几何模型见图 4。

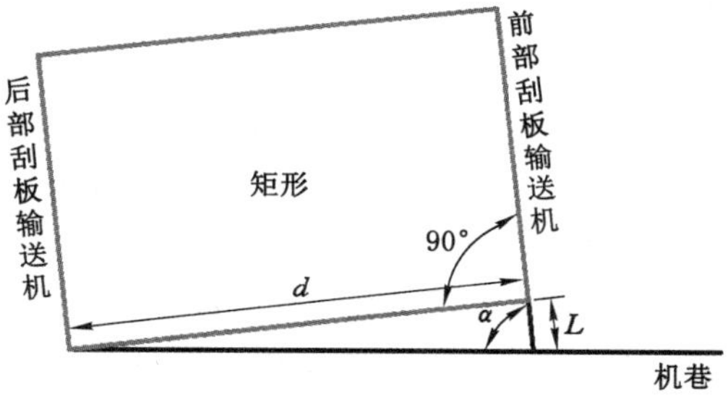

图 4　矩形计算模型

平衡状态：

$$L = d\tan\alpha \tag{1}$$

4.3.2　平行四边形模型计算

由于综放工作面支架与前部刮板输送机为硬连接，与后部刮板输送机为软连接，导致后部刮板输送机较前部刮板输送机更容易下滑，而前部刮板输送机较后部刮板输送机更容易上窜，那么就导致两部刮板输送机的平衡状态不一致，往往 $\alpha_{前}$ 小于 $\alpha_{后}$。

前部刮板输送机平衡状态：

$$L_{前} = d\tan\alpha_{前} \tag{2}$$

后部刮板输送机平衡状态：

$$L_{后} = d\tan\alpha_{后} \tag{3}$$

若想要达到支架和两部刮板输送机同时平衡，这时支架和两部车的关系就不能是垂直关系，要留有一定的调斜角 β，这个调斜角就是来平衡 $L_{前}$ 和 $L_{后}$ 的差值，计算模型如图 5 所示。

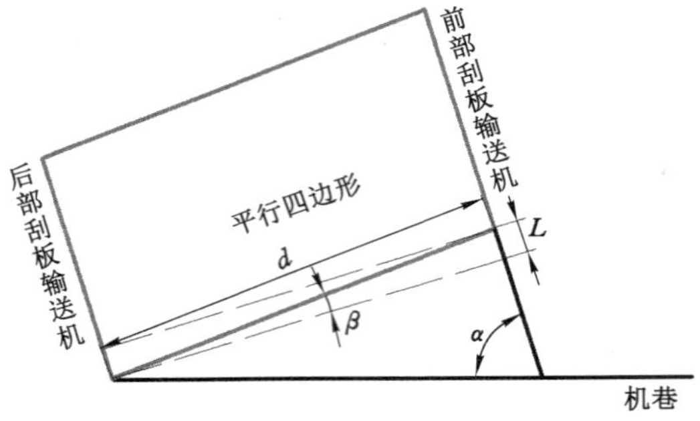

图 5　平行四边形计算模型

平衡状态：

$$L = d\sin\beta = L_{后} - L_{前} = d(\tan\alpha_{后} - \tan\alpha_{前}) \tag{4}$$

$$\sin\beta = \tan\alpha_{后} - \tan\alpha_{前} \tag{5}$$

$$\beta = \arcsin(\tan\alpha_{后} - \tan\alpha_{前}) \tag{6}$$

在实际生产过程中需要大量的观察总结来确定平衡状态下两部刮板输送机与机巷的夹角。根据朱仙庄煤矿生产实践，$\alpha_{前}$ 一般在 82°～85°之间，$\alpha_{后}$ 一般在 85°～87°之间。影响平衡角的因素有很多，比如摩擦系数、连接方式、推移方式等。通过平衡角来确定调斜角，最终找到最好的支架状态来达到平衡。

4.3.3　实际控制方法

甩面控制前、后两部刮板输送机上窜、下滑是一个动态的过程，不能简单死板地进行甩面。以工作面机头搭接需要通过甩面来使机头下滑为例说明：首先要甩机尾使后部刮板输送机与机巷夹角达到临界值 $\alpha_{后}$，这时后部刮板输送机开始下滑；后部刮板输送机开始下滑后开始大面积调整支架状态，使得支架与两部刮板输送机保持垂直，调整支架的同时前部刮板输送机开始下滑；前部刮板输送机开始下滑后，及时多进机头使工作面与机巷的夹角达到前部刮板输送机平衡角 $\alpha_{前}$；最后再调整支架使支架达到调斜角 β。简单点讲就是前、后部刮板输送机与支架形成的四边形从矩形到平行四边形再到近似矩形的过程。在甩面中支架调整伴随整个过程，那么如何快速有效地调整支架是甩面的核心和关键。

5　支架调整技术

前文中提到支架调整是综放工作面甩面的核心，同时也是工作面回采的关键。因此，调整支架对工作面顶板支护、割煤、移架等环节非常重要。

5.1　支架状态判定

一般综放工作面支架应排成一条直线，偏差不得超过 50 mm，支架中心距误差不超过 100 mm，架间间隙不超过 100 mm；支架侧护全部打开，支架接顶严实，顶梁平整，不应有明显错茬（不超过顶梁侧护板高度的 2/3）。

5.2　支架调整

工作面甩采、地质条件变化以及管理不当都会导致支架满足不了标准状态要求，此时必须对支架进行调整以满足生产要求。

（1）加装防倒防滑千斤顶。加装防倒防滑千斤顶可有效控制支架调斜，在大倾角工作面得到广泛应用。

(2) 侧护微调。每架支架都有侧护千斤顶，在相邻支架出现轻微落差或调斜，可以通过侧护打开或收缩来调节。

(3) 单体靠架。使用单体靠架往往使支架出现较大落差，简单地使用侧护已经不能把支架调正，这就需要使用单体支柱对支架进行调整。通过单体支柱打在架前侧护、架尾底座等方式远距离加压，强行将支架落差、侧护间隙靠到较好状态。单体支柱调架危险性较大，必须采取有效的防崩措施，操作要远距离，避免崩柱伤人。

5.3 大倾角综放工作面煤壁控制

工作面倾角大、煤层赋存条件复杂、煤厚变化快、顶板破碎。工作面顶板难以控制。煤壁易片、顶板易漏，且漏顶情况显现为极小的顶空面积(如支架架缝)便可引发漏顶，漏顶时间长，不易控制，漏顶时易抽空顶板，仰采时片帮、漏顶情况更明显。

解决方法：

(1) 加强注水。注水较适用此工作面，采取 6 架一眼，上、下端头与风巷超前打眼注水配合顺层空注水的方式，对工作面顶板控制有一定作用，其中上、下端头顶板控制效果明显。

(2) 面内施工加固玻璃钢锚杆。施工时间为工作面过断层期间，对顶板有一定的控制作用。

(3) 人工超前管理顶、帮。传统人工管理顶、帮的方法为人工临时管理，即大板过架缝，两开料做腿配合大板临时背帮，单体做腿背帮，打拖棚或人工正规使棚管理。优点为适用性好，开茬地点要求较低。

(4) 当工作面出现大面积支架歪斜、咬架、挤架时，就必须果断采用超前使棚控制顶板，如图 6 所示，保障在调架过程中顶板不出现大面积片漏，使支架能够进入顶板完好区域，从而保证支架能够升上劲，增加自持能力。这种方法通常在综放工作面或顶板破碎的工作面使用较多。

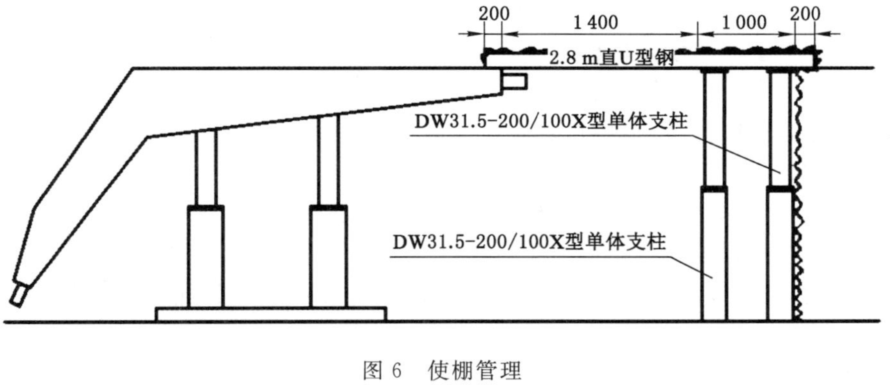

图 6 使棚管理

(5) 支架的调整重在日常管理，生产中要重点考核支架的初撑力、工作阻力，保证支架有很好的自持性，割煤后及时拉架护顶，保证顶板的完整性，同时做好支架的维护和液压系统的检修，保证设备的完好性。通过多方面的配合，最终保证支架状态在可控范围，避免使棚管理带来的安全隐患和生产影响。

5.4 大倾角综放工作面支架状态控制

(1) 限制放煤，防止抽空顶板，较少工作面片漏，尽量保持少量破底矸回采，确保工作面能够接实顶、底，对工作面支架状态的保持至关重要。

(2) 加强回采层位控制，最佳为少量破底矸，尽量避免丢底煤，严防矸石“上架头”。顶煤较薄、煤岩交界、顶矸较薄时均难以控制顶板。

(3) 支架顶梁前方有“十字头”，可连接防倒千斤顶，即调架千斤顶，用于支架防倒；底座后方的后调千斤顶安装好，用于支架防滑。

(4) 正确使用工作面液压支架上配用的调架装置，及时调整支撑状态，工作面倾角大于15°时，工作面机头、机尾三架要安上防倒防滑千斤顶。

(5) 基本支架每二架一组，在底座后和顶梁前端安设千斤顶用于调向和防倒防滑，移架时操作防倒防滑千斤顶将支架调平调正。

(6) 支架推溜千斤顶应与刮板输送机垂直，支架侧护板千斤顶应保持一定行程，以便及时调整支架状态。当支架有歪斜、下滑倾向时，应用单体液压支柱配合加压调架，操作时应远距离供液，人员必须躲在单体打滑情况下不会被弹伤的安全地点。在移架过程中，要注意观察顶板和支架情况，严禁挤架、咬架。

(7) 工作面确保机头超前机尾，防止工作面刮板输送机下窜。

(8) 为防止刮板输送机上窜、下滑，必须保证工作面推进时机巷超前风巷一定的距离。当工作面刮板输送机下滑时，首先保证自上而下的单向推溜，增加机巷超前风巷的距离；当工作面刮板输送机上窜时，要坚持自下而上的推溜顺序，同时进行甩面，适当增加或减少机巷超前风巷的距离。

6 总结

面对综放工作面机械化设备的发展，以及矿井向深部复杂地质条件延伸，机械化设备在狭小工作面的有效控制就显得颇为重要。采取合理地甩面、支架调斜角的控制、支架的及时调整等技术手段，能够有效快速地控制工作面设备，大大提高工作面生产效率，减轻职工劳动强度，同时更重要的是为生产提供安全保障。

参考文献

[1] 方新秋，何杰，李海潮. 软煤综放面煤壁片帮机理及防治研究[J]. 中国矿业大学学报，2009，38(5)：640-644.

[2] 高明仕，郭春生，李江锋，等. 厚层松软复合顶板煤巷梯次支护力学原理及应用[J]. 中国矿业大学学报，2011，40(3)：333-338.

[3] 何满潮，钱七虎，等. 深部岩体力学基础[M]. 北京：科学出版社，2010.

[4] 煤炭信息研究院. 煤矿安全生产标准化检查指南[M]. 北京：煤炭工业出版社. 2018.

[5] 南培珠，房姗姗，王金安. 松软破碎煤巷锚网支护关键参数识别与优化[J]. 煤炭学报，2009，34(8)：1037-1042.

[6] 钱鸣高，石平五. 矿山压力与岩层控制[M]. 徐州：中国矿业大学出版社，2004.

[7] 邱忠明. 试探采矿工艺技术改造[J]. 中国集体经济，2011(12)：187.

[8] 杨秉胜. 浅谈采矿工艺技术在采矿作业中的应用[J]. 民营科技，2014(2)：177.

复杂应力条件下孤岛工作面冲击地压防治研究

王瑞，乔振长，杨龙

（山东能源新矿集团孙村煤矿，山东 新泰 271219）

摘　要　孙村煤矿作为一个百年老矿，2020年核定生产能力为110万t/a，主采2、4、6、11煤层，2、4煤层为冲击地压煤层，顶板具有强冲击倾向性，煤层具有弱冲击倾向性。2021年12月31日停止了千米以深所有采掘工作面，采场转移到浅部，浅部资源多为找煤扩量的不规则边角煤柱及孤岛工作面，受下伏、上覆、本层采空区、煤柱与断层地质构造、超前应力叠加影响易导致应力集中现象。首先对孤岛工作面进行安全开采论证和冲击危险性评价，划分冲击危险区；其次通过主动CT反演得出的冲击危险区结论与冲击危险区域划分等级基本一致；最后通过爆破断顶卸压、加密卸压孔间距和深度、加密钻屑孔施工频度和CT反演周期，降低了工作面的冲击危险性，实现孤岛工作面的安全生产。

关键词　冲击地压；复杂应力；孤岛工作面；应力叠加；主动CT反演

0　引言

孙村煤矿作为一个百年老矿，1948年投产，设计生产能力为60万t/a，2020年核定生产能力为110万t/a，采用立斜井多水平混合开拓方式，共划分−75 m、−210 m、−400 m、−600 m、−800 m、−1 100 m六个水平，现生产水平为−400 m、−800 m两个水平，可采煤层7层，分别为2、3、4、6、11、13、15煤层，现主采2、4、6、11煤层，矿井为冲击地压矿井，其中2、4煤层为冲击地压煤层，顶板具有强冲击倾向性[1]，煤层具有弱冲击倾向性。2021年12月31日停止了千米以深所有采掘工作面，采场转移到浅部，浅部资源多为找煤扩量的不规则边角煤柱或孤岛工作面，受下伏、上覆、本层采空区、煤柱与断层地质构造、超前应力叠加影响易导致应力集中现象，研究孤岛工作面冲击地压防治技术对衰老矿井找煤扩量、提高经济效益具有重大意义。首先，对孤岛工作面进行安全开采论证和冲击危险性评价，划分冲击危险区；其次，通过主动CT反演得出的冲击危险区结论与冲击危险区域划分等级基本一致；最后，通过爆破断顶卸压、加密卸压孔间距和深度、加密钻屑孔施工频度和CT反演周期，降低了工作面的冲击危险性，通过坚持落实“强监测，强卸压，强支护”的防冲理念[2]，实现了防冲工作由措施型向工程型、局部治理向区域治理、生产过程治理向超前治理的“三个转变”，确保实现孤岛工作面的安全生产。

1　2212工作面简介

2212工作面位于−400 m水平二采区，走向长平均为205 m，平均倾斜长为260 m，西邻三采区3211、3210、3209水砂充填采空区；东邻二采区2211、2209、2208水砂充填采空区；北部为实体煤；南邻－400 m短壁联采密实充填区；工作面属于三面环空的孤岛工作面，具有较高的冲击危险性。

2煤直接顶为厚度2～3 m的粉砂岩，深灰色、易碎、不含水、层理较发育，向上渐变为中粒砂岩，灰白色、坚硬、局部呈条带状；基本顶为厚5～6 m的砂岩，灰白色、中粒、钙质、致密坚硬、含水性弱、中厚层理；直接底为厚2.5～5.0 m的砂岩，灰白色，向下渐变为灰色粉砂岩；煤层厚度为2.5～3.0 m，平均厚度为2.8 m。煤层稳定，结构复杂，含夹矸1～2层，变异系数为23.4%，可采指数为1，煤层倾角平均为19.5°；工作面标高为－265.12～347.7 m，地面标高为＋173.6 m，最大埋深为521.35 m。

2 2212工作面冲击危险性及主要致灾因素

(1) 煤层具有弱冲击倾向性，顶板具有强冲击倾向性，具有冲击倾向的煤岩易积聚较多的弹性变形能，从而发生冲击。

(2) 煤层最大埋深约为521.35 m，地应力高，垂直地应力远超过煤的自身抗压强度，具备了冲击的应力条件[3]。

(3) 工作面南侧为连采连充区域(2019—2020年)，西侧为三采区3211、3210、3209水砂充填采空区，东侧为二采区2211、2209、2208水砂充填采空区，上述采空区形成50 a左右，采用水砂充填开采，工作面为三面环空的孤岛工作面，具有形成应力集中的条件。

(4) 2212工作面上巷为沿空留巷，下巷为实体煤布置；工作面东西两侧与水砂充填采空区留2～5 m小煤柱护巷；区段煤柱影响相对较小。但在工作面开采末期，面向采空区推采且终采线为－400 m二层充填运煤上山不留煤柱，根据数值模拟显示，随着工作面的推采，当煤柱尺寸小于50 m时，马鞍型应力分布在逐渐转化，两端应力峰值升高，中间鞍部应力在逐渐上升；当煤柱尺寸为30～50 m时，应力分布转化为单峰型，煤柱内应力集中程度较大。因此，在末采期间具有较大冲击危险性，甚至有煤柱失稳整体冲击风险[4]，应作为工作面的重点管控区域。

3 2212工作面冲击地压防治技术

3.1 冲击地压监测预警

(1) 2212工作面安装了区域与局部相结合的冲击地压监测预警系统，区域监测采用ARAMIS微震监测系统[5]进行，工作面附近1 000 m范围内拾震仪及探头布置不小于4个，局部监测采用KJ24应力在线监测系统对工作面进行应力在线实时监测，动态掌握应力变化趋势，提前对应力异常区域进行卸压，保证回采安全。

(2) 钻屑法监测方案：钻屑法是指通过在煤层中打直径为42 mm的钻孔，根据排出的煤粉量变化规律以及打钻过程中的有关动力效应鉴别冲击危险的一种方法，可作为冲击地压危险监测和解危措施实施效果的检验方法。

① 工作面平巷的两帮在超前100 m范围内进行钻屑法监测，钻孔垂直于煤壁，孔口距底板0.5～1.5 m，仰角沿煤层倾斜角度，平行于煤岩层面，孔深为10 m。

② 弱冲击危险区：生产帮在超前工作面25 m、55 m、85 m处各施工1个钻孔，非生产帮在超前工作面10 m、40 m、70 m、100 m处各施工1个钻孔，钻孔间距为30 m，间隔3 d监测一次。

③ 中等冲击危险区：生产帮在超前工作面25 m、50 m、75 m、100 m处各施工1个钻孔，非生产帮在超前工作面25 m、50 m、75 m、100 m处各施工1个钻孔，钻孔间距为25 m，间隔2 d监测一次。

④ 末采期间(60 m范围)加强钻屑量监测频率，监测频率按照间隔1 d进行一次监测。

⑤ 钻屑法监测预警指标：孔深1～3 m煤粉指标为2.5 kg/m；孔深4～6 m煤粉指标为4.0 kg/m；孔深7～9 m煤粉指标为7.9 kg/m；孔深10 m煤粉指标为7.7 kg/m。

3.2　2212工作面超前预卸压[4]

（1）工作面回采期间卸压方案：钻孔直径为150 mm，钻孔深度不小于15 m，开孔距底板0.5～1.5 m，钻孔施工范围为两顺槽超前工作面不小于200 m范围的两帮，采空侧（充填体帮）不施工。弱冲击危险区孔间距不超过3 m，中等冲击危险区孔间距不超过2 m。

（2）末采60 m范围内两顺槽采取强化卸压措施：卸压钻孔间距减小为1 m，帮部卸压钻孔加深至不小于20 m，解危钻孔相应加深至不小于25 m。

（3）对于－400 m二层充填运输上山，在工作面距离该巷道150 m前对该巷道采取大直径钻孔卸压措施，同时封闭前对－400 m二层充填运输上山生产帮侧施工大直径钻孔，钻孔直径为150 mm，孔深不小于25 m，钻孔倾角与煤层一致，垂直巷道走向、平行于煤层层面进行施工，孔间距不超过2 m。施工过程中应保证施工质量，若出现塌孔等现象，应对该位置进行补打或套孔作业，并对周边卸压孔加密布置，使煤柱在回采末期充分卸压。

3.3　爆破断顶防冲方案

（1）2212工作面上方约17 m位置为16.16 m厚的砂岩，为关键层，工作面回采期间影响较大，需要进行断顶处理。

（2）2212工作面上平巷为沿空留巷，无煤柱留设，可不进行走向断顶。在工作面上平巷和下平巷两巷切眼上头及距切眼上头8 m位置进行倾向爆破断顶；在工作面上平巷和下平巷终采线前50 m范围进行倾向爆破断顶。断顶爆破应在回采前完成。顶板处理高度根据工作面钻孔显示的顶板结构确定。

（3）顶板爆破倾向孔：工作面初采及末采期间在2212上、下平巷顶角施工，爆破孔走向垂直于工作面走向，每组两个爆破孔，呈扇形布置；倾向孔主要作用为对工作面顶板进行爆破，顶板随工作面推进而垮落，对工作面后方顶板形成支承作用。

（4）2212工作面爆破孔布置见图1，爆破孔参数见表1和表2。所用水胶炸药装药管外径为（63±1）mm；装药管长度为（1 000±10）mm；主装药密度为0.90～1.25 g/cm^3，线装药密度不小于2 kg/m。

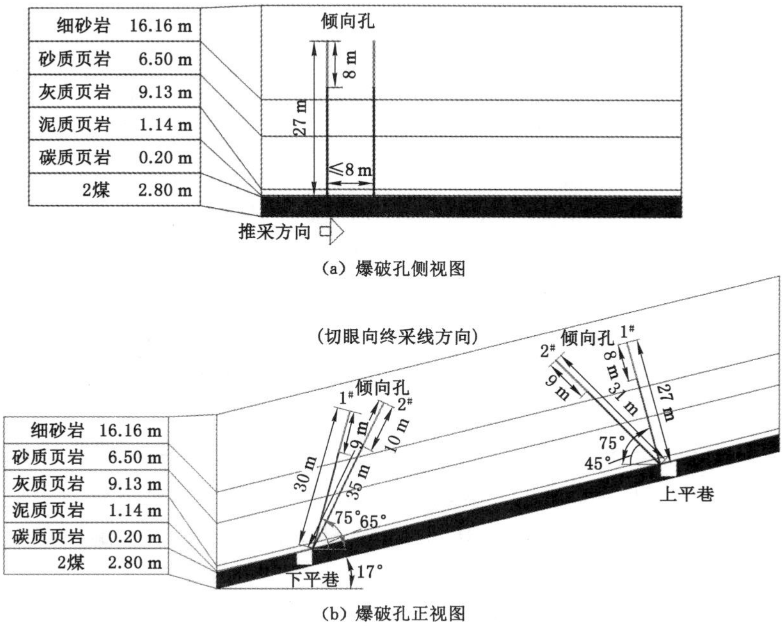

图1　2212工作面爆破断顶示意图

表1　2212工作面上平巷爆破断顶钻孔参数表

参数	孔名称	
	上平巷倾向孔	
	1#	2#
钻孔总长度/m	27	31
倾角(正视图)/(°)	75	45
倾角(侧视图)/(°)	90	90
装药段长度/m	8	9
封孔段长度/m	19	22
钻孔直径/mm	75	75
间距/m	不大于8	
开孔位置	工作面侧帮部或靠近帮部的顶板(具体位置视现场施工条件而定)	
炸药型号	水胶炸药;装药管外径为(63±1)mm;装药管长度为(1 000±10)mm;主装药密度为0.90～1.25 g/cm^3	

表2　2212工作面下平巷爆破断顶钻孔参数表

参数	孔名称	
	下平巷倾向孔	
	1#	2#
钻孔总长度/m	30	35
倾角(正视图)/(°)	75	65
倾角(侧视图)/(°)	90	90
装药段长度/m	9	10
封孔段长度/m	21	25
钻孔直径/mm	75	75
间距/m	不大于8	
开孔位置	工作面侧帮部或靠近帮部的顶板(具体位置视现场施工条件而定)	
炸药型号	水胶炸药;装药管外径为(63±1)mm;装药管长度为(1 000±10)mm;主装药密度为0.90～1.25 g/cm^3	

① 上平巷倾向孔:孔径为75 mm,间距不大于8 m。45°倾角钻孔,钻孔总长度为31 m,装药段总长度为9 m,封孔总长度为22 m;75°倾角钻孔,钻孔总长度为27 m,装药段总长度为8 m,封孔总长度为19 m。

② 下平巷倾向孔:孔径为75 mm,间距不大于8 m。65°倾角钻孔,钻孔总长度为35 m,装药段总长度为10 m,封孔总长度为25 m;75°倾角钻孔,钻孔总长度为30 m,装药段总长度为9 m,封孔总长度为21 m。

(5) 微震监测系统定位分析。通过ARAMIS微震监测系统对爆破断顶产生的震动波进行监测定位分析,2022年9月15日20:41:04在2212工作面切眼上头爆破的断顶孔,定位位置在切眼以下20 m处,标高为203 m,能量为1.4×10^3 J,符合微震监测系统定位精度要求。

4　强支护措施

(1) 超前支护采用单元支架(ZQ4000/18/36)和单列式超前支架(ZQ4000/16/30D)支护,按照中心距每 6 m 安设一组，超前支护距离从工作面煤壁起向外总支护长度不小于 120 m。

(2) 在回采前应对上、下平巷进行补打锚索加强支护，锚索直径不低于 ϕ22 mm，锚索长度不小于 6 300 mm，材质为高强锚索或注浆锚索，锚索间排距可根据现场锚杆支护情况和顶板情况确定，末采 30 m 及三岔门范围内应补充桁架支护，以增强支护力和护表能力，增强围岩整体性，局部围岩破碎段增加可缩性钢棚支护。

5 震动波 CT 反演探测

(1) 2212 工作面轨道平巷共施工 22 个主动激发点，爆破源范围为切眼向外 200 m，爆破孔间距为 8 m，孔深为 2 m，装药量为 150 g，封孔长度为 1 m；接收探头布设在运输平巷，间距为 18 m，共布置 11 个探头。

(2) 激发爆破及爆破孔参数要求：

① 爆破孔孔深为 2 m，孔径为 44 mm，爆破孔距底板 1.2～1.5 m，平行于煤层顶底板，并垂直于巷帮。

② 每孔装药量为 150 g，使用爆破泥封孔，封孔长度不小于 1 m。

③ 震动波收集启动方法为短断触发，每次装药时，需将细导线缠绕于炸药端，用胶带缠绕结实，保证炸药爆炸时将细导线炸断，将细导线的两端引出爆破孔口与信号线的两端连接。

④ 按照爆破孔编号顺序一爆破一放，放完一爆破后需要 1～2 min 的接收时间。

(3) 接收端参数要求如下：

① 将探头固定在帮部锚杆上。

② 受现场条件影响，探头设计安装位置与现场位置不能对应时，选取最近锚杆，误差不得超过 1 m。

③ 要求锚杆平行于煤层顶底板，并垂直于巷帮，高度为 1.2～1.5 m，所有探头安装锚杆尽量处在同一平面上。

(4) 爆破过程如下：

① 将探测设备运送至接收端锚杆处，首先在 1# ～12# 锚杆上安装并调试；将所需爆破材料由专业爆破人员运至激发端爆破孔处，并做好爆破前准备工作；将通信线路绕过切眼将激发端与接收端进行连接。

② 听从接收端人员发出的爆破信号，进行一爆破一放，探测区域爆破顺序依次为 1，2，…，22，共 22 炮，每次爆破后都将有 1～2 min 数据传输时间。

(5) 反演分析。

探测区域冲击危险区总体划分：2212 工作面探测区域冲击危险性指数 C 分布图，以绿色到红色从小到大来代表探测区域内冲击危险性指数，C 最大值为 1、最小值为 0。根据冲击危险性指数分布情况，划分 2212 工作面探测区域煤岩层冲击危险区域，分别用洋红色、蓝色阴影线表示具有中等、弱冲击危险的区域。2212 工作面运输平巷附近存在 1 处中等冲击危险区域、2 处弱冲击危险区域；2212 轨道平巷附近存在 2 处中等冲击危险区域、3 处弱冲击危险区域；充填运煤上山存在 1 处弱冲击危险区域。

巷道冲击危险区域划定：根据实测煤岩层冲击危险区域分布范围及其至巷帮的距离，初步划定了 2212 工作面探测区域巷道冲击危险区域，通过主动波 CT 反演得到的应力异常区与防冲评价划定的冲击危险区基本吻合。

(6) 微震事件分析。

2212 工作面回采期间微震事件监测数据如表 3 和图 2 所示，共发生微震事件 1 875 个，微震事件能量级别集中在 100 J 及以下，未发生超预警值事件。

表 3　2212 工作面 2023 年 1—7 月微震事件统计表

工作面	能量级别/J				频次合计
	10	100	1 000	10 000	
频次	476	1 350	49	0	1 875

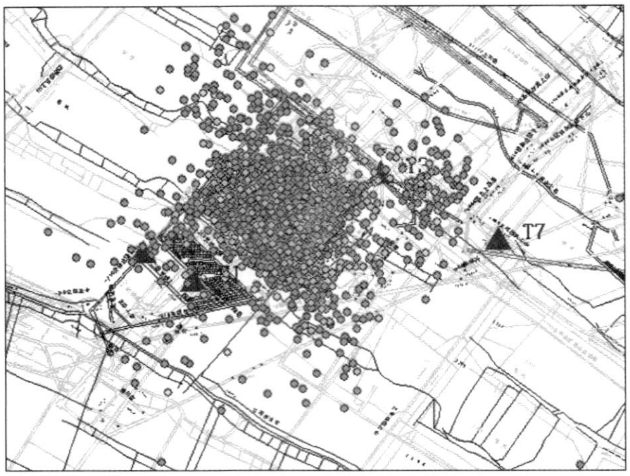

(a) 平面图

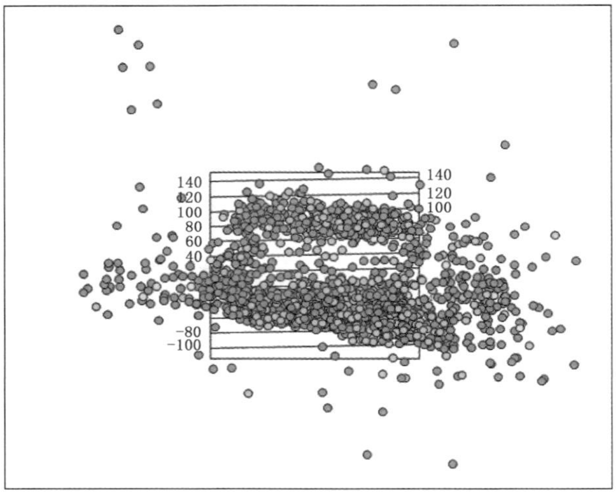

(b) 剖面图

图 2　2212 工作面回采期间微震事件分布图

根据工作面回采期间钻屑法、应力在线监测数据，未出现超预警情况，回采期间未发生支架严重破坏、巷道大变形、锚杆脱锚等明显矿压显现情况。

工作面在推采过程中受初采、末采煤柱影响明显。

① 工作面推采至初次来压位置。工作面初次来压期间共监测到能量大于 100 J 的微震事件 84 个，总能量为 2×10^4 J，最大能量为 1.1×10^3 J，主要受切眼位置断层及煤柱影响，初次来压期间微震活动整体较弱。

② 工作面初采和末采微震事件。工作面初采期间共监测到能量大于 100 J 的微震事件 414 个，总能量为 1.5×10^5 J，最大能量为 5.4×10^3 J；末采期间共监测到能量大于 100 J 的微震事件 148 个，总能量为 3.1×10^4 J，最大能量为 7.8×10^2 J。工作面初采、末采期间微震事件分布平面图如图 3 所示。

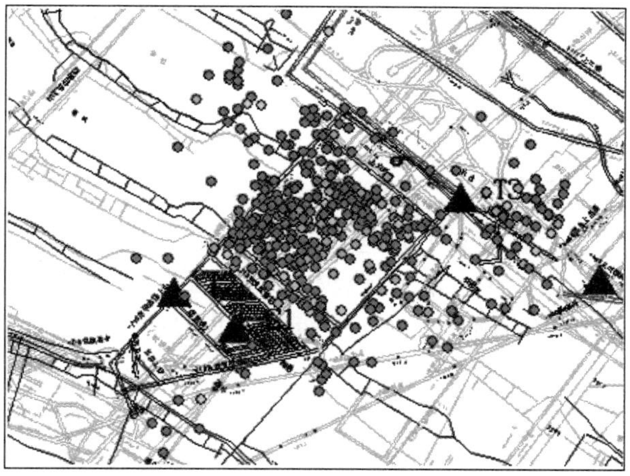

(a) 初采期间

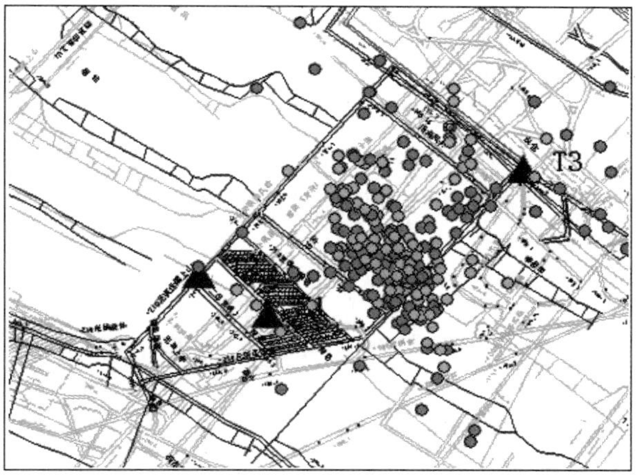

(b) 末采期间

图 3　工作面初采、末采期间微震事件分布平面图

2212 工作面埋深浅，虽然是三面环空的孤岛工作面，但是周边采空区均为充填开采，顶板运动不明显。因此，回采期间微震事件总能量和最大能量普遍较低，回采过程整体较为平稳，主要受末采煤柱影响较为明显，尤其是 6 月 29 日 2212 工作面共收到微震事件 104 次，微震事件总能量为 1.7×10^4 J，单事件最大值为 9.5×10^2 J，震级为 0.6 级，事件主要集中在工作面外切眼巷中，经过微震监测判定工作面无冲击危险。6 月 29 日微震事件分布平面图如图 4 所示。

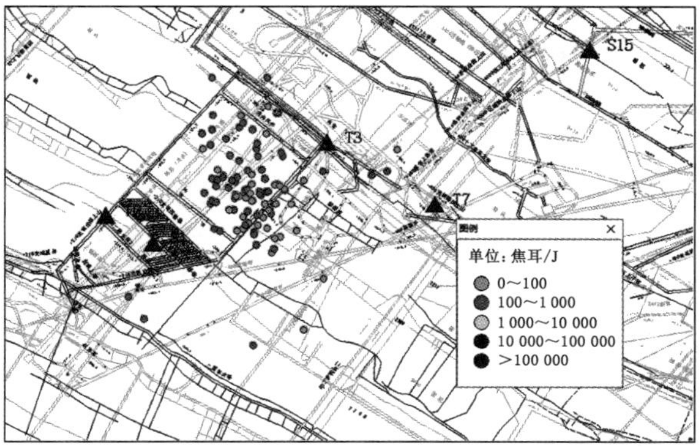

图 4　6 月 29 日微震事件分布平面图

6 结论

（1）通过对2212孤岛工作面进行安全开采论证、冲击危险性评价，工作面具有中等冲击危险，尤其是在工作面开采末期，受末采煤柱影响明显，具有较大冲击危险性，甚至有煤柱整体冲击风险。根据数值模拟显示，随着工作面的推采，当煤柱尺寸小于60 m时，马鞍型应力分布在逐渐转化，两端应力峰值升高，中间鞍部应力在逐渐上升；当煤柱尺寸在30～50 m时，应力分布转化为单峰型，煤柱内应力集中程度较大，此时工作面推采受煤柱影响较大。

（2）2212工作面为三面环空的孤岛工作面，推采速度不超过3.2 m/d，末采期间（不小于最后60 m范围）工作面推进速度不超过2.4 m/d。

（3）2212工作面推采前进行震动波CT反演，反演范围覆盖整个工作面区域，CT反演结果与工作面冲击危险性评价及防冲设计结论基本一致。工作面投产后每半月进行一次被动波CT反演，掌握工作面的应力变化情况，对高应力区采取有针对性的防治措施。

（4）针对2212孤岛工作面的冲击风险制定了监测预警、大直径钻孔预卸压、爆破断顶卸压等多种防治方法，在末采区域采取“强监测，强卸压，强支护”措施，有效降低工作面的冲击危险。

（5）通过严格落实“强监测，强卸压，强支护”的防冲理念，实现了防冲工作由措施型向工程型、局部治理向区域治理、生产过程治理向超前治理的“三个转变”，实现孤岛工作面的安全生产，为老区冲击地压矿井找煤扩量、增加煤炭资源、提高经济效益提供了技术支撑。

参考文献

[1] 张寅.强冲击危险矿井冲击地压灾害防治[M].北京：煤炭工业出版社，2011.

[2] 潘一山，李忠华，章梦涛.我国冲击地压分布、类型、机理及防治研究[J].岩石力学与工程学报，2003，22(11)：1844-1851.

[3] 齐庆新，窦林名.冲击地压理论与技术[M].徐州：中国矿业大学出版社，2008.

[4] 章梦涛.冲击地压失稳理论与数值模拟计算[J].岩石力学与工程学报，1987(3)：197-205.

[5] 姜福兴.微震监测技术在矿井岩层破裂监测中的应用[J].岩土工程学报，2002，24(2)：147-149.

厚松散层薄基岩下分层开采覆岩破坏高度研究

王文卫[1]，芦晓伟[2]，丁坤朋[3]，王文[4]

（1. 焦作煤业集团赵固（新乡）能源有限责任公司，河南 新乡 453000；
2. 中国矿业大学安全工程学院，江苏 徐州 221116；
3. 河南理工产业技术研究院有限公司，河南 焦作 454000；
4. 河南理工大学能源科学与工程学院，河南 焦作 454000）

摘 要 本文以赵固一矿厚松散层薄基岩下分层工作面为研究对象，采用理论分析、数值模拟研究、钻孔冲洗液漏失量观测及钻孔窥视方法对采后覆岩破坏高度进行研究，研究表明：采用经验公式计算得到下分层工作面采后顶板垮落带发育高度为 6.93～27.72 m，导水裂缝带发育高度为 22.17～71.73 m；数值模拟结果表明下分层采高为 2.5 m、累计采高为 6 m 时，最大垮采比为 2.61，而累计采厚小于 6 m、基岩厚度不小于 30 m、黏土层厚度大于 5 m 时，可认为黏土层厚度能够阻隔导水裂缝带向上发育；采用现场实测方法得到累计采厚 5.8 m 处，垮落带高度为 15.26 m，垮采比为 2.62，导水裂缝带高度为 55.59 m，裂采比为 9.58。东一盘区下分层工作面开采后覆岩破坏高度的规律，可以为该矿下分层工作面确定防水、防砂安全煤（岩）柱厚度提供理论依据。

关键词 厚松散层；薄基岩；垮落带；导水裂隙带；下分层

赵固一矿主采山西组二$_1$煤，煤层平均厚度为 5.29 m，变化多在 5.50～6.93 m 之间，平均埋深超过 500 m，多采用综放开采和分层开采。二$_1$煤层上覆松散层厚度平均达到 480 m，但上覆基岩较薄，井田内约 2/3 区域基岩厚度小于 80 m。根据赵固一矿以往的开采经验，在采用分层开采时均留设防水、防砂安全煤（岩）柱，且规定了对于留设防砂煤（岩）柱的工作面，在基岩厚度为 30～36 m 区域仅能开采一层，且采高不大于 3.0 m。但由于目前煤炭资源持续供应需求紧张且赵固一矿下分层资源储量十分可观，因此对下分层工作面进行有序开采可以保障矿井产量持续稳定。

赵固一矿东一盘区下分层目前已经回采了 4 个工作面，其中部分工作面顶板基岩厚度小于 36 m，通过采取安全技术措施，均实现了安全开采。为了充分解放赵固一矿 30～36 m 薄基岩压覆的煤量，促使下分层工作面回采安全可靠，需要合理留设安全煤（岩）柱，而确定覆岩“两带”发育高度更是其中的关键[1-3]。以往研究表明，分层开采是降低采动影响程度的有效措施[4-6]，分层开采时二次开采的覆岩破坏高度小于初次开采，“两带”高度增幅降低，但覆岩沉降速度增大[7-10]，下分层工作面垮落带和导水裂缝带发育高度将直接决定水体下采煤的安全性和可靠性，准确合理地预测覆岩破坏高度是水体下安全采煤、合理留设安全煤（岩）柱、保证矿井安全生产的关键[11]。

赵固一矿具有典型的薄基岩、厚松散层的特征，对于该条件下“两带”发育高度的确定，需要充分考虑松散含水层的富水性和赋存条件，煤层覆岩的岩性、结构，煤层厚度和开采方法等条件。为准确地获得厚松散层薄基岩条件下分层工作面开采后覆岩破坏高度，本文综合采用理论分析、数值模拟和现场实测等多种方法分析覆岩破坏特征，通过不同方法获取覆岩“两带”发育高度并相互印证，为下分层工作面合理设计安全煤(岩)柱留设高度提供依据。

1 矿井开采情况及地质特征

赵固一矿东一盘区上分层共计布置17个工作面，均已回采完毕，下分层目前已经有4个工作面回采完毕，分别为11112、11052、11132、11072工作面。下分层工作面布置在上分层工作面下方，巷道内错上分层煤柱10 m，均布置在采空区下。采煤方法为走向长壁分层综合机械化后退式采煤法，全部垮落法管理顶板，沿上分层人工假顶回采，采高为2.2 m，正常情况下采高不超过2.5 m，最大不超过2.8 m。

以11052工作面为例，该工作面布置在11051工作面下方，巷道内错11051工作面两巷布置，上方为采空区，距离11051工作面回采结束时间长达9年。11051工作面在回采过程中，架后人工铺设一层塑料拉伸网假顶，所有假顶互相搭接，且对铺网区域进行洒水。采用钻孔窥视仪对11052下分层工作面再生顶板围岩结构、破碎情况进行探测，以确定下分层再生顶板胶结压实情况，探测结果如图1所示。

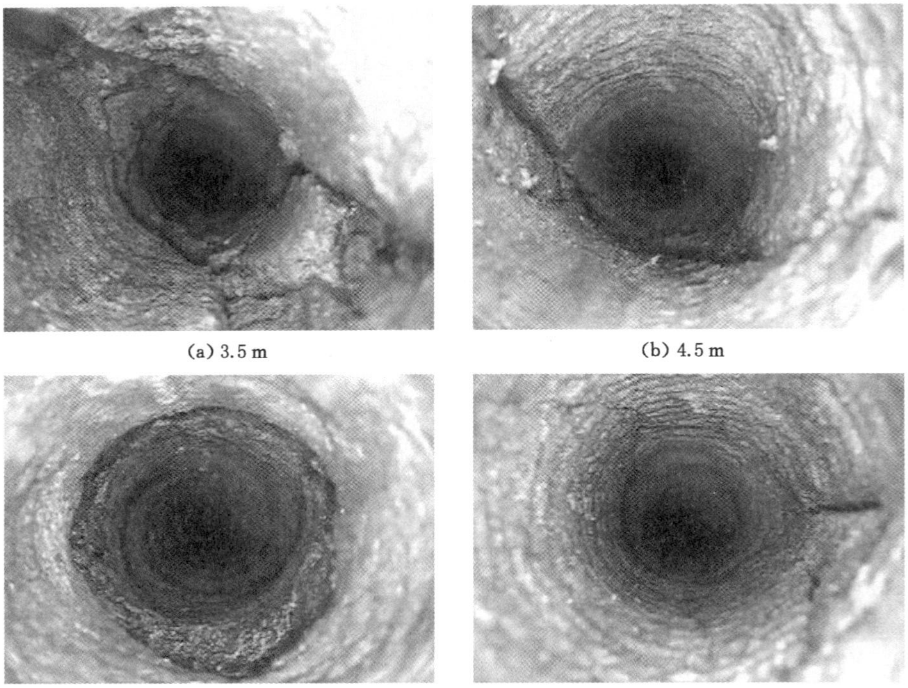

(a) 3.5 m　(b) 4.5 m

(c) 5.2 m　(d) 6.2 m

图1　11052下分层工作面钻孔窥视断面图

根据窥视结果可知，再生顶板总体压实程度较好，自下而上分为0～5 m垮落破碎压实区，5 m以上为垮落裂隙闭合区。结合东一盘区已安全回采的4个下分层工作面的回采情况，下分层工作面正常回采期间，平均日推进速度超过10刀，说明再生顶板压实程度、完整性较好，基本不会影响工作面的快速推进。

2 基于经验公式的下分层工作面覆岩"两带"高度预测

覆岩破坏"两带"(也称垮落带、导水裂缝带)高度及分布形态与覆岩岩性、结构及其物理力学特性有着密切联系。对于"两带"高度的研究，以现场观测为主，过去在大量现场观测的基础上，归纳总结了适用于厚煤层分层开采的“两带”高度计算的经验公式，如《建筑物、水体、铁路及主要井巷煤柱留设与压煤开采规范》(以下简称《三下开采规范》)中提出了近水体采煤的安全煤(岩)柱设计方法，以及《矿区水文地质工程地质勘探规范》(以下简称《勘探规范》)中提出了“两带”高度经验公式。

东一盘区下分层工作面顶板介于中硬岩层和软弱岩层之间，最大累计采厚为 6.93 m，分别按照《三下开采规范》和《勘探规范》中提出的覆岩“两带”发育高度计算方法，可以得到东一盘区下分层工作面采后“两带”发育理论高度见表 1 和表 2。

表 1　基于《三下开采规范》的东一盘区下分层工作面“两带”高度计算结果

“两带”	岩性	计算公式		计算结果/m
垮落带 H_k	中硬	/	$H_k=\dfrac{100\sum M}{4.7\sum M+19}\pm 2.2$	11.24～15.64
	软弱	/	$H_k=\dfrac{100\sum M}{6.2\sum M+32}\pm 1.5$	7.74～10.74
导水裂缝带 H_{li}	中硬	计算公式之一：	$H_{li}=\dfrac{100\sum M}{1.6\sum M+3.6}\pm 5.6$	41.58～52.78
		计算公式之二：	$H_{li}=20\sqrt{\sum M}+10$	62.65
	软弱	计算公式之一：	$H_{li}=\dfrac{100\sum M}{3.1\sum M+5.0}\pm 4.0$	22.17～30.17
		计算公式之二：	$H_{li}=10\sqrt{\sum M}+5$	31.32

表 2　基于《勘探规范》的东一盘区下分层工作面“两带”高度计算结果

“两带”	岩性	计算公式	计算结果/m
垮落带 H_k	中硬	$H_k=(3\sim 4)\sum M$	20.79～27.72
	软弱	$H_k=(1\sim 2)\sum M$	6.93～13.86
导水裂缝带 H_{li}	中硬	$H_{li}=\dfrac{100\sum M}{3.3n+3.8}+5.1$	71.73
	软弱	$H_{li}=\dfrac{100\sum M}{5.1n+5.2}+5.1$	50.1

根据《三下开采规范》和《勘探规范》中提出的经验公式，可以得到东一盘区下分层工作面开采过后，顶板垮落带发育高度为 6.93～27.72 m，导水裂缝带发育高度为 22.17～71.73 m。

3　下分层工作面开采后覆岩“两带”高度数值模拟研究

3.1　工作面概况及模型建立

本文采用 CDEM 数值模拟软件对东一盘区下分层工作面开采后覆岩“两带”的发育特征进行研究，模拟按照 11092 工作面煤层赋存及地质特征进行建模。11092 工作面为 11091 工作面的底分层工作面(11091 工作面采高为 3.5 m)，西北为东翼三条大巷，东北为已回采结束的 11111 工作面和 11112 工作面，东南为基岩厚度小于 30 m 的未开采煤层，西南为已回采结束的 11071 工作面和 11072 工作面。工作面倾向长 161.74 m，上顺槽回采走向长度为 1 175.53 m，下顺槽回采走向长度为 1 208.15 m。11092 上、下顺槽分别内错 11091 上、下顺槽 5 m 布置，切眼位于实体煤中，11091 切眼位于 30.7 m 基岩等值线下方。

11092 工作面煤层厚度为 1.0～2.5 m，平均厚度为为 2.22 m，煤层结构简单(局部含有少量的夹矸)，煤(岩)层平均倾角为 4°。工作面顶板为人工假顶，再生顶板压实程度、完整性较好，介于软弱岩层和中硬岩层之间，上覆顶板基岩厚度为 30.7～91.1 m，松散地层厚度为 471.1～497.9 m，平均厚度为 484.50 m；直接底为泥岩、粉砂岩、砂质泥岩互层，平均厚度为 13.37 m；基本底为 L_9 灰岩，平均厚度为 1.71 m。11092 工作面采用综合机械化开采，全部垮落法处理采空区，上分层回采过的区域严格沿人工假顶回采，采高为 2.5 m，最大采高不超过 2.8 m，必要时破底开采。

11091、11092 工作面倾斜方向为近水平煤层，走向方向为俯斜开采，模拟中煤层倾角为 0°。根据 11092 工作面参数进行建模，按照最小基岩厚度 30 m 进行模拟，基岩上方 5 m 为黏土层，黏土层上方的松散层厚度为 50 m，模型上方施加 10^6 MPa 的均布压力模拟 400 m 载荷层的压力传递，数值模型模拟中的地层厚度分别见图 2 和表 3。煤层开采高度为 6 m，上分层 11091 工作面采高为 3.5 m，下分层 11092 工作面煤厚为 2.2 m，破底开采 0.3 m，采高为 2.5 m；工作面开采走向研究时，模型回采长度为 300 m；工作面开采倾向研究时，上分层回采长度为 181 m，加上两巷长度后 191 m，下分层回采长度 161 m，加上两巷长度后 171 m，巷道内错煤柱 10 m(内错巷道 5 m)布置。

图 2　11092 工作面数值模型

表 3　模拟中的地层厚度

岩性		厚度/m	累厚/m
第四系＋新近系	黏土/砂砾/细沙/砂质黏土	50	55
	黏土层	5	
顶板基岩	砂质泥岩	4.84	30
	中粒砂岩	0.75	
	泥岩	0.87	
	中粒砂岩	0.45	
	砂质泥岩	1.71	
	中粒砂岩	0.93	
	砂质泥岩	4.81	
	中粒砂岩	9.31	
	砂质泥岩	5.88	
	泥岩	0.45	

表 3(续)

岩性		厚度/m	累厚/m
煤层	上分层	3.5	6
	下分层	2.5(破底 0.3)	
底板岩层	砂质泥岩	13	13

3.2　工作面走向开采模拟结果

3.2.1　上分层采后覆岩破坏结构特征

模拟得到上分层 11091 工作面走向回采到不同位置时的覆岩破断情况，如图 3 所示。

(a) 工作面推进80 m

(b) 工作面推进120 m

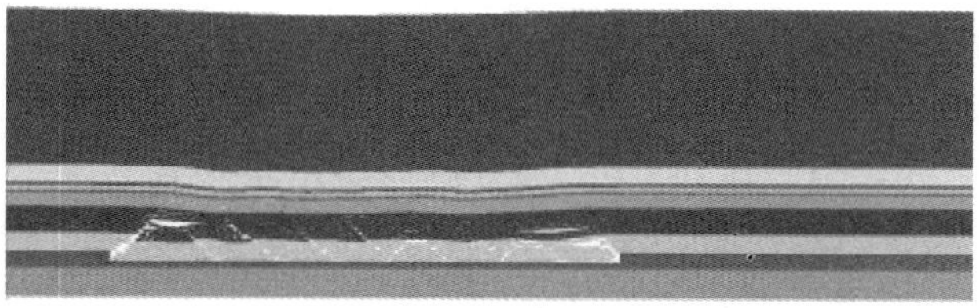

(c) 工作面推进180 m

图 3　上分层开采后走向覆岩结构

由上分层工作面采后走向的覆岩破坏结构模拟结果可以看出：当工作面推进 80 m 时，工作面覆岩结构也产生整体性的垮落失稳，垮落带发育到煤层上方的中粒砂岩层，但未完全垮落，垮落带高度约为 12.85 m；黏土层下方的砂质泥岩层产生离层现象，然而煤层上方 30 m 基岩上方的黏土层处于弯沉变形区域，没有产生明显的导水裂隙结构。当工作面推进 120 m 时，垮落带发育到煤层上方的中粒砂岩层上部，垮落带高度约为 13.50 m；煤层上方的中粒砂岩层处于破裂带区域，呈现搭接岩梁结构；煤层上方 13.50 m 高度以上的覆岩结构处于弯曲下沉带，煤层上方 30 m 基岩上方的黏土层没有产生明显的导水裂隙结构。当工作面推进 180 m 时，煤层上方 10 m 厚度的覆岩处于垮落带区域，煤层上方 12 m 高度以上的岩层整体处于弯沉变形区域，无明显的导水裂隙结构产生。随后的开采过程中，采空区内岩层结构进一步压实，黏土层无明显的裂隙结构产生。

3.2.2　下分层采后覆岩破坏结构特征

下分层 11092 工作面走向回采到不同位置时的覆岩破断情况如图 4 所示。

由下分层工作面采后走向的覆岩破坏结构模拟结果可以看出：在下分层开采时，上分层采后采

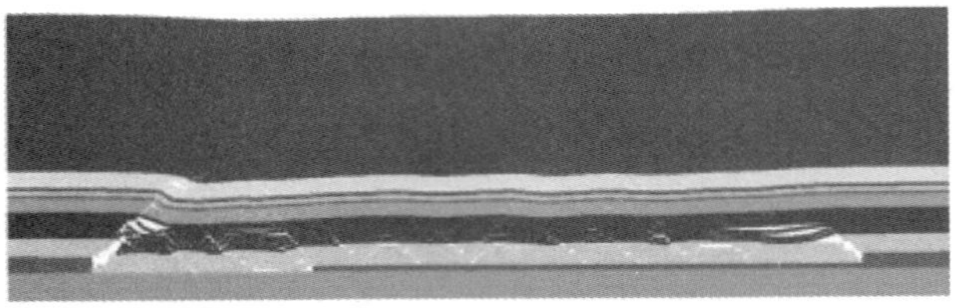

(a) 工作面推进80 m

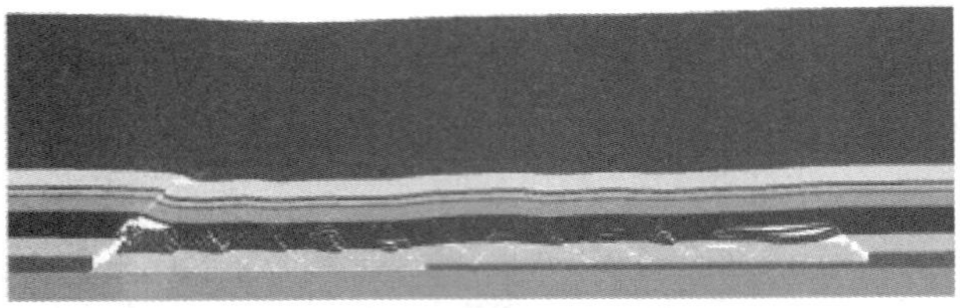

(b) 工作面推进120 m

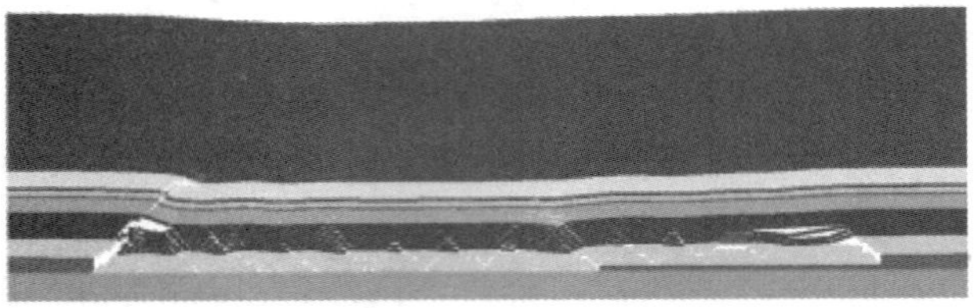

(c) 工作面推进180 m

图 4　下分层开采后走向覆岩结构

空区内的松散岩体结构进一步压实，且煤层上方 30 m 高度上方的黏土层仍处于弯沉变形区域，没有产生明显的导水裂隙结构。当下分层工作面推进 80 m 时，垮落带发育到煤层上方的中粒砂岩层顶部，初采区域垮落带高度约为 15.64 m；靠近开切眼位置的采空区上方的黏土层下方的砂质泥岩层产生明显的离层现象。当工作面推进 120 m 时，垮落带仅发育到煤层上方的砂质泥岩层中部层位，垮落带高度约为 12 m。当工作面推进 180 m 时，垮落带发育到煤层上方的砂质泥岩中部层位，垮落带高度约为 12 m，没有进一步向上方发育。

3.3　工作面倾向开采模拟结果

上分层和下分层工作面采后倾向采场覆岩结构特征如图 5 所示。

(a) 上分层开采

(b) 下分层开采

图 5　工作面倾向采场覆岩结构特征

由模拟结果可以看出：工作面中部覆岩结构处于相对压实状态，工作面端部靠近煤层部位的覆岩呈现悬臂岩梁结构，而采空区上方的覆岩则呈现搭接岩梁结构。图5(a)模拟结果显示：上分层工作面开采后垮落带最大高度发育至煤层顶板厚层中粒砂岩中部，约为13.54 m；煤层上方30 m高度上方的黏土层的导水裂隙发育不明显。图5(b)模拟结果显示：下分层工作面开采后，垮落带发育高度有所增加，垮落带最大高度发育至煤层顶板厚层中粒砂岩顶部，约为15.64 m；采空区相较于上分层开采被进一步压实，工作面两端附近无明显的采空区导水裂缝带。

通过对采后工作面走向和倾向的覆岩破坏结构进行分析，可以得到：11092工作面下分层采高为2.5 m、累计采高为6 m时，最大垮落带高度为15.64 m，最大垮采比为2.61；距煤层顶板30 m处厚5 m的黏土层裂隙不发育，可认为其仍然具有较好的隔水性能。

4 下分层工作面开采后覆岩"两带"高度实测研究

4.1 覆岩"两带"高度探测方法

本文采用井下导水裂缝带高度观测方法和钻孔窥视方法来实测工作面覆岩"两带"的发育高度。井下导水裂缝带高度观测仪观测法通过在井下往导水裂缝带打钻孔注水，观测钻孔各段的漏失量来精确定位导水裂缝带的高度，井下导水裂缝带高度观测仪由双端堵水器、连接管路、控制台三部分组成，如图6所示。双端堵水器由两个起胀胶囊和注水探管组成，分别由起胀控制台和注水控制台进行控制，起胀控制台、起胀管路和双端堵水器的两个胶囊相连通，构成一个胶囊起胀和收缩的气压控制系统，注水控制台、注水管路和双端堵水器的注水探管相连通，构成一个观测岩层导水性的注水观测系统。

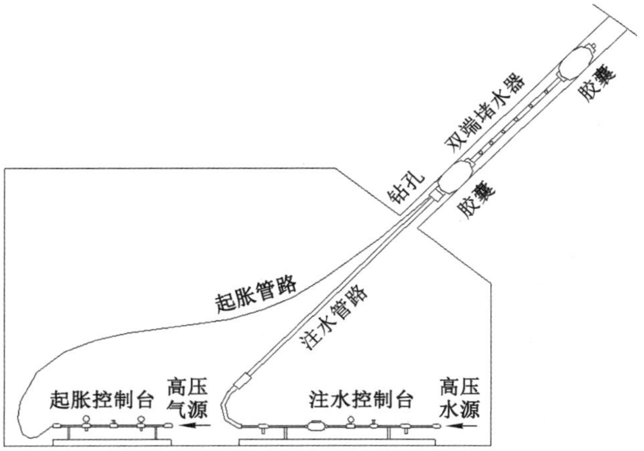

图6 钻孔导水裂缝带高度观测仪测试原理图

钻孔窥视方法是通过钻孔成像装置对钻孔进行拍照、窥视(录像)、成像等操作，以分析钻孔裂隙发育程度。矿用钻孔成像装置硬件系统由主机、探头、深度编码器、矿用电缆线及线架、推杆等组成。测试时，将内置高清摄像头的探头深入钻孔中采集钻孔孔壁图像数据，主机将探头采集到的孔壁图像展开按深度一帧一帧地拼接成孔壁展开图，记录对应深度的三维坐标角度信息，通过对钻孔进行全孔壁成像、录像，关键部位抓拍图片，以及钻孔轨迹测量等，观测和定量分析岩层的离层裂缝程度。钻孔窥视仪装配如图7所示。

4.2 观测方案

11092工作面于2021年4月回采完毕，距观测时间约3个月，以往研究表明，工作面回采结束后1～2个月内"两带"高度达到最大，最大值稳定时间不低于6～9个月[12]，因此，11092工作面覆

图 7　窥视仪装配图

岩“两带”高度已经达到最大。观测钻孔（钻窝）布设于 11092 工作面下顺槽通尺 125 m 处，垮落带高度探查钻孔垂深为 25 m，导水裂缝带高度探查钻孔垂深为 61.3 m，共布置 6 个钻孔，钻孔布置情况及参数分别如图 8 及表 4 所示。

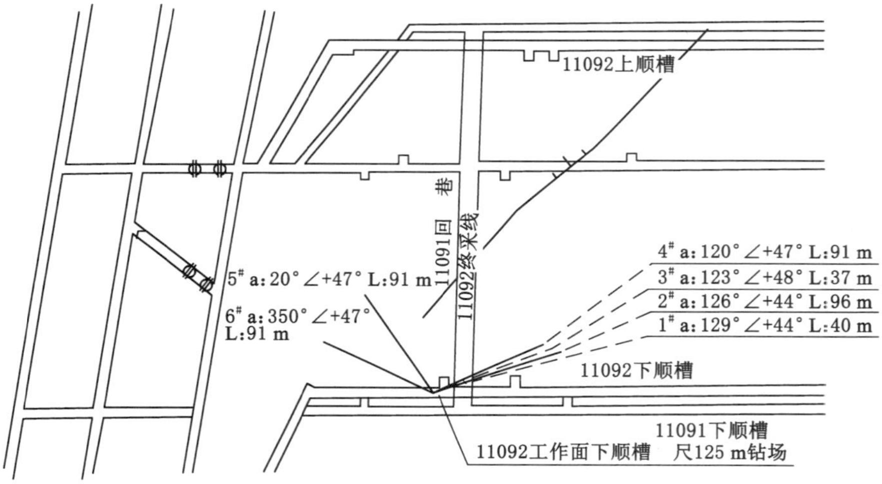

图 8　观测钻孔布置示意图

表 4　探查钻孔参数详情表

孔号	方位/(°)	倾角/(°)	设计孔深/m	钻孔结构	备注
$1^{\#}$	129	+44	40	开孔直径 ϕ113 mm； 一级套管 ϕ108 mm，长 21 m； 终孔 ϕ94 mm	
$2^{\#}$	126	+44	96		全孔取芯
$3^{\#}$	123	+48	37		
$4^{\#}$	120	+47	91		
$5^{\#}$	20	+47	91		全孔取芯，堵孔后增加 $6^{\#}$ 孔
$6^{\#}$	350	+47	91		

4.3 观测结果分析

4.3.1 漏失量观测结果分析

本次现场观测共实测 2 个顶板导水裂缝带观测孔、1 个对比孔，钻孔冲洗液漏失量统计曲线如图 9 所示。

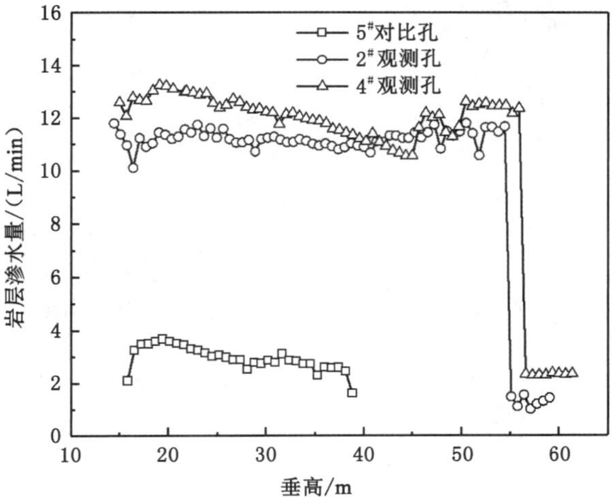

图 9 钻孔冲洗液漏失量统计曲线

由统计结果可知：5# 对比孔观测的是未受采动影响的原岩区域封孔注水漏失情况，在垂高为 15.11～38.84 m 阶段，岩层渗水量为 1.62～3.69 L/min，说明岩层渗水量小于 4 L/min 时，岩层保持完整状态。2# 和 4# 观测孔的钻孔洗液漏失量随垂高的增加明显可以分为两个阶段：漏失量较大阶段与漏失量较小阶段。2# 观测孔在垂高为 13.78～54.45 m 阶段，岩层渗水量为 10.11～11.80 L/min，岩层的渗水量较大，说明此阶段内岩层受采动影响产生的次生裂隙较为发育，岩层的导水性能较强，垂高继续增加后，岩层的渗水量由 11.67 L/min 突然减小到 1.48 L/min，说明此段岩层范围内次生裂隙不发育，岩层的渗透率较小，导水裂缝带发育高度未波及到此，因此，2# 孔观测到的导水裂缝带的最大发育高度为 53.80～54.45 m；同理，4# 孔观测得到的导水裂缝带的最大发育高度为 55.24～55.92 m。

4.3.2 钻孔窥视结果分析

本次现场观测共实测 4 个顶板垮落带和导水裂缝带观测孔，其中 2 个垮落带观测孔和 2 个导水裂缝带观测孔。1# 垮落带观测孔和 4# 导水裂缝带观测孔的窥视结果分别如图 10 和图 11 所示。

由 1# 观测孔窥视结果可以看出：钻孔在 21.00～23.74 m 区间时，岩层横向裂隙较为发育，裂隙较宽，多为层间裂隙，纵向裂隙较少，裂隙分布较为均匀，认为 23.74 m(对应垂高为 15.26 m)范围内岩层位于垮落带内；钻孔在 23.74 m～孔底 40 m 范围内，岩层横向裂隙较少，纵向裂隙较为发育，裂隙分布较为均匀，认为由于距离煤层顶板越来越远，受采动影响减弱，顶板岩层以拉裂纵向破坏为主，位于导水裂缝带内。

由 4# 观测孔窥视结果可以看出：由于钻孔倾角较大，套管结束处(21 m 长套管，垂高为 14.32 m)距预测垮落带高度 14.74 m 不足 1 m，且钻孔 21～90.78 m 范围内未发现明显岩层破碎和纵横裂隙发育情况，推测垮落带高度低于 21 m(垂高为 14.32 m)；钻孔在 21～81.51 m 范围内，孔内斜交裂隙发育，分布比较均匀；81.51～90.78 m 范围内，孔内裂隙基本不再发育，孔壁保持较完整，岩层的渗透率较小，观测结果与漏失量观测结果接近，因此认为导水裂缝带高度为 81.51 m(垂高为 55.59 m)。

2 个垮落带高度观测钻孔和 2 个导水裂缝带高度观测钻孔的现场观测结果，与漏失量观测结

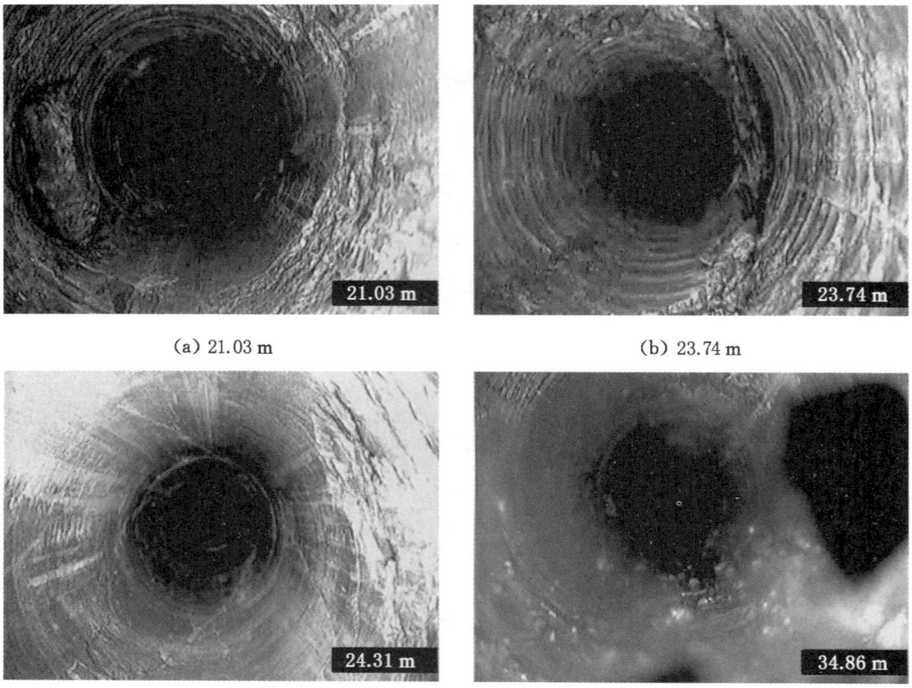

(a) 21.03 m　(b) 23.74 m　(c) 24.31 m　(d) 34.86 m

图 10　1# 垮落带观测孔窥视结果

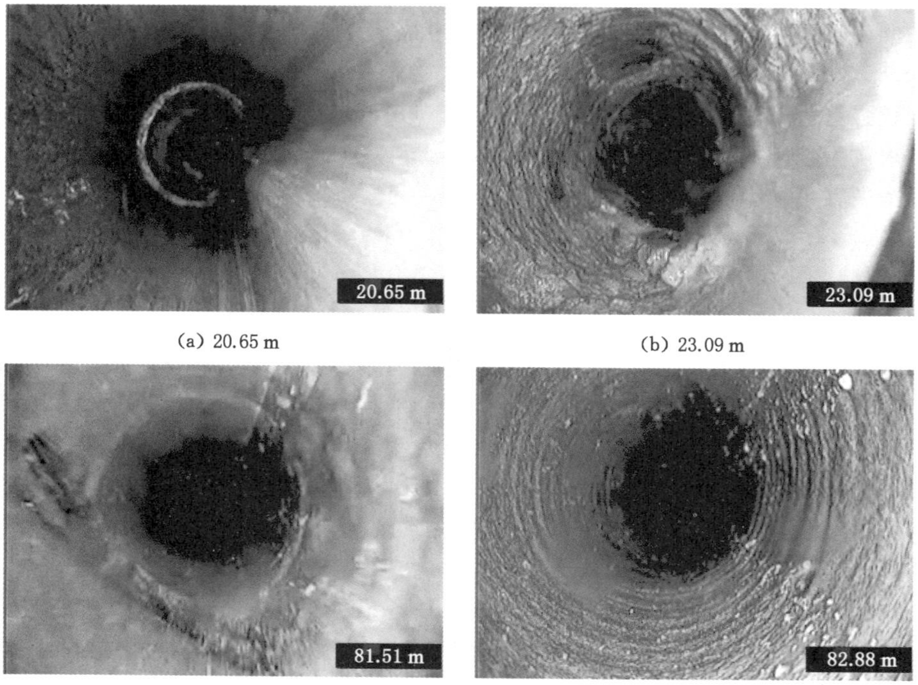

(a) 20.65 m　(b) 23.09 m　(c) 81.51 m　(d) 82.88 m

图 11　4# 导水裂缝带观测孔窥视结果

果相互印证，可以得到较为可靠的垮落带和导水裂缝带发育高度，观测结果见表 5。可以得到 11092 工作面“两带”高度实测结果为垮落带 15.26 m、导水裂缝带 55.59 m，对应的垮采比为 2.63、裂采比为 9.58。

表 5 “两带”高度观测结果

项目	方式	钻孔名称				结果
		1# 观测孔	2# 观测孔	3# 观测孔	4# 观测孔	
垮落带高度/m	窥视	15.26	<14.32	14.68	<14.32	15.26
导水裂缝带高度/m	漏失量		53.80～54.45		55.24～55.92	55.59
	窥视	—	>47.47	—	55.59	

5 分析与讨论

5.1 垮落带高度的确定

通过数值模拟、理论计算以及现场实测，分别获取了下分层开采后工作面覆岩的垮采比，以实测数据为基准，下分层采后实测垮采比为 2.62，大于《三下开采规范》中分层开采中硬及软弱岩层情况下的最大垮采比，但介于《勘探规范》中分层开采中硬与软弱岩层垮采比之间，与数值模拟获得的垮采比基本一致，符合客观规律。因此，可以确定赵固一矿下分层开采条件下垮采比为 2.62。累计采高为 6.0 m 时，垮落带高度为 15.72 m；累计采高为 6.93 m 时，垮落带高度为 18.16 m。

5.2 导水裂缝带高度的确定

根据数值模拟、理论计算以及现场实测数据，下分层工作面采后实测裂采比为 9.58，大于《三下开采规范》中分层开采中硬及软弱岩层情况下最大裂采比，但介于《勘探规范》中分层开采中硬与软弱岩层裂采比之间，符合客观规律。因此，可确定赵固一矿下分层开采条件下裂采比为 9.58。累计采高为 6.0 m 时，导水裂缝带高度为 57.48 m；累计采高为 6.93 m 时，导水裂缝带高度为 66.39 m。

5.3 安全煤(岩)柱尺寸设计

安全煤(岩)柱包括防砂安全煤(岩)柱和防水安全煤(岩)柱。防砂安全煤(岩)柱的留设目的是允许导水裂缝带波及松散弱含水层或已疏干的松散强含水层，但不允许垮落带接近松散层底部；防水安全煤(岩)柱的留设目的是不允许导水裂缝带波及水体。安全煤(岩)柱留设的前提是准确预测或获取垮落带及导水裂缝带的高度，基于本文对于赵固一矿下分层开采后工作面覆岩破坏高度的研究，可以通过式(1)和式(2)得到防砂安全煤(岩)柱和防水安全煤(岩)柱合理留设尺寸。

$$H_s \geqslant H_k + H_b \tag{1}$$

$$H_{sh} \geqslant H_{li} + H_b \tag{2}$$

式中 H_s——防砂安全煤(岩)柱垂高，m；

H_k——垮落带的最大高度，m；

H_{sh}——防水安全煤(岩)柱垂高，m；

H_{li}——导水裂缝带的最大高度，m；

H_b——保护层厚度，m，根据《三下开采规范》中对于保护层厚度的选取原则，赵固一矿东一盘区分层开采时，防砂和防水安全煤(岩)柱保护层厚度均取 10.4 m。

根据上文中对于赵固一矿东一盘区下分层开采后工作面覆岩破坏高度的分析，垮落带高度为 18.16 m，最大导水裂缝带高度为 66.39 m。因此，东一盘区下分层工作面开采时，最小防砂安全煤(岩)柱设计尺寸为 28.56 m，最小防水安全煤(岩)柱设计尺寸为 76.79 m。

6 结论

（1）根据《三下开采规范》和《勘探规范》中分层开采经验公式，分别计算了软弱和中硬覆岩条件下，下分层工作面开采后覆岩垮落带和导水裂缝带高度；根据东一盘区工作面煤层的赋存特征，通过数值模拟的方法，对下分层11092工作面覆岩破坏高度进行了研究，结果表明：下分层采高为2.5 m、累计采高为6 m时，最大垮落带高度为15.64 m，最大垮采比为2.61；分层开采时，累计采厚小于6 m、基岩厚度不小于30 m、黏土层厚度大于5 m时，可认为黏土层厚度能够阻隔导水裂缝带向上发育。

（2）采用井下漏失量和钻孔窥视方法实测确定了下分层11092工作面垮落带和导水裂缝带高度。综合分析确定赵固一矿分层开采条件下采高5.8 m处，垮落带高度为15.26 m，垮采比为2.62；导水裂缝带高度为55.59 m，裂采比为9.58。

（3）当赵固一矿东一盘区分层开采最大采高为6.93 m时，根据工作面下分层开采后的覆岩破坏高度研究结果，可得到该盘区下分层工作面开采时防砂和防水安全煤（岩）柱的设计尺寸分别为28.56 m和76.79 m。

参考文献

[1] 韩必武．潘一煤矿底分层缩小防水煤柱综采可行性分析[J]．煤炭技术，2007，26(11)：65-67.
[2] 张彬，许延春，李江华，等．软弱覆岩分层综放开采工作面“两带”发育高度研究[J]．矿业科学学报，2019，4(6)：515-523.
[3] 刘闯，李化敏，鲁智豪，等．下伏煤层开采导水断层防水煤柱留设宽度研究[J]．煤炭技术，2022，41(12)：5-9.
[4] 王明涛．厚松散层薄基岩条件下厚煤层上分层开采技术探析[J]．技术与市场，2022，29(2)：114-115.
[5] 康志鹏，赵靖，段昌瑞．分层开采厚硬顶板覆岩结构破坏及移动规律研究[J]．煤炭工程，2022，54(8)：78-83.
[6] 赵军伟．晋城矿区分层开采地表移动实测规律研究[J]．煤，2022，31(7)：48-50，93.
[7] 苏晓建．赵固二矿含水层下厚煤层合理开采方法研究[J]．煤炭技术，2022，41(3)：76-79.
[8] 武宇亮，于宗仁，闫增会，等．浅部采区首采面重复采动“两带”发育特征数值模拟[J]．煤矿安全，2019，50(5)：199-203.
[9] 张永刚，刘延欣，武宇亮．厚松散层薄基岩下重复采动覆岩破坏高度综合研究[J]．煤炭技术，2017，36(8)：72-75.
[10] 余学义，穆驰，李剑锋．孟巴矿强含水体下分层开采覆岩导水裂隙带发育规律[J]．煤炭学报，2022，47(增刊1)：29-38.
[11] 唐世界，张帅，曹博博．厚松散层薄基岩上分层开采覆岩移动规律[J]．煤炭技术，2017，36(9)：96-99.
[12] 郭文兵．煤矿开采损害与保护[M]．3版．北京：应急管理出版社，2019.

Civil 3D 建模技术在煤矿建设工程中的应用

李刚[1,2],张枝伟[1,2],王晓东[1,2],任富强[1,2],杨兴[1,2],肖铸[1,2]

(1. 贵州省煤矿设计研究院有限公司,贵州 贵阳 550025;
2. 贵州省矿山安全科学研究院有限公司,贵州 贵阳 550025)

摘　要　为了解决煤矿设计中传统二维设计存在信息烦琐、直观性差等问题,本文以贵州省某煤矿初步设计项目为依托,依据地质报告中的地表地形图二维等高线数据、煤层底板等高线数据和钻孔柱状图等多种信息源,利用 Civil 3D 软件构建了矿区地形、地质曲面,并从地形、地质曲面中提取了矿区地质实体。通过对矿区地质实体进行剪切后得到矿区三维地质信息模型,而后基于该模型分别展示了 Civil 3D 软件在煤矿工业场地选址、煤矿开拓开采巷道设计、总平面布置设计、排矸场选址设计及煤矿主要设备模型构建方面的辅助应用。实践应用表明:运用 Civil 3D 三维设计软件对煤矿工业场地、井下巷道及主要设备进行建模设计,不仅能避免设计过程中出现巷道与含(隔)水层、巷道与巷道出现重叠的情况,还能以三维立体的形式反映出煤矿井上下的布置情况。

关键词　煤矿设计;Civil 3D;三维地质信息模型;三维协同设计

0　引言

煤矿设计一直以来都是一项复杂的系统工程[1-3],自 20 世纪 90 年代计算机辅助设计(CAD)软件进入煤矿设计行业以来,我国的煤矿设计实现了手工图板绘图到计算机绘图的跨越,使设计人员的绘图效率、绘图精度大大提高,图件储存与查阅愈发简捷,极大地减轻了设计人员的工作负担[4-6]。随着近年来建筑信息模型(BIM)技术的发展,三维协同设计已在冶金、建筑、水电、石化等行业得到推广[7-10],与传统二维设计相比,设计人员可在三维协同设计系统中进行快速协同作业与全数字化三维设计。按照一定的运算步骤,软件可自动进行成本核算与系统评价,自动生成仿真系统与提供决策结果,最终自动生成文档、二维施工图、三维效果图,实现了设计的规范化、自动化与智能化[11-13]。

煤矿设计由于涉及专业广、所依据的地质资料信息复杂等原因,导致三维协同设计难度较大[14-15]。目前国内多数煤矿设计单位还停留在计算机二维设计阶段,设计人员所采用的地质资料大都是一些无属性的二维图纸与文档数据,这些信息既烦琐,又不直观,往往需要相关的行业经验才能快速理解与吸收[16-17]。由于设计内容涉及专业众多,设计环节存在先后顺序,设计信息不能实时共享,难以实现平行作业,最终导致设计工作周期长;多数设计内容需依托设计人员设计经验,主观因素过重,部分先期设计问题往往需要在后续设计环节才可验证,设计的修改调整涉及环节多,修改调整工作量大。

根据煤矿设计行业现状,本文以贵州省某煤矿初步设计项目为依托,运用 Civil 3D、Revit 等

BIM设计软件，开展了煤矿的三维协同辅助设计研究，展示了Civil 3D软件在工业场地选址、总平面图布置设计、矿井开拓开采设计、排矸场选址设计等环节的辅助应用，旨在推动BIM技术在煤矿领域的发展，为早日实现煤矿三维协同设计建言献策。

1 软件简介

Civil 3D是Autodesk公司为交通运输、土地开发和水利工程项目的土木工程板块专门开发的三维设计软件包，软件凭借强大的数据分析功能、动态关联等线路设计功能，以及普遍使用的土方计算能力在道路三维设计、土地开发管理等方面得到了广泛应用，同时其良好的兼容性，也能够与Revit、Infraworks、Dynamo等软件相互协调并用。

运用Civil 3D软件构建三维地质模型方法简单、精度可靠，后期基于地质模型的运用与分析操作简洁，功能实用。从地质模型构建方式来看，该软件支持多种数据源自动转换生成三维曲面，可根据任意曲面构建实体并赋予参数。从地质模型的运用分析来看，基于地质模型曲面，可运用软件的曲面分析功能对曲面高程分布、坡度坡向、流域面积等空间表达进行分析；基于地质实体，软件可在模型中快速生成横、纵断面，且所有的横纵断面标注等信息均以动态方式链接。在进行模型编辑时，可同步更新曲面、横纵断面与标注等信息，优化调整简便快捷。该软件拥有强大的道路建模功能，只需根据平面与纵断面中确定的空间位置配合装配(横断面)要素，即可构建三维线路模型。其土方计算功能可同步生成相关工程量图表，大大减小了后期概算工程量。上述软件功能都可尝试应用于煤矿总平面布置、开拓开采系统设计、工业场地选址等辅助设计中。

Civil 3D软件最大的优势在于：

(1) 可视化：是对象(包括空间信息的各类特征)都可被观察的一种形式。煤矿设计项目设施的设计形态、空间展布若以二维图纸的形式展现，则其可视性较差。项目中的各类构件若以点、线的方式表达，则需要经验丰富且技术能力较强的工程人员把握其正确的构造形式，而该软件不仅能将设计模型中的地形、巷道、设备等元素进行可视化，还可将光、热等环境因素进行模拟。由此可见，Civil 3D的可视化特性对于煤矿设计行业具有一定的突破性意义。

(2) 协调性：协同工作是煤矿设计工程一项重要的内容，煤矿建设项目特性复杂，需多方共同工作，Civil 3D软件的协同功能可以使不同专业的设计人员及时交流信息，极大地缩短了项目周期。

(3) 模拟性：对于井巷工程设计项目而言，模拟的优势体现在预先演练未发生的过程，有助于提升设计、决策等过程的质量和效率，避免传统二维图纸模式下很多无法预见的问题。

(4) 优化性：在煤矿设计中，由概念设计到方案选取、施工建设、后期运营以及决策分析，是一个完整的系统过程，优化是系统时刻存在的任务。

(5) 可出图性：通过三维设计模型不仅可以绘制出常规的各类图纸，还能在协同、优化后绘制专业类图纸。所出图纸可满足实际工程的各种样式需要，包括项目建设、施工等。

2 项目简介

本次研究以贵州省某煤矿初步设计项目为依托，该矿区位于贵州省中西部，区内沟谷发育，地形高差变化大，地形总体为南西高东北低，南部最高标高为1 851.20 m，东部最低标高为1 615.00 m，相对高差为236.20 m，地形起伏中等，东部煤系地层出露地段相对较平缓，为低中山侵蚀、溶蚀地貌，西部石灰岩分布地段岩溶地貌较发育。研究范围内地层单斜产出，地层倾向南，倾角为6°～12°，断裂构造不发育，区内未见较大断裂构造。矿区构造复杂程度中等。含有可采煤层4层，其中全区可采有9号、14号、15号煤层，局部可采有4号煤层，可采煤层平均厚度为4.90 m，含煤系数为 3.37%，各煤层均为较稳定煤层，矿井设计生产能力为 60 万 t/a。

3 矿区三维地质信息模型的构建

3.1 地形曲面创建

Civil 3D 软件中的曲面都采取先创建后定义的步骤，定义曲面的数据可以是高程点、等高线、DEM 文件或图形对象等。具体思路如下：① 处理原始数据。根据地形图图面状况，对点、点块、等高线等对象进行处理。本项目中的等高线多为没有高程信息的碎线，先需要利用 Civil 3D 图形清理中“融合伪节点”命令，批量连接碎线；其次对连接后的等高线利用 Civil 3D 本地化包附加工具中“等高线赋值”命令赋值。② 创建与定义曲面。在 Civil 3D 图形中创建空曲面，指定合适的曲面样式与曲面名称，在“定义”中批量添加处理好的等高线及高程点数据，即可成功创建地形曲面。③ 处理异常数据。通过“对象查看器”对于地形曲面进行查看，有明显误差的地方，可以检查对应等高线是否赋值错误，并重新赋值。④ 精简曲面。通过上述方法处理后的地形曲面具有较高的曲面分辨率，此时可编辑地形曲面对其进行简化，控制曲面分辨率到合适的范围，使三角网曲面中的点与三角形的数目减少并易于处理，简化后地形曲面见图 1。

图 1　简化后地形曲面(包含点数 24 778、三角网数 24 778)

3.2 地质曲面创建

定义地质曲面的数据主要以勘察钻孔数据为主，一般情况下地质钻孔间间距较大，直接使用该数据构成的地质曲面与实际地形偏差也就越大，此时可借助 Civil 3D 插件或者算法内插数据值，扩大数据基础创建地质曲面。本项目基于 Civil 3D 开发的插件进行应用，具体步骤是将地质勘测钻孔桩数据录入外部数据库，利用插件调取外部数据库生成钻孔桩模型，提取钻孔桩在各个地质面层的高程值，最终拟合成各个地质层曲面，生成的各个地质曲面见图 2。

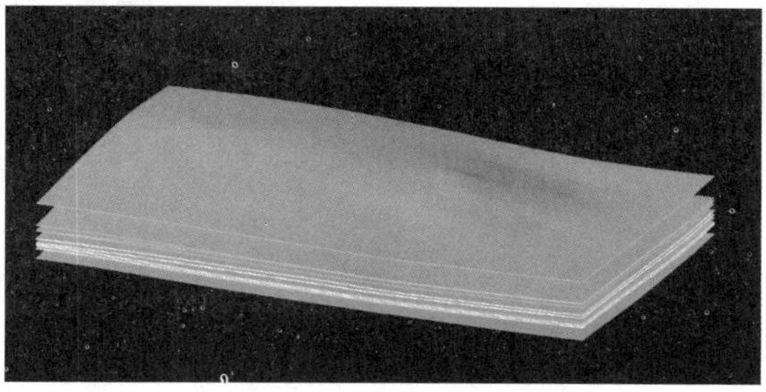

图 2　地质曲面

3.3 地质剖面创建

借助 Civil 3D 的纵断面功能制作地质剖面图。对纵断面图中不同地质区域设定上、下边界与造型样式，可实现地质剖面图的创建(见图 3)。将创建的地质纵断面与原始资料中的剖面图进行对比分析，若有不相符之处可通过添加虚拟钻孔更新曲面，更新后的曲面变化将实时呈现在纵断面图中，反复调整，直至满足要求。

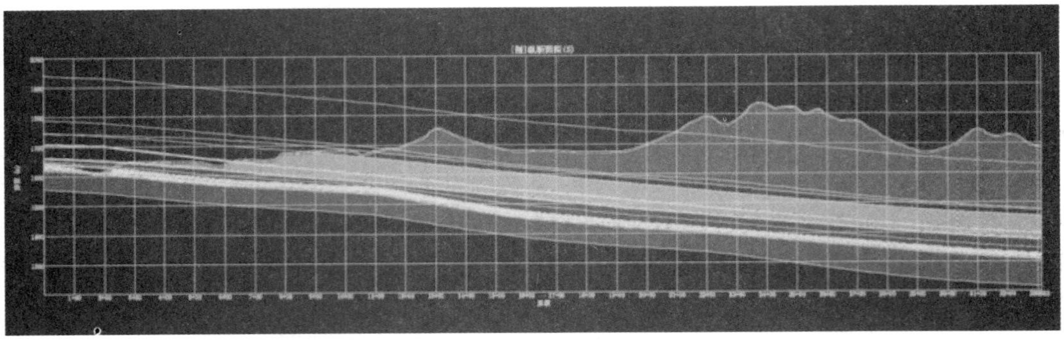

图 3　地质纵断面

3.4 三维地形地质实体生成

在 Civil 3D“从曲面提取实体”命令中，从各个地质层顶面向下垂直定义到地质层底面，通过软件布尔运算，逐一生成地质层实体，并按照地质层配色表进行着色，以便于更好地区分与展示。由于地质曲面通过插件生成时并未设置露出线，导致生成的地质实体部分区域出露于地表，露出部分可以通过地表曲面进行剪切，具体步骤如下：通过地表曲面垂直向上足够距离生成剪切实体，该实体需要涵盖地质实体露出地表全部部分(见图 4)。切换 Civil 3D 到“三维建模”工作空间，使用实体之间的差集布尔运算，用剪切实体逐一剪切有露出的地质实体，剪切后的地质实体见图 5。

图 4　剪切前的地质实体

3.5 煤层资源量区域划分

对于煤层资源量区域的划分，同样采用 Civil 3D“三维建模”工作空间中的命令，提取 4 号、9 号、14 号与 15 号可开采煤层的资源量划分边界多段线，分别延伸成面，对地质实体中的煤层实体进行剖切，剖切出的区域按照不同的资源量类别赋予颜色，9 号煤层资源量区域划分如图 6 所示。

图 5　剪切后的地质实体(除第四系)

图 6　9 号煤层资源量区域划分

4　Civil 3D 在煤矿三维协同设计中的应用

4.1　Civil 3D 在煤矿工业场地选址方面的应用

工业场地选址是一项政策性、技术性和经济性很强的综合性工作,传统的工业场地选址分析大多基于二维等高线图,通常存在定量分析不足、主观因素过重、数据处理量大等弊端。而运用 Civil 3D 软件首先能自动对曲面进行定量分析,可以减少场地选址中的主观评价工作。其次,Civil 3D 曲面分析功能可分别对地形曲面从坡度、高程、流域等方面展开分析筛选,保留满足各项约束条件的场地备选方案,设计人员可在保留下的各项工业场地备选方案中,结合开拓开采、交通运输、生态红线等限制信息快速决策出适宜的工业场地。在工业场地厂址确定后,设计人员可通过 Civil 3D 中的场地功能在前期选定的场址内进行场地平整设计。工业场地平整效果图如图 7 所示。

4.2　Civil 3D 在总平面设计方面的应用

Civil 3D 软件具有完善的三维建模附属功能,可在相应曲面上构建特殊的三维实体,如厂房、廊道、带式输送机等模型。软件在进行曲面编辑时,可以同步更新体积、等高线、曲面分析等数据;在添加、删除、编辑源数据时,整个三维地形曲面会自动进行更新,并自动计算曲面编辑前后土方数据的变化情况。基于平整后的工业场地模型,设计人员可通过软件对工业场地及拟建的建筑物空间数据进行建模,并对地面运煤、运矸等线路进行布置设计,总平面布置效果如图 8 所示。后期也可导出场地模型与线路模型,结合 Revit 软件对场地内工业设施设备进行更深层次的三维设计。

图 7　工业场地平整效果图

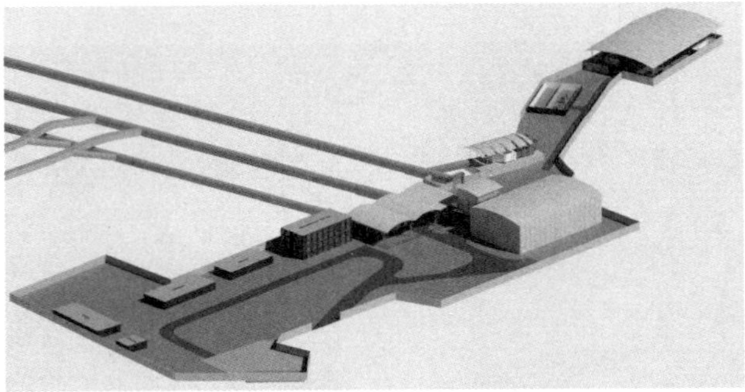

图 8　总平面布置效果图

4.3　Civil 3D 在排矸场选址设计方面的应用

Civil 3D 自带放坡体积工具，参考软件在工业场地选址方面的应用步骤，先通过曲面分析功能辅助筛选出初期排矸场方案；后根据生态红线、交通运输等约束条件综合确立出适宜的排矸场地；再应用 Civil 3D 自带的放坡体积工具，依据排矸容量、排矸高度、坡度等信息，即可自动出具排矸后的地质曲面、排矸地质曲面样式；最后调整相关设计参数，对排矸场进行优化调整，从而确定出排矸场的选址具体位置。排矸场设计效果如图 9 所示。

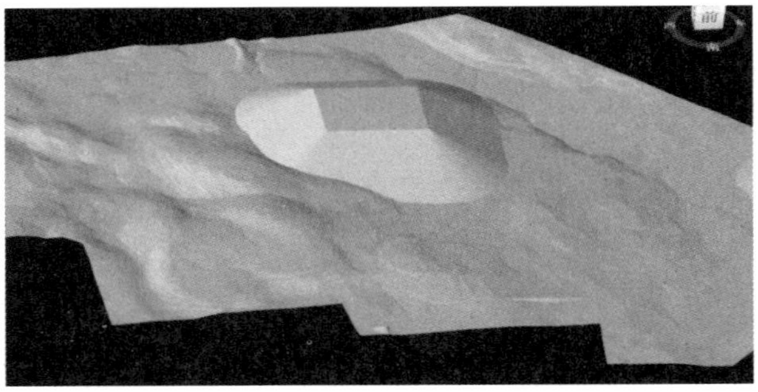

图 9　排矸场设计效果图

4.4　Civil 3D 在煤矿开拓开采设计方面的应用

4.4.1　巷道三维模型构建

煤矿开拓开采设计的主要目的是构建地面至可采煤层的道路通道，使煤层开采所需使用的材料、机械与人员能安全快捷地进入煤层工作面，工作面所产生的煤炭亦可安全快捷地运抵地面。为使井上、下道路能顺利贯通与运营，需综合考虑井下的通风与排水、巷道围岩稳定等要素。煤矿的开拓开采设计大都采用CAD二维图纸的展示方式，从平面与纵断面两个维度综合确定出巷道的空间位置。CAD平、剖面图纸较为抽象，很难直观反映局部井巷布置情况，且在设计中易出现巷道与巷道、巷道与煤层、巷道与含水层间布置碰撞情况。

Civil 3D软件在道路三维协同设计方面已有成熟的应用，煤矿井下开拓开采巷道布局犹如构建地下的交通系统，可引用Civil 3D中道路三维协同设计理念对煤矿开拓开采系统进行设计。Civil 3D软件可在三维地质模型上快速生成横断面、纵断面，曲面、横断面、纵断面均以动态方式链接，巷道的生成与修改简单快捷。该软件还可自动计算路线模型，生成所需材料消耗工程量图表，减小后期工程概算的工作量。

巷道建模一般运用“Civil 3D＋Revit＋Dynamo for Revit”模式。首先根据巷道长度、坡度等数据，通过Civil 3D处理得到巷道逐桩点；其次，在Revit中定制不同井巷的主体轮廓（见图10），巷道实体创建、命名及交汇处的剪切处理等工作由Dynamo for Revit可视化编辑工具进行处理，具体效果见图11。

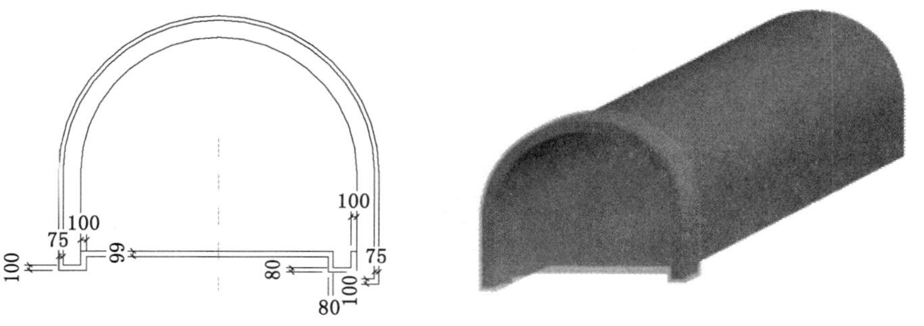

(a) 巷道主体轮廓　　(b) 巷道三维模型生成

图10　巷道三维模型建立

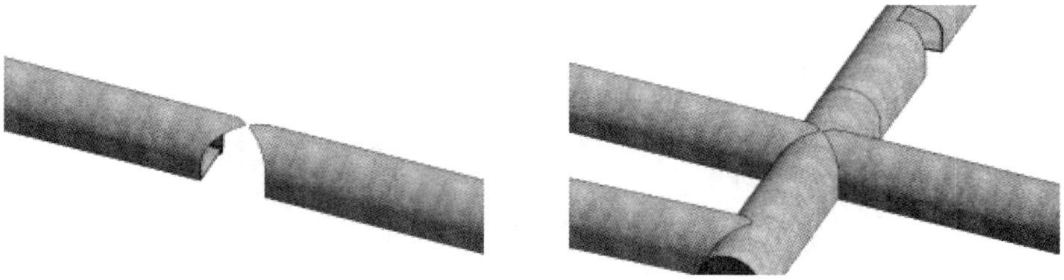

(a) 剪切后未与其他巷道整合　　(b) 剪切后与其他巷道整合

图11　巷道剪切

4.4.2　巷道主要构件模型建立与整合

煤矿井下巷道通常有锚杆、轨道、管道及电缆等构件，传统二维图纸往往很难直观地反映出巷道与构件的整合情况，运用Civil 3D建模技术则可将巷道与各构件整合情况以三维立体的状态展现出来。巷道支护锚杆、轨道及电缆等构件均可以通过Dynamo工具进行布置，锚杆支护效果如图12所示，管线、轨道与巷道整合效果如图13所示。

但在地形地质实体中需要用巷道实心模型剪切，预留出巷道位置。巷道实心模型由巷道设计人员提供，通过Revit制作后导出为DWG格式，此时要设置导出实体为ACIS实体。然后，将实体

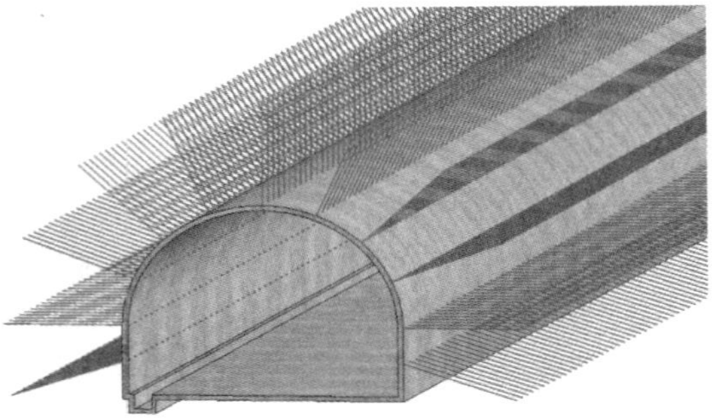

图 12　巷道锚杆支护效果图

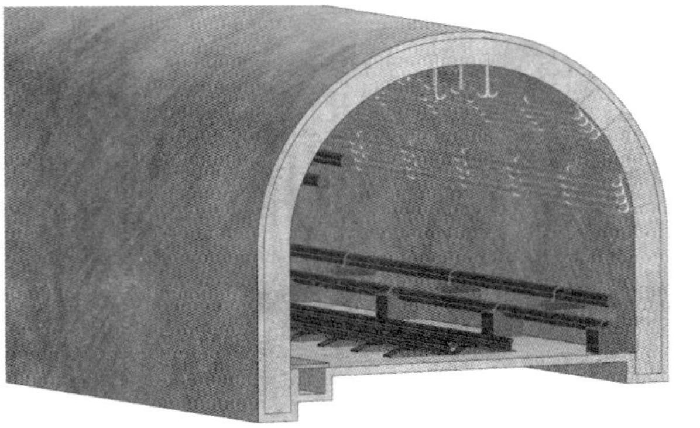

图 13　管线、轨道与巷道整合效果图

导入地形地质模型文件中，通过实体之间求差集的布尔运算方式，剪切地形地质实体，剪切后的效果见图 14。

图 14　地质模型下巷道布置效果图

4.5　Civil 3D 在煤矿主要设备建模方面的应用

在 CAD 二维煤矿设计图纸中，井下主要设备通常以符号标记的方式呈现在图纸上，不能反映出设备在巷道及工作面的层级关系。而运用 Civil 3D 建模则可以将设备在井下的布置情况以三维立体的形式体现出来，使工作人员能够直观地了解井下各设备的布置情况及运行方式。在运用 Civil 3D 建立机电设备模型时，首先，在整理好设备图纸资料后，运用 Revit＋Inventor 功能创建设备零部件并整合成设备整体。其次，填写相关 BIM 信息，导出 RFA 族文件，该矿主要设备族库如

图 15 所示。最后，设备模型在 Inventor 中创建好后，导入 Revit 中与巷道主体整合。针对一些“线性”设备，利用 Dynamo 可视化编程工具提取线路坐标，导入 Inventor 生成巷道中心线，通过自带 iLogic 工具对此类设备沿线放置，巷道与设备整合效果如图 16 所示。

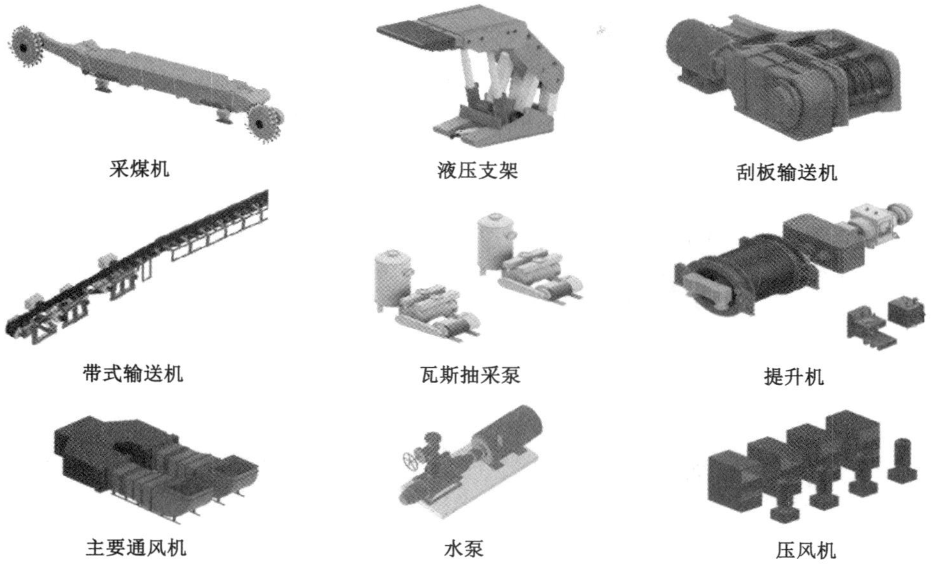

图 15　运用 Civil 3D 创建的煤矿主要设备

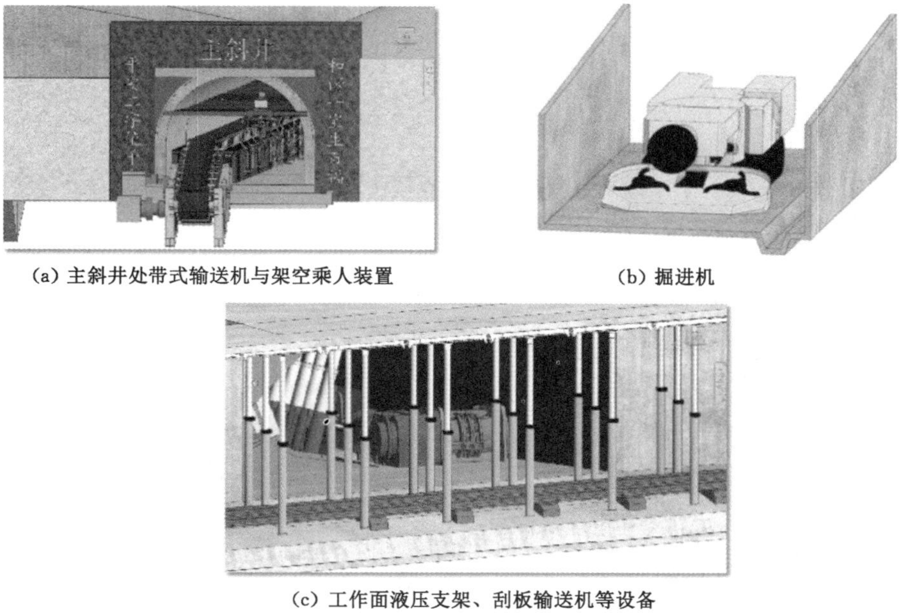

(a) 主斜井处带式输送机与架空乘人装置

(b) 掘进机

(c) 工作面液压支架、刮板输送机等设备

图 16　巷道与设备整合效果图

5　结语

煤矿的开拓开采设计大都采用 CAD 图纸进行展示，主要由平面与纵断面两个维度综合确定出巷道的空间位置，由于 CAD 所绘平面、剖面图过于抽象，通常很难真实、直观地反映出局部井巷

布置的情况，在设计绘图过程中，也经常存在巷道与巷道、巷道与煤层及巷道与含水层等之间布置重叠的情况，让使用者难以在短时间内直观地对矿井概况有一个详细的了解。

巷道矿井三维协同设计是矿井设计工具的一次革命，也是设计理念与设计流程的全面更新。本文采用 Civil 3D 软件构建了矿区三维地质信息模型，并对模型选择性地添加围岩属性、水文地质、可采煤层、可采储量、探明程度等数据信息，可以为使用者提供一个直观且信息全面的三维立体化信息可视化的“图纸”，不仅继承了传统 CAD 二维设计的功能，还丰富了设计可展现出的信息。同时，本文还基于所建模型，介绍了 Civil 3D 软件在煤矿设计中的工业场地选址、开拓开采设计、总平面布置设计以及排矸场选址设计等方面的辅助应用。通过实践可以看出，三维协同设计的方式能更加全面地对整个矿区有一个整体的把握，并可以对这些信息做出一系列反馈，为使用者明确选址地点、巷道工程量等信息，兼具直观、简便、智能、信息全面等多方面优点。尽管目前该领域还未真正研发出成熟的产品，但与目前的二维 CAD 绘图设计相比，其优势已经非常明显。这将是煤矿设计行业未来发展的趋势，也是未来智慧矿山设计的基础。

参考文献

[1] 王文书. 矿井开拓方案的确定方法[J]. 煤炭工程，2012，44(9)：1-3.
[2] 吴涛，刘炳锋，林吉飞，等. 三维设计方法在地下矿山开拓设计中的应用[J]. 工矿自动化，2015，41(1)：119-122.
[3] 王立梅. 三维可视化建模技术在矿山设计中的应用[J]. 煤矿安全，2018，49(11)：121-124.
[4] 李彦平. CAD 在煤矿绘图中的应用及评价[J]. 矿业安全与环保，2003，30(6)：44-46.
[5] 王凤良，郭春洁. CAD 技术在煤矿地质工作中的应用[J]. 煤炭技术，2013，32(6)：126-127.
[6] 许艳霞，王广权. CAD 在煤矿绘图中的应用及评价[J]. 煤炭技术，2014，33(1)：192-194.
[7] 岳杰. BIM 技术及其在建筑设计中的应用[J]. 四川建材，2011，37(5)：270-271.
[8] 冯世杰. 三维协同技术在天津站综合交通枢纽中的应用研究[J]. 铁道工程学报，2014，31(2)：103-109.
[9] 王进丰，李南辉，王宁. 基于 CATIA/ENOVIA VPM 的水电工程三维协同设计[J]. 人民长江，2015，46(17)：28-32.
[10] 解凌飞，李德. 基于 BIM 技术的水利水电工程三维协同设计[J]. 中国农村水利水电，2020(3)：105-111.
[11] 李太友. 三维协同设计技术 BIM 在选煤厂设计中的应用[J]. 煤炭工程，2013，45(3)：133-135.
[12] 李震，张帆，吴明帅，等. Civil 3D 与 Infraworks 三维协同设计在总图专业中的应用[J]. 油气储运，2016，35(6)：648-652.
[13] 牛作鹏，李国杰，刘莉. 一种基于 Civil 3D 平台的三维地质建模改进方法[J]. 水运工程，2019(10)：171-175.
[14] 李德春. 煤矿智能辅助设计系统的开发及应用体会[J]. 煤炭工程，2015，47(9)：31-32，35.
[15] 赵亮. 基于 BIM 的三维协同设计技术在煤矿设计企业中的应用[J]. 煤炭工程，2017，49(6)：29-31.
[16] 程海星. 矿井三维协同设计系统开发初探[J]. 煤炭技术，2018，37(10)：280-282.
[17] 高彬，李军，魏琦，等. 基于 BIM 的矿井工程三维协同设计研究[J]. 煤炭工程，2020，52(2)：9-12.

综放工作面地面压裂坚硬岩层防治冲击地压技术研究

白永明，吴学明，邹磊，赵华全，张亚潮，严斌，李伟

（陕西彬长矿业集团有限公司，陕西 咸阳 712000）

摘　要　综放工作面由于开采空间大、应力扰动强，当覆岩存在坚硬岩层时极易诱发冲击地压事故，而地面水平井压裂技术可有效弱化坚硬岩层完整性及强度，进而降低工作面冲击危险性。本文以陕煤小庄矿40302综放工作面为工程背景，理论分析了地面水平压裂防治综放工作面冲击地压危险的机理，现场实施了地面水平井压裂措施，并验证了其压裂防冲效果。研究成果表明：40302综放工作面覆岩安定组底部含砾粗砂岩层为压裂目标层，压裂孔数量、空间位置、压裂段数量、间距、注砂量、压力等压裂参数设计合理；实施地面压裂措施后，工作面顶板梁悬臂段长度L和峰值应力集中系数a降低，支承压力峰值距煤壁位置X_0增大，顶板弯曲变形能降低，释放弹性能减小，同时工作面覆岩破断块体完整性降低，关键层悬顶范围减小，降低了煤体静载荷，有效降低了工作面冲击危险性。由矿压监测数据发现，40302综放工作面实施地面水平压裂措施后，XZ-01L压裂井有效压裂范围为380 m×851 m，XZ-02L压裂井有效压裂范围为390 m×790 m，实现了对40302综放工作面的全覆盖。超前支承应力峰值下降到原来的85%，影响范围下降到原来的50%。最大诱发微震日频次均小于100次，可见地面水平井压裂措施对40302综放工作面防冲效果明显。

关键词　综放工作面；冲击地压；地面水平井；压裂

地面水平井压裂技术在石油及页岩气开采中应用范围较广，技术也较成熟[1]。煤矿开采工程中，当煤层上方存在厚硬岩层时，也可采用地面水平井压裂技术对厚硬岩层进行压裂，近年来现场应用案例较多[2-4]。

煤矿综放开采条件下坚硬顶板破断时常诱发强矿压显现，其主要治理方法有爆破放顶、注水软化和水力压裂，其中由地面施工的水力压裂孔因其安全性及高效性，目前在煤矿生产中应用越来越广泛[5-7]。目前针对地面水平压裂技术的研究主要集中在以下几个方面：① 针对被压裂岩层的可压性研究。如王书文等[8]针对蒙陕地区具有厚硬顶板赋存条件的特征，研究发现自第2个工作面开始具有发生较高矿震风险的可能；通过厚硬顶板可压裂性试验研究得到岩石脆性系数为59%～143%，平均脆性矿物含量约为68%，表明所研究矿井的厚硬顶板可压裂特性较好。② 针对压裂岩层层位的判定研究。如龚涛[9]提出了基于采场覆岩压力分析的地面水力压裂目标层判定方法，并在赋存坚硬顶板的塔山煤矿的8101工作面应用成功。庞涛等[10]认为地层结构和射孔位置是影响裂缝扩展形态的主要因素，研究了射孔位置、地层条件、垂向应力与水平应力差对裂缝扩展的影响，发现孔眼部分进入煤层时，对裂缝起裂、扩展产生明显的诱导作用，形成沿界面的水平缝和进入煤层的垂直缝，无论顶板是否完整，都能形成有效改造裂缝。③ 针对被压裂岩层裂缝的扩展研究。如于斌等[11]开展了大型真三轴原位试件（2 060 mm×1 200 mm×1 200 mm）水力压裂试验

研究，揭示了水压裂缝扩展形态及压裂全过程试件应力-应变演化规律。马钱钱[12-13]分析了裂缝扩展的影响因素，给出了地面压裂裂缝扩展理论计算方法，研究了地面压裂作业与井下抽采钻孔合理的时间和空间衔接关键参数。④ 针对地面水平压裂井在现场的工程实践研究[14]。如胡沛等[15]针对彬长矿区孟村煤矿煤层上方 60 m 处岩层厚度大、完整性较好，现有措施无法将其弱化的问题，展开地面水平井分段压裂技术研究。现场实践表明，401102 工作面实施地面水平井分段压裂后，周期来压强度进一步降低，持续时间进一步缩短，微震事件大幅度减少，杜绝 10^4 J 以上微震事件。吴向[16]探索了王峰煤矿瓦斯治理的新模式，施工的 3 口地面 L 型井瓦斯抽采浓度达 92.2%～94%，排采气量峰值时间为 9～28 个月，月峰值排采气量为 13.46 万～26.64 万 m^3。尚晓光、朱斯陶等[17-18]以东滩煤矿六采区巨厚硬岩工作面开采为工程背景，提出了地面直井分段水压致裂防控深井巨厚硬岩运动型矿震的方法，地面直井高压水致裂形成的主裂缝倾角为 143°～150°，长度为 220～300 m，竖直高度为 300～344 m，实现了对目标巨厚硬岩的全厚压裂。

本文以陕煤小庄矿 40302 综放工作面为工程背景，分析地面水平井压裂弱化坚硬覆岩层弱化工作面矿压显现的机理，介绍地面水平井压裂关键工艺，并考察其现场应力效果，研究成果可为类似生产地质条件下煤矿采煤工作面矿压防治提供技术借鉴。

1 工作面概况

陕煤小庄矿 40302 工作面位于矿井三盘区东翼，工作面由运输巷、回风巷、泄水巷、开切眼及附属联巷组成，井下西部紧邻三盘区开拓大巷，东部紧邻东翼开拓大巷保护煤柱，北部紧邻义门镇食品工业园保护煤柱，南部紧邻三盘区边界保护煤柱。40302 综放工作面平面布置如图 1 所示。

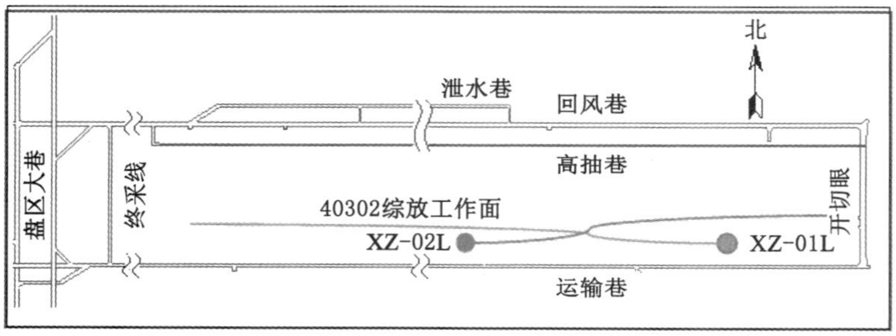

图 1 40302 综放工作面平面布置图

工作面主采 4 煤层，整体煤层倾角为 2°～3°，煤层厚度为 12.8～27 m，平均厚度约为 23 m，总体趋势从工作面西南侧向北东侧逐步变薄。煤层底板埋深为 592～810 m。工作面最西侧煤层底板埋深约 592 m，距开口位置约 800 m 范围内底板埋深整体较平缓，变化幅度较小，之后向开切眼方向逐步变深，最深达 810 m。煤层底板标高为＋340～＋420 m，总体趋势从工作面南西侧向北东侧煤层底板逐步升高，最高处为开切眼附近。

4 煤层伪顶主要为泥岩，厚度为 0.6～1 m，属不稳定岩体；直接顶岩性主要为泥岩、粉砂岩、细砂岩，厚度为 2～5 m，属稳定性较差岩体；基本顶为中粗粒砂岩，厚度为 8～15 m，属中等稳定岩体；直接底岩性为泥岩、碳质泥岩，厚度为 0.3～1.5 m，属不稳定岩体；基本底岩性为砂质泥岩、铝质泥岩、粉砂岩、细砂岩，厚度为 2～3 m，属稳定性较差岩体。

工作面周边地应力场最大主应力位于近水平方向。最大水平主应力的走向，全部位于北北西向，近似于南北向，基本与区域构造应力场最大主应力的方向一致。垂直应力值基本上等于或略大于上覆岩层的重量。

2 地面水平井施工工艺

本次 40302 综放工作面施工的 2 个地面水平压裂井的目标层为安定组底部含砾粗砂岩，安定组砂砾岩顶板垂深为 664.18 m，厚度为 21.2～33.5 m，平均厚度约为 28.5 m（含上部砂岩），距离煤层顶板 50～70 m，平均约为 60 m。2 个地面水平压裂井平面布置见图 1，压裂井剖面图见图 2。

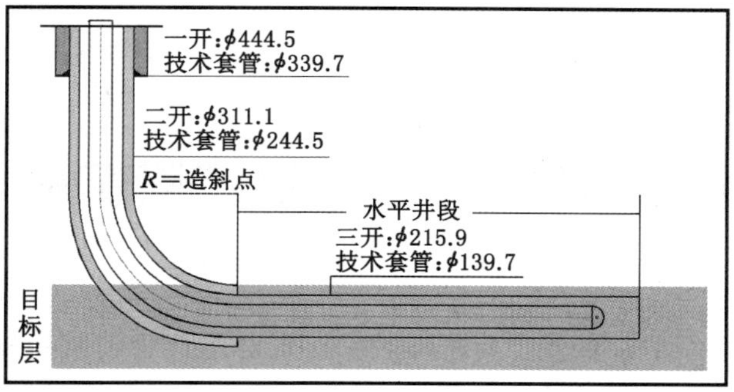

图 2 地面水平压裂井剖面图

XZ-01L 水平井井眼轨迹闭合位移约 1 095.47 m，纵向上垂深为 664.18～677.29 m，安定组砂岩钻遇率为 100%。XZ-01L 井于 2022 年 7 月 26 日开始压裂施工，截至 2022 年 8 月 12 日压裂施工顺利结束，完成 17 段 34 簇压裂施工，作业周期为 18 d。泵入地层累计压裂液量为 19 312.37 m^3，砂量为 525 m^3（70/140 目石英砂 492 m^3，40/70 目石英砂量 123 m^3），暂堵剂为 6 800 kg，施工排量为 0.2～16.0 m^3/min，施工压力为 0.2～33.9 MPa。现场根据实际施工情况及时合理调整泵注程序及参数，尤其提高了施工排量至最高（16.1 m^3/min），优化了暂堵时机及暂堵剂添加量，暂堵提高了缝内净压力，地层破裂增多，达到压裂施工预期效果。

XZ-02L 井于 2022 年 4 月 27 日开始压裂施工，截至 2022 年 5 月 3 日压裂施工顺利结束，完成 15 段 30 簇压裂施工，作业周期为 7 d。泵入地层累计压裂液量为 19 312.37 m^3，砂量为 525 m^3（70/140 目石英砂 420 m^3，40/70 目石英砂量 105 m^3），暂堵剂为 6 000 kg，施工排量为 0.2～16.0 m^3/min，施工压力为 0.2～35.89 MPa。现场根据实际施工情况及时合理调整泵注程序及参数，尤其提高了施工排量至最高（16.4 m^3/min），优化了暂堵时机及暂堵剂添加量，暂堵提高了缝内净压力，地层破裂增多，达到压裂施工预期效果。

3 坚硬覆岩层压裂防冲机理

3.1 压裂对覆岩应力分布的影响

地面水力压裂技术会在工作面上覆岩体内产生大量裂缝，从而在上覆岩体中形成卸压带，并释放一部分积聚的弹性能，最终达到卸压、消除冲击地压危险的作用。图 3 为采取压裂措施后的工作面支承应力的理论分布情况，压裂施工影响了围岩应力调整的进程、悬臂长度 L、基本顶载荷峰值位置 X_0、峰值应力集中系数 a 及超前影响范围 b 影响下的弯矩。

采取压裂措施后，煤壁前方顶板梁弯矩呈现出先增大至峰值，后逐渐减小的变化规律，悬臂长度 L 明显缩短，峰值应力集中系数 a 减小，顶板梁各点弯矩值减小，且弯矩峰值下降尤为明显，压裂后载荷峰值位置 X_0 增大，即应力峰值位置距煤壁更远。压裂后峰值位置截面上最大拉应力也不断减小，当拉应力达到岩石的抗拉极限时，顶板梁就会发生断裂并释放弹性能，因此，压裂后的能量释放比较均匀，且大能量矿震较少。

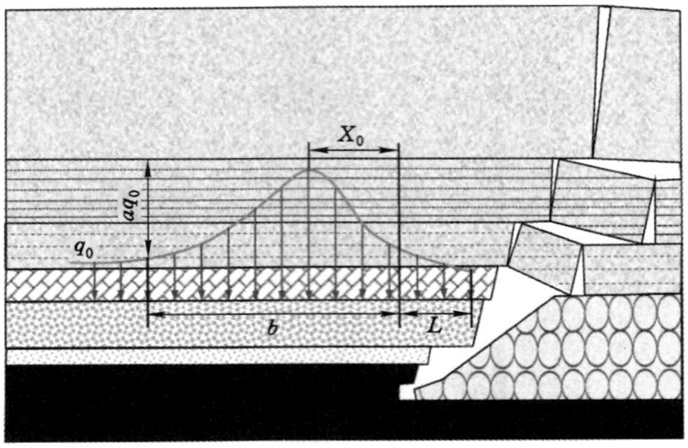

图 3　坚硬岩层压裂后岩块结构特征

地面压裂通过影响顶板岩层的受力特征参数来实现对悬臂梁破断释放能量的控制，压裂施工使顶板梁的悬臂段长度 L 和峰值应力集中系数 a 减小，使支承压力峰值距煤壁位置 X_0 增大，均能造成顶板弯曲变形能减弱、释放弹性能减小，使工作面的冲击危险性降低。

3.2　压裂对覆岩结构稳定的影响

本文模拟分析了 40302 综放工作面回采 100 m 时覆岩坚硬岩层压裂前后特征，见图 4。

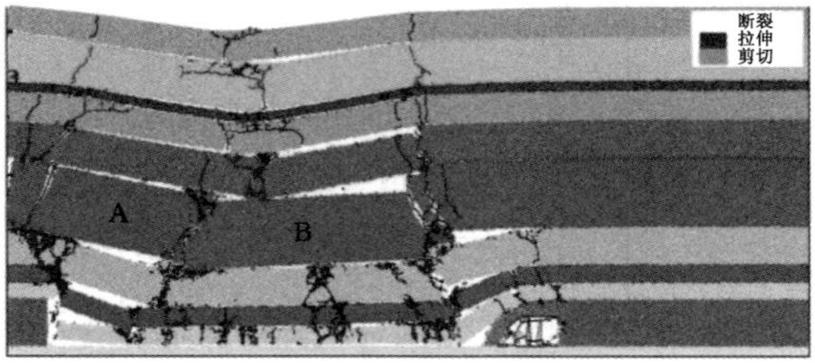

(a) 压裂前工作面回采100 m覆岩结构特征

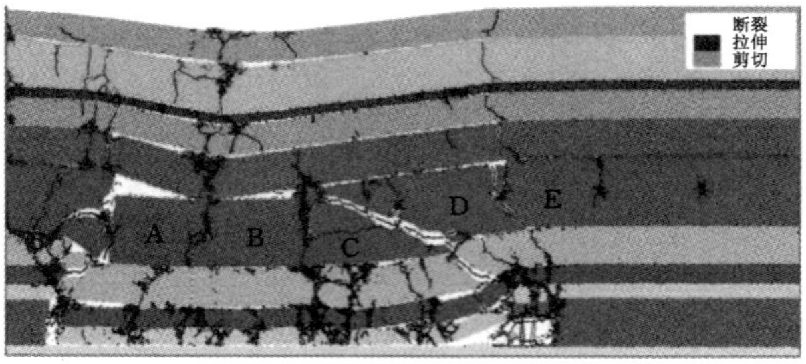

(b) 压裂后工作面回采100 m覆岩结构特征

图 4　坚硬岩层压裂前后岩块结构特征

工作面覆岩坚硬岩层垮落后出现较大离层空间，关键层呈固支梁结构。在上覆载荷作用下，未进行水力压裂的关键层下方出现一条裂隙，基本顶达到极限跨距破断后，破断的岩块 B 在重力作用下对支架及煤壁形成强动载冲击，其下方的离层空间为岩块 B 的冲击提供了大量运动空间，垮落的关键层块体 B 仍具有较好的完整性，下方形成了一定范围的“三角”离层空间。未压裂的关键层悬顶导致上方产生多层悬顶结构，悬臂的距离越长，内部积聚的能量越多，冲击地压危险性越高，如图 4(a)所示。

水力压裂后的关键层在压裂孔周围出现微裂隙并贯穿至上方岩层后，出现一定弯曲，关键层成为中部含裂纹的固支梁，极大地劣化了基本顶的承载能力。实施顶板水力压裂后，已有的细、宏观裂隙得到迅速扩展、贯通，相邻压裂孔贯穿横向裂隙，块体C破裂成不规则块体结构。压裂孔位置裂隙上下贯通，关键层提前发生破断倒转，大块体减少，在采动影响下工作面位置超前区域的关键层内出现裂隙。长距离悬臂的关键层垮落后，关键层及其控制的上覆岩层发生长距离协同折断运动，失稳的块体C产生的重力势能将转化为冲击动能对支护系统造成冲击。压裂后的岩体呈现规律性的小块体破断，块体C以与采空区的铰接点为中心顺时针回转，块体回转产生的高能量矿震为顶板动载的另一种来源。随着块体C回转完毕，块体D将重新出现悬顶，预裂后的关键层将呈较为规律性的垮落。煤层采出后，直接顶发生不规则的垮落下沉，并与上方的关键层发生离层。直接顶垮落后，关键层发生断裂、回转和下沉，形成块体A、B和C(或D、E和F)的铰接结构。水力压裂后，块体B压裂，完整性降低，产生大量裂隙和大幅度位移，预裂位置受拉破断，降低了关键层悬顶范围，相对于未压裂情况改变了支护系统的支撑条件，减小了巷道上方的高静载，达到了控制坚硬顶板运动的目的，如图4(b)所示。

数值模拟结果表明：实施顶板水力压裂前，关键层运动以长悬臂折断垮落形式为主，对工作面将造成较大动载。实施顶板水力压裂后，关键层的爆生裂隙在采动影响下快速扩展，劣化了关键层的完整性，破断块体减小，以短距离回转运动为主，缩短了断裂步距与来压周期，较好地控制了坚硬顶板的运动，有效降低了因关键层长距离悬顶破断后造成的高动载。同时在已垮落的岩层内产生了较多的破断裂隙，减小了采空区离层空间，降低了已经垮落岩层二次回转造成的动载，弱化了工作面因坚硬顶板破断引发矿压动载进而诱发冲击地压的危险性。

4 坚硬覆岩层压裂防冲效果分析

为对比分析40302综放工作面坚硬覆岩层压裂前后冲击危险性，选取微震能量、频次、空间位置以及工作面超前支承应力分布特征等矿压数据进行分析，评价地面水平压裂井对综放工作面的防冲效果。

4.1 压裂有效影响范围分析

40302综放工作面采取地面水平井分段压裂技术对4号煤上覆安定组底部含砾粗砂岩层进行压裂，共施工2口压裂井，分别为XZ-01L和XZ-02L，2口井诱发微震事件空间分布和压裂影响范围分别如图5、图6所示。

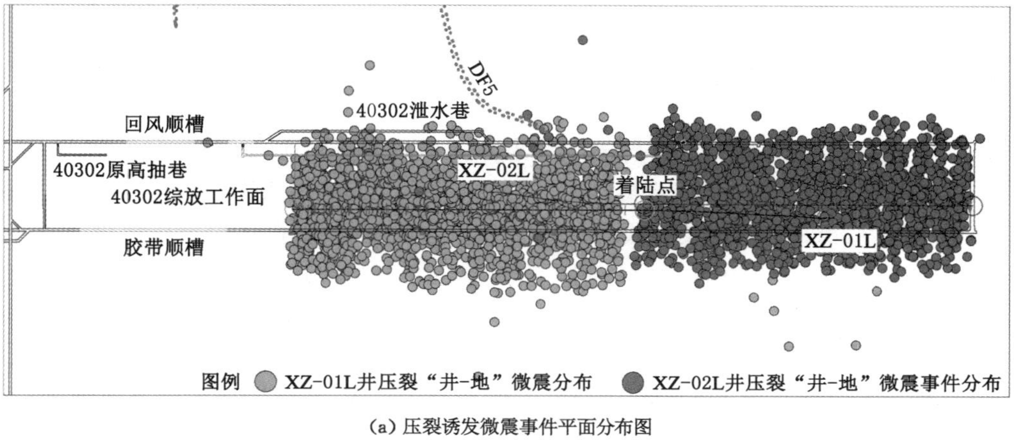

(a) 压裂诱发微震事件平面分布图

图5　地面水平压裂井诱发微震事件分布

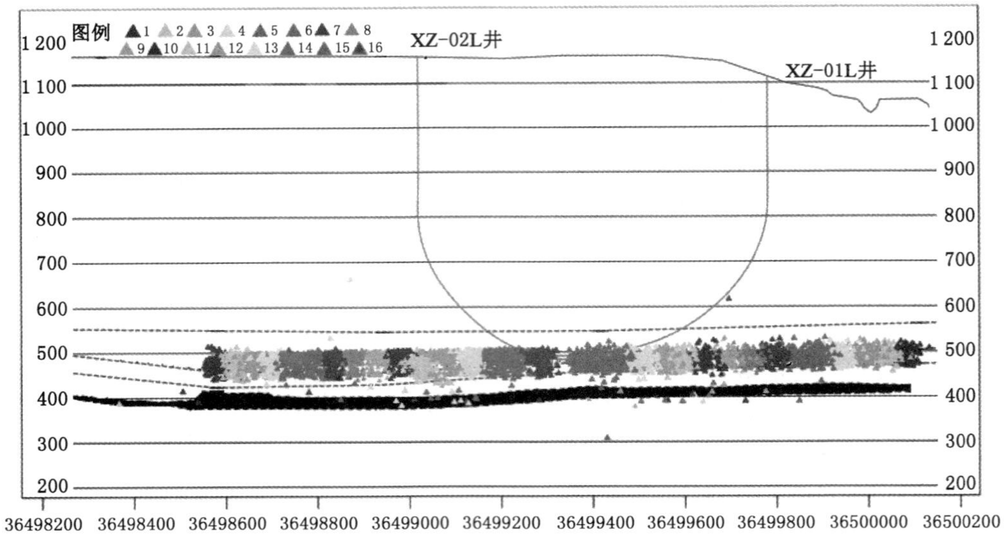

(b) 压裂诱发微震事件剖面分布图

图 5(续)

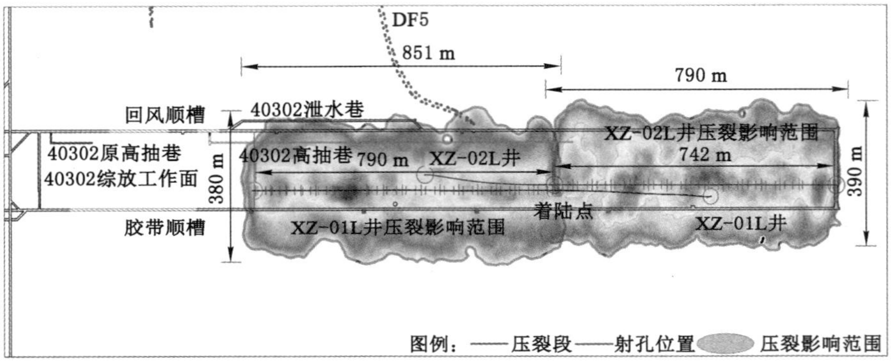

图 6　地面水平压裂井有效影响范围

XZ-01L 井压裂期间，井下微震系统累计监测事件 41 起，总能量为 7.86×10^4 J。其中，1 次方微震事件 0 起，2 次方微震事件 14 起，3 次方以上微震事件 27 起。XZ-02L 井压裂期间井下微震系统累计监测事件 20 起，总能量为 9.07×10^4 J。其中，1 次方微震事件 0 起，2 次方微震事件 6 起，3 次方以上微震事件 14 起。

XZ-01L 井压裂期间，大部分压裂段的微震事件沿最大水平应力方向扩展，压裂前中期，微震响应较差，压裂中后期，压裂位置逐步接近 DF5 断层，微震活动性大幅度提升。整体上来看，大部分微震事件分布在 40302 工作面胶带顺槽一侧。XZ-02L 井压裂期间，大部分压裂段的微震事件沿最大水平应力方向扩展，压裂前期，微震事件沿 40302 胶带顺槽附近分布较多，压裂后期，微震事件开始随着压裂里程的推进沿 40302 回风顺槽分布较多。地应力、断层会对压裂效果产生影响。

整体而言，XZ-01L 井有效压裂范围为 380 m×851 m，XZ-02L 井有效压裂范围为 390 m×790 m，2 口压裂井有效压裂范围实现了对 40302 综放工作面的全覆盖，有效降低了安定组含砾粗砂岩层破断对工作面的冲击影响。

4.2 压裂影响超前支承应力分析

40302 综放工作面未压裂区与压裂区超前支承应力曲线见图 7。

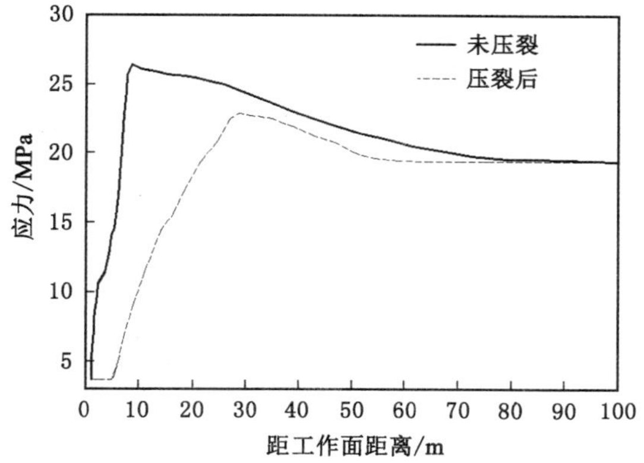

图 7 未压裂区与压裂区工作面超前支承应力曲线

容易看出:未采用地面水平孔压裂顶板情况下,工作面超前支承应力峰值为 26.5 MPa,影响范围为 64 m;采用超长水平孔压裂顶板且顶板充分压裂情况下,工作面超前支承压力峰值为 22.7 MPa,影响范围为 32 m。可见 40302 综放工作面实施地面水平井压裂坚硬顶板后,超前支承应力峰值下降到原来的 85.7%,影响范围下降到原来的 50%,显著减小了超前支承应力的影响。

4.3 压裂工作面微震总频次分析

实施地面水平井压裂措施的 40302 综放工作面与未实施地面水平井压裂措施的 40205 综放工作面诱发的每日微震频次对比见图 8。

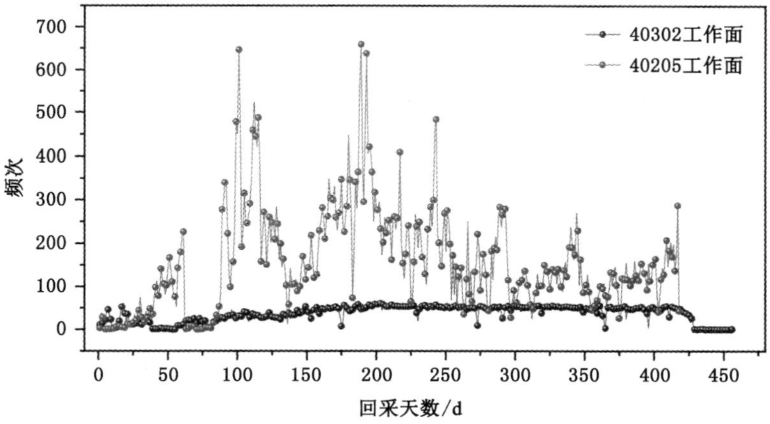

图 8 压裂与未压裂工作面微震频次对比

统计 40302 工作面与 40205 工作面回采期间诱发的微震日频次,发现 40302 工作面回采期间日能量有波动,整体上随着回采进行趋于稳定,回采过程的频次平均值约为 36.28 次/d,最大诱发微震日频次均小于 100 次。40205 工作面回采期间频次波动明显,回采过程的频次平均值为 156.7 次/d,最大诱发微震日频次达 650 次,可见未实施地面水平压裂井的 40205 工作面回采过程中覆岩活动相较于实施了地面水平压裂井的 40302 工作面更加剧烈。

5 主要结论

本文以陕煤小庄矿 40302 综放工作面为工程背景，采用理论分析、数据模拟、现场实践的方法，分析了地面水平压裂井防治综放工作面冲击地压危险的机理、工艺及应用效果，取得的主要结论有：

(1) 根据 40302 综放工作面覆岩结构特征，确定了煤层覆岩安定组底部含砾粗砂岩层为压裂目标层，并设计了压裂孔数量、空间位置、压裂段数量、间距、注砂量、压力等压裂参数。

(2) 实施地面压裂后，工作面顶板梁的悬臂段长度 L 和峰值应力集中系数 a 将减小，支承应力峰值距煤壁位置 X_0 将增大，并造成顶板弯曲变形能降低，释放弹性能减小，使工作面的冲击危险性降低，从应力角度阐述了地面压裂井防治冲击地压机理。

(3) 实施地面压裂后，工作面覆岩破断块体完整性降低，产生大量裂隙和大幅度位移，预裂位置受拉破断，降低了关键层悬顶范围，相对于未压裂情况改变了支护系统的支撑条件，减小了巷道上方的高静载，达到了控制坚硬顶板运动的目的，从覆岩破断岩块结构演化角度解释了地面压裂井防治冲击地压机理。

(4) 40302 综放工作面实施地面水平压裂措施后，XZ-01L 压裂井有效压裂范围为 380 m×851 m，XZ-02L 井有效压裂范围为 390 m×790 m，实现了对 40302 综放工作面的全覆盖。超前支承应力峰值下降到原来的 85%，影响范围下降到原来的 50%。最大诱发微震日频次均小于 100 次。而未实施地面水平压裂措施的 40205 工作面回采过程的频次平均值为 156.7 次/d，可见地面水平压裂措施对 40302 综放工作面防冲效果明显。

参考文献

[1] 陈作，王振铎，曾华国. 水平井分段压裂工艺技术现状及展望[J]. 天然气工业，2007，27(9)：78-80.

[2] 付军辉. 煤矿地面水力压裂理论研究及应用[J]. 煤炭技术，2017，36(11)：154-156.

[3] 高瑞. 远场坚硬岩层破断失稳的矿压作用机理及地面压裂控制研究[D]. 徐州：中国矿业大学，2018.

[4] 高瑞，于斌，孟祥斌. 工作面过煤柱强矿压显现机理及地面压裂控制研究[J]. 采矿与安全工程学报，2018，35(2)：324-331.

[5] 申凯. 晋城矿区地面压裂与井下抽采时空衔接关系研究[J]. 矿业安全与环保，2018，45(4)：22-26，31.

[6] 相里海龙，王冰，张磊. 地面压裂弱化厚硬顶板防治冲击地压技术研究及应用[J]. 陕西煤炭，2024，43(1)：36-41，46.

[7] 张海军，袁德权，马钱钱. 煤矿区地面钻井压裂井下效果考察[J]. 煤矿安全，2014，45(11)：64-67.

[8] 王书文，智宝岩，杜涛涛，等. 厚硬顶板潜在矿震风险地面压裂预控技术[J]. 煤炭科学技术，2023，51(11)：1-11.

[9] 龚涛. 煤矿坚硬顶板地面水力压裂的目标层判定和控制强矿压显现机理[D]. 重庆：重庆大学，2020.

[10] 庞涛，姜在炳，惠江涛，等. 煤系水平井定向射孔压裂裂缝扩展机制[J]. 煤田地质与勘探，2024，40(7)：1-9.

[11] 于斌，高瑞，夏彬伟，等. 大空间坚硬顶板地面压裂技术与应用[J]. 煤炭学报，2021，46(3)：

800-811.
[12] 马钱钱.地面压裂与井下钻孔对接联合抽采技术[J].煤矿安全,2019,50(6):70-73.
[13] 马钱钱.地面钻井压裂对井下瓦斯抽采的影响研究[J].矿业安全与环保,2019,46(2):107-110.
[14] 张欣.地面压裂治理瓦斯技术在屯兰矿区中的应用研究[J].神华科技,2017,15(8):23-25,37.
[15] 胡沛,王东杰,王冰.深部冲击地压矿井地面水平井压裂技术[J].陕西煤炭,2024,43(3):1-5.
[16] 吴向.王峰煤矿地面L型井压裂抽采瓦斯工程实践[J].内蒙古煤炭经济,2022(24):25-27.
[17] 尚晓光,朱斯陶,姜福兴,等.地面直井水压致裂防控巨厚硬岩运动型矿震试验研究[J].煤炭学报,2021,46(增刊2):639-650.
[18] 朱斯陶,刘金海,姜福兴,等.我国煤矿顶板运动型矿震及诱发灾害分类、预测与防控[J].煤炭学报,2022,47(2):807-816.

深部“三软”中厚煤层软弱煤巷支护技术探究及应用

李宣东，杨想录，邢万里，张斌斌

（华亭煤业集团有限责任公司，甘肃 平凉 744100）

摘　要　针对“三软”煤层工作面巷道围岩应力高、变形量大、返修率与返修成本高等问题，本文以新窑煤矿 4^{-1} 煤层 54101 工作面运输巷道为工程背景，理论分析了巷道围岩大变形机理及影响因素，提出了一种将“全长锚固”与高强度高刚度的锚杆（索）结合使用的支护方案。结果表明：应用设计支护方案后，与原支护方案相比，顶底板与两帮围岩变形量模拟结果分别降低了 23.5%、37.5%、22.1%和 16.7%，验证了支护方案的可行性；且 54101 工作面运输巷道掘进期间，两帮围岩的相对变形量最终控制在 150 mm 左右，顶板的相对位移保持在 100 mm 以内。本研究提供了解决新窑煤矿“三软”煤层巷道支护难题的可行方法，同时为其他类似地质条件下的矿井提供了有益的参考。

关键词　“三软”煤层巷道；软岩支护；数值模拟；现场应用

0　引言

我国煤炭资源赋存条件复杂，大量煤层及顶底板较软，抗压强度较低。在“三软”煤层巷道围岩环境中，受软岩自身流变性、扩容性等性质及围岩应力环境的影响[1-2]，其变形量大、变形速率快、变形持续时间长，易出现支护结构失效等问题。

“三软”煤层巷道围岩变形过程中岩石孔隙度逐渐增大，围岩裂隙水侵蚀、自然风化与扰动应力等导致围岩强度不断降低，造成巷道围岩大变形[3-4]。许多学者针对“三软”煤层围岩变形及破坏机理与软岩支护技术等取得了众多研究成果[5-6]：一方面对锚杆、锚索的选型及间排距等参数进行调整；另一方面发展了众多新型支护技术，如基于组合拱（梁）的锚网支护技术[7]、铁-木组合托盘锚杆支护技术、新型全长黏结锚杆支护技术、“卸压—应力转移—加固”围岩控制技术等。同时，许多研究成果表明“三软”煤层巷道围岩富含蒙脱石、伊利石等黏土矿物，围岩强度与含水率呈负相关关系。以上研究为“三软”煤层巷道围岩稳定控制提供了研究基础与技术思路。

新窑煤矿公司 4^{-1} 煤层属于典型的“三软”煤层，平均埋深为 650 m，原支护方案难以对巷道围岩形成“有效锚固”。本文以新窑煤矿 54101 工作面运输巷道为工程背景，理论分析了巷道围岩大变形机理及影响因素，提出巷道围岩支护技术方案，构建 FLAC3D 模型分析验证支护方案的可行性，并进行现场工业性试验，为有效解决新窑煤矿及其他相似地质条件矿井“三软”煤层支护问题提供参考。

1　工程概况

新窑煤矿 54101 工作面为五采区 4^{-1} 煤层首采工作面，4^{-1} 煤层属典型“三软”中厚煤层，平均厚度为 2.6 m，煤层倾角为 12°～22°。直接顶主要为泥岩和油页岩，平均厚度为 2.1 m，直接底主要为泥岩，局部为砂质泥岩、粉砂岩、细砂岩和油页岩，厚度为 1.5～2.2 m，顶底板均属于极软-较软岩类，巷道围岩属于岩体质量差～中等的Ⅲ-Ⅳ类岩体，煤层、顶底板单轴抗压强度均低于 25 MPa，软化系数平均值为 0.24，孔隙度大，胶结程度差，受构造面切割及风化影响显著，遇水极易膨胀。54101 工作面巷道平面示意图如图 1 所示，工作面地层综合柱状图如图 2 所示。

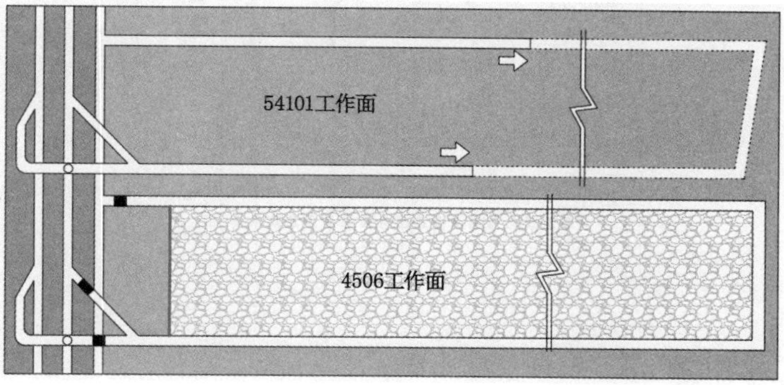

图 1　54101 工作面巷道平面示意图

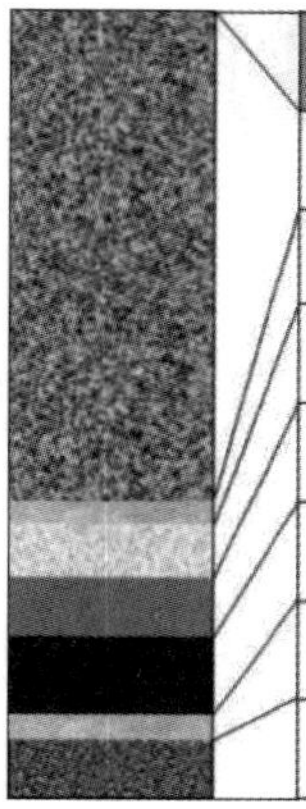

岩性	厚度/m	埋深/m
粗砂岩	22.00	635.60
泥岩	1.05	657.60
粉砂岩	2.35	658.65
油页岩	2.62	661.00
4^{-1}煤	3.50	663.62
泥岩	1.20	667.12
砂质泥岩	2.20	668.32

图 2　54101 工作面地层综合柱状图

54101 工作面运输巷道断面为直墙微弧拱，上宽 5 000 mm、下宽 5 200 mm，墙高 3 300 mm，拱高 500 mm，原支护形式为锚网索支护。锚杆采用 ϕ22 mm×2 800 mm 左旋螺纹钢锚杆配合菱形金属网支护；间排距为 800 mm×800 mm，锚索规格为 ϕ21.8 mm×8 300 mm，间排距为 1 200 mm×1 600 mm。在原支护方案下，掘后巷道变形主要以顶板下沉、反复底鼓为主，两帮变形量相对较小，顶板下沉量为 500～800 mm，底鼓量为 800～1 500 mm，两帮移近量为 400～800 mm。

2　巷道围岩变形理论分析

针对新窑煤矿 54101 工作面运输巷道围岩变形机理进行理论分析，由于巷道断面为直墙微弧拱，采用当量半径法将巷道等效成一个圆形巷道，在相同垂直应力与水平应力条件下，简化为平面应力问题，如图 3 所示。

其中圆形巷道的等效半径为：

$$R_0 = k\sqrt{\frac{S}{\pi}} \tag{1}$$

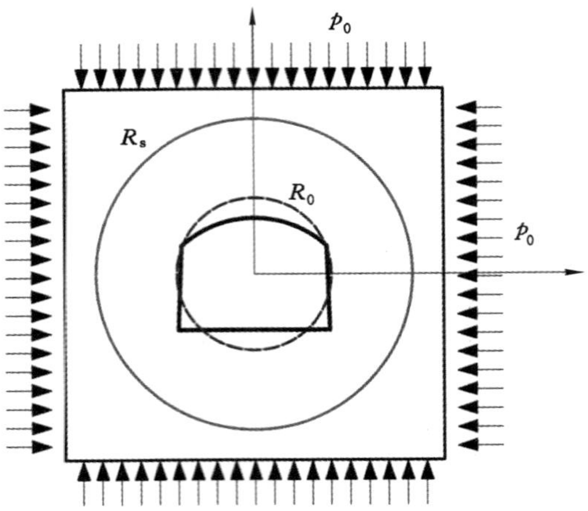

图 3　巷道围岩受力状态

式中　S——巷道断面面积，m^2；

k——修正系数，取 1.10。

根据理性状态下弹塑性模型力学分析，巷道围岩塑性区半径 R_s：

$$R_s = R_0 \left[\frac{(p_0 + c\cot\theta)(1-\sin\theta)}{p + c\cot\theta}\right]^{\frac{1-\sin\theta}{2\sin\theta}} \tag{2}$$

式中　p_0——巷道围岩应力，MPa；

p——围岩支护强度，MPa；

θ——岩石内摩擦角，(°)；

c——岩石黏聚力，MPa。

此时求得巷道围岩位移 U：

$$U = B_0 R_s \left(\frac{R_s}{R_0}\right)^{(1+\eta)} \tag{3}$$

其中：

$$B_0 = \frac{(1+\mu)[(K-1)p_0 + \sigma_c]}{(K+1)E} \tag{4}$$

$$K = \frac{1+\sin\theta}{1-\sin\theta} \tag{5}$$

式中　η——围岩扩容梯度；

μ——围岩泊松比；

σ_c——围岩抗压强度，MPa；

E——围岩弹性模量，GPa。

根据前期室内试验及现场调研结果，54101 工作面运输巷道围岩理论分析参数取值如表 1 所示。

表 1　巷道围岩理论分析参数取值

弹性模量/GPa	抗压强度/MPa	内摩擦角/(°)	黏聚力/MPa
0.8	20	25	3.1
扩容梯度	泊松比	支护强度/MPa	围岩应力/MPa
1.8	0.25	0～1	16

将上述参数代入式(2)和式(3)分别得到不同围岩应力条件下巷道围岩塑性区半径 R_s 与支护强度 p 的关系曲线及巷道围岩表面位移 U 与支护强度 p 的关系曲线，分别如图 4、图 5 所示。

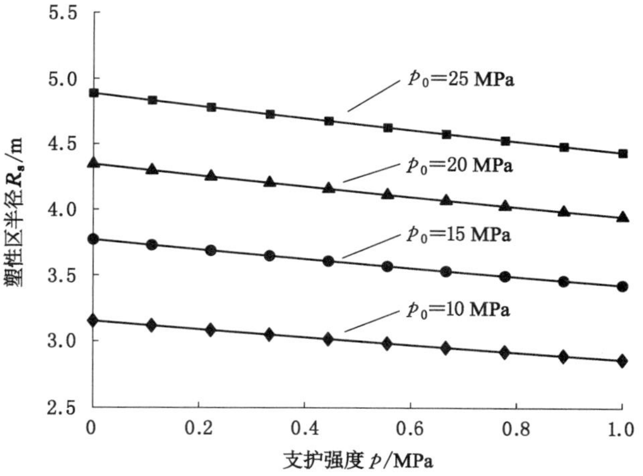

图 4　巷道围岩塑性区半径与支护强度关系

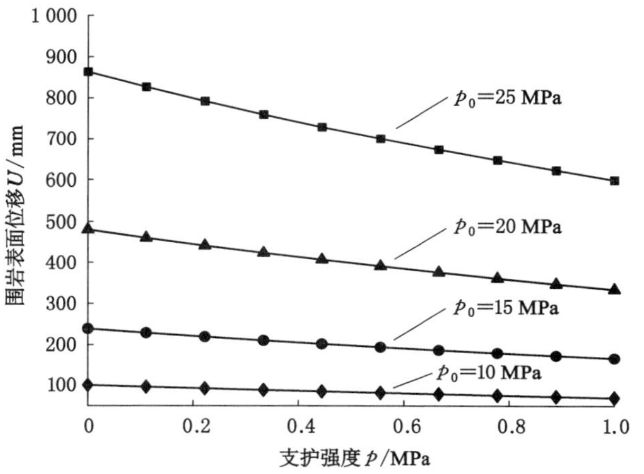

图 5　巷道围岩表面位移与支护强度的关系

由图 4、图 5 分析可知，围岩应力越高，巷道围岩塑性区半径和表面位移越大，其中巷道围岩表面位移对于围岩应力的增加更加敏感。以支护强度为 0 为例，围岩应力由 10 MPa 增加为 25 MPa 时，塑性区半径由 3.15 m 增大至 4.8 m，围岩表面位移由 100 mm 增大至 863 mm。当围岩应力一定时，巷道围岩塑性区半径和表面位移均随着支护强度增加而减小，尤其是在高应力条件下，增加支护强度更有利于控制巷道围岩表面位移。图 5 中围岩应力分别为 10 MPa、15 MPa、20 MPa、25 MPa，随着支护强度由 0 MPa 增加至 1 MPa，计算可得围岩表面位移分别减小了 30.4 mm、72.81 mm、146.65 mm、263.19 mm。

同时，式(2)和式(3)代入参数，可得到围岩黏聚力 c 和内摩擦角 θ 对巷道围岩塑性区半径 R_s 与表面位移 U 的影响关系曲线，分别如图 6、图 7 所示。

由图 6、图 7 分析可知，巷道围岩塑性区半径和表面位移大小与围岩黏聚力和内摩擦角均呈负相关关系。当围岩应力和内摩擦角一定时，黏聚力由 2.5 MPa 增加至 5.5 MPa，塑性区半径由 3.94 m 减小至 2.89 m，围岩表面位移由 290.7 mm 减小至 90.01 mm；当围岩应力和黏聚力一定时，内摩

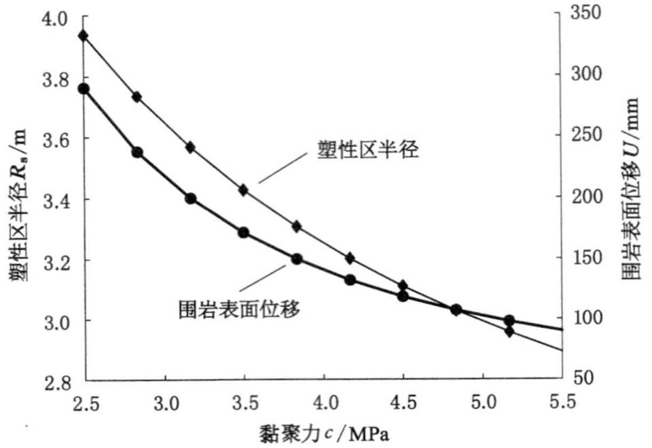

图 6　围岩黏聚力与塑性区半径、表面位移关系

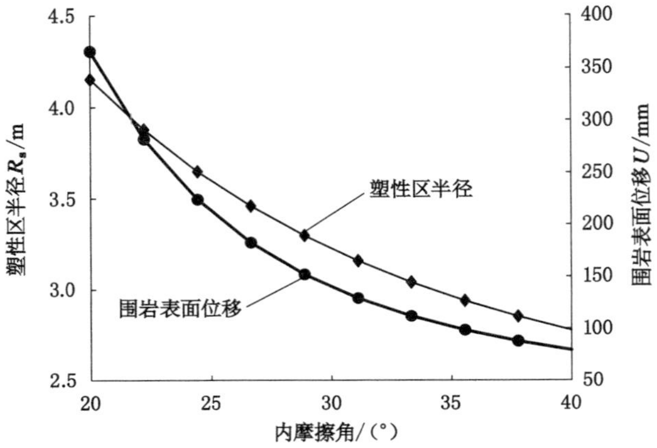

图 7　围岩内摩擦角与塑性区半径、表面位移关系

擦角由 20°增加至 40°，塑性区半径由 4.15 m 减小至 2.77 m，围岩表面位移由 366.4 mm 减小至 79.1 mm，说明围岩黏聚力和内摩擦角是巷道围岩变形控制的重要因素。

综上所述，结合新窑煤矿 54101 工作面运输巷道实际工程条件分析可得：54101 工作面埋深约为 650 m，巷道原岩应力预计达到 16 MPa，巷道服务全周期内经历多次采动应力集中，高应力作用下巷道塑性区和表面位移更大，不利于巷道稳定控制；同时，54101 工作面运输巷道围岩顶底板以泥岩、含油页岩为主，本身黏聚力和内摩擦较小，加之现场巷道局部区域出现淋水现象，围岩遇水崩解软化，进一步劣化围岩黏聚力和内摩擦角，巷道围岩变形控制愈发困难。

根据理论分析结果，为有效控制 54101 工作面软弱煤巷围岩稳定，设计巷道围岩支护方案时，应从提高围岩黏聚力、内摩擦角及增加锚杆(索)支护预应力角度出发。

3　54101 工作面运输巷道支护设计

3.1　支护方案提出

根据新窑煤矿 54101 工作面工程地质条件，巷道围岩变形破坏特征以及巷道变形机理分析，提出以“全长锚固”结合高强度高刚度锚杆(索)支护相配合的支护技术体系。顶板在两排锚杆中间布

置 ϕ21.8 mm×6 300 mm 锚索呈“四五四五”交替布置，其中 4 根锚索一排为注浆锚索，进行“全长锚固”注浆支护，帮部两侧各自布置 4 根 ϕ21.8 mm×4 300 mm 锚索与底角 1 根 ϕ22 mm×2 800 mm 锚杆。详细支护参数如表 2 所示，具体支护方案如图 8 所示。

表 2　54101 工作面运输巷道支护参数

	顶板	帮部
锚杆	ϕ22 mm×2 800 mm	ϕ22 mm×2 800 mm
锚索	ϕ21.8 mm×6 300 mm	ϕ21.8 mm×4 300 mm
注浆锚索	ϕ21.8 mm×6 300 mm	
间排距	800 mm×800 mm(锚杆) 1 200 mm×800 mm(锚索)	800 mm×800 mm
托盘	150 mm×150 mm×12 mm 鼓形托盘(锚杆) 300 mm×300 mm×16 mm 鼓形托盘(锚索)	
钢带	100 mm×10 mm T 型钢带	280 mm×5 mm W 型钢带
预紧力	≥300 N·m(锚杆)；≥260 kN(锚索)；≥180 kN(注浆锚索)	

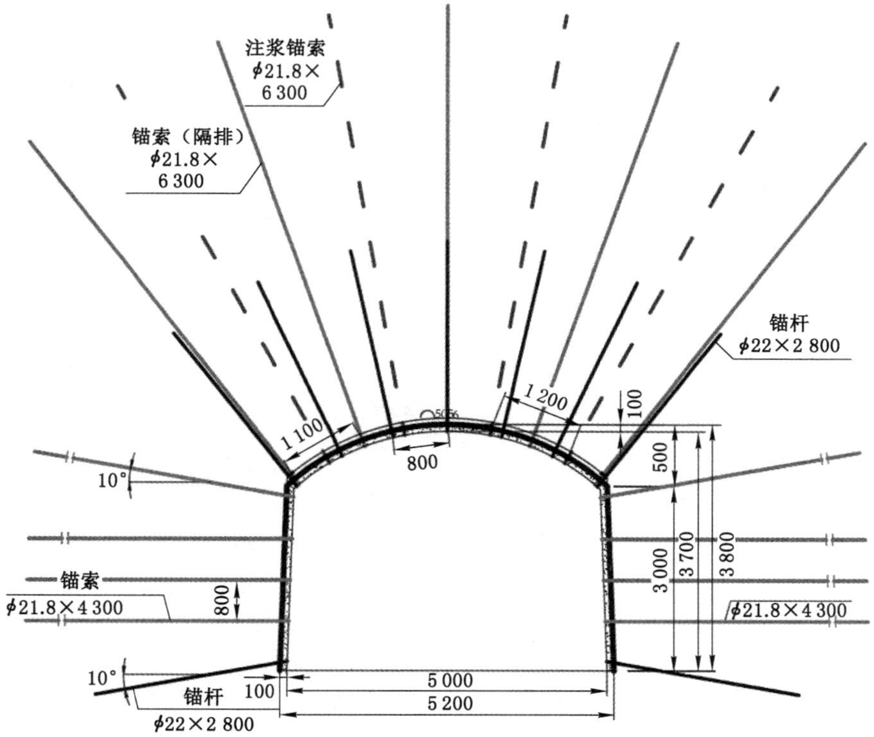

(a) 巷道支护断面图

图 8　巷道支护方案

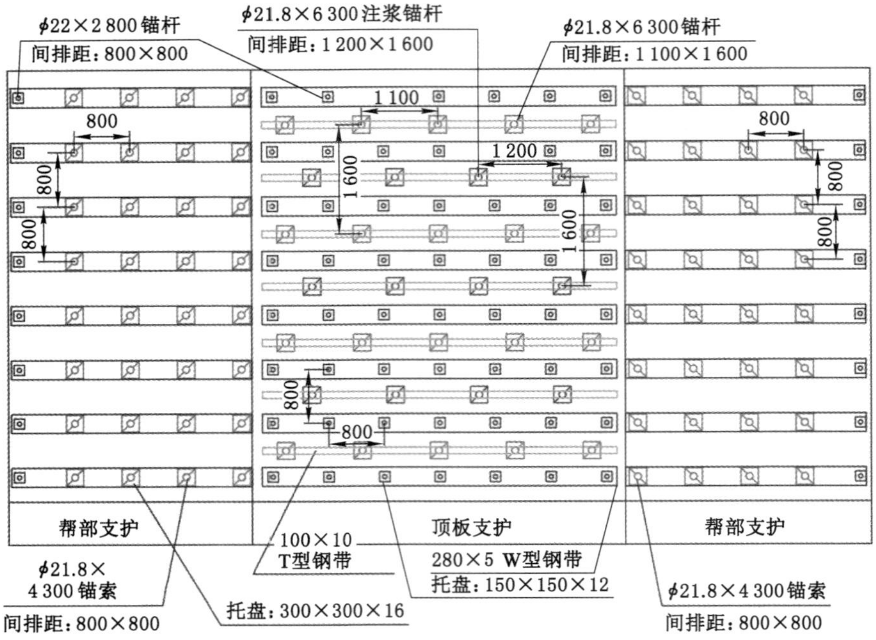

(b) 巷道支护展开图

图 8(续)

3.2 数值模拟验证

为了验证 54101 工作面运输巷道支护方案可行性，根据工程地质条件建立 FLAC3D 数值模拟模型，如图 9 所示。该模型大小为 40 m×30 m×34.45 m(长×宽×高)，其中巷道断面为梯形微弧拱，计算中模型顶部施加 15 MPa 载荷(按平均容重 25 kN/m^3 计算)，侧压系数取 1.2；模型周围各边界均为水平位移约束，底部为固定位移约束。采用莫尔-库仑准则进行数值计算，其中各岩层物理力学参数见表 3。

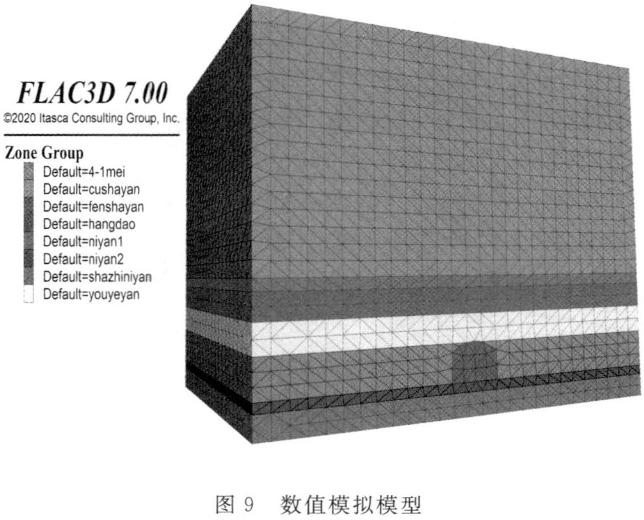

图 9　数值模拟模型

表 3　各岩层物理力学参数

岩性	密度/(kg/m³)	体积模量/GPa	剪切模量/GPa	黏聚力/MPa	抗拉强度/MPa	内摩擦角/(°)
粗砂岩	2 700	7.35	6.63	3.04	4.34	40
泥岩	2 567	4.30	2.80	0.70	1.68	30
粉砂岩	2 800	16.04	12.02	3.47	4.96	43
油页岩	2 520	4.90	3.20	1.18	1.80	35
4^{-1}煤	1 460	2.12	0.93	0.50	0.35	24
泥岩	2 463	3.94	2.60	0.68	0.98	30
砂质泥岩	2 550	4.90	3.20	1.18	1.80	35

按照巷道掘进方式分别模拟原支护方案与设计支护方案两种情况，对比 54101 工作面运输巷道掘进期间围岩变形规律，其结果如图 10 所示。

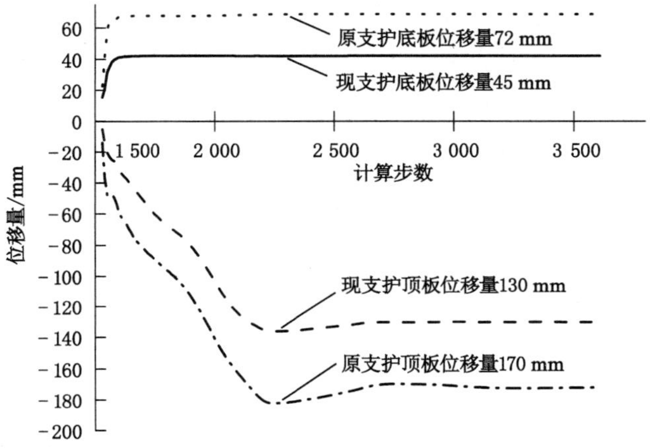

(a) 不同支护方案顶底板位移变化

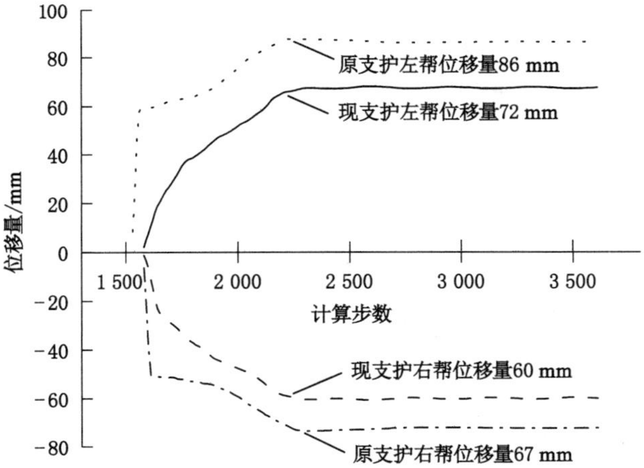

(b) 不同支护方案左右帮位移变化

图 10　不同支护方案巷道围岩位移变化特征

图 10 中，采用以"全长锚固"结合高强度高刚度锚杆(索)支护相配合的支护方案后，巷道顶板最大变形量从原支护条件下 170 mm 降低至 130 mm，降低了 23.5%，底板最大变形量从原支护条件下 72 mm 降低至 45 mm，降低了 37.5%；左帮最大变形量由原支护条件下 86 mm 降低至

72 mm，降低了 16.3%，右帮最大变形量由 67 mm 降低至 60 mm，降低了 10.4%。模拟结果说明了支护方案对巷道变形起到了良好的控制效果，验证了设计支护方案的可行性，具有工业性应用价值。

4 工业性应用效果

为了检验 54101 工作面运输巷道支护方案施工质量及支护效果，在运输巷道掘进期间对巷道表面相对位移、顶板离层相对变化量以及锚索受力进行监测，具体监测结果如图 11 所示。

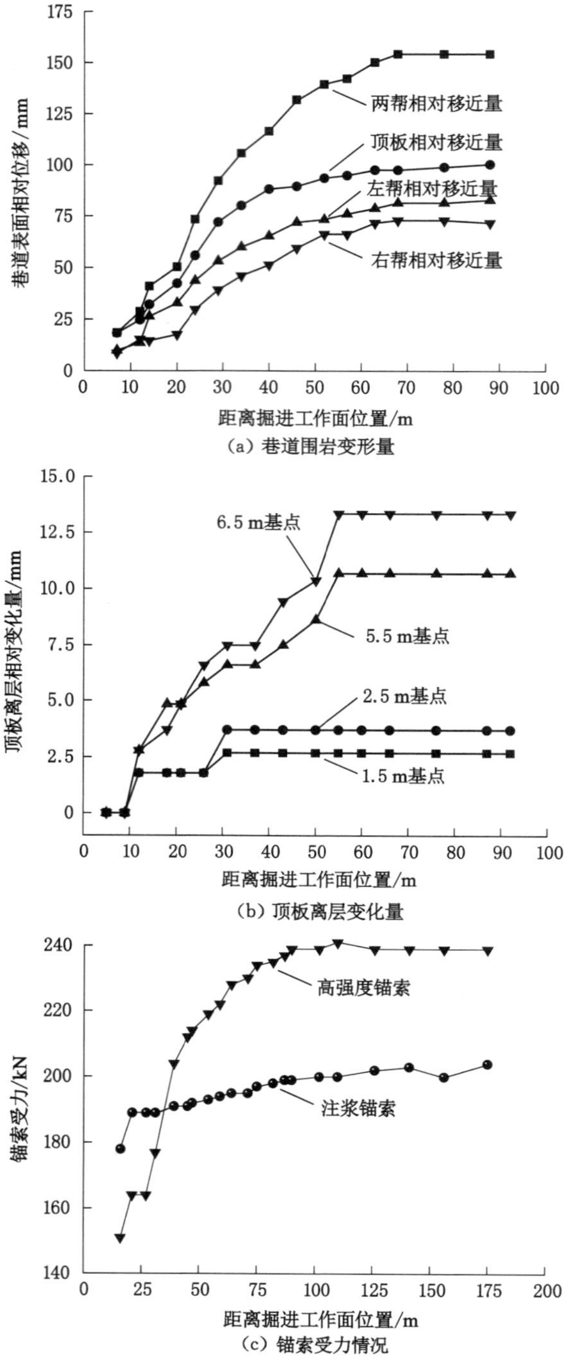

图 11 巷道矿压显现规律监测结果

现场监测结果分析可知:54101 工作面运输巷道掘进期间两帮相对位移量最终控制在 150 mm 左右,顶板相对位移控制在 100 mm 之内,巷道表面变形在距离掘进工作面 65 m 之后基本稳定;顶板离层高度主要在 2.5～5.5 m 范围内,且主要发生在距掘进工作面 60 m 范围内,后续顶板趋于稳定,离层量较小,与巷道围岩表面变形规律一致;顶板高强度锚索与注浆锚索受力均超过 200 kN,表明锚索支护范围内岩层“锚固有力”,注浆锚索最终受力小于普通锚索,说明“全长锚固”注浆加固达到预期支护效果,实现了 54101 工作面运输巷道安全高效掘进。

5 结论

本文以新窑煤矿 4^{-1}煤层 54101 工作面运输巷道为工程背景,理论分析了巷道围岩大变形机理及影响因素,提出了一种将“全长锚固”与高强度高刚度的锚杆(索)结合使用的支护方案,并在现场进行了工业性应用,主要结论如下:

(1) 根据弹塑性力学理论及现场工程地质条件分析了巷道围岩变形破坏特征及变形机理,设计了“全长锚固”结合高强度高刚度锚杆(索)支护相配合的支护方案。

(2) 提出了适用于新窑煤矿 54101 运输巷道的围岩支护方案,利用数值模拟对比研究了采用支护方案前后巷道围岩变形规律,验证了支护方案具有工程实践价值。

(3) 现场实测巷道两帮最大移近量为 154 mm,顶板最大下沉量为 100.3 mm,顶板岩层离层最大值为 10.3 mm,锚索受到的最大拉力 239 kN,巷道围岩变形范围在距离掘进工作面 60 m 左右,巷道围岩稳定性良好。

参考文献

[1] 陈兆平,袁明波.大倾角半煤岩巷道综合机械化快速掘进实践[J].内蒙古煤炭经济,2016(12):134-136.

[2] 刘雁明.大倾角综掘巷道快速掘进及支护优化研究[J].机械管理开发,2022,37(10):214-216.

[3] 胡建勇.高地应力大倾角巷道综掘施工工艺优化[J].中国石油和化工标准与质量,2020,40(1):221-222,224.

[4] 李禹兴.超长大倾角巷道快速掘进技术与工艺[J].煤炭与化工,2018,41(6):34-36.

[5] 肖宗.“三软”大倾角煤层煤巷掘进施工技术研究[J].山东煤炭科技,2018(3):5-7.

[6] 苏泽明.高应力大倾角切眼综掘施工工艺优化[J].机械管理开发,2023,38(7):186-187.

[7] 董开封,丘富旺.掘进机在大倾角上山巷道施工中的研究应用[J].煤炭工程,2014,46(6):46-47,50.

一等奖获奖文章

雁南煤矿软岩巷道围岩变形特征与控制技术研究

王玉珏

（内蒙古大雁矿业集团有限责任公司，内蒙古 呼伦贝尔　021000）

摘　要　为解决软岩煤层开采岩层软弱、巷道支护困难的问题，本文以雁南煤矿煤层 27-2 首采工作面为研究对象，通过现场测试和理论分析的方法，阐释了软岩煤层巷道围岩变形特征，分析了巷道变形诱因。基于加固拱理论、悬吊理论和普氏理论，并结合现场实际进行了支护参数设计，提出了“锚杆＋锚索＋金属网＋钢带”联合支护方案，支护方案在现场进行了实际应用，且支护效果良好，为控制软岩煤层开采巷道围岩变形提供了有效的技术支撑。

关键词　软岩巷道；复杂难采；变形诱因；支护设计

0　前言

我国煤矿每年新掘井下巷道约 12 000 km，大多数巷道具有软岩、强采动、大变形的特征，而保障巷道的畅通和稳定对于矿井生产尤为重要[1]。其中软岩巷道本身具有围岩稳定性差、支护参数设计困难、维护周期长等问题，在回采作业的采掘扰动下，巷道变形的大小、时间、速度更加难以控制，加大了井下作业的难度，严重制约了矿井高产高效生产。

现阶段，许多学者和专家对软岩巷道支护展开了相关研究。陈康等[2]提出了断面优化和顶板锚固力增强优化；刘森等[3]采用高强度锚索对巷道支护参数进行了优化；邵汝岭[4]提出了长短锚杆等强支护方法；王金平等[5]提出了顶板“梯度支护”及两帮联合支护；董恩远等[6]提出了“让抗结合、局部加强支护、全断面协调变形”的支护思路；梁海汀等[7]提出了采用疏水、合理保水、提高锚固质量的围岩控制技术；赵帅[8]采用反演法，结合现场实际情况，确定了地应力分布特征、巷道与煤层间的扰动尺度及底鼓机理；文志杰等[9]揭示了“控底-助帮”的底鼓控制机理；范子儀等[10]提出了差异化支护方案；魏世明等[11]提出了高强度锚注支护技术；郭斌等[12]设计了完整的软岩巷道地压综合监测体系；韩老虎等[13]提出锚网索喷＋U36 型钢封闭强化＋注浆加固的支护方案；王想君等[14]等针对软岩巷道在全长锚杆锚固后的力学承载结构，提出了“锚固调控区”的概念；张亮等[15]提出了“锚索＋亲泥性材料注浆加固”的支护技术；刘坤等[16]提出以软岩巷道失稳机理及影响因素分析为先导，以“超前控制、及时封闭、长短结合、关键部位补强、长期监控”为思路，以维护和保持围岩的残余强度为原则的软岩巷道支护技术。虽然对于软岩巷道的研究已有多数，但软岩巷道支护受到多重复杂因素的影响，应继续结合不同地质条件和不同开采因素开展针对性研究。

本文以雁南煤矿 27-2 首采工作面为研究对象，结合现场测试和理论分析的方法，阐释了巷道围岩变形特征，分析了围岩变形诱因，基于加固拱理论、悬吊理论和普氏理论，并结合现场实际作业情况进行了巷道支护参数设计，提出了“锚杆＋锚索＋金属网＋钢带”联合支护方案，且现场支护效果良好，对于控制软岩巷道变形有着重要意义。

1 工程概况

雁南煤矿位于内蒙古自治区呼伦贝尔市，矿区内断裂比较发育，无岩浆岩侵入，井田内煤层顶、底板多为泥岩或砂质泥岩，质地较软，遇水膨胀，易冒顶。其中西三采区 27-2 煤层存在 0～3 层夹矸，煤层厚度平均为 8.84 m，属于厚煤层。27-2 煤层首采工作面距地表 230～248 m，顶板上方存在含水层，且隔水层隔水作用较差，煤岩综合柱状特征如图 1 所示。

序号	岩石名称	柱状 1:200	层厚 /m	岩 性 描 述
1	27-1煤		4.99	27-1煤：黑褐色，块状，光泽暗淡，煤质较好
2	砂质泥岩		6.80	砂质泥岩：灰白色，固结性较差，遇水膨胀变软
3	27-2煤		8.84	27-2煤：黑褐色，块状，光泽暗淡，煤质较好
4	砂质泥岩		7.85	砂质泥岩：灰白色，固结性较差，遇水膨胀变软
5	28煤		5.12	28煤：黑褐色，木质结构，块状，煤质较好

图 1 煤岩综合柱状特征

2 巷道围岩变形规律

2.1 巷道变形写实

矿井巷道变形情况如图 2 所示。其灾变过程为：顶板岩层裂隙发育、强度低，锚杆锚固体整体承载能力较弱→锚固区内离层，离层渐进扩展→锚固区外离层，锚索受力增大→在采动应力或顶板水等因素的作用下，塑性区加速扩展，顶板下沉量快速增大，锚索延伸量不足。

(a) 顶板破碎　(b) 顶板下沉

(c) 巷道底鼓　(d) 围岩收敛大变形

图 2 巷道变形情况

2.2 围岩裂化特性

在工作面上顺槽处布置测站，分析巷道顶板及两帮的裂隙分布情况。西三采区工作面上顺槽顶板及两帮围岩结构裂化特征如图 3 所示。由图 3 可知：顶板距巷道表面 0～2.17 m 裂隙发育、较破碎；2.17～3.02 m 范围，存在密集纵向裂隙；3.02～4.13 m 范围，存在小范围环向裂隙；4.13～5.87 m 范围，顶板完整。左帮距巷道表面 0～1.92 m 裂隙发育、较破碎；1.92～3.35 m 范围，存在密集纵向裂隙；3.35～5.34 m 范围，存在小范围环向裂隙；5.34～6.90 m 范围，左帮完整。右帮距巷道表面 0～2.09 m 裂隙发育、较破碎；2.09～3.23 m 范围，存在密集纵向裂隙；3.23～5.13 m 范围，存在小范围环向裂隙；5.13～6.98 m 范围，右帮完整。

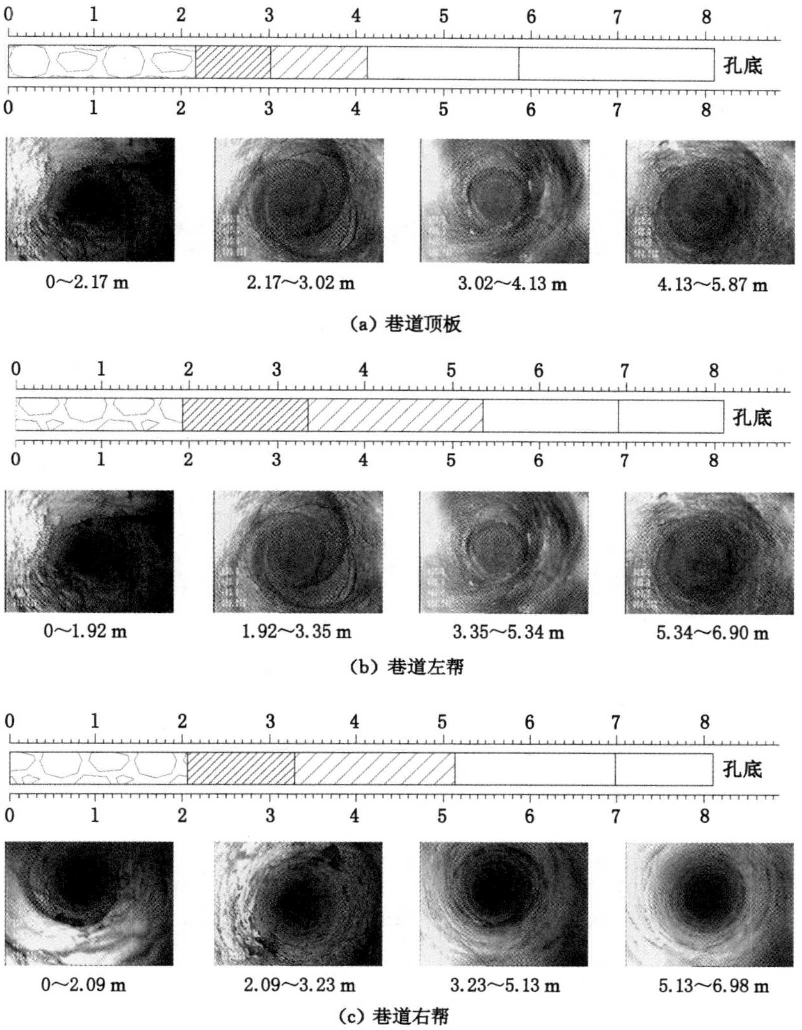

图 3　巷道围岩结构劣化特征

3　巷道变形诱因分析

本文从围岩物理力学特性、水平构造应力、围岩裂隙特征和采掘扰动应力等方面对 27-2 煤层软岩巷道稳定性进行分析。

3.1 围岩物理力学性质

在雁南煤矿西三采区对27-2煤层进行试样采集，进行煤岩强度试验。巷道围岩物理力学参数如表1所示。

表1 煤岩物理力学参数

试样类别	密度/(kg/m^3)	抗压强度 R_c/MPa	抗拉强度 R_t/MPa	弹性模量 E/MPa	泊松比 μ	黏聚力 C/MPa	内摩擦角 φ/(°)
砂质泥岩	2 072.63	30.688	0.48	13 406	0.301	4.26	34.53
27-2煤	1 216.28	3.328	0.50	3 862	0.244	1.12	34.16
砂质泥岩	2 072.63	30.688	0.48	13 406	0.301	4.26	34.53

由表1可得，27-2煤层工作面顶底板岩性为砂质泥岩，砂质泥岩的抗压强度为30.688 MPa，且27-2煤抗压强度为3.328 MPa，煤岩性质较软，使得巷道整体比较松散，强度较低，承载能力较弱。

3.2 水平构造应力

通过地应力测试得到地应力分布情况：地应力场特征为$\sigma_H > \sigma_h > \sigma_v$，以水平构造应力为主；矿井最大主应力范围为12.35～16.94 MPa，平均值为14.63 MPa，属于中应力水平；矿井最大主应力方向范围为253.8°～268.9°，平均值为258.9°；矿井最大主应力与水平面夹角在－11.99°～11.17°之间，平均值为8.77°，为近水平方向。巷道开挖后，围岩强度急剧下降，同时，在侧向支承压力的叠加作用下，围岩变形加剧。

3.3 围岩裂隙特征

根据采动巷道围岩松动圈分类公式(1)，对巷道围岩稳定性进行分类。

$$L = kL_p \tag{1}$$

式中 L——松动圈修正值；

L_p——松动圈实测值；

k——折算系数，取0.92。

工作面上顺槽松动圈实测值及修正值如表2所示。

表2 工作面上顺槽松动圈实测值及修正值统计表

测站位置	与采面端头距离/m	测点编号	钻孔深度/m	钻孔直径/m	松动圈实测值/m	修正系数	松动圈修正值/m
工作面上顺槽	40	顶板	8	32	2.17	0.92	2.00
		左帮	8	32	1.92	0.92	1.77
		右帮	8	32	2.09	0.92	1.92

由表2可知，矿井回采巷道围岩松动圈厚度沿两帮从帮底向上逐渐增大，在巷道顶部达到最大，且巷道两帮围岩呈不对称破坏。工作面上顺槽围岩松动圈属于大松动圈，围岩类别属于Ⅴ类，为不稳定围岩。

3.4 采掘扰动应力

巷道在开采过程中，受采动应力影响，巷道围岩受力失稳，同时在中等地应力和侧向支承应力叠加作用下，巷道两帮煤体整体十分易发内部挤压，变形较大。在回采期间产生的回采动压将导致较大的超前支承应力，造成巷道围岩处于更为复杂的应力环境，加剧围岩破坏。集中程度较高的侧向支承应力将导致巷道两帮不断失稳，使软岩巷道承受剧烈应力及变形。

4 支护方案设计及验证

针对 27-2 煤层工作面软岩巷道出现的大变形问题，本文采用加固拱理论、普氏理论和悬吊理论，并综合考虑现场实际情况进行巷道支护参数设计。

4.1 支护方案设计

4.1.1 顶板锚杆长度

根据加固拱理论确定锚杆长度为：

$$L = l_1 + l_2 + l_3 \tag{2}$$

式中 L——锚杆长度，mm；

l_1——锚杆外露长度，取 150 mm；

l_2——有效长度（顶锚杆取免压拱高 b，帮锚杆取煤帮破碎深度 c），mm；

l_3——锚入岩层内深度，mm。

其中免压拱高 b 为：

$$b = \frac{1}{f_{顶}}\left[\frac{B}{2} + H\tan\left(45° - \frac{\omega_{帮}}{2}\right)\right] \tag{3}$$

式中 B——掘进跨度，取 4 200 mm；

H——掘进高度，取 2 950 mm；

$f_{顶}$——普氏系数，取 3；

$\omega_{帮}$——内摩擦角，34.53°。

计算得到：

$$b = \frac{1}{3} \times \left[\frac{4200}{2} + 2\ 950 \times \tan\left(45° - \frac{34.53°}{2}\right)\right] = 1\ 221.167(\text{mm})$$

其中锚入岩层内深度 l_3 为：

$$l_3 = L_0\,\frac{\varphi_0^2}{\varphi_1^2 - \varphi_2^2} \tag{4}$$

式中 L_0——树脂药卷长度，mm；

φ_0——树脂药卷直径，mm；

φ_1——钻孔直径，mm；

φ_2——锚杆直径，mm。

其中，L_0=500 mm，φ_0=28 mm，φ_1=30 mm，φ_2=20 mm，计算得：

$$l_3 = L_0\,\frac{\varphi_0^2}{\varphi_1^2 - \varphi_2^2} = 500 \times \frac{28^2}{30^2 - 20^2} = 784(\text{mm})$$

按锚固黏结力（$\pi\varphi_2\tau_c l_3$）等于杆体屈服或拉断承载力$\left(\frac{\pi}{4}\varphi_2\sigma_2\right)$而得的公式：

$$l_3 = \frac{\varphi_2\sigma_2}{4\tau_c} \tag{5}$$

式中 φ_2——锚杆直径，mm；

σ_2——杆体材料的设计抗拉强度，MPa；

τ_c——锚杆与树脂的黏结强度，MPa。

其中，φ_2=20 mm，σ_2=490 MPa，τ_c=10 MPa，计算得 l_3=245 mm。

综上，取 l_3=784 mm，结合现场情况，取 L=2 200 mm。

4.1.2 顶板锚杆直径

按锚杆杆体承载力与锚固力等强度原则确定锚杆直径为：

$$d = 1.13\sqrt{\frac{Q}{\sigma_t}} \tag{6}$$

式中 Q——锚杆锚固力，N；

σ_t——锚杆杆体抗拉强度，Pa。

其中，$Q=105$ kN，$\sigma_t=335$ MPa，计算得 $d=20$ mm，结合现场情况，取锚杆直径为 20 mm。

4.1.3 顶板锚杆间排距

（1）顶板锚杆排距

每根锚杆悬吊岩体重量 $G=2a\gamma l_2$，取安全系数 $k=1.5$，即：

$$Gk < m \tag{7}$$

$$a < \frac{m}{2k\rho l_2} \tag{8}$$

式中 ρ——顶板岩层密度，t/m³；

l_2——有效长度，m；

a——排距，m。

其中，$m=5$ t，$\rho=2.07$ t/m³，$l_2=1.221$ m，计算得 $a=5/(2\times2.07\times1.221\times1.5)=0.659$ m，锚杆排距确定为 600 mm。

（2）顶板锚杆间距

根据悬吊理论计算每排锚杆承载岩体重量为：

$$G = K\gamma SD_r \tag{9}$$

式中 G——锚杆承载岩体重量，kN；

K——动压影响系数，取 2.5；

D_r——锚杆排距，m；

γ——顶板岩体容重，kN/m³；

S——松动圈围岩体截面积，m²。

其中，$K=2.5$，$D_r=0.6$ m，$\gamma=20.7$ kN/m³，$S=12.39$ m²，计算得 $G=385$ kN。

根据矿井实际情况，巷道顶板支护采用直径为 20 mm 的预应力锚杆，锚杆单根轴向设计载荷值为 105 kN。按预应力锚杆轴向承载力确定每排锚杆根数为：

$$n = G/105 \approx 4(\text{根})$$

结合现场情况，MSGLW-335 型锚杆每排的根数 $n=5$，间距为 0.84 m。用 MSCK2850 型树脂锚固，铁托盘由厚度为 8 mm 的钢板制作而成，规格为 150 mm×150 mm×8 mm；木垫板规格为 300 mm×150 mm×50 mm，钢带规格为 1 780 mm×110 mm×4 mm，采用 ϕ6 mm 钢筋焊接制成网目 100 mm×100 mm 的 1 200 mm×900 mm 钢筋网。

4.1.4 肩角锚杆安装角度

$$L\cos\theta = t + d' \tag{10}$$

式中 θ——安装角度，(°)；

d'——距煤壁距离，mm；

t——煤壁稳定深度，mm，取 600～750 mm。

故 $\cos\theta=(t+d)/L$，其中，$L=2\ 200$ mm，$d'=500$ mm，$t=600$～750 mm，计算得 $60°>\theta>56°$，取 $\theta=58°$，即靠近巷帮的顶板锚杆安设角度与顶板垂线成 32°角。

4.1.5 **锚索长度**

锚索采用直径为 17.8 mm 钢绞线锚索，根据悬吊理论确定锚索长度为：

$$L = L_a + L_b + L_c + L_d \tag{11}$$

式中 L——锚索总长度；

L_a——锚固长度；

L_b——不稳定岩层厚度；

L_c——上托盘及锚具的厚度，取 0.2 m；

L_d——需要外露张拉长度，取 0.25 m。

锚索锚固长度 L_a 为：

$$L_a \geqslant K \frac{d_1 f_a}{4 f_c} \tag{12}$$

式中 K——安全系数，一般取 3；

d_1——锚索直径，mm；

f_a——锚索抗拉强度，N/mm^2；

f_c——黏合强度，N/mm^2。

其中，$K=3$，$d_1=17.8$ mm，$f_a=1\ 860$ N/mm^2，$f_c=10$ N/mm^2，计算得 $L_a \geqslant 2\ 483.1$ mm，取 $L_a=2\ 483$ mm。

锚索需要悬吊的不稳定岩层厚度 L_b 取巷道自然平衡拱高度上方 2 m 距离。当巷帮和底板失稳时，等效于增加了顶板悬露长度，顶板自然平衡拱高度增大，如图 4 所示。

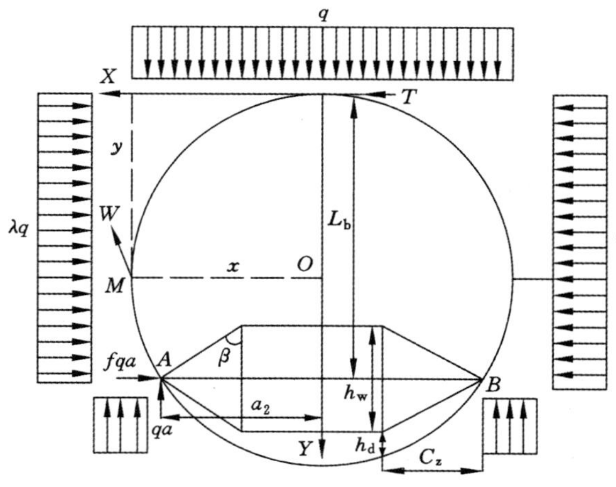

图 4 考虑底板破坏的极限自稳平衡圈

按照普氏理论，巷帮最大破坏深度为：

$$c_z = \left[h_w + l\tan\left(45^\circ - \frac{\varphi}{2}\right)h_d\right]/(2f) \tag{13}$$

式中 h_w——巷道高度，取 2.95 m；

l——取巷高 2.95 m；

φ——内摩擦角，取 34.53°；

h_d——底板松弛度，取 0.8；

f——岩石坚固性系数，取 3.068 8。

则等效巷道半宽为：

$$a_2 = a_1 + C_z \tag{14}$$

式中 a_1——原巷道半宽，m。

同理，可得考虑底板影响的平衡拱方程为：

$$\frac{x^2}{(C\sqrt{\lambda})^2} + \frac{(y-C)^2}{C^2} = 1 \tag{15}$$

其中：

$$C = \frac{L_b}{2} - \frac{fa_2}{\lambda} \tag{16}$$

椭圆中心点的坐标为(0,C)，椭圆中心至AB线的距离为：

$$r = \frac{L_b}{2} - C = \frac{fa_2}{\lambda} \tag{17}$$

将 $x=a_2$，$y=L_b$ 代入式(15)，可得：

$$\frac{\lambda L_b}{4} + fa_2 L_b - a_2^2 = 0 \tag{18}$$

由式(18)可得顶板自稳平衡拱高度为：

$$L_b = \frac{2a_2}{\lambda}(\sqrt{f^2+\lambda} - f) \tag{19}$$

式中 λ——侧压系数，取0.43。

通过式(19)结合式(13)、式(14)计算可得，C_z=0.684 4 m，a_2=2.784 4 m，L_b=0.9 m。

综上，L_a=2 483 mm，L_b=2 900 mm，L_c=200 mm，L_d=250 mm，则 L=5 833 mm，因此，锚索长度取 L=6 000 mm。

4.1.6 锚索排距

按下式计算锚索排距：

$$s = 3\sigma/4B \cdot 2\gamma K \tag{20}$$

式中 σ——每根锚索最低破断载荷，kN；

γ——煤岩体容重，kN/m^3；

B——巷道宽度 m；

K——安全系数。

其中，σ=353 kN，B=4.2 m，γ=20.7 kN/m^3，K=0.5，计算得 s=3.045 m，结合现场情况，锚索排距取1 600 mm。

根据经验公式 $L/s \geqslant 2$，其中，L=6 000 mm，s=1 600 mm，锚索采用 ϕ17.8 mm×6 000 mm 的 SKP18-1/1860(S)型钢绞线，锚索位置代替锚杆支护，用2支MSCK2850型树脂锚固，铁托盘由厚度为12 mm的钢板制作，规格为200 mm×200 mm×12 mm。

4.1.7 锚索间距

按下式计算锚索间距：

$$m' = 0.85B/s \tag{21}$$

式中 m'——锚索间距，mm。

其中，B=4 200 mm，s=1 600 mm，计算得 m'=2 231 mm。结合现场情况，锚索间距取800 mm，规格为 ϕ17.8 mm×6 000 mm，每排布置3根，每根锚索使用2卷MSCK2850型树脂药卷锚固。

同理可得：两帮锚杆长度为2 200 mm，锚杆直径为18 mm，间排距为800 mm×600 mm，铁托盘由厚度围为8 mm的钢板制作，规格为150 mm×150 mm×8 mm；木垫板规格为300 mm×150 mm×50 mm，钢带规格为1 780 mm×110 mm×4 mm，钢筋网规格为1 200 mm×900 mm。

4.1.8 巷道支护具体参数

基于锚杆索支护理论，并考虑软弱围岩巷道破碎等实际情况，确定了采用“锚杆＋锚索＋金属网＋钢带”联合支护方案对巷道围岩进行控制，巷道支护参数如图 5 所示。

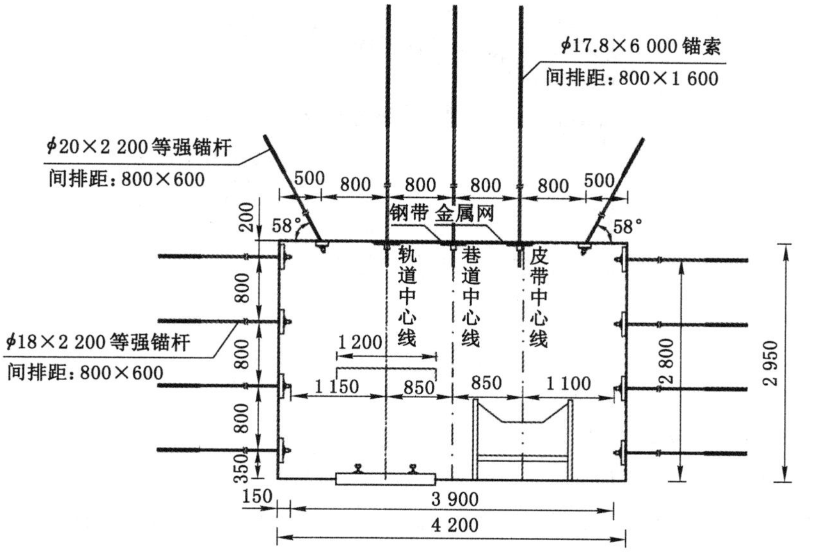

图 5　巷道支护示意图

4.2 现场工业试验

为验证支护方案的巷道围岩支护效果，对 27-2 煤层工作面巷道布置测站进行围岩表面位移监测和锚杆(索)受力监测，监测结果如图 6 和图 7 所示。

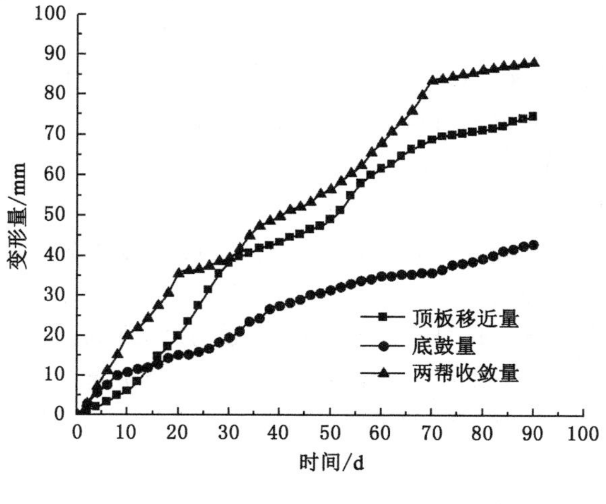

图 6　巷道表面位移变化曲线

4.2.1 表面位移观测

在前 15 d 内，巷道两帮和底板变形速率最大，15 d 后底板变形速率降低，但顶板变形速率继续增加，在第 30 d 时达到最大，30 d 后顶板变形速率逐渐降低；在 70 d 后，巷道变形趋于平缓；第 90 d 时，顶板最大移近量为 74.76 mm，底板最大底鼓量为 43.08 mm，两帮最大收敛量为 88.29 mm。围岩变形量在可控范围内，顶底板及两帮变形得到有效控制。

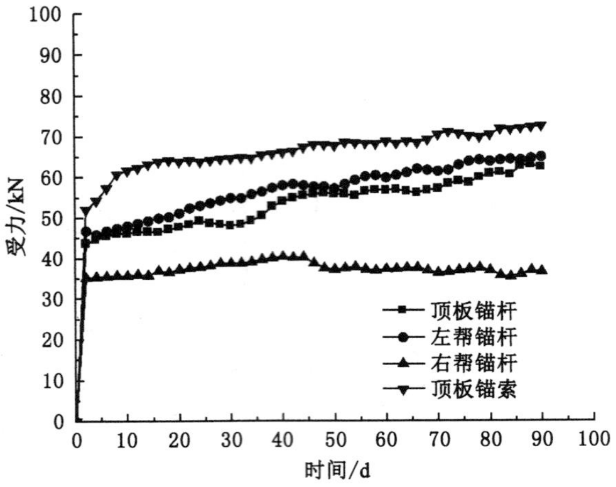

图 7　锚杆(索)工作荷载变化曲线

4.2.2　顶板锚杆(索)受力监测

在第 0～4 d 锚杆、锚索受力均出现少许波动，顶板锚杆、锚索受力增速较快，迅速发挥主动承载能力，之后出现短暂稳定阶段，在第 10 d 时，两帮锚杆受力增速较快，此时巷道左帮受上覆岩层载荷较大。第 44 d 时，锚杆、锚索受力开始又出现波动，至第 50 d 后趋于稳定。巷道整体呈现顶板和左帮受力较大的特点，顶板锚杆、锚索最大受力分别为 62.94 kN 和 72.48 kN，两帮锚杆最大受力为 64.89 kN，锚杆和锚索受力均在其屈服范围内。

5　结论

(1) 27-2 煤层顶板和底板由砂质泥岩等构成，固结性较低，遇水容易膨胀变软，顶板和底板强度较低，且顶板上方含水层局部存在孔隙水，隔水层隔水作用较差；巷道附近存在正断层，影响巷道围岩稳定。围岩松动圈裂隙较发育，破碎范围较大，顶板围岩松动圈为 2.00 m，两帮最大围岩松动圈为 1.92 m，属于大松动圈，围岩类别属于Ⅴ类，为不稳定围岩。

(2) 雁南煤矿地应力量级为中应力水平，总体上以水平构造应力为主，矿井最大主应力范围为 12.35～16.94 MPa，平均值为 14.63 MPa，其主应力值随埋深增加呈递增趋势；矿井最大主应力方向范围为 253.8°～268.9°，平均值为 258.9°；矿井最大主应力与水平面夹角在－11.99°～11.17°之间，平均值为 8.77°，为近水平方向。

(3) 提出了“锚杆＋锚索＋金属网＋钢带”联合支护方案，现场工业试验结果表明，顶板最大移近量为 74.76 mm，底板最大底鼓量为 43.08 mm，两帮最大收敛量为 88.29 mm；顶板锚杆、锚索最大受力分别为 62.94 kN 和 72.48 kN，两帮锚杆最大受力为 64.89 kN，锚杆和锚索受力均在其屈服范围内，支护效果良好。

参考文献

[1] 康红普. 我国煤矿巷道围岩控制技术发展 70 年及展望[J]. 岩石力学与工程学报，2021，40(1)：1-30.

[2] 陈康，杨张杰，王福海，等. 富水弱胶结顶板巷道支护优化设计研究[J]. 煤炭工程，2022，54(11)：79-83.

[3] 刘森. 浅埋厚煤层软岩巷道支护参数设计及应用[J]. 煤矿现代化，2024，33 (2)：121-124.

[4] 邵汝岭.软岩大变形巷道等强支护方法与试验应用[J].煤炭技术,2021,40(12):51-54.
[5] 王金平,周宏,黎劲东,等.复合软岩淋水顶板及底鼓巷道锚注一体化支护技术研究[J].煤炭技术,2022,41(7):47-50.
[6] 董恩远,袁超,李盟,等.软岩巷道围岩稳定性分析及锚固优化设计研究[J].煤炭技术,2023,42(9):54-58.
[7] 梁海汀,赵晓举,范建魁,等.软岩巷道冒顶机理及支护对策[J].煤炭技术,2020,39(5):15-17.
[8] 赵帅.采空区下泥质软岩巷道底鼓机理与联合支护技术研究[J].煤炭工程,2022,54(9):54-58.
[9] 文志杰,卢建宇,肖庆华,等.软岩回采巷道底臌破坏机制与支护技术[J].煤炭学报,2019,44(7):1991-1999.
[10] 范子儀,李永亮,孙昊,等.采动影响下弱胶结软岩巷道非对称变形特征与控制对策[J].采矿与岩层控制工程学报，2022，4（2）：44-53.
[11] 魏世明,靳梦帆,禄鑫琰,等.软岩巷道变形破坏特征及锚注一体化支护技术[J].煤炭工程,2022,54(4):34-38.
[12] 郭斌,王立杰,耿帅,等.地下矿山软岩巷道地压监测及其显现规律研究[J].金属矿山,2021(12):132-136.
[13] 韩老虎,崔玉攀,徐耀,等.大松动圈软岩巷道修复复合支护技术研究与实践[J].煤炭技术,2020,39(4):85-87.
[14] 王想君,李英明,赵光明,等.全长锚固锚杆支护软岩巷道围岩承载结构力学响应解析[J].煤炭科学技术,2023,51(10):24-34.
[15] 张亮,张志忠,方运买,等.泥质胶结软岩巷道锚注支护技术[J].煤炭技术,2020,39(10):10-13.
[16] 刘坤,黄其文,孙成磊,等.易崩解弱胶结软岩巷道失稳机理及控制技术[J].煤炭科学技术,2020，48（增刊2）：17-23.

“三下”急倾斜特厚煤层大采高充填开采工艺与装备

胡璟[1,2]，王永忠[3]，刘长安[4]

（1. 中煤科工集团上海有限公司，上海　200030；2. 天地上海采掘装备科技有限公司，上海　200030；
3. 窑街煤电集团有限公司，甘肃 兰州　730000；4. 徐州中矿大贝克福尔科技股份有限公司，江苏 徐州　221008）

摘　要　为释放“三下”急倾斜特厚煤层地下压煤，提高矿井资源采出率，延长矿井使用寿命，窑街三矿采用膏体充填开采技术成功在六采区实现安全开采，经济、社会效益显著。本文阐述了充填工作面合理巷道位置选择及最佳支护方案设计，重点分析了大采高单滚筒短壁采煤机的技术特点和采煤方式，介绍了5624-15充填综采工作面三机配套装备及综采充填工艺关键技术。

关键词　“三下”；急倾斜特厚煤层；膏体充填；短壁采煤机

0　引言

急倾斜特厚煤层资源量占我国煤炭储量的5％～10％，主要分布在新疆、甘肃、青海、贵州等省份。急倾斜特厚煤层水平分层放顶煤开采是目前急倾斜特厚煤层实现高效开采的主要途径。但水平分层放顶煤开采也有其弊端：① 开采厚度大（每一层可超过10～20 m），其矿压分布和显现规律完全不同于水平开采[1]，每一层开采后都将引起上部分层开采造成的垮落岩体滑落形成空洞，从而引起更大的岩体垮落，对工作面造成冲击型动力灾害；② 放顶煤开采易对地表造成破坏，形成大量采煤沉陷区，土地破坏严重，严重影响居民生产和生活。当急倾斜特厚煤层与“三下”（建筑物下、水体下、铁路下）场景结合时，水平分层综放开采工艺则受到更大限制。我国“三下”急倾斜特厚煤层储量巨大，要合理开发利用这部分资源，就必须解决“三下”开采的采煤方法和设备配套问题。多年实践证明，采用水平分层膏体充填综采工艺是目前解决“三下”急倾斜特厚煤层安全高效开采的有效途径[2-6]。本文以甘肃窑街煤电集团三矿（简称窑街三矿）“三下”急倾斜煤层充填开采项目为例，阐述“三下”急倾斜特厚煤层综采的关键技术和装备。

1　矿区概况

窑街三矿主采煤层为急倾斜特厚煤层，目前采用走向长壁水平分层综放采煤法，经过60余年开采，目前已进入深部开采阶段。截至2022年底，矿井煤二层剩余正常块段储量为2 109万t，实际可采储量为1 503万t。五采区西部、六采区全部为“三下”压煤区域，“三下”压煤量总计2 500万t。若按常规采煤法，三矿煤二层的服务年限不足6年。矿井将面临资源枯竭，对当地经济发展及社会稳定带来负面影响。若实施膏体充填开采，可释放“三下”压煤资源储量1 553.7万t，延长矿井服务年限6年以上。

2 膏体充填采煤工艺

2.1 工作面概况

5624-15试采工作面位于六采区，工作面标高为1 425 m。工作面设计回采走向长377 m，工作面内平均斜长为17.5 m，切眼处最长31.6 m(包括两巷宽度)，工作面设计采高为5 m。

2.2 煤层及顶、底板特征

2.2.1 煤层特征

所采煤层为煤二层，黑色、沥青光泽、条带状结构、块状构造、阶梯状断口。煤层结构复杂，顶部和中部主要由光亮型和半亮型煤组成；下部以暗煤为主，含2～3层夹石，普氏硬度 $f=1.5\sim2.5$。煤层产状为44°～60°NW∠45°～59°，煤层自西向东逐渐增厚，平均厚度为24.6 m，属急倾斜特厚煤层。

2.2.2 煤层顶、底板特征

伪顶：窑街群第二组片状、鳞片状黑色碳质泥岩，松软破碎，易垮落，厚度为0～4.08 m。

直接顶：窑街群第二组灰色、灰白色石英砂岩，主要为细砂岩，局部相为粗砂岩或粉砂岩，成分以石英为主，硅质胶结，致密坚硬，分布比较稳定。厚度为0～26.93 m，普氏硬度 $f=5\sim6$。

基本顶：窑街群第二组灰黑色厚层状油页岩(油四层)，夹薄层砂岩和菱铁矿透镜体，厚度为0～18.32 m，平均厚度为7.06 m。

直接底：窑街群第二组片状、鳞片状黑色、灰黑色碳质泥岩，松软破碎，滑面发育，遇水变软，厚度为0～6.54 m，平均厚度为2.15 m。

基本底：窑街群第一组灰色、灰白色、深灰色石英砾岩、砂岩，砂岩主要成分为石英，分选性差，泥质或硅质胶结，致密坚硬，厚层状；厚度为0～232.61 m，平均厚度为42.7 m，普氏硬度 $f=2\sim5$。

首分层顶煤：膏体充填工作面与原有放顶煤工作面采空区之间至少留20 m隔离煤柱，首分层充填工作面实际的直接顶为所留的煤二层煤柱，平均顶煤厚度为27.5 m。

2.3 试采工作面布置

急倾斜煤层膏体充填分层开采采用下行式(即先采上分层，后采下分层)。工作面采用水平分层走向长壁布置，进风巷沿煤二层底板布置，回风巷沿煤二层顶板布置，由东向西后退式开采。回采巷道净断面为5 m×5 m矩形巷道，支护方式为锚网索支护。

2.4 回采巷道支护设计

根据5624-15工作面地质条件，利用FLAC3D数值计算平台建立数值计算模型，如图1所示。研究不同煤层倾角和工作面进风巷距伪顶不同距离时回采巷道围岩矿压显现规律，以选定合理巷道位置及支护方案。

当煤层倾角为45°～60°时，回采巷道的合理位置为：巷道距伪顶2.0 m。此位置应力场环境较低，同时巷道变形破坏较小，顶板围岩破坏性质单一，有利于巷道的支护与稳定。

另外，从围岩预应力场扩散效果和巷道围岩变形破坏角度考虑，利用FLAC3D数值计算平台建立数值计算模型，分析不同支护方案下的围岩预应力场扩散效果和巷道变形控制(图2)，最终确定充填工作面巷道最佳支护方式(图3)。

2.5 采煤工艺

本文采用走向长壁水平分层综采充填采煤法。试采面单刀循环进尺0.8 m，考虑到煤顶稳定性问题，一班采2刀煤，班进尺1.6 m，一班一充，充填步距为1.6 m，每天设计3个采充循环，日推

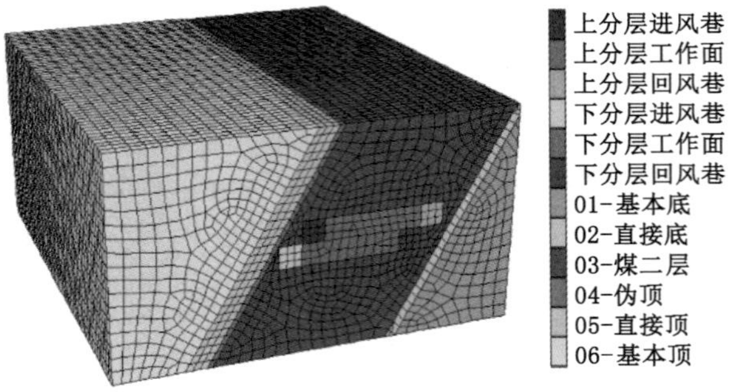

图 1　煤层某倾角时计算模型图

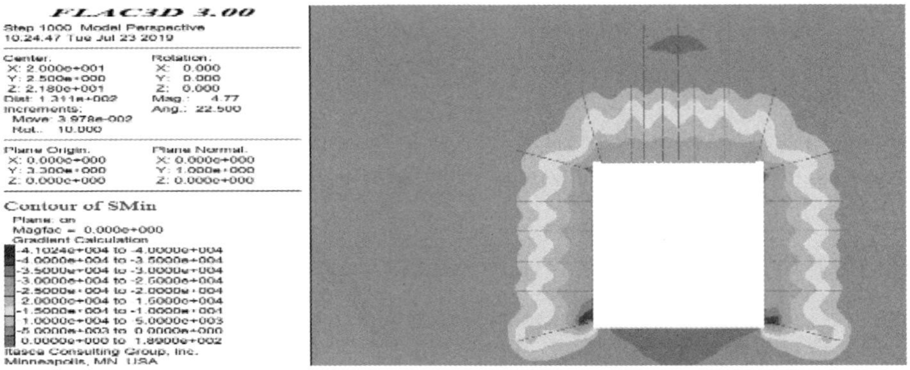

图 2　巷道围岩表面主应力云图

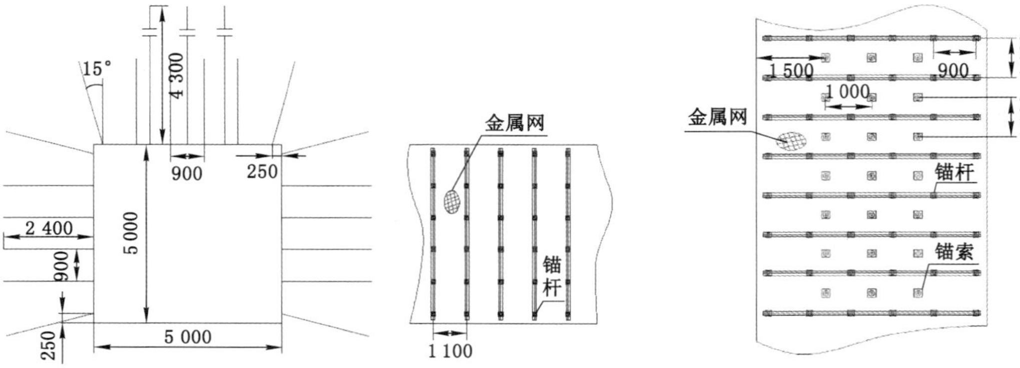

(a) 支护断面图　　(b) 顶板支护图

图 3　巷道支护示意图

进量为 4.8 m。充填体假顶下的正式生产工作面一班采 3 刀煤，班进尺 2.4 m，每班设计 3 个采充循环，日推进量为 7.2 m。

工作面采充平行进行，单个采充循环流程为：拉架→隔离→充填→凝固(平行进行割煤→推溜→拉架)，每天 3 个采充循环。采用“四六”工作制，“采煤—充填”平行进行，每天 3 个采煤充填班，班内完成采煤、隔离、充填、凝固、检修等作业(见图 4)。

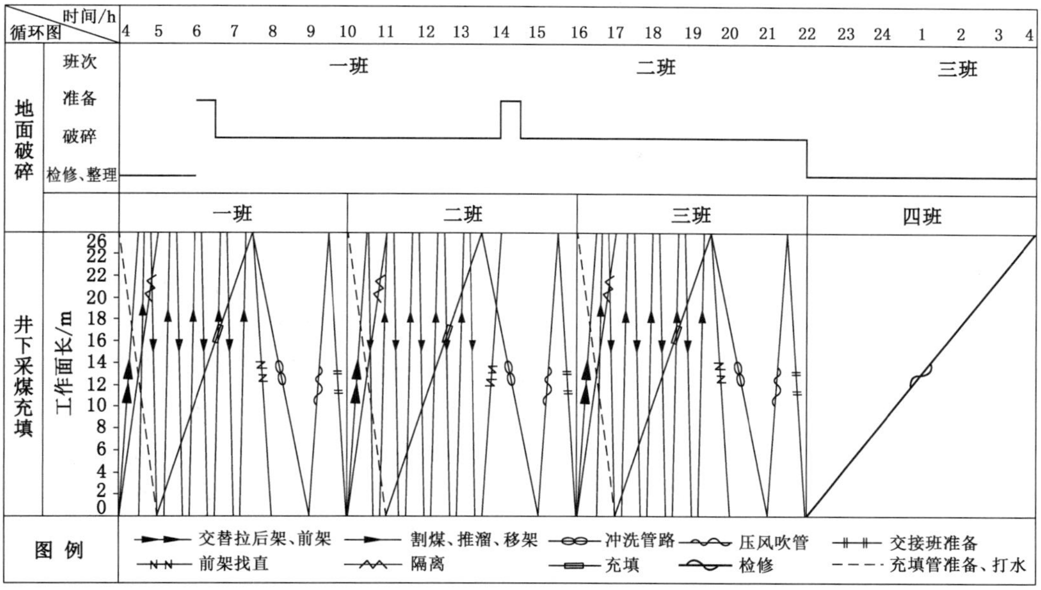

图 4　膏体充填开采正规循环作业图表

3　关键综采装备

由于充填综采依然沿用走向长壁式采煤法，因此工作面综采装备与常规综放短壁工作面相似，其核心装备依然是单滚筒采煤机、刮板输送机和液压支架。刮板输送机采用常规结构即可，采煤机和液压支架与常规设备有显著差异，其中能适应急倾斜特厚煤层水平分层大采高综采的采煤机是成套装备的核心。

3.1　适应大采高短壁工作面的短机身单滚筒采煤机

急倾斜特厚煤层水平分层综放工作面主要以放煤为主，对采高要求不高，采高一般在 4 m 以内，目前常规单滚筒采煤机即可满足要求。而“三下”急倾斜特厚煤层水平分层＋膏体充填综采则对采高提出了更高要求。为平衡膏体充填经济效益，减少搬家倒面次数，经过成本核算，开采高度达到 5 m 以上才具有较高经济价值。现有单滚筒采煤机受结构限制采高均不足 4 m 且通过常规方法来提升采高也无法实现 5 m 采高要求。因此，采煤机能否适应 5 m 大采高短壁工作面是本项目成败的关键因素。

现有短壁采煤机摇臂普遍采用单级中置式，若要实现更大采高，必须改变原有结构。依托本项目我们发明了双级摇臂和双层机身结构，从而研制出一种新型短机身大采高单滚筒短壁采煤机[7]。新型短机身大采高单滚筒短壁采煤机由主机身、双级截割摇臂、左右牵引系统、液压系统、水路系统以及电控系统组成，具有“双层机身”“双牵引”“双级摇臂”的特点，通过联动控制双级摇臂实现采高和卧底调整。在整体布局上，摇臂位于主机身上方，与主机身平行布置，整体上呈“双层机身”格局。左右行走箱布置在机身两端，短跨距双驱动行走系统适应了大倾角工况。一级大摇臂和二级小摇臂组成双级复合式折叠摇臂。二级小摇臂可 360°摆动。复合式折叠摇臂可将滚筒从机器一侧摆到另一侧，使单滚筒可兼作左或右滚筒使用。滚筒可完全进入顺槽内，无须人工开机窝，只要控制两级摇臂的方向和位置，就能割透工作面两端头而不残留三角煤，完全兼顾了机头、机尾开采需要。由于双级调高和紧凑型机身设计，因此可满足 5 m 超大采高短壁工作面综采需要。其主要技术参数见表 1。

表 1 采煤机主要技术参数表

截割功率/kW	总功率/kW	机面高度/m	开采高度/m	牵引力/kN	滚筒直径/m	机身长度/mm	质量/t
300	395	约 2.2	5.1	约 520	1.8	4 310	约 45

大采高短壁采煤机为满足机身稳定性和降低回转阻力需要，滚筒直径不能按通用的“采高一半”的原则选取，应在满足机头、尾卧底情况下滚筒直径越小越好。小直径单滚筒大采高时须采用“多刀分层双向”采煤法[8]。“多刀分层双向”采煤法是指将工作面厚煤层划分成 3 层或更多层，采用小直径滚筒分层依次双向截割，首先开采最高层，俗称割“顶刀”，割完最高层后，再依次开采中间层和最底层，俗称割“中刀”和割“底刀”，往返 3 次形成一个完整循环作业的采煤方式。

滚筒随两级摇臂摆动而升降，滚筒截割“顶刀”和“中刀”时上部煤体一部分垮落进入刮板输送机，一部分留在下部煤体上。采煤机截割上部煤体后继续前行，其后支架即可跟机拉架及时支护“顶板”，最大限度地减少顶板暴露时间和暴露面积，减少“顶板”超前冒落等事故的发生，提高工作面的安全性。滚筒截割“底刀”煤时将下部煤体及一部分上部留存浮煤全部截割并推入刮板输送机。采煤机通过后，支架及时推溜，为下一个作业循环做准备。“多刀分层双向”采煤工艺流程如图 5 所示。

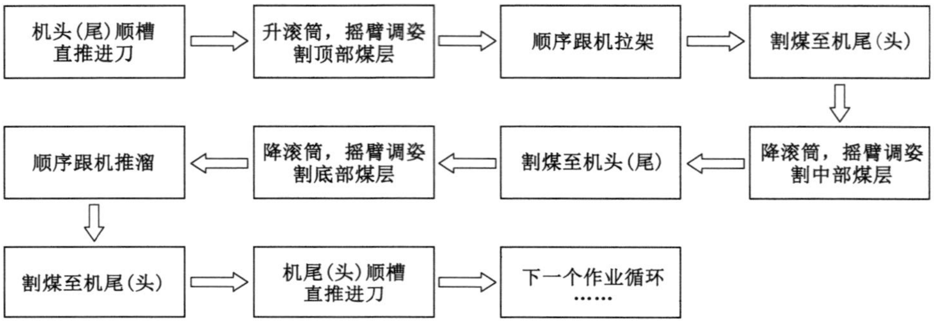

图 5 “多刀分层双向”采煤工艺流程图

3.2 充填液压支架

充填液压支架是充填开采技术的重要设备，既要承担前部综合机械化采煤支护作用，又要满足后部充填要求[9]。充填液压支架不同于一般支架，除要满足一般支架对采煤区顶板支护进行采煤要求外，还需要对待充填区适当支护和隔离，实现“采煤—充填—凝固—检修”循环作业。根据煤层赋存条件、膏体充填开采工艺对综采支护设备的要求，支架架型确定为正四连杆四柱支撑式支架。针对充填隔离机构，确定采用尾梁/隔离板结合式方案。

另外为适应大采高短壁采煤机多刀分层双向开采工艺特点，支架前梁护帮板采用分段结构。每段长度要比滚筒直径小，滚筒割完上部、中部煤后，需及时伸出相应段护帮板，防止发生煤壁片帮。

3.3 充填短壁工作面三机设备配置

(1) 采煤机

型号为 MG300/395-NWD，总装机功率为 395 kW；牵引速度为 0～7 m/min，滚筒直径为 1.8 m，截深为 0.8 m，牵引力为 520 kN。

(2) 充填支架

型号为 ZC12000/30/52D，支架高度为 3.0～5.2 m，数量为 17 架，中心距为 1.75 m，宽度为

1.65 m,初撑力为10 132 kN,工作阻力为12 000 kN;底板比压为3.24 MPa,泵站压力为31.5 MPa。

(3) 刮板输送机

型号为SGZ SGZ900/315,电机功率为315 kW,冷却方式为水冷,布置方式为平行式,简易机尾,运输能力为1 200 t。

大采高短壁充填开采工作面三机配套中部断面图如图6所示。

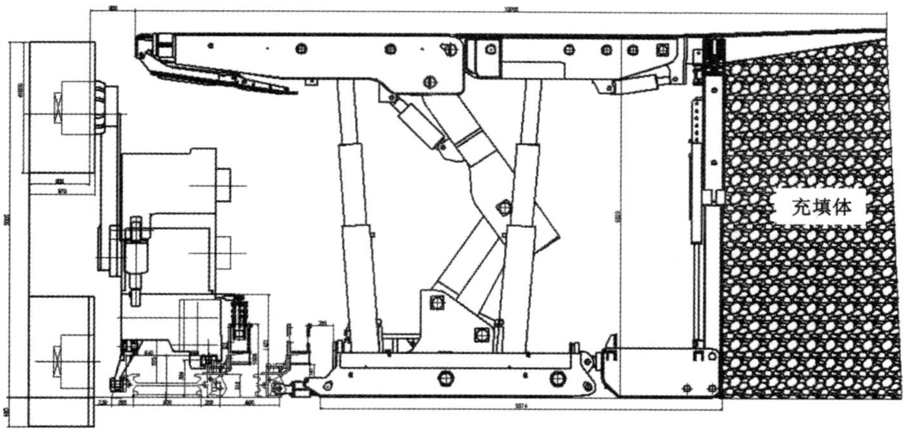

图6 大采高短壁充填开采工作面三机配套中部断面图

4 现场应用情况

5624-15试采面回采目前已推进愈120 m,累计充填空间约2.1万 m^3,出煤3.1万t,处理矸石量3.5万余吨,地表沉陷量也符合相应标准。目前项目还在继续推行中。

5 结论

(1) 采空区充填率达到98%以上,可基本消除顶板结构形成;充实采空区,消除了顶板活动空间,较大限度地降低了三矿冲击地压的威胁。

(2) 增加企业经济效益,释放了大量的不具备用普通采煤方法开采的煤炭。采煤后可实现土地不塌陷、村庄不搬迁,减少环境污染和生态破坏。

(3) 相对于普通采煤方法,吨煤成本提高,但综合考虑煤矸石资源化利用、充填开采产能置换与资源税减半等优惠政策,充填开采完全成本并不高,依然具有较高的经济效益和社会效益。

参考文献

[1] 鞠文君,李前,魏东,等.急倾斜特厚煤层水平分层开采矿压特征[J].煤炭学报,2006,31(5):558-561.

[2] 王国法.煤炭安全高效绿色开采技术与装备的创新和发展[J].煤矿开采,2013,18(5):1-5.

[3] 钱鸣高,许家林,缪协兴.煤矿绿色开采技术[J].中国矿业大学学报,2003,32(4):343-348.

[4] 张文海,张吉雄,赵计生,等.矸石充填采煤工艺及配套设备研究[J].采矿与安全工程学报,2007,24(1):79-83.

[5] 周华强,侯朝炯,孙希奎,等.固体废物膏体充填不迁村采煤[J].中国矿业大学学报,2004,33(2):154-158.

[6] 瞿群迪，周华强，侯朝炯，等.煤矿膏体充填开采工艺的探讨[J].煤炭科学技术，2004，32(10)：67-69.
[7] 胡璟.双级摇臂大采高短壁采煤机研制[J].煤矿机械，2022，43(12)：39-41.
[8] 胡璟.双级摇臂单滚筒短壁采煤机采煤工艺分析[J].煤炭技术，2023，42(6)：232-234.
[9] 程骏.充填液压支架的应用及发展展望[J].煤矿开采，2014，19(3)：1-3.

倾斜煤层综采液压支架稳定性及其控制技术研究

田春阳[1,2],朱涛[2],姜光[2]

(1. 中国矿业大学(北京)能源与矿业学院,北京　100083;2. 北京天地华泰矿业管理股份有限公司,北京　100013)

摘　要　针对宋新庄煤矿23°倾斜煤层综采支架倾倒下滑问题,基于该综采区段地质生产条件,建立综采支架稳定性力学模型,分析影响支架倾倒下滑的关键参数,计算得出110301综采工作面ZY6400/15/31D型液压支架处于无约束条件下,在煤层倾角大于11°时应采取防滑技术措施,在煤层倾角大于28°时应采取防倒防滑技术措施。结合现场条件,对综采工作面液压支架进行了防倒防滑改造,杜绝了倒架下滑事故的发生,实现了煤层平均倾角23°、最大倾角35°综采工作面的安全高效回采。

关键词　倾斜煤层;支架稳定性;防倒;防滑

随着我国中东部地区近水平和缓倾斜煤层的大量开采,煤炭资源储量日趋减少,未来一段时期,倾斜煤层开采会成为煤矿企业可持续发展的必然选择,如山东兖州矿区、河北邢台矿区和开滦矿区、安徽淮南和淮北矿区、江苏徐州矿区等。虽然我国煤层倾角大于35°的煤炭储量约占总储量的近1/5,但其产量却不到全国煤炭产量的1/10,主要原因是倾斜煤层综采工作面支架-围岩事故频发,如支架失稳、顶板冒漏、煤壁片帮等,导致重大安全隐患甚至引发人员伤亡事故,处理事故时工人劳动强度高、工时材料消耗和经济损失大,严重制约综采工作面的正常生产,危及作业人员的安全。

对于倾斜煤层工作面,有效控制支架稳定性对保障支架-围岩系统的可靠性至关重要。随着煤层倾角的增大,工作面支架受到沿切向分力增大,沿法向分力减小,其稳定性降低,极易发生倾倒、下滑、挤架等事故。同时,支架的失稳又降低了对工作面端面围岩体的控制,易导致顶板冒漏、煤壁片帮,进而产生支架失稳与端面围岩破坏的恶性循环。因此,控制好支架的稳定性是保证倾斜煤层工作面安全高效生产的重要前提。

1　倾斜煤层液压支架失稳事故及分析

宋新庄煤矿110301综采工作面开采3#煤层,该工作面局部最大倾角达35°,平均倾角为23°,煤体强度低、节理裂隙发育。3#煤层厚度为0.80～2.62 m,平均厚度为1.95 m,伪顶为泥岩,厚度为0.05～0.30 m,平均厚度为0.15 m;直接顶为粉砂岩,厚度为0.58～12.40 m,平均厚度为5.37 m;基本顶为粗砂岩,厚度为20～60 m,平均厚度为35 m;直接底为粉砂岩,厚度为0.28～9.12 m,平均厚度为1.71 m。3#煤岩层综合柱状图如图1所示。110301综采工作面中间支架型号为ZY6400/15/31D,其主要技术参数见表1。

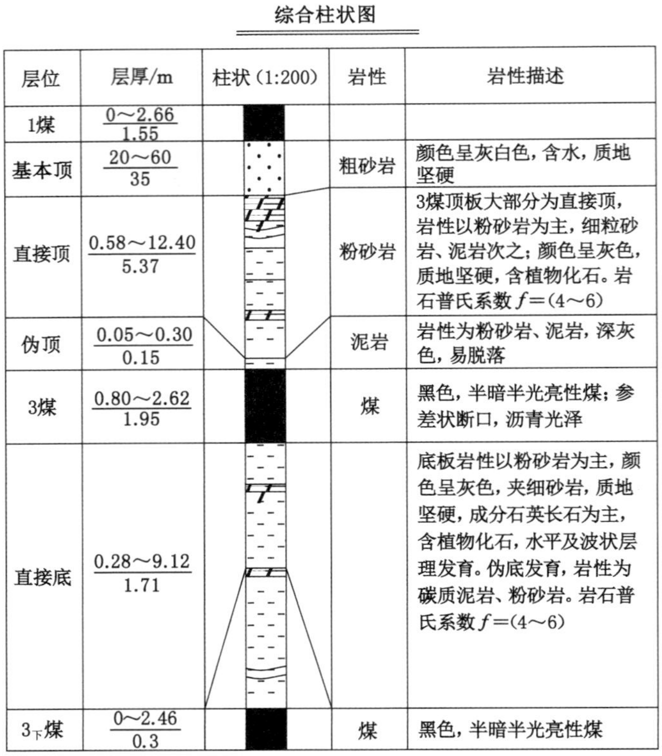

图 1　3# 煤岩层综合柱状图

表 1　ZY6400/15/31D 型液压支架主要技术参数表

支架主要技术参数		
1	支撑高度/mm	1 500～3 100
2	支架顶梁宽度/mm	1 440～1 610
3	支架底座宽度/mm	1 410
4	中心距/mm	1 500
5	初撑力/kN	5 064(p=31.5 MPa)
6	工作阻力/kN	6 400(p=39.8 MPa)
7	支架强度/MPa	0.8～0.9
8	质量/t	约 20.5

110301 综采工作面采用伪倾斜长壁后退式综合采煤法，倾向长度为 240 m，煤体强度低，节理裂隙发育，由于受顶煤沿工作面方向倾斜下滑分力的影响，以及移架过程的扰动，尤其在过冲刷带和周期来压期间，工作面极易发生煤壁片帮、端面煤岩体冒漏、支架倾倒下滑等事故，严重影响作业人员的安全和正常生产。通过现场调研与分析，得出在倾斜煤层综采工作面回采过程中，出现冒顶倒架事故的主要原因如下：

(1) 110301 综采工作面倾角较大，局部倾角达到 35°，顶煤压力沿工作面方向下滑分力较大，若受移架过程的扰动，支架易发生失稳。ZY6400/15/31D 型支架自重较大，支架受到沿切向分力增大，沿法向分力减小，加剧了支架倾倒下滑的趋势。

(2) 工作面煤体强度低、节理裂隙发育，顶煤不稳定时易发生冒漏，导致支架上方形成空顶。

支架一旦失去顶板约束,极易发生倾倒。若支架失稳,端面围岩体所受约束力降低,反过来引起顶板冒漏、煤壁片帮,进而引发支架失稳和顶板冒漏的恶性循环。

(3) 支架设计不合理,工作面现用支架底板较窄,支架反倾倒力矩小,不利于支架保持稳定。支架顶梁宽度过大,实际宽度为 1.45 m,为支架预留的调架空间只有 0.5 m,使侧护板失去了调架作用。

(4) 倾斜煤层开采和操作管理难度大,生产安全隐患多,对机械设备适应性要求高。现场人员作业环境恶劣,不易有效观察和操作设备,很难人工调整支架位态,且受移架过程中支架暂时空顶现象及开采工艺过程的扰动,综采支架即使有防倒、防滑机构和安全防护装置,亦未能解决综采工作面端面冒顶及倒架难题,甚至出现大范围的冒顶和倒架事故。

2 力学模型及其分析

2.1 支架防倒防滑力学模型

根据工作面液压支架受力情况建立力学模型,如图 2 所示。

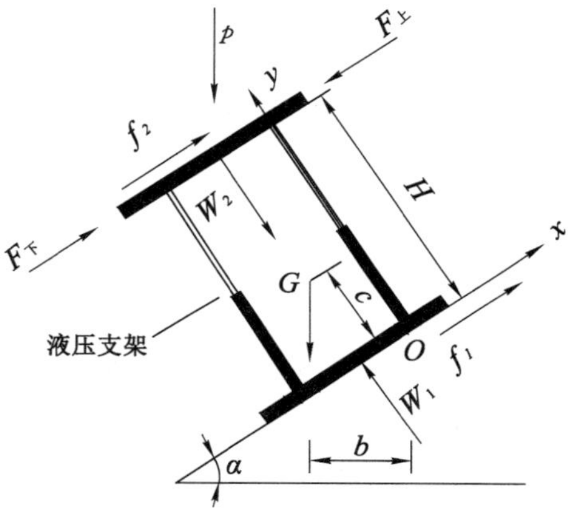

p—支架在顶板的压力,kN;G—支架自重,kN;$F_上$—上邻架挤靠力,kN;$F_下$—下邻架挤靠力,kN;
W_1—底板对支架的支持力,kN;W_2—支架初撑力反力,kN;f_1—底板对支架的摩擦力,kN;
f_2—顶板对支架的摩擦力,kN;b—支架重力方向与支架底座上边缘之间的水平距离,m;α—支架倾角,(°);
H—支架高度,m;B—支架底座宽度,m;c—支架重心高度,m;
μ_1—底板与支架间的摩擦系数;μ_2—顶板与支架间的摩擦系数。

图 2 液压支架受力力学模型

2.2 支架防倒稳定性分析

以 O 点为坐标原点建立直角坐标系,沿倾向为 x 轴,垂直煤层方向为 y 轴,如图 2 所示。假设液压支架不发生下滑,只考虑其倾倒失稳。以支架为研究对象,由平衡条件得:

$$\begin{cases} F_下 + W_1\mu_1 + W_2\mu_2 - (p+G)\sin\alpha - F_上 = 0 \\ W_1 - W_2 - (p+G)\cos\alpha = 0 \end{cases} \tag{1}$$

令 M 为防止液压支架倾倒的扭转力矩,则:

$$M = Gb + F_上 H + p\sin\alpha H - F_下 H - (W_1 - W_2)\frac{B}{2} - W_2\mu_2 H \tag{2}$$

其中,$b=(B/2)\cos\alpha + c\sin\alpha$。

将式(1)、式(2)联立得:

$$M = Gc\sin\alpha + p\sin\alpha H + (F_{上} - F_{下})H - W_2\mu_2 H - p\cos\alpha\frac{B}{2} \tag{3}$$

由式(3)可以得出，液压支架倾倒与其自重、重心高度、初撑力、底座宽度、相互作用力，工作面倾角、采高及顶板压力等因素密切相关。

(1) 当液压支架处于正常工作状态时，采取选择自重较轻、重心高度较低、底座宽度较大的液压支架，提高支架初撑力，增大支架与煤岩体摩擦系数等措施有利于防止支架倾倒。

(2) 在支架上方顶板冒空或移架过程中，支架初撑力和支架间相互作用力为零，如果支架不发生倾倒，需满足条件：

$$\tan\beta = \frac{B}{2c} \tag{4}$$

式中，β 为支架倾倒临界倾角。

宋新庄煤矿 110301 综采工作面采用 ZY6400/15/31D 型掩护式液压支架，液压支架底座宽度 B 为 1.41 m，液压支架重心高度 c 为 1.35 m，代入式(4)，可算出液压支架倾倒临界倾角为 28°。

2.3 液压支架防滑稳定性分析

若保证液压支架不下滑，需要对其施加一个防止下滑的额外抗滑力 F，则：

$$F = F_{下} + W_1\mu_1 + W_2\mu_2 - (p + G)\sin\alpha - F_{上} \tag{5}$$

$$W_1 = W_2 + (p + G)\cos\alpha \tag{6}$$

令 $\mu_1 = \mu_2 = \mu$，得：

$$F = 2W_2 + (p + G)(\mu\cos\alpha - \sin\alpha) + (F_{下} - F_{上}) \tag{7}$$

由式(7)可知，液压支架下滑与其自重、初撑力、支架间相互作用力、顶板压力、工作面倾角、液压支架与煤岩体摩擦系数等因素密切相关。

(1) 当液压支架处于正常工作状态时，F 越小越有利于防止其下滑，所以防止液压支架下滑可以提高初撑力、液压支架与煤岩体摩擦系数，减小液压支架间隙，提高架间相互约束能力。

(2) 在液压支架上方顶板冒空或移架过程中，支架初撑力和液压支架间相互作用力为零，则此时液压支架处于临界下滑状态时的平衡方程为：

$$G(\mu\cos\gamma - \sin\gamma) = 0 \tag{8}$$

式中，γ 为下滑临界角。

解式(8)得：

$$\gamma = \arctan\mu \tag{9}$$

由式(9)可知，液压支架的下滑取决于其底座与底板间的摩擦系数。在实际综采工作面中，F 的变化范围很大，其值的大小受多因素影响，如浮煤、淋水等。μ 取值为 0.15～0.20 时，支架临界下滑角为 8°～11°，则该支架处于下滑状态的临界倾角为 11°。

3 支架防倒防滑技术措施

根据上述分析结果，结合宋新庄煤矿 110301 综采工作面生产地质条件，对液压支架采取如下防倒防滑措施。

3.1 支架防倒防滑装置

当工作面倾角超过 28°时，必须安装防倒、防滑千斤顶，采用上下端头三架一组联锁、中间两架一组联锁的安设方式。在移架时，要始终保持整体自下而上带压擦顶移架，防止其呈无约束滑移状态。当支架出现失稳时，利用支架上装设的千斤顶，以有初撑力的支架为稳固点，对相邻的支架产生一定的作用力调整支架。对于倾斜煤层综采工作面，下端头 6 架液压支架的稳定性对整个工作面支架的稳定起到关键作用，所以下端头6架液压支架必须安装防倒、防滑千斤顶。

3.2 控制支架几何位态

基于液压支架稳定性关键影响因素，在液压支架正常工作状态下，合理增加其初撑力和工作阻力，提高其工作状态的稳定性。在推溜移架过程中，采用自下而上方式及时逐次移架，推移杆全程导向，减小推移杆和底座间隙，并尽量带压擦顶移架，防止液压支架处于自由状态。移架后，及时操控侧护板千斤顶，减小支架顶梁间隙，保证相邻支架相互约束，提高工作面液压支架系统的稳定性。

3.3 工作面调伪斜

将倾斜工作面调伪斜，减小工作面真倾角。严格规范采煤机操作，防止采高超高现象发生，加快工作面推进速度，充分利用回采工艺特点，实施端面煤岩体片帮冒漏控制措施，保证工作面液压支架-围岩系统的整体性和稳定性。

4 现场实践效果

本文对缓倾斜煤层综采支架稳定性影响因素进行了分析，结合宋新庄煤矿110301综采工作面地质生产条件，制定并实施了防倒防滑抗歪扭技术措施，现场实践效果达到预期效果：液压支架稳定性良好，没有发生影响生产的支架倾倒下滑事故，支架立柱倾向偏倒角向上最大为5°，向下最大为3°。顶板控制良好，冒漏现象明显减少，端面顶煤冒漏最高为0.3 m，实现了煤层平均倾角23°、最大倾角为35°的倾斜煤层综采工作面的安全高效开采。

参考文献

[1] 陈炎光，钱鸣高. 中国煤矿采场围岩控制[M]. 徐州：中国矿业大学出版社，1994.

[2] 何富连，钱鸣高，刘长友. 高产高效工作面支架-围岩保障系统[M]. 徐州：中国矿业大学出版社，1997.

[3] 康红普，徐刚，王彪谋，等. 我国煤炭开采与岩层控制技术发展40 a及展望[J]. 煤矿开采，2019，1(2)：1-33.

[4] 林忠明，陈忠辉，谢俊文，等. 大倾角综放开采液压支架稳定性分析与控制措施[J]. 煤炭学报，2004，29(3)：264-268.

[5] 伍永平，刘黎明，曾佑富，等. 大倾角“三软”煤层工作面倒架原因及处理措施[J]. 煤炭技术，2014(11)：146-148.

[6] 伍永平，贠东风. 大倾角综采支架稳定性控制[J]. 矿山压力与顶板管理，1999(增刊1)：82-85.

[7] 徐涛. 大倾角综放工作面液压支架稳定性技术探讨[J]. 煤炭科学技术，2007，35(9)：58-62.

[8] 杨伟，杨宇，王晓，等. 大倾角煤层伪斜工作面支架稳定性分析[J]. 煤炭工程，2011，43(6)：88-90.

[9] 朱红兵. 柔性掩护支架采煤方法在次急倾斜煤层中的应用[J]. 煤炭技术，2005，24(1)：27-29.

晓南矿薄煤层工作面切顶卸压技术的应用

靳瑞，刘永巍，林立文

（辽宁铁法能源有限责任公司晓南矿，辽宁 铁岭 112799）

摘　要　为了实现晓南矿矿井精采精收，提高生产和掘进效率，缓解薄煤层工作面接续紧张，晓南矿积极推进“110”工法无煤柱沿空留巷工艺，在推进过程中不断探索，总结出适合晓南矿生产实际的关键技术。以切顶卸压技术结合晓南矿地质、开采条件，多次优化切顶卸压技术参数，使该技术从沿空留巷实际应用的成功到成熟，再到从初采切顶卸压推广至收尾工作面预裂断顶卸压的应用，并且成功实现了首例在集团公司薄煤层工作面架前预裂、架后随裂断顶技术的应用。

关键词　薄煤层；切顶卸压；“110”工法；预裂爆破

1　薄煤层切顶卸压技术背景

以推广“110”工法先进工艺为背景，确保晓南矿薄煤层工作面“110”工法沿空留巷整体工艺的有效实施，增强工作面采空区顶板冒放性，降低采面采动影响，晓南矿在切顶卸压技术上探索总结先进经验，不断探索更适合晓南矿地质和开采条件的切顶卸压技术，取得了良好的成效。下面主要介绍 N1-1508 薄煤层工作面切顶卸压技术的应用。

2　N1-1508 薄煤层工作面“110”工法应用简介

N1-1508 薄煤层工作面面长 242 m，走向长 1 450 m，平均采高 1.6 m（煤层厚度为 0.92～1.70 m），自然垮落法管理顶板。N1-1508 薄煤层工作面是在完整的坚硬砂岩顶板下采用“110”回采工艺对该工作面进行回采；对 N1-1508 运输顺槽进行沿空留巷，采用恒阻锚索联合普通锚索支护顶板；在留巷侧实施预裂孔切顶卸压技术实现留巷工艺；N1-1508 薄煤层工作面初采开切眼利用预裂孔切顶卸压技术；工作面收尾巷道利用预裂孔切顶卸压技术提前断顶降低采动压力，以保护采区中巷。

3　预裂孔切顶卸压技术的实施

3.1　运输顺槽沿空留巷切顶卸压

N1-1508 薄煤层工作面运输顺槽应用预裂孔切顶卸压技术已经成功实现了“110”工法沿空留巷，目前留巷正将准备拉底作为下一个工作面的运输顺槽。

该顺槽在切顶卸压的实施过程中根据顶板岩性描述、薄煤层开采条件、预裂孔孔深理论计算及实测预裂孔预裂效果，最终设定了预裂孔孔深为 4.5 m 并及时调整了预裂孔装药结构，合理控制了预裂孔预裂效果，成功实现了留巷侧采空区顶板按既定切顶线断裂垮落。垮落岩石在挡矸支护的作用下形成新的支撑悬臂岩梁的巷帮壁。

3.2 N1-1508 薄煤层工作面初采切顶卸压

N1-1508 薄煤层工作面面长 240 m，顶板坚硬岩石不易冒落。初采前采取了施工预裂孔，实现了初采切顶卸压，减小了顶板初次来压步距，大大减弱了顶板初次来压对工作面和留巷的压力冲击。

3.3 N1-1508 薄煤层工作面收尾利用预裂孔实现断顶卸压

为保证安全生产，增加 N1-1508 运输顺槽使用寿命，减弱采区中巷所受动压影响，我矿采取施工预裂孔强制断顶措施。该项工程采用了型号为 MQT-130/3.2 的锚杆机，特制螺旋六棱 ϕ46 mm 奥机钻杆（长度为 400 mm/600 mm/1 000 mm）及奥机钻头施工预裂钻孔，应用双向聚能爆破预裂技术进行预裂爆破，使被爆破顶板岩体按设定方向张拉断裂成型，实现了薄煤层工作面架前预裂、架后随裂断顶技术的应用。特制螺旋六棱 ϕ46 mm 奥机钻杆如图 1 所示。

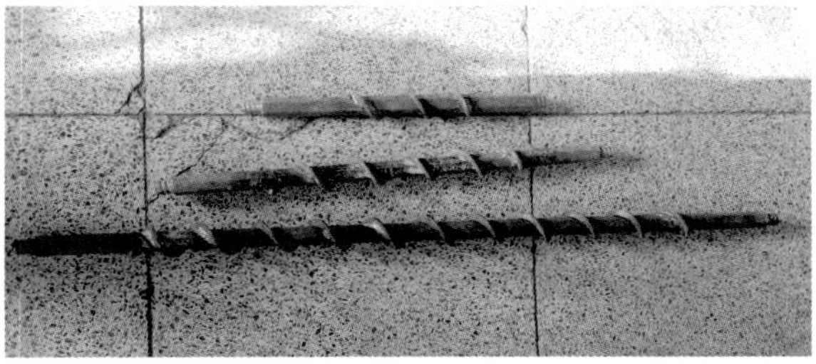

图 1　特制螺旋六棱 ϕ46 mm 奥机钻杆图

3.3.1 应用技术参数

炮眼施工参数如下：

(1) 炮眼布置范围：距 N1-1508 终采线 12 m 处，平行于工作面施工，机头侧起始位置为运输顺槽挡矸支护向工作面机尾方向 750 mm 处，机尾侧结束位置为轨道顺槽外帮向工作面机头方向 1 500 mm 处。

(2) 炮眼打设位置：炮眼打设在工作面液压支架、端头支架顶梁前端顶板上，炮孔距支架顶梁前端(200±50)mm。

(3) 炮眼深度为 5 m，垂直顶板；炮眼间距为 750 mm。

切顶预裂爆破见图 2 和图 3。

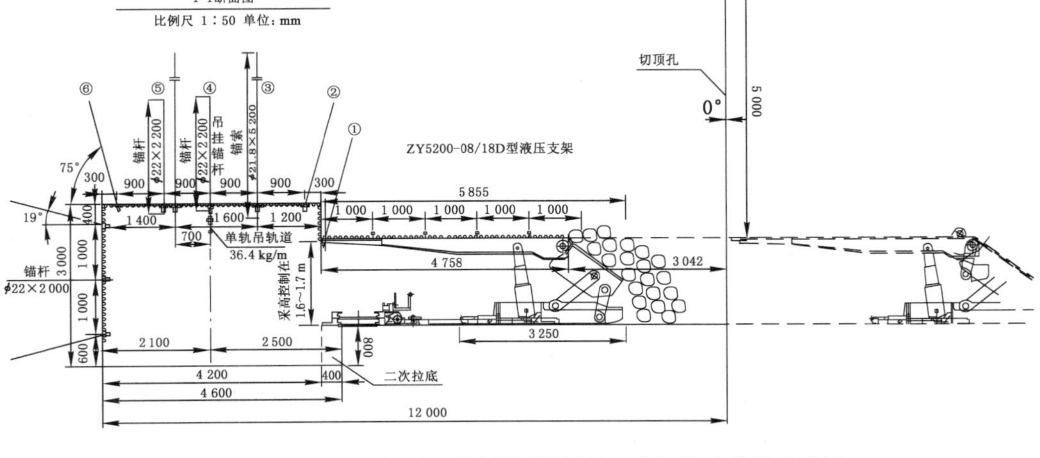

图 2　N1-1508 工作面收尾切顶预裂爆破、移架推进前后示意图

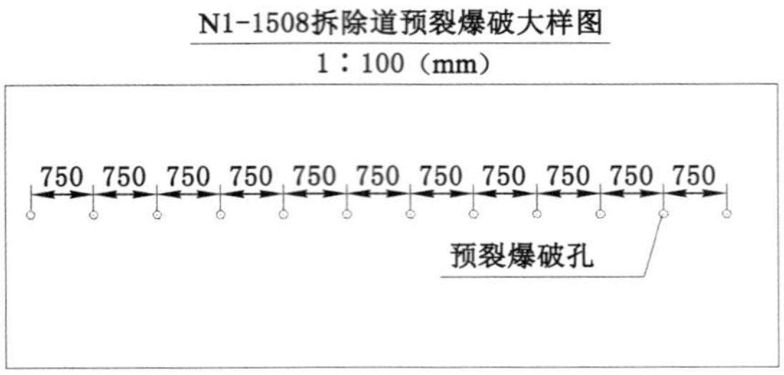

图3　N1-1508工作面收尾切顶预裂爆破示意图

爆破施工参数如下：

（1）采用双向聚能爆破预裂技术，实现被爆破岩体按设定方向张拉断裂成型。

（2）另外1根聚能管装3个药卷，装药量为每孔1 500 g。

（3）装药时采用2种不同药卷数量的聚能管上下交替方式布置，每孔药量不变。

（4）采用并联正向爆破，一次打眼，一次装药，一次性起爆，每次起爆不超过10个炮眼。炸药采用三级煤矿许用乳化炸药（规格：ϕ35 mm×300 mm，质量：300 g）、煤矿许用毫秒延期电雷管、FD-200X型发爆器。

（5）爆破用品技术参数：起爆使用ED-GY1/100M-B8-2型煤矿许用数码电子雷管。雷管脚线长度为8 m±0.05 mm，管体直径≤7.2 mm，管体长度≤96 mm。数码雷管规格见表1。

表1　数码雷管规格

段别	1段	2段	3段	4段	5段
标称秒量/ms	0	25	50	75	100
脚线颜色	红	黄	蓝	白	绿

3.3.2　工艺流程

工艺流程为：施工炮眼前工作面上帮护帮护顶→安全检查→对顶帮、瓦斯、工具等进行安全确认→对周围支护、设施等进行维护→钻眼（采用锚杆机进行）→检查瓦斯、敲帮问顶（安全确认）→装药连线→检查瓦斯→撤人设置警戒→爆破→检查瓦斯及爆破效果→找落帮顶浮石、险块，清理杂物（安全确认）。

4　收尾强制断顶措施应用切顶卸压技术前、后对比

4.1　N1-1508采煤工作面液压支架工作阻力对比分析

通过提取KJ427矿压在线监测系统液压支架工作阻力数据，对其进行整理，根据综合资料绘制图表分析矿压显现规律。N1-1508采煤工作面断顶前、后液压支架工作阻力曲线如图4所示。

由图4可以看出：采取断顶措施后，工作面液压支架平均工作阻力由27.3 MPa下降至24.2 MPa，下降幅度约为11.4%，工作面液压支架工作阻力下降相对明显。

4.2　N1-1508采煤工作面运输顺槽矿压监测对比分析

通过提取KJ427矿压在线监测系统锚索受力数据，对其进行整理，根据综合资料绘制图表分析矿压显现规律。N1-1508采煤工作面断顶前、后锚索受力速度、受力值曲线如图5所示。

由图5可以看出：采取断顶措施后，运输顺槽1 450 m处测站锚索平均受力速度由0.9 kN/d

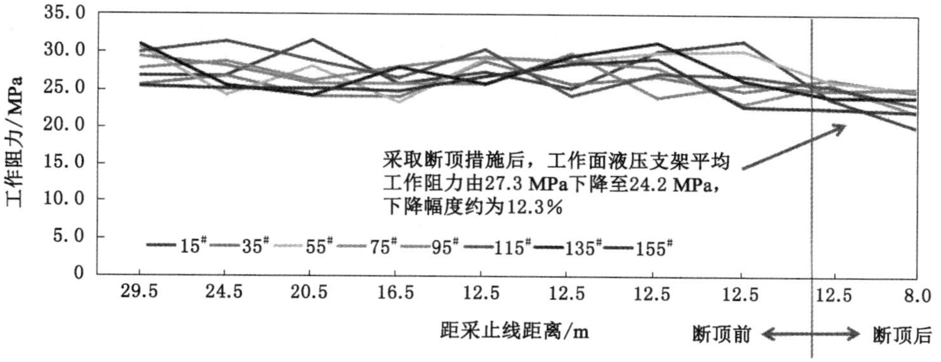

图 4　N1-1508 采煤工作面断顶前、后液压支架工作阻力曲线图

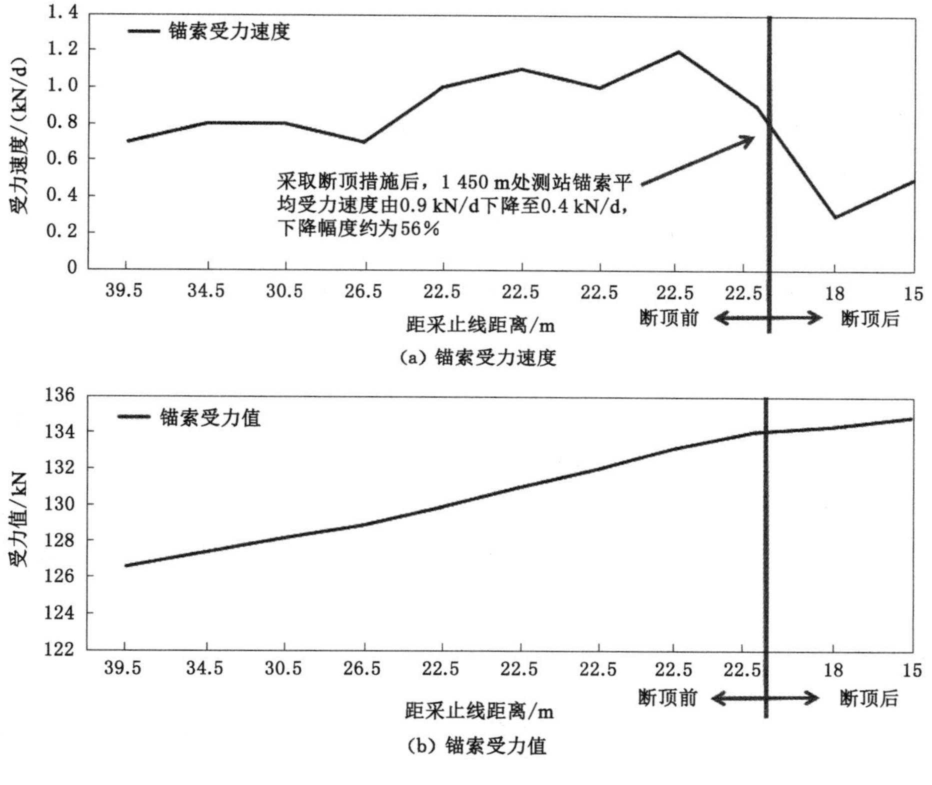

图 5　N1-1508 采煤工作面断顶前、后锚索受力速度、受力值曲线图

下降至 0.4 kN/d，变化速度下降约 56%。

4.3　外围巷道及 1508 留巷距工作面 200 m 范围顶板离层对比分析

为见证断顶卸压效果，在临近 N1-1508 收尾工作面 200 m 范围内采区中巷、运输顺槽、轨道顺槽设置顶板离层观测站进行顶板离层观测。经整理顶板离层数据如表 2 所示。

表 2　外围巷道及 1508 留巷距工作面 200 米范围顶板离层对比分析

日期	地点	深基点/mm	浅基点/mm	变化量/mm
1 月 27 日/1 月 30 日	北一 15 层胶带中巷 1# 站	0/0	0/0	0
1 月 27 日/1 月 30 日	北一 15 层胶带中巷 2# 站	0/0	0/0	0

表 2(续)

日期	地点	深基点/mm	浅基点/mm	变化量/mm
1月27日/1月30日	北一15层胶带中巷3#站	0/0	0/0	0
1月27日/1月30日	北一15层胶带中巷4#站	5/5	0/0	0
1月27日/1月30日	北一15层胶带中巷新1#站	5/5	5/5	0
1月27日/1月30日	北一15层胶带中巷新2#站	0/0	5/5	0
1月27日/1月30日	北一15层胶带中巷新3#站	30/30	20/20	0
1月27日/1月30日	北一1508轨道顺槽1#站	0/0	0/0	0
1月27日/1月30日	北一1508轨道顺槽2#站	6/6	0/0	0
1月27日/1月30日	北一1508轨道顺槽3#站	0/0	0/0	0
1月27日/1月30日	北一1508轨道顺槽4#站	0/0	0/0	0
1月27日/1月30日	北一1508运输顺槽1 250 m	0/0	8.9/8.9	0
1月27日/1月30日	北一1508运输顺槽1 300 m	0/0	20.6/20.6	0
1月27日/1月30日	北一1508运输顺槽1 350 m	7.5/7.5	17.7/17.7	0
1月27日/1月30日	北一1508运输顺槽1 400 m	19.8/19.8	0/0	0
1月27日/1月30日	北一1508运输顺槽1 450 m	0/0	3.8/3.8	0

由表2可以看出：采取断顶措施后，外围巷道及1508留巷距工作面200 m范围顶板离层均无变化。

4.4 结论

综上所述，N1-1508工作面采取断顶措施后，工作面液压支架平均工作阻力由27.3 MPa下降至24.2 MPa，下降幅度约为11.4%，运输顺槽1 450 m处测站锚索平均受力速度由0.9 kN/d下降至0.4 kN/d，变化速度下降约56%。工作面液压支架工作阻力及运输顺槽锚索受力变化速度下降明显，外围巷道及1508留巷距工作面200 m范围顶板离层均无变化，在当前阶段，工作面上覆岩层结构由悬臂梁重新恢复至简支梁状态，断顶措施取得了较好的效果。

5 总体结论

（1）“110”工法沿空留巷需要综合考虑顶板岩性、薄煤层开采条件、预裂孔孔深、爆破装药结构及施工作业方法等多种因素。

（2）初采预裂切顶卸压技术能有效控制顶板冒落（提前冒落和缩短冒落步距），减小顶板初次垮落时的顶板来压[1]，有利于“110”工法沿空留巷的实现和工作面的安全生产。

（3）工作面收尾提前利用预裂孔实现断顶卸压，切断了采空区应力集中向工作面及终采线前方煤岩柱的应力传递[2]，极大地减弱了收尾巷道、“110”工法留巷所受的动压影响[3]。

（4）N1-1508薄煤层工作面收尾提前利用预裂孔实现242 m面长的断顶卸压，极大地削弱了采区中巷的围岩压力，保护了采区中巷，减少了巷道维修量。

（5）该项技术在N1-1508薄煤层收尾工作面的应用克服了钻机无法施展，作业空间狭小导致高锚杆机、普通钻杆无法施工的困难，成功实现低矮工作面短钻杆强效施工预裂钻孔。

（6）实现了首例在集团公司薄煤层工作面架前预裂、架后随裂断顶技术的应用，为今后该技术的推广和借鉴提供了宝贵经验。

参考文献

[1] 石振文，鲁连喜，梁树民，等. 晓南矿薄煤层、大断面“110 工法”矿压显现规律研究[J]. 铁法科技，2020(1)：47-50.

[2] 王巨光，王刚. 切顶卸压沿空留巷技术探讨[J]. 煤炭工程，2012，44(1)：24-26.

[3] 何满潮，谢和平，彭苏萍，等. 深部开采岩体力学研究[J]. 岩石力学与工程学报，2005，24(16)：2803-2813.

冲击地压矿井突出及易自燃煤层“110 工法”技术研究与应用

赵星，田立志，刘金状

（铁法煤业（集团）有限责任公司大隆矿，辽宁 铁岭 112702）

摘 要 “110 工法”是煤炭开采史上具有里程碑意义的技术革新，是铁法能源公司主导的一项重大支护技术革命。该工法以“切顶短臂梁”理论为指导，通过运用切顶卸压自动成巷无煤柱技术，保留开采中的工作面顺槽，作为下一个毗邻工作面的回采巷道使用，改变传统长壁开采一面双巷模式为一面单巷模式，既可降低围岩变形、冲击地压、煤与瓦斯突出等地质灾害程度，又可大幅度降低掘进成本，缓解采掘接续压力，提高煤炭资源回收率，实现零煤柱开采。为加快推进“110 工法”实施进程，大隆矿与中国矿业大学技术团队进行技术合作，结合煤矿实际条件，最终确定在 E2-1503 工作面及 S1-1401 工作面同时实施“110 工法”。

关键词 “110 工法”；技术革命；切顶卸压；零煤柱开采

1 “110”工法的实施背景

“110 工法”即 1 个采煤工作面、1 条巷道、0 个煤柱，其关键在于“拉得住、切得开、下得来、护得住”。“110 工法”在晓南矿的成功应用，说明了此技术的推广势在必行。大隆矿是冲击地压矿井，自开采二水平以来，受采深变大、冲击地压、上覆煤层煤柱等因素影响，矿山压力增大，多个综采工作面受巷道变形量大、维护量大的影响，需要一直投入大量人力去维护巷道，才能保证任务产量。为了从根源上解决此类问题，大隆矿积极推进“110 工法”，利用切顶卸压自动成巷无煤柱技术，减少以后煤柱应力集中对临近和上下幅煤层的影响，实现降低巷道的变形量，减少巷道维护的工作量，以有效降低工人的劳动强度；同时可以减少掘进工作量，缓解生产接续紧张的局面，且可以多回采煤柱，增加煤炭回收率，实现煤炭资源完全开采，经济效益显著。

为加快推进“110 工法”实施进程，大隆矿与中国矿大技术团队进行技术合作，结合煤矿实际，最终确定在 E2-1503 工作面及 S1-1401 工作面同时实施“110 工法”。现已完成全部留巷工作，共计留巷 1 520 m。

2 “110”工法应用的现场效果

“110”工法的施工流程如下：

（1）第一步：恒阻锚索加强支护（拉得住）。超前工作面施工恒阻锚索，对顶板进行加强支护，并在切缝侧恒阻锚索沿着巷道走向添加 W 型钢带提高整体支护性能。恒阻锚索支护现场效果图如图 1 所示。

图 1　恒阻锚索支护现场效果图

（2）第二步：施工顶板预裂爆破钻孔（割到位）。

（3）第三步：顶板预裂爆破（切得开、下得来）。超前工作面进行切缝爆破，使用专门设计的CMQ2-1250/45型顶板预裂爆破施工钻机（图2）进行切缝钻孔的施工（图3），采用双向聚能爆破预裂技术使岩石按设定方向拉裂成型，从而实现被爆破体按设定方向张拉断裂成型。

图 2　CMQ2-1250/45 型顶板预裂爆破施工钻机

图 3　切缝钻孔现场效果图

（4）第四步：架后挡矸支护（护得住）。留巷段内采用单体支柱＋Ⅱ型钢联合支护形式进行临时支护（图 4）。在靠近采空区侧采用钢筋网、风筒布、金属网与 U 型钢进行联合挡矸支护（图 5）。

图 4　架后顶板临时支护现场效果图

图 5　架后挡矸支护设计图、现场效果图

（5）喷浆（封得严）。待顶板垮落并稳定后，对垮落不充分的地方进行填充、喷浆。成巷稳定区效果图如图 6 所示。

图 6　成巷稳定区效果图

图 6(续)

(6) 留巷段回收。随着工作面的推进,待顶板垮落并稳定后,逐渐回撤稳定区部分单体支柱,直至留巷完成。

3 “110”工法工程浅析

3.1 一通三防(以 S1-1401 工作面为例)

S1-1401 工作面为南一采区 14 煤层第一个采煤工作面,属于易自燃煤层,煤层最大厚度为 2.20 m,最小厚度为 1.20 m,平均厚度为 1.70 m。煤层局部含夹石 0～3 层,累计夹石最厚 0.20 m,平均厚度为 0.10 m。其上覆 12、13 煤层均已回采完毕,且 12、13 煤层存有多处煤柱,增加了自然发火防治的难度。

3.1.1 瓦斯治理

3.1.1.1 调整通风系统,减少采空区漏风

为了减少留巷段向采空区内漏风,对工作面通风系统进行调整。开采初期通风系统采用“两入一回”的通风方式,即 S1-1401 运输顺槽外段(南一采区外围瓦斯道)→S1-1401 运输顺槽里段→工作面→S1-1401 回风顺槽;S1-1401 运输顺槽开始沿空留巷后,为减少沿空留巷期间采空区漏风,采用“一入两回”的 Y 型通风方式,即 S1-1401 运输顺槽→工作面(南一采区外围瓦斯道)→S1-1401 回风顺槽,开采初期通风系统与调整后通风系统对比(如图 7、图 8 所示)。

3.1.1.2 瓦斯抽采

(1) 斜交钻孔抽采方法

在 S1-1401 工作面回风顺槽布置 3 个斜交钻场,每个钻场施工 6～8 个斜交钻孔;高浓钻孔由中央泵站 SK-120 泵抽采;低浓钻孔由中央-810 泵抽采。

(2) 埋管抽采法

沿综采工作面回风隅角向采空区预埋 ϕ219 mm 管路或 ϕ300 mm 管路,连接到低浓抽采管路上进行瓦斯抽采,解决局部瓦斯问题。

回采期间根据实际情况,选择合理的抽采方法,保证抽采效果。通过以上措施的调整实施,现 S1-1401 工作面回风流甲烷浓度控制在 0.1%～0.3%之间。

3.1.2 防灭火

3.1.2.1 向 S1-1301 运输顺槽旧巷注氮

在 S1-1401 运输顺槽 400 m 处,施工两个注氮钻孔,孔间距为 10 m,钻孔终孔点进入 S1-1301

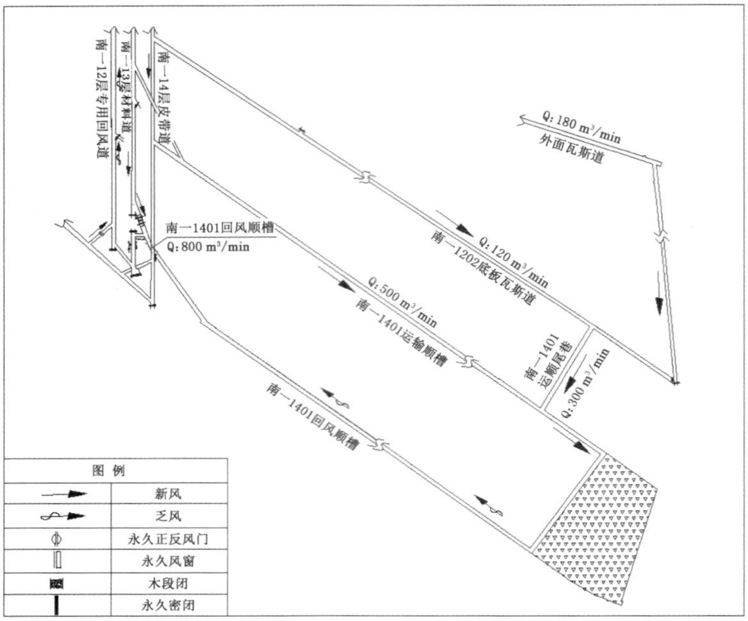

图 7　开采初期通风系统

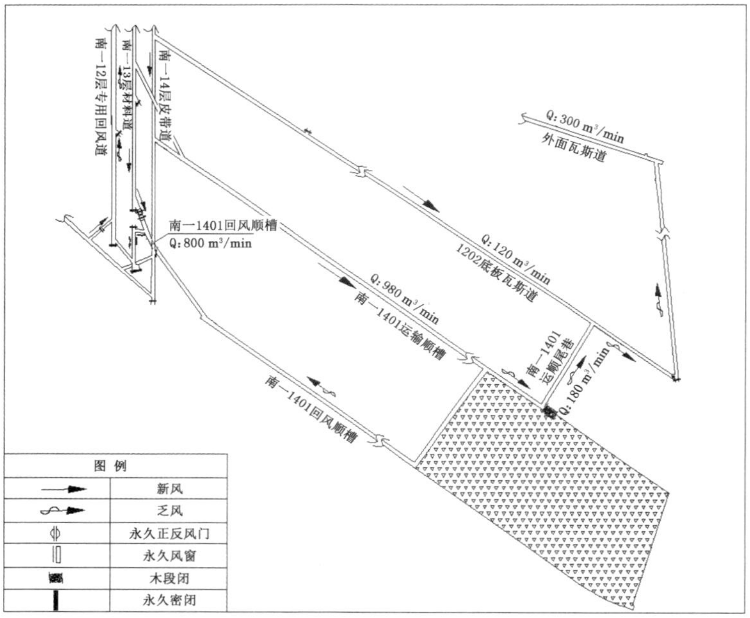

图 8　沿空留巷后 Y 型通风系统

运输顺槽旧巷，钻孔施工完毕后下直径为 50 mm 的套管并用“两堵一注”封孔，封孔管与运输顺槽注氮主管路连接，安设控制阀门，在工作面沿空留巷开始后，通过注氮钻孔向上覆 13 层采空区注氮。注氮目的：一是降低 13 层采空区氧气含量；二是增加上覆采空区压力，减少由 S1-1401 运输顺槽留巷向 13 层采空区的漏风量。钻孔参数如表 1 所示；二水平南一 1401 运输顺槽至南一 1301 运输顺槽施工注氮孔位置示意图如图 9 所示。

表 1　钻孔参数

钻孔施工参数			
孔号	方位/(°)	倾角/(°)	孔深/(°)
S1-1301 运输顺槽 1#	53	66	12
S1-1301 运输顺槽 2#	53	66	12

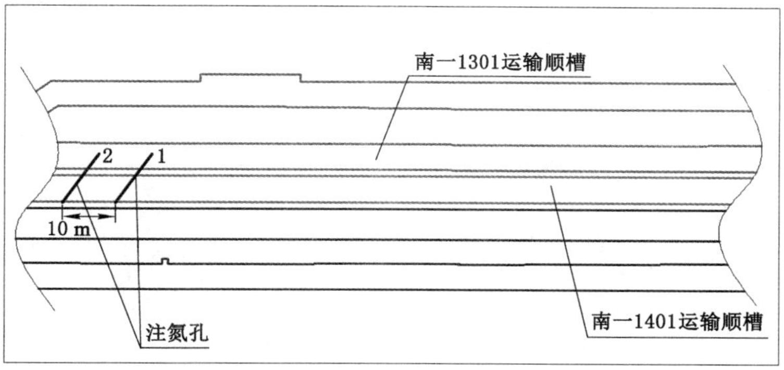

图 9　注氮孔位置示意图

3.1.2.2　运输顺槽留巷防火措施

随着工作面推进，在沿空留巷采空区侧帮预插 ϕ108 mm 措施管，插管间距为 15 m，插管位置距离采空区顶板 500 mm；同时在距离采空区底板 500 mm 处预插 ϕ108 mm 补充措施管，插管间距为 30 m。根据工作面各观测点气体指标变化情况，采空区相应充填或注氮措施。

3.1.2.3　使用新型封堵材料对留巷段采空区侧进行封堵

为了减少采空区漏风，随着工作面的推进及时使用挡矸腿＋风筒布＋金属网＋喷涂材料，喷涂距离距工作面不小于 30 m 且不大于 40 m。来压后对开裂处进行补喷，尽可能地减少采空区漏风。留巷段漏风量始终控制在 50～90 m^3/min。至今采空区无自然发火征兆，无瓦斯超限现象。

3.1.3　加强自然发火标志性气体监测

建立健全"通风系统稳定可靠，超前预报及时准确，防灭火系统完善，防灭火装备先进，防灭火机构齐全，治理技术先进有效，火灾应急处理到位"的矿井防灭火工作体系。

建立健全束管系统，每隔 50 m 设置一组测点；同时采用人工监测、采样分析等方法，以 CO 气体为早期预测预报的主要气体，以 CO、烯烃类气体为判断自然发火阶段和程度的标准性气体，辅以空气温度指标和空气气味、水雾等表象类特征对火灾进行预测预报。

3.1.4　为下伏 15 煤层瓦斯压力和含量测试提供条件

S1-1401 运输顺槽留巷后，在 S1-1401 运输顺槽施工下伏 15 煤层瓦斯压力和含量的测试钻孔，留巷期间，能为瓦斯压力观测提供充分的时间。

本巷道的留设保证了施工瓦斯压力钻孔的场地条件，从而得到了 14 煤层采动后，对 15 煤层影响的数据总结。

3.2　预裂爆破孔

"110 工法"实施期间，顶板管理一直是最主要、最核心的任务，为确保恒阻大变形锚索和预裂孔的施工质量，利用激光指向仪进行定位，确保按设计位置施工。恒阻大变形锚索预紧力确保不低于 280 kN，每天有专人负责检查验收。同时矿领导组织相关科室、区队对恒阻大变形锚索、预裂钻孔、切缝爆破的工程质量进行抽查验收。

预裂孔爆破后，使用专用的钻孔成像仪进行抽检分析，对预裂效果达不到设计要求的及时修改装药参数，并结合基本顶厚度调整预裂孔的深度和聚能管的长度，确保孔隙率达到90%以上。

预裂爆破孔的观测与分析：应用CXK12(A)矿用本安型钻孔成像仪对切顶预裂爆破孔进行观测，测试率为20%，即每5个爆破孔抽测1个。根据预裂爆破孔成像图对孔内裂隙率进行计算分析，爆破孔的裂隙率(不含封泥段)大于90%为合格。如在岩性相同的条件下，连续15～30 m，裂隙率小于90%，则需进行二次预裂爆破。目前大隆矿预裂爆破孔深度设定为5.5 m，封泥段深度为2.5 m，装药模式采用3+1，爆破后裂隙率均达到90%以上。预裂爆破孔成像图如图10所示。

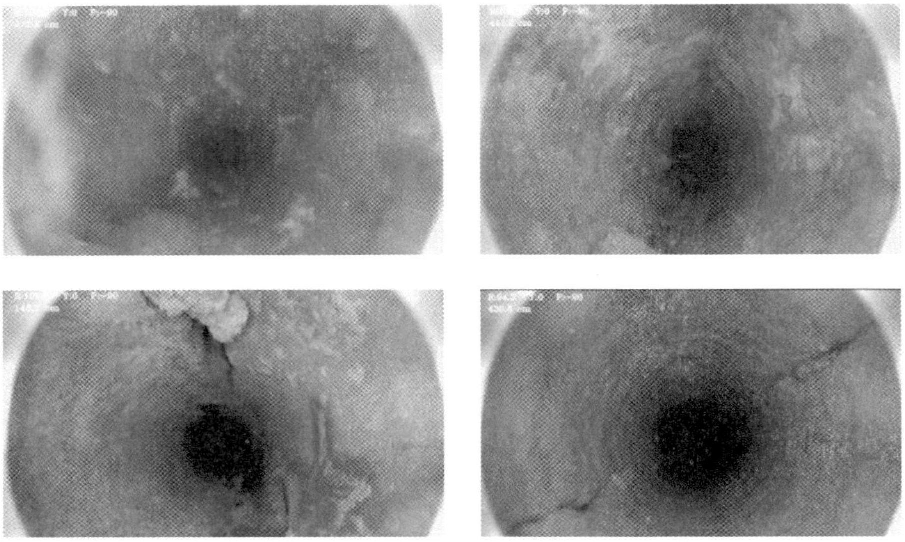

图10　预裂爆破孔成像图

3.3　矿压监测

3.3.1　监测目的

自成巷在线矿压监测系统主要是对留巷位置的压力及位移进行监测，通过对自成巷在线矿压监测系统监测数据进行分析，从而达到以下目的：

(1) 掌握巷道围岩动态及其规律性，为巷道支护进行日常动态化管理提供科学依据。

(2) 为检验支护结构、设计参数及施工工艺的合理性，修改、优化支护参数提供科学依据。

(3) 监控施工质量，对支护状况进行跟踪反馈和预测，及时发现工程隐患，以保证施工安全和巷道稳定。

(4) 为其他类似工程的设计与施工提供全面的参考依据。

(5) 监测资料可作为巷道工程质量检查和验收的标准。

3.3.2　矿压监测系统布置方案

S1-1401工作面矿压监测系统在运输顺槽内布置18组监测站，测站1～6组间距为20 m，测站6～18组间距为50 m；综采工作面设置17组监测站，测站1～8组每5架布置1个测站，测站8～17组每10架布置1个测站。测站布置示意图如图11所示；监测设备如图12所示；矿压监测系统监测项目与内容详见表2。

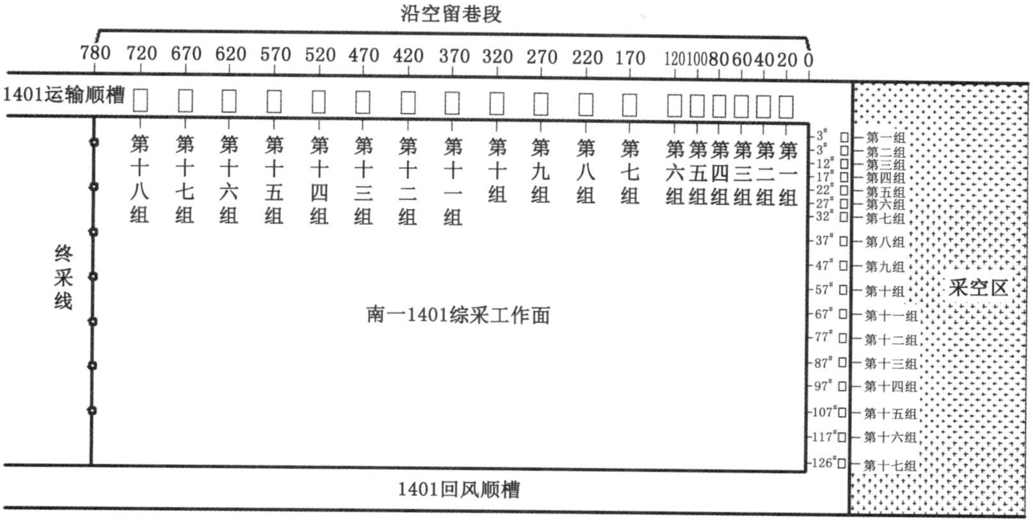

图 11　大隆矿 S1-1401 综采工作面测站布置示意图

图 12　监测设备

表 2　矿压监测系统监测项目与内容

项目	内容与作用
巷道顶板离层监测	巷道顶板岩层离层的监测，深基点 7.5 m、浅基点 2.0 m，掌握巷道顶板离层情况，为完善支护参数提供依据
恒阻大变形锚索应力监测	恒阻锚索锚固力监测和恒阻锚索载荷监测。随工作面的推进，掌握恒阻锚索的受力变化情况
巷道顶底板位移监测	监测巷道顶底板的位移情况，分析顶底板是否进入稳定状态
挡矸体侧向压力监测	通过侧向压力传感器监测巷帮侧向压力，掌握巷帮侧向压力变化情况，为巷帮支护设计的优化提供依据
单体液压支柱受力及缩量监测	通过对单体受力及压缩量的监测，与锚索监测相互对应，判断巷道稳定性，为支护设计提供依据
工作面液压支架载荷监测	通过对综采液压支架立柱的受力状况进行监测，掌握顶板岩层运动规律

3.4　留巷效果分析

3.4.1　工作面压力分布规律

切顶卸压作用下，切缝侧 4.5 m(1# ～3# 综采支架，每架宽 1.5 m)范围内，综采支架工作阻力出现明显降低现象，较工作面平均工作阻力(27.28 MPa)降低 22.10%；切缝侧 4.5 m 后，工作阻力逐渐增大，延伸至 25.5 m(17# 综采支架)处，综采支架工作阻力达到工作面均值水平。如图 13 所示，工作面综采支架工作阻力大小分布情况：中部(范围：135 m)＞非切缝侧(范围：48 m)＞切缝侧(范围：25.5 m)。切缝侧综采支架工作阻力的降低，说明运输顺槽切顶爆破卸压效果较好，在切顶的作用下，切缝侧支架顶板破碎、整体性差，减弱了工作面与运输顺槽上方顶板的应力传递路径。

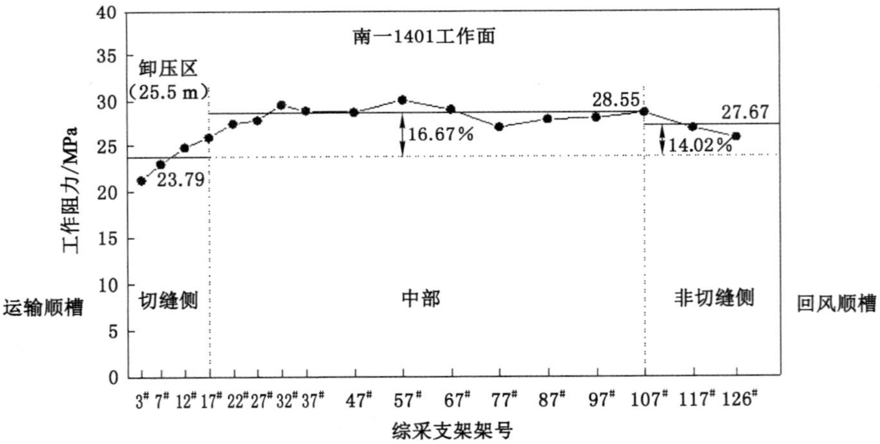

图 13　大隆矿 S1-1401 工作面综采支架工作阻力均值曲线图

3.4.2　巷道收敛形变规律

S1-1401 工作面直接顶以粉砂岩为主，平均厚度为 10.93 m，切顶眼施工方向与水平方向夹角为 75°；在切顶卸压作用下，随着综采工作面的推进，采空区矸石能及时接顶对顶板进行支撑，但采空区顶板垮落存在一定垮落角，由于顶板状态较好，采空区矸石接顶垮落引起切缝侧下沉量大，顶板呈现向下帮侧弯曲状态；切缝侧顶板最大下沉量达到 160 m，平均下沉量为 58.5 mm。大隆矿 S1-1401 工作面运输顺槽留巷段断面图如图 14 所示。

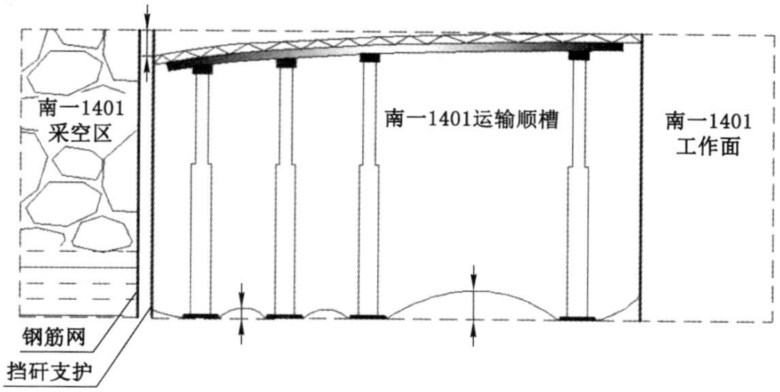

图 14　大隆矿 S1-1401 工作面运输顺槽留巷段断面图

结合矿压显现情况，顶底板位移量主要来自底鼓，切顶卸压后，采空区留巷上方构成悬臂梁结构，受下帮煤体支承应力及水平应力叠加影响，应力通过上帮传递至底板，底板为无支护自由面，导致应力在底板中释放；又因单体液压支柱的布局，呈现出非对称显现，靠近煤岩体下帮底鼓尤为严重，底鼓量 B 最大值达 300 mm，底鼓量 C 最大值达 550 mm，留巷段平均底鼓量为 230 mm。

3.4.3　恒阻锚索应力变化规律

随着工作面的推进，结合恒阻锚索的受力变化情况，将留巷段巷道分为四个阶段(详见图 15)：① 工作面前 20 m 范围以上，恒阻锚索应力值随综采工作面的推进无明显变化，属无影响段；② 工作面前 20 m 处，工作面超前支承压力通过巷道顶板实现应力传递，恒阻锚索应力快速增长，恒阻大变形锚索锁头出现滑动；随工作面的推进及采空区顶板垮落，恒阻锚索应力值持续快速增长至工作面后 50 m，此范围属快速增长段；③ 工作面 50 m 后，基于顶板的及时垮落和采空区内充分碎胀作用，充分垮落碎胀的矸石及时对顶板岩层产生支承，采空区上方顶板弯曲下沉的空间减小，持续至工作面后 190 m，此范围属缓慢增长段；④ 工作面 190 m 后，顶板变形趋于稳定，恒阻锚索受力进入稳定状态，此范围属稳定段。

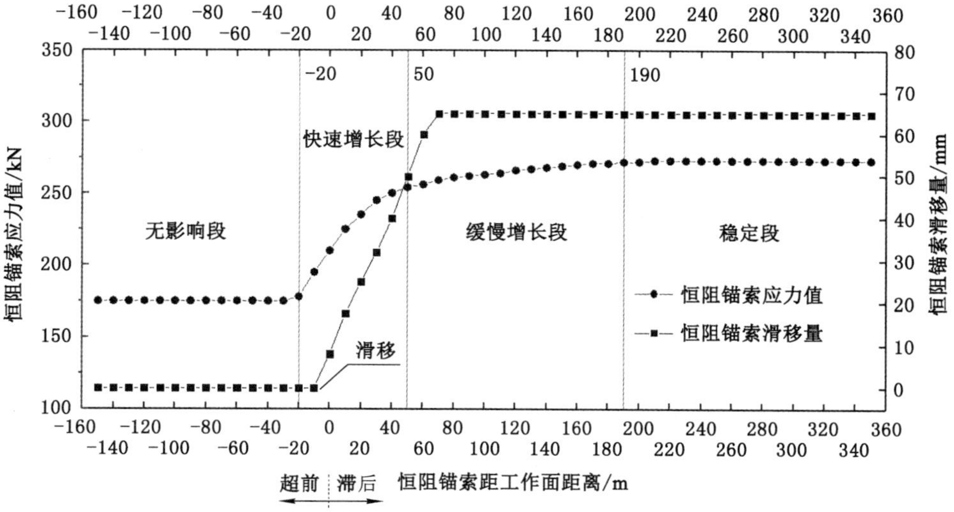

图 15　大隆矿 S1-1401 工作面运输顺槽留巷恒阻锚索应力与滑移量监测曲线

3.4.4 顶板离层变化规律

基于矿压监测项目的数据结果，将留巷段巷道顶板离层变化规律总结为：① 工作面前方 10 m 时，顶板开始出现位移变化量；② 随工作面的推进，位移量快速增长，快速增长趋势持续至工作面后 125 m；③ 滞后工作面 125 m 后，顶板离层情况趋于稳定；顶板离层受单体柱回撤的影响重新开始增加，影响范围持续约 10 m 后，顶板离层再次进入稳定状态，详见图 16。

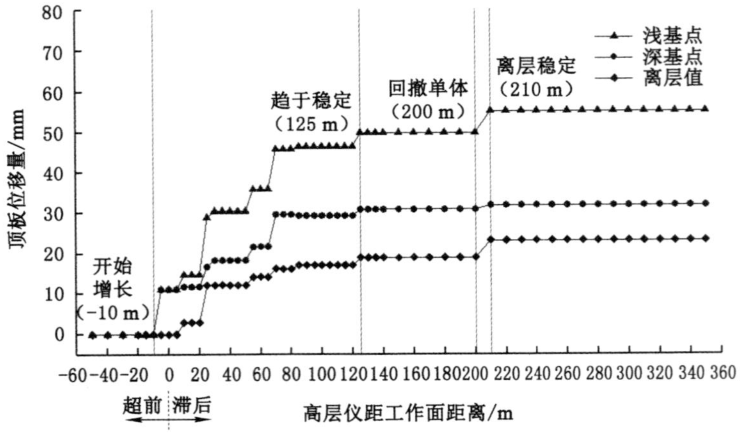

图 16 大隆矿 S1-1401 工作面运输顺槽留巷顶板离层仪监测曲线

4 社会效益及经济效益

4.1 经济效益

采用“110”工法留巷经济效益＝煤柱回收效益＋少掘进节省费用－材料费用－人工费用－巷道修复费用

4.1.1 煤柱回收效益

E2-1503 工作面多回收煤炭 1.6 万 t，S1-1401 工作面多回收煤炭 1.8 万 t，累计多回收煤炭 3.4 万 t；按 2021 年大隆矿煤炭平均售价 550 元计算，煤柱回收效益是 1 870 万元。

4.1.2 少掘进节省费用

E2-1503 工作面留巷 720 m，S1-1401 工作面留巷 800 m，按煤巷掘进成本 6 000 元/m 计算，累计留巷 912 万元。

4.1.3 “110 工法”投入设备、材料费用

切顶钻机：4 台×60 万元＝240 万元；

黄泥机：4 台×0.5 万元＝2 万元；

支护材料：1 526 万元。

4.1.4 人工费用、巷道修复费用

“110 工法”实施期间的人工费用：392 人工/1 00 m，留巷 1 520 m，按 15 元/工计算，所产生的费用是 89.4 万元。

“110 工法”留巷成功的巷道，在下一个工作面使用前，需要拉底和补打少量的锚杆。修复巷道长度为 1 520 m，投入 2 人工/m，所产生的费用是 45.6 万元。

经计算，大隆矿完成“110 工法”留巷后，可产生经济效益 1 121 万元。

4.2 社会效益

效益是决定工程的重要指标，“110 工法”不但在效益上有一定的优势，而且在矿井长期的管理上更能发挥作用。

4.2.1 降低主提主运负担

“110 工法”减少的出货量，大幅度降低了井上下胶带和主井箕斗提运时间和次数。同时减少的出矸量，也降低了选煤厂的工作强度和对环境的破坏。

4.2.2 缓解接续，节省队伍

巷道掘进与“110 工法”留巷的维修量相比存在着较大的差距，而且维修在人数和专业化上都要比掘进少，节约出来的专业掘进队伍可以创造更大的效益。

4.2.3 减灾，实现安全生产

它切断了采空区顶板的压力传递，改变和优化了围岩压力分布规律，降低围岩大变形、冲击地压、煤(岩)爆以及煤与瓦斯突出等地质灾害程度。

5 结语

应用“110 工法”，可以有效解决冲击地压矿井采煤工作面两顺槽压力大、巷道变形量大、巷道维护量大的突出问题，同时通过减少掘进量，缓解生产接续紧张的局面，提高煤炭资源回收率，让我们能够更加科学地解决煤矿实际问题，通过技术革新实现煤矿的安全生产，为集团公司全面推进回采工艺变革做出了积极贡献。

在线式区域瓦斯智能控制技术

陈志平

（铁法煤业（集团）有限责任公司大兴煤矿，辽宁 铁岭 112700）

摘 要 铁法矿区随着开采规模的逐年增加和采深的延伸，封闭采空区日益增多，并呈现出立体网格化、矿压影响大的特征，密闭瓦斯涌出控制已成为制约生产能力、威胁安全的不可忽视的隐患。通过对封闭采空区气体组分分析了密闭的“呼吸”形态，基于现有安全监控系统网络建立了以瓦斯浓度和相对压力双重参数的多源感知、逻辑自动调控的采空区瓦斯智能抽采系统，实现了远程与近地双重控制互补功能，提升控制系统的鲁棒性。通过多源感知数据分析研判，实现区域瓦斯涌出来源的智能研判与瓦斯涌出源干预控制，针对邻空采场创新了邻空封闭区瓦斯智能抽采模式。在北二 1205 采煤工作面实践后取得了较好的安全经济效果和社会效益，为开采其他类似条件下邻空工作面瓦斯治理和各类密闭自动抽采具有借鉴意义及推广应用前景。

关键词 瓦斯抽采；智能抽采；采空区；大气压；“呼吸”现象

生产实践表明，封闭采空区瓦斯涌出与采掘时空关系和大气压变化、通风系统波动密切相关，尤其在邻空采煤工作面回采期间，邻近采空区的瓦斯涌出在总涌出量中占比较高，是不可被忽视的瓦斯涌出来源，特别是在大气压力变化幅度大、速度快时，封闭区瓦斯的涌出直接影响生产、威胁安全，给安全管理带来了极大的难度。

大兴煤矿目前井下存有永久密闭 176 个，遍布各个采区、各个煤层。采区前进式延伸开采，采动区时时影响着封闭采空区的瓦斯涌出状态和封闭严密程度，处于上风侧密闭，涌出的瓦斯伴随风流进入采掘区域，不但影响连续生产，局部的瓦斯聚积也严重威胁安全。常规的处理方式有：改变风流速度快速稀释瓦斯涌出源点浓度来破坏爆炸浓度条件，人工开关密闭抽采阀门控制瓦斯涌出，采场施工导入孔抽采邻空区瓦斯等。措施的采取都是在发生瓦斯隐患后进行的，尤其是采取“以抽代管”的措施，不能随时按需调控，造成密闭区长时间抽采瓦斯漏风供氧，增加内因火灾隐患。长时间抽采低浓度瓦斯将对地面永久抽采泵站瓦斯总管路浓度产生影响，当降低到不可利用值时，只能排入大气，增加了环境污染治理压力。为了实现实时监控、智能抽采，基于矿井安全监控系统自主研发区域联控智能在线瓦斯抽采装备，具有重要的意义。

1 封闭采空区瓦斯涌出特性分析

采场回收完毕后，要对与采空区联通的巷道进行永久封闭，并定期测定分析密闭内气体成分和空气温度，定期检查密闭墙外的空气温度、瓦斯浓度，密闭墙内外压差以及密闭墙墙体。图 1 记录了一个年度对井下密闭墙内外压差的观察统计，分析发现其有规律地呈现出入风—排风转换变化，类似于“吸气呼气”一样[1]。通过对密闭内气体组分分析发现，伴随着密闭的“呼吸”，外部渗流供氧和内部甲烷运移均与密闭墙压差变化呈现较好的相关性，如图 2 所示。

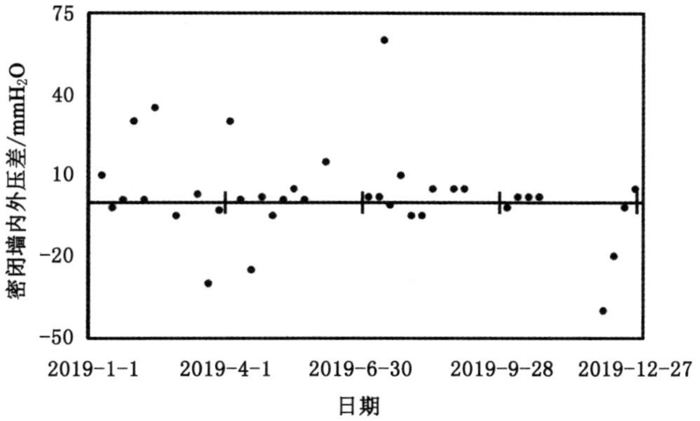

图 1　北二 901 回风道密闭墙内外压差年观测记录

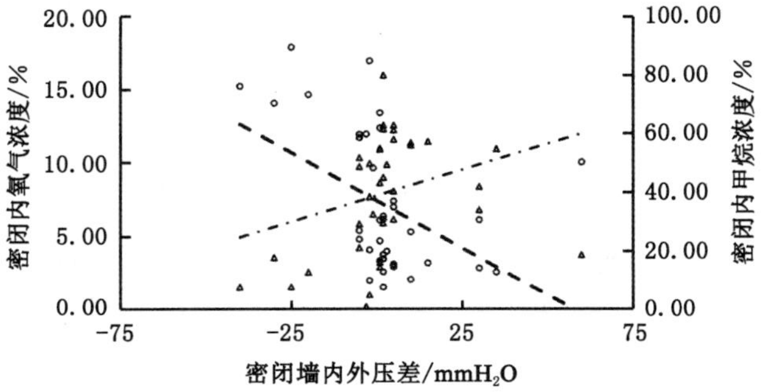

图 2　北二 901 回风道密闭内气体组分与密闭墙内外压差关系

将采空区与井下在用巷道分割的设施除了密闭墙之外还有隔离保护煤柱，在采动动压影响下，密闭墙及隔离保护煤柱均会出现不同程度的疲劳破坏，进而产生发育的孔隙裂隙通道，将采空区与巷道联通，这些孔隙裂隙也是采空区发生“呼吸”现象的主要气体交换通道。当采空区发生“呼吸”现象，吸入气体时，为封闭采空区内遗留的破碎煤炭提供了良好的供氧条件，易发生内因火灾[2]；排出气体时，密闭前易形成瓦斯积聚而造成局部瓦斯超限，当瓦斯通过隔离保护煤柱渗流进入回采巷道时，表现为甲烷浓度增高。

1.1　采空区“呼吸”形态产生原因分析

封闭的采空区可以看作一个处于相对动态平衡状态的半封闭容器，采空区内、外气体状态发生变化时，这种平衡就有可能被打破，采空区内外会产生气体变换，从而呈现出“呼气”和“吸气”的现象。这类现象的影响因素主要包括：脱附解吸瓦斯的运移补充、外界注入惰性气体、地面大气压的变化、通风系统的改变、密闭墙完好状态、采空区抽采状态、疏放采空区积水过程中缓慢的“水气空间置换”等。多数矿井封闭采空区“呼吸”现象的产生是受采空区内部气体状态变化和采空区外部静压波动的双重影响所致。

封闭采空区密闭前巷道空气静压受地面大气压、流体参数和井巷风阻特征等综合因素影响。当主要通风机工况参数不变化时，井巷风量变化波动较小，密闭墙外侧静压主要受地面大气压变化的影响；短时调整主要通风机工况时可以视为地面大气压恒定不变，矿井通风压能升高或降低，矿井风量相应地增加或减少，密闭墙外侧空气静压瞬时表现出降低或增高的变化；当矿井通风参数和矿井空气状态发生时，也会对密闭外侧空气静压产生影响。

封闭采空区内部空间气体假设其满足理想气体状态方程，其压力变化与采空区围岩冒落、压实程度有关，与采空区内气体温度变化有关（如氧化、涌水情况等）。当对封闭区注入气体或采区抽采瓦斯时将改变采空区内气体组分变化，这种变化过程是发生质量交换的过程，故而也会引起采空区内外压差的转换。

封闭采空区内气体与外部空气的交换流动过程，主要是通过密闭墙及其周边围岩中的裂隙-孔隙系统作为通道完成的，这些发育的裂隙和孔隙中气体流动过程可视为多孔介质中的渗流。因此，封闭采空区内气体与密闭墙外部空气的交换过程符合达西流动定律。

1.2 大气压力变化对瓦斯涌出的影响

图 3 为大兴煤矿工业广场大气压年度观测记录，由图可以看出，伴随季节、气候参数的变换，当地面空气温度升高时会使地面大气压力下降。矿井通风巷道与大气是通过井筒联通的，实践表明，井下各地点的节点静压与地面大气压变化具有一致的同步性，因此当地面大气压降低时，井下巷道中节点的空气的静压受地面大气压变化的影响会发生同步降低，反之亦然。

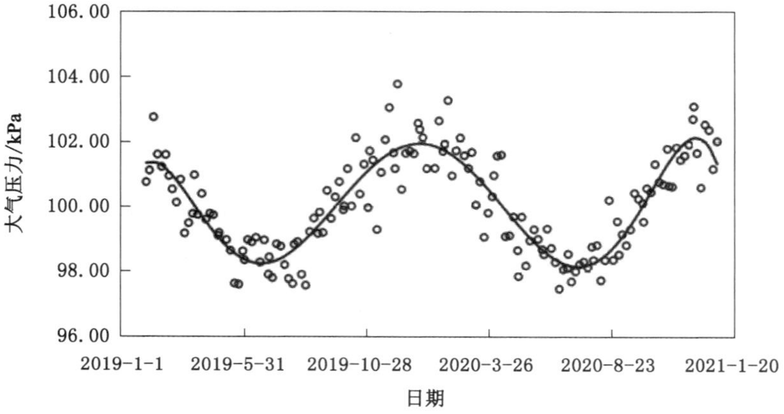

图 3　大兴煤矿工业广场大气压年度观测记录

封闭采空区内气压相对恒定，密闭外巷道内空气静压的波动变化使得密闭墙内外侧形成波动变化的压差。当表现为正压状态时，采空区内瓦斯气体会涌出到密闭墙外侧并形成积聚；表现为负压状态时，密闭墙外侧含氧空气会被吸入采空区内并形成供氧条件；随着大气压高低变化波动，密闭内外压差亦会随着发生入风-排气的转换，如图 4(a)所示。为进一步挖掘大气压力变化对密闭内外压差的影响，直接对两者进行了关联性拟合，如图 4(b)所示，总体上表现为负相关性。

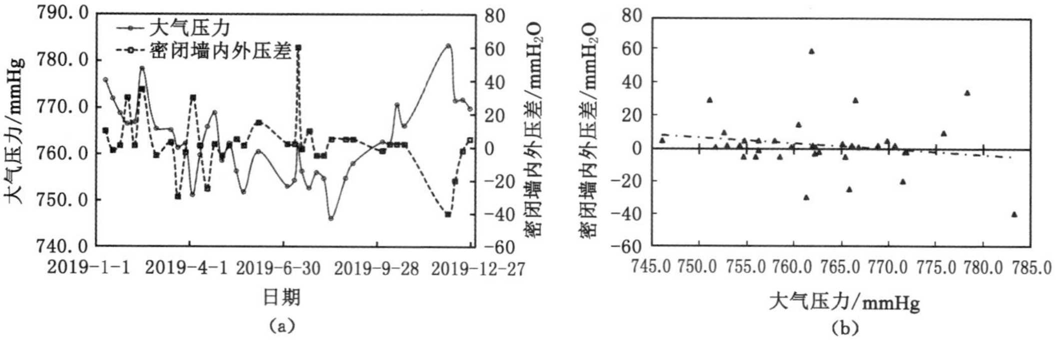

图 4　密闭墙内外压差与大气压力变化关系曲线

矿井生产实践中，也观察到了这种规律的存在。当区域内停止采掘活动时，受大气压下降的影响，邻空工作面回风风流瓦斯会出现浓度缓慢增大、密闭前瓦斯也会增高，说明大气压的下降增加了矿井的瓦斯涌出量，其主要来源为封闭采空区内气体的涌出。

1.3 通风系统波动对瓦斯涌出的影响

矿井通风系统是具有动态阻变特性的，当矿井通风网络发生巷道长度改变或断面变形、通风设施构筑或者减失、通风动力发生变化时，会引起风网通风参数的改变，能够自适应性地引发风流状态重构。

矿井空气是一种有黏性、不可压缩、与外部有热湿交换的流体，矿井风流是空气动力过程与热力过程的动态耦合。通风阻力系数除了与井巷长度、断面面积、断面形状、支护方式相关外，还是大气压力、温度、湿度的函数。刘剑教授基于热压湿变风阻进行的网络解算，更好地解释了昼夜、季节、海拔、热动力灾变等引起矿井空气参数变化导致通风节点压力变化的问题。

当矿井通风系统发生阻变型故障，如某一巷道设置增阻，增阻上风侧密闭外巷道节点静压将升高，原来排风的密闭墙可能转变为入风状态，这样就起到了抑制采空区瓦斯涌出的作用，则在其下风侧的密闭可能增大了瓦斯的涌出量。当矿井空气发生热压湿变而密度减小，必将导致巷道节点静压的较小，对于封闭采空区来说其内部的瓦斯气体将涌向井巷内；反之则减小。而矿井通风系统的波动受多因素作用具有较强的随机性，由此引起的采空区密闭内瓦斯的涌出时机是不可预测的。对于封闭时间较长的采空区其内部覆岩趋于稳定，引起的波动较小；但对于邻空工作面来说，这种影响是不可忽视的。

1.4 瓦斯抽采状态对瓦斯涌出的影响

采空区封闭后，其内部空间将存贮大量的游离瓦斯，其主要来源：一是遗留在采空区内的煤炭解吸的瓦斯；二是来源于采空区周围煤岩中运移的瓦斯。采空区内积存的这些瓦斯，往往会沿着密闭墙隔离保护煤柱的裂隙通道进入采煤工作面或生产巷道，不但会造成生产中断，还会威胁生产安全。通过对大兴煤矿南二 903 采空区气源型密闭抽采和无瓦斯抽采系统的北一七层旧巷封闭区两种不同抽采状态密闭状态的统计（见图 5），可以看出，瓦斯抽采手段是有效预防瓦斯涌出造成密闭前瓦斯超限的措施。

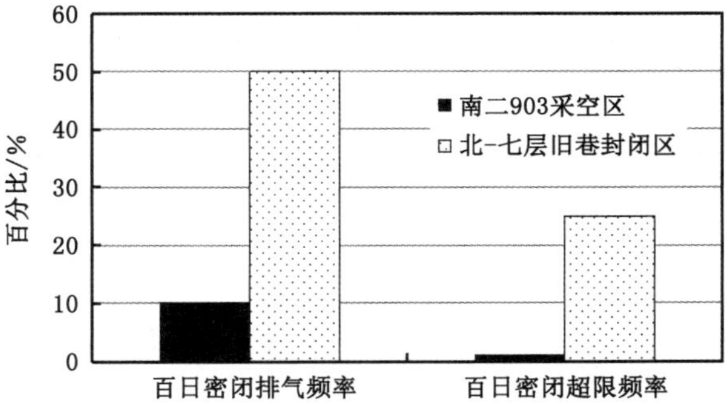

图 5 不同抽采状态封闭区瓦斯涌出频率

2 在线式区域瓦斯智能控制系统设计

封闭采空区瓦斯的涌出与停止都具有随机性，受约于多种综合因素，依靠人工很难准确掌握住时机，在线式区域多信息数据融合研判，采取自动控制密闭抽采阀门状态便可以解决好这个问题。

阀门的开启与关闭需要确定合理的控制参数依据和调控条件，密闭内外的压差变化直接关联瓦斯涌出事态，具有较高的灵敏度，结合环境瓦斯浓度变化，增强了系统的监控可靠性。

2.1 系统拓扑关系设计

区域联控智能在线瓦斯控制系统包含监测子系统、信息处理子系统和调控执行子系统 3 个部分组成，系统结构图如图 6 所示。

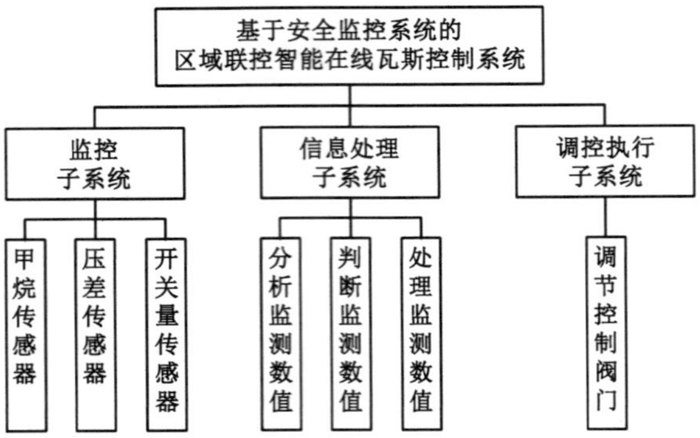

图 6　系统结构图

监测子系统：主要通过安装在采煤工作面回风流和密闭前的甲烷、压差、开关量等传感器监测区域内相关瓦斯浓度、密闭压差及控制阀门开关状态等参数。

信息处理子系统：主要对监测子系统传输的数据进行实时分析，判断井下异常瓦斯变化，过滤误报信息，保障能准确反映瓦斯涌出状态，并在发生瓦斯涌出量增大时，迅速分析出瓦斯抽采控制系统的调节方式。

调控执行子系统：主要是根据信息处理子系统发出的命令，通过安装的自动控制阀门调节所需抽采地点瓦斯抽采状态。

2.2 系统实现的技术

系统主要通过分析采集到的相关数据，及时发现瓦斯涌出的异常状态，并根据区域涌出特征研判瓦斯涌出来源，同时根据系统调节的逻辑规则采取调节措施，并通过通信网络执行远程控制阀门调节，调节抽采系统抽采阀门开关。系统配置如图 7 所示；自动调控逻辑如图 8 所示。

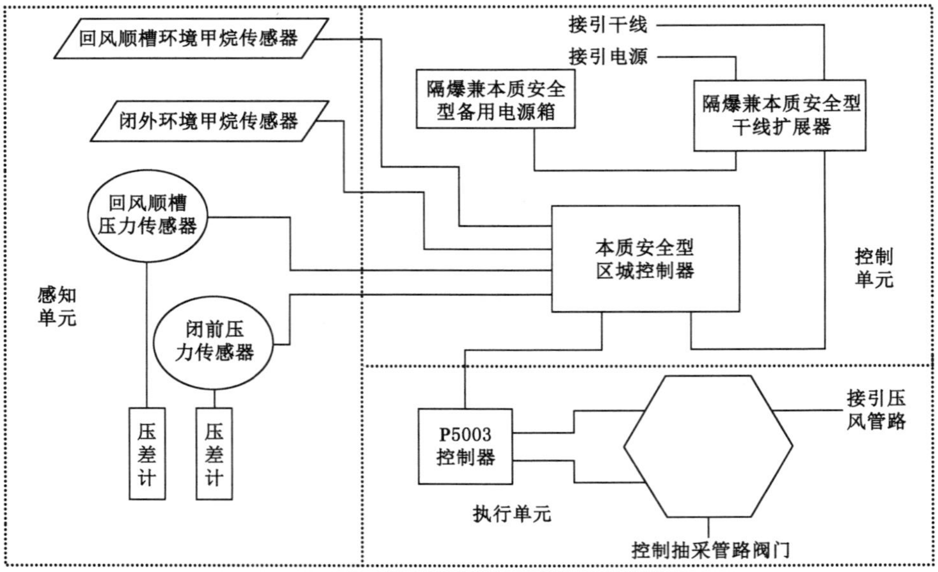

图 7　系统配置图

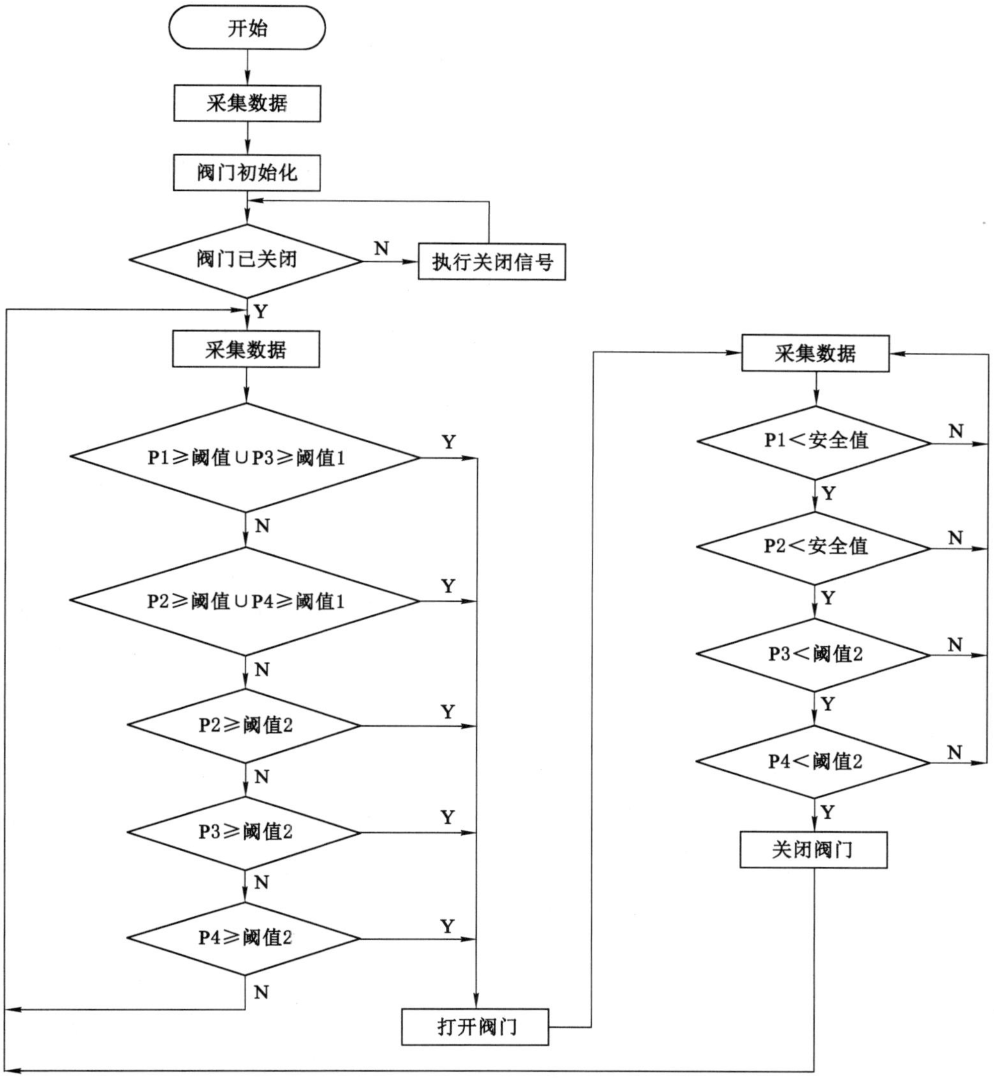

图 8　自动调控逻辑

信息处理：设置地面监测中心站主机和井下区域控制器双重控制程序，提升系统可靠性。当井上下通信中断或监测系统网络波动时，干线扩展器隔离开异常故障信号，全部逻辑控制执行由区域控制器承接，防止监测控制失效。

监测传感器设置：设置回风流环境甲烷传感器 P1、回风顺槽与邻空区监测压差传感器 P3、封闭采空区密闭压差传感器 P4 和密闭前环境甲烷传感器 P2 等。设置依据为掌握瓦斯涌出变化形态和邻空区气体流向，兼顾通风系统对邻空区的影响（比如对邻空区调压造成回风顺槽密闭前为低压侧，基本密闭一直处于排气状态，其压差不能良好地反映出与开采空间的涌出状态）。

执行研判：回风甲烷浓度增高到阈值，并且回风顺槽与邻空区压差也增高阈值，启动密闭抽气阀门。密闭前环境甲烷浓度达到阈值，并且密闭压差也达到阈值，启动密闭抽气阀门。密闭前环境甲烷浓度超限或回风顺槽与邻空压差达到阈值 2 或密闭压差达到阈值 2，启动密闭抽气阀门。当全部监测数值降至设定安全值以下时，则关闭密闭抽采阀门，系统进入循环检测状态。

3 实践效果

本系统工业性实践选择布局相对简单、单一邻空的采煤工作面进行，结合大兴煤矿接续生产实际布局，选择在北二采区下煤组开采区域实施。北二采区下煤组主要开采12、13、14^{-1}煤层，煤层开采顺序由上而下。采用集中下山联合布置的准备形式，共布置三条下山，分别为集中胶带道(岩)、12层轨道中巷(煤)、北二12层回风中巷(岩)。所采的下煤组各煤层鉴定为均具有突出危险性，优先选取开采上保护层、抽采被保护层卸压瓦斯的总体区域防突方案。

北二1203工作面作为首采面已回采完毕，对连通采空区的巷道进行了永久封闭。下延的1205工作面位于北二采区中部，1205回风顺槽与1203采空区相邻，区段隔离煤柱最小宽度仅为6.5 m。

大兴煤矿现使用的康斯培克公司开发的KJ31X煤矿安全监控系统，建设有井上下工业以太环网，采用总线技术的数字化传输。地面矿调度室设置远程监控中心工作站，井下使用本质安全型区域控制器实现采掘工作面分区域近地控制、智能传感器输出电压控制等多种控制方式，消除距离控制界限，支持多网、多系统融合，具有自诊断、自评估功能。井下按需设置有环境气体、压力压差、火灾、风速风向等传感器。

针对邻空采煤工作面实施的区域联控智能在线瓦斯控制系统投入使用后，实现智能抽采1203采空区瓦斯13.5万m^3，杜绝封闭采空区瓦斯涌出造成采煤工作面瓦斯超限的发生，创造了安全的生产工作环境。

(1) 经济效益。本项技术基于现有安全监测系统，通过自主分析，研发实践了具有自主知识产权的区域联控智能在线瓦斯控制核心技术，直接节省外委研究经费10万元。

(2) 社会效益。通过本项目的实施，拓宽了“四化”建设的领域，填补了公司灾害早期干预控制方面的智能化空白。本技术在北二1205工作面开采邻空区的成功应用，有效遏制了封闭采空区瓦斯涌出造成采煤工作面瓦斯超限的发生，创造了安全的井下工作环境，取得了积极的社会效益。

4 结论

在分析多因素扰动影响下采空区瓦斯涌出规律的基础上，基于现有安全监控系统网络、感知装备及逻辑控制编程，以大兴煤矿北二采区下煤组保护层开采区域邻空工作面瓦斯涌出源控制为工程实践，取得以下成果：

(1) 分析总结出采空区“呼吸”现象的诱因。大气压的周期性变化会引起井下采空区密闭外静压的同步变化，从而引起密闭内外压差入排风向的变换。当气压升高时，密闭压差表现为入风状态；反之则采空区气体涌出。当矿井通风系统中井巷特征发生变化或矿井空气参数发生热力学改变时，均会引起密闭前静压的改变，从而使采空区瓦斯涌出状态发生变化。对于抽出式通风矿井，当密闭上风侧发生阻变型故障或空气密度减小时，密闭表现为瓦斯涌出状态；反之则向密闭内漏风供氧。瓦斯抽采或注入惰气时，采空区内发生了直接质量交换，当密闭外部参数不变时，外部矿井空气将受到密闭渗流的影响而发生入风和气体涌出的状态改变。

(2) 实现区域瓦斯管控的智能化。以现有安全监控系统网络为基础，建立以瓦斯浓度和相对压力为感知信息、中心站远程与区域控制器近地逻辑识别双重自动调控的采空区瓦斯智能抽采系统，通过实时数据分析研判，实现了控制邻空区瓦斯涌出来源的智能控制技术。

5 技术展望

通过对理论的深入分析和应用领域的外展研究，结合工程实施效果，取得了一定的经验成果。

由于条件和技术限制，本研究仍有待进一步完善之处，主要包括以下三个方面：

（1）系统自学习功能需要进一步改善，从而根据矿井的实际大数据对设计师没有想到、不可预知的、非智能技术难以解决的问题做出判断和决策。

（2）系统的功能需向通风与瓦斯抽采双重调控扩展，与矿井智能通风相结合，实现宏观调节和局部控制双机制。

（3）拓展智能感知灾害识别功能，由开关型调控量发展到非线性定量调节，根据气体组分变化进行多源研判，实现安全抽采，兼顾防控其他灾害。

参考文献

[1] 郭翔. 采空区呼吸现象原因分析及瓦斯治理技术研究[J]. 能源技术与管理，2016，41(4)：24-26，70.

[2] 李斌. 基于 SF6 检测技术的采空区"呼吸"现象原因分析[J]. 山西煤炭，2012，32(8)：47-48，51.

厚松软覆岩煤层开采顶板破断失稳规律实验研究

康志鹏[1,2]，余国锋[1,2]，罗勇[1,2]

(1. 淮南矿业(集团)有限责任公司，深部煤炭安全开采与环境保护全国重点实验室，安徽 淮南 232001；
2. 淮河能源控股集团有限责任公司，深部煤炭开采耦合灾害防控国家矿山安全监察局重点实验室，安徽 淮南 232001)

摘　要　针对浅埋厚松软覆岩煤层开采覆岩漏冒频繁的问题，以及区别于层状顶板悬臂梁的垮落形态结构特点，以新疆和什托洛盖矿区赛尔六矿 A4006 工作面为工程背景，通过物理相似模拟实验，对浅埋厚松软覆岩煤层开采顶板破断失稳规律及动载效应进行研究分析，结果表明：工作面周期来压步距为 10～15 cm，其中直接顶初次破断距为 10 m，直接顶初次破断距为 20 m，顶板最大下沉量为 12.58 mm，工作面切眼后方岩层经历“裂隙萌生-逐渐发育-压实合拢”过程，最终破断角为 45°，整体垮落形态趋向于抛物线拱状而非悬臂梁结构；煤体结构在循环动载作用下发生裂隙体-破裂体-散体转变，应力峰值位置随工作面推进动态波动，开采初期，煤柱支承应力随工作面推进动态波动，煤柱中最大应力集中系数为 1.309，煤柱应力峰值位置动态变化，影响范围达 50 m。超前支承压力峰值位于工作面前方 15 m 处，影响范围为 30 m；工作面开采后上覆岩层应力在工作面前方煤体和后方采空区矸石不均匀分布为两个“压力拱角”，整体构成一个不对称“压力拱”，随工作面回采一直动态向前平移并经历不断的破坏、重构、稳定过程。研究结果可为厚松软覆岩煤层开采条件下的围岩控制提供理论依据。

关键词　浅埋煤层；厚松软覆岩；相似模拟；破断失稳

0　引言

矿山安全生产事关人民群众生命财产安全，事关经济发展和社会稳定大局，是安全生产的重中之重。煤层覆岩一般为多层经过地质运动沉积压实的岩层，开采后其运动是逐渐向上传递的，其运动规律和应力演变有据可循。对于厚松软覆岩条件，其分层性不显著，且力学性质复杂，低强度、低黏结性、松散破碎导致煤层回采后极易冒漏，造成大面积垮面悬顶，严重制约工作面安全高效回采。

针对软岩顶板煤层采动破坏失稳特征，专家学者们进行了一定程度的研究。康永水等[1]对我国软岩大变形灾害控制技术与方法研究进展进行了总结，提出不同支护措施高效协同控制软岩变形；魏辉[2]利用 RFPA 值模拟方法从能量角度对不同煤岩系统进行了对比分析，得出软弱顶板巷道可以耗散弹性能；马振乾等[3]利用 UDEC 软件研究了不同层厚的软岩巷道能量分布规律，提出基于能量平衡的巷道支护技术原理；刘泉声等[4]运用 FDEM 数值模拟技术还原了深部巷道软弱围岩破裂碎胀过程及锚喷-注浆加固作用机理；张锋等[5]研究了采动巷道软弱顶板塑性破坏演化规律，提出了以注浆锚索为核心的顶板控制方法；战新宇等[6]对超高强相似材料配比进行了实验研究，得出了强度在

10 MPa 以上的配比材料和方案；贺德印等[7]研究了软弱围岩锚固孔底部扩孔区锚固效果，增强了锚索的锚固性能；叶义成等[8]研究了软弱层直接顶巷道玻璃钢锚杆支护效果，表明玻璃钢锚杆能够提供更大的轴向拉力；张英卓、胡光军等[9-10]分析了“短砌体梁”结构的形成与稳定性，对浅埋软顶综采工作面进行了合理的支架选型；王虹等[11]研究了膨胀性、节理化软岩特征煤矿回采巷道掘锚一体化快速掘进问题，提出了低扰动截割的技术核心；申付新等[12]研究了深部巷道顶板软弱夹层对围岩稳定性的影响，发现软弱夹层是控制顶板稳定性的关键因素；杜贝举等[13]对深井高应力软弱围岩巷道变形机理及控制进行了研究；向剑飞等[14]研究了鄂尔多斯地区软顶软底煤层快速搬家技术；韩加红[15]、谢福星等[16]提出“断面优化、超强锚杆、架棚支护、注浆加固”的综合支护措施对软岩顶板巷道进行支护控制。

综上所述，现有的成果对软弱顶板条件下的煤层开采进行了一定程度的研究，但鲜有浅埋厚松软覆岩条件下的煤层开采顶板破断运移及应力变化特征方面的。现有的研究主要以数值模拟为主，较少有采取相似物理模拟手段进行的直观研究。本文以新疆和什托洛盖矿区赛尔六矿 A4006 工作面为工程背景，对浅埋厚松软覆岩煤层顶板破断运移规律及应力演变特征进行研究，为同类型条件下的煤矿安全开采提供理论依据。

1 工程概况

新疆和什托洛盖矿区赛尔六矿主采 A4 煤层，A4 煤平均厚度为 2.66 m，倾角为 5°～7°，埋深为 117 m。选取 A4006 工作面进行研究，工作面面长为 1 100 m，面宽为 140 m，直接顶厚度为 18.26 m。煤层顶板条件差，松散破碎，胶结性差，硬度低且与煤层直接接触。开采后顶板漏顶、冒顶频繁，极度状态下会大面积垮冒从而导致悬顶，安全隐患大，对工作面回采造成了严重威胁。

2 浅埋厚松软覆岩顶板采动失稳破断相似模拟

2.1 相似模型

采用平面应力模型，模型架尺寸为 3 000 mm×1 600 mm×300 mm，模拟对象为 A4006 工作面，相似材料铺设总厚度为 1 003.5 mm，共 11 层。煤岩层相似材料配比参数见表 1，主要相似常数见表 2。

表 1 煤岩层相似材料配比

序号	岩性	厚度/cm	密度/(g/cm³)	抗压强度/MPa	每分层材料配比/%			
					沙子	石灰	石膏	锯末
1	细砂岩	13.87	1.440	0.27	75.0	12.50	12.50	—
2	粉砂岩	7.50	1.530	0.13	86.7	4.63	8.67	—
3	砂岩	12.80	1.536	0.30	80.0	6.00	14.00	—
4	泥岩	23.13	2.130	0.25	86.7	4.63	8.67	—
5	细砂岩	6.28	2.450	0.45	75.0	12.50	12.50	—
6	砂质泥岩	3.79	2.400	0.32	83.3	8.35	8.35	—
7	粉砂岩	18.26	2.700	0.65	86.7	4.63	8.67	—
8	泥岩	5.67	2.500	0.24	83.3	8.35	8.35	—
9	A4 煤	2.70	1.250	0.21	84.7	8.67	4.63	2
10	砂质泥岩	1.41	2.500	0.28	83.3	8.35	8.35	—
11	泥岩	4.94	2.450	0.25	75.0	12.50	12.50	—

表 2　主要相似常数

相似常数	比例
几何相似比 C_l	1∶100
容重相似比 C_γ	1∶1.9
应力相似比 C_σ	1∶190
时间相似比 C_t	1∶12

2.2　相似模型建立及测点布置

按照材料配比将各分层沙子、石灰、石膏混合后均匀铺设压实，模型上方均匀加载 4.85 t 机械配重补偿上覆岩层的自重载荷。分别在模型 A4006 工作面顶板 10 cm、20 cm 处布置两条测线，每条测线有 10 个测点；布置 12 个应力测点，每 4 个为一组，共计 3 组。模型铺设和测线测点布置分别如图 1、图 2 所示。

图 1　模型铺设图

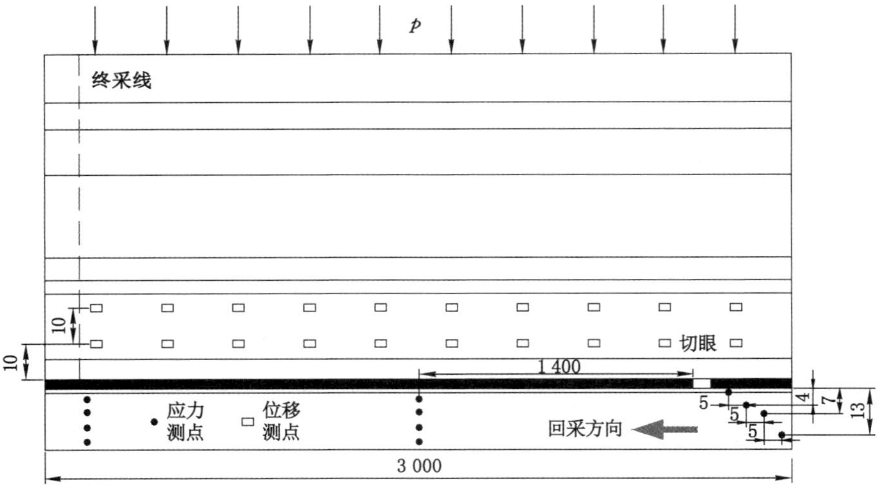

图 2　测线测点布置图

3 相似模拟实验结果及分析

模型两边对称预留 50 cm 边界煤柱，按照 1 cm/h 的速度推进，累计开采 100 次，开采结束后继续监测应力和位移数据 20 h。

3.1 岩层采动垮落规律

工作面开采初期，直接顶首先暴露，工作面推进至 8 cm 时，顶板萌生离层并持续发育；推进 10 cm 时，顶板初次垮落，形成排列规则的岩块，大小为 3～5 cm；工作面推进 18 cm 时，基本顶下位顶板开始垮落，上覆岩层逐渐有下沉趋势；工作面推进 35 cm 时，顶板失稳，大量垮落[图 3(a)]。

顶板第三次垮落发生在工作面推进 48 cm 时，工作面后方裂隙持续发育形成离层；推进 70 cm 时，基本顶大面积垮落，形成一条长度 50 cm 的明显离层[图 3(b)]。

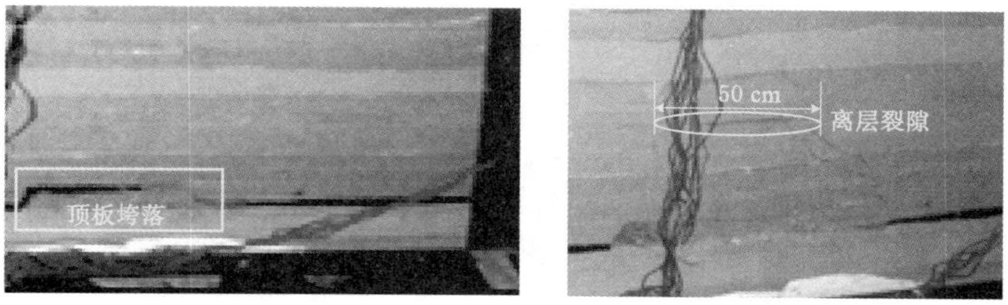

(a) 工作面推进35 cm　　(b) 工作面推进70 cm

图 3　工作面初次垮落及顶板离层破坏特征

工作面持续推进，两端破断岩层断裂线倾角从 35°持续增长至 45°；顶板第四次垮落发生在工作面推进 85 cm 处，可得基本顶垮落步距为 12～14 cm[图 4(a)]；工作面推进至 125 cm 时，在距离煤层 45.3 cm 处出现 69.3 cm 离层，离层间隙为 3 mm，工作面后方原有细微离层逐渐被压实[图 4(b)]。

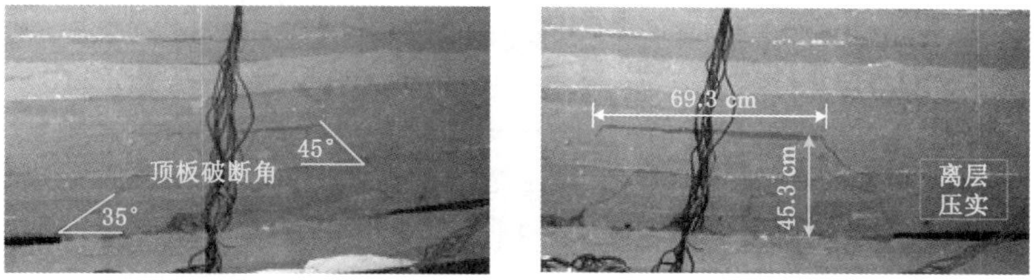

(a) 工作面推进85 cm　　(b) 工作面推进125 cm

图 4　工作面初次周期来压

工作面持续推进，直接顶和基本顶周期性垮落，工作面前后基本对称，工作面切眼后方岩层经历“裂隙萌生—逐渐发育—压实合拢”过程，最终破断角为 45°(图 5)，整体垮落形态趋向于抛物线拱状而非悬臂梁结构。

图 5　工作面回采结束

3.2 工作面支承压力分布规律

3.2.1 切眼处支承压力分布规律

回采初期，由于顶板形成较为稳定的悬臂梁结构，此时刚性支承条件下应力较低，随着工作面推进突然升高，在推进 25 cm 时，在 2# 测点达到峰值，此时应力值为初始条件下的 1.309 倍，说明悬顶顶板破坏失稳时应力迅速向切眼后煤体转移，达到最大值时形成工作面初次来压。随着工作面继续推进，各测点应力值逐渐下降，1# 测点应力值在工作面推进 80 cm 时降低到低于初始应力值，这是由于切眼处煤体开掘，三向应力状态转变为平面应力状态，低应力状态下的煤体承载能力降低。另外，周期性来压导致煤体循环受载卸载，煤体结构发生裂隙体—破裂体—散体转变，导致应力降低，峰值应力转移。不同推进距离切眼处支承压力情况如图 6 所示；不同测点切眼处支承压力情况如图 7 所示。

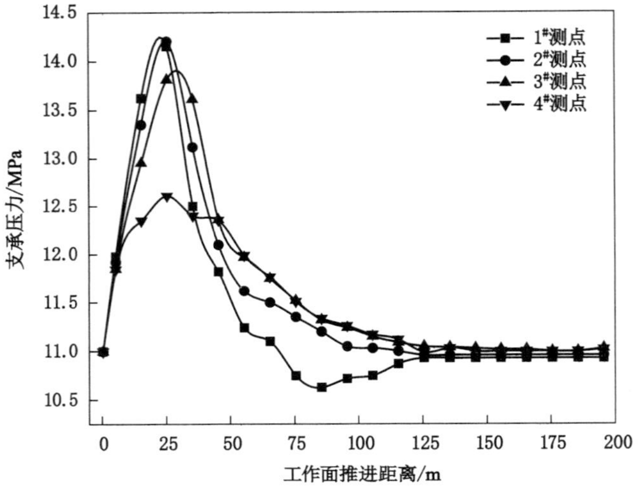

图 6　不同推进距离切眼处支承压力情况

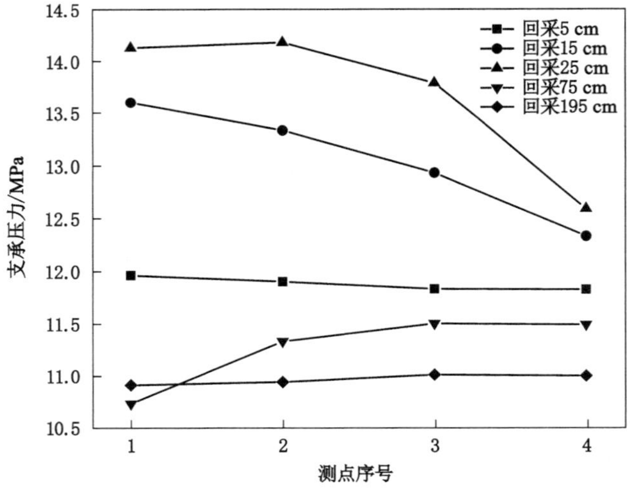

图 7　不同测点切眼处支承压力情况

垮落岩石碎胀性会导致采空区压实，起到一定程度的承载作用，导致切眼后方煤岩体支承压力平权化，推进至 125 cm 时，各测点基本恢复为初始应力状态。由监测结果可知，切眼后煤岩体应力峰值位于煤层内部 25 cm 左右，最大应力集中系数为 1.309，应力影响区域为 70 cm。

3.2.2　工作面支承压力分布规律

由图 8 可知：超前压力在工作面推进 35 cm 处开始响应，缓慢增长，增长梯度仅为 0.45%～3.0%；在工作面推进 75 cm 时达到峰值 15.32 MPa，为初始压力的 1.309 倍；工作面推进至测点时，压力数值迅速减少至几乎为 0，而后逐渐回升，此时应力增长梯度为 9.1%～9.7%；工作面推进 110～140 cm 时，支承压力增长迅速，增长梯度为 22%；工作面推进 175 cm 时，支承压力恢复为初始压力状态，并且趋于稳定。

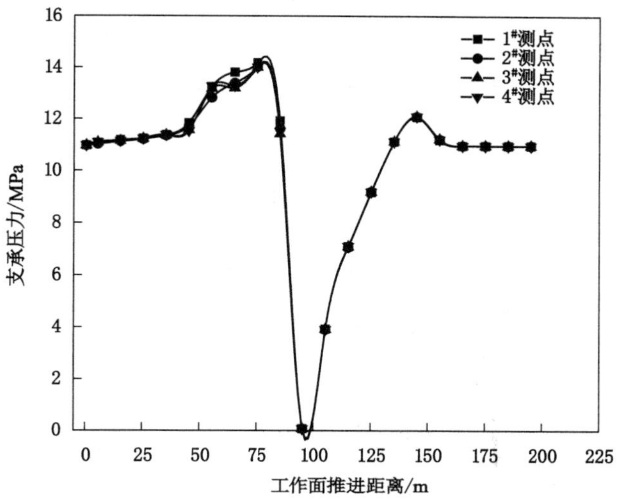

图 8　工作面前方支承压力分布规律

将回采前后超前支承压力分为原岩应力区、应力激发区、应力衰减区、应力恢复区，分别位于工作面前方 45 cm 外、前方 5～20 cm、前方 5 cm～后方 35 cm、后方 35～60 cm，采空区后方 60 cm 最终再次恢复为原岩应力。

由图 9 可知，工作面前方 40 cm 外，原岩应力区内测点支承压力等比增大，即为埋深压力；工作面前方 15 cm 处达到压力峰值，表现为越贴近煤层应力越集中；工作面推进到测站时，由于此时仅显示底板与测站之间的岩柱重量，上覆岩层破坏动载未传递到测点，其压力值均不大；工作面推过测站时，与压力峰值处恰好相反，表现为越贴近煤层应力越不集中；工作面后方 60 cm 处，支承压力随工作面推进逐渐降低；工作面后方 80 cm 处，应力重新分布平衡，恢复为原岩应力，上覆岩层活动减弱。

将回采前后煤层底板中应力分为应力升高区、应力衰减区、轻微影响区、应力稳定区，分别位于工作面前方 40 m 内＋后方 40 m、采空区后方 40～50 cm、采空区后方 10 m、工作面前方 40 m 外＋后方 60 cm。

3.3　上覆岩层移动规律及结构特点

3.3.1　上覆岩层下沉移动规律

通过对位移测点数据进行观测整理，得出 A4006 工作面上覆岩层下沉移动情况如图 10、图 11 所示。

由图可知：工作面推进 150 cm 内，下沉量与推进距离成正比，推进距离越大下沉量越大，最大下沉量为 9.33 mm；工作面推过 150 cm 后，岩层下沉加快；工作面推过 200 cm 时，最大下沉量为 10.45 mm。各测线测点在工作面持续稳定阶段仍然能检测到下沉值，最终稳定后，两条测线各自

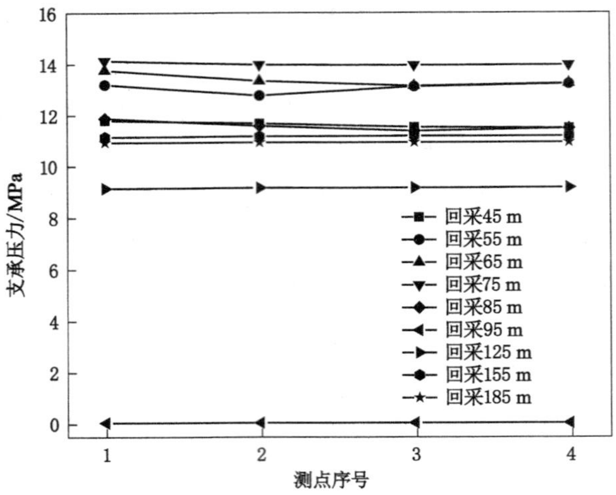

图 9　同一推进距离不同深度支承压力变化

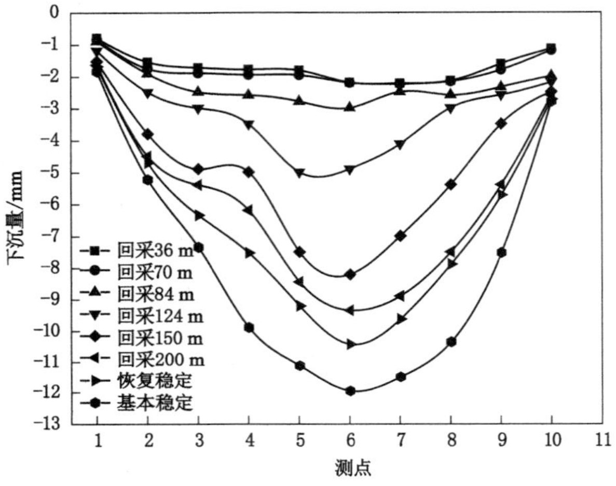

图 10　测线 1 上覆岩层下沉移动规律

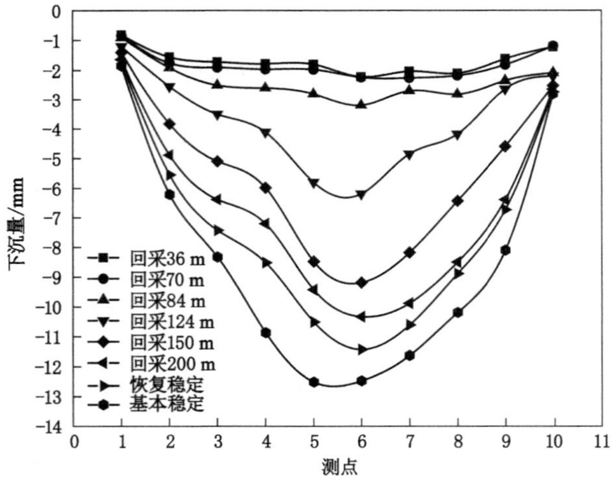

图 11　测线 2 上覆岩层下沉移动规律

测得的最大下沉值分别为 11.98 mm、12.58 mm。

3.3.2　*上覆岩层结构特点*

实验结果表明，浅埋厚松软覆岩煤层回采后上覆岩层破断线会形成两端压力角非对称的“压力拱”，随工作面回采一直动态向前平移。顶板垮落过程为分层剥落，由于岩性不同，每层垮落步距不同。泥岩垮落步距大概为 10 cm，随工作面推进，上层粉砂岩断裂形成具有一定承载能力的砌体梁结构，其垮落步距为 10～15 cm；工作面推进 85 cm 时，上层泥岩顶板破断，此时其下部由于岩石碎胀性填满采空区，提供了基础承载能力，阻止了砌体梁的变形失稳，砌体梁结构大致稳定。随着工作面的推进，砌体梁平衡结构不断破坏、重构、稳定，其间平衡过程为周期来压过程。

4　结论

（1）由模拟结果可知，A4006 工作面周期来压步距为 10～15 cm，其中直接顶初次破断距为 10 m，基本顶初次破断距为 20 m，顶板最大下沉量为 12.58 mm。

（2）开采初期，煤柱支承压力随工作面推进动态波动，煤柱中最大应力集中系数为 1.309，煤柱应力峰值位置动态变化，影响范围达 50 m。超前支承压力峰值位于工作面前方 15 m 处，影响范围为 30 m。

（3）由模拟结果可知，工作面开采后上覆岩层应力在工作面前方煤体和后方采空区矸石不均匀分布为两个“压力拱角”，整体构成一个不对称“压力拱”，随工作面回采一直动态向前平移并经历不断的破坏、重构、稳定过程。厚松散顶板垮落形态趋向于抛物线拱状而非悬臂梁结构。

参考文献

[1] 康永水，耿志，刘泉声，等. 我国软岩大变形灾害控制技术与方法研究进展[J]. 岩土力学，2022，43(8)：2035-2059.

[2] 魏辉. 不同煤岩系统的冲击显现机理及能量演化特征分析[J]. 煤矿安全，2020，51(5)：197-202.

[3] 马振乾，陶春梅，左宇军，等. 基于能量平衡的厚层软弱顶板巷道支护技术研究[J]. 采矿与安全工程学报，2018，35(3)：496-502.

[4] 刘泉声，邓鹏海，毕晨，等. 深部巷道软弱围岩破裂碎胀过程及锚喷-注浆加固 FDEM 数值模拟[J]. 岩土力学，2019，40(10)：4065-4083.

[5] 张锋，李永恩，郭志强，等. 采动巷道软弱顶板塑性破坏演化规律与支护方案[J]. 煤炭科学技术，2021，49(7)：24-30.

[6] 战新宇，高林，赵芳昊，等. 大相似比模型试验用超高强相似材料配比试验研究[J]. 煤田地质与勘探，2023，51(11)：109-118.

[7] 贺德印，刘少伟，付孟雄，等. 煤矿软弱围岩锚固孔底部扩孔区锚固效果保障方法与实验[J]. 煤炭学报，2024，49(增刊 1)：107-119.

[8] 叶义成，陈虎，王其虎，等. 软弱层直接顶板巷道玻璃钢锚杆支护效果研究[J]. 安全与环境学报，2020，20(3)：913-919.

[9] 张英卓，马宏伟，亚森江，等. 浅埋软顶综采面矿压规律与支架适应性分析[J]. 煤炭工程，2015，47(12)：55-58.

[10] 胡光军，廖洪波，兰利平，等. 极近距离极薄煤层软顶控制技术优化[J]. 矿业工程研究，2020，35(4)：6-12.

[11] 王虹，李发泉，张小峰. 软弱围岩掘锚一体化快速掘进关键技术与工程实践[J]. 煤炭科学技

术,2024,52(1):280-287.
[12] 申付新,宋彦琦,裴添翼,等.深部巷道顶板软弱夹层对围岩稳定性的影响研究[J].矿业研究与开发,2023,43(2):102-107.
[13] 杜贝举,刘长友,吴锋锋,等.深井高应力软弱围岩巷道变形机理及控制研究[J].采矿与安全工程学报,2020,37(6):1123-1132.
[14] 向剑飞,朱静静.鄂尔多斯地区软顶软底煤层快速搬家技术研究[J].煤炭技术,2020,39(3):44-46.
[15] 韩加红.厚层软弱顶板巷道综合支护技术研究[J].煤炭科学技术,2016,44(9):77-82.
[16] 谢福星,贺文.深井软弱围岩巷道多重耦合控制技术研究[J].矿业安全与环保,2020,47(5):81-84,89.

煤油气共生矿井瓦斯(油型气)治理技术研究

王军辉,冯步云,马益民,曾锋

(平安煤矿瓦斯治理国家工程研究中心有限责任公司,安徽 淮南 232001)

摘 要 黄陵矿区位置属鄂尔多斯大型内陆坳陷盆地,矿区资源以煤、油、气共生。通过油型气涌出的现场调研和气体成分分析,在煤矿采掘活动中,坚持工作面掘进采用“先探后掘、边抽边掘”,工作面回采采用“采前预抽、采中卸压抽采、采后抽采”及瓦斯治理专用巷抽采等立体化全方位抽采,有效治理了油型气涌出灾害,促进了矿井安全生产。

关键词 油型气;灾害;防治;技术

1 概述

黄陵矿区大地构造位置属华北地台鄂尔多斯大型内陆坳陷盆地南部的陕北斜坡带南缘,在侏罗系延安组中含有丰富的煤炭资源,而其下部的三叠系延长组富含油气资源,整个矿区形成了煤、油、气资源共存共采的局面。在漫长的地质演化过程中,延长组深部油气在构造运动作用下向上运移,部分油气在煤层顶底板砂岩层中保存下来。对于煤层底板油气成因类型已确定其属于油型气。

煤层瓦斯与围岩油气共生现象目前主要存在于黄陵矿区、焦平矿区、鄂尔多斯矿区、甘肃瑶街矿区。

井田内地层由老至新有:三叠系上统瓦窑堡组;侏罗系下统富县组,中统延安组、直罗组、安定组;白垩系下统洛河组、环河-华池组;第四系黄土及冲积层。其中侏罗系中统延安组为井田内含煤地层,共含煤 4 层,自上而下依次编号为 0# 煤、1# 煤、2# 煤和 3# 煤。可采煤层仅一层,即 2# 煤;3# 煤层为零星可采煤层;含煤系数为 2.87%。中统延安组呈一倾向北西～北西西的单斜构造,地层倾角一般为 1°～5°,局部达 7°～15°,地质构造相对简单。

矿区资源为煤、油、气共生。根据井田勘探地质报告,瓦窑堡组、富县组、延安组、直罗组均为含油地层。2# 煤层在采掘活动中,由于地层厚度变化及采动作用均会受到油型气影响。

煤层开采过程中这部分油气在采动扰动的作用下涌向采掘空间,对煤矿的安全生产构成了严重威胁。黄陵矿区煤矿生产过程中多次出现底板油型气异常涌出现象,大量气体瞬间从巷道底板涌出,造成巷道瓦斯浓度超限、矿井停采停掘。掘进巷道底板油型气涌出多位于掘进端头后面一定范围内,因巷道开挖使得底板围岩发生变形甚至破坏,产生裂隙,将下部地层沟通,下部储集层的油型气涌向采掘空间。

针对采煤工作面围岩应力、应变及围岩破坏等开展过大量研究工作,但对于掘进巷道开挖过程中围岩应力、应变及围岩破坏的研究较少。对于煤、油、气共存矿井巷道开挖过程中的围岩应力和变形未见报道。因此,为实现对煤、油、气共存矿井掘进巷道中油型气的有效防治,亟须研究探讨掘进工作面底板油型气涌出机理，为煤、油、气共存矿井安全高效开采提供理论基础支撑。

2 油型气涌出分析

黄陵矿区属典型的煤、油、气共生矿区，黄陵一、二号煤矿井田地质勘查钻孔揭露矿区内含油气钻孔近 150 个，其中，5 个钻孔出现天然气喷出或逸出，根据地质勘查资料，2# 煤层所在的延安组、上部的直罗组及其下部紧邻的富县组和瓦窑堡组中均有油气显示。

2# 煤层顶底板采动影响范围内泥岩有机质成熟度为 0.49%～0.85%，平均为 0.69%；有机碳含量为 0.05%～4.16%，平均为 1.03%；烃原岩属于低成熟度、差烃原岩，不具备大量生油气条件。地球物理特征证实鄂尔多斯盆地内存在基底断裂系统，认为鄂尔多斯盆地内至少存在 EW、NE、NW 三组不同方向的基底断裂。这些断裂活动过程中会产生小断层或微裂隙，在区域上构成了油气垂向运移的通道。另外，矿区局部地层中规模较小的天然断层、裂隙同样是下部瓦窑堡油气向上运移的通道。在煤层顶底板中赋存有大量砂岩层，在保存条件合适的地方，会形成圈闭油气保存下来。

矿区内的陕西黄陵二号煤矿采掘过程中，出现了多次局部围岩瓦斯异常涌出现象：2011 年 7 月 3 日，405 工作面回采至距离终采线 540 m 位置时，发生底板瓦斯异常涌出，瓦斯涌出量近 7 万 m^3；2012 年 5 月 14 日 413 辅运巷距巷口 248 m 处发生顶板瓦斯异常涌出，截至 5 月 20 日，累计瓦斯涌出量约为 5 086 m^3；2012 年 10 月 26 日 23 时 10 分左右，201 辅运巷发生底板瓦斯异常涌出，导致回风流瓦斯浓度超限，201 辅运巷被迫停掘，至 10 月 28 日 14 时，共计涌出瓦斯 1 0410 m^3；

3 油型气涌出气体成分分析

油型气是天然气的一种，是指分散的腐泥型有机质和以腐泥型为主的混合型有机质，热演化进入成熟阶段后，在热力作用下成油的高成熟至过成熟阶段，液态烃和有机质裂解所形成的。油型气含有 CH_4、C_2H_6、C_3H_8、C_4H_{10}、C_5H_{12}、C_6H_{14}、H_2、CO 等多种气体，主要成分为 CH_4，含量高达 90%。

经甲烷碳氢同位素测定分析，215 辅运及胶带巷底板逸出气体为油型气，其来自煤系地层的生油层，具有较强的游离性。底板涌出的油型气中除含有 CH_4 外，还含有 H_2、NH_3、CO、H_2S、SO_2 等有害气体，且其含量有的已超过临界值，形成安全隐患。灾害气体的成分多，叠加后会增加防治难度。

4 油型气对矿井安全生产的影响

油型气对矿井安全生产的影响如下：

一是由于矿区资源开采顺序为先采油、气，再采煤炭，矿井采掘活动存在误揭油气井的威胁。矿井开拓必须进行油气井调研，采掘活动尽量避开油气井生产期，油气井过煤系地层必须进行固井和采后及时封堵，以免对矿井开采造成安全隐患。

二是煤层赋存受含油型气岩层沉积地层影响形成“气囊”，采掘工作面受采动影响形成“气窗”，油型气进入采掘空间形成安全隐患。如煤岩层层间距发生变化时，尤其是油型气泥岩盖层厚度发生变化时，油型气进入采掘空间。

三是煤岩层受地质构造的导通和富集等影响，采掘活动时会产生油型气异常涌出。

4.1 油型气涌出的突发性

油型气具有较强的游离性，当采掘工作面受采动影响形成“气窗”时，油型气快速涌入采掘空间，具有突发性，威胁安全生产。

4.2 油型气涌出的隐蔽性

油型气为多成分气体，受 H_2S 等刺激性气体影响，油型气涌出的初期常被当作瓦斯涌出对待，具有较强的隐蔽性。

现阶段油型气监测监控技术手段尚未建立，仅对油型气多成分气体中甲烷进行监测，缺少对油型气中其他有害气体的监测方法及手段，增加了油型气灾害防控的难度。

5　油型气治理技术

5.1　215 工作面概况

根据矿井相关地质资料和 215 综采工作面顺槽在掘进期间揭露瓦斯、油型气情况，得出 215 综采工作面瓦斯、油型气的分布情况。

5.1.1　本煤层瓦斯情况

顺槽掘进期间对 215 综采工作面 2# 煤层原始瓦斯含量进行了测定，得到工作面瓦斯基础参数如下：煤层原始瓦斯含量为 0.638 1～6.668 4 m^3/t；煤的孔隙率为 5.07%；煤的坚固性系数 1.01～1.22；煤的瓦斯放散初速度为 8 mmHg；煤层的瓦斯吸附常数 a 值为 24.039 2 $m^3/(t\cdot r)$，b 值为 0.736 6 MPa^{-1}；瓦斯流量衰减系数为 0.029 7～0.038 1 d^{-1}；透气性系数为 4～7 $m^2/(MPa^2\cdot d)$。

5.1.2　3# 煤层分布情况

根据《二号井田勘探地质报告》中 215 工作面底板地层分布情况及 215 综采工作面顺槽掘进期间底板探测钻孔探测情况，215 工作面下部 3# 煤厚度为 0～3 m，与 2# 煤层间距为 0～13.5 m。

5.1.3　顶板瓦斯、油型气分布情况

根据 215 综采工作面顺槽掘进期间两条顺槽施工的后巷顶板探孔情况，215 综采工作面顶板发现有瓦斯、油型气赋存。

底板瓦斯、油型气：根据 215 综采工作面顺槽掘进期间探抽钻孔揭露瓦斯、油型气情况，将 215 综采工作面底板划分为三个区块：第一区块范围为工作面终采线～终采线以里 83 m，区块内瓦斯、油型气富集，区块长度为 83 m；第二区块范围为终采线以里 83～743 m，区块内瓦斯、油型气含量较少，区块长度为 660 m；第三区块为终采线以里 743 m～工作面切眼，区块内瓦斯、油型气富集，该区块长度为 2 694 m。

顶板瓦斯、油型气：根据 215 综采工作面顺槽掘进期间探抽钻孔揭露瓦斯、油型气情况，将 215 综采工作面顶板划分为四个区块：第一区块范围为工作面终采线～终采线以里 594 m，区块内瓦斯、油型气含量较少，区块长度为 594 m；第二区块为终采线以里 594～1 371 m，区块内瓦斯、油型气富集，区块长度为 777 m；第三区块范围为终采线以里 1 371～1 971 m，区块内瓦斯、油型气含量较少，区块长度为 600 m；第四区块范围为终采线以里 1 971 m～工作面切眼，区块内瓦斯、油型气富集，区块长度为 1 466 m。

5.2　工作面掘进期间油型气治理

5.2.1　掘进工作面底板油型气涌出规律

巷道开挖后底板岩层受应力作用而产生局部变形破裂并出现底鼓现象，产生局部变形破裂裂隙将下部地层联通，使得下部储集层中的油型气通过裂隙向掘进巷道空间涌出。研究期间对黄陵二号煤矿 215 掘进工作面进行了现场跟踪观测，底板油型气涌出点主要集中在距离掘进工作面 5～10 m 的位置，巷道宽度范围内均有油型气涌出，但主要在巷道中部底鼓裂隙较为发育的部位涌出，且油型气涌出较明显的地段，巷道底鼓裂隙往往连片分布。

掘进工作面油型气涌出量随油型气储集层与巷道底板间距的增大而减小。当储集层距离巷道底板较远，位于巷道开挖扰动影响之外时，储集层一般不会向巷道空间涌出油型气；若储集层距离巷道底板较近，或处于巷道开挖扰动影响范围之内时，掘进过程中底板储集层会向巷道空间涌出油型气。

掘进工作面瓦斯涌出规律：对于煤油气共生矿井，掘进工作面瓦斯涌出来源主要为煤壁瓦斯涌出、采落煤瓦斯涌出及底板油型气涌出。

5.2.2 煤壁瓦斯涌出

在巷道掘进过程中，巷道周围煤体中的应力和瓦斯平衡状态被破坏，由于煤体内部到煤壁之间存在着瓦斯压力梯度，故煤体内部瓦斯沿煤体裂隙及孔隙向巷道涌出，这部分涌出的瓦斯即为煤壁瓦斯涌出。

为了考察煤壁瓦斯涌出情况，现场在煤层瓦斯正常区（低瓦斯区），对 215 辅运巷距迎头不同距离点的瓦斯浓度和风量进行了测试，由测试结果可以看出：距掘进工作面距离越远，其瓦斯浓度越高，但增加的幅度逐渐降低。在同一测定时刻，距工作面的距离越远，瓦斯体积分数越高。这是因为综掘工作面采用压入式局部通风方式，越处于下游越是汇集了更多的从煤壁涌出的瓦斯。

5.2.3 落煤瓦斯涌出

煤层一旦暴露或采动，其原有的瓦斯动力平衡就会遭到破坏，工作面煤体采落后，煤块表面与其内部存在着一定的瓦斯压力梯度，煤中的瓦斯即向外解吸，而且随着时间的延长，煤中瓦斯含量逐渐减少。伴随着煤体的采落及不断运出，其所含有的瓦斯也就源源不断地释放到工作面回风流中。掘进方法、煤的块度及瓦斯放散初速度的不同，导致瓦斯解吸速度和解吸量的变化。块煤瓦斯涌出量的大小主要受块煤的粒度、落煤残余瓦斯含量、煤块的瓦斯放散初速度以及块煤在掘进巷道内的停留时间等因素的共同作用。

项目实施期间，在 217 掘进面用解吸法考察了不同时间下的落煤瓦斯解吸量和煤样重量，研究落煤瓦斯随采落时间的变化规律。测定方法是：在掘进工作面落煤时直接采集刚破碎下来的块粒煤，装入煤样罐内，记录不同时间瓦斯解吸仪中测定的瓦斯解吸量，现场解吸 60 min，记录煤样瓦斯解吸速度及解吸时间，绘制瓦斯解吸速度与时间的关系曲线。

5.2.4 邻近层（围岩）瓦斯涌出

当掘进巷道存在邻近层瓦斯涌出源时，卸压后的邻近层瓦斯即会向巷道涌出。根据勘查成果，黄陵二号煤矿邻近层瓦斯主要来源于顶底板油型气及 3# 煤层瓦斯。

底板瓦斯（含 3# 煤层和底板油型气）始涌地点主要集中在工作面迎头附近，巷道宽度范围内均有涌出现象，但主要沿巷道中部底鼓裂隙涌出。同时，底板瓦斯涌出量具有随含气层（3# 煤层及油型气储集层）与 2# 煤层间距的增加而减小的规律。受采掘活动对底板岩层破坏深度的影响，当含气层距离 2# 煤层较远时，掘进过程中，底板瓦斯不会向掘进工作面涌出；而当含气层距离 2# 煤层较近时，掘进过程中，底板瓦斯就会涌向掘进空间。

矿井发生顶底板气异常有 2 处，分别为 413 顶板气异常涌出及 205 底板气异常涌出。与底板油型气不同的是，已发生的顶板气涌出持续时间较短、衰减较快，受顶板支护的影响，顶板气涌出具有滞后性。

5.2.5 掘进工作面瓦斯（油型气）治理

以矿井 215 工作面为例，215 胶带巷与辅运巷为双巷联合掘进，辅运巷超前胶带巷施工，双巷掘进均由胶带巷进风，通过联络巷由辅运巷回风。掘进工作面均采用 2×55 kW 对旋风机供风，风量为 600～800 m^3/min，正常掘进期间回风瓦斯浓度在 0.35%以下。

掘进期间主要是“边掘边抽”钻孔和后巷探孔。为防止工作面出现瓦斯（油型气）异常，“边掘边抽”钻孔在巷道一帮或两帮开设钻场，并向掘进方向施工顶板、本煤层、底板探抽钻孔。以 215 胶带巷双侧钻场为例，同侧钻场间距为 60～70 m，双侧相邻钻场的间距为 35 m，钻场施工顶板钻孔 2～4 个，煤层钻孔 1～6 个，底板钻孔 2～4 个，底板控制 18 m、50 m 层位，顶板控制 20 m、35 m 层位。215 辅运巷底板、顶板、煤层探测预抽钻孔示意图分别如图 1～图 3 所示。

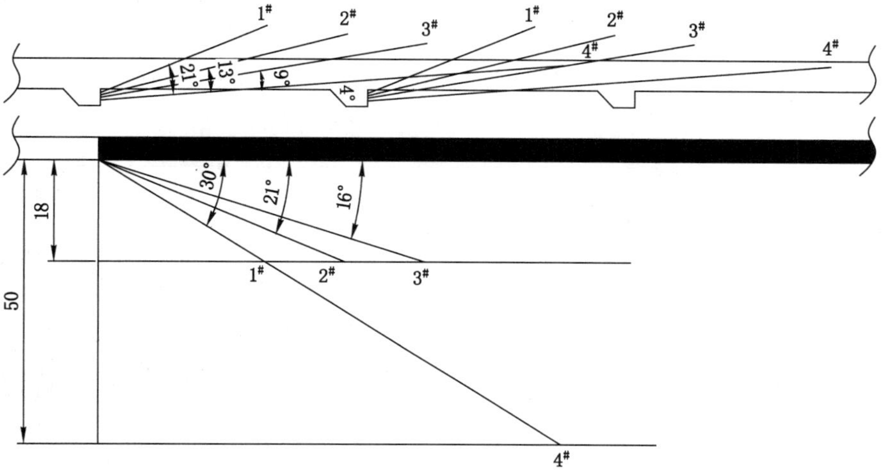

图 1　215 辅运巷底板探测预抽钻孔示意图

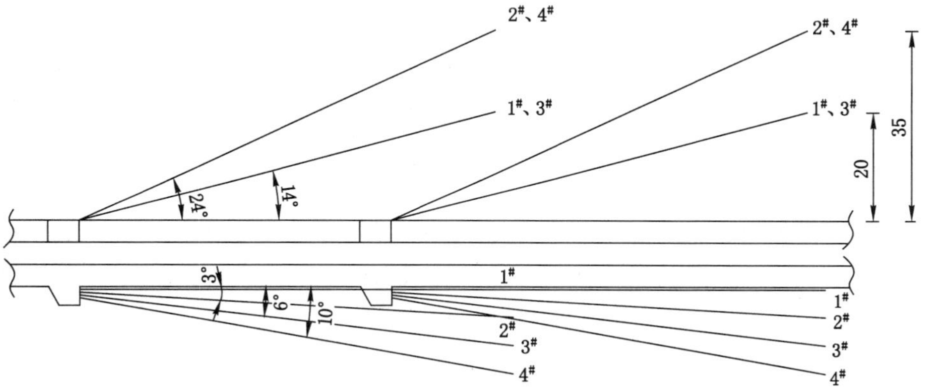

图 2　215 辅运巷顶板探测预抽钻孔示意图

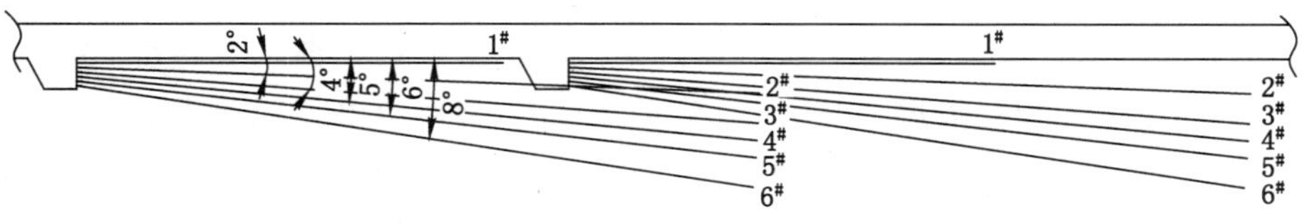

图 3　215 辅运巷煤层探测预抽钻孔示意图

5.3　工作面回采期间瓦斯油型气治理

采煤工作面回采期间瓦斯油型气涌出治理，应加强工作面通风，确保通风可靠、风流稳定。采煤工作面瓦斯防治重点为 2# 煤层及邻近 1#、3# 煤层瓦斯；油型气防治重点为 2# 煤层上下煤岩层生气层、盖层和储集层油型气。采煤工作面瓦斯油型气防治执行“探、抽、采”措施。采煤工作面瓦斯油型气防治必须坚持以“分源治理”的技术为原则。

5.3.1　采前预抽

根据 215 综采工作面瓦斯基础参数测定结果，结合邻近 213 工作面瓦斯情况，可知 215 综采工作面本煤层瓦斯赋存不均匀。

本煤层预抽钻孔:在胶带巷和回风巷巷帮向工作面施工本煤层预抽钻孔。回风巷 3# 联络巷以外 387 m~切眼每隔 10 m、5 m 施工一个钻孔,钻孔长度为 170~360 m,夹角统一为 90°,孔径均为 94 mm,共施工 361 个钻孔;胶带巷 4# 联络巷~切眼每隔 10 m、5 m 施工一个钻孔,钻孔长度为 170 m,夹角统一为 90°,孔径均为 94 mm,共施工 411 个钻孔,如图 4 所示。

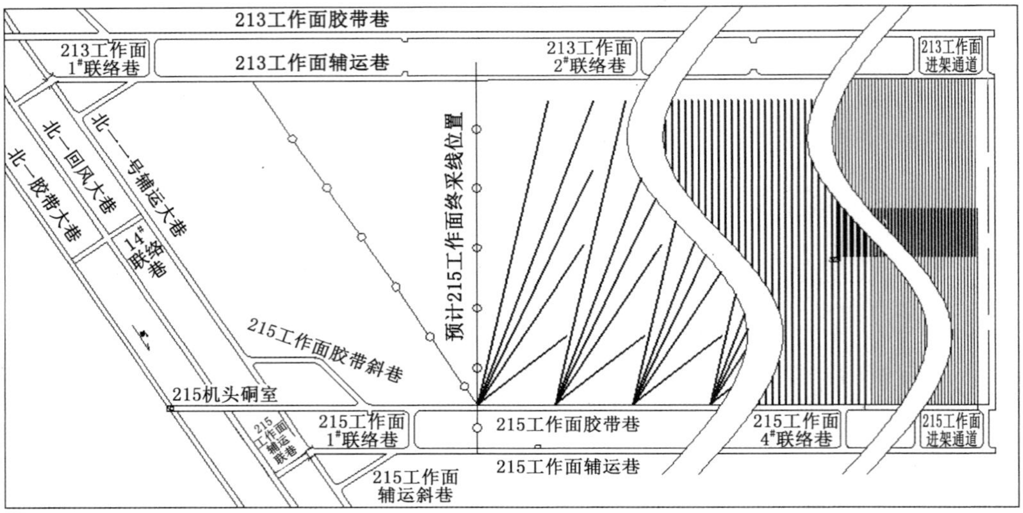

图 4　215 工作面煤层预抽钻孔布置图

5.3.2　采煤工作面高位裂隙钻孔抽采

首个钻场距工作面切眼 122 m(切眼导硐以外第二个钻场),之后每间隔 50 m 施工一个钻场,每个钻场施工 12 个钻孔,单孔长度为 125~137 m,孔径均为 94 mm,共计施工高位裂隙钻场 69 个,单个钻场钻孔量为 1 550 m,共计钻孔量为 106 950 m。

每个钻场控制平距(切眼方向)122 m,控制工作面方向 50 m 范围,垂高为 26~64 m。

215 回风巷高位裂隙钻孔布置示意图如图 5 所示。

5.3.3　215 瓦斯治理巷 3# 煤层预抽钻孔、顶板拦截孔

为做好 215、217 工作面 3# 煤层瓦斯治理工作,实现瓦斯超前治理从单一工作面向两个工作面转变,进一步扩大区域治理范围,提升瓦斯治理效果,确保 3# 煤层瓦斯治理达标,保证工作面安全生产。根据地测部提供的相关数据及井田 3# 煤层分布图,并结合 215 胶带巷底板钻孔揭露 3# 煤层情况,确定 215 工作面切眼以外 2 021 m 范围 3# 煤层赋存较为稳定,其厚度为 2.6~3.4 m,平均厚度为 3 m,2# 与 3# 煤层层间距为 11.97~15.75 m,平均间距为 13.86 m。

215 瓦斯治理巷(图 6)布置在 2# 煤层下伏 3# 煤中,外错 215 辅运巷 15 m,215 工作面回采前,在 215 瓦斯治理巷向 215 工作面方向施工煤层孔、顶板孔拦截抽采 3# 煤层及 2# 煤层底板瓦斯(油型气)。

本次钻孔设计采用平行钻孔加扇形钻孔布置,分两侧进行施工,其中:215 工作面侧扇形钻孔终孔间距为 10 m,剩余平行孔终孔间距为 6 m;217 工作面侧扇形钻孔终孔间距为 15 m,剩余平行孔终孔间距为 10 m;两侧钻孔孔径均为 94 mm,计划 215 工作面侧施工 262 个钻孔(钻孔量为 89 813 m),217 工作面侧施工 172 个钻孔(钻孔量为 45 823 m),总钻孔数为 434 个,钻孔量为 135 636 m。

为做好 215 工作面 3# 煤层顶板瓦斯治理工作,进一步提升工作面瓦斯治理效果,减少 3# 煤层瓦斯向工作面运移,保证工作面安全生产,现对 215 工作面区域瓦斯治理专用巷 3# 煤层顶板钻孔进行设计,计划施工钻孔 102 个,钻孔量为 29 484 m,孔径为 94 mm。

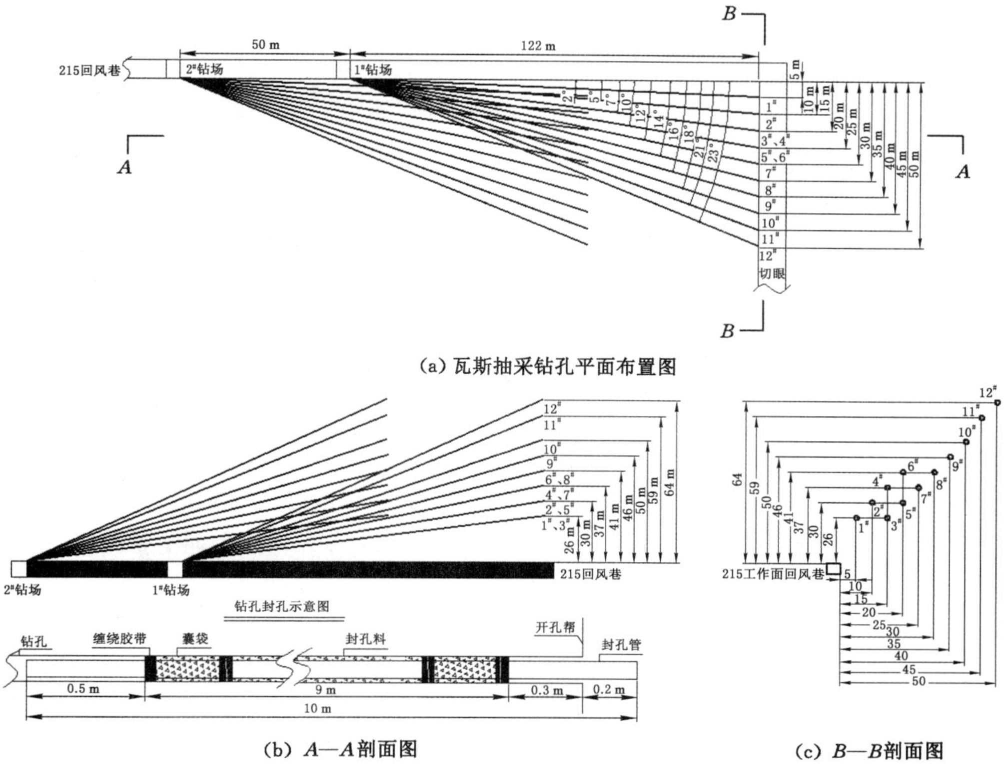

(a) 瓦斯抽采钻孔平面布置图

(b) *A*—*A*剖面图

(c) *B*—*B*剖面图

图 5　215 回风巷高位裂隙钻孔布置示意图

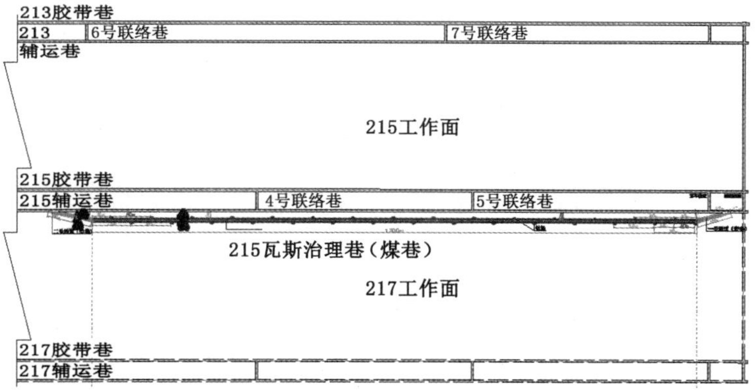

图 6　215 瓦斯治理巷布置图

5.3.4　采煤工作面、顶底板孔抽采

（1）采煤工作面顶板孔抽采

在 215 工作面胶带巷、回风巷向工作面顶板施工瓦斯、油型气抽采钻孔：215 胶带巷首个钻场距 215 切眼导硐 70 m，顶板瓦斯、油型气富集区每个钻场设计 4 个钻孔，采用扇形布置方式，钻孔长度为 115～182 m，单个钻场钻孔量为 610 m；非富集区内每个钻场设计 2 个钻孔（1#、3#），采用扇形布置方式，钻孔长度为 115 m、182 m，单个钻场钻孔量为 297 m；钻孔控制范围为平距 150 m、100 m，垂高 25 m。215 回风巷首个钻场距 215 切眼导硐 72 m，顶板瓦斯、油型气富集区每个钻场设计 4 个钻孔，采用扇形布置方式，钻孔长度为 98～172 m，单个钻场钻孔量为 562 m；非富集区内

每个钻场设计 2 个钻孔(1[#]、3[#]),采用扇形布置方式,钻孔长度为 98 m、172 m,单个钻场钻孔量为 270 m;钻孔控制范围为平距 150 m、80 m,垂高 25 m。

(2) 采煤工作面底板孔抽采

在 215 工作面辅运巷、回风巷向工作面底板施工瓦斯、油型气抽采钻孔:215 回风巷在工作面底板瓦斯、油型气富集区每个钻场设计 8 个钻孔,采用扇形布置方式,钻孔长度为 85～189 m;剩余地段采用扇形布置方式,钻孔长度为 102～189 m,钻孔控制垂深为 20 m,抽采验证钻孔每个钻场施工 2 个钻孔(1[#]、3[#])。215 辅运巷在工作面底板瓦斯、油型气富集区每个钻场设计 6 个钻孔,采用扇形布置方式,钻孔长度为 108～189 m;剩余段采用扇形布置方式,钻孔长度为 108～180 m,钻孔控制垂深为 20 m。

5.3.5 采煤工作面上隅角抽采

上隅角采用气囊挡风墙进行封堵,钢圈风筒穿过封堵墙伸进上隅角,连接在回风顺槽的抽采管路上,通过上隅角埋管抽采,在工作面上隅角形成一个负压区,使该区域的瓦斯用抽采管路抽走,避免因回风流不畅而造成的上隅角瓦斯超限事故的发生。当上隅角瓦斯浓度较高时,采用插管的方式,在抽采系统末端延伸抽采软管至上隅角进行抽采。215 工作面上隅角抽采系统剖面示意图如图 7 所示。

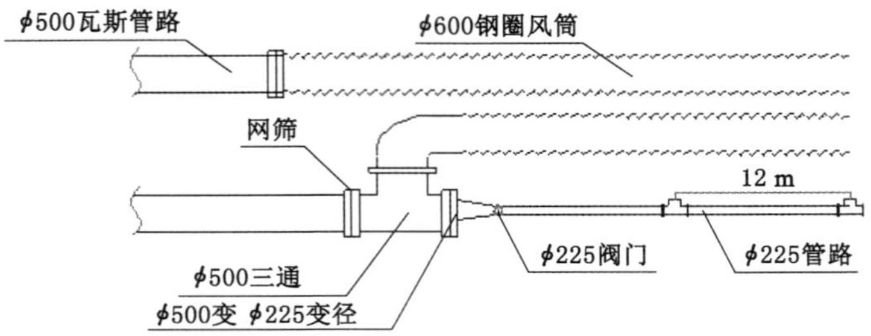

图 7　215 工作面上隅角抽采系统剖面示意图

5.3.6 采煤工作面探测验证钻孔

215 工作面采用本煤层抽采、顶板及底板抽采后,为确保工作面的安全性,工作面进行超前探测验证,探抽验证孔间距不大于 40 m,超前探测钻孔留有不小于 5 m 超前距。

6 油型气治理效果

通过多方位立体抽采的实施,掘进工作面风排瓦斯量小于 3 m^3/min,采煤工作面风排量小于 5 m^3/min,确保了矿井安全生产。

6.1 掘进工作面瓦斯油型气高效抽采效果考察

215 胶带巷掘进期间,从巷道回风流瓦斯浓度的变化方面进行分析,考察掘进工作面瓦斯油型气抽采效果。

由图 8 可以看出,215 胶带巷掘进期间,回风流瓦斯浓度持续稳定较低,煤层瓦斯及顶底板油型气受掘进影响后,涌出的瓦斯(油型气)经钻孔抽采后,很少涌出至巷道风流,瓦斯(油型气)治理效果较好。

6.2 采煤工作面瓦斯油型气高效抽采效果考察

215 工作面回采期间,从本煤层抽采、高位钻孔抽采、215 瓦斯治理巷煤层孔及顶板孔抽采、上隅角瓦斯浓度、回风巷瓦斯浓度 6 个因素的变化方面进行分析,确定瓦斯油型气防治效果,如图 9～图 14 所示。

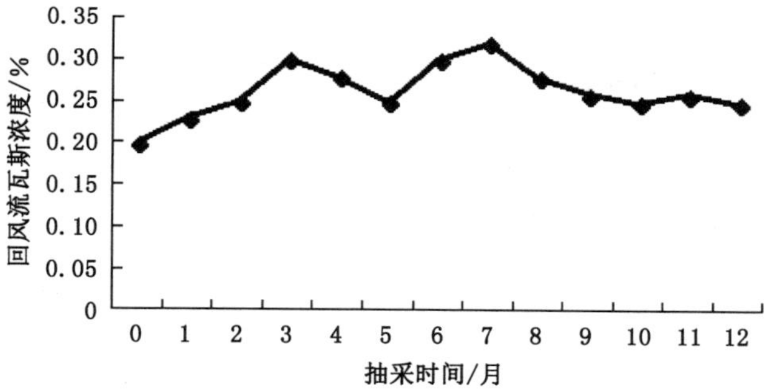

图 8　215 胶带巷回风流瓦斯浓度变化曲线图

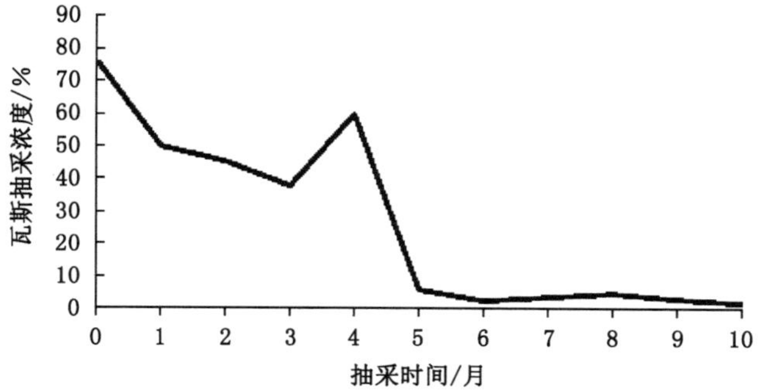

图 9　215 胶带巷 360# 本煤层钻孔瓦斯抽采浓度变化曲线图

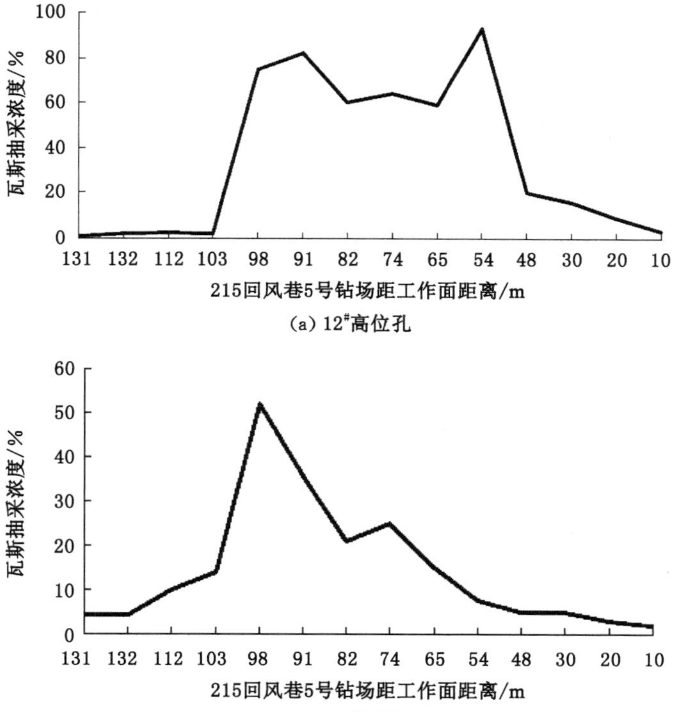

图 10　215 回风巷 5 号钻场 12# 高位孔、13# 顶板孔瓦斯抽采浓度变化曲线

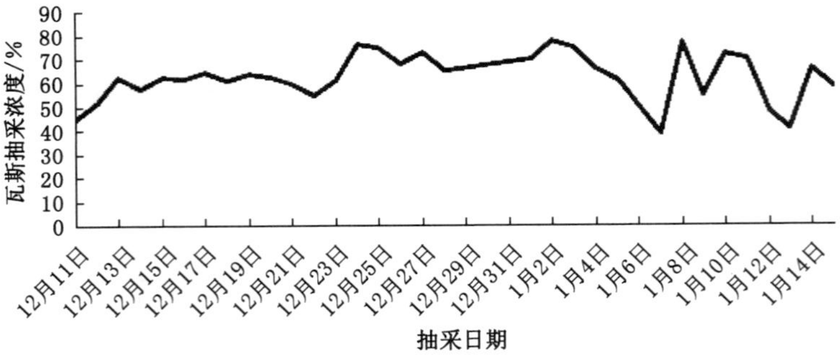

图 11　215 瓦斯治理巷 5 号顶板钻场 9# 顶板孔抽采浓度变化曲线

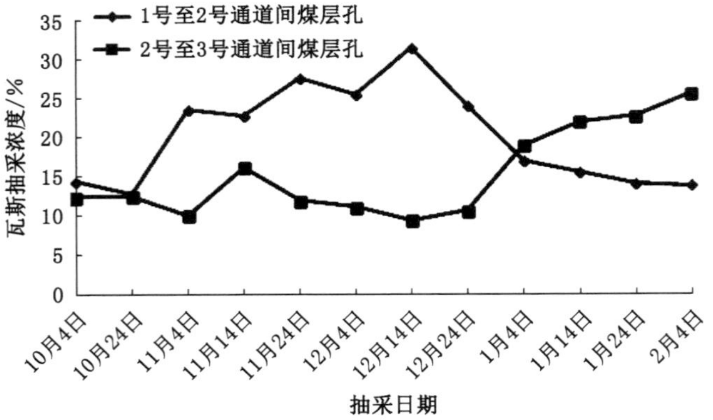

图 12　215 瓦斯治理巷 1 号至 2 号通道、2 号至 3 号通道间煤层孔抽采浓度变化曲线

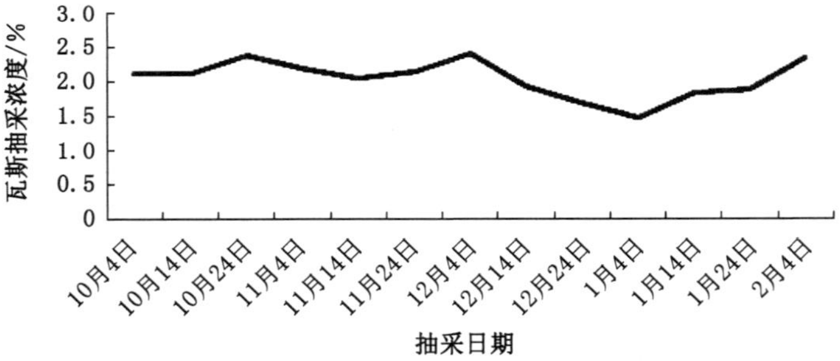

图 13　215 工作面上隅角插管瓦斯抽采浓度变化曲线

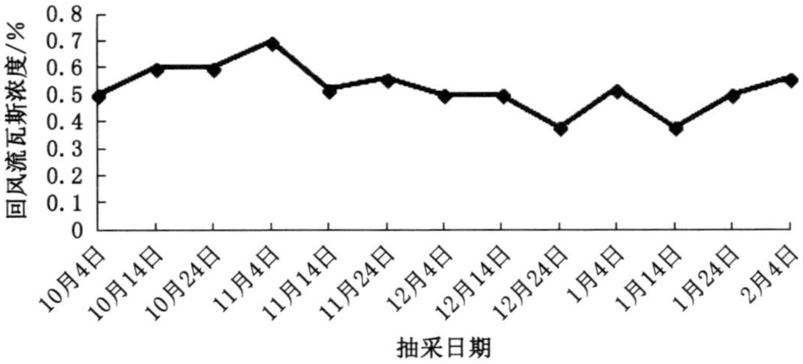

图 14　回风巷风排瓦斯浓度随时间变化曲线

(1) 工作面本煤层瓦斯抽采钻孔，经观测钻孔瓦斯抽采浓度在10个月后，煤层瓦斯浓度降低至1.6%，钻孔抽采期大于10个月。

(2) 高位裂隙瓦斯、油型气抽采钻孔，顶板油型气抽采钻孔在进入顶板垮落裂隙带后，顶板钻孔可以转化成瓦斯裂隙抽采钻孔。

高位裂隙抽采钻孔在距离工作面90～100 m，瓦斯、油型气抽采浓度逐渐上升，距工作面约10 m时下降至最低，工作面前方10～90 m为有效抽采区域，实现钻场的有效连续抽采。同时，顶板及高位裂隙抽采钻孔可以对顶板岩层赋存的石油进行抽排，有利于防止工作面顶板岩层石油渗漏带来的采煤过程采煤机割煤石油的爆燃。

(3) 215瓦斯治理巷煤层预抽钻孔及顶板拦截抽采钻孔，在215工作面推至钻孔区域前预抽3#煤层瓦斯，在工作面过钻孔区域及推过此区域均有效拦截了3#煤层瓦斯、3#煤层顶板油型气涌出2#煤采掘空间，有效保障2#煤层的安全回采。

(4) 工作面上隅角插管抽采及采空区埋管抽采，上隅角采用气囊封堵，埋管抽采上隅角顶板切顶线内区域瓦斯，防止上隅角瓦斯积聚。采空区埋管可以抽采回风侧采空区3～5 m区域瓦斯，降低采空区瓦斯涌出对上隅角造成的瓦斯积聚危害。

(5) 考察监控工作面回风巷风排瓦斯浓度，回风瓦斯浓度按0.8%管理，通过回风流瓦斯浓度监测，优化采煤工作面瓦斯、油型气治理技术措施，提高瓦斯、油型气抽采效果，确保安全生产。

215工作面瓦斯抽采量，通过工作面本煤层抽采、高位裂隙抽采、顶板围岩抽采、215瓦斯治理巷3#煤层及顶板孔拦截抽采、上隅角插管与埋管抽采、工作面通风风排瓦斯，使工作面回风瓦斯浓度控制在0.7%以下，确保了工作面的安全回采。

黄陵矿业公司一、二号煤矿再没有发生过瓦斯、油型气的异常涌出情况，公司连续10年实现了瓦斯零超限。

7 小结

对黄陵矿区综采工作面瓦斯综合治理关键技术进行了研究，在矿区进行了推广应用并取得了良好经济技术效果，得到主要结论如下：

(1) 通过215综采工作面掘进和回采期间瓦斯综合治理技术研究，形成瓦斯油型气综合防治"探、抽、掘""探、抽、采"技术体系。巷道掘进执行"探、抽、掘"技术措施，同时在巷道掘进过程中直接收集瓦斯油型气基础参数，绘制采煤工作面瓦斯油型气富集分布图。根据瓦斯油型气富集分布情况，采煤工作面再执行"探、抽、采"技术措施，工程类比指导相邻工作面巷道掘进和采煤工作面生产，使瓦斯油型气防治达到可防可控。

(2) 瓦斯油型气防治采用钻孔瓦斯油型气判断法，通过钻孔中瓦斯油型气的浓度、压力、涌出量、钻孔石油渗漏及岩层取芯油岩层测试等，判断瓦斯油型气富集区，作为瓦斯油型气富集区判断依据。

(3) 形成了单一煤层开采瓦斯油型气钻孔立体抽采技术，单一煤层开采后形成上下煤岩层卸压松动，2#煤层顶、底板邻近层1#、3#煤层瓦斯及顶、底板富集的油型气同时卸压运移至2#煤层采煤工作面，采用钻孔法对2#煤层采煤工作面煤层瓦斯及顶、底板煤岩层瓦斯油型气进行立体抽采，实现了采煤工作面瓦斯油型气钻孔立体抽采综合防治。

(4) 通过布置在3#煤层中的2#煤瓦斯治理巷向工作面提前施工煤层孔预抽3#煤煤层瓦斯，拦截抽采2#煤层底板油型气，大幅度降低了3#煤层瓦斯及2#煤底板油型气向2#煤采掘空间的涌出量，保障了2#煤的安全生产。

参考文献

[1] 马功社,孙四清,郑凯歌,等.采动效应下煤层底板变形破坏数值模拟[J].煤矿安全,2016,47(9):202-205.
[2] 马功社,赵耀耀.煤矿底板油型气特性及防治技术研究:以黄陵二号煤矿 205 面为例[J].内蒙古煤炭经济,2016(21):134-138.
[3] 唐恩贤.黄陵矿区煤层底板异常涌出气体成因类型[J].煤田地质与勘探,2015,43(6):8-11.
[4] 唐恩贤.矿井瓦斯与油型气共生灾害防治技术在黄陵矿区的探索与实践[J].矿业安全与环保,2016,43(1):81-84.
[5] 王春林.油型气灾害防治技术探讨[J].煤矿瓦斯治理与利用,2013(2):2-5.
[6] 殷民胜.黄陵矿业公司二号煤矿 201 工作面底板油型气治理技术研究[C]//全国煤矿瓦斯利用与通风安全技术现场会煤矿瓦斯抽采与通风安全论文集.北京:煤炭工业出版社,2013:88-93.

特厚煤层“五含”顶板切顶卸压技术研究及应用

孙满义，刘纪良，杨洋

（淮北矿业（集团）有限责任公司朱仙庄煤矿，安徽 淮北　235000）

摘　要　为保证回采过程中矿压的稳定性，需要对工作面“五含”顶板进行预裂爆破。根据朱仙庄煤矿 883^{-1} 工作面顶板性质及矿压显现规律，对上覆“五含”顶板进行切顶爆破，采用水胶炸药配合聚能管的聚能爆破方法，并选用合理的装药方式与炮采工艺对顶板进行爆破。爆破后使用钻孔窥视仪对炮孔开裂效果进行观察，发现爆破对围岩的松动破坏效果良好，能够在相当程度上破坏厚硬“五含”岩层的完整性，起到良好的切顶卸压效果。在工作面机巷与风巷距工作面 250 m 处设置两个测点，发现随着工作面的推进，工作面机巷和机巷顶底板及两帮移近量均在正常范围内，说明针对厚硬顶板的深孔预裂爆破取得了良好的卸压效果。并在距切眼 300～550 m 的工作面回采过程进行为期 3 个月的检测，工作面支架实际工作阻力在 4 905～5 895 kN 范围内，厚硬“五含”岩层采取深孔爆破预裂措施后，液压支架完全能够满足工作面的支护需求。

关键词　五含；切顶卸压；预裂爆破；聚能管；水胶炸药

0　引言

坚硬厚层顶板工作面在煤层开采后顶板岩层不会及时垮落，在采空区易形成大面积悬板，顶板的突然断裂垮落容易造成一系列动力灾害问题[1-3]。朱仙庄煤矿 883^{-1} 工作面基本顶上覆“五含”巨厚岩层，自工作面切眼朝向终采线位置由最大间距 58 m 逐渐过渡到了 8 m，矿压受煤层采动影响逐渐显现，因此需要对“五含”顶板进行提前预裂。目前，煤层坚硬厚层顶板控制的有效技术主要体现在水力压裂和深孔爆破方面。康红普等[4]利用空心包体应变计基于实时监测并对比水力压裂钻孔附近压裂前后煤层应力变化，发现有效降低了顶板的来压强度和断落步距，缓解了工作面推进时顶板垮落问题。贺斌等[5]通过在大柳塔煤矿进行现场工业试验发现，水力压裂技术可降低坚硬顶板的整体强度，并增加顶板内裂隙的发育程度，从而有效解决了采空区大面积悬顶问题。何满潮等[6]通过建立聚能爆破力学模型，研究了切顶成巷顶板预裂爆破机理，得到了切顶钻孔连孔爆破顶板裂缝贯通的基本判据。赵一鸣等[7]对千米深井厚硬顶板直覆沿空留巷围岩结构及应力优化进行了研究，提出一种深孔预裂爆破放顶优化与采空侧顶板结构破断卸压相结合的围岩应力优化技术。由于 883^{-1} 工作面上覆“五含”顶板普遍存在岩溶孔洞，采用水力压裂方法存在孔缝滤失等问题。因此，选用覆岩深孔爆破方式处理厚硬顶板岩层，可以有效缓解厚硬覆岩受采动影响矿压显现的问题。

1 工作面概况

1.1 井下位置及“五含”顶板情况

883^{-1}工作面位于88采区的三区段，可采走向长为580 m，倾斜宽为122 m，煤层整体厚度平均为9 m，上分层开采厚度平均为3 m。南至六采区、八采区的采区边界线附近，北至$8^{\#}$煤层隐伏露头线附近，上邻882^{-1}工作面，下邻884工作面。883^{-1}工作面在上覆侏罗系“五含”岩层下开采，工作面区域内“五含”岩层厚度为32～64 m，“五含”底板总体趋势沿工作面回采方向渐低，“五含”底板与$8^{\#}$煤顶板岩柱距离逐步缩小，面内$8^{\#}$煤顶板至“五含”底板间岩柱高度为8.24～59.74 m，分别位于风巷收作线和切眼上口位置。

1.2 煤层顶板情况

883^{-1}工作面$8^{\#}$煤层顶板岩性如表1所示，直接顶为泥岩，基本顶为厚层中粒砂岩。

表1 煤层顶板情况表

顶底板名称	岩石名称	厚度/m	岩石特征
基本顶	中粒砂岩	8.0～12.0 10.0	粉砂岩：浅灰色-灰白色，成分以石英为主，含长石及暗色矿物，具有小型交错层理，硅质胶结
直接顶	泥岩	5.5～8.0 6.6	泥岩：灰色，泥质结构，有大量植物化石碎片

2 顶板预裂爆破技术方案设计

2.1 爆破分区划分

工作面推进过程中，煤层与“五含”顶板之间的间距趋于减小，厚硬岩层断裂运移诱发的工作面采场来压机理及矿压显现强度存在明显差别。从采场矿压控制及工艺实施的角度，为方便成组炮孔施工，沿煤层推进方向有必要对不同区域的顶板岩层进行爆破分区划分。本文根据883^{-1}工作面煤层分层开采条件，兼顾后续下分层放顶煤开采需要，将顶板岩层治理划分成三个重点区域：切眼控制区，切眼近区范围；顶板“见方”区，切眼以外至距切眼122 m的区间；广泛控制区，工作面见方以外至收作线的区间。并且通过综合分析，确定首分层开采条件下顶板致裂高度为40 m，保障该高度区间的硬岩及时断裂，同时有利于煤层两分层先后开采条件下的矿压控制。

2.2 预裂爆破参数设计

2.2.1 爆破器材选用

炸药采用雷鸣科化公司定制的聚能炸药，炸药爆炸性能参数如表2所示。聚能炸药是将高性能的三级煤矿许用水胶炸药和导爆索充入聚能管中，聚能管为PVC材质，每节管长为1.2 m，炸药密度为1.15 g/cm^3，每根聚能管充填炸药质量为1.1 kg，聚能管截面如图1所示，两侧分别有一个“V”形聚能槽，装药爆炸瞬间，聚能穴闭合产生高压、高密、高速的冲击波和气流产物，爆轰产物在聚能穴方向集聚，能量密度高，定向破岩效果显著。雷管选用煤矿许用毫秒延期电雷管。

表 2　炸药爆炸性能参数

参数	取值
炸药密度/(g/cm³)	1.12
实际爆速/(m/s)	3 852.00
理论爆热/(kJ/kg)	2 602.62
理论爆温/℃	1 834.91
理论爆容/(L/kg)	990.98
理论爆压/GPa	5.54

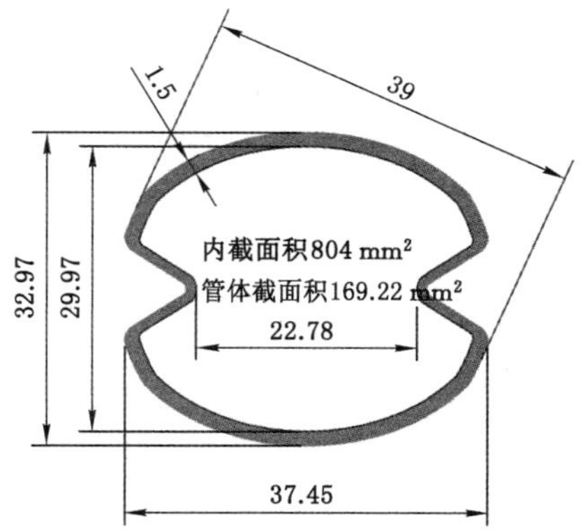

图 1　聚能管截面示意图

2.2.2　炮孔参数设计

深孔爆破预裂目的，一方面辅助弱化切眼支护强度，另一方面提高煤层开采理论扰动高度范围内的顶板垮落程度，主动充实采空区空间。不同爆破分区的炮孔布置形式有所差异。广泛控制组内 D 区域位于广泛控制组的中部，具有一定代表性，故本文将以广泛控制组内 D 区域为例，对炮孔参数进行设计（表 3），炮孔布置剖面图如图 2 所示。

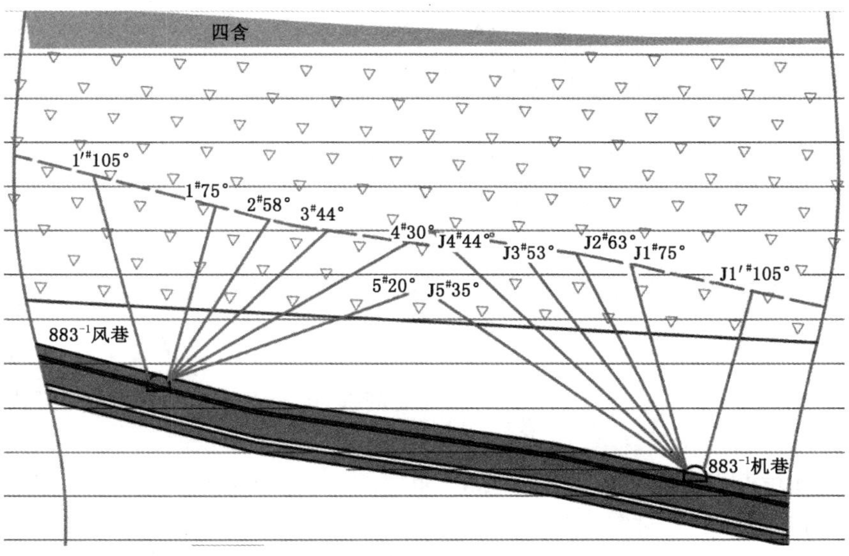

图 2　D 区域炮孔布置剖面图

表 3　D 区域炮孔参数

巷道	爆破孔	方位角/(°)	仰角/(°)	长度/m
883^{-1}风巷	1′#	135.0	69.2	49.37
	1#	45.0	69.2	42.00
	2#	23.2	55.8	43.70
	3#	14.5	43.0	49.30
	4#	8.8	29.7	62.60
	5#	5.6	19.9	57.00
883^{-1}机巷	J5#	10.6	34.5	67.40
	J4#	14.5	43.1	78.25
	J3#	19.6	51.3	64.95
	J2#	27.7	60.1	56.17
	J1#	45.0	69.2	49.42
	J1′#	135.0	69.2	43.09

由表 3 可知，D 区域单剖面在工作面机巷、风巷共布置 12 个炮孔，仰角为 19.9°～69.2°，炮孔长为 42.00～78.25 m，D 区域单剖面炮孔组总长度为 663.25 m。

2.2.3　*装药过程和起爆方式*

(1) 装药过程：

① 装入聚能炸药，两根聚能炸药用端盖插接在一起，辅助以电工胶带加固，保证聚能炸药之间连接牢固。

② 聚能炸药装好后，最外面一根聚能炸药采用两根导爆索引出，然后封泥至距孔口 500 mm 位置，用雷管与其中一根导爆索连接，连好后塞进孔内，然后再封泥 400 mm，孔口留 100 mm 不封黄泥。

③ 每次起爆的钻孔之间的雷管采用串联，一次起爆 5 个钻孔，依次采用 Ⅰ～Ⅴ 段毫秒延期电雷管引爆，以达到增加自由面增强爆破效果的目的。

④ 保证孔内聚能炸药聚能槽方向均与巷道走向一致。

(2) 起爆方式：采用正向装药，一次起爆距离不超过 5 m，串联起爆，后续可根据爆破情况调整，爆破母线必须绝缘良好，并且悬空吊挂。

3　深孔爆破切顶工艺流程

3.1　施工过程

综合 883^{-1}工作面生产地质条件，工作面采掘前需提前对顶板进行预裂爆破，具体施工过程包括施工钻孔、深孔装药、封孔器封堵、连线起爆四部分。首先使用 ZDY3200 型钻机在严格按照工程技术人员标定的孔位及爆破方案中的设计方位、角度、孔深进行施工。然后对炮孔进行透孔，检验成孔质量，测量出实际孔深并对实际装药量进行准确计算，进行深孔装药。装药完成后，使用连续安装管将“两堵一注”封孔器安装至指定位置，封孔器至孔口需预留出 15～20 cm 的空间，用于连线起爆时回塞多余导爆索。最后将两发电雷管分别绑缚于两根导爆索上，并回塞至孔口预留空间，使用炮泥将电雷管固定在孔壁上，并对孔口进行封堵，确认安全后进行起爆。

3.2 切顶卸压效果评价

为了进一步对 883^{-1} 工作面深孔爆破技术切顶卸压效果进行评价，采用钻孔窥视、巷道围岩变形与工作面支架工作阻力监测等手段对切顶后的炮孔裂隙发育情况及工作面矿压显现特征进行分析。

3.2.1 钻孔窥视

为了检测 883^{-1} 工作面“五含”岩层爆炸压裂效果，采用 ZKXG30 型矿用钻孔成像轨迹检测装置进行钻孔窥视。总共进行了三次钻孔窥视工作，所选取炮孔长度均为 60 m。窥视炮孔的装药位置为 20～60 m 的范围，为了进行爆破效果的检测，在距炮孔 300 mm、400 mm 的平行位置布置长度为 40 m 的观测孔。

1 号观测孔由于打钻角度问题，内部有大量积水，窥视仪器难以分辨钻孔内部情况。2 号炮孔的起始装药位置为 21 m，2 号观测孔与炮孔平行距离为 400 mm，如图 3 所示，在观测深度为 20 m 处可以清晰地观测到炮孔围岩破坏，围岩损坏严重，呈破碎状态。20 m 深度之后围岩破坏严重，至 38 m 左右破碎围岩堵塞探头，窥视停止。3 号观测孔距炮孔平行距离为 300 mm，装药位置为 21 m。根据图 4 可知，窥视过程中，在观测孔深度为 19.5 m 的位置发现围岩开始严重破坏，围岩呈破碎状，钻孔变形严重，37 m 处深度时破碎岩体堵塞钻孔，窥视停止。

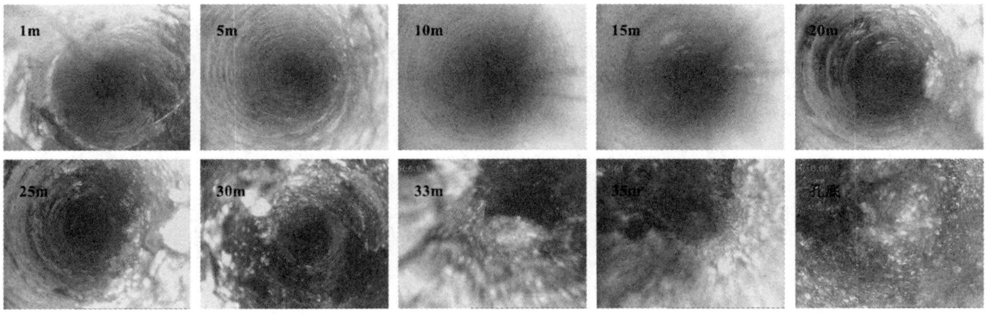

图 3　2 号炮孔观测图

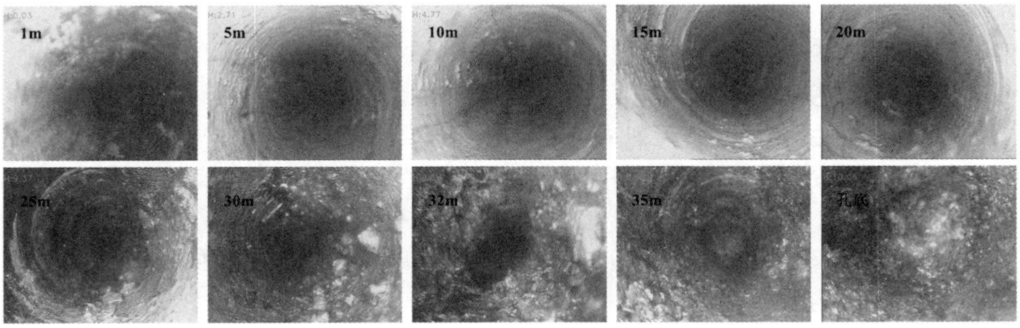

图 4　3 号炮孔观测图

由 2 号及 3 号观测孔的观测结果可知，爆破对围岩的松动破坏效果良好，能够在相当程度上破坏厚硬“五含”岩层的完整性，起到良好的切顶卸压效果，为厚硬覆岩下 883^{-1} 工作面安全回采提供了保障。

3.2.2 巷道围岩变形情况

为了观测工作面机巷、风巷围岩的变形特征,在883^{-1}工作面机巷与风巷距工作面250 m处设置两个测点,观测结果如图5、图6所示。

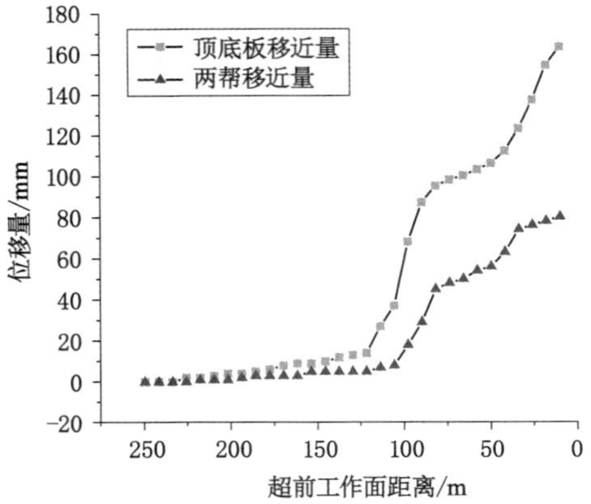

图5 工作面机巷围岩变形观测结果

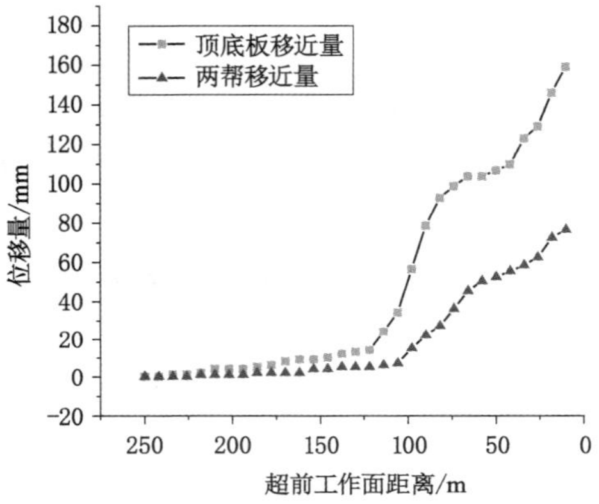

图6 工作面风巷围岩变形观测结果

观测结果显示:当测点与工作面距离超过150 m时,两巷围岩变形量几乎为0;当工作面回采至距两巷测点100 m左右时,两巷围岩的变形量剧增,顶底板累计移近量达到70 mm左右,两帮累计移近量在20 mm左右;直至工作面回采至距两巷测点10 m处,巷道围岩变形量到达峰值,883^{-1}工作面机巷顶底板移近量为163 mm,两帮移近量为80 mm,883^{-1}工作面风巷顶底板移近量为158 mm,两帮移近量为76 mm,均在正常范围内。这说明针对厚硬顶板的深孔预裂爆破取得了良好的卸压效果,对覆岩活动引起的工作面矿压显现现象起到了有效的控制作用。

3.2.3 工作面支架工作阻力

为了观察工作面支架工作状态,在距切眼300～550 m的工作面回采过程进行为期3个月的监测,每天观测并记录一次工作面支架工作阻力。观察图7可知,工作面支架实际工作阻力在4 905～5 895 kN范围内,本工作面选用的是工作阻力为7 600 kN/架的ZZ7600-20/40型液压支架,这说明对厚硬"五含"岩层采取深孔爆破预裂措施后,液压支架完全能够满足工作面的支护需求。

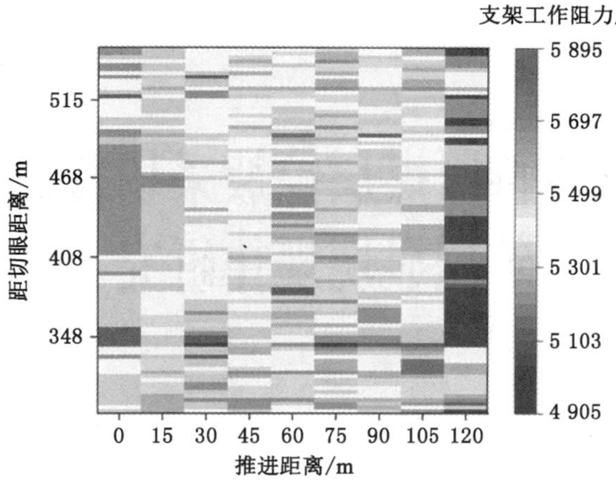

图 7 工作面支架工作阻力

4 结论与建议

(1) 基于距离变化覆岩赋存条件对采场覆岩控制区域进行划分，按工作面推进方向共分为切眼控制区、顶板“见方”区与广泛控制区 3 个区域。

(2) 以广泛控制区 D 区域为例对具体炮孔施工参数进行合理设计，包括扇形炮孔组内间距、走向角度、仰角与倾向角度等。

(3) 使用高性能水胶炸药灌注的多向聚能药柱，配合囊袋式封孔器封孔方法与煤矿安全导爆索起爆方式，集成特色深孔预裂爆破工艺，对朱仙庄煤矿 883^{-1} 工作面厚硬“五含”顶板进行了爆破切顶。

(4) 采用钻孔窥视、巷道围岩变形量监测及工作面支架工作阻力监测等方法综合评价深孔爆破切顶卸压效果，证明深孔预裂爆破有效破坏了厚硬“五含”岩层的完整性，使该岩层在矿压作用下能够按照预切面及时发生垮断，为工作面的安全回采提供保障。研究结果与实践经验可为类似条件下的工作面顶板的控制提供借鉴。

参考文献

[1] 郭德勇，商登莹，吕鹏飞，等. 深孔聚能爆破坚硬顶板弱化试验研究[J]. 煤炭学报，2013，38(7)：1149-1153.

[2] 曹胜根，姜海军，王福海，等. 采场上覆坚硬岩层破断的数值模拟研究[J]. 采矿与安全工程学报，2013，30(2)：205-210.

[3] 栗成杰，李树伟. 综采工作面端头大面积悬顶控顶技术[J]. 煤炭科学技术，2008，36(8)：26-30.

[4] 康红普，冯彦军. 定向水力压裂工作面煤体应力监测及其演化规律[J]. 煤炭学报，2012，37(12)：1953-1959.

[5] 贺斌，雷鹏翔，弓仲标. 水力压裂技术在大柳塔煤矿 52502 工作面的应用 [J]. 煤炭科学技术，2021，49(增刊 2)：78-84.

[6] 何满潮，马新根，王炯，等. 中厚煤层复合顶板切顶卸压无煤柱自成巷技术应用研究[J]. 同煤科技，2018(4)：1-6.

[7] 赵一鸣，张农，郑西贵，等. 千米深井厚硬顶板直覆沿空留巷围岩结构优化[J]. 采矿与安全工程学报，2015，32(5)：714-720.

大倾角起伏特厚煤层综放采场覆岩破断及矿压显现规律研究

孙德强，盛磊

（淮北矿业（集团）有限责任公司 芦岭煤矿，安徽 宿州 234100）

摘 要 为了掌握大倾角起伏特厚煤层综放采场覆岩破断及矿压显现规律，本文以淮北矿业（集团）有限责任公司芦岭煤矿Ⅱ888综放工作面为工程背景，采用“薄板”模型分析了基本顶破断力学特征，模拟分析了采场覆岩运移与围岩应力演化规律，现场实测了综放采场矿压显现规律，为Ⅱ888综放工作面采场围岩控制提供了理论依据，保障了工作面的安全高效生产。研究成果对类似地质条件下工作面的安全生产具有重要的示范作用和指导价值。

关键词 大倾角工作面；起伏特厚煤层；综放开采；覆岩破断；矿压显现

0 引言

我国已探明可采煤炭资源储量中大倾角煤层储量占15%左右，而年产量占全国的8%～10%，且有增产的趋势[1]。我国西北和西南主要产煤城市的许多矿区或矿井的主采煤层为大倾角煤层，而我国中部的及淮北及东北部的沈阳等产煤地，随着市场需求的不断增加，不得已加大对大倾角复杂煤层的开采强度[2]。相较于缓倾斜煤层综放工作面，大倾角煤层综放工作面由于煤层倾角较大导致其顶煤运移规律及上位覆岩破断特征均表现出特殊性[3-5]；采场超前支承压力影响范围更大、应力集中系数也更高；顶煤与支架的约束关系复杂，支架稳定性控制难度大[6-7]。因此，有必要针对大倾角煤层综放开采的相关问题展开深入研究。

本文以芦岭煤矿Ⅱ888工作面为工程背景，采用理论分析、数值模拟及现场实测等研究方法，开展大倾角起伏特厚煤层综放采场覆岩破断及矿压显现规律研究，对保障Ⅱ888工作面安全高效生产具有重要的理论意义和工程应用价值。

1 工程背景

Ⅱ888工作面地面标高为＋22.6～＋23.6 m，工作面标高为－453.1～－530 m。工作面设计倾斜宽131.3 m，走向长446.6 m，面积为58 538.58 m^2。工作面所采8#煤层厚度为1.0～14.8 m，平均为8.8 m；煤层倾角为12°～35°，平均为22°。煤层走向上下起伏变化较大，属于典型的大倾角起伏特厚煤层综放开采工作面。依据煤层赋存情况及工作面开采技术条件，采用走向长壁后退式综放开采，全部垮落法管理采空区顶板。Ⅱ888工作面平面布置如图1所示，部分地层柱状如图2所示。

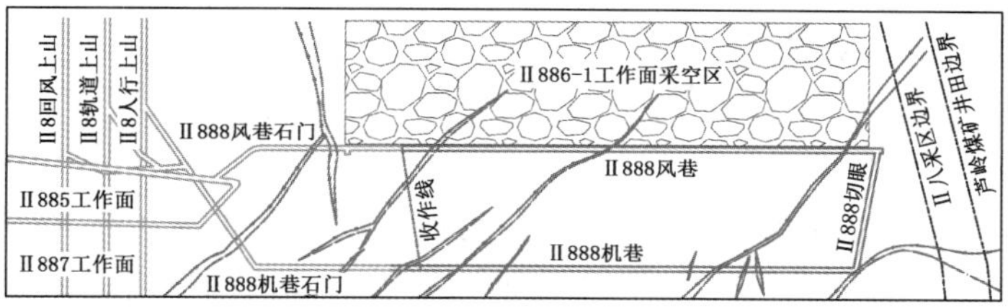

图 1　Ⅱ888 工作面平面布置示意

地界	层系	系统	统组	煤岩层厚度/m（最小～最大 / 平均厚度）		岩性柱状 1∶500	煤层倾角	岩性描述
古生界	二叠系	下统	下石盒子组	2.37～5.71 / 4.04			12°～18° / 15°	中砂岩，浅灰色，块状，钙质胶结，成分以石英长石为主，少含泥质团块，层理明显，含菱铁鲕子
				1.28～1.64 / 1.53			12°～18° / 15°	细砂岩，深灰色，块状，成分以石英长石及少量暗色矿物颗粒为主，含菱铁质
				1.28～2.93 / 2.10			12°～18° / 15°	泥岩，深灰色，块状，性脆，含少量植物化石
				0.67～0.88 / 0.78	7_1		12°～18° / 15°	7_1煤，黑色，粉状，半亮型煤
				1.70～2.50 / 2.10			12°～18° / 15°	泥岩，灰色，致密，块状，含植物化石
				0.27～0.50 / 0.39	7_2		12°～18° / 15°	7_2煤，黑色，粉状，半亮型煤
				0.67～1.70 / 1.19			12°～18° / 15°	泥岩，灰色，致密，块状，含植物化石
				0.53～0.68 / 0.61	7_3		12°～18° / 15°	7_3煤，黑色，粉状，半亮型煤
				3.23～4.87 / 4.05			12°～18° / 15°	泥岩，深灰色，块状，性脆，含大量植物化石
				0～0.99 / 0.50			12°～18° / 15°	砂岩，灰色，块状，中粒，钙质胶结，含少量植物化石
				0～2.85 / 1.43			12°～18° / 15°	粉砂岩，灰色，块状，局部夹薄层状中砂岩条带，含少量植物化石碎片
				0～2.48 / 1.24			12°～18° / 15°	细砂岩，浅灰色，块状，成分以石英长石及少量暗色矿物颗粒为主，钙质胶结，局部有裂隙，含菱铁质
				3.42～6.35 / 4.82			12°～18° / 15°	泥岩，灰色，块状，性脆，厚层状，无层理，含少量植物化石
				2.64～5.67 / 4.35			12°～17° / 14°	砂岩，浅灰至白色，中粒，块状，主要成分为石英、长石，含大量菱铁鲕子，层面有煤屑、裂隙，下部见泥质结核
				1.17～4.36 / 3.88			12°～32° / 22°	泥岩，浅灰色，块状，性脆，厚层状，无层理，含植物化石
				0～1.72 / 0.86			12°～32° / 22°	泥岩，深灰色至黑色，块状，性脆，局部水平状层理，含植物化石
				1.00～14.80 / 8.80	8		12°～35° / 22°	8煤，黑色，鳞片状，半亮型，中上部局部有火成岩侵蚀现象，局部夹1～2层泥岩，层厚为0～0.79 m，平均厚度为0.1 m
				0～2.17 / 1.30			12°～32° / 22°	泥岩，灰色致密，块状，性脆，含植物化石
				2.05～6.36 / 4.21			12°～32° / 22°	泥岩，深灰色，块状，性脆，含植物化石，含少量砂质
				0.88～16.04 / 8.46			12°～32° / 22°	砂岩，灰至灰白色，块状，硅质胶结，以石英、长石为主，局部斜层理，夹薄层状粉砂岩条带，层面含碳质和白云母碎片，有裂隙
				2.93～5.78 / 4.36			12°～32° / 22°	泥岩，深灰色，块状，含植物化石，局部含碳质
				1.57～3.81 / 2.69	K_2		12°	铝质泥岩，浅灰色，致密，有滑感，性脆，贝壳状断口

图 2　Ⅱ888 工作面部分地层柱状

2 工作面基本顶破断力学特征分析

2.1 力学模型构建

Ⅱ888 工作面基本顶在初次断裂前，板的四周均由实体煤壁支撑，将其视为四边固支的弹性薄板力学模型。在基本顶发生初次断裂之后，工作面顶板前方及两端仍由实体煤壁支承，而工作面后方顶板悬露，将其视为三边固支、一边自由的弹性薄板力学模型[8-10]。

取倾向方向为 x 轴，走向方向为 y 轴，垂直于基本顶的方向为 z 轴；基本顶宽度为 a，断裂长度为 b，板厚度为 h；工作面倾角为 α，仰采角度为 β，而俯采角度为 $-\beta$，上覆岩层作用力为 Q。

基本顶破断“薄板”力学模型如图 3 所示。

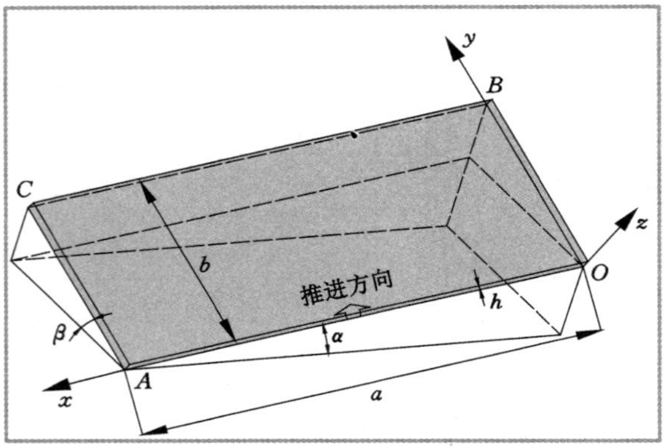

图 3　基本顶破断“薄板”力学模型示意

2.2 初次破断分析

基本顶在将要发生初次破断时，可以将其看作四边固支的“薄板”模型。基本顶初次破断四边固支“薄板”力学模型如图 4 所示。

由图 4 分析可知，因四边固支，薄板挠度 ω 和弹性曲面的转角 $\partial\omega/\partial x$ 为零，则有边界条件为：

$$\begin{cases} \omega|_{x=0}=0 \quad , \quad \left.\dfrac{\partial\omega}{\partial x}\right|_{x=0}=0 \\ \omega|_{x=a}=0 \quad , \quad \left.\dfrac{\partial\omega}{\partial x}\right|_{x=a}=0 \\ \omega|_{y=0}=0 \quad , \quad \left.\dfrac{\partial\omega}{\partial y}\right|_{y=0}=0 \\ \omega|_{y=b}=0 \quad , \quad \left.\dfrac{\partial\omega}{\partial y}\right|_{y=b}=0 \end{cases} \tag{1}$$

选取符合上述边界条件的挠曲面方程为：

$$\omega=A\left(1-\cos\frac{2\pi x}{a}\right)\left(1-\cos\frac{2\pi y}{b}\right) \tag{2}$$

将主要应力分量通过变形转化可得：

$$\begin{cases} \sigma_x=-\dfrac{8A\pi^2 Ez}{a^2(1-\mu^2)}\left(\sin^2\dfrac{\pi y}{b}\cos\dfrac{2\pi x}{a}+\dfrac{\mu a^2}{b^2}\sin^2\dfrac{\pi x}{a}\cos\dfrac{2\pi y}{b}\right) \\ \sigma_y=-\dfrac{8A\pi^2 Ez}{b^2(1-\mu^2)}\left(\sin^2\dfrac{\pi x}{a}\cos\dfrac{2\pi y}{b}+\dfrac{\mu b^2}{a^2}\sin^2\dfrac{\pi y}{b}\cos\dfrac{20x}{a}\right) \\ \tau_{xy}=-\dfrac{4A\pi^2 Ez}{ab(1+\mu)}\sin^2\dfrac{2\pi x}{a}\sin^2\dfrac{2\pi y}{b} \end{cases} \tag{3}$$

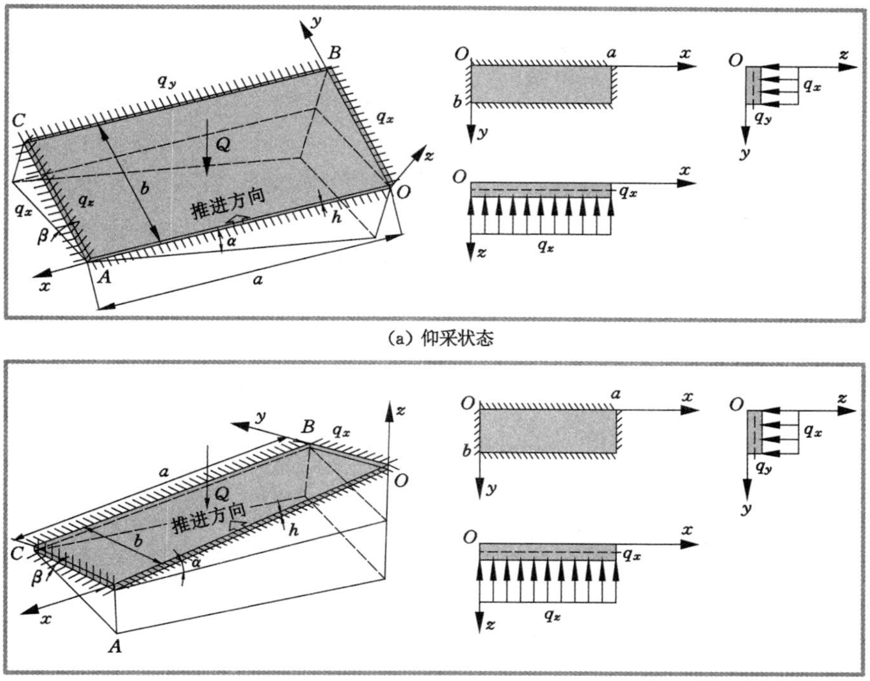

(a) 仰采状态

(b) 俯采状态

图 4　基本顶初次破断四边固支“薄板”力学模型示意

受煤层倾角及俯、仰采角度的影响，挠度最大值偏移薄板中心位置，向工作面下端头方向移动，在薄板坐标大致为$(2a/3, b/3)$附近区域，挠度达到最大。

根据主应力与水平应力的关系，薄板任意一点的主应力表达式为：

$$\begin{cases}\sigma_{\max} = \dfrac{\sigma_x + \sigma_y}{2} + \sqrt{\dfrac{(\sigma_x - \sigma_y)^2}{2} + \tau_{xy}^2} \\ \sigma_{\min} = \dfrac{\sigma_x + \sigma_y}{2} - \sqrt{\dfrac{(\sigma_x - \sigma_y)^2}{2} + \tau_{xy}^2}\end{cases} \tag{4}$$

基于Ⅱ888 工作面开采技术条件，相关参数可取值为：$a=131.3$ m，$\alpha=22°$，仰采角度 $\beta=12°$，俯采角度 $\beta=10°$，$h=4.35$ m，$E=2.501\times10^7$ kPa，基本顶极限抗拉强度$=1.9\times10^3$ kPa，$\mu=0.25$，$q=177.12$ kPa。

将上述参数代入公式计算得：Ⅱ888 工作面仰采时基本顶初次破断步距为 20.98 m，俯采时基本顶初次破断步距为 24.62 m。

2.3　周期破断分析

在基本顶周期断裂时，顶板可简化为三边固支、一边自由的弹性“薄板”模型。基本顶周期破断三边固支“薄板”力学模型如图 5 所示。

由图 5 分析可知，在固支边界 AC、OB、BC，薄板挠度 ω 和弹性曲面的转角$\partial\omega/\partial y$ 为零，则有：

$$\begin{cases}\omega\big|_{x=a} = 0 & \dfrac{\partial\omega}{\partial x}\bigg|_{x=a} = 0 \\ \omega\big|_{y=0} = 0 & \dfrac{\partial\omega}{\partial y}\bigg|_{y=0} = 0 \\ \omega\big|_{y=b} = 0 & \dfrac{\partial\omega}{\partial y}\bigg|_{y=b} = 0\end{cases} \tag{5}$$

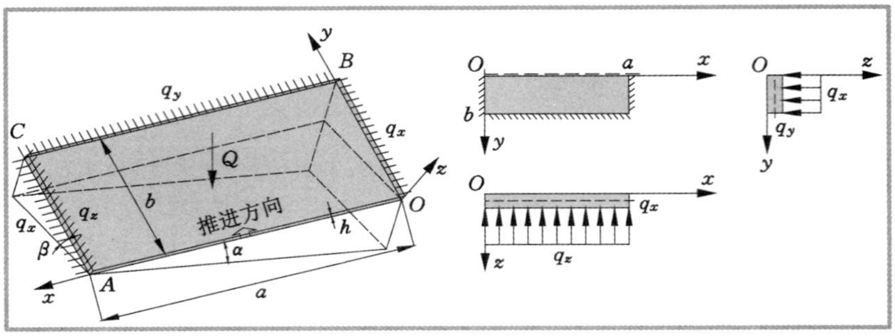

(a) 仰采状态

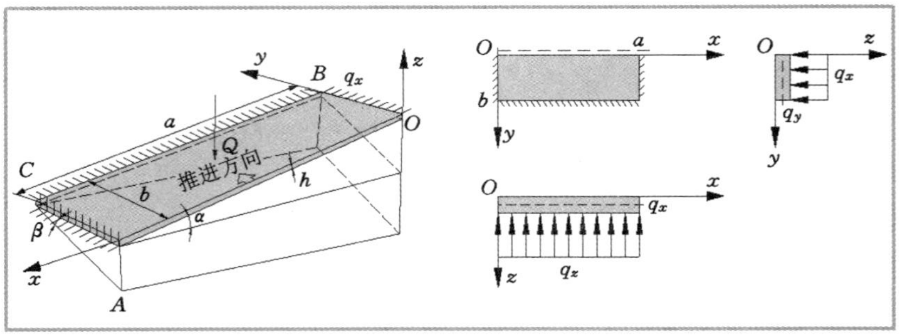

(b) 俯采状态

图 5　基本顶周期破断三边固支“薄板”力学模型示意

自由边界 OA 属于静力边界条件，薄板的弯矩 M_x、扭矩 M_{xy} 及横向剪力 Q_x 都等于零，即：

$$M_{x\,x=0} = M_{xy}\big|_{x=0} = Q_x\big|_{x=0} = 0 \tag{6}$$

将主要应力分量通过变形转化可得：

$$\begin{cases} \sigma_x = -\dfrac{A\pi^2 Ez}{4a^2(1-\mu^2)}\left[\cos\dfrac{\pi x}{2a}\left(1-\cos\dfrac{2\pi y}{b}\right)+\dfrac{16\mu a^2}{b^2}\cos\dfrac{2\pi y}{b}\left(1-\cos\dfrac{\pi x}{2a}\right)\right] \\ \sigma_y = -\dfrac{4A\pi^2 Ez}{b^2(1-\mu^2)}\left[\cos\dfrac{2\pi y}{b}\left(1-\cos\dfrac{\pi x}{2a}\right)+\dfrac{\mu b^2}{16a^2}\cos\dfrac{\pi x}{2a}\left(1-\cos\dfrac{2\pi y}{b}\right)\right] \\ \tau_{xy} = -\dfrac{A\pi^2 Ez}{ab(1+\mu)}\sin\dfrac{\pi x}{2a}\sin\dfrac{2\pi y}{b} \end{cases} \tag{7}$$

由上式可知，在薄板坐标为$(a/2,2b/3)$附近区域，挠度达到最大。

基于Ⅱ888 工作面开采技术条件，相关参数可取值为 $R_L=3.74$ MPa，$q=80.64$ kPa，$b=234$ m，$h=3.2$ m，$\mu=0.25$，仰采角度为 12°，俯采角度为 10°。

将上述参数代入公式计算得：Ⅱ888 工作面仰采时基本顶周期破断步距为 11.08 m、俯采时基本顶周期破断步距为 15.63 m。

3　采场覆岩运移与围岩应力演化规律

3.1　数值模型建立

根据芦岭煤矿Ⅱ888 工作面实际情况，设计 3DEC 数值模型，模型尺寸为 300 m×200 m×150 m，在走向两侧留 30 m 保护煤柱，模型中仰采角度为 12°，俯采角度为 10°，煤层倾角为 22°。

由于煤层平均埋深为 500 m，去除模型本身 200 m 及煤层倾角、仰角的影响，计算得模型上部边界需要施加的均布载荷 Q 为 12.5 MPa 左右，侧压系数 λ 取 1.2。建立的 3DEC 数值计算模型如图 6 所示，煤岩层物理力学参数参见表 1。

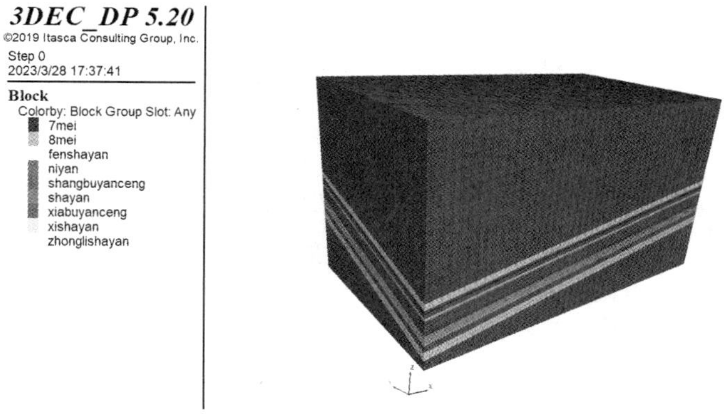

图 6　3DEC 数值计算模型示意

表 1　煤岩层物理力学参数

岩性	密度/(kg/m³)	泊松比	弹性模量/GPa	内摩擦角/(°)	黏聚力/MPa	抗拉强度/MPa
上部岩层	2 750	0.19	13.60	40	3.85	2.65
砂岩	2 630	0.18	14.70	43	5.84	5.38
中粒砂岩	2 460	0.14	12.50	38	6.20	4.70
8# 煤	1 400	0.29	10.60	30	1.40	1.04
泥岩	2 600	0.23	21.30	31	1.20	1.90
中粒砂岩	2 460	0.14	12.50	38	6.20	4.70
下部岩层	2 750	0.19	13.60	40	3.85	2.65

3.2　测线布置与开挖方案

3.2.1　测线布置

按照建模岩层顺序，从煤层上部泥岩开始，一直到松散含水层下的基岩，在各岩层的底板设置监测线，共计 5 条，如图 7 所示。

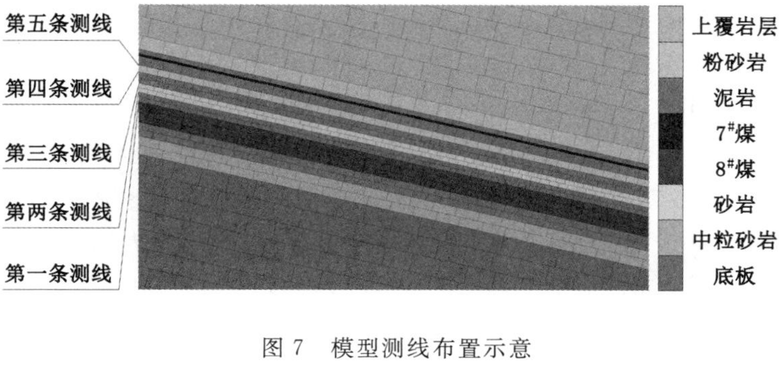

图 7　模型测线布置示意

3.3.2　开挖方案

根据芦岭煤矿Ⅱ888 工作面实际情况，工作面长 130 m，沿走向和倾向两侧各留 50 m 煤柱，模拟工作面沿走向俯采（$-x$ 方向）和仰采（x 方向）分别开挖，每次开挖 5 m，待模型计算稳定后，记录分析工作面覆岩活动与应力变化情况，煤层共计开挖 200 m。

3.3 采场覆岩运移规律

3.3.1 仰采状态

Ⅱ888 工作面仰采状态时不同推进距离下覆岩垂直位移演化特征如图 8 所示。

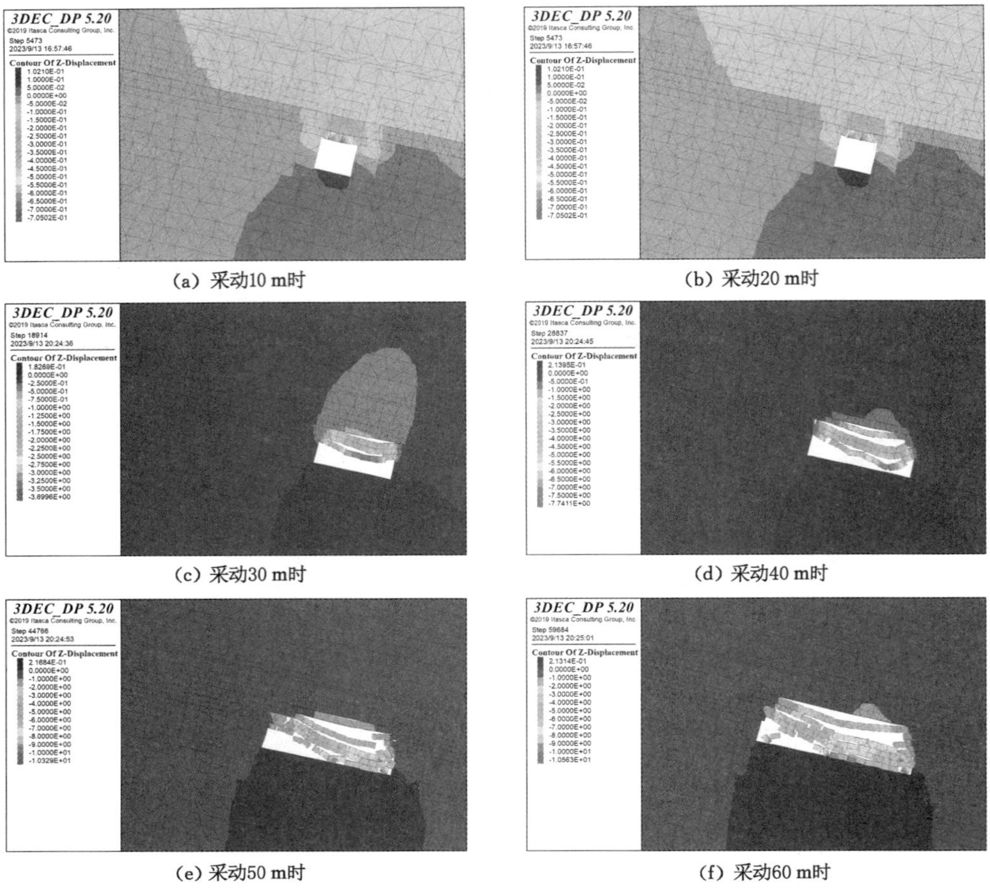

图 8　仰采状态时不同推进距离下覆岩垂直位移演化特征

由图 8 分析可知：

(1) 当工作面推进 10 m 时，工作面直接顶产生大量裂隙并于直接顶下部分层开始垮落，此时基本顶的垂直位移较小，小于 0.5 m。

(2) 当工作面推进 20 m 时，基本顶下分层部分裂隙贯通首先出现断裂，此时基本顶发生初次破断，工作面发生初次来压，基本顶位移量突然增大，垂直位移最大值达到 1.7 m。

(3) 当工作面推进 30 m 时，裂隙已经贯穿至整个基本顶，基本顶大范围垮落，工作面第一次周期来压，基本顶位移小幅度增加，垂直位移量达到 2.6 m。

(4) 当工作面推进 40 m 时，基本顶继续垮落，采空区逐渐被压实，基本顶发生二次破断，此时基本顶上覆岩层同步下沉，基本顶垂直位移量达到 3.3 m。

(5) 工作面继续开挖 40～60 m 时，基本顶出现第三次垮落，上部覆岩随同基岩面同步下沉，采空区后方逐渐压实，采空区中部裂隙逐渐闭合。

3.3.2 俯采状态

Ⅱ888 工作面俯采状态时不同推进距离下覆岩垂直位移演化特征如图 9 所示。

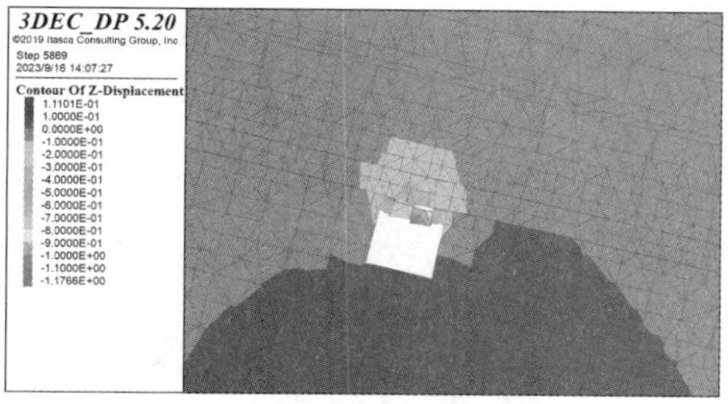

(a) 采动10 m时

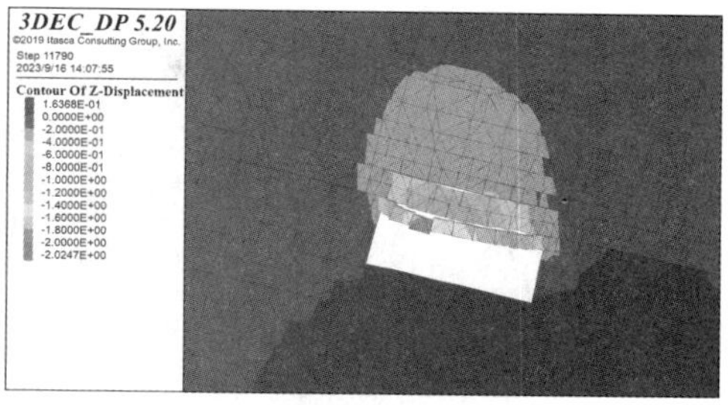

(b) 采动25 m时

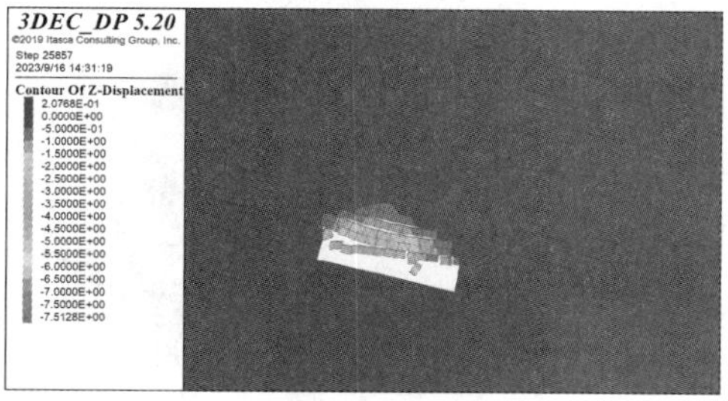

(c) 采动40 m时

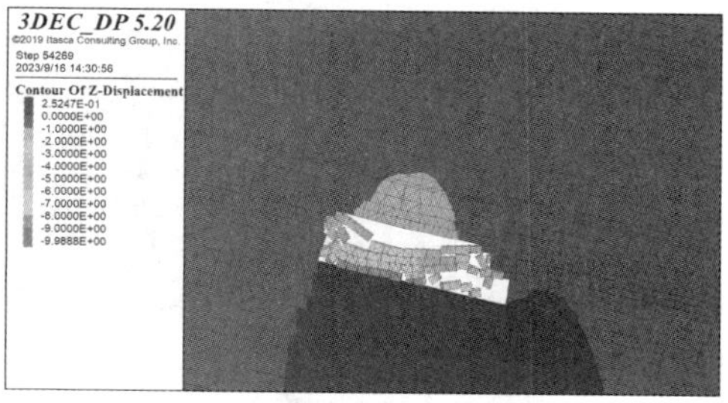

(d) 采动55 m时

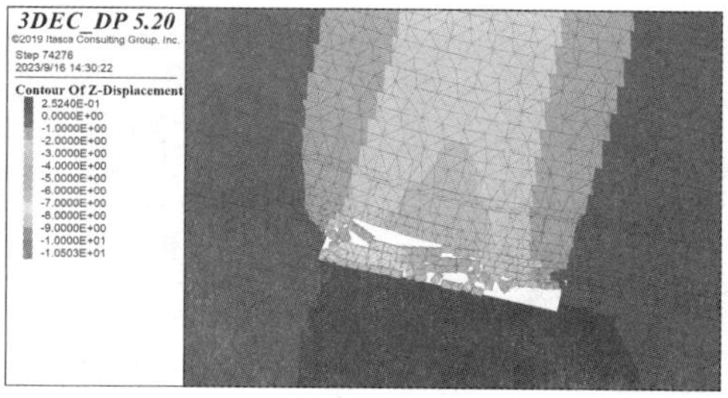

(e) 采动70 m时

图 9　俯采状态时不同推进距离下覆岩垂直位移演化特征

由图 9 分析可知：

(1) 当工作面推进 10 m 时，工作面直接顶较仰采时垮落程度低，基本顶的垂直位移小于 0.4 m。

(2) 当工作面推进 25 m 时，基本顶分层并出现裂隙，此时基本顶发生初次破断，工作面发生初次来压，基本顶位移量最大值达到 1.6 m。

(3) 当工作面推进 40 m 时，裂隙已经贯穿至整个基本顶，基本顶出现大范围垮落，工作面发生第一次周期来压，基本顶位移又小幅度增加，垂直位移量达到 2.4 m。

(4) 当工作面推进 55 m 时，采空区逐渐被基本顶压实，基本顶发生第二次破断，基本顶垂直位移量达到 3.3 m。

(5) 当工作面推进 70 m 时，上覆岩层下沉明显，出现第三次周期来压，此时基本顶垂直位移量达到 4.2 m。

3.4　围岩应力演化特征

3.4.1　仰采状态

Ⅱ888 工作面仰采状态时不同推进距离下覆岩垂直应力演化特征如图 10 所示。

由图 10 分析可知：

(1) 随着工作面的推进，采空区上方的顶板卸压明显，工作面前方顶板出现明显应力集中(超前支承压力)。

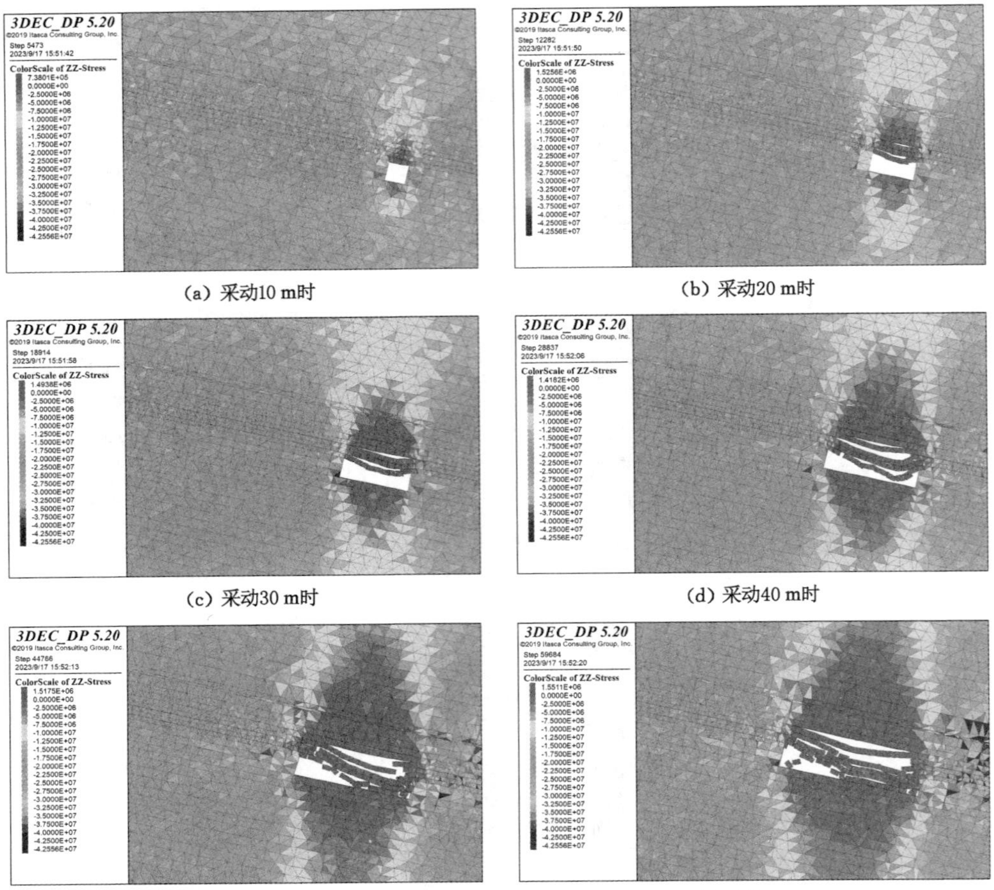

(a) 采动10 m时　(b) 采动20 m时
(c) 采动30 m时　(d) 采动40 m时
(e) 采动50 m时　(f) 采动60 m时

图 10　仰采状态时不同推进距离下覆岩垂直应力演化特征

(2) 工作面推进 20 m 时,工作面发生初次来压,基本顶(第一关键层)初次破断,应力集中系数有较大幅度的增大,工作面超前支承压力达到最大值,此时应力峰值达到 23.4 MPa,应力集中系数为 1.87,影响范围达到 35 m。

(3) 工作面推进 70 m 时,上覆第二关键层发生破断,工作面超前支承压力突然增加,此时应力峰值达到 33.1 MPa,应力集中系数为 2.65,影响范围达到 33 m;随着工作面继续开采,采空区矸石逐渐被压实,工作面后方采空区应力逐渐增大,模型开采完毕后采空区逐渐恢复至原岩应力状态。

3.4.2　俯采状态

Ⅱ888 工作面俯采状态时不同推进距离下覆岩垂直应力演化特征如图 11 所示。

由图 11 分析可知:

(1) 随着工作面的推进,工作面前方超前支承压力在距切眼 27 m 左右时达到峰值 26.7 MPa,应力集中系数显著增大到 2.14,影响范围达到 42 m;可知工作面基本顶(第一关键层)在此时发生初次破断。

(2) 工作面继续开采至 70 m 时,上覆第二关键层发生破断,工作面超前支承压力突然增加,此时应力峰值达到 33.6 MPa,应力集中系数为 2.69,影响范围达到 39 m;随着工作面继续开采,采空区矸石逐渐被压实,工作面后方采空区应力逐渐增大,模型开采完毕后采空区逐渐恢复至原岩应力状态。

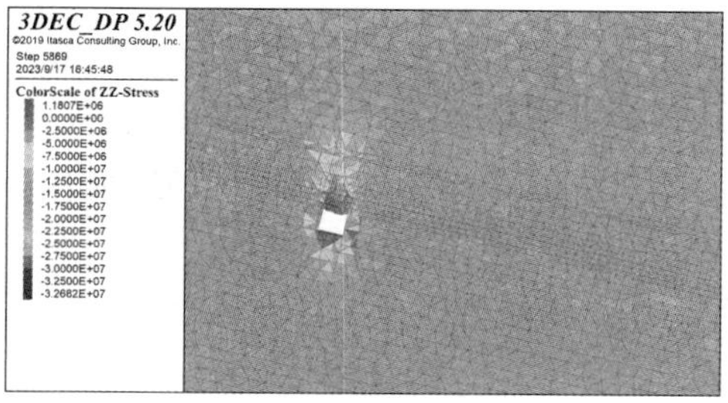

(a) 采动10 m时

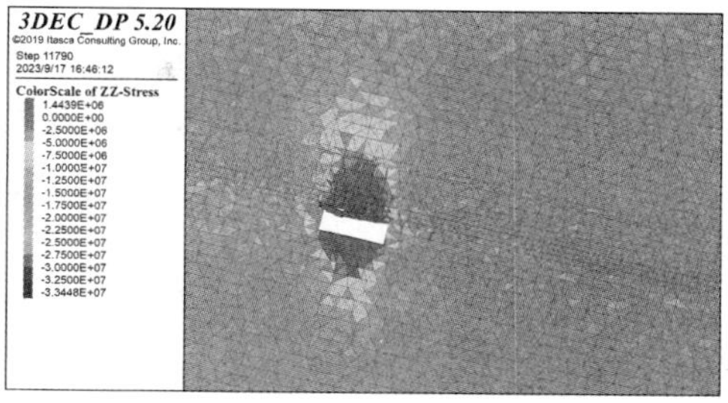

(b) 采动25 m时

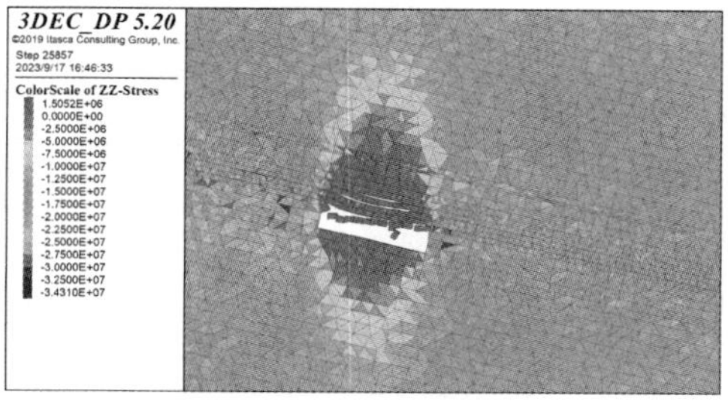

(c) 采动40 m时

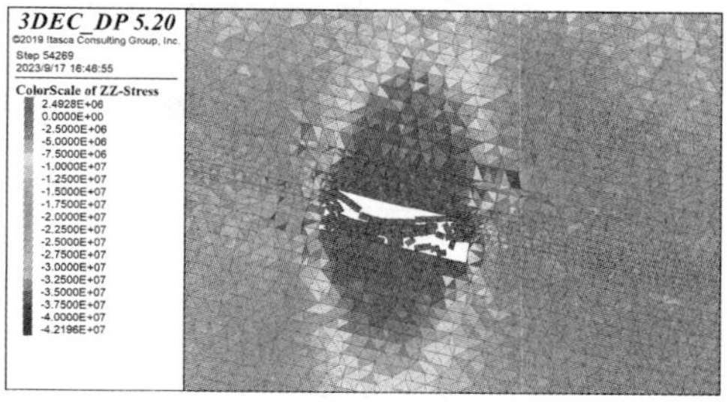

(d) 采动55 m时

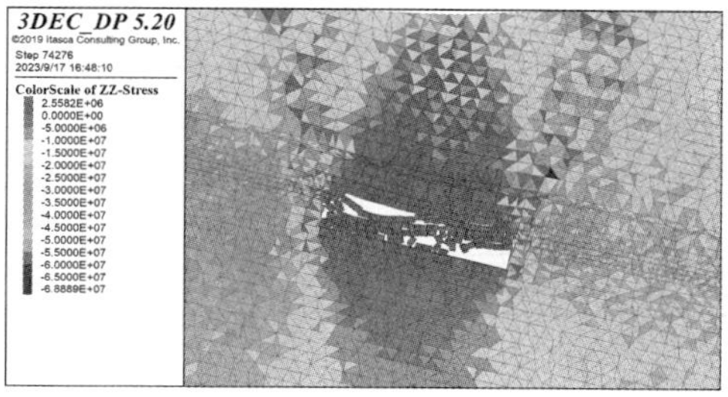

(e) 采动70 m时

图 11　俯采状态时不同推进距离下覆岩垂直应力演化特征

4　采场矿压现场实测

4.1　初次来压特征

Ⅱ888 工作面各测点基本顶初次来压情况见表 2。

表 2　基本顶初次来压情况

测点位置	支架编号	来压步距/m	来压强度/MPa	动载系数
下部测区	5#	21.5	34.8	1.17
	15#	19.8	35.3	1.21
	25#	22.1	35.5	1.19
中部测区	35#	22.7	35.3	1.21
	45#	21.5	37.3	1.18
	55#	21.3	34.6	1.19
上部测区	65#	20.1	36.9	1.31
	75#	19.1	36.6	1.23
	85#	19.9	35.7	1.26

由表 2 分析可知：

(1) 工作面初次来压步距范围为 19.1～22.7 m,平均为 20.8 m,与数值模拟结果相近。

(2) 支架动载系数为 1.17～1.31,平均为 1.24,动载系数较小,工作面来压较稳定。

(3) 沿液压支架方向,工作面来压时,支架压力呈“低—高—低—高—低”趋势,为典型的波状分布。

(4) 工作面机巷侧(下部测区)最大来压强度略低于工作面中部与工作面风巷侧。

4.2 周期来压特征

Ⅱ888 工作面各测点基本顶周期来压情况见表 3。

表 3 基本顶周期来压情况

测点位置	支架编号	来压步距/m	来压强度/MPa	动载系数
下部测区	5#	12.3	34.8	1.02
	15#	11.4	29.3	1.07
	25#	13.3	30.7	1.15
中部测区	35#	9.8	29.7	1.09
	45#	10.5	29.6	1.12
	55#	10.7	30.5	1.20
上部测区	65#	11.2	34.6	1.08
	75#	11.7	32.7	1.03
	85#	12.1	28.8	1.07

由表 3 分析可知：

(1) 工作面周期来压步距为 9.8～13.3 m,平均为 11.4 m,与数值模拟结果相近。

(2) 支架动载系数为 1.02～1.20,平均为 1.08,动载系数较小,工作面来压较稳定。

(3) 当工作面发生周期来压时,沿液压支架方向,支架压力仍然呈“低—高—低—高—低”趋势,为马鞍型分布。

(4) 沿工作面推进方向,周期来压时,液压支架最大来压阻力略小于初次来压时液压支架最大来压阻力。

5 结论

(1) 结合工作面具体开采技术条件,基本顶破断“薄板”力学模型分析结果表明：Ⅱ888 工作面仰采时基本顶初次破断步距为 20.98 m,俯采时初次破断步距为 24.62 m;仰采时基本顶周期破断步距为 11.08 m,俯采时周期破断步距为 15.21 m。

(2) Ⅱ888 工作面仰、俯采时基本顶初次破断特征基本一致;基本顶周期破断时,仰采状态比俯采状态更早达到破断极限,且破断距更短、矿压显现更剧烈。

(3) Ⅱ888 工作面仰采时,超前支承压力峰值位置朝着靠近工作面煤壁的方向偏移;工作面俯采时,超前支承压力峰值位置朝着远离工作面煤壁的方向偏移,俯采应力集中系数稍大于仰采应力集中系数。

(4) 采场矿压现场实测结果表明,Ⅱ888 工作面中上部来压显现程度较为剧烈,建议回采期间应注意工作面来压预警,着重关注该部分液压支架的工作阻力变化,来压期间要做好煤壁管理工作。

参考文献

[1] 谢和平,吴立新,郑德志. 2025 年中国能源消费及煤炭需求预测[J]. 煤炭学报,2019,44(7):1949-1960.

[2] 朱启杰,邢立召,秦庆举,等. 综放工作面提高资源回收率综合措施研究与实践[J]. 能源技术与管理,2021,46(4):69-70,128.

[3] 孔令海. 特厚煤层大空间综放采场覆岩运动及其来压规律研究[J]. 采矿与安全工程学报,2020,37(5):943-950.

[4] 邹栓营,张贵平,侯跃峰. 大倾角"三软"煤层综放工作面覆岩运动规律研究[J]. 能源技术与管理,2022,47(4):68-70.

[5] 关书方,杨长益,师皓宇,等. 大倾角放顶煤上覆岩层结构失稳力学机理研究[J]. 华北科技学院学报,2023,20(4):29-34.

[6] 王红伟,焦建强,伍永平,等. 急倾斜厚煤层短壁综放采场承载结构泛化特征[J]. 煤炭科学技术,2021,49(11):56-64.

[7] 郭玉峰,浦仕江,付巍,等. 综放仰采工作面覆岩移动规律及支架工作阻力确定[J]. 工矿自动化,2021,47(3):89-94,100.

[8] 王伟. 北辛窑矿综放采场上覆岩层结构及移动规律研究[J]. 能源技术与管理,2018,43(3):42-44.

[9] HU S X, MA L Q, GUO J S, et al. Support-surrounding rock relationship and top-coal movement laws in large dip angle fully-mechanized caving face[J]. International journal of mining science and technology,2018,28(3):533-539.

[10] 郭峰,郎丁,黄克军,等. 大倾角软煤综放采场支架-围岩系统失稳研究[J]. 煤炭科学技术,2018,46(4): 123-128.

复杂条件大倾角厚煤层智能化开采关键技术研究

刘强，王雷，赵楠楠

（淮北矿业（集团）有限责任公司袁店二井煤矿 安徽 淮北 235000）

摘　要　袁店二井煤矿 $7_2$53 综采工作面为矿井首个大倾角厚煤层智能化工作面，其回采的 7_2 煤层平均厚度为 3.8 m，煤层倾角平均为 16°，最大达 22°，埋深平均为 664.15 m。由于受复杂地质条件（大埋深、断层富集、煤厚变异）及采煤方法等因素影响，工作面矿山压力显现剧烈，液压支架、采煤机、刮板输送机等设备易发生倾倒滑移。如何保障综采配套装备正常运行，实现复杂条件下工作面智能化安全高效开采，成为袁店二井煤矿亟待解决的技术难题。为解决该难题，矿井于 2022 年 8 月开始联合中国矿业大学开展科研项目"复杂条件大倾角厚煤层智能化开采关键技术研究"，采用现场调研、试验测试、理论分析、数值计算、现场实测及工业性试验等研究方法，开展复杂条件大倾角厚煤层智能化安全高效开采技术研究。研究成果对实现复杂条件大倾角厚煤层智能化安全高效生产具有重大的现实意义和指导价值，保证了 $7_2$53 综采智能化工作面实现连续安全高效回采，单面利润高达 2.42 亿元。

关键词　大倾角；厚煤层；智能化开采

0　引言

淮北矿业集团袁店二井煤矿 2010 年投产，矿井为高瓦斯矿井。$7_2$53 综采工作面为矿井首个大倾角厚煤层智能化工作面，为有效降低工作面回采期间受大埋深、断层富集、煤厚变异等复杂地质条件及采煤方法等因素影响，矿井联合中国矿业大学在 $7_2$53 工作面采用现场调研、试验测试、理论分析、数值计算、现场实测及工业性试验等研究方法，开展复杂条件大倾角厚煤层智能化安全高效开采技术研究。

1　地质概况

$7_2$53 工作面位于 85 采区中南部，东至 F326 及 ZF1 断层，西邻 F9 断层，南至 F26 及 WF4-4 断层，北至大巷保安煤柱线。工作面底板标高为 −530.2～−741.6 m。$7_2$53 工作面可采走向长度为 734 m，切眼长度为 205 m。$7_2$53 工作面回采 7_2 煤，煤层厚度为 1.42～4.21 m，平均为 3.8 m，倾角为 10°～22°，平均为 16°。工作面资源储量为 73.74 万 t，可采储量为 68.58 万 t。

工作面采用倾斜长壁后退式综合机械化采煤方法回采，一次采全高，全部垮落法管理采空区顶板，使用 ZZ10000/21/45D 型支撑掩护式液压支架。

工作面直接顶为泥岩，厚度为 0.85～3.33 m，平均厚度为 1.44 m，灰色～深灰色，块状，含大量植物化石碎片，层面含碳质，性脆。基本顶为粉砂岩，厚度为 1.26～8.30 m，平均厚度为 3.97 m，浅灰色～灰色，中厚层状，平坦状断口，局部含零星植物化石，性脆，易碎。直接底为泥岩，厚度为 2.99～6.38 m，平均厚度为 3.85 m，深灰色，中厚层状，含大量植物化石碎片，层面含大量碳质，少具滑面，性脆，易碎，普遍发育一道煤线。

2 研究方法和技术路线

本项目拟采用现场调研、试验测试、理论分析、数值计算及现场工业性试验等综合研究方法，针对袁店二井煤矿 $7_2$53 工作面具体采矿地质条件，开展复杂条件大倾角煤层智能化安全高效开采技术研究。

2.1 研究 $7_2$53 工作面地质赋存特征及煤岩层物理力学性质

通过现场调研、煤岩体物理力学性能测试等手段，详细掌握 $7_2$53 工作面煤岩层地质赋存条件及煤岩基本物理力学参数，为项目后续研究奠定基础。

2.2 研究深埋大倾角厚煤层俯斜开采基本顶破断力学特征

构建倾斜长壁俯采工作面粉砂岩基本顶破断力学模型，理论分析粉砂岩基本顶岩层内部应力类型及分布状态，明确粉砂岩基本顶的破断诱因，计算粉砂岩基本顶初次破断距和周期破断距，系统掌握工作面基本顶破断力学特征。

2.3 研究深埋大倾角厚煤层俯斜开采覆岩破坏运动规律

建立深埋大倾角厚煤层俯斜开采数值计算模型，模拟分析倾斜长壁工作面推进过程中采动覆岩移动与裂隙发育特征，重点分析不同区域条件下(如断层发育区、煤厚变异区等)采场围岩应力(包括垂直应力、水平应力、超前支承压力)异常演化规律及弹塑性区分布特征。

2.4 评价深埋大倾角厚煤层俯斜开采智能化装备的适应性

根据 $7_2$53 工作面具体地质条件、现有生产能力及装备性能指标，分析工作面主要配套装备(如液压支架、采煤机、刮板输送机等)的相互匹配程度及工况水平，系统评价深埋大倾角厚煤层俯斜开采智能化装备适应性。

2.5 构建深埋大倾角厚煤层智能化安全高效开采技术体系

提出适用于 $7_2$53 俯采工作面采矿地质条件的防飞矸、防冒顶、支架防倒防滑、工作面两巷顶板管理、工作面过断层发育区及煤厚变异区等安全防控技术，构建一套深埋大倾角厚煤层工作面智能化安全高效开采技术体系。

2.6 开展智能化安全高效开采现场工业性试验及效果评价

根据 $7_2$53 工作面回采接替计划，适时开展工作面矿压显现规律现场实测工作，及时反馈采场围岩稳定性控制情况，验证智能化工作面主要配套装备的适应性，客观分析复杂条件大倾角煤层智能化开采实际应用效果。

2.7 总结项目研究成果

总结项目研究成果，编制项目验收报告。

3 地质赋存特征及煤岩基本物理力学性质测试

在 $7_2$53 工作面完整区域顶底板及煤层中各取一组代表性试样，煤样、顶底板各岩层岩样均来自见煤地质钻孔。$7_2$53 工作面典型煤岩基本物理力学参数测试结果如下。

3.1 煤层顶板

直接顶泥岩、基本顶粉砂岩、上覆岩层砂岩的密度分别为 2 661 kg/m^3、2 688 kg/m^3、2 708 kg/m^3；单轴抗压强度均值分别为 24.02 MPa、35.98 MPa、40.87 MPa；单轴抗拉强度均值分别为 1.59 MPa、3.14 MPa、4.02 MPa；单轴剪切强度均值分别为 4.9 MPa、17.9 MPa、23.3 MPa；黏聚力均值分别为 1.74 MPa、4.74 MPa、5.17 MPa；内摩擦角均值分别为 32°、35°、37°。

3.2 7_2 煤层

7_2 煤层的密度为 1 400 kg/m³，单轴抗压强度均值为 20.8 MPa，单轴抗拉强度均值为 1.09 MPa，单轴剪切强度均值为 3.5 MPa，黏聚力均值为 1.5 MPa，内摩擦角均值为 29°。

3.3 煤层底板

直接底泥岩、基本底粉砂岩、下伏岩层砂岩的密度分别为 2 661 kg/m³、2 688 kg/m³、2 708 kg/m³；单轴抗压强度均值分别为 24.02 MPa、35.98 MPa、40.87 MPa；单轴抗拉强度均值分别为 1.59 MPa、3.14 MPa、4.02 MPa；单轴剪切强度均值分别为 4.9 MPa、17.9 MPa、23.3 MPa；黏聚力均值分别为 1.74 MPa、4.74 MPa、5.17 MPa；内摩擦角均值分别为 32°、35°、37°。

4 深埋大倾角厚煤层俯斜开采基本顶破断力学特征

根据 7_253 工作面采矿地质条件，采用矿山压力与岩层控制相关理论，分别建立了基本顶初次破断"固支梁"力学模型和基本顶周期破断"悬臂梁"力学模型(图 1 和图 2)，研究了 7_253 工作面基本顶破断力学特征。在此基础上，采用 FLAC3D 数值模拟软件，分析了 7_253 工作面不同开采阶段基本顶破断演化过程，为采场矿压显现规律研究提供了理论依据。

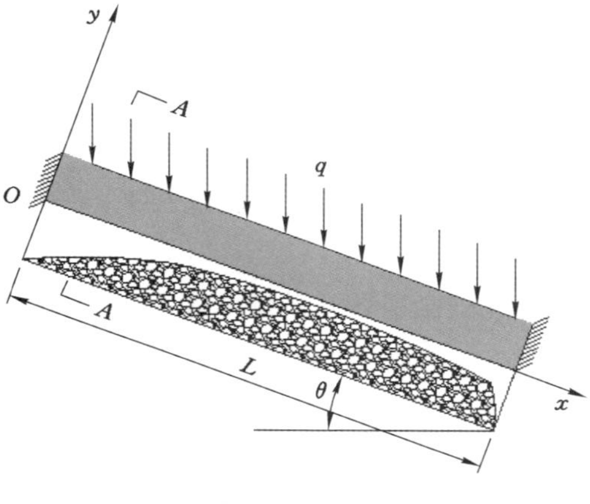

图 1 7_253 基本顶初次破断"固支梁"力学模型

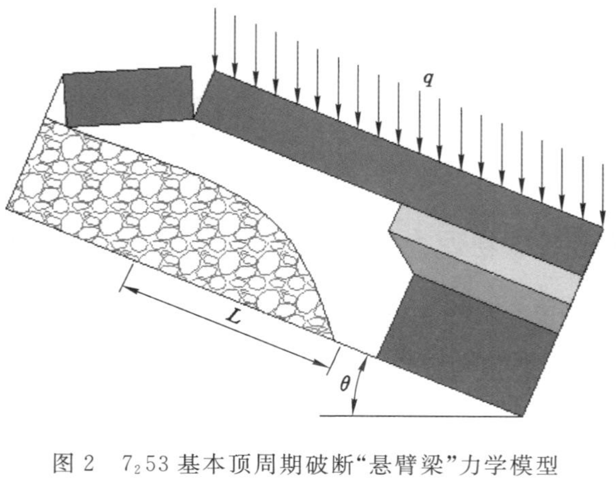

图 2 7_253 基本顶周期破断"悬臂梁"力学模型

5 深埋大倾角厚煤层俯斜开采覆岩破坏运动规律

基于$7_2$53工作面具体采矿地质条件，精确建立3DEC大型数值计算模型，模拟分析$7_2$53工作面不同开采阶段的覆岩移动规律、裂隙发育特征及采场应力分布特征。

采动覆岩破坏与下沉特征数值模拟结果表明：工作面初次来压步距为30 m，此时基本顶发生破断，垂直工作面上覆岩层塑性区发育高度为34 m，工作面周期来压步距为15 m，当工作面开采至90 m时，主关键层破断，上部覆岩变形发育至模型表面，塑性区发育高度为48 m；当工作面推进距离大于200 m时，工作面基本达到充分采动，塑性区高度发育到77 m，之后工作面开采，塑性区最大高度不再增加，仅沿工作面推进方向发育。

6 深埋大倾角厚煤层俯斜开采智能化装备适应性评价

依据具体的采矿地质条件及设备技术参数，并根据生产能力、设备性能、几何关系、智能化水平要求等匹配原则，对$7_2$53工作面主要配套装备（采煤机、液压支架、刮板输送机）的整体适应性进行了评价。

6.1 采煤机技术参数与工作性能评价

7_2煤层设计生产能力为0.7 Mt/a，日产2 400 t。在采煤机割煤过程中，采高与煤厚要相符，且采煤机滚筒直径要大于0.5倍采高。综合选择MG650/1550-WD型采煤机，滚筒直径为2.0 m，截深为0.8 m，性能满足要求。

6.2 液压支架技术参数与防倒防滑性能评价

根据计算，$7_2$53工作面支架所需最小支护强度为0.84 MPa，支架初撑力为1.06 MPa，底板比压为0.57 MPa。$7_2$53工作面选用的液压支架型号为ZZ10000/21/45D，额定支护强度为1.35 MPa、额定初撑力为7.76 MPa，额定底板比压为2.45 MPa，能够完全满足计算结果所需最低要求。

根据计算，$7_2$53工作面正常回采期间，液压支架要保持稳定，其最小工作阻力应不小于2 683.5 kN。$7_2$53工作面所选液压支架型号为ZZ10000/21/45D，额定工作阻力为10 000 kN，完全可以满足工作面液压支架不发生失稳的临界支护阻力的要求。$7_2$53工作面开采期间支架倾倒失稳力学模型如图3所示。

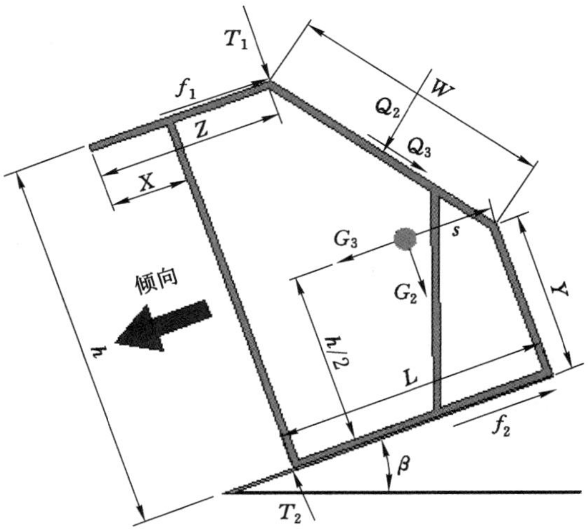

图3 $7_2$53工作面开采期间支架倾倒失稳力学模型

6.3 刮板输送机技术参数与工作性能评价

经分析，采煤机最大生产能力为 1 176 t/h，因此刮板输送机运量应不低于 1 360 t/h。考虑 $7_2$53 工作面刮板输送机长度与煤厚变化，选择槽宽为 1 000 mm 的刮板输送机，其理论运输能力为 2 500 t/h，可充分满足工作面的运输要求。当刮板输送机铺设长度为 220 m 时，选功率为 1 000 kW、总装机功率为 2×1 000 kW 的电机，链条强度满足刮板输送机正常使用要求。

7 深埋大倾角厚煤层智能化安全高效开采技术体系

以袁店二井 $7_2$53 工作面具体开采条件为基础，提出了工作面“三机”稳定性控制技术，在此基础上结合设备智能化技术制定了综采工作面防片帮、冒顶控制技术和安全高效过断层技术，并对工作面智能开采过程中常见的故障进行了分析总结，完善了智能工作面故障管理技术，为相似条件下智能化综采工作面安全高效开采提供了经验与技术。

7.1 工作面“三机”稳定性控制技术

7.1.1 支架稳定性控制技术

$7_2$53 工作面俯采角度较大，液压支架重心前移，采空区冒落矸石对液压支架产生推挤作用，造成液压支架存在前趴趋势。因此提出采取增大液压支架初撑力和带压移架、合理控制移架速度、增大支架顶梁与顶底板间的摩擦因数、液压支架联合控制、液压支架姿态控制等措施确保支架的稳定性。

7.1.2 刮板机稳定性控制技术

工作面推进过程中，受到支架的不稳定因素影响，极易导致刮板输送机沿煤层底板下滑。因此提出加强进度监测、严格跟顶回采、及时通信联络、合理搭接设备、改进推移方式、设置防滑装置等措施确保刮板机的稳定性。

7.1.3 采煤机稳定性控制技术

在上行割煤工作时，采煤机向上运动受到重力分力和摩擦阻力的阻碍，当二者复合作用大于其本身的牵引力时，采煤机会发生下滑、倾倒等现象；在下行割煤工作时，采煤机的重力分力和牵引力沿斜面向下，而摩擦阻力的方向与其相反，因此采煤机下行运动相对于上行更容易。然而，如果斜面角度过大，采煤机重心下移，甚至导致脱离滑道，难以复位，会给工作面生产造成极大困扰。因此提出松动爆破弱化矸石、制定安全检修措施、合理控制牵引速度、及时清理冒落碎石等措施确保采煤机的稳定性。

7.2 工作面智能化安全高效开采技术

7.2.1 工作面过断层智能控制技术

工作面安全高效过断层技术具体包括采煤机采高智能控制、矿压智能监测预警、液压支架群体补压、超前移架控制顶板、卧底量保持、采煤机速度预先设置、采煤机自适应调高控制等技术，为工作面过断层期间的安全开采提供技术支持。

7.2.2 工作面冒顶智能控制技术

预防工作面片帮、冒顶的控制技术具体包括液压支架数据解算、工作面远程“一键停止”、智能跟机、顶板加固等技术，可为 $7_2$53 工作面实现安全高效开采提供可靠保障。

7.3 工作面设备智能化管理技术

工作面设备智能化管理技术包括：针对 $7_2$53 智能工作面硬件易损坏、信息传输不稳定且易受干扰的问题，设计了工作面“三机”防干涉监测技术，具体措施为在刮板输送机两端安装测距装置，并在此基础上计算推移刮板输送机步距，为智能移架工艺提供技术保障。

基于$7_2 53$智能工作面控制监测单元复杂的特点，采用了工作面设备故障智能管理技术，包括：系统冗余设计与故障分级管理，保证工作面生产的连续性，为维持智能化工作面稳定运行提供新思路。

8 智能化安全高效开采现场工业性试验及效果评价

8.1 $7_2 53$工作面整体运行可靠性综合评价

研究结果表明，通过采用多层次分析的模糊综合评价方法对智能工作面进行可靠性评价，建立工作面设备信息监控系统、回采巷道集控中心、液压支架电液控系统、采煤机控制系统、乳化液泵站智能供液系统等一级评价子系统5个、二级评价指标25个，计算得到各指标的权值，基于20名人员的评价反馈，得到各一级评价子系统的模糊综合评价的评价向量，并根据最大隶属度原则得到评价结果：$7_2 53$智能化工作面系统的可靠性水平综合评价结果为“比较可靠”。

通过现场统计，采用事件树安全评价方法对工作面智能移架7类结果事件概率进行计算，结果表明：智能移架成功与失败概率分别为99%、1%。根据计算结果，$7_2 53$工作面智能移架的可靠性水平综合评价结果为“非常可靠”。

8.2 $7_2 53$工作面技术经济效益分析

研究结果表明，$7_2 53$工作面采用了智能监测、压力预警等智能化技术，使得工作面的生产效率和安全性得到了大幅度提升，工作面作业人数由117人减至51人，单班生产作业人员由23人减至14人，为煤矿智能化发展提供了有力支撑。

$7_2 53$工作面对采煤机、刮板输送机等设备进行实时监控，及时发现故障并进行处理，避免因设备故障而影响生产进度，设备开机率提高了7.0%，资源回收率增加了3.9%，并且优化了生产计划和资源配置，单面利润上升21.0%，达到2.42亿元，回采工效增长了136.3%，进一步提高生产效率和经济效益。

9 结论

本文通过探索实践，初步形成了袁店二井煤矿复杂条件大倾角煤层智能化安全高效开采技术研究成果，可在以下三个方面形成可推广的示范作用：

（1）俯采工作面顶板破断运动规律的研究思路；

（2）智能化工作面安全高效开采技术的实施方案；

（3）装备整体适应性及工作面运行综合评价方法。

智能化工作面提高了生产效率和安全性，减少人员伤亡，降低了生产成本和设备故障发生率，基本实现了“两解放”“两提高”“一保障”的目标，对煤矿智能化建设具有重要指导意义。

参考文献

[1] 王国法，任世华，庞义辉，等. 煤炭工业“十三五”发展成效与“双碳”目标实施路径[J]. 煤炭科学技术，2021，49(9)：1-8.

[2] 王海钢. 煤矿5G智能化应用实践关键技术研究[J]. 矿业安全与环保，2023，50(5)：94-98.

[3] 杨成龙. 以智能化建设为引擎助推企业迈上高质量发展快车道[J]. 中国煤炭工业，2023(10)：42-43.

[4] 袁亮.煤炭精准开采科学构想[J].煤炭学报,2017,42(1):1-7.
[5] 袁亮,吴劲松,杨科.煤炭安全智能精准开采关键技术与应用[J].采矿与安全工程学报,2023,40(5):861-868.
[6] 张婉丽,洪伟斌,黄皓炫,等.基于 CiteSpace 的中外煤矿智能化研究可视化分析[J].矿业研究与开发,2023,43(9):26-33.

综采工作面“不扩面”快速拆除工艺及实践研究

赵玉明，张培，陈璐

（淮北矿业（集团）有限责任公司 生产装备分公司 安徽 淮北　235000）

摘　要　为了实现综采工作面设备的安全高效拆除，进而确保工作面收作落实 45 d 封闭制的硬性要求，以淮北矿业（集团）有限责任公司祁南矿 312 工作面为研究对象，提出了一种新型的综采工作面“不扩面”快速拆除工艺。探索了工作面回撤前“锚杆＋锚索＋锚索梁”的顶板补强支护方案，在液压支架上方实现了顶板预支护，为“不扩面”拆除工艺的实施提供了安全屏障；在此基础上提出了顺山式回撤与掩护式回撤协同作业的组合式出架新方法。实践表明：新型快速拆除工艺可将拆除工期较常规工艺提前至少 15 d 时间，工人提前投入下个采煤工作面生产，可增加 150 万 t 左右的原煤产量，为解决煤矿井下采搬失调难题提供新思路。

关键词　综采工作面；快速拆除；不扩面；顺山式回撤；工艺优化

0　引言

为了提高综采工作面的拆除效率，相关企业和科研人员已进行了大量研究和尝试，主要从研发新设备与改善工艺两个方面进行。如张希望[5]研发了一种综采液压支架回撤装置，该装置可拆卸性好，适合于井下运输，并设计有行走油缸，自移性能较好，但其操作流程较烦琐，且液压支架上移过程中设备稳定性差。郭辉等[6]通过引入纤维柔性网护顶技术代替金属网片铺联网工艺，提高了工作面的资源利用率和回撤效率。张杰、孙峰等[7-8]采用数值模拟和理论分析相结合的方法研究了回撤通道围岩控制技术，借助扩安一体装置或通过优化工艺参数实现了较佳的控顶效果。黄辉[9]分析了综采工作面双掩护支架支护拆除工艺，并对比研究了抬棚支护与双掩护支架支护之间的优缺点。牛宏亮等[10]提出了不规则综放工作面的布置和配套工艺流程，为不规则综放工作面开采期间的端头顶板管理提供了技术经验。魏玉杰[11]提出了一种大坡度下山回撤技术的工艺，实现了采煤工作面设备大坡度下山安全回撤。王飞龙等[12]采用单通道双翼回撤工艺，对搬家过程支架搬运环节进行了优化处理。胡永立等[13]发明了一种 E 型推移与磨架装置，改变了传统液压支架拆除时需交替架棚、回棚以及搬运单体柱等原始作业方式，实现了双掩护支架“交叉、迈步”自移和回撤支架安全磨架功能，省力省时，在大倾角回撤时效果将更为显著。

上述研究从不同角度探讨了设备拆除的新工艺和新方法，一定程度上改善了综采工作面的拆除效率和作业的安全性，但采搬失调现状仍然未能得到根本解决[14-15]。为此，本文探索了工作面回撤前“锚杆＋锚索＋锚索梁”的顶板补强支护方案，提出了顺山式回撤与掩护式回撤协同作业的组合式出架新方法，实现了综采工作面的高效“不扩面”拆除，为解决煤矿井下的采搬失调难题提供了工艺和方案基础[16-17]。

1 采煤工作面概况

淮北矿业(集团)有限责任公司祁南煤矿312工作面走向长539 m,倾斜长247 m。煤层赋存较稳定,煤厚为1.3～3.5 m、平均为2.8 m,煤层倾角为6°～15°、平均12°。直接顶为泥岩,厚度为1.22～4.43 m,平均为2.54 m;基本顶为细粉砂岩,平均厚度为2.62 m;直接底为泥岩,厚度为0.99～6.22 m、平均为4.02 m。风巷运输距离为370 m,最大倾角为20°;机巷运输距离为300 m,最大倾角为16°。涉及的综采工作面设备如表1所示。

表1 综采工作面设备清单

名称	型号	数量
基本支架	ZY6800/17/36	159架
端头支架	ZY6800/19/40	2架
超前支架	ZQL2×4000/18/35	9架
采煤机	MG550/1430-WD	1台
刮板输送机	SGZ-800/1400	1部

2 “不扩面”快速拆除工艺流程

综采工作面回撤前,对顶板采用预支护工艺,铺网补强顶板、“锚杆＋锚索＋锚索梁”的支护方案,从而“不扩面”回撤综采工作面。该工艺减少了使棚工序,降低人员进入煤壁架棚等安全威胁。拆除工程准备完成后,柴油单轨吊进面,将解体后的采煤机和刮板输送机吊装回收。机尾段的液压支架采用顺山式回撤方式,机头段的液压支架采用掩护式回撤方式。合茬后,回撤两架掩护架及新型掩护支架,在掩护支架掩护下,依次回收剩余顺山支架。“不扩面”快速拆除工艺流程如图1所示。

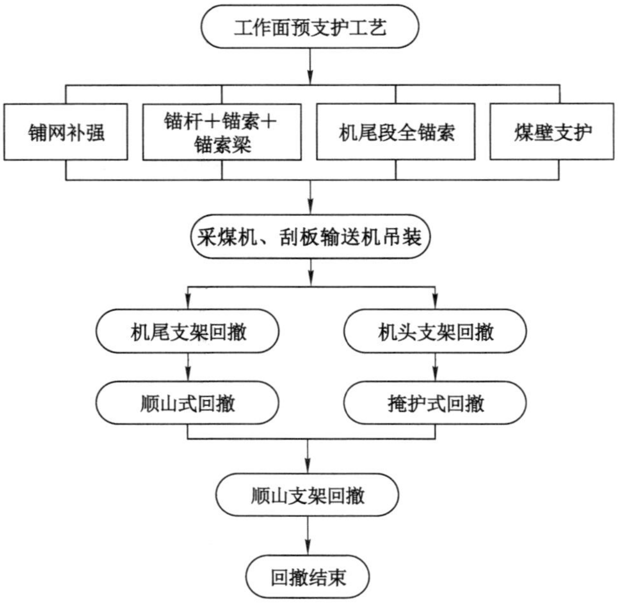

图1 “不扩面”快速拆除工艺流程图

3 支护工艺

3.1 顶板预支护工艺

工作面铺网段、出架通道采用“锚杆＋锚索＋锚索梁”的支护形式。工作面共铺网 12 硐。人工辅助机械完成铺设。第 1 硐金属网(作为引网),第 2～12 硐采用“单层矿用高强聚酯纤维柔性网＋钢丝绳＋半圆木”进行铺设。从第 5 硐开始直至终采线,沿顺山方向对顶板进行补强支护,在顶板布置一道锚索梁(第 5 硐),7 排锚杆锚索交错布置(6～12 硐),确保支护强度满足现场安全要求。采煤机、刮板输送机和液压支架配合采煤机每前进 1 硐,即采用柔性网对顶板进行铺设,同时支护一排,排距为 L。相关支护设备及支护方式分别如表 2 和表 3 所示。

表 2 支护设备型号

顶板锚杆	帮部锚杆	锚索	机尾煤顶锚索
GM22/2600	MGSL22/2200	YMS22/6300	YMS22/10000

表 3 第 1～12 硐顶板支护方式

位置(硐)	支护方式	锚杆间距	锚索间距
1	金属网	—	—
2～4	柔网	—	—
5	柔网＋锚索梁	—	$1L$
6	柔网＋M 型钢带＋锚索/杆	$1L$	$1L$
7	柔网＋M 型钢带＋锚索/杆	$0.5L/1L$	$2L$
8	柔网＋M 型钢带＋锚索/杆	$0.5L/1L$	$2.5L$
9～11	柔网＋M 型钢带＋锚索/杆	$1L$	$1L$
12	柔网＋M 型钢带＋锚索/杆	$0.5L/1L$	$1L$

在工作面机尾煤顶破碎段,为提高支护等级,整体设置长为 $10L$(可根据现场实际情况调整)、间距为 $0.5L$ 的全锚索强化支护,如图 2 所示。并且每架液压支架顶梁上方走向加垫不少于 3 排木料,以防止液压支架顶梁升降过程中破坏支护锚杆或锚索。

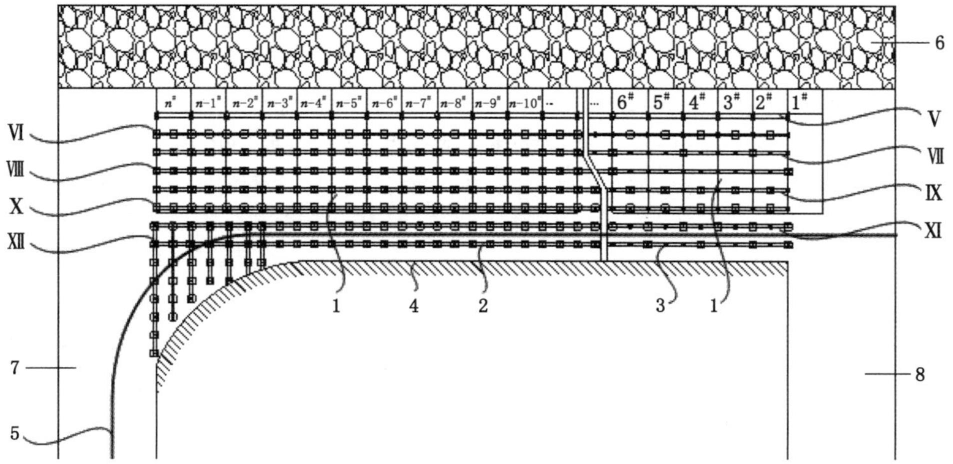

1—待撤支架;2—锚索;3—锚杆;4—终采线煤壁;5—单轨吊悬轨;6—采空区;7—风巷;8—机巷。

图 2 综采工作面支护示意图

3.2 “不扩面”工艺

由于综采工作面的采煤机采煤结束后只能再割 2 硐的距离，不能满足传统液压支架出架方式所需要的距离，需要人工进行扩面，效率极低。新型的支护工艺，顶板支护强度得到改善，掩护支架不需要紧贴着跟随待撤支架前移，中间可间隔一个架距以增大液压支架抽架调向空间，使得切眼预留通道由 3.6～4.0 m 降低至 1.6～2.0 m，不仅提高了工作效率，而且保障了工人的施工安全。

3.3 煤壁支护及回撤通道准备

如图 2 和图 3 所示，对终采线煤壁侧及其他巷道侧采用“锚杆＋钢带”封帮，从煤顶到巷底每排均匀打 3 根锚杆，取消原“单体＋木垛”的支护方式，既提高了安全性又降低了损耗。

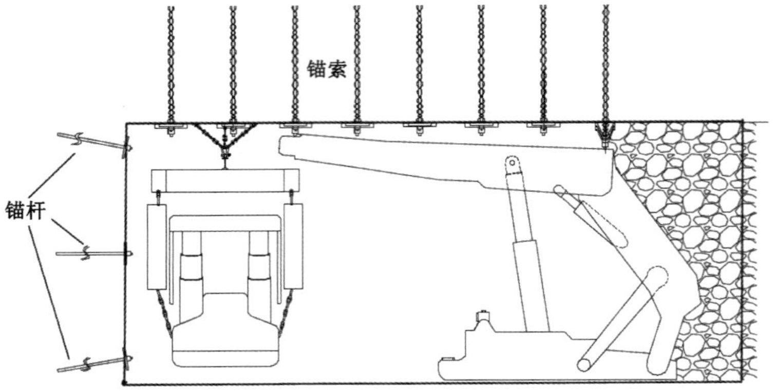

图 3　煤壁支护方案断面图

铺网结束后，待撤支架梁端距终采线(煤壁)2 m，施工一排距待撤支架梁端 0.7 m、距煤壁 1.3 m 的单轨吊悬轨，并与风巷单轨吊悬轨闭合。为满足单轨吊进切眼及整架运输要求，工作面出架通道高度≥3.4 m，单轨吊悬梁距底板高度≥2.8 m；上出口（风巷与综采工作面接口处）由人工刷大抹角，方便单轨吊转弯通过；并使用锚索配合 M 型钢带进行顶板补强支护，曲率半径不小于 9 m，扩刷后煤壁侧距单轨吊中心线不小于 2 m。煤壁侧 $1/3n$ 架、$2/3n$ 架处各施工一绞车硐室，并安装 JSDB-19 型调架绞车。

4　回撤工艺

4.1 机尾顺山式回撤

(1) 在综采工作面机尾预留 2 架液压支架($n^{\#}$、$n-1^{\#}$)补强支护上出口顶板。将 $n-2^{\#}$、$n-3^{\#}$、$n-4^{\#}$、$n-5^{\#}$ 液压支架依次调出，并及时在老塘侧支设连续木垛支护顶板。使用单轨吊将专用新型回撤掩护架运至机尾合适位置，就位后升起支架支护顶板，并将支架上盖板伸缩梁伸出 1.1 m，紧贴 $n-6^{\#}$ 液压支架侧板。

(2) 调出 $n-6^{\#}$ 液压支架，并用单轨吊一次整装运出。首先通过调向绞车、单体支柱配合支架自移调出 $n-7^{\#}$ 支架并使其就位于新型回撤掩护架与单轨吊悬轨之间，升起支护顶板；然后新型回撤掩护架降架，配合绞车、单体辅助调向成顺山方向，其梁端抵近 $n-8^{\#}$ 液压支架，就位后升起支护顶板；最后将 $n-7^{\#}$ 支架降架，通过绞车、单体辅助配合自移调向成顺山方向，其梁端抵实 $n-1^{\#}$ 支架，就位后升起支护顶板。双掩护式回撤工艺示意图如图 4 所示。

再次用同样的方式将 $n-8^{\#}$ 和 $n-9^{\#}$ 液压支架调出，并利用单轨吊运至硐室进行解体。

(3) 将 $n-10^{\#}$ 支架调出，配合绞车、单体辅助调向成顺山方向，其梁端抵近 $n-7^{\#}$ 液压支架作为顺山支架；同时每调出 1 架液压支架，新型回撤掩护架就必须向前移动长度 L，其伸缩梁抵近下

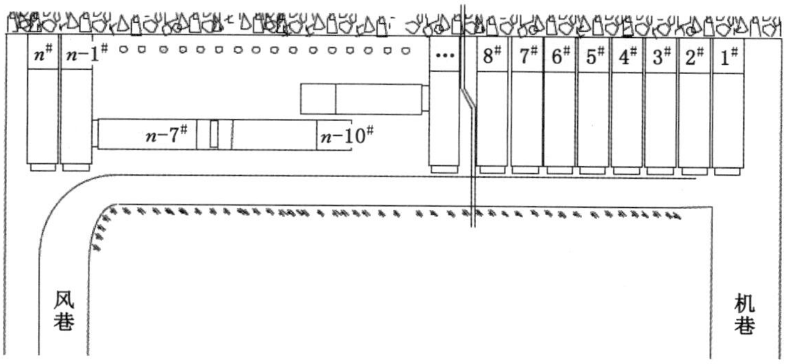

图 4　双掩护式回撤工艺示意图

一架回撤支架。

每调出 3 架液压支架，前两架用单轨吊整装运出，第 3 架调向作为顺山支架，配合新型回撤掩护支架错位布置，依次循环自下而上回撤支架，形成一排顺山支架补强支护顶板。

4.2　机头掩护式回撤

将机头 1#、2# 液压支架调出，再将 3#、4#、5# 液压支架调出作为掩护架，补强支护顶板。在掩护架前安装横梁，通过横梁实现掩护支架迈步前移。横梁上装有转向千斤顶，配合液压支架自移，将待撤支架移动至柴油单轨吊起吊点，使用柴油单轨吊整架运出，依次循环自下而上回撤支架。

由于对顶板及出架通道采用了主动预支护，增加工作面顶板支护强度，掩护支架与待撤支架可间隔 1 架液压支架的距离，增大了抽架及调向的空间，降低了对出架通道的宽度限制，无须人工扩面。

4.3　交汇区回撤

采用上述顺山式回撤工艺来回撤综采工作面机尾的液压支架，工作面机头的液压支架回撤采用传统的掩护式回撤方式。两种工艺同时施工，可大大提高综采工作面的出架效率。

如图 5 所示，工作面支架回撤至合茬位置前，停止调顺山支架，使用双掩护支护方式将走向支架回撤完毕，回撤两架掩护架及新型掩护支架，利用 1 架掩护架补强回撤顺山支架，每回收一架顺山支架，掩护支架向前拉移，依次回收剩余顺山支架。调出的液压支架使用单轨吊通过风巷运出，之后进行解体。该工艺使出架效率提高了 1 倍，有效解决了采搬失调的难题。

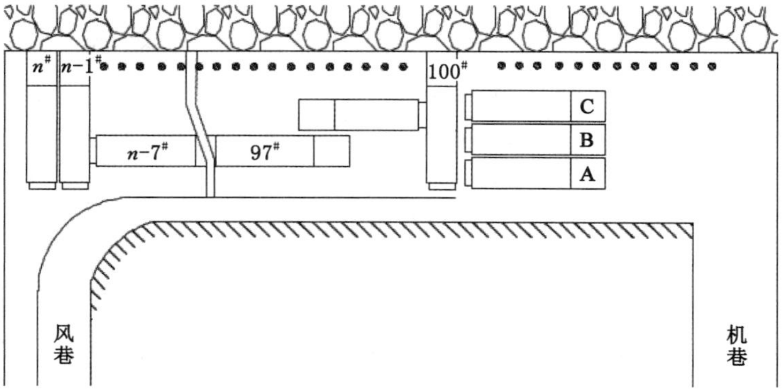

图 5　风巷单独运输出架示意图

4.4 顺山式与掩护式组合回撤

根据井下具体工况，可以将传统掩护式回撤、新型顺山式回撤方式组合，单轨吊撤出通道也可选择风巷、机巷组合。因此，可得多种综采工作面设备拆除的工艺组合，实现单点抽架单方向运输、单点抽架双方向运输、双点抽架单方向运输、双点抽架双方向运输等组合式回撤工艺。部分可实施的回撤工艺组合方式如表 4 所示。

表 4 部分可实施的回撤工艺组合方式

单点抽架单方向	单点抽架双方向	双点抽架单方向	双点抽架双方向
WT-YJ	WT-S(J+F)	WZ-YJ+TZ-SJ	WZ-SJ+TZ-SF
WT-SJ	TW-S(J+F)	WZ-SJ+TZ-SJ	WZ-SF+TZ-SJ
WT-SF	—	WZ-SF+TZ-YF	ZW-YF+ZT-YJ
TW-YF	—	WZ-SF+TZ-SF	ZW-YF+ZT-SJ
TW-SJ	—	ZW-SJ+ZT-SJ	ZW-SF+ZT-YJ

表 4 中，W 表示回撤起点为机尾段；T 表示回撤起点为机头段；Z 表示回撤起点为中间段；Y 表示回撤方式为传统掩护式回撤；S 表示回撤方式为新型顺山式回撤；J 表示单轨吊转运液压支架走机巷通道；F 表示单轨吊转运液压支架走风巷通道。

部分组合工艺示例如下：WT 表示回撤方向为从机尾段朝机头段。YF 表示使用掩护架式回撤，单轨吊转运走风巷通道运输。WT-YJ 表示综采工作面液压支架回撤方式为单方向的从机尾向机头段使用掩护式回撤，单轨吊转运液压支架走机巷通道。WT-Y(J+F)表示综采工作面液压支架回撤方式为单方向的从机尾向机头段使用掩护式回撤，单轨吊转运液压支架同时走机巷和风巷通道。WZ-YJ+TZ-YJ 表示综采工作面液压支架回撤方式为双方向同时进行，一边是机尾向中间段使用掩护式回撤，单轨吊转运液压支架走机巷通道；另一边是机头向中间段使用掩护式回撤，单轨吊转运液压支架走机巷通道。

当风巷和机巷同时作为出架通道时，需对机巷和风巷做相同强度的支护，两条出架巷道各悬挂一台单轨吊，可从综采工作面两头同时回撤液压支架。根据工作面条件选择合适的回撤工艺组合，可大大提高工作效率和经济效益。

5 工艺验证

祁南矿 312 综采工作面于 2022 年 8 月 18 日完成铺网封帮；安拆项目部 8 月 20 日开始拆除采煤机、刮板输送机，8 月 23 日具备上、下端头同时调架条件。至 8 月 25 日机尾采用顺山式回撤方式已拆除 10 架、机头采用掩护式回撤方式已拆除 5 架，溜槽回收 90 块，煤机、电缆及开关列车已回收完毕。5 个圆班完成了以往 8 个圆班的工作量，效率提升 30%以上，且顺山式、掩护式两种支架回撤方式，在一个拆除工程中做到了融合共进，在淮北矿业历史上尚属首次。312 综采工作面液压支架回撤现场如图 6 所示。

采用新型支护工艺“不扩面”回撤液压支架，顺山式、掩护式回撤方式协同施工，拆除准备工期较常规工艺提前 10 d。工序协同，机头、机尾同时调架，拆除工期较常规工艺提前 15 d。新工艺的实施，取消了木垛，平均每标准工作面减少木料投入约 30 万元。同时采煤队伍提前投入下个采煤工作面生产，大约可增加 150 万 t 的原煤产量，经济及社会效益显著。

图 6　312 综采工作面液压支架回撤现场

6　结论

本文采用新工艺“不扩面”快速拆除工艺回撤液压支架，进行顺山式、掩护式回撤方式协同施工，取得了保安全、提双效、增福祉的良好效果。

(1) 新工艺在液压支架顶板进行补强支护，顶板支护强度得到改善，取消了传统使棚工序，降低了煤壁架棚及后期顶板管理安全风险，安全效果好。

(2) 顶板及出架通道采用主动预支护，抽架灵活且顶板跨距小，降低了对出架通道的宽度限制，无须人工扩面；此外，还取消了单体支护、老塘“三角区”支护及煤壁“使大棚”支护，劳动强度低。

(3) 新工艺回撤方式灵活多样，回撤时各工序协同，机头、机尾可同时单向或双向调架及回撤，且回撤时减少了顶板管理环节，回撤效率高。

(4) 新工艺减少了通风通道支护的木垛消耗，取消了人工使棚，缩短拆除准备工期，节省了人力和设备成本，缩短了下个采煤工作面的投产周期，增加了原煤产量，经济及社会效益显著。

参考文献

[1] 康红普，谢和平，任世华，等. 全球产业链与能源供应链重构背景下我国煤炭行业发展策略研究[J]. 中国工程科学，2022，24(6)：26-37.

[2] 关丙火，王志强，赵明锟，等. 8.8 m 超大采高综采面矿压显现规律及围岩控制技术[J]. 煤炭技术，2022，41(9)：35-39.

[3] 荣进. 综采工作面回撤通道的优化支护及效果评价[J]. 机械管理开发，2022，37(6)：75-76.

[4] 吴疆. 综采工作面过断层的技术应用研究[J]. 矿业装备，2022(5)：33-35.

[5] 张希望. 综采液压支架回撤装置：201020170978. X[P]. 2010-12-15.

[6] 郭辉，于智卓，陈宁. 柔性网护顶技术在综采面快速回撤中的应用[J]. 煤炭工程，2015，47(8)：71-73.

[7] 张杰，陈诚，甄泽，等. 综采工作面末采回撤通道围岩变形控制研究[J]. 煤炭工程，2021，53(6)：40-45.

[8] 孙峰，陈璐，王朝阳，等. 综采面安装与回撤通道围岩控制技术研究[J]. 煤炭技术，2020，39(3)：60-64.

[9] 黄辉. 复杂条件下综采工作面搬家技术研究与应用[J]. 西部探矿工程，2014，26(11)：129-132.

[10] 牛宏亮，张超，殷允鹏. 不规则综放工作面的开采及掩护支架的应用[J]. 中小企业管理与科

技，2013(18)：252-253.
[11] 魏玉杰.陈四楼煤矿大坡度下山回撤技术应用实践[J].煤炭工程，2021，53(5)：94-97.
[12] 王飞龙，沈贵阳.综采工作面快速搬家安装技术研究与应用[J].煤炭工程，2019，51(9)：74-77.
[13] 胡永立，谢军峰.液压支架快速拆除E型推移与磨架装置设计与应用[J].煤炭工程，2016，48(9)：149-151.
[14] 谭辅清.大倾角综采工作面收作快速拆除技术[J].煤矿安全，2019，50(4)：95-97，100.
[15] 赵明勇，龚宝奇.综采工作面劈帮顶板支护新工艺在拆除过程中的应用[J].煤矿安全，2007，38(10)：54-55.
[16] 苗青.综采工作面全断面锚网快速拆除技术[J].中国煤炭，2009，35(1)：45-47，55.
[17] 朱贵旺，何向荣.综采工作面拆除施工新工艺[J].煤炭科学技术，2002，30(11)：31-32，36.

极复杂条件下孤岛煤柱综采工作面安全快速过老巷技术研究与应用

孙爱国，李明珠，王珠光

（皖北煤电集团公司钱营孜煤矿，安徽 宿州 234116）

摘　要　本文针对复杂条件下孤岛煤柱综采工作面快速过老巷的技术难题，提出了一套成套关键技术，包括顶板灾害治理、通风系统调整、瓦斯治理、防灭火和防治水等多个方面的具体解决方案；形成了六类顶板加固技术方案，特殊地段的接顶及过超高段巷道关键技术方案，设备回收前后的通风系统调整方案，三种瓦斯治理方案，采用高分子材料进行封堵的防灭火技术方案，以及老空水为主要因素的超前疏放防治水方案。这些关键技术的形成和实践，为我国复杂条件下孤岛煤柱综采工作面快速过老巷提供了重要的技术支持，提高了矿井生产效率，降低了生产成本，提高了矿井安全生产水平，为国内外相关领域的研究提供了宝贵的经验和参考。

关键词　孤岛煤柱工作面；过老巷；瓦斯；水害；通风

0　前言

随着我国经济的快速发展，对煤炭资源的需求量日益增加，煤矿生产在国民经济中占有举足轻重的地位[1-3]。然而，在煤炭资源开发过程中，矿井安全生产问题一直是困扰煤矿采掘工作的一大难题。特别是复杂条件下孤岛煤柱综采工作面快速过老巷技术，一直是煤矿生产中的关键技术问题之一[4-5]。因此，研究复杂条件下孤岛煤柱综采工作面快速过老巷技术具有重要的理论意义和实际价值。

复杂条件下孤岛煤柱综采工作面快速过老巷技术是指在煤矿生产过程中，工作面周围存在大量的废弃巷道，给煤炭资源的开采带来了一系列问题[6]。如何有效地解决这些问题，实现工作面快速过老巷，是提高矿井生产效率、降低生产成本、提高矿井安全生产水平的关键。

近年来，国内外学者在复杂条件下孤岛煤柱综采工作面快速过老巷技术方面进行了大量的研究成果。李华等[7]提出了基于力学原理的孤岛煤柱稳定性分析方法，为后续研究提供了理论基础。马晓东等[8]通过实际工程案例验证了孤岛煤柱稳定性评价方法的有效性。在综采工作面开采技术方面，唐彬对孤岛煤柱综采工作面布置、煤柱设计、采煤工艺和支护技术进行了系统研究，为矿井生产提供了重要参考[9]。王恩等[10]提出了老巷处理技术、快速掘进技术、通风技术和管理技术的应用方案，为矿井提高生产效率提供了重要支持。

然而，由于复杂条件下孤岛煤柱综采工作面老巷问题的复杂性和多样性，目前的研究仍存在许多不足之处。一是对孤岛煤柱稳定性的研究大多基于理论分析，缺乏实际工程验证；二是对综采工作面开采技术的研究尚不够系统和完善，需要进一步深入研究；三是对快速过老巷技术的研究虽然取得了一定的成果，但仍需在实际工程中不断探索和优化。

本文针对复杂条件下孤岛煤柱综采工作面快速过老巷技术问题，进行系统的研究与分析。首先，对孤岛煤柱稳定性进行了理论分析，提出了孤岛煤柱稳定性评价方法；其次，对综采工作面开采技术进行了系统总结，提出了工作面布置、煤柱设计、采煤工艺和支护技术的优化方案；最后，对快速老巷通过技术进行了详细探讨，提出了老巷处理技术、快速掘进技术、通风技术和管理技术的具体应用方案。

本文的研究成果对于指导我国复杂条件下孤岛煤柱综采工作面快速过老巷技术的实践具有重要的意义，对于提高矿井生产效率、降低生产成本、提高矿井安全生产水平具有重要的理论指导价值，可为国内外相关领域的研究提供参考和借鉴。

1 工程地质概况

西翼煤柱工作面位于钱营孜煤矿西翼采区，东邻 $W3_2$13 机巷、西邻 F51 逆断层，南邻 $W3_2$13、$W3_2$27、$W3_2$25、$W3_2$23 采空区，北邻 $W3_2$14 外段及 $W3_2$26、$W3_2$24、$W3_2$22 采空区。整个工作面呈“梯形”布置，工作面机巷长 924 m，底板标高为－618～－375 m；风巷长 885 m，底板标高为－626～－389 m；切眼长 168 m，底板标高为－375～－389 m。

西翼煤柱工作面于 2021 年 9 月上旬回采，回采前需对西二采区相关联巷构建通风设施来进行通风系统调整。同时，因工作面回采时频繁揭露老巷，需提前采取措施对顶板、瓦斯、火三大灾害进行治理。

2 孤岛煤柱综采工作面快速过老巷技术

2.1 快速过老巷顶板灾害治理关键技术

煤柱工作面快速穿越老巷主要分为以下几种情况：① 工作面斜穿巷道或位于老巷上方；② 工作面位于老巷下方；③ 工作面机巷位于老巷下方；④ 工作面风巷位于老巷下方；⑤ 工作面位于煤层巷道。对于不同的工作面穿越巷道情况，应采取相应的技术措施。

2.1.1 工作面斜穿巷道或位于老巷上方

这一类情况主要有 $W3_2$25 风联巷、$W3_2$25 下降风巷、$W3_2$25 机联巷、二采区中部行人联巷、$W3_2$27 机巷及联巷。如图 1 所示，以西翼煤柱工作面过 $W3_2$25 风联巷为例，所采取的安全穿越老巷技术措施包括：① 首先探查巷道顶板煤层位置，探查清楚后，在巷道顶板与煤层底板之间岩柱架设木垛。木垛采取连体方式进行布置，布置单排联体木垛接顶。② 在巷道顶板与煤层底板之间岩柱至煤层底板与巷道底板为同一层位段回填巷道，采用煤矸石填充。③ 工作面回采过程中揭露 U 型棚时，在工作面内进行回棚。

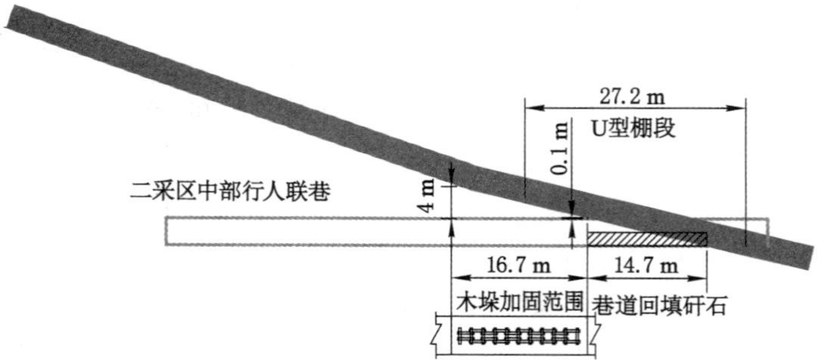

图 1 西翼煤柱工作面过 $W3_2$25 风联巷加固示意图

2.1.2　煤柱工作面斜穿二采区区段煤仓

这一类情况主要有二采区三区段煤仓、二采区二区段煤仓、二采区一区段煤仓。如图 2 所示，以西翼煤柱工作面过二采区一区段煤仓为例，所采取的技术措施包括：先拆除煤仓下口的给煤机，将煤仓下口用钢板封闭严实，然后将煤仓进行充填至上锁口下方(煤层底板向上 1 m)。

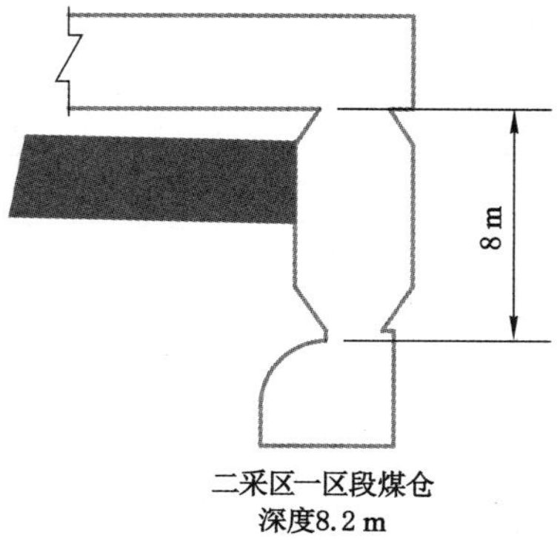

图 2　西翼煤柱工作面过二采区一区段煤仓加固示意图

2.1.3　西翼煤柱工作面位于老巷下方

这一类情况主要有西二采区辅助运输巷、$W3_2$23 机巷、$W3_2$20 机巷联巷、$W3_2$25 风巷、$W3_2$22 机巷、$W3_2$24 风巷、$W3_2$25 机巷、$W3_2$27 风巷、$W3_2$27 下降风巷。当煤柱工作面位于老巷下方时，可不采用加固措施。煤层回采后，顶板上方老巷及围岩自然垮落。

2.1.4　西翼煤柱工作面单条巷道位于老巷下方

该类情况中，西翼煤柱工作面机巷穿越老巷下方的巷道有 $W3_2$24 机巷和 $W3_2$26 风巷，西翼煤柱风巷位于老巷下方的巷道有 $W3_2$25 机巷和 $W3_2$27 风巷。

(1) 煤柱工作面机巷底板向上沿平行于工作面方向铺设轨道钢，间距为 0.8～1.0 m，每根轨道钢使用 3 根 ϕ15.5 mm 钢丝绳吊挂，钢丝绳生根在顶板锚杆或锚索上。

(2) 在轨道上平面沿巷道倾向铺设一层 $10^{\#}$ 金属网，金属网两侧及搭茬处使用 $12^{\#}$ 铁丝连接。

(3) 轨道上方布置半圆木，在半圆木上码垛木垛，接实顶板后在轨道下方打设单体，在每根轨道下方打设不少于 2 根单体，确保单体初撑力不小于 11.5 MPa。

2.2　煤柱工作面快速过老巷通风系统调整关键技术

西翼煤柱风联巷贯通前风流方向：

(1) 西二采区轨道上山、西二采区运输上山→西二采区各相连巷道联巷(西二绞车房、西二变电所、西二运机头回风联巷)→西二采区回风上山；

(2) 西二采区轨道上山→$W3_2$25 机联巷局部通风机→西翼煤柱风巷下段、西翼煤柱风巷回风联巷→西翼煤柱风巷上段→西翼煤柱南翼切眼→西二采区辅助运输巷→$W3_2$20 机巷及通风小眼→$W3_2$20 风联巷→西二采区回风上山；

(3) 西二采区运输上山联巷→西翼煤柱机巷→西翼煤柱北翼切眼→ 西二采区辅助运输巷→$W3_2$20 机巷及通风小眼→$W3_2$20 风联巷→西二采区回风上山；

(4) 西二采区轨道上山→$W3_2$23 机联巷局部通风机→$W3_2$20 机巷→$W3_2$20 风联巷→西二采区回风上山。

因西翼煤柱风联巷贯通后西翼煤柱风巷回风联巷无法贯通(西翼煤柱工作面通风系统未形成)，需在西翼煤柱风联巷施工一组正反向永久风门，$W3_2$20 收作面不能封闭，故西二采区通风系统维持现状。

西翼煤柱风巷回风联巷贯通后(西翼煤柱工作面形成)、$W3_2$20 收作面完成封闭，但西二采区轨道上山、西二采区运输上山、西一提料上山设备不能回收完毕，西二采区通风系统调整情况如下：

(1) $W3_2$20 风联巷、西二辅助运输巷按照《$W3_2$20 工作面密闭墙设计》提前构筑好相应密闭墙。

(2) 按照回收计划时间节点，调整系统前，提前在 $W3_2$23 机联巷、$W3_2$25 机巷、$W3_2$26 风联巷、$W3_2$27 机巷、$W3_2$14 风巷回风道、西二采区运输上山下口构建完成一道挡风墙，挡风墙预留调节风窗以备调节风量，西翼煤柱机巷回风联巷处码垛袋墙。

(3) 利用 $W3_2$23 机联巷、$W3_2$25 机巷、$W3_2$26 风联巷、$W3_2$27 机巷、$W3_2$14 风巷回风道处挡风墙调节风窗分别将风量控制在 50 m^3/min，西二绞车房、西二变电所及西二运机头回风联巷风量控制在 450 m^3/min，西二采区回风上山风量控制在 600 m^3/min，西翼煤柱工作面风量控制在 2 000 m^3/min (西翼煤柱工作面设计需风量为 1 104 m^3/min)。

存在问题如下：

(1) $W3_2$23 机联巷挡风墙构建完成时间要在采煤二区对 $W3_2$25 风联巷、$W3_2$21 机巷运输联巷加固完成，西二采区 950 m 车场设备、轨道回收完毕后。

(2) $W3_2$25 机巷挡风墙构建完成时间要在西翼煤柱风巷回风联巷贯通，$W3_2$25 机巷带式输送机、轨道回收完毕后。

风流方向如下：

(1) 西二采区运输上山联巷→西翼煤柱机巷→西翼煤柱切眼→西翼煤柱风巷→西翼煤柱风巷回风联巷→西一回风巷；

(2) 西一提料上山→$W3_2$26 机巷→西翼煤柱机巷→西翼煤柱切眼→ 西翼煤柱风巷→西翼煤柱风巷回风联巷→西一回风巷；

(3) 西翼煤柱风联巷→西翼煤柱风巷→西翼煤柱风巷回风联巷→西一回风巷。

西翼煤柱工作面形成、$W3_2$20 收作面完成封闭，西二采区轨道上山、西二采区运输上山、西一提料上山设备回收完毕，西二采区通风系统调整情况为：在西二采区轨道上山下口、西二采区运输上山下口、西二采区回风上山下口施工密闭墙，在西一提料上山下口施工挡风墙。

西二采区通风系统调整后西翼煤柱工作面通风系统风流方向为：

(1) 西二采区运输上山联巷→西翼煤柱机巷→西翼煤柱切眼→西翼煤柱风巷→西翼煤柱风巷回风联巷→西一回风巷；

(2) 西翼煤柱风联巷→西翼煤柱风巷→西翼煤柱风巷回风联巷→西一回风巷。

2.3 快速过老巷瓦斯灾害治理关键技术

2.3.1 穿煤巷道瓦斯治理方案

西翼煤柱工作面回采期间穿煤巷道共有 5 条，分别为 $W3_2$25 风联巷、$W3_2$25 下降风巷、$W3_2$25 机联巷、二采区中部行人联巷、$W3_2$27 机巷及联巷。

如图 3 所示，以 $W3_2$25 下降风巷为例，回采期间过 $W3_2$25 下降风巷为一段封闭盲巷，工作面过 $W3_2$25 风联巷前 2 m 施工超前探查钻孔，探明巷道内瓦斯情况，若瓦斯浓度大于 3%，在西翼煤柱风巷施工抽采钻孔，提前预抽老巷内瓦斯，待老巷内瓦斯浓度低于 1%后，工作面方可穿过。

2.3.2 上过巷道瓦斯治理方案

(1) 位于煤层上方老巷共有 11 条，分别为西二采区辅助运输巷、$W3_2$20 机巷联巷、$W3_2$22 机巷、$W3_2$24 风巷、$W3_2$24 机巷、$W3_2$26 风巷、$W3_2$23 机巷、$W3_2$25 机巷、$W3_2$25 风巷、$W3_2$27 风巷、$W3_2$27 下降风巷。

(2) 瓦斯治理方案：因老巷位于工作面上部，工作面回采后，大量瓦斯通过裂隙进入老巷，周期

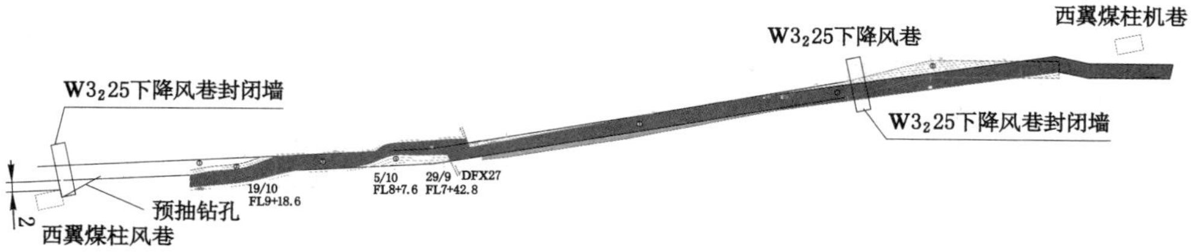

图 3　西翼煤柱工作面过 $W3_2 25$ 下降风巷示意图

来压后，有可能造成老巷垮落，大量瓦斯涌入风巷上隅角处，造成采空区上隅角及风巷瓦斯浓度增大，采取的方案为，在上过老巷的位置上隅角处增设袋墙，并在上过老巷前后 20 m 范围内，在西翼煤柱风巷上隅角每 4 m 迈步式预埋抽采站管，加强对上隅角采空区瓦斯抽采。

2.3.3　过采区煤仓瓦斯治理方案

西翼煤柱工作面回采期间，过采区煤仓共 3 个，分别为二采区一区段煤仓、二采区二区段煤仓、二采区三区段煤仓；回采前，将煤仓填实，减少仓内瓦斯积聚。

2.4　西翼煤柱工作面快速过老巷防灭火关键技术

2.4.1　邻近采空区自然发火分析

西翼煤柱工作面回采期间将过 $W3_2 23$ 采空区、$W3_2 25$ 采空区、$W3_2 27$ 采空区，预留岩柱较窄，巷道顶板存在裂隙形成向采空区漏风的通道，造成邻近采空区自然发火。

2.4.2　防灭火方案

针对西翼煤柱工作面回采前邻近采空区自然发火问题，准备对 $W3_2 23$ 机巷、$W3_2 25$ 风巷、$W3_2 25$ 下降风巷、$W3_2 27$ 风巷充填高分子材料进行封堵(图 4)。具体灌注方案见表 1。

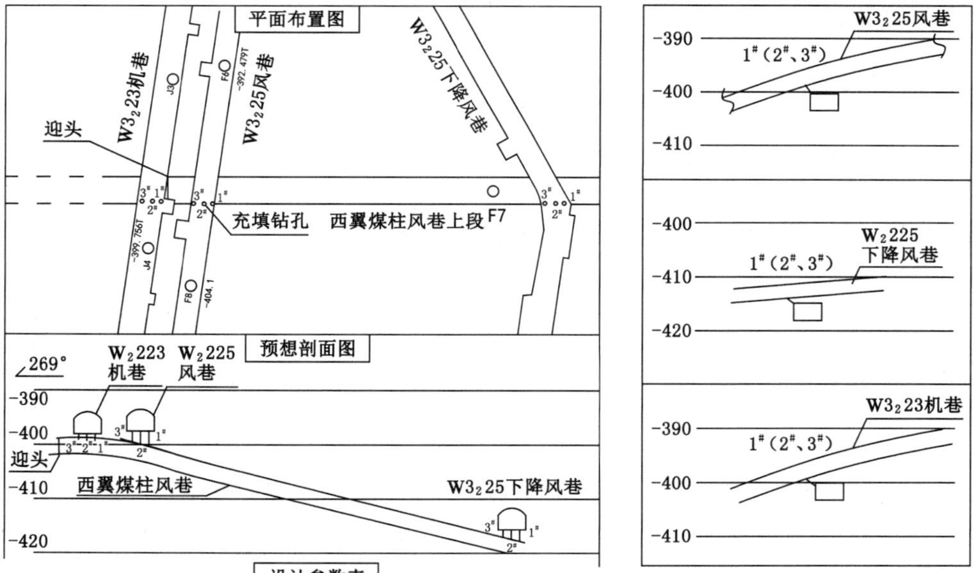

设计参数表

孔号	开孔位置	方位	倾角/(°)	孔深/m	备注
1#	老巷左侧(巷道左肩窝)	179	64	2.0	实际孔深以透老巷为准
2#	老巷中部(巷道左肩窝)	179	64	1.5	
3#	老巷右侧(巷道左肩窝)	179	64	1.0	

图 4　充填钻孔示意图

表1　西翼煤柱工作面邻近采空区灌注方案

序号	灌注位置	硐室规格(长×宽×高)/m	体积/m^3	桶数(1 t)
1	$W3_2$23 机巷	2×2×3	12	36
2	$W3_2$25 风巷	2×2×3	12	36
3	$W3_2$25 下降风巷	2×2×3	12	36
4	$W3_2$27 风巷	2×2×3	12	36

2.5　西翼煤柱工作面快速过老巷防治水关键技术

2.5.1　本工作面充水因素分析

西翼煤柱工作面充水因素包括 3_2 煤顶底板砂岩裂隙含水层、断层水、离层水、老空水、钻孔水，其他可能出水水源包括太灰、奥灰及“四含”等水害。根据《西翼煤柱工作面专门水文地质情况评价报告》《水害隐患治理情况分析报告》分析砂岩水、断层水富水性弱，不存在离层水条件，钻孔均封闭良好，不存在太灰、奥灰及“四含”等水害威胁，只有老空水对工作面回采有一定影响。

2.5.2　防治水方案

工作面掘进期间，施工巷道已对前方可能积水的老巷进行探查疏放。2021 年 4 月 8 日—2021 年 4 月 11 日，西翼煤柱风巷施工迎头距 $W3_2$25 下降风巷最小剩余 30.8 m(平距)，使用钻机对前方 $W3_2$25 下降风巷施工超前钻探验证孔，共施工 4 个钻孔，总工程量为 179 m，探明 $W3_2$25 下降风巷无明显积水，仅 Y1-4 钻孔有 0.4 m^3/h 的动水量。

2021 年 4 月 16 日—2021 年 4 月 18 日，西翼煤柱风巷施工迎头距 $W3_2$25 下降风巷剩余 18 m(平距)时，使用钻机对前方 $W3_2$25 下降风巷施工超前钻探验证孔，共施工 10 个钻孔，总工程量为 193.5 m，所有钻孔均进入 $W3_2$25 下降风巷。钻孔共疏放 $W3_2$25 下降风巷 64 m^3 的静水量。西翼煤柱风巷上段前方的 $W3_2$25 下降风巷无水害威胁。

3　技术实施效果分析

2021 年 7 月—2021 年 9 月完成西翼煤柱工作面过老巷顶板控制、通风系统调整、瓦斯治理、防灭火、防治水方案设计。2021 年 10 月—2022 年 7 月完成西翼煤柱工作面回采。综合西翼煤柱工作面快速过老巷顶板控制、通风系统调整、瓦斯治理、防治水、防灭火技术方案，形成西翼煤柱工作面快速过老巷成套关键技术。工程实践证明，该技术实施效果明显，极大地降低了事故发生的概率，减少了巷道维修费用，大大节约了其余相似工况下方案编撰时的工作量，节约了人力成本，提高了工作效率。

4　结论

本研究针对复杂条件下孤岛煤柱综采工作面快速过老巷的技术难题，提出了一套成套关键技术。通过对顶板控制、通风系统调整、瓦斯治理、防灭火和防治水等多个方面的深入研究，形成了一系列具体的解决方案。在顶板控制方面，根据工作面与老巷的层位关系，制定了六类不同的顶板加固技术方案，并针对特殊地段提出了相应的关键技术方案。在通风系统调整方面，提出了设备回收前后的通风系统调整方案，确保了工作面过老巷期间的通风安全。在瓦斯治理方面，总结了穿过不同位置老巷的瓦斯治理经验，提出了三种具体的瓦斯治理方案。在防灭火方面，通过对自燃风险的分析，提出了采用高分子材料进行封堵的技术方案。在防治水方面，确定了老空水为主要因素，并提出了超前疏放的方案。上述关键技术的形成和实践，为我国复杂条件下孤岛煤柱综采工作面快速过老巷提供了重要的技术支持，也为提高矿井生产效率、降低生产成本、提高矿井安全生产水平提供了有力的保障。同时，这些研究成果也为国内外相关领域的研究提供了宝贵的经验。

参考文献

[1] 常开志.复杂条件下孤岛工作面开采技术研究[J].价值工程，2013，32(4)：65-66.

[2] 任建峰，高明仕，李亚军，等.孤岛综采面区段煤柱合理宽度的数值模拟分析[J].煤炭科学技术，2009，37(6)：27-30.

[3] 徐全伏，谢启兵.推覆体下孤岛综采工作面开采的实践[J].煤炭工程，2005，37(9)：20-21.

[4] 张睿，张瑞龙.综采工作面过复杂老巷技术研究与实践[J].煤炭科技，2023，44(3)：185-188.

[6] 王璐.孤岛小煤柱综采工作面注氮置换瓦斯技术研究[J].山西能源学院学报，2022，35(5)：21-23.

[7] 李华，刘保亮，张志强.KJ45 型综采工作面监测系统在南屯煤矿的成功应用[J].山东煤炭科技，2011(2)：24-25.

[8] 马晓东，李建民，崔晓晖.复杂条件下大型综放面生产实践中的问题与对策[J].中州煤炭，2006(5)：52-54.

[9] 唐彬.突出煤层孤岛煤柱大采高综采工作面优化设计[J].煤炭工程，2015，47(9)：9-10，14.

[10] 王恩，谢生荣，陈冬冬，等.深部孤岛工作面留小煤柱掘巷围岩破坏机制与控制[J].煤炭科学技术，2023，51(11)：41-50.

近、极近距离煤层群开采稳定性综合控制研究

丁三红，徐启雷，张智森

（皖北煤电集团有限公司任楼煤矿，安徽 宿州 235123）

摘 要 本文根据任楼煤矿Ⅱ$_2$采区二区段南翼Ⅱ$7_3$24S工作面开采现状，介绍了针对瓦斯与自然发火复合灾害的改进方案，应用了多项技术措施以达到零超限、零发火的目标；对下伏煤巷顶板结构进行了分类研究，提出了分区域分类支护的巷道围岩控制支护技术，以适应不同地质条件的需要。阐述了近、极近距离煤层下伏煤巷支护设计原则，提出了及时支护、强化围岩结构、分区支护等原则，通过数值模拟对支护参数进行了验证，为工程实践提供了理论支持和技术指导。

关键词 瓦斯与自然发火复合灾害；下伏煤巷顶板；近、极近距离煤层；数值模拟

0 前言

我国煤炭资源丰富，但赋存条件千差万别，根据煤层相隔距离的大小可将煤层分为单一煤层和近、极近距离煤层[1]。近年来，随着埋深较浅、地质条件较好的煤层逐渐枯竭，近距离煤层的开采占比逐年增大，如安徽、山西、山东、内蒙古等地[2-4]，近、极近距离煤层开采问题也逐渐被重视。

近、极近距离上煤层开采与单一煤层开采相差不大，主要问题集中在下伏煤层开采，下煤层工作面顶板受上覆采动的影响，其顶板岩体的完整性及力学性质将发生改变[5-6]；若相邻两煤层层间距较近，上覆采场底板损伤裂隙将延伸至下煤层工作面，形成导水和瓦斯通道，甚至上覆采空区岩石可能贯穿下煤层工作面顶板，造成下伏工作面涌矸事故，严重威胁工作面安全高效生产。单一煤层开采的采场及巷道围岩稳定性控制理论不能完全适用于近距离煤层开采[7-9]，在近、极近距离煤层开采中，普遍存在“顶板稳定性差易冒落，巷道变形量大难控制”等难题[10-13]，传统锚杆支护设计理念、围岩控制机理及对策等方面的研究与大量工程实践效果具有一定的差异性。因此，针对近、极近距离煤层开采，有必要进行进一步深入的研究。

任楼煤矿由于2014年采后封闭的Ⅱ$7_3$22收作面采空区发生瓦斯爆炸事故，大量近、极近距离煤层群一直处于呆滞煤炭资源状态。为解放这一区域的煤炭资源，本文以任楼煤矿Ⅱ$_2$采区二区段南翼Ⅱ$7_3$24S工作面的地质及开采技术条件为例，开展了瓦斯富集区高效治理技术创新实践、瓦斯与火综合治理技术研究，以及近、极近距离煤层群下伏巷道围岩控制机理及技术研究，运用理论分析、物理相似模拟、现场实测以及数值计算等研究方法，对近距离煤层开采覆岩结构与运移规律、采场底板采动损伤特征及应力分布规律进行研究，并在Ⅱ$7_3$24S工作面现场工程应用中取得了良好的效果。同时，该研究成果可为皖北矿区其他类似条件下的巷道围岩控制提供参考及借鉴，具有广阔的推广和应用前景。

1　工程地质特征

1.1　工作面情况

1.1.1　工作面布置

任楼煤矿Ⅱ$7_3$24S工作面位于二水平Ⅱ$_2$采区二区段南翼，北至设计切眼，邻近F11断层；南至设计收作线，邻近DF_{48}断层；上限以设计风巷为界，上邻Ⅱ$7_3$22S采空区，上覆为Ⅱ$7_2$24S采空区；下限以设计机巷为界；走向长753～793 m，平均为773 m；倾斜宽134～186 m，本工作面开采7_3煤层，上覆3_1、5_1、5_2、7_2主（可）采煤层，3_1、5_1、5_2煤层未回采，7_2煤层已回采，下伏8_2煤层未回采。该工作面的7_2、7_3煤层层间岩层变化幅度较大，层间岩层间距为1.7～13.5 m，平均为6.0 m，属于近距离煤层；层间岩层主要为泥岩及粉砂岩。工作面内发育11条断层，受断层影响巷道层理紊乱，顶板管理难度较大。Ⅱ$7_2$22S工作面回采完毕（2009年底），Ⅱ$7_3$22S工作面沿Ⅱ$7_2$22S工作面采空区下方回采完毕（2012年底），Ⅱ$7_2$24S工作面于2017年底回采完毕，下一阶段将进行Ⅱ$7_3$24S工作面的掘进及回采工作，图中数字①～④表示采掘顺序。该工作面空间位置关系平、剖面图如图1、图2所示。

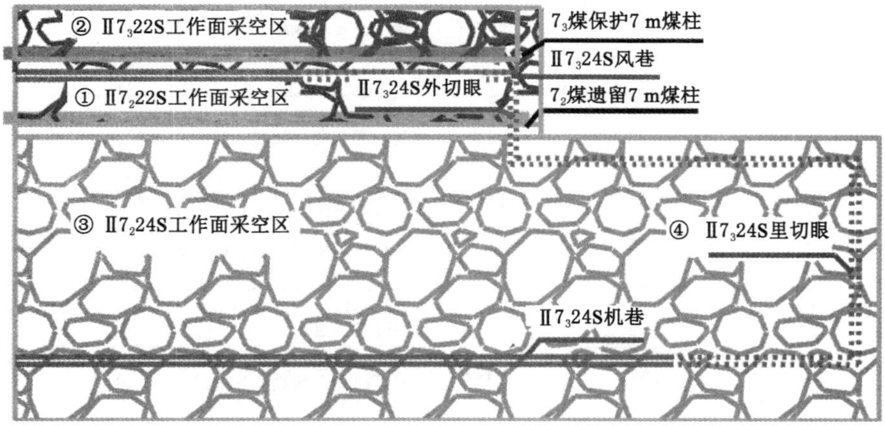

图1　Ⅱ$7_3$24S工作面空间位置关系平面图

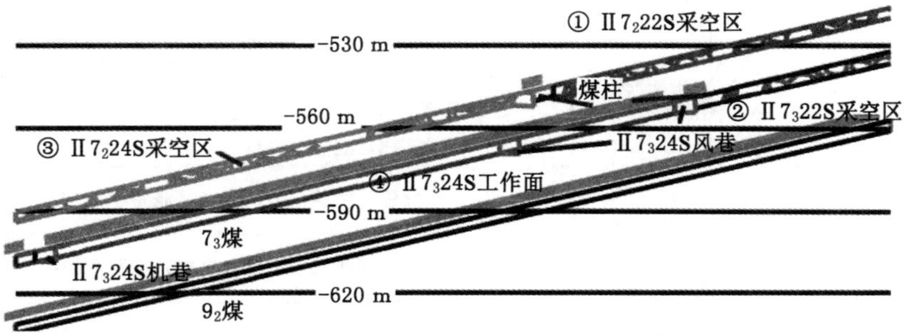

图2　Ⅱ$7_3$24S工作面空间位置关系剖面图

1.1.2　顶底板岩性

根据二水平Ⅱ$_2$采区二区段南翼地质钻孔（418孔、4214孔、40-412孔和42-436孔）钻探资料，综合分析得到了Ⅱ$7_3$24S工作面岩层柱状图，如图3所示。

序号	层厚/m（最小～最大/平均值）	柱状（1∶200）	岩石名称	岩性描述
1	11.0～30.4 / 24.0		泥岩	灰黑色，性脆，块状含植物根部化石、鲕状及凌铁质结核
2	7.5～13.2 / 10.0		细砂岩	浅灰白色，成分以石英为主，含长石，黑褐色凌铁鲕粒，楔形交错层理
3	5.1～18.0 / 13.0		粉砂岩	灰～深灰色，具滑面及裂隙，偶见黄铁矿晶体，缓波状水平层理，含植物化石碎片
4	3.4～20.0 / 15.5		泥岩	深灰～灰色，致密、均一，含植物化石碎片，水平层理，断面平坦，块状
5	0.5～2.5 / 1.2		5_2煤	黑色玻璃光泽，上部块状，半亮半暗型，性脆、易碎
6	4.4～14.4 / 9.3		粉砂岩	灰～深灰色，具滑面及裂隙，偶见黄铁矿晶体，缓波状水平层理，含植物化石碎片
7	3.0～16.5 / 11.7		泥岩	灰～深灰色，致密、性脆，块状含植物根部化石，较破碎
8	2.1～5.5 / 3.0		细砂岩	浅灰白色，成分以石英为主，含长石，具黑褐色凌铁鲕粒，楔形交错层理
9	3.0～15.0 / 9.0		泥岩	深灰色，块状，具滑面，含植物碎片，平坦状断口，局部夹一层0.2 m黑色煤线
10	2.5～9.8 / 5.0		细砂岩	浅灰白色，成分以石英为主，含长石，具黑褐色凌铁鲕粒，楔形交错层理
11	3.5～13.8 / 7.8		粉砂岩	灰～深灰色，具滑面及裂隙，偶见黄铁矿晶体，缓波状水平层理，含植物化石碎片
12	1.0～3.4 / 2.2		7_2煤	黑色，块状，玻璃光泽，性脆、易碎
13	1.7～13.5 / 6.0		泥岩	深灰～灰色，致密、均一，含植物化石碎片，水平层理，块状；部分地段与粉砂岩互层
14	0.6～3.2 / 2.4		7_3煤	黑色，块状，玻璃光泽，性脆易碎
15	3.3～5.2 / 4.4		泥岩	深灰～灰色，致密、均一，含植物化石碎片，水平层理，断面平坦，块状
16	4.3～9.2 / 7.6		细砂岩	浅灰～灰色，含粗粉砂较多，并夹薄层泥岩及粉砂岩，具细线理状缓波层理
17	1.9～2.8 / 2.2		8_2煤	黑色，块状，玻璃光泽，条带状结构，主要是亮煤和暗煤
18	0.5～2.2 / 1.4		泥岩	灰～深灰色，致密、性脆，块状含植物根部化石，较破碎
19	0.5～3.2 / 2.3		8_3煤	黑色，块状，玻璃光泽，内生裂隙较发育，性脆、易碎

图3　Ⅱ$7_3$24S工作面煤岩层综合柱状图

由图3可知：7_2煤、7_3煤均为二叠系下石盒子组煤层，其中7_2煤层厚度为1.0～3.4 m，平均为2.2 m；直接顶为粉砂岩，性较硬。7_3煤层厚度为0.6～3.2 m，平均为2.4 m；煤层赋存较稳定，煤层结构简单，以碎块状为主，呈玻璃光泽，局部煤层含 1～2 层泥岩或岩质泥岩夹矸，单层厚度为 0.15 m。本采区 7_2、7_3 煤层净间距为 1.7～13.5 m，平均为 6.0 m，整体趋势是由北向南逐渐增大。

1.1.3　瓦斯、煤质、地温及地压情况

1. 瓦斯分布

该矿构造多为半开放状态，整体上有利于排放瓦斯，断层下盘瓦斯涌出比上盘明显，煤层瓦斯随埋深增大有增加趋势。根据 $Ⅱ_2$ 采区开拓后的区域预测结果，本工作面位于突出危险区域，采取开采 7_2 煤上保护层区域防突措施。Ⅱ$7_3$24S 工作面在上覆Ⅱ$7_2$22S、Ⅱ$7_2$24S 保护层工作面的有效卸压保护范围内。

2. 瓦斯赋存

依据 $Ⅱ_2$ 采区 7_3 煤层开拓后区域预测结果，该面位于 7_3 煤突出危险区，煤层原始瓦斯含量为 6.07 m^3/t，原始瓦斯压力为 0.97 MPa。预计该面在掘进过程中瓦斯含量相对涌出量较大，加之上阶段为老空区，故在掘进过程中应加强瓦斯、防灭火及防突管理工作。

3. 煤质、地温及地压情况

本工作面的煤质、地热和煤自燃危险程度等情况，如表 1 所示。

表 1　煤质、地热和煤自燃危险程度等情况表

类目	特征描述
煤质	气煤、焦煤(根据 42-6 钻孔)
煤尘	煤尘具有爆炸危险性
煤的自燃	煤层的自燃倾向等级为Ⅰ类
地热	根据补勘 43_{10} 钻孔测温结果，本区地温梯度值平均为 2.75 ℃/hm，地温梯度正常，本区标高为－556～－650 m，预计地温为 32.2～34.8 ℃，加强通风降温

1.2　呆滞煤层情况

1.2.1　瓦斯爆炸位置及情况

采后封闭的Ⅱ$7_3$22 收作面采空区内瓦斯积聚达到爆炸界限，DF_{48} 断层、Ⅱ$7_3$22 收作面密闭墙、Ⅱ$8_2$22 外段机巷放水孔、Ⅱ$7_3$22 收作面机巷瓦斯抽采钻孔等漏风，造成Ⅱ$7_3$22 收作面采空区遗煤自燃，且氧气浓度达到瓦斯爆炸浓度，从而引起Ⅱ$7_3$22 收作面采空区内瓦斯爆炸，冲击波冲倒Ⅱ$7_3$22 运输石门密闭墙，位置如图 4 所示。此次瓦斯爆炸事故暴露了近距离煤层群联合开采过程中瓦斯与火灾害防治的重要性。

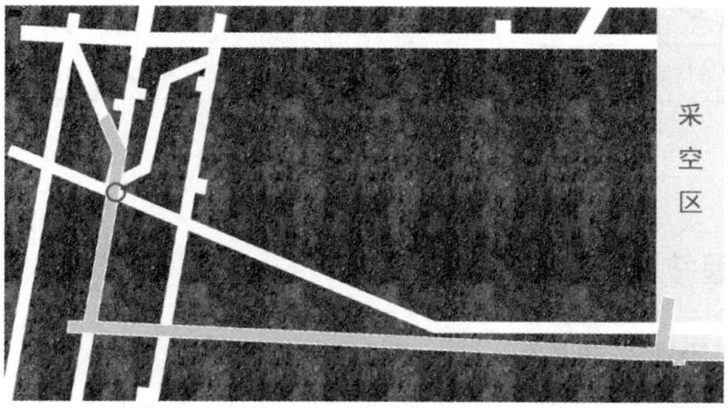

图 4　瓦斯爆炸情况

1.2.2 呆滞煤层储量

任楼煤矿的近距离呆滞煤层主要为与 7_2 煤层(或 7_2 煤层的下分层)呈分叉合并关系的 7_3 煤层,煤层厚度为 0～5.53 m,平均煤厚为 1.86 m,以中厚煤层为主,如图 5 所示。穿过点 298 个(其中 93 个与 7_2 煤合并),可采点 193 个,可采煤层平均厚度为 1.91 m,可采性指数为 0.97,变异系数为 37%。煤层结构简单,以单一煤层为主,属全区可采的较稳定煤层。

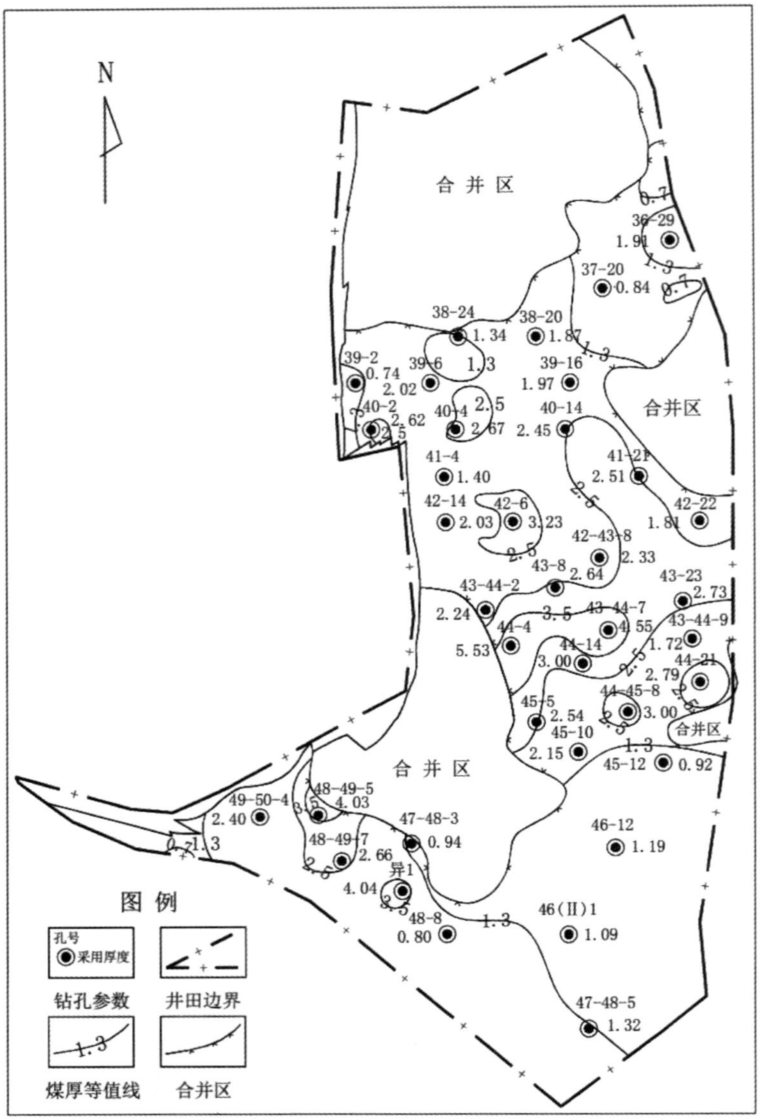

图 5 7_3 煤层厚度等值线示意图

2 瓦斯与火综合治理技术研究

2.1 瓦斯与火灾害协同治理改进方案

任楼煤矿经鉴定为瓦斯突出及自然发火矿井,进行近距离多煤层联合开采。Ⅱ $7_3$24S 工作面属近距离多煤层组中煤层开采,距上覆 7_2 煤采空区平均距离为 5～7 m,局部较小,上覆采空区因受 DF_{47} 正断层影响,遗煤总量较多,工作面回采期间不仅面临上覆采空区遗煤自燃的风险,还面临着上邻近层瓦斯异常涌出的问题，而往往瓦斯抽采与采空区遗煤自燃相互制约，增加了“一通三防”灾害治理的难度。为实现瓦斯与火灾害协同治理，对原Ⅱ$7_3$24N工作面瓦斯与火综合治理技术在Ⅱ$7_3$24S工作面进行应用与改进，制定了上隅角埋管抽采、注氮、上下隅角封堵、喷洒阻化、托煤顶地点预注浆加固、调控工作面风量等工作面瓦斯与火综合治理技术，达到了零超限、零发火的目标，并确保了工作面安全初采。

2.1.1　瓦斯控制改进方案

1. 取消立孔抽采

取消原Ⅱ$7_3$24N工作面从风巷施工立孔，抽采上覆7_2煤采空区治理瓦斯的措施。仅采用上隅角两路直径200 mm抽采管路抽采瓦斯，避免因立孔抽采导致上覆采空区大量进氧气，大大降低了邻近采空区遗煤自燃风险；同时节省了施工立孔带来的人工、材料、运输等费用，避免了向采空区施工立孔带来的瓦斯超限风险。

2. 调控风量防瓦斯、防灭火

工作面初采期间，为防止初次来压采空区大面积冒顶导致瓦斯超限事故，打开Ⅱ$_2$三车场风门，将工作面风量由1 600 m^3/min调整为2 000 m^3/min，以保证在采空区顶板大面积冒落、瓦斯大量涌出时，有充足的风量用以稀释瓦斯，提高了工作面抗灾害能力。在采空区顶板冒落充分后，将工作面风量调回1 600 m^3/min，减少工作面上、下隅角之间风压差，减少采空区漏风，从而有效防止工作面采空区自然发火。

3. 集中注氮系统注氮

原Ⅱ$7_3$24N工作面采用移动注氮系统进行注氮，使用DM-1200型膜分离制氮机，额定制氮量为1 200 m^3/min，制氮机安装于Ⅱ$_2$辅助下部，为Ⅱ$_2$及Ⅱ$_2$辅助采区服务。

Ⅱ$7_3$24S工作面使用地面集中注氮站注氮，地面集中注氮站选用2×DM2000型膜分离式制氮机，最大设计能力为4 000 m^3/h，可实现四级注氮(1 000 m^3/h、2 000 m^3/h、3 000 m^3/h、4 000 m^3/h)，由西梅卡亚洲气体系统成都有限公司生产，设备于6月28日投入运行，目前流量约为1 010 m^3/h，氧气浓度为2.56%。在Ⅱ$7_3$24S工作面机巷安设两路注氮管路，每28 m迈步式向本采空区注氮，并利用风巷、机巷共12个防灭火观测孔向上覆Ⅱ$7_2$24S采空区注氮。

地面集中注氮站实行就地、集中和远程控制，无人值守。注氮流量稳定、压力高，且实行24 h连续注氮。

4. 加强煤层注水

为降低本煤层瓦斯涌出，在工作面每隔5 m施工1个注水孔，孔深为8 m，孔径为42 mm，使用水力膨胀式封孔器进行封孔，封孔器膨胀系数为70%～90%，注水泵使用BPW320/10M型喷雾泵，额定压力为10 MPa，注水以煤壁渗水为结束。瓦斯检查工注水前后对注水孔内瓦斯进行检测，检测结果如表2所示。由表2可知：煤层注水后，注水孔内瓦斯浓度相对于注水前普遍降低，起到了良好的降低瓦斯浓度的效果。

表2　Ⅱ$7_3$24S工作面煤层注水孔注水前后瓦斯浓度对比表

日期	汇报人	支架编号	孔深/m	孔径/mm	注水压力/MPa	注入水量/m^3	注水前孔内/CH4%	注水后孔内/CH4%
2021年6月24日	早班 张某	64	8	42	8	0.8	8.0	0.5
		60	8	42	8	0.6	10.0	0.8
		56	8	42	8	0.8	7.0	1.0
		52	8	42	8	0.6	6.5	0.9

表 2(续)

日期	汇报人	支架编号	孔深/m	孔径/mm	注水压力/MPa	注入水量/m^3	注水前孔内/CH4%	注水后孔内/CH4%
2021 年 6 月 24 日	早班 张某	48	8	42	8	1.0	5.8	0.6
		44	8	42	8	0.4	11.0	1.2
		40	8	42	8	0.6	3.8	0.8
		36	8	42	8	0.4	8.9	1.3
		32	8	42	8	0.6	12.0	1.6
		28	8	42	8	0.8	9.0	0.4
		9	8	42	8	0.6	8.0	0.7
		5	8	42	8	0.8	7.0	1.0

2.1.2 顶板管理改进方案

1. 优化浅孔爆破参数

Ⅱ$7_3$24S 工作面直接顶为泥岩/粉砂岩，灰色，块状，水平层理，含植物根部化石，厚度为 1.1～14.4 m，平均厚度为 6.5 m，其上为 7_2 煤采空区，自然状态下单向抗压强度为 34.01 MPa，无基本顶。如上、下隅角采空区冒落过快，则在上隅角附近与上覆采空区大范围沟通，采空区瓦斯大量向上隅角涌出，上隅角墙内瓦斯浓度快速增大，难以控制；如采空区冒落过慢，则会导致采空区大面积悬顶，在悬顶面积过大、突然冒落时，采空区瓦斯瞬时大量涌出，极易导致瓦斯超限。根据顶板较破碎、无基本顶、距离采空区较近这一实际情况，优化了上、下隅角浅孔预裂爆破布置参数，通过降低装药量、减少孔深和孔数，从而控制风机巷采空区顶板冒落速度，使其既不过快，又不大面积悬顶。爆破参数改进前后情况如表 3 所示。

表 3 爆破参数改进前后情况表

参数	孔深	孔径	倾角	个数	每孔装药量
改进前	5m±200 mm	42 mm	75°±5°	8	6 节
改进后	3 m±200 mm	42 mm	90°	4	3 节

2. 预注久米纳材料

Ⅱ$7_3$24N 工作面因顶板破碎，出现掉顶导致的瓦斯超限事故。根据此情况，在Ⅱ$7_3$24S 工作面局部托煤顶或顶板破碎、片帮，为加强工作面顶板管理，采用久米纳矿用加固材料(A、B 组分)对托煤顶或顶板破碎区域进行加固。

(1) 注浆孔布置参数：采用单排注浆孔布置，注浆孔距离面内顶板 0.5～1 m，每 3 架一个，孔深为 4～6 m，封孔长度为 2～4 m，仰角为 5°～20°(可根煤层角度调整)，根据现场实际注浆效果可适当调整以后钻孔位置、角度、间距、孔深、封孔长度等参数。

(2) 施工钻孔参数：孔径为 42 mm，孔深为 4～6 m，在支架架间打孔，布置在煤壁中上部(若工作面顶板发生变化则根据现场实际情况予以调整)。

(3) 注浆参数：注浆压力为 2～5 MPa，注浆扩散半径为 3～5 m，现场以松散煤体渗出浆液为止。注浆原则上每 3 架一个孔，单孔一次注入最大剂量一般不得超过 1 000 kg，注浆量根据现场实际情况进行适当调整，原则上不超过 40 桶，注浆要均匀。对于顶板掉顶部分，破碎程度大，按照常规方式不能满足控制效果，采用注浆要严密均匀的原则，应在该区域补打钻孔进行补充注浆。

3. 水切割机退锚

Ⅱ$7_3$24S 工作面两巷退锚过程中使用 QSM-4.5-Z 型矿用水切割机切割锚杆、锚索、W 型钢带。对因变形、炸开无法退锚的锚杆、锚索进行水力切割，确保顶板及时冒落。QSM-4.5-Z 型矿用水切割机结构及原理示意图如图 6、图 7 所示。

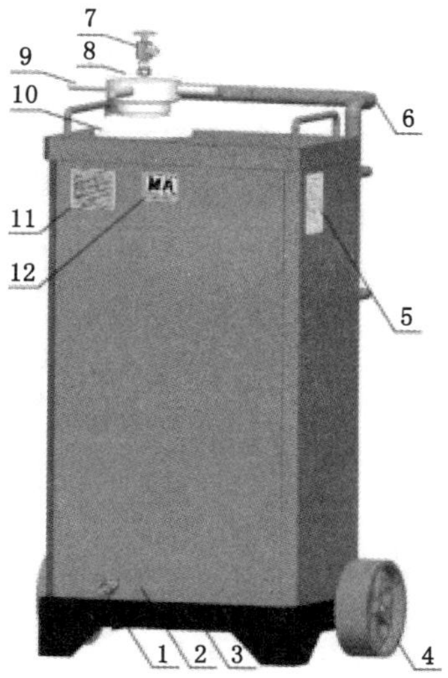

1—高压出砂口；2—水切割机保护罩；3—底座；4—脚轮；5—安全操作规程；6—扶手支撑杆；7—卸荷阀组件；8—磨料罐端盖；9—端盖扳手；10—磨料罐；11—技术参数铭牌；12—煤安标志铭牌。

图 6　QSM-4.5-Z 型矿用水切割机结构示意图

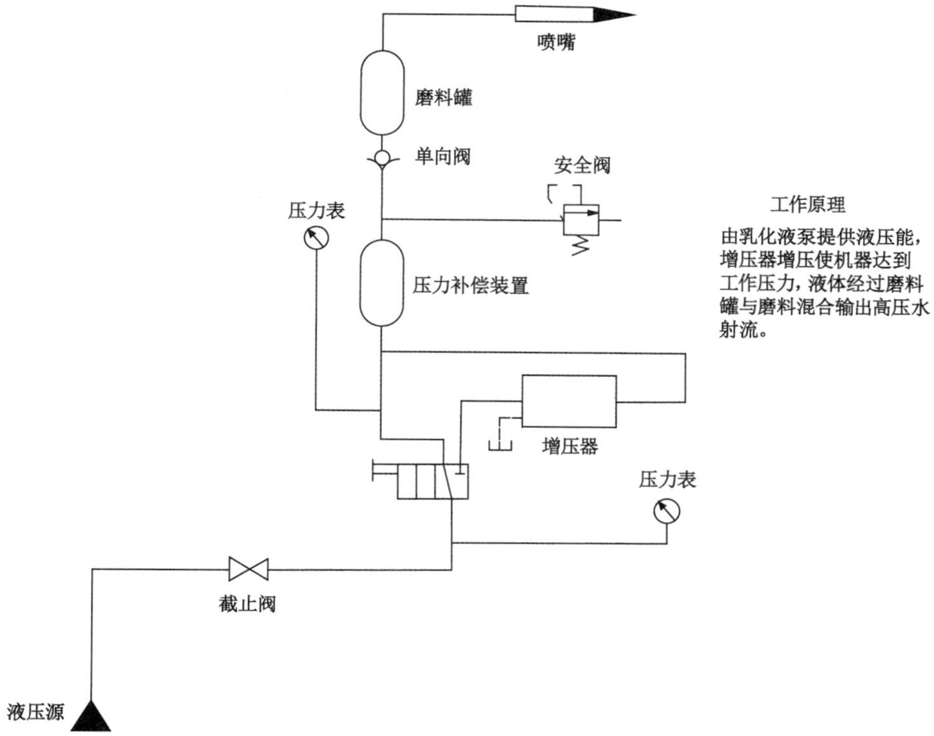

图 7　液压原理示意图

2.2 瓦斯与火综合治理技术应用取得效果

通过瓦斯与火综合治理技术改进与应用，实现了工作面瓦斯与自然发火复合灾害的综合治理，形成了工作面立体全覆盖的瓦斯与火综合治理技术，达到了零超限、零发火的目标，并确保了工作面的安全初采。

如图 8 所示，初采期间，工作面回风流瓦斯浓度保持在 0.1%左右，上隅角墙内瓦斯浓度长期维持在 2.0%以下，且本采空区及上覆采空区防灭火各项指标稳定，无自然发火迹象，如图 9 所示。

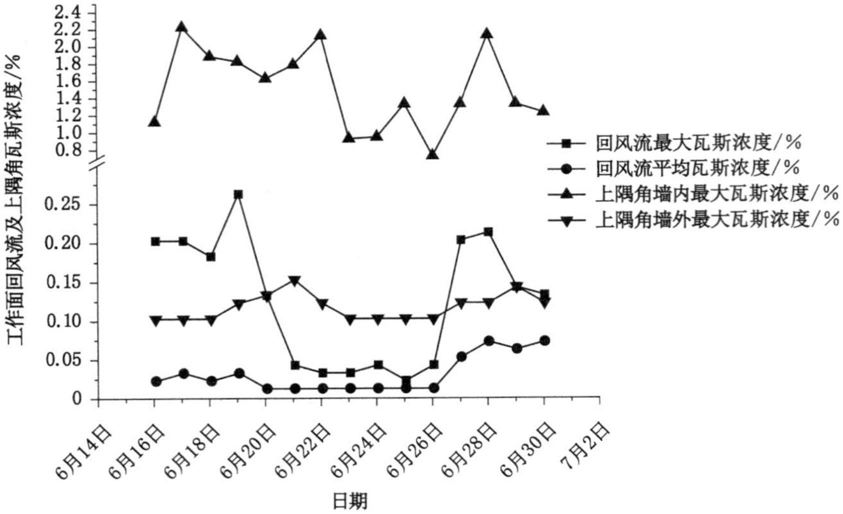

图 8　工作面回风流及上隅角瓦斯情况

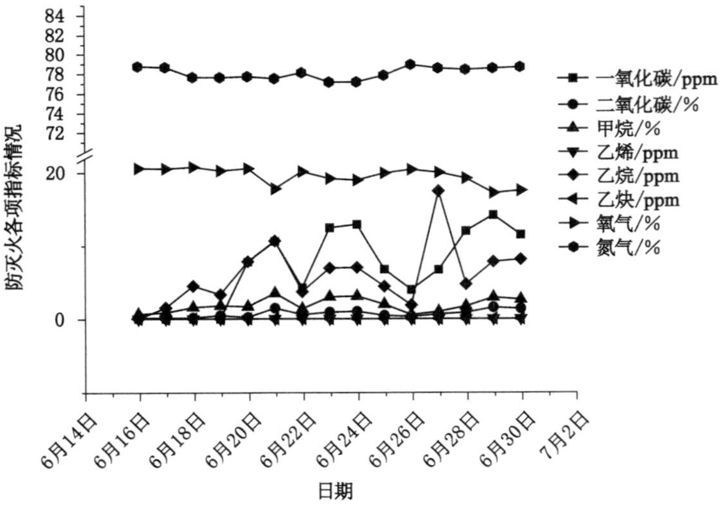

(a) Ⅱ$7_3$24S工作面上隅角防灭火各项指标情况

图 9　Ⅱ$7_3$24S 工作面及其相邻采空区上覆采空区防灭火各项指标情况

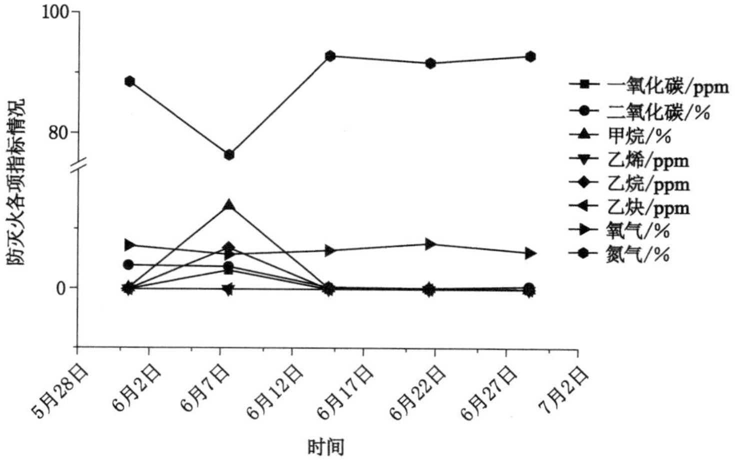

(b) Ⅱ$7_3$24S机巷防灭火孔防灭火各项指标情况

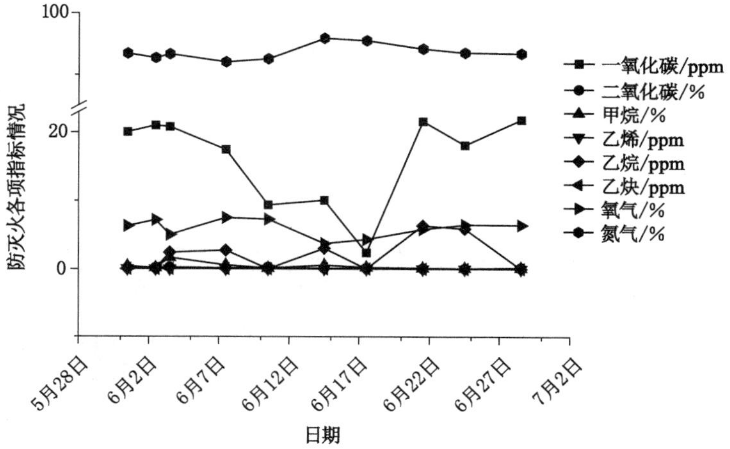

(c) Ⅱ$7_3$24S风巷防灭火孔防灭火各项指标情况

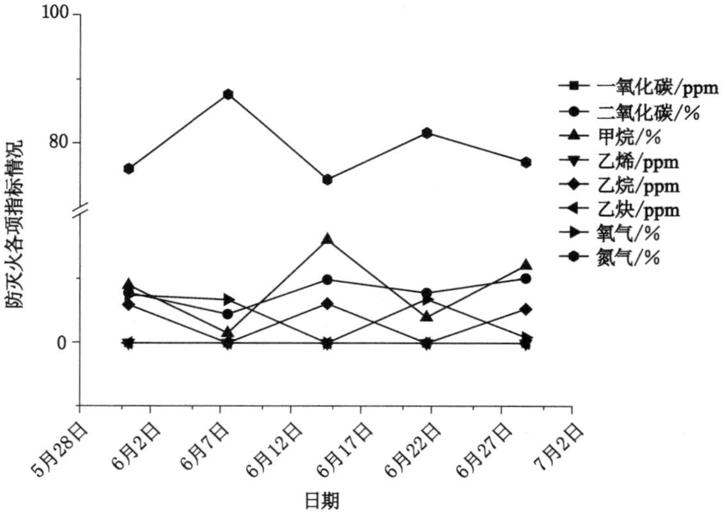

(d) Ⅱ$7_3$24N风巷采空区防灭火各项指标情况

图 9(续)

3 近距离下伏煤巷顶板结构分类研究

在近距离煤层群的开采中，煤层的埋深、厚度、倾角以及间隔层（两相邻煤层间岩层）等都影响着工作面的稳定性，其中间隔层的垮落和失稳是直接影响下伏工作面矿压显现的重要因素[14-16]。当间隔层厚度较小时，上覆采空区具有漏风及瓦斯溢出隐患，应加强瓦斯、防灭火及防突工作。间隔层厚度及结构的变化直接影响着上煤层基本顶对下煤层作用力的大小，间隔层厚度及其结构特性对下煤层工作面矿压显现规律、围岩稳定性控制及灾害防治至关重要[17-19]。根据间隔层厚度及结构特征、上覆开采对底板损伤程度、有效锚固条件以及巷道围岩控制的难易程度，对下伏煤巷顶板结构进行分类，采用分区域分类支护的巷道围岩控制支护技术。

3.1 下伏煤巷顶板结构特征

《煤矿安全规程》中将开采时相互影响较大的煤层定义为近距离煤层，显然这只是定性而非定量化的定义。为了有针对性地对下伏煤巷围岩控制支护方案进行设计，有必要对层间距变化幅度较大的下伏煤巷顶板进行分类。为了更好地了解Ⅱ$7_3$24S工作面风巷不同间隔层厚度下围岩结构发育特征，于Ⅱ$7_3$24S风巷工作面迎头处进行了约30站钻孔探测。根据地质测孔及迎头钻孔探测得知，间隔层损伤程度随深度递减，由损伤较大的块裂破碎岩层和微裂隙组成，其中块裂破碎岩层可锚性较差，对煤锚支护影响较大。Ⅱ$7_3$24S工作面风巷间隔层裂隙发育情况示意图如图10所示。

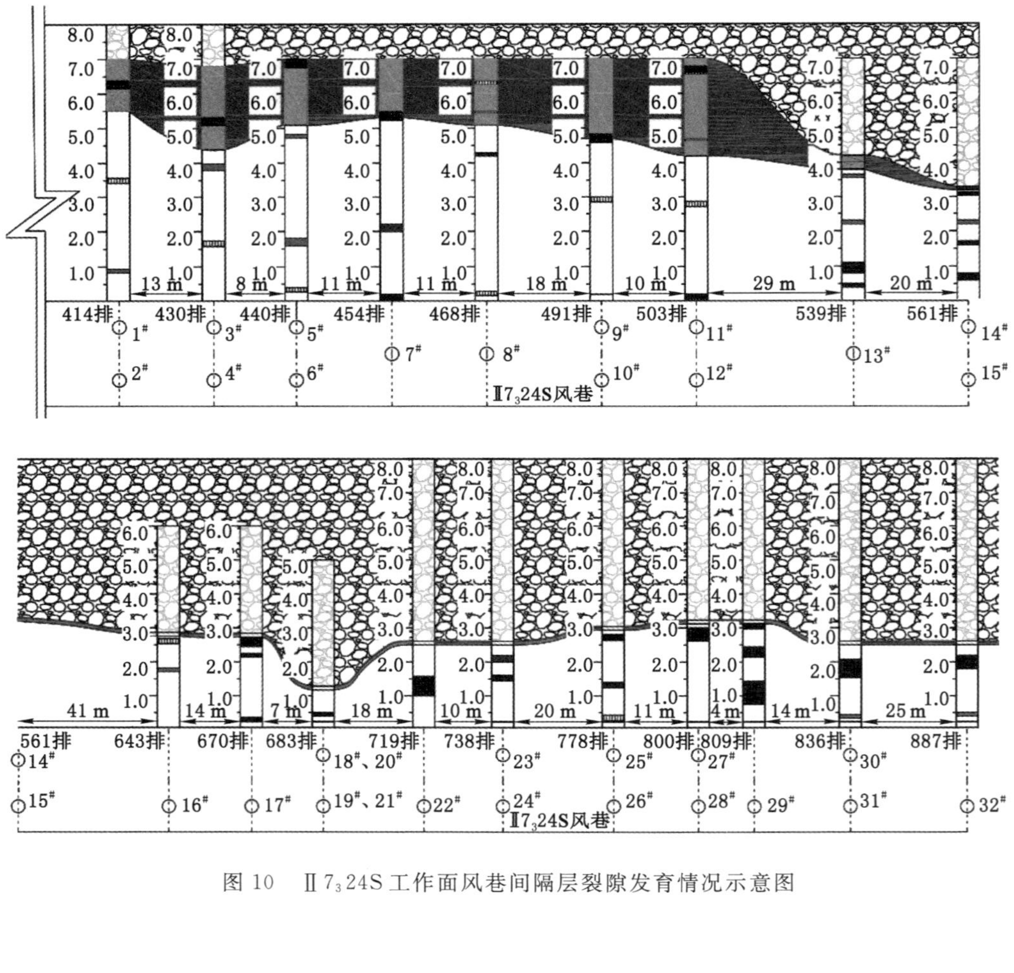

图10 Ⅱ$7_3$24S工作面风巷间隔层裂隙发育情况示意图

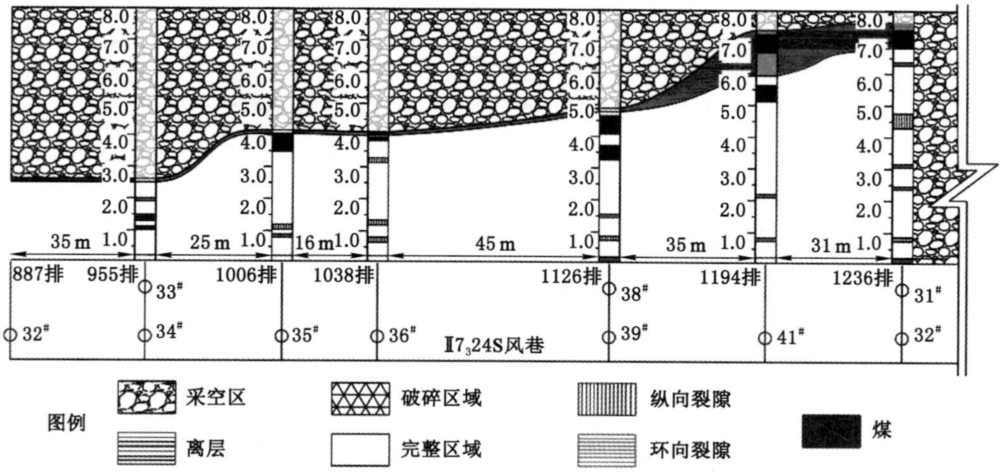

图 10(续)

针对间隔层损伤特性以及层间距浮动较大的地质特点，为了更加科学地进行下伏煤巷顶板结构分类，为后续巷道分区域式支护奠定基础，对钻孔图像进行结构面与破碎程度定量化处理，将单位长度钻孔图像内结构面综合宽度作为一种评价巷道围岩破碎程度的指标，如式(1)、图 11 所示。

$$S_d = \sum_{i=1}^{n} d_i W_i \tag{1}$$

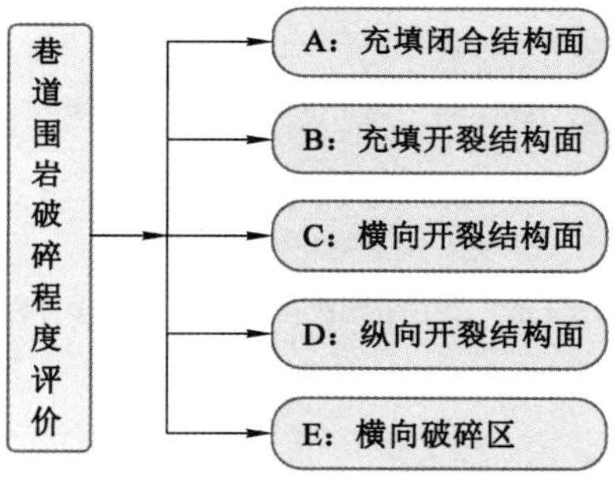

图 11　巷道围岩结构面与破碎程度评价指标体系

由图 12 可知，间隔层损伤程度随深度递减，间隔层厚度不同，其整体损伤程度也随之不同，损伤区域有横向破碎区和裂隙区组成，其中上覆采空区下约 2 m 范围的间隔层为集中破碎区，岩层集中破碎区域的可锚性较差，对煤锚支护影响较大。因此，在对顶板结构进行分类时，可以 2 m 作为分类的界点。

3.2　间隔层结构分类

本文将相邻两煤层间岩层称为间隔层，7_2 煤层开采后造成的底板最大损伤深度 h_s 约为 5.5 m[20]；7_2 与 7_3 煤层层间距为 1.7～13.5 m，平均为 6.0 m，层间距变化幅度较大，下伏巷道顶板受采动影响，顶板完整性及强度遭到不同程度的破坏。根据地质测孔及迎头钻孔探测得知，间隔层厚度不同，其整体损伤程度也随之不同，致使下伏巷道围岩稳定性控制难易程度不同，为了有针对性地进行下伏煤巷围岩稳定性控制，有必要对层间距变化幅度较大的下伏煤巷顶板结构进行分类。《煤矿安全规程》中将开采时相互影响较大的煤层定义为近距离煤层，显然这只是定性的定义；根据相邻两煤层开采时相互影响的程度，极近距离煤层可被定性地定义为彼此开采有显著影响的煤层。

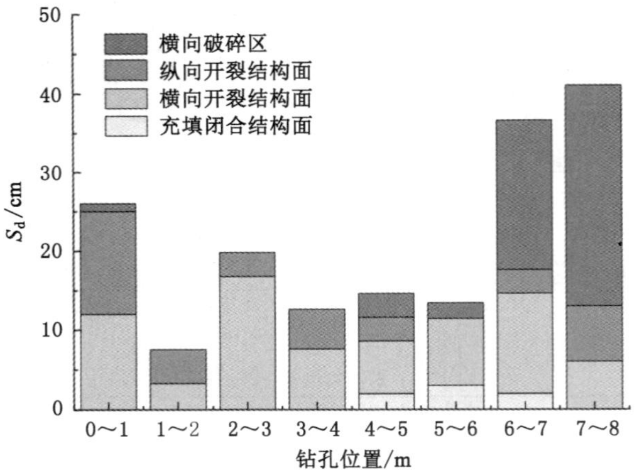

(a) $L \geqslant 6$ m地段钻孔内结构面综合宽度分布图

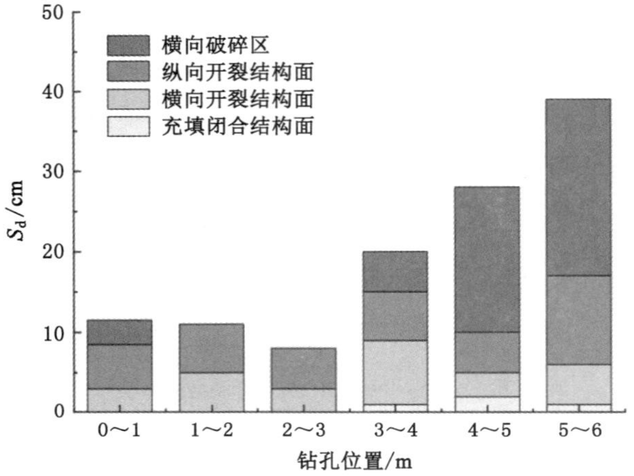

(b) 4 m$\leqslant L<$6 m地段孔内结构面综合宽度分布图

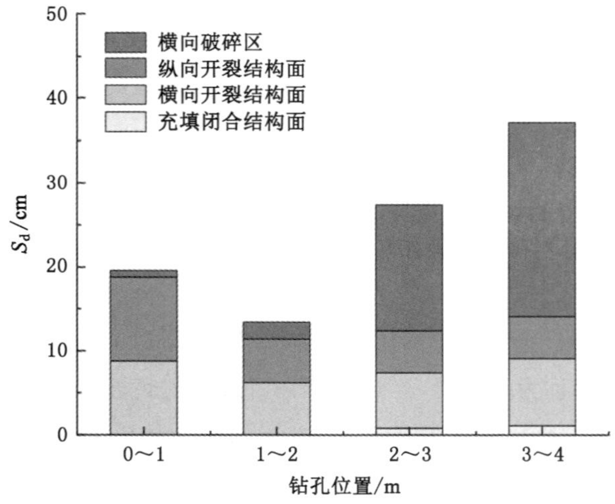

(c) 2 m$<L<$4 m地段孔内结构面综合宽度分布图

图 12　Ⅱ$7_3$24S 风巷顶板结构面综合宽度分布图

为了方便和量化近、极近距离煤层，可将底板最大损伤深度 h_s 作为划分标准。根据间隔层厚度及结构特征、上覆开采对底板损伤程度、有效锚固条件以及巷道围岩控制的难易程度，将相邻两煤层分为近距离煤层和极近距离煤层，其中，近距离煤层下伏巷道顶板为损伤间隔层，极近距离煤层下伏巷道顶板可划分为裂隙间隔层和块裂间隔层。下伏煤巷顶板结构分类如图 13～图 15 所示。

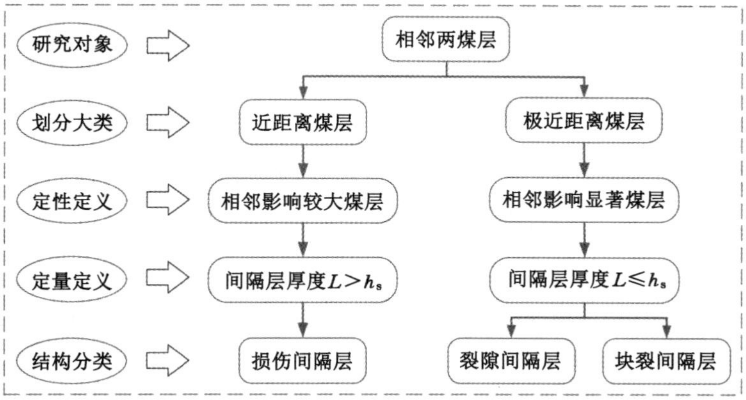

图 13　间隔层结构分类

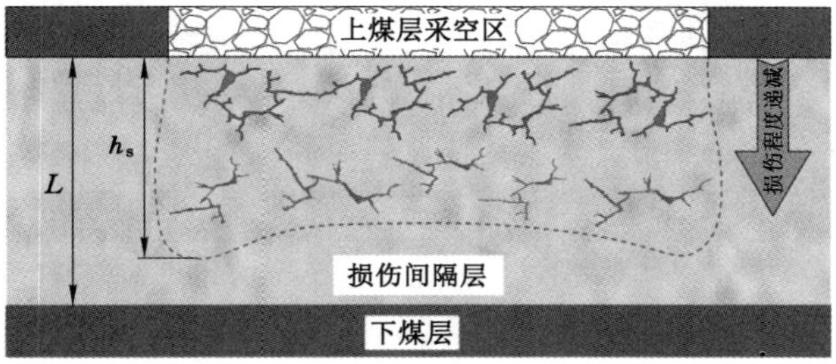

图 14　损伤间隔层

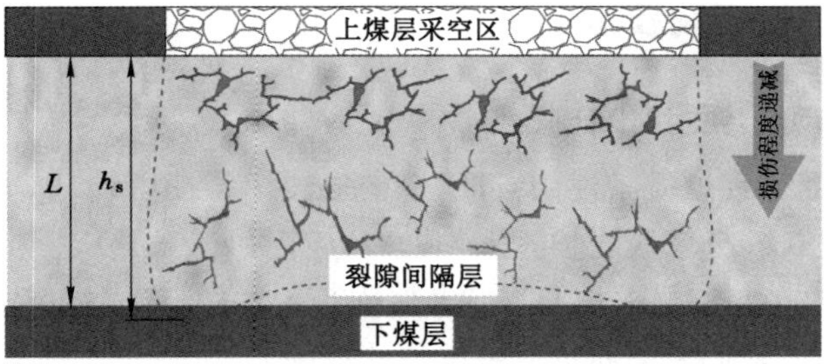

图 15　裂隙间隔层

3.2.1　损伤间隔层

对于近距离近水平煤层的下行开采，受上覆煤层采动的影响，下煤层顶板沿倾斜方向上损伤破坏带形状酷似倒马鞍形，近距离煤层间隔层厚度、结构特征及上覆开采对底板岩层损伤深度关系，如图 14 所示。其中，L 为间隔层厚度，h_s 为上覆煤层开采对底板岩层的损伤深度，间隔层厚度 $L\geqslant 6.0$ m。

由图 14 可知，在近距离煤层中，损伤间隔层的厚度相对较大，且部分岩层位于上覆煤层采动底板损伤破坏区范围之外，说明间隔层受到上覆煤层采动的影响已发生部分损伤，其承载能力有所降低，但仍具有煤锚支护的条件。当下煤层开采时，基本顶的断裂岩块长度有所减小，断裂岩块之间相互铰接成“短砌体梁”结构，仍具有较强的承载能力，但下煤层开采所引起的上覆采空区顶板关键层的移动、破断产生的应力将对下煤层工作面矿压显现产生一定的影响。

3.2.2　裂隙间隔层

裂隙间隔层厚度为：4.0 m≤L＜6.0 m。

由图 15 可知，极近距离煤层中，裂隙间隔层位于上覆煤层采动底板损伤破坏范围之内，间隔层裂隙发育，完整性相对较差。对于该类下伏巷道围岩稳定性控制的问题，由于其间隔层具有一定的厚度，岩层块裂破碎区域主要集中在上方，裂隙区岩层占比较大且裂隙岩层仍具备一定的可锚性，为改善间隔层围岩结构及可锚性，可考虑采用注浆锚索加固。

3.2.3　块裂间隔层间隔层

块裂间隔层厚度为：2.0 m＜L＜4.0 m。

由图 16 可知，极近距离煤层中，块裂间隔层厚度较小，且受上覆煤层采动的影响较大，其完整性遭到严重的破坏，岩层块裂破碎区域占比较大，围岩可锚性非常差。当下煤层回采巷道顶板为此类间隔层时，由于间隔层厚度较小且碎裂，不具备较好的锚固层，可考虑采用“煤锚＋注浆”、超前注浆或架棚支护措施，为了防治上覆采空区漏风、瓦斯溢出及冒落事故，可考虑在巷道表面进行喷浆。

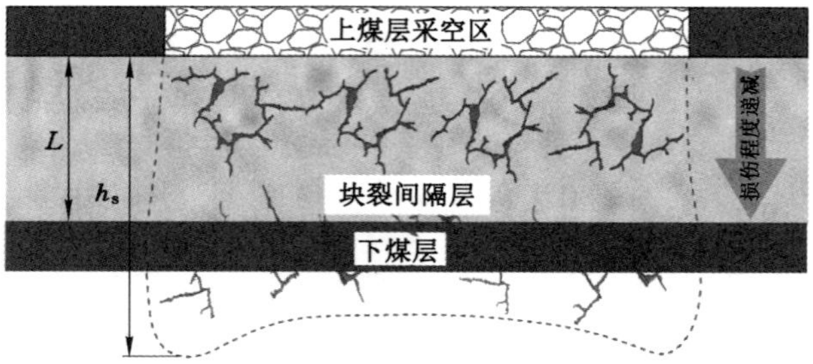

图 16　块裂间隔层

4　下伏煤巷围岩稳定性控制技术

4.1　近、极距离煤层下伏煤巷支护设计原则

根据下伏煤巷工作面工程地质条件、巷道围岩变形破坏特征，以及邻近相似工作面支护经验，提出近、极距离煤层下伏煤巷分区域支护技术，其设计原则如下：

(1) 及时支护原则。在巷道掘进初期进行及时强力的支护，形成较稳定的结构体，能有效遏制巷道岩层裂隙的扩展，大大降低后期巷道返修维护的概率。

(2) “三高”支护原则。选用高刚度、高强度、高预紧力锚杆(索)支护体，提高巷道支护体的主动性，充分发挥巷道围岩的自承能力及支护体的作用。

(3) 强化围岩结构原则。当层间距较小时，间隔层裂隙发育较破碎，围岩可锚性非常差。为改善间隔层围岩结构，可采用注浆锚索注浆加固，一是形成全锚，提高锚索可锚性，且破断遗留在岩体中的锚索仍具有可观的支护能力，提高了支护结构的整体性及承载能力；二是上下煤层为易自燃煤层，上覆采空区具有漏风及瓦斯溢出隐患，浆液能较好地充填在围岩裂隙中，通过挤压、充填、胶结及封堵的作用，形成强度高、抗渗透性好及稳定性强的“再生岩体”，有利于瓦斯灾害的防治。

(4) 分区支护、协同控制原则。下伏巷道顶板间隔层厚度变化幅度大且断层发育，下伏巷道交替通过上覆采空区及遗留煤柱，巷道围岩应力呈现规律性变化，下伏巷道不同地段围岩结构差异性较大，因此，有必要进行分区支护设计，针对层间距较小、顶板围岩完整性较差及高应力区域进行加强支护。分区支护有利于降低支护成本，提高支护效率。除锚杆(索)支护外，在巷道顶板加设高性能的工字钢、钢带、菱形网等护表构件，协同控制巷道围岩，提高顶板岩层的整体性能。

(5) 加强监测、动态支护原则。近距离煤层开采时，由于工作面长度较长，其地质条件差异性较大，断层及地质构造带应力环境复杂，且地下采矿固有其突发不可预测的特性。因此，应加强锚杆(索)受力状态、顶板离层情况、巷道围岩结构及变形特征监测，对于达到预警值地段及时补强支护，保障巷道的稳定性。

除了上述支护原则外，结合邻近相似工作面支护经验，在对Ⅱ$7_3$24S 工作面风巷进行支护设计时，还需要考虑以下几个方面：

(1) 加强两帮的支护，尤其窄煤柱帮侧为护巷煤柱，煤柱的支护强度对于巷道的稳定性至关重要，通过提高两帮的支护强度，提供顶板强有力的支承，实现强帮护顶的目的。

(2) 在巷道交叉口、应力集中区、邻近断层附近、层间距小于 4 m 地段容易出现大量锚杆(索)破断、钢带剪切撕裂的现象，应加强该地段的支护。

(3) 在工作面回采期间，邻近相似工作面存在巷道变形量较大、巷道两旁肩窝处变形严重的现象，应加强巷道初期支护强度，避免后期巷道返修，提高支护效率。

(4) 上、下煤层为易自燃煤层，上覆采空区具有漏风及瓦斯溢出隐患，应加强采空区瓦斯溢出的监测，避免瓦斯灾害的发生。

4.2 下伏巷道支护参数模拟

采用 FLAC3D 数值模拟软件，为便于数值计算，7_2 煤层与 7_3 煤层的间隔层厚度取平均值 6.0 m，对比研究不同支护参数下Ⅱ$7_3$24S 工作面巷道围岩控制的效果，考虑工程实际、支护成本及围岩控制效果，确定锚杆(索)主要支护参数。

4.2.1 锚杆间排距参数数值模拟

锚杆间排距模拟方案为 700 mm×700 mm、800 mm×800 mm、900 mm×900 mm 和 1 000 mm×1 000 mm 四种方案。锚索长度和预紧力合理参数模拟方案见表 4。

表 4 锚索长度和预紧力合理参数模拟方案

序号	锚杆长度/mm	锚杆直径/mm	锚杆间排距/mm	锚杆预紧力/(N·m)	锚索长度/mm	锚索预紧力/kN
1	2 400	20	700×700	200	6 300	200
2	2 400	20	800×800	200	6 300	200
3	2 400	20	900×900	200	6 300	200
4	2 400	20	1 000×1 000	200	6 300	200

巷道掘进期间，在不同锚杆间排距条件下巷道位移云图如图 17 所示。由图 17 可知：巷道围岩移近量的峰值位置均处于顶、底板和两帮的中部，巷道锚杆间排距从 700 mm×700 mm 至 1 000 mm×1 000 mm 时，顶、底板最大变形量分别为 79.1 mm、86.5 mm、94.0 mm 和 105.2 mm，两帮最大变形量分别为 88.3 mm、98.6 mm、130.3 mm 和 156.9 mm；锚杆间排距的变化对顶、底板变形量的影响相对较小，锚杆间排距从 700 mm×700 mm 增至 800 mm×800 mm，以及 900 mm×900 mm 增至 1 000 mm×1 000 mm 时，巷道两帮的变形量增幅较小，而 800 mm×800 mm 增至 900 mm×900 mm 时，两帮最大变形量增幅为 32.2%；考虑到支护成本以及围岩控制效果，锚杆间排距为 800 mm×800 mm 较为合理。

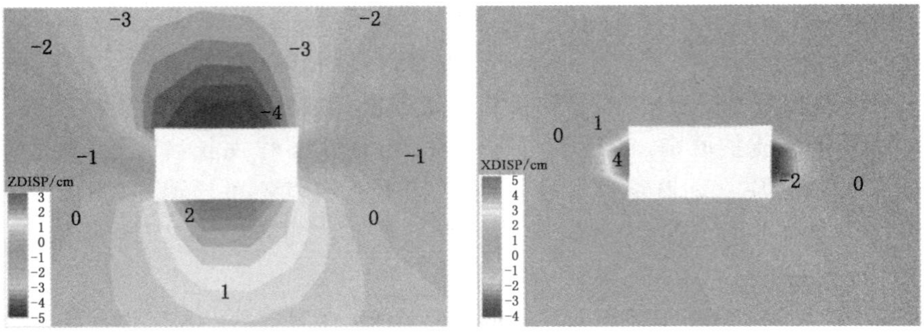

(a) 间排距为700 mm×700 mm

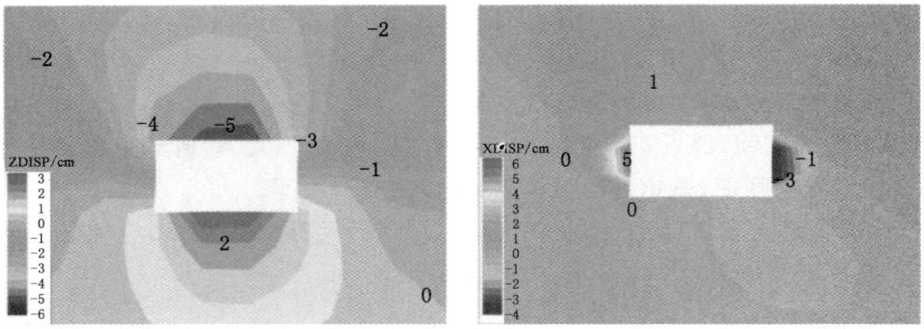

(b) 间排距为800 mm×800 mm

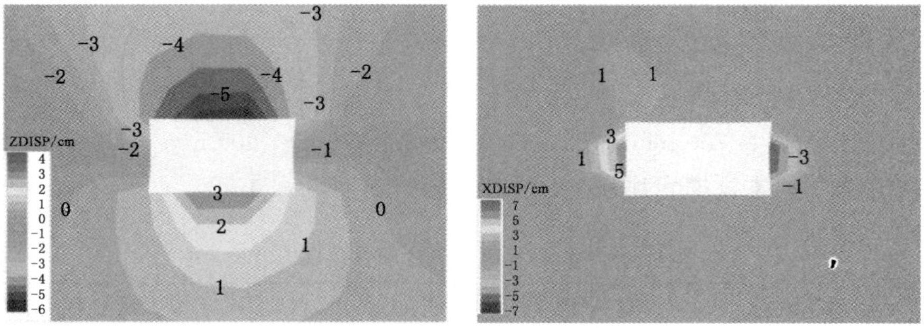

(c) 间排距为900 mm×900 mm

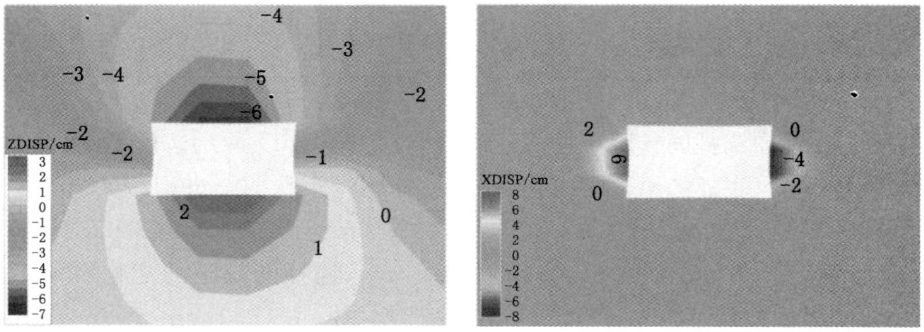

(d) 间排距为1 000 mm×1 000 mm

图 17　不同锚杆间排距条件下巷道位移云图

4.2.2 锚索支护参数数值模拟

锚索具有悬吊挤压顶板、改善围岩应力状态、强化岩体自承能力的作用；近、极近距离煤层下伏巷道受采动影响，顶板整体完整性较差，锚索支护参数合理地确定是保证巷道围岩稳定性控制的关键因素，因此有必要对锚索关键支护参数进行合理设计；对锚索长度和预紧力合理参数进行数值模拟，模拟方案见表 5。

表 5 锚索长度和预紧力合理参数模拟方案

方案	锚索预紧力/kN	锚索长度/mm	锚索直径/mm	锚索间排距/mm	锚杆直径/mm	锚杆间排距/mm
方案 1	120	6 300	21.8	1 200×800	20	800×800
方案 2	170	6 300	21.8	1 200×800	20	800×800
方案 3	220	6 300	21.8	1 200×800	20	800×800
方案 4	220	5 800	21.8	1 200×800	20	800×800
方案 5	220	5 300	21.8	1 200×800	20	800×800

模拟工作面巷道掘进及回采期间，不同锚索长度和预紧力条件下巷道变形量情况，数据整理结果如图 18 所示。

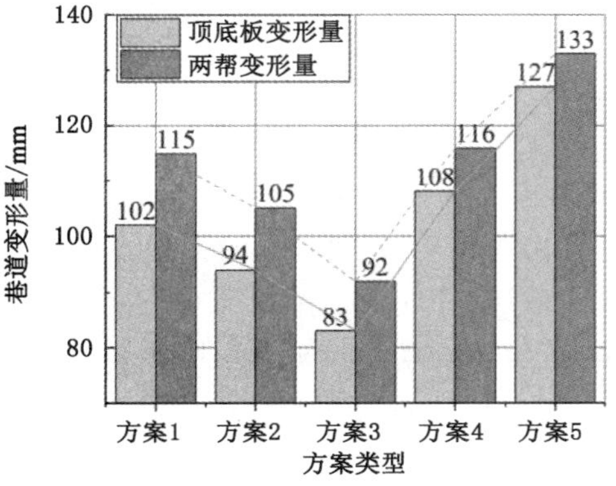

(a) 工作面巷道掘进期间

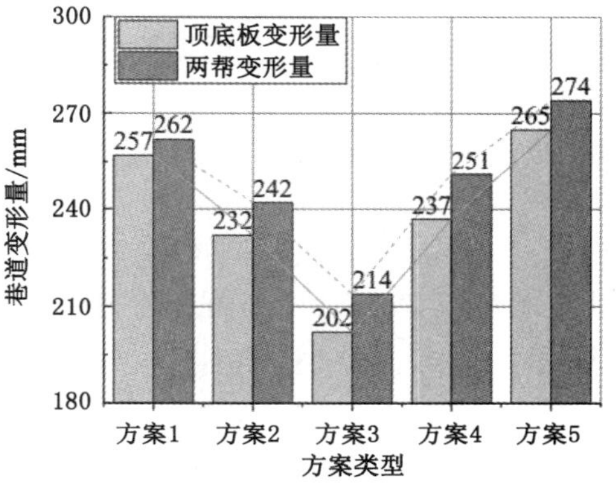

(b) 工作面回采期间

图 18 掘进及回采期间不同锚索长度和预紧力条件下巷道变形量对比图

由图 18 可知，共划分了 5 种方案对锚索长度和预紧力合理参数进行数值模拟，不同锚索长度和预紧力对巷道围岩变形量的影响程度不同，随着锚索长度和预紧力的减小，巷道围岩变形量均有所增大，回采期间巷道变形量约是掘进期间的 2 倍。在工作面巷道掘进期间，预紧力从 120 kN 增至 220 kN，巷道变形量变化不大且减幅较小，锚索长度从 5.8 m 增至 6.3 m 与 5.3 m 增至 5.8 m 相比，巷道变形量减幅更大。在工作面回采期间，预紧力从 170 kN 增至 220 kN，以及锚索长度从 5.8 m 增至 6.3 m 时，巷道顶、底板和两帮变形量减幅均较大。考虑到现场施工、支护成本以及围岩控制效果，锚索长度和预紧力分别为 6.3 m 和 220 kN 较为合理。

5 结论

本文以任楼煤矿二水平Ⅱ$_2$ 采区近、极近距离煤层（7_2、7_3 煤层）回采为背景，针对上覆煤层易自燃、层间距变化大（1.7～13.5 m）、下伏巷道顶板岩层完整性较差且支护困难等技术难题，运用现场实测、理论分析、数值模拟等研究手段，对近距离煤层开采瓦斯与火综合治理、覆岩结构、下伏煤巷围岩稳定性控制的支护理念及支护技术等进行了系统的研究，得到以下结论：

(1) 针对瓦斯与火灾害的治理，提出了一系列改进方案和综合治理技术，通过上隅角埋管抽采、注氮、封堵、喷洒阻化剂等措施，实现了零超限、零发火的目标，同时采用水力压裂卸压技术，有效避免了上、下隅角悬顶问题，并通过矿压在线监测系统实时监测，实时反馈井下矿压情况及预警，确保了工作面安全初采。

(2) 在近距离下伏煤巷顶板结构分类研究中，通过钻孔探测和结构面综合宽度评价，将下伏煤巷顶板结构划分为损伤间隔层、裂隙间隔层和块裂间隔层，针对不同类型的间隔层提出了相应的围岩稳定性控制技术。

(3) 在下伏煤巷围岩稳定性控制技术方面，提出了近、极近距离煤层下伏煤巷分区域支护技术，并确定了及时支护、强化围岩结构、分区支护、加强监测等设计原则。通过数值模拟，确定了锚杆间排距和锚索支护参数，以保证巷道围岩的稳定性控制。

综上所述，通过科学的支护设计和综合治理技术的应用，可以有效解决当前煤矿开采面临的安全和稳定性问题，确保工作面的安全生产。

参考文献

[1] 李增学，魏久传，刘莹. 煤地质学[M]. 北京：地质出版社，2005.

[2] 张百胜. 极近距离煤层开采围岩控制理论及技术研究[D]. 太原：太原理工大学，2008.

[3] 鲁岩，高杰，刘长友，等. 近距煤层同采巷道优化布置研究[J]. 采矿与安全工程学报，2012，29(6)：797-801.

[4] 朱涛. 极近距离煤层刀柱采空区下长壁开采矿山压力及其控制研究[D]. 太原：太原理工大学，2007.

[5] 钱鸣高，许家林，缪协兴. 煤矿绿色开采技术[J]. 中国矿业大学学报，2003，32(4)：343-348.

[6] 王永佳. 泰山隆安煤业 11# 极近距煤层合理开采方法研究[D]. 太原：太原理工大学，2018.

[7] ZHANG P，TULU B，SEARS M，et al. Geotechnical considerations for concurrent pillar recovery in close-distance multiple seams[J]. International journal of mining science and technology，2018，28(1)：21-27.

[8] YAVUZ H. An estimation method for cover pressure re-establishment distance and pressure distribution in the goaf of longwall coal mines[J]. International journal of rock mechanics and mining sciences，2004，41(2)：193-205.

[9] SINGH K B，SINGH T N. Ground movements over longwall workings in the Kamptee Coalfield，India[J]. Engineering geology，1998，50(1/2)：125-139.

[10] 张炜，张东升，陈建本，等. 极近距离煤层回采巷道合理位置确定[J]. 中国矿业大学学报，2012，41(2)：182-188.

[11] 刘志阳. 极近距离煤层采空区下综放面矿压规律与控制研究[D]. 北京：中国矿业大学(北京)，2014.

[12] 朱涛，张百胜，冯国瑞，等. 极近距离煤层下层煤采场顶板结构与控制[J]. 煤炭学报，2010，35(2)：190-193.

[13] 杨国枢，王建树. 近距离煤层群二次采动覆岩结构演化与矿压规律[J]. 煤炭学报，2018，43(增刊 2)：353-358.

[14] 于斌. 多煤层上覆破断顶板群结构演化及其对下煤层开采的影响[J]. 煤炭学报，2015，40(2)：261-266.

[15] 潘瑞凯，曹树刚，李勇，等. 浅埋近距离双厚煤层开采覆岩裂隙发育规律[J]. 煤炭学报，2018，

43(8):2261-2268.
[16] 黄庆享,杜君武.浅埋煤层群开采的区段煤柱应力与地表裂缝耦合控制研究[J].煤炭学报,2018,43(3):591-598.
[17] 高健华.大倾角煤层群综放采场顶板结构与支架载荷研究[D].西安:西安科技大学,2017.
[18] 张守宝,袁友桃,鲁庆双,等.近距离下煤层开采顶板稳定性影响因素的数值模拟[J].煤炭技术,2019,38(9):42-45.
[19] 白虎.浅埋深极近距离煤层渐变间隔层下伏煤层回采巷道布置及支护技术研究[D].徐州:中国矿业大学,2022.
[20] 刘伟冬.近/极近距离煤层下伏巷道顶板有效锚固机理及技术研究[D].徐州:中国矿业大学,2021.

复杂地质构造煤层安全高效开采技术研究与应用

杨绪鹏，李学，高娜

（山东新矿赵官能源有限责任公司，山东 德州 251199）

摘 要 随着我国工业化、现代化建设的不断推进，工业生产与民用消费领域对于煤炭产品的需求量逐年增加，对于原煤的开采量也随之大幅度增加，基于此，煤矿开采安全问题、绿色开采问题引起社会的共同关注，煤矿开采对我国经济发展具有重大意义，而开采效率、绿色开采、进度、安全、成本投入等重要因素都与地质构造密切相关，因此应加强对地质构造的研究和分析，系统分析地质构造对煤矿开采的影响，通过技术升级与保障设施设备配置等多种手段降低地质构对煤矿开采的影响，实现绿色开采。为保证煤矿的安全生产，提高煤矿开采作业的工作效率，有必要加强对煤矿开采区域的地质构造勘查与研究，对影响煤矿安全开采、绿色开采的地质构造问题进行分析，采取针对性的策略解决煤矿生产过程中的安全问题，减少煤矿生产作业中的安全隐患，预防煤矿安全事故的发生。赵官能源结合自身实际情况，理论研究一套行之有效的开采方法——“短壁全负压密实充填开采”采煤法，为矿井的可持续发展提供“资源支撑”。

关键词 绿色开采；短壁全负压密实充填开采；地质构造；煤矿

1 背景及必要性

1.1 矿井位置及隶属关系

山东新矿赵官能源有限责任公司（简称赵官能源）隶属于山东能源新汶矿业集团有限责任公司。赵官井田属于黄河北煤田的一部分，位于山东省西北部，行政区划属德州市齐河县赵官镇管辖。矿井位于京沪铁路西侧，距京沪线晏城车站 30 km，北部有 309 国道，井田内有公路相通，自赵官镇到济南不足 50 km。

1.2 矿井概况

赵官井田属山东省黄河北煤田的一部分，位于该煤田的中西部。赵官能源于 2005 年 10 月动工兴建，2009 年 10 月正式投产，矿井设计生产能力为 90 万 t/a，设计服务年限为 42.8 a。井田面积为 59.213 5 km^2，开采标高为－200～－1 200 m。

2 后组煤短壁全负压密实充填（简称连采连充）开采必要性

2.1 前组煤煤层赋存条件差

矿井可采煤层为 4、7、10、11、13 煤层，其中 4、7、10 煤层为前组煤，11、13 煤层为后组煤。矿井 4、7 煤层已基本回采结束，其余块段煤质差、高瓦斯、构造复杂，目前无开采价值；10 煤层厚度为

0.30～1.27 m，平均为 0.84 m，煤厚变异系数为 23%，顶底板管理困难，断层密集开采效益亦较差。为实现矿井扭亏为盈和可持续发展，必须研究开采后组 11、13 煤层。

2.2 区域水害治理投资大

后组 11、13 煤层开采受顶板四五灰及底板徐奥灰承压水威胁，如不治理承压含水层水害，矿井面临资源枯竭、关井闭坑的窘境。2019 年、2022 年实施了地面定向钻区域水害治理工程，投入资金 2 亿元，首采工作面因初采调采、过联络巷、未切顶、综采架后充填黄河泥沙不实（未固结）等原因，造成底板隔水层遭到破坏，工作面停止生产，目前稳定水量约为 50 m^3/h，目前必须探索新的开采和水害治理方案。

2.3 连采连充解放优质煤炭资源

连采连充作为近年来逐渐成熟的采煤工艺，可大大减少开采对顶、底板的扰动，既降低治水费用又解放了优质煤炭资源，特别是为解放 13 煤提供有效探索途径，是实现矿井扭亏为盈、可持续发展的必由之路，在上级部门的统一部署下，通过该采煤工艺，可解放－415 m 以浅 13 煤资源 1 300 万 t，受银杏村压覆的 11、13 煤资源 411 万 t，可盘活大量优质资源 1 400 万 t，为矿井扭亏为盈、延长矿井服务年限、促进地企和谐发展提供了资源保障。

3 －415 m 水平以浅后组煤连采连充开采的可行性

3.1 水害治理技术可行

连采连充工艺下可有效控制徐奥灰水害，最大限度地减小对顶、底板的扰动，根据《煤矿防治水细则》掘进工作面安全隔水层厚度计算公式：

$$t=\frac{L\left(\sqrt{\gamma^2L^2+8K_pp}-\gamma L\right)}{4K_p} \tag{1}$$

式中 t——底板安全隔水层厚度，m；

L——掘进工作面底板最大宽度，取 5.4 m；

γ——隔水层岩石的容重，取 0.025 5 MN/m^3；

K_p——隔水层岩石的抗张强度，取 0.133 4 MPa；

p——隔水层底板承受的水头压力，徐灰取 4.8 MPa，奥灰取 5.02 MPa。

徐灰安全隔水层厚度为：

$$t_{徐灰}=21.55\ \mathrm{m}$$

奥灰安全隔水层厚度为：

$$t_{奥灰}=22.07\ \mathrm{m}$$

七采区 11 煤下距徐灰平均为 36.08 m，$t_{实徐灰}>21.55$ m，11 煤下距奥灰平均为 53.73 m，$t_{实奥灰}>22.07$ m，因此开拓巷道掘进施工正常块段是安全的。

3.2 地面沉降控制技术可行

地面建筑物控制技术可行，连采连充工艺对采空区充实率达到 98%以上，地面下沉达到地表下沉控制在 85 mm 以内，水平变形控制在 0.16 mm/m 以内，地表倾斜变形控制在 0.35 mm/m 以内，地表曲率为 0.002×10^{-3}/m 以内；达到垮落法开采影响值的 5%左右，控制地表建构物在Ⅰ级破坏范围内。

4 水害治理方案优化

4.1 治理区域

根据矿井后组煤开拓布局方式和采区划分情况，结合目前已进行的地面区域注浆改造治理区域，分三个区域进行精准治理,分别为七采区东西翼(一块段治理区域)、九采区(二块段治理区域)和十采区(三块段治理区域),其中七采区东翼原 600 m×600 m 块段作为连采连充开采工艺试验区。

4.2 分区域治理方案

4.2.1 七采区东西翼(一块段治理区域)

(1) 该治理区域面积为 131 万 m^2,主要为前期和目前进行的四五灰、徐灰地面区域注浆改造范围。四五灰、徐灰采用地面定向钻技术进行区域注浆改造,井下采取超前探查验证和物探异常区注浆补注及疏放相结合方式进行治理。

(2) 井下探查及治理加固方案:

① 掘进超前物探及钻探验证:掘进工作面坚持"逢掘必探",一是按每 100 m 进行一次瞬变电磁物探探查;二是根据物探异常情况,布置钻探探查,原则上每 100 m 施工 3 个顶板四五灰孔和 1 个徐灰验证孔。

② 工作面物探及异常区探查加固方案:工作面物探工作分两次进行,相互验证。工作面钻探探查加固前进行第一次物探(直流电法+槽波);第二次物探(直流电法)在徐灰补充注浆加固完成后进行。

4.2.2 九采区(二块段)治理区域

(1) 该治理区域面积为 79 万 m^2,11 煤可采面积为 60 万 m^2,平均煤厚为 2.0 m,储量为 170 万 t;13 煤可采面积为 75 万 m^2,平均煤厚为 3.3 m,储量为 350 万 t;合计储量为 520 万 t。

(2) 二块段采用地面高精度大定源瞬变电磁法(10 m×10 m)进行地面物探,通过物探结果施工水文地质补勘钻孔,查明四五灰、徐灰和奥灰之间的异常区和导水通道。

(3) 井下探查及治理加固方案:

① 掘进超前物探及钻探验证:掘进工作面坚持"逢掘必探",一是按每 100 m 进行一次瞬变电磁物探探查。二是根据物探异常情况,布置钻探探查,原则上每 100 m 施工 3 个顶板四五灰孔和 1 个徐灰验证孔。

② 工作面物探及异常区探查加固方案:工作面物探工作分两次进行,相互验证。工作面钻探探查加固前进行第一次物探(直流电法+槽波);第二次物探(直流电法)在徐灰补充注浆加固完成后进行。

4.2.3 十采区(三块段)治理区域

(1) 该治理区域面积为 125 万 m^2,11 煤可采面积为 62 万 m^2,平均煤厚为 1.8 m,储量为 158 万 t;13 煤可采面积为 110 万 m^2,平均煤厚为 3.0 m,储量为 492 万 t;合计储量为 650 万 t。

(2) 三块段采用地面高精度大定源瞬变电磁法(10 m×10 m)进行地面物探,通过物探结果施工水文地质补勘钻孔,查明四五灰、徐灰和奥灰之间的异常区和导水通道。

(3) 井下探查及治理加固方案:

① 掘进超前物探及钻探验证:掘进工作面坚持"逢掘必探",一是按每 100 m 进行一次瞬变电磁物探探查;二是根据物探异常情况,布置钻探探查,原则上每 100 m 施工 3 个顶板四五灰孔和 1 个徐灰验证孔。

② 工作面物探及异常区探查加固方案:工作面物探工作分两次进行,相互验证。工作面钻探探查加固前进行第一次物探(直流电法+槽波);第二次物探(直流电法)在徐灰补充注浆加固完成后进行。

5 连采连充开采技术可行性研究

5.1 充填实验区(第一阶段)

(1) 目前 711 采区原地面定向钻治理区域作为 11 煤试采区,设计充填开采面积约为 0.176 km^2,

煤层平均厚度为 2.0 m，倾角平均为 5°，地质储量为 52.5 万 t，可采储量为 43 万 t。

（2）实验区所在的七采区东翼已进行了井上下综合治理，共布置 6 个地面定向钻孔（四五灰孔 3 个、徐灰孔 3 个），选取东翼 71101 面作为首采工作面，可开展连采连充工作，工作面走向长度为 350 m，倾向长度为 110 m，可采面积为 35 000 m^2，储量为 10.7 万 t；利用矿井现有 EBZ-200L 型掘进机，配套梭车、装载机的工艺进行生产。

（3）设计支巷净宽为 5.4 m，净高为 2.0 m，使用 EBZ-200L 型掘进机，单班单头掘进支巷进尺 8 m，则单头三班日进尺 24 m，充填量为 259 m^3，原煤产量为 386 t。

（4）连采连充试采区布置两套综掘机系统，两个迎头同时生产，"三八"制工作，三班生产兼顾检修，回采、充填平行作业互不干涉。矿井年生产天数按 330 d 考虑，则连采连充工作面每年掘进 $L=24\times2\times330=15\ 840$ m，可生产原煤 $M=15\ 840\times5.4\times2.0\times1.49=25.5$ 万 t，充填量 $V=15\ 840\times5.4\times2.0=17.1$ 万 m^3。

（5）为进一步提高产能，七采区设计布置四套综掘机系统、2 个掘进工作面、4 个迎头。4 个迎头同时掘进，"三八"制工作，三班生产兼顾检修，充填、掘进平行作业互不干涉。矿井年生产天数按 330 d 考虑，则连采连充工作面每年掘进 $L=24\times4\times330=31\ 680$ m，可生产原煤 $M=31\ 680\times5.4\times2.0\times1.49=51$ 万 t，充填量 $V=31\ 680\times5.4\times2.0=34.2$ 万 m^3。若煤层厚度变大，则生产能力还可再提高。

5.2 连采连充全面实施（第二阶段）

（1）东翼连采连充试验开采期间，同步实施西翼及东部扩大区水害治理，根据水害治理进度、矿井开拓掘进、手续办理情况及连采连充工艺优化改进，计划考虑矿井现有设备能力和规划，预计 2027 年后，使用 EML340B 型连续采煤机，配套梭车进行生产，可实现单头单班掘进 12 m，布置 2 个连采连充工作面、4 个支巷掘进工作面，后组煤连采连充年产量达 70 万 t，届时前组煤层薄、构造复杂、效益差的 10 煤层生产采区将全面封闭，矿井将全面进入后组煤连采连充生产，仅保留−415 m 以浅后组煤采区生产，创造经济效益 7 000 万元。

（2）根据中国煤炭科工集团太原研究院前期调研情况，设计支巷宽度为 5.4 m，高度为 2.0 m，赵官能源连采连充工作面支巷掘进按高效掘进工艺组织生产，使用 EML340B 型连续采煤机，单班单头掘进支巷进尺 12 m，则单头三班日进尺 36 m，充填量为 388.8 m^3，原煤产量为 579.3 t。

（3）设计布置单翼两套连续采煤机系统，双翼采区布置 4 个掘进工作面、4 个迎头同时掘进，"三八"制工作，三班生产兼顾检修，充填、掘进平行作业互不干涉。矿井年生产天数按 330 d 考虑，则连采连充工作面每年掘进 $L=36\times4\times330=47\ 520$ m，可生产原煤 $M=47\ 520\times5.4\times2.0\times1.49=76.47$ 万 t，充填量 $V=47\ 520\times5.4\times2.0=51.32$ 万 m^3。

（4）工作面巷道布置。

① 巷道规格：工作面每个支巷设计开门角度为 115°，根据中国煤炭科工集团太原研究院的调研情况，综合考虑连采连充生产效率，并结合类似连采连充矿井开采实际，初步确定充填支巷设计宽度为 5.4 m，高度为 2.0 m。

② 赵官能源 11 煤层直接顶板一般为第五层石灰岩，平均厚度为 1.66 m，平均抗压强度为 104.2 MPa，局部地段岩浆岩侵入 11 煤层上部，岩浆岩厚度为 4.54～95.37 m，平均为 62.25 m，岩石完整程度较高，顶板较为稳定，且由于支巷高度较低，揭露时间较短，宽度较小，仅需简单支护；采用"锚杆"支护方式。顶板沿中线两侧按照间排距 2 000 mm×1 000 mm 支护 2 根 ϕ18 mm×1 800 mm 全螺纹钢树脂锚杆，两帮按照间排距 1 000 mm mm×1 000 mm 各支护 2 根 ϕ18 mm×1 800 mm 全螺纹钢树脂锚杆，采用 ϕ23 mm×500 mm 中凝树脂锚固剂，顶板锚杆各 2 支加长锚，两帮锚杆各 1 支端锚固。

（5）充填系统。

① 赵官能源膏体充填能力按照 200 m^3/h 进行设计。地面充填站拟建于矿井已有 ϕ426 mm×17 mm(内径为 392 mm)充填钻孔附近,该处有足够的空间进行建站。

② 赵官能源有矸石时采用以矸石、胶结料、粉煤灰、和矿井水为主的膏体充填配比方案,无矸石时采用以黄河沙、胶结料、粉煤灰和矿井水为主的膏体充填材料配比方案,地面充填系统主要包括破碎仓储系统、KG 膏体制备充填系统、KG3000 智能充填系统和辅助系统。

③ 设备配套:连续采煤机、梭车、履带式转载破碎机、行走式液压支架。

5.3 充填系统技术方案

(1) 赵官能源膏体充填能力按照 200 m^3/h 进行设计。

(2) 充填管路路径。

① 根据赵官能源现场条件,初步确定首充面为 71101 面,充填工作面管路路径为:充填泵出口→地面管路→充填钻孔→充填巷→−415 m 集中运输巷→71101 工作面沿空留巷顺槽→充填支巷。

② 充填管路选型:赵官能源充填管路最大垂深约为 390 m,膏体满管时,自重压力约为 7.1 MPa,充填泵安全压力以 10 MPa 计,充填管路的最危险工况点承受压力值为 17.8 MPa;充填管路选取时管路耐压值应不小于 20 MPa,管路选用 ϕ219 mm×12 mm 无缝钢管。

5.4 效益测算

连采连充最终达到年产煤量 75 万 t,收入 6.2 亿元,成本 5.5 亿元,利润 7 000 万元。

6 社会效益

(1) 实施连采连充有效释放矿井“三下”压煤储量,有利于延长矿井服务年限,尤其对于老区资源衰竭矿井意义重大。且该技术适用性强,相比常规综采可以更为有效地回收边角不规则块段资源,减少资源损失。

(2) 采用连采连充技术开采村庄下压煤资源,地表下沉在允许范围之内,避免了对地面建筑的破坏,从而避免了村庄变迁、塌陷补偿、地企纠纷等一系列问题和相关投入,有利于保障企业持续稳定健康发展。

(3) 采用连采连充技术,能有效实现矸石就地处理,避免矸石提升和处理费用,具有显著的经济效益。矸石不升井和逐步消化地面矸石山对改善矿区环境面貌具有重要的意义。

参考文献

[1] 樊晓光.煤矿绿色开采技术的应用[J].资源节约与环保,2019(9):37,40.
[2] 李东红.关于煤矿采矿新技术与开采方法的分析探讨[J].石化技术,2019,26(8):151,155.
[3] 刘翔峰,刘晓峰.煤矿绿色开采技术研究[J].当代化工研究,2019(8):51-52.

复合型软岩矿井综合防治水管理实践

秦萌，孙国，王洪涛，刘统申，张小平

（内蒙古上海庙矿业有限公司榆树井煤矿，内蒙古 鄂尔多斯 017000）

摘　要　复合型软岩是榆树井煤矿主要的岩石特性，“弱胶结、低强度、富含水、易水解”复合软岩地层条件极大地制约了矿井的安全生产，具体表现为顶底板松软，遇水泥化，巷道变形严重，底鼓速度快，防治水工作成为矿井安全生产重中之重。矿井通过多年实践摸索，形成了一套独具特色的防治水管理体系，实现了矿井富水软岩条件下的快速掘进与高效回采。

关键词　采掘前评价；疏干开采

1　矿井概况

榆树井煤矿井田面积为24.56 km^2，地质储量为3.94亿t，可采储量为2.47亿t，矿井设计生产能力为300万t/a。矿井于2008年2月开工建设，2010年7月建成试生产，2011年取得“五证一照”，并于当年7月1日划线转资，总投资22.53亿元。主、副井井口标高均为＋1 297.5 m，风井井口标高为＋1297 m，一水平轨道石门标高为＋980 m。采用走向长壁一次采全高综采采煤法，全部垮落法管理顶板。矿井为低瓦斯矿井，水文地质类型为中等。井田范围内主采煤层为二、五、八、十五及十八煤，煤种均为不黏煤，采用干法选煤工艺。

矿井采用立井多水平开拓方式，中央并列抽出式通风，现矿井生产水平为＋880 m，矿井为低瓦斯矿井。

2　管理理念

影响上海庙矿区（侏罗纪煤田）高产高效的最大的瓶颈是软岩问题，最大的安全隐患是顶板突水溃砂，最大的难点是泥岩遇水严重泥化、膨胀。主要问题表现为巷道大变形，支护成本高，多次修复工程量大，底板泥化综采支架推进困难；砂岩胶结性极弱，水解后在水动力作用下具有流砂特性，表现出“有砂岩就有水，出水必溃砂”，防治水基本任务就是防止突水溃砂。近年来经过不懈努力，榆树井煤矿将理论与实践相结合，探索出“大水防控，小水管理”的技术工作路径。所谓大水防控，就是专业的人干专业的事，运用顶板突（涌）水危险性“双图”评价技术进行超前评价、精准预测，运用覆岩“新上四带”理论科学设计、导流解危，消除突水溃砂的隐患，最终实现无水、少水状态开采；“小水管理”直接服务于软岩治理，多年来实践证明做好“小水管理”是治理软岩最直接、最有效、最经济的技术路径。“治软先治水”已经在职工心中深深扎根，具体措施是“广布雨棚、深挖水窝、软管导水、集中排放”，将水与围岩隔离，努力减少水与围岩接触的机会。

3 矿井水文地质条件

3.1 含水层

井田内含水层自上而下主要有新生界松散含水层、白垩系孔隙裂隙含水层、侏罗系砂岩孔隙裂隙含水层、宝塔山砂岩含水层。

3.1.1 新生界松散含水层

井田内广泛分布，含水层由第四系风积沙和古近系砂层及砾岩组成，含水类型为孔隙潜水或承压水。含水层厚度为 3.35～52.05 m，平均厚度为 27.99 m。井田中部厚度较小，向东西两侧厚度逐渐增大。

由于区内无地表水流，干旱少雨，地下水主要靠沙漠凝结水及雨季大气降水补给，含水层单位涌水量为 0.11 L/(s·m)，渗透系数为 4.12 m/d。根据历年观测结果，该含水层水位稳定，与井下采掘活动基本无关联。

3.1.2 白垩系孔隙裂隙含水层

白垩系孔隙裂隙含水层下伏于古近系含水层，层位较为稳定、连续，其底板埋深为 11.57～389.52 m。岩性为浅紫、紫红色、黄绿色细砂岩、中砂岩、粗砂岩、砾岩、砂砾岩，间夹有泥岩、砂质泥岩。含水层主要由白垩系底部的砾岩构成，砾岩厚度为 17.3～202.9 m，平均厚度为 116.32 m，整个井田含水层厚度较大，横向上中部最大，向东西两侧依次减小。

白垩系统一口径单位涌水量为 0.005 9～0.081 6 L/(s·m)，渗透系数为 0.005 5～0.051 3 m/d，富水性弱，为基岩孔隙裂隙水。

3.1.3 侏罗系砂岩孔隙裂隙含水层

1. 直罗组含水层

该含水层是下部延安组煤层顶板涌水的直(间)接充水含水层，主要由浅灰、灰绿、青灰色厚层粗砂岩、中砂岩、细砂岩构成，底部为俗称“七里镇砂岩”的灰白色厚层状、局部杂褐色、黄色的粗粒石英长石砂岩，含石英成分的小砾石。与白垩系相比，固结程度较高，泥岩及砂质泥岩的含量明显增多，以原生裂隙为主，部分地段裂隙被充填。含水层厚度为 0～271.01 m，平均厚度为 53.33 m。砂岩厚度变化较大，东北部最大，向西南递减。

直罗组含水层单位涌水量为 0.003 6～0.038 6 L/(s·m)，渗透系数为 0.003 5～0.063 2 m/d，富水性弱。井田西部直罗组地层被白垩系剥蚀，接受白垩系底部含水层补给。

2 煤距直罗组的距离为 0～43.79 m(大部分钻孔在 20 m 内)，平均为 10.82 m。二煤开采时导水裂隙带基本全部导通直罗组，目前矿井采取疏干开采的方式提前疏放二煤顶板砂岩及直罗组底部含水层水。

2. 煤系地层含水层

该含水层主要由中粗砂岩构成，含水层厚度不稳定，主要分布在近煤层顶板处及煤层顶板以上 20～32 m 处，富水性不均一，单位涌水量为 0.008 2～0.011 9 L/(s·m)，渗透系数为 0.030 8～0.105 4 m/d，富水性弱，目前主要采取顶板疏放水的方式进行防治。

3.1.4 宝塔山砂岩含水层

该含水层为 18 煤的底板充水含水层，位于 18 煤底板以下 0～30.45 m，平均距离为 5.61 m。由灰白色及肉红色中粗细砂岩构成，以含砾粗砂岩为主。砂岩结构疏松，固结程度差，孔隙发育，含水层厚度为 0～42.7 m，平均厚度为 16.62 m。宝塔山砂岩西部厚度较大，向东依次减小，21 煤露头线以东宝塔山砂岩由于剥蚀作用全部缺失。宝塔山砂岩含水层渗透系数为 1.119 m/d，统一口径单位涌水量为0.381 7 L/(s·m)，富水性中等，是开采15、18煤时重点防范对象，目前矿井未开采15、18煤。

3.2 隔水层

3.2.1 新生界与白垩系隔水层

新生界地层大多由风积沙及中细砂构成，与白垩系呈不整合接触，但部分地区古近系发育有砂质黏土，与白垩系上部发育的砂质泥岩及泥岩构成相对隔水层，隔水层厚度为0～54.7 m，平均厚度为4.82 m。井田内白垩系上部隔水层厚度较小，大部分地区不存在隔水层，新生界与白垩系存在水力联系。

3.2.2 直罗组顶部隔水层

白垩系底部发育杂灰色砾岩、粗砾岩含水层，泥质和钙质胶结，白垩系底部没有隔水层，与下伏侏罗系不整合接触。直罗组顶部发育的泥岩、砂质泥岩及粉砂岩构成隔水层，隔水层厚度为0～82.95 m，平均厚度为7.4 m。井田大多数地区隔水层厚度较小，个别地区不存在隔水层，直罗组顶部不存在隔水层的地段存在水力联系。

3.2.3 直罗组底部与延安组顶部隔水层

井田内大多数地区直罗组底部发育“七里镇”砂岩，局部相变为粉砂岩和砂质泥岩隔水层。延安组上部发育数层泥岩、砂质泥岩及粉砂岩形成隔水层。直罗组与延安组隔水层厚度为0～22.87 m，平均厚度为6.06 m。井田西部直罗组遭剥蚀缺失，不存在隔水层，延安组顶部隔水层中东部较厚，整体厚度不大，隔水性能较弱。

3.2.4 延安组内煤层间隔水层

延安组内发育多层泥岩、砂质泥岩及粉砂岩，与延安组内砂岩含水层形成含隔水层相间的组合。延安组内隔水层厚度较大，能较好地阻隔各含水层之间的水力联系，但由于煤层开采形成的导水裂缝带和矿压破坏带破坏隔水层，减小了隔水层厚度，降低了隔水作用。

4 防治水技术路径与方法

4.1 技术路线

榆树井煤矿矿井防治水技术路线如图1所示。

4.2 掘进前突(涌)水危险性预评价

运用顶板突(涌)水“双图”(安全性分区图和综合分区图)评价技术，判定工作面是否具有突(涌)水危险性，评价准则是:工作面位于富水区同时又位于突水危险区时必然会突水溃砂。

4.3 掘进期间顶板水疏放

采取“双层双向扇形”布孔法，即钻孔成对布置，一个大角度、一个小角度构成空间上的双层结构;采煤工作面内外侧均布置放水孔，提高工作面安全系数;钻孔在平面上呈扇形布置，巷道两侧的双扇形布孔形成全方位覆盖。边掘进边疏放，工作面切眼形成时原则上要完成两顺槽内所有放水孔的施工，努力延长放水相对于回采的超前量。

根据预评价结果，相对富水区多布置放水孔，非富水区布置少量钻孔验证，尽量减少钻探工程量。

4.4 疏放水后物探异常

设计的放水孔全部施工完毕后，再用瞬变电磁、高密度电法或其他物理探测方法，探查工作面顶板以上80 m范围内的富水情况，重点查找富水异常区。

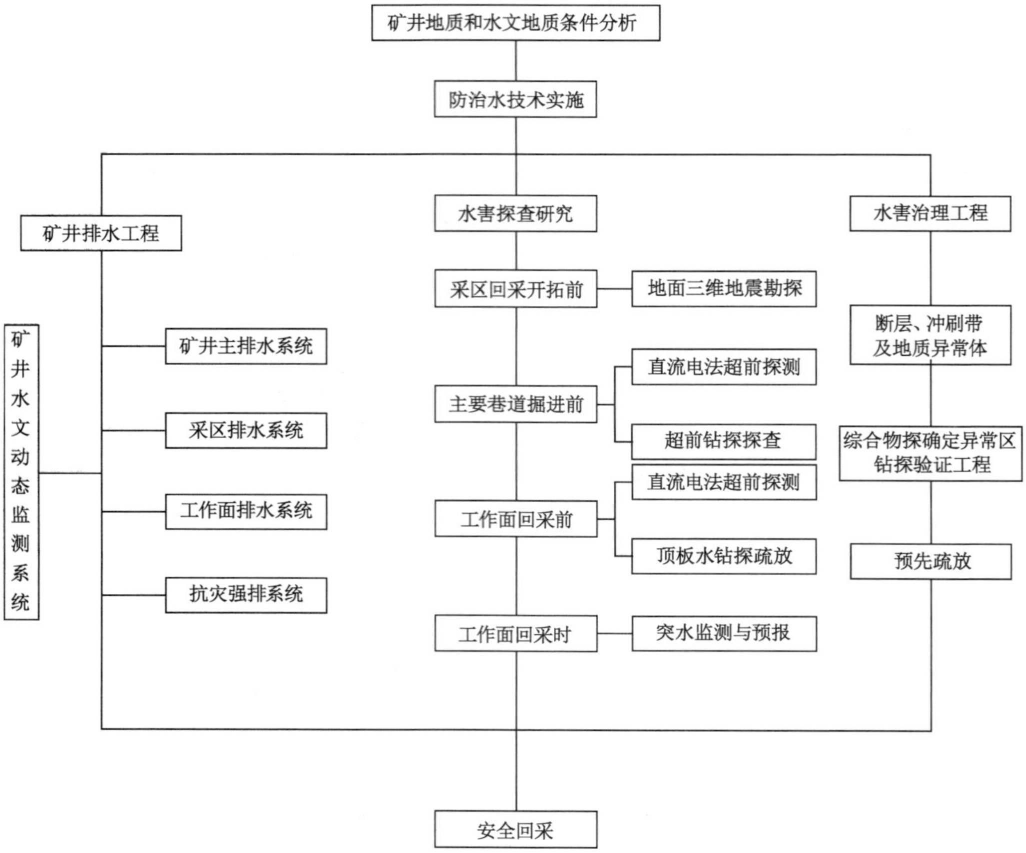

图 1　榆树井煤矿矿井防治水技术路线图

4.5　钻探验证物探异常

利用钻探对物探异常区进行验证(或二次疏放)，当单孔涌水量大于 3 m^3/h 时，需要对所有同级别以上的异常区二次疏放；当单孔涌水量小于 3 m^3/h 时，同级别以下的异常区不再进行二次疏放。

4.6　回采前突(涌)水危险性评价

根据前期疏放水量、钻孔出砂量、物探验证结果、钻孔残余水量等，工作面回采前再进行一次突(涌)水危险性综合评价，最终确定工作面是否可以开始回采。

4.7　防排水设计

榆树井煤矿努力实现疏干开采，做到回采过程中顶板淋水总量不超过 2 m^3/h，采空区涌水量不超过 10 m^3/h。目前国内外尚没有一种技术方法可以预计疏放水后工作面涌水量，目前矿井均按“大井法”计算的工作面涌水量设置工作面防排水系统，保证排水系统满足生产需要。

5　应用效果

5.1　历史回顾(未疏放水)

2015 年以前榆树井煤矿共动用了 12 个工作面，另外 11 个采煤工作面平均月度推进距离仅为 90.7 m，最困难时月度推进距离仅为 6.7 m，个别工作面因顶板淋水淌砂、底鼓严重，仅支架回撤就历时长达 10 个月。

通过以往各工作面生产情况研究发现，工作面推进不均衡系数与该工作面生产效率之间总是呈负相关性，因此只有稳产才能高效，减少水的影响是必经之路。

5.2 疏干开采效果

2016 年以后，“大水防控、小水管理”的理念已经深入人心，体现在 1508 工作面实现月度最大推进距离 254 m，历史上第一次实现单面日产过万、单面达产的好成绩。

3806 工作面共施工放水孔 432 个，总钻探进尺 46 825 m，单孔最大出水量为 34.0 m^3/h，累计放水量为 319 000 m^3，合吨煤放水量为 0.17 m^3。2021 年二季度回采结束，从工作面回采至回撤最后一个支架过程中，顶板未见淋水，采空区内无涌水。

1510 工作面共施工放水孔 566 个，总钻探进尺 62 585 m，单孔最大出水量为 35.0 m^3/h，累计放水量为 359 388 m^3，合吨煤放水量为 0.12 m^3。2022 年二季度回采结束，从工作面回采至回撤最后一个支架过程中，顶板未见淋水，仅有采空区老空水在下顺槽流出，涌水量为 9 m^3/h。

3805 工作面共施工放水孔 323 个，总钻探进尺 34 062 m，单孔最大出水量为 18.0 m^3/h，累计放水量为 186 300 m^3，合吨煤放水量为 0.14 m^3。2022 年三季度回采结束，采空区内无涌水。

3808 工作面共施工放水孔 584 个，总钻探进尺 72 343 m，单孔最大出水量为 40.0 m^3/h，累计放水量为 663 000 m^3，合吨煤放水量为 0.23 m^3。2023 年二季度回采结束，从工作面回采至回撤最后一个支架过程中，顶板未见淋水，仅有采空区老空水在下顺槽流出，涌水量为 6 m^3/h。

1509 工作面共施工疏放水钻孔 366 个，累计进尺 48 691 m，单孔最大出水量为 36.0 m^3/h，累计放水量为 3 264 m^3，合吨煤放水量为 0.16 m^3。工作面已推进约 930 m，目前顶板无淋水，实现了工作面的高效回采，保证了单面日产过万、单面达产。

6 结语

榆树井煤矿近年来经过不懈努力，将理论与实践相结合，运用顶板突(涌)水危险性“双图”评价技术进行超前评价、精准预测，运用覆岩“新上四带”理论科学设计、导流解危，消除突水溃砂的隐患，最终实现无水状态开采；“治软先治水”已经在职工心中深深扎根。

参考文献

[1] 靳德武. 我国煤矿水害防治技术新进展及其方法论思考[J]. 煤炭科学技术，2017，45(5)：141-147.

[2] 吕玉广，李春平，韩港，等. 多因素评价地层富水性技术的分析与应用[J]. 能源与环保，2021，43(3)：44-51.

[3] 吕玉广，李宏杰，夏宇君，等. 基于多类型四双法的煤层顶板突水预测评价研究[J]. 煤炭科学技术，2019，47(9)：219-228.

[7] 吕玉广，乔伟，靳德武，等. 煤矿防治水工作实践中几点思考与建议[J]. 煤炭科学技术，2023，51(4)：133-139.

[5] 吕玉广，肖庆华，程久龙. 弱富水软岩水-沙混合型突水机制与防治技术：以上海庙矿区为例[J]. 煤炭学报，2019，44(10)：3154-3163.

[6] 佚名. 掌握矿井充水规律 作好防治水害工作[J]. 煤炭科学技术，1974(1)：12-22.

复杂条件孤岛工作面安全开采技术及矿压显现规律研究

李小磊[1],李鑫磊[1],任梓源[2]

(1. 焦作煤业(集团)新乡能源有限公司,河南 新乡 453000;
2. 河南理工大学能源科学与工程学院,河南 焦作 454150)

摘　要　为了解决赵固二矿二盘区外侧煤柱工作面在复杂地质条件下回采中可能出现的问题,采取相关安全技术措施,分析工作面矿压显现规律,保证工作面安全回采。结果表明:通过对工作面上、下顺槽超前支护,减少了其受采空区扰动影响,有效控制了巷道变形。采取瓦斯治理措施和设置排水方式,解决了工作面瓦斯突出和突水问题。提取液压支架工作阻力,得到了工作面整体呈现出机头压力平缓、机尾和中部来压剧烈的矿压分布特征,工作面回采过程中无压架、突水、瓦斯突出等事故的发生。二盘区外侧煤柱工作面的安全开采可以为其他类似工作面开采提供参考依据。

关键词　孤岛工作面;强矿压;空巷;支护;瓦斯突出

0　引言

近年来,随着我国矿井开采技术的提升,煤炭资源开采逐渐由浅部向深部转变。在深部煤层中,由高地应力引起的强矿压[1-3]现象极为常见,尤其是瓦斯突出、工作面突水以及巷道支护问题需引起高度重视。

针对复杂地质条件下工作面难以开采的问题,国内学者得到了许多研究成果[4-6]。董文卓等[7]以唐山矿 Y484 工作面为研究背景,分析了上覆岩层结构导致工作面冲击地压的主控因素,提出了具体防冲方法和原理。李润芝[8]研究了孤岛工作面影响围岩稳定性的主要因素,确定了巷道非对称支护参数和控制方案,解决了孤岛工作面强动压影响巷道围岩控制问题。高虎等[9]针对孟村矿工作面回采期间断层区域防治水工作特点,提出了主要思路和具体实施方案。侯铁军等[10]通过研究大黄山煤矿采空区自然发火波及+735 m 工作面原理,提出有效治理措施,保证了工作面的安全开采。焦世雄[11]研究了东周窑煤矿 8104 工作面的片帮问题,通过数值模拟和现场实践确定了治理方案,片帮现象得到有效控制。祁旭[12]针对章村矿 31 采区排水系统受断层构造的影响,通过在近距离煤层巷道施工泄水孔,有效解决了采空区老空水疏放问题。

本文针对赵固二矿二盘区外侧煤柱孤岛工作面可能出现的问题(包括工作面上下顺槽支护特征、工作面通风及瓦斯治理、工作面突水防治、工作面强矿压应力集中、煤壁片帮以及冒顶等问题)进行系统研究,结合实际工作面矿压显现规律采取相应安全技术措施,保证工作面安全开采。

1　工作面概况

赵固二矿二盘区外侧煤柱工作面位于二盘区西北部，为孤岛工作面。北侧为 F30 断层，南侧为 F30-1 断层，西侧为 11071 和 11072 工作面采空区，东侧为 12011、12012、12021 和 12022 工作面采空区。工作面主采二$_1$煤，煤层平均厚度为 6.16 m，煤层平均倾角为 5°，工作面煤层埋深为 650.1～696.9 m，埋藏深度较大，工作面宽度达 257.6 m，推进长度为 776.8 m。煤层直接顶由灰黑色砂质泥岩和灰色泥岩组成，厚度为 4.5～10 m。基本顶由浅灰、深灰色细～粗粒砂岩组成，厚度为 5.5～10.5 m，成分以石英、长石为主，稳定性好，抗压强度为 47.4～108.0 MPa。直接底由灰黑色砂质泥岩和灰色泥岩组成，厚度为 12.2～14.1 m。工作面实测原始瓦斯含量为 1.75～4.16 m^3/t，相对瓦斯压力为 0～0.1 MPa。工作面正常涌水量为 92 m^3/h，最大涌水量为 120 m^3/h。工作面位置如图 1 所示。

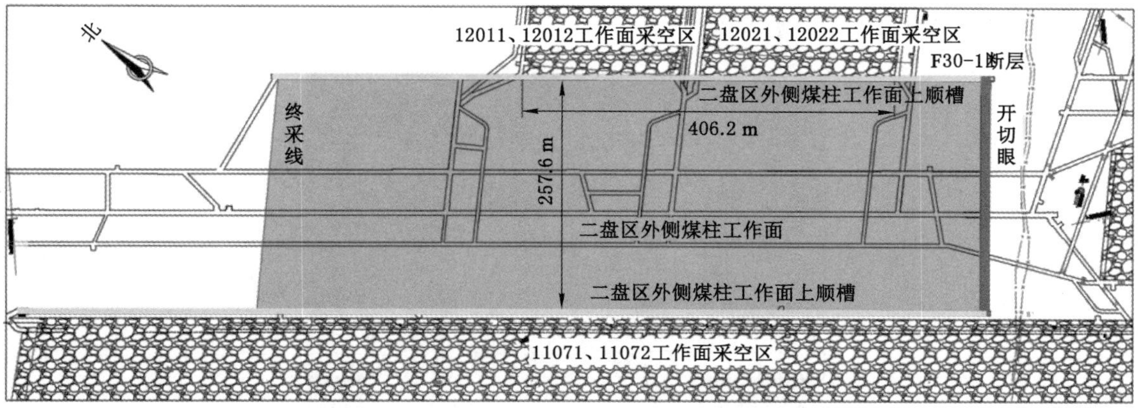

图 1　工作面位置

二盘区外侧煤柱工作面采用走向长壁后退式综合机械化放顶煤工艺，采取单轮、间隔、顺序、等量放煤，放煤步距为 0.8 m，采放比为 1∶1，沿煤层底板回采，ZF18000/21/38D 型液压支架支护顶板，采用全部垮落法管理采空区。

2　工作面回采中存在的问题

二盘区外侧煤柱工作面为孤岛工作面，在推进过程中易遭受瓦斯突出、强矿压以及突水等问题，具体问题如下：

（1）二盘区外侧煤柱工作面宽度达到 257.6 m，且两侧紧邻采空区，两巷矿压显现剧烈，不利于设备安全运转和人员安全施工。二盘区外侧煤柱工作面的宽度达 257.6 m，其两侧紧邻采空区，孤岛工作面布置方式如图 2 所示。工作面上、下顺槽处于应力集中区域，矿压显现较为剧烈，不仅增加了设备安全运转的难度，而且对人员的施工安全构成了严重威胁。覆岩运动产生的应力集中极大地降低了设备运行的可靠性，增加了故障风险，人员在此环境中施工面临着巨大的安全隐患，不利于工作面的安全生产。

（2）二$_1$煤层为突出煤层，存在两侧采空区瓦斯向巷道泄漏的风险。在工作面推进过程中，瓦斯超限问题极易发生，增加了生产安全隐患。工作面持续揭露二盘区大巷，导致回风系统紊乱，进一步加剧了瓦斯治理的难度，使采空区瓦斯更容易聚集和突出，增加了瓦斯灾害发生的风险，给工作面的人员安全带来了极大威胁，因此迫切需要采取有效的防范措施以保障安全生产。

（3）二盘区外侧煤柱工作面周边分布多个采空区，其内老空积水对工作面开采构成了潜在的

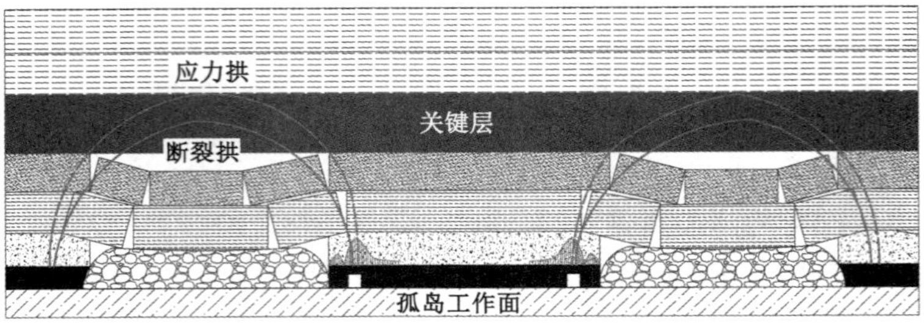

图 2　孤岛工作面布置方式

不利影响。在工作面采动过程中，顶板上覆含水层和底板灰岩含水层通过导水裂隙与工作面贯通，极大地增加了矿井突水灾害的风险，使得工作面在回采过程中极易发生突水事故，严重威胁人员的生命安全。因此，须高度重视并采取措施防范采空区老空积水带来的安全隐患，确保矿井的安全生产。含水层导通裂隙覆岩结构如图 3 所示。

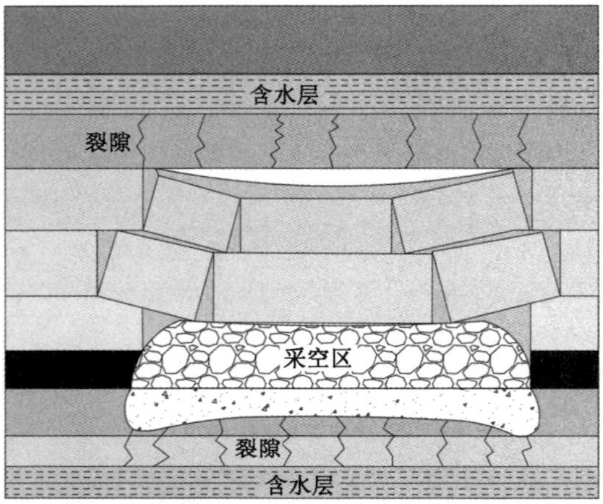

图 3　含水层导通裂隙覆岩结构

（4）二盘区外侧煤柱工作面由于两侧均为采空区，形成了孤岛工作面。在工作面推进过程中，不断揭露不同类型的空巷，这种复杂的地质条件容易导致高应力集中区域的形成，进而引发强矿压现象，对工作面开采极为不利。此外，高应力集中区域的存在增加了覆岩运动的不稳定性，增大了支架支撑顶部的难度。孤岛工作面的特殊地质结构和高应力集中区域的形成，显著增加了工作面开采的难度和危险性。

（5）工作面采用放顶煤开采，由于工作面受强矿压的影响，在回采过程中，顶煤和煤壁容易发生破碎，显著增加了冒顶和片帮的风险，导致管理难度大幅度增加。顶煤和煤壁的破碎不仅影响了开采效率，还对设备运行和人员安全构成了极大威胁，频繁的冒顶和片帮现象需要更频繁的支护和维护工作，增加了管理和操作的复杂性，同时也提高了生产成本和安全风险。因此，在强矿压环境下，采用放顶煤开采需要更加严格的管理和更加有效的安全措施，以确保工作面的稳定性和安全性。

3　安全开采技术措施

3.1　工作面上、下顺槽支护技术

3.1.1　上、下顺槽支护技术参数及要求

二盘区外侧煤柱上、下顺槽支护方式为锚网索＋钢筋梯＋槽钢梁＋叉子棚联合支护，巷道断面

布置如图 4 所示。

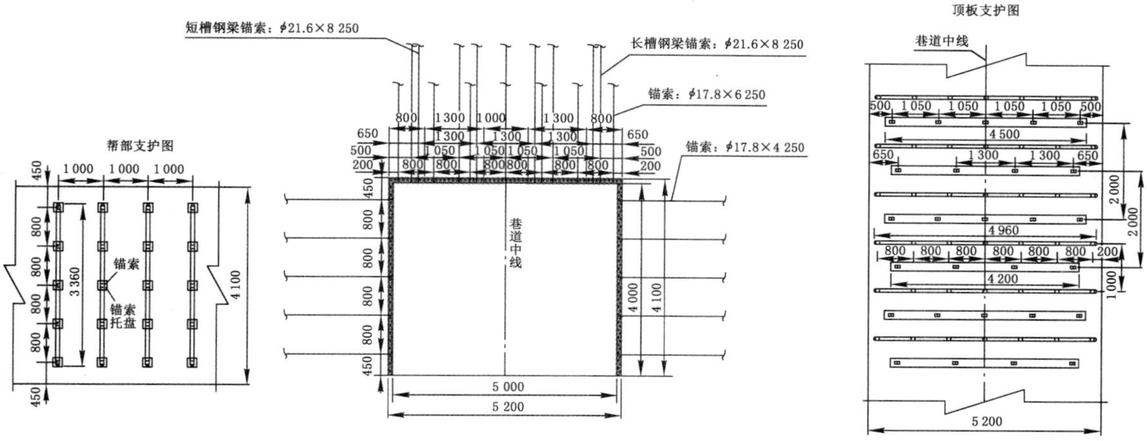

图 4　巷道断面布置

(1) 锚索规格为 $\phi 17.8$ mm×4 250 mm，帮部锚索间排距为 900 mm×1 000 mm，顶部锚索间排距为 800 mm×1 000 mm，锚固长度不小于 1 500 mm(规格为 2350 型锚固剂三卷)，帮部锚索托盘采用长 3 760 mm 的钢筋梯与 $\delta 12$ mm×200 mm×200 mm 铁垫板配合使用，顶板锚索托盘采用长 4 960 mm 的钢筋梯与 $\delta 10$ mm×150 mm×150 mm 的铁垫板配合钢筋梯使用，锚索预紧力不低于 150 kN，张拉泵压力表读数不得小于 38.5 MPa。

(2) 槽钢梁锚索规格为 $\phi 21.6$ mm×8 250 mm，间排距为 1 300 mm×2000 mm 和 1 050 mm×2 000 mm，锚固长度不小于 2 000 mm(规格为 2350 型锚固剂各两卷)；托盘采用 4 200 mm 和 4 500 mm 的 16# 槽钢梁与 $\delta 12$ mm×80 mm×80 mm、$\delta 12$ mm×120 mm×120 mm 铁垫板配合使用，锚索预紧力不低于 350 kN，张拉泵压力表读数不小于 49.5 MPa。

(3) 加强支护槽钢梁锚索呈“山”字形布置，距上帮 800 mm 打设第一列，距第一列 1 300 mm 打设第二列，距第二列 1 000 mm 打设第三列，距下帮 800 mm 打设第四列，规格为 $\phi 21.6$ mm×10 250 mm，排距为 2 000 mm，眼距间距为 1 000 mm，锚固长度不小于 2 000 mm(规格为 2350 型锚固剂四卷)，托盘采用 2 400 mm 长 16# 槽钢梁与 $\delta 12$ mm×80 mm×80 mm、$\delta 12$ mm×120 mm×120 mm 铁垫板配合使用，锚索预紧力不低于 350 kN，张拉泵压力表读数不小于 49.5 MPa。

(4) 金属网片使用 $\phi 6$ mm 钢筋焊接而成，金属网片网幅为 1 100 mm×1 900 mm，网片搭接 100 mm，搭接处每格采用 14# 镀锌铁丝四角绑扎。

(5) 根据现场掘进情况，补打叉子棚加强支护。

3.1.2　上、下顺槽超前支护

二盘区外侧煤柱工作面上、下顺槽超前支护段每 3 m 范围内顶板至少打设 18 根 $\phi 21.6$ mm×8 250 mm 锚索支护，每 3 m 范围支护力为 9 272 kN。若上、下顺槽超前支护段顶板 $\phi 21.6$ mm×8 250 mm 支护锚索失效或缺失时，在原锚索不大于 400 mm 位置及时补打 $\phi 21.6$ mm×8 250 mm 或 $\phi 21.6$ mm×10 250 mm 点锚索。

上顺槽端头支护区域(端头液压支架最大控顶距为 5 000 mm)内顶板至少打设 26 根 $\phi 21.6$ mm×8 250 mm 锚索支护，端头支护力为 8 064 kN；下顺槽端头支护区域(端头液压支架最大控顶距为 5 000 mm)内顶板至少打设 18 根 $\phi 21.6$ mm×8 250 mm 锚索支护，端头支护力为 9 072 kN。

为保证工作面安全开采，在上、下顺槽顶板超前支护两排槽钢梁，防止端部出现漏煤、漏矸现象。

3.2 工作面瓦斯治理及回风管理技术

3.2.1 瓦斯治理技术

二盘区外侧煤柱工作面实测原始瓦斯含量为 1.75～4.16 m^3/t，实测相对瓦斯压力为 0～0.1 MPa。根据赵固二矿相关研究报告可得，二盘区范围内$二_1$煤层处于瓦斯风化带，二盘区外侧煤柱工作面无突出危险性。

在工作面回风隅角安设甲烷传感器监测甲烷浓度，出现异常情况及时汇报并采取措施进行处理。

工作面下隅角采用铺设抽采管路的方式进行瓦斯抽采，在封堵墙外 ϕ200 mm 抽采管末端加装一个多通装置，多通装置上设置 2 个 ϕ100 mm 接口、1 个 ϕ50 mm 接口。ϕ100 mm 接口使用对应尺寸的弹簧软管连接，每根弹簧软管末端均安装过滤笼头，伸入封堵墙内不小于 300 mm，伸入封堵墙内的抽采管路应尽可能吊挂在顶板位置；ϕ50 mm 接口使用对应尺寸的弹簧软管连接，吊挂至封堵墙外上部抽采封堵墙处，确保下隅角瓦斯抽采效果。

工作面上、下隅角切顶线以里悬顶长度超过 2 m 时，为防止上、下隅角瓦斯积聚，在进风隅角处靠近切顶线外采用编织袋装矸渣或阻燃材料构筑挡风墙，挡风墙构筑密实、贴帮接顶。

3.2.2 回风管理技术

由于二盘区外侧煤柱工作面回采过程中，新鲜风流通过二盘区大巷进入工作面及采空区，易造成瓦斯突出和回风系统紊乱。为保证工作面安全回采，在二盘区大巷内设置风门，防止新鲜风流通过。风门设施墙体采用不燃性材料建筑，厚度不小于 0.8 m，严密无漏风，墙体平整，无裂缝、重缝和空缝，反向风门墙体四周必须掏槽，煤巷掏槽深度见硬帮硬底后再进入实体煤不小于 0.5 m，顶板若为岩层则嵌入岩层不小于 0.2 m，墙体与煤岩接实。

3.3 工作面突水灾害防治技术

二盘区外侧煤柱工作面受到顶、底板含水层和周边采空区老空水突水威胁，在回采前需采取相应安全措施防止工作面发生突水灾害。

工作面顶板砂岩含水层为弱富水性，难以形成较大淋水，在构造破碎带附近水量可能有所增大，但由于工作面顶板基岩较厚，不存在溃水溃砂危险。

工作面回采前，L8、L2、O2 灰岩含水层由周边的 11071、11072、12031、12032 工作面进行底板注浆加固及改造，并进行了二盘区外侧煤柱工作面底板加固效果验证，评价结果为合格，将该含水层改造为隔水层，消除了底板突水威胁。

根据矿井相关资料可知，二盘区外侧煤柱工作面的正常涌水量为 92 m^3/h，最大涌水量为 120 m^3/h，为消除工作面突水威胁，在工作面上、下顺槽设置相应排水方式。

上顺槽自工作面向外高程递减，生产用水通过排水沟由里向外自流至临时泵坑(规格为 2 000 mm×1 000 mm×1 000 mm)，利用 2 台 BQG450/0.2 型矿用气动隔膜泵通过 6 in(1 in≈3.33 cm)排水管路排出。上顺槽排水沟净断面规格(宽×深)为 300 mm×300 mm。

下顺槽自工作面向外高程递减，通过排水沟排水至通尺 594 m 水仓(规格为 5 500 mm×4 500 mm×1 200 mm 或不少于 27 m^3)，利用水仓内安设 1 台 MD155-30×3 型多级耐磨离心泵及 2 台 BWQ100-25-50 型水泵通过两趟 4 in 排水管和一趟 8 in 排水管向外排水。下顺槽排水沟净断面规格(宽×深)为 300 mm×300 mm。

3.4 工作面强矿压防治措施

3.4.1 空巷加强支护

为确保工作面安全高效回采，针对二盘区部分巷道顶板进行加强支护，超前回收钢棚棚腿、底拱施工，具体包括空巷遗留顺槽、二盘区轨道巷、胶带巷、辅助巷以及大巷之间的联络巷等。

空巷拆棚前打设3排槽钢梁锚索对顶板进行加强支护，锚索规格为 ϕ21.6 mm×8 250 mm，间排距为1 000 mm×1 500 mm(排距可根据现场顶板情况进行调整)，托盘采用2 400 mm或3 300 mm长的16#槽钢梁与 δ12 mm×120 mm×120 mm、δ12 mm×80 mm×80 mm钢板配合使用，锚索锚固长度不小于2 000 mm，锚索预紧力张拉泵压力表读数不小于49.5 MPa。上槽钢梁之前顶板挂网，防止浆皮脱落伤人。金属网片使用 ϕ6 mm钢筋焊接，网幅为900 mm×1 700 mm，采用14#电镀锌丝绑扎，网片搭接100 mm，网片搭接处四角绑扎。

为加强二盘区外侧煤柱工作面回采期间顶板管理，针对二盘区三条大巷及横贯交叉口进行注双液浆加固，巷道顶板中部打设的长2 400 mm的16#槽钢梁的中间孔打设 ϕ22 mm×8 300 mm注浆锚索，拆棚前大巷与横贯交叉口5 m范围内两侧肩部施工注浆孔。注浆孔直径为32 mm，孔深为3 000 mm，距巷道顶板1 000～1 200 mm，孔间距为2 000～3 000 mm，仰角为40°～50°，下管深度不小于2 500 mm。巷道顶板变形量较大区域可适当减小注浆孔间距，同时可根据注浆效果复注。

3.4.2 顶板事故防治措施

掌握工作面初次来压、周期来压步距和见方位置，在来压之前确保工作面液压支架初撑力符合规定，确保工作面支护质量。上、下顺槽端头单体液压支柱初撑力不小于90 kN(压力表读数为11.5 MPa)，乳化液泵站压力不小于30 MPa，液压支架不小于24 MPa(老巷内及相邻两架初撑力除外)。加强工作面设备的维修与管理，保证设备的正常运转和工作面的快速推进。初次来压与周期来压期间，若出现液压支架大立柱明显下沉现象，煤壁侧应每2～3架用单体液压支柱打点柱进行加固。

3.5 冒顶、片帮防治技术

3.5.1 冒顶防治技术

处理冒顶时使用护帮板与伸缩梁相互结合、采煤机溜底快速通过的方法，减少顶板大面积掉矸，防止损坏设备。若冒顶区在液压支架护帮板不完好的区域时，可使用单体液压支柱辅助支撑护帮板帮助液压支架支护帮部。打设单体液压支柱时，单体液压支柱到刮板输送机的距离应能通过采煤机。采煤机不能通过需替换单体液压支柱时，必须先加固后换柱。

3.5.2 片帮防治技术

处理片帮时在片帮区下风侧5 m范围内悬挂便携式甲烷检测报警仪，时刻监测片帮区甲烷浓度，甲烷检测报警仪报警时，即刻采取措施进行处理。工作面片帮深度大于1 640 mm时，要及时超前拉架支护顶板，并伸出伸缩梁，打开护帮板。煤壁片帮时，滞后采煤机后滚筒1～2架追机移架，及时支护煤壁、顶板。

4 工业性试验

二盘区外侧煤柱工作面于2023年10月初进行开采，由于工作面上、下顺槽支护强度经过严密计算及审核，在回采期间，支护效果良好，工作面上、下顺槽巷道变形对设备运转无明显影响。通过在二盘区大巷设置风门，解决了工作面通风系统紊乱的问题，工作面回采至今，瓦斯浓度正常，消除了瓦斯突出事故的威胁。通过对工作面顶、底板含水层进行注浆加固及改造，并在上、下顺槽布置对应排水设施，消除了工作突水威胁。工作面回采过程中，无冒顶事故发生，煤壁片帮相对较弱，由于二盘区外侧煤柱工作面回采期间持续揭露不同类型空巷，其覆岩结构与常规工作面存在明显差异，矿压显现特征较为复杂。对工作面液压支架工作阻力进行监测，通过统计支架循环末阻力对工作面矿压显现规律进行研究。

二盘区外侧煤柱工作面共 149 架液压支架，选取工作面上部(5$^{\#}$、10$^{\#}$)、中部(70$^{\#}$、80$^{\#}$)以及下部(140$^{\#}$、145$^{\#}$)共 6 架液压支架 12 月份的工作阻力进行分析，研究工作面矿压显现规律。工作阻力随推进距离变化特征如图 5 所示。

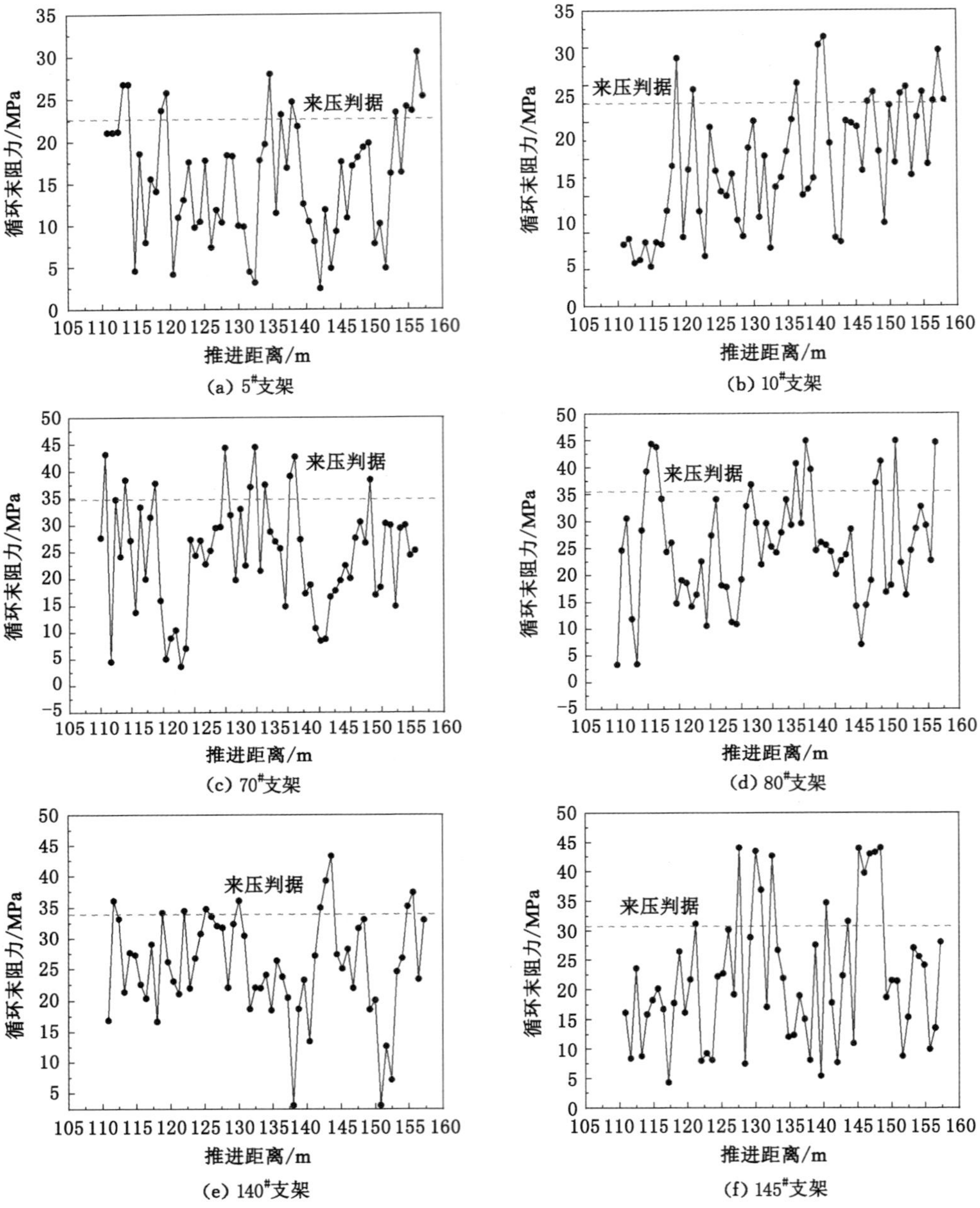

图 5　工作阻力随推进距离变化特征

由图 5 可知，工作面受到强矿压影响，周期来压步距处于 7～18 m 之间，周期来压正常，工作面无冒顶、压架等事故发生。工作面上部靠近下顺槽区段，支架工作阻力相对较小，最大支架压力达到 32.4 MPa；而在工作面中部和靠近上顺槽区段，支架工作阻力较高，最高达 44.5 MPa。工作面推进过程中持续受到空巷和采空区采动影响，在工作面中部和靠近上顺槽区段形成高应力集中区，下顺槽与采空区之间留设有保护煤柱，受采空区采动影响相对较弱，工作面整体呈现出机头压力较为缓和、中部和机尾来压比较剧烈的特点，表现出“弱—强—强”应力分布特征。

5 结论

（1）通过分析二盘区外侧煤柱工作面开采地质条件，明确孤岛工作面回采过程中可能出现的问题，包括巷道处于应力集中区域的支护情况、工作面瓦斯与通风、工作面突水、受强矿压影响以及片帮冒顶等问题。

（2）针对该工作面回采过程中可能出现的问题，采取相关安全开采技术措施，解决上、下顺槽支护问题，防止工作面瓦斯突出和突水灾害发生，保证工作面在受强矿压影响下安全回采。

（3）二盘区外侧煤柱工作面回采过程中，上、下顺槽支护情况良好，无瓦斯突出与突水事故发生，工作面呈现出机头压力缓和、中部和机尾来压剧烈的应力分布特征，工作面在复杂地质条件下顺利回采。

参考文献

[1] 刘晓刚，张震，刘前进. 近浅埋多层厚硬顶板大采高综放工作面矿压显现规律研究[J]. 煤炭工程，2024，56(2)：72-80.

[2] 胡全宏，庞立宁，冯涛，等. 深埋厚顶板工作面高应力强动载矿压显现机理研究[J]. 煤炭工程，2023，55(增刊 1)：124-130.

[3] 孟永兵，黄庆享，贺雁鹏，等. 浅埋近距离煤层工作面过平行煤柱开采强矿压显现规律[J]. 西安科技大学学报，2024，44(2)：245-255.

[4] 张敏锐. 孤岛工作面双侧采空区积水探放技术应用[J]. 陕西煤炭，2024，43(3)：119-122.

[5] 仵鹏程. 孤岛工作面采空区防火通风技术研究[J]. 山西化工，2024，44(2)：195-196.

[6] 李鹏飞，蔡谊军，冯鑫. 孤岛工作面回采期间冲击危险性及防冲要求[J]. 陕西煤炭，2024，43(2)：91-94.

[7] 董文卓，陈理强，王文杰，等. 上覆不规则煤柱孤岛工作面冲击地压弱结构法防治技术[J]. 矿业安全与环保，2024，51(2)：40-45，52.

[8] 李润芝. 动压影响孤岛工作面巷道围岩“卸-支平衡”协同控制技术[J]. 煤矿安全，2024，55(3)：199-208.

[9] 高虎，程洪涛，位小辉，等. 极复杂水文地质条件综放工作面防治水技术[J]. 煤炭科学技术，2020，48 (增刊 1)：150-155.

[10] 侯铁军，赵云锋，严明林. 复杂条件下综放工作面自燃火灾治理技术[J]. 煤矿安全，2016，47(4)：88-90，94.

[11] 焦世雄. 复杂地质条件下综放工作面片帮控制技术探讨[J]. 江西煤炭科技，2023(3)：51-53，59.

[12] 祁旭. 复杂地质条件下工作面排水系统优化及实践研究[J]. 山西冶金，2023，46(9)：163-164.

突出软煤层多空洞条件下全煤锚网支护技术研究

孟武峰

(河南焦煤能源有限公司中马村矿,河南 焦作 454003)

摘 要 基于中马村矿 3901(上)工作面的地质概况,采用现场跟踪调研的方法,统计发现工作面巷道支护面临着瓦斯析出难度大、易塌孔、围岩支护难度大等问题,采用理论分析、试验研究、现场工艺验证相结合的方法,对软煤层的造穴增透、注浆加固、支护方式等展开了研究。经研究得到以下结论:中马村矿 3901(上)工作面的煤层软弱破碎,单一采用锚网索支护效果较差;研制了适合软煤层造穴增透的技术,并进行了全煤层造穴,对比分析煤层瓦斯抽采的效果揭示造穴增透有利于软煤层瓦斯的涌出;研制出了一套探测煤层内空穴形状的全煤层可变形气囊造穴用声呐探测装置,并进行了引用;以硫铝酸盐水泥熟料、石灰、石膏为主料,辅助一定的添加剂研制出了适合软煤层注浆加固的无机双液材料;揭示了软煤注浆前后的变形特性和破坏特征,证明注浆加固有利于煤体完整性的改善;最后将研究成果应用于软煤巷道支护,制定了多空洞软煤支护方案并成功应用于中马村矿 3901(上)工作面的运输巷。研究成果对其他类似条件的巷道支护具有一定的科学和实践意义。

关键词 突出软煤层;多空洞;锚网支护;造穴增透;注浆加固;破坏特征

1 引言

煤层受多期构造作用影响,煤体结构变成软、碎状,由于碎软煤体力学强度低,内部容易赋存瓦斯,在开采过程中容易发生瓦斯突出现象[1-3]。因此,在对松软煤层开采前要对其内部瓦斯进行抽采,同时对碎软煤层采取相应的加固措施后,才可以进行煤矿资源的开发。

对于突出软煤层内部瓦斯抽采,目前可采用煤层造穴增透技术开发利用瓦斯资源,造穴增透技术产生的洞穴改变了煤层附近地应力分布,降低洞穴附近煤体应力,煤体内部孔洞、裂隙的张开闭合,加强了瓦斯间流动性,可以提高瓦斯抽采量[4-5]。许起等[6]发现水力造穴可以增加煤层透气性,提高煤层瓦斯抽采效果;研究发现改进后的空气动力造穴技术在煤层松软、高瓦斯、高渗透性煤层应用效果较好[7]。注浆加固技术可以提高松软煤层的力学性质和承载能力,目前矿用注浆材料主要以水泥基注浆材料为主[8-9]。许多学者在研究注浆材料特性时添加了不同的添加剂,并对其在井下的注浆效果进行了验证[10-12]。针对突出松软煤层,在其开采掘进过程中的巷道内布置注浆钻孔,根据注浆加固区域可分为局部超前注浆加固[13]、全断面锚注支护[14],通过对松软煤层区域进行注浆加固,可以提高巷道掘进安全性。李宗泽等[15]利用注浆加固技术对松软煤层内的颗粒化煤体进行注浆,使其形成整体,提高了煤层的稳定性。处于不同地质环境下松软煤层开采的支护方式有锚网索联合支护[16]、锚网索喷支护[17-18]、锚网索耦合支护[19]等。支护后可起到减小巷道变形、提高松软煤层巷道围岩稳定性的效果。

综上所述，对于突出松软煤层的开采，需要考虑其工程地质情况，选择合适的加固和支护方式。本文以中马村矿 3901(上)工作面为研究对象，采用造穴增透技术抽采瓦斯，在注浆加固技术加固煤层的基础上，采用锚网索全煤层支护，实现中马村矿 3901(上)工作面运输巷道的突出软煤层多空洞条件下全煤锚网支护的目的。该研究可为突出软煤层多空洞条件下煤层开采和支护提供工程指导。

2 工程概况

2.1 煤层开采条件

河南焦煤能源有限公司中马村矿 3901(上)工作面位于 29、39 联合采区东翼中部，为中马村 2023 年重点接替工作面，设计走向长 673 m，斜长 152～183 m。工作面煤层产状为走向 47°～66°，倾向 137°～156°，倾角∠10°～18°，平均为 12°，厚 2.7 ～10 m，平均为 6.3 m。工作面所在的煤层结构简单，根据已有地面钻孔及已回采工作面资料分析，3901(上)工作面煤层不存在夹矸、分叉现象，煤层赋存较稳定。邻近底抽巷测定的煤层瓦斯含量为 17.26 m^3/t，瓦斯压力为 0.5 MPa，吸附系数 a 为 44.58 m^3/t，b 为 0.973 8 MPa^{-1}，煤的灰分 A_{ad} 为 24.74%，水分 M_{ad} 为 2.86%，同时工作面的煤层透气性系数为 1.085 5 $m^2/(MPa^2 \cdot d)$，衰减系数为 0.238 9 d^{-1}。3901(上)工作面开采的是二$_1$ 煤，煤层伪顶为黑色、质软、疏松的碳质泥岩，直接顶为深灰色、含植物化石及云母碎片局部夹泥岩薄层的粉砂岩，基本顶为深灰色、中粒、硅质胶结、具层理的砂岩；伪底为黑色、以块状为主的碳质泥岩，直接底为灰黑色、质软疏松、含云母植物化石的泥岩。由上述对 3901(上)工作面顶底板及煤层的分析可知其为典型的突出软煤层，工作面巷道体布置平面图如图 1 所示。

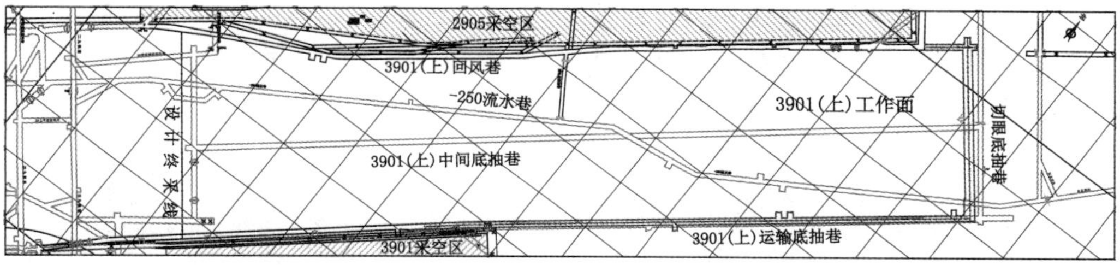

图 1　3901(上)工作面巷道布置平面图

2.2 巷道支护难题

基于 3901(上)工作面巷道掘进、支护的工程概况，同时结合煤层及其顶、底板的物理力学参数测定结果分析，明显可得二$_1$ 煤层内裂隙发育，整体比较破碎，煤层顶、底板的完整性较差，稳定性也较差。工作面巷道掘进时无论沿顶板掘进还是沿底板掘进，巷道的顶板或底板围岩的稳定性都较难控制，对巷道的支护技术要求较高。基于工程实践，可得将 3901(上)工作面巷道围岩支护时难题总结如下：

(1) 二$_1$ 煤层的坚固性系数范围为 0.28～2.25，变化较大，软硬煤层交替出现易造成塌孔现象。

(2) 巷道位于采空区侧，煤柱宽度仅为 2 m，且煤层为瓦斯突出煤层，不宜增加煤柱尺寸，支护时锚杆、锚索均需锚固在采空区内，造成成孔难度大、可锚固性差。

(3) 巷道原采用 U 型钢被动支护方式，支架上方煤岩松软且易掉落，掉落煤体上部的高位煤体也不能及时得到有效控制，造成围岩松动范围逐渐扩大。

3 突出软煤层造穴增透

3.1 造穴增透机理

瓦斯在煤层中常以游离态和吸附态两种形式存在。游离态瓦斯占煤层中瓦斯总量的比重较小，常存储在煤层中的大孔隙、裂隙中；而吸附态瓦斯占煤层中瓦斯总量的比重较大，多附着在煤体表面的微孔裂隙中。煤层中游离态瓦斯的流动多为渗流作用，游离态瓦斯流动则以扩散作用为主，因此瓦斯流动作用的剧烈程度与煤层中裂隙的发育程度直接相关，即煤层内裂隙越发育、孔隙结构越复杂，煤层透气性就越大，瓦斯流动性也就越好。基于上述煤层内瓦斯流动析出的机理，可通过增加煤层内裂隙数量的方法来提高煤层瓦斯的渗透率，即结合突出软煤层的自身结构属性，采用造穴增透的方法便可提高巷道掘进期间顶板煤层瓦斯的涌出量，具体的造穴增透机理示意图如图 2 所示。

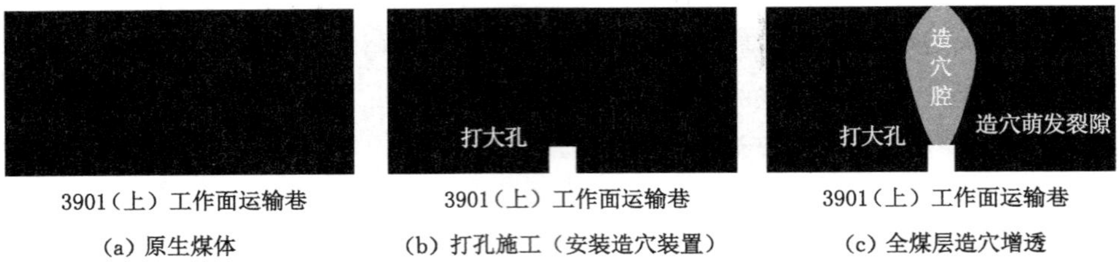

图 2　全煤层造穴增透机理示意图

3.2 造穴增透方案

在突出软煤层中展开造穴施工，其目的是在煤层中营造更多的宏、微观结构面，如微裂隙、孔隙等，为瓦斯的涌出提供必要的通道。针对中马村矿 3901(上)工作面煤层较软、易塌孔的问题，提出不同直径的钻孔接替二级连续造穴的技术，具体操作工艺流程见图 3。

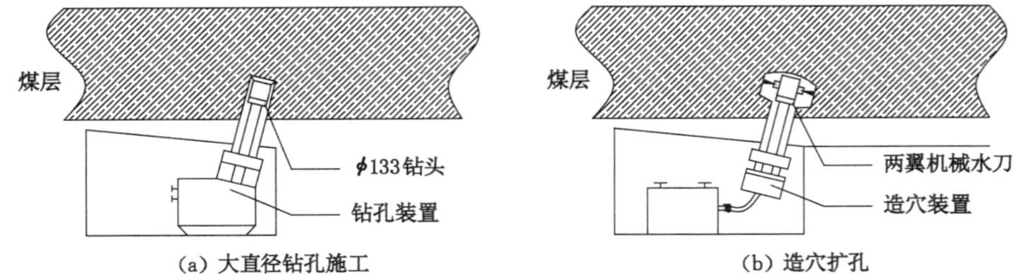

图 3　全煤层造穴增透工艺流程示意图

图 3 中的造穴增透工艺流程主要分为 5 个主要步骤：

(1) 孔外刀臂开合调试，并展开水压调整，确保后续供压、供水正常；

(2) 大直径钻孔施工，并安装造穴设备；

(3) 扩孔造穴，透过煤层后停止施工，实现全煤层造穴；

(4) 关闭水压，回撤造穴装置；

(5) 空穴形态监测，评价造穴效果。

造穴后空穴形态的监测及煤层中新生结构面的形态直接关系造穴效果，也影响煤层内瓦斯的涌出量，探知空穴的具体形态可为煤层后续瓦斯涌出量的测试提供参考。由于突出软煤层中瓦斯容易引起安全事故，故探测空穴的实际情况，研制了一种可变形气囊造穴用声呐探测装置，具体实物图如图 4 所示。

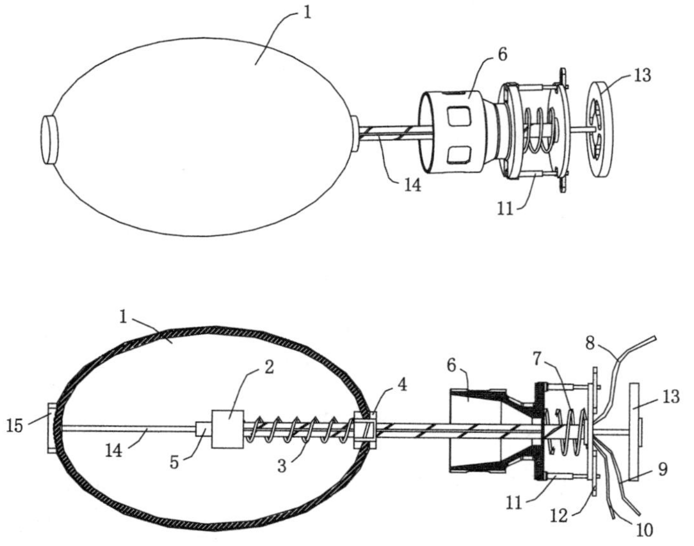

1—气囊；2—声呐；3—第一弹簧；4—传动环；5—支撑杆；6—收纳环；7—第二弹簧；
8—电源线；9—数据线；10—气泵管；11—弹簧伸缩杆；12—卡接板；13—固定环；14—连接杆；15—阻挡块。

图 4　全煤层可变形气囊造穴用声呐探测装置

图 4 中所示造穴用声呐探测装置的工作原理是：使用前将设备气囊置入造穴内腔中，然后连接气泵，将气体通入气泵管中，气体沿着气泵管通过连接阀后从气泵口进入通气腔，气体进入通气腔后，在惯性作用下，撞上气流挡圈，并在气流挡圈附近形成涡流，降低流速后，再通过通气孔进入气囊的内腔，使气囊膨胀，待气囊的柔性外蒙皮层紧贴造穴内腔后，甚至嵌入煤穴壁的结构面内时，启动声呐组，接受换回的声波数据，通过分析声波还回的方向、时间、能量等预测煤穴的实际形态。

3.3　造穴增透效果分析

根据矿上底抽巷煤层瓦斯的实测数据可知 3901(上)工作面煤层瓦斯含量为 17.26 m^3/t，瓦斯压力为 0.5 MPa，为评价造穴增透的效果，将造穴前后煤层瓦斯的抽采效果进行对比，获取抽采浓度、抽采纯量的时程变化曲线如图 5 所示。

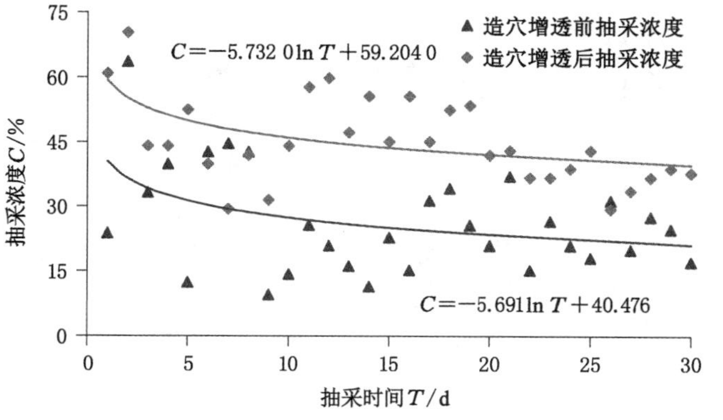

(a) 瓦斯抽采浓度-时间变化关系图

图 5　造穴增透前后瓦斯抽采浓度和纯量时间变化关系图

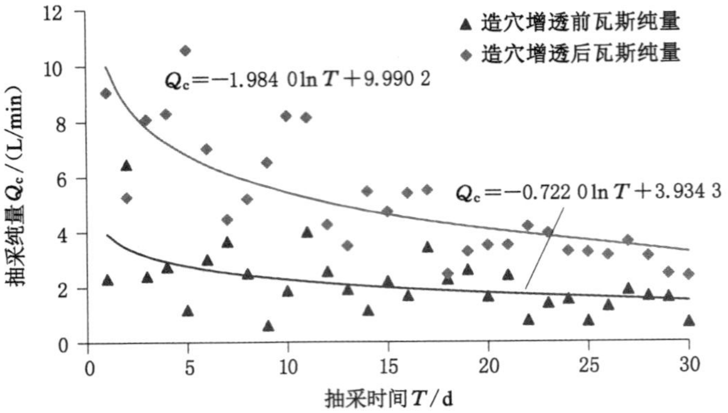

(b) 瓦斯抽采纯量-时间变化关系图

图 5(续)

图 5 中显示,造穴增透前后瓦斯抽采浓度和抽采纯量都随抽采时间的增长呈对数趋势降低,说明瓦斯抽采起到了一定作用,有利于提高工作面巷道掘进时的安全性。对比造穴增透前后瓦斯抽采的浓度和抽采的纯量,明显可得造穴增透后抽采的浓度和纯量明显大于造穴增透前,说明造穴增透起到了明显作用。即煤层中不仅形成了宏观的造穴孔洞,钻孔周围的煤体也达到了高效的致裂破碎,煤体中不仅裂隙的数量增多了,裂隙的宽度、长度也相应增大,为瓦斯流动提供了必要的通道。由上述分析可知,3901(上)工作面煤层造穴增透达到了一定的效果。

4 软煤注浆改性加固

4.1 注浆加固材料研制

中马村矿 3901(上)工作面煤层质软、疏松,易出现塌孔现象,从而造成造穴增透、巷道围岩支护难度较大,通过注浆加固手段先改善煤层的整体性,提高其力学特性,可有利于巷道围岩的稳定性控制。注浆加固材料性能便是实现煤层、岩层加固效果的灵魂。基于中马村矿 3901(上)工作面煤层实际地质概况,选用以硫铝酸盐水泥熟料为主的 A 料,以石灰、石膏为主的 B 料,同时辅助添加减水剂、缓凝剂、速凝剂等添加剂的方法,研制一种具有流动性好、黏结性高、强度大等优势的无机注浆加固材料。无机注浆加固材料具体研制流程及方法如图 6 所示。

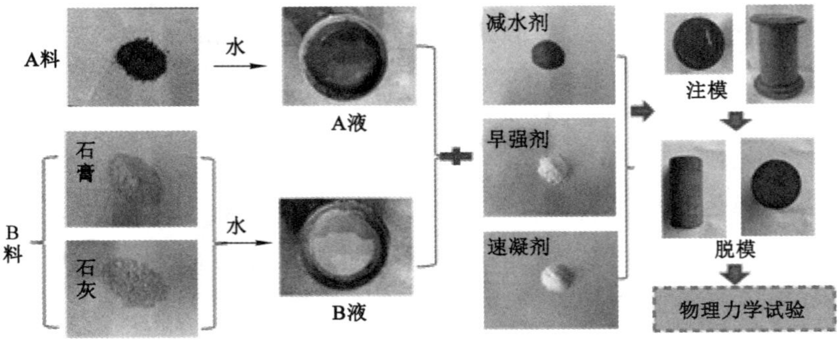

图 6 无机注浆加固材料研制流程及方法图

无机注浆加固材料是采用各原材料不同配比调试的方法展开研究的,最终配制出适合中马村矿 3901(上)工作面煤层注浆加固的新型材料,研制的无机注浆加固材料的力学性能具体见表 1。

表 1 研制的无机注浆加固材料的力学性能汇总表 单位:MPa

水灰比	龄期					
	2 h	4 h	8 h	24 h	3 d	28 d
0.6∶1.0	16.32	20.51	21.74	22.34	22.86	23.24
0.8∶1.0	12.81	13.82	14.62	14.82	15.77	17.53
1.0∶1.0	9.62	10.51	11.41	11.94	12.55	14.74
1.2∶1.0	7.52	8.22	9.62	10.54	11.69	12.78

4.2 软煤注浆改性前后力学特性

煤体注浆加固前后的力学特性可直接反映注浆加固的效果,为揭示 3901(上)工作面软煤注浆加固的效果,采取煤样并进行注浆加固力学试验,获取煤样注浆加固前后的应力-应变曲线,如图 7 所示。

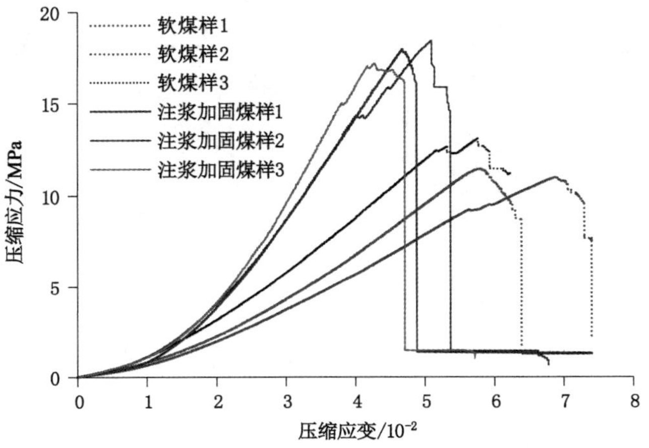

图 7 软煤注浆改性前后的应力-应变曲线

由图 7 明显可得注浆前后煤样的变形趋势基本一致,先经历下凹段,接着是直线段,随后是短暂的非曲线上升段,最后是陡降段,表明注浆前后煤样在轴向压缩荷载的作用下先后经历了孔隙压密、弹性变形、微裂纹萌生发育、裂隙快速扩展并贯通形成破裂面四个阶段,间接证明注浆加固未明显改变煤体的变形趋势。进一步对比软煤注浆加固改性前后的应力-应变曲线,明显可见注浆加固煤样的压密阶段明显短于软煤样,说明注浆后煤样更加致密了,内部的孔隙被浆体充实了,揭示注浆加固可提高煤体的整体性。对比图 7 中曲线的峰值应力,可发现注浆加固煤样对应的峰值应力大于软煤样,注浆加固将软煤样的原有抗压强度由 11.85 MPa 提升到了 17.87 MPa,增加了 50.8%,说明研制的无机双液注浆加固材料可以有效提高煤体的抗载能力。

4.3 软煤注浆改性前后破坏特征

分析软煤样、注浆加固煤体的最终破坏模式,一方面可揭示煤体内部的应力状态,另一方面也可揭示注浆加固的机理,图 8 列出了软煤样注浆加固前后的破坏模式。

图 8 中显示,软煤样、注浆加固煤体的主要破坏模式为剪切破坏,因破碎的煤块呈三棱锥状,同时形成的主要破裂面也斜交于煤样的轴线,说明轴向压缩方式作用下,煤体内部发生了剪应力效应,最终促使煤样发生剪切破坏。进一步分析,发现破碎的煤块中伴随着部分粉末,这是煤块之间的摩擦作用导致的,说明压缩过程中也发生了一定的摩擦效应破坏。分析图 8(b)中破坏煤块的形

(a) 软煤样的破坏模式

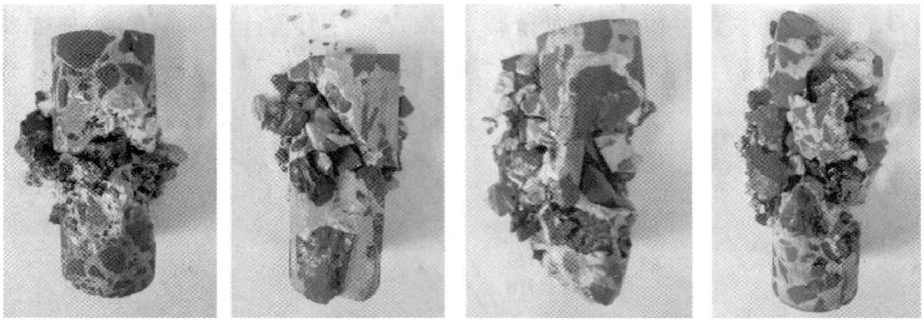

(b) 注浆加固煤体的破坏模式

图 8　软煤注浆加固前后的破坏模式

式，可发现煤样多以煤块破裂、浆体破裂的模式存在，而煤块与浆体脱离破坏的现象较少，说明注浆加固起到了改善煤体完整性的作用。

5　多空洞软煤支护技术

5.1　支护方案

基于二$_1$煤层的地质条件，结合造穴增透、软煤层、新型注浆加固材料的力学能等多因素影响条件，采用“先煤层注浆改性，后锚网索全煤层支护”的思想，实现中马村矿 3901(上)工作面运输巷道的突出软煤层多空洞条件下全煤锚网支护，具体的锚网支护方案如下：

(1) 采用全断面锚网索＋W 型钢带支护，锚索间排距为 900 mm×700 mm，顶板锚索沿中线对称布置，中线位置不打设，帮部锚索规格为 ϕ21.6 mm×3 250 mm，顶板锚索规格为 ϕ21.6 mm×8 200 mm，W 型钢带分为 6 节，顶部 2 节，规格分别为 3 000 mm×280 mm、2 100 mm×280 mm，两帮各 2 节，规格分别为 2 100 mm×280 mm、1 200 mm×280 mm，眼孔间距为 900 mm。

(2) 锚索间排距误差为－100～0 mm，锚索外露长度为 150～250 mm，顶部锚索使用 3 卷 Z2350 型锚固剂锚固，帮部锚索使用 2 卷 Z2350 型锚固剂锚固，帮部锚索张拉预紧力不小于 150 kN(20 MPa)，顶板锚索张拉预紧力不小于 300 kN(40 MPa)。

(3) 掘进期间顶板铺设两层金属网，帮部铺设 1 层金属网，金属网规格为 2 000 mm×1 000 mm，网格规格为 70 mm×70 mm，钢筋规格为 ϕ6 mm，网片重合搭接 140 mm，网片采用 16# 铁丝呈三花状绑扎牢固。

3901(上)工作面运输巷全煤锚网支护方案具体见图 9。

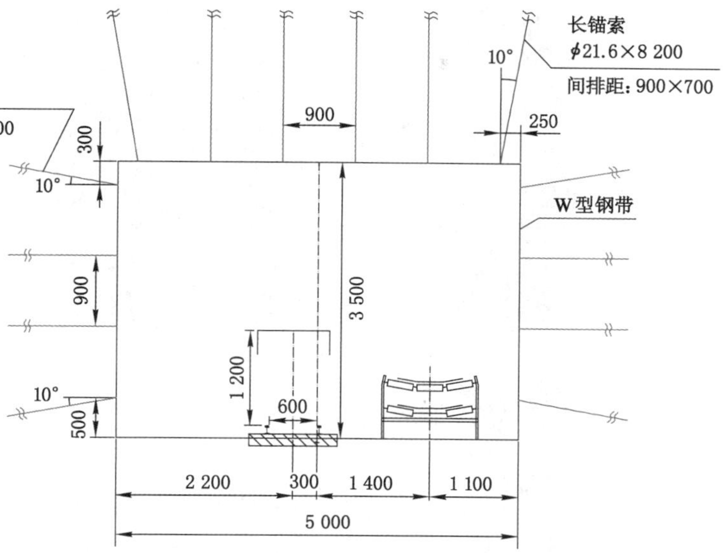

图9　3901(上)工作面运输巷全煤锚网支护方案

5.2　现场工程验证

基于突出软煤层多空洞条件下全煤锚网支护技术的研究成果，在河南焦煤能源有限公司中马村矿 3901(上)工作面运输巷进行了现场工业试验，运输巷帮部支护施工、顶板造穴及支护施工、注浆加固施工和最终的支护效果见图 10。

(a) 运输巷帮部支护施工图

(b) 运输巷顶板造穴及支护施工图

图 10　3901(上)工作面运输巷现场造穴支护图

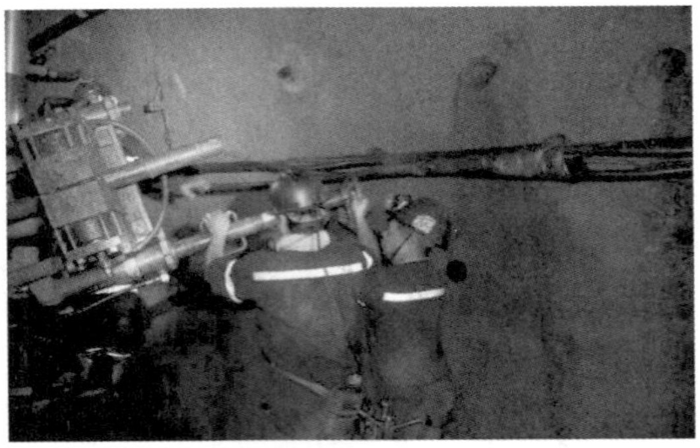

(c) 运输巷注浆加固施工图

(d) 运输巷支护效果图

图 10(续)

从图 10 中可以明显看出 3901(上)工作面运输巷的支护效果非常好,巷道围岩未出现明显的变形、坍塌、顶板冒落等现象,达到了预期效果。中马村矿 3901(上)工作面运输巷的突出软煤层多空洞条件下全煤锚网支护技术的研究成果,为类似条件巷道的围岩控制提供了理论和技术参考。

6 结论

基于中马村矿 3901(上)工作面的地质概况,结合矿山实际的技术条件,研究了软煤层的造穴增透、注浆加固和支护技术,并开展了工业试验验证,最终得出的结论如下:

(1) 分析了 3901(上)工作面开采技术条件,得出工作面煤层裂隙发育,整体比较破碎,且瓦斯含量高、易塌孔,巷道围岩支护难度大。

(2) 揭示了突出软煤层的造穴增透机理,并制定了 3901(上)工作面软煤层造穴增透的方案,得出造穴增透有利于煤层中瓦斯的涌出,同时发明了一套探测煤层内空穴形状的全煤层可变形气囊造穴用声呐探测装置。

(3) 以硫铝酸盐水泥熟料、石灰、石膏为主料,添加减水剂、缓凝剂、速凝剂等辅料,研制出了一种适合突出软煤层注浆加固,具有流动性好、黏结性高、强度大等优势的无机注浆加固材料。

(4) 分析了软煤注浆前后的变形特性和破坏特征,得出煤样都经历压密、弹性变形、微裂纹萌生发育、裂隙扩展贯通四个阶段,且注浆后的煤体强度较未注浆煤样提高了 50%左右。

参考文献

[1] 桑树勋,皇凡生,单衍胜,等.碎软低渗煤储层强化与煤层气地面开发技术进展[J].煤炭科学技术,2024,52(1):196-210.

[2] 徐文俊.高瓦斯低渗透性煤层增透技术研究[J].矿业装备,2023(12):66-69.
[3] 侯泉林,李会军,范俊佳,等.构造煤结构与煤层气赋存研究进展[J].中国科学(地球科学),2012,42(10):1487-1495.
[4] 牟全斌.我国煤层造穴增渗技术研究现状与进展[J].煤矿机械,2023,44(2):65-68.
[5] 郝华超.胡底煤业水力造穴增透技术的应用研究[J].能源技术与管理,2023,48(6):55-57.
[6] 许起,朱传杰.水力造穴技术在增加高瓦斯煤层透气性方面的研究应用[J].煤炭科技,2023,44(4):80-83.
[7] 赵龙.空气动力造穴技术适用性分析[J].中国煤炭地质,2016,28(8):30-32.
[8] 赵光明,王艳芬,艾洁,等.矿用水泥基注浆材料的发展及展望[J].中国矿业大学学报,2024,53(1):1-22.
[9] 路阳,何小芳,吴永豪,等.煤矿井下新型水泥基注浆材料的应用研究进展[J].硅酸盐通报,2014,33(1):97-102.
[10] 郭永红,周琛鸿,李绪萍,等.硅灰对磷酸镁水泥基注浆材料早期力学性能及微观结构的影响[J].新型建筑材料,2024,51(1):103-107,113.
[11] 张跃兵,魏路浩,裴春利.新型注浆加固材料在305综采工作面顺槽的应用[J].能源与节能,2023(11):175-178.
[12] 王芝广,石晋松,姜汉,等.基于AJG复合添加剂的破碎围岩注浆加固材料研究[J].能源技术与管理,2023,48(5):86-89.
[13] 曹呆军.超前预注浆加固技术在软煤巷道掘进中的应用[J].中州煤炭,2009(1):52-53.
[14] 张智华.高应力软岩斜巷底鼓机理及全断面注浆技术[J].煤矿安全,2015,46(10):104-107.
[15] 李宗泽,马明杰,熊富发,等.三软煤层巷道围岩注浆加固技术研究[J].煤炭技术,2018,37(6):66-68.
[16] 朱家学.锚网索喷注联合支护在深部软岩巷道中的应用[J].中州煤炭,2012(3):7-9.
[17] 张明禄,梁雷,张新过,等.松软破碎煤层巷道掘进与支护技术研究[J].煤炭工程,2015,47(6):43-45.
[18] 郭涛,李鹏飞,周小龙."三软"厚煤层回采巷道锚网索梁联合支护技术[J].煤炭工程,2017,49(4):39-42.
[19] 张兴润.松软破碎煤层围岩稳定性研究[J].能源与节能,2023(12):150-152,156.

大倾角波状挡边带式输送机在有限作业空间内的应用革新

王得涛，胡雷，王磊

（泸州市威鑫煤业有限责任公司，四川 泸州 646400）

摘 要 受地域狭窄限制，威鑫煤矿在设计选煤厂时，原煤转载提升胶带引入大倾角波状挡边带式输送机，胶带倾角达到75°，此举不仅克服了位置难题又满足了工艺需要。这是大倾角波状挡边带式输送机在我国西南地区煤矿的首次应用，取得了较好的工程效果。本文将重点介绍大倾角波状挡边带式输送机的结构特点、现场检修维护情况以及其优缺点。

关键词 地域狭窄；大倾角波状挡边带式输送机；结构特点；检修维护

威鑫煤矿选煤厂隶属于泸州市威鑫煤业有限责任公司（简称威鑫煤矿），是一座设计能力筛分为0.45 Mt/a，洗选为0.30 Mt/a的矿井型选煤厂。选煤工艺为：原煤准备分级；末煤跳汰分选，粗煤泥由旋流器组、高频筛回收，细煤泥经过浓缩、压滤回收的联合工艺。入选原煤主要来源于威鑫煤矿，其煤种单一，均为低灰、低硫、特低磷、高发热量的优质无烟煤。

威鑫煤矿在设计选煤厂时，受地域狭窄限制，原煤提升至主厂房四楼必须要经过两条普通转载胶带，倾角都在30°以上，从位置、工艺性和经济性三方面综合考虑，引入大倾角波状挡边带式输送机，其很好地解决了诸多难题，是一次创造性革新，有比较重大的实践意义。

1 大倾角波状挡边带式输送机结构特点

1.1 大倾角波状挡边带式输送机的布置形式

大倾角波状挡边带式输送机的布置基本上可分为五种形式：I型、L型、NL型、S型和SC型，如图1所示。威鑫煤矿选煤厂根据现场条件采用S型布置形式。

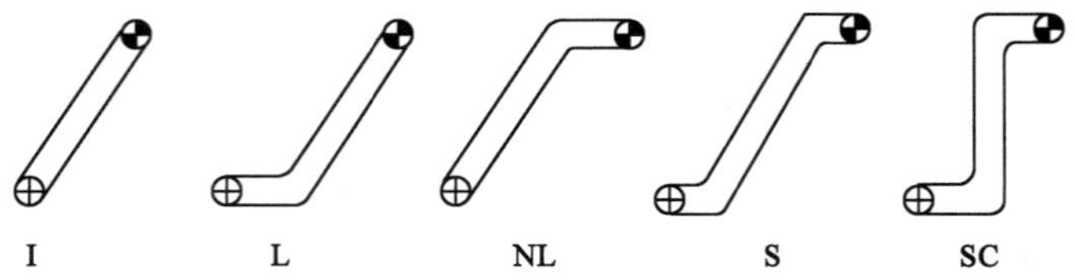

图1 大倾角波状挡边带式输送机的布置形式

1.2 大倾角波状挡边带式输送机总图

大倾角波状挡边带式输送机总图如图2所示。

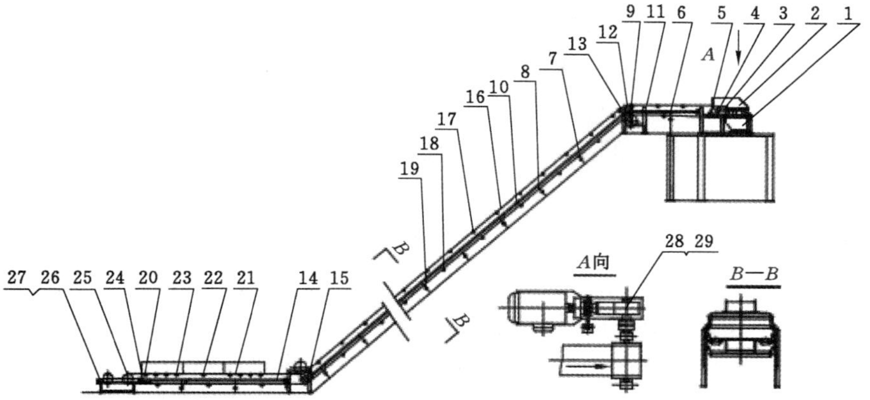

1—头部漏斗；2—头部护罩；3—传动滚筒；4—头架；5—头部拍打清扫器；6—支腿1；7—支腿2；8—支腿3；9—凸弧中间架；10—中间架；11—挡辊；12—改向压轮；13—凸弧段机架；14—凹弧机架；15—改向滚筒；16—胶带；17—平行上托辊；18—复式下托辊；19—平行下托辊；20—缓冲托辊；21—导料槽前段；22—导料槽中段；23—导料槽后段；24—空段清扫器；25—改向滚筒；26—尾架；27—螺拉装置；28—驱动装置架；29—驱动装置组合

图2　大倾角波状挡边带式输送机总图

1.3　整机组成及主要部件

大倾角波状挡边带式输送机主要由波状挡边输送带、驱动装置、传动滚筒、改向滚筒、压带轮(辊)、托辊、防偏辊、清扫装置、拉紧装置、各种机架、导料槽、卸料溜槽、电气及安全保护装置等部件组成。其中驱动装置、传动滚筒、改向滚筒、拉紧装置、各种机架、导料槽、卸料溜槽、电气及安全保护装置等部件的结构形式及功能与传统带式输送机相比没有区别。

1.3.1　*波状挡边输送带*

波状挡边输送带是在基带两侧加上波状挡边形成的(如图3所示)，既是牵引件又是承载物料构件。基带相当于普通输送带，但比普通输送带具有更大的横向刚度。两侧挡边为波状，当输送带绕过滚筒或凹、凸弧段时，波状挡边上部可自由伸展或压缩。两侧挡边之间的带体中部可根据需要加上按一定间距布置的横隔板，以实现大倾角输送。波状挡边输送带的横隔板形式有T型、C型、TC型、TS型、TCS型。当输送机倾角$\beta \leqslant 18°$时，一般不采用横隔板；当$18° < \beta < 40°$时，一般选用T型横隔板；当$40° \leqslant \beta < 60°$时，一般选用C型横隔板；当$60° \leqslant \beta \leqslant 90°$时，一般选用TC或TCS型横隔板。当横隔板高度$\geqslant$280 mm时，应选用TS或TCS型横隔板。大倾角波状挡边带式输送机的最大输送量除取决于带宽、带速、倾角等基本参数外，还取决于波状挡边输送带的型式及横隔板形式、高度、间距等参数。

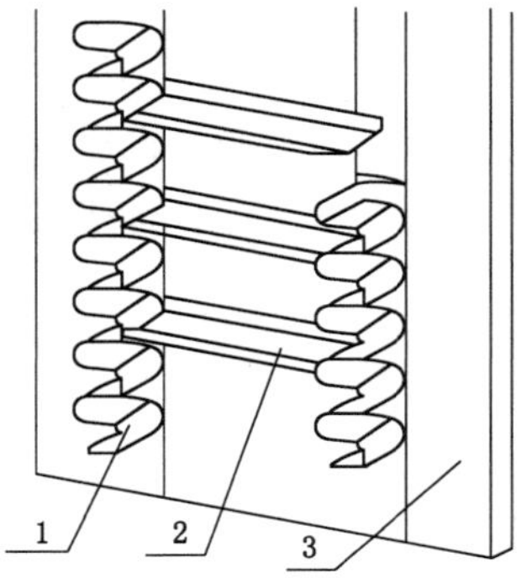

1—波状挡边；2—横隔板；3—基带。

图3　波状挡边带式输送带结构示意图

威鑫煤矿选煤厂大倾角波状挡边输送机倾角到达 75°，其横隔板高度为 200 mm，型式选用 TC 型。

1.3.2 压带轮与压带辊

压带轮与压带辊是用在凹、凸弧段输送带带挡边和横隔板的一面，使输送带改变运行方向。压带轮是对称压在输送带两侧空边和波状挡边上的台阶轮，用于输送带张力较小，即提升高度较小时。当提升高度大，即输送带张力较大时，应采用压带辊组，从而增大凹、凸弧曲率半径，分散输送带的张力。

1.3.3 托辊

托辊分上托辊和下托辊。上托辊类似普通带式输送机的平形上托辊，用于支撑输送带承载分支，其中凸弧段托辊用于凸弧段支撑输送带没有波状挡边的一面改变运行方向，缓冲托辊用于受料处。下托辊用于输送带有波状挡边的一面支撑输送带回程分支，分为单式、复式和托带轮。单式下托辊类似普通带式输送机的平形下托辊，用于带宽≤800 mm 的输送机；复式下托辊和托带轮由单式下托辊加支撑在输送带两侧空边上的托带辊或托带轮组成，用于带宽＞800 mm 的输送机。威鑫煤矿选煤厂大倾角波状挡边输送机采用的是后者。

1.3.4 防偏辊

防偏辊安装在输送机两侧，用于阻止输送带跑偏，包括立辊和导向轮两种。其中导向轮用弹性橡胶制成，仅用于垂直输送段。

1.3.5 清扫装置

清扫装置包括振动清扫器、空段清扫器、改向压轮清扫器和胶带空边清扫器。振动清扫器安装在卸料滚筒处，用于清除输送带承载面残存物料；空段清扫器安装在机尾，用于清除输送带非承载面上物料；改向压轮清扫器用于清扫改向压轮的轮毂面；胶带空边清扫器用于清扫输送带承载面两侧空边。

2 结构优点

与普通带式输送机相比，大倾角波状挡边带式输送机具有以下优越性：

(1) 结构简单。大倾角波状挡边式带式输送机的最大特点是采用波状挡边输送带来取代普通输送带，其工作原理和结构组成则与普通带式输送机相同。因此，像滚筒、托辊、拉紧装置、中间架、中间架支腿、头架、尾架、漏斗、护罩、清扫器及保护装置等各主要部件均可用于普通带式输送机的相应部件通用，给使用、维修带来方便。

(2) 运行平稳、可靠、噪声小。与普通带式输送机、斗式提升机、刮板输送机相比，其综合技术性能都优越。没有刮板输送机经常出现的卡链、飘链、断链现象和斗式提升机经常发生的打滑、掉斗现象。

(3) 输送倾角大，最大可达 90°，是大倾角输送和垂直提升的理想设备。

(4) 总体投资费用低，与普通带式输送机相比可节约投资 20%～30%。不仅节约占地面积，而且节省设备投资和土建费用。

3 存在的问题与解决措施

3.1 裂带问题

波状挡边输送带运行一段时间后，出现波状挡边严重磨损且与基带黏结处裂纹严重，经分析产生这种现象的原因是：① 原设计变角轮的大、小轮为一体结构，同一转速下大、小轮外缘线速度不一致，造成挡边沿小轮缘传动过程中受到拉力损坏；② 原设计只设置返程短托带辊，只能托基带外边，由于横向刚性不足，而使输送带变形逐步加重，产生撕裂现象。采取措施：① 改变变角轮结构，重载变角处改为多托辊圆弧辊边式结构，空载变角轮小轮托安装轴承，使其与大轮产生相对转动则不产生曳带现象；② 增加返程长托带辊，长、短托带辊同时托住波状挡边和基带外边，并且采用弹性结构调整两种托带辊间距，使胶带整体均匀受力。

3.2 抛煤问题

重载变角处原设计采用变角轮结构，由于结构限制，使变角轮直径受限，又没采取有效过渡措施。输送带运行中突然改向且运行曲率半径小，煤炭在惯性力和离心力力作用下抛落严重。采取措施：采用多托辊圆弧滑道式结构代替原普通变角轮，胶带运转曲率半径增加 3 倍多，使胶带过渡变角平稳，有效地解决了抛煤问题。

3.3 黏煤问题

波状挡边输送带由于其槽斗式结构特点，且原煤不可避免地含水，在横隔板与波状挡边及基带过渡角处，特别容易出现黏煤现象，且越积越高，不易自行脱落。威鑫煤矿选煤厂为了解决黏煤问题，在原振动清扫器的基础上，在卸料滚筒底部加装一套高压风管，对输送带承载面残存物料进行二次清理，很大程度上减少了物料的附着。

3.4 胶带廊底板道积煤问题

威鑫煤矿选煤厂大倾角波状挡边带式输送机倾角达到 75°，胶带在运行过程中或多或少都有残存的物料落在底板道上，湿黏的物料会黏结在底板道上，颗粒状物料会在重力的作用下滚落到机尾，这两种情况下，浮煤清理起来都比较麻烦，劳动量大，尤其在清理底板道浮煤时，坡度大，安全隐患高。为了解决现场存在的问题，在不破坏胶带廊的结构下，选煤厂在底板道切割开三道窗口，在胶带运行过程中颗粒状物料在滚落过程中会从窗口直接落在地面，减少机尾清理浮煤的劳动量，在定期清理底板道浮煤时，物料也会从窗口直接落在地面，减少机尾清理浮煤的二次劳动量。浮煤落在地面，可以由铲车铲至返仓胶带后重新进入洗选系统。

4 结语

威鑫煤矿选煤厂是我国西南地区首次引入大倾角波状挡边带式输送机的煤矿单位，从设计、建设投产、检修维护等方面逐渐积累经验，经过实践证明，大倾角波状挡边带式输送机在威鑫煤矿选煤厂的运用是成功的，为其推广在更多领域提供了现实依据。

参考文献

[1] 陈晓文，夏淑清. 普通带式输送机与大倾角挡边带式输送机的对比[J]. 林业科技情报，2000，32(2)：69.

[2] 李金良，郭龙兵，赵春红. 大倾角波纹挡边带式输送机的设计与应用[J]. 新产品新技术，2010(11)：32-35.

[3] 王树青，怀林盛，付萍，等. 大倾角波状挡边带式输送机的使用实践[J]. 煤矿机电，2001(4)：41-42.

[4] 王仲民，罗文. 大倾角波状挡边带式输送机简介[J]. 煤炭科技，2002(3)：18-19.

急倾斜大采高智能化综采首采面开采关键技术研究与应用

刘华君，王伟平，杨启军，张雪亮

（四川川煤石洞沟煤业有限责任公司，四川 旺苍 628209）

摘　要　随着煤矿深部开采的不断深入和煤炭资源的逐渐枯竭，煤矿行业正面临着越来越严峻的挑战，针对石洞沟煤业有限责任公司（简称石洞沟煤矿）急倾斜大采高地质条件下的特点和资源回收的挑战，在急倾斜大采高的地质条件下，传统的采煤方法已经难以满足生产需求，因此迫切需要开发出智能化综采技术，以提高采煤效率、保障安全生产。本文以急倾斜大采高智能化综采首采面开采工艺、过构造带治理技术、设备快速回撤为研究对象，通过分析石洞沟煤矿 31111 急倾斜大采高智能综采面开采面临诸多技术攻关挑战，包括多构造煤层、采高变化大、倾斜度大等复杂地质条件，以及设备选型配套难、过构造带开采难、安全管理难、设备大回撤等技术问题。为了应对这些挑战，矿井采取了一系列的技术攻关措施，创新了智能化综采技术，并取得了显著的成果。探索出了智能化综采技术领域的创新点和关键技术，为研究煤矿行业智能技术在急倾斜大采高地质条件下的工艺创新和发展提供理论支撑和实践经验。

关键词　急倾斜大采高；智能化综采；三机选型配套；开采工艺研究；过构造带治理技术

1　矿井煤层地质概况

1.1　矿井 31 采区工作面的布置

石洞沟煤矿位于广旺煤田东段，隶属四川省旺苍县三江镇和金溪镇管辖，中心点地理坐标（1980 西安坐标系）。矿井生产能力核定为 70 万 t/a，主采 K10、K11、K12、K13 煤层，开采标高为＋750～＋300 m，矿区面积为 1.370 7 km^2。走向长约 4.2 km，宽约 300 m，低瓦斯矿井，水文地质类型为中等，所有煤层均为不易自燃煤层，均具有爆炸性，矿井为正常生产矿井，开拓方式为“斜井＋平硐”综合开拓方式，矿井通风方式采用中央分列式，通风方法为抽出式通风。

石洞沟煤矿现有一个开采水平（＋300 m 水平），矿井＋300 m 水平共划分为 2 个采区。＋300 m 水平主石门以西为 31 采区，走向长度为 2 300 m；＋300 m 水平主石门以东为 32 采区，走向长度为 2 000 m。

31 采区布置三个区段，即＋500～＋435 m 为一区段，＋435～＋369 m 为二区段，＋369～＋300 m 为三区段。每个区段的 2 个可采煤层再划分为 4 个采面。

石洞沟煤矿第一个智能化综采工作面为 31111 工作面。31111 采煤工作面位于 31 采区西翼，回风巷、运输巷沿 10# 、11# 煤层布置，设计长度为 800 m。根据揭露煤层实际情况，智能综采工作面设计可采走向长度为 800 m，倾斜长度为 78～93 m；上距 9# 煤层 8.01～11.29 m，下距 12# 煤层 8.01～

16.29 m,工作面上为水平隔水煤柱,+515 m水平以上煤层已开采,下区段为31113工作面,下部12[#]、13[#]煤层将采用智能技术开采。后续13[#]煤层将有6个面进入智能化综采开采。开采面有31311、31312、31313、31314、31315、31316工作面。

1.2 煤层地质

31111风巷:最小采高为3.17 m,最大采高为4.38 m(67 m处,煤层倾角为50°);煤层最小倾角为45°,最大倾角为69°(523 m处),平均倾角为57°。

31111运输巷:最小采高为2.72 m,最大采高为4.74 m(74 m处,煤层倾角为46°);煤层最小倾角为45°,最大倾角为71°(425 m处)。

31111工作面伪顶为砂质泥岩,层理发育,易脱落,厚0.10～0.25 m,直接顶为钙质细粉砂岩,含磁铁矿结核及植物化石,节理发育,厚0.30～0.75 m。伪底为粉砂质泥岩,易脱落,厚0.10～0.60 m,直接底为灰细粉砂岩,厚9.77～11.09 m。综合揭露点资料分析:煤层结构较稳定,在见煤点以西74 m处煤层为最高采高4.74 m(含伪顶伪底),65～85 m处为地质变化带;见煤点以西441 m处为最低采高2.72 m(含伪顶、伪底)。煤层夹矸3～7层,以泥岩为主,夹矸总厚度为0.66～1.77 m,其中10[#]、11[#]分层处为细粉砂岩,厚度为0.10～0.38 m。煤层最小倾角为48°,煤层最大倾角为69°,平均倾角为56°。

1.3 煤层结构、倾角、采高变化

31111工作面地质构造较复杂,风巷施工至见煤点以西620 m位置遇大地质构造带,岩层受到断层构造牵引作用,伴生许多断裂构造,使煤层发育、完整性和连续性变差,断层面附近煤层顶板受挤压严重破碎,倾角变大,煤层缺失。受地质构造带影响,煤层变薄,煤层产状变化较大,倾角变大,煤层结构变化较明显。

2 急倾斜大采高复杂地质条件下开采特点

地质条件的复杂性是影响急倾斜大采高地质条件下煤矿开采的关键因素之一。在这种地质条件下,煤层往往呈现褶皱、断层等复杂地质构造,地层形态复杂多变,地质构造不规则,这给石洞沟煤矿开采带来了巨大的挑战。

2.1 褶皱和断层变化影响

在急倾斜大采高地质条件下,煤层往往受到地壳运动和构造变形的影响,呈现出复杂的褶皱和断层。褶皱的出现导致煤层的变形和错动,增加了开采的难度。石洞沟煤矿31111急倾斜煤层采高大、开采难度大,要求开采设备更精良、功能更齐全。例如:由于倾角、采高增大,支架工作阻力增加,支架架高增大,导致架姿不稳定,防滑、防倒、防飞矸技术难度增大;采煤机爬坡功率要求更大,润滑性能要求更好;排头段稳架技术也是一个难题,安全管理难度大,给沿空护巷配套端头支架的设计、选择增加了难点。

2.2 地质构造带区域变化影响

石洞沟煤矿急倾斜大采高地质条件下,地质构造表现出不稳定性。急倾斜煤层大采高工作面顶底板管理难度更大,控顶技术难以掌握,如遇破碎顶板时,漏顶拉架时间增长,或需做超前假顶,将会增加开采难度。

3 智能化工作面开采设计

石洞沟煤矿31111综采工作面智能化开采设计总体思路采用自动控制和可视化远程干预控制技术代替传统手动操作,实现井下现场集中控制和地面远程监视工作面割煤、推溜、拉架及运输环

节的工艺智能化。

建立智能化集中控制平台，控制系统实现工作面生产设备协调联动控制，具备采煤工况、设备自我感知和故障诊断能力。所有自动化装备实现集中控制并能人工干预。

4 工作面切眼布置与施工

根据31111工作面回风巷、运输巷揭露煤层情况分析，智能化综采面确定在800 m位置施工开切眼，31111智能化综采工作面(510 m)共揭露3处断层，断层处煤层结构受到破坏，聚集增厚形成煤包，局部采高增大，煤岩质变松，煤岩层之间的黏合力降低，顶板较破碎，有一逆断层煤断开下钻，对智能化开采有极大影响。

31111综采面开切眼沿真倾斜布置，开切眼长90 m，设计为矩形断面，宽8 m，高3.8 m，掘进断面积为30.4 m^2。先采用反井钻扩孔施工2个直径为600 mm的立眼，1个用于通风，1个用于溜煤眼扩刷。开切眼顶板采用锚网索＋钢梁联合支护；锚杆直径为20 mm，长2 200 mm，采用全螺纹钢等强树脂铰接支护；锚杆间排距为900 mm ×900 mm。顶板破碎时调节钢梁、锚索间距，进行锚索、钢梁加密支护，达到安全护顶。开切眼两帮采用铁丝网＋排柴背帮＋单体支护。巷道每扩刷2 m支护1排单体支柱，行人通道柱排距为0.8 m，设备通道柱排距为1.5 m，单体支柱必须掏好柱窝、戴好柱帽、迎山有力、支护可靠。

5 工作面支护设计

根据石洞沟煤矿煤层的条件，选用急倾斜掩护式液压支架，高度为2.0～4.8 m，经计算工作阻力为5 200 kN，则支架型号为ZY5200/18/48QD。

液压支架采用两柱掩护式，及时支护方式，后部行人。支架设计实现适应俯伪斜开采，并能满足俯伪斜5°～8°的要求。支架采用整体顶梁带伸缩梁、二级护帮，顶梁前端适应俯伪斜变化范围，护帮高度为2.8 m。顶梁立柱前预留了一处防倒装置连接位置，底座前、后各预留一处防滑连接装置，连接方式满足正常移架要求。顶梁、掩护梁设置双向活动侧护板，使用时两侧活动；铰接处侧护板向内设计成圆弧；为适应俯伪斜开采需要，将掩护梁侧护板设计为宽侧护板结构。

6 工作面设备配套选型

6.1 设备选型计算

6.1.1 采煤机配套设备选型计算

采煤机是工作面主要落煤工具，其稳定性是工作面安全和高效生产的基本条件。随着工作面倾角的增大，采煤机割煤时的下滑力和制动力都要相应增大。根据煤层角度确定合理的采煤机受力情况是稳定性分析的基本方法。根据采煤机稳定性情况采取相应的稳定性控制措施。

由于采煤机工作中受多种因素的影响，其受力情况也复杂多变，如果在牵引力的计算中不考虑采煤机的牵引力而只考虑电动机输出扭矩状态下的受力状态，结果通常会导致电动机的功率偏小。虽然采煤机的牵引力受多种因素影响，但主要还是由外部载荷决定的。由基本的力学常识对其进行受力分析可知，采煤机主要受到以下作用力：① 采煤机重力 G；② 滚筒受到的轴向力 F_1 和 F_2；③ 滚筒受到的推动力 T_x 和 T_s(方向与牵引力相反)；④ 滚动受到的剪切力 T_1 和 T_2(方向与滚筒的转动方向相反)。采煤机受力示意图如图1所示。

由图1采煤机的受力情况，根据力的平衡原理可知，采煤机割煤时必须克服的力为：

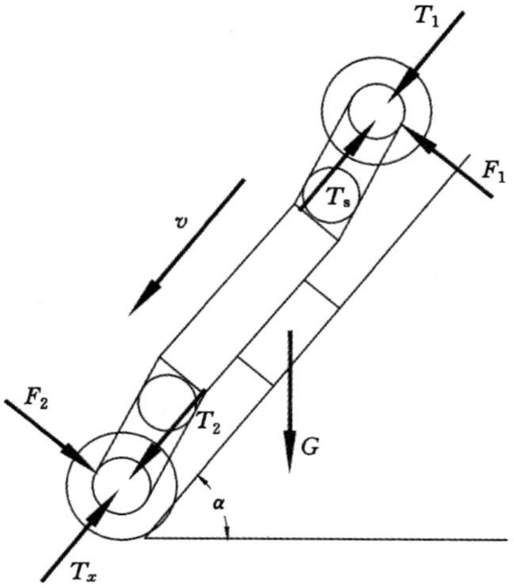

图 1 采煤机受力示意图

$$
\begin{aligned}
T &= (T_1 + T_2) + \mu(F_2 - F_1 + G\cos\alpha + T_x + T_s) \pm G\sin\alpha \\
&= N_1 G + \mu G(\cos\alpha - N_2 + 2N_3) \pm G\sin\alpha
\end{aligned} \tag{1}
$$

式中 T——采煤机牵引力；

μ——摩擦系数，取 0.18～0.22；

N_1——经验系数，取 0.6～0.8；

N_2——估算系数，取 0～0.2；

N_3——侧面导向力对牵引力的影响系数；

α——煤层倾角；

$\pm$——取"+"时表示采煤机上行，取"−"时表示采煤机下行。

因此可以得到采煤机上行和下行所需克服的力为：

$$
T_{下} = N_1 G + \mu G(2N_3 - N_2) + \frac{\mu - \left(\mu\tan^2\frac{\alpha}{2} + 2\tan\frac{\alpha}{2}\right)}{1 + \tan^2\frac{\alpha}{2}} G \tag{2}
$$

$$
T_{上} = N_1 G + \mu G(2N_3 - N_2) + \frac{\mu + \frac{1}{\mu^2} - \mu\left(\tan\frac{\alpha}{2} - \frac{1}{\mu}\right)^2}{1 + \tan^2\frac{\alpha}{2}} G \tag{3}
$$

通过公式(2)、式(3)可以很清楚地看出，采煤机无论是下行割煤还是上行清理浮煤，其所需要的牵引力都随着工作面倾角的增大而增大，所需的制动力也随着牵引力的增大而相应增大，因此在急倾斜工作面采煤机也必须采取相应的稳定性控制措施，以提高割煤过程中的安全系数。

由于链牵引采煤机的稳定性差，适应的煤层倾角小，随着煤层倾角的增大，链牵引采煤机的缺点更加突出。因此，石洞沟煤矿 31111 急倾斜煤层工作面应选用以大功率、大牵引力、截割部滚筒内嵌、牵引齿轮复合曲线行走、过失强制润滑制动为特点的采煤机，实现了急倾斜薄工作面采煤机"爬坡有力，行走有序，空顶距小，容错性强，双向割煤"的功能，最终选用的为上海天地科技生产的 MG400/990-WD2 型采煤机，并且研发了急倾斜综采工作面采煤机智能控制系统，实现了采煤机安全高效运行和智能管控，如图 2 所示。

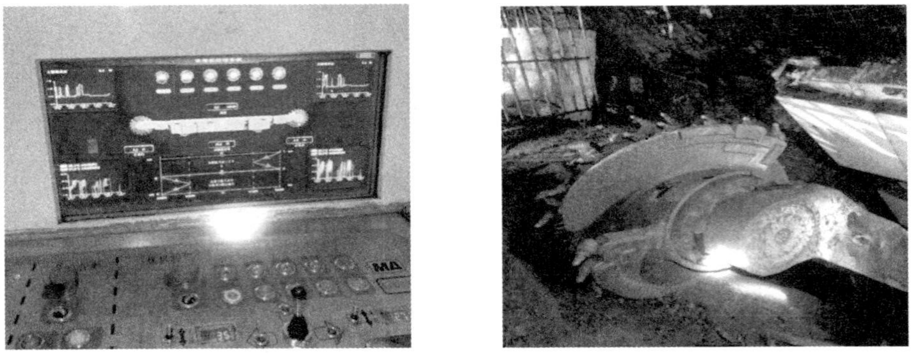

(a) 交流变频电牵引采煤机　　(b) 集控中心采煤机智能控制系统

图 2　采煤机及其智能控制系统

6.1.2　液压支架工作阻力传统计算方法

1. 载荷估算法

采取反分析数值模拟法，将我国 120 多个综采工作面实测支架最大载荷 p_{max} 与煤层普氏系数 f、采深 H 以及顶煤厚度 M_d 进行回归，得到缓倾斜综放工作面支架工作阻力与煤层强度、采深成正比，与顶煤厚度成反比的计算公式，即：

$$P_{max} = (1\,939 + 2.1H + 471f + 155/M_d)K \tag{4}$$

根据综采来压与非来压时的动载系数统计结果，安全系数 $K=1.20\sim1.35$，则支架额定支护阻力 $p=Kp_{max}$。根据石洞沟煤矿具体条件，采深 $H=310$ m，割煤厚度为 3.5 m，顶煤厚度 $M_d=13.8$，煤层普氏系数 $f=1.5$，安全系数 K 取 1.35，则按式(4)计算得 $p=4\,465$ kN。

2. 实测统计法

据实测结果统计所得，支护强度表示成煤层厚度与岩石体积力的乘积，即：

$$p = KNM\gamma \tag{5}$$

式中　p——支架支护强度；

K——安全系数，取 1.2～1.5；

N——折算系数；

M——煤层全厚。

根据式(5)计算得 $p=3\,784$ kN。

3. 相似模型实验法

结合已有相关大倾角、急倾斜物理相似材料模拟实验结果推算，其正常状态时支架平均工作阻力为 3 500～3 806 kN，来压期间支架最大工作阻力为 4 600 kN，初撑支护强度为实际支护强度的 75%～85%。

根据石洞沟煤矿煤层的条件，选用急倾斜掩护式液压支架，高度为 2.0～4.8 m，经计算工作阻力为 5 000 kN，则支架型号为 ZY5000/20/48QD 型。

6.1.3　刮板输送机抗滑力计算方法

根据石洞沟煤矿 31111 急倾斜煤层工作面赋存条件，为了充分利用煤矸的自溜特性，工作面研制了刮板输送机，其主要的作用有：① 提供采煤机的行走过道；② 给支架防滑斜拉装置提供一个有效的着力点。

随着煤层底板倾角的增大，刮板运输机由于自重产生的下滑力大于设备所受的摩擦阻力，设备会产生下滑，因此保证急倾斜综采工作面刮板运输机的稳定也尤其重要。

为了方便分析问题，对刮板运输机的受力进行了简化，如图3所示。假设刮板运输机在急倾斜工作面所受的防止下滑制动力的所有合力为 $F_{抗滑}$，由图3可以得出，刮板运输机的平衡的条件为：

$$F_{抗滑} = G\sin\alpha - \mu G\cos\alpha \tag{6}$$

式中 G——刮板运输机的重量，kN；

α——急倾斜工作面的倾角，(°)；

μ——刮板运输机与底板的摩擦系数。

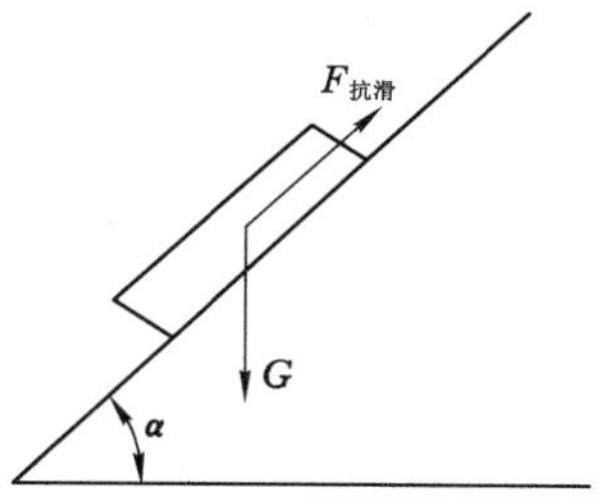

图3 刮板运输机受力分析

从公式(6)可以看出，工作面倾角越大，刮板运输机所需要的抗滑力越大。一般情况下，受底板水、浮煤、顶板来压期间压力等因素的影响，μ 值变化范围为0.22～0.82，因此可以得到当 $F_{抗滑}=0$ 时，$\alpha=12°\sim39°$。通过以上分析可知，即使在最理想的条件下，当工作面倾角大于39°时，工作面刮板运输机也应采取相应的防滑措施。

刮板输送机选型为SGZ800/2×400。

6.2 设备选型配套

设备选型配套具体情况如表1所示。

表1 设备选型配套表

系统	序号	设备名称		数量	备注
支架	1	工作面支架		48架	护顶
采煤机	2	采煤机		1台	割煤
输送设备	3	刮板输送机		1台	运煤
	4	桥式转载机		1台	运煤
	5	破碎机		1台	破煤
	6	桥转迈步自移		1台	拉移桥转
	7	带式输送机自移机尾		1台	缩带式输送机机尾
集成供液系统	8	乳化液泵站	乳化液泵	3台	供高压乳化液
	9		乳化液箱	2台	储液
	10		电控箱	1台	控制3泵2箱BRW400/37.5型乳化液泵站实现智能化、无人值守
	11		乳化液自动配比装置	1台	浓度监测，乳化液自动配比
	12	喷雾泵站	喷雾泵	2台	设备冷却，消尘
	13		清水箱	1台	储液
	14		电控箱		控制2泵1箱BPW500/16型喷雾泵站实现智能化、无人值守

表 1(续)

<table>
<tr><th>系统</th><th>序号</th><th colspan="2">设备名称</th><th>数量</th><th>备注</th></tr>
<tr><td rowspan="5">集成供液系统</td><td>15</td><td colspan="2">纤维球过滤站</td><td>2 台</td><td>一级水处理</td></tr>
<tr><td>16</td><td colspan="2">反渗透水处理装置</td><td>1 套</td><td>二、三级水处理</td></tr>
<tr><td>17</td><td colspan="2">智能高压冲洗过滤站</td><td>1 台</td><td>乳化液出口过滤</td></tr>
<tr><td>18</td><td colspan="2">回液反冲洗过滤站</td><td>1 台</td><td>乳化液回液过滤</td></tr>
<tr><td>19</td><td colspan="2">泵站远程数据上传系统</td><td>1 套</td><td>数据交互,远程控制</td></tr>
<tr><td rowspan="5">带式输送机</td><td rowspan="2">20</td><td colspan="2" rowspan="2">带式输送机</td><td>1 台</td><td>运煤</td></tr>
<tr><td>1 台</td><td>运煤</td></tr>
<tr><td>21</td><td rowspan="3">带式输送机驱动</td><td>矿用隔爆兼本质安全型交流变频器</td><td>2 台</td><td>控制 3# 胶带永磁电动滚筒</td></tr>
<tr><td>22</td><td>自循环水冷系统</td><td>2 套</td><td>冷却永磁电动滚筒</td></tr>
<tr><td>23</td><td>矿用隔爆型三相永磁变频电动滚筒</td><td>2 台</td><td>驱动胶带</td></tr>
<tr><td>语音通信系统</td><td>24</td><td colspan="2">语音控制系统</td><td>2 套</td><td>运输设备、胶带各一套,实现控制、语音通信、保护</td></tr>
<tr><td>SAC 电控系统</td><td>25</td><td colspan="2">工作面支架</td><td>1 套</td><td>支架自动控制系统</td></tr>
<tr><td rowspan="2">SAM 自动化系统</td><td>26</td><td colspan="2">井下控制系统</td><td>1 套</td><td>通过运输巷集控中心实现整个工作面智能化控制</td></tr>
<tr><td>27</td><td colspan="2">地面控制系统</td><td>1 套</td><td>通过调度中心对整个系统进行智能化控制</td></tr>
</table>

7 设备配套安装

7.1 设备配套安装部署

工作面设备安装由综采队负责,主要负责完成液压支架、刮板输送机、采煤机安装。运输巷设备安装由准备队安装人员负责,主要负责完成桥式转载机、破碎机、自移装置、带式输送机安装。

7.2 设备安装技术标准

7.2.1 液压支架

(1) 工作面液压支架按设计要求就位安装,并要注意与刮板输送机搭接。

(2) 支架排成一条直线,支架中心距偏差不得超过±50 mm。

(3) 支架垂直底板,不超高,与顶板接触严密;未严密接顶处加木料,并垂直顶底板,支架达到初撑力,平整接触顶板且严实,不允许有空顶现象。

(4) 每架支架下侧护和底调全部打开。

(5) 支架零部件连接紧固,与输送机连接合理、部件齐全。

(6) 支架内无浮煤矸堆积。

(7) 支架的零部件和管路连接可靠,支架内的高压管线梳理规范、分类捆扎、排列整齐,无缺件、无漏液、挤压现象,胶管接头压接牢固,销轴齐全符合规定。

(8) 支架各运动部件动作准确、灵活,无卡阻现象。

(9) 液压元件连接用的 U 型销和快速接头必须齐全紧固,严禁采用铁丝代替 U 行销。

(10) 支架照明灯、摄像头吊挂位置一致,并成一条直线,电缆、急停装置拉力电缆走向和吊挂弧度保持一致。

(11) 液压支架的各油缸、液压控制元件、辅助元件、控制管路、密封性能良好，无跑、冒、滴、漏现象。

(12) 支架电液控制器按照原设计位置安装，保证系统操作灵活，动作可靠。

(13) 架内管路排列整齐，护套齐全，弧度一致。

(14) 支架立柱护套、防护网齐全，并保证成一条直线，安装结束后架间不得有杂物。

7.2.2 刮板输送机

(1) 设备整体无损伤，各部件齐全、完整，各电机减速器上不得有油污，设备内不得有杂物。

(2) 链轮无轴向窜动，不漏油。

(3) 拨链器、舌板连接牢固，螺丝齐全。

(4) 过渡槽连接上下错口不超过 2 mm、左右错口不超过 3 mm，中部槽连接上下错口不超过 2 mm。

(5) 溜槽连接螺栓齐全、紧固、合格。

(6) 减速箱、链轮不漏油，油质、油量达到要求，保护齐全，运转声音正常。

(7) 挡、铲煤板连接螺栓齐全紧固，铲煤板、挡煤板无变形。挡煤板、铲煤板与溜槽接合面要贴紧，螺丝紧固、齐全。

(8) 中部槽与电缆槽、电缆与拖缆装置、中部槽与液压支架、中部槽与销轨等连接紧固、可靠。

(9) 刮板输送机平、直，偏差均小于±50 mm。

(10) 刮板输送机空车运行 30 min 后，再次紧链试运行。

7.2.3 采煤机

(1) 各部位螺栓、销轴、丝堵、盖板等连接件必须紧固一致，且齐全符合要求。

(2) 采煤机静止接合面不允许有油迹。

(3) 采煤机冷却系统、洒水系统、管路、接头、冷却器、配水块、压力表、安全阀要求安装齐全、完好，密封可靠、不漏水。

(4) 电动机运转声音正常，冷却水畅通，保护装置灵敏可靠，电机温度不超过有关规定，符合防爆要求。

(5) 各手把、按钮、旋钮灵活可靠、无阻卡，按钮灵敏可靠，摇臂升降灵活，动作与标志相符，液压系统工作压力符合规定，仪表指示准确，不出现漏油及自降现象。

(6) 各部油位、油质符合规定，油位指示清晰，管件连接严密、无漏油。

(7) 正常运转中各部位、部件无异常响声和强烈振动，各连接部件不得松动，无局部异常发热现象。

(8) 摇臂升起高度及卧底量应符合技术特征规定，摇臂水平放置 24 h 下降不超过 20 mm。

(9) 内、外喷雾系统畅通、齐全，喷嘴齐全，喷雾效果符合要求。

(10) 底托架无变形、裂纹及开焊现象，底托架全长范围内不平度不超 2 mm。

(11) 采煤机空载、负载运行试验过程中应无异常声响和强烈振动，各接合面无渗油，各部件升温正常。

(12) 截割部运转正常，无异常声响。

(13) 电气部分应符合防爆电气设备完好标准。

(14) 液压螺母受压均匀，螺钉上要打好防锈油。

8 设备安装流程

8.1 液压支架安装配套方案

组装顺序：平台上调向→连接主绳→上滑橇→推离平台进入上坡口轨道→沿斜坡轨道下滑至

安装点→拆滑橇、调向→连管路→升压安装到位→收绳、收滑橇→处理现场为下一部支架做好准备。

(1) 用 3# 绞车将液压支架从 31111 回风巷中部车场安全拉运至平台处。

(2) 先将 1# 绞车绳头在支架重心位置挂好，再缓慢拉动 3# 绞车将支架拖移到规定位置(支架重心点正好在起吊重心正上方)。

(3) 将 2# 绞车绳头挂到支架底座左前方专用孔，松一段 4# 绳，1# 绳保持略微绷紧，开 2# 绞车缓慢拉动支架让梁头斜向硐室侧移约 30°暂停，取下 1#、2# 绳头将绳头都挂在支架下方专用拉绳上。

(4) 将 3# 绳头挂到支架底座左前方专用孔，4# 绳头挂到支架右后方专用孔，同时收紧各绳子略绷紧暂停，由现场指挥人员统一下达口令进行下一步转向操作。同时缓慢收紧 3#、4# 绳、且采用液压支柱作辅助调节将支架准确旋转到下放前规定位置(支架前梁正对 1# 绞车，支架尾部对准坡口轨道，支架重心正对起吊重心)。

(5) 微调支架底座在平台上的位置，在支架底座两侧上好滑橇、固定牢固，取掉 3#、4# 绳头，准备支架下放。

(6) 先将 1#、2# 绳各松一小段，再采用单体液压支柱顶住支架前端中部位置，逐渐升压将支架向切眼坡口推进；支架中心即将到达坡口时必须保证 1# 绳处于绷紧状态，继续将支架顶向坡口曲轨，同时 1# 绞车以适当速度松动钢丝绳，且 2# 绞车钢丝绳保持适当松弛，继续前移支架，支架尾部逐渐下移、顶梁逐渐上翘，整体缓慢下滑进入切眼轨道。

(7) 支架进入直道后调整 1#、2# 绞车下放速度，保持匀速稳定下滑，其间 1# 绳一直为绷紧状态、2# 绳同步跟进，直至支架下放至距轨道末端合适位置停止。

(8) 支架停稳后，检查现场安全确认无误后，开始拆除支架底座两侧的滑橇，拆除时先下方后上方、先煤壁侧后采空侧，取下螺杆和滑橇，开 1#、2# 绞车将支架下放至安装调向点并稳固到位。

(9) 将 2# 绳逐渐收紧，松 1# 绳并取下绳头，将 1# 绳头牢牢挂到支架左后方尾部调向孔上，准备进行调向。

(10) 调向由现场指挥人员统一下达口令进行，先略微上提 1# 绳同时逐渐松 2# 绳，支架前梁在自重下向工作面方向偏移，再逐渐下放 2# 绳直至支架偏移到水平方向停止下放，最后采用点动绞车或单体液压支柱辅助支撑方式将支架调整到规定的安装位置。

(11) 连接好支架进液、回液管路，及时升架直至支架顶梁与顶板充分接触，且压力达到初撑力规定。

(12) 最后取下 1#、2# 绳头，连好滑橇一并上提至平台。至此完成一次支架安装。

(13) 安完一部支架后及时将下一部支架调向、安装空间范围内的单体液压支柱、轨道等回撤。支柱等材料采用滑板运出工作面。

8.2 刮板输送机安装配套方案

组装顺序：简易机头→底槽穿钢丝绳→机头抬高槽→机头变线槽 2→机头变线槽 1→中部槽→机尾变线槽 1→机尾变线槽 2→机尾抬高槽→机尾过渡槽。

(1) 销轨与中部槽同时在地面车间装配好(上好横、竖销)，中部槽两块一组装车配套连接哑铃下井，电缆槽、架前挡矸板、架上挡矸挂板同步装车入井并在切眼口组装(配齐螺栓)。

(2) 切眼上口先安装电缆槽及电缆槽挡板，然后安装架前挡矸板，安装时必须有专人统一指挥，动作一致，使用手拉葫芦配合安装，吊挂点顶板支护必须完好、可靠；起吊前安排专人检查手拉葫芦与吊挂锚索的连接是否可靠，确认连接可靠后方可起吊；操作时，人员必须站位正确，严禁站在起吊物可能倾倒的一侧和重物正下方检查或工作；拉葫芦时，两手用力要均匀，严禁超负荷起吊设备、部件。

(3) 刮板输送机简易机头的安装要保证简易机头与桥式转载机的搭接距离合理，确保卸煤高度符合规定。

(4) 架前挡矸板在切眼上口成组安装在中部槽上后，再成组整体运至工作面后卸下安装。

(5) 按照排头支架、转载机机尾、刮板输送机机头三者的搭接关系，转载机机尾档矸装置必须正对将刮板输送机机头安装在正对第一、第二架排头支架连接推杆上，防止错位连接。

(6) 刮板输送机各部件运送到安装地点后，先配组安装连接电缆槽、架前挡矸板、架前导向柱及连接螺栓的连接紧固，两台主绞车司机、值班电钳工检查绞车制动闸、地脚螺栓紧固情况，戗柱和压柱的初撑力，钢丝绳断丝及绳索缠绕情况，坡口地滚、信号及照明情况，起吊链、绳的可靠情况，以及绞车传动齿的润滑情况等，发现问题及时处理。

(7) 安装机头时，用大于工作面长度的 ϕ24.5 mm 钢丝绳(170 m)从机头底槽穿过，在输送机铺链子时用钢丝绳拉出底链；每安装一组中部槽，将支架推拉杆有效连接，并推溜成直线；钢丝绳扎头都要穿过中部槽从底槽拉出后锁在销轨上，然后依次连接到机尾，以便底链外拉连接。

(8) 中部槽下放中，每 6 节槽上要组装一节天窗槽，工作面每安装完一组中部槽都必须保证平整度，用半圆木或短木板挡住中部槽上口，防止煤矸进入中部槽堵塞底槽。

(9) 输送机各部件放到位后与对应的支架推溜框连接，位置不正时可用副绞车($2^{\#}$)钢丝绳张拉或采用单体支柱进行调整。

8.3 采煤机安装配套方案

采煤机下放前，必须提前量取设备安装的距离、宽度，以及滚筒安装硐室的起吊高度。保证硐室尺寸符合要求时(硐室长 15 m、宽 2.8 m、高 2.8 m、深 2 m)，方可进行下放。

组装顺序：下滚筒→下摇臂→下行走部→电控箱→上行走部→上摇臂→上滚筒→机面挡矸板→电源电缆(ϕ25 mm 冷却水管)→电缆夹→卷缆装置及油丝绳。

(1) 下放下滚筒前，在安装通道上口往下 18 m 处横向打设 5 根点柱，系上钢丝绳，防止采煤机部件下滑。

(2) 采煤机各部件下放到位后必须用 150C 圆环链分别将各部件固定在销轨或中部槽上；下行走部下放到位后用横销插进行走齿轮下方销轨内，防止采煤机部件下滑。

(3) 采煤机部件通过绞车下放至组装位置，然后用手动葫芦或使用主绞车配合导向轮(16T)进行起吊组装，起吊用的手动葫芦用不低于两挂 150C 圆环链上齐连接环，用扳手拧紧螺栓固定在支架顶梁上，手拉葫芦严禁超负荷起吊。起吊时不得松开主绞车($1^{\#}$)钢丝绳，待其组装完毕并固定牢固后，方可摘除主绞车($1^{\#}$)钢丝绳。

(4) 按照要求在各连接部安装液压螺母，并使用专用液压枪紧固液压螺母，确保液压螺栓紧固可靠。(第一次紧固到 160 MPa，第二次紧固到 170 MPa，第三次紧固到 180 MPa，第一次与第二次间隔 1 周，第二次与第三次间隔 2 周)

(5) 组装工作不得同时进行，组装作业地点下方严禁有人作业或逗留。连接支架管路人员必须躲避到支架立柱内作业。

(6) 采用手拉葫芦起吊各部件，对好位置后，上齐滚筒与切割部连接螺栓及滚筒各部盖板等。

(7) 采煤机、刮板运输电缆及水管等管线固定在电缆夹上，用废旧胶带包裹妥当后下放主绞车($1^{\#}$、$2^{\#}$)钢丝绳通过 150C 运输机圆环链、连接环上齐连接螺栓下放电缆夹至电缆槽内，电缆槽夹板、采煤机拖缆装置等设施安装齐全，上、下端易磨损或挤压的电缆、水管用电缆皮包裹进行保护。

(8) 依次组装下摇臂、下滚筒、连接摇臂调高千斤顶、油管、冷却水管等装置。

(9) 组装时各处螺栓必须上齐上紧，各液压管上齐，保证密封良好，安装液压管路前必须将各管接头擦干净。

(10) 采煤机整机装配好后，首先接通电缆、水路、油路，然后整体进行供电、供水设备检查，最后单机试运转。

9 竖放支架转向平台设计

根据石洞沟煤矿 31111 综采工作面开切眼实际的地质情况和煤层赋存情况，开切眼施工方案选择重点考虑以下几方面因素：

（1）煤层倾角大、采高大，必须降低飞矸、片帮掉顶、高空坠落等安全风险，需要通过选择低安全风险的掘进方式施工。综合对比可知通过施工伪倾斜的辅助斜巷能减少飞矸，能将行人溜煤有效分隔，有利于降低上述安全风险。

（2）必须想办法减小作业人员的劳动强度。包括支柱、横梁、排柴等支护材料的人工运输强度。基于石洞沟伪斜溜煤斜巷掘进有一套成熟的经验，掘进辅助斜巷时可采用回柱绞车运柱运材料，解决了人工托运的问题；真倾斜向上掘进由于不便于安设运料装置，作业人员运料劳动强度会很高。因此，辅助斜巷在材料运输方面更具优势。

（3）分析开切眼整段依次掘进和分段掘进效果。根据重力学原理，飞矸或人员滚落的高度越大，其受到的冲击越大。因此，分段掘进大大减小了高空坠物的冲击力，对安全更有利。

（4）如果开切眼掘进期间遇到其他未知构造，整段掘进将会增加施工难度和安全风险，分段掘进更具优势。

（5）分析全高掘进和分层小断面掘进优劣。在急倾斜大采高条件下，沿真倾斜方向掘进必须减少上部顶底板掉落矸石量。基于工作面为 K11(K10)复合煤层开采，上下分层矸石稳定且较厚，可知该开切眼全高掘进和顺 K10 掘进顶底板条件都较好。另外考虑到全高掘进需要支柱都在 3.5 m 以上，运输困难，全高掘进工程量大、劳动强度大，且上部煤矸片落风险更大，因此选用小断面掘进方式更具优势。

10 提升绞车的选型配套

31111 智能综采工作面选择 2 台 JSDB-30 型绞车为设备安装主副绞车，选择 1 台 JSDB-19 型绞车为尾巷绞车，选择 1 台 JH-14 型绞车为运输巷绞车；2 台 JSDB-30 型绞车选择使用 ϕ36 mm 钢丝绳，1 台 JSDB-25 型绞车选择使用 ϕ26 mm 钢丝绳，1 台 JSDB-19 型绞车选择使用 ϕ26 mm 钢丝绳。

10.1 31 采区轨道上山 JSDB-30 型绞车提升运载物体牵引力验算

$$F = F_{支架} + F_{钢丝绳} \tag{7}$$

$$F_{支架} = 9.8m_{支架}(\sin\alpha + f_1\cos\alpha) \tag{8}$$

$$F_{钢丝绳} = 9.8pl(\sin\alpha + f_2\cos\alpha) \tag{9}$$

F——绞车提升运载物体牵引力，kN；

$F_{支架}$——运载支架所需牵引力，kN；

$F_{钢丝绳}$——运行钢丝绳所需牵引力，kN；

$m_{支架}$——支架质量（本工作面所用 ZY5200/18/48QD 型大掩护式大倾角液压支架质量为 25 216 kg/架），平板车取 1.8 t，按 27 t 计算；

p——钢丝绳每米质量，取 2.7 kg/m；

l——提升长度，取 100 m；

α——巷道倾角，取 25°；

f_1——滚动摩擦阻力系数，0.01～0.015，取 0.015；

f_2——提升钢丝绳运动时的阻力系数，0.15～0.2，取 0.15。

$$
\begin{aligned}
F_{支架} &= 9.8m_{支架}(\sin\alpha + f_1\cos\alpha)\\
&= 27\times 9.8\times(\sin 25^\circ + 0.015\times\cos 25^\circ)\\
&= 115.42(\text{kN})
\end{aligned}
$$

$$
\begin{aligned}
F_{钢丝绳} &= 9.8pl(\sin\alpha + f_2\cos\alpha)\\
&= 0.002\,7\times 100\times 9.8\times(\sin 25^\circ + 0.15\times\cos 25^\circ)\\
&= 1.47(\text{kN})
\end{aligned}
$$

$$
\begin{aligned}
F &= F_{支架} + F_{钢丝绳}\\
&= 115.42 + 1.47\\
&= 116.89(\text{kN})
\end{aligned}
$$

最大提升物件质量验算步骤如下：

JSDB-30 型绞车使用慢速牵引，内层最大牵引拉力为 470 kN，最小牵引拉力为 300 kN，因此平均静张力为 385 kN。

$$
\begin{aligned}
m_{绞车} &= \frac{F_{绞车} - 9.8pl(\sin\alpha + f_2\cos\alpha)}{9.8(\sin\alpha + f_1\cos\alpha)}\\
&= \frac{300 - 9.8\times 0.002\,7\times 100\times(\sin 25^\circ + 0.15\times\cos 25^\circ)}{9.8\times(\sin 25^\circ + 0.015\times\cos 25^\circ)}\\
&= 69.9(\text{t})
\end{aligned}
$$

则：

$$G_{绞车} = m_{绞车}g = 69.9\times 9.8 = 685.02(\text{kN})$$

经验算：$G_{绞车} > F$，因此选用 JSDB-30 型绞车其提升能力符合要求。

10.2 31111 开切眼主副绞车提升运载物体牵引力验算

$$F = F_{支架} + F_{钢丝绳}$$

$$F_{支架} = 9.8m_{支架}(\sin\alpha + f_1\cos\alpha)$$

$$F_{钢丝绳} = 9.8pl(\sin\alpha + f_2\cos\alpha)$$

F——绞车提升运载物体牵引力，kN；

$F_{支架}$——运载支架所需牵引力，kN；

$F_{钢丝绳}$——运行钢丝绳所需牵引力，kN；

$m_{支架}$——支架质量（本工作面所用 ZY5200/18/48QD 型大掩护式大倾角液压支架质量为 25 216 kg/架），按 25.3 t 计算；

p——钢丝绳每米质量，取 4.66 kg/m；

l——安装通道长度，取 75 m；

α——巷道倾角，取 56°；

f_1——滚动摩擦阻力系数，0.01～0.015，取 0.015；

f_2——提升钢丝绳运动时的阻力系数，0.15～0.2，取 0.15。

$$
\begin{aligned}
F_{支架} &= 9.8m_{支架}(\sin\alpha + f_1\cos\alpha)\\
&= 25.3\times 9.8\times(\sin 56^\circ + 0.015\times\cos 56^\circ)\\
&= 207.63(\text{kN})
\end{aligned}
$$

$$
\begin{aligned}
F_{钢丝绳} &= 9.8pl(\sin\alpha + f_2\cos\alpha)\\
&= 0.004\,66\times 150\times 9.8\times(\sin 56^\circ + 0.15\times\cos 56^\circ)\\
&= 6.25(\text{kN})
\end{aligned}
$$

$$
\begin{aligned}
F &= F_{支架} + F_{钢丝绳}\\
&= 207.63 + 6.25
\end{aligned}
$$

$$=213.88(\text{kN})$$

最大提升物件质量验算步骤如下：

JSDB-30 型绞车使用慢速牵引，内层最大牵引拉力为 470 kN，最小牵引拉力为 300 kN，因此平均静张力为 385 kN。

$$\begin{aligned} m_{绞车} &= \frac{F_{绞车} - 9.8pl(\sin\alpha + f_2\cos\alpha)}{9.8(\sin\alpha + f_1\cos\alpha)} \\ &= \frac{300 - 9.8\times 0.004\,66\times 150\times(\sin 56^\circ + 0.15\times\cos 56^\circ)}{9.8\times(\sin 56^\circ + 0.015\times\cos 56^\circ)} \\ &= 35.86(\text{t}) \end{aligned}$$

则：

$$G_{绞车} = m_{绞车}g = 35.86\times 9.8 = 351(\text{kN})$$

经验算：$G_{绞车} > F$，因此选用 JSDB-30 型绞车其提升能力符合要求。

JSDB-25、JSDB-19 型多速多用绞车作为平巷辅助牵引绞车，不作验算。

11 智能综采开采方法

采用走向长壁俯伪斜智能综合机械化采煤法，俯伪斜角度控制在 3°～5°(风巷超前机巷 4～8 m)。

(1) 采用 MG400/990-WD4 型双滚筒采煤机(以下简称采煤机)截割落煤，SGZ800/400 型可弯曲刮板输送机(以下简称刮板输送机)运煤，ZY5200/18/48QD 型掩护式液压支架(以下简称液压支架)支护工作面顶板。以割煤→移架→推溜为正规循环作业工序。

(2) 采煤工艺流程：

智能化操作工艺：安全检查、设备巡查→设置为远程模式→集控中心一键启动→采煤机下行斜切进刀(左滚筒割底煤，右滚筒割顶煤，弯曲段跟机移架)→进入直道后进行上部推溜→下行割穿机头(跟机移架滞后右滚筒后一部支架)→采煤机上行收浮煤(左滚筒割顶煤，右滚筒割底煤，跟机推溜)→继续上行割穿机尾(跟机拉架滞后左滚筒一部支架)→完成一个循环。

人工操作工艺：安全检查、设备巡查→采煤机下行斜切进刀(左滚筒割底煤，右滚筒割顶煤，弯曲段跟机移架)→进入直道后停机进行上部推溜→下行割穿机头(跟机移架滞后右滚筒后一部支架)→采煤机上行收浮煤(左滚筒割顶煤，右滚筒割底煤，跟机推溜)→继续上行割穿机尾(跟机拉架滞后左滚筒一部支架)→完成一个循环→完成下一个循环各项准备工作→进入下一循采煤。

12 过构造带开采技术

31111 采煤工作面为第一个综采工作面，在巷道掘进工作中，发现 31111 工作面回风巷、机巷存在四个逆断层，矿山的安全生产和综采工作面的推进将会受到构造带影响。因此，应开展急倾斜大采高智能化综采工作面穿越构造带破碎顶板加固技术研究。

针对急倾斜大采高综采工作面运输巷道地质构造进行技术探测研究分析，石洞沟煤业采用矿用瞬变电磁法和无线电波透视仪技术对 31111 工作面运输巷和回风巷进行探测，查明其内部构造形态。应用 YCS256 型瞬变电磁仪进行地质构造探测，查明了 31111 回风巷 3 条、31111 运输巷 2 条；应用 YDT88 型矿用无线电波透视仪对 31111 综采工作面内部地质构造进行了探测，探查了 3 个高阻异常区，查明了断层在工作面内的发育情况及影响范围。瞬变电磁仪对巷道存在的断层、褶曲、地质破碎带进行探测，可有效防范地质构造对巷道的影响，通过探测技术分析获取的成果进行异常区对比验证，为采煤工作面布置提供了技术保障，确定异常区存在一致性与真实性，并结合地质资料最终精确查明工作面内部构造发育情况。石洞沟煤矿 31111 急倾斜智能化综采工作面回风巷、运输巷存在 5 个逆断层，其中 F5 逆断层影响最大。

根据现有的穿越构造带方法与注浆工艺技术，攻克急倾斜大采高智能化综采工作面穿越构造带存在的问题和技术难题，主要研究构造带破碎顶板矿压理论、化学注浆加固破碎顶板机理、工作面过破碎带支架受压与护顶受力。围绕煤炭资源安全高效开采，提出了合理、可靠的构造带破碎顶板管理方法，并将其应用于石洞沟煤矿。提出了穿越构造带提前打孔注浆加固技术的研究与实验。采用实验室内实验、理论研究、数值分析、现场监测综合方法，系统地研究了急倾斜大采高煤层综采矿压显现规律、综采过构造带破碎顶板加固方法、采区岩层破断规律，研究出一套急倾斜大采高智能化综采工作面穿越构造带破碎顶板加固技术，减少了工作面搬家倒面的次数，延长了31111急倾斜煤层智能化开采周期。

13 倒架、错架、咬架、皱架处理方法

针对31111智能化综采工作面过F5、F1断层回采，工作面下段及过断层区域顶板破碎、底煤松软易滑落，并且采高较大，导致工作面局部支架接顶不实并且支架形成错差，工作面局部支架出现咬架、倒架。为确保工作面支架整体稳定性和易操作性，对采高大或局部采高偏大的支架不接顶区域、底板松软破碎的区域进行扶架。首先将该段支架的防倒、防滑油缸安装齐全，并上齐双向锁，然后统一将支架整体调整到错差可控、支架靠顶状态。针对支架不接顶滑移、易导致尾部下摆偏倒，相邻支架错差偏大、支架前侧护下沿咬合防倒油缸造成防倒油缸损坏、相邻支架咬架的情况，对相邻支架甚至整段支架进行开采前的架距和架姿调整。

针对F5、F1断层超前进行缺口加固，上盘之前断层影响区域割顶回采，煤层叠加区域控制采高回采，下盘影响区域抬底回采。

14 扶架、拉架、推溜技术方案

14.1 调斜开采施工

通过每班测量上、下无架段长度，每日精确对推进度进行核实。从机巷280 m位置开始调斜，其间工作面支架调推操作过程中动态保持斜向上3°～5°歪斜角调整推进，直至255 m处结束。通过严格控制工作面上下段循环进度和俯斜角度，工作面上端循环进度严禁大于下端循环进度，工作面俯斜角度必须动态控制在3°～5°。如若遇工作面下段推进滞后超过一个循环步距(800 mm)时，必须先将滞后的三角煤割掉，尽量拉长截割段，确保截割后工作面成直线。同时工作面出现上下端超宽需进行添架，进行添架后到推进至285 m期间，上出口无架段距离必须保持在1 m以内。

14.2 扶架开采施工

先按照从上向下顺序逐一进行排架、松架调整；再从倒架、咬架、滑落的支架开始向上排架，寻找支架侧护空间较大的位置开始，从该处依次向下排架。排架前提前掌握好不接顶支架上方散矸堆积情况，再对三部连续接顶的支架进行注液支撑到有效接顶状态，确保下放支架排架时上部支架不出现偏倒、滑移现象。排架多人联合操作期间，先适当收缩排架处顶侧、掩侧护板，腾出一定的空间距离，然后将被排支架用防倒、防滑油缸向上拉住(撑力不够时可用单体液压支柱进行辅助支撑)，再适当降立柱，同时及时给防倒、防滑油缸及单体支柱注液，将偏倒或下滑的支架拉正；最后及时拉正支架，升立柱、调平衡和底调，确保支架顶梁错差控制在允许范围内，待本架稳定好后再继续排下一步支架。

14.3 抬架提溜开采施工

考虑到F5断层提前进行了注浆治理，断层带内部结构稳定性得到增强，根据运输巷F5逆断层剖面图分析，若71～80 m段断层处顶板在截割期间能够保留、不冒落，则该段可实现割顶开采、

扶架拉移。从 90 m 处开始留底提架开采，重点要做好留底管控和提底质量，按照设计坡度持续提底。

工作面从 90 m 位置开始留底割顶提架开采，按推进 30 m 抬高 1.95 m 的坡度留底，提底坡度为 4°，平均每割一刀提底 5 cm。工作面回采到煤层叠加区域时首先考虑保留部分顶部煤，再继续按设计提底坡度推进，若顶煤无法保留，则需将支架调整过渡到接顶开采状态且继续按设计提底坡度推进。当推进到 65 m 处正常煤层顶底板层位时，过断层回采通道治理结束。

提架期间，需提前对 65～80 m 段位提前施工超前缺口，一方面探明情况，另一方面根据现场实际情况进行回采方案修订，及时对留底护顶措施补充完善。超前缺口施工起点为 31111 运输巷 80 m 处，沿倾斜方向施工 5 m，超前长度不小于 4 m。从运输巷 80 m 处开始在工作面下端口施工超前缺口，缺口动态保持倾向宽 5 m，走向长 4 m，锚网索支护顶板将顶板锁紧防止掉顶、冒顶。工作面从运输巷 80 m 附近采高低于 2.8 m 位置开始割顶开采，不留伪顶，其余割顶量根据支架接顶高度确定。缺口施工到 75 m 附近揭露煤层叠加区域时，根据顶煤稳定性采取护顶措施，煤层叠加区域采用留底提架留顶开采，重点管控留顶、留底中支架拉移效果，采高控制在 4.5 m 以内。若煤层叠加区域顶煤易掉落无法留设时，工作面大多数区段及下部缺口区域顶底板距离大于 4.5 m，需提前对 1# ～3# 支架前方做假顶从而控制好下出口采高，必要时提前做假底控制住采高。继续回采至临近 70 m 前后下盘断层交界区域时，遇到超前缺口揭露的底板增厚、坡度变陡，若无法留底开采则开始适当割底、预留底开采，若底板破碎则提前做假底打地锚进行锁底注浆固底，抬底开采到正常底板层位时过构造回采结束。

14.4 操作要领

工作面支架架姿如不满足方案规定要求，就必须进行调架。严禁出现工作面上端循环截割深度大于下端截割深度，严禁下段支架滞后当班或下班进班时不进行处理。增添新架前工作面上出口区域控顶支护必须班班合格，严禁出现空顶造成顶板垮落。每班严格做好上部切顶密集支护，禁止采空区矸石及垮落顶板掉入行人通道。对工作面顶板、煤层松软的易片帮区域严格进行管控，割煤后需及时移架，并护帮支护到位(顶板破碎或松软段必须实行跟机移架)。严格控制采高，找平顶底板，严禁随意截割顶底板，按规定程序移架。工作面严格进行架前挡矸管理，在上段坡度较缓区段挂设挡网，防止飞出矸石伤人。移架、排架之后，认真清理架前和架内的浮煤、浮矸，认真检查液压管路、油缸有无被砸、被挤情况，防止设备损坏，认真检查各部位连接销子有无脱落、窜出、弯曲现象，并及时处理。调架时，控制好前后防滑防倒千斤顶及侧护板千斤顶进行调整。

联合操作向上排架期间，操作人员必须占位得当，严禁站在漏矸下方区域，且排架点至下方架间防飞矸挡板之间及排架点下方 15 m 范围不得有人员工作。

15 创新点及关键技术

(1) 提出了急倾斜煤层俯伪斜智能化开采技术。为缓解推底、垮帮等状况，综采工作面按俯伪斜进行设计与布置，并调整工艺参数使装备能适应俯斜 5°～8°进行开采。

(2) 实现综采工作面智能化控制技术。液压支架配置防倒防滑装置，通过程序控制实现主动防倒防滑，自动跟机移架。采煤机具有远端上位机操作、机组自动记忆截割功能。

(3) 优化了采煤机参数。采煤机在 920 型基础上设计优化为 990 型，增大了截割功率和牵引力，在牵引速度和保护功能上加以创新，从遥控操作到记忆割煤、强迫润滑到左右滚筒的交替使用，减少了摇臂的加长节配套，缩短了摇臂的长度，减轻了采煤机重量，保证了牵引力，实现了一键启动和远程操作。

(4) 取消了端头支架，避免了端头支架破坏顶底板，导致端头支架发生拉移架故障，影响工作面支架移架和工作面生产;配合桥转移动式缓冲安全设施,解决了下出口飞矸经常导致人员受伤的问题。

(5) 研发了桥转自动输煤流控制装置,解决了煤流快速入桥转输送到破碎机,煤量大压死桥转的问题,降低了桥转故障率,同时避免了在下出口检修容易受伤的问题解决了综采设备故障率高、处理故障风险大等难题,实现了31111综采工作面无轻伤事故。

(6) 取消机头机尾,采用无驱动无链输煤控制技术,实现更为节能高效的输煤系统,从而降低电费开支,减少材料投入、人工维护费用以及生产影响。

(7) 采用双导硐施工打眼1.5 m宽,解决了前期溜煤和通风问题;从上往下扩刷开切眼,扩刷后开切眼顶板采用锚网+注浆索+单体液压支柱支护方式;开切眼两帮煤壁采用锚网护帮,当扩刷期间遇断层时,将煤炭及软顶刷掉,采高与顶板好的区段采用了加密注浆锚索方式进行支护加固,构造带变高的区段采用了钢梁抬棚绞顶支护,同时对断层交界面区段采用锚杆、网片加密实现锁定锁底;切眼施工断面超出设计安装断面的部分,采用锚网索注浆加强支护后,需及时铺设假顶或假底,铺假顶方式为锚网索梁充填圆木排柴,铺假底方式采用锚网充填木料再注入高水凝结材料加固。

(8) 智能化工作面液压系统管理技术。采用陶瓷清水过滤站、反渗透清水处理装置和乳化液保障系统(乳化液自动配比装置、全自动高压反冲洗过滤站)自动配比乳化液;通过新建井下水处理站、集中水仓、集中供液系统以及采取水质管理等技术措施保障水质,实现电液控零故障。

(9) 在智能综采大型设备安装方面,创新了液压支架快速调向竖放下行工作面。解决了在切眼口有效卸车、有效转向、有效下放、可靠自溜到工作面各段安装区。同时,在切眼口上部设计了大吨位双速绞车配套系统,双轨运架、平台滑板双槽浇筑,为装架、锁架提供了便捷操作,多台绞车双向对拉,达到定点定位装连,减少了人工摆架的操作程序。

16 创值创效

16.1 经济效益

项目研究成果应用于川煤集团石洞沟煤矿31111工作面等,经济效益如下:

(1) 智能化综采月产量为3.5万~4万t,智能化综采与炮采相比单产水平有了显著提高,每月多生产原煤1.5万t左右,按照煤炭价格560元/t、吨煤完全成本248.82元/t计算,新增销售额840万元,新增利润4 667.70万元。

(2) 单一工作面由85人减少至65人,按照采掘一线人均年工资10.8万元计算,预计年可节约人工工资216万元。

(3) 综采采全高(多采煤):炮采常规采高为2.2~3.0 m,综采平均采高为3.7 m,多采煤量为6.4万t,新增利润1 991.552万元。

综上所述,智能化综采实施后,累计创造经济效益6 875.252万元。

16.2 社会效益

项目在急倾斜大采高煤层开采岩层移动规律、急倾斜大采高俯伪斜智能化开采装备与技术、工作面主要装备的稳定性与控制、急倾斜中厚煤层沿空留巷方法研究方面获得创新成果,取得的社会效益如下:

(1) 项目研发了急倾斜大采高煤层的智能化综采装备,优化了急倾斜大采高俯伪斜智能化综采技术,并成功应用于31111工作面。

(2) 项目实现了急倾斜大采高煤层智能化综采无煤柱开采,大大提高了煤炭开采的效率与资源的回收率;同时就地取材,充分合理地利用矸石资源沿空留巷,减少矸石堆积对周边环境的影响。

(3) 项目减少了煤炭资源损失量，提高了回采率，降低了巷道掘进率，缓解了采掘接续紧张的局面。

(4) 急倾斜大采高煤层沿空留巷的成功实施，保障了矿井安全生产，实现了一巷两用、采区支护材料的二次回收利用，为建设绿色可持续发展矿井奠定了基础。

(5) 项目的研究成果可以在我国同类型煤矿中推广应用，推动了急倾斜大采高俯伪斜智能化综采技术的进一步发展，对我国西部煤矿普遍面临的急倾斜煤层开采技术难题的解决具有十分重大的意义，将产生更大的经济效益和社会效益。

17 结论

通过石洞沟煤业 31111 首采面开采项目的实施，我们得出了以下几点经验和启示：

(1) 充分利用智能化技术：智能化综采技术的应用可以提高煤矿开采的效率和安全性，为煤炭行业的技术创新和发展提供了新的思路和方法。

(2) 加强前期准备工作：项目前期的调研考察、方案论证和工程实施是项目顺利进行的关键，需要充分重视和加强。

(3) 实施过程中及时整改问题：在项目实施过程中，及时发现和解决问题是确保项目顺利进行的关键，需要及时整改和完善。

综上所述，石洞沟煤业 31111 首采面开采项目是急倾斜大采高煤矿智能化综采技术应用的一个成功案例，为煤炭行业的技术创新和发展提供了有益的经验和启示。石洞沟煤矿 31111 急倾斜大采高智能综采的开采难题在技术攻关和创新的努力下得到了有效解决，取得了一系列显著的成果和效益。这些成果不仅提高了矿井的生产效率和安全性，还为煤矿行业的技术创新和转型升级作出了积极贡献。

急倾斜大采高智能化综采首采面开采是煤矿行业技术创新和转型升级的重要方向。通过对关键技术的研究和应用，可以实现对急倾斜大采高地质条件下煤矿开采的高效、安全、环保。未来，随着智能化技术的不断发展和进步，急倾斜大采高智能化综采首采面开采的应用前景将更加广阔，为煤炭行业的可持续发展和安全生产提供了新的机遇和挑战。

参考文献

[1] 程少振. 土体劈裂注浆扩散与加固机理及工程应用[D]. 北京：北京交通大学，2019.
[2] 黄耀光，张天军. 深部高地应力巷道塑性破坏特征及注浆支护[J]. 采矿与安全工程学报，2019，36(5)：949-958.
[3] 李长存，周永昌. 黏土水泥浆液在坝基帷幕灌浆中的应用研究[J]. 水利技术监督，2019，27(5)：112-114.
[4] 李国福，皮云生. 超前导管注浆过断层破碎带顶板冒落区的实践[J]. 江西煤炭科技，2011(4)：30-31.
[5] 刘泉声，卢超波，卢海峰，等. 断层破碎带深部区域地表预注浆加固应用与分析[J]. 岩石力学与工程学报，2013，32(增刊 2)：3689-3695.
[6] 楼重华. 隧道富水破碎围岩水泥-水玻璃注浆参数研究[J]. 福建建筑，2019(12)：86-88.
[7] 邱俊帅. 煤矿综采工作面“三机”选型与配套研究[J]. 机械管理开发，2022，37(8)：324-326.
[8] 沈冬生. 大采高工作面复用巷道注浆加固技术研究[J]. 自动化应用，2020(1)：88-89.
[9] 史红瑞. 放顶煤综采工作面三机选型设计方案[J]. 山西煤炭，2018，38(3)：66-68.
[10] 孙光. 黏土水泥浆深井裂隙注浆模拟试验研究[J]. 煤炭工程，2019，51(8)：125-129.

[11] 孙志强，张露.不同注浆压力下浆液扩散半径试验研究[J].煤矿现代化，2019(5)：109-111.
[12] 瓮升华，吴攀飞，赵晓龙，等.浅析急倾斜煤层工作面三机配套选型[J].内蒙古煤炭经济，2019(8)：105-106，111.
[13] 谢小锋.高水压大采高注浆加固工作面底板突水机理及其应用[D].北京：中国矿业大学(北京)，2018.
[14] 杨文明，刘程，杨元凯，等.工作面“三机”设备智能选型与设计系统开发[J].矿山机械，2022，50(3)：1-6.
[15] 张建斌.黄土地基劈裂注浆试验研究及工程应用[D].兰州：兰州理工大学，2019.
[16] 张洋，陈本华.马丽散注浆材料加固破碎顶板技术与应用[J].煤矿现代化，2018(5)：182-184.
[17] 智启中.综采工作面过陷落柱安全技术措施分析[J].江西煤炭科技，2019(1)：66-68.

复杂地质条件煤层瓦斯压力在线测定技术研究

林华颖[1,2],付金磊[1,2],衡献伟[1,2]

(1. 贵州省煤矿设计研究院有限公司,贵阳 550025;2. 贵州省矿山安全科学研究院有限公司,贵阳 550025)

摘 要 煤层瓦斯压力是判断煤层瓦斯赋存和瓦斯涌出的基本参数,连续动态测定是推动煤矿安全开采的重要前提之一,针对贵州复杂地质条件,研制了煤层瓦斯压力在线测定装置,并在贵州林华煤矿进行传统测压和在线测定2种方式对比测试。结果表明:煤层瓦斯压力在线测定技术测定结果可靠性好,测定装置测量范围为－0.1～20 MPa,精度为0.001 MPa,连续供电时间不少于1个月,能够实现数据存储、上传、分析及展示,缩短日维护时间。以上技术显著提高了煤矿瓦斯压力测定精度,实现了连续动态测定,保障了煤矿的安全开采。

关键词 煤层瓦斯压力;在线测定技术;复杂地质

1 引言

瓦斯灾害的防控一直是煤矿重点关注的工作,已有研究表明瓦斯灾害发生往往伴随着地质构造控制,随着采深增加、地质条件复杂,瓦斯灾害的防治亟须由传统技术向智能化、信息化技术发展。煤层瓦斯压力是判断煤层瓦斯赋存和瓦斯涌出的基本参数,在煤层突出危险性鉴定、区域突出危险性预测、区域防突措施效果检验等方面作为评价指标之一。连续动态监测对煤矿安全生产具有重要意义。目前煤层瓦斯压力测定由人工操作完成,测试工作量大、时效性差、信息化程度低,其记录压力值只是某个观测周期内的抽样值,不能长期监测测点控制范围内瓦斯压力动态变化过程和趋势,难以及时掌握煤层赋存基本规律。因此,开展煤层瓦斯压力在线测定关键技术研究,实现参数连续动态监测,揭示煤层瓦斯压力随采掘等活动的变化规律,为瓦斯防治措施制定及瓦斯灾害预测预警提供支撑。

目前国内外学者针对复杂地质条件煤层瓦斯压力测定进行了大量研究。崔恒信等[1]提利用胶囊与密封液直接测定煤层瓦斯压力。林柏泉等[2]通过在泡沫流体中加入适量固体填充剂,得到密封性能优异的封堵物质,显著提高了封孔的密封效果。李子章等[3]将地勘孔勘探技术与自动传感器相结合,设计出带压的压力传感器,对复杂地质条件下的测压工作成功率有很大提升。王法凯等[4]采取双套管带压注浆技术,对于水压大、裂隙发育的煤层有很好的效果。魏风清等[5]提出了双囊袋带压注浆封孔技术,增大了复杂条件下封孔的成功率。蒋承林等[6]针对近距离煤层群条件下围岩松软、易破碎、易垮落、难以成孔的测压技术难题,提出了向孔内下长套管并结合高压注浆技术处理钻孔,再用胶囊黏液封孔器封堵测压钻孔的工艺方法。刘垒等[7]针对在长坡煤矿瓦斯压力测定过程中遇到的裂隙水,提出带压注浆封堵水源,再利用胶囊-黏液封孔,然后采用主动测压技术快速准确地测定煤层瓦斯压力。王法凯等[8]针对多煤层条件下测定煤层瓦斯压力时存在钻孔封孔段密闭问题、所穿多煤层段松软孔壁垮塌问题，以及由于多煤层孔壁裂隙连通造成的压力区分问题，提出了一种基于 M-Ⅱ型瓦斯压力测定仪＋套管法的穿多煤层测定瓦斯压力技术。覃佐亚等[9]为解决由于法距过短而使测压点处于泄压范围内的问题，研究了采用高压水泥浆堵裂隙和水泥浆封孔的上行超长孔瓦斯压力测定方法。杨洋等[10]通过对下行孔测压封孔方式分析研究，研制出一套用于下行超深钻孔测压的瓦斯压力测定仪。代志旭等[11]为了提高本煤层钻孔原始瓦斯压力的测定精度，提出一种采用胶囊、复合材、聚氨酯综合封孔法的本煤层瓦斯压力测定技术。张淦星等[12]为了准确测定千米深井中煤层瓦斯压力，结合多种封孔工艺的优点提出了三次注浆封孔工艺技术。

虽然众多学者针对复杂地质条件瓦斯压力测试效果进行大量研究，但大多数集中在瓦斯封孔过程方面，针对连续动态监测的研究相对较少。贵州地区煤层赋存条件复杂，基于此研发适用复杂地质条件下的瓦斯压力在线监测装置，为瓦斯灾害的防治提供重要基础。

2 传统煤层瓦斯压力测定技术

煤层瓦斯压力作为煤矿瓦斯治理重要参数之一，目前采用的直接测定方法为主动测压和被动测压两种。主动测压法测压原理示意图如图 1 所示。

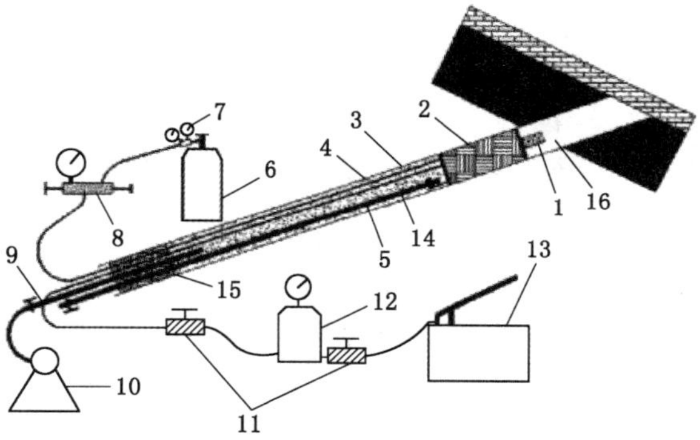

1—花眼引流管；2—注水封孔胶囊；3—瓦斯引流管；4—注水管；5—四分管；6—氮气瓶；
7—减压阀；8—三通；9—注浆管；10—注浆泵；11—截止阀；
12—储能管；13—手动试压泵；14—水泥浆；15—聚氨酯；16—测压气室。

图 1　主动测压法测压原理示意图

被动测压法是依据施工的钻孔在密封后其中的压力会随着时间逐渐恢复至煤层原始瓦斯压力的原理。测压钻孔被密封后，利用被测煤层瓦斯向钻孔揭露煤层处或测压气室的自然渗透作用，达到瓦斯压力平衡，进而测定煤层瓦斯压力的方法。被动测压法测压原理示意图如图 2 所示。

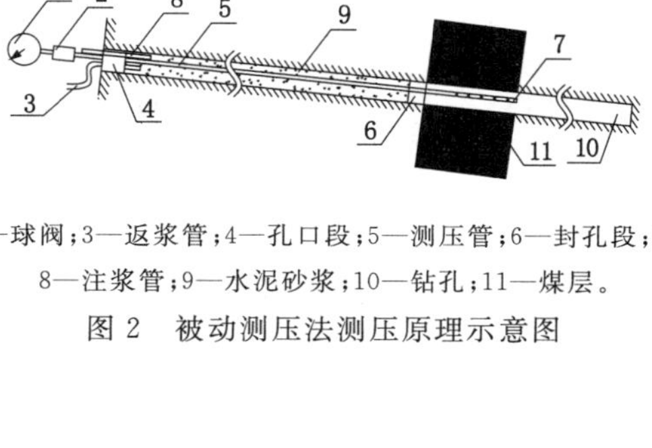

1—压力表；2—球阀；3—返浆管；4—孔口段；5—测压管；6—封孔段；7—测压尾管；
8—注浆管；9—水泥砂浆；10—钻孔；11—煤层。

图 2　被动测压法测压原理示意图

但现有测压方法存在以下局限性：

(1) 压力记录过程烦琐。根据相关瓦斯压力测定标准，主动测压至少需要连续观测 5 d，被动测压至少需要观测 20 d 以上，目前压力观测需要人工读数。

(2) 数据记录精度低。由于矿井测压钻孔施工位置不固定，造成压力表安装位置及表盘朝向不确定，加之人工读数使得读数过程无法正视表盘读数，并且矿井常用的机械式压力表量程为 0～1.6 MPa，最小刻度为 0.02 MPa，因此容易造成读数误差。

(3) 无法连续动态监测瓦斯压力。煤矿瓦斯压力曲线变化数据能够用于瓦斯灾害预测预警、煤层卸压效果判定等，但传统数据获取是不定点的间断获取，采用该数据得出的结论具有一定误差。

(4) 测压冗余性较弱。传统测压流程需要根据现有资料预估测试地点瓦斯压力峰值，根据峰值选定合适的压力表，但针对复杂地质区域瓦斯压力预估可能会有部分偏差，使得实际瓦斯压力远高于估值压力，造成压力表超量程损坏，形成隐藏风险。当超量程需要人工更换压力表时，会影响有效数据的获取。

3 复杂地质条件瓦斯压力在线测定装备

3.1 煤层瓦斯压力在线监测模式

为保障煤矿安全开采及瓦斯压力数据精确测定，提出了基于压力逆变器和矿井工业环网的井下瓦斯压力在线监测系统(图 3)，包括数据测试模块、数据传输模块和数据记录及显示模块等，实现 24 h 不间断的数据读取，在井下复杂环境实现压力数据实时高精度监测。

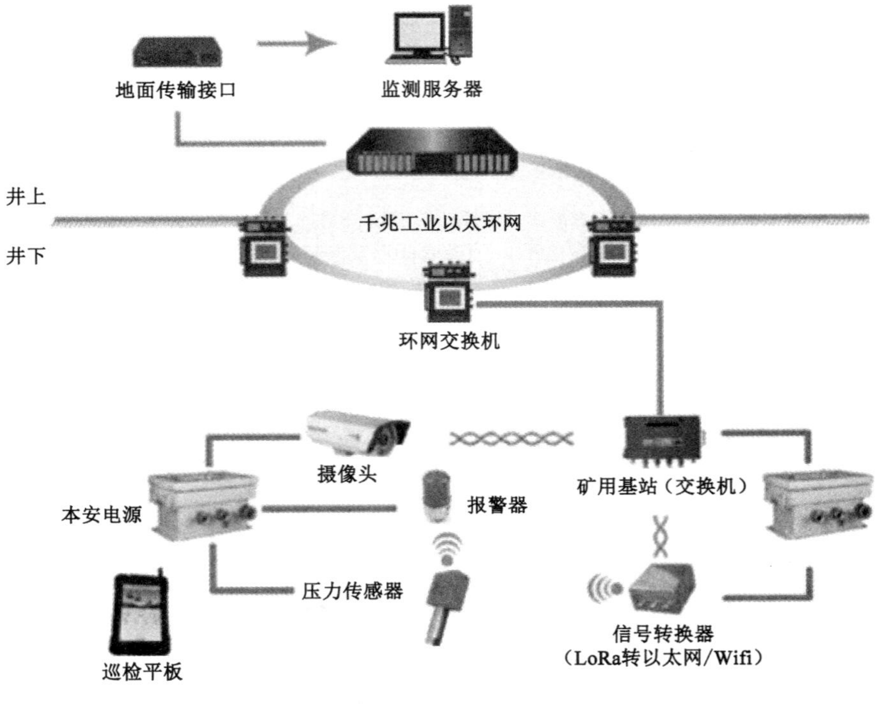

图 3 瓦斯压力在线监测系统结构图

煤层瓦斯压力在线测定装置由电池盒(12 V)、电源线、瓦斯压力传感器、传输模块、主控模块(该模块上集成了电源转换、MCU、RTC、Flash 等模块)、平板等组成。

压力数据获取采用电子压力变送器(图 4),该装置工作电压为 12～36 V,纹波小于 1%,测量范围为－0.1～20 MPa,精度为 0.5%(FS)。

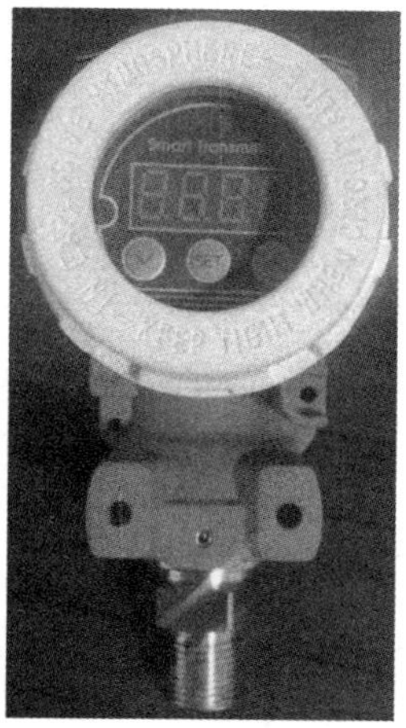

图 4　电子压力变送器

煤层瓦斯压力在线测定装置通过微控制器片上集成的 12 位分辨率的调理器件输入压力变送器输出的模拟电压,通过微控制器片上集成 BT 无线控制器提供数据的对外输出接口,采用 GAT 协议进行数据的传输。微控制器与 Flash 器件之间的通信采用 SPI 接口;微控制器 RTC 器件之间的通信采用 I2C 接口。最后采用 BT 连接使得设备存储数据与外部设备进行数据交换。手持端瓦斯压力测试软件界面如图 5 所示。

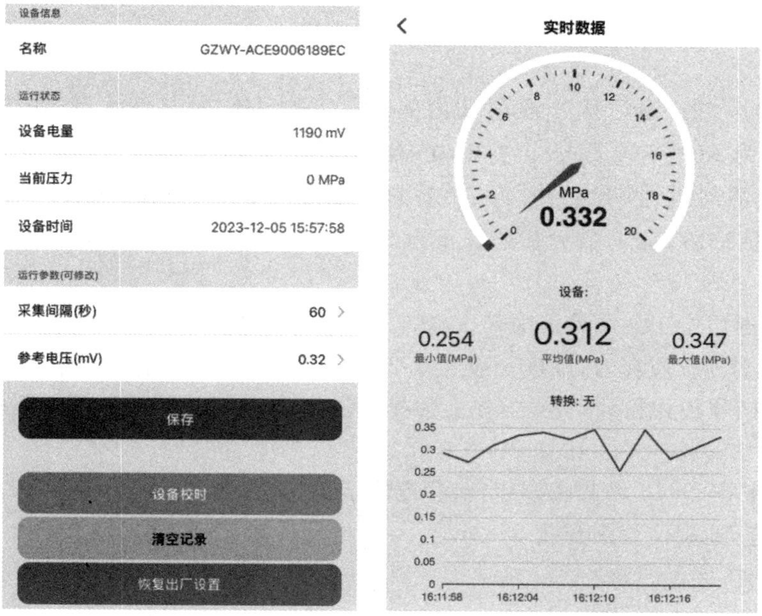

(a) 设备设置　　(b) 数据展示

图 5　手持端瓦斯压力测试软件界面

3.2　煤层瓦斯压力在线测定精度测试

为验证瓦斯压力在线监测设备测试精度及测试误差,在实验室采用模拟试验对装备进行验证。

实验室采用 CYB13 型隔离式压力变送器，测量范围为 0～20 MPa，测试介质温度为－20～＋85 ℃，测试响应时间不大于 1 ms，测试精度为 0.2 级。数据记录仪采用西安新敏电子科技有限公司 XM3016 型无纸记录仪，试验前对测试设备进行校检，确保测试数据的准确性。

根据表 1 数据可知，各分组压力误差均较低，表明该设备对压力监测具有较高的精度，采用该方法测得数据具有可靠性。

表 1 试验记录表

试验分组	瓦斯压力/MPa	在线监测压力/MPa	对比误差/MPa
A	0.108	0.110～0.117	0.002～0.009
B	1.514	1.509～1.515	0.001～0.005
C	1.788	1.782～1.787	0.001～0.006
D	2.245	2.246	0.001
E	2.888	2.884	0.004
F	3.510	3.510	0.000
G	3.964～3.970	3.965～3.969	0.001
H	4.994～5.000	5.000～5.006	0.006

4 现场试验

4.1 试验地点

林华井田位于贵州省金沙县西部，井田内部存在 3 条河流，属乌江水系，在矿井北部存在 1 个浆砌石拱坝，库容为 180～260 万 m^3。井田内共发现 15 条断层，其中 6 条小于 30 m 的断层，9 条为隐伏断层。矿井为煤与瓦斯突出矿井，矿井在实际开采过程中仅开采 9# 煤层，9# 煤层标高＋800 m 处最大瓦斯压力为 2.15 MPa，最大瓦斯含量为 23.42 m^3/t，并且在开采至今共发生 20 余起突出事故。

林华煤矿 9# 煤层位于龙潭煤组中部。厚煤带主要分布在井田中部，一般含 1 层夹石，夹石岩性一般为泥岩，个别为碳质泥岩，厚度一般为 0.2 m 左右，结构较简单。煤厚为 1.27～5.79 m，平均为 2.77 m。直接顶板为粉砂质泥岩，往上为粉砂岩或细砂岩，直接底为泥质粉砂岩，局部为粉砂质泥岩、粉砂岩。

试验地点选择采 20913 风巷底抽巷，该巷道位于 9# 煤层下方，距 9# 煤层间距为 6.3 m。测试期间巷道正在掘进，迎头位置距开孔 653 m。

4.2 试验结果分析

根据施工方案在林华煤矿 20913 风巷底抽巷施工钻孔，设计测试钻孔 2 组。待封孔结束，验证钻孔封孔质量合格，在测压钻孔处安置三通阀门，并在各通路安置阀门，三通各路分别连接测压气室、机械指针式压力表和压力在线监测装置。整个测试流程连续观测 22 d，其间在相同时间段下井读取机械压力表读数，数据结果见图 6。

从图 6 可知，采用在线测定技术与传统压力表监测方法对比，煤层瓦斯压力恢复过程一致，煤层瓦斯压力数据结果差异不大，且采用在线监测能够得简化读数工作，缩短日维护时间。

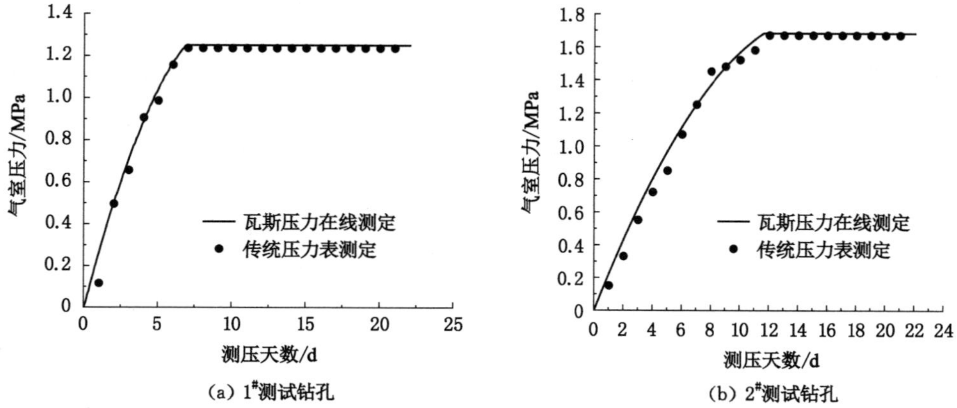

图 6　林华煤矿瓦斯压力恢复数据

5　结论

(1) 研发的煤层瓦斯压力监测装置测量范围为−0.1～20 MPa,精度为 0.001 MPa,实现了连续供电时间不少于 1 个月。

(2) 在复杂地质条件下应用瓦斯压力在线监测系统,通过矿井工业环网或手持终端进行数据传输,能够更好地动态表征测压过程,缩短技术人员日维护时间,从而为复杂地质条件矿井瓦斯防治措施制定及瓦斯灾害预测预警提供重要基础。

参考文献

[1] 崔恒信,张建国,陆鑫,等.胶囊:密封液直接测定煤层瓦斯压力的尝试[J].中州煤炭,1991(5):22-24.

[2] 代志旭,郭明功.本煤层瓦斯压力测定新技术研究[J].煤炭科学技术,2011,39(2):46-50.

[3] 蒋承林,王智立,崔正中,等.下行超深钻孔快速测定煤层瓦斯压力技术[J].中国煤炭,2014,40(5):114-117.

[4] 李子章,樊腊生,房勇,等.ZY-73 型钻孔煤层瓦斯压力测定仪的研制[J].探矿工程(岩土钻掘工程),2009,36(11):28-30.

[5] 林柏泉,周世宁,张仁贵.三相泡沫密封性能的实验研究[J].中国矿业大学学报,1992,21(3):13-21.

[6] 刘垒,杨胜强,陈凯.复杂地质条件下的煤层瓦斯压力测定[J].煤矿安全,2013,44(1):130-132.

[7] 覃佐亚,蒋承林,李光,等.上行超长孔瓦斯压力测定方法的研究与应用[J].煤炭技术,2012,31(5):83-84.

[8] 王法凯,蒋承林,公衍伟,等.基于 M-Ⅱ型瓦斯压力测定仪+套管法的穿多煤层测定瓦斯压力技术[J].工矿自动化,2011,37(3):1-5.

[9] 王法凯,蒋承林,公衍伟,等.双套管带压注浆技术在瓦斯压力测定中的应用[J].工矿自动化,2010,36(9):5-9.

[10] 魏风清,闫刘强,张向阳,等.本煤层测压钻孔分段带压封孔法试验研究[J].煤炭工程,2011,

43(6):85-87.
[11] 杨洋,蒋承林,何明霞.近距离煤层群条件下穿煤层瓦斯压力测定技术[J].煤炭科学技术,2011,39(2):51-54.
[12] 张淦星,杨胜强,展勇,等.千米深井复杂地质条件下煤层瓦斯压力测定[J].矿业安全与环保,2015,42(3):71-73.

贵州地区井地联合开发利用叠置煤层气技术

赵康

（永贵能源开发有限责任公司新田煤矿，贵州 黔西 551500）

摘 要 贵州地区井地联合开发利用叠置煤层气技术装备研究与应用示范工程项目结合永贵能源开发有限责任公司新田煤矿生产接替情况，采用理论分析、物理模拟试验、数值模拟分析、工程试验与应用、数据分析与处理相结合的方法，综合运用低渗透煤层地面井压裂排采煤层气技术、底抽巷穿层钻孔水力冲孔卸压高效治理煤层瓦斯技术、保护层开采过程中邻近煤层瓦斯卸压强化抽采技术、煤层气综合利用技术（LNG 项目和发电），在矿井规划区和准备区实施地面井排采煤层气工程，在生产区实施穿层钻孔水力冲孔卸压抽采技术，在采煤工作面实施邻近煤层瓦斯卸压强化抽采技术，达到煤层气（瓦斯）高效治理和综合利用的目的。项目成果的应用推广可有效防范煤矿瓦斯事故、增加清洁能源供应，为贵州地区极复杂煤层群安全高效生产、资源综合利用提供良好的技术保障和示范作用。

关键词 贵州；瓦斯；低渗透煤层；地面井；煤层气；抽采；发电

1 项目建设单位概况

1.1 永贵能源开发有限责任公司

永贵能源开发有限责任公司是河南省省属国有独资特大型企业集团河南能源的全资二级子公司。2004 年，河南能源积极响应国家西部大开发号召进入贵州，作为河南能源在黔企业和资产的管理平台，主业为煤炭、化工、煤矿设备制造维修，副业为酒店、物贸等。2019 年，贵州豫能首次进入贵州企业 100 强、居 65 位，2021 年提升至第 36 位。截至 2022 年底，贵州豫能煤炭资源储量为 65.14 亿 t（其中可采储量为 31.09 亿 t），用工总量为 11 000 人，资产总额为 179.26 亿元。有生产矿井 4 对、技改基建矿井 1 对，生产矿井核定产能为 390 万 t/a；化工及其他生产经营单位 6 家，煤制乙二醇产能为 30 万 t/a，煤层气（瓦斯）及化工余热发电 2.5 亿 kW·h/a。

1.2 永贵能源开发有限责任公司新田煤矿

永贵能源开发有限责任公司新田煤矿（以下简称新田煤矿）是贵州豫能全资子公司，井田位于黔西县城北东部，属甘棠乡管辖。井田东西长约 8 km，南北宽约 4.6 km，面积为 35.92 km^2。2014 年投产，矿井设计生产能力为 120 万 t/a；一期设计生产能力为 60 万 t/a，面积为 11.380 5 km^2，工业储量为 7 508.4 万 t，设计可采储量为 4 703.2 万 t。

新田煤矿所处的黔北煤田位于贵州西北地区，区内上二叠统龙潭组煤层气丰富，据国土资源部（2006）进行的煤层气评价结果，黔北煤田含气带煤层气地质资源量为 0.52×10^{12} m^3，占全省资源量的 23.31%，位居贵州省煤层气资源量第 2 位，是贵州省煤田煤层气资源的重要组成部分。依据

《黔西县新田煤矿 4 号煤层瓦斯基本参数测定及煤层突出危险性鉴定报告》(2013 年,中煤科工重庆研究院),4 号煤层瓦斯含量为 18.94～20.03 m^3/t,平均为 19.55 m^3/t,瓦斯压力为 0.16～2.32 MPa;依据《新田煤矿 9 号煤层煤与瓦斯突出危险性鉴定报告》(2013 年,中煤科工沈阳研究院),9 号煤层瓦斯含量为 23.56～24.98 m^3/t,平均为 24.37 m^3/t,瓦斯压力为 2.74～2.94 MPa。

2 项目背景和意义

贵州省享有"江南煤海"之誉,其中煤层气资源亦十分丰富,资源量达 3.15 万亿 m^3,资源优势明显。随着沁水盆地、鄂尔多斯盆地煤层气商业化开发,我国煤层气勘探开发逐渐向西南地区的贵州、云南等地推进。贵州煤层气资源丰富,煤系地层薄至中厚煤层群发育,具有单一煤层煤层气资源丰度低、煤系地层累计资源丰度高的特点。政策方面,贵州省编制了煤层气(煤矿瓦斯)开发利用"十三五"规划,出台了黔府发〔2017〕9 号文件,以指导贵州地区煤层气产业的发展,重点建设六盘水、毕节和遵义三大煤层气产业基地。已开展地面勘探工作的 10 个主要煤层气区块估算煤层气资源量为 2 340 亿 m^3,具备建设 10 亿 m^3/a 产能的条件,开发潜力大。

能源安全问题一直是党和国家领导人高度重视的问题。近年来,习近平总书记作出了"大力提升勘探开发力度,保障国家能源安全"指示;党的二十大报告中明确提出"深入推进能源革命,加强煤炭清洁高效利用,加大油气资源勘探开发和增储上产力度";2020 年我国天然气对外依存度为 41.3%,预计 2025 年将达到 57.4%。能源安全问题既包括国家能源战略安全,也包括能源的生产安全。井地联合开发利用煤层气技术研究及工程示范项目的实施,既有助于解决煤矿瓦斯治理与煤炭生产在时间、空间上的冲突,有效释放煤炭产能,保障煤炭资源生产安全性;又能建立贵州煤层气勘探开发的专有技术,推动贵州地区煤层气大规模开发利用,激活贵州省煤层气资源,改变贵州缺油少气局面;还能改善贵州大气环境,提升节能减排水平,必将推动贵州地区煤层气快速发展。项目成果具有较高的经济效益,对带动地方经济发展、促进安全生产、改善生态环境等方面具有很好的示范意义。

3 项目建设方案与实施

3.1 适用条件

井地联合开发利用叠置煤层气技术及装备研究与应用示范工程适用于多煤层地区生产矿井,目前主要面向贵州地区开展,在生产矿井规划区、准备区和生产区实施专项的煤层气抽排采工程,该系统工程在地面井可施工的多煤层地区有广泛的推广应用价值,在具备以下条件区域具备良好的推广应用前景。

3.1.1 瓦斯资源量大,资源丰度高

煤层厚度大而且分布比较稳定,煤层瓦斯含量较高,煤层瓦斯资源量丰富,为项目推广提供较好的物质基础。

3.1.2 煤层埋藏深度适中

采区煤层埋藏深度小于 500 m,根据国内外瓦斯抽采开发深度及研究资料,属于理想的开发深度。

3.1.3 储层发育特征良好

煤体结构呈块状、柱状,属于原生结构-碎裂煤系列,有利于煤层气扩散运移;煤层 a、b 值较大,镜质组含量高,表明该区域煤层气吸附能力强;煤层裂隙发育,瓦斯放散初速度大,有利于煤层气的解吸扩散运移;煤层气透气性系数高,为煤层气的运移产出提供了高速通道;煤矿井下钻孔抽采效

果良好，凸显了该区煤层具有较好的原生裂隙网络；具有较高的含气饱和度及临储压力比，有利于煤层气井的高产。

3.1.4　顶底板封盖作用好

煤层顶底板分布致密性岩层（泥质粉砂岩、泥岩），具有良好的封闭性，有利于煤层气的富集。

3.1.5　构造相对不复杂

井田地质构造条件复杂程度中等，断层集中于边界分布，有利于煤层气井部署；但不排除主要断层派生的小型断层的影响。

3.1.6　水文地质条件简单

从矿井地下水动力条件分析，贵州地区煤层处于地下水弱径流区，有利于煤层气的富集保存，煤储层压力高，地层能量大，有利于煤层气开发。同时，鉴于顶板含水层与煤层属同一水动力系统，为排水—降压—产气的排采工艺实施奠定了基础。

3.2　技术方案

针对贵州地区煤层群开采现状，统筹矿井开采全局，考虑煤层开采的时间和空间顺序。空间顺序在纵向层面包括地面、保护层、被保护层，在横向层面则为规划区、准备区和生产区；时间顺序则依序生产过程，贯穿地面超前治理阶段、掘进和回采区域治理阶段以及回采空间瓦斯治理阶段。极复杂煤层群综合瓦斯治理技术体系构建思路如图 1 所示。

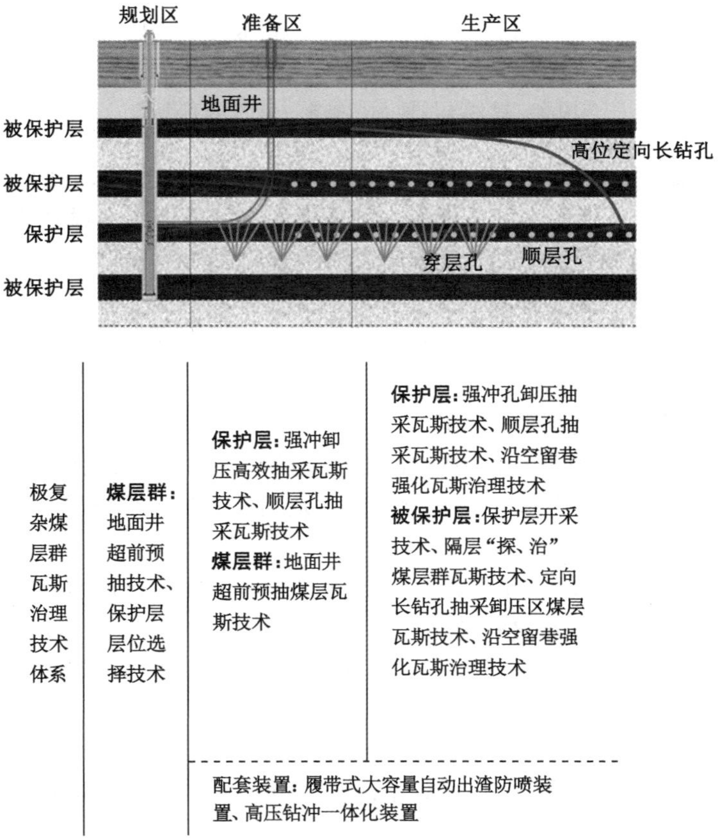

图 1　极复杂煤层群综合瓦斯治理技术体系构建思路

3.2.1 低渗透煤层地面井压裂排采煤层气技术

1. 基于煤田瓦斯地质参数分析的煤层气试验区选择和地面布井方案研究

在综合分析新田煤矿煤田勘探资料、矿井生产资料的基础上，结合煤炭生产工作面部署及规划，设计地面煤层气井井位、定向井和L型水平井的井眼轨迹及井下定向长钻孔的井眼轨迹。

新田煤矿规划区设计3口试验抽采井见图2。其中1口垂直井(编号为XT-01V，图3)、1口L型分段压裂水平井(编号为XT01-H1，图4)和1口U型分段压裂水平井(编号为XT-H1-V1，图5)。垂直井井底至9$^{\#}$煤下60 m；U型井由1口垂直井(XT-V1)和1口水平井(XT-H1)组成。水平井的井眼轨迹位于9$^{\#}$煤层顶板中。

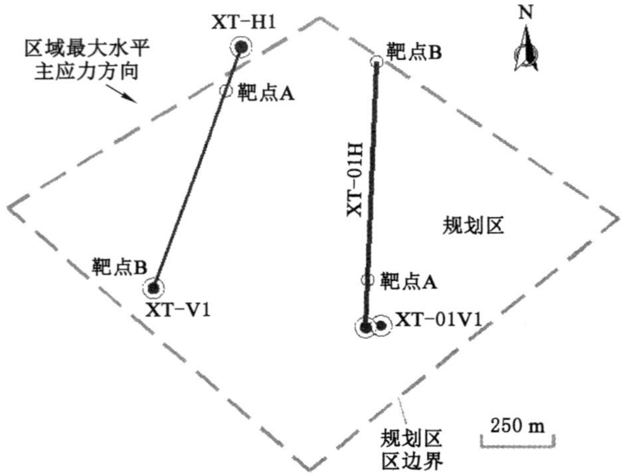

图2 规划区地面瓦斯抽采一期工程部署图

3口地面井采用泵送桥塞射孔压裂联作技术共进行压裂施工20段，使用射孔弹805发，注入压裂液24 032.4 m^3，加入石英砂1 334.68 m^3，地面微地震裂缝监测6段，结果显示压裂的层段都产生了北西-南东向的主裂缝。

2. 地面井精细化定量排采工艺优化

通过地面排采试气，获取试验靶区产量数据，分析产量数据的变化规律，结合目标层参数对排采工艺进行优化，达到长期稳定高产量排采效果。

3. 地面井压裂排采煤层气技术体系建立

整理、分析煤层气井试验数据及相关资料，总结新田煤矿煤层气钻井、完井、压裂和排采工艺参数及效果，形成适合贵州煤层地质条件的低渗透煤层地面井压裂排采煤层气技术体系。

4. 抽采效果分析

2020年4月起开始施工，2021年7月对设计压裂的地面井进行压裂施工，2021年11月进入排采产气阶段，两口井日产气量都突破了5 000 m^3，截至2024年3月10日，两口生产井累计产气量达473万m^3，两口产气井井并网供气发电，目前总日产气量正常情况下稳定在6 000 m^3，纯度在90%以上，日发电量增加1.5万度(1度=1 kW·h)。

5. 下一步规划

地面井一期工程试验初步成功，证明了碎软煤层顶板水平井分段压裂高效抽采技术工艺的可行性，为贵州地区矿井瓦斯治理由井下转为井上提供了一种瓦斯治理新模式，为取消或减少底抽巷提供一种新思路。新田煤矿二期地面井将施工18口水平井，二期工程已和昊明能源签订合同，于2023年10开始施工，已完成两口水平井施工，目前正处于排水降压期，预计3月底产气。

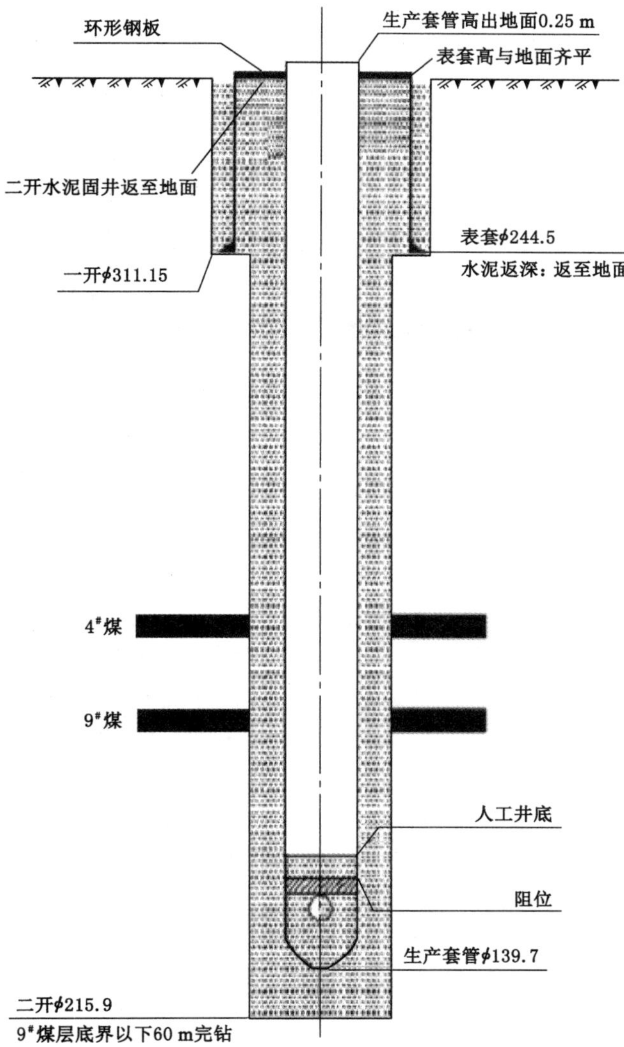

图 3　XT-01V 垂直井井身结构示意图

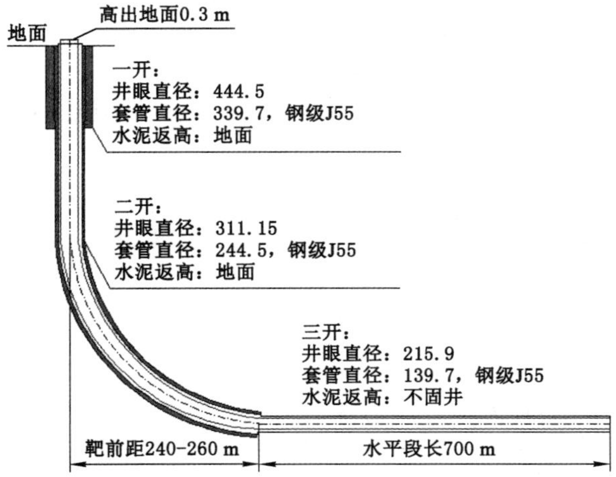

图 4　XT01-H1 水平井井身结构示意图

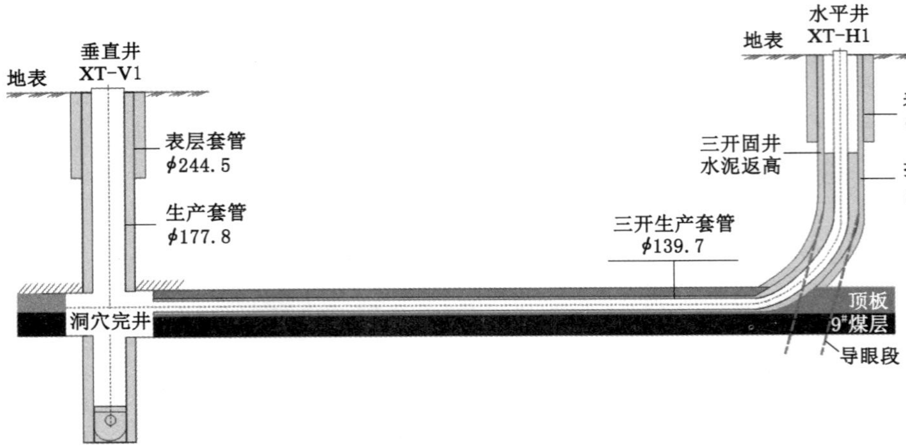

图 5　XT-H1-V1 水平井井身结构示意图

3.2.2　底抽巷穿层钻孔水力冲孔卸压高效治理煤层瓦斯技术

1. 水力冲孔卸压增透机理及钻冲参数优化研究

针对工作面煤层瓦斯特征及治理存在的问题，开展强冲孔卸压抽采瓦斯技术攻关。一是改静压水(1.5 MPa)冲孔为冲孔泵高压水冲孔，优化完成了包括高压冲孔泵、钻冲一体化钻头、ZDY-8000 型大功率钻机、高压冲孔水辫等高压钻冲一体化系统；二是研制新型履带式大容量自动出渣防喷装置，将喷出瓦斯引入防喷箱并进入抽采管路，有效增加喷出瓦斯的收集能力；三是推广“钻-(临)抽-冲-封”施工工艺，一定程度上减小冲孔时的喷孔风险；四是坚持“钻到位，冲到位，高浓度，持久抽”理念，采用开孔定向仪、视频确保“钻到位”，通过专用煤粉计量容器、冲煤量考核单价提升(由 235 元/t 调至 850 元/t)、严格工程过程管控和效果考核保证“冲到位、高浓度、持久抽”。

在水力冲孔卸压增透机理分析的基础上，通过数值分析和工程测试方法，研究新田煤矿不同煤层、不同冲孔规模情况下的瓦斯抽采钻孔影响半径及抽采半径；进而提出契合矿井安全接替目标的穿层钻孔布置方式和水力冲孔参数。

2. 底抽巷穿层钻孔水力冲孔卸压高效治理煤层瓦斯工程

该示范工程在新田煤矿 1906 工作面底抽巷实施，岩巷工程量为 1 140 m，设计孔(组)间距为 5 m，5 个单元打钻工程量为 2 769 个，合计进尺 97 000 m；单孔冲煤量为 0.6 t/m，预计冲孔煤量为 5 000 t，主管路纯流量达到 15 m^3/min 以上，抽采期为 6 个月，施工周期为 12 个月，预计瓦斯抽采量为 415 万 m^3。

施工参数：为保证冲孔效果冲孔钻头处高压水压力不低于 15 MPa，每台泵最多带 2 台钻机进行冲孔。

设备方面：履带式大容量自动出渣防喷装置研制已完成，本项目所需 6 台已到位，并布置了 10 台钻机(扭矩在 6 000 N·m 以上)、5 台 400 L(31.5 MPa)冲孔泵。

新田煤矿 1906 工作面底抽巷自 2022 年 6 月开始施工，目前已掘进 560 m，剩余 580 m 计划 2024 年 6 月完成；水力冲孔卸压高效治理煤层瓦斯工程已于 2023 年 6 月开始，施工工期 12 个月，计划 2024 年 8 月完成。

3. 打钻防喷孔超限技术及装备研发与试验

结合井下打钻现场条件和喷孔状态，自主研制履带式全封闭打钻防喷自动出渣装置(图 6)，该装置主要由履带行走底盘、液压系统、螺旋上料机、防喷箱、孔口管、防喷三通组成，并安装了液位计、排水球阀、油缸、封口板等装置；实现防喷装置的动力密封、煤水分离、螺旋出渣、超大容量、履带行走等功能，并持续改进优化，有效遏制瓦斯超限，为打钻冲孔提供安全保障。

图 6　履带式全封闭打钻防喷自动出渣装置实物图

履带式全封闭打钻防喷自动出渣装置的工作原理如下：

(1) 钻杆与孔口采用橡胶胀套密封，通过旋紧手柄控制橡胶胀套的膨胀量，以实现钻杆与孔口的紧密接触，达到完全有效密封的效果。

(2) 防喷三通与钻杆间采用锥形橡胶密封，该橡胶材质柔软、韧性强，采用阻燃抗静电材料，不产生静电和火花；锥形结构保证了其与动态钻杆密封完好，瓦斯不泄漏。

(3) 瓦斯、水、渣经孔口管和三通后进入防喷箱，由于重力作用，水和渣落入中部箱体底部排渣口，水通过球阀排出，渣通过螺旋输送机源源不断地排出，瓦斯则在箱体顶部直接被负压管路抽走，左右储气箱为空。当打钻喷孔时，操纵油缸封闭箱体，保证瓦斯不外泄。瓦斯全部进入防喷箱内，箱体有效储气空间有 1.5 m^3，瓦斯压力瞬间释放，浓度大幅度降低，避免瓦斯超限。

4. 水力冲孔装备选型及示范工程建设

根据煤层硬度等条件，确定水力冲孔所使用的钻机型号、冲孔器射流孔型号、清水泵类型，并在 1906 底抽巷开展工程应用，实现煤层瓦斯“高浓度、持久抽”，为瓦斯利用奠定基础，建设水力冲孔卸压高浓度抽采瓦斯示范工程。

3.2.3　保护层开采过程中邻近煤层瓦斯卸压高效抽采技术

1. 保护层开采上覆岩层“三带”范围考察

综合运用理论计算和现场实际考察方式，确定保护层(9# 煤层)开采时上覆岩层垮落带、裂隙带、弯曲下沉带的范围，确定被保护层(4# 煤层)及其邻近薄煤层与“三带”的空间关系，为高位孔布置高度提供理论支撑。

2. 邻近煤层瓦斯卸压高效抽采设计优化

根据保护层(9# 煤层)和被保护层(4# 煤层)的层位关系，结合实际考察的上覆岩层“三带”范围，确定高位孔布置的高度，结合矿井实际抽采能力、被保护层及其邻近薄煤层赋存瓦斯情况，设计最优钻孔参数(倾角、方位角、长度和封孔段)、单组钻孔数量、组间距，达到“高管路浓度、强抽采效果、低生产风险”的目的。

3. 邻近煤层瓦斯卸压高效抽采示范工程建设

该项目应用于新田煤矿 1903 工作面，回采过程中抽上覆被保护层(4# 煤)及其邻近薄煤层瓦斯，保护层开采上覆岩层“三带”范围考察工作已在其他工作面完成，钻孔优化设计工作在 2023 年 3 月完成。抽采钻孔包括 1403 底抽巷穿层钻孔和 1903 轨道巷高位孔，其中：1403 底抽巷穿层钻孔每 20 m 一组，每组 6 个钻孔，共 48 组 288 个钻孔，合计工程量为 11 520 m；1903 轨道巷高位孔每 20 m 一组，1～29 组的单组钻孔 6 个，30～45 组的单组钻孔 5 个，合计 254 个钻孔、15 240 m 工程量。

1903 工作面轨道巷和胶带巷长度为 1 000 m，切眼长度为 157 m，截至 2024 年 2 月底，轨道巷已施工结束、胶带巷已掘 930 m，计划 2024 年 4 月贯通。1903 工作面设计回采期为 10 个月，预计被保护层（4# 煤）及其邻近薄煤层瓦斯抽采量为 856.22 m^3，瓦斯抽采纯流量为 19.8 m^3/min。

4. 定向长钻孔抽采卸压区煤层瓦斯技术

新田煤矿 1901 工作面处于上部已回采工作面 1401 卸压范围内，煤层间距为 27.5 m。9# 煤层倾角为 0～10°，平均为 2°，煤层厚 1.36～4.66 m，平均为 2.41 m；煤层原始瓦斯压力为 2.74～2.94 MPa，瓦斯含量为 23.56～24.99 m^3/t；保护层开采后，1901 工作面瓦斯含量为 7.62～10.61 m^3/t。

定向长钻孔精准治理方案：根据考察结果，卸压后 9# 煤层 15 d 有效抽采半径为 5 m，设计定向钻孔 7 个，孔间距为 6 m，孔径为 96 mm，孔深为 300 m，控制 1901 运输巷轮廓线外 15 m 范围。

钻孔成孔及抽采情况分析：1901 运输巷共计施工 8 个煤层定向长钻孔，累计进尺 3 354 m，煤孔段总计 2 530 m，煤孔率为 75.45%。平均日抽采纯量为 5 471.7 m^3（约 3.8 m^3/min），平均百米煤孔流量为 0.15 m^3/min；日抽采纯量最高达 12 000 m^3，最大百米煤孔流量为 0.33 m^3/min（按日均最大算）。

3.2.4　煤层气（瓦斯）综合利用示范工程建设

已建设包括 14 台单台功率为 1 000 kW 的高效发电机组发电站，装机总容量为 14 000 kW，日利用瓦斯能力约 11 万 m^3。在此基础上，新增建设规模 10 万 m^3/d 的液化处理厂，形成煤层气（瓦斯）综合利用示范工程。

4　经济评价

4.1　项目总投资情况

项目总投资包括地面井工程费用、1906 底抽巷穿层钻孔水力冲孔工程费用、邻近层抽采钻孔抽采工程费用和煤层气液化厂建设费用等五个方面，总投资金额为 34 950.73 万元，具体为：

（1）地面井工程费用：一期地面井工程总费用为 4 000 万元，二期地面井工程单井从钻前到装抽投产总费用垂直井按照每口井 300 万元、水平井按照 1 000 万元计算，开发投资 20 000 万元，地面井总投资为 24 000 万元。

（2）底抽巷穿层钻孔水力冲孔工程费用：包括底抽巷掘进费用、打钻工程费用、设备费用等，合计 4 393.55 万元。投资收益率为 12%，投资回收期为 8 年。

（3）邻近层抽采钻孔施工费用：邻近层抽采钻孔包括 1403 底抽巷穿层钻孔和 1903 轨道巷高位孔，其中 1403 底抽巷作为 1903 工作面的顶抽巷使用，该部分工程费用不再列入预算。投资包括钻孔施工工程费用和钻机购置费用，其中 4 台钻机费用为 160 万元，穿层钻孔进尺 26 760 m，单价为 126 元/m，打钻工程费用为 337.18 万元，封孔费用为 60 万元，合计费用为 557.18 万元。

（4）液化气站建设费用：规模为 10 万 m^3/d 的液化处理厂建设费用合计 6 000 万元。

4.2　资金回收情况预估

地面井工程和发电站建设工程预计投资收益率为 12%，投资回收期为 8 年；底抽巷穿层孔抽采瓦斯工程预计投资收益率为 20%，投资回收期为 5 年；邻近煤层瓦斯抽采工程预计投资收益率为 33%，投资回收期为 3 年。

地面井一期工程已排采煤层气 343 万 m^3，预计排采煤层气 600 万 m^3；根据开发潜力分区和资源丰度，地面井二期工程预计排采煤层气 2 500 万 m^3/a，有效排采期为 8～10 年，二期排采煤层气总量不少于 20 000 万 m^3。

按照煤层消突要求，1906 底抽巷水力冲孔卸压抽采煤层气（瓦斯量）415 万 m^3。

保护层开采过程中抽采的邻近煤层有 $4^{\#}$、$5^{\#}$、$6^{\#}$、$7^{\#}$煤，瓦斯含量分别为 20.59 m^3/t、9.5 m^3/t、4.26 m^3/t、9.69 m^3/t，煤层平均厚度分别为 2.71 m、0.8 m、0.4 m、0.28 m，按照抽采经验，煤层可抽至 4.5 m^3/t，1903 工作面回采范围为 107 m×1 000 m，上部有效抽采范围系数为 1.1，合计抽采煤层气（瓦斯）856.22 万 m^3。

综上计算可得示范工程煤层气（瓦斯）抽排采量为 21 871.22 万 m^3，液化天然气产量为 14.2 万 t，煤层气（瓦斯）发电量为 5 613.66 万度，煤层气（瓦斯）利用总收益为 55 345.25 万元，具体如表 1 所示。

表 1　煤层气利用收益核算表

类别	煤层气抽排采量/万 m^3	液化天然气产量/万 t	发电量/万度	收益/万元	财政补贴标准	财政补贴/万元
地面井一期	600	—	1 800	846	中央财政补贴标准为 0.3 元/m^3；省级奖励补贴 0.2 元/m^3	300
地面井二期	20 000	14.2	—	35 500		15 000
冲孔钻孔	415	—	1 245	585.15		622.5
邻近层钻孔	856.22	—	2 568.66	1 207.27		1 284.33
合计	21 871.22	14.2	5 613.66	38 138.42		17 206.83

注：上网电价为 0.47 元/度；中央财政补贴标准为 0.3 元/m^3，贵州省奖励补贴为 0.2 元/m^3，根据相关政策浮动。

4.3　矿井安全投入节约情况概算

地面井排采后，$9^{\#}$煤层不再施工底板巷和穿层钻孔，排采 20 000 万 m^3 煤层气（瓦斯）可有效达标煤量为 1 666.67 万 t，按照新田煤矿瓦斯治理成本 130 元/t 计算，可节约瓦斯治理成本 216 667.1 万元。

邻近煤层瓦斯抽采可解放 $4^{\#}$煤层 55.69 万 t，按照新田煤矿瓦斯治理成本 130 元/t 计算，可节约瓦斯治理成本 7 239.7 万元。

煤层气（瓦斯）发电自用可节约工业用电费用，工业用电为 0.85 元/度，上网电价为 0.47 元/度，5 613.66 万度电全部用于矿井生产，则节约电费 2 133.19 万元。

综上所述，合计节约矿井生产用电和煤层瓦斯治理投入费用 226 039.99 万元。

5　推广保障措施

（1）钻井施工过程中，注意灰岩岩溶裂隙含水层，尤其对岩溶裂隙含水层中的溶洞及大裂隙要引起足够的重视，做好防漏、堵漏等防范措施。

（2）良好的井身轨迹是定向井、水平井成败之关键，它可以降低摩擦阻力、减小扭矩并延缓键槽的形成。施工过程中努力保障井眼轨迹的平滑，减少螺旋井段的出现，特别是在水平段尤为重要，否则不利于泥浆的返排和后期堵塞裂隙通道，影响抽采效果。

（3）依据测试及试井资料，优化压裂施工参数及排采作业制度，确保地面井长期、稳定高效抽采。

（4）申请煤层气矿业权，探索煤层气企业和煤矿企业联合开发煤层气的生产、经营合作模式。在矿权范围内增列煤层气等矿业权，实施矿产资源的综合规划、综合评价、综合利用，实现煤-气共采，有效提升经济效益。

（5）与国内知名科研院所合作开展矿区瓦斯地质分布规律考察、地面抽采试验考察等专项研究，获得矿区瓦斯及地面抽采完整数据后进一步评估矿区抽采煤层瓦斯技术工艺的抽采潜力。同时，加强瓦斯抽采效果考察及相关的理论分析。

（6）拓宽融资渠道，寻求银行、基金等金融机构对煤层气勘探开发利用的支持。

基于倾角效应的大倾角煤层采动裂隙演化定量分析研究

解盘石[1,2],林伟典[1,2],黄宝发[1,2]

(1. 西安科技大学西部矿井开采及灾害防治教育部重点实验室,陕西 西安 710054;
2. 西安科技大学能源学院,陕西 西安 710054)

摘 要 为了对大倾角煤层采动裂隙发育扩展规律进行定量化分析,采用3DEC离散元数值模拟软件研究了不同煤层倾角下采场围岩裂隙分布规律,通过Matlab软件对裂隙发育图片进行处理获取裂隙分形维数,定量描述覆岩裂隙发育规律。研究结果表明:随着煤层倾角的增大,采场覆岩垮落高度与垮落矸石下滑趋势增大,采场沿倾向充填非均衡性愈加明显,裂隙发育高度与发育程度不断降低,煤层倾角为35°、45°和55°时分形维数为1.525、1.400、1.336。采场沿走向时倾斜上部分形维数随煤层倾角的增大而增大,倾斜中部与倾斜下部不断减小。采场不同区域分形维数呈现出"倾斜中部>倾斜上部>倾斜下部"的分布特征。工作面倾斜上部区域裂隙数量增多,倾斜下部区域裂隙数量减少,倾斜中部裂隙数量无明显变化。

关键词 大倾角煤层;离散元数值模拟;倾角效应;分形维数;裂隙发育

0 前言

大倾角煤层埋藏倾角一般在35°~55°,该类煤层中大部分为优质焦煤、无烟煤等稀缺煤种。我国大倾角煤层资源储量丰富,在我国西部矿区有较多大倾角煤层煤炭资源[1-2]。在开采大倾角特厚煤层时,其大尺度开采会使采场覆岩运动剧烈形成大量裂隙,对煤层开采存有安全隐患[3-5]。

为了研究采场裂隙发育特征,众多学者通过多种方法进行了研究。程志恒、张杰、周存柳、康志鹏等[6-9]通过物理相似模拟实验、理论计算与现场实测等方法对近距离浅埋煤层采动裂隙进行了研究,得出在近距离煤层条件下重复采动对裂隙发育特征的影响;李宏艳、王维华、刘俊熙等[10-12]通过物理相似模拟、数理统计方法与分形理论对裂隙的发育过程进行了定性与定量的分析,定量表征了裂隙在采场沿走向推进过程中的发育特征;解盘石、罗生虎等[13-16]针对大倾角煤层采场覆岩破坏运移的倾角效应展开研究,揭示了大倾角长壁开采顶板应力传递路径、顶板受载与变形破坏的倾角效应;李树刚、林海飞等[17-19]研究了采动过程中裂隙分布演化规律及分布形态,建立了裂隙椭抛带的空间分布数学模型。

综上所述,目前研究成果多为水平煤层以及物理相似模拟实验所表征的裂隙演化特征,对倾角效应所导致的大倾角煤层采动裂隙差异定量化分析较少,基于此,本文以3DEC离散元数值模拟软件与Matlab软件对不同煤层倾角下大倾角煤层裂隙发育扩展规律进行定量化分析,对大倾角煤层安全开采有重要的指导意义。

1　工程概况

甘肃靖远集团王家山煤矿四号井中二401工作面主采煤层为四号煤，煤层呈单斜构造，工作面长度为112 m，煤层底板平均埋深为680 m，平均倾角为45°，密度为1.46 t/m^3，普氏硬度系数为1.5；采煤方法为放顶煤开采，煤层厚度为8.4 m，采高为2.5 m，放煤高度为5.9 m，采放比为1∶2.3，两采一放，每刀进尺0.6 m，放顶煤步距为1.2 m。该工作面煤层以半暗煤为主，半亮煤次之，富有沥青光泽，存有条带状结构，有一定的黄铁矿在煤层之间，为低灰、低硫、发热量较高的优质动力煤。工作面地层综合柱状图如图1所示。

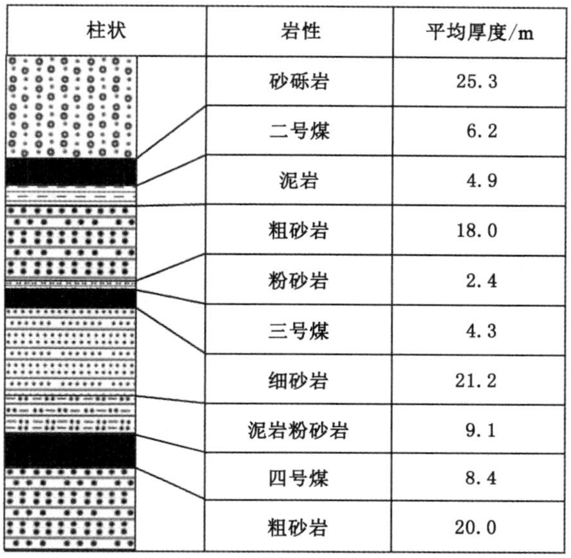

图1　工作面地层综合柱状图

2　大倾角煤层覆岩裂隙演化特征

2.1　数值模型建立

为研究倾角效应下(35°、45°、55°)采场裂隙的分布特征，采用3DEC离散元数值模拟软件对中二401工作面进行模拟开采，模型几何尺寸为215 m×200 m×180 m，采用莫尔-库仑准则，限制模型x、y轴方向以及z轴方向底部位移，模型四周与底部各留设有50 m的煤柱，工作面平均埋深为680 m。模型仅模拟了高度为150 m的上覆岩层，未模拟的530 m覆岩通过施加13.75 MPa等效载荷表征。煤岩物理力学参数见表1，节理力学参数见表2，数值模型如图2所示。

表1　中二401工作面煤岩物理力学参数

序号	岩层岩性	厚度/m	密度/(kg/m^3)	弹性模量/GPa	泊松比	内摩擦角/(°)	抗拉强度/MPa	黏聚力/MPa
1	砂砾岩	25.3	2 481	4.55	0.22	19.9	1.50	9.6
2	二号煤	6.2	1 409	1.94	0.29	26.8	0.94	7.2
3	泥岩	4.9	2 550	5.43	0.21	24.3	1.46	9.2
4	粗砂岩	18.0	2 519	7.46	0.21	21.4	1.96	19.4
5	粉砂岩	2.4	2 451	5.38	0.22	20.1	1.56	9.3

表 1(续)

序号	岩层岩性	厚度/m	密度/(kg/m³)	弹性模量/GPa	泊松比	内摩擦角/(°)	抗拉强度/MPa	黏聚力/MPa
6	三号煤	4.3	1 380	1.46	0.30	27.3	0.93	7.5
7	细砂岩	21.2	2 526	3.95	0.24	31.1	1.23	11.8
8	泥岩粉砂岩	9.1	2 256	4.22	0.24	19.1	1.95	11.7
9	四号煤	8.4	1 302	1.27	0.30	27.6	0.91	7.9
10	粗砂岩	20.0	2 559	5.65	0.22	23.7	1.86	14.7

表 2　煤岩体节理力学参数表

序号	岩层岩性	法向刚度/MPa	切向刚度/MPa	黏聚力/MPa	抗拉强度/MPa	内摩擦角/(°)
1	砂砾岩	3 200	2 890	2.1	0.9	16
2	二号煤	1 260	950	0.8	0.9	10
3	泥岩	1 420	1 620	2.2	1.9	20
4	粗砂岩	2 130	1 670	1.8	1.5	25
5	粉砂岩	2 270	2 340	2.5	2.0	22
6	三号煤	1 260	950	0.8	0.9	10
7	细砂岩	2 200	2 150	2.8	1.3	20
8	泥岩粉砂岩	1 800	1 970	1.7	1.9	12
9	四号煤	1 260	950	0.8	0.9	10
10	粗砂岩	2 130	1 670	1.8	1.5	25

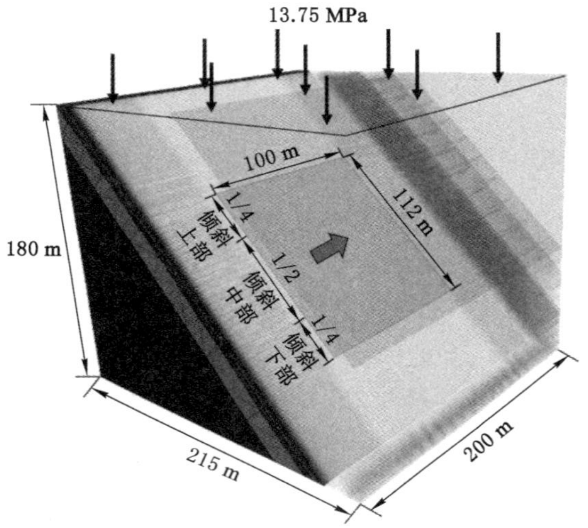

图 2　数值模型

2.2　不同煤层倾角覆岩垮落运移特征

图 3 为不同煤层倾角下覆岩垮落及垂直位移分布特征，从覆岩破坏特征来看，煤层倾角为 35°、45°、55°时，覆岩垮落高度分别为 32.2 m、38.8 m 和 45.9 m，覆岩垮落高度不断增大。中上部覆岩运动逐渐剧烈，破坏区域高度不断增大，破坏范围向中上部迁移。垂直位移分布的显著特征为随着倾角增大，采场垮落矸石垂直位移不断增大，最大垂直位移量分别为 8.6 m、11.2 m、16.5 m。分析认为倾角越大，垮落矸石下滑趋势也越大，导致垂直位移量增大，伴随垮落矸石下滑，下部充填程度增大，中上部充填程度降低，自由空间加大，覆岩破坏运动更加剧烈。

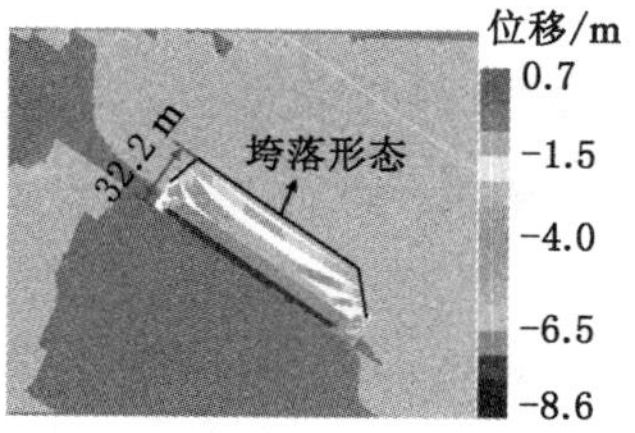

(a) 煤层倾角35°

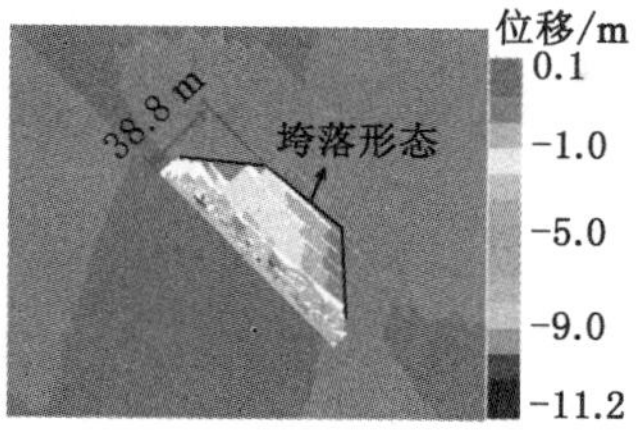

(b) 煤层倾角45°

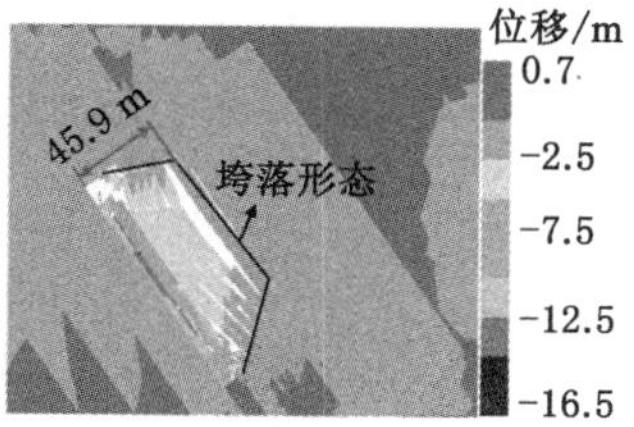

(c) 煤层倾角55°

图 3　不同煤层倾角覆岩垮落及垂直位移分布特征

3　大倾角煤层覆岩裂隙发育分形维数

3.1　分形维数原理

分形理论能有效反映出复杂形体在平面或空间内的复杂程度。基于此，可采用分形维数定量描述煤层开采后采场裂隙的分布特征。采用盒计数法对裂隙分形进行量化，将裂隙进行灰度处理后的图片分布在不同图形像素尺度的网格 ε 里进行计数，把图片中存在裂隙的网格数量计为 $N(\varepsilon)$。将得出的数据经过以下公式进行处理得到分形维数 D：

$$D=\frac{\ln N(\varepsilon)}{\ln (1/\varepsilon)}=-\frac{\ln N(\varepsilon)}{\ln \varepsilon} \tag{1}$$

式中　D——分形维数；

ε——不同图形像素尺度的网格；

$N(\varepsilon)$——裂隙数量。

3.2　沿倾向覆岩裂隙分形特征

为了研究不同煤层倾角下采场裂隙分布特征，将 3DEC 离散元模拟结果图片进行二值化处理，再采用 Matlab 软件进行分维分析，对工作面裂隙发育程度进行定量描述。处理结果如图 4 所示。

随着煤层倾角从 35°增至 55°，采场裂隙发育最大高度不断降低，从 66.1 m 降至 55.0 m。采场裂隙不断向倾斜方向中上部迁移，下端头覆岩裂隙沿垂向发育，上端头覆岩裂隙沿着工作面倾向的法线方向发育。分形维数随着煤层倾角的增大而降低，分别为 1.525、1.400、1.336，煤层倾角从 35°增至 45°和从 45°增至 55°时分别降低了 8.2%、4.6%，表明煤层倾角增大会改善采场裂隙整体分布情况。分析认为，倾角增大后垮落矸石下滑趋势增大，倾斜下部区域充填程度高，在基本顶下沉作用下进行压实后，采场垮落矸石内的裂隙会闭合而导致裂隙数量减少，而倾斜下部覆岩会因为充填程度高而相对稳定，倾斜下部覆岩发育裂隙也会减少。而倾斜上部覆岩发育裂隙增大是由倾角变化下应力场偏转引起的，倾斜中上部裂隙总体发育规律不显著。

3.3　沿走向覆岩分区裂隙分形特征

在煤层倾角为 35°时，工作面不同区域裂隙发育特征为走向上部略大于走向下部，与近水平煤层开采覆岩破坏规律相似，采场呈现“中间大两头小”的破坏特征，走向上部、中部、下部分别为 26.3 m、66.1 m、22.3 m。在煤层倾角为 45°时，走向上部区域覆岩裂隙发育高度较煤层倾角 35°与 55°时高；下部区域覆岩裂隙发育程度明显降低；随着煤层倾角增大，中部区域与下部区域覆岩裂隙发育高度减小，其中下部区域覆岩裂隙发育高度减小的趋势更为显著。在重力效应下，垮落矸石下滑趋势增大导致沿倾向工作面充填的不均衡性，不同区域裂隙发育特征愈发显著。裂隙沿走向呈非对称状发育，工作面侧裂隙发育高度小于开切眼侧裂隙发育高度，也表明了采空区沿走向充填的不均衡性。不同煤层倾角采场不同区域裂隙分布如图 5 所示。

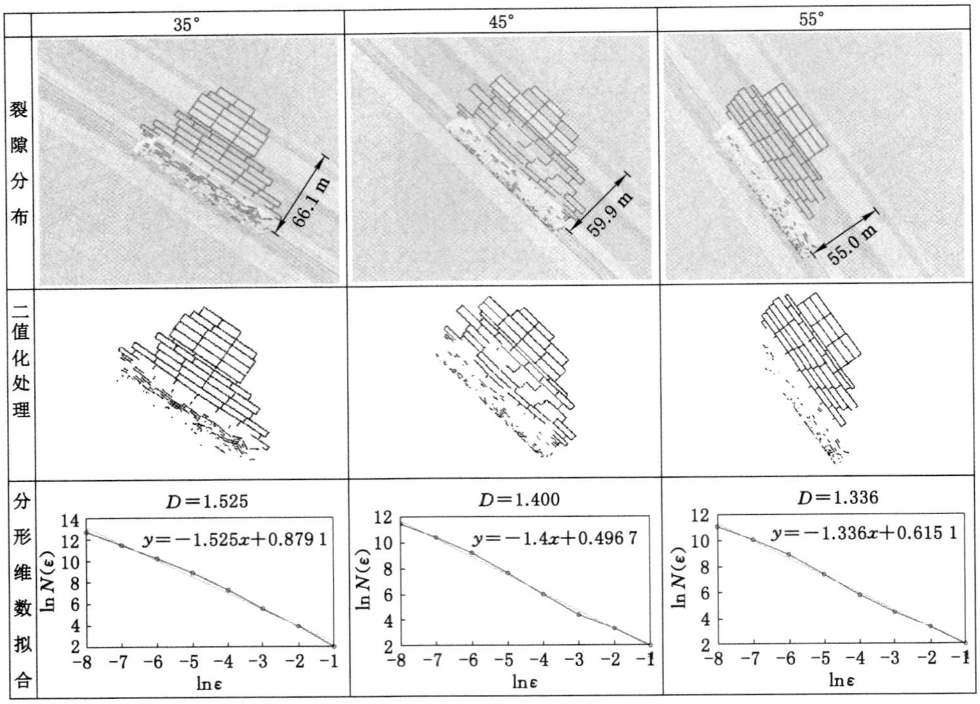

图 4　不同煤层倾角采场倾向裂隙分布及分形特征

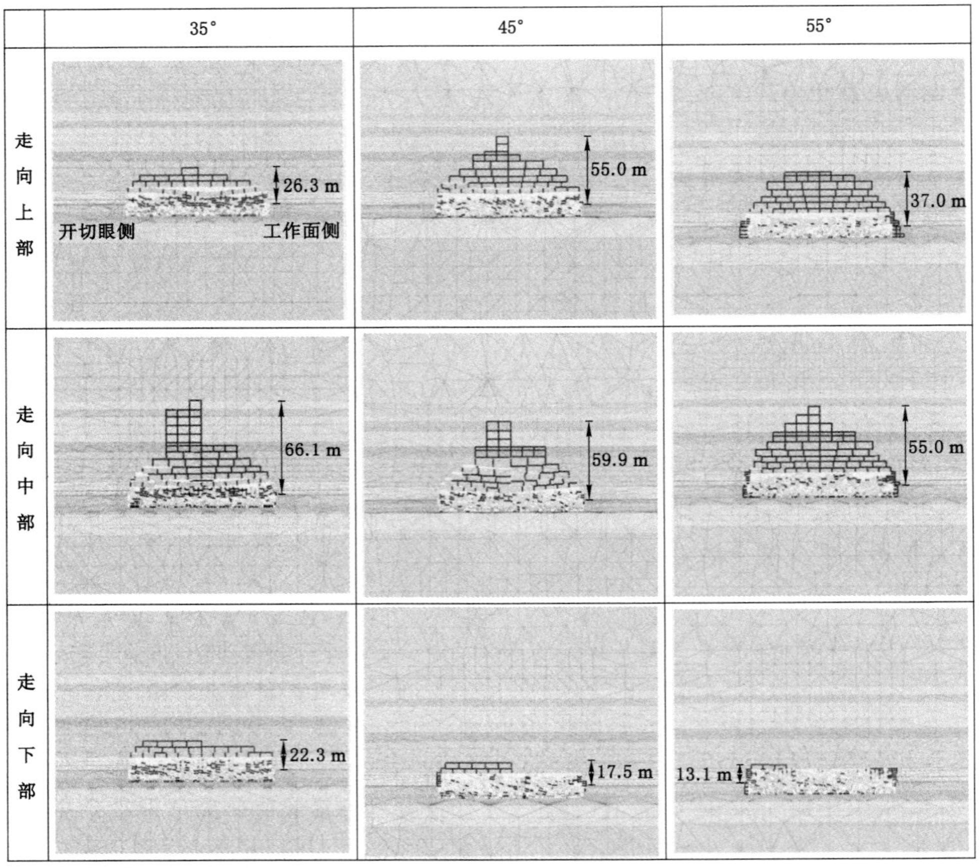

图 5　不同煤层倾角采场不同区域裂隙分布

对不同倾角煤层开采过程中不同区域裂隙分布情况做分形处理后，煤层倾角、推进度与分形维数的关系如图 6 所示。在工作面初采过程中，分形维数无显著特征。随着工作面继续推进，在推进度在 40～60 m 之间时，不同煤层倾角采场裂隙分布范围突增，分析认为这是由于初次来压导致的，其中倾斜上部分形维数分别增大了 9.7%、10.5% 和 12.1%，倾斜中部分形维数分别增大了 15.0%、13.0% 和 12.7%，倾斜下部分形维数分别增大了 6.1%、5.1% 和 3.4%。在推进度为 100 m 时，随着煤层倾角增大，倾斜上部分形维数不断增大，倾斜中部与倾斜下部分形维数不断减小。工作面沿倾向不同区域分形维数呈现出采场“倾斜中部＞倾斜上部＞倾斜下部”的分布特征。这表明了随煤层倾角增大，上部区域裂隙发育程度不断增大，中下部区域裂隙发育程度不断减小，而下部区域这一现象更为显著。在煤层倾角为 55°时，倾斜上部与倾斜中部的裂隙发育程度较为接近。

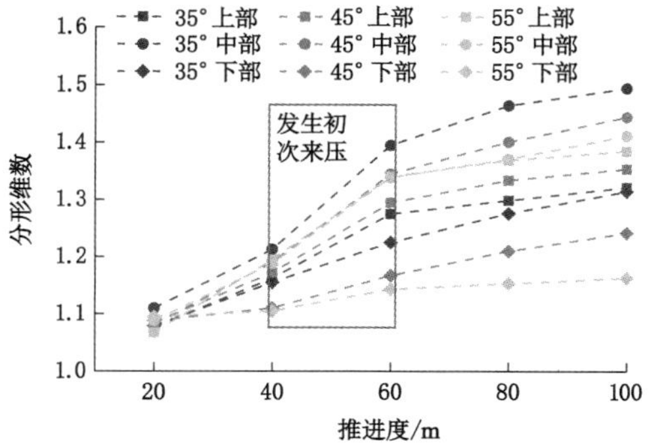

图 6　不同倾角煤层采动过程中不同区域裂隙分形特征

4　大倾角煤层裂隙数量分布

对不同倾角煤层开采过程中不同区域的裂隙数量进行监测，在对裂隙数据处理后得出的裂隙数量分布特征如图 7 所示。由图 7 可知，随着煤层倾角的变化，工作面不同区域(倾斜上部、倾斜中部、倾斜下部)的裂隙分布情况有着显著的变化。推进度为 100 m 时，煤层倾角为 35°时，倾斜上部与倾斜下部裂隙占比分别为 28.7%、26.5%；煤层倾角为 45°时，倾斜上部与倾斜下部裂隙占比分别为 33.8%、25.1%；煤层倾角为 55°时，倾斜上部与倾斜下部裂隙占比分别为 36.5%、24.8%。随着煤层倾角增大，工作面倾斜上部区域裂隙数量增多，工作面倾斜下部区域裂隙数量减少，而倾斜中部裂隙数量较为稳定。分析认为，这是由于煤倾角增大后引发的倾斜中下部充填度增大，致使中下方的覆岩更加稳定，出现的裂隙数量降低，而上部垮落矸石滑移至中下部使上部空洞区增大，存有未充填区域，倾斜上部裂隙数量显著增加。

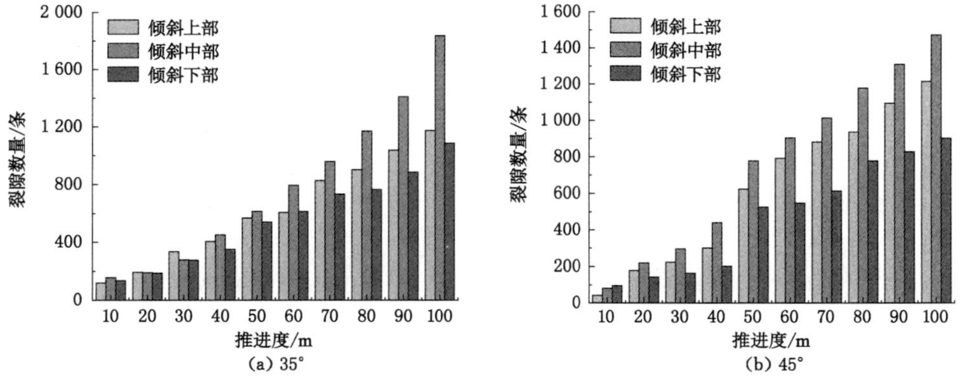

图 7　不同煤层倾角采场裂隙数量分布特征

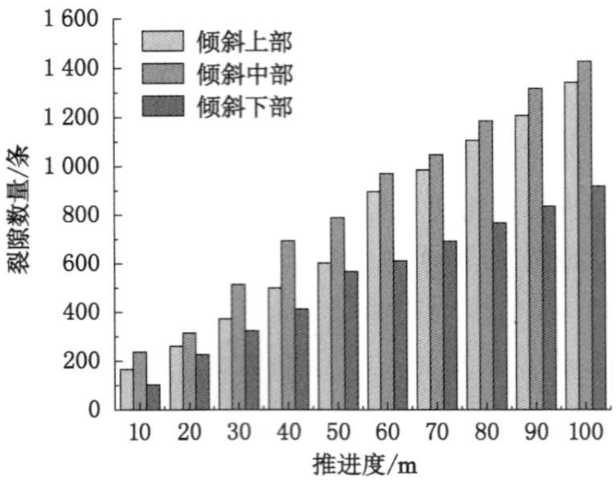

(c) 55°

图 7(续)

5 结论

(1) 随煤层倾角从 35°增至 55°,工作面沿倾向覆岩垮落高度不断增大,从 32.2 m 增大至 45.9 m。中上部覆岩运动逐渐剧烈,破坏范围向中上部迁移。垂直位移分布随着倾角增大而增大,最大垂直位移分别为 8.6 m、11.2 m、16.5 m。

(2) 随着煤层倾角的增大,采场沿倾向发育裂隙高度不断降低,分别为 66.1 m、55.9 m、55.0 m;采场沿走向时,上部区域在煤层倾角 45°时裂隙发育高度最大,中部区域与下部区域覆岩裂隙发育高度减小,其中下部区域覆岩裂隙发育高度减小的趋势更为显著。

(3) 分形维数可以较好地反映采场裂隙发育程度,随着煤层倾角增大,采场沿倾向时,分形维数降低,分别为 1.525、1.400、1.336。采场沿走向时,倾斜上部分形维数不断增大,倾斜中部与倾斜下部分形维数不断减小。工作面沿倾向不同区域分形维数呈现出采场"倾斜中部>倾斜上部>倾斜下部"的分布特征。

(4) 随着煤层倾角增大,工作面倾斜上部区域裂隙数量增多,工作面倾斜下部区域裂隙数量减少,而倾斜中部裂隙数量较为稳定。

参考文献

[1] 伍永平,郎丁,贠东风,等.我国大倾角煤层开采技术变革与展望[J].煤炭科学技术,2024,52(1):25-51.

[2] 伍永平,贠东风,解盘石,等.大倾角煤层长壁综采:进展、实践、科学问题[J].煤炭学报,2020,45(1):24-34.

[3] 张杰,张建辰,刘清洲,等.浅埋综采工作面覆岩裂隙发育及漏风规律研究[J].煤炭工程,2021,53(3):118-123.

[4] 黎经雷,牛会永,鲁义,等.风速对近距离煤层采空区漏风及煤自燃影响研究[J].煤炭科学技术,2019,47(3):156-162.

[5] 张小龙,王飞,刘红威,等.基于采动覆岩三维裂隙场演化规律的地面 L 型钻井瓦斯抽采技术[J].中国安全生产科学技术,2022,18(10):56-61.

[6] 程志恒,齐庆新,李宏艳,等.近距离煤层群叠加开采采动应力-裂隙动态演化特征实验研究[J].煤炭学报,2016,41(2):367-375.

[7] 张杰，何义峰，罗南洪，等. 浅埋煤层群重复采动覆岩运移及裂隙演化规律研究[J]. 煤矿安全，2022，53(3)：58-65.

[8] 周存柳，康向涛，胡锦国. 岩溶影响下近距离煤层采动覆岩运移及裂隙演化规律研究[J]. 矿业研究与开发，2023，43(12)：86-93.

[9] 康志鹏，余国锋，罗勇，等. 极近距煤层群重复采动覆岩破坏规律相似模拟试验研究[J]. 矿业研究与开发，2023，43(5)：56-62.

[10] 李宏艳，王维华，齐庆新，等. 基于分形理论的采动裂隙时空演化规律研究[J]. 煤炭学报，2014，39(6)：1023-1030.

[11] 王维华. 基于分形理论的采动覆岩裂隙渗透规律研究[J]. 煤炭技术，2015，34(9)：208-211.

[12] 刘俊熙，张士川，沈宝堂，等. 不同破断距下开采覆岩裂隙网络分形特征研究[J]. 山东科技大学学报(自然科学版)，2024，43(1)：11-21.

[13] 解盘石，伍永平，罗生虎，等. 大倾角大采高采场倾向梯阶结构演化及稳定性分析[J]. 采矿与安全工程学报，2018，35(5)：953-959.

[14] 解盘石，张颖异，伍永平，等. 大倾角中厚煤层伪俯斜采场顶板破断及其充填实验研究[J]. 采矿与安全工程学报，2023，40(3)：534-542.

[15] 罗生虎，田程阳，伍永平，等. 大倾角煤层长壁开采顶板受载与变形破坏倾角效应[J]. 中国矿业大学学报，2021，50(6)：1041-1050.

[16] 罗生虎，王同，田程阳，等. 大倾角煤层长壁开采顶板应力传递路径倾角效应[J]. 煤炭学报，2022，47(2)：623-633.

[17] 李树刚，丁洋，安朝峰，等. 近距离煤层重复采动覆岩裂隙形态及其演化规律实验研究[J]. 采矿与安全工程学报，2016，33(5)：904-910.

[18] 李树刚，林海飞，赵鹏翔，等. 采动裂隙椭抛带动态演化及煤与甲烷共采[J]. 煤炭学报，2014，39(8)：1455-1462.

[19] 林海飞，李树刚，成连华，等. 覆岩采动裂隙带动态演化模型的实验分析[J]. 采矿与安全工程学报，2011，28(2)：298-303.

褶曲构造区特厚煤层开采冲击地压防治技术研究与应用

焦小年,柳选军,李海江,王冰,王东杰,张磊

(陕西彬长矿业集团有限公司,陕西 咸阳 712000)

摘 要 针对褶曲构造区特厚煤层开采冲击地压防治问题,以孟村煤矿401103工作面为例,分析了该工作面褶曲构造区的冲击地压主控因素,其中坚硬顶板破断释放的强动载和巷道围岩受构造应力作用存在的高静载极易诱发冲击地压。针对坚硬顶板强动载影响,在工作面采前采用地面水平井分段水力压裂处理上覆高位坚硬顶板的基础上,采用井下定向长钻孔水力压裂技术处理褶曲构造区上覆中位坚硬顶板,在回采过程中超前实施顶板深孔预裂爆破处理上覆低位顶板,达到立体防治目的,有效降低坚硬顶板破断释放的强动载影响;针对巷道围岩高静载状态,对巷道帮部采取大直径水力扩孔掏槽卸压、底板采取"钻-爆"联合卸压的强化卸压措施,进一步增大卸压范围,降低高静载应力水平。现场实践证明,对褶曲构造区特厚煤层开采采用以上动、静载分源防控措施能大幅度降低工作面冲击危险性,对类似条件冲击地压煤层开采具有一定的指导、借鉴意义。

关键词 褶曲构造区;特厚煤层;冲击地压;动载立体防治;静载强化卸压

0 引言

随着我国煤矿开采深度和开采规模的不断加大,冲击地压矿井数量逐年增多[1-5],冲击地压灾害日趋严重,而褶曲是煤矿开采过程中经常遇到的地质构造之一,工作面受构造应力、采动应力等多重影响,应力集中程度水平大幅度升高,在煤层中积聚大量的弹性能,导致发生冲击地压的风险显著升高[6-8]。目前冲击地压防治主要采取煤层钻孔卸压、煤层爆破、煤层注水、顶板深孔爆破、顶板水压致裂等局部防治措施,在一定范围内降低围岩应力集中程度,同时使应力峰值向深部转移。但遇断层、褶曲等地质构造时,由于以上措施卸压范围有限,且构造区应力环境复杂,冲击地压事故仍时有发生。为此,本文以彬长矿区孟村煤矿为研究对象,对褶曲构造区特厚煤层开采冲击地压主控因素及防治技术展开研究。

1 工程概况

孟村煤矿位于彬长矿区中西部,井田以发育宽缓的褶曲为主,含煤地层沿走向、倾向的产状变化不大,4号煤层为唯一可采煤层,埋深为430～890 m,由东南向西北方向埋深逐渐加大。经鉴定4号煤层具有强冲击倾向性,顶板岩层具有弱冲击倾向性。

401103工作面位于401盘区,走向长度为1 847 m,倾向长度为180 m,采用走向长壁分层综合机械化放顶煤开采方法,全部垮落法管理顶板。工作面东侧为401盘区准备巷道,西侧为403盘区准备巷道,南侧为401102工作面采空区,留设40 m区段煤柱,北侧为401104工作面。工作面埋

深为 748.51～777.32 m，煤层厚度为 18.14～27.60 m，平均厚度为 24.12 m。煤层顶板以由粉砂岩、粗粒砂岩组成的复合型顶板为主，底板以铝质泥岩为主。工作面回采期间将穿越礼村向斜，轴线近 EW，北翼倾角为 4°～5°，南翼倾角为 3°～8°。401103 工作面平面位置如图 1 所示；401103 工作面构造产状如表 1 所示。

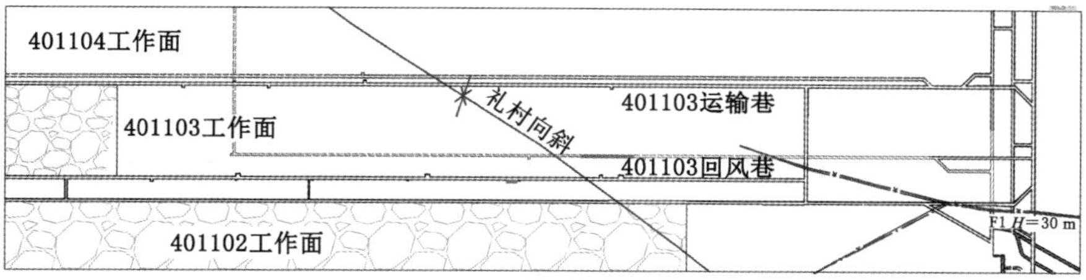

图 1　401103 工作面平面位置

表 1　401103 工作面构造产状

构造名称	产状	对工作面产生影响
礼村向斜	轴线近 EW，北翼倾角为 4°～5°，南翼倾角为 3°～8°	工作面局部地段煤层起伏，向斜轴部存在应力集中区

2　冲击地压主控因素分析

2.1　地质影响因素

2.1.1　煤岩冲击倾向性

冲击倾向性是煤（岩）介质产生冲击破坏的固有能力或属性，是煤（岩）发生冲击破坏的必要条件。在相同条件下，冲击倾向性高的煤层和顶板发生冲击的可能性要远大于冲击倾向性低的煤层和顶板。经鉴定，401103 工作面开采的 4 号煤层具有强冲击倾向性。

2.1.2　开采深度

随着开采深度的增加，煤层中的自重应力随之增加，煤岩体中聚积的弹性能也随之增加。统计分析表明，开采深度越大，冲击地压发生的可能性越大[9]。401103 工作面开采深度为 748.51～777.32 m，已经达到彬长矿区冲击地压发生的临界深度。

2.1.3　顶板覆岩特性

坚硬厚层顶板是冲击地压发生的最典型的地质条件。在坚硬顶板破断或滑移过程中，大量的弹性能突然释放，形成强烈动载荷，导致冲击地压等动力灾害的发生[10]。根据附近钻孔资料显示，401103 工作面煤层上方 100 m 范围内存在多层厚度超过 10 m 的砂岩顶板：煤层上方约 10 m 存在厚度约 10 m 的延安组粗粒砂岩；煤层上方约 60 m 存在厚度约 40 m 的安定组含砾砂岩层。

2.1.4　褶曲构造

褶曲构造是岩层受到水平应力的挤压作用而发生的弯曲变形，且不同部位的应力分布有差异。在褶曲构造的向斜和背斜轴部区域应力水平较高，当采煤工作面接近向斜轴部或翼部时，易产生强矿震而诱发冲击地压。401103 工作面回风巷和运输巷相继穿越礼村向斜，在此区域冲击危险性将显著升高。

2.2　开采技术影响因素

2.2.1　底煤厚度

冲击地压发生时，一般均伴有严重底鼓，如巷道留有底煤时，煤体成为承载主体，在冲击载荷作用下更易发生破坏，尤其具有冲击危险性的底煤本身具备积聚弹性能并发生冲击地压而破坏的特性[11]。401103 工作面煤层厚度为 18.14～27.60 m，平均厚度为 24.12 m，其运输巷、回风巷均布置在煤层中部，底煤厚度平均约为 10 m，且 4 号煤层本身具有强冲击倾向性，较厚底煤对冲击地压的发生起到促进作用。

2.2.2 区段煤柱

区段煤柱的留设宽度对冲击地压防治有重要影响。研究表明：当煤柱宽度小于 6 m 时，最大垂直应力较小；煤柱宽度为 10～20 m 时，最大垂直应力达到最大；煤柱宽度大于 20 m 时，最大垂直应力开始减小。401103 与 401102 工作面之间留设 40 m 煤柱，应力集中水平较高，冲击危险性进一步升高。

冲击地压从发生机制上讲，促成冲击地压启动的能量可以是集中静载荷，也可以是集中动载荷，但是从根本上讲，都是系统内集中静载荷必须达到临界条件，也就是集中动载荷如果参与，能够帮助系统内集中静载荷达到临界条件[12]。根据以上分析并结合冲击启动理论判断，401103 工作面冲击地压的发生以自重应力、构造应力、侧向采空区支承压力等产生积聚的静载荷为主导，但由于煤层上方赋存多层硬厚砂岩，还会因岩层断裂产生冲击动载，同样易诱发冲击地压。

3 褶曲构造区冲击地压防治技术实践

基于前述褶曲构造区的冲击地压主控因素分析可知，褶曲构造区发生冲击地压是顶板破断释放的动载和巷道围岩高静载共同作用的结果，因此需从动、静载两方面分源考虑褶曲构造区冲击地压防治技术，既要采取措施降低覆岩破断带来的动载扰动，又要降低巷道围岩高静载状态。

3.1 动载立体防治

3.1.1 地面水平井分段水力压裂

实践表明，地面水平井分段水力压裂是防治顶板型冲击地压的有效方法[13]，通过对煤层上覆坚硬厚层顶板进行区域性水压致裂，破坏其完整性，改善煤层顶板的应力环境，降低覆岩破断带来的动载扰动。通过 401103 工作面微震事件的垂向定位统计分析，微震事件主要分布在煤层上方 20～70 m 之间，而工作面煤层上方约 60 m 存在厚度 40 m 的含砾砂岩层，该岩层完整性好、强度大，破断时将引起围岩强烈活动，选取该高位岩层为压裂目标层位。

在 401103 工作面东西侧各布置 1 口水平井，西侧 MC-401-03L 井总井深 1 820 m，一开进尺 220 m，二开进尺 642 m，三开水平段进尺 958 m；东侧 MC-401-04L 井总井深 1 889 m，一开进尺 200 m，二开进尺 598 m，三开水平段进尺 1 091 m。采用电缆泵送桥塞射孔联作压裂工艺技术，10～12 m^3/min 大排量促进裂缝延伸。

3.1.2 井下定向长钻孔分段水力压裂

井下定向长钻孔分段水力压裂是采用定向钻机在顶板岩层裸眼钻孔，并采用水力压裂泵组进行后退式分段压裂，使坚硬岩层产生网状裂缝，从而在回采期间能周期性垮落[14]。在褶曲构造区施工定向长钻孔进行分段水力压裂，以弱化褶曲构造区的中位坚硬顶板，进一步降低工作面冲击危险性。

参考钻孔资料，结合前期井下长孔压裂的施工效果，确定 401103 工作面煤层上方 32 m 附近的中粒砂岩层作为压裂层位。共设计 5 个顶板定向长钻孔，采用二级孔身结构，一开孔径为 120 mm，扩孔至 ϕ193 mm，下入 ϕ168 mm 套管，注入水泥浆固孔；二开孔径为 120 mm，裸眼孔钻探至终孔位置。每个钻孔水平间距为 60 m，单个钻孔设计长度为 460 m，累计长度为 2 300 m，每 20 m 压裂一段，设计压裂 80 段。

3.1.3 顶板深孔爆破

顶板深孔爆破通过爆炸产生的冲击波，可以破坏顶板完整性与连续性，增加顶板岩体裂隙，释放顶板储存的弹性能，从而削弱或切断工作面侧向及后方采空区顶板对巷道围岩动、静载荷的影响[15]。根据钻孔资料显示，401103 工作面煤层上方 30 m 范围内赋存有约 20 m 厚的合层砂岩组顶板，其悬顶和断裂均会对工作面产生动载影响。因此设计预裂层位为 401103 工作面煤层上方 30 m 范围顶板，设计每组 4 个孔，孔深为 47 m，孔间距为 10 m，单孔装药量为 91.2 kg，装药长度为 27 m，封孔长度为 20 m。其中工作面侧 1#、2# 倾向孔方位角均为 0°，倾角分别为 75°、65°；煤柱侧 3#、4# 倾向孔方位角分别为 180°、90°，倾角均为 65°。井下顶板预裂爆破钻孔布置示意图如图 2 所示。

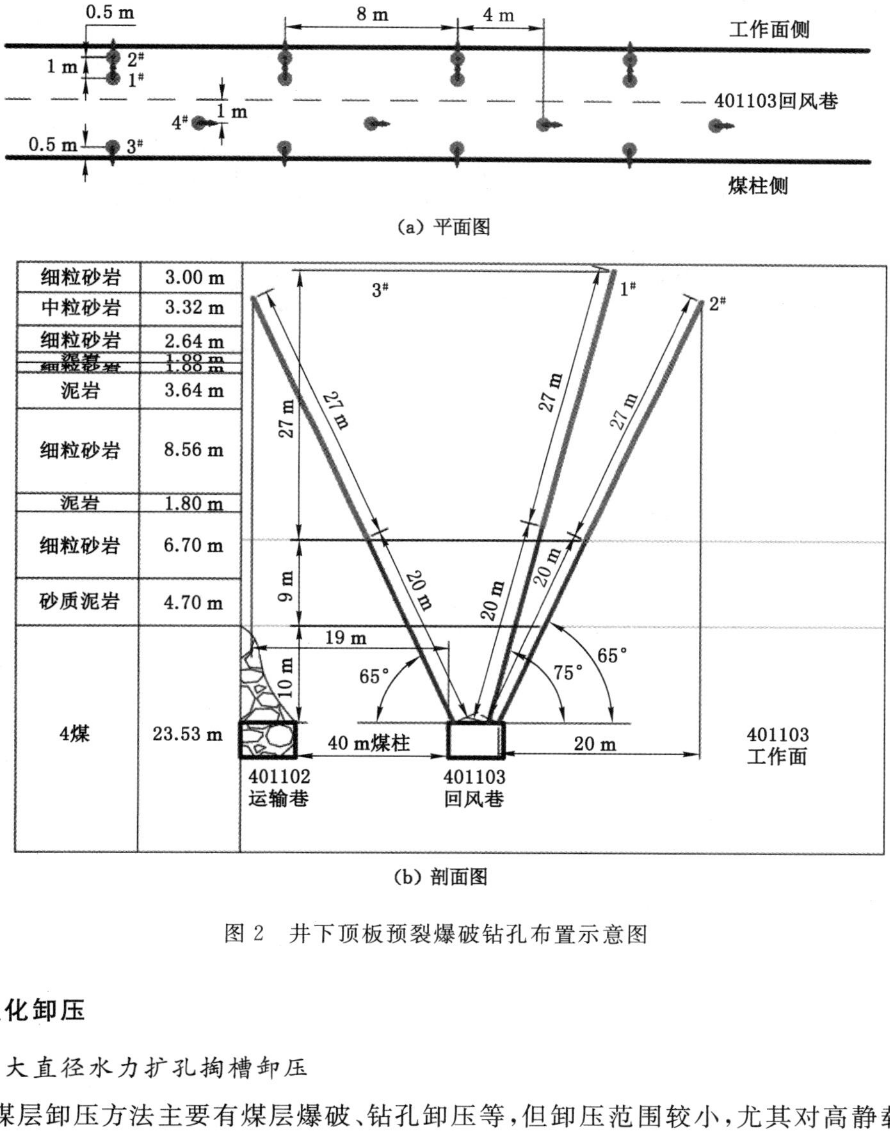

图 2 井下顶板预裂爆破钻孔布置示意图

3.2 静载强化卸压

3.2.1 帮部大直径水力扩孔掏槽卸压

传统的煤层卸压方法主要有煤层爆破、钻孔卸压等，但卸压范围较小，尤其对高静载状态下的围岩卸压效果有效。为提高煤层卸压的效果，借鉴高压水射流在瓦斯增透技术方面的应用，采用水射流技术对煤层大直径钻孔进行掏槽卸压[16]，通过高压旋转水射流的切割作用，使钻孔内形成大于钻孔直径数倍的人造空洞，在煤体内形成一个范围更大的卸压区，使应力集中的峰值减小，并且向煤体深处转移，从而提高卸压效果。设计钻孔组间距为 3 m，孔径为 153 mm，孔深为 20 m，角度约为垂直巷帮上仰 6°，钻孔内掏槽段为距离孔口 8～20 m 范围。高压水射流扩孔施工示意和剖面图分别如图 3、图 4 所示。

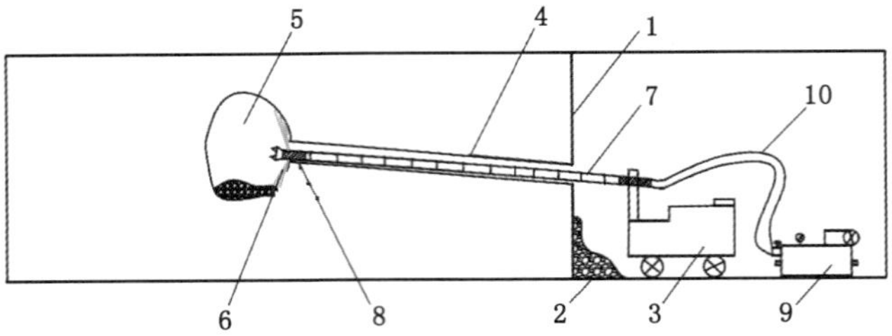

1—煤层；2—煤渣量；3—履带钻机；4—钻孔；5—掏槽位置；6—高压水射流；7—钻杆；8—射流器；9—高压泵；10—高压胶管。

图 3　高压水射流扩孔施工示意

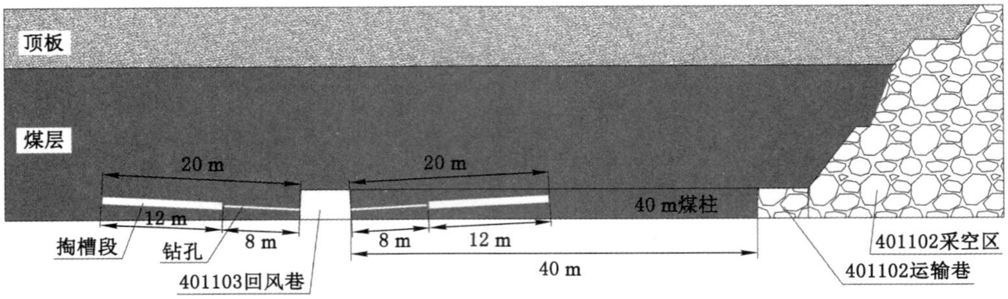

图 4　高压水射流扩孔施工剖面

3.2.2　底板“钻-爆”联合卸压

为释放底板受高水平构造应力积聚的弹性能，采用“钻-爆”联合卸压，在回风巷底板交替施工底板大直径钻孔及底板爆破卸压钻孔（图 5）。先施工大直径钻孔，为爆破能量释放提供空间，随后在大直径钻孔中间施工爆破卸压，进一步增加煤体裂隙。

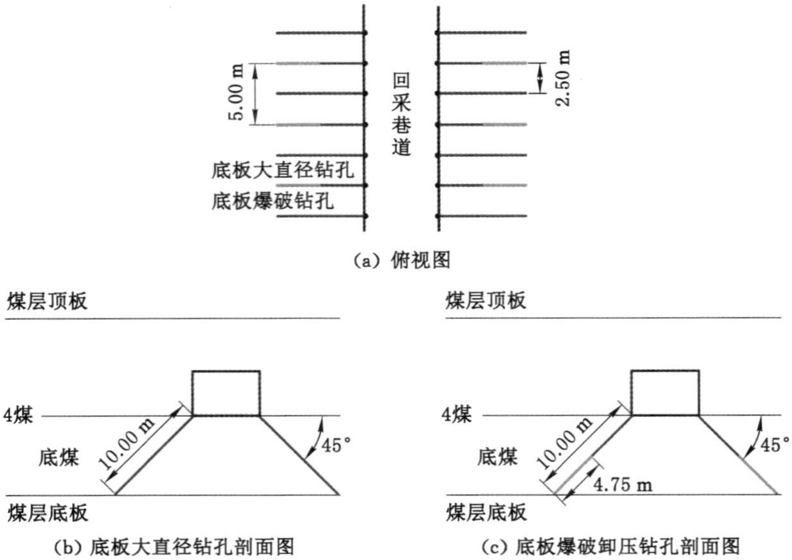

图 5　底板卸压钻孔布置

1. 底板大直径钻孔

在回风巷底板两底角施工大直径卸压钻孔，钻孔倾角为－45°，钻孔直径为153 mm，孔间距为5 m，终孔位置见岩停钻，且不超过15 m。

2. 底板爆破卸压钻孔

在回风巷底板已施工大直径钻孔中间施工底板爆破钻孔，孔间距为5 m(与同一侧相邻两个大直径钻孔间距均为2.5 m)，钻孔倾角为－45°，钻孔直径为89 mm，采用ϕ68 mm被筒炸药，设计钻孔深度每达到1 m装1卷药(0.475 m，1.6 kg)。

4 防治效果分析

4.1 应力监测效果分析

在实施以上防治措施前后，分别对401103工作面褶曲构造区进行了震波CT探测。根据探测结果(图6)，治理前工作面整体为中等冲击危险性，高应力区域分布范围较广，主要在工作面临空侧局部区域及褶曲轴部附近；治理后工作面整体为弱冲击危险性，褶曲轴部附近高应力区域明显减少，中等冲击危险区主要分布在工作面临空侧钻场区域，主要由钻场固定支承压力及侧向顶板施加静载作用所致。

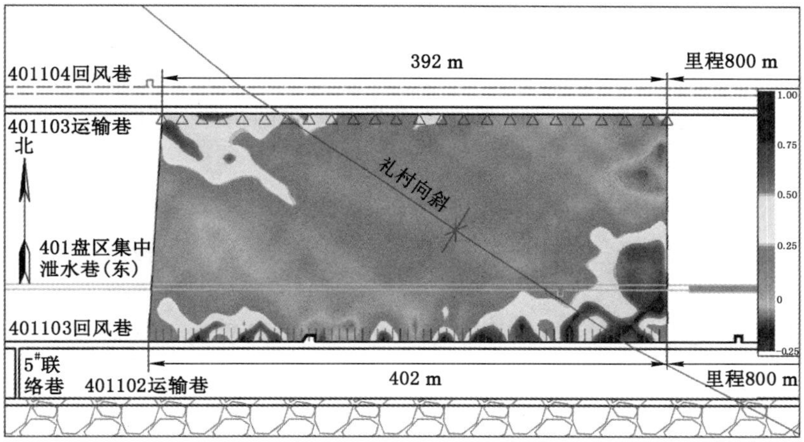

(a) 卸压前

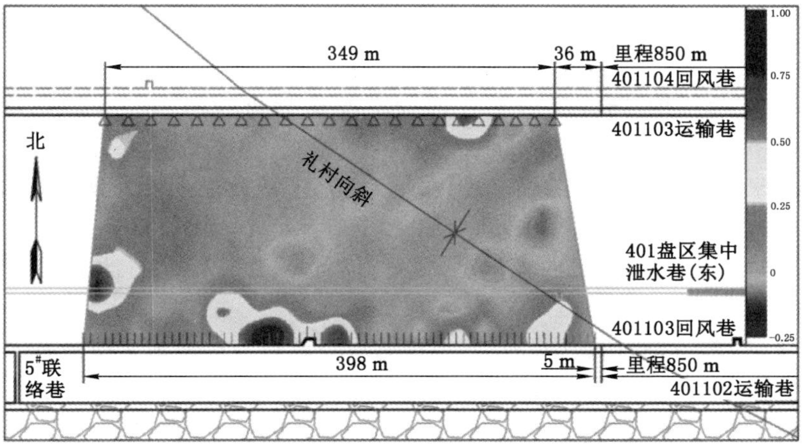

(b) 卸压后

图6 401103工作面CT探测结果前后对比

4.2 微震监测效果分析

对 401103 工作面进入褶曲构造区前后 2 个月的微震事件进行统计分析：进入褶曲构造区前，工作面微震事件日均频次为 78 次，日均能量为 7.17×10^4 J，10^3 J 以上事件平均 21 次；进入褶曲构造区后，工作面微震事件日均频次为 72 次，日均能量为 6.83×10^4 J，10^3 J 以上事件平均 17 次。由此看出，工作面进入褶曲构造区后，微震事件频次、能量未出现明显上升，且有小幅度降低。由此推断，对褶曲构造区实施以上防治措施后，顶板破断产生的强动载和巷道围岩高静载得到有效控制，冲击地压危险性未明显升高，保证了工作面的安全平稳回采。

5 结论

（1）通过综合分析得出 401103 工作面褶曲构造区主要有煤层强冲击倾向性、埋藏深度、褶曲构造、底煤厚度及煤层上覆坚硬厚层顶板等 5 个冲击地压主控因素，其中坚硬顶板破断释放的动载和巷道围岩构造应力高静载极易诱发冲击地压。

（2）针对褶曲构造区上覆多层厚硬顶板破断释放的强动载影响，对上覆高、中、低位坚硬顶板分别采用地面水平井分段水力压裂、井下定向长钻孔水力压裂及深孔预裂爆破的立体防治措施，使顶板产生的裂隙相互叠加交叉，充分弱化各个层位坚硬厚岩层。

（3）针对褶曲构造区巷道围岩存在的高静载应力状态，对巷道帮部采取大直径水力扩孔掏槽卸压、底板采取“钻-爆”联合卸压的强化卸压措施，进一步增大卸压范围，降低煤体应力集中。

（4）现场实践证明，对褶曲构造区特厚煤层开采采用以上动、静载分源防控措施能大幅度降低工作面冲击危险性，对类似条件冲击地压煤层开采具有一定的指导、借鉴意义。

参考文献

[1] 齐庆新，李一哲，赵善坤，等. 我国煤矿冲击地压发展 70 年：理论与技术体系的建立与思考[J]. 煤炭科学技术，2019，47(9)：1-40.

[2] 齐庆新，欧阳振华，赵善坤，等. 我国冲击地压矿井类型及防治方法研究[J]. 煤炭科学技术，2014，42(10)：1-5.

[3] 翟明华，姜福兴，齐庆新，等. 冲击地压分类防治体系研究与应用[J]. 煤炭学报，2017，42(12)：3116-3124.

[4] 唐杰兵，鞠文君，陈法兵. 动静载下深井临空巷道冲击破坏分析及防治[J]. 工矿自动化，2021，47(11)：88-94，134.

[5] 武晋飞，申玉明，杨皓博. 深部煤层工作面冲击地压分析与防治[J]. 山东煤炭科技，2021，39(7)：171-173.

[6] 杨增强，刘畅，宋洁，等. 褶曲构造影响区内工作面开采诱冲机理及其防治研究[J]. 工矿自动化，2023，49(10)：151-159.

[7] 赵耀中，张宁博，邓志刚，等. 褶曲构造型矿区地应力场分布特征与冲击机制[J]. 煤矿安全，2019，50(5)：23-26.

[8] 刘畅，张宇，宋洁，等. 褶曲构造带临空巷道围岩应力演化及冲击地压防治技术[J]. 煤矿安全，2023，54(2)：100-106.

[9] 赵从国. 高冲击危险区冲击危险性分析[J]. 煤炭科技，2007(1)：74-77.

[10] 潘俊锋，康红普，闫耀东，等. 顶板“人造解放层”防治冲击地压方法、机理及应用[J]. 煤炭学报，2023，48(2)：636-648.

[11] 曹坚正，肖雪峰，张铁松. 大采深复杂条件工作面冲击地压影响因素分析[J]. 中国煤炭工业，

2021(2):66-68.
[12] 潘俊锋，宁宇，毛德兵，等．煤矿开采冲击地压启动理论[J]．岩石力学与工程学报，2012，31(3):586-596.
[13] 牛鸿波，马小辉，郭燕珩，等．地面水平井分段压裂防治冲击地压技术研究与应用[J]．煤炭工程，2022，54(10):75-79.
[14] 吴学明，马小辉，吕大钊，等．彬长矿区“井上下”立体防治冲击地压新模式[J]．煤田地质与勘探，2023，51(3):19-26.
[15] 赵善坤．深孔顶板预裂爆破力构协同防冲机理及工程实践[J]．煤炭学报，2021，46(11):3419-3432.
[16] 夏永学，鞠文君，苏士杰，等．冲击地压煤层水力扩孔掏槽防冲试验研究[J]．采矿与岩层控制工程学报，2020，2(1):80-87.

强冲击特厚煤层冲击地压立体防治技术应用与分析

席国军，焦彪，杨华东，董哲，史星星，田晓兵，张怀忠，牟俊康

（陕西彬长胡家河矿业有限公司，陕西 咸阳　713602）

摘　要　冲击地压（又称冲击矿压）是采掘工作面煤岩体积聚的弹性变形能突然释放，产生强烈震动，造成煤岩体剧烈破坏的动力灾害。特厚煤层冲击地压灾害危险程度高、治理难度大，常规的卸压方式对冲击地压治理效果有限，为进一步提高冲击地压灾害治理水平，彬长矿区某特厚煤层强冲击矿井采取地面水平井高位水力压裂、井下中位长距离定向钻孔压裂、井下低位顶板深孔爆破、煤层注水卸压、煤层及底板“钻-爆一体”防冲和地面微震监测冲击地压的“立体防冲”模式，对冲击地压灾害治理和类似地质情况的冲击地压防治研究有一定的借鉴意义。

关键词　强冲击；特厚煤层；立体防冲

1　矿井概况

某矿主采煤层为4#煤层，煤层埋深为600～800 m，平均煤厚为23 m。矿井采用立井单水平开拓，分层走向长壁后退式采煤方法，综合机械化放顶煤采煤工艺，全部垮落法管理顶板；采用中央并列式通风方式，抽出式通风方法；属高瓦斯、水文地质类型“复杂”矿井。4#煤层属易自燃煤层，具有强冲击倾向性，煤尘具有爆炸危险性。

冲击倾向性鉴定结果显示：4#煤层属于Ⅲ类，为具有强冲击倾向性的煤层；顶板岩层属于Ⅱ类，为具有弱冲击倾向性的顶板岩层；底板岩层属于Ⅰ类，为无冲击倾向性的底板岩层。

4#煤层上方100 m范围内顶板中存在厚度超过10 m的岩层3层，由下至上分别为22.66 m的含砾粗砂岩（J_2a）、11.75 m的含砾粗砂岩（J_2a）、27.74 m的砾岩（K_1y）。

某采煤工作面面宽为200 m，可采长度为1 492 m（平距），煤层厚度为12.8～27 m，采用长壁分层综合机械化放顶煤开采，全部垮落法管理顶板。工作面南侧为实体煤，北侧为相邻工作面采空区，回采前该采空区已经完成回采4年。

2　立体防冲技术措施

2.1　立体卸压

2.1.1　高位地面L型水平井分段压裂降载技术

以距离煤层顶板上方60～90 m范围的高位坚硬岩层为目标层，采用电缆泵送桥塞射孔联作压裂工艺对目标层进行后退式分段压裂，实现对高位区域坚硬岩层的全方位预裂，降低了工作面回采期间的冲击危险性。

对区域地层对比综合分析，地面压裂目标层为安定组底界含砾中粗砂岩和细砂岩复合层，厚度为 7.7～15.59 m，平均厚度约为 11.0 m，目的层厚度在采煤工作面中间较厚，东西两侧较薄，距离煤层顶板 60～90 m，平均约为 75 m。煤层顶板距目的层的厚度，西边至东边逐渐变薄，西侧厚约 85 m，东侧厚约 70 m。

该工作面设计两口地面压裂井，具体情况如下：

H-01L 水平井共计进尺 1 505 m，钻孔轨迹距离煤层顶板约 80～90 m，共计压裂 13 段，压裂范围为井深 826～1 480 m，对应巷道回采里程 12～666 m，共计压裂长度为 654 m。H-01L 水平井压裂缝络长为 256～300 m(向北 124～160 m、向南 111～152 m)，缝络高为 50～67 m(向上 28～38 m、向下 20～30 m)，影响宽度为 44～62 m；平均缝络长为 271.9 m，平均缝络高为 59.5 m，平均影响宽度为 52.8 m。

H-02L 水平井共计进尺 1 835 m，钻孔轨迹距离煤层顶板约 80～90 m，共计压裂 19 段，压裂范围为井深 800～1 815 m，对应巷道回采里程 677～1 692 m，共计压裂长度为 1015 m。H-02L 水平井压裂缝络长度为 269～322 m(向北 141～185 m，向南 125～147 m)，缝络高度为 48～55 m(向上 21～29 m，向下 23～28 m)，影响宽度为 41～58 m；平均缝络长度为 294 m，平均缝络高度为 52.2 m，平均影响宽度为 48.3 m。

采煤工作面实施了高位地面 L 型水平井压裂措施，地面压裂形成了水平缝长不低于 300 m、垂直缝高不低于 50 m、裂缝带宽不低于 60 m 的“人造解放层”，解决了煤层大范围区域防冲问题，使得压裂范围内岩体对上层顶板的支承功能下降；走向方向上使得工作面上方悬顶距离减小，从而顶板弯矩减小，降低了工作面超前支承压力的集中程度，进而降低了冲击危险性。

采煤工作面地面压裂钻孔布置平面图如图 1 所示。

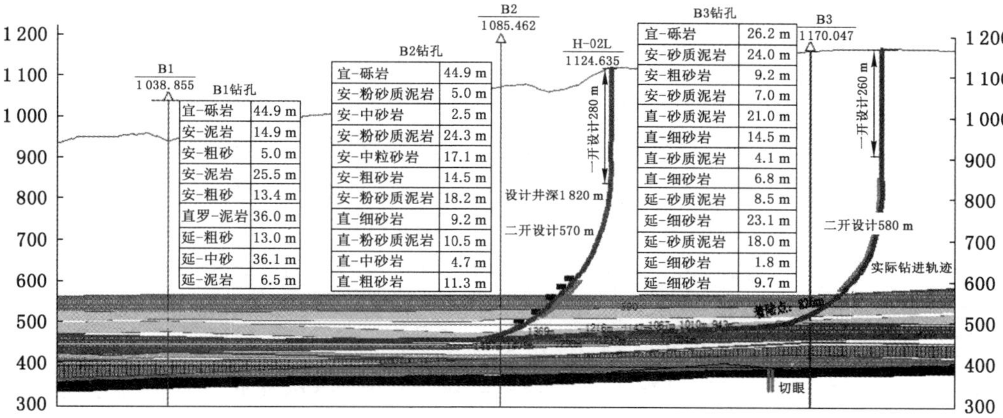

图 1　某采煤工作面地面压裂钻孔布置平面图

2.1.2　中位井下长距离定向裸眼压裂降压技术

定向水压致裂技术处理坚硬顶板提供了一种简单、有效的改变岩石物理属性的方法，而且成本较低，利用定向压裂技术把坚硬顶板分层或切断，破坏岩层和围岩的结构及其完整性，实现了高集中应力的转移与释放，同时增加了能量传递过程的衰减程度，有效控制了冲击地压发生的应力条件和能量条件。

某采煤工作面末采过断层期间，主要是在井下对煤层上方 30 m 左右低位坚硬岩层进行压裂，压裂半径可达 30 m，实现工作面有效降压，降低工作面受冲击地压灾害的影响。

经统计分析：

(1) 工作面在未进入断层构造影响区域前，工作面平均来压步距为15.4 m。

(2) 进入断层残余构造影响区后，来压步距增大为19.3 m，可见断层使得来压时顶板的活动范围更大。

(3) 压裂后顶板来压步距缩短为12.8 m，说明压裂增加了顶板中的裂隙发育。

(4) 来压步距缩短，使得来压期间顶板破断造成的动载荷处于相对较低的水平。

2.1.3 低位高强度高密度深孔爆破断顶技术

从回采里程0 m处开始施工至终采线外40 m，由里向外连续施工。孔深分别为51 m、48 m、46 m、49 m、20 m，平均装药量为85 kg，回采里程为35 m至终采线外40 m，每组4个孔，孔深分别为51 m、48 m、46 m、49 m，组间距均为10 m。

在采煤工作面两顺槽采用扇形顶板深孔爆破技术，通过采取布置高密度钻孔、孔内大药量爆破的方式，对煤层顶板30 m范围内坚硬岩层进行连续预裂，有效降低顶板坚硬岩层造成的威胁。

在顶板上方砂岩层内实施预裂爆破措施，主要是利用炸药爆破的预裂作用将顶板上覆岩层中的关键层进行预裂，经过采取连续的预裂措施，实施爆破后，可将顶板上覆岩层断裂成南、北两部分，导致顶板发生垮断，煤体的应力因顶板垮断而发生阶段性下降；降低采煤工作面在回采过程中受相邻采空区顶板活动造成的影响和破坏程度，同时缩短周期来压步距，降低周期来压强度。

2.1.4 煤层全方位“钻-爆一体”减压技术

1. 煤层及底板爆破卸压措施

实施目的：在采煤工作面顺槽两帮和两底板煤层内施工钻孔并装药进行爆破，在煤体内部产生爆破裂隙，改变煤体的应力条件和煤岩物理力学性质，从而降低采掘空间周围煤体中的应力水平，使应力峰值向煤体深部转移，释放煤体积聚的弹性能，从而降低冲击地压发生的可能性。

帮部爆破参数：从回采里程7.5 m处开始施工至终采线外40 m，强冲击危险区域的孔间距为5 m，中等冲击危险区域的孔间距为7 m，孔深为15 m，装药量为11.0 kg，装药长度为4.0 m，封孔长度为7.0 m，孔底留设4.0 m的空气柱。钻孔施工完成后及时使用黄泥对孔口进行封堵，封堵长度不小于0.3 m，爆破前先进行探孔，确认探孔合格后方可进行装药爆破。

底板爆破参数：从回采里程1.4 m处开始施工至终采线外40 m，强冲击危险区域的孔间距为2.8 m，中等冲击危险区域的孔间距为3.8 m，孔深为10 m、装药量为9.9 kg，装药长度为3.6 m，封孔长度为6.4 m。钻孔施工完成后及时使用黄泥对孔口进行封堵，封堵长度不小于0.3 m，爆破前先进行探孔，确认探孔合格后方可进行装药爆破。

使用串联连线正向装药，采用导爆索＋雷管＋起爆器连接起爆，水炮泥＋黄泥封全孔，要求在超前工作面300 m范围外爆破。起爆间隔时间为30 min，每次爆破不得超过10个孔。要求躲炮距离不小于300 m，躲炮时间不少于30 min。

2. 煤层及底板大直径钻孔卸压

实施目的：在帮部实施大直径卸压孔，主要目的是在顶板压力向帮部传递过程中通过压塌钻孔将一部分压力吸收，减少帮部收敛、网片开裂等现象。

在底板实施大直径卸压孔，主要目的是在回风巷两底角向底板的压力传递路径上施工卸压钻孔，在压力传递过程中通过压塌钻孔将一部分压力吸收，减少底板鼓起和底角压溃现象。

帮部大直径钻孔参数：开口位置为帮部距底板1.5 m处，同时和帮部爆破卸压孔交替施工，即帮部大直径卸压孔和爆破孔之间距离为2.5 m。孔径为153 mm，孔深为25 m，孔间距为5 m，倾角为0～5°，方位角为0°/180°垂直巷道帮部施工，从切眼施工至终采线外，大直径卸压孔和爆破卸压孔交替施工，要求在超前工作面300 m范围外施工。

底角爆破参数：在巷道底板进行施工，从回采里程 302.4 m 施工至终采线外 40 m，在距离底板 0.3 m 处开孔，和底角爆破卸压孔交替施工，即底角大直径卸压孔和爆破卸压孔之间的距离为 1.4 m。孔间距为 2.8 m，孔径为 153 mm，孔深为 10 m，倾角为 −45°，施工方位角垂直于巷道。钻孔施工完毕后使用水泥+煤泥（比例为 1∶3）进行封孔，封孔深度为 1.0 m。要求在超前工作面 300 m 范围外施工。

3. “钻-爆一体”减压技术

在采煤工作面两顺槽采用煤层卸压钻孔与煤层爆破相结合的方式，在掘进工作面采用迎头钻孔卸压和帮部、底板煤体爆破卸压相结合的方式进行煤体卸压，有效降低采掘工作面的冲击危险性。

“先钻孔卸压，再爆破卸压”的组合方式更优。钻孔卸压首先将巷道近区围岩应力小幅度均匀降低，避免了爆破卸压后保护带煤体内出现应力水平过度增高的情况，同时提高了爆破孔的成孔率，便于装药。

2.1.5 煤层深孔注水弱化改性技术

在采煤工作面临空侧顺槽采取以上综合防治措施的基础上，实施煤层深孔高压注水弱化措施，通过“高压水扩张造缝”和“静压水渗透软化”两种注水方式对煤层进行弱化，使得煤体颗粒之间的黏结力降低、接触面的摩擦力减小，使得应力即使在峰值前后变化也相对平缓，煤体弹性能存储水平降低。

采煤工作面临空巷道在正帮肩部向工作面煤体施工注水钻孔，井下 15 m 套管，各孔单独安装阀门控制，确保能够独立控制每个钻孔的灌注流量、时间等参数，在超前工作面 300 m 外施工。

注水孔距离工作面 30 m 位置时开始通水进行煤层高压注水预裂，高压注水时间不低于 30 h，高压注水 30 h 后改为静压注水，即将静压注水管路中静压水直接引进钻孔内，并使用阀门控制水量进行钻孔注水，当单个注水孔距离采煤工作面 5 m 时完成注水工作，撤回高压水管。

2.2 立体监测

矿井引进 ARP2018 地面微震监测系统，与井下 ARAMIS M/E 微震系统形成井上下联合监测体系（图 2），对比井上下联合监测系统投运前、后采煤工作面微震事件分布情况（图 3、图 4），垂直方向的定位高度由煤层上方约 60 m 提高至约 200 m，提高了垂向定位精度。

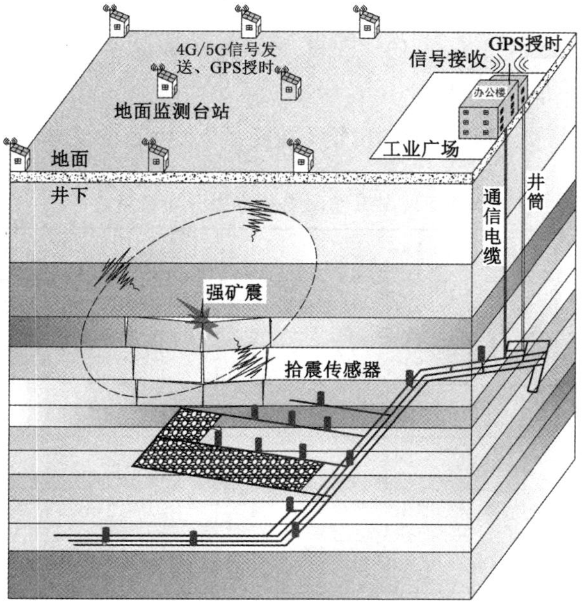

图 2　井上下微震系统布置示意图

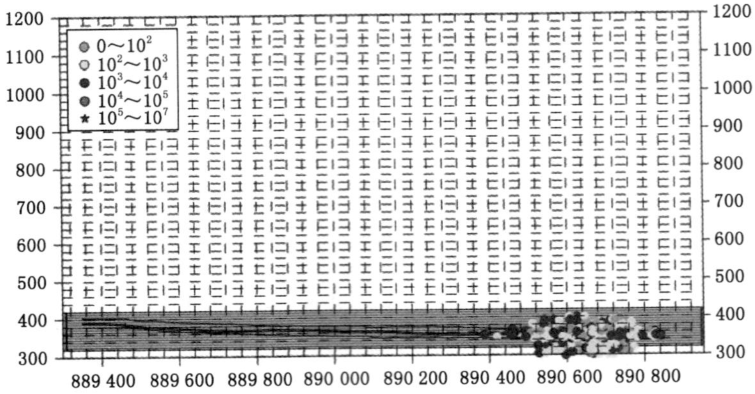

图 3 未使用地面微震前微震事件分布图

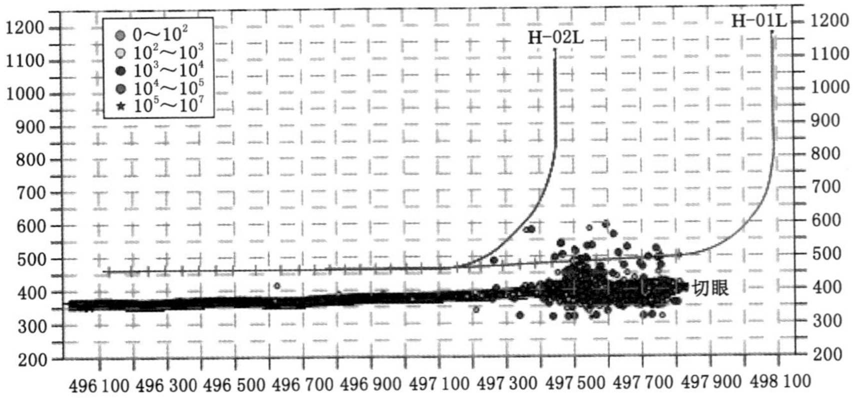

图 4 使用地面微震后微震事件分布图

3 立体防冲效果分析

3.1 降低采煤工作面支承应力静载

通过工程类比法，统计和分析两个工作面微震能量，分析超前支承应力分布情况，具体见表 1。

表 1 采煤工作面支承应力分布统计表

时间	压裂工作面			相邻未压裂工作面		
	范围/m	距离/m	峰值位置/m	范围/m	距离/m	峰值位置/m
第 1 月	0～300	300	50	0～340	340	110
第 2 月	25～250	270	100	−30～330	360	225
第 3 月	−10～150	160	70	0～260	260	225
第 4 月	−0～75	95	55	−20～350	370	160
第 5 月	−50～200	220	25	−50～200	250	75
第 6 月	0～150	150	40	−20～220	240	30
回采 200 d	−100～250	350	50	−70～350	420	200

由图 5、图 6 可以看出：采煤工作面支承应力分布范围缩小、悬臂由长变短，超前支承压力影响范围由 350 m 降到 250 m、峰值位置由面前 200 m 降到 50 m；散能效果明显，微震事件呈现高频低能状态，每日总频次由平均 5 次上升至 18 次，平均能量由 8.5×10^3 J 降低到 4.1×10^3 J。

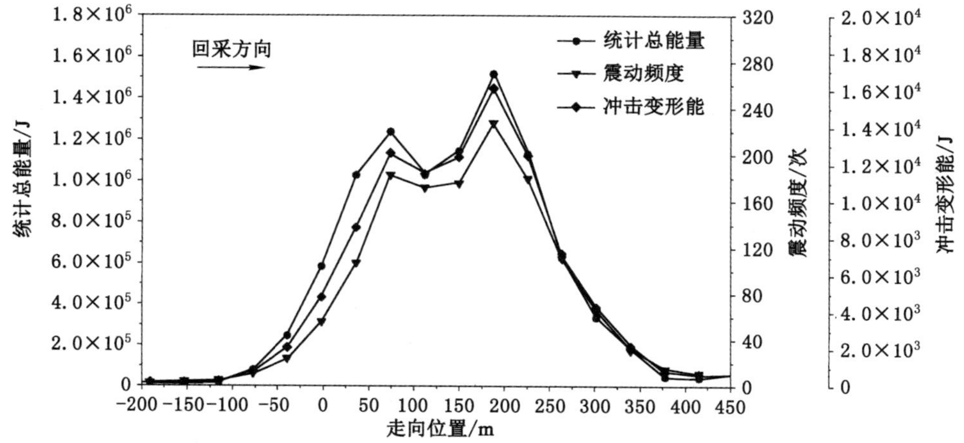

图 5　相邻未压裂工作面支承应力分布图

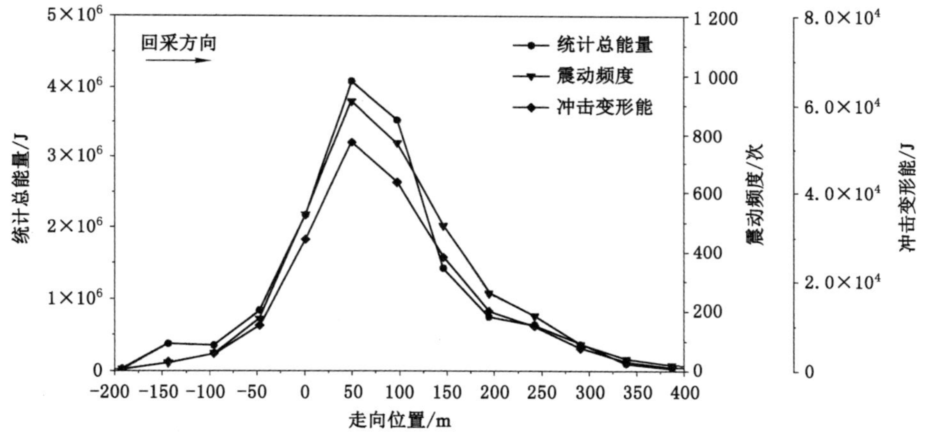

图 6　压裂工作面支承应力分布图

3.2　采空区沉降及时

覆岩破断动载降载效果明显，地面沉降明显，工作面来水提前，启动步距降低，地表最大下沉量达 6.4 m，下沉系数为 0.47。

在采煤工作面地面布置沉降观测点，地面压裂后对地表沉降进行观测分析，地表沉降情况如表 2 所示。

表 2　地面压裂回采工作面地表沉降情况一览表

点号	回采里程/m	回采里程(3.10)/m	剩余距离/m	半月下沉/mm	累计下沉/mm
JC24	784	910.6	−126.6	300	2 008
JC25	733	910.6	−177.6	314	1 709
JC26	834	910.6	−76.6	586	2 068

表 2(续)

点号	回采里程/m	回采里程(3.10)/m	剩余距离/m	半月下沉/mm	累计下沉/mm
JC27	395	910.6	−515.6	90	4 893
JC28	396	910.6	−514.6	90	4 592
JC29	390	910.6	−520.6	72	2 472
JC30	−75	910.6	−985.6	29	1 084

3.3 降低周期来压动载

通过统计该采煤工作面一次"见方"和二次"见方"两个危险性较高区域的周期来压情况(图 7),并模拟云图对比相邻工作面"见方"区域的周期来压云图,对比说明立体防冲措施的应用,对降低工作面来压强度有一定的效果。

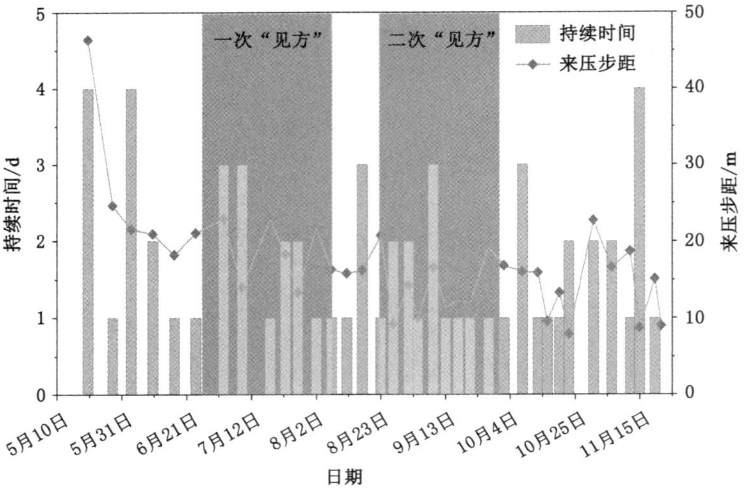

图 7 地面压裂工作面周期来压参数一览图

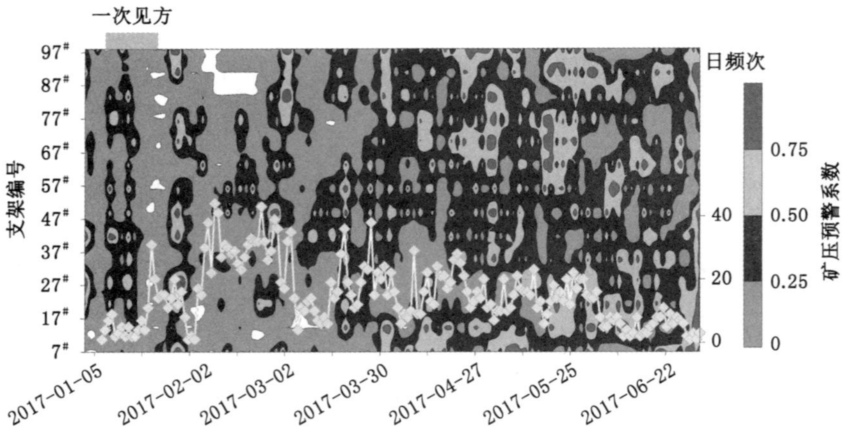

图 8 相邻未压裂工作面"见方"区域周期来压云图

采用地面压裂后周期来压动载降载效果明显,一是压裂后来压频繁,但周期短、步距变短、持续时间短;二是压裂后工作面整体来压不明显,以分散式局部来压为主。

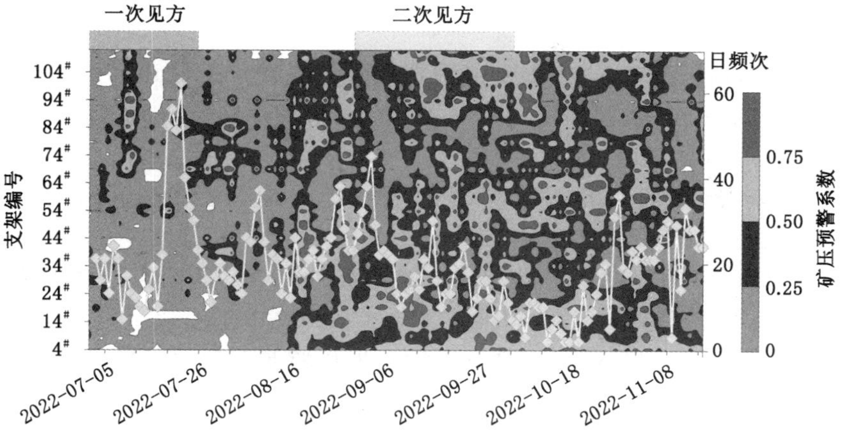

图 9　压裂工作面“见方”区域周期来压云图

4　结论

通过上述井上下立体防冲技术的应用，有效地降低了采煤工作面冲击危险程度和冲击风险。一是采煤工作面支承应力分布范围缩小，悬臂由长变短，超前支承压力影响范围由 350 m 降到 250 m，峰值位置由面前 200 m 降到 50 m。二是周期来压动载降载效果明显，压裂后来压频繁，但周期、步距、持续时间均降低，来压步距由 15 m 降为 13.7 m，来压持续天数由 7 d 降为 3 d，来压形式由整体来压变为局部来压。三是覆岩破断动载降载效果明显，地面沉降明显，工作面来水提前，启动步距降低，地表最大下沉量达 6.4 m，下沉系数为 0.47。四是散能效果明显，微震事件呈现高频低能状态，每日总频次由平均 5 次上升至 18 次，平均能量由 8.5×10^3 J 降低到 4.1×10^3 J。

参考文献

[1] 邓志刚. 基于 ARAMIS M/E 微震监测系统的冲击地压监测技术[J]. 煤矿安全，2013，44(5)：105-107.

[2] 窦林名，田鑫元，曹安业，等. 我国煤矿冲击地压防治现状与难题[J]. 煤炭学报，2022，47(1)：152-171.

[3] 冯立杰，赵振渠，付江伟，等. 煤矿井下压裂关键技术及装备研究[C]//2011 第十一届国际煤层气研讨会论文集. 北京：2011：48-54.

[4] 焦彪，邱远舰，郝宝利，等. 胡家河地面水平井压裂防治冲击地压管理实践[J]. 煤炭技术，2024，43(1)：176-179.

[5] 李楠，王恩元，GE M C. 微震监测技术及其在煤矿的应用现状与展望[J]. 煤炭学报，2017，42(增刊 1)：83-96.

[6] 刘金海. 煤矿冲击地压监测预警技术新进展[J]. 煤炭科学技术，2016，44(6)：71-77.

[7] 吕玉磊，郑凯歌，白俊杰. 顶板定向长钻孔分段水力压裂防冲技术研究[J]. 煤炭工程，2022，54(10)：68-74.

[8] 欧阳振华. 多级爆破卸压技术防治冲击地压机理及其应用[J]. 煤炭科学技术，2014，42(10)：32-36.

[9] 潘俊锋，康红普，闫耀东，等. 顶板“人造解放层”防治冲击地压方法、机理及应用[J]. 煤炭学报，2023，48(2)：636-648.

[10] 潘俊锋，刘少虹，秦子晗，等.深部盘区巷道群集中静载荷型冲击地压机理与防治[J].煤炭学报，2018，43(10)：2679-2686.

[11] 潘一山.煤矿冲击地压扰动响应失稳理论及应用[J].煤炭学报，2018，43(8)：2091-2098.

[12] 潘一山，李忠华，章梦涛.我国冲击地压分布、类型、机理及防治研究[J].岩石力学与工程学报，2003，22(11)：1844-1851.

[13] 齐庆新，雷毅，李宏艳，等.深孔断顶爆破防治冲击地压的理论与实践[J].岩石力学与工程学报，2007，26(增刊1)：3522-3527.

[14] 齐庆新，李一哲，赵善坤，等.我国煤矿冲击地压发展70年：理论与技术体系的建立与思考[J].煤炭科学技术，2019，47(9)：1-40.

[15] 谭云亮，郭伟耀，辛恒奇，等.煤矿深部开采冲击地压监测解危关键技术研究[J].煤炭学报，2019，44(1)：160-172.

[16] 王书文，鞠文君，潘俊锋.临空留巷底板冲击地压启动区判定与分步防治技术[J].煤炭学报，2017，42(11)：2799-2807.

[17] 魏明尧，王恩元，刘晓斐，等.深部煤层卸压爆破防治冲击地压效果的数值模拟研究[J].岩土力学，2011，32(8)：2539-2543.

[18] 杨月，潘一山，罗浩，等.大直径煤层钻孔注水压裂防治冲击地压数值模拟[J].辽宁工程技术大学学报(自然科学版)，2014，33(4)：451-455.

[19] 张宏伟，李云鹏，陈蓥，等.三硬条件下孤岛区域大直径钻孔防冲方案优化[J].安全与环境学报，2017，17(5)：1823-1827.

[20] 章梦涛，宋维源，潘一山.煤层注水预防冲击地压的研究[J].中国安全科学学报，2003，13(10)：69-72.

大倾角特厚易燃煤层分层开采下行通风防灭火技术探究

达国志，董昊福，张玮

（甘肃华亭煤电股份有限公司东峡煤矿，甘肃 平凉 744100）

摘　要　为准确研究大倾角特厚易燃煤层分层开采下行通风防灭火特点，结合现场实际情况，通过对大倾角特厚易燃煤层分层开采特征中采空区煤岩垮落分布规律及工作面采空区漏风区域的氧浓度分布及变化规律的研究，掌握大倾角条件下采空区空间形态及漏风区域形成规律。结合已采取的综合防灭火措施及其变化规律，对方案进行优化调整，达到理想的防灭火效果。

关键词　大倾角；灾害；防灭火；惰气；效果

1　东峡煤矿煤层概况及研究必要性

华亭煤电股份有限公司东峡煤矿所采煤层为大倾角、特厚、易燃煤层，采用大倾角综放开采工艺，全部垮落法管理顶板，所采煤层为 6 煤层，煤层倾角为 25°～45°，是国内、外最易发火的长焰煤煤层，矿井煤层属Ⅰ类容易自然发火煤层。可采煤层总厚度达 32 m，矿井采用分层开采。回采期间采用 U 型下行通风方式。

在上分层开采后，采空区（即下分层准采区顶部）极易聚热发火，干馏放出大量的甲烷、乙烯等烷烃类、一氧化碳等可燃、可爆、有毒气体，给矿井的安全生产造成严重的安全隐患。因此研究剖析大倾角特厚易燃煤层分层开采下行通风防灭火技术是矿井紧迫的任务，为工作面安全高效回采提供强有力的保障。

2　大倾角特厚易燃煤层分层开采特征

2.1　工作面采空区煤岩垮落分布规律

在大倾角工作面开采期间，由于受倾角因素的影响，致使工作面采空区顶板在垮落后的分布极不规律。在直接顶垮落后，中上部区域断裂的顶板和垮落后的岩石，在重力作用下会沿工作面底板滑落至下部区域，充填满下部空间后，会使得下部区域顶板无法得到充分的垮落，采空区“竖三带”特征不明显；而中上部区域岩石有了较大的空间，其顶板内可垮落的岩石会得到充分垮落，范围大、高度高，“三带”形成层位较高。大倾角厚煤层分层开采时，受采动次数的影响，采空区垮落的岩石沿工作面倾斜方向上的破碎程度有所不同：上部破碎程度较大，其次为中部、下部。在工作面垂直方向上，在回采上分层时，“三带”分布较为明显；在开采下分层时，上分层岩体垮落形成的“三带”会在下分层采动的影响下进行二次垮落，工作面中上部岩层破碎程度高于下部，且破断岩层在下滑堆积后，倾斜上部与采场高位区域易形成空洞；工作面下部区域比上分层开采时的破碎程度要高，同时裂隙带的高度也会随之增大。大倾角煤层空间分布如图 1 所示。

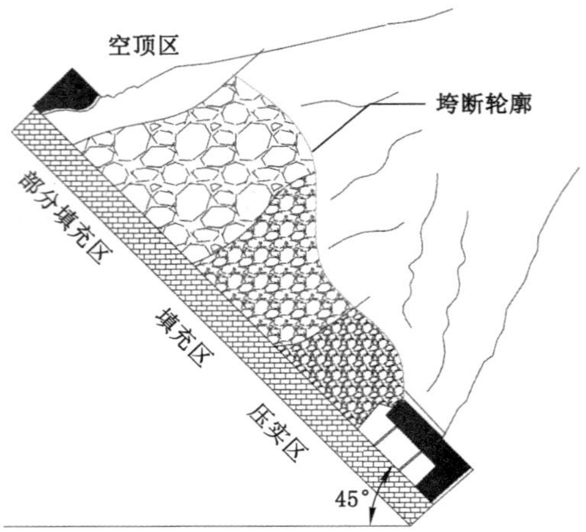

图1　大倾角煤层空间分布

2.2　工作面采空区漏风区域的氧浓度分布及变化规律

煤氧接触才能发生物理吸附、化学吸附和化学反应。因而煤氧接触面积越大，煤氧化反应的概率也越大。煤的破碎程度越大，粒度越小，比表面积越大，其煤氧接触面积越大，氧化放热性就越强。

在孔隙率相同时，煤的发热量与煤的粒径成反比。但是，煤的孔隙率与粒度有关，随着粒度的降低，煤中原封闭的微孔隙可暴露在空气中，所以其孔隙率增加，使其反应速度增加。当煤粒径下降到一定值后，其煤中封闭的微孔隙被暴露，所以煤氧接触面积大幅度增加，煤氧化反应速度和氧化放热强度都增加很快。

由于采空区内的气体成分以空气为主，空气中氧气含量占据20%左右，煤氧接触范围大。根据中国矿业大学对东峡煤矿"大倾角特厚易燃煤层分层开采防灭火技术研究"的成果表明：当采空区倾角在20°～30°时，回风侧的 O_2 浓度变化速率高于中部，即倾角较小时，相较于中部，回风侧的漏风流动较为顺畅，散热性较好，煤自燃概率低于中部；当倾角增大至40°时，回风侧的 O_2 浓度变化速率低于中部，即倾角较大时，相较于中部，回风侧孔隙率的减小对漏风流动产生较大影响，散热性变差，煤自燃概率高于中部。在空间分布上，除底板外，其他层位无明显规律，最终形成 O_2 浓度分布特征。随着倾角增加，采空区底板的自燃"三带"的范围不断缩小，随着倾角增加，回风侧的上部（即下水平）较为靠上的层位易发生 O_2 的积聚。受两道放煤方式和采空区漏风影响，除氧化带外，两道的遗煤更容易蓄热形成高温区域。

3　大倾角采空区下行通风条件下预混气体扩散规律

注 N_2 或 CO_2 是采空区煤自燃最常用的防治措施之一，然而单一种类的惰性气体使用存在一定的不足，比如 N_2 不易进入深部区且向上聚集，而 CO_2 则极易下沉聚集且扩散很缓慢。

大倾角采空区下行通风条件下，N_2 占比越高的预混惰气越慢达到动态平衡状态，研究表明：当 N_2 占比60%时，达到平衡状态约需10 min；而 N_2 占比70%及80%时，达到平衡状态约需20 min。作为对比，近水平采空区，预混惰气中 N_2 占比60%时达到平衡约需40 min，N_2 占比80%时约为10 min。即相比于近水平采空区状态，大倾角采空区采用下行通风时，密度较大的预混惰气达到动态平衡的时间缩短，而密度较小的预混惰气达到动态平衡的时间延长。

相比于近水平采空区，大倾角采空区下行通风条件下，惰气由注惰管口流出后，主流动方向由向工作面逆流变为沿倾向（重力分力方向）或走向（至采空区深部）流动。大倾角采空区采用下行通风方式，上水平注入的预混惰气密度较大时，以倾向流动为主，密度较小时，以走向流动为主，随着惰气中 N_2 比例的提升，主流动方向逐渐由倾向至走向过渡。

在大倾角条件下，重力场对惰气的流动产生明显影响，在 N_2 占比为 70%时，O_2 浓度降幅达到 14%～15%，随着 N_2 占比不断增加，惰气量逐渐增多；在 N_2 占比为 80%时，O_2 浓度降幅达到 15%～16%。在水平状态时，惰化水平呈现随 N_2 占比增加而增强的趋势，但整体较弱。而大倾角状态下，下水平区域相对上水平结构紧凑、孔隙率减小，而上部区域孔隙率增大，惰气易于向上水平区域的深部流动，使得大倾角状态下呈现出相对较好的惰化效果。

通过上述数据分析可以得出，在大倾角条件下，沿重力分量的方向，随着 N_2 占比提升，进风侧惰气的流动主方向逐渐由倾向向走向过渡，进入中部区域后分为两类，一类可以先继续向压实区深部渗透，另一类受综合作用影响向回风侧流动。气体流动至回风侧后受下水平区域孔隙结构的影响，流动较为困难，形成较为均匀的扩散流动。

下行通风、大倾角状态下，受重力影响预混气体的流动轨迹改变，主要流动方向为重力分量的方向，预混气体的扩散范围减小。上水平区域相对下水平结构松散、孔隙率增大，使得惰气易于向上水平区域的深部流动；而下部孔隙率减小，且由于惰气无法及时流出，在底部堆积，使得气体在回风侧的流动较为困难，因此形成较为均匀的扩散流。

4 大倾角采空区预混惰气与 N_2 协同注惰效果

预混惰气在近水平采空区中，惰化效果大幅度优于 CO_2，但在大倾角采空区中存在与 CO_2 相似的问题：预混气体在上水平滞留时间短，惰化效果差；在中部存在惰化盲区；在下水平产生明显的堆积状态。大倾角采空区中，由上行通风对预混惰气惰化效果的影响可以得出，与预混惰气流动相逆的气流有助于惰化效果的提升。制氮机是矿井生产中的常规装备之一，N_2 易于获得，且管路布置简单，因此考虑在下水平区域增加注 N_2 管路，制造逆向气流，增强预混惰气的惰化效果。

由于倾斜采空区下行通风条件下，仅在上水平注 CO_2 在惰化效果上存在较多不足，在现场条件允许时，常采用上水平注 CO_2 及下水平注 N_2 的方式协同配合，一般分为两类：① 上水平注 CO_2，下水平注 N_2，二者同时进行，即同步协同注惰；② 上水平先注 CO_2 一段时间后，再配合下水平注入 N_2，即异步协同注惰。由前文可知在单一注惰中，预混惰气的惰化效果明显好于 CO_2，因此在两种协同注惰方式的基础上，将 CO_2 替换为 N_2 占比 50%的预混惰气进行对比，参数见表 1。惰化效果对比如图 2 所示，异步协同注惰方式在大部分测点均优于同步协同注惰方式，而惰化盲区在预混惰气替换 CO_2 后得以解决，表明相比于同步协同注惰，异步协同注惰的效果更好。

表 1 两种协同注惰方式对比实验参数

注惰方式	工作面风速/(m/s)	注惰流速/(m/s)	埋管深度/m	倾角/(°)	注惰时间/h
同步协同注惰(CO_2 和 N_2)	4	5.5	0.67	40°	2
异步协同注惰(CO_2 和 N_2)	4	5.5	0.67	40°	2
同步协同注惰(预混惰气和 N_2)	4	5.5	0.67	40°	2
异步协同注惰(预混惰气和 N_2)	4	5.5	0.67	40°	2

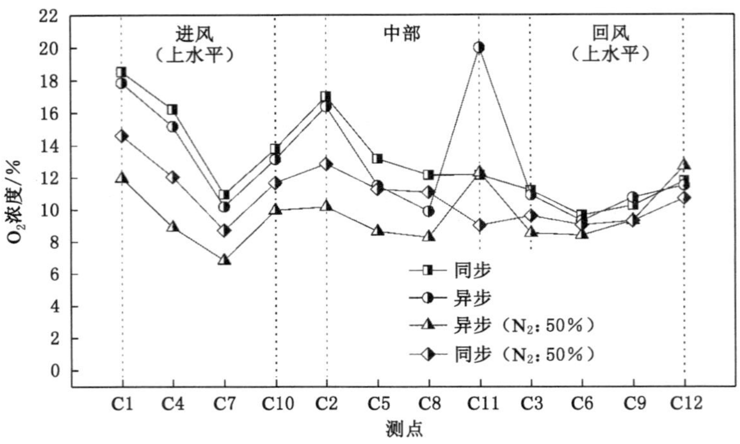

图 2　两种协同注惰方式惰化效果对比

5　结语

（1）大倾角采空区中，N_2 进入已存在较重惰气的区域后，主要影响区域位于注惰端口的后侧，且越重混合气的惰化效果受到的整体增幅越强。但在下行通风条件下，N_2 占比 50%向深部的流动能力相较于 N_2 占比 60%、70%、80%更弱。相比于下行通风条件，上行通风的逆向风流使 N_2 占比 50%的流动能力仅弱于 N_2 占比 80%，且使得该惰气在下水平和中部略微提升扩散范围。这表明，与预混气体等量的 N_2 流动使得预混气体在其原扩散范围内对 O_2 的抑制程度进一步加深，但无法在与重力方向相逆的状态下使惰气的扩散范围变大。

（2）大倾角状态下，进风侧，无论是通风方式的改变，还是惰气比例的增加，都无法阻止整体惰化效果的大幅度衰减，下行通风的衰减幅度高于上行通风。下行通风条件下，等流量 N_2 注入后无法突破较重惰气的封堵，对下行通风的衰减幅度减缓效果有限，应按实际情况考虑降低较重惰气的流量和增大 N_2 的流量。上行通风条件下，风流与 N_2 流的双重作用，消除了惰气在下水平的堆积状态，中部和下水平惰化效果大幅度提升，但上水平区域与近水平采空区条件相比仍有差距。N_2 在下水平的使用除增强底板的惰化效果外，N_2 与 CO_2 或与预混气的结合在采空区全域也形成了立体的惰气空间分布，相较于只注 N_2 或只注 CO_2 及预混气体，产生了多层位的立体惰化效果。

参考文献

[1] 罗海珠，梁运涛. 煤自然发火预测预报技术的现状与展望[J]. 中国安全科学学报，2003，13(3)：76-78.

[2] 马成军，白利文，申立华. 采空区自燃“三带”分布规律及影响因素分析[J]. 华北科技学院学报，2008，5(1)：24-26.

[3] 谭允祯. 综采放顶煤工作面采空区自燃区的划分[M]. 徐州：中国矿业大学版社，2001.

[4] 王德明，亓冠圣，戚绪尧，等. 煤实验最短自然发火期的快速测试[J]. 煤炭学报，2014，39(11)：2239-2243.

[5] 鲜学福，王宏图，姜德义，等. 我国煤矿矿井防灭火技术研究综述[J]. 中国工程科学，2001，3(12)：28-32.

[6] 周福宝，刘玉胜，刘应科，等. 综放工作面“U＋I”通风系统与煤自燃的关系[J]. 采矿与安全工程学报，2012，29(1)：131-134.

综采工作面长度与矿震事件频次和能量释放相关性研究

刘海双,刘深

(甘肃华亭煤业集团有限责任公司山寨煤矿,甘肃 华亭 744100)

摘　要　增加工作面长度已成为矿井高效集中生产的主要技术方向之一,工作面长度的增加能够有效提高矿井资源采出率,但是工作面倾斜长度增加后,顶板跨度增大,带来冲击地压动力现象的显著变化,顶板岩层结构、初次来压以及周期来压过程、上覆岩层移动特征等,将发生明显变化,本文通过微震监测技术分析矿震事件的影响因素,总结出不同长度工作面的矿压规律。通过分析比较得出工作面长度与矿震事件频次和能量释放成正比。研究结果同时为强矿压的监测及治理提供了基础。

关键词　工作面长度;微震监测;矿震事件;频次和能量;相关性

矿震是指在煤田开发区内,在一定的应力场和采矿活动共同作用下,局部地区积累了一定的能量后,这些能量以冲击或是重力等作用方式突然释放而导致的采场煤岩层的震动,简称矿震。高能量矿震事件的发生会造成巷道失稳、井下设备损坏、矿工伤亡等,因而降低和避免高能量矿震事件带来的威胁,是矿压防治的首要任务。SOS微震监测系统可以监测矿震事件发生的地点和能量释放的大小,通过对监测数据的统计分析进而预测矿震事件发生的规律及变化趋势。本文在山寨煤矿微震数据收集和统计分析的基础上,根据不同倾斜长度工作面回采过程中所呈现出的震动现象,重点研究25011工作面矿震事件发生的影响因素及规律,根据分析比较结果确定综放工作面长度与矿震事件频次及能量释放的相关性。

1　工作面地质概况

山寨煤矿1102工作面长度为120 m,1104和11051工作面长度为150 m,在掘进及回采过程中都不同程度地发生矿压显现,25011工作面设计开采长度为180 m,1102、11051、25011工作面煤层均为煤5层,该段煤层倾角为7°～12°,平均倾角为9°,含夹矸2～5层,夹矸最大厚度为0.6 m左右,夹矸为黑色碳质泥岩及灰色泥质粉砂岩。煤5层抗压强度为7.4 MPa;抗拉强度为0.26～1.53 MPa,平均为0.62 MPa;坚固系数为1.3～2.9,平均为1.9。煤层硬度f为2～3,层理发育,节理发育,煤质疏松,易垮落。

2　微震监测结果分析

2.1　工作面推进速度对矿震事件的影响

统计25011工作面2015年3月1日至4月30日期间日震动频次与工作面推进速度的关系可知,日震动频次基本上随日推进度的变化而变化。如图1所示2015年3月25日至3月28日期间工作面停产检修，仅有个别矿震发生，充分说明矿震发生与人工开采扰动密切相关。由于矿震事件的能量和频次与开采扰动有关，因此在工作面长度增加、开采扰动步距加大、工作面微震活动增加的基础上，工作面矿震事件的频次和能量释放也随之上升和增大。

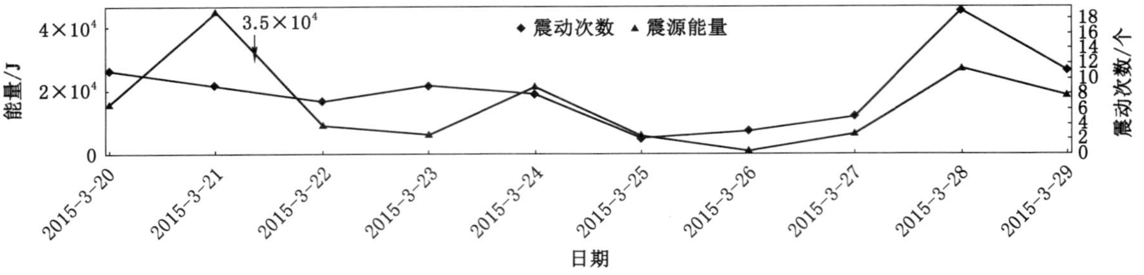

图1　5月20日至29日微震能量与次数变化图

2.2　周期来压与微震活动的相关性分析

根据微震监测结果发现，随着工作面的回采，微震事件发生的次数和能量发生明显的变化，且有一定的规律。微震次数和能量与工作面来压情况关系密切，随着工作面的推进，来压期间微震监测能量变大，矿震事件次数增加，频次增大，往往周期来压时伴随着顶板大能量事件的出现，随后微震事件明显增多，总能量增大。从25011综放工作面回采期间微震事件分布演化规律来看，导致微震事件频繁发生最根本的原因是人为的开采掘进活动。这说明工作面回采与微震事件存在某种必然的联系，将推进至该距离段时当天的震动能量进行归纳整理，总结微震变化规律，可以从图2中看出工作面的初次来压和周期来压的一些基本情况，周期来压前震动次数增加，震动能量由较高水平突然降低到较低水平，来压前征兆较为明显。由能量释放也可以看出，工作面长度增加，初次来压步距和周期来压步距变小。

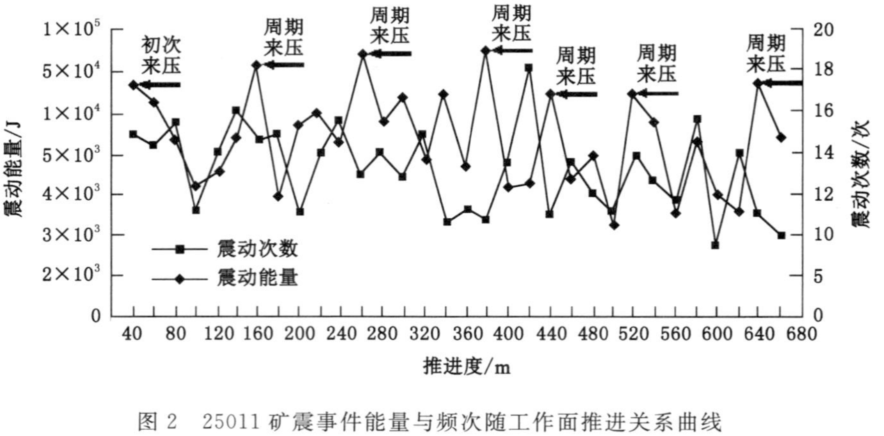

图2　25011矿震事件能量与频次随工作面推进关系曲线

3　不同长度工作面条件下矿震事件规律研究

3.1　工作面长度增加对冒落高度的影响

根据普氏平衡拱计算公式对顶板冒落高度进行分析，发现工作面长度变化将导致采场顶板岩层活动范围高度发展，主要是使顶板冒落高度增加，从而使采场周围平时矿压显现强度增加。

$$H_{\mathrm{m}} = \frac{L}{2f} \tag{1}$$

式中　L——工作面长度；

f——顶板岩层的普氏硬度系数，约为强度的1/10。

根据式(1)发现冒落高度与工作面长度近似呈线性关系，当综采工作面长度增加时，顶板冒落高度也相应增大。根据山寨煤矿工作面煤岩情况，分别绘制工作面长度为100 m、150 m、200 m、250 m时，工作面顶板岩层形成的冒落拱(图3)。

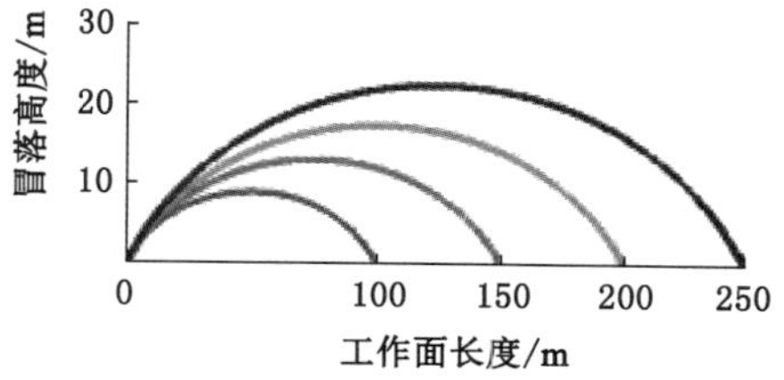

图3　不同长度工作面冒落拱(示意图)

3.2　不同工作面长度条件下顶板冒落高度的数值模拟研究

依根据山寨煤矿工作面煤5层赋存特征、地质环境以及开采技术条件建立数值模型，模拟分析不同工作面长度条件下顶板平衡拱高度。根据模拟结果可知，工作面长度在200 m以内时，平衡拱随着工作面长度的增加，变化显著。从工作面矿压实测情况来看，工作面长度由150 m加长到180 m后微震活动比较活跃，震动次数和释放能量也明显增大。

3.3　矿震事件频次和能量释放曲线

采用微震综合分析软件PLOT对11051、25011工作面回采时间段震动次数与震动能量制作统计曲线图，如图4、图5所示。从图中可以看出：25011工作面在回采期间震动次数、震动能量以及集中程度指标都明显高于11051工作面，因此说明随工作面长度的增加，震动次数和震动能量也明显增加和上升。

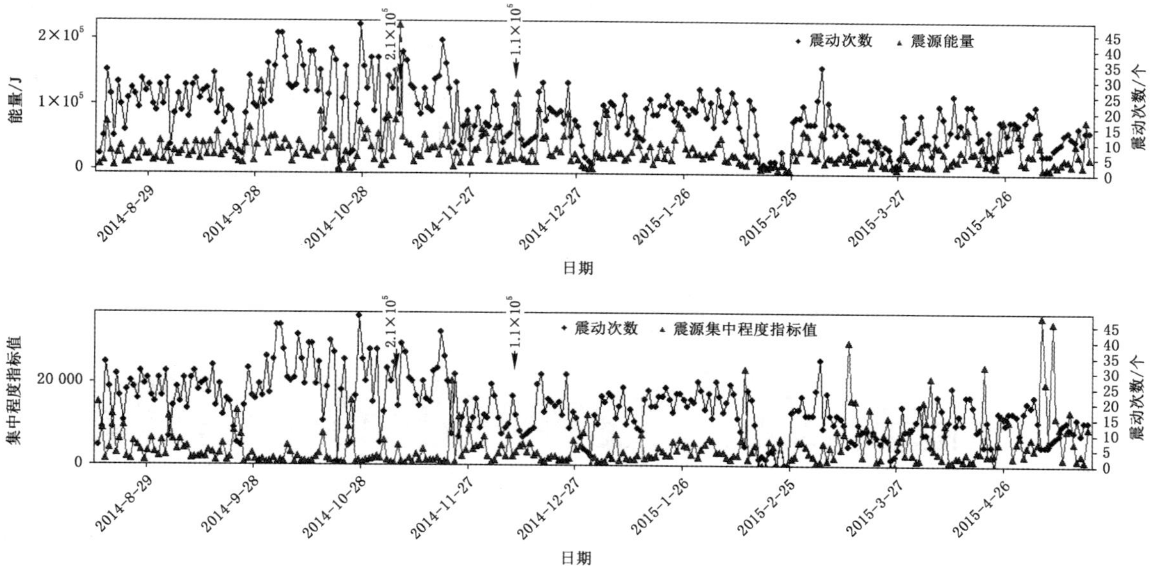

图4　25011工作面震动次数和能量指标曲线

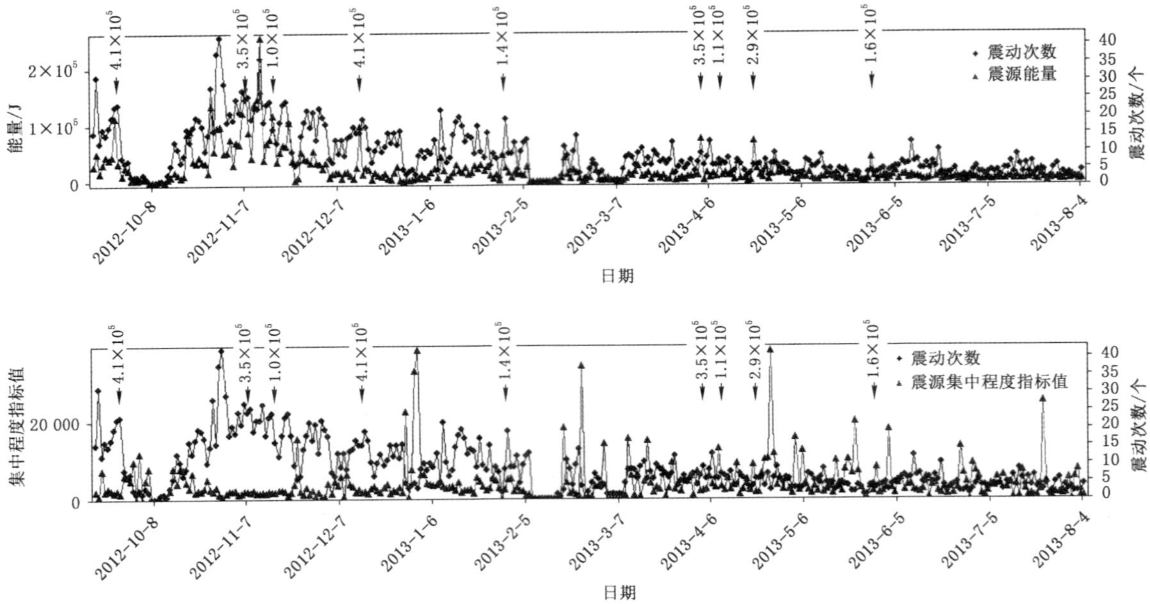

图 5　11051 工作面震动次数和能量指标曲线

3.4 不同长度工作面矿震事件对比分析

采用微震三维可视化软件(Sesimic3Dview)对 11051 工作面与 25011 工作面矿震事件频次、能量做相关对比,对比结果表明长度为 180 m 的工作面无论是平均震动频次还是震动释放能量都呈现出大于长度为 150 m 工作面的普遍规律。冒落高度随着工作面长度的增加而增加的原因,对于能量释放,25011 工作面从矿震事件发生的时间间隔来看,矿震事件发生的距离间隔周期性强、能量起伏波动较大且规律较为明显。同时从震源三维柱状图中可以看出,25011 工作面震动能量明显大于 11051 工作面,表明长度为 180 m 的工作面顶板压力集中程度高,煤体处于破裂状态,出现顶板冒落和重力型矿压显现的概率大于长度为 150 m 的工作面。从图 6、图 7 中可以明显看出,25011 工作面回采过程中震动频次和能量都明显高于 11051 工作面,因此从宏观角度说明,工作面长度增加后,矿压显现强度增大。

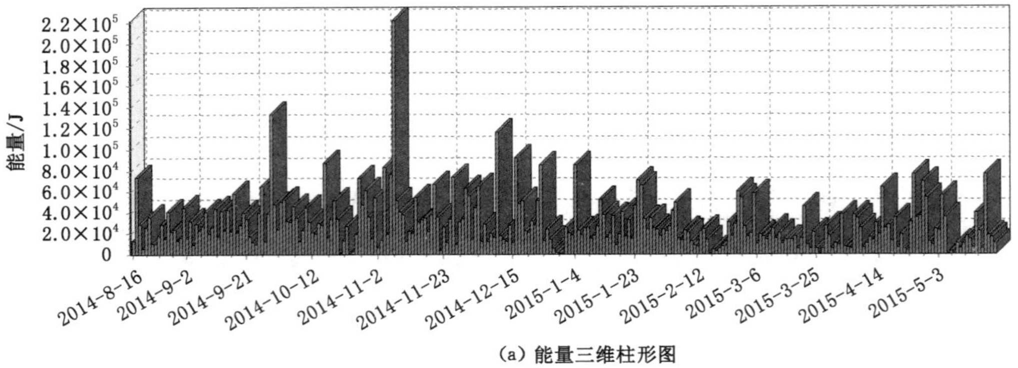

(a) 能量三维柱形图

图 6　25011 工作面回采过程能量和频次三维柱形图

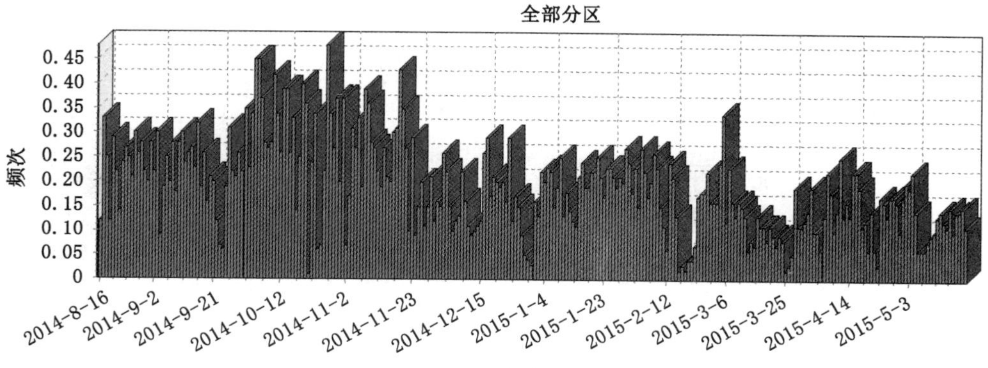

(b) 频次三维柱形图

图 6(续)

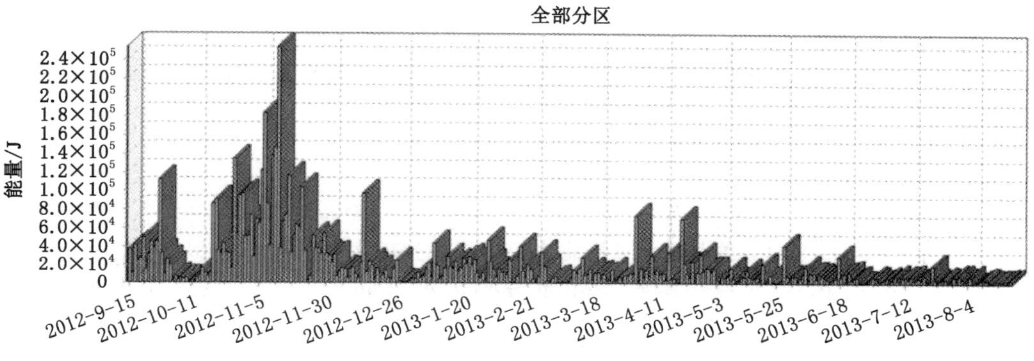

(a) 能量三维柱形图

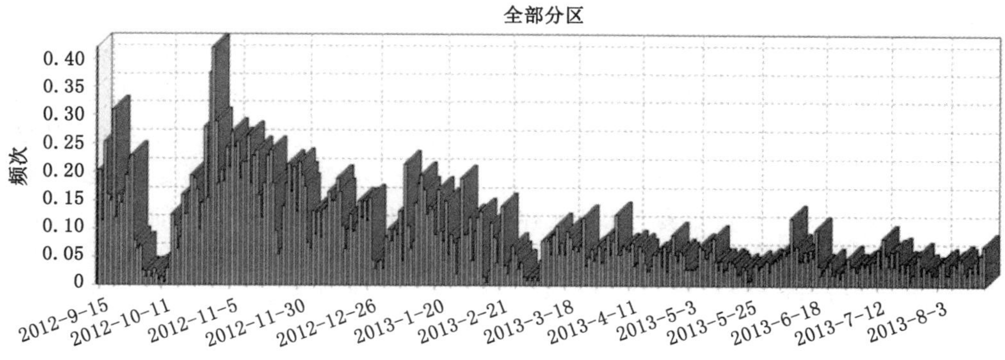

(b) 频次三维柱形图

图 7　11051 工作面回采过程能量和频次三维柱形图

3.5　综采工作面长度与矿震事件频次和释放能量的相关性

应用微震监测技术对不同综采工作面回采期间围岩破坏的整个过程进行监测，研究工作面回采期间微震事件动态信息与岩层运动及矿压显现间的关系，揭示不同长度条件下工作面微震事件发生的影响因素及规律。微震监测与宏观矿压观测综合对比研究表明，工作面长度增加后，开采范围增大，冒落拱高度随着工作面的长度增加，直接导致工作面矿震事件频次增加，释放能量增大。从图 8 中可以看出震动频次和能量与工作面长度存在正相关关系。

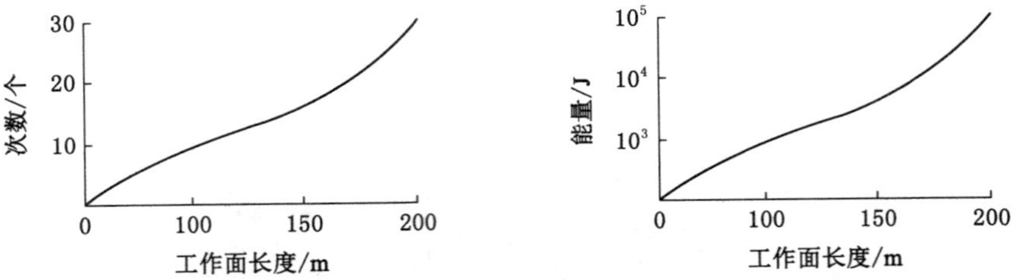

图 8　震动次数和能量随工作面长度变化曲线

4　结论

（1）矿震事件主要集中在工作面生产时间内，且与工作面开采强度紧密相关，震动频次基本随着推进速度和开采强度的变化而变化。

（2）从微震趋势变化可以初步判断工作面周期来压情况。初次来压步距随工作面长度的增加而减小，强度随工作面长度的增加而增大。周期来压步距和强度随工作面长度的增加而减小。

（3）综采工作面长度与矿震事件频次和能量释放成正比，即工作面长度增加，震动频次增加、释放能量增大。

参考文献

[1] 窦林名，何学秋. 采矿地球物理学[M]. 北京：中国科学文化出版社，2002.

[2] 窦林名，赵从国，杨思光，等. 煤矿开采冲击矿压灾害防治[M]. 徐州：中国矿业大学出版社，2006.

[3] 何满潮，谢和平，彭苏萍，等. 深部开采岩体力学研究[J]. 岩石力学与工程学报，2005，24(16)：2803-2813.

[4] 任勇. 华丰煤矿微震监测与冲击地压影响因素分析[J]. 煤炭科学技术，2010，38(7)：1-5.

[5] 申维. 自组织理论和耗散结构理论及其地学应用[J]. 地质地球化学，2001，29(3)：1-7.

[6] 宋朝阳. 寺河矿大采高采场矿压规律研究[J]. 矿山压力与顶板管理，2005，22(4)：102-103.

[7] 宋建国. 大采高综采面矿压显现规律研究[J]. 矿山压力与顶板管理，2005，22(2)：19-21.

[8] 苏学贵，李彦斌. 采区矿压观测与来压规律探讨[J]. 山西煤炭，1996，16(5)：15-17，34.

[9] 赵忠虎，谢和平. 岩石变形破坏过程中的能量传递和耗散研究[J]. 四川大学学报（工程科学版），2008(2)：26-32.

二等奖获奖文章

基于气体变化率法判定煤自燃特征温度

王志刚，吕英华

（国能神东煤炭集团有限责任公司，内蒙古 鄂尔多斯 017200）

摘 要 煤自燃是影响矿井安全回采的主要灾害之一，而特征温度是煤自燃预警的关键参数。本文首先基于热重分析法确定了煤样低温氧化的特征温度，然后利用程序控制升温系统获得指标性气体随温度的变化过程，选取 CO、C_2H_4 和 CO/CH_4、C_2H_6/CH_4、和 CH_4/C_2H_4 并计算其变化率，建立特征温度与变化率峰值的对应关系。结果表明：通过气体变化率法得到的峰值温度与热重分析法获得的特征温度具有良好的贴合度，现场可根据不同气体变化率对煤自燃的特征温度进行预判断。

关键词 煤低温氧化；气体变化率；程序升温法；热重分析

采空区煤自燃是采煤工作面常见的灾害，据统计，我国 25 个主产煤省区的 130 余个矿区中，受煤自燃隐患困扰的煤矿超过 70%；全国 657 处重点煤矿中，有煤层自然发火倾向的矿井数量占 54.9%。采空区煤自燃具有隐蔽性强、探测难度大等特点，主要表现为采空区遗煤缓慢氧化升温且释放各类有毒有害气体，难以有效预警。特别是随着综采工作面的普及，采空区遗煤增多，极易诱发煤自燃[1-3]。国内外学者和相关工作人员在煤自燃预警及防治技术等方面做了大量研究，而及时高效的预测预报是煤自燃防控的关键[4-7]。目前，煤自燃预测预报技术主要包括煤自燃倾向性鉴定、经验统计法、低温氧化实验和指标性气体分析法、温度测量法等。其中，指标性气体法是一种常用的现场应用技术，能够直观表现各气体浓度随时间的变化情况[8]，然而，该方法的分布范围较广，无法确定煤自燃的特征温度。为了解决这一问题，学者们提出了多种方法来测定煤自燃特征温度。如邓军等[9-10]利用气体增长率分析法测定煤自燃特征温度；肖旸等[11]研究并详细划分了指标气体与特征温度的对应关系，并指出各特征温度阶段气体浓度的变化规律；仲晓星等[12]采用绝热氧化法测试煤低温氧化的特征温度。上述方法在一定程度上都能根据气体浓度变化曲线得出特征温度，但是测定方法单一，或者有些方法特征温度分布不明显。

本文提出了一种基于热重分析法确定煤样特征温度的方法，并通过对指标气体及其变化率对特征温度的分布进行验证，建立了特征温度与气体变化率之间的对应关系。该方法不仅能够有效测定特征温度，而且具有更广泛的适用性和更明显的特征温度分布，为煤自燃的预测预报提供了更加精确的数据支持，方便现场快速应用。

1 气体变化率计算方法

单一的指标性气体只能反映出气体的变化趋势，无法确定特征温度点，因此利用气体变化率的峰值分布预测特征温度。气体变化率计算公式如下[9,11]：

$$\delta = (c_{i+1} - c_i)/(t_{i+1} - t_i) \tag{1}$$

其中,δ 为单位温度的气体浓度变化率,1/℃;c_i 和 c_{i+1} 分别是 i 和 $i+1$ 时刻对应的气体浓度(煤温)。则气体相对浓度变化率 β 为:

$$\beta = \frac{\delta}{c_i} \tag{2}$$

式中,气体浓度变化率的单位为 1/℃。

通过气体变化率峰值分布,确定其与特征温度的一一对应关系。

2 实验方法

2.1 热重分析

2.1.1 实验步骤

所采煤样全硫量 0.37%,灰分为 14.23%,水分为 12.5%,发热量为 5 707 cal/g。在实验室将煤样破碎并筛选试样粒度为 92.5 mm 以下,煤样质量为 8 mg,炉温由 5 ℃/min 的升温速率从室温升高到 1 000 ℃。

步骤如下[13]:① 首先将采取的煤样按照煤样制备国家标准进行处理。筛选出 0.18～0.38 mm 的煤粒;② 打开配气装置和 SDT-Q600 型同步热分析,通入干空气的流量为 100 mL/min;③ 各项仪器参数稳定后,称取 8 mg 煤样放入 SDT-Q600 同步热分析 Al_2O_3 坩埚中;④ 打开 SDT-Q600 型同步热分析的配套设置软件,设置实验所需要的炉温、终止温度、升温速率等,软件采集的曲线信号设置为 TA-DSC 曲线,各项参数设置好后点击"开始"即可运行实验。

2.1.2 实验结果及分析

根据"脱附失重""氧化增重""燃烧失重"的峰值,将煤样在热天平中的整个反应过程划分为吸氧脱附失重、吸氧增重和着火燃烧三个阶段[14-15],根据 TG 和 DTG 曲线得出煤样的特征温度点(临界温度 T_1、干裂温度 T_2、增速温度 T_3 和最大峰值温度 T_{max}),为研究煤自燃机理提供准确的依据。煤样热重分析曲线如图 1 所示,DTG 曲线上煤样质量减小的速率加快,出现了第一个失重峰值点,该峰值点对应煤低温氧化的临界温度。TG-DTG 曲线所示为干裂温度、增速温度和峰值温度。

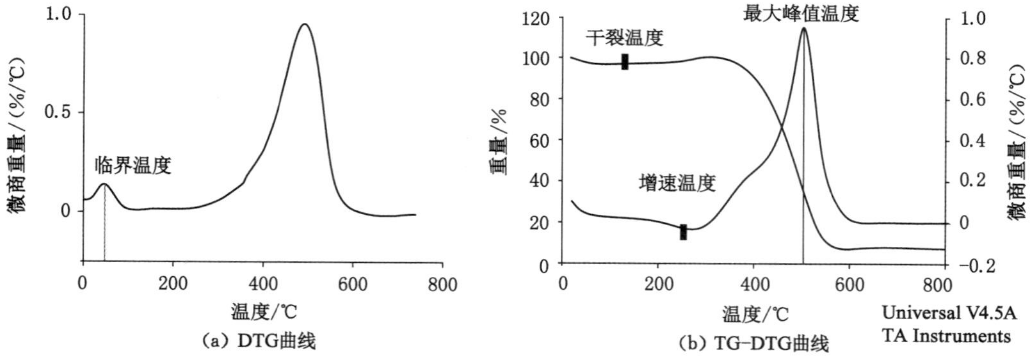

图 1 煤样热重分析曲线

根据热重分析,煤样的特征温度如表 1 所示,临界温度为 50 ℃,干裂温度为 150 ℃,增速温度为 230 ℃,最大的峰值温度为 500 ℃。其中临界温度表征开始出现氧化的温度,干裂温度一般对应开始出现 C_2H_4 的温度,煤样进入增速温度时,开始出现 C_2H_2。

表 1 煤样特征温度

特征温度	临界温度	干裂温度	增速温度	最大峰值温度
数值	50 ℃	150 ℃	230 ℃	500 ℃

2.2 程序升温实验

利用同组煤样进行指标性气体测试，测试方法为程序升温法，程序升温实验法的基本步骤为[16]：将 50 g 粒度为 14.8～29.6 mm 的煤样置于铜质煤样罐内，将煤样罐置于程序控温箱内，连接进气气路、出气气路和温度探头。测试时干空气流量为 50 mL/min。在程序控温箱控制下对煤样进行加热，当达到指定测试温度时，恒定温度 5 min 后采取气样进行气体成分和浓度分析。各气样浓度及煤温值如图 2 所示。

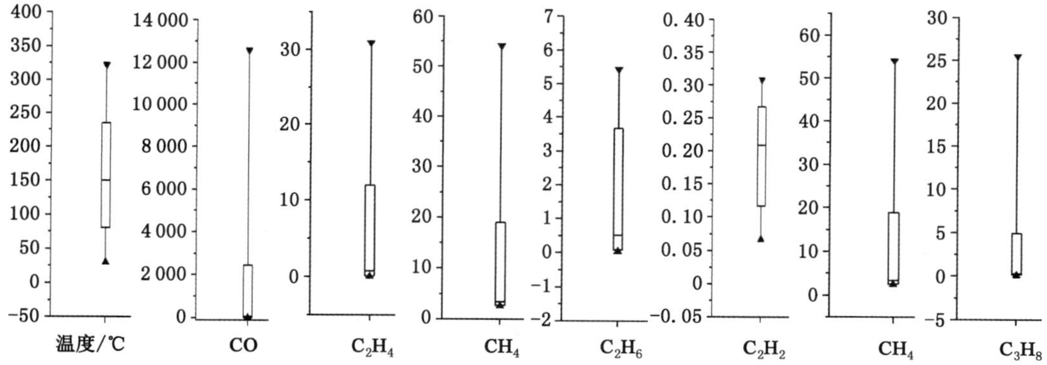

图 2 实验数据可视化(气体浓度单位为 10^{-6})

3 结果及分析

3.1 气体及其变化率与特征温度的关系

3.1.1 单指标气体

图 3 是 CO、C_2H_4 及其变化率随煤温的变化曲线。图 3(a)中，CO 从 30 ℃就开始出现，且随着煤温的增加呈指数型增加，CO 浓度变化率出现 3 个峰值，相应温度分别是 70 ℃、100～125 ℃和 200～210 ℃，这三个峰值对应的特征温度分别是临界温度、干裂温度和增速温度。图 3(b)显示，煤温在 90 ℃时开始出现 C_2H_4，且温度超过 90 ℃以后，其浓度基本呈指数规律迅速增加。C_2H_4 变化率出现了 3 个峰值，其中第二个峰值对应煤自燃的活性温度，该温度下，耗氧量加剧，气体析出增多，指标性气体产生量剧增，对应的温度为 175～180 ℃，小于增速温度。此外，CO 变化率曲线出现干裂温度时开始出现 C_2H_4，与实际情况相符。

3.1.2 C_2H_6/CH_4

图 4 所示为 C_2H_6/CH_4 及其变化率与特征温度的对应关系，结果表明，C_2H_6/CH_4 随着煤温的增加先增加后减小，其中拐点温度为 250 ℃。C_2H_6/CH_4 变化率存在 3 个峰值，对应的温度是 70 ℃、110 ℃和 190 ℃，分别对应临界温度、干裂温度和增速温度。

3.1.3 CO/CH_4 与特征温度的关系

CO/CH_4 能够消除风流对气体浓度的影响，提高预测精确度。如图 5 所示，CO/CH_4 整体随着温度升高而升高，温升速率变化分为两个阶段，对应的起始温度点为 110 ℃和 200 ℃，说明煤样

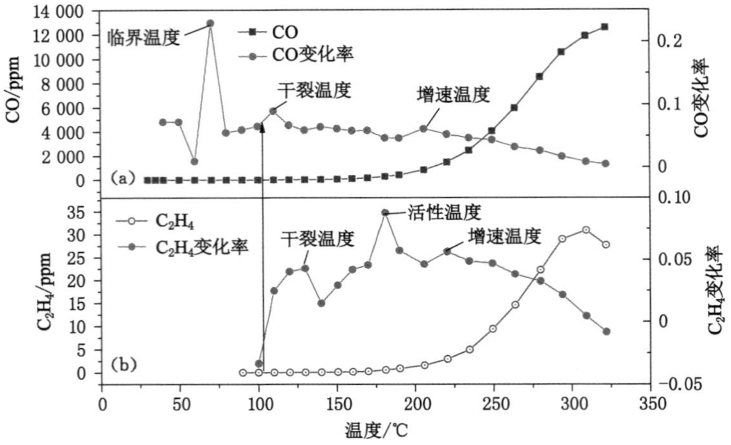

图 3　单一气体及其变化率

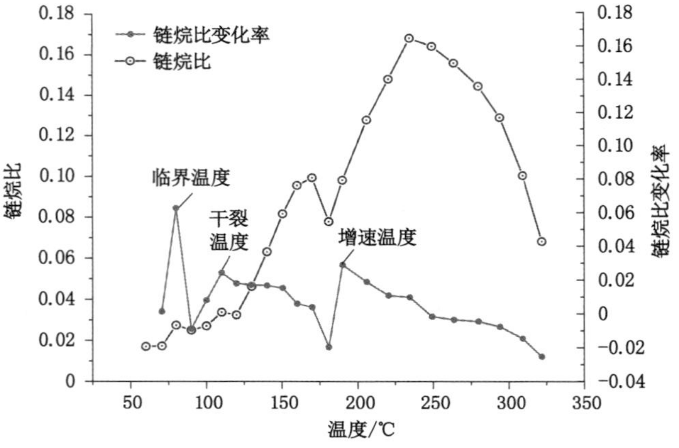

图 4　C_2H_6/CH_4 及其变化率

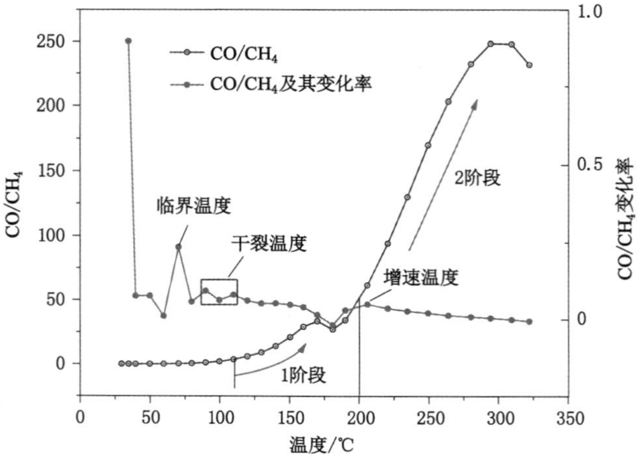

图 5　CO/CH_4 及其变化率

进入了不同的自燃阶段。其变化率也出现三个峰值，对应温度为 70 ℃、80～110 ℃和 205 ℃，后两个温度与温升速率变化点的温度吻合，为干裂温度点和增速温度点。说明 CO/CH_4 及其变化率可以用于预测煤的自燃程度。

3.1.4 CH_4/C_2H_4

烷烯比是常用的预警指标，如图6所示，随着温度的提高，CH_4/C_2H_4 总体为单调递减。具体变化过程为：130 ℃之前，CH_4/C_2H_4 变化率急剧降低；130～180 ℃之间，缓慢降低，当温度超过180 ℃后，又急剧下降直至平稳阶段。

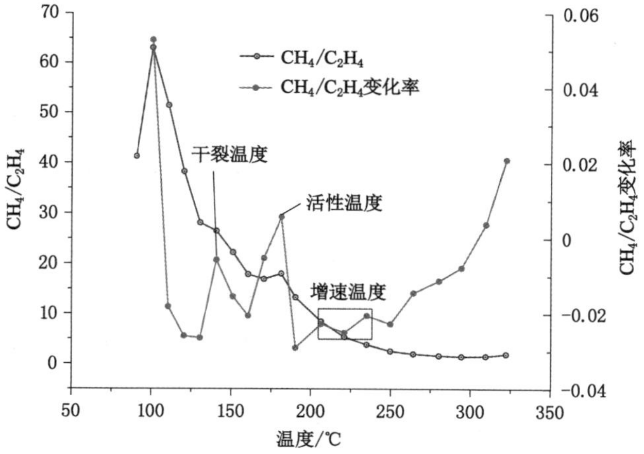

图6 CH_4/C_2H_4 及其变化率

低温氧化阶段，CH_4/C_2H_4 变化率也存在3个明显的峰值，根据温度分布可知，这3个峰值对应的分别是干裂温度、活性温度和增速温度，温度值分别为130 ℃、180 ℃和225 ℃，该结果与单一指标性气体的特征温度相吻合。

3.2 结果对比

利用热重分析法和指标性气体变化率法获得的煤自燃特征温度如表2所示，由表可知：热重分析法获得的临界温度为50 ℃，明显低于气体变化率法得到的临界温度；而干裂温度、增速温度等均稍高于气体变化率法得到的温度值，但总体温度值差异较小，因此现场可根据气样变化率的变化趋势，预估自燃危险区域煤的特征温度。

表2 各方法特征温度对比

方法	温度/℃				
	临界温度	干裂温度	活性温度	增速温度	最大峰值温度
热重分析法	50	150	—	230	500
CO及其变化率	70	100～125		200～210	—
C_2H_4 及其变化率	—	130	180～190	210	—
C_2H_6/CH_4 及其变化率	70	110	—	190	—
CO/CH_4 及其变化率	70	80～110	—	205	—
CH_4/C_2H_4 及其变化率	—	130	175～180	210～230	—

4 结论

本文通过利用气体变化率，结合热重分析，确定了煤低温氧化过程特征温度的变化规律，结论如下：

(1) 通过对煤样进行热重分析，确定了煤样低温氧化的特征温度：临界温度 T_1、干裂温度 T_2、增速温度 T_3、最大峰值温度 T_{max}，分别是 45 ℃、150 ℃、230 ℃和 500 ℃。

(2) 通过程序控制升温法获得煤低温氧化的指标气体数据，并利用 CO、C_2H_4 和 CO/CH_4、C_2H_6/CH_4、和 CH_4/C_2H_4 及其变化率，建立了变化率峰值与特征温度的对应关系，与热重分析结果对比显示，利用气体变化率法预测煤自燃的特征温度是可行的。

(3) 部分气体变化率峰值与特征温度对应关系弱，如 CH_4/C_2H_4 增速温度出现两个次峰值，但差别不大，可作为次要判定指标。

参考文献

[1] 董子文，齐庆杰，韩光，等. 采空区氧化带与发火期动态演化规律模拟研究[J]. 中国安全科学学报，2018，28(7)：45-51.

[2] 邓军，周少柳，马砺，等. 基于 PCA-PSOSVM 的煤自燃程度预测研究[J]. 矿业安全与环保，2016，43(5)：27-31.

[3] 于树江. 复杂空区下开采区域自燃探测治理及整体防控研究[D]. 北京：中国矿业大学(北京)，2015.

[4] 王亚军. 基于神经网络的煤炭自燃预测预报技术研究[D]. 淮南：安徽理工大学，2006.

[5] RAMLI M A M，TWAHA S，AL-TURKI Y A. Investigating the performance of support vector machine and artificial neural networks in predicting solar radiation on a tilted surface：Saudi Arabia case study[J]. Energy conversion and management，2015，105：442-452.

[6] SAHU H B，MAHAPATRA S S，PANIGRAHI D C. Fuzzy c-means clustering approach for classification of Indian coal seams with respect to their spontaneous combustion susceptibility [J]. Fuel processing technology，2012，104：115-120.

[7] DENG J，XIAO Y，LI Q W，et al. Experimental studies of spontaneous combustion and anaerobic cooling of coal[J]. Fuel，2015，157：261-269.

[8] LEI C K，DENG J，CAO K，et al. A random forest approach for predicting coal spontaneous combustion[J]. Fuel，2018，223：63-73.

[9] 邓军，赵婧昱，张嬿妮. 基于指标气体增长率分析法测定煤自燃特征温度[J]. 煤炭科学技术，2014，42(7)：49-52，56.

[10] 邓军，张丹丹，张嬿妮，等. 基于程序升温的煤低温氧化表观活化能试验研究[J]. 煤炭科学技术，2015，43(6)：54-58.

[11] 肖旸，马砺，王振平，等. 采用热重分析法研究煤自燃过程的特征温度[J]. 煤炭科学技术，2007，35(5)：73-76.

[12] 仲晓星，王德明，尹晓丹. 基于程序升温的煤自燃临界温度测试方法[J]. 煤炭学报，2010，35(增刊 1)：128-131.

[13] 周沛然，王乃继，周建明，等. 热重分析法对不同粒度煤自燃过程特征温度的研究[J]. 洁净煤技术，2010，16(3)：64-66，119.

[14] 张秀慧. 不同煤种氧化自燃热重特性研究[D]. 阜新：辽宁工程技术大学，2008.

[15] 吴强，陈文胜. 煤自燃的热重分析研究[J]. 中国安全生产科学技术，2008，4(1)：71-73.

[16] 王鑫阳，LUO Y，张勋，等. 基于绝热氧化试验结果的煤自燃预测模型研究[J]. 中国安全科学学报，2017，27(6)：67-72.

薄煤层接长臂式联合采煤机开采设备及工艺研究

李正甲[1],刘会国[2],苏继敏[1]

(1. 北京天地华泰矿业管理股份有限公司,北京 100013;
2. 山东能源装备集团莱芜煤机公司,山东 济南 271100)

摘　要　针对我国薄煤层资源丰富但开采难度大的问题,分析了现有薄煤层开采技术如刨煤机开采、超低支架综采和螺旋钻机采煤等方法的优缺点,在此基础上,创新提出了一种薄煤层接长臂式联合采煤技术,该技术采用动力前置式截割部技术、接长臂静态连接以及双向推进开采结构,实现了连续、高效、安全的薄煤层开采。系统性地对该设备配套的工作面布置方式、安全监测监控系统布置、粉尘防治、顶板管理等工艺进行设计,形成了一整套薄煤层接长臂式联合采煤开采工艺,通过对比分析,论证了该设备与工艺在生产效率、适应性、可靠性及经济效益等方面的优越性。本研究为我国薄煤层开采提供了新的解决方案,有助于提升煤炭资源的回收率,具有重要的理论价值和实践意义。

关键词　薄煤层;接长臂式联合采煤机;开采技术;生产工艺

0　前言

我国薄煤层资源丰富,目前已探明的 1.2 m 以下薄煤层可采储量 60 多亿吨,占全国煤炭可采储量的 19%左右[1]。受到本身地质条件及开采工艺的限制,薄煤层属于受地质空间限制的复杂难采煤层,开采难度高,经济效益低,在煤炭资源开发的过程中易被弃采,造成了煤炭资源的浪费。而目前来看,煤炭资源仍是我国目前乃至以后几十年内的主要能源,也是战略保证性能源,其不可再生性决定了充分利用的必要性。近年来由于厚及中厚煤层的储量日益枯竭,为提高资源回收率,薄煤层的开采越来越受到重视,针对薄煤层的开采技术及设备研究开发也越来越深入,传统薄煤层开采设备和方式重新应用,如刨煤机开采、超低支架综采、螺旋钻机采煤等多种开采方式[2-6],但这些传统开采方式在安全性、生产效率、适应性、可靠性及经济效益等方面不能完全满足煤炭资源安全、高效开采的需求,因此没有得到大范围推广。本文提出的基于钻采法的薄煤层接长臂式联合采煤机等设备及工艺,通过动力部前置、接长臂静态连接以及双向推进开采等独特的创新设计,已具备了连续、高效生产的特性,使得薄煤层的安全高效绿色开采成为可能。

1　薄煤层开采的现状分析

目前针对薄煤层开采主要有以下几种工艺方法。

1.1　刨煤机开采方式

刨煤机开采方式的优点是:可实现机械化开采;刨煤机动力部位于巷道中,可实现无人工作面作业;刨煤机结构简单,操作安全。

缺点是:对井下条件要求苛刻,需要较为稳定的煤层;刨头磨损严重,关键零部件强度差,刨头上飘下啃,刨链连接环断裂,维护成本高;只适合顶底板条件较稳定、煤质较软的薄煤层开采[7-8]。

1.2 超低支架综采方式

超低支架综采方式的优点是:对煤层顶底板起伏变化适应性强;适用于含有夹矸煤层的回采;效率及回收率较高。

缺点是:投资高、搬家倒面成本高;设备检修困难,采煤机机身低,过煤空间小,大块煤矸卡堵问题不好解决;工作面人员工作环境极差,安全无保证;仅适合顶底板条件较稳定、无断层、煤厚超过 0.8 m 的煤层开采。

1.3 螺旋钻机采煤方式

螺旋钻机采煤方式的优点是:可实现无人采煤工作面,工人在支护条件良好的巷道中工作,安全状况有了可靠的保障;可以开采薄煤层和极薄煤层、边角煤和各种煤柱;配套简单,不需要采煤工作面内的采煤机、运输机和支护设备。

缺点是:效率低,不能连续采煤,需停机装卸钻杆;无法实现钻孔通风和气体检测;钻孔容易偏斜;长钻进容易压钻[9-10]。

综合分析以上几种薄煤层回采方式,设备和工艺的适用性上皆存在局限性,且存在在安全性、生产效率、可靠性及经济效益等方面的问题,导致无法大范围推广应用。

2 接长臂式联合采煤机技术概述

基于长期的薄煤层开采实践应用,大量学者通过研究指出,无人工作面是唯一最契合薄煤层开采的方式,这也符合当前安全生产的基本要求。为此,笔者秉持这一设计理念,采用螺旋钻的采煤方式,并结合现有的各类薄煤层开采设备的优点,找到并补齐现有工艺的短板,研制开发出了安全、高效的接长臂式联合采煤机。

2.1 接长臂式联合采煤机工作原理

接长臂式联合采煤机采用条带式开采的采煤方式,具有设备布置简单、前期投资少等显著优势。以井工薄煤层开采为例,接长臂式联合采煤机主机布置在顺槽中,开采时利用推进装置带动接长臂向一帮煤层推进,截割部钻头旋转割煤,通过接长臂内的螺旋钻杆叶片旋转运煤,在孔口处煤直接落在主机的一运刮板输送机上,随后再经过二运胶带转载到顺槽胶带。接长臂式联合采煤机可通过增加接长臂延长开采深度,设计采煤深度为 100 m。

接长臂式联合采煤机无须调转设备即可实现两侧条带顺次开采,单侧条带开采孔开采完成后即可反向加接截割部,并反向旋转接长臂螺旋杆,即可实现对侧条带开采孔开采,实现在整体退出已开采帮接长臂的同时开采另一待开采区域,采完后再整体依次退出。每个条带开采孔的宽度约为 3 m,两侧开采孔开采完毕后启动履带移动主机,预留 0.3～0.5 m 的煤柱后开始下一个条带开采孔的开采。

2.2 接长臂式联合采煤机技术创新点

接长臂式联合采煤机是基于螺旋钻开采原理而研发出来的,但结构完全不同于现有螺旋钻及其他各回采设备,设备主机结构如图 1 所示。

该设备创新技术如下:

(1) 创造性地采用了动力前置式截割部技术,以及特殊的螺旋杆扭矩传递连接方式,可实现不停机对接接长臂的作业方式,实现了连续生产,通过此技术应用,设备开采效率可较传统螺旋钻式

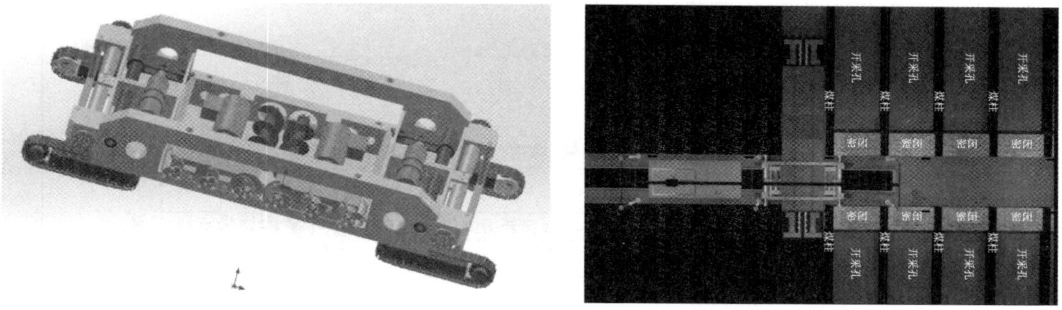

图 1　接长臂式联合采煤机主机结构

采煤机提高 3 倍以上。

（2）采用接长臂连接方式，连接操作简单，易于实现自动化，且不存在脱节现象，可靠性好。

（3）该设备钻孔采空区采用自然垮落式管理，围岩应力及可能出现的冒顶会造成压钻现象，为此，截割部及接长臂钻进方向均采用平滑过渡设计，并增加回撤力（可达 400 t），可顺利撤回接长臂，保证生产的顺利进行。

（4）采用了双向推进开采结构，即可对巷道两帮双向开采，在一帮采完后退出的同时回收另一帮对称位置处的煤炭资源，可节省大量辅助时间，提高了生产效率，简化了工人对接脱离的操作。

（5）采用了履带行走机构，使得设备移机、转场方便快捷，提高了机组对复杂地质条件的适用能力。

2.3　接长臂式联合采煤机的基本参数及生产能力

接长臂式联合采煤机的基本参数及生产能力如表 1 所示。

表 1　接长臂式联合采煤机的基本参数及生产能力

型号	截割部钻头个数	装机功率/kW	开采深度/m	适用煤层厚度/m	适用煤层倾角/(°)	日产量/t
LC350	6	200	40	>0.4	12	200
LC450	6	300	50	>0.5	12	350
LC550	6	350	60	>0.6	12	500
LC650	4	350	60	>0.7	15	600
LC750	4	400	100	>0.8	15	800
LC850	4	450	100	>0.9	15	1 000

3　接长臂式联合采煤机回采工艺概述

优质的生产工艺与高效的设备相互配套，是实现薄煤层安全、高效开采的关键所在。鉴于该设备的独特结构及工作原理，笔者针对性地采用了以下回采工艺，以确保开采过程的顺利进行，并最大限度地提升开采效率与安全性。

3.1　工作面布置

如图 2 所示布置工作面：按矿井煤层赋存地质条件布置两条（及以上）平行巷道及切眼（开采过程中需保留），形成通风系统，两条巷道位置的确定以可双向钻采预定深度为宜，通风方式采用全风压通风，主机先布置在进风顺槽中靠近切眼位置，开始向两帮钻采并按回采方向推进，该巷道回采完毕时（保留巷道）反向调整通风系统，进、回风顺槽也随之更换。将机组移至另一巷道中继续回采。

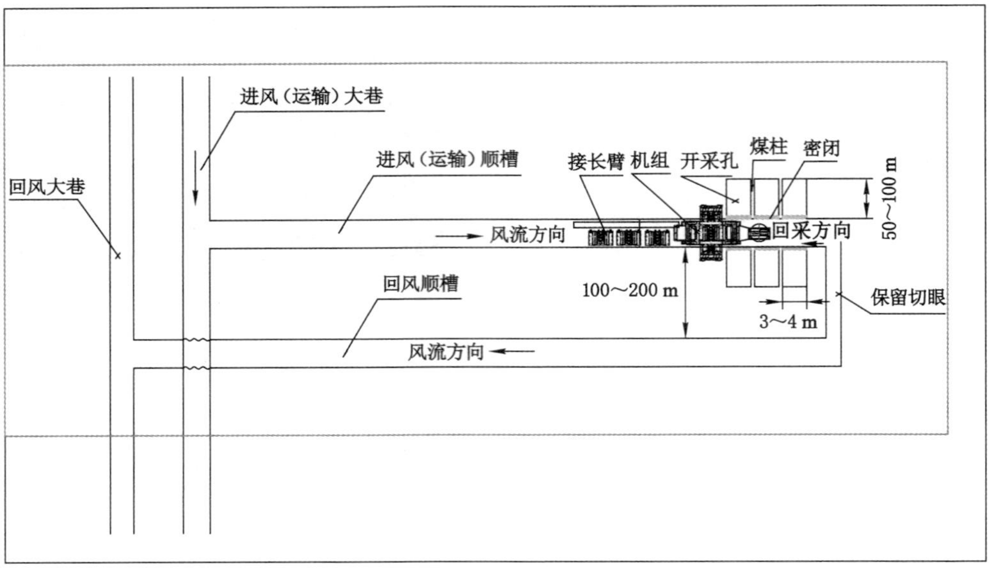

图 2　工作面设备布置示意图

双向钻进长度相当于工作面长度，实现开掘两条巷道及一个切眼可回采两个工作面的目的，与常规方式相比，巷道掘进工程量减半，有利于采掘平衡及降低开采成本。

开采过程中，需要向条带开采孔内通风时，可利用接长臂内风筒向钻孔迎头供风，条带开采孔内乏风通过切眼进入回风顺槽。

条带开采孔施工前采用小孔径钻进探查煤层内的气体和水，钻孔可兼作煤层注水孔（符合条件的煤层）。施工完的条带开采孔及时按《煤矿安全规程》的要求密闭，保证工作面有足够的新鲜风流。

3.2　安全监测监控

截割部安装激光瓦斯传感器，和主机供电形成瓦斯电闭锁，传感器安装在接长壁内侧，上方和侧面设计有多孔窗，防止落矸损坏并实时接触钻孔内气体。

顺槽条带孔的回风侧按照《煤矿安全监控系统及检测仪器使用管理规范》（AQ 1029—2019）的要求设置瓦斯、一氧化碳、温度传感器，并接入矿井安全监测监控系统，实现监测、报警、断电等功能。安全监测监控布置示意图如图 3 所示。

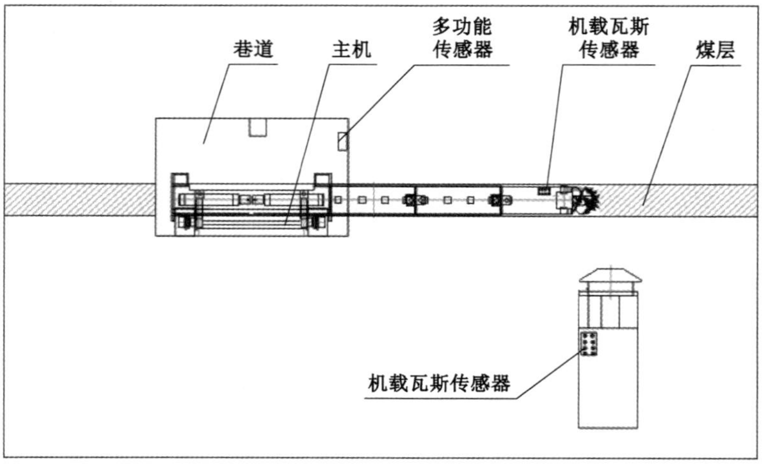

图 3　安全监测监控布置示意图

3.3 粉尘防治

截割部内、外喷雾采用风水联动喷雾装置灭尘、降尘，最大限度地减少可吸入煤尘的产生。运输转载点采用风水联动喷头将水流雾化，实现了有效降尘，为工作面提供更佳的粉尘控制方法。粉尘防治示意图如图4所示。

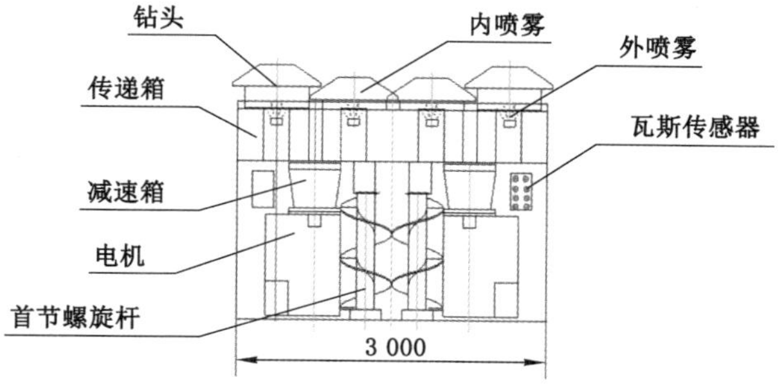

图4　粉尘防治示意图

3.4 顶板管理

接长臂式联合采煤工艺顶板管理主要是以现场人员及设备所在回采巷道施工区域的顶板管理为主，确保现场施工人员及设备安全。回采巷道为掘进巷道，一般采用锚杆、网片、锚索联合支护方式。

各机型联合采煤机都设计有机载液压临时支护，条带开采孔开口前先对顶板进行超前支护，机组左、右侧各有两台支撑油缸支撑到顺槽帮部，起到帮部支护和钻进的支撑作用。施工完成的条带开采孔采用单体支柱加强支护，支护距离根据煤矿地质条件确定。机械液压临时支护布置示意图如图5所示。

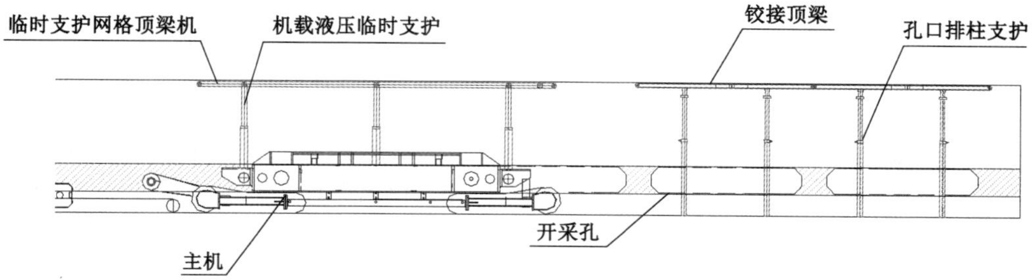

图5　机械液压临时支护布置示意图

当一组条带施工完毕后后退机组，对条带开采孔进行密闭施工，施工区域在加强支护范围内，同时加强支护随采随移，在保证施工作业人员安全的前提下可实现对顶板的快速、有效支护。

4 接长臂式联合采煤机回采薄煤层优势及效益分析

接长臂式联合采煤机创新结构设计，且配备完善的生产工艺，使该薄煤层回采方式优势明显，主要优势如下：

(1) 实现工作面无人化开采，安全性能好，操作方便，维修便利安全。工人在顺槽操作，正常钻采及检修设备安全、方便，任何时候都无须进入工作面作业。

(2) 生产效率高，基于连续生产、双向开采等创新结构及工作方式，该设备在相同的地质条件下，产量(净煤)基本等同于甚至超过了薄煤层综采。以 0.7 m 厚煤层一个工作面为例，与常规综采方式的对比分析如表 2 所示。

表 2　接长臂式联合采煤机与常规综采方式对比分析

开采方式	工作面长度/m	准备巷道数量	设备投资/万元	采出煤质	人数	日产量/t
高档普采	100	2	700	含矸	100	300
薄煤层综采	100	2	3 000	大量含矸	60	700
接长壁式联合采煤	2×100	2	700	净煤	30	800

(3) 采出煤质好，含矸率低。接长臂连接有一定柔性，可以随着煤层的起伏推进，做到只采煤而不采矸石。

(4) 成本低，经济效益高。采用该设备采煤，在设备配套、人员配置、采面布置、开采工艺等方面远远低于综采要求，特别是巷道准备数量仅为常规采煤方式的一半，并且工作面无支护，减少了材料消耗，采煤成本低。

(5) 适应性强，应用范围广，可用于以下其他设备无法应用的应用场景：

① 断层多的煤层采用该设备，遇到断层，启动机组行走越过断层开采即可，转场便捷；

② 调整机组结构可用于急倾斜薄煤层开采；

③ 可用于极薄煤层开采，目前该设备最小开采煤层厚度为 0.4 m。

(6) 该设备的先进性主要体现在结构创新优化设计上，因此结构相对简单，制造工艺也不复杂，强度冗余度大，可靠性高，环境适应性强。

(7) 提高了资源回收率，可用于已弃采的薄煤层煤炭资源的回收，有利于提高煤炭资源回收率，社会效益显著。

综上所述，薄煤层接长臂式联合采煤机回采方式在安全生产、生产效率、成本控制、应用范围、可靠性等方面均优于其他现有回采设备，预期效益明显。

4　结论及展望

(1) 本研究针对我国薄煤层资源丰富但开采难度大的问题，提出了一种创新的薄煤层接长臂式联合采煤技术，并对其配套的安全监测监控、粉尘防治、顶板管理等工艺进行了系统性的设计，并通过对比分析得出该设备与工艺在生产效率、适应性、可靠性及经济效益等方面具有较为显著的优越性。

(2) 接长臂式联合采煤机技术的研发和应用，为我国薄煤层的开采提供了新的解决方案，该技术通过创新设计，实现了连续、高效、安全的薄煤层开采，具有显著的理论价值和实践意义。未来，我们将进一步优化设备结构，提升设备性能，推动接长臂式联合采煤技术在更多薄煤层及其他可适用煤炭开采项目中的应用，为我国煤炭资源的可持续利用和能源安全保障做出更大贡献。

参考文献

[1] 于斌，杨智文，赵军. 大同“两硬”条件薄煤层刨煤机综采技术探讨：全国煤矿复杂难采煤层开采技术[C]. 北京：煤炭工业出版社，2012.

[2] 范为强. 薄煤层综合机械化采煤技术研究[J]. 矿业装备，2023(4)：171-173.

[3] 段永杰. 我国薄煤层采煤工艺现状及发展趋势[J]. 现代工业经济和信化，2022，12(7)：180-181，267.

[4] 高勇.薄煤层综采机械化采煤技术分析[J].当代化工研究,2021(9):57-58.
[5] 李刚.薄煤层工作面智能化成套装备关键技术研究[J].矿山机械,2020,48(7):5-10.
[6] 张明.煤矿采煤中的综合机械化采煤工艺分析[J].当代化工研究,2020(10):133-134.
[7] 张在增.基于薄煤层综采机组改造的成套装置研究[J].煤炭与化工,2017,40(5):124-126.
[8] 赵伟.煤矿薄煤层开采的特点及开采技术探讨[J].内蒙古煤炭经济,2023(13):22-24.
[9] 冯淦.薄煤层螺旋钻机采煤方法优化及采场稳定性研究[D].太原:太原理工大学,2015.
[10] 侯大为.极薄煤层采煤装备关键技术研究[D].徐州:中国矿业大学,2022.

特厚煤层小煤柱塑性封堵防灭火技术研究与应用

王玉国

（鄂尔多斯市国源矿业开发有限责任公司，内蒙古 鄂尔多斯 017000）

摘　要　煤自燃灾害严重制约了矿井的安全生产，小煤柱条件下的防灭火技术对矿井火灾防治有着重大意义。现有技术一般是表面喷涂聚氨酯类发泡材料、充填普通凝胶类材料、压注塑性胶泥材料等。这些材料都能起到一定的封堵效果。本文提出了一种塑性封堵防灭火技术，以1∶1的A、B料投料比，12∶1的水料比，制备了一种新型塑性封堵材料，试验结果表明：该塑性封堵材料具有不放热、可塑性强、流动性好等优点，并且能够在裂隙动态变化的情况下保持封堵效果。该技术在龙王沟煤矿广泛使用，实际应用效果很好。

关键词　小煤柱；塑性封堵；煤自燃；采空区

0　引言

我国的能源形势是“缺油、少气、相对富煤”，煤炭在一次能源消费中的占比始终大于50%，2021年仍高达56%[1]。建设社会主义现代化强国必须开发利用煤炭资源，但在大力开采煤炭资源的同时，各类事故给煤炭开采带来数以亿计的经济损失，威胁着一线人员的生命健康，煤自燃就是其中之一。

据统计，在我国657处重点煤矿中，有煤层自然发火倾向的矿井数量占54.9%[2]，其中最短自然发火期小于3个月的矿井数量占50%以上。我国已经查明正在燃烧的煤田火区共有56处，总面积720 km^2，集中分布在新疆、宁夏、内蒙古、甘肃、青海、陕西、山西等7省（自治区）[3]。

为了保障矿井安全，使其免受煤层自然发火或有害气体的危害，通常采取设立隔离设施的方法，如建造密闭墙。这涉及使用木材等构建临时密闭，并运用砖块和水泥建立长期的密闭结构。然而，对于因井下动压导致的区域煤柱、瓦斯排放孔周围的岩石、煤巷及半煤岩巷的松动圈出现裂缝和通风泄漏问题[4-6]，目前尚无理想的封堵解决方案。现有的技术常采用聚氨酯泡沫喷涂、普通凝胶注入或塑性胶泥压注等方法。尽管这些材料能提供一定的封堵作用，但聚氨酯泡沫喷涂无法填充内部漏风路径，且反应热大，可能导致管道堵塞[7]；普通凝胶的流动性和管路堵塞问题突出，后期固化可能在岩体压力下产生新的泄漏点[8]；塑性胶泥则受限于其性质和设备，难以实现大规模填充[9]。因此，为了解决破碎煤岩体内的微细裂缝封堵问题，并显著改进现有封堵材料的局限，我们提出了塑性封堵防火技术。

1　矿井概况

龙王沟煤矿是大唐集团投资建设的特大型矿井，产能15 Mt/a，位于内蒙古自治区鄂尔多斯市以东 120 km 处，61610 工作面是 61 盘区南翼的第 1 个工作面，采用“两顺一切”布置。2021 年 10 月底，61610 工作面开始初采，每月推进 110 m 左右，截至 2022 年 10 月，61610 工作面已回采推进 1 058 m 左右。预计 2022 年 11 月，即开始从切眼反掘相邻的 61612 工作面辅运平巷，61612 工作面同样采用“两顺一切”布置，61612 工作面辅运平巷采用小煤柱护巷。61610 工作面主运平巷自 1 200 m 往外开展了顶板水力压裂卸压。

61612 工作面辅运平巷沿正在回采的 61610 工作面主运平巷保留 8.5 m 煤柱掘进，主要沿煤层底板掘进。6 号煤层属Ⅱ类自燃，最短自然发火期为 53 天。

龙王沟煤矿 61612 和 61610 工作面间的煤柱受多重采动影响，已经出现片帮、冒顶以及底鼓等现象，若煤柱破碎，裂隙发育，将为漏风提供条件。首先，当 61610 采空区和 61612 掘进巷道之间存在压差时，会出现漏风现象，若 61612 掘进面向 61610 采空区漏风，为 61610 采空区遗煤提供新鲜风流，将加快遗煤氧化，同时导致煤柱自燃；反之，61610 采空区向 61612 掘进巷道漏风，有毒有害气体等将污染工作面生产环境，也会诱发煤柱自燃。其次，61610 采空区瓦斯浓度局部偏高，若不做好煤自燃防治，存在瓦斯与火复合灾害。因此，必须提前做好煤自燃防治措施。

2 塑性封堵材料

2.1 封堵原理

塑性封堵材料设计用于密封破碎煤岩体内的微小通风裂缝，其构成包括 A 组分、B 组分两种高分子化合物以及适量辅助材料，预先在水中按特定比例混合。在室温下，A、B 组分以等体积比结合，产生一种非牛顿流体，初期黏度低，具有良好的流动性；注入煤岩体后，它迅速填充明显的裂缝，并渗透到微小的通风缝隙中；最终形成的膏状凝胶具有出色的塑性和附壁性能，能够在矿压动态影响下自我挤压变形，及时填补新产生的裂隙，显著提升了封堵材料的适应性、应变能力和动态响应。

这种封堵材料由 A、B 高分子化合物和添加剂三部分组成，水是媒介。A 组分含有高分子聚合物，B 组分包含引发剂，而添加剂作为强化剂，在 A 和 B 中均匀分布，比例相等。当 A 和 B 混合时，A 中的聚合物在 B 的引发剂作用下，内部发生静电斥力和水合作用，导致分子结构从卷曲状态舒展开来，吸引大量水分子，使自由水减少，黏度提升，最终构建出三维网状结构。由于粉料的加入，粉料被网状结构的聚合物紧密吸附，形成更牢固广泛的三维结构，宏观上表现为黏度增加。当网状结构达到一定规模后，内部的斥力和引力达到平衡，结构不再扩展，材料的黏度既能确保有效封闭裂缝，又支持塑性流动以实现扩散，同时保持稳定，确保长期的封堵效果。

2.2 封堵材料的制备

在不同的混合比例下，A 料和 B 料的反应导致胶体黏度随着时间推移而演变。利用数字旋转黏度计，记录不同时间点的胶体黏度，构建黏度变化图，以此分析 A、B 两组分反应的时间特性以及相应的增稠时间、初步凝固时间和最终凝固时间。

从图 1 可以看出，当 A∶B 的比例超过 1∶1，反应初期黏度急剧升高，反应过程在 5 s 内完成。在这种情况下，浆料可能在被泵送至目的地之前就丧失了流动性，这对泵的输送压力提出了极高的要求，并且可能无法有效地封闭裂缝。相反，若 A∶B 比例小于 1∶1，反应后的黏度变化不显著，即使在 300 s 后，黏度仍低于 300 000 MPa·s，保持较好的流动性，但这可能导致浆料在煤层裂缝中轻易流失，达不到理想的封堵效果。同时，这种情况下浆料的最大黏度也相对较低。然而，当 A∶B 的比例为 1∶1 时，浆料既能顺利到达封堵位置，又能在较短时间内达到最大黏度，符合施工工艺的需求。因此，暂定 A∶B 的理想比例为 1∶1。

由图 2 可知，随着添加量的轻微提升，黏度的增长相对较缓，浆保持了良好的流动性，使得浆体能有效地填充间隙；然而，当添加量过度时，黏度骤然增强，浆体丧失了流动性，不仅未能抵达预期

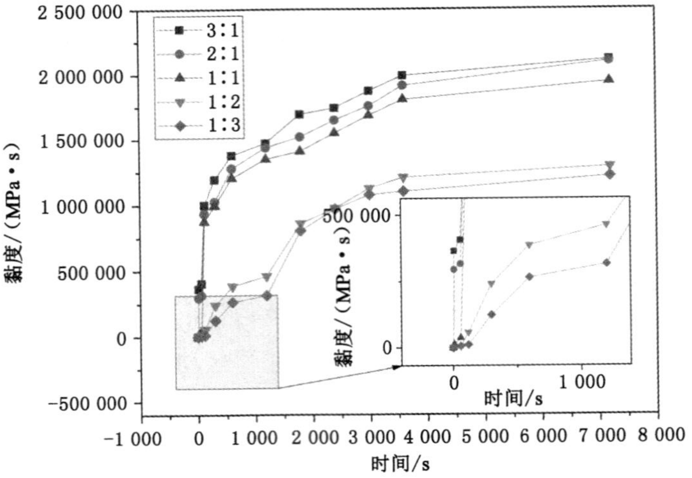

图 1　不同 A、B 配比条件下黏度随时间变化曲线图

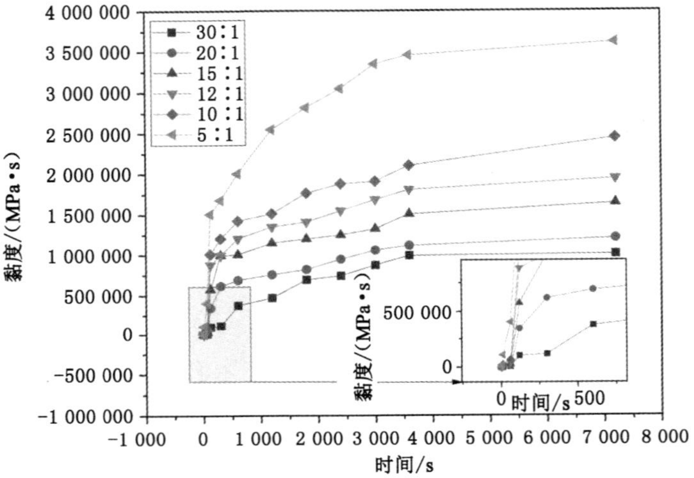

图 2　不同添加比例下黏度随时间变化曲线图

的封堵位置，也无法渗透至煤层的裂缝中，甚至可能导致管路的阻塞。试验结果显示，最优化的水料比为 12∶1。值得注意的是，在 15∶1～10∶1 的范围内，尽管黏度有所上升，但仍处于可接受范围，这样的比例既为管道输送提供了充足的时间窗口，又能确保浆体在裂隙中的稳定性，以防止流失。

3　封堵漏风性能试验

3.1　常温反应特性试验设计

塑性封堵材料混合前分 A、B 料及粉料，使用时 A、B 料按体积比 1∶1 配比，同时各加等量的一定比例的粉料，然后加入一定量的水。分别测得等量的 A 料与粉料混合液温度 T_1 及 B 料与粉料混合液温度 T_2，然后两者混合搅拌均匀，再随即测取 A、B 料反应成胶后的温度 T_3，对比成胶前后温度数值变化，得出反应过程放热结果，试验过程如图 3 所示。

3.2　封堵漏风性能试验设计

在验证塑性封堵材料的常温反应特性的基础上，通过自建小型注浆封堵试验系统来测试该材

(a) A料、粉料与水混合液　(b) B料、粉料与水混合液　(c) A、B料混合液

图 3　塑性封堵材料常温反应试验

料的封堵漏风性能及塑性。

试验中，注浆设备以压缩空气为动力源，透明圆柱形容器为有机玻璃筒，筒中分为碎石封堵段和负压抽气段两部分，碎石封堵段和负压抽气段中间采用编织袋隔开，封堵段松散堆积一定高度的粒径为 10～30 mm 的不规则石块，A、B 料应用比例为 1∶1，并分别添加等量的辅料。封堵漏风性能试验系统设计如图 4 所示，试验设备及材料如图 5 所示。

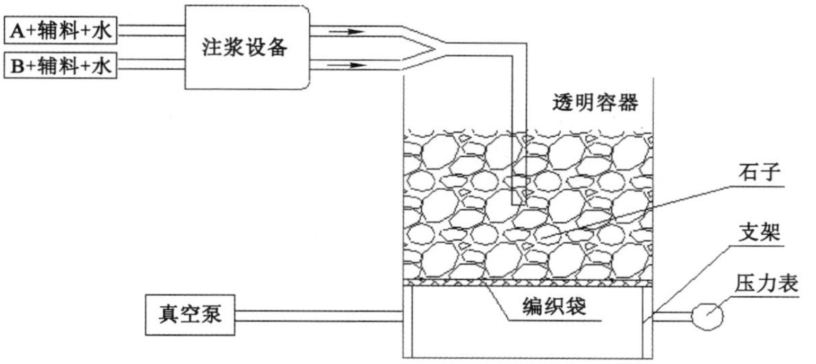

图 4　封堵漏风性能试验系统设计示意图

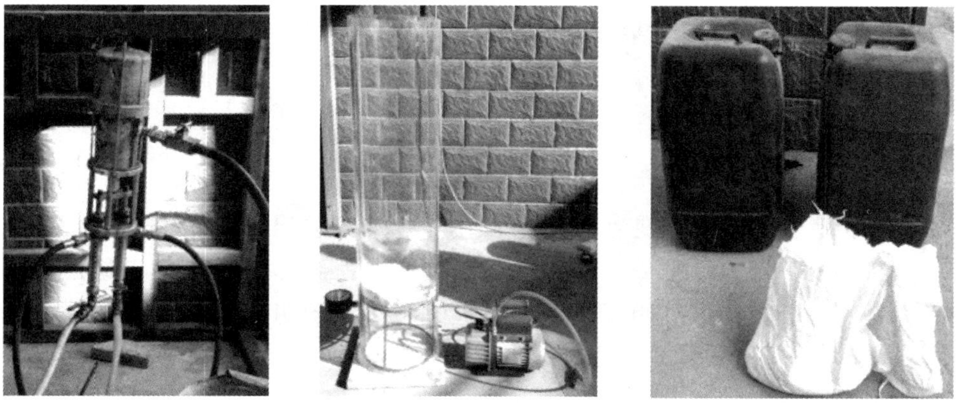

(a) 双液注浆泵　(b) 有机玻璃容器及真空泵　(c) 塑性封堵材料

图 5　试验设备及材料

试验时，注浆管沿有机玻璃筒中心埋入碎石中，采用塑性封堵材料制备系统制备出的塑性封堵材料通过管路注入碎石空间，塑性封堵材料在碎石空间内扩散并向上堆积，至封堵材料将碎石封堵段全部充填后停止注浆。10 min 后，开启真空泵，等到负压表的指针稳定到一定数值时，停止抽气，按设计时间节点观察负压表指针的变化，记录数值。试验过程如图 6 所示。

(a) 注浆开始前

(b) 注浆结束后

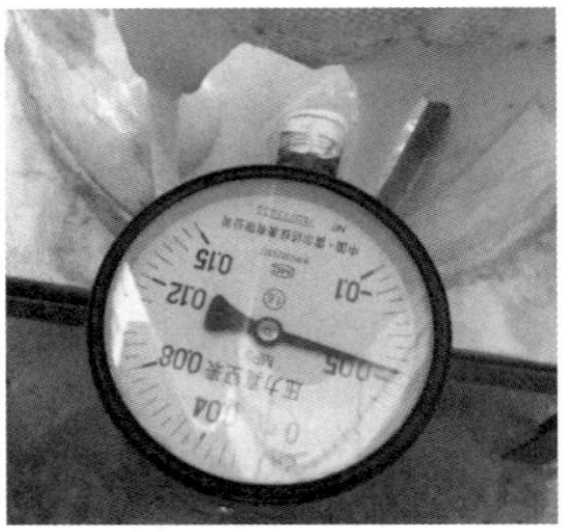

(c) 抽气停止后15 min

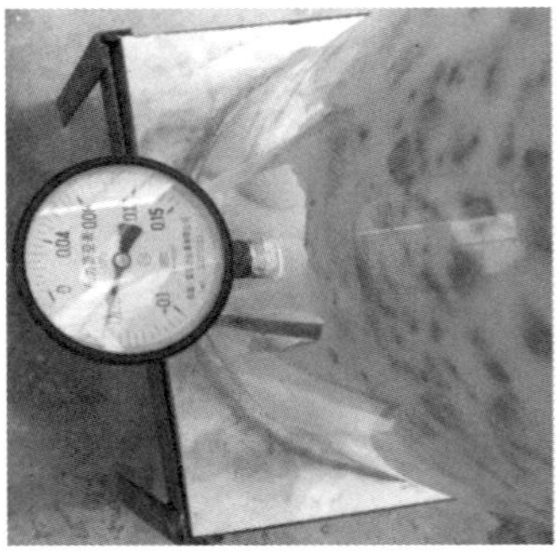

(d) 抽气停止后120 min

图 6　塑性封堵漏风试验过程

3.3　塑性性能试验设计

在以上封堵漏风性能试验结束后，管路未从石子中抽出，约两小时以后，同样按比例混合好一定量的 A、B 料液，并向料液中滴入红色颜料(对材料性能无任何影响，只做前后对比用)后，利用原管路继续向玻璃筒中注浆。试验结果如图 7 所示。

4　试验结果及分析

4.1　常温反应

试验在室外进行，周围环境温度为 8 ℃左右。由试验结果及温度变化对比可知，塑性封堵材料的 A、B 料在混合之前各自的温度为 8 ℃，A、B 料混合成胶后的温度也为 8 ℃(试验时都是即时测温)。故可以得出，塑性封堵材料在配制及反应过程中不放热，在井下煤岩体裂隙封堵应用中不存在安全隐患。常温反应温度变化结果如图 8 所示。

4.2　封堵漏风及塑性性能

有机玻璃筒抽气段负压监测值的变化趋势如图 9 所示。

从试验数据和曲线的变化规律可知，在有机玻璃筒中注满塑性封堵物，初期只有少量的胶体沿

图 7　塑性封堵漏风性能对比试验

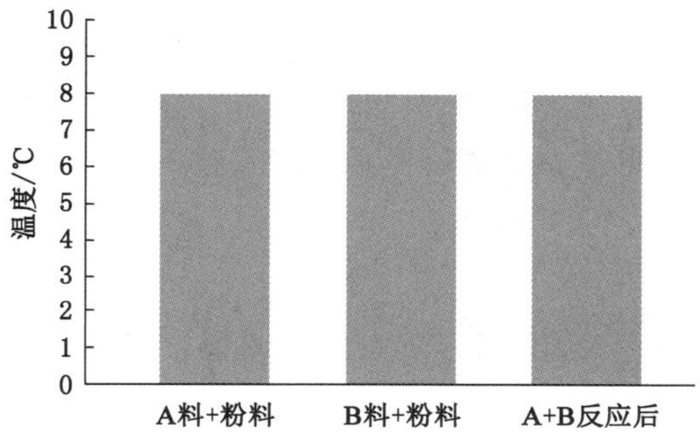

图 8　常温反应温度变化图

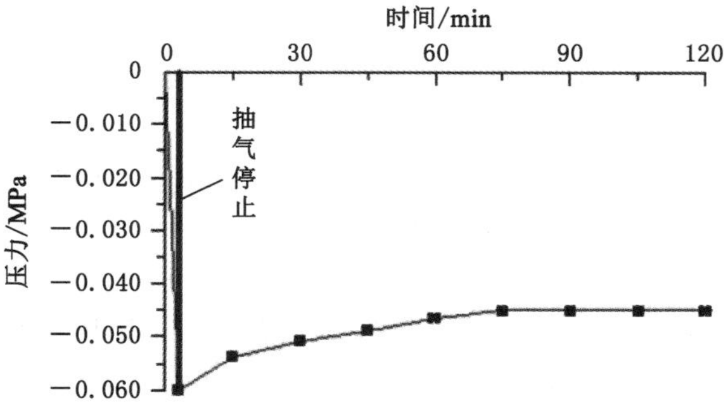

图 9　负压监测值变化趋势图

管壁向下流动;这是由于塑性封堵剂成胶后,其初期黏度小,具有良好的流动性和扩散性,对微细裂缝有足够的渗透性。在注浆结束 10 min 后打开真空泵抽气,在停止抽气前,负压值随抽气时间的增加而直线减小。在停止抽气后,抽气区域的负压为−0.06 MPa。随后抽气区域的负压逐渐上升,80 min 后趋于−0.45 MPa。

负压抽气的有机玻璃筒处于负压状态时,上部和下部的压差较大,上层大气对碎石层的上部施加压力，使碎石之间的孔隙发生再分配；同时碎石层被压得很紧，因此产生了胶状物向下爬行的现象。研究结果表明，当裂缝发生动力改变时，塑性封堵剂会发生扭转变形，而不会失去封堵性，说明了塑性封堵剂具有较好的塑封性。

在封堵漏风性能试验完成两小时后，继续将含有颜料的塑性封堵材料注入，可以看到，原来的白色胶体被挤压，并且红色胶体浆液从管道周围的碎石中缓缓渗出。结果表明，塑性封堵剂不会凝固，不会阻塞管线，大大提高了注浆孔的重复使用率。

5 结论

采用 1∶1 的 A、B 组分配比以及 12∶1 的水料比例，我们成功研制出一种创新的塑性封堵剂，其特性如下：

(1) 在配制与反应阶段，该封堵剂不产生热量，因此在井下操作时，消除了潜在的安全风险。

(2) 得益于该封堵剂卓越的可塑性，能适应外界压力变化，适时扭曲变形，从而确保封堵效果的持久有效性。

(3) 该封堵剂保持液态，流动性优异，不会导致管路阻塞。

这种新型塑性封堵材料特别适用于小煤柱环境下的防火策略，能高效封堵煤矿井内的裂缝，有效阻止漏风和火势扩散，具有显著的安全性和可靠性，进而提升煤矿开采的安全水平和经济收益。

在龙王沟煤矿的实际应用中，该塑性封堵材料展现出卓越的效果，成功解决了小煤柱条件下开采的漏风引火问题，同时提高了采煤作业的效率和经济效益。

参考文献

[1] 王双明，申艳军，宋世杰，等."双碳"目标下煤炭能源地位变化与绿色低碳开发[J].煤炭学报，2023，48(7)：2599-2612.

[2] 温廷新.煤矿生产灾害预警与应急管理研究[D].阜新：辽宁工程技术大学，2016.

[3] 艾兴.中国煤矿火灾区域分布特点及事故特征分析[C]//2018'第四届煤炭科技创新高峰论坛——煤矿安全与应急管理论文集，2018：69-71.

[4] 董帅.薄分层厚泥岩顶板沿空留巷围岩控制技术研究[D].焦作：河南理工大学，2021.

[5] 陆树飞.某矿突出煤层底板瓦斯抽放巷围岩变形控制技术[J].现代矿业，2023，39(6)：234-236.

[6] 翟文立，何富连，王振，等.特厚煤层综放窄煤柱沿空煤巷切顶护巷效应与围岩控制研究[J/OL].采矿与安全工程学报，1-15[2024-03-30].https://link.cnki.net/urlid/32.1760.td.20240304.1427.002.

[7] 杜云峰.喷涂聚氨酯泡沫材料防治穿采空区巷道漏风[J].中国煤炭，2017，43(1)：116-118.

[8] 朱树来.防治煤自燃的泡沫凝胶防灭火特性研究[J].煤炭科学技术，2019，47(10)：223-228.

[9] 周升民，李长江，兰传奇，等.矿用无机塑性胶泥及其配套工艺设备研究[J].中州煤炭，2015(4)：7-9，119.

开滦股份吕家坨矿业分公司综采工作面转采工艺实践

高占朋

（开滦能源化工股份有限公司吕家坨矿业分公司，河北 唐山　063199）

摘　要　开滦股份吕家坨矿业分公司6273采煤工作面受工作面规划设计影响，两巷存在巷道拐点，胶轨两巷不等长，工作面切眼长度预计发生较大变化。通过分析研判工作面实际情况，并经过严密计算规划后，采用调斜转采的回采工艺代替了原本设计的回撤倒安装工作面工艺。通过胶带巷拐点支护改造及采煤工作面液压支架精确调斜顺利完成转采，减少了回撤倒安装工作面带来的时间、材料成本，同时将转采范围内原本放弃的三角煤区域煤炭资源进行了回收，减少了资源浪费，创造了较大的经济效益。本次转采对于综采工作面中厚煤层转采具有一定的积极意义，为相似条件工作面的回采提供了部分借鉴思路。

关键词　转采；调斜范围；支护验算

1　工程概况

开滦股份吕家坨矿业分公司6273采煤工作面位于该矿－950 m水平二采区，为智能机械化采煤工作面。根据工作面设计，为提高7煤层煤炭回收率，该工作面掘进时两巷存在一处折线拐点。轨道巷在LG1A位置、胶带巷在LP1A位置沿走向方向逆时针转25°28′角，为提高工作面连续回采效率，减少工作面倒安装时间，采用转采施工工艺通过拐点。

1.1　采煤工作面面长及倾角

过拐点前189.5 m，拐点位置194.5 m，转过拐点后189.9 m。过拐点前3°22′，拐点位置3°44′，过拐点后4°24′。

1.2　两巷层位及顶底板岩性

拐点前后50 m范围内两巷均沿7-1顶板掘进支护，其中7-1顶板为灰色粉砂岩与细砂岩互层，厚度为6.21 m；7-1煤层厚度为0.4 m；7-2顶板为深灰色水平层理的粉砂岩，厚度为1.3～1.6 m；7-2煤层厚度为3.9 m；7-2底板为深灰色粉砂岩，厚度为2.6 m。

1.3　两巷支护情况

轨道巷拐点以里45 m范围内巷道使用锚网支护（4.8 m×3.3 m）、拐点以外巷道使用架棚支护（14 m^2）；胶带巷拐点前后各50 m范围内巷道使用锚网架棚联合支护（14 m^2）。

2 调斜方案

2.1 确定调斜比例

如图 1 所示，小扇形的弧长 AF 为采煤机有效截深（0.7 m）的整数倍，弧 AB、BC、CD、DE、EF 均为采煤机的一个截深。工作面调斜采用短刀斜切的方式，每次短刀斜切进刀后，工作面出现一个拐点，每个拐点的弯曲度不得大于溜槽最大弯曲角度，由于每个拐点的弯曲度与整个切割循环转角相同，因此切割循环的转角 α 不得大于刮板输送机的最大弯曲角度 α_1，即：

$$\alpha = \arctan[(N-1)b/L] < \alpha_1 \tag{1}$$

式中 N——胶带巷推进刀数；

b——采煤机截深，取 0.7 m；

L——采面面长，取 189.5 m。

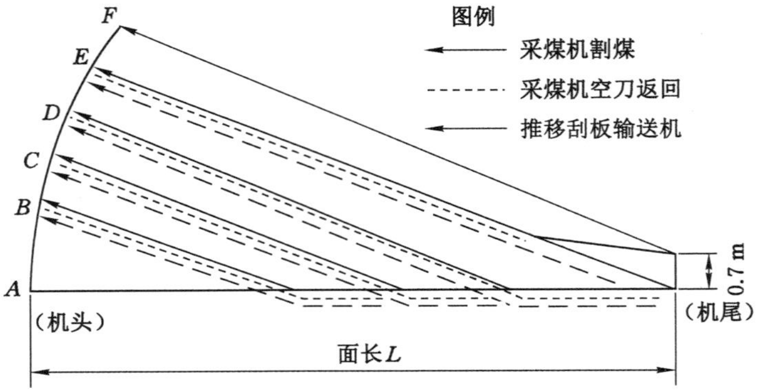

图 1 调斜比例示意图

因为 AF 段的长度时采煤机截深的整数倍，因此得出一次循环采煤机截深的刀数为：

$$N = L\tan(\alpha/b) + 1 \tag{2}$$

(1) 根据现场设备 SGZ800/800 型刮板输送机的实际情况，刮板输送机中间缝隙可达到 30 mm（哑铃不失效），按刮板输送机宽度 800 mm 计算相邻两块溜槽可形成的最大夹角 α。由 $\tan\alpha=30/800$，可得 $\alpha=\arctan(30/800)=2.1°$，则 $N_{最大}=L\tan\alpha/b+1=189.5\times\tan(2.1/0.7)+1=10.92$ 刀。

(2) 根据支架的结构，最大侧护量为 170 mm，ZY8000/22/48D 型液压支架前梁至尾梁的最大长度取 5 m，计算利用支架侧护调整支架的最大角度 β。由 $\tan\beta=170/5\,000$，可得 $\beta=\arctan(170/5\,000)=1.95°$，则 $N_{最大}=L\tan\beta/b+1=189.5\times\tan(1.95/0.7)+1=10.2$ 刀。

综上，为保证转采过程中刮板输送机和液压支架的正常调斜，最大调斜比例不超过 1∶10.2。若调斜比例较小，容易造成调斜时间过长；若调斜比例较大，容易造成支架角度调整难度大，同时可能导致刮板输送机上窜幅度增加，影响刮板输送机与转载的正常搭接。

在 6273 工作面实际转采过程中，整个转采周期整体选择 1∶6 的调斜比例（图 2），其中个别调斜循环根据下机头搭接情况及趋势，适当地增大加刀比例到 1∶10。

2.2 确定转采起终点位置

通过任一个循环计算转采过程中采面运行轨迹的曲率半径，由 $(R-L)/R=1/6$，可得 $R=6L/5=6\times189.5/5=227.4$ m。

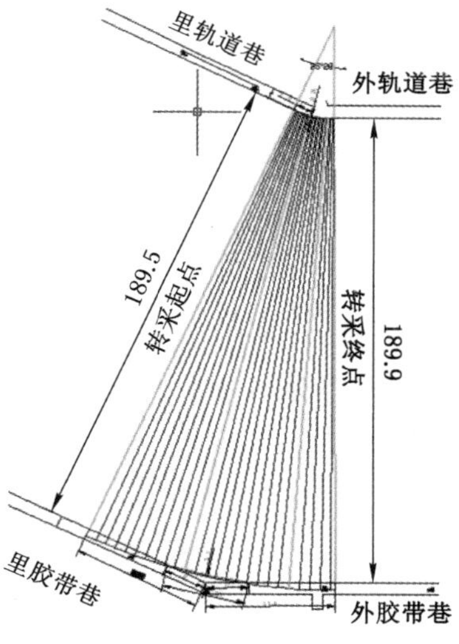

图 2　6273 工作面转采示意图(1∶6)

以采煤工作面垂直胶带巷和轨道巷作为转采初始条件，从曲率变径圆心做两巷的垂线，可以得出：

(1) 转采起点：轨道巷退采至距拐点 8.35 m，胶带巷退至距拐点 50.1 m；

(2) 转采终点：轨道巷退采至过拐点 8.35 m，胶带巷退至过拐点 50.1 m。

为保证转采期间支架调整满足调斜效果，选取提前 2 m 开始执行转采循环，整个转采周期轨道巷退尺 16.7 m、胶带巷退尺 100.2 m，比例为 1∶6。

2.3　计算刮板输送机中部超前量

根据刮板输送机的结构特点，计算刮板输送机中部最大允许量。

如图所示：

(1) 按每相邻两组溜槽设计最大夹角 1°、20 组溜槽长度的弯曲段计算刮板输送机最大弯曲偏移量：

$$A_1 = (1.5\times\sin 1^\circ + 1.5\times\sin 2^\circ + 1.5\times\sin 3^\circ + \cdots + 1.5\times\sin 10^\circ)\times 2$$
$$= 1.435\times 2$$
$$= 2.87(\mathrm{m})$$

故采煤工作面刮板输送机中部超前量应不大于 2.87 m。

(2) 按刮板输送机中间缝隙可达到 30 mm(哑铃不失效)、每相邻两组溜槽最大夹角 2.1°、20 组溜槽长度的弯曲段进行计算刮板输送机最大弯曲偏移量：

$$A_2 = (1.5\times\sin 2.1^\circ + 1.5\times\sin 4.2^\circ + 1.5\times\sin 6.3^\circ + \cdots + 1.5\times\sin 21^\circ)\times 2$$
$$= 2.9\times 2$$
$$= 5.8(\mathrm{m})$$

故采煤工作面刮板输送机中部超前量应不大于 5.8 m。

在 6273 工作面实际转采过程中，为保证设备的正常使用，刮板输送机以 10～30 组、100～120 组作为弯曲过渡段，中部最大超前量为 3.0～3.5 m。但采煤工作面因中部超前以及采煤工作面变长的影响，40～90 组溜槽间隙变大，均在 15～25 mm 之间。现场采用添加 12 环链子[126×(12/2)=756 mm]解决采煤工作面面长增大造成的链子紧问题。

3 转采准备

3.1 确定胶带巷拐点刷扩范围

以转采起点位置满足生产条件做刮板输送机机头的模拟运行轨迹，刷扩范围满足“距离下机头轨迹不小于 1 m 且上机头不出小面”的条件，确定刷扩巷道长度为 43 m，最大刷扩宽度为 4.3 m。

3.2 锚杆锚索支护验算

3.2.1 锚索支护参数确定

根据《开滦能源化工股份有限公司煤巷锚杆支护技术管理暂行规定》，要求锚索打至稳定岩层中 1 m 以上，参照 7 煤层柱状图确定其参数。

1. 锚索长度确定

$$L = L_a + L_b + L_m \tag{3}$$

L_a——不稳定岩层高度，参照 7 煤层柱状图，取 3.85 m；

L_b——锚索在岩层之外的长度(包括托盘厚度及锚索小件厚度)，取 0.39(=0.14+0.25)m；

L_m——锚索锚固在基本顶稳定岩层中的长度，取 1 m。

则 L=3.85+0.39+1=5.24 m；取 7.3>5.24 m，确定巷道顶锚索长度为 7.3 m，直径为 22 mm，采用八股螺旋肋预应力钢丝捻制而成的中空注浆锚索。

2. 顶锚索间排距确定

$$L/S \geqslant 2 \tag{4}$$

式中 L——顶锚索有效长度，取 6.91(=7.3−0.39)m；

S——顶锚索间排距。

则确定巷道锚索间排距 $S \leqslant 6.91/2 = 3.45$ m，选取锚索间距为 1.5 m、排距为 1.2 m。

3.2.2 顶锚杆支护参数确定

1. 顶锚杆长度确定

(1) 按照《煤矿矿井采矿设计手册》中加固拱原理计算锚杆长度 L 为：

$$L = L_a + L_b \tag{5}$$

其中：

$$L_a = N(1.1 + B/10) \tag{6}$$

式中 L——锚杆长度，m；

N——围岩稳定系数，取 1.0；

B——锚杆支护范围宽度，取 9.0 m。

则：

$$L_a = 1.0 \times (1.1 + 9.0/10) = 2.0(\text{m})$$

$$L_b = \text{托盘高度} + \text{锚杆螺母厚度} + \text{锚杆外露长度} + \text{钢带厚度}$$
$$= 0.030 + 0.035 + 0.05 + 0.016 = 0.131(\text{m})$$

因此：

$$L = 2.0 + 0.131 = 2.131(\text{m})$$

(2) 按冒落拱高度计算锚杆长度 L。

根据《煤巷锚杆支护理论与成套技术》(康红普等著)，“新奥法”对锚杆长度的选择也提出一些准则，基于锚杆支护的作用是在围岩中形成自承拱的原理，锚杆长度主要与巷道围岩条件及跨度有关：对于比较完整的硬岩，锚杆长度取 1.0～1.2 m；对于完整性较差的中硬岩石，锚杆长度取巷道宽度的 1/4～1/3，一般为 2.0～2.7 m；对于松软破碎的岩体，锚杆长度取巷道宽度的 1/2～2/3，一般为 4.0～5.3 m。根据 6273 工作面的实际情况，顶板比较完整，锚杆长度取 1.0～1.2 m。

依据上述计算，根据已有 7 煤层巷道锚网支护经验和目前的支护材料，确定顶锚杆长度为 2.2 m。

2. 顶锚杆间排距计算

按照《煤矿矿井采矿设计手册》中的加固拱原理可得：

$$D \leqslant 0.5L \tag{7}$$

式中 D——锚杆间排距，m；

L——锚杆长度，m(最大为 2.2 m)；

取最大值 $L=2.2$ m，则 $D \leqslant 0.5\times 2.2=1.1$ m。

按照《煤矿矿井采矿设计手册》中的悬吊理论，锚固力由大于或等于被悬吊软弱岩层重量原则确定，即：

$$Q \geqslant KHD^2R \tag{8}$$

则锚杆间排距为

$$D \leqslant (Q/KHR)^{1/2} \tag{9}$$

式中 Q——锚杆锚固力，取 80 kN；

H——软岩厚度，取 2.1 m；

K——安全系数，取 2；

R——软岩容重，取 24.5 kN/m^3。

将数值代入式(9)计算得锚杆间排距 $D \leqslant 0.88$ m，确定顶锚杆间距为 0.75 m、排距为 0.6 m。

支护形式：刷扩位置沿 7-1 顶板采用锚杆、注浆锚索支护顶板，并采用帮锚杆配合 ϕ14 mm 梯子梁、木托盘支护巷帮。改系统前(金属拱形支架回撤)刷扩位置使用加补 Ⅱ 型钢单体柱、打木垛的方式补强支护，改系统后在刷扩位置下帮侧不影响设备运行的位置使用打木垛的方式补强支护。

施工时间：胶带巷退至距拐点 150 m 以前(距离拐点 90 m 改运煤系统)，拐点刷扩的工程施工完毕(根据 6273 工作面回采经验，胶带巷超前 100 m 存在回采动压影响，为了保证刷扩后锚杆、锚索的主动支护效果，选取退采至距离拐点 150 m 以前施工完刷扩工程)。

技术管理：地质科通过 S 点挂与外胶带巷成 12.75°的方向线，并加设激光，刷扩范围及刷扩量按刷扩方向线上返 2.3 m 管理，并保证锚杆、锚索每排施工位置与方向线垂直。

刷扩方式：炮掘施工，顺刷扩方向线布置 40 t 刮板输送机与外胶带巷式输送机皮带搭接出货，随刷扩随接溜槽。

3.3 胶带巷运煤系统改造

由于下口端头支架与 SZZ800/315 型转载机属于整体连接结构，长度较长，正常拉移时巷道所需刷扩量较大，且随退采需随时调整端头支架与 SZZ800/315 型转载机的角度，难度较大；如只将 SZZ800/315 型转载机外牵，则端头支架拉移效率低。因此，采取在回撤里胶带巷带式输送机时将端头支架和 SZZ800/315 型转载机整体外牵至过拐点，运煤系统改为刮板输送机→两部 75 转→315 转载机(端头支架)的布置形式。

利用胶带巷拐点刷扩后巷道的方尺图，核算整体拉移过程中各节点的位置关系。当胶带巷退采至距拐点 90 m 时(此时里胶带巷带式输送机已拆除 8 对大帮后的最小使用长度为 45 m，转载机长度为 45 m)，回撤里胶带巷带式输送机，采用“移动自移机尾→推移 315 转载机→拉移端头支架”的方式整体外牵至外胶带巷，并布置两部 75 转(30 m+68 m)与刮板输送机机头搭接。

运煤系统改造的措施：

(1) 由于运煤系统改造时所需的75转设备件比较多，利用刷扩后的巷道储存设备件，保证转载拉移的空间。

(2) 采煤工作面达到改系统位置后，分两条线做系统改造工程：一条线回撤里胶带巷带式输送机机头、外胶带巷带式输送机机尾、胶带及中间段；另一条线拉移315转载机。待端头支架通过拐点以后，集中人力铺75转溜槽，保证整体工程的各个支线能够同步作业，缩短了整体工期。

(3) 采煤工作面停产后，打开外边眼作为回撤材料的运输通路，外边眼下口抬棚边稳1台双速8 t车，用于外牵胶带件及装车；里胶带巷带式输送机机头从外往里同步解体机头件并及时外运，快速地清理出拉移转载机所需要的巷道宽度。

(4) 拉移端头支架及转载机的过程：利用两趟ϕ25 mm管路随拉随接为端头支架供液，先将里胶带巷带式输送机机尾拉移8 m，再依次推移转载机、拉移端头支架，端头支架顶梁上面每隔5 m打木垛接顶，保证端头支架升上劲；待315转载机头通过胶带巷拐点后，拆掉破碎机后面中间段的对节螺丝，保持链子连接，并在破碎机处下帮、破碎机后面3 m处上帮分别支戗两根单体柱，与推移315转载机同步进行远控供液，辅助调整转载机前、后段的角度及位置，从而通过胶带巷拐点处。待端头支架通过拐点以后，分别在端头支架顶梁两侧各打两根单体柱，同时降柱辅助抬底、支底座将端头支架靠下帮，保证铺设75转机头及运输行人空间。现场端头支架、315转载机整体外牵初期，效率较低，分析原因是巷道未清卧导致拉移过程中出现拖底煤，提前在胶带巷上帮、煤壁以外铺设75转溜槽，巷道有效宽度窄造成端头支架倾斜。

(5) 提前将胶带巷拐点刷扩处的Ⅱ型钢使用锚杆锁住，仅回撤单体柱，优化了施工过程。

(6) 端头支架定位后，根据现场的情况，拆除上侧支架的一根中柱，铺设头部75转，并使用木垛料垫机头保证搭接合适。头部75转使用单电机驱动，长度为30 m(由于头部75转在转采后期需调整角度且与315转载机搭接，空间小，无法实现双机运行，单机运行拉运能力低，转载长度取30 m)；二部75转使用双电机驱动，长度为68 m。

(7) 铺设完75转以后，在端头支架后面下帮侧使用3 m、1.2 m木垛料打4个木垛支护顶板，75转两侧根据行人运输路线补齐Ⅱ型钢水柱，保证胶带巷拐点刷扩范围的支护强度。

(8) 改完运煤系统后，下口由全封闭支护改为半封闭支护，由图3所示。

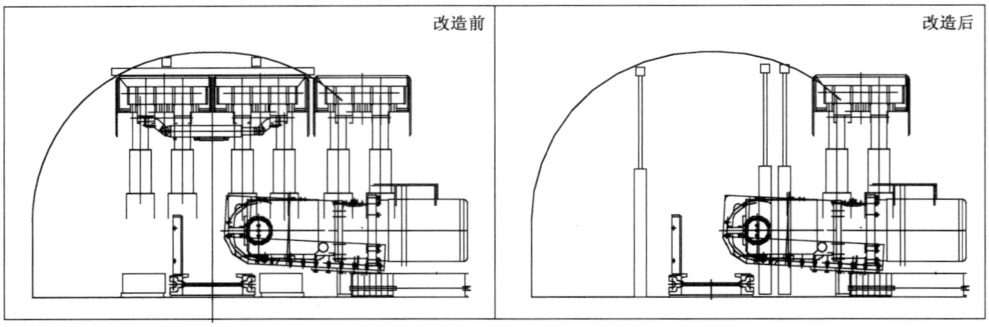

图3　下口改造前后示意图

4　转采施工

4.1　转采周期的四个阶段

结合转采情况，转采周期分为启动阶段、加刀阶段、搭接阶段、调整阶段如图4所示。

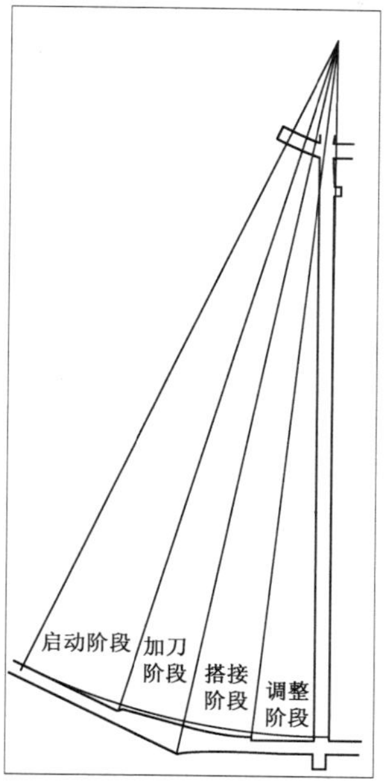

图 4　转采周期

4.1.1　启动阶段(胶带巷距拐点 58 m 距拐点 22 m)

此阶段容易出现刮板输送机机头上缩严重影响搭接的情况，采取多推采煤工作面中部、将采煤工作面中部推超前的措施，执行从上往下单向顶溜，并适当保持推移拉杆与溜槽向下帮侧受力。胶带巷随退采掐第 2 部 75 转槽，并往下帮过 75 转机尾。

4.1.2　加刀阶段(胶带巷距拐点 22 m 至拐点)

此阶段容易出现支架旋转速度滞后于溜槽旋转速度的情况，溜槽受支架推移向下的分力导致溜槽间隙增大，采取增加刮板输送机链子的方式解决；另外此阶段需回撤第 2 部 75 转、改用 1 部 75 转，根据刮板输送机下机头位置，适当多过下口，调整与 1 部 75 转机尾搭接。

4.1.3　搭接阶段(胶带巷拐点至过拐点 22 m)

此阶段需要恢复刮板输送机机头与 315 转载机尾搭接，容易出现无法搭接的情况。采取的措施是根据下机头过胶带巷拐点以后的位置关系以及轨迹趋势，保留头部 75 转最小长度为 8.2 m(机头＋二节＋两块槽＋机尾)，整体外牵端头支架与头部 75 转长度为 9 m，待下机头能够跨到端头支架上帮侧底座时，拆除头部 75 转并上踹端头支架底座，恢复搭接。

4.1.4　调整阶段(胶带巷过拐点 22 m 至过外边眼)

此阶段容易出现刮板输送机机头下窜严重的情况。采取的措施为下口多加刀，执行从下往上单向顶溜，从而控制下机头向下帮侧偏移，并调整胶带巷正常超前量以及缩小刮板输送机中部间隙。

4.2　转采期间的支架调整

转采过程中，保持采煤工作面中部超前，杜绝出现局部明显落后的情况，预防支架咬架。

调整支架时，采取利用前侧护板上调顶梁，利用后侧护板和底调下调尾梁和底座的方式进行。

按照 1∶6 的调斜比例，每个循环旋转角度 $\beta=1^{\circ}$，支架前梁至尾梁长度取 5 m，每个循环支架需调整侧护值为 0.087 m。

根据转采过程实际情况，将采煤工作面支架分成三段：60 组以下、61～100 组、101～130 组。由于每段在一个转采循环中推溜、移架次数不同，调整支架的方式也有区别：

（1）60 组以下在每个循环推溜移架 5～6 次，仅需要正常拉移即可实现支架调整，保证支架拉杆垂直于溜槽。

（2）61～100 组每个循环推溜移架 2～3 次，这段支架的调整方式主要是采用后侧护下调尾梁。

（3）101～130 组调整支架最为复杂，由于此段支架推溜移架次数较少，每个循环只移架 1 次，故拉移支架过程中，执行从下往上顺序移架，并配合上组支架后侧护和底调同时往下踹尾轮和底座，另外采用原地调架的方式进行调整。

如遇特殊情况，支架自身千斤顶无法有效调整支架或者支架严重滞后刮板输送机的旋转角度时，使用单体液压支柱辅助的方式进行调整。

4.3 转采期间的技术监控

4.3.1 转采期间超前量的监控

根据转采方案，以整个转采周期做工作面模拟退采扇面图，以扇面图通过轨迹圆心的半径作为超前量基准线，核算每一个转采循环完成后的超前量，校验每个转采循环旋转效果，并进行加减刀调整。

4.3.2 转采期间中部超前量的监控

在整个转采期间，每 4～5 d 安排地质科对采煤工作面进行一次方尺，校验采煤工作面中部超前量，并根据方尺情况进行调整。

4.3.3 转采期间支架、上下机头数据的监控

每天安排技术人员下井记录支架侧护量、立柱距插帮距离、上下机头距巷中距离、上下支架距巷中距离，并根据变化情况及时调整。

4.4 转采期间的生产循环

转采期间的生产循环见图 5。

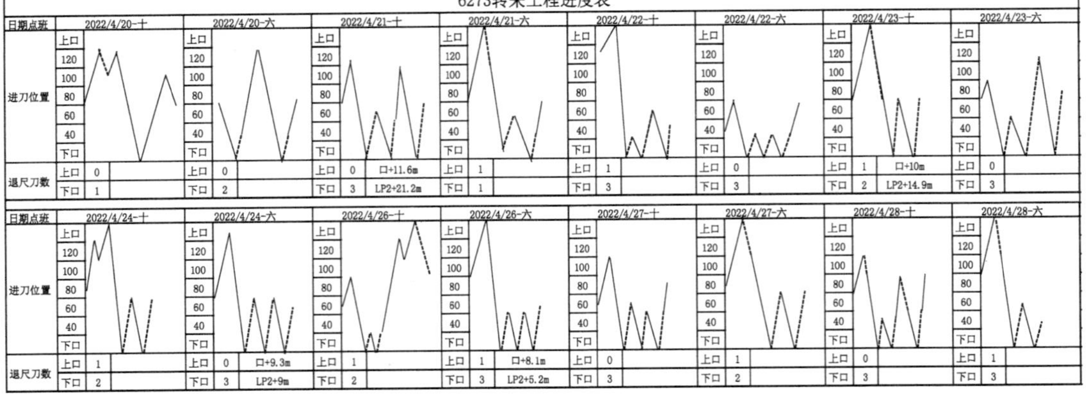

图 5 转采期间的生产循环图

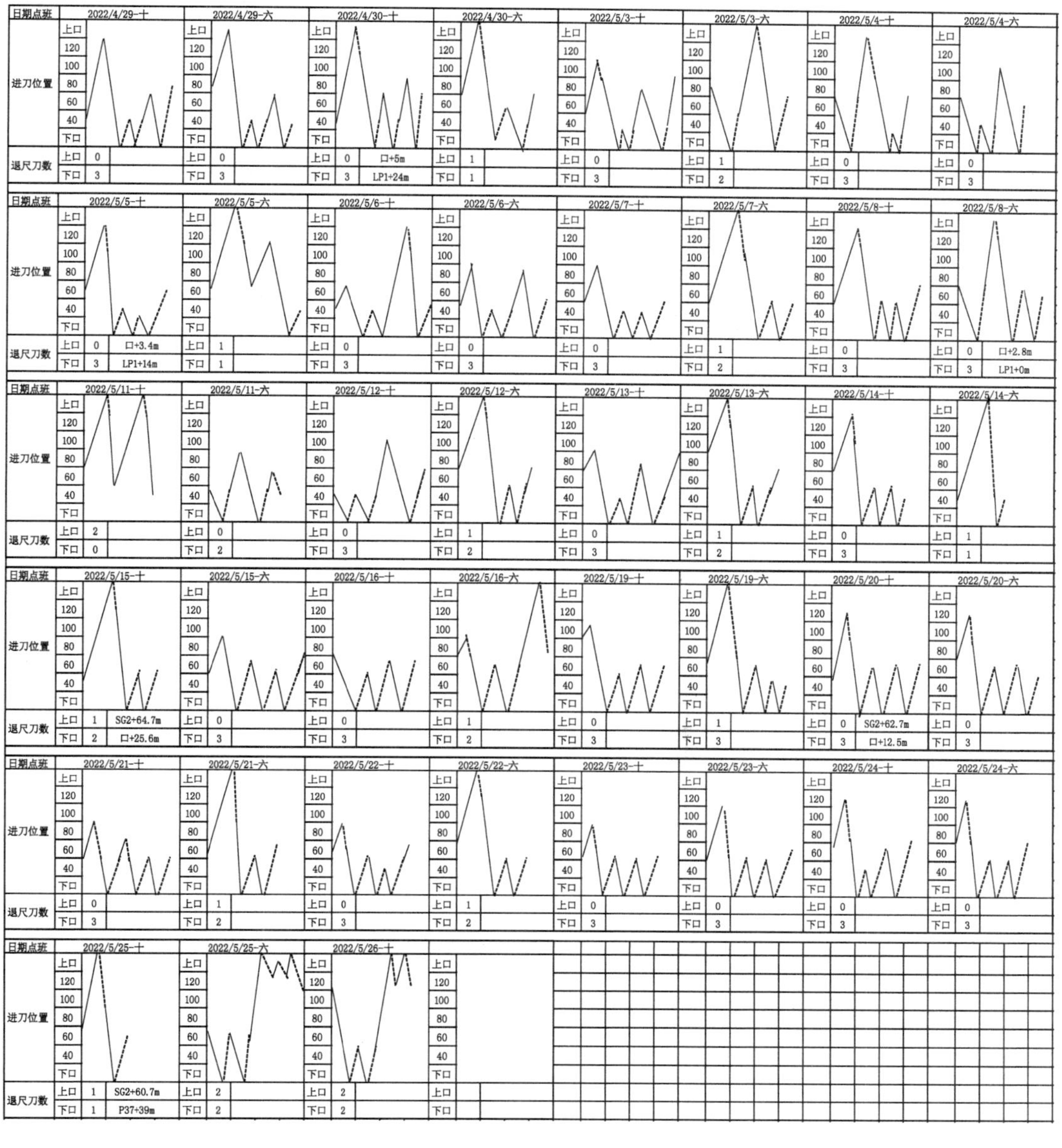

图 5(续)

5 转采总结

6273 工作面转采是吕家坨矿业分公司历史上第一次大角度转采工程，通过提出方案、会审研判及落地实施，逐步优化施工转采方案，在现场施工过程中再调整、改进、完善措施。历经 29 d 高效完成了该工作面转采工作任务，为公司创造了较大的经济效益，同时也为邻近矿井采煤工作面转采工作提供了宝贵的经验。

参考文献

[1] 白云林. 大角度拐弯运输巷设备调整前移的实践[J]. 技术与市场，2015，22(8)：200.
[2] 高诚. 综采工作面特殊条件下转采技术应用[J]. 山西焦煤科技，2021，45(5)：28-30.

[3] 刘光木，崔西玉，赵志成．大倾角综采工作面延长大幅度转采工艺的探索与实践[J]．中国科技纵横，2012(21)：78-78.
[4] 马延栋，蔡九阳，闫冬冬，等．综采工作面扇形回采工艺研究与应用[J]．中州煤炭，2014(2)：31-33.
[5] 魏新贤，张炜，周荣．综采工作面旋转开采技术研究[J]山东煤炭科技，2009(6)：64-65.
[6] 徐永圻．煤矿开采学[M]．修订本．徐州：中国矿业大学出版社，2015.
[7] 姚炜东，邱照辉．综采工作面转角开采技术与实践[J]．中国矿山工程，2010，39(3)：44-46.
[8] 于智卓．大倾角、复杂地质条件下综采工作面不等长调斜开采实践[J]．煤炭工程，2011，43(4)：7-9.

特厚煤层小煤柱(孤岛)放顶煤瓦斯与防火防治关键技术研究

王建军

(晋能控股煤业集团塔山煤矿有限公司,山西 大同 037001)

摘 要 特厚煤层小煤柱(孤岛)放顶煤瓦斯与防火关键技术是在传统工作面预留保安煤柱较小状态、在两个工作面之间形成孤岛型综合放顶工作面,地质压力较大、煤层较厚、顶板管理较困难、采动活动导致煤与部分夹层岩层受到破坏,促使瓦斯沿破坏裂隙带涌入工作面空间区域,瓦斯受采动速度与防火技术原理影响易造成瓦斯多阶段性涌出积聚,造成超限,且煤层自然发火期为Ⅱ级,发火期较短。通过计算分析 CH_4 与 CO 气体数据变化,研发特厚煤层小煤柱(孤岛)放顶煤工作面瓦斯与防火防治关键技术,为构建特厚煤层小煤柱(孤岛)放顶煤示范工程提供关键理论与技术支撑。

关键词 CH_4 来源;涌出规律;预警;瓦斯抽采;N_2、$MgCl_2$ 与灌浆喷注技术

1 煤(岩)层结构压力特性及气体赋存来源分析

塔山煤矿 8207 工作面位于井田东南部、二盘区东北部。煤层平均厚度为 15.10 m,工作面东北部为同层 8205 工作面采空区、西南部同层 8209 工作面采空区。该工作面属于特厚煤层小煤柱(孤岛)放顶煤工作面。

8207 工作面通风系统为"一进一回一抽"的"U+I"型通风系统,即 2207 巷、5207 回风巷、8207 顶板高抽巷封闭抽采。

1.1 8207 工作面形成小煤柱(孤岛)工作面情况及煤(岩)层开采影响因素分析

塔山煤矿在开采小煤柱(孤岛)放顶煤工作面时,地质地压、高瓦斯矿井瓦斯特点和防火治理难易条件程度受限等,会影响采区安全生产活动,为主要治理方向与研究。本文具体分析掘进时期开掘过程导致煤岩体受机械外力破坏,巷道结构出现裂隙带,掘进机施工速度受到影响,易造成瓦斯含量递增,需不断在全风压供风时期进行部分气体外排,受采煤机采动与速度影响,易造成整个开采区域大量瓦斯被二次释放从而导致瓦斯超限。采煤工作面瓦斯涌出量及煤层自燃倾向性鉴定报告结果,自然倾向性等级为Ⅱ类自燃,最短发火期为 67 d,依据采动速度与防止自然发火有直接关系,故整个工作面形成前采取锚网+钢制托板联合支护技术、工作面采动后期对顺槽巷道进行深孔整动释放解压技术,以减少受采动过程中顶板突然来压造成大量瓦斯三次涌出带来的风险。

1.2 CH_4 涌出量规律分析与工作面防火因素

塔山矿为高瓦斯矿井,根据 2022 年矿井瓦斯涌出量测定报告可知,矿井绝对瓦斯涌出量为

119.22 m^3/min，相对瓦斯涌出量为 2.59 m^3/t。根据瓦斯基础参数测定结果可知，二盘区 3-5# 层瓦斯含量为 3.23 m^3/t，残存瓦斯含量为 1.48 m^3/t。8207 采煤工作面瓦斯相对涌出量为：

$$q_c = q_1 + q_2 + q_3 + q_4 \tag{1}$$

式中　q_c——采煤工作面相对瓦斯涌出量，m^3/t；

q_1——割煤相对瓦斯涌出量，m^3/t；

q_2——放煤相对瓦斯涌出量，m^3/t；

q_3——工作面采空区相对瓦斯涌出量，m^3/t；

q_4——邻近层相对瓦斯涌出量，m^3/t。

1. 割煤相对瓦斯涌出量 q_1

$$q_1 = K_1 K_2 K_{fi} \frac{m_1}{M}(W_0 - W_c) \tag{2}$$

式中　K_1——围岩瓦斯涌出影响系数，全部垮落法管理顶板，碳质组分较多的围岩，K_1 取 1.3。

K_2——采区内准备巷道预排瓦斯对开采层瓦斯涌出影响系数；$K_2=(L-2h)/L$，L 为采煤工作面长度，m；h 为掘进巷道瓦斯预排等值宽度，m。

K_{fi}——厚煤层分层开采时，取决于煤层分层数量和顺序的分层瓦斯涌出影响系数，无分层开采时该值取 1。

m_1——割煤高度，m。

M——开采煤层厚度，m。

W_0——回采前煤体瓦斯含量，m^3/t。

W_c——运出矿井后煤的残存瓦斯含量，m^3/t。

计算可得：$q_1=1.3\times0.82\times(3.8/15.01)\times(3.23-1.48)=0.47$($m^3$/t)

2. 放煤相对瓦斯涌出量 q_2

$$q_2 = K_1 K_2 K_3 K_{fi} \frac{m_2}{M}(W_0 - W_c) \tag{3}$$

式中　K_3——放落煤体破碎度对放顶煤瓦斯涌出影响系数，取 0.95；

m_2——放顶煤高度，m。

计算可得：$q_2=1.3\times0.82\times0.95\times(11.21/15.01)\times(3.23-1.48)=1.32$($m^3$/t)

3. 工作面采空区相对瓦斯涌出量 q_3

$$q_3 = q_y + q_f \tag{4}$$

$$q_y = K_4(1-K_5)(W_0 - W_c) \tag{5}$$

$$K_5 = \frac{m_1}{M}K_j + \frac{m_2}{M}K_f \tag{6}$$

式中　q_y——遗留煤相对瓦斯涌出量，m^3/t；

q_f——下分层煤壁相对瓦斯涌出量，无分层开采时该值取 0；

K_4——留煤瓦斯涌出不均衡系数，取 $K_4=1.5$；

K_5——综放工作面平均回采率，平均回采率为 0.93；

K_j——机采回采率；

K_f——放顶煤回采率。

计算可得：$q_3=1.5\times0.07\times(3.23-1.48)=0.18$($m^3$/t)

4. 邻近层相对瓦斯涌出量 q_4

$$q_4 = \sum_{i=1}^{n}(W_{0i} - W_{ci})\frac{m_i}{M}\eta_i \tag{7}$$

式中　m_i——第 i 个邻近层煤层厚度，m；

η_i——第 i 个邻近层瓦斯排放率，%；

W_{0i}——第 i 个邻近层煤层原始瓦斯含量，m^3/t；

W_{ci}——第 i 个邻近层煤层残存瓦斯含量，本次邻近层不可采煤层瓦斯含量未测定数据，均参考 3～5 号煤层对应的瓦斯含量，m^3/t。

邻近层瓦斯排放率 η 与邻近层至开采层的间距有关；当邻近层位于垮落带中时 $\eta=1$；当采高小于 4.5 m 时，η 可由式(8)计算或按图 1 选取。

$$\eta_i = 1 - \frac{h_i}{h_p} \tag{8}$$

式中　h_i——第 i 个邻近层与开采层垂直距离，m；

h_p——受开采层采动影响顶底板岩层形成贯穿裂隙，邻近层向工作面释放卸压瓦斯的岩层破坏范围，m。

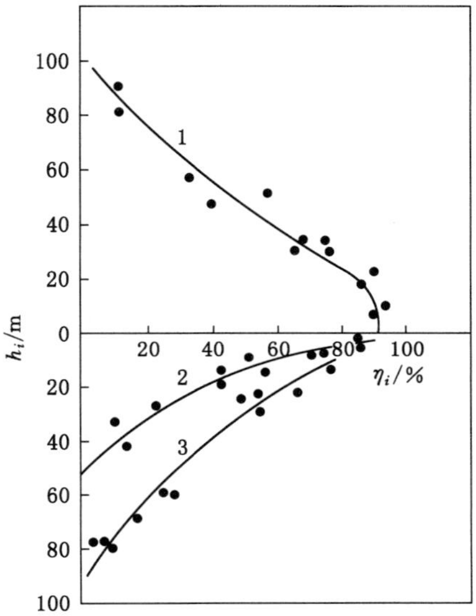

1—上邻近层；2—缓倾斜煤层下邻近层；3—倾斜、急倾斜煤层下邻近层。

图 1　邻近层瓦斯排放率与层间距的关系曲线

当采高超过 4.5 m 时，邻近层瓦斯排放率根据《综合机械化放顶煤工作面瓦斯涌出量预测方法》(NB/T 10364—2019)中提供的计算公式计算：

$$\eta_i = 100 - 0.47\frac{h_i}{M'} - 84.04\frac{h_i}{L} \tag{9}$$

式中　M'——工作面采高，m；

L——工作面长度，m。

由图 1 可知采动影响范围上邻近层取 100 m，下邻近层取 50 m。结合矿井地质资料可知，8207 工作面可采范围内无邻近层，故 $q_4=0$。

综合以上计算结果可得：$q_c=0.47+1.32+0.18=1.97(m^3/t)$

按照工作面日产量 16 967 t 计算，8207 工作面正常回采期间瓦斯相对涌出量为 1.97 m^3/t，绝对瓦斯涌出量为 23.21 m^3/min，瓦斯压力为 0.224～0.245 MPa。工作面推进过程中遇到断层、煤体破碎等区域时，瓦斯涌出量明显增大，预计 8207 工作面绝对瓦斯涌出量将达到 25 m^3/min 以上。

8207 工作面采用单一走向长壁后退式综合机械化低位放顶煤采煤方法，瞬间落煤量大，致使瞬间瓦斯涌出量要高于平均瓦斯涌出量，因此落煤瓦斯涌出是工作面瓦斯来源之一。

塔山矿 3～5 号煤层自燃倾向性等级为Ⅱ类，最短发火期为 67 d，且煤尘具有爆炸危险性。利用束管监测系统收集数据对采空区气体进行研究，分析采空区注氮防灭火的效果(注氮防灭火隋化指标：注氮防火隋化，即注氮后采空区域内氧气浓度不得大于 7%)。

2　8207 工作面形成小煤柱(孤岛)放顶煤瓦斯与防火预警技术

2.1　气体在线预警实时监测技术

塔山矿现在安装使用江苏三恒生产的 KJ70X 型监测监控系统和澳大利亚新动力科技有限公司研制并生产的 06-CTKX/2326106 型束管监测系统，有效实现在线实时监控，主要检测本工作面各监测点温度、风量及风速等参数；后者最远可取深入采空区 300 m 处的气样，可持续对塔山矿井工作面采空区 CO、CH_4、CO_2、O_2、H_2、N_2、C_2H_4、C_2H_6、C_2H_2、C_3H_8、C_4H_{10} 等 12 种气体进行监测与分析。在 8207 工作面将布置 6 个采样点，以便能够实现对 8207 工作面采空区“三带”气体浓度的准确监测。

2.2　瓦斯现场数据监测及分析技术

根据 8207 工作面的实际情况，采煤工作面自然发火观测点设置在回风巷距绕道口 10～15 m 上隅角处，瓦斯抽采泵排放口，每周对上述观测点气体进行取样化验，以便能够实现对 8207 工作面采空区“三带”气体浓度的准确监测。

3　8207 工作面形成小煤柱(孤岛)放顶煤瓦斯关键技术

塔山矿二盘区已采工作面瓦斯涌出规律，结合 5207 和 2207 顺槽掘进过程中瓦斯涌出情况，借鉴塔山煤矿已采用过的瓦斯治理方法，综合考虑，8207 工作面采取以顶板高抽巷机械式封闭抽采为主要手段，以工作面端头封堵、初采爆破及卸压孔致裂等方法为辅助措施的总体思路解决工作面瓦斯问题。

3.1　系统风排

按瓦斯、二氧化碳涌出量，割煤及放煤后涌出的有害气体产生量，以及工作面气温、风速、同时工作的最多人数等规定分别计算抽排风量，然后取其中最大值为 1 911 m^3/min；同时考虑 8207 顶板高抽巷抽排风量，正常回采期间开启 3 台 2BEC62 型或 1 台 2BEC120 型瓦斯抽采泵，抽排风量为 750 m^3/min。

回采期间工作面配风风量为 2 797 m^3/min，根据工作面气体变化情况，合理调整工作面配风量，通过增大配风的方式提高工作面系统风排瓦斯能力，进而解决工作面瓦斯浓度过高的问题。

3.2　顶板高抽巷机械式封闭抽采技术

结合塔山矿瓦斯抽采系统现状，工作面生产前在 8207 工作面向顶板高抽巷施工 84 个 ϕ133 mm 通风钻孔，与 8207 工作面切眼导通，提前在密闭墙内预埋 4 趟 DN600 抽采瓦斯管路，其中 2 趟与井下二盘区瓦斯抽采泵站的 2BEC62 型抽采泵连接，剩余 2 趟通过瓦斯抽采钻孔与地面 2BEC120 型瓦斯抽采泵连接，瓦斯管路预埋进入密闭墙内 1 m。

4　8207 工作面形成小煤柱(孤岛)放顶煤防火关键技术

4.1　N_2、$MgCL_2$ 与灌浆喷注防火技术

工作面不同回采时期，采用不同的防灭火技术。工作面回采初期的防灭火技术以端头阻化喷

雾为主，端头封堵、束管监测为辅；稳定回采 40 m 后，采空区具备注氮条件，防灭火主要技术由阻化喷雾调整为采空区连续注氮及端头阻化喷雾；采空区注浆作为备用技术手段，在指标气体异常期间阶段性组织实施。

4.1.1 工作面注氮防火技术

在 8207 综放工作面 2207 巷端头沿非采煤帮埋设 3 趟 ϕ108 mm 钢丝缠绕管路，埋管步距为 40 m，进行踏步式埋管。第一趟管路埋入采空区 40 m 时，开启第一趟管路，进行连续注氮。当第二趟注氮管口埋入采空区 40 m 时，开启第二趟埋设的管路，利用第一、二趟注氮管向采空区进行注氮。当第一趟注氮管管口进入采空区 120 m 时，停止第一趟注氮管注氮，断开第一趟注氮管并在管口安装保护头，此时第三趟管路管口进入采空区 40 m，同时开启第三趟管路注氮，利用第二、三趟注氮管向采空区进行注氮。如此循环，直至工作面采完为止。5207 巷预埋 2 趟 ϕ108 mm 钢丝缠绕管进行踏步式埋管，埋管步距为 40 m，作为备用注氮管路。

4.1.2 注 N_2 量的计算

按采空区氧化带氧含量计算注氮量，公式如下：

$$Q_N = 60KQ_0 \frac{C_1 - C_2}{C_N + C_2 - 1} \tag{10}$$

式中 Q_0——采空区氧化带漏风量，取 18 m^3/min；

C_1——采空区氧化带内平均氧浓度，取 11%；

C_2——采空区惰化防火指标，其值为煤自燃临界氧浓度，取 7%；

C_N——注入氮气的浓度，取 97%；

K——备用系数，取 1.2～1.5。

由式(10)计算得 8207 综放工作面采空区需氮量为：

$$Q_N = 60 \times 1.2 \times 18 \times (11\% - 7\%)/(97\% + 7\% - 1) = 1\ 296(m^3/h)$$

4.2 喷洒阻化剂($MgCl_2$)防火技术

从工作面开始回采至回采结束，在 2207 进风端头实施阻化喷雾，以防止采空区自燃。

根据《煤炭矿井设计防火规范》(GB 51078—2015)的规定，实施阻化防火技术时，一天喷雾量按下式计算：

$$V = QADLHS \tag{11}$$

式中 V——日喷雾量，m^3/d；

Q——1 t 煤用液量，取 0.04 m^3/t；

A——工作面丢煤率，取 7%；

D——实体煤密度，取 1.46 t/m^3；

L——喷洒覆盖长度，取 20.4 m；

H——工作面平均煤厚，取 15 m；

S——工作面日推进度，取 4 m。

经计算每天喷雾量约为 5 m^3，早班、夜班各喷洒 2 m^3，中班喷洒 1 m^3。

4.3 注浆防火技术

4.3.1 注浆方式

当采空区有异常情况发生时，进行黄泥浆的灌注工作。注浆时，采用在进、回风巷道预埋注黄泥灌浆管，预埋管始终保持在进入采空区 15 m 左右，当采空区 CO 浓度异常时，对工作面进行注浆，灌浆时以上隅角出现黄泥浆堆积为止。

4.3.2 灌浆量计算

1. 距终采线 30 m 处采空区灌浆量

按宽度 10 m、长度 221 m、平均煤厚 15 m 计算采空区灌浆量。

灌浆总量：$Q_1=Q_t+Q_s=924.9+5\ 086.9=6\ 011.8(m^3)$

2. 切眼处采空区及顺槽灌浆量

切眼处按宽度 10 m、长度 221 m、采高 3.8 m 计算灌浆量；2207 巷按断面积 19.8 m^2、长度 10 m 计算灌浆量，5207 巷按断面积 19.7 m^2、长度 10 m 计算灌浆量。

灌浆总量：$Q_2=Q_t+Q_s=245.2+1\ 348.6=1\ 593.8(m^3)$

3. 总注浆量计算

总灌浆量：$Q=Q_1+Q_2=6\ 011.8+1\ 593.8=7\ 605.6(m^3)$

根据经验数值，每天的灌浆量 φ 约为 300 m^3，则灌浆天数 $D=Q/\varphi=7\ 605.6/300=25.4(d)$。

4.4 工作面采空区域悬顶部分阶段粉煤灰封堵防火技术

端头封堵作为防灭火的辅助手段，能有效减少采空区漏风，缩短采空区氧化带长度，降低采空区自然发火隐患。

目前矿井综采工作面头、尾端头顶板采用退锚后自然垮落堵严头、尾端头漏风通道的顶板治理及防灭火技术，如工作面在日常生产期间，顶板退锚垮落效果不好或顶板退锚后未垮落，在顶板条件允许情况下，8207 工作面头、尾端头每隔 10 m 各构筑一道粉煤灰墙，封堵墙必须从煤帮构筑到后刮板输送机机尾处，确保将端头封堵严实。

5 结论

8207 工作面瓦斯抽采基础条件均达到《煤矿瓦斯抽采达标暂行规定》的要求：最大可解吸量为 1.75 m^3/t（小于 5 m^3/t），满足要求；工作面瓦斯抽采率为 82.77%（大于 40%）；回风流瓦斯浓度为 0.25%（=4/1 630×100%），满足回风流瓦斯浓度小于 1.0%的要求；采煤工作面风速为 2.50 m/s（未超过 4 m/s）。8207 工作面防火预警及气体、灌浆等技术的实施，有效预防了煤层自然发火事故的发生，保障了矿井放顶煤技术的优越性，同时为瓦斯与防火同步防治技术科学合理应用于高性能开采技术创造了安全开采条件。研究成果还为构建特厚煤层小煤柱（孤岛）放顶煤示范工程提供了关键理论与技术支撑。

煤与瓦斯突出矿井松软煤层中空气复合定向钻施工抽采钻孔的实际应用

李光强，李明，李智

（山西和顺天池能源有限责任公司，山西 晋中 032700）

摘　要　抽采钻孔治理瓦斯是消除煤与瓦斯突出危险性的重要措施。在煤巷条带掘进前，通过瓦斯抽采降低煤层瓦斯压力和瓦斯含量，降低瓦斯灾害，以实现煤巷条带快速消突的目的。山西和顺天池能源有限责任公司15#煤层属于松软煤层，f值为0.38～2。为解决传统钻孔施工工艺在松软煤层钻孔难、成孔率低等问题，提出空气复合钻进的新型工艺方法，并设计在606工作面应用。在运用空气复合定向钻进工艺后，钻孔轨迹控制精度达到孔深的0.5%以内，成孔率达100%，钻孔瓦斯抽采体积分数均超过40%。

关键词　松软煤层；空气复合定向钻进；钻孔瓦斯抽采

0　引言

山西和顺天池能源有限责任公司（以下简称天池能源）位于山西省晋中市和顺县城西南17 km的喂马乡古窑口村。606工作面北邻采区开拓巷道，南邻四采区（已回采结束），西邻604工作面（已回采结束），东邻608工作面（设计）。钻孔瓦斯预抽是消除煤与瓦斯突出危险性的重要措施。在煤巷条带掘进前，通过瓦斯抽采降低煤层瓦斯压力和瓦斯含量，释放瓦斯突出潜能，以实现煤巷条带快速消突的目的[1-2]。定向钻孔因其具有轨迹可控、深度大、瓦斯抽采效果好等优势，已在煤矿井下瓦斯抽采中得到了广泛应用[3-4]。天池能源的15#煤层碎软，前期在604进风平巷试验中采用液动螺杆马达钻具钻进施工，在松软煤层中驱动液动螺杆钻具的高压水易冲刷煤孔壁，造成钻孔塌孔无法成孔，以及钻孔内积水无法排除瓦斯；现有本煤层瓦斯抽采钻孔技术存在煤层顺层孔段距离短，轨迹无法控制，钻孔钻入岩层无法调整到煤层，导致煤层钻透率低，容易形成瓦斯盲区，瓦斯抽采不充分，存在安全隐患[5-7]。对此，根据天池能源15#煤层特点，为解决松软煤层定向长钻孔顺层钻进难题，提高松软煤层瓦斯抽采钻孔深度、施工精度和抽采效率，实现本煤层瓦斯钻孔预抽，开展顺煤层空气螺杆马达定向长钻孔成孔技术与装备研究试验，形成一套适合天池能源的松软煤层井下空气螺杆马达定向钻进技术工艺，为天池能源瓦斯治理提供新模式。

1　工程概况

15#煤层，黑色，性脆，易碎，以亮煤、镜煤为主，其次为暗煤，丝炭少量；含有黄铁矿晶粒，具条带状结构，层状构造；工作面内煤层产状变化不大，煤层厚度稳定，局部含有软分层；普氏硬度系数

f=0.38～2，属于碎软煤层。早期，天池能源引进定向钻进工艺，在604进风平巷采用液动定向钻孔工艺施工定向长钻孔，施工过程中因煤层破碎、高压水对钻孔煤壁冲刷严重，造成钻孔塌孔和埋钻，影响定向长钻孔施工和增加施工风险。根据后期瓦斯抽采效果反映，钻孔抽出瓦斯浓度偏低，不能满足该公司对工作面瓦斯治理的要求。

为了解决工作面碎软煤层钻孔抽采技术的问题，结合天池能源自身条件和工作面煤层情况，该项目采用了空气复合定向钻进工艺对松软煤层进行钻孔施工，以解决目前碎软煤层瓦斯抽采钻孔成孔深度浅、轨迹控制精度低及瓦斯抽采效果差等问题[8]。该项目从606进风平巷向606采面施工孔深为165 m的定向钻孔，钻孔覆盖606采面，掩护工作面回采区域并提前预抽，取得了显著的成孔和瓦斯抽采效果。施工示意图如图1所示。

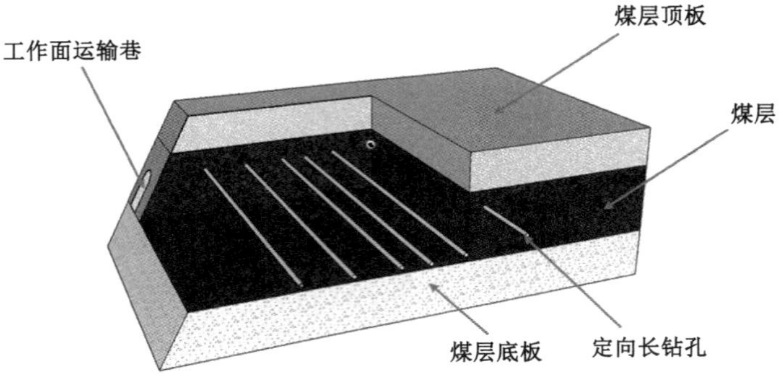

图1　空气复合定向钻进施工示意图

2　项目方案

该项目针对碎软煤层顺层钻孔时易喷孔、塌孔、卡钻等问题，提出采用空气复合定向钻进技术施工碎软煤层顺层定向钻孔的思路，其具体原理：利用移动式螺杆型矿用空气压缩机输出的中压空气作为碎软煤层定向钻进的动力介质和排渣介质；利用随钻测量系统配套定向钻杆实时测量钻孔轨迹参数；利用定向钻机在孔口提供工具面调整与制动、回转、给进起拔动力；利用中压空气驱动空气螺杆马达进行钻孔轨迹调控，实现定向钻进过程，确保钻孔沿设计轨迹延伸；利用孔口除尘装置实现高效除尘作业和瓦斯抽采。空气复合定向钻进施工系统的组成如图2所示。

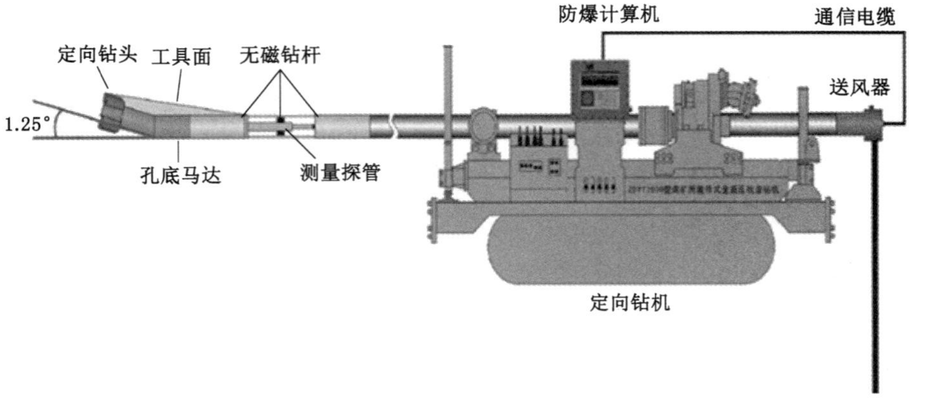

图2　空气复合定向钻进施工系统主要组成部分

2.1 主要钻进设备

2.1.1 钻机

该项目采用 ZDY4000LD(C)型煤矿用履带式全液压坑道钻机(见图 3),该钻机是一款整体式窄体定向钻机,适用于孔底马达定向钻进、孔口回转钻进以及复合钻进等多种施工工艺,可用于煤矿瓦斯抽采钻孔施工,也可用于井下探放水、地质构造和煤层厚度探测、煤层注水、顶底板注浆等各类 300 m 以内的高精度定向钻孔的施工,特别适用于薄煤层定向长钻孔、超前探瓦斯条带治理及掘进巷道"钻掘交替"超前探等定向施工。该钻机主轴倾角调节范围为±90°、方位角调节范围为±90°,调节过程采用液压操控,无须人工干预,操作便捷,安全性强,效率高。

图 3　ZDY4000LD(C)型煤矿用履带式全液压坑道钻机

钻机采用大行程夹持器,开口量大,对中性好;夹持器上部拉杆可打开,方便钻具的下放。钻机的给进机身导轨采用可更换的耐磨钢结构,延长了拖板衬板使用寿命,钻机维护方便。钻机液压系统采用集成式一体阀操纵台,可靠性高、结构紧凑、有效减少操纵台内部胶管连接,便于后期维修、保养;主轴制动系统设计采用断续供油式,在实现相同功能的情况下,避免了系统非必要功耗,降低了系统发热量;设计有定向回转保护功能,可有效防止回转误操作对动力头造成的冲击,保障定向钻进过程的精准性、安全性。

2.1.2 空压机

该项目采用 MLGF25.5/12-200G 螺杆式移动空气压缩机(见图 4),该空压机的特点:自动调整马力消耗,机组运行采用全自动控制,保护系统完善,使用安全可靠,移动灵活,操作简单,维护方便,机组的所有零部件均装置在一台车架上,整机设计体贴周到,自动化程度高,操作简单。

图 4　MLGF25.5/12-200G 螺杆式移动空气压缩机

2.1.3 孔口除尘防喷装置

孔口除尘防喷装置是现场人员根据现场特有环境自主设计研发的，除尘防喷效果明显，操作简单，实用性强；该装置主要由除尘室、收集器、捕尘袋、防喷孔复合吸尘罩、过滤罩、控制阀门、输尘管等构成。孔口除尘防喷装置的特制防喷孔复合吸尘罩极好地罩住孔口产生的粉尘，防止粉尘喷涌和泄漏；煤尘收集器和捕尘袋能够有效地将煤尘和气体分离，避免灰尘外溢；三级过滤装置有效地将负压吸附的煤与瓦斯有效分离，避免煤粉和煤尘进入抽采系统。

2.1.4 空气螺杆马达

该项目的空气复合定向钻进系统采用的孔底空气螺杆马达(见图 5)，主要由螺杆马达(定子、转子)总成、万向轴总成、传动轴总成三部分组成。采用空气螺杆马达钻进时，不需要钻杆旋转，空压机产生高压风，通过通缆钻杆进入空气螺杆马达，在马达的进出口形成一定压差，推动马达的转子旋转，再通过万向轴和传动轴将转速和扭矩传递给钻头，从而达到碎岩的目的；减少了钻杆与孔壁的摩擦阻力，在较小动力损失的情况下就能达到较大的钻进能力。通过考察调研和性能分析，并结合项目需要，选用 ϕ73 mm 孔底空气螺杆马达作为定向钻进的动力钻具。

图 5 空气螺杆马达

2.2 钻进施工方案

2.2.1 钻场与钻孔布置

1. 钻场布置

根据《煤矿安全规程》，矿用空气压缩机放置在六采轨道底车场，此处为新鲜风流，利用胶管将压缩空气引入钻场。钻场布置在 606 进风巷道胶带顺槽，钻孔设计从迎头到停采线外 20 m，每隔 3～4 m 布置一个钻孔，孔深 165 m，平面上垂直于 606 进风顺槽，剖面上沿 15 煤层延伸，覆盖 606 工作面回采范围。

2. 钻孔结构设计

钻孔由套管孔段和定向孔段组成。套管孔段直径为 193 mm，最后下入长 15 m 的 ϕ160 mm PE 套管，并注浆固管；定向孔段直径为 108 mm。

3. 钻具组合

(1) 套管孔段施工钻具组合

套管孔段分三开施工，首先采用 ϕ94 mm 定向钻头＋钢变径接头＋ϕ73 mm 高韧性钻杆施工 ϕ94 mm 孔径的先导孔，然后换用 ϕ96/153 mm 钻头二开扩孔至 ϕ153 mm，再用 ϕ153/193 mm 钻头二开扩孔至 ϕ193 mm。

(2) 定向孔段施工钻具组合

定向孔段施工采用 ϕ108 mm 定向钻头＋ϕ73 mm 空气螺杆马达＋无磁接头＋ϕ76 mm 下无磁钻杆＋无磁接头＋ϕ76 mm 探管外管(内部安装有 YHD2-1000TA 随钻测量系统探管)＋ϕ76 mm 上无磁钻杆＋ϕ73 mm 通缆钻杆＋送风器。

(3) 下筛管钻具组合

ϕ95 mm 岩心钻头＋ϕ73 mm 大通径钻杆(内径 ϕ60 mm)＋送风器。

定向钻孔孔身结构如表 1 所列。

表 1　定向钻孔孔身结构

开孔次序	钻具组合
开孔	ϕ98 mm 钻头＋ϕ73 mm 变径接头＋ϕ73 mm 钻杆施工 15 m
扩孔	ϕ153、ϕ193 mm、ϕ220 mm 扩孔钻头＋ϕ73 mm 钻杆扩孔 15 m
封孔	ϕ160 mm 套管并注浆封孔
定向钻进	ϕ108 mm 钻头＋ϕ73 mm 孔底空气螺杆马达＋ϕ73 mm 无磁接头＋ϕ73 mm 测量探管＋ϕ73 mm 上无磁钻杆＋ϕ73 mm 通缆定向钻杆施工至设计孔深

2.2.2　钻进施工流程

(1) 机电设备搭火。

(2) 稳钻。

(3) 检查钻头，如果钻头磨损严重，则应更换钻头。

(4) 检查孔底空气螺杆马达工作是否正常，开启空压机观察螺杆钻具旋转状态及空压机压力，孔底螺杆马达的启动压力为 0.8～1.2 MPa，如果空压机启动压力大于 1.2 MPa 或小于 0.8 MPa，应更换孔底螺杆马达并进行返厂维修；观察螺杆马达钻速是否正常，若钻速过低则应更换。

(5) 检查通缆钻杆通缆接头，如有松动或变形现象，应将钻杆剔除进行维修；如发现通缆接头密封圈磨损或丢失，应立即更换。

(6) 检查钻机各项操作功能是否正常。

(7) 调整孔底空气螺杆马达弯点方向，连接下无磁接头，测量探管，修正工具面向角。

空气复合定向钻进施工流程如图 6 所示。

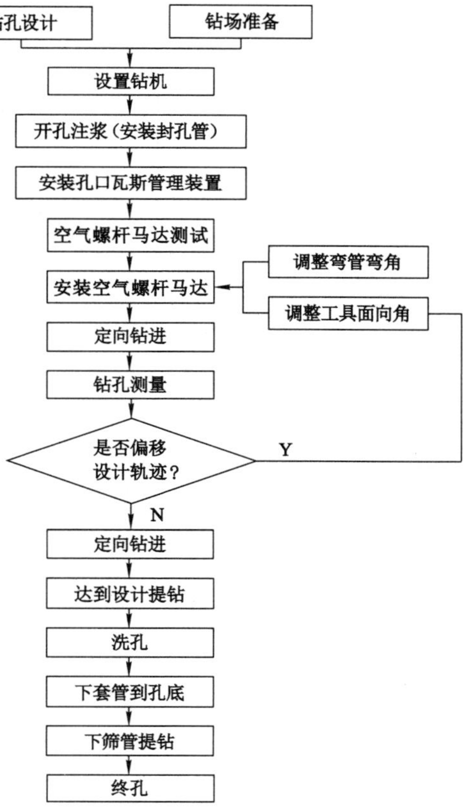

图 6　空气复合定向钻进施工流程图

2.2.3 钻进施工技术要求

1. 套管孔段

采用回转钻进工艺施工，为确保套管顺利下入孔内，要求钻孔轨迹平直，孔内沉渣少；考虑碎软煤层孔口段破碎、抽采时易漏风的问题，应加强套管注浆固孔工作。

(1) 一开的关键是钻孔保直，孔口 1 m 以内孔段应以低转速、低钻压缓慢钻进，以保证孔口平顺，1 m 以后应控制钻速平稳钻进，避免钻速过快导致钻孔严重弯曲。

(2) 二开扩孔深度应大于套管设计下入深度。扩孔钻进完成后，确保孔内冲洗干净，然后提钻。

(3) 三开扩孔钻进完成后，确保孔内冲洗干净，然后提钻并下入 ϕ160 mm PE 套管；套管下到设计深度后，进行注浆固管。

2. 定向孔段

定向孔段采用随钻测量定向钻进工艺进行施工，为确保钻孔轨迹控制精度，保障施工安全，应注意以下事项：

(1) 定向钻孔施工过程中，随钻测量测点间隔设计为 3 m，不得超过 6 m。

(2) 钻孔轨迹左右位移应严格按照设计控制。

(3) 定向钻进过程中通过探顶开分支孔延伸钻进，上下位移依据探测的顶板情况控制，保证钻孔在煤层中延伸。

(4) 钻进过程中及时关注设备工作压力、孔口返风及随钻测量数据情况，遇到异常及时停钻处理。

3. 下筛管

为了确保“钻到位，管到位”，下筛管时应该注意以下事项：

(1) 定向钻孔成孔提钻时，应将钻孔煤粉冲洗干净，确保大直径钻杆顺利进入。

(2) 下入大直径钻杆时必须每隔 50 m 带风清洗钻孔，确保钻孔煤粉不堆积。

(3) 下 50 mm 筛管时，必须安装筛管头，将筛管连接好，以防在提大通径钻具时拉断筛管。

3 应用情况

3.1 成孔及抽采效果

从 2023 年 9 月开始施工到 2024 年 5 月份，在 6063 进风顺槽完成碎软煤层顺层定向钻孔 172 个，总进尺 28 380 m，下 ϕ50 筛管 25 800 m，筛管单孔入深全部达到了 160 m 以上的设计要求。钻孔轨迹控制精度达到孔深的 0.5%以内，成孔率达到 100%，成孔效果显著。对已经完成的钻孔采用高负压抽采系统进行瓦斯抽采。钻孔瓦斯抽采体积分数均超过 40%，已连续抽采 8 个多月，瓦斯抽采纯量稳定无衰减。

3.2 经济和社会效益

一方面表现在施工周期短，节约了一个工作面双向钻孔交叉施工的一半工期，节约了施工时间和施工工作量。另一方面表现在能够提前进行抽采效果的达标评判，提前进行了本煤层瓦斯含量的解放，降低了回采区域抽采评判的差异性系数，合理衔接接续周期。对比相邻工作面，采用定向钻孔施工的工作面可提前接续 3 个月，按照当前月产量 9 万 t，可提前实现 27 万 t 产量的实际经济收益。

大大减少人工投入，为矿井安全和智能化建设提供硬件基础。减少一条巷道的施工，进一步为实现少人化、无人化矿井奠定了技术基础。整体设备的投入减少及工程量减少，进一步降低了污染和用电量，为节能降耗起到了一定作用。

4 空气复合钻进技术优越性

对比其他钻机的钻进技术，空气复合钻进技术的优势之处主要有以下几点：一是钻孔精确，普通钻机使用方位角和倾角进行定位，只能对钻机和孔口钻杆进行测量，无法确保下垂角度的调整能够及时到位。二是工程安全可靠，采用定向钻机可进行远程操作，对于煤与瓦斯突出矿井来讲，钻机的施工环境较好，从硅肺病治和突出灾害的防等方面都对施工人员是一种保护。三是施工协调难度小，普通钻机施工现场标准低、现场运输条件和维护条件都相对较差，而定向钻机的自行走以及整体集成配件都大大降低了施工协调难度。

5 结语

针对碎软煤层顺层瓦斯抽采钻孔施工困难的问题，开发了空气复合定向钻进技术，解决了前期液动定向钻进过程中，水对碎软煤壁冲刷造成塌孔和堵孔的不成孔问题，施工结果证明：

(1) 空气对钻孔孔壁的冲刷小，钻孔稳定性好；钻渣在中压风的驱动下能够顺利排出，增加了钻孔的透气性和下筛管的成功率；

(2) 空气复合定向钻进技术适用于碎软煤层顺层定向钻孔施工，既充分发挥了滑动定向钻进轨迹人工调控的优点，又有复合钻进高效快速、轨迹平滑、排渣通畅的优点，实现了钻孔轨迹的精确调控，保证了钻孔轨迹在煤层中有效延伸，煤层钻遇率高，事故发生率低。

参考文献

[1] 张春华，张子健，年军，等. 大直径双钻孔强化抽采瓦斯效应及效果分析[J]. 煤田地质与勘探，2021，49(6)：273-280.

[2] 郝长胜，王浩天，贾廷贵. 寺河矿顶板走向长钻孔瓦斯抽采参数优化模拟研究[J]. 矿业安全与环保，2021，48(6)：40-46.

[3] 王天龙，梁春苗. ZDY6000LD(F)定向钻机在碎软煤层中的应用[J]. 煤矿机械，2022，43(5)：147-149.

[4] 王力. 井下碎软煤层双管双动空气定向钻进工艺研究[J]. 煤田地质与勘探，2022，50(7)：166-172.

[5] 杨兆中，王乃璐，张平，等. 复合射孔技术对松软煤层的损伤效果研究[J]. 煤炭科学技术，2022，50(3)：144-151.

[6] 梁可. 松软煤层排放瓦斯钻孔施工技术研究[J]. 当代化工研究，2022(4)：96-98.

[7] 段博. 松软煤层综放面过煤柱下空巷技术研究与实践[J]. 能源与节能，2021(12)：213-214.

[8] 刘飞，梁道富，刘建林，等. 碎软煤层空气复合定向钻进工艺技术[J]. 煤矿安全，2019，50(7)：116-119.

极近距离煤层联合开采孤岛工作面合理错距研究

付强，王文志，张晓敏

（山西灵石华瀛天星集广煤业有限公司，山西 晋中 031300）

摘 要 针对山西集广煤矿极近距离煤层联合开采过程中巷道出现大变形的问题，本文采用FLAC3D数值模拟研究方法，分析了联合开采工作面不同错距下应力演化规律，并结合现场工程实测，得出孤岛工作面联合开采的合理错距。研究表明：数值模拟结果显示进行联合开采的090502、100502工作面，当开采错距处于15～25 m时，相比其他错距，巷道位移量最小，当错距大于50 m时，巷道变形量较大。通过现场实测得到错距为16～22 m时，两工作面支架阻力均较低，其中当错距为20 m时，两工作面上部、中部、下部支架均有较多的压力降。研究结果进一步为极近距离煤层联合开采的合理错距提供了重要依据。

关键词 极近距离煤层；联合开采；数值模拟；工程实测

1 前言

煤炭作为我国的主要能源，在社会经济发展中具有重要的战略地位。由于成煤条件的不同，煤层的赋存条件各异。煤层厚度从零点几米到上百米，可采层数从一层到数十层，层间距离大小不等，有时还出现两层煤局部合并或分岔现象，煤层顶底板岩性及倾角更是千变万化。煤层赋存条件的复杂性和多变性，直接影响着煤炭企业的经济效益。开采近距离煤层，若两煤层间距过小，不论是对上煤层的开采[1]还是对下煤层的开采，都会造成剧烈的矿压显现现象，近距离煤层同采时产生的矿压显现规律比单一煤层开采时产生的规律更为特殊，同采时出现的矿压现象是在开采单一煤层时没有出现过的[2-3]。比如在两煤层开采期间，下部煤层因受到上部煤层开采的影响而出现煤层顶板冒落、煤壁片帮严重等现象[4]，对回采工作造成极大困难。因此，对于开采极近距离煤层同采工作面来说，选择合理的开采错距[5-7]是可以科学而有效地开发和利用赋存条件复杂的地下煤炭资源的方法之一。

集广煤矿当前正在开采的090502、100502工作面，煤层层间距平均为1.8 m，联合开采，属于典型的极近距离煤层联合开采孤岛工作面。当前亟待解决的技术难题是：极近距离上下煤层联合开采条件下工作面错距的确定，合理的错距可以减小上下煤层间开采对巷道变形的影响。基于此，采用FLAC3D数值模拟和现场工程实测对极近距离煤层联合开采孤岛工作面（090502、100502）合理错距进行研究，为后续极近距离煤层联合开采孤岛工作面安全开采提供数据支撑。

集广煤矿目前开采9#、10#煤层，9#、10#煤层联合开采。9#煤层采用综采一次采全高采煤工艺，全部垮落法管理顶板。10#煤层采用综采一次采全高采煤工艺，全部垮落法管理顶板。9#煤层工作面超前10#煤层工作面推进，10#煤层工作面巷道外错9#煤层工作面巷道布置。9#煤层直接

顶为 K_2 石灰岩，平均厚度 5.09 m，岩性坚硬，抗压、抗拉强度大，为稳定不易垮落的坚硬顶板，石灰岩上部为砂质泥岩顶板，厚度为 5.13 m，属软岩石，为不稳定顶板；直接底为砂质泥岩，平均厚度 1.80 m，属软岩石，为较稳定直接底板。10# 煤层的顶板为 9# 煤层的底板，即砂质泥岩，平均厚度 1.80 m，属软岩石，为不稳定-较稳定型直接顶板；直接底为泥岩或砂质泥岩，厚度 1.36 m，属较稳定底板。

2 数值模拟

2.1 模型建立

为了研究极近距离煤层联合开采孤岛工作面不同错距下应力演化规律，并据此确定工作面合理错距，以集广煤矿 9#、10# 煤层地质条件为基础，通过实验室力学测试得到数值模拟各岩层参数，如表 1 所示。采用 FLAC3D 模拟极近距离煤层联合开采孤岛工作面回采过程中 9#、10# 煤工作面超前支承压力分布特征。建立模型尺寸为 900 m×1 200 m×60 m，边界采用位移约束固定，模型顶部施加 5.25 MPa 均布载荷代替上方 210 m 岩层，整体服从 Mohr-Coulomb 准则，如图 1 所示，其中黑色代表煤层。

表 1　集广煤矿岩层物理力学参数

岩性	厚度/m	密度/(kg/m³)	弹性模量/GPa	剪切模量/GPa	黏聚力/MPa	内摩擦角/(°)
砂岩	4.0	2 380	5.26	4.45	3.8	36
砂质泥岩	8.0	2 410	5.22	1.90	1.1	34
K_2 石灰岩	8.0	2 580	15.86	7.56	4.0	45
9# 煤	1.5	1 450	2.18	1.10	1.0	28
砂质泥岩	2.0	2 410	5.22	1.90	1.1	34
10# 煤	3.0	1 450	2.18	1.10	1.0	28
泥岩	3.5	2 530	4.35	2.01	0.7	29
砂质泥岩	3.5	2 410	5.22	1.90	1.1	34

图 1　集广煤矿数值计算模型

模拟中 9# 煤工作面宽度均选取 145 m，10# 煤工作面宽度均选取 160 m，9# 煤工作面之间区段煤柱宽度 20 m，10# 煤工作面之间区段煤柱宽度 5 m。在初始模型平衡后，根据现场实际开采顺序，首先开挖 090501、100501 工作面，其次开挖 090503、100503 工作面，再次开挖 090504、100504 工作面，每次时步计算为 3 000 步。501、503、504 工作面开挖完成后，对 502 工作面开挖共设计两套模拟方案，具体如下。

方案 1:先开挖 090502 工作面,完成之后再开挖 100502 工作面,此时分别对初采 60 m、单见方、双见方等特殊区域超前支承压力的分布状态进行分析。

方案 2:100502 工作面滞后 090502 工作面分别为 60、55、50、45、40、35、30、25、20、15、10 m 对初采 60 m 超前支承压力的分布状态进行分析。

2.2 结果分析

图 2 所示为 090502 工作面开挖完成之后开挖 100502 工作面不同阶段应力演化规律。分别选取了初采 60 m、单见方、双见方三个阶段的应力分布状态,在此种开采条件下,初采 60 m 时,100502 工作面超前支承压力影响范围约为 30 m,应力峰值为超前工作面 4 m,峰值为 21.2 MPa;回采至单见方时,100502 工作面超前支承压力影响范围约为 30 m,应力峰值为超前工作面 3 m,峰值为 21.8 MPa;回采至双见方时,100502 工作面超前支承压力和应力峰值距工作面距离和初采时基本一致,峰值为 21.6 MPa。

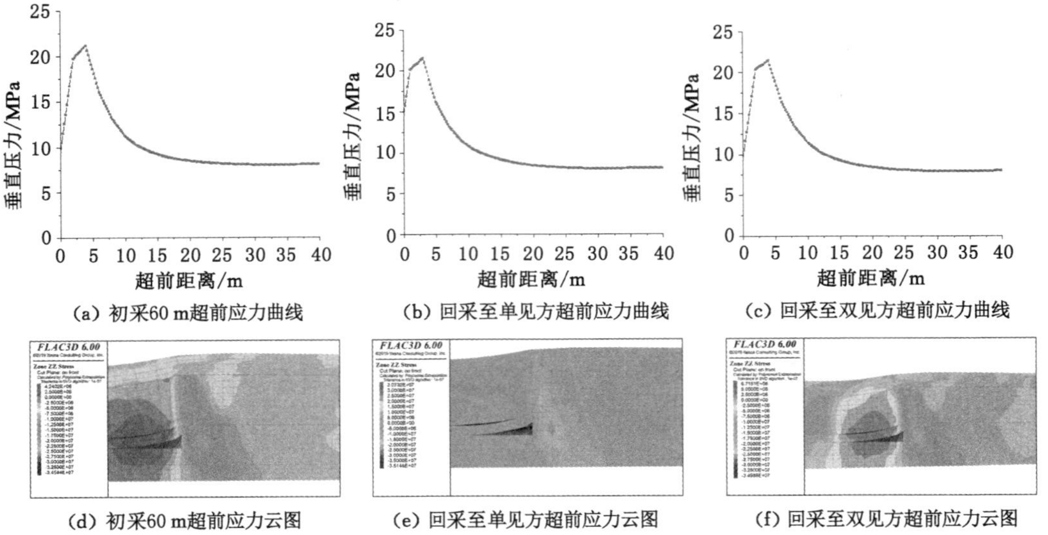

(a) 初采60 m超前应力曲线 (b) 回采至单见方超前应力曲线 (c) 回采至双见方超前应力曲线

(d) 初采60 m超前应力云图 (e) 回采至单见方超前应力云图 (f) 回采至双见方超前应力云图

图 2 090502 工作面开挖完成之后开挖 100502 工作面不同阶段应力演化规律

从图 2 中可以看出,随着工作面的推进,超前支承压力影响范围均为 30 m,保持不变,但超前支承压力峰值大小呈现出先增大后减小的现象,但基本上偏差不大,说明随着 100502 工作面的开采,支承压力影响范围、应力峰值大小基本上保持一致。但从图中可以明显看到,100502 工作面开采时变形过大,在实际开采过程中,很容易出现漏顶等现象。说明此种开采方式对极近距离煤层来讲回采工作相对困难,下部煤层受到上部煤层开采的影响出现煤层顶板冒落、煤壁片帮严重等现象。

图 3 所示为 100502 工作面滞后 090502 工作面 10 m、15 m、20 m、25 m、30 m、35 m、40 m、45 m、50 m、55 m、60 m 时应力分布状态,可以看出,090502 工作面的开采对 100502 工作面形成了一定的卸压区,但 10# 煤超前段,受 9#、10# 煤联合开采叠加应力影响,支承压力峰值明显升高。从图中可以看出 100502 工作面超前一定范围内存在一个应力降低区,工作面回采至见方区域后,应力峰值趋于稳定,以此作为后续判断合理错距的依据。比较这 11 种错距情况可以发现,随着开采错距的增大,10# 煤超前应力峰值呈先减小后增大再减小再增大的趋势,9# 煤超前应力峰值呈先减小后增大再减小的趋势。当开采错距大于 15 m、小于 25 m 时及大于 50 m 时,9#、10# 煤的超前应力峰值较其他错距峰值偏低,且影响范围也较为稳定。可以认为,090502、100502 工作面错距处于

15～25 m 时或大于 50 m 时最为合理。

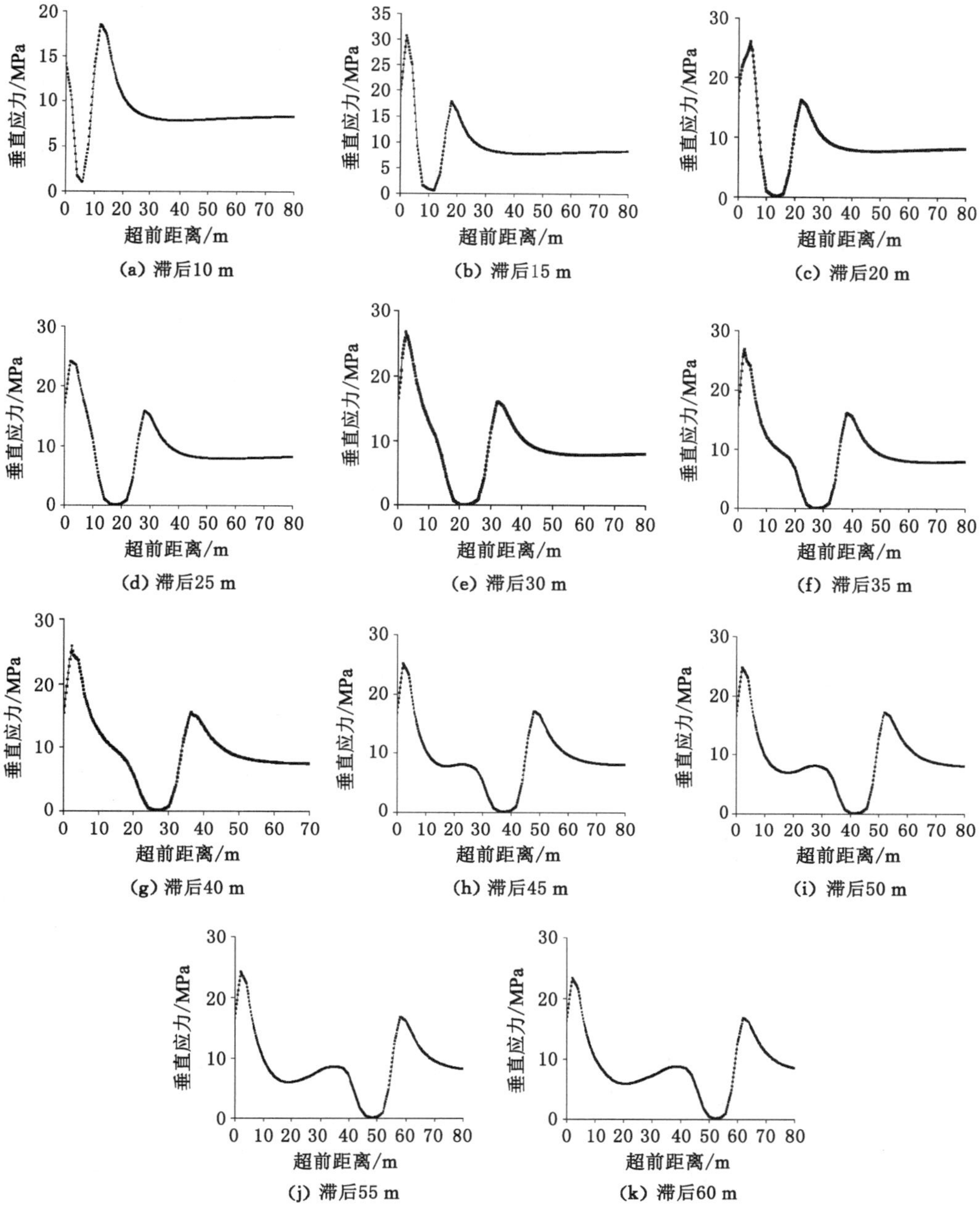

图 3　100502 工作面滞后 090502 工作面 10、15、20、25、30、35、40、45、50、55、60 m 时应力分布状态

3　现场实测分析

为了确定极近距离煤层联合开采孤岛工作面合理错距，为后续工作面安全回采提供依据，选取 2023 年 12 月 17 日至 2024 年 1 月 8 日期间 090502、100502 工作面实际开采过程中不同错距下的矿压显现情况和巷道表面位移变化情况进行分析。

图 4 所示为 090502、100502 工作面支架工作阻力变化曲线，可以看出，当错距为 16～22 m 时，两工作面支架工作阻力均较低，其中当错距为 20 m 时，两工作面上部、中部、下部支架均有较多的

压力降，说明两工作面错距 20 m 更有利于两孤岛工作面联合开采。

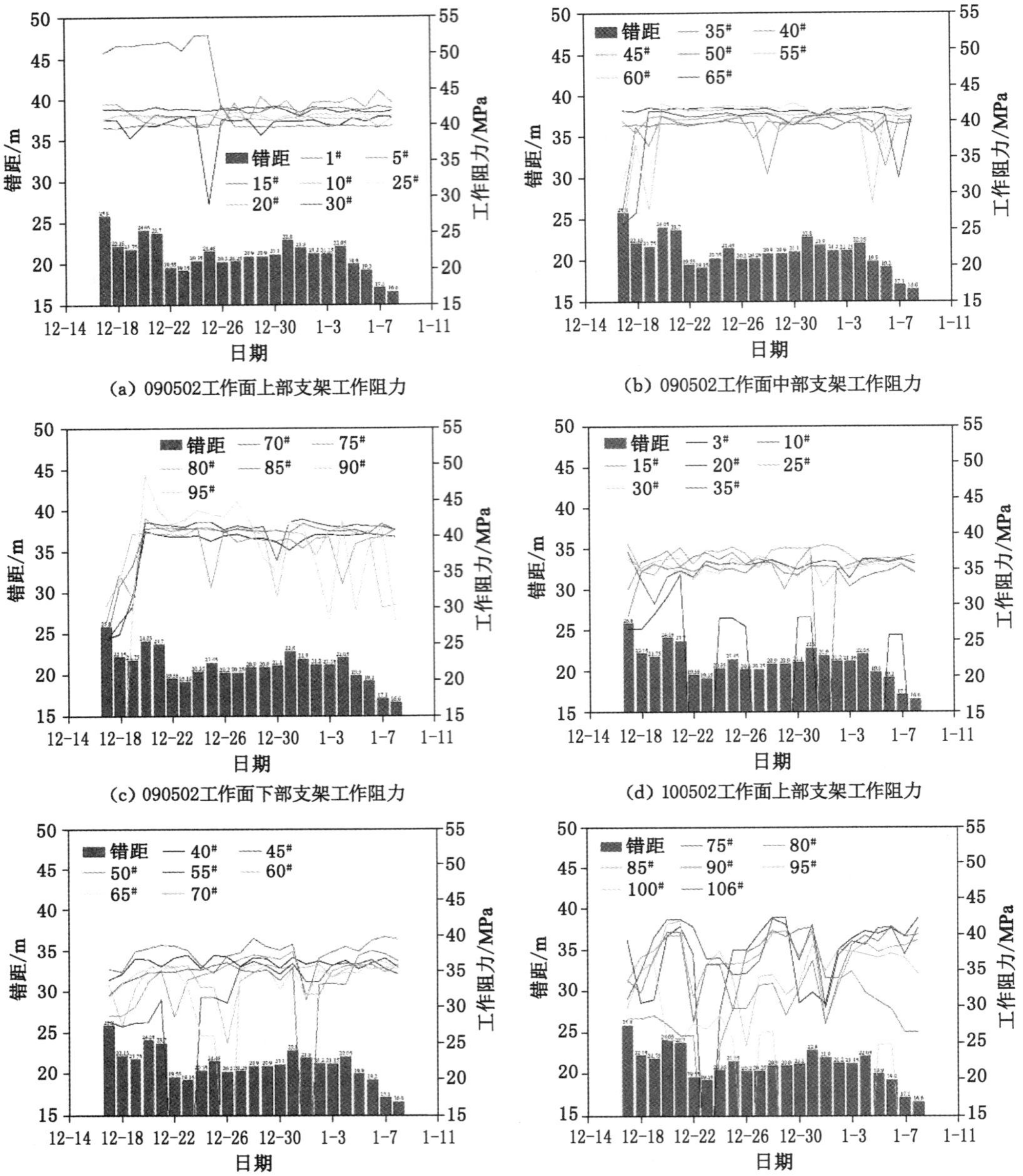

(a) 090502工作面上部支架工作阻力

(b) 090502工作面中部支架工作阻力

(c) 090502工作面下部支架工作阻力

(d) 100502工作面上部支架工作阻力

(e) 100502工作面中部支架工作阻力

(f) 100502工作面下部支架工作阻力

图 4　090502、100502 工作面支架工作阻力变化曲线

图 5(a)、(b)所示为 090502 工作面运输顺槽表面位移变化曲线。可以发现，工作面超前 20 m 区域为采动剧烈影响区，该区域内顶板下沉量和两帮收敛量均较大，超过 20 m 之后巷道变形逐渐降低，且为了使运输顺槽的设备可以供工作面正常运转，在超前 35 m 之后进行了起底和扩帮。对比不同错距时顶板下沉量和两帮收敛量可以发现，当错距为 25.80 m 时，两帮收敛量达到最大 790 mm，且顶底板移进量也较大；当错距为 24.05 m 时，顶底板移进量较大，两帮收敛随着离工作面煤壁距离越远越小；当错距小于 22 m 时，除局部测点外，顶底板移进量及两帮收敛量均相对较小。

图 5(c)、(d)所示为 100502 工作面运输顺槽表面位移变化曲线。可以发现，工作面超前 25 m

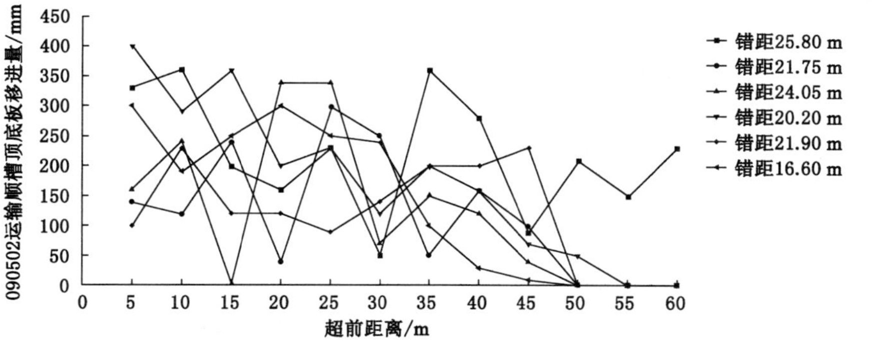

(a) 090502工作面运输顺槽顶底板移进量

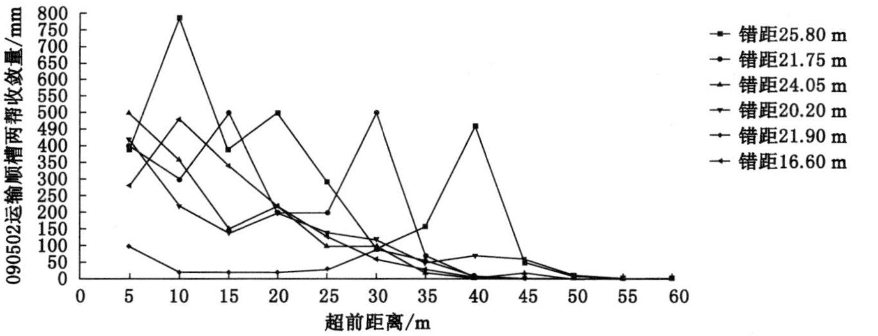

(b) 090502工作面运输顺槽两帮收敛量

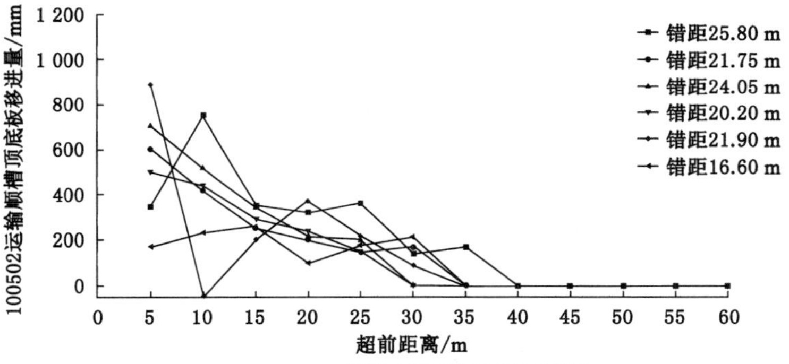

(c) 100502工作面运输顺槽顶底板移进量

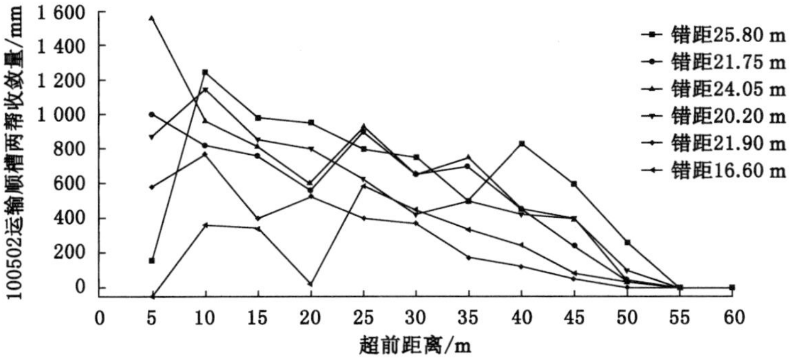

(d) 100502工作面运输顺槽两帮收敛量

图 5　090502、100502 工作面运输顺槽表面位移变化曲线

区域为采动剧烈影响区，该区域内顶板下沉量和两帮收敛量均较大，超过 25 m 之后巷道变形逐渐降低，且为了使运输顺槽的设备可以供工作面正常运转，在超前 30 m 之后进行了起底和扩帮，故部分监测数据失效。对比不同错距时顶板下沉量和两帮收敛量可以发现，当错距为 24.05 m 时，顶底板移进量较大，两帮收敛量达到最大 1 560 mm；当错距为 25.80 m 时，顶底板移进量和两帮收敛量均较大，且两帮收敛量随着离工作面煤壁距离越远越小；当错距为 16.00～22.00 m 时，除局部测点外，顶底板移进量及两帮收敛量均相对较小。

4 结论

（1）通过数值模拟分析得到，随着开采错距的增大，10# 煤超前应力峰值呈先减小后增大再减小再增大的趋势，9# 煤超前应力峰值呈先减小后增大再减小的趋势。当开采错距大于 15 m、小于 25 m 时及大于 50 m 时，9#、10# 煤的超前应力峰值较其他错距峰值偏低，且影响范围也较为稳定。

（2）综合 090502、100502 工作面工程实践支架工作阻力监测情况可知，当错距为 16～22 m 时，两工作面支架工作阻力均较低，其中当错距为 20 m 时，两工作面上部、中部、下部支架均有较多的压力降，说明两工作面错距 20 m 更有利于两孤岛工作面联合开采。

（3）综合 090502、100502 工作面巷道表面位移监测情况可知，当错距为 16～22 m 时，更有利于 090502、100502 两孤岛工作面联合开采。根据矿压理论，一般认为 2 倍周期来压步距之后周期破断岩块将触矸，16～22 m 的错距处于周期来压步距和 2 倍周期来压步距之间，位于岩梁保护结构内，此错距效果较为理想。

参考文献

[1] 冯国瑞. 残采区上行开采基础理论及应用研究[D]. 太原：太原理工大学，2009.

[2] 牛世伟，张玉江，白锦文，等. 极近距离煤层联合开采工作面矿压显现规律实测研究[J]. 煤炭技术，2015，34(11)：15-17.

[3] 王建平，王炳文，邓鹏海，等. 近距离煤层采空区下回采巷道矿压显现规律研究[J]. 煤炭技术，2014，33(4)：109-112.

[4] 朱涛，张百胜，冯国瑞，等. 极近距离煤层下层煤采场顶板结构与控制[J]. 煤炭学报，2010，35(2)：190-193.

[5] 彭志妍，查文华. 极近距离煤层同采工作面错距优化研究[J]. 工矿自动化，2020，46(7)：94-99.

[6] 石灏，查文华. 极近距离煤层联合开采工作面合理错距研究[J]. 中国安全生产科学技术，2018，14(4)：51-56.

[7] 张贵银，薛善彬，韩春，等. 极近距离煤层联合开采同采工作面合理错距研究[J]. 煤炭技术，2015，34(3)：28-30.

大倾角煤层大坡度下山综掘关键技术研究与应用

纪磊[1],史华伟[1],蔡永生[2]

(1. 鄂托克前旗长城煤矿有限责任公司,内蒙古 鄂尔多斯 016200;
2. 新矿内蒙古能源有限责任公司,内蒙古 鄂尔多斯 016200)

摘 要 基于大倾角煤层大坡度煤巷下山施工期间综掘工艺及煤矸石胶带运输技术难点与关键点分析与研究,针对大角度下山胶带运输能力进行有效计算,提出了综掘机迎头截割后不退机、采用大功率绞车辅助综掘机调整姿态、增加胶带围包角至200°、全封闭胶带机道排矸、控制综掘机铲板角度大于巷道倾角5°、留底煤增大摩擦系数控制综掘机防滑等方案,有效实现了大坡度下山安全高效综掘。该技术在某矿11901工作面实践应用,在42°煤层倾角情况下,顺煤层倾向采用综掘施工工艺,实现18.5 m^2 断面巷道日进尺6 m。大倾角煤层大坡度煤巷下山综掘技术的成功应用,为类似条件下的矿井实现大坡度巷道的综合机械化掘进安全高效施工具有重要的借鉴意义和推广应用价值。

关键词 大倾角煤层;大坡度下山;综掘

0 引言

采矿学中将倾角35°～55°煤层称为大倾角煤层,我国大倾角煤层资源储量占比达到20%[1-2]。大倾角煤层对回采工作面设备管理及掘进工作面支护影响较大,制约着采掘工作面生产效率提高[3]。特别是随着矿井综采机械化程度越来越高,传统的顺煤层倾向施工的掘进工作面均采用炮掘工艺,即“全断面一次钻眼,分次装药爆破”施工,耙装机配合胶带出矸,该工艺施工效率低、安全风险高[4-5]。目前国内大多数综掘机最大爬坡能力为±18°,而在实际施工过程中,各系列综掘机爬坡能力最大仅能达到16°[6]。大坡度综掘工作面受工艺和技术的限制,严重降低了综掘工作面的掘进效率。在大坡度下山掘进工作面,传统的炮掘施工工艺已经不能满足矿井采掘接续需要,因此,开展大倾角煤层大坡度下山综掘技术研究对实现巷道快速掘进、解决矿井采掘接续矛盾具有重要的意义。

1 工程概况

某矿11901工作面煤岩层综合柱状如图1所示,工作面切眼设计长度270 m,巷道断面形状为梯形,设计断面尺寸(宽×高)为8 200 mm×3 700 mm。巷道沿9煤层顶板顺煤层倾向掘进,根据煤层倾角变化调整施工坡度。9煤层伪顶为0～0.3 m深灰色泥岩,直接顶为2.2 m灰白色灰岩,老顶为10.8 m灰色泥质粉砂岩,9煤层底板为4.6 m深灰色粉砂岩。

根据施工方案,切眼由上至下采用EBZ-220H型综掘机施工,先按照宽×高=5 000 mm×

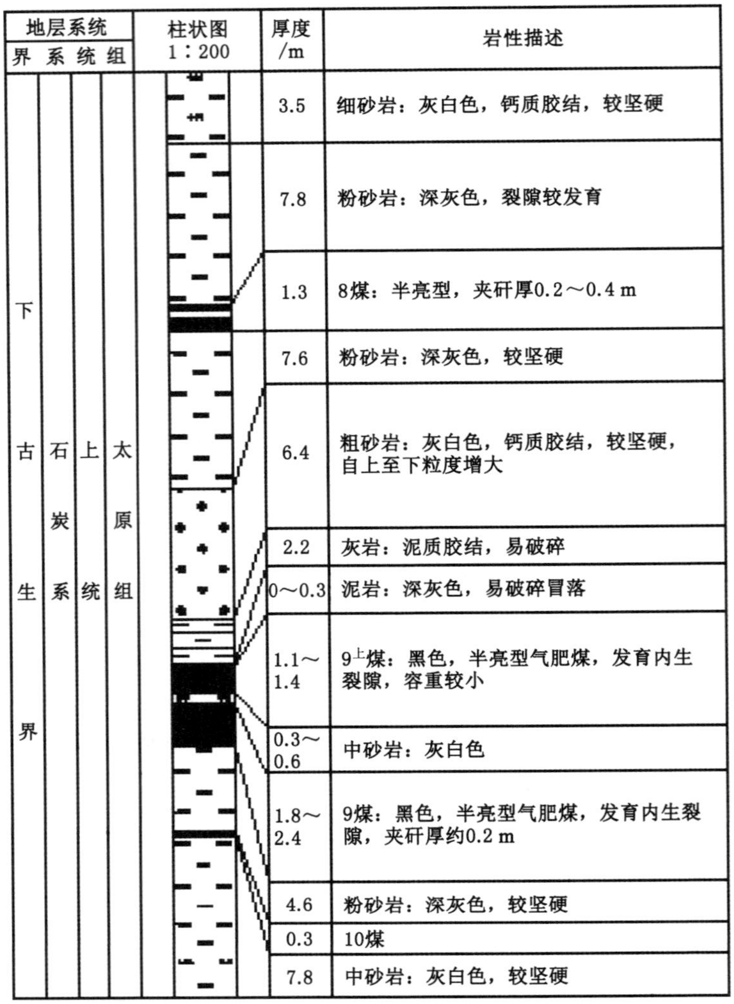

图 1　煤岩层综合柱状图

3 700 mm 矩形小断面施工，施工完成后再刷宽。根据三维地震成果、精查勘探及邻近巷道掘进情况分析，11901 切眼掘进范围内煤层近南北走向，煤层倾角 28°～42°，平均 36.5°；预计上段 70 m 范围内巷道坡度为 28°，70～160 m 段巷道坡度逐渐增大至 36°，160～270 m 段巷道坡度增大至 42°。

2　制约大坡度下山综掘技术的重点与难点

目前，国内极少有－25°及以下大坡度综掘施工的成功案例[7-9]，大坡度下山综掘需处理好掘进机防滑、煤矸石运输、优化支护工艺及解决生产中遇到的各种问题[10-11]。

2.1　综掘机防滑

煤层底板为粉砂岩，摩擦系数为 0.35，考虑水的影响，摩擦系数一般为 0.25。现用综掘机型号 EBZ-220H，自重 72 t，按照 42°最大倾角计算，综掘机施工时下滑力为：

$$F = mg\sin\alpha - mg\mu\cos\alpha - f \tag{1}$$

式中　m——综掘机自重，72 000 kg；

g——重力加速度，9.8 kg/s²；

α——煤层倾角，38°；

μ——岩层摩擦系数，取平均数 0.25；

f——综掘机牵引力，75 kN。

综掘机在最大坡度施工时，下滑力为 220.4 kN，即在大倾角下坡掘进过程中，综掘机无法维持自身平衡。

2.2 煤矸石运输

大坡度巷道需要解决的是煤矸石运输问题。一是巷道坡度超过 15°，需要防范滚矸伤人及损坏设备；二是巷道坡度超过 18°，需要解决煤矸石运输防滑问题；三是加大综掘机铲板下压角度，保证巷道掘进坡度及高度[12-13]。

2.3 迎头支护

由于大倾角掘进巷道顶板倾斜度较大，锚杆、锚索支护质量是关键，如果支护角度不合格，容易造成锚固不到稳定岩层中，引起漏冒顶；掘进机截割后迎头作业空间也是影响支护效率的关键[14-16]。

2.4 长距离辅助运输

大坡度下山巷道综掘施工，随着巷道掘进长度增加，辅助运输问题就会凸显[17]。大坡度巷道长距离人工运输对工人体力也是巨大负担，不利于提高效率，同时物料、设备的固定防滑也是安全管控重点。

3 大坡度下山综掘技术措施

3.1 液压油缸辅助牵引

在综掘机后方 30 m 范围内切眼两帮底角处各固定一个液压油缸，油缸行程 3.0 m，使用两组各 8 根 ϕ22×2 200 锚杆做地锚固定，使用 35 t 卸扣配 ϕ30×108 链条连接在综掘机尾部，链条长度 30 m，使用 4 分钢丝绳逐环穿引做二级保护，通过控制油缸伸缩辅助综掘机小范围内退机调整截割姿态，确保巷道成型。每掘进 30 m，打设两组地锚，挪移一次油缸[18]。如图 2 所示。

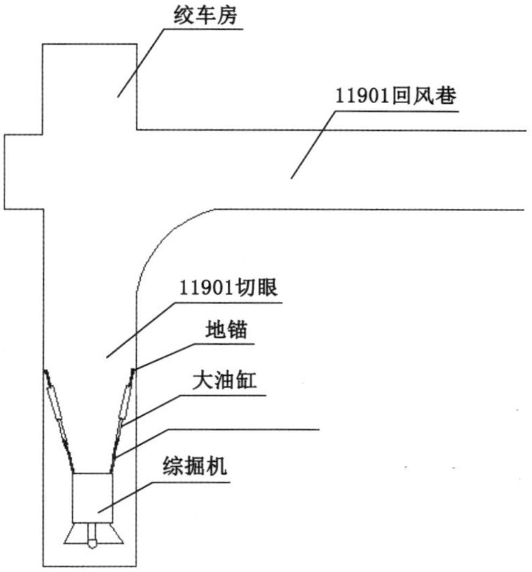

图 2　综掘机辅助牵引装置示意图

3.2　增加综掘机履带与底板摩擦力

（1）通过调整巷道掘进层位，巷道底板留 0.3 m 厚底煤，利用综掘机履带与煤层摩擦系数大的特点[19]，通过牵引油缸的辅助牵引作用，实现综掘机防滑，并能做到小幅度范围内后退和调整截割姿态，确保全断面一次掘进成巷。

（2）9 煤层顶板无淋水，迎头积水主要来自综掘机截割头喷雾及支护时防尘水，迎头始终设一处水池，使用 7.5 kW 潜水泵排净迎头积水，始终保持迎头干燥，从而增加综掘机履带与巷道底板的摩擦阻力。

（3）当底板松软或者有水时，在综掘机履带下方使用半圆木垫，增加综掘机履带与底板摩擦力，也有助于使用大油缸辅助退机。

（4）在变速箱上端增加安装一个小型油泵，有效解决了掘进机工作期间变速箱上端缺油问题。

3.3　胶带输送机防滑与防飞矸

（1）使用花纹胶带，增大二运胶带及运输胶带摩擦力[20]，增加胶带上运煤矸石最大允许角度；加大胶带围包角，自制大围包角胶带托辊架，将胶带围包角增大至 200°，提高胶带上运煤矸石能力；运输胶带每 20 m 设置一道捕矸胶带，使用宽×高＝800 mm×1 000 mm 的旧胶带制作而成，在运输胶带架上制作捕矸胶带架，架高 0.6 m，捕矸胶带垂落到运输胶带上不低于 0.3 m，可有效防止煤矸石上运过程中滚落。

（2）在运输胶带与人行道之间使用柔性尼龙网全断面隔离，使用液压单体支柱垂直巷道顶底板支设，柱距 5 m，隔离网使用 4 m×5 m 尼龙网连接而成，巷道顶底板均固定牢固，网眼规格 100 mm×100 mm，使用 ϕ10 mm 规格尼龙绳编制而成，每 10 m 开一处 300 mm×300 mm 的窗口用于清理洒落煤矸石。

（3）人行道侧每 15 m 设置一道防飞矸隔离网，横跨人行道全断面，隔离网使用相同规格的尼龙网制作，处于常闭状态，人员通过时打开隔离网，通过后重新封闭。

（4）在综掘机司机操作台上方使用 10 mm 厚钢板制作保护罩，用于在截割迎头及出矸时保护综掘机司机不受二运胶带及胶带输送机胶带飞矸伤害。

（5）综掘机二运与运输胶带搭接处使用旧胶带制作漏斗，完全围包住卸载点，防止煤矸石滑落至胶带机尾导致机尾淤积煤矸石。

3.4　加大迎头作业空间保证支护效率

（1）掘进期间，综掘机铲板始终保持沿巷道底板平推，铲板倾角比综掘机机身倾斜角度大 15°，以保证巷道高度及层位控制稳定。

（2）迎头截割后，煤壁与顶底板近似保持垂直状态，其中上端靠近顶板侧每循环比底板侧多截割 0.5 m，有效防止迎头煤壁片帮。

（3）每循环进度为两排锚杆距离，截割结束后，综掘机不再退机，炮头靠近巷帮一侧落地后埋入迎头巷道底板浮煤中，使用机载液压支架作为临时支护，能够实现顶板和两帮支护平行作业，进而提高掘进效率。

3.5　无极绳绞车提高辅助运输效率

（1）在切眼上部施工绞车房，安装无极绳绞车一部，配 7 分钢丝绳，使用梭车作为辅助运输工具。

（2）梭车运行期间，严格执行“行车不行人”规定，两端做好封闭，严禁人员进入梭车运行区域，物料运输至距离综掘机后方 20 m 范围内。

（3）人员上下班期间，使用绞车与梭车辅助人员上下，解决大坡度长距离巷道辅助运人问题。

4 应用效果分析

通过采取以上措施，成功实现了大坡度下山煤巷综掘，在安全、技术、经济效益等方面均取得一系列成果：

4.1 安全效益

大坡度下山巷道采用综掘代替传统炮掘施工，解决了因巷道断面大、无法一次成巷而分层爆破导致的巷道成型差、坡度控制难度大的问题，也消除了爆破作业过程中产生的瞎炮、残炮等安全风险；综掘施工工序简单，对围岩破坏程度小，支护后安全系数高，有利于巷道围岩控制；煤矸石破碎易于运输，采用大围包角胶带解决了煤矸石向上运输难题，分段布设的捕矸胶带消除了运输过程中大块煤矸石飞矸安全风险。

4.2 经济效益

（1）采用炮掘施工工艺时，单进水平为 70 m/月，施工工期为 4 个月，人工费用按照 156 万元/月计算，人工费用共计为 624 万元。采用综掘施工工艺时，单进水平能达到 160 m/月，施工工期为 2 个月，人工费用按照 156 万元/月计算，人工费用共计 312 万元。同炮掘施工相比，综掘施工方式能节省人工费用 312 万元。

（2）采用炮掘施工工艺时，按照水胶炸药 22.8 元/kg、雷管 42 元/支计算，每米需要布置 76 个炮眼，爆破材料费用为 97.88 万元；每次爆破需要爆破工 2 人，按照 4 个月工期计算，爆破工费用为 30 万元。采用综掘施工工艺时，电费投入为 29.8 万元。同炮掘施工相比，综掘施工方式节省成本费用 98.08 万元。

（3）采用综掘施工工艺，能保证从顺槽施工转为切眼施工的连续性，省去拆除、转运综掘机等环节，节约施工时间 3 天，节省拆除、转运综掘机费用 10.68 万元。

4.3 社会效益

实现了连续作业，施工效率比传统炮掘施工提高了一倍，实现了平均－36.5°大坡度下山巷道施工日进尺 6 m，最高日进尺 8 m，比炮掘施工节省一半时间，对保证矿井正常生产接续较为有利；施工巷道成型好，遗留尾工少，有利于巷道标准化整治；辅助运输方便，支护材料和施工工具紧跟迎头，作业人员体力消耗小。

5 结论

11901 工作面切眼煤层倾角平均－36.5°，采用 EBZ-220H 型综掘机下山掘进，综掘机设计最大爬坡能力±18°。针对综掘期间受煤层倾角大的影响，综掘机变速箱油箱供油量不足，综掘机存在下滑现象，退机困难，煤矸石运输难度大，飞矸威胁施工人员和设备安全等问题，提出了综掘机在大倾角煤巷掘进中的应用课题。通过采用大缸径油缸辅助牵引退机，留底煤增加履带与底板摩擦系数，辅助油泵给变速箱供油，增大胶带围包角及加装捕矸胶带实现煤矸石高效上运，胶带与人行道全断面封闭隔离、综掘机司机制作防护罩消除飞矸威胁，调整铲板角度、使用机载液压临时支护满足迎头支护空间，无极绳绞车辅助运输实现安全高效运人与运料等方式，成功解决了大角度下山综掘技术难题，实现安全高效综掘，为今后大坡度下山综掘提供了技术及实践经验，具有较高的借鉴和推广价值。

参考文献

[1] 郭之标．岩巷大倾角下山综掘工艺技术改进[J]．煤炭科技，2024，45(1)：151-154.

[2] 孙立虎,王敏,于冰冰,等.大倾角倒梯形煤巷新型配套快速掘进技术研究[J].煤炭工程,2023,55(11):49-55.

[3] 陈宇满.土城矿大倾角负坡综掘技术研究与应用[J].大众标准化,2023(18):145-147.

[4] 苏泽明.高应力大倾角切眼综掘施工工艺优化[J].机械管理开发,2023,38(7):186-187,190.

[5] 冀虎,肖利金.超大倾角巷道综掘技术应用[J].中国新技术新产品,2022(7):93-97.

[6] 刘雁明.大倾角综掘巷道快速掘进及支护优化研究[J].机械管理开发,2022,37(10):214-216.

[7] 黄龙.大倾角巷道快速综掘技术研究及应用分析[J].西部探矿工程,2022,34(11):133-135,144.

[8] 刘峰.大倾角岩巷下山掘进运输技术研究[J].煤炭科技,2023,44(1):118-122.

[9] 郑勇,徐犇,孙进伟.大倾角下山岩巷综掘机改进技术研究[J].内蒙古煤炭经济,2020(20):51-52.

[10] 王科.综掘机在经坊煤业煤巷下山掘进中的实践[J].山东煤炭科技,2021,39(8):150-151,166.

[11] 段灵君.超长大倾角巷道快速掘进技术与工艺实践[J].山东煤炭科技,2023,41(2):7-8.

[12] 张浩春.大断面大倾角大机组岩巷掘进工艺探析[J].煤炭工程,2019,51(增刊1):44-48.

[13] 曾泰.大倾角大断面暗斜井综掘施工技术[J].煤炭工程,2018,50(8):43-45.

[14] 陈兆平,袁明波.大倾角半煤岩巷道综合机械化快速掘进实践[J].内蒙古煤炭经济,2016(12):134-136.

[15] 秦飞龙.沙坪煤矿岩巷大倾角综掘技术研究及应用[J].煤炭工程,2021,53(增刊1):46-49.

[16] 黄以寿,赵传祥.大倾角下山岩巷快速掘进关键技术研究与应用[J].建井技术,2021,42(4):1-4.

[17] 陈笑然.综掘巷道液压组合支架设计及动力学特性研究[D].徐州:中国矿业大学,2023.

[18] 田建杰.大倾角综掘快速施工和支护优化研究[J].山东煤炭科技,2021,39(12):58-59.

[19] 聂政.极复杂地质条件下深井大倾角巷道盾构机安全快速掘进关键技术及应用[R].安徽省:淮北矿业(集团)有限责任公司,2021.

[20] 吴国桥,李磊,王红胜,等.大倾角开切眼一次成巷支护与施工技术应用[J].能源技术与管理,2019,44(5):10-12.

大倾角煤层大采高工作面片帮机理与控制研究

姬长兴，李建伟，时套套

（内蒙古福城矿业有限公司，内蒙古 鄂尔多斯 016299）

摘 要 以上海庙矿区 1305S 工作面为工程背景，基于大倾角煤层大采高工作面片帮影响因素，建立煤壁-支架-顶板相互作用模型，揭示不同影响因素影响下煤壁片帮影响机制，利用极限分析法研究煤壁稳定性，得出大倾角煤层大采高工作面煤壁稳定性控制方法。结果表明：随着工作面采高、煤层倾角及埋深的增加，煤壁片帮深度增加，结合 1305S 工作面具体采矿地质条件，确定工作面在回采过程中会发生煤壁片帮现象；确定了煤壁水平受力形式为倒三角载荷，通过煤壁临界稳定性计算模型，确定当采高大于 4.0 m 时，煤壁发生片帮；基于液压支架结构、地质、工艺及性能等参数，提出支架初撑力、工作阻力、控顶距及支架状态控制方法。

关键词 大倾角煤层；煤壁片帮；片帮机理；片帮控制

0 引言

煤壁片帮的形成受到地层构造、地质构造、岩性差异、地质应力等多种因素的影响，因此其特征和性质呈现出多样性。在煤矿开采中，煤壁片帮的存在常常会对开采工作产生一定的影响。一方面，煤壁片帮增加了采煤难度，影响了采煤效率；另一方面，煤壁片帮可能会导致煤与岩石的剥落、崩塌等矿井地质灾害的发生，对矿工的生命安全和矿井设施的完整性构成威胁。

近年来，相关学者针对片帮防治进行了诸多研究，庞义辉等[1]建立了坚硬厚煤层煤壁片帮的“拉裂-滑移”力学模型，得出了煤壁的拉裂破坏深度、宽度与煤体强度、开采高度的关系及液压支架应具有的“临界护帮力”，分析对比了 2 种液压支架护帮装置的结构特点与力学特性；郭靖[2]采用数值模拟、理论分析、现场实测等方法，分析了疏水及风化作用下煤岩体损伤机制，研究了疏水厚煤层煤壁片帮发育过程、影响因素及控制机理，提出了微爆破治理片帮技术；吴学明等[3]研究了工作面片帮机理、破碎煤岩加固室内力学实验与工作面煤壁加固数值模拟及工作面煤壁加固效果评价，确定了改性煤岩加固力学强度及围岩演化规律，并开展了现场注浆加固及注浆参数试验；黄庆享等[4-5]通过数值计算模拟浅埋煤层不同采高煤壁变形与片帮过程，揭示了浅埋大采高煤壁片帮表现为受压“柱条”失稳特征，发现支架初撑力的提高能有效减轻煤壁片帮程度及发生的概率；张金虎等[6]建立了煤壁稳定性“π”形力学模型，分析了煤壁稳定性的影响因素，并结合金鸡滩煤矿 8 m 超大采高综采提出了煤壁稳定性多维防控措施；许永祥等[7]采用现场观测、岩石力学试验和理论分析相结合的方法对特厚坚硬煤层超大采高综放工作面煤壁破坏形式和机理进行研究。深入研究煤壁片帮形成机理与工作面煤壁稳定性控制，对于指导煤矿安全高效开采、为煤矿工程实践提供科学依据和技术支撑具有重要意义。

1 片帮影响因素分析

1.1 影响因素分析

煤壁片帮是大采高工作面常见难题，结合片冒区域、片冒时间及片冒现象分析可知，大采高工作面片帮受采高、倾角、埋深等因素影响较大。

1.1.1 采高影响因素

根据以往煤壁稳定性研究可知，不同采高的煤层开采时，无论采高为多少，在工作面采动影响下，工作面前方都会产生较大的塑性区发育，均会有一定的片帮危险性。采高越高，塑性区发育范围越广，煤壁片帮深度越大，煤壁损伤程度越高。特别是大采高工作面(采高大于 3.5 m)，煤壁片帮深度和片帮面积相对中厚煤层工作面具有较大程度的上升。

1.1.2 倾角影响因素

倾角对煤壁片帮的影响较大，随着倾角的增大，煤壁损伤程度呈指数上升。当倾角小于 15°时，随着倾角增大，煤壁损伤程度缓慢增加；当倾角大于 15°时，随着倾角增大，煤壁损伤程度迅速增加。在倾角及煤壁自重作用下，煤壁片帮的可能性增大。

1.1.3 埋深影响因素

随着埋深的增加，煤壁损伤主要体现在片帮面积的增加，片帮深度变化相对较小。采深不足 800 m 时，煤壁的损伤面积小于煤壁整体面积的 70%，且仅在前方 3 m 左右的范围内发育。采深达到 800 m 后，煤壁损伤面积扩大，煤壁前方出现大范围的损伤，有较大的片帮危险。可见，随着采深的增大，煤壁发生片帮的可能性就越大。

1.2 片帮形式分析

根据上述影响因素分析，在大倾角大采高复合顶条件下，工作面极易发生片帮现象。回采过程中，直接顶岩层随工作面的推进而冒落。由于大采高，直接顶岩层无法完全填满大采高采空区，基本顶下部仍有较大的自由空间，使得基本顶回转下沉，在工作面煤壁前方形成支承压力，使得煤壁处于不稳顶状态，当支承压力超过煤体强度极限时，工作面煤壁就会发生片帮。常见片帮形式有 3 种，分为拉裂式、鼓出式和剪切式，如图 1 所示。根据现场片帮统计与煤体岩石力学参数测试，确定大倾角大采高工作面煤壁片帮形式为剪切式。其片帮主要原因为：煤体自身硬度较低，煤壁有些许变形量，而在煤体自重和顶板压力作用下，会在煤壁内产生横向的拉应力，横向拉应力能够通过煤体的变形得到释放或缓解，最终由于煤壁内的剪应力大于抗剪强度而发生剪切破坏。

(a) 拉裂式　　(b) 鼓出式　　(c) 剪切式

图 1　煤壁片帮形式

2 大倾角煤层大采高工作面煤壁-支架-顶板相互作用模型

基于1305S工作面工程地质条件，分析采场力学环境，如图2所示。

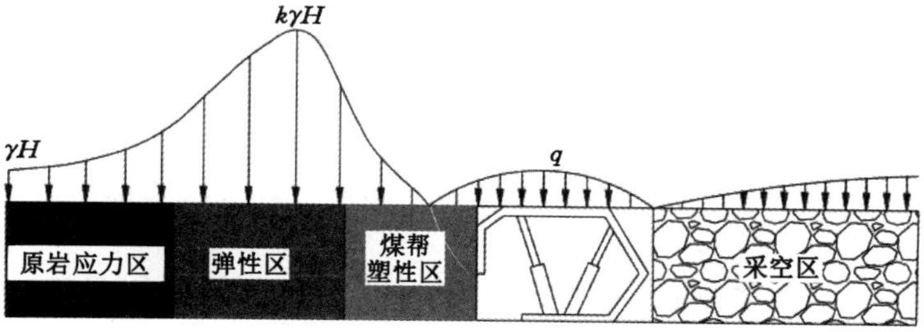

图2 采场力学环境示意图

由图2可知，在工作面回采过程中，直接顶受自重影响与其上部岩层形成离层，并在工作面后方采空区处垮落。在工作面走向方向，煤层上方围岩应力成拱形分布，前拱脚落在煤壁前方支承应力峰值处，后拱脚落在采空区垮落矸石上，形成"断裂拱"小结构；工作面前方煤体则受超前支承压力影响。基于采场力学环境建立大倾角复合煤层大采高工作面煤壁-支架-顶板相互作用模型，如图3所示。

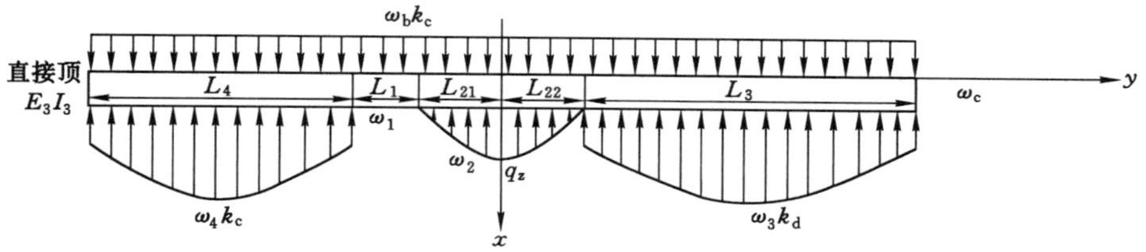

(a) 复合煤层直接顶受力分析模型

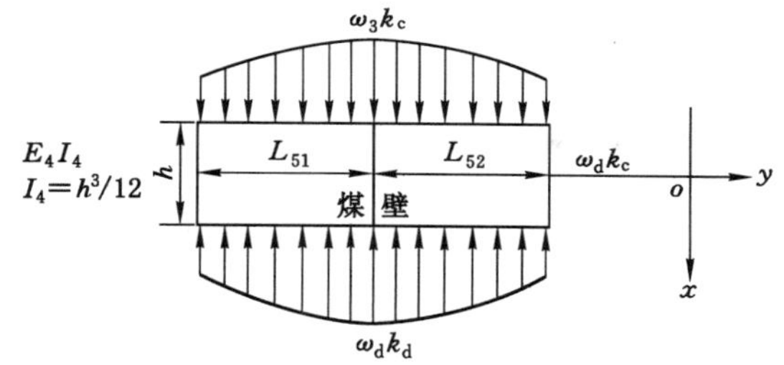

(b) 大采高煤壁受力分析模型

图3 大倾角复合煤层工作面煤壁-支架-顶板相互作用模型

图3中，ω_b、ω_c、ω_d 分别为直接顶上覆岩层、直接顶和煤壁的挠度，m；k_c、k_d 分别为煤、直接顶和底板的弹性地基系数，MPa/m；q_0 为复合顶上覆岩层对直接顶的压力，MPa；q_z 为复合液压支架支护强度，MPa；E_3、E_4 分别为直接顶和煤壁的弹性模量，MPa；I_3、I_4 分别为复合顶下分层和煤壁的截面惯性矩，m^4；L_1、L_{21}、L_{22}、L_3、L_4 分别为空顶距、液压支架前顶梁长度、液压支架后顶梁长度、采空区长度与煤壁长度，m；ω_1、ω_2、ω_3、ω_4 分别为空顶距、液压支架顶梁、采空区与煤壁对应上方顶板的挠度，m；h 为煤壁高度，m。

2.1 直接顶地基梁模型求解

由图 3(a)可知，建立直接顶地基梁模型，求解直接顶挠度。

(1) 在 $-L_{21}-L_1-L_4 \leqslant x \leqslant -L_{21}-L_1$ 段，直接顶挠度微分方程为：

$$E_3 I_3 \frac{\mathrm{d}^4 \omega_3(x)}{\mathrm{d}x^4} + k_c \omega_3(x) = \omega_b k_c \tag{1}$$

可得 $-L_{21}-L_1-L_4 \leqslant x \leqslant -L_{21}-L_1$ 段的直接顶挠度为：

$$\omega_3(x) = \mathrm{e}^{\alpha x}[C_1 \cos(\alpha x) + C_2 \sin(\alpha x)] + \mathrm{e}^{-\alpha x}[C_3 \cos(\alpha x) + C_4 \sin(\alpha x)] + \frac{\omega_b k_c}{k_c} \tag{2}$$

在 $x \to -\infty$ 极限时，直接顶的下沉量为一定值，此时 $C_3 = C_4 = 0$，式(2)则变为：

$$\omega_3(x) = \mathrm{e}^{\alpha x}[C_1 \cos(\alpha x) + C_2 \sin(\alpha x)] + \omega_b \tag{3}$$

(2) 在 $-L_{21}-L_1 \leqslant x \leqslant -L_{21}$ 段，直接顶挠度微分方程为：

$$E_3 I_3 \frac{\mathrm{d}^4 \omega_1(x)}{\mathrm{d}x^4} = \omega_b k_c \tag{4}$$

可得 $-L_{21}-L_1 \leqslant x \leqslant -L_{21}$ 段的直接顶挠度为：

$$\omega_1(x) = \frac{\omega_b k_c x^4}{24EI} + \frac{A_1 x^3}{6} + \frac{A_2 x^2}{2} + A_3 x + A_4 \tag{5}$$

(3) 在 $-L_{21} \leqslant x \leqslant 0$ 段，直接顶挠度微分方程为：

$$E_3 I_3 \frac{\mathrm{d}^4 \omega_4(x)}{\mathrm{d}x^4} + q_1(x) = \omega_b k_c \tag{6}$$

其中支架前顶梁给予直接顶的载荷为：

$$q_1(x) = -\frac{q_z x^2}{L_{21}} + q_z \tag{7}$$

可得 $-L_{21} \leqslant x \leqslant 0$ 段的直接顶挠度为：

$$\omega_4(x) = \frac{q_z x^6}{360 L_{21}^2 EI} + \frac{\omega_b k_c x^4 - q_z x^4}{24EI} + \frac{D_1 x^3}{6} + \frac{D_2 x^2}{2} + D_3 x + D_4 \tag{8}$$

(4) 在 $0 \leqslant x \leqslant L_{22}$ 段，顶梁挠度微分方程为：

$$E_3 I_3 \frac{\mathrm{d}^4 \omega_5(x)}{\mathrm{d}x^4} + q_2(x) = \omega_b k_c \tag{9}$$

其中支架后顶梁给予直接顶的载荷为：

$$q_1(x) = -\frac{q_z x^2}{L_{22}} + q_z \tag{10}$$

可得 $0 \leqslant x \leqslant L_{22}$ 段的直接顶挠度为：

$$\omega_5(x) = \frac{q_z x^6}{360 L_{22}^2 EI} + \frac{\omega_b k_c x^4 - q_z x^4}{24EI} + \frac{E_1 x^3}{6} + \frac{E_2 x^2}{2} + E_3 x + E_4 \tag{11}$$

(5) 在 $L_{22} \leqslant x \leqslant L_{22}+L_3$ 段，直接顶挠度为：

$$\omega_6(x) = \mathrm{e}^{\beta x}[F_3 \cos(\beta x) + F_4 \sin(\beta x)] + \mathrm{e}^{-\beta x}[F_1 \cos(\beta x) + F_2 \sin(\beta x)] + \frac{\omega_b k_c}{k_c} \tag{12}$$

在 $x \to +\infty$ 极限时，下分层的下沉量为一定值，此时 $F_3 = F_4 = 0$，式(12)则变为：

$$\omega_6(x) = e^{-\beta x}[F_1\cos(\beta x) + F_2\sin(\beta x)] + \omega_b \tag{13}$$

由于顶梁任意截面的转角 $\theta(x)$、弯矩 $M(x)$以及剪力 $Q(x)$与挠度 $\omega(x)$的关系式为：

$$\begin{cases} \theta(x) = \dfrac{d\omega(x)}{dx} \\ M(x) = -EI\dfrac{d\omega^2(x)}{dx} \\ Q(x) = -EI\dfrac{d\omega^3(x)}{dx} \end{cases} \tag{14}$$

由直接顶各段之间的连续性条件，可得：

$$\begin{cases} \omega_3(-L_{21}-L_1) = \omega_1(-L_{21}-L_1) \\ \theta_3(-L_{21}-L_1) = \theta_1(-L_{21}-L_1) \\ M_3(-L_{21}-L_1) = M_1(-L_{21}-L_1) \\ Q_3(-L_{21}-L_1) = Q_1(-L_{21}-L_1) \\ \omega_1(-L_{21}) = \omega_4(-L_{21}) \\ \theta_1(-L_{21}) = \theta_4(-L_{21}) \\ M_1(-L_{21}) = M_4(-L_{21}) \\ Q_1(-L_{21}) = Q_4(-L_{21}) \\ \omega_5(0) = \omega_4(0) \\ \theta_5(0) = \theta_4(0) \\ M_5(0) = M_4(0) \\ Q_5(0) = Q_4(0) \\ \omega_5(L_{22}) = \omega_6(L_{22}) \\ \theta_5(L_{22}) = \theta_6(L_{22}) \\ M_5(L_{22}) = M_6(L_{22}) \\ Q_5(L_{22}) = Q_6(L_{22}) \end{cases} \tag{15}$$

由式(15)，代入具体的工程参数，可解各段参数 A_1、A_2、A_3、A_4、C_1、C_2、D_1、D_2、D_3、D_4、E_1、E_2、E_3、E_4、F_1、F_2，并由此得到直接顶各处的挠度及应力大小。

2.2 煤壁地基梁模型求解

(1) 在 $-L_{21}-L_1-L_{51}-L_{52} \leqslant x \leqslant -L_{21}-L_1-L_{52}$ 段，顶梁挠度微分方程为：

$$E_4I_4\frac{d^4\omega_{31}(x)}{dx^4} + k_d\omega_{31}(x) = \omega_3(x)k_c \tag{16}$$

其中直接顶给予煤壁的载荷为 $\omega_3(x)$。

可得 $-L_{21}-L_1-L_{51}-L_{52} \leqslant x \leqslant -L_{21}-L_1-L_{52}$ 段的煤壁挠度为：

$$\omega_{31}(x) = e^{-\alpha x}[G_1\cos(\alpha x) + G_2\sin(\alpha x)] + e^{\alpha x}[G_3\cos(\alpha x) + G_4\sin(\alpha x)] + \frac{\omega_3(x)k_c}{k_c} \tag{17}$$

在 $x \to +\infty$ 极限时，直接顶的下沉量为一定值，此时 $G_3 = G_4 = 0$，式(17)则变为：

$$\omega_{31}(x) = e^{-\alpha x}[G_1\cos(\alpha x) + G_2\sin(\alpha x)] + \omega_3(x) \tag{18}$$

(2) 在 $-L_{21}-L_1-L_{52} \leqslant x \leqslant -L_{21}-L_1$ 段，顶梁挠度微分方程为：

$$E_4I_4\frac{d^4\omega_{32}(x)}{dx^4} + k_d\omega_{32}(x) = \omega_3(x)k_c \tag{19}$$

其中直接顶给予煤壁的载荷为 $\omega_3(x)$。

可得$-L_{21}-L_1-L_{52}\leqslant x\leqslant -L_{21}-L_1$ 段的煤壁挠度为：

$$\omega_{32}(x)=e^{-\alpha x}[G_5\cos(\alpha x)+G_6\sin(\alpha x)]+e^{\alpha x}[G_7\cos(\alpha x)+G_8\sin(\alpha x)]+\frac{\omega_3(x)+k_c}{k_c} \tag{20}$$

在 $x\rightarrow+\infty$极限时，直接定的下沉量为一定值，此时 $G_7=G_8=0$，式(20)则变为：

$$\omega_{32}(x)=e^{-\alpha x}[G_5\cos(\alpha x)+G_6\sin(\alpha x)]+\omega_3(x) \tag{21}$$

由于顶梁任意截面的转角 $\theta(x)$、弯矩 $M(x)$以及剪力 $Q(x)$与挠度 $\omega(x)$的关系式为：

$$\begin{cases}\theta(x)=\dfrac{d\omega(x)}{dx}\\ M(x)=-EI\dfrac{d\omega^2(x)}{dx}\\ Q(x)=-EI\dfrac{d\omega^3(x)}{dx}\end{cases} \tag{22}$$

由直接顶各段之间的连续性条件，可得：

$$\begin{cases}\omega_{31}(-L_{21}-L_1-L_{52})=\omega_{32}(-L_{21}-L_1-L_{52})\\ \theta_{31}(-L_{21}-L_1-L_{52})=\theta_{32}(-L_{21}-L_1-L_{52})\\ M_{31}(-L_{21}-L_1-L_{52})=M_{32}(-L_{21}-L_1-L_{52})\\ Q_{31}(-L_{21}-L_1-L_{52})=Q_{32}(-L_{21}-L_1-L_{52})\end{cases} \tag{23}$$

由式(23)，代入具体的工程参数，可解各段参数 G_1、G_2、G_5、G_6，并由此得到下分层各处的挠度及应力大小。

由式(22)，求解得出煤壁区域剪应力为：

$$Q_2(x)=e^{0.138x}[1.775\times10^{15}\times\cos(0.138x)+1.696\times10^{15}\times\sin(0.138x)] \tag{24}$$

由莫尔-库仑准则可知：

$$\begin{cases}Q_2(x)=\tau bh\\ \tau=\sigma\tan\varphi+C\end{cases} \tag{25}$$

式中 τ——煤体抗剪强度；

b——煤体宽度；

h——煤体高度；

σ——煤体所受正应力；

φ——煤体内摩擦角；

C——煤体黏聚力。

根据式(25)可得到煤壁破坏深度为 2.53 m。

3 不同影响因素影响下煤壁片帮影响机制

倾角、采高与埋深是影响煤壁片帮的主要影响因素，下面根据大倾角复合煤层大采高工作面煤壁-支架-顶板模型进行分析，探究不同影响因素影响下煤壁片帮的影响机制。

(1) 倾角影响因素分析。取采高为 4.65 m，埋深为 700 m，工作面支护强度为 1.5 MPa，研究不同倾角条件下煤壁破坏深度变化情况，如图 4 所示。

由图 4 可知，随着煤壁倾角的不断增大，煤壁破坏深度大致呈直线增大。工作面倾角在 0°～15°范围时，煤壁破坏深度较浅；随着工作面倾角增加，在倾角和自重的作用下，发生片帮的可能性增大。

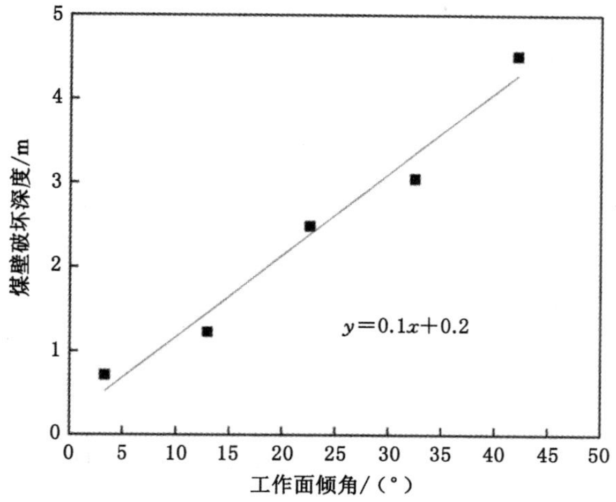

图 4　不同煤层倾角条件下工作面煤壁破坏深度变化图

(2) 采高影响因素分析。取倾角为 23°,埋深为 700 m,工作面支护强度为 1.5 MPa,研究不同采高条件下煤壁破坏深度变化情况,如图 5 所示。

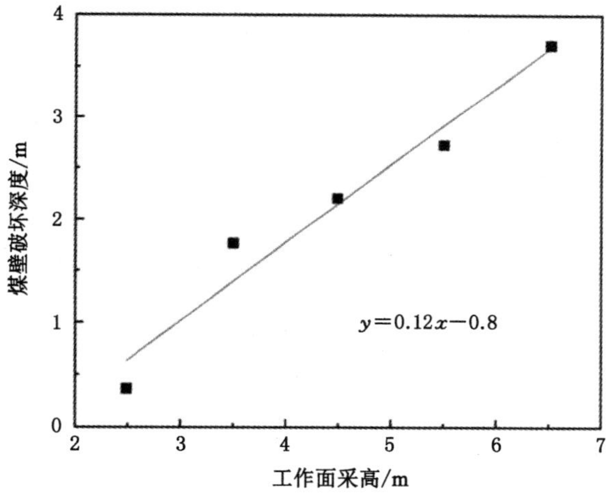

图 5　不同采高影响下工作面煤壁破坏深度变化图

由图 5 可知,不同采高的煤层开采时,无论采高为多少,在工作面采动影响下,工作面前方都会产生较大的损伤,有一定的片帮危险性。采高越高,煤壁破坏深度越大,煤壁损伤程度越高。特别是大采高工作面(采高大于 3.5 m),煤壁破坏深度相对中厚煤层工作面具有较大程度的上升。

(3) 埋深影响因素分析。取倾角为 23°,采高为 4.65 m,工作面支护强度为 1.5 MPa,研究不同埋深条件下煤壁破坏深度变化情况,如图 6 所示。

由图 6 可知,随着埋深的增加,煤壁破坏深度增加。埋深不足 400 m 时,煤壁破坏深度较小,在埋深为 200～400 m 时,片帮深度小于 1.2 m;埋深达到 800 m 后,煤壁破坏深度增大,当埋深达到千米时,破坏深度大于 3.1 m。

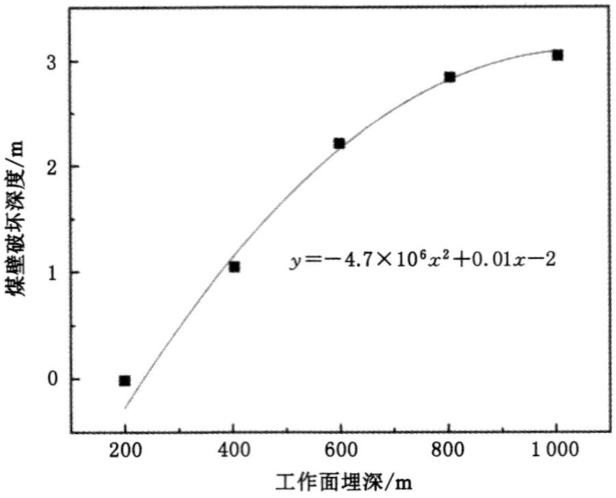

图 6　不同埋深影响下工作面煤壁破坏深度变化图

4　大倾角煤层大采高工作面煤壁稳定性极限分析

4.1　煤壁应力环境分析

4.1.1　煤壁垂直应力环境分析

由上述分析可知，工作面煤壁稳定性与煤壁受力状态、支架工作状态有关。作用在煤壁周围的力主要有煤壁上方载荷及护帮板对煤壁的侧向支护力两种。煤壁上方载荷主要来源于上覆岩层的重力与上覆岩层回转失稳传递给直接顶的力；护帮板对煤壁的侧护力主要来源于护帮机构各级千斤顶给予煤壁的推力。煤壁上方载荷由复合顶下分层挠度可以求出，其值用 $Q(x)$ 表示为：

$$Q(x) = \frac{4q}{l}x\left(1-\frac{x}{l}\right) \tag{26}$$

4.1.2　煤壁水平应力环境分析

护帮板给予煤壁的力与煤壁给予护帮板的力互为反力，可通过研究护帮板受力形式来确定煤壁受力情况。建立 5 种护帮板受力形式，如表 1 所示。

表 1　护帮板不同受力形式表

载荷描述	出现条件	图例
均布载荷	煤体对护帮机构均匀作用	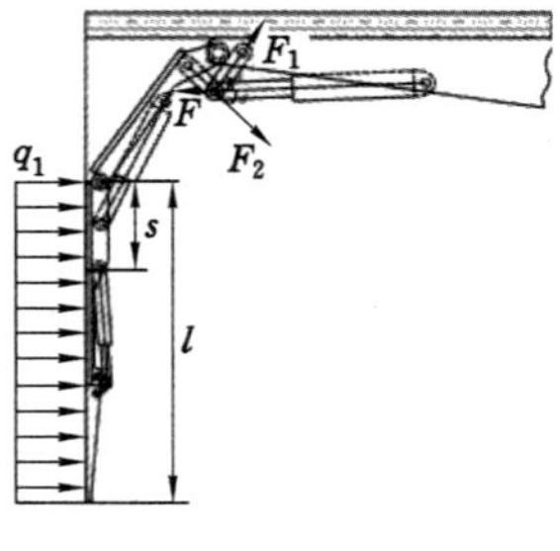

表 1(续)

载荷描述	出现条件	图例
倒三角载荷	护帮板与煤壁完全接触,沿高度方向单位长度的作用力呈梯形分布,煤壁稳定	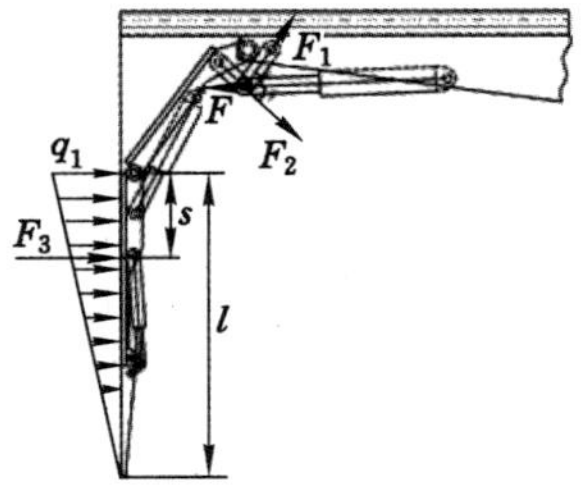
二次曲线载荷	煤壁内部出现节理弱面	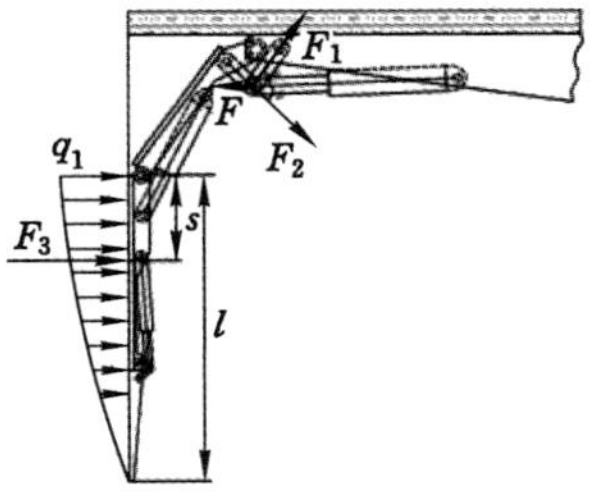
凹曲线载荷	煤壁内部出现节理弱面	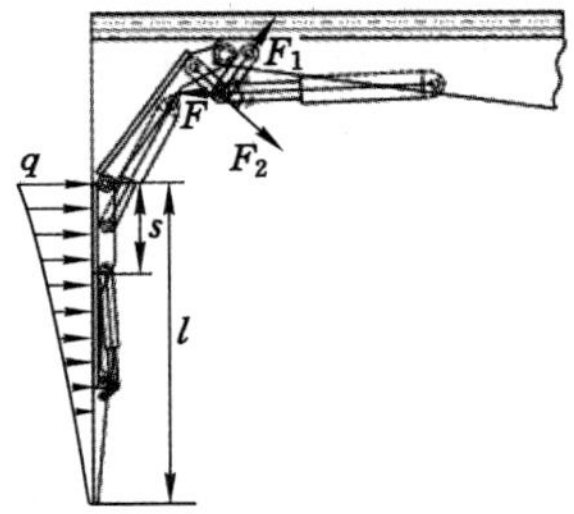
煤壁挠度最大点上下方线性载荷	煤壁在挠度最大点处破坏	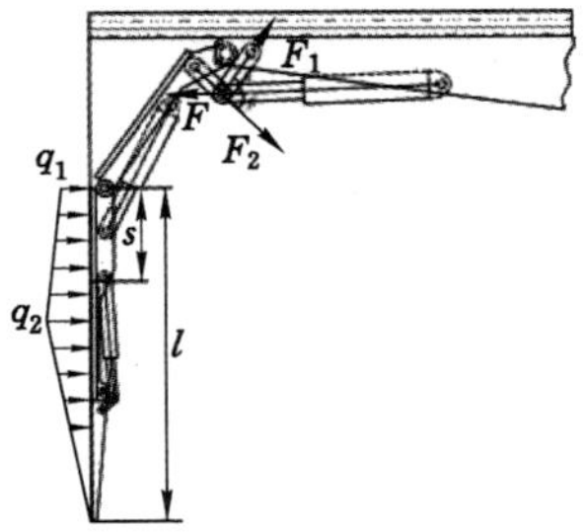

对各种载荷下的护帮受力进行分析,选取合理的载荷形式假设。

(1) 建立均布载荷受力分析模型,如图 7 所示。

图 7 中,二级、三级护帮板总长 l,载荷形心在 $2/3l$ 处,F_1 为二级液压千斤顶给二级护帮板的力,F_2 为三级液压千斤顶通过小四连杆机构给三级护帮板的力,f 为煤壁对护帮板的摩擦力,α、β 为力 F_1、F_2 与 x 轴所夹锐角。二级、三级护帮板的载荷曲线为:

$$q(x) = q \tag{27}$$

由支架 O 处于平衡状态构建方程,设液压支架二级护帮机构长度为 s,则 F_2 作用点到 O 点距离为 s,F_1 作用点到 O 点距离为 $s/2$。

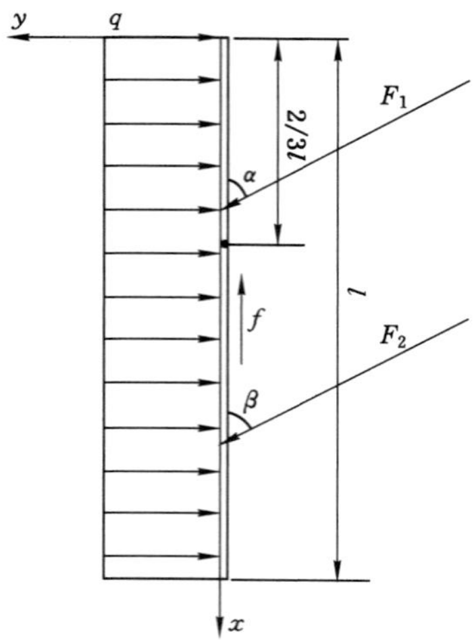

图 7　均布载荷形式受力分析

$$\begin{cases} F_1\cos\alpha + F_2\cos\beta - f = 0 \\ F_1\sin\alpha + F_2\sin\beta - ql = 0 \\ F_1\ \dfrac{s}{2}\sin\alpha + F_2 s\sin\beta - \dfrac{1}{2}ql^2 = 0 \end{cases} \tag{28}$$

计算可得(不计算带 f 公式可约掉摩擦力)：

$$F_1 = \frac{-ql(l-2s)}{s\sin\alpha}$$

$$F_2 = \frac{ql(l-s)}{s\sin\beta}$$

代入支架具体参数,得到支架二级、三级机构长度 l 为 2 500 mm,二级护帮板 s 为 1 600 mm,端面距为 669 mm,计算出 α 为 30°,β 取 45°。可以得到 F_1 与 F_2 之比为：

$$F_1 : F_2 = 1.1 : 1 \tag{29}$$

(2) 建立倒三角载荷受力分析模型,如图 8 所示。

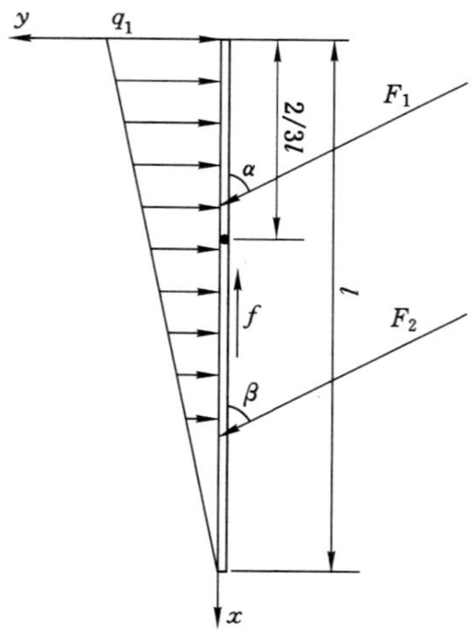

图 8　倒三角载荷形式受力分析

二级、三级护帮板的载荷曲线为：

$$q(x)=q\left(1-\frac{x}{l}\right) \tag{30}$$

由支架 O 处于平衡状态构建方程：

$$\begin{cases} F_1\cos\alpha+F_2\cos\beta-f=0 \\ F_1\sin\alpha+F_2\sin\beta-\dfrac{1}{2}ql=0 \\ F_1\dfrac{s}{2}\sin\alpha+F_2 s\sin\beta-\dfrac{1}{3}ql^2=0 \end{cases} \tag{31}$$

计算可得(不计算带 f 公式可约掉摩擦力)：

$$F_1=\frac{-ql(0.66l-s)}{s\sin\alpha}$$

$$F_2=\frac{ql(0.66l-0.5s)}{s\sin\beta}$$

代入支架具体参数可求得：

$$F_1:F_2=6.01:1 \tag{32}$$

(3) 建立二次曲线载荷受力分析模型，如图 9 所示。

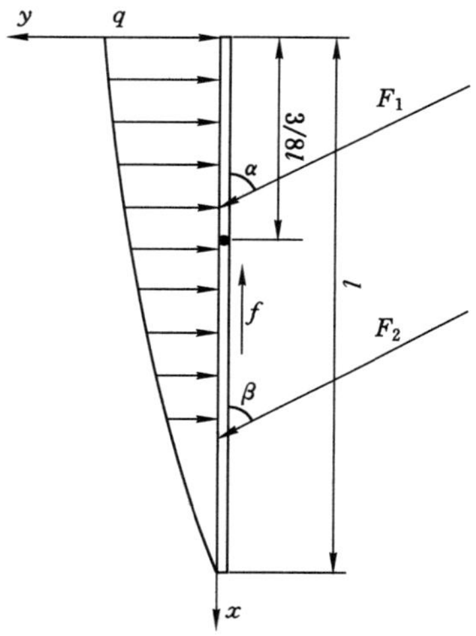

图 9　二次曲线载荷形式受力分析

二级、三级护帮板的载荷曲线为：

$$q(x)=q\left(1-\frac{x^2}{l^2}\right) \tag{33}$$

由支架 O 处于平衡状态构建方程：

$$\begin{cases} F_1\cos\alpha+F_2\cos\beta-f=0 \\ F_1\sin\alpha+F_2\sin\beta-\dfrac{2}{3}ql=0 \\ F_1\dfrac{s}{2}\sin\alpha+F_2 s\sin\beta-\dfrac{1}{4}ql^2=0 \end{cases} \tag{34}$$

计算可得(不计算带 f 公式可约掉摩擦力)：

$$F_1=\frac{-ql(0.5l-1.33s)}{s\sin\alpha}$$

$$F_2=\frac{ql(0.5l-0.67s)}{s\sin\beta}$$

代入支架具体参数可求得：

$$F_1 : F_2 = 6.975 : 1 \tag{35}$$

(4) 建立凹曲线载荷受力分析模型，如图 10 所示。

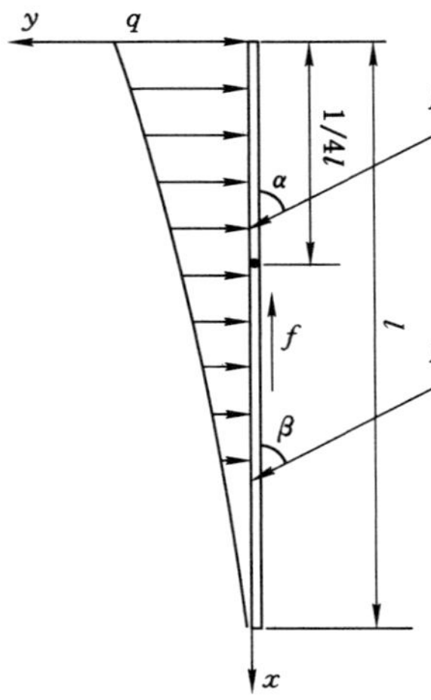

图 10　凹曲线载荷形式受力分析

二级、三级护帮板的载荷曲线为：

$$q(x) = q\left(1 + \frac{x^2}{l^2}\right) \tag{36}$$

由支架 O 处于平衡状态构建方程：

$$\begin{cases} F_1\cos\alpha + F_2\cos\beta - f = 0 \\ F_1\sin\alpha + F_2\sin\beta - \dfrac{4}{3}ql = 0 \\ F_1\dfrac{s}{2}\sin\alpha + F_2 s\sin\beta - \dfrac{1}{3}ql^2 = 0 \end{cases} \tag{37}$$

计算可得(不计算带 f 公式可约掉摩擦力)：

$$F_1 = \frac{-ql(0.67l - 2.66s)}{s\sin\alpha}$$

$$F_2 = \frac{ql(0.67l - 1.33s)}{s\sin\beta}$$

代入支架具体参数可求得：

$$F_1 : F_2 = 8.053 : 1 \tag{38}$$

(5) 建立煤壁挠度最大点上下方线性载荷受力分析模型，如图 11 所示。

假设 O 点上方长度为 γl，最大载荷为 q_1，二、三级护帮板的载荷曲线为：

$$\begin{cases} y = q_1\left(1 - \dfrac{q - q_1}{\gamma l q_1}x\right) & (x < 0) \\ y = q_1\left[1 + \dfrac{q - q_1}{(\gamma - 1)l}x\right] & (x > 0) \end{cases} \tag{39}$$

假设煤壁挠度最大点在 0.4 倍采高处，即 $0.4h$，一级护帮板长度为 l_1，端面距为 α，有：

$$\gamma l + \sqrt{l_1^2 - \alpha^2} = 0.4h \tag{40}$$

力 F_1 作用点到 O 点的距离为 $\gamma l - s/2$，由支架处于平衡态构建方程：

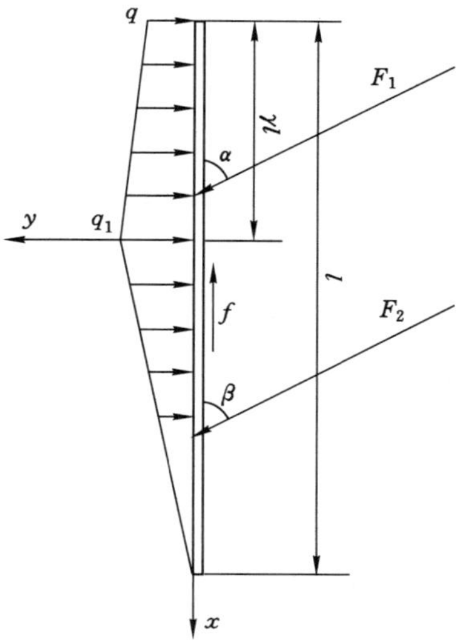

图 11　煤壁挠度最大点上下方线性载荷形式受力分析

$$\begin{cases} F_1\cos\alpha+F_2\cos\beta-f=0 \\ F_1\sin\alpha+F_2\sin\beta-\dfrac{1}{2}l(q+\gamma q_1)=0 \\ -F_1(\gamma l-\dfrac{s}{2})\sin\alpha+F_2(s-0.4h)\sin\beta-\dfrac{5}{24}(q+q_1)(\gamma l)^2+\dfrac{1}{6}q_1(l-\gamma l)^2=0 \end{cases} \tag{41}$$

计算可得(不计算带 f 公式可约掉摩擦力)：

$$F_1=\frac{2.08\gamma^2l^2(q+q_1)+l(2h-5s)(q+\gamma q_1)-1.67q_1(l-\gamma l)^2}{\sin\alpha(-5.77l-5s+4h)}$$

$$F_2=\frac{-2.08\gamma^2l^2(q+q_1)-l(2.5s-2.88l)(q+\gamma q_1)+1.67q_1(l-\gamma l)^2}{\sin\beta(-5.77l-5s+4h)}$$

假设 $q_1=\lambda q$,根据煤壁挠度曲线公式可知,煤壁挠度最大处值为固定端挠度的 1.37 倍：

$$\omega_{\max}=\frac{1.37M_0}{F_0} \tag{42}$$

可知煤壁对护帮机构的力为 $q_1=1.37q$,$\lambda=1.37$,可以得到 F_1 与 F_2 之比为：

$$F_1:F_2=6.473:1 \tag{43}$$

由此得到 5 种护帮机构受压形式下一级、二级千斤顶的载荷比,统计如表 2 所示。

表 2　不同护帮板受压形式下一级二级千斤顶载荷比

序号	载荷形式	二三级千斤顶载荷比
1	均布载荷	1.1∶1
2	倒三角载荷	6.01∶1
3	二次曲线载荷	6.975∶1
4	凹曲线载荷	8.053∶1
5	煤壁挠度最大点上下方线性载荷	6.473∶1

大采高复合煤层工作面液压支架不同护帮板受压形式下一级、二级千斤顶载荷比,可知倒三角载荷形式是护帮板合理的受力形式,由作用力与反作用力定理可知,护帮板对煤壁的载荷形式为倒三角形式。

4.2 煤壁稳定性极限分析

结合以上求解确定的煤壁周围压力分布形式，建立图 12 所示煤壁片帮系统简化模型。

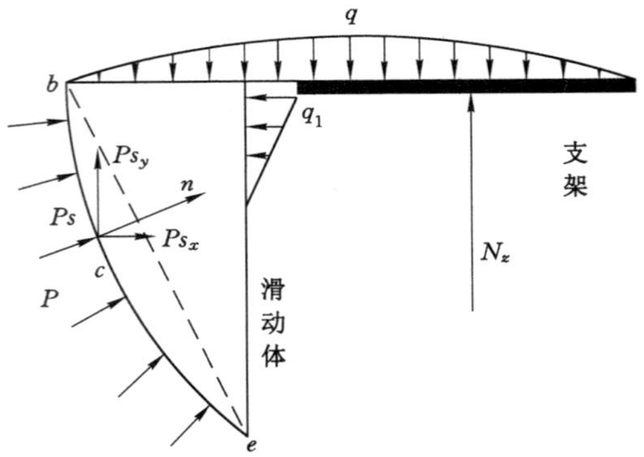

图 12　煤壁片帮系统简化模型

模型将片帮煤体与支架视为一个系统，图 12 中弧线 bce 为片帮煤体滑落轨迹；P 为煤壁对片帮煤体的压力；Ps 为片帮煤体滑落轨迹上一点所受压力；n 为滑落轨迹上一点切线的法线方向；Ps_y 为片帮煤体滑落轨迹上一点所受压力的竖向分力；煤壁及支架上覆载荷为二次曲线载荷，最大值为 q；N_z 为支架对顶板所提供的支撑力；支架护帮板对煤壁作用力视为均布载荷 q_1。

以 b 点作为坐标原点，可求得片帮煤体所受煤壁压力的竖向分力 P_y：

$$P_y = \int Ps_y \mathrm{d}s = \int_0^x q\mathrm{d}x + \int \gamma \mathrm{d}v - N_z \tag{44}$$

式中　P_y——煤壁竖向支撑力；

γ——煤体容重；

s——煤壁偏帮轨迹线。

下面单取煤壁片帮体作为研究对象，利用安全余量法判定准则判断煤壁破坏标准。建立煤壁片帮极限状态函数 F，给出 3 种状态下的煤壁破坏准则。

$$F = \begin{cases} T - S > 0 \\ T - S = 0 \\ T - S < 0 \end{cases} \tag{45}$$

当 $F>0$ 时，煤壁处于安全状态；当 $F=0$ 时，煤壁处于极限状态；当 $F<0$ 时，煤壁处于破坏状态。煤壁极限状态函数如下：

$$F = T - S = Ch\sec\alpha + N\tan\varphi - S \tag{46}$$

式中　C——煤体黏聚力；

φ——煤体内摩擦角；

N——剪切面上法向力；

h——剪切面破坏高度；

α——剪切面与煤壁夹角。

将片帮煤体的下滑弧线视为直线进行研究，取片帮煤体建立倒三角煤壁片帮极限模型（见图 13）如下。

片帮煤体上方所受力为均布载荷的一部分，W 为片帮煤体重力，N 为剪切面法向所受支撑力，S 为片帮煤体滑动力，N 与 S 值由片帮煤体覆岩压力 $Q(x)$、煤体自重 W 和护帮板水平支护力决定。片帮煤体自重力 W 为：

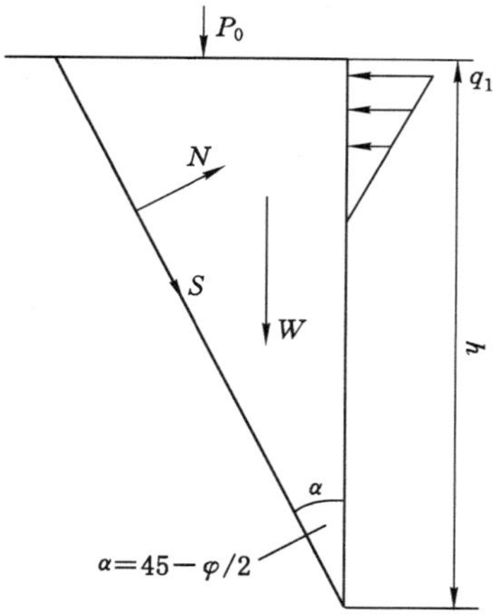

图 13　三角形煤壁片帮极限模型

$$W=\int \gamma dv = h^2 \gamma \tan \frac{\alpha}{2} \tag{47}$$

式中　h——片帮煤体破坏高度。

煤体上覆岩层对片帮煤体作用力 Q 为：

$$Q=\int_0^{h\tan\alpha} Q(x) = -\frac{2qh^2\tan^2\alpha[2h\tan(\alpha)-3l]}{3l^2} \tag{48}$$

护帮板对煤壁作用力 Q_1 为：

$$Q_1=\int_0^1 q_1 dy = q_1 l \tag{49}$$

式中　l——护帮板长度。

求得剪切面法向力 N 和片帮煤体滑动力 S 为：

$$N=\left(Q+h^2\tau\gamma\tan\frac{\alpha}{2}\right)\sin\alpha + Q_1 l\cos\alpha \tag{50}$$

$$S=\left(Q+h^2\tau\gamma\tan\frac{\alpha}{2}\right)\cos\alpha + Q_1 l\sin\alpha \tag{51}$$

将 N 与 S 代入煤壁片帮极限表达公式，得最终煤壁片帮验证方程：

$$\begin{aligned}&\left[\frac{2qh^2\ \tan^2\alpha(2h\tan\alpha-3l)}{3l^2}-h^2\gamma\tan\frac{\alpha}{2}\right]\cos\alpha+q_1 l\sin\alpha-\\&\left[\frac{2qh^2\ \tan^2\alpha(2h\tan\alpha-3l)}{3l^2}-h^2\gamma\tan\frac{\alpha}{2}\right]\sin\alpha+q_1 l\cos\alpha\leqslant 0\end{aligned} \tag{52}$$

已知 $\alpha=45°-\frac{\varphi}{2}$、煤体容重 γ 及煤体黏聚力 C 和内摩擦角 φ，即可判定临界片帮条件下的片帮煤体破坏高度 h 的值。

根据实测煤岩体力学参数，由式(52)可以求出片帮极限条件下，片帮煤体破坏高度为 1.6 m，根据工程实践可知片帮煤体破坏高度为煤壁高度的 0.4 倍，可知 1305S 工作面采高超过 4.0 m 时达到片帮临界条件。1305S 工作面平均采高为 4.65 m，则片帮现象一定会发生。

5　大倾角煤层大采高工作面煤壁稳定性控制方法

5.1　煤壁稳定性控制技术构思

大倾角煤层大采高工作面顶板为不稳定顶板，直接顶为泥岩，基本顶为粉砂岩，均为不稳定岩层。岩层总体强度低;各岩层松散易碎,自稳能力弱,岩层整体性差;各岩层赋存状态变化较大,岩层之间存在弱面,节理裂隙发育,抗拉强度低易离层冒落。

大倾角大采高工作面顶板的不稳定性使工作面矿压显现强烈,支架易失稳。针对大倾角大采高工作面不稳定顶板的条件,宜采用增加支架稳定性+煤壁强度的方式进行采场围岩维护,控制技术关系如图 14 所示。

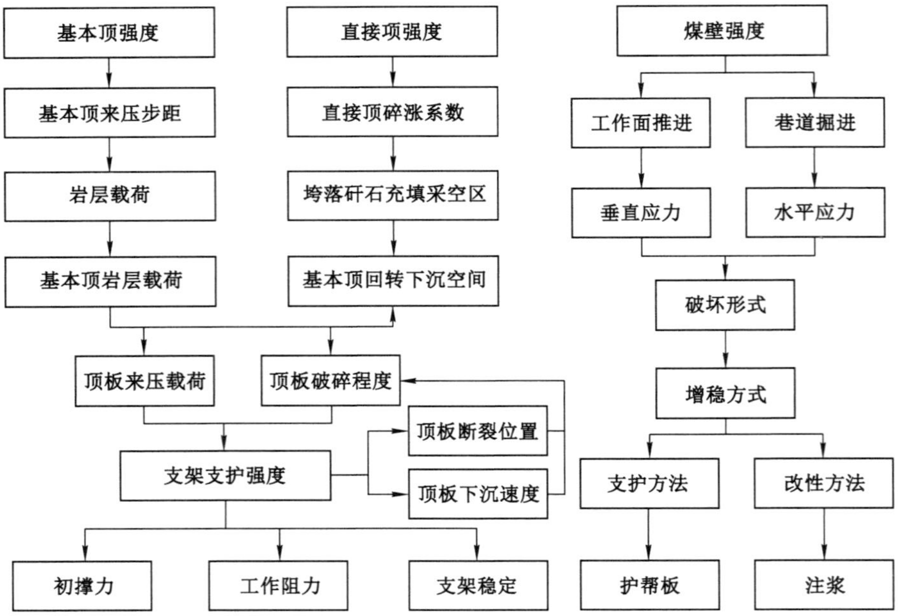

图 14　控制技术关系图

综采工作面液压支架依托煤层底板、支护煤层顶板、防护煤壁及隔绝采空区冒落矸石,通过充分利用围岩结构的自承能力及发挥液压支架的力学结构特性,以维护工作面安全作业空间为目的,与围岩结构耦合为一个动态的平衡系统。在液压支架与围岩动态平衡系统中,煤层开挖导致的顶板垮落运动失稳对系统的稳定性起决定作用,支架需要与围岩系统保持一定的强度,若液压支架的强度无法保证,将造成顶板失稳冒落,进而引发片帮冒顶等灾害。

5.2　煤壁稳定性控制方法

由图 14 可知,煤壁稳定性控制方法主要为调整支架工作状态与提高煤壁自身强度。

5.2.1　调整支架工作状态

基本顶断裂回转形成的"给定变形"主要与工作面采高及采空区处理方法有关,液压支架不能改变基本顶最终下沉量,但可以影响基本顶发生回转或滑落失稳过程。液压支架可以通过对顶板施加一定支护阻力影响基本顶断裂失稳位置、减小工作面开采过程中顶板下沉量、降低顶板下沉速度,最终降低工作面矿山压力显现剧烈程度。

5.2.2　提高煤壁自身强度

在过断层以及冒高较大、顶板破碎等地质条件复杂地段或有需要加强煤壁稳定性的其他回采位置,可通过采用工作面注浆、两巷注浆方式提高煤壁稳定性。注浆也称灌浆,就是利用液压、气压或其他方法,通过注浆钻孔或置入其中的注浆管将具有胶凝能力的浆液注入煤层中的裂隙、孔隙与空洞中,将其中的水分与空气赶走,将原来松散的土粒或裂隙胶结成一个整体,形成一个结构新、强度大、防水抗渗性能强和化学稳定性良好的"结石体",以达到改善煤层性能目的的一种施工方法。

根据注浆位置可以将煤壁注浆技术分为工作面注浆与超前注浆技术。

工作面局部注浆浆液选用马丽散，它是一种低黏度、双组分合成高分子——聚亚胺胶酯材料，具有高度黏合力和很好的机械性能，与岩层产生高度黏合，使用寿命可持续与工作面一致。马丽散材料具有以下特点：反应前常温下为液态，具有良好的渗透性，黏度低，能很好地渗入微小的裂隙中；反应时间短，快速固结并达到需要强度，反应过程中放热量低；固化物强度高，强黏结性能与煤层的高度黏合；凝固后有良好的柔韧性，能承受采动影响与地层压力的长期作用；可与水反应并封闭水流；可提高煤岩支撑力，机械阻力高；并且具有强抗渗性能、抗磨、抗冲击性能和抗老化性能。马丽散固化物性能技术参数见表3。

表3 马丽散固化物性能技术参数

项目	抗压强度/MPa	抗拉强度/MPa	拉伸剪切强度/MPa	黏结强度/MPa	膨胀倍数	反应温度/℃
固化物性能	≥40	≥35	≥12	≥3.5	≥1.2～2.5	≤135

注浆设备选用气动注浆泵、注射混合枪、封孔器等其他装备。在过断层及冒高较大、顶板破碎的地段，对工作面煤壁实施打眼注射马丽散，动态观测工作面的状况，根据实际顶板破碎程度调整注浆范围，以达到对易片帮煤壁复注的目的。

注浆结束标准为：达到设计注浆压力，并稳压5 min以上；未达到注浆压力，且从周边煤壁窜浆严重；达到设计注浆量，且目测观察注浆效果良好；注浆过程中发现异常情况，及时停泵处理。为达到最经济的治理效果，在保证工作面安全生产的前提下，对每个注浆孔的注浆参数进行摸索，可采取每孔注浆量在原基础上每孔逐级递减的方法。

6 结论

（1）建立大倾角复合煤层大采高工作面顶板-煤壁-支架相互作用模型，针对采高、煤层倾角和埋深因素研究煤壁片帮影响机制。通过研究可知，随着工作面采高、煤层倾角及埋深的增加，煤壁片帮深度增加，结合1305S工作面具体采矿地质条件，确定工作面在回采过程中会发生煤壁片帮现象。

（2）建立护帮板受力分析模型，确定了煤壁水平受力形式为倒三角载荷，建立了煤壁临界稳定性计算模型，确定当采高大于4.0 m时，煤壁发生片帮；基于1305S工作面复合煤层具体工程地质条件，建立大倾角大采高不稳定顶板采场片帮力学模型，根据实测煤岩体力学参数，得出大倾角大采高工作面达到片帮临界条件。

（3）设计了煤壁稳定控制框架，提出提高“支架稳定性＋煤壁强度”的控制技术，基于液压支架结构、地质、工艺及性能等参数，提出支架初撑力、工作阻力、控顶距及支架状态控制方法；在过断层以及冒高较大、顶板破碎等地质条件复杂地段或有需要加强煤壁稳定性的其他回采位置采用工作面注浆、两巷注浆方式提高煤壁稳定性。

参考文献

[1] 庞义辉，王国法. 基于煤壁“拉裂-滑移”力学模型的支架护帮结构分析[J]. 煤炭学报，2017，42(8)：1941-1950.

[2] 郭靖. 厚煤层疏水风化损伤规律及微爆破治理片帮技术[J]. 矿业安全与环保，2023，50(2)：109-113.

[3] 吴学明，雷照源，文杰.“三软”煤层工作面煤壁片帮防治试验研究[J]. 煤炭科学技术，2022，

50(9):20-29.

[4] 黄庆享,刘建浩.浅埋大采高工作面煤壁片帮的柱条模型分析[J].采矿与安全工程学报,2015,32(2):187-191.

[5] 黄庆享,徐璟,杜君武.浅埋煤层大采高工作面支架合理初撑力确定[J].采矿与安全工程学报,2019,36(3):491-496.

[6] 张金虎,李明忠,杨正凯,等.超大采高综采工作面煤壁片帮机理及多维防护措施研究[J].采矿与安全工程学报,2021,38(3):487-495.

[7] 许永祥,王国法,李明忠,等.超大采高综放开采煤壁板裂化片帮机理研究[J].采矿与安全工程学报,2021,38(1):19-30.

远距离喷浆技术在康平煤田的探索与应用

杨志国，吴琼瑛

（辽宁铁法能源有限责任公司，辽宁 铁岭 112799）

摘 要 小康矿和大平矿隶属于铁法煤业（集团）有限公司，位于康平煤田，巷道支护采用锚杆＋金属圆棚＋金属菱形网＋喷（注）射混凝土＋锚索联合支护工艺，由于原有喷浆设备喷射距离近，产尘量大，人工井下拌料效率低下，设备经常需要搬运，工时多、工人劳动强度大，严重制约了安全生产。为解决这一难题，2019 年开始，公司先后派专业技术人员赴河南、山西进行考察，于 2022 年 1 月开始研究解决地面拌料，并制成了吨包，经过在大平矿井下掘进工作面反复试验，取得了成功，实现了地面拌料。2022 年 6 月在小康矿井下掘进工作面进行了远距离喷浆试验，经过 3 个月的探索与实践，初步掌握了远距离喷浆的关键技术，大大提高了喷浆效率，减少了喷浆机搬家次数，改善了井下作业环境，取得了较好的试验成果。

关键词 地面拌料；远距离喷浆；支护技术

铁法煤业（集团）有限公司大平矿和小康矿属于流变性软岩矿井，掘进巷道支护工艺复杂，巷道支护采用锚杆＋金属圆棚＋金属菱形网＋喷（注）射混凝土＋锚索联合支护工艺，由于原有喷浆设备喷射距离近，产尘量大，人工井下拌料效率低下，设备经常需要搬家，工时多、工人劳动强度大，严重制约了安全生产和生产效率的提高。为解决这一难题，公司召开了专题会议，指定专业部门和矿井人员，开始了远距离喷浆项目的探索与实践，经过一年多的研究与探索，研制成了吨包，实现了远距离喷浆，初步掌握了远距离喷浆的关键技术，大大提高了喷浆效率，减少了喷浆机搬家次数，改善了井下作业环境，取得了较好的试验效果。

1 吨包制作与研发

传统的井下拌料方式，用工多，工人劳动强度大，效率低，原料配比不均匀，回弹率高，粉尘大，不仅破坏井下环境，极易导致职业病发生，而且不易发挥设备优势。为改变这一状况，公司与河南煤科院合作进行了大平矿建立地面拌料站的可行性研究，经测算建成地面拌料站初期预计投资 529 万元。考虑到成本问题，改由铁强环保公司利用砖厂的余热对砂子、石子进行烘干，然后按照配比制成吨包，这样不仅投资少、见效快，而且更能发挥内部企业优势。铁强环保公司工程技术人员积极行动，于 2022 年 5 月制成第一批吨包，在大平矿 S1S1 掘进工作面进行了现场试验。

试验所需作业人员为 2 人，其中 1 人操作喷浆机，另一人操作单轨吊配合喷浆机司机进行操作。试验设备：喷浆机 1 台，型号为 PC5U；单轨吊 1 台，型号为 DQD30。试验过程：单轨吊司机操作单轨吊将吨包烘干混合料吊运至喷浆机上料口上方；喷浆机司机人工将吨包烘干混合料下料口打开；启动喷浆机，开始喷浆作业；喷浆过程中，调节单轨吊高度，使吨包烘干混合料顺利流出。初期试验存在吨包内个别瓜子石颗粒大、有少量杂物(如烟头等)、个别原料结块、出料口太长、吨包重量太大等问题。经过反复改进,最后确定吨包规格为 800 mm×800 mm×600 mm,总重量为 0.5 t。吨包体积适中,便于单轨吊运输及吊卸,并在大平矿 S1S1 掘进工作面一次试验成功(试验现场如图 1)。

图 1 吨包应用现场

优点:比井下拌料节省 2 人,劳动强度大大降低;使用吨包喷注混凝土时间为 3 h,原工艺喷注混凝土时间为 4 h,节约 1 h;吨包配料混合较人工拌料更均匀,喷注的混凝土强度更高;吨包配料更适合远距离输送,不易造成堵管;喷浆回弹少,材料损失少;可以实现机械代替人工集中制料。

2 远距离喷浆的应用

原有喷浆设备喷射距离近,产尘量大,设备经常需要搬家,效率低、工时多、工人劳动强度大,制约了工作面掘进速度,易出现接续紧张,工作面超定员或导致职业病发生等问题,严重制约了安全生产。为实现远距离喷浆,公司先后派人对国内各种远距离喷浆机进行了调研,经过对喷浆机厂家调研和现场应用单位的考察,选取了 PYC6ZL 型转子式混凝土喷射机和 SDL230-4.4 型矿用混凝土上料机。

PYC6ZL 型转子式混凝土喷射机工作原理:混合喷浆料(现场拌制或配料厂拌制或袋装、筒仓储存材料),送入料斗,经过筛网将大颗粒筛除后进入锥形给料装置的料杯内,然后落入气料室。落料点前处,压缩空气通过锥形壳体进入有料料杯,空气喷射产生压力有利物料充分落入气料室。物料从料杯排出后,其内的残余压缩空气通过余气口排出,若有残余物料,也随压缩空气一块排出进入集尘器。随后空料杯旋转继续从料斗中接料,气料室的补压气使其压力均匀,有利于物料的输出,再通过叶片轮旋转将物料送至物料出口。压缩空气通过进气口进入气料室,并通过布置在叶片轮料杯顶部上侧的鹅颈管导向出料口。压缩空气将叶片轮上料杯内喷浆料吹出出料口,通过输送管路流向喷嘴。给料与送料的转速可以液压无级调节,实现物料均匀送向喷头。

SDL230-4.4 型矿用混凝土上料机工作原理:矿用混凝土螺旋式上料机由液压泵站提供动力,通过多路换向阀可控制螺旋叶片的旋向、支撑油缸的升降,通过调节节流阀保证喷浆机连续稳定作业,液压马达通过花键轴传递给螺旋轴;当水泥、速凝剂、砂石通过预拌送入料斗,由螺旋叶片旋转完成二次搅拌与输送。

PYC6ZL 型转子式混凝土喷射机,于 2022 年 6 月开始在小康矿西三采区 102 运输顺槽掘进工作面进行试验。矿专门配备了 2 台空气压缩机,安设了专用管路,提供给喷浆机的进气压力最大可达到 0.9 MPa,喷浆机本身的压力控制在 0.6~0.7 MPa。喷浆机旋钮调速阀从 0~10 共计 10 个行程,调节给料转子的转速,由小到大调节,实际使用过程中控制在 4~5 之间。初期试验,在喷浆距离大于 500 m 的情况下,喷浆料 3~4 m^3,用时大约在 1~1.5 h,最远喷浆距离达到 850 m,实现了远距离喷浆(喷浆现场见图 2、图 3)。

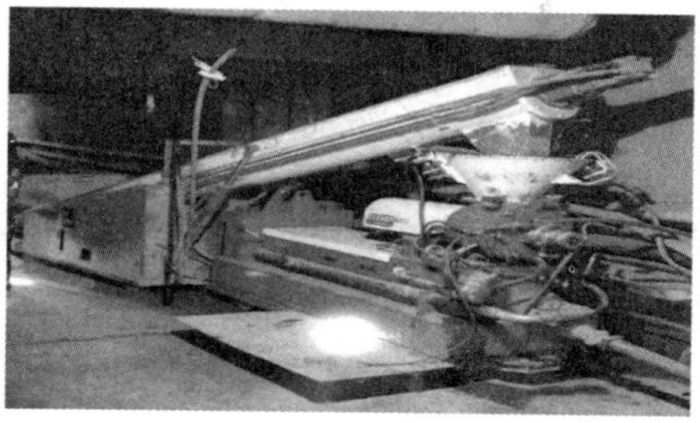

图 2　喷浆机处

图 3　喷头处

优点:降低劳动强度,减少喷浆作业人员;喷浆机附近粉尘量小,改善了井下工作环境,减少了职业病的发生;实现了远距离喷浆,减少设备搬运次数,减少因设备调运带来的安全风险;喷浆材料搅拌均匀回弹量小,可以大大节约喷浆材料;设备位置集中,节约巷道断面,特别是一些断面小、不具备运料条件的巷道更为适合。

缺点:喷浆设备核心部件给料装置易损坏,目前每 700 m^3 需要注胶一次,每次费用为 2 万元。

注意事项:喷浆机使用期间要保证冷却水正常,防止油温过高损坏设备;喷浆过程中要掌握好风压,控制在 0.3～0.6 MPa,低于 0.3 MPa 易堵管;必须配备专职操作人员,观察油位及转子转动情况,及时进行调节,防止损坏给料装置;作业期间要巡查喷浆管路,出现损坏及时更换;上料机出口设置除铁装置,防止铁器进入损坏给料装置。

3　结论

通过一年多的远距离喷浆探索与实践,实现了地面机械拌料,试验研制成吨包,提高了工作效率。初步掌握了远距离喷浆的关键技术,大大提高了喷浆效率,降低了工人劳动强度,改善了井下作业环境,取得了较好的试验成果,积累了经验。为远距离喷浆工艺的推广和应用打下了坚实的基础。

晓南矿智能化掘进工作面应用与实践

陈德新

（铁法煤业（集团）有限责任公司晓南矿，辽宁 铁岭 112704）

摘　要　晓南矿以入选国家首批智能化示范煤矿为契机，深入贯彻落实“科技兴企，人才强企”战略，坚持把“科技兴安”作为推进矿井高质量发展的重要手段，大力推进智能化矿山建设，积极探索以“智能掘进机＋液压锚杆钻车＋气动单轨吊”为主线的联合应用技术，大幅提升掘进巷道成巷质量和截割效率，为有效化解采掘失衡矛盾开辟了新路径。

关键词　智能化；掘进

1　建设情况

2022 年 1 月，晓南矿引进了三一重工生产的 EBZ200i 型智能掘进机，经过近 1 个月的厂房调试，2 月在北一 1510 回风顺槽投入使用，智能掘进机配合液压锚杆钻车掘进支护、气动单轨吊辅助运输物料，建成了辽宁省第一个智能化掘进工作面。同年 3 月，集团公司在晓南矿北一 1510 回风顺槽召开了智能化掘进工作面现场会，对晓南矿智能化掘进工作面建设给予了充分肯定。北一 1510 回风顺槽智能化掘进工作面采用智能掘进机、液压锚杆钻车、气动单轨吊联合应用，实现掘进迎头少人、系统高效协同运行、智能设备矿调度一键启停，达到智能化掘进的目的。

2　主要设备简介

2.1　气动单轨吊

气动单轨吊为山东仕图机电设备有限公司生产的 DQ50/0.5 四轮驱动气动单轨吊车。起吊最大重量 20 t，爬坡能力 25°，最大运行速度 0.4 m/s。气动单轨吊是利用悬空轨道，以气马达经减速机构减速后带动滚轮沿轨道立板摩擦驱动的设备。单轨吊车由轨道、吊挂及高度调节装置、气动葫芦、主驱动装置、承载车、控制系统等部分组成。每节轨道由工字钢及拖链托板组成，靠销轴连接。行走机构由气马达、减速箱等部分组成。减速箱的输出端与驱动轮连接，行走胶轮与轨道立板贴合，靠摩擦传动。气动葫芦安装在行走机构下方。整机用高度可调节的吊挂装置吊挂于巷道顶板的专用锚杆上。

2.2　液压锚杆钻车

液压锚杆钻车为江西鑫通机械制造有限公司生产的 CMM2-25 煤矿用液压锚杆钻车。外形尺寸为 6 500 mm×1 200 mm×2 190 mm，钻进锚杆、锚索孔直径 ϕ27～32 mm，钻进锚杆、锚索孔深度 0～18 m，总装机功率 45 kW，钻孔机构额定转矩 300 N·m，行走速度 0～15 m/min，爬坡能力

±15°。液压锚杆钻车在结构和功能上采用了整体升降的工作平台，可以根据巷道高度情况通过平台升降使作业人员进行上下调整，从而很方便地实现巷道内不同高度、不同角度锚杆锚索孔、探测孔的机械化施工，钻车具有钻进功能全面、安全性好、工作效率高、工人劳动强度低等特点。液压锚杆钻车与智能掘进机配合使用，适用于掘进工作面的支护机械化作业。

2.3 智能掘进机

智能掘进机为三一重工生产的 EBZ200i 型智能掘进机，外形尺寸为 11 000 mm×3 500 mm×1 800 mm，爬坡能力±18°。智能掘进机远程智能截割、定位截割功能以一种具有实时性的掘进机机身位姿参数测量系统作为基础，实现掘进机截割头自动截割，并可对掘进机进行远程遥控操作。远程可视化功能通过在掘进机上安装的无线摄像头、传输站等相关设备，实现全方位的远程实时监控，通过远程(井下、地面)图像监控掘进机工作面、设备截割头、整机位置、后配套出料情况，方便操作者操作以及紧急情况处理。采掘数据自动存储并上传于地面客户端，实现客户端截割轨迹与机身各项参数实时监控。

3 技术特点

使用气动单轨吊运输物料，解决了人工运料问题，减轻了员工的作业强度。白班 2 人操作气动单轨吊集中把圆班生产所需用料运到工作面临时料场，解放了二、夜班运送物料的人员，平均每天能节省 4 人。制作了专用材料箱用于承载物料，提高了单轨吊一次运载能力；进行起重尾链挂钩、起重手柄风管防护挂钩、行走近控收纳架、行走前后提示矿灯、滑道两端限位卡子等技术改造，提高了单轨吊的操作安全系数和运载效率。

使用锚杆钻车打注帮顶锚杆、锚索，改变了多年来锚杆机打注锚杆、锚索工艺。使用锚杆机打注锚杆、锚索至少需要 7 人，使用锚杆钻车作业仅需要 4 人，减少了作业人员，降低了劳动强度，保证了安全。升降的工作平台使得铺帮、铺顶及锁锚索等登高作业变得安全快捷。2 台钻臂转动灵活，机载支护安全可靠。对液压锚杆钻车进行了一些优化改造：机载临时支护油管加装了防护铁板，支护托板加装了防刮网的弯头、固定电缆的转向夹、锚固剂锚杆存储架，更改油路与张拉千斤顶连接可以直接预紧锚索，使用锚杆锚索一体锚枪，加长转载和机尾滑道等。使用改造后的液压锚杆钻车支护帮顶更加安全高效。

智能掘进机涉及四项关键技术，分别是：基于惯性导航系统的定位截割技术；远程可视化技术；数据存储与交换系统；截割轨迹监控与截割断面边界控制系统。已实现远程控制、自动截割、一键启动、故障诊断等目标。传统的掘进机采用司机坐在操作台上使用手动操作手柄对设备进行控制，受到司机位置的约束，导致司机经常面对大量粉尘、脱落岩石伤人等安全隐患。智能掘进机的应用，使掘进机司机的作业场所从掘进头移到井下远程控制室或地面调度室，远离顶板冒落威胁，远离高煤尘、粉尘和高瓦斯区域。智能掘进机使用初期，智能截割程序不够成熟，与井下实际情况不相适应，调试过程中出现了截割电流过载、截割帮顶超挖欠挖、底板剩货多、巷道成型差等诸多问题。针对调试过程中暴露出的问题，不断对程序进行优化，已完成智能化建设目标。

4 实施效果

以“智能掘进机＋锚杆钻车＋气动单轨吊”为主线的联合技术在晓南矿的成功应用，以及在实施过程中的问题研究、解决，为晓南矿薄煤层智能化掘进工作面的建设探索了新的方向，积累了一定的经验，取得了显著的效果，达到了预期的目标。

4.1 提高巷道成型工程质量

智能掘进机可实现在巷道内的精准定位。通过截割成型照片对比(图 1、图 2)，可以看出掘进机采用智能截割工艺时，工作面两帮煤壁较齐，顶板较平整，工作面顶板和两帮超挖欠挖量较少。在工作面能见度较低的情况下，验证了智能截割与人工截割相比较截割成型效果更好。

(a) 智能化　　(b) 人工

图 1　智能截割与人工截割成型质量对比(右帮对比)

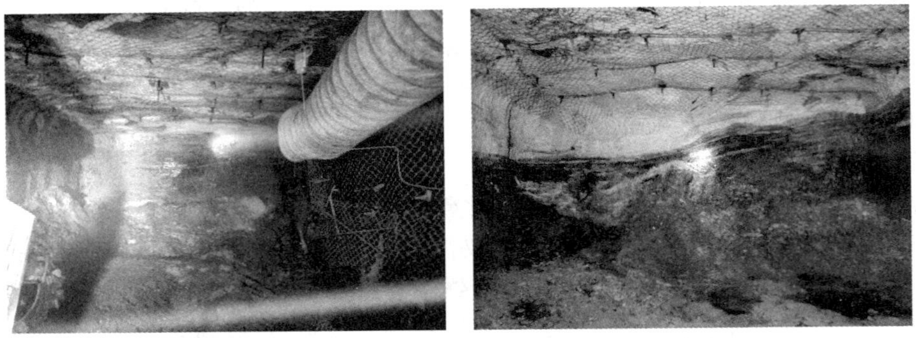

(a) 智能化　　(b) 人工

图 2　智能截割与人工截割成型质量对比(顶板对比)

4.2　创新管理模式，提高管理水平

智能化掘进工作面的建设，实现了掘进工作面的智能化管理，经营、生产、安全管理从粗放型管理转变为精细化管理。智能化建设形成的数据库，为经营、生产、安全管理带来了很大便利，也为管理决策提供科学、准确的依据。

4.3　降低安全风险和人员劳动强度

从安全方面相比较，智能掘进机截割时，司机可以在远方操作或者自动截割，现场无人操作，相对于人工截割时更安全；智能掘进机设置电子围栏，有语音报警功能，对周围作业人员起到警示作用；智能掘进机身上安有高清摄像头，可以实现截割轨迹在线监测，有效解决了井下掘进工作面截割作业粉尘大影响掘进机司机视线的问题；双臂液压锚杆钻车自带锚杆钻机，不需人员抬运锚杆钻机即可完成支护作业，避免了抬运锚杆钻机不慎跌落伤人的危险；气动单轨吊吊运物料代替人工搬运，有效降低了人身伤害风险，智能化掘进实施一年来，没有出现任何人身伤害事故，实现了零事故安全生产。

4.4　优化现场作业环境，减少粉尘危害

掘进工作面传统作业方式的作业人员集中在工作面，受粉尘、噪声影响大，作业环境恶劣。通过智能化远程控制，作业人员撤出工作面到集控中心，作业环境明显改善，在职业病防治、保障作业人员身心健康方面有重要意义。

4.5 科技创新示范引领

晓南矿北一 1510 回风顺槽智能化掘进工作面，是辽宁省第一个智能化掘进工作面，在智能化掘进工作面建设探索与实践方面积累了比较丰富的经验，对省内外煤矿智能化建设具有参考价值。同时，作为晓南矿智能化示范矿建设的一部分，对提高全矿智能化水平发挥了重要作用。

5 存在问题及解决办法

5.1 智能掘进机

掘进机上部平台处各种线路较多，更换物件及拆卸等不方便；解决办法：把线路捋顺捆扎，并反馈给厂家进行改进。掘进机水冷器质量较差，降温效果不明显；解决办法：反馈给厂家更换水冷器。视频探头无护罩，易造成损坏；解决办法：视频探头加设护罩。水冷却器无压力显示；解决办法：反馈给厂家增加压力表。掘进机缺少煤岩识别功能，截割过程中岩性发生变化时易造成机身产生位移，影响巷道成型质量；解决办法：更新程序，增加掘进机实时纠偏功能。一次成巷与理想效果存在差距，智能截割后还需人工进行二次修整成型；拉底出货时，无法智能使用后支撑，迎面下部会少量存货；有大块煤岩时，易发生星轮及一运的卡堵和一运与二运衔接处卡货现象，需停机人工处理。以上问题需厂家对智能掘进系统进行整体优化。

5.2 锚杆钻车

晓南矿北一 1510 回风顺槽原设计断面宽度 5 m，综掘机铲板宽度 3.6 m，锚杆钻车宽度 1.2 m，为保证掘进机与锚杆钻车能够顺利错车，将断面宽度改为 5.6 m，但断面增加后截割时间和出货时间增长，影响掘进效率；解决办法：引进新型锚杆钻车，新型锚杆钻车较现使用的钻车宽度减小。锚杆钻车油管外露较多，捆绑不严，且无防护装置，使用过程中易损坏，高压胶管容易爆管伤人；解决办法：后期改进，加设防护罩。装配图册对油管及螺栓规格尺寸缺少标注，油管及螺栓损坏后不知道规格尺寸，无法购买新油管进行更换；解决办法：新引进的钻车装配图册对各部件尺寸进行详细标注。夹钎油管缺少防护，油板油堵外露，打锚杆时容易刮卡锚杆造成损坏，油堵容易挤压变形造成油堵漏油。在支护过程中托板与顶板接触，受力后两侧固定螺栓螺纹易损坏，开口销经常切折，容易造成托板掉落伤人。钻机行进过程中，电缆容易挤伤折断，需人员在后方拖拽电缆，不利于安全；临时支护升降油缸强度不足，在使用过程中容易弯曲变形；解决办法：反馈给厂家，厂家后期对设备进行改造升级。为适应矿山智能化发展，增加钻车遥控装置，把操作人员从作业平台解放出来，利于安全生产。解决办法：引进新型锚杆钻车，新型锚杆钻车已增加遥控功能。

5.3 气动单轨吊

使用遥控器操作单轨吊运行时，出现偷停现象；解决办法：更换单轨吊发电机。目前晓南矿气动单轨吊有 3 种型号，轨道不通用；解决办法：引进 50 型单轨吊，轨道与蓄电池单轨吊通用。起重尾链、起重手柄无收纳架，行走过程中易造成刮卡；解决办法：自制挂钩及收纳架。单轨吊前后行走无提示矿灯；解决办法：自制固定灯架，使用时安设矿灯。单轨吊轨道两端无限位装置，易造成脱落；解决办法：自制限位卡子并安设在轨道两端。

6 结语

推动智能化技术与煤炭产业融合发展，提升煤矿智能化水平，煤矿智能化、数字化建设已经成为行业共识，也是煤矿发展的必然趋势。而智能化掘进工作面的建设又是煤矿智能化建设的重要组成部分，相对于智能化采煤，起步晚，技术难度较大，但不可或缺。通过晓南矿智能化掘进工作面建设经验，建议陆续推进各煤矿智能化掘进工作面建设，为煤矿安全生产助力远航。

自移式“机械手”在采煤工作面安装与拆除运输机中部槽的应用

刘鹏

（铁法煤业（集团）有限责任公司晓南矿，辽宁 铁岭 112704）

摘 要 本文阐述了自移式运输机中部槽安装与拆除吊车的设计思路、结构、工作原理、用途及与中部槽连接的方式。通过多个采煤工作面的安装和拆除，充分展示了自移式“机械手”的特点，符合提高安全系数、减小工人劳动强度、提高功效的设计思路。

关键词 运输机中部槽的安装与拆除；自移式；结构特点

0 引言

晓南矿采煤工作面运输机在安装与拆除时，需要采用回柱绞车、导向滑车及手拉葫芦将运输机中部槽拉运到预定位置。在中部槽安装与拆除作业时，需要回柱绞车到中部槽之间无人员作业，以避免回柱绞车钢丝绳因刮卡弹出断绳伤人，以往曾经出现过此类机械事故。施工时还要有足够的声、光和人员进行信号传递和设施警戒。另外，还需用人力拖拉钢丝绳和悬挂导向滑车，劳动强度较大，并且需要定时移动和加固回柱绞车，施工程序比较烦琐。

为了解决上述问题，对运输机中部槽的安装与拆除工序进行认真研究和分析，确认回柱绞车钢丝绳牵引是安全隐患，只有取代钢丝绳才能解决安全系数低、劳动强度大的难题，为此在机电修配厂设计研制了“自移式运输机中部槽安装与拆除吊车”（以下称“机械手”）取代回柱绞车、手拉葫芦，应用效果良好，为安全生产提供了保障。

1 设计思路

将“机械手”与运输机连接牢固，并能有一定的起吊高度，能够将运输机中部槽吊起脱离或装载至运送中部槽的重型平板车。安装、拆除中部槽时，“机械手”的起吊臂能够有一定的旋转角度来满足装卸中部槽要求。由于调运时重型平板车停车的位置不完全相同，所以需要“机械手”起吊臂的旋转半径要能调整。为了取代钢丝绳牵引，采用两组涨紧装置交替涨紧运输机中部槽做牵引支点，利用液压千斤顶的伸缩达到“机械手”自行的目的。“机械手”只需要两至三个人就能完成作业内容，既安全又方便。

2 基本结构、设计特点及工作原理

2.1 基本结构

如图 1 所示，“机械手”的基本结构主要有四部分：行走部分、起吊部分、旋转部分、涨紧部分。

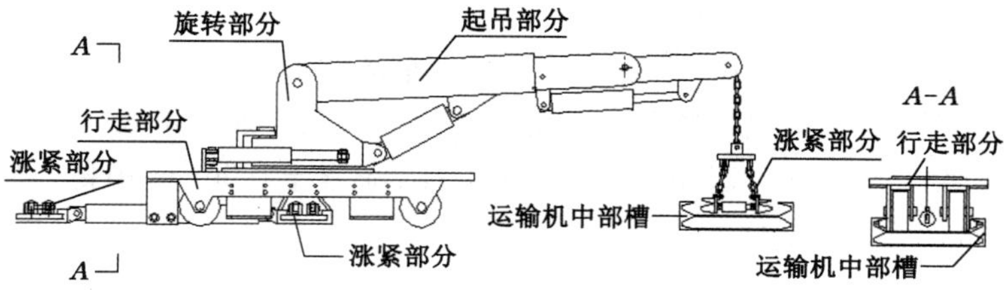

图 1 “机械手”基本结构

2.1.1 行走部分

行走部分主要指车体本身，它是由行走千斤顶、车轮、导向滑橇、导向轮组成，如图 2 所示。

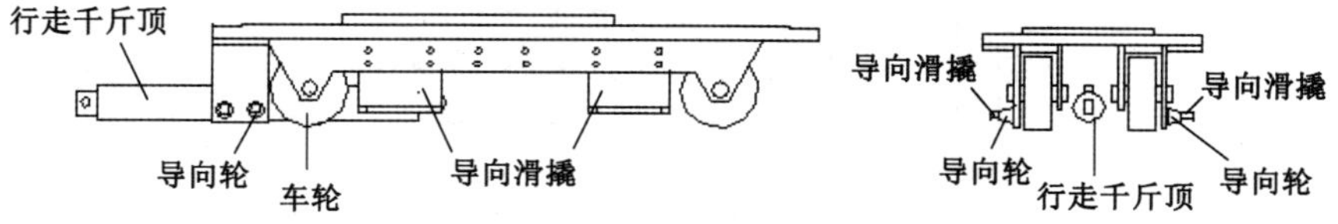

图 2 行走部分结构

2.1.2 起吊部分

起吊部分是指起吊运输机中部槽的起吊梁，它主要由主臂、伸缩臂、回转臂、主千斤顶、伸缩千斤顶、回转千斤顶、起吊链千斤顶、导链轮组成，如图 3 所示。

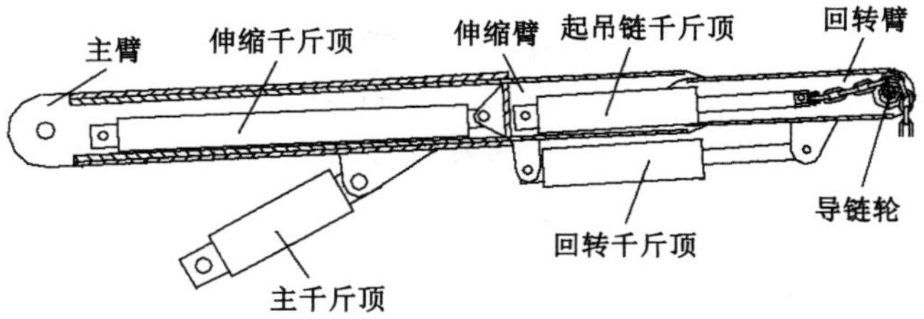

图 3 起吊部分结构

2.1.3 旋转部分

旋转部分是指能够带动起吊臂，利用旋转千斤顶做动力旋转的机构，它主要由旋转千斤顶、旋转座、滚轮、底座组成，如图 4 所示。

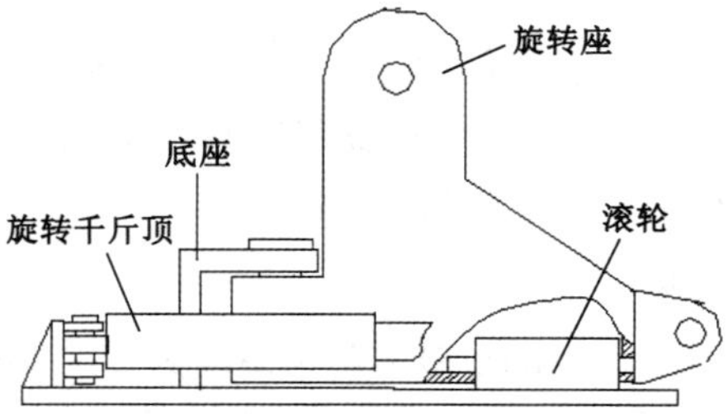

图 4 旋转部分结构

2.1.4　涨紧部分

“机械手”有3组涨紧装置，其中，一组安装在行走车体的下方，与行走千斤顶活塞干连接，另一组与行走千斤顶缸替连接，这两组涨紧装置由滑套、滑板，涨紧千斤顶组成，如图5所示。还有一组涨紧装置安装在起吊臂的下方与起吊链连接，由卡板、涨紧千斤顶、起吊链、连接头组成，如图6所示。

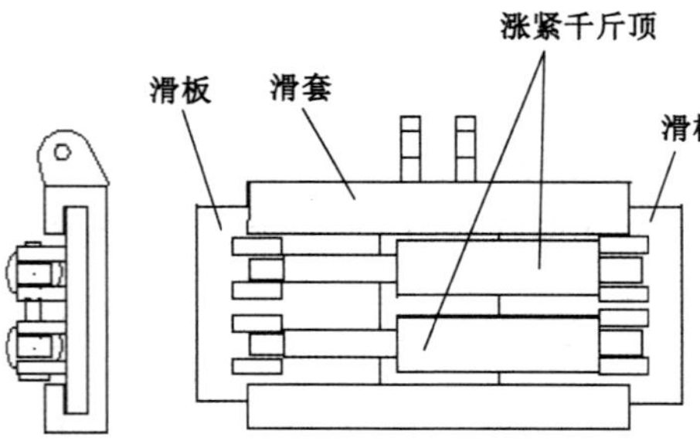

图5　行走涨紧装置结构

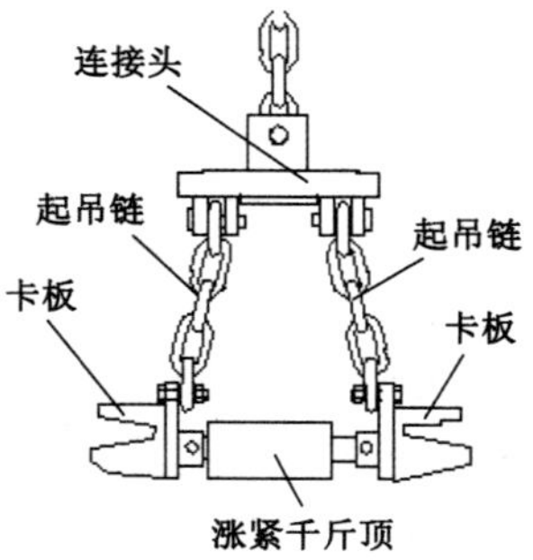

图6　起吊涨紧装置结构

2.2　设计特点

2.2.1　结构合理、稳定可靠

“机械手”设计了4组导向滑橇和2组导向轮。导向滑橇保证设备始终在运输机中部槽上行走，并使运输机中部槽与设备构成一体，稳定性较强。而导向轮的作用是减小导向滑橇和运输机中部槽之间的摩擦阻力。

2.2.2　实现自动迈步行走

以往安装中部槽采用慢速绞车牵引中部槽，容易造成钢丝绳伤人事故，而“机械手”是靠两组行走涨紧装置交替做支点，利用行走千斤顶伸缩实现前进和后退，完全取消了钢丝绳作业。另外，在起吊作业时两组涨紧装置都处在工作状态，起到防滑作用。

2.2.3　空间狭小的左、右工作面均可应用

“机械手”最小外形高度尺寸为1 300 mm，最大起吊高度为2 000 mm，最大旋转半径为4 000 mm，车体最大宽度为800 mm。从“机械手”的外形尺寸就可以看出需要的作业空间很小，所以适合狭小的综采工作面作业。另外，底座与车体采用对称螺栓连接方式，只要将底座调向安装，就可以在左、右综采工作面分别使用。

2.2.4　适用不同型号运输机中部槽的安装和拆除

设计时考虑能适应不同型号的中部槽安装，将导向轮、导向滑橇、车轮与车板面的连接设计为可调中心距的螺栓连接方式，这样就可以通过调整中心距来实现在不同型号中部槽上运行。

2.2.5　可在不同的角度卸车、装车、对接、拆除中部槽

底座与旋转座采用铰接形式，并在旋转座的底部设计了滚轮，如图 4 所示，减小旋转时的摩擦阻力。“机械手”最大的旋转角度 30°(下帮方向)，如图 7 所示的位置 b。考虑中部槽对接时需要调整，所以在相反的方向也有 14°旋转角度，如图 7 所示的位置 a。

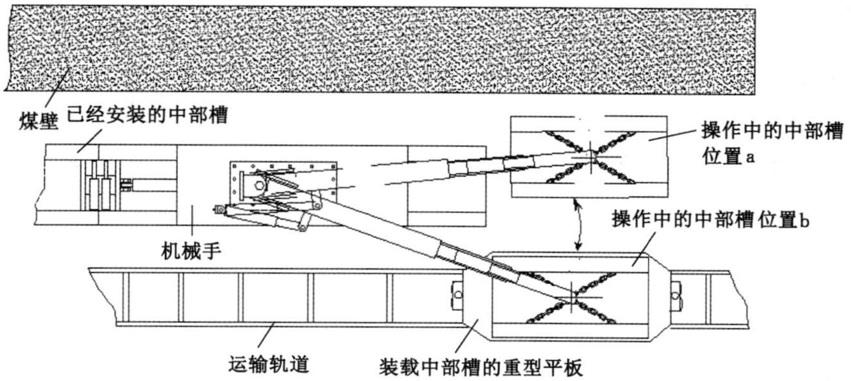

图 7　装卸、安装拆除中部槽俯视图

2.2.6　起吊平稳

为了防止中部槽脱钩，设计了液压千斤顶涨紧装置锁固中部槽。

2.2.7　运行平稳

防止在起吊作业时，液压系统流量大造成起吊臂颤动，各液压千斤顶均安装了节流阀。

2.2.8　动力源

“机械手”的动力源来自安装、拆除综采工作面的临时液压泵站，管路也不需特意安装，只需将原有的管路直通接头改为平面截止阀(避免在检修时误动作造成伤人事故)，用 ϕ10×20 000 mm 的高压胶管与液压系统连接，施工非常简便。

2.3　工作原理

下面以安装运输机中部槽为例介绍“机械手”的工作原理。

2.3.1　卸车

当输送运输机中部槽的重型平板车运行到“机械手”附近时，将花车的紧链器松开，然后操纵阀组使旋转千斤顶的上腔进液，从而使活塞杆收回，带动旋转座和起吊部分旋转到图 7 中的中部槽位置 b。然后将旋转千斤顶活塞杆收回，起吊链千斤顶活塞杆伸出，使起吊涨紧装置降低到能够将运输机中部槽上沿的位置，再将起吊涨紧装置的涨紧千斤顶活塞杆伸出，使卡板卡牢运输机中部槽的上沿。收回起吊链，伸出旋转千斤顶使回转臂升起，如果空间允许，可将主千斤顶活塞杆伸出，使起吊部分全部升起，从而使运输机中部槽脱离重型平板车。将旋转千斤顶的活塞杆伸出，推动旋转部分和起吊部分旋转到图 7 中的中部槽位置 a，这样就完成了卸车环节。

2.3.2　中部槽安装对接

利用旋转千斤顶活塞杆的伸缩找正操作中的运输机中部槽与已经安装完毕的运输机中部槽的

位置，降低起吊部分，使中部槽之间的对口完全对正，然后收回伸缩千斤顶活塞杆，带动伸缩臂完成对接。

2.3.3 行走

将图 5 中的涨紧千斤顶的活塞杆伸出带动滑板涨紧已经安装完毕的中部槽，作为支点。另一组涨紧装置行走千斤顶的活塞杆收回，使整体处于不工作状态，再利用图 1 中的行走千斤顶的伸缩带动“机械手”行走。

“机械手”完成拆除运输机中部槽的工作原理和上述步骤相反。

3 使用情况和应用效果

“机械手”使用方便，维护简单，运转灵活可靠。在晓南矿多个工作面安装应用，真正实现本质安全，减轻了工人的劳动强度，提高了工人的劳动效率。原有施工工艺，每个循环 30 min，包括悬挂起重机、卸车、改挂起重机、移位、对接。现在吊车一次吊起、旋转、对接，只需要 5 min，为安全、高效、快速施工提供了可靠保证。

注浆锚索(杆)的施工与应用

冯青林，刘颖，崔晟铭

(铁法煤业(集团)有限责任公司晓南矿，辽宁 铁岭　112704)

摘　要　注浆锚索(杆)工艺在受采动压影响区域内巷道的施工与应用，对巷道起到了较好的支护作用。晓南矿二水平北一 15 层皮带中巷试验应用注浆锚索(杆)，巷道施工锚索(杆)后喷浆再对锚索(杆)注浆，从而实现“巷道免维修”，达到减人提效、减少巷道的维修量和矿井安全的目的。

关键词　支护；注浆锚索(杆)；巷道免维修；应用

1　工程概况

晓南矿组织相关人员赴大平矿、小康矿等单位，对注浆锚索(杆)施工工艺进行考察学习，发现注浆锚索(杆)工艺对软岩巷道、围岩破碎巷道的支护有良好效果，对晓南矿二水平北一 15 层皮带中巷非常适用。

晓南矿二水平北一 15 层皮带中巷，南邻北一 1503 工作面(未开拓)，北部为北一 15 层轨道中巷，东部为北三采区，西邻大兴井田。北一 15 层皮带中巷与上覆 14 层层间距为 27.24～32.20 m，北一 1406 综采工作面回风平巷位于北一 15 层皮带中巷南部，两条巷道间距 50 m。自 2020 年 10 月二水平北一 1406 综采工作面开采至 2021 年 1 月开采结束直至 2021 年 12 月，受采动压影响，局部巷道顶板出现离层现象及两帮较破碎，如采用架棚支护工艺，施工难度较大，劳动强度高；如采用剔顶或开帮，工程量较大，劳动强度高，且两种施工方法危险性较高。现采用注浆锚索(杆)支护工艺，达到了良好的效果，增加了巷道支护强度，减少了巷道的维修量，减轻了工人的劳动强度，节约了劳动成本，安全、迅速地完成了维修工程。

2　注浆锚索(杆)技术参数

注浆锚索(杆)技术参数见表 1 和表 2。

表 1　注浆锚索技术参数

型号	SK22-1/1860
锚索索体直径/mm	22
钢绞线长度/m	6.2
抗拉强度/MPa	1 860
安装孔径/mm	30～42

表 1(续)

型号	SK22-1/1860
树脂锚固长度/mm	1 000～1 500
注浆压力/MPa	8～12

表 2　注浆锚杆技术参数

型号	MZGK200-42/25
锚杆杆体直径/mm	25
钢绞线长度/m	2.4
抗拉强度/MPa	218
安装孔径/mm	30～42
树脂锚固长度/mm	500～750
注浆压力/MPa	8～12

3　施工工艺设计

3.1　注浆锚杆施工方法

使用 ϕ34 mm 钎头、长 2 400 mm 麻花钎杆在施工区域煤层中间(部分巷道按“S”形在煤层上、下打设)每排打设一个钻孔(排距 0.9 m)→单孔使用 CKZ2370 树脂锚固剂一支对注浆锚杆进行端锚→使用套把紧固注浆锚杆→对打设锚杆区域进行喷浆→搅拌注浆料、连接注浆泵→达到注浆压力后等待 8～10 min,然后使用堵漏剂对注浆孔口进行封堵。

3.2　注浆锚索施工方法

使用 ϕ35 mm 钎头在顶板巷道居中位置按“2-0-2-0,间距 2 600 mm,排距 1 800 mm”打设钻孔→单孔使用 CKM28120 树脂锚固剂一支对注浆锚索进行端锚→安装止浆塞、托盘、锁具→使用千斤顶预紧注浆锚索(预紧压力表读数不低于 19 MPa)→对打设锚索区域进行喷浆→搅拌注浆料、连接注浆泵→达到注浆压力后安装丝堵→72 h 后对锚索进行二次紧固(压力表读数不低于 40 MPa)。

3.3　注浆材料

注浆材料为 52.5 级高强水泥、复合型灌浆剂。水灰比 0.52∶1,复合型灌浆剂掺入量为水泥用量的 8%。注浆压力 8～15 MPa。注浆压力要求为:根据注浆泵不同供气压力下的特性曲线计算得出供风压力为 0.2 MPa 时注浆泵输出最大压力 10 MPa,供风压力为 0.3 MPa 时注浆泵输出最大压力 15 MPa。北一 15 层皮带中巷实现供风压力 0.2～0.3 MPa。理论上注浆时以注浆泵压力达到 10～15 MPa 区间时判定完成注浆。晓南矿以实际操作中注浆泵压力达 8 MPa(经验值)判定完成注浆,很好地控制注浆泵的压力能够减少跑浆和减少堵漏剂的使用。

3.4　堵漏材料

堵漏材料为快速堵漏剂。水与堵漏剂配比 0.3～0.4∶1,初凝时间≥2 min,终凝时间≥5 min。

3.5　注浆设备

2ZBQ10/18 型煤矿用气动注浆泵,供气压强 0.2～0.63 MPa,注浆压强 0～35 MPa,流量 0～

30 L/min。

JQW80 型气动搅拌机，供气压强 0.2～0.8 MPa。

3.6 喷射机及材料

喷射机：PS7I-J 型湿式混凝土喷射机，供气压强≤0.5 MPa，生产能力≥6 m^3/h。

材料：水泥、沙子、速凝剂。水泥与沙子比为 1∶3，水灰比为 0.4～0.45∶1，速凝剂用量为水泥用量的 3%～5%。

4 实际施工注浆锚索(杆)

4.1 注浆锚索

2021 年 8 月在北一 15 层皮带中巷 600～640 m 区域完成注浆锚索 40 根。根据巷道位移观测显示，顶板下沉量小(见表 3)，注浆区域喷浆体无开裂迹象。

表 3 北一 15 层皮带中巷注浆锚索区域位移观测数据

测点位置	观测天数	两帮移进量/mm	底鼓量/mm	顶板下沉量/mm	基础数据	观测数据
605 m	35	20	40	0	上：1 860 下：1 390 左：2 710 右：2 060	上：1 860 下：1 350 左：2 690 右：2 060
620 m	35	90	30	0	上：1 950 下：1 440 左：1 880 右：3 520	上：1 950 下：1 410 左：1 860 右：3 450
635 m	35	40	30	0	上：2 340 下：1 100 左：2 040 右：3 440	上：2 340 下：1 070 左：2 040 右：3 400

根据注浆锚索施工区域内打设岩性观测探眼观测岩性得出，顶板向上 0～2.7 m 无混凝土骨架网络；2.7～3.4 m 混凝土骨架网络明显。3.4～4 m 有不明显的混凝土骨架网络；4 m 向上基本无混凝土骨架网络；且施工的探眼分别距离注浆锚索最近和最远处打设。因此，施工注浆锚索"2-0-2-0"基本可以满足整个顶板的注浆加固要求。

4.2 注浆锚杆

2021 年 8 月在北一 15 层皮带中巷 250 m(高起皮带对帮电缆侧)处完成注浆锚杆 19 根。经巷道位移观测对比显示，该区域注浆后对两帮位移有明显的控制作用。根据巷道位移对比(同巷道不同区域观测)显示，注浆锚杆区域两帮位移速度为未注浆区域速度的 1/3～1/2。如表 4 所示。

表 4 北一 15 层皮带中巷注浆锚杆区域两帮位移观测数据

测点位置	观测天数	左帮移进量/mm	9 月 3 日数据	10 月 7 日数据
290 m	36	40	920	880
285 m	36	20	1 150	1 130
280 m	36	10	1 230	1 220
275 m	36	40	1 300	1 260
270 m	36	20	1 360	1 340

根据注浆锚杆施工区域内打设岩性观测探眼观测岩性得出，以注浆锚杆为中心，半径 0～800 mm 区域内可见明显混凝土骨架网络；超过 800 mm 范围混凝土骨架网络不明显。

4.3 注浆锚索(杆)间排距

根据施工观测探眼推断得出,顶板注浆锚索按“2-0-2-0”施工可以满足顶板完全注浆要求;帮锚杆间、排距应不大于 800 mm 施工,可以满足帮完全注浆要求。

4.4 矿压观测分析

根据巷道位移观测(9 月 3 日—10 月 7 日)显示,顶板无下沉现象,注浆区域喷浆体无开裂迹象;注浆后对两帮位移有明显的控制作用,根据巷道位移对比(同巷道不同区域观测)所示,注浆锚杆区域两帮位移速度为未注浆区域速度的 1/3～1/2。

5 注浆锚索(杆)使用存在问题和处理办法

(1) 存在问题:8 月 8 日第一次对锚索进行注浆,注浆压力均在 4～7 MPa,出现注浆液顺锚索托盘或锚索周围裂隙溢出现象,导致注浆压力及二次预紧压力无法满足设计要求。

处理办法:对注浆锚索试验区域顶板及注浆锚杆试验区域巷帮进行喷浆后,再进行注浆作业。

(2) 存在问题:注浆泵在使用过程中易出现堵塞管路现象,一旦出现堵管现象,清理时费劲且耗时。

处理办法:使用注浆泵人员必须是专职人员,并且在有专职负责人的情况下使用,每天使用后必须对注浆泵所有管路进行清洗。

(3) 存在问题:晓南矿所使用的注浆泵为 2ZBQ10/18 型煤矿用气动注浆泵,与之配套使用的是 1 台 JQW80 型气动搅拌机,搅拌箱容量仅为 80 L,单根注浆管。在注浆过程中,常常生产中断,不能连续注浆,具体原因如下:

① 顶板漏浆时,需要 2～5 min 堵漏,导致注浆中断。

② 一根锚索注浆结束,需要挪动注浆管为下一根锚索注浆,导致注浆中断。

③ 一箱注浆料用完,需要再次搅拌注浆料,导致注浆中断。

为实现连续注浆,研制“212”连续注浆系统,即使用 2 根注浆管、1 台注浆泵、2 台搅拌机连续注浆。连续注浆实现过程如下:

① 采取 2 根注浆管注浆,每根注浆管安设一个注浆阀、一个泄压阀。当一根注浆锚索附近顶板漏浆,需要 2～5 min 堵漏,导致注浆中断时,另一根注浆管为另一根锚索继续注浆,实现了连续注浆。

② 采取 2 根注浆管注浆。当一根注浆锚索注浆结束,需要挪动注浆管路,导致注浆中断时,另一根注浆管为另一根锚索继续注浆,实现了连续注浆。

③ 搅拌机内的一箱注浆料用完,需要再次搅拌注浆料,导致注浆中断时,另一台搅拌机的注浆料已经搅拌好,可直接使用,2 台搅拌机交替使用,实现了连续注浆。

研制使用“212”连续注浆系统,实现了连续注浆,工作效率提高了 2 倍。

6 注浆锚索(杆)使用效果

6.1 注浆锚索(杆)观测结果

通过钻孔窥视确定注浆锚索、锚杆的扩散深度,在钻孔深度的 2.3 m 处发现浆液;同时,通过在未注浆的围岩处进行窥视确定钻孔围岩情况,发现未注浆处钻孔围岩较为破碎,注浆处钻孔围岩较完整。如图 1 和图 2 所示。

对北一 15 层皮带中巷 550 m 处进行了松动圈测试,钻孔布置如图 3 所示。松动圈测试结果表明,皮带中巷顶板松动圈厚度为 2.8 m,帮部松动圈厚度为 2.6 m,如图 4 和图 5 所示。

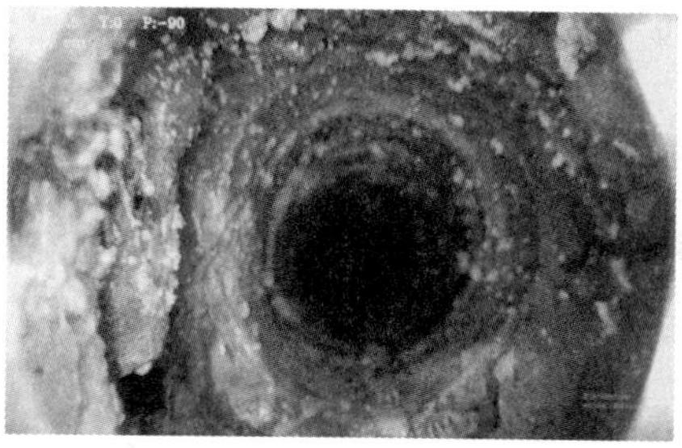

图 1　未注浆围岩情况

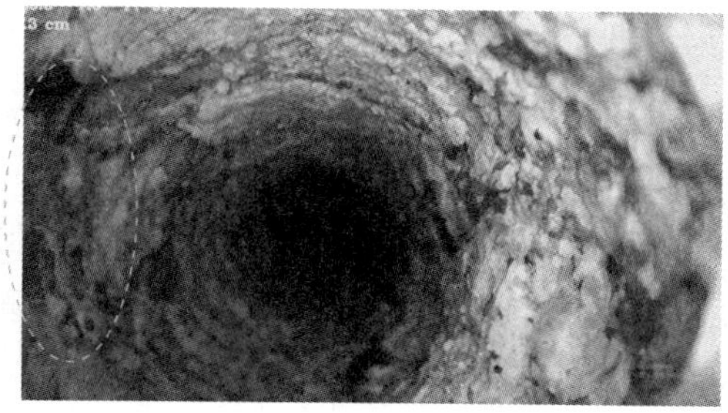

图 2　注浆后围岩情况

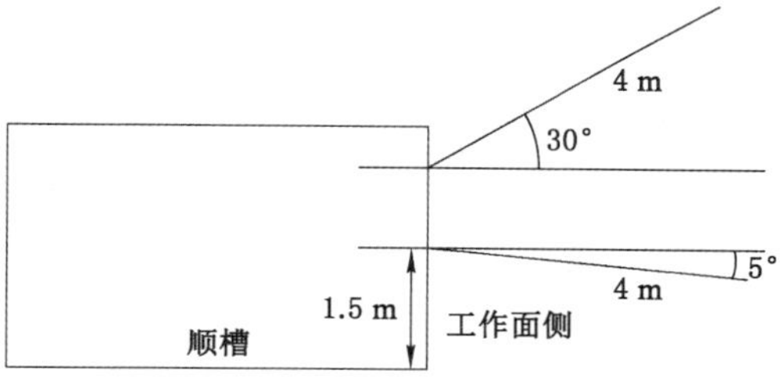

图 3　皮带中巷钻孔布置图

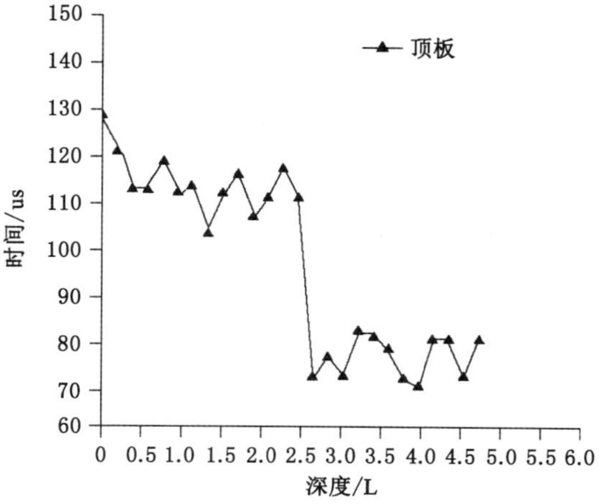

图 4　皮带中巷顶板松动圈结果

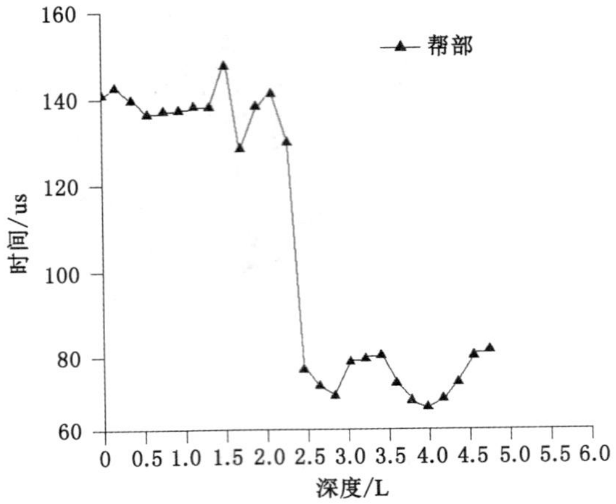

图 5　皮带中巷帮部松动圈结果

注浆锚索(杆)观测结果表明,该巷道围岩支护难度很大,适合施工注浆锚索(杆)加强围岩支护强度。

6.2　注浆锚杆拉拔力试验及应用分析

使用 LDZ300 型锚杆拉力计对注浆锚杆做拉拔试验,该工具的额定压力为 57 MPa,使用时不可超过 57 MPa。试验拉力与压强参考表 5。

表 5　拉力与压强对照表

压强/MPa	1	5	10	20	30	40	58
拉力/kN	5.2	26	52	104	156	208	300

对北一 15 层皮带中巷注浆锚杆进行破坏力试验,压强为 42 MPa 即拉力为 218.4 kN 时将锚杆拉断。

全螺纹等强锚杆设计锚固力为 152 kN,而且在巷道围岩较破碎巷道很难达到设计锚固力,说明注浆锚杆的效果明显。

7　结语

根据对巷道表面位移观测、窥孔观测和拉拔试验结果,使用注浆锚索、锚杆可以固结围岩,增强围岩整体性和稳定性,满足围岩破碎巷道支护要求,支护效果明显。

晓南矿通过二水平北一 15 层皮带中巷注浆锚索(杆)的成功应用,已将此项技术推广到一水平东一 401 运输顺槽并得到了很好的效果。

大倾角不规则工作面转角、增减面、渡旧巷、渡断层等回采工艺的综合应用

董崇军，刘鹏，赵书远

（铁法煤业（集团）有限责任公司晓南矿，辽宁 铁岭　112704）

摘　要　针对晓南矿二水平 SE1402 工作面倾角不规则的难题，提出了边采边减、加支架，转角回采，渡旧巷、渡断层回采，调斜回采，运输机防窜，支架防倒，以及防火、防瓦斯和采空区管理等措施，保证了安全回采。

关键词　大倾角；不规则布置；转角回采；加减支架；渡旧巷；渡断层；支架防倒；科学缩减煤柱

1　地质条件

1.1　工作面位置

SE1402 综采工作面位于晓南矿井下二水平南翼采区东南部；西部为 F23-3 断层；东部为 SE1403 工作面老空区；北部为南翼回风大巷；南部为南翼采区可采边界（见图 1）。

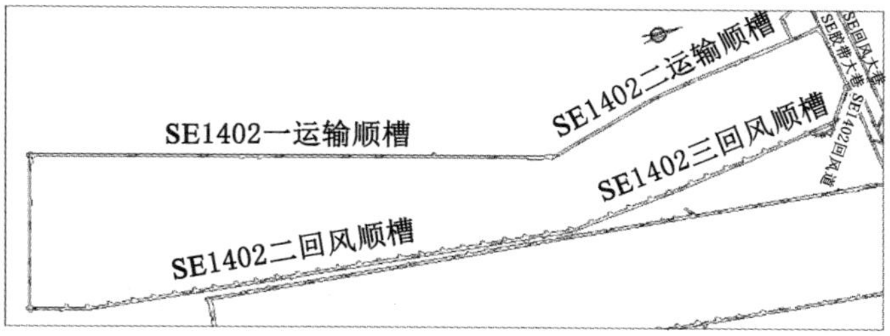

图 1　SE1402 综采工作面巷道布置示意平面图

1.2　煤层情况

SE1402 综采工作面煤层厚度为 0.90～3.20 m，平均为 2.27 m，煤层在工作面两端薄，向中间逐渐变厚；14# 煤层为半亮型，条带状结构，贝壳状断口，质脆，节理发育；煤层结构较复杂，夹石 0～9 层，厚度 0～1.70 m，夹石岩性为炭质泥岩、泥岩、粉砂岩。

1.3　地质构造

SE1402 综采工作面总体为单斜构造，走向 24°～55°，倾向 294°～325°，煤层倾角 7°～18°，北部较缓，向南逐渐变陡。受断层影响，SE1402 综采工作面布置成不规则工作面，具体断层参数见表 1。

表 1　工作面断层情况

断层名	性质	断层参数			对工作面影响程度	实见地点
		倾向/(°)	倾角/(°)	落差/m		
FSE1402-1	正	224	48	4.50	大	SE1402 二运输顺槽
FSE1402-2	正	224	45	2.10	大	SE1402 二运输顺槽
FSE1402-3	正	139	33	22	大	SE1402 一运输顺槽
FSE1402-4	正	89	33	0.40	小	SE1402 开切眼
FSE1402-5	正	129	31	2.50	大	SE1402 开切眼
F21-2	正	210	48	30	大	SE1402 回风道

2　设备布置

工作面安装液压支架 191 组，其中 2 组 ZTZ22500-19/35 型端头液压支架，2 组 ZYG6800-15/35 型过渡液压支架，102 组 ZY6800-15/35 型液压支架，85 组 ZZ6400-17/35 型液压支架。采煤机型号为 MG300/720-AWD，刮板输送机型号为 SGZ800/800，转载机型号为 SZZ-800/400，破碎机型号为 PLM-2000，乳化液泵站型号为 GRB-315/31.5。

由于工作面坡度较大，在 ZY6800-15/35 型液压支架上安装了防倒千斤顶，在输送机上安装了防窜千斤顶。

3　回采工艺

SE1402 综采工作面在回采过程中，由于两顺槽非平行巷道，导致工作面长度出现变化，经历了边采边减液压支架、转角回采、边采边加液压支架，同时渡断层及渡旧巷回采，给安全工作带来了一些困难，根据实际情况，回采期间及时制定相关措施，避免了安全隐患。

3.1　边采边减液压支架

SE1402 工作面通过图纸测量和井下实际测量计算得出工作面回风顺槽平均推进 10 m，需要抽出一组液压支架和一块输送机中部槽，回风顺槽与工作面夹角 30°，输送机尾安全出口较小未达到安全标准，对此需多拆一块输送机中部槽以保证安全出口，共计拆除 96 组液压支架和 97 块中部槽。

SE1402 工作面牵引液压支架采用回柱绞车和滑车配合，液压支架拖运使用特制铁板，液压支架外移前，由于后安全出口不满足外移条件，工作面需要先拆除一块输送机中部槽，然后才能外移支架，输送机尾缩进后，原位置与巷道底板存在高差，采用编织袋装货和大枠组成“过桥”，使用手拉葫芦将铁板牵移至液压支架柱脚前，采用自抬柱脚方式上铁板，并使用自身推拉千斤固定在铁板上移步至铁板中心，回柱绞车通过牵移铁板外移液压支架至指定位置分解并装车。

3.2　转角回采

SE1402 工作面运输顺槽逆时针旋转 31°，转角回采分为准备、初调、第一次调整、调采、第二次调整五个阶段，运输顺槽、回风顺槽的推进度分别按合理的比例进行，将工作面分割成若干个小扇形转向斜切回采，采用长短刀结合的切割方式(见图 2)。

准备阶段：做好相关生产管理记录(工作面高差变化记录、工作面日角度变化记录、输送机头窜动记录)，准确掌握工作面推进度；将相关材料、设备准备到位，防止输送机窜动的液压缸及相关连接件、运输顺槽两盘 40T 刮板输送机等设备安装、调试好；工作面采高保持平稳，防止采高起伏大

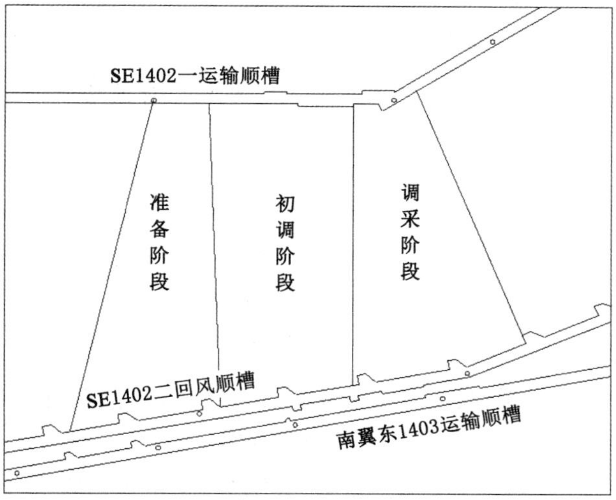

图 2　SE1402 综采工作面转角回采平面图

造成顶板不稳定;加强设备检修,尤其是液压支架的管路、立柱、侧护板等,以保证工作面转角回采顺利进行。

初调阶段:运输顺槽推进 38 m,回风顺槽推进 37.6 m。按照生产进度及工作面尾架情况,进行拆除输送机中部槽和抽出支架作业,并在回采过程中逐渐调整转载机位置,保证转载机通过运输顺槽拐点时按照设计行走。本阶段重点是掌握好转载机的推进方向,控制住输送机的前后窜动,调整好转载机与输送机搭接、转载机头位置、替棚支架位置,同时也要防止支架挤、咬现象发生;控制回风顺槽进度,保证两次抽出支架和拆除中部槽施工日期的间距。

调整阶段:工作面初次调角后,工作面高差和坡度发生变化,及时对支架、输送机进行调整。此阶段以平推调整为主,调采为辅。工作面按照进度排好回风顺槽抽出支架时间,防止调采期间工作面抽出支架作业密集,造成人员不足、检修不到位,出现其他严重后果。

调采阶段:工作面调斜回采,运输顺槽和回风顺槽按 1∶2、1∶3、1∶4、1∶5 比例推进,工作面以机头为旋转中心,运输顺槽推进 18.4 m,回风顺槽推进 64 m,拆除全部小刮板输送机,恢复转载机与带式输送机搭接,结束调采阶段。本阶段重点是机头割通不推进,工作面前半部推进量小,支架调整频繁,顶板采取铺网、打锚杆、铺钢丝绳等方式加强顶板维护(作业人员在调整支架底座时,架间空隙过大易出现掉块伤人);防止工作面输送机窜动量过大,及时使用液压缸拖拽输送机;调整好转载机与输送机搭接,保证出煤正常;及时调整支架状态,防止支架挤、咬现象发生,同时控制好转载机位置,保证替棚可牵移空间。

调整阶段:以一般调采为主,工作面调整到正常推进后结束调整阶段。其间工作面主要掌握好运输顺槽、回风顺槽推进量,根据运输顺槽、回风顺槽高差,及时将工作面调整到正常状态,同时调整好输送机与转载机的搭接,并按照现场实际情况进行边采边加支架作业。

转角回采期间,运输顺槽推进 76.8 m,回风顺槽推进 140 m。运输顺槽、回风顺槽实际推进比为 1∶1.82。在工作面开始转角前,工作面与运输顺槽夹角为 92°,工作面在不断调整时,及时收集运输顺槽、回风顺槽高差、坡度及输送机窜动量变化,以便转角使用;同时,原定运输顺槽替棚支架在转角前外移至指定位置,但在实际中通过不断的测绘及井下现场实际测量,最终确认替棚支架可随着回采与转载机一起位移,节约了大量工时,减低了作业人员劳动强度,提高了工作效率。

3.3　边采边加液压支架

SE1402 工作面边采边加的液压支架是将正常回采期间边采边减的液压支架按照图纸和实际

情况在回风顺槽中依次摆放，根据推进度提前将待加液压支架拽进超前支护内替换单体铰接梁，形成新的超前支护，随着工作面回采推进，当输送机机尾安全出口宽度不小于 1.8 m 时，直接将待加的液压支架拽进工作面与正常液压支架一起排列，共计边采边加支架 19 组。

3.4 渡旧巷回采

SE1402 工作面回采期间，需要渡过南翼西材料上山旧巷，根据回采渡过旧巷的位置，提前在南翼西材料上山相对应的位置打木顶子、钉砂门并充填，同时考虑可能影响回采的相关因素，加大瓦斯抽放量，控制旧巷内瓦斯浓度。当回采至旧巷位置时，检查瓦斯等有毒有害气体，备好相关的支护材料，防止液压支架倾斜不能有效支护而发生顶板事故。

3.5 渡断层回采

SE1402 工作面受断层的影响，从而布置成不规则的工作面，正常回采期间，由于运输顺槽临近断层，煤层变化较大，因此需根据煤厚的变化，及时调整回采层位，在工作面断层影响区域顺好底板，保证输送机平稳过渡，同时加强输送机机头与转载机机尾搭接的管理，防止输送机机头“上翘或者低头”而影响正常生产。

3.6 调斜回采

SE1402 工作面收尾期间，综合分析地表建筑情况，为最大限度回收煤炭资源，采用调斜回采工艺，科学缩减保护煤柱，经过运输顺槽调采方式，平均多推进 57 m，多回收煤炭资源 4.7 万 t，创造经济效益 300 多万元。

4 技术管理

4.1 输送机管理

4.1.1 输送机变化情况

SE1402 工作面初采时，输送机长度 270 m，随着回采推进，工作面长度不断缩短，最短时 130 m，之后增加至 162 m，在末采期间工作面又拆除一块中部槽，剩余长度在 160.5 m。SE1402 工作面采用单向割煤方式进行回采，输送机向下山方向出煤，输送阻力较小，但是当工作面长度和坡度变化时，易造成输送机链松紧变化，一旦链松，极易在输送机尾堆积损坏设备。对此，在生产过程中加强观察，发现链松及时汇报，让白班及时处理，减少设备中断。

4.1.2 输送机防窜管理

SE1402 工作面坡度在 5°～23°，回采期间受地质条件变化影响，支架位置发生变化，出现输送机向外窜动的危险情况，对此采用几种方法加强管理，具体情况如下：

首先确定输送机机头窜动情况，采用了 2 种方法判定。第一种是在运输顺槽硬帮拉一根铁线，测量输送机机头距铁线距离变化，以此判断输送机窜动情况，但是由于采动压力影响巷道变形，此测量方法不是所有时间适用；第二种以巷道掘进期间的中心线为准线，采用激光定位的方法，定位输送机机头位置，此方法较为准确，并且在转角期间提供了十分有利的帮助。

其次输送机调整情况。通过调整工作面输送机机头和机尾相对位置，让输送机机头超前机尾，给输送机推移时分出一个向上的力，以此稳定输送机位置。同时调整液压支架柱脚方向，向高处方向排支架，并调整输送机推移方式，当输送机机头向巷道窜动时，由机头开始推移，并逐渐向机尾推移输送机，配合使用工作面防窜液压千斤顶拉移来控制输送机窜动。

4.2 采煤机管理

由于 SE1402 工作面倾角较大，采煤机正常割煤至前后三角煤时、停机后或正在检修时，采煤机容易通过惯性向下窜动，造成人身伤害或损坏设备，直接制约着安全生产。根据现场实际，每天交接班时必须对采煤机的液压制动器进行试验，确保灵活可靠使用，同时在输送机前后最后一块销排上各安装一个限位装置，当采煤机割煤至前后三角煤时，通过限位装置，保证采煤机不窜动。采煤机正常检修停机后，在采煤机前后行走部销排孔各安装一个限位装置，保证检修安全。

4.3 液压支架防滑、防倒管理

在日常生产过程中，先拉移坡度较高处的液压支架，使其达到初撑力，再拉移相邻的液压支架。拉移坡度较低处液压支架时，通过操作防倒千斤顶辅助装置的配合，保证液压支架不倒、不挤。操作人员要互相配合，保证液压支架支护状态。

当拉移液压支架向下倾倒不严重时，也可以使用液压支架侧护板调整支护状态，要求液压支架侧护板“一正一反”或者侧护板分开供液，从而保证调整液压支架的质量。

4.4 回采期间瓦斯和防灭火管理

4.4.1 瓦斯抽采管理

每个钻场 1#、2# 钻孔孔口内下 15 m 套丝管正常封孔，用于向采空区内注水。根据现场实际情况，确定合理风量，以控制采空区漏风。加强工作面煤壁瓦斯检查，采煤机割煤至工作面后 50 架时，瓦斯检查员跟机检查瓦斯浓度。在工作面“见方”位置，提前增补瓦斯抽采钻孔数量，加大钻孔及埋管抽采量。施工单位在工作面回风顺槽加、减支架期间，要对瓦斯抽采管路进行有效维护，严禁损坏瓦斯抽采管路。

4.4.2 防灭火管理

在工作面回风顺槽形成激光火情监测系统，对采空区气体、温度情况进行实时监测。加强回风顺槽侧煤体松动圈防火观测，组织施工单位在回风顺槽顶板和硬帮施工防火观测孔，保证观测孔距离工作面不得小于 50 m，顶板间隔 20 m 布置 1 孔，硬帮间隔 10 m 布置 1 孔，每孔孔深 2 m，使用聚氨酯封孔。组织相关单位将阻化剂调运至回风顺槽，每班生产结束后将保安区需要铺洒阻化剂的数量搬运至回风隅角处，由瓦斯检查工进行铺洒并浇水溶解。保证工作面不得留顶煤，减少采空区遗煤。

4.4.3 采空区管理

进入采空区前，两顺槽锚杆、锚索托盘必须卸净。回风、进风隅角采空区根据垮落情况及时施工挡风墙，减少采空区漏风。监测采空区顶板冒落情况，如发现冒落不好的情况，需要及时在工作面两顺施工切顶预裂爆破钻孔进行爆破，确保采空区充分冒落。工作面前 45 m 至运输顺槽硬帮，用两层风筒布遮严，减少采空区漏风。每天利用水管清洗支架，同时向架后采空区洒水。保证采煤机内喷雾压力达到雾化效果。采煤机回采至距回风隅角 20 m 时，利用架间高压水管对 20 m 范围内的煤壁进行浇水、湿润。采煤机割机尾时，架子不许移动；待采煤机向机头方向切割 20 m 后，方准移架。准确掌握周期来压时间和垮落步距，每次来压前一个班要对回风隅角进行封堵，减少采空区内瓦斯涌出量；同时在回风隅角处安设喷雾向架后持续洒水。

5 小结

复杂条件的综采工作面，需要结合多种工艺保证顺利回采，要及时总结、归纳各种生产工艺的特点，根据现场实际情况，采用最合理的生产工艺，既能提高劳动效率，还能提高安全系数，同时要不断加强作业人员技能提升及相关经验的积累，从而保障煤矿安全高效回采。针对 SE1402 工作面采用多种生产工艺结合回采的研究与总结，为以后相似的采煤工作面顺利回采提供一定的借鉴意义和参考价值。

大兴井田采空区自燃“三带”规律研究

陈志平

(铁法煤业(集团)有限责任公司大兴煤矿,辽宁 铁岭 112700)

摘　要　为研究大兴煤矿综采、综放工作面采空区自燃“三带”时空展布规律,考察惰化和抽放条件下对采空区氧化带宽度影响,基于实践类比和实验室程序升温氧化分析,优选了采空区自燃“三带”划分指标和指标临界值,进行了采空区预埋束管取样动态监测,利用工作面定点测风考察风量变化。实践表明:顶板的岩石坚硬程度对采空区自燃“三带”宽度具有直接影响,坚硬顶板的采空区漏风深度更深,氧化带更宽;实测的采空区回风侧氧化带宽度较入风侧更宽,主要表现在散热带缩短、窒熄带始深度变深;采空区自燃“三带”在垂向上亦存在分带;采空区瓦斯抽采对漏风流场分布起到较大影响作用,使得采空区流场中势面向回风侧大幅偏移,造成回风侧采空区窒熄带始深度变深、散热带变浅,拓宽了氧化带范围。

关键词　自燃“三带”;瓦斯抽采;采空区;漏风

伴随着煤炭开采向深部的延伸,煤层地质赋存条件变得更加复杂,开采环境也随之发生较大变化,特别是瓦斯、冲击地压和自然发火复合灾害矿井的耦合致灾严重性和治理难度逐渐加大,严重威胁矿井安全、制约高效生产。采空区内因火灾是影响煤矿安全生产的重大灾害之一,一旦发生灾变,不仅使煤矿企业遭受重大财物损失、造成煤炭资源的浪费,同时还会导致重大人员伤亡的发生、扰乱矿井正常生产接续。大兴煤矿于 1990 年 11 月投产,矿井设计生产能力 300 万 t/a,服务年限 89.5 年,采用立井多水平集中大巷上下山开拓,分区式通风,矿井瓦斯等级根据实际发生事故鉴定为煤与瓦斯突出矿井,所开采煤层为Ⅰ容易自燃煤层、冲击地压煤层,地质(瓦斯)类型为极复杂型。自建井开始到现在,累计发生内外因火灾事故 10 起、烧伤 3 人。伤亡事故的发生,给予大兴煤矿经营环境和社会声誉产生了极大的影响。

发生内因火灾需要有蕴育的过程,早期预兆虽然能够发现,但是灾源点隐蔽性强,难以精准找到火源。即使找到了火源点,扑灭火灾的过程也存在安全隐患。因此,内因火灾的治理重点应倾向于预防其发生险情,因此,开展采空区自燃“三带”划分,为防火工程提供科学依据,愈来愈受到人们的重视。

1　采空区自燃“三带”划分指标

1.1　采空区自燃“三带”划分指标确定

开采具有自燃倾向性的煤层时,采空区内遗留的破碎松散煤将与漏风流中的氧气发生氧化反应而释放热量,热量在蓄积条件下能够引发松散煤体发生内因火灾。生产实践和研究实验将采空区遗煤自燃划分为三个分带:散热带、氧化(升温)带和窒熄带。伴随工作面回采生产推进,采空区内遗煤分布、漏风供氧、蓄热氧化均发生着时空变化，使得采空区自燃“三带”范围动态移动。在采空区自燃“三带”中的氧化（升温）带范围内的浮煤具有发生内因火灾的危险性。应用于划分采空区自燃“三带”的指标主要有测定采空区内漏风流速、测定氧气浓度和测定温度三种，现场实践表明，流速和温度测定受工艺方法和外在因素干扰影响较大，而氧气浓度的连续观测抗干扰性强、更利于操作，同时也能够反映出工作面实际推进中的动态变化情况。因此，选择利用工作面两顺槽埋设束管、取气样，对气体组分进行色谱分析，以氧气浓度划分“三带”范围[1]。

1.2 采空区自燃“三带”氧浓度划分指标确定

煤在自然发火过程中释放出各种不同的气体组分产生温度变化会表现出一定的规律性，研究和掌握气体组分和温度变化规律不但有利于了解煤自然发火的进程，而且能够更早期地对自然发火进行预测预报，做到防患于未“燃”。采空区氧浓度分布最能反映采空区浮煤氧化状况，采空区自燃“三带”划分应以氧浓度的分布为主，其他为辅。因此，大兴煤矿委托煤炭科学研究总院沈阳研究院瓦斯通风防灭火实验中心对现场采制的煤样开展了程序升温模拟氧化试验研究。

煤样程序升温模拟氧化试验是将煤样装入反应管中，通入定量的已预热的干空气，在保持一定的升温速率的环境温度（炉温）下，煤温逐渐升高。环境温度的升温速率由控温程序板设定，进气温度、产气温度以及煤温的测定均由插在反应管中相应位置的热电偶测定。由反应管出来的气体直接进入气体进样器，然后由时间继电器和数据处理机控制进入气相色谱仪进行分析。根据观测数据绘制了实验室程序升温煤样氧化试验 O_2-ΔCO 变化曲线（见图 1）。

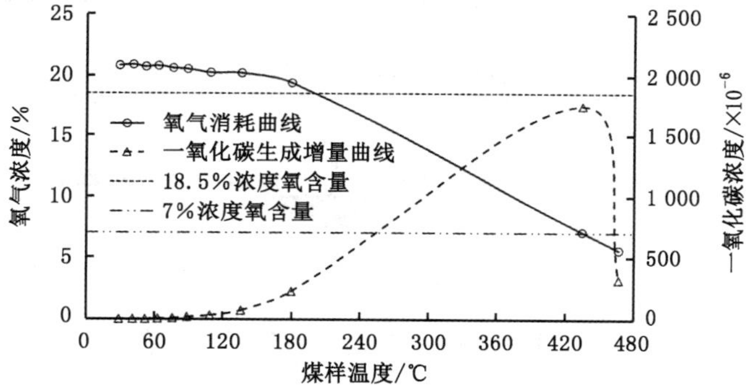

图 1 实验室程序升温煤样氧化试验 O_2-ΔCO 变化曲线图

试验结果表明，试验煤样程序升温至 180 ℃开始，一氧化碳生成增量急剧增大，并且能够检测出乙炔的出现，说明煤样发生了剧烈的氧化反应，此时氧浓度为 19％；当氧浓度降低到 7％时，一氧化碳生成增量发生急剧陡降，说明氧化反应发生了突变。为此，将采空区自燃“三带”划分的氧浓度指标定为：通风散热带 O_2 浓度≥18.5％，在通风散热带内，采空区漏风较大，虽供氧充足，但氧化生成的热量易被漏风带走，热量不易积聚，且温度值较低，因此不易自燃；氧化带 O_2 浓度为 7％～18.5％，在氧化带内漏风较大，供氧适宜，而氧化生成的热量不易被漏风带走，容易氧化自燃；窒熄带 O_2 浓度≤10％，在窒熄带内漏风量最小，供氧不足，氧化生成的热量很少，而且由于岩石传导热量较多，所以温度有所下降，一般无自然发火可能。

2 采空区自燃“三带”监测方法

回采工作面采空区自燃“三带”的划分主要根据工作面动态推进监测采空区内氧浓度的变化值与推进距离的时空关系确定散热带和窒熄带的边界范围，进而确定出氧化带的宽度。

2.1 测点布置

采空区自燃“三带”的监测方法主要是一般间隔 30～50 m 预先定点在进风和回风顺槽埋设气样采集装置，设置测点[图 2(a)]，使用束管接引，保持取样段随工作面推进始终处于进风、回风隅角外，定期人工采集气样送至实验室进行气体组分分析，根据气体组分中氧浓度随累积推进度的变化情况，按照预先选定的临界值，首先判断出散热带和窒熄带的边界范围，通过确定两带宽度进而确定氧化带的范围。如果工作面采空区上部有邻近巷道，通过设置测点，采集“竖三带”内气样进行组分色谱分析，可以得出不同高度的自燃“三带”范围。这样就形成了三维空间采空区自燃“三带”监测与分析技术方法。

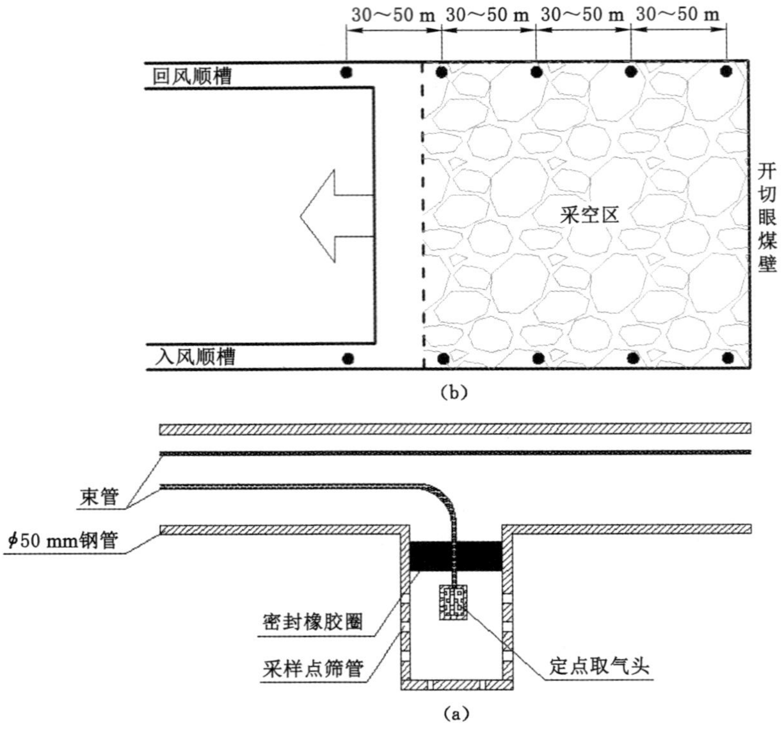

图 2　采空区测点布置及采样装置结构示意图

取样测点束管外套 ϕ50 mm 钢管作为防护套，无缝钢管之间用法兰或快速接头连接牢固，沿着顺槽巷帮铺设在底板上。按设定距离每个测点处在防护铁管制作等径三通，并安装一个采样装置，每个采样装置连接一路束管，测点采样装置加套管保护(通过三通或弯头连接)。测点等径三通的旁通为预先打孔的筛管，采样器埋入采空区时，应距离底板有一定的高度，竖直倚靠巷帮，同时用料石等刚性材料加以保护，避免高处坠落岩石砸坏采样器或灌浆时浆液进入采样系统。为了防止抽气时铁管中的空气漏入束管中，在等径三通的旁通要使用密闭材料隔离开。测点采样装置结构如图 2(b)所示。

2.2 分析方法

各取样点间距 30～50 m，在第一个取样点埋入采空区深度后即开始抽气取气样，最长取样距离为分析氧浓度小于 5%时结束，每天采集一次气样，同时记录取样点埋入采空区深度。为保证抽取准确气样，每次取样前应先预抽排出束管中的残余气，抽取的气样送实验室进行气相色谱分析。

将每日采集气样的色谱分析氧浓度同该采样点埋入采空区深度统计在同一张表格内，并绘制氧浓度随埋深变化的曲线图。分析时，可以选择两顺槽各一测点确定采空区自燃“三带”动态分布，亦可使用数据组描绘采空区氧浓度等值线。

3 实践分析

根据以上理论分析和监测方法研究，选取不同顶板岩性、不同开采方法工作面进行采空区自燃“三带”实测，其结果见表1。

表1 实测工作面采空区自燃“三带”汇总表

采面名称	进风侧采空区/m			回风侧采空区/m			备注
	窒熄带始深度	散热带宽度	氧化带宽度	窒熄带始深度	散热带宽度	氧化带宽度	
北二708综采工作面	127	78	49	167	21	146	
北二706综放工作面	90	60	30	86	32	54	
南二903综采工作面	40	16	24	76.8	4.8	72	顶板为中砂岩
南五902综采工作面	32	16	16	34	12	22	顶板为泥岩、细砂岩

3.1 “三带”空间分布规律

由表1可以看出，综合机械化放顶煤开采的采空区自燃“三带”宽度较单纯综合机械化开采的采空区范围要小；当采煤工作面采取自然垮落法管理顶板时，顶板的岩性直接影响氧化带的宽度，即较坚硬顶板不容易冒落或破碎岩石充填采空区效果较松软顶板差，采空区漏风深度更深，氧化带更宽；较坚硬顶板采空区回风侧氧化带宽度较进风侧氧化带更宽、范围更大。

在“U”形通风系统通风压差、进风顺槽采空区注氮惰化和采空区瓦斯抽采重叠因素对采空区内气体运移影响下，回风侧氧化带宽度较进风侧更宽，主要表现在散热带缩短、窒熄带始深度变深。

生产实践发现，工作面采空区内因火灾的发生亦具有垂向分布案例。分析其原因，主要是综放工作面或工作面内地质构造等形成了遗煤的立体分布。为此，选取北二706综放工作面，在回风隅角漏风汇、低位顶板瓦斯抽采巷(内错10 m、高差21 m)及中位顶板瓦斯抽采巷(内错35 m、高差42 m)设置观测点进行取样分析。由图3、图4可知，在采空区垂向上，随着高度的增加，采空区内氧浓度逐渐降低，当高度达到裂隙带上边缘时，氧浓度降至7%以下；沿走向方向，越靠近采空区漏风流场中势面，氧浓度越低。这对于煤层群开采建立了有利的防火条件，对于选取顶板瓦斯抽采巷道的高度提供了依据。

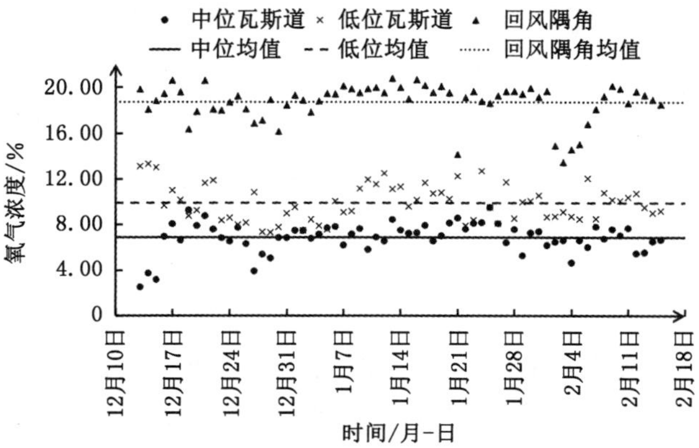

图3 实测采空区垂向氧浓度趋势图

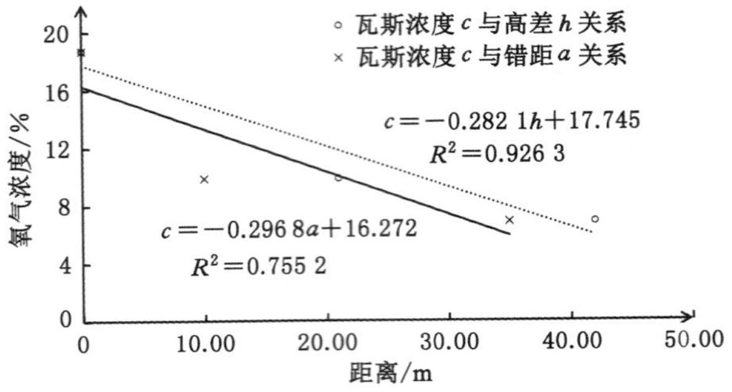

图 4　采空区垂向氧浓度与高度、内错距离关系

对不同顶板岩性、不同开采方法工作面进行采空区自燃"三带"实测结果来看，采空区回风侧氧化带宽度较进风侧氧化带更大，一是考虑到进风侧注惰性气体的影响，二是考虑到采空区瓦斯抽采时抽采负压影响较大[2]。

3.2　瓦斯抽采对采空区"三带"影响的验证

由上述分析可知，采空区瓦斯抽采对自燃"三带"产生了一定的影响，为进一步考察其发生机理，采取沿工作面倾向定点测量风量，绘制采空区漏风源、汇分布图(见图 5)。由此可知，实测的采空区中势面是偏靠于漏风汇一侧的，并且漏风汇点较源点漏风量要小，这表明回风侧散热带较进风侧缩短是客观存在的。漏风源、汇的风量差(即进风顺槽与回风顺槽的风量差)即由采空区瓦斯抽采引起的。采空区瓦斯抽采主要有埋管、钻孔、瓦斯道等抽采方法，抽采瓦斯吸口均要在采空区内存在一定的深度，这样就成为窒熄带始深度变深的主要原因。

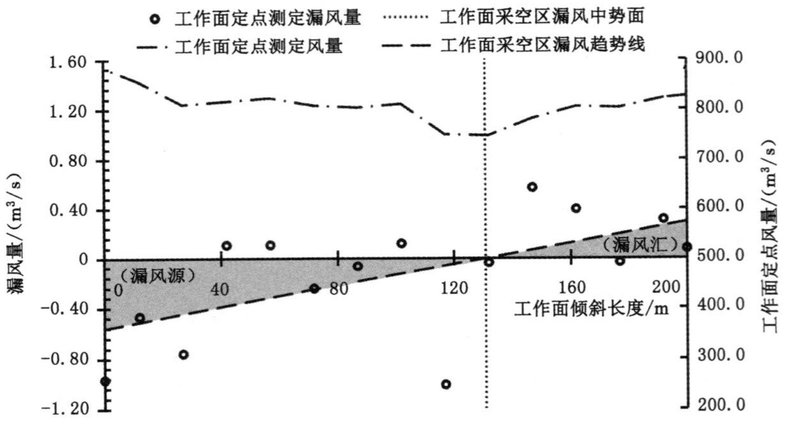

图 5　实测采空区漏风源、汇趋势图

4　结论

(1) 以采空区气体组分氧浓度作为自燃"三带"划分指标具有较高的可信度和可操作性。结合煤样程序升温氧化试验，根据生成混合气体中氧浓度变化与一氧化碳增量来确定自燃"三带"中散热带深度、窒熄带始深度氧浓度指标具有实践指导意义。

(2) 实践表明，顶板岩性对采空区自燃"三带"宽度具有直接影响，坚硬顶板的采空区漏风深度更深，氧化带更宽；不同采煤工艺对于采空区自燃"三带"宽度具有较大影响；采空区注惰性气体防火和治理瓦斯抽采，采空区瓦斯也会对采空区自燃“三带”宽度产生影响。

（3）采空区漏风源、汇的压差、采空区注惰性气体和采空区瓦斯抽采均是影响采空区内气体运移的主要因素，实测的采空区回风侧氧化带宽度较进风侧更宽，主要表现在散热带缩短、窒熄带始深度变深。

（4）采空区自燃“三带”在垂向上亦存在展布，随着高度的增加，采空区内氧浓度逐渐降低，当高度达到裂隙带上边缘时，氧浓度降至7%以下；沿走向方向，越靠近采空区漏风流场中势面，氧浓度越低。这对于煤层群开采建立了有利的防火条件，对于选取顶板瓦斯抽采巷道的高度提供了依据。

（5）利用工作面定点测风、考察风量变化，进一步说明了采空区瓦斯抽采对漏风流场分布起到较大影响作用，使得采空区流场中势面向回风侧大幅偏移，造成回风侧采空区窒熄带始深度变深、散热带变浅，拓宽了氧化带范围。

5 展望

通过对理论的深入分析和应用领域的外展研究，结合工程实施效果，取得了一定的经验成果。由于条件和技术限制，本研究仍有待进一步完善，主要包括以下三个方面：

（1）在冲击地压危险和自然发火耦合灾害叠加的工作面，推进度的确定直接影响两种灾害的防治效果和难度，还需结合冲击地压防治特点，进一步考察不同推进速度条件下采空区自燃“三带”分布规律，确定合理的推进度。

（2）在瓦斯和自然发火耦合灾害叠加的工作面，抽采强度和时间、空间关系对于自然发火防控的难度影响较大，还需结合不同抽采工艺，进一步考察不同抽采工艺下采空区自燃“三带”分布规律。

参考文献

[1] 侯炳超，陈志平，彭晓利，等．注氮影响下高瓦斯采空区“三带”划分[J]．煤矿安全，2018，49(1)：187-189，193.

[2] 叶春辉．瓦斯抽采对采空区自燃“三带”的影响研究[J]．山东煤炭科技，2021(12)：87-90，93.

劈裂灌浆技术之底板灌浆试验

王吉凯，郭宏峰

（铁法煤业（集团）有限责任公司小康煤矿，辽宁 沈阳 110500）

摘 要 在小康矿 W3101 运顺创新试验底板劈裂灌浆技术的过程中，经过采动压力检验，发现局部区域存在底梁凸起的问题。为了有效解决这一问题，我们对原有技术进行了针对性的改进，并在 W3101 回顺进行了改进试验。经过改进后的底板劈裂灌浆技术在 W3101 回顺试验中取得了显著成果。试验数据显示，改进后的灌浆量增加了 1 倍，底板平整度得到了明显提高。此外，经过采动压力检验，局部区域底梁凸起问题得到了有效解决，为煤矿安全生产提供了有力保障。

关键词 劈裂灌浆；底板灌浆

1 国内外研究现状

目前，国内软岩支护形式大体可分为两大类，一类是锚杆、锚索、钢架联合支护技术；另一类是围岩灌浆加固支护技术，可分为化学灌浆与水泥灌浆。小康煤矿的支护形式属于第一类，支护理念从研究如何"支"的被动支护，到"锚、支"联合支护方式的转变，取得了显著的支护效果，基本改变了软岩支护面貌，确保矿井实现了达产、稳产。但是，对于服务期较长、赋存较深、工程地质环境复杂的回采巷道，仍然需要翻修。为破解软岩支护这一制约矿井健康发展的"瓶颈"问题，在现有支护基础上，小康煤矿开始探索、尝试围岩灌浆技术加固软岩。

2014 年 1 月，小康煤矿在南二轨道中巷进行水泥浆液灌浆试验，工程量 20 m，水灰比 1∶1；平均单孔灌浆量 72 kg，浆液凝固后析水恶化软岩，巷道变形破坏严重，被迫翻修。2017 年 9 月，小康煤矿与黑龙江科技大学开展"大变形围岩控制新技术"研究，该项技术采取：灌浆加固动压巷道深部围岩→清除浅部收敛煤岩→支模灌浆封闭围岩的支护方法。但该支护方法存在成本高、施工工序复杂、工程量浩大等诸多不利因素。2018 年 3 月，小康煤矿与北京瑞诺安科新能源技术有限公司研究对软岩巷道进行"高分子化学注浆加固"，但通过实地考察以后该公司认为：小康煤矿煤岩层致密，灌浆困难，在小康煤矿应用此技术没有把握，注浆效果不理想，达不到技术要求。2018 年 4 月，小康煤矿与山东安科矿山工程技术有限公司进行"高强锚注支护技术"应用研讨，该项技术核心是锚索的全长锚固，灌浆量较少，不能实现对流变性软岩的整体加固。

2018 年 6 月，小康煤矿开始与鹤岗市新智岩体加固技术研究所马国彦教授（曾任黄河小浪底工程地质总工程师）合作，创新流变性软岩劈裂灌浆加固技术，在 S_2N_5 工作面回顺进行试验。该项技术从阻止围岩与外界水气交换、防治围岩风化、提高围岩自身强度等方面入手，实现了服务期内巷道支护稳定、安全畅通、不翻修的目的。

2020 年 5 月，在已有技术基础上，在 W_3101 工作面运顺、回顺创新将中空注浆锚索技术、底角钢管混凝土技术与劈裂灌浆技术相结合，目前正在全矿各采掘工程中推广应用，已初步形成小康特色流变性软岩控制技术，为矿井高质量发展提供了有力的科技保障。

该项技术在 $W_3$101 工作面(该工作面是建矿以来赋存最深、地应力最大的工作面)推广应用 1 年多，至今巷道无翻修。该项技术的成果应用，减少了工作面翻修人员投入，明显降低了职工劳动强度，缓解了接续紧张问题。比较相邻的 S_2S_9 工作面，$W_3$101 工作面两顺槽减少翻修投入 1 000 余万元，取得了良好的社会效益和经济效益。

该项技术良好的围岩加固效果，得到中国煤炭工业协会认可。2021 年通过中国煤炭工业协会组织的专家鉴定，认为该项技术成果达到了国际先进水平，并被推荐参评中国职业安全健康协会 2021 年科技奖。现已在铁法集团大平矿和大隆矿、阜矿集团恒大煤矿、沈阳焦煤集团红阳二矿等推广应用。山西晋煤集团、辽宁工程技术大学等先后组织人员到矿学习借鉴。

2 劈裂灌浆原理

小康煤矿软岩富含黏土性矿物、自身强度低，具有强膨胀、显著流变性的特性。在地应力作用下，围岩产生碎胀、流变，像挤牙膏一样连绵不断地从巷道薄弱处突破。当受采动压力影响时，为保持一定的残余强度，工程围岩将上覆岩层采动压力、自身碎胀力传递到 36U 钢棚。现有支护圆棚、拱棚，是从外部给定支护力来抵抗围岩应力，不足以维持三向应力平衡，最终导致巷道变形破坏。针对软岩特性，小康煤矿从提高围岩自身强度入手，探索采用灌浆的方法加固围岩。但是，由于软岩的裂隙仅有 0.002～0.003 mm，而水泥颗粒的粒径一般在 0.03～0.06 mm，传统的灌浆方法浆液难以进入裂隙内。为此，小康煤矿与马国彦教授共同研发了煤矿岩体劈裂灌浆技术，其主要技术原理是：以高压浆力打通、扩容软岩裂隙，浆液从阻力最小的裂隙向阻力最大的裂隙扩展，浆液充填裂隙后产生微膨胀，像楔板一样挤压、加密围岩，形成混凝土网格骨架岩体，提供围岩整体强度。

3 底板灌浆试验

3.1 试验段地质条件

小康矿 $W_3$101 综放工作面运顺 440～470 m 处，赋存深度 810 m，开采煤层平均厚度 10.2 m。该位置与向斜轴斜交，位于 W_3-Ⅱ无煤带边缘 25 m 处；属于向斜轴部、无煤带边缘应力集中区，见图 1。该位置巷道于 2018 年 4 月掘进施工，至 2021 年 12 月已经服务 3 年 8 个月。

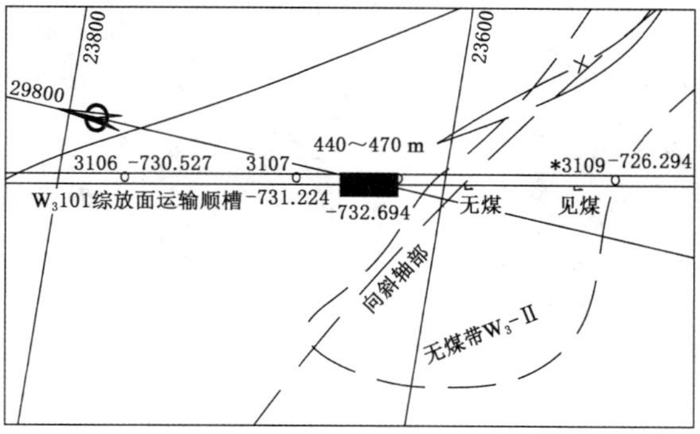

图 1　运顺 450 m 处平面位置图

3.2 灌浆施工情况

2021 年 2 月，运顺 440～470 m 位置巷道底板底鼓明显，局部巷道最小净高 2.9 m，大部分底梁已有轻微变形，约有 10 架底梁凸起明显。

为加强运顺 440～470 m 底板支护，2021 年 3 月 10 日～5 月 22 日，小康矿开始在对巷道底板进行劈裂注浆加固(见图 2)。底板注浆孔布置:每排平均布置 3 个注浆孔,间距 1.6 m、排距 1.8 m 均匀布置。注浆孔直径 90 mm,钢管注头外径 75 mm。底角注浆孔与平面夹角 45°,钢管注头长 2 m。底板正中注浆孔与底板垂直布置,钢管注头长 1 m,见图 3。

图 2 运顺 450 m 处(摄于 3 月 15 日)

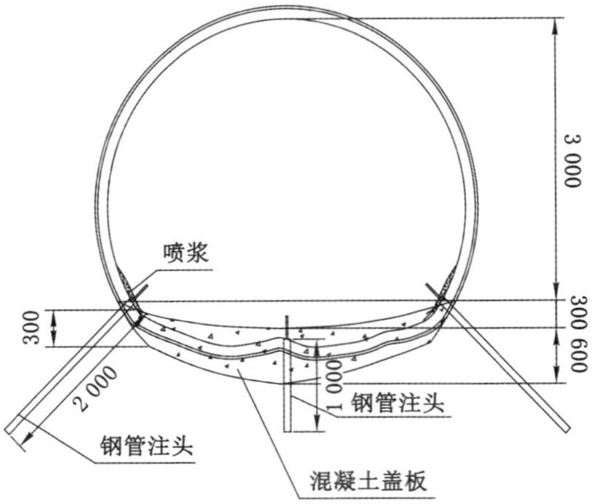

图 3 底板注浆孔布置图

施工工序:首先将钢管注头放入灌浆孔→浇筑混凝土承压盖板→喷射混凝土封闭底角→等待 24 h→底板劈裂灌浆。盖板厚度 0.3~0.6 m,两帮底角与底板接合部位喷浆厚度不小于 0.1 m。底板注浆孔布置见图 3。

3.3 灌底段底鼓

2021 年 12 月,受采动压力等因素影响,该位置巷道圆棚底梁在 3 月变形量的基础上又凸起约 0.6 m,巷道最小净高为 2.3 m,已影响到工作面正常的运输及行人安全(见图 4),被迫提前将圆棚底梁摘掉。

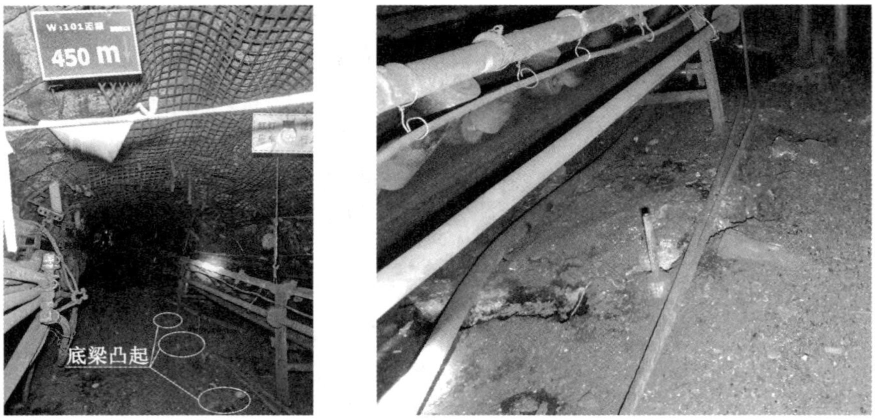

图 4 运顺 450 m 处超前工作面 110 m 底鼓情况(摄于 12 月 7 日)

3.4 底鼓原因分析

3.4.1 与向斜轴部来压有关

工作面当前回采位置位于向斜的轴部。该向斜枢纽方向近 SE,为一不对称向斜。向斜轴两翼煤层倾角变化较大(见图 5),北翼煤层倾角较缓,在 2°~5°之间,南翼煤层倾角较大,在 3°~12°之间。现回采位置处于向斜轴部附近,应力集中、煤岩层稳定性差,是造成底鼓的主要因素之一。

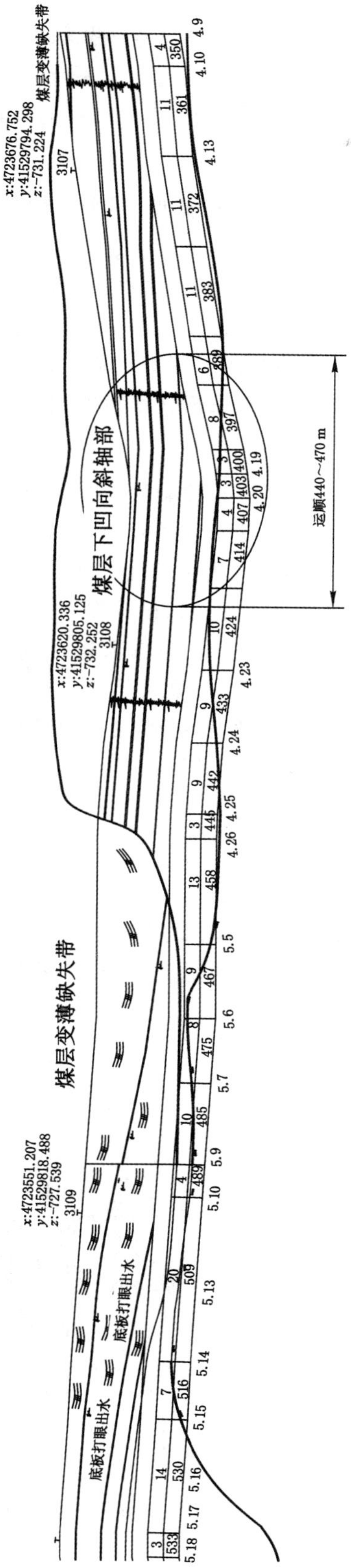

图5 运输顺槽局部素描图

3.4.2　与无煤带岩性不稳定有关

2021 年 11 月 30 日至今，$W_3$101 工作面运顺已进入 W_3-Ⅱ无煤带回采，预计影响长度 80 m 左右。运顺灌底位置位于 W_3-Ⅱ无煤带边缘 25 m 处（见图 5）。受无煤带影响，该区域煤岩层起伏变化较大，易产生应力集中，是造成该区域底板底鼓严重、底梁凸起的因素之一。

3.4.3　与常年积水有关

由于 $W_3$101 工作面运顺灌底位置位于运顺的最低点，回采初期，为了应对这一特点，施工单位设置了水窝子，然而，这一措施并未完全解决问题。由于巷道底板长期处于积水状态，底鼓现象变得严重。在这种情况下，尽管施工单位在注浆前加强了抽水管理，但底板含水量大的问题仍无法根治。这种情况不仅加大了施工难度，还对施工质量产生了严重影响。在注浆过程中，底板含水量大导致水与浆液混合，从而改变了水固比。这种改变对浆液的固化时间和强度产生了不利影响。这意味着，即使施工单位采取了一系列措施，但由于底板含水量的问题，注浆的效果并不理想。

3.4.4　与施工有关

首先，底板注头的长度仅为 1 m，这样的注头长度较短，导致浆液的扩散效果受到影响。浆液的扩散深度和范围都相对较小，这对于煤矿的安全生产来说，无疑埋下了隐患。因为扩散效果不佳，可能导致矿井内部的空隙未能得到有效填充，从而增加了矿井发生事故的风险。其次，灌底封闭效果不尽如人意。由于底板漏浆，注浆压力无法达到设计要求。这种情况可能导致浆液无法充分填充空隙，使得矿井的支护效果大打折扣。同时，底板漏浆还可能引发其他安全事故，如突水、冒顶等，对矿工的生命安全构成威胁。最后，灌底前，底梁大部分均产生回弯，承压能力减弱。随着回采动压的影响，底梁受压逐步增大，使底梁形变加剧，导致底梁彻底断裂。这种情况下，底梁失去了对矿井的支撑作用，严重威胁到矿井的稳定性和安全性。

4　底板灌浆创新

针对上述施工问题，在 $W_3$101 工作面回顺材料平巷进行了改进试验，试验工程量为 45 m。该段试验巷道底梁状态基本完好，未见明显凸起。为了取得更好的封闭底板效果、增加浆液扩散深度和范围，设计底板灌浆分为盖板灌浆与劈裂灌浆（见图 6）。设计灌浆孔间距 1 m，劈裂灌浆孔与盖板灌浆孔排距 1.2 m（图 7）。

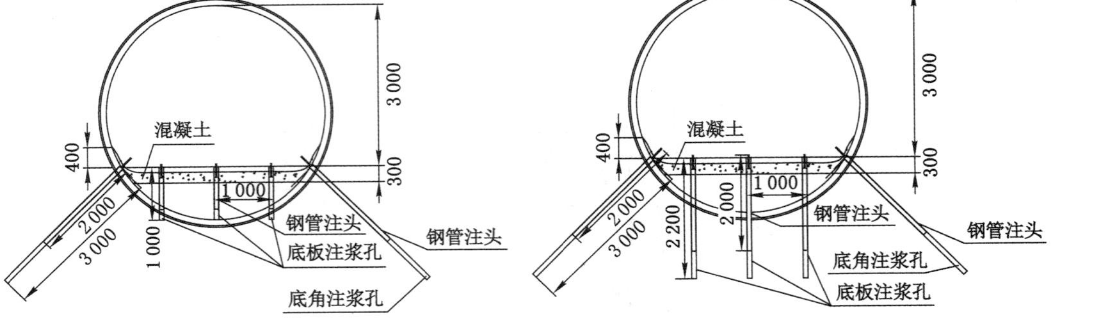

(a) 盖板灌浆孔布置　　(b) 劈裂灌浆孔布置

图 6　灌浆孔布置断面图

施工工序：将钢管注头放入灌浆孔→底板、底角喷射混凝土封闭→等待 72 h→盖板孔灌浆→等待 48 h→劈裂孔灌浆。

盖板孔灌浆标准：灌浆压力 4 MPa，稳压时间保证 1 min 以上，结束灌浆；或灌浆孔周围（2.5 m

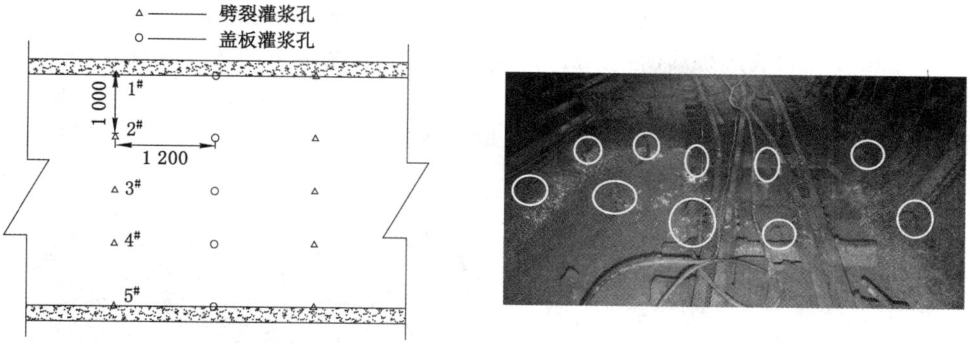

图 7　灌浆孔布置平面图

半径）四处冒浆，无法封堵，结束灌浆。如底梁凸起，巷道净高不满 3 m，将底梁处理掉。劈裂孔灌浆标准：盖板孔灌浆结束 48 h 后，开始劈裂孔灌浆。劈裂灌浆压力 8 MPa，稳压时间保证 1 min 以上，结束灌浆；未达到 8 MPa 的灌浆孔必须进行 2 次灌浆，灌浆时间间隔大于 40 min、小于 1 h。

底板钢管注头安设有连接变头、截止阀、二次保护链（见图 8）。

图 8　底板钢管注头连接

5　创新效果

$W_3$101 工作面回顺未进行灌浆加固的回顺三角点：帮顶及底梁弯曲变形严重，工人正处理 36U 钢棚，见图 9(a)。劈裂灌浆加固的回顺三角点：两帮底脚棚梁无明显变形，巷道状态良好；巷帮无鼓出，无须开帮、打锚杆、别木桦加强支护，见图 9(b)。

(a) 回顺未灌浆巷道　　(b) 回顺灌浆巷道

图 9　小康矿 $W_3$101 工作面回顺对比图

$W_3$101 工作面运顺未灌浆加固巷道：超前工作面 40～160 m，圆棚变形严重，底梁凸起，棚梁“咔咔”作响，混凝土喷体开裂脱落频繁，巷道底鼓严重、变形明显，棚卡子崩落失效较多，见图 10(a)。运顺灌浆加固后的巷道：超前工作面 40～160 m，4.6 m 圆棚现剩余宽度 4～4.3 m，完全满足运输、行人及通风等生产要求，巷道收敛量明显小于未采取加固措施段，既满足了正常生产需求，又保证了工作面大吨位设备的顺利回撤，见图 10(b)。

(a) 运顺未灌浆巷道

(b) 运顺灌浆巷道

图 10　小康矿 $W_3$101 工作面运顺对比图

6　总结

通过改进试验，回顺与运顺 440～470 m 处底板灌浆加固段对比，单孔灌浆量增加 1 倍，见图 11。可以看出，改进试验的灌浆量明显增加。然而，在此过程中，我们也发现了一些问题需要进一步分析和改进。

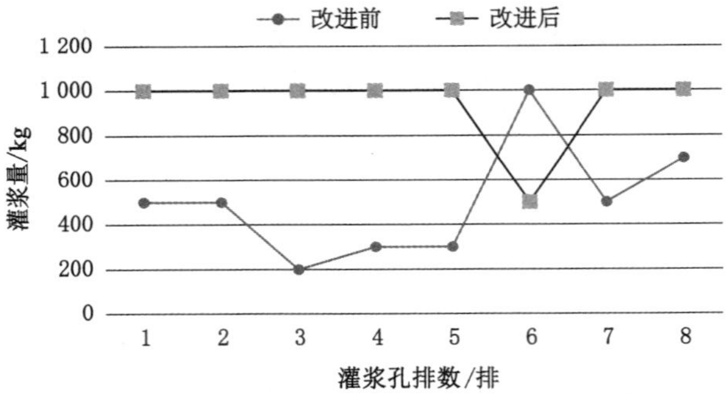

图 11　单孔灌浆量对比曲线图

一是盖板灌浆孔间排距为 1 m×2.4 m，排距较近，存在相邻灌浆孔窜浆现象。很多盖板灌浆孔灌浆时，浆液从相邻盖板灌浆孔中窜出。但施工单位并没有对窜浆的灌浆孔进行灌浆，原因是施工单位不了解浆液特性，使用方法不当，浆液难以灌入。今后应采取的方法：在浆液的软塑时间(40～80 min 内)，对窜浆的灌浆孔进行灌浆。此时孔内浆液已不具有流动性，具有较弱的强度，是利用浆液压力打通灌浆孔的最佳时间；灌浆时压力逐渐升高直至打通灌浆孔，当灌浆压力达到 8 MPa 且稳压时间保证 1 min 以上时，结束灌浆。

二是底板、底角喷射混凝土封闭层的封闭薄弱，局部仍有漏浆问题。今后应采取的方法：采用铺设钢筋网喷浆的方法提高封闭层的整体性。在底板喷浆前，先用灌浆浆液对底板进行防漏处理，厚度 50 mm，然后再进行喷浆，提高承压强度和防漏浆效果。

三是混凝土盖板与钢筋混凝土底板之间的黏结强度不足，导致部分盖板与底板分离。今后应采取的措施：在盖板与底板之间增设锚固件，提高两者之间的黏结强度；同时，对混凝土盖板与底板连接处进行粗糙处理，增加摩擦力，进一步保证盖板与底板的稳定连接。

四是灌浆过程中，部分浆液流失，导致灌浆效果不佳。为解决这一问题，施工单位应改进灌浆工艺，采用分段灌浆法。具体操作如下：先对灌浆孔进行初步灌浆，待浆液固化后，再对相邻灌浆孔进行灌浆。这样，相邻灌浆孔的浆液不会相互窜动，有助于提高灌浆效果。

五是施工现场管理不善，导致浆液浪费、环境污染。为了提高施工效率，减少浆液浪费和环境污染，施工单位应加强现场管理，采取如下措施：对浆液进行合理储存和调配，确保浆液在使用过程中的质量和性能；加强对施工现场的监管，严格执行环保规定，降低施工对周边环境的影响。

六是施工人员操作不规范，影响灌浆质量。为提高施工质量，今后应加强对施工人员的培训，确保他们掌握正确的施工方法和操作技巧；同时，加强现场监督，及时发现施工过程中出现的问题并予以纠正。

综上所述，通过底板灌浆创新试验提高了底板整体强度，经过采动压力检验，局部区域底梁凸起问题得到了有效解决，为煤矿安全生产提供有力保障。但也存在一些问题，针对问题，应从改进灌浆工艺、加强施工现场管理、提高施工人员操作水平等方面入手，全面提高灌浆质量。同时，不断探索新技术、新方法，为我国软岩支护创新贡献力量。

矿用泡沫抑尘技术在小康煤矿的应用

王勇，董宁，徐锰林

（铁法煤业（集团）有限责任公司小康煤矿，辽宁 沈阳 110500）

摘 要 小康煤矿采用综合机械化掘进，由于软岩具有易风化、易水解的特性，传统的通风排尘、掘进机喷雾、除尘风机除尘等降尘措施在应用中遇到了“瓶颈”。传统降尘方法需要大量的水资源来形成水幕或喷雾，以达到降尘的效果，但在软岩环境下，过量的水分会导致巷道底鼓变形，这不仅影响了巷道的安全性，还加大了维护的难度。为了克服这些难题，小康煤矿引入了泡沫抑尘技术。这种技术利用特殊的化学制剂和水混合形成泡沫，通过喷雾装置将泡沫喷洒到空气中。泡沫中的水分能够吸附空气中的粉尘颗粒，形成较大的颗粒团，从而更容易被沉降或过滤。与此同时，泡沫中的化学制剂能够改变粉尘颗粒的表面张力，使其更容易被湿润和去除。

关键词 泡沫抑尘；综掘工作面；降尘效果

0 引言

在煤炭开采领域，软岩的易风化、易水解特性一直是一个难以攻克的技术难题。对于小康矿来说，这一问题尤为突出。多年来，小康矿在掘进作业过程中，一直面临着巨大的降尘挑战。传统的通风排尘、掘进机喷雾、净化水幕及除尘风机除尘等措施虽然在一定程度上能够降低粉尘浓度，但效果并不明显。更为严重的是，大量的降尘用水还容易导致巷道底鼓变形，给矿山的生产安全带来了严重威胁。为了有效解决这一难题，小康矿的管理层和技术团队进行了大量的论证、探索和考察。他们深知，只有引进先进的技术和设备，才能从根本上改善作业环境，提高生产效率。在这样的背景下，泡沫抑尘技术进入了他们的视野。

泡沫抑尘技术是一种新型的粉尘控制技术，它利用特殊的泡沫剂，在掘进机工作时喷洒出大量的泡沫，这些泡沫能够迅速覆盖在粉尘上，形成一层保护膜，从而有效抑制粉尘的飞扬。与传统的降尘方法相比，泡沫抑尘技术具有用水量小、降尘效果好、对环境影响小等诸多优点。

在小康矿引进泡沫抑尘技术后，经过一段时间的试用和调试，该技术展现出了显著的降尘效果，巷道内的粉尘浓度大幅度下降，作业环境得到了极大的改善。同时，由于用水量大幅减少，巷道底鼓变形的问题也得到了有效解决。这一变化不仅提高了作业效率，也极大地保障了矿工的安全。

泡沫抑尘技术的成功应用，得到了小康矿各级管理人员和广大职工的一致肯定，这一技术的引进不仅改善了工作环境，也提高了工作效率，让矿山生产更加安全、高效。

1 泡沫抑尘技术特点和参数

1.1 泡沫抑尘技术特点

1.1.1 覆盖性能强

泡沫喷头的设计独特，其喷出的泡沫能够形成无空隙的泡沫体，这种泡沫体能够紧密地罩住尘源。当综掘机的截齿在泡沫体内进行煤岩切割时，粉尘被限制在这个封闭的空间内，从而有效地阻止了粉尘向外界扩散。这种主动抑制粉尘的方法与传统降尘方法相比，具有显著的优势。传统方法往往是在粉尘扬起之后再通过沉降或其他手段进行处理，属于被动捕获；而泡沫抑尘则是在粉尘产生之前就进行预防，从源头上减少粉尘的扩散。泡沫喷头的出色表现不仅体现在其高效的覆盖能力上，还体现在其良好的喷洒效果上。这种喷头设计合理，喷射距离远，扩散范围广，覆盖面宽。同时，泡沫分散均匀，能够准确定位产尘点，确保每个需要控制的区域都能得到充分的覆盖。

1.1.2 湿润性和黏附性强

泡沫抑尘液以其卓越的湿润性和黏附性，成为粉尘治理领域的明星产品。与传统的水雾抑尘相比，泡沫抑尘液对粉尘的湿润速度是其 148 倍。这一特点使得泡沫抑尘液能够迅速将粉尘湿润，进而有效沉降。泡沫抑尘液的强大功能得益于其独特的物理和化学性质。首先，泡沫抑尘液具有巨大的体积，这意味着它能够覆盖更广泛的区域，从而更有效地对粉尘进行湿润。其次，泡沫抑尘液具有出色的湿润能力，能够迅速渗透到粉尘颗粒之间，将其完全湿润。此外，泡沫抑尘液的黏度大，这使得它能够紧密地黏附在尘源处的粉尘及扩散通道上，形成一道有效的屏障，防止粉尘的扩散。

1.2 泡沫抑尘技术工艺及技术参数

泡沫抑尘技术所用动力源为井下作业点现有的压风和供水。利用发泡剂添加装置将发泡剂按比例添加到水管路中，形成发泡液；空气与发泡液在泡沫发生器中，通过物理机械发泡产生高性能降尘泡沫，由泡沫分配器均匀分配至泡沫输送管路；最终通过喷射装置形成泡沫射流，喷洒至产尘点，进行泡沫降尘。

泡沫抑尘技术工艺的技术参数见表 1。

表 1 泡沫抑尘主要技术参数

耗水量/(m^3/h)	泡沫倍数	产泡量/(m^3/h)	添加剂使用比例/%	供水压力/MPa	供气压力/MPa
1～2	30～50	30～100	0.5～1.0	≥0.6	≥0.5

2 泡沫抑尘设备的现场使用

S_2N_7 回顺综掘工作面位于南翼采区，煤尘爆炸指数为 43.35%，煤尘具有爆炸性。该巷道为半圆拱棚断面，巷道净宽 4.6 m，净高 3.6 m，净断面 14.3 m^2，循环进尺 1.6 m，采用锚杆＋金属棚＋喷射混凝土联合支护作为加强支护(简称外喷支护)；同时，在棚后铺菱形网、刹木杆，在棚外喷射混凝土。该工作面采用 EBZ-260A 型综掘机进行施工，采用掘进机喷雾、净化水幕、除尘风机、通风排尘等传统措施降尘，不能有效降低工作面粉尘浓度。

泡沫抑尘装置的组成如图 1 所示，其安装及布置如图 2 所示。S_2N_7 回顺综掘工作面泡沫抑尘装置主机外形尺寸为 880 mm×620 mm×370 mm，使用 ϕ20 mm 螺栓固定在掘进机平台上靠近司机的位置，泡沫喷头集中布置在环形支架上，代替原掘进机环形外喷雾支架，使用压风和供水作为动力源完成吸料、混料、发泡等一系列工艺流程，产生高倍数泡沫，最后由喷头喷洒至掘进机截齿产尘点，主动抑制粉尘的扩散。

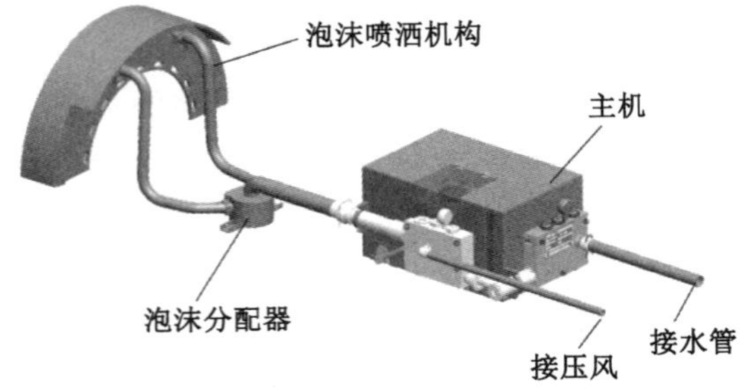

图 1　泡沫抑尘装置组成

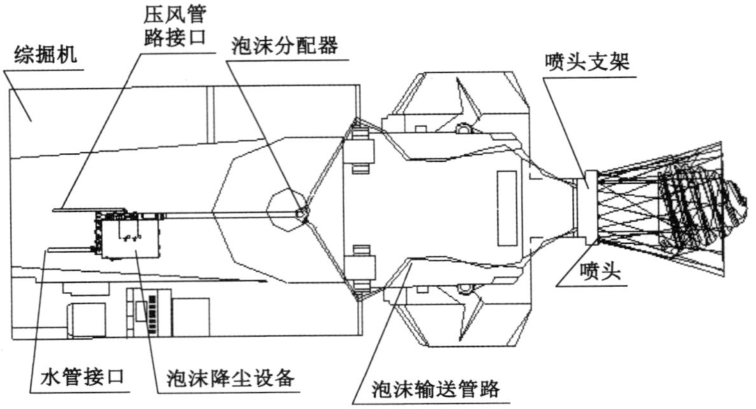

图 2　泡沫抑尘装置的安装及布置示意图

泡沫抑尘系统在 S_2N_7 回顺综掘工作面安装完毕后进行了应用。在距离工作面迎头 50 m 处布置了粉尘浓度监测点，利用直读式粉尘仪测量了使用泡沫降尘和未使用降尘措施情况下 5 组工作面全尘浓度，计算 5 组数据得出平均值显示，采用泡沫抑尘技术时工作面降尘效率高达 60%。泡沫抑尘技术在 S_2N_7 回顺综掘工作面的应用效果除尘浓度对比如图 3、图 4 所示。

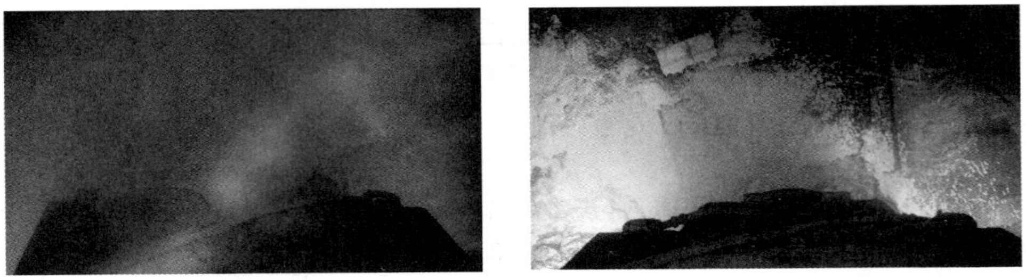

(a) 泡沫抑尘应用之前　　(b) 泡沫抑尘应用之后

图 3　泡沫抑尘技术使用前后应用效果对比图

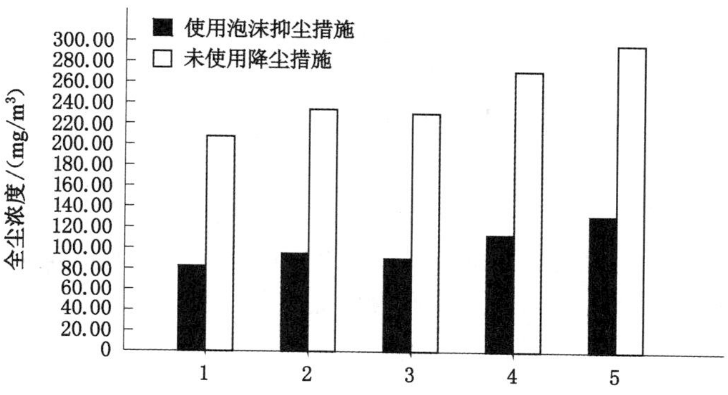

图 4　泡沫抑尘措施使用前后工作面全尘浓度对比图

3　效益分析

3.1　经济效益分析

(1) 目前泡沫抑尘液的价格约为 19 500 元/t，每吨泡沫抑尘液包含 40 桶，每桶的价格约为 487.5 元。S_2N_7 回顺综掘工作面每月进尺约为 210 m，平均每天消耗泡沫抑尘液 2 桶，这意味着每掘进 1 m 需要消耗 0.286 桶泡沫抑尘液。根据每桶价格，可以计算出每掘进 1 m 的成本约为 139 元。小康矿掘进工作面每米巷道成本约为 15 000 元，使用泡沫抑尘液成本占比仅为 0.93%。这个数据说明，在掘进工作面的总体成本中，泡沫抑尘液的投入相对较小，但其对改善工作环境和降低粉尘污染的作用却不可忽视。综上所述，泡沫抑尘液虽然价格相对较高，但其优秀的防尘效果和广泛的应用领域使得其具有较高的性价比。

(2) 小康矿作为一个典型的极软岩巷道，面临着巨大的围岩压力，这使得巷道极易发生变形。在传统的降尘方法中，外喷雾降尘是一种常见的选择。然而，当外喷雾降尘被应用在小康矿极软岩巷道时，大量的水会沉积在巷道的底板上，这不仅增加了巷道底板的湿度，还可能导致底板软化，从而加速巷道的变形。泡沫抑尘装置相较于传统的外喷雾降尘，其用水量大大减少，仅为 1～3 m^3/h，大约是外喷雾降尘用水量的 30%左右。这样的水量减少，不仅意味着资源的节约，更重要的是，大大降低了巷道底板的湿度，从而不仅减少了巷道变形的风险，还有助于减少巷道的维护量。

3.2　安全效益分析

(1) 截割部是采矿机械中用于切割煤岩的关键部分，它与煤岩、金属的直接接触是引发火花的主要原因。火花一旦产生，便可能引燃瓦斯或煤尘，导致灾难性的爆炸事故。这种泡沫材料具有良好的绝缘性和防火性能，能够在截割部与煤岩、金属接触时形成一层保护屏障。当截割部工作时，泡沫材料被均匀地喷洒在截割部表面，形成一个紧密的包裹层。这层泡沫能够有效地隔绝截割部与外界的直接摩擦，从而防止火花的产生。此外，泡沫材料还具有一定的韧性和抗压强度，能够在截割部工作时承受来自煤岩的反作用力，保护截割部免受损坏，这不仅延长了截割部的使用寿命，还提高了采矿机械的整体效率。喷洒的泡沫包裹截割部是一种有效的安全防护措施，它能够在很大程度上避免截割部与煤岩、金属摩擦产生火花，从而杜绝瓦斯和煤尘爆炸事故的发生。

(2) 泡沫抑尘技术通过喷洒泡沫剂在掘进迎面上形成一层湿润的泡沫层，有效抑制了粉尘的产生和扩散。这一技术的应用，显著提高了巷道掘进时迎面的能见度，使得综掘机司机能够在清晰的视线下进行作业，大大提高了工作效率。同时，泡沫层还能够有效地保护巷道壁面，改善巷道的成形质量，减少了后期维护的工作量。除了提高掘进效率外，泡沫抑尘技术在安全方面也发挥了重要作用。由于粉尘的存在，司机在作业过程中可能会因为视线不清而误判情况，从而引发安全事故。而泡沫抑尘技术的应用，有效消除了这一安全隐患，为矿山生产提供了更加可靠的安全保障。

(3) 泡沫抑尘技术还具有环保节能的优点。传统的抑尘方法往往需要消耗大量的水资源，而泡沫抑尘技术则通过合理的泡沫配比，实现了水资源的有效利用，减少了水资源的浪费。同时，泡沫抑尘技术还能够减少粉尘对环境的污染，保护生态环境，实现了经济效益和环境保护的双赢。

(4) 泡沫抑尘技术能够显著改善工作环境。在粉尘浓度较高的生产现场，工人往往面临着严重的健康隐患，如尘肺病等职业病。而泡沫抑尘技术的实施，能够大幅度降低空气中的粉尘浓度，这不仅提高了工人的工作效率，也降低了他们患职业病的风险。

4 结论

通过引进先进的粉尘治理设备和技术手段，小康矿成功降低了矿井内的粉尘浓度，有效改善了作业环境。这不仅为职工提供了更加安全、健康的工作环境，还降低了粉尘对职工身体健康的危害，提高了职工的工作积极性和生产效率。随着粉尘浓度的降低，设备的磨损减少，故障率降低，从而提高了设备的运行效率。此外，粉尘治理技术的应用还优化了生产流程，减少了生产过程中的能耗和物耗，进一步提高了生产效率。这些改进不仅提升了煤矿的经济效益，还增强了市场竞争力。

粉尘治理技术的成功应用得到了小康矿各级管理人员和广大职工的广泛认可。各级管理人员看到安全生产环境的改善和生产效率的提高，深刻认识到粉尘治理技术的重要性。同时，这一技术的推广使用，标志着小康矿在安全生产领域迈出了坚实的一步，为今后的可持续发展奠定了坚实基础。

参考文献

[1] 任万兴，王德明，巫斌伟，等. 矿用泡沫降尘技术[J]. 煤炭科学技术，2009，37(11)：30-32.
[2] 任万兴. 煤矿井下泡沫除尘理论与技术研究[D]. 徐州：中国矿业大学，2009.
[3] 杨胜强. 粉尘防治理论及技术[M]. 徐州：中国矿业大学出版社，2007.

软岩巷道大变形控制技术的研究与试验

王吉凯，史文明，郭宏峰

（铁法煤业（集团）有限责任公司小康煤矿，辽宁 沈阳 110500）

摘　要　软岩巷道大变形的主要原因是巷道围岩的流变特性、地应力的分布规律以及支护措施的不足，小康矿一直受软岩回采巷道大变形问题的困扰，它不仅影响了巷道的稳定性，还给矿井的安全生产带来了严重隐患。为攻克这一难题，通过对软岩巷道大变形原因的深入分析，结合小康矿现有支护形式的特点，提出了柔性锚杆＋恒阻锚索＋马蹄棚的联合支护设计，旨在提高巷道的整体稳定性。在S2N7运顺掘进工作面支护试验时，对支护设计的各项参数进行了严格控制，以确保试验结果的准确性。结果表明，柔性锚杆＋恒阻锚索＋马蹄棚的联合支护设计在提高巷道稳定性方面具有显著效果，但同时也存在一定的不足。针对试验中发现的问题进行改进，实现巷道开挖后大变形的有效控制。

关键词　软岩巷道；大变形；恒阻锚索；控制技术

0　引言

小康矿软岩回采巷道大变形问题，一直困扰着矿井健康发展。劈裂灌浆技术很好地解决了已经出现大变形或临界变形巷道的加固问题，巷道变形得到了有效控制。但是，对于巷道开挖后出现的大变形，一直没有较好的解决方法。以 S_2N_7 工作面运顺为例，滞后掘进工作面 30～60 m 处，围岩即出现大变形，棚梁被压弯、支护体失效严重。为解决软岩巷道开挖后的大变形问题，2021 年 10 月 30 日～11 月 26 日，小康矿同中国矿业大学合作在 S_2N_7 运顺进行极软岩大变形控制技术的研究与试验，采用柔性锚杆＋恒阻锚索＋马蹄棚的联合支护技术控制、延缓围岩大变形。

1　试验段地质条件

S_2N_7 工作面设计可采长度 1 254 m，工作面长 336 m，设计可采储量 361.4 万 t，倾斜长壁综放开采。回顺长 1 310 m，运顺长 1 364 m。支护试验段位于 S_2N_7 运顺 490～590 m 处。依据三维地震资料及生产实见，该区域范围内，运顺掘进至 563 m 进入 DF_{18} 断层上盘，DF_{18} 断层产状：258°∠55°～65°，H＝1.7 m。该断层下盘伴有煤层变薄缺失带。受断层、煤层变薄缺失带地质构造影响，施工中给顶板维护带来一定困难。断层及煤层变薄缺失带在试验段内影响范围为 27 m。试验段煤层倾角 3°，进入 DF_{18} 断层上盘后倾角增大至 5°～8°。煤层总体赋存较稳定，结构变化不大。煤层中夹石为泥岩，夹石平均厚度为 1.2 m，纯煤平均厚度为 5.3 m，煤层全厚 6.5 m 左右。由于煤层弱含水，巷道顶板局部有滴水现象。该区域地表无积水、无采空区、无导水钻孔及断层，不受水患威胁，无突水危险性。试验段巷道沿煤层底板掘进，留底煤厚度约 0.5 m，顶煤厚度 1.2 m

左右。S_2N_7 运顺试验段平面图如图 1 所示。

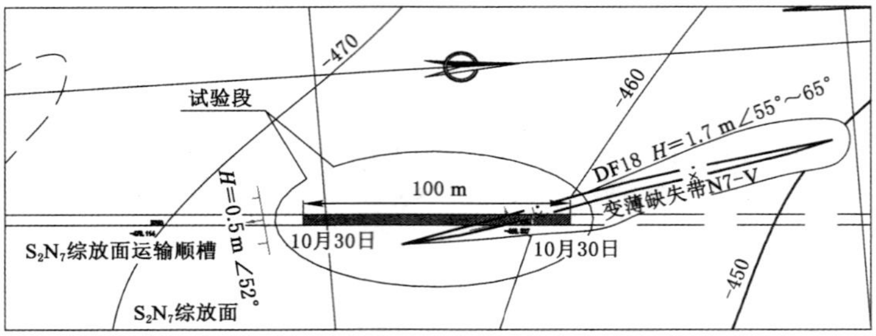

图 1　S_2N_7 运顺试验段平面图

2　大变形问题分析

软岩回采巷道掘进期间的大变形主要与围岩岩性有关。小康矿回采巷道围岩属于强膨胀性、节理化复合型软岩。巷道围岩中含有大量黏土性矿物，其中：煤样的黏土性矿物含量 39.3%，煤层中的泥岩夹石黏土性矿物含量 40.9%，油页岩中黏土性矿物含量 39.5%，见表 1。黏土性矿物自身强度低，具有强膨胀、显著流变的特性。巷道开挖后，现有支护中的锚杆、锚索预紧力低，不能维持围岩径向应力平衡，围岩中黏土性矿物产生显著的碎胀、流变，像挤牙膏一样连绵不断地作用在圆棚或拱棚上。而圆棚、拱棚为刚性被动支护，其强度不足以抵抗围岩的强流变、碎胀，产生局部应力集中，最终导致巷道变形破坏。

表 1　小康矿围岩的矿物含量表

样品	矿物含量/%						
	石英	钾长石	斜长石	方解石	白云石	高岭石	黏土性矿物
煤样	38.3	1.0	21.4	—	—	—	39.3
泥岩	44.5	3.3	8.7	—	2.6	—	40.9
油页岩	29.3	0.8	2.6	12.1	—	—	39.5

3　支护设计

3.1　现有支护

小康矿回采巷道现有支护形式为：ϕ22 mm×2 400 mm 螺纹钢锚杆＋ϕ28.6 mm×5 300 mm 钢绞线锚索＋护顶钢筋网＋帮部菱形网＋36U 型钢圆棚＋木样＋喷浆，见图 2。

经实测，现有支护形式中，ϕ22 mm 螺纹钢锚杆的拧紧扭矩不大于 400 N·m(约为预紧力 4.66 t)，ϕ28.6 m 钢绞线锚索的预紧力 17.5 t。过低的预紧力不足以抵抗软岩的强膨胀、显著流变的特性。以 S_2N_7 运顺为例，滞后掘进工作面 40 m 处，围岩即出现大变形，棚梁被压弯、锚索随顶板下沉、木样压断，支护体变形失效严重，见图 3。

3.2　试验段支护设计

3.2.1　巷道断面形状

试验段支护设计巷道断面为马蹄形，主要目的是为以后试验 110 工法做准备。现有支护采用圆形巷道，由于圆形断面在采用 110 工法时，切顶的切缝位置不容易确定，且液压支架后方留

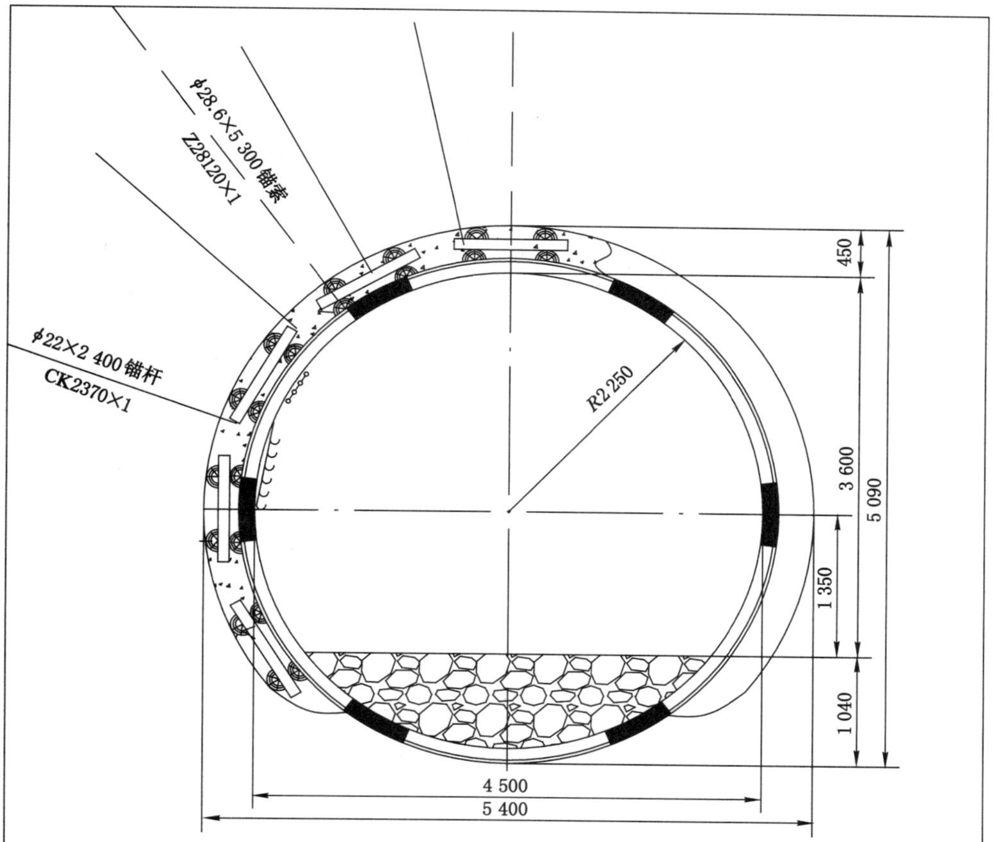

巷道断面特征

项目	断面/m²		掘进高度	掘进宽度	刹杆厚度	回填深度	锚杆间排距	锚索间排距	支架尺寸/mm	
	净	掘进	mm	mm	mm	mm	mm	mm	梁长	搭接
参数	13.6	21.7	5 090	5 400	300	1 040	900×800	1 600×1 600	3 030	550

每米巷道工程量及材料消耗量

混凝土强度	木柈	混凝土	金属网	锚杆	锚索	锚杆锚固剂	锚索锚固剂	支架	
	m³	m³	m²	根	根	根	根	架数	型钢
C20	1.8	1.6	14	10	1.9	10	1.9	1.25	36U

图 2　S_2N_7 运顺现有支护断面图

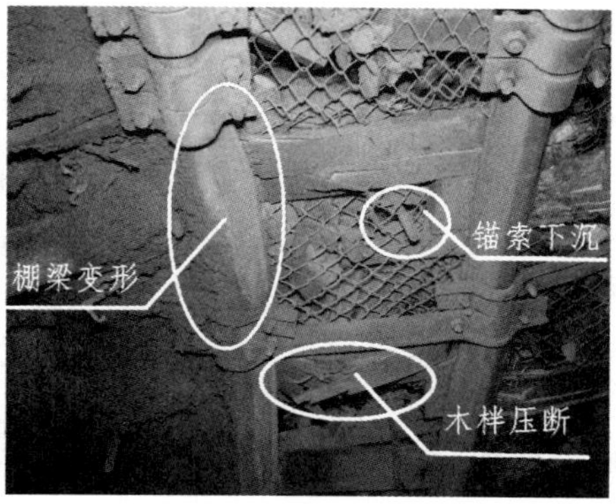

图 3　S_2N_7 运顺滞后掘进工作面 40 m 处(现有支护)

巷段的挡矸装置难以安装，无法充分发挥挡矸作用。因此，将巷道断面设计为直墙半圆拱形，以解决上述问题。为了防止底鼓，在底部安装了底梁，形成马蹄形巷道断面。巷道断面变化前后见图 4。

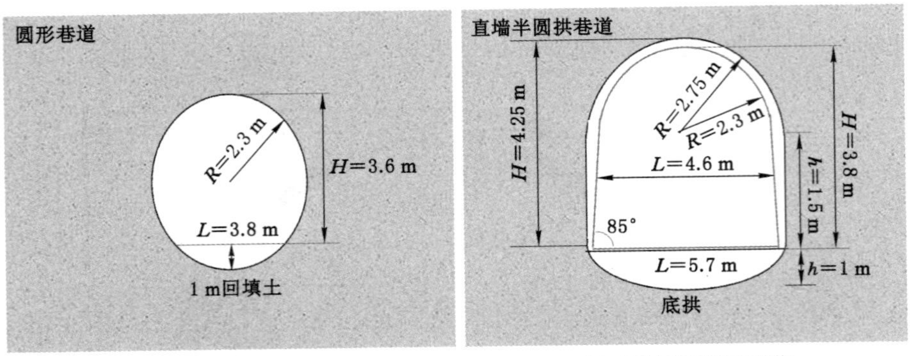

(a) 现有支护断面形状　　(b) 支护试验段断面形状

图 4　巷道断面变化前后示意图

3.2.2　支护形式

结合现有支护特点，试验段设计支护形式为：柔性锚杆＋恒阻锚索＋护顶钢筋网＋帮部菱形网＋马蹄棚＋木梣＋外喷混凝土＋锁腿锚杆的联合支护，见图 5。现有支护与试验段新支护设计主要区别为：圆棚改变为马蹄棚，螺纹钢锚杆改变为柔性锚杆，普通锚索改变为恒阻锚索，其他基本与现有支护形式相同。具体支护材料及参数设计如下：

(1) 恒阻锚索：由恒阻器、ϕ21.8 mm×7 300 mm 钢绞线、托盘和锁具组成，见图 6。NPR35-300-0.5 型恒阻器长 450 mm，直径 79 mm，最大允许恒阻位移 350 mm。恒阻锚索设计预紧力 30 t，恒阻力 35 t，设计锚固力 42 t。设计恒阻锚索间、排距为 1 600 mm×1 600 mm，每排布置 3 根。锚索孔径为 ϕ28 mm，深 7 000 mm。每孔使用 1 支 CKb/Z 23120 型树脂锚固剂锚固。恒阻器孔径为 ϕ95 mm，深 500 mm，锚索外露长度 300 mm。托盘规格 300 mm×300 mm×20 mm，孔径 100 mm。

支护原理：恒阻器内设有恒阻体，当围岩压力超过恒阻力 35 t，恒阻器与恒阻体之间产生滑动摩擦，即恒阻位移。对于软岩巷道，高预紧力能够及时补偿三向应力平衡，控制帮顶下沉；恒阻变形功能能够吸收围岩变形能，从而起到控制、延缓帮顶围岩变形的效果。

恒阻锚索施工工序：打锚索孔→扩恒阻器安装孔→安装锚固剂、钢绞线→充分搅拌锚固剂锚固锚索→等待 10 min→安装锚索托盘→安装恒阻器→安装锁具→张拉施加预紧力(30 t)。

(2) 柔性锚杆：由恒阻器、ϕ15.2 mm×2 400 mm 钢绞线、托盘和螺母组成，见图 7。MSGHS-260/15(RX)-2.4 型恒阻器长 415 mm，直径 37 mm，最大允许变形量 300 mm。柔性锚杆设计预紧力 12 t，恒阻力 15 t，设计锚固力 18 t。柔性锚杆间、排距为 800 mm×800 mm，每排布置 12 根。锚杆体孔径为 ϕ26 mm，深 2 300 mm。每孔使用 2 支 CKb 2370 型树脂锚固剂锚固。恒阻器孔径为 ϕ45 mm，深 450 mm，柔性锚杆外露长度为 30～70 mm。

柔性锚杆支护原理与恒阻锚索基本相同，可简单理解为缩小版的恒阻锚索。施工工序：打锚杆眼→扩恒阻器安装孔→安装柔性锚杆(包括锚固剂、杆体、恒阻器、托盘、螺母)→使用锚杆钻机充分搅拌锚固剂锚固→风动扳手拧紧螺母→等待 10 min 后→张拉施加预紧力(12 t)。

(3) 马蹄棚：由 6 节 36U 型钢钢梁组成，顶梁 2 节、棚腿 2 节、底梁 2 节。马蹄棚净宽 4.6 m，净高 3.8 m(见图 8)。每节顶梁、底梁各上 1 道拉条，每节棚腿上 2 道拉条，每架马蹄棚上 8 道拉条。马蹄棚棚距 800 mm。

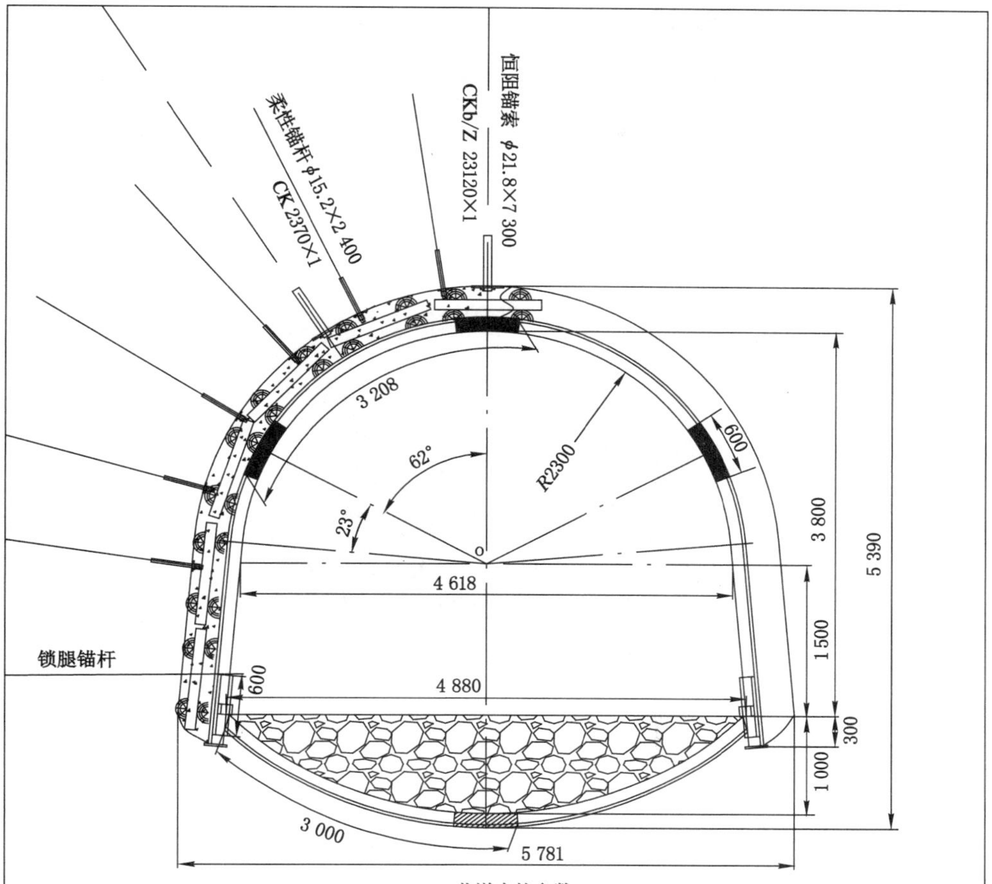

巷道支护参数

净宽/mm	净高/mm	掘宽/mm	掘高/mm	木柈厚度/mm	喷浆厚度/mm	棚距/mm	锚杆间排距/mm	锚索间排距/mm	净断面/m^2	掘进断面/m^2
4 600	3 800	5 780	5 390	300	150	800	800×800	1 600×1 600	15.4	24.6

每米巷道支护材料消耗

混凝土强度	木柈/m^3	混凝土/m^3	金属网/m^2	钢筋网/片	锚杆/根	锚杆锚固剂/根	锚索/根	锚索锚固剂/根	36U型钢棚/架
C20	1.9	1.6	11.9	6	15	15	1.9	1.9	1.25

图 5　S_2N_7 运顺试验段断面图

图 6　恒阻锚索

图 7　柔性锚杆

图 8　试验段马蹄棚

4　存在问题及改进

4.1　柔性锚杆

4.1.1　预紧力合格率低

2021 年 10 月 30 日白班，试验段开始施工柔性锚杆。至 11 月 2 日零点班，共计施工柔性锚杆 29 根，其中有 14 根预紧力合格，15 根预紧力不合格，合格率 48%。根据《煤矿巷道锚杆支护技术规范》(GB 35056)及《煤矿井巷工程质量验收规范》(GB 50213)规定，锚杆预紧力为主控项目，合格率不低于 75%。合格率低的主要原因是三径不匹配。柔性锚杆杆体直径为 ϕ15.2 mm，使用 ϕ28 mm 钻头配合 B22 钻杆施工杆体钻孔。钻孔直径和杆体直径相差 12.8 mm，锚杆不能够快速、有效刺破树脂锚固剂，导致锚固剂搅拌不充分、搅拌时间超过 2 min(CKb 锚固剂凝胶时间 26～40 s)，造成锚固效果差、锚固剂失效，张拉预紧时，恒阻器被拉出 200 mm 仍达不到设计预紧力(见图 9)。为此，11 月 1 日紧急购进并使用 ϕ25 mm 钻头及 B19 钻杆，施工柔性锚杆钻孔，但是，由于煤层中含有大量黏土性矿物，施工钻孔时煤岩碎屑难以返出，造成折钻杆、夹钻杆，因此此方法不可行。后来采取在杆体内增加螺母的方法增粗杆体(见图 10)，虽然起到一定效果，但是该方法费工费时且仍有柔性锚杆预紧力达不到要求。

4.1.2　施工工艺复杂

一是张拉预紧工序烦琐。柔性锚杆的预紧分为两步：第一步，拧紧螺母。柔性锚杆的螺母-恒阻器-恒阻体之间有 1 根铆钉(见图 11)，以保证搅拌锚固剂时柔性锚杆整体旋转。搅拌锚固剂锚固后，使用风动扳手拧紧螺母，当拧紧扭矩大于 300 N・m 时，铆钉在螺母与恒阻器之间断开，此时，柔性锚杆的拧紧扭矩即为 300 N・m。第二步，张拉锁紧并再次拧紧螺母。使用 YCD22-500 型锚索张拉机具配合专用工具(见图 12)，张拉至 15 MPa(12 t)时，保持稳压，使用扳手伸入专用工具内拧紧螺母。由于顶板煤体松软，且节理十分发育，分步预紧的施工工艺加剧了围岩的破坏，且费工费时。人员在拧紧螺母时，必须保持张拉机具处于 15 MPa 以上的张拉状态，存在安全隐患。

(a) 张拉前　　(b) 张拉后

图 9　柔性锚杆恒阻器被拉出

图 10　杆体内穿螺母增粗

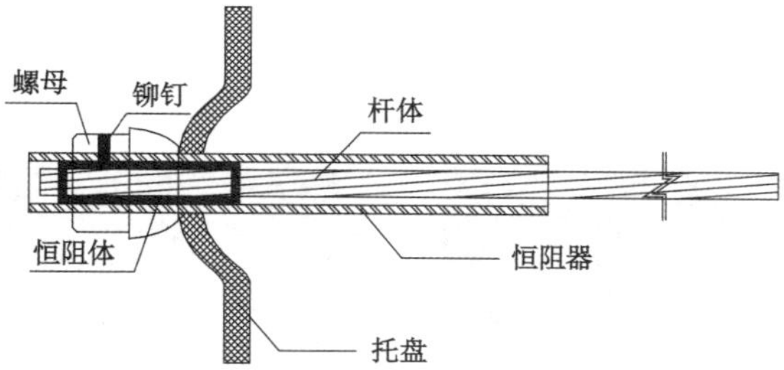

图 11　柔性锚杆组成结构

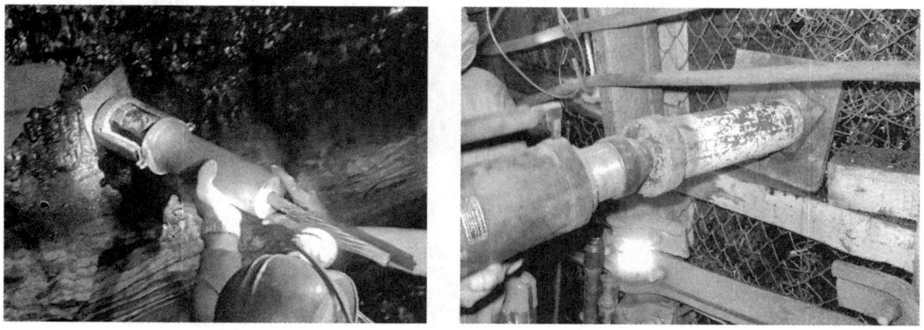

图 12　柔性锚杆张拉预紧

二是柔性锚杆施工时间过长。整个施工过程需要 25～30 min，其中：打孔约 4 min（包括施工杆体钻孔和扩恒阻器孔），安装（包括送入锚固剂、搅拌）3 min，拧紧螺母 2 min（包括拆换连接器），等待 10 min，张拉锁紧 5～10 min。掘进工作面需要及时支护，而柔性锚杆施工时间过长，巷道顶煤松软破碎，极易出现冒顶事故，很不安全。

4.1.3 *产品质量较差*

一是铆钉里断外不断。施工中有 2 根柔性锚杆出现过铆钉里断外不断情况。柔性锚杆的螺母-恒阻器-恒阻体之间有 1 根铆钉（见图 9），在锚固后，使用风动扳手拧紧螺母时，出现铆钉在恒阻器与恒阻体之间断开，而螺母与恒阻器之间铆钉没有断开，造成杆体与恒阻器之间发生相对旋转，需使用管钳子与扳手配合将螺母与恒阻器之间铆钉拧断（见图 13），才能使用风动扳手拧紧螺母。

图 13　拧断柔性锚杆铆钉

二是未达到设计恒阻力时出现恒阻变形。柔性锚杆设计预紧力 12 t，恒阻力 15 t。实际施工中有 2 根锚杆张拉至预紧力 12 t 时，恒阻体与恒阻器之间出现相对位移，位移量 30 mm（见图 14），即未达到恒阻力柔性锚杆就出现了恒阻变形。

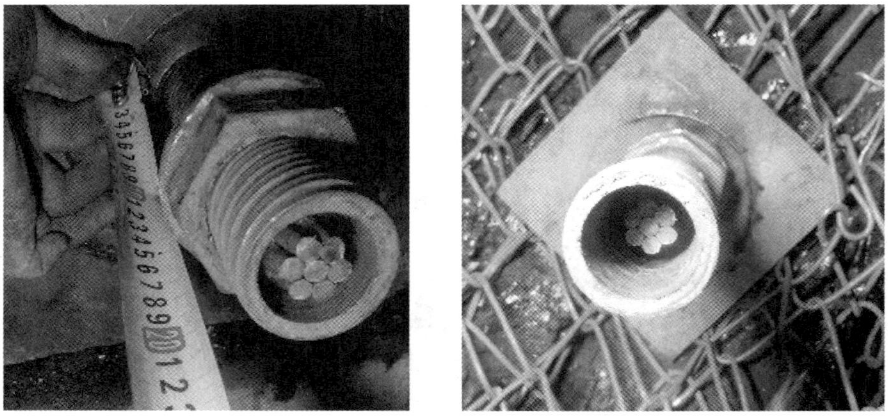

(a) 张拉前　　(b) 张拉后

图 14　柔性锚杆张拉后恒阻变形

针对上述问题，11 月 2 日白班，小康矿紧急召开专题会议，研究解决办法。经小康矿、中国矿大、柔性锚杆厂家共同讨论决定：中国矿大和厂家尽快解决柔性锚杆产品质量差、施工工艺复杂、预紧力合格率低等问题。试验段停止使用柔性锚杆，将柔性锚杆改回用螺纹钢锚杆，待柔性锚杆问题解决后再试验施工。

4.2 恒阻锚索

4.2.1 预紧力合格率低

2021 年 10 月 30 日白班～11 月 2 日白班，共计施工恒阻锚索 12 根，设计预紧力 30 t。其中，有 7 根预紧力合格，5 根预紧力不合格，合格率 58%。通过分析，预紧力合格率低的主要原因：一是锚固后等待时间短，锚固剂与锚索黏结强度还未达到要求。为此，通过改变施工顺序，将打一根锚索锁紧一根，改为一整排锚索均完成锚固后，再逐根锁紧，这样锚固后等待时间由 10 min 增加到 30 min 以上。经实践，增加锚固等待时间后，95%以上的恒阻锚索预紧力能够达到 25 t 以上。二是因为软岩巷道围岩松软易碎，恒阻锚索高预紧力张拉后，更加破坏了顶板。为此，经与中国矿大共同研究，认为该工作面煤体能够承受的压力为 25 t 左右，为了保证预紧力效果，将设计预紧力由 30 t 改为 25 t。经实践，未再出现多次反复张拉破坏顶板围岩的现象；而且 25 t 预紧力较现有支护的 17.5 t 预紧力提高了 43%，顶板的完整性得到明显改善。

4.2.2 对巷道肩部控制薄弱

试验段设计每排打 3 根恒阻锚索，经现场施工检验，3 根恒阻锚索只能控制顶板，巷道肩部收敛变形明显，没有形成对顶板的整体控制作用。为此，及时在巷道两侧肩部各增加一根恒阻锚索，即每排恒阻锚索由 3 根改为 5 根，排距不变。经现场实践观察，巷道肩部变形得到明显控制，对顶板形成了整体控制。支护修改前后见图 15。

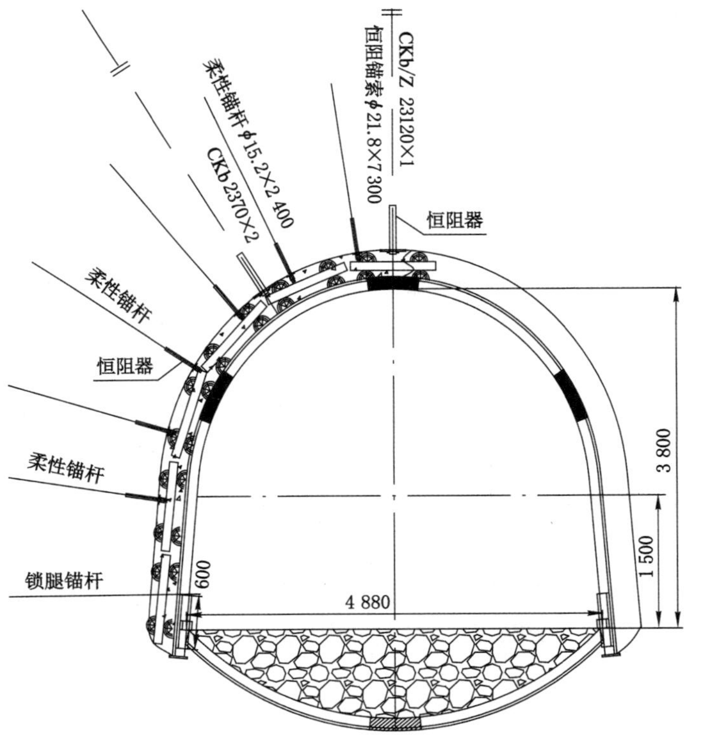

(a) 修改前

图 15　试验段支护修改前后对比

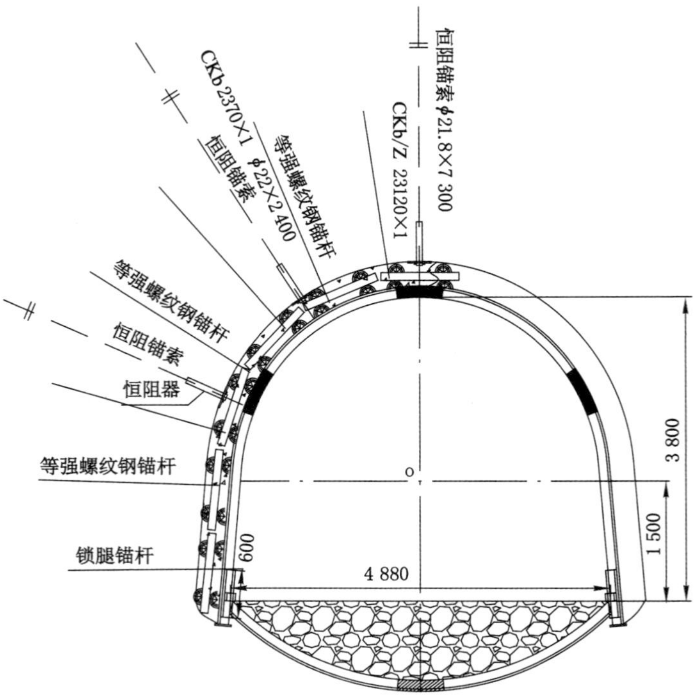

(b) 修改后

图 15(续)

5 效果分析

5.1 效果对比

2121 年 10 月 30 日试验段开始施工，至 11 月 26 日结束，共计施工 100 m，架设马蹄棚 125 架，柔性锚杆 29 根，恒阻锚索 304 根。据现场观测，试验段起始位置(见图 16)，现有支护巷道围岩下沉、煤体鼓出，顶板围岩最大下沉量达到 0.6 m；而试验段巷道恒阻锚索对帮顶的控制效果明显，围岩未见明显下沉、鼓出，顶板围岩最大下沉量 0.11 m，对比现有支护下沉量减少 82%。试验段结束位置(见图 17)，现有支护左上帮受煤层变薄缺失带影响，滞后掘进工作面 30 m 处围岩鼓出、木柈压折、棚梁变形严重；而试验段内巷道，虽然受煤层变薄缺失带及 DF_{18} 断层等地质构造影响，但马蹄棚未见明显变形，尤其是左上帮的恒阻锚索对无煤带油页岩的碎胀、流变性控制效果明显。

5.2 观测对比

试验段一共设置了 10 个观测站监测断面，每个监测断面间距为 20 m，每个观测站布置有锚索测力计，用于监测恒阻锚索受力情况，测站布置见图 18，其中：1# ～5# 断面位于试验段内，6# ～10# 断面在试验段后方。监测区域共 180 m。

普通锚索初始受力 11.6 t(见图 19)，滞后掘进面 17 m 时增加到 40 t，增幅 245%。恒阻锚索初始受力 32.1 t(见图 20)，滞后掘进面 17 m 时增加到 33.5 t，增幅 4.4%。同样的滞后距离，二者比较，恒阻锚索受力增幅远远小于普通锚索，说明恒阻锚索高预紧力应力的补偿作用，提高了初次支护强度，能够及时有效控制围岩压力的增加。

恒阻锚索在滞后掘进面 40 m、受力达到 35.4 t 时，受力值出现拐点，此时恒阻体在恒阻器内出现相对滑移，正在吸收围岩变形的能量。随着能量的吸收释放，围岩变形、碎胀能力逐渐减小，恒阻

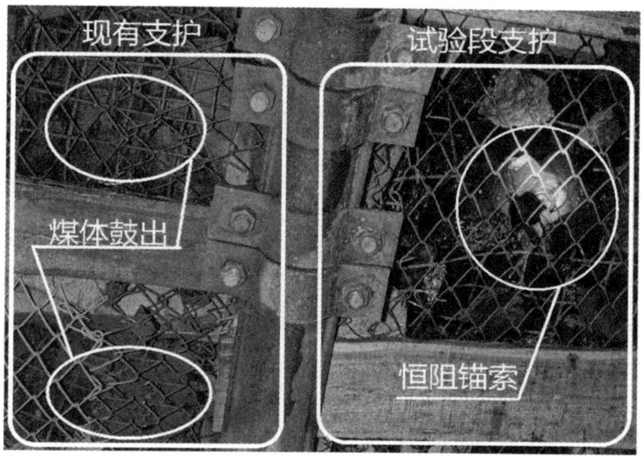

图 16　试验段起始位置支护对比

(a) 现有支护（滞后掘进工作面30 m）　　(b) 试验段支护（滞后掘进工作面30 m）

图 17　试验段结束位置支护效果对比

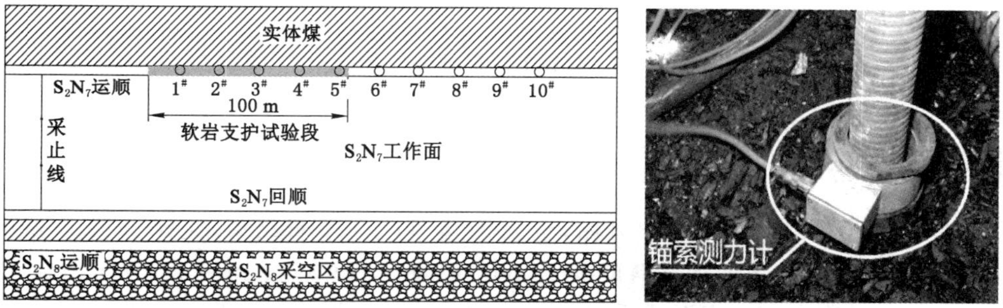

图 18　矿压观测站布置及锚索测力计

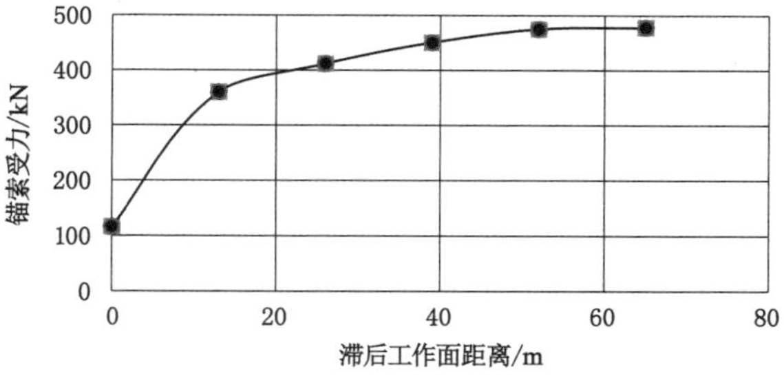

图 19　普通锚索受力曲线图

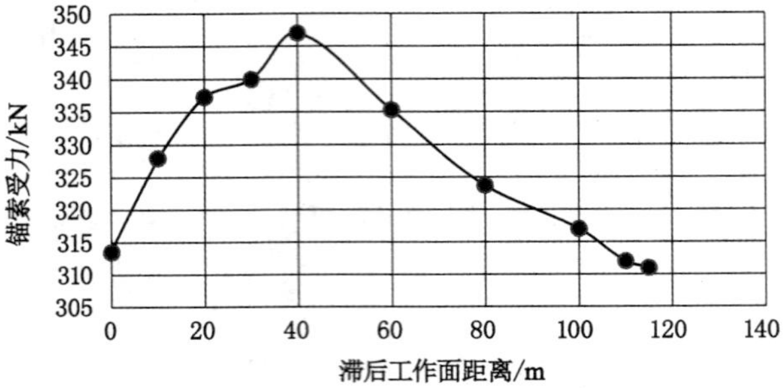

图 20　恒阻锚索受力曲线图

锚索受力值开始降低，恒阻体停止相对位移，围岩变形量得到有效控制。而普通锚索在滞后掘进面 40 m 时受力高达 46.2 t，且受力值继续上升，围岩变形能一直在增加，围岩变形量未得到有效控制。

从图 21 可以看出，在滞后掘进面 100 m 时，试验段巷道顶板最大下沉量 110 mm，而现有支护巷道顶板最大下沉量 600 mm，试验段巷道对比现有支护巷道顶板下沉量减少 82%。

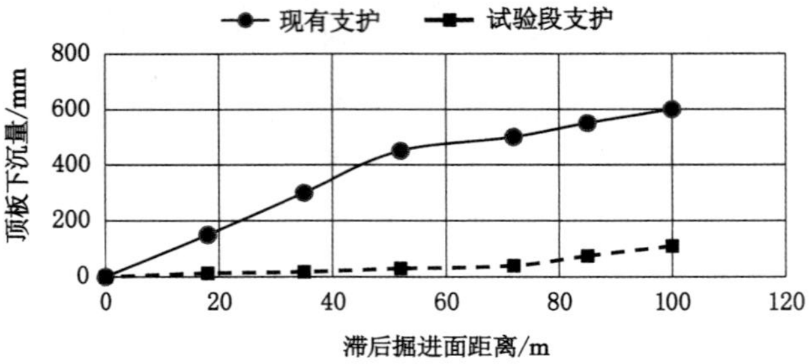

图 21　顶板下沉量对比曲线图

6　经济效益分析

试验段施工自 2021 年 10 月 30 日开始，至 2021 年 11 月 26 日结束，共计 27 天。试验段支护对比现有支护形式，每米巷道增加材料成本 13 662 元/m－11 865 元/m＝1 797 元/m。该工作面运顺 44～185 m 巷道现有支护变形严重，已不能满足正常运输及生产要求，被迫翻修。而试验段支护完好、未见明显变形。二者对比，节省翻修材料成本(11 057 元/m－1 797 元/m)×141 m＝130.6 万元(巷道翻修成本 11 057 元/m)。现有支护材料成本见表 2，试验段支护材料成本见表 3。

表 2　现有支护材料成本表

序号	项目	单位	单价	每米用量	成本/(元/m)
1	圆棚	架	3 565	1.25	4 576
2	卡子	套	48.2	30	3 040
3	拉条	套	74.5	6.25	750
4	锚杆	根	46.2	10	912
5	托盘	块	24.5	10	456

表 2(续)

序号	项目	单位	单价	每米用量	成本/(元/m)
6	锚固剂	支	5.8	10	120
7	钢筋片	片	25	6	150
8	金属网	m^2	32.4	14	359
9	木柈	m^3	1 570	1.8	1 625
10	水泥	t	656.3	0.7	322
11	沙子	m^3	93	0.9	157
12	碎石	m^3	83	0.9	117
13	锚索	根	216.6	1.9	450
14	锁具	个	70.5	1.9	208
15	锚索托盘	块	56.7	1.9	120
16	锚固剂	支	16.8	1.9	30
合计:11 865 元/m					

表 3　试验段支护材料成本表

序号	项目	单位	单价	每米用量	成本/(元/m)
1	马蹄棚	架	3 872	1.25	4 840
2	卡子	套	48.2	30	1 446
3	拉条	套	74.5	10	745.0
4	锚杆	根	46.2	15	693.0
5	托盘	块	24.5	15	367.5
6	锚固剂	支	5.8	15	87.0
7	钢筋网	片	25	6	150.0
8	金属网	m^2	32.4	11.9	385.6
9	木柈	m^3	1 570	1.9	2 983.0
10	水泥	t	656.3	0.7	459.4
11	沙子	m^3	93	0.9	83.7
12	碎石	m^3	83	0.9	74.7
13	锚索	根	118.6	3.1	367.7
14	恒阻器	个	237	3.1	734.7
15	锚索托盘	块	62	3.1	192.2
16	锚索锚固剂	支	16.8	3.1	52.1
合计:13 662 元/m					

7　总结

S_2N_7 工作面运顺开展的软岩巷道大变形控制技术试验，试验段恒阻锚索支护效果明显，实现了软岩巷道开挖后大变形问题的有效控制。对比现有普通锚索支护，恒阻锚索预紧力提高 43%、最大受力下降 27%，顶板下沉量减少 82%。试验段马蹄棚未见明显变形，而现有支护的圆棚被压弯变形。恒阻锚索的高预紧力和恒阻变形功能起到了很好的支护效果，能够及时补偿应力、吸收围岩变形能，减小围岩变形量；对比普通锚索具有明显的材料及结构力学优势。但是，在试验段施工中也暴露出柔性锚杆施工工序复杂、施工时间长、预紧力合格率低等问题，被迫将柔性锚杆改回螺纹钢锚杆。试验巷道由于缺少对帮部围岩的高预紧力控制，巷帮收敛量大于顶板下沉量。下一步，小康煤矿准备研究、试验 NPR 材料锚杆对帮、顶的整体控制，尤其是对帮部的高预紧力、恒阻控制，减小帮部收敛变形。总体来看，该项技术的成功试验，为下一步取消或减少棚子支护，开展软岩综放面切顶卸压及 110 工法的研究与试验奠定了支护基础，对于最终形成适合于康平煤田软岩工程特点的支护与回采技术体系意义重大。

大隆矿皮带尾自动清货装置的研制与应用浅析

赵星，刘金状，王鹏远

（铁法煤业（集团）有限责任公司大隆矿，辽宁 铁岭 112702）

摘　要　皮带尾堆货、埋货是皮带尾处经常出现的一个问题，皮带在运行中，或多或少地会把一部分货掉到下层皮带，然后进入皮带尾轮，如果不及时清理就会造成皮带尾堆货，进而发生磨皮带等安全事故。而综采工作面运输顺槽皮带尾与转载机搭接，是综采工作面出煤系统的一处“咽喉”，一旦发生问题，便造成生产中断，影响工作面生产。为避免以上情况发生，皮带尾安排专人清货，浪费人力物力，该矿主动研制自动出货装置，能够实现自动清货，减员提效且没有安全隐患，适用于皮带尾清货。

关键词　皮带尾；自动清货；刮板运输机；科技创新

1　立项背景

大隆矿于2016年全部转入二水平开采，3个采区同时开拓，布置采掘工作面，随着3个采区工作面的布置，各采区皮带中巷、各掘面、采面运输顺槽均使用皮带出货，较上水平皮带数量多出很多，加大了皮带的检修、维护等工作量，同时皮带机故障、问题也随之增加，经常出现跑货、皮带尾埋货等现象，进而造成皮带队人员不足，经常出现综采运输顺槽皮带尾无专业人员看管、皮带尾堆积浮货无人清理等情况。

综采工作面运输顺槽皮带尾与转载机搭接，是综采工作面出煤系统的一处“咽喉”，一旦发生问题，便造成生产中断，影响工作面生产。其中最常见的问题就是皮带“跑货”，所跑的货一部分会落到下层皮带，进入皮带尾或散货在底板，形成浮货堆积，堆积到一定程度后，容易造成磨皮带、皮带跑偏，从而造成更严重的跑货现象发生，恶性循环，严重的情况会造成皮带断裂等，从而影响生产，而且当皮带尾所堆积的浮货长时间得不到清除时，就会使皮带与浮货摩擦，产生热量、高温，有引发火灾的可能。

为避免以上情况发生，在皮带尾安排专人负责清理皮带所堆积的浮货，浪费人力物力，且存在极大的安全隐患。

2　皮带尾自动出货装置研制

皮带尾自动出货装置共由两种结构组成，一种是动力装置，负责为装置运行提供动力源，一种是出货装置，负责将皮带尾堆积的浮货运出。

2.1　动力装置的组成

皮带尾自动出货装置的动力来自运转的皮带本身，首先安设一个轴承在皮带下方紧贴皮带作为装置的主动轴，当皮带运行时，通过皮带与轴承之间的滑动摩擦，提供装置运行的源动力。然后在主动轴与减速器之间安设一条链条作为传动轴，初始动力通过传动轴将力传给减速机，最后通过减速机减速后将动力传给出货装置。

2.2 出货装置的组成

出货装置是一部自制简易的小型刮板运输机，其动力由动力装置内减速机提供，小型刮板运输机中部槽是由 6 mm 厚铁板焊制而成，板沿由 120 mm 槽钢制成，链条由手拉葫芦小链制成，刮板由废旧皮带制成，将以上零部件组合到一起制作成小型刮板运输机(详见图 1)。

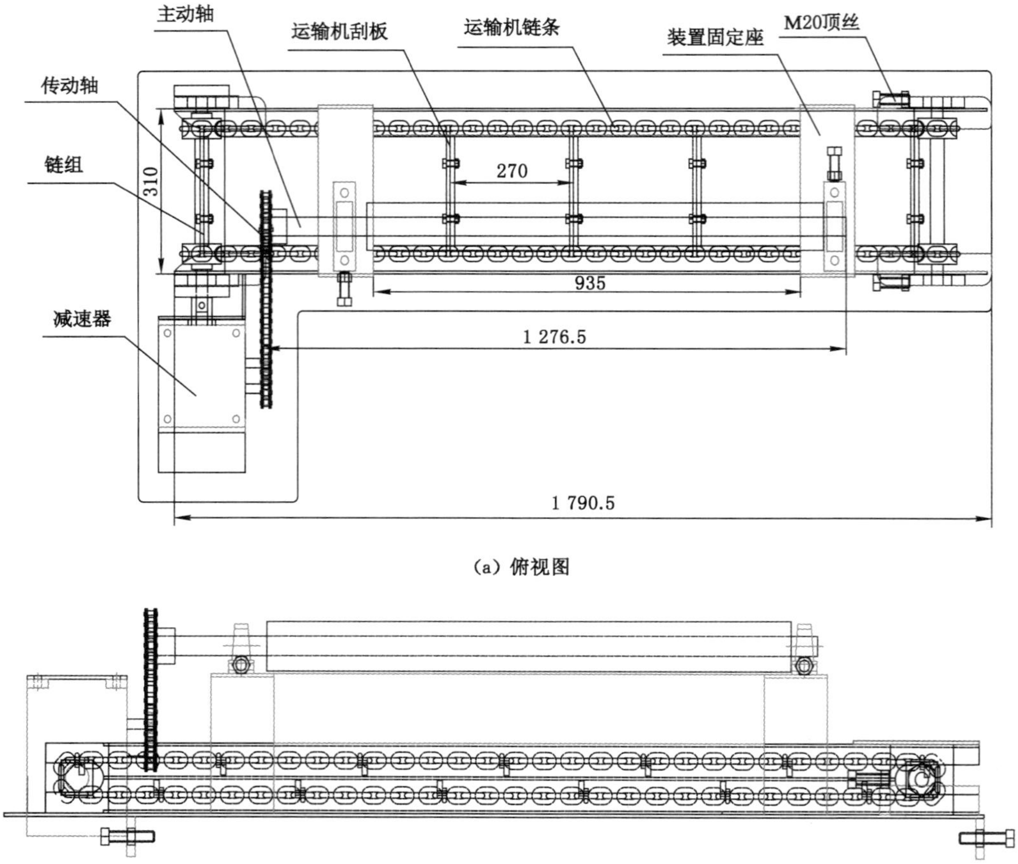

(a) 俯视图

(b) 主视图

图 1　皮带尾自动出货装置

3　皮带尾自动出货装置使用方法

将自动出货装置安设在皮带尾浮货堆积处，由 4 个 M20 螺栓与皮带尾连接固定，自动出货装置是由小型刮板运输机、传动轴、辅助轴承和减速机组成，小型刮板运输机与皮带尾连接，使皮带尾堆积的浮货均落在小型运输机上。传动轴安设在皮带的下方，当皮带正常运行时会带动主动轴转动，提供动力源，主动轴一端通过传动轴与减速机相连，减速机一端再与小型刮板运输机连接，通过减速机带动小型刮板运输机转动，由二层返至皮带尾的浮货会落入运转的刮板运输机上，从而实现自动将浮货清除。

4 应用后的优点

4.1 减轻工作量

实现自动化减人，使用皮带尾自动出货装置，无须安排专人清除皮带尾堆积浮货，可以实现自动将浮货清净，节省作业人员，减轻工作量。

4.2 安全系数高

使用皮带尾自动出货装置后，皮带尾不再会有浮货堆积，也就不会产生因皮带尾堆积浮货造成皮带跑偏、断带或因摩擦起火等现象。无须人工清皮带尾浮货，也不会发生因人力使用工具清除浮货作业造成的意外伤害事件。为安全工作提供极大的保障。

4.3 成本率低

皮带尾自动出货装置设计的最大优点就是无须任何源动力提供动力支持，动力来自皮带本身，利用皮带的自行运转带动装置运行，使之成为“永动”的刮板运输机，真正做到一劳永逸。

5 效益分析

5.1 社会效益

通过对此项装置的设计与应用，减少了作业人员的投入，降低了工人劳动强度，提高了生产过程中的安全系数。

5.2 经济效益

未应用自动出货装置时，每班需安排专人在皮带尾处值守，发现堆积浮货较多时，立即清理。安设皮带尾自动出货装置后，无须再安排专人负责，浮货可被自动清除，减少了作业人员。该装置安设在东二 1509 运输顺槽皮带尾，东二 1509 工作面于 2021 年 9 月 1 日开始回采，预计回采 7 个月，每班安排专人负责皮带尾共需要 7 个月×30 天×3 班＝630 个工×200 元＝126 000 元。

皮带尾自动出货装置由动力装置和出货装置构成，其中动力装置由主动轴、传动轴和减速机构成，共计 500 元＋1 000 元＋1 000 元＝2 500 元，出货装置为简易自制小型刮板运输机，成本为 2 000 元，其总造价为 2 000＋2 500＝4 500 元。

应用该装置后效益为 126 000－4 500＝121 500 元。

皮带尾自动出货装置在东二 1509 工作面应用后，得到了工人们的一致肯定与好评，成功省去了负责皮带尾人员，完全可以应用在大隆矿及其他矿井各条皮带上，具有推广价值。

6 结束语

大隆矿东二 1509 运输顺槽皮带尾自动出货装置的应用，完全能够将皮带尾堆积的浮货清除，避免因皮带尾浮货堆积到一定程度后，造成皮带跑偏从而影响生产。不再需要人工到皮带尾清扫堆积的浮货，减少作业人员，提高劳动效率，真正做到了用科技创新引领安全生产。

全国煤矿复杂难采煤层
开采技术研究与应用

（下册）

中国煤炭工业协会
河南能源集团有限公司
组织编写

中国矿业大学出版社
·徐州·

图书在版编目(CIP)数据

全国煤矿复杂难采煤层开采技术研究与应用 / 中国煤炭工业协会，河南能源集团有限公司组织编写. 徐州：中国矿业大学出版社，2024. 8.—ISBN 978-7-5646-6405-3

Ⅰ. TD823.8

中国国家版本馆 CIP 数据核字第 20248EP822 号

书　　名　全国煤矿复杂难采煤层开采技术研究与应用
组织编写　中国煤炭工业协会　河南能源集团有限公司
责任编辑　马晓彦　李　敬　陈　慧
出版发行　中国矿业大学出版社有限责任公司
（江苏省徐州市解放南路　邮编 221008）
营销热线　(0516)83885370　83884103
出版服务　(0516)83995789　83884920
网　　址　http://www.cumtp.com　**E-mail**:cumtpvip@cumtp.com
印　　刷　日照报业印刷有限公司
开　　本　889 mm×1194 mm　1/16　**印张** 61.25　**字数** 1770 千字
版次印次　2024 年 8 月第 1 版　2024 年 8 月第 1 次印刷
总 定 价　272.00 元(上下册)

《全国煤矿复杂难采煤层开采技术研究与应用》编委会

目　录

上　册

特等奖获奖文章

一等奖获奖文章

二等奖获奖文章

下　册

二等奖获奖文章

三等奖获奖文章

二等奖获奖文章

浅谈液压支架回撤设备的优化及应用

冷亚非

（铁法煤业（集团）有限责任公司小青煤矿，辽宁 铁岭 112702）

摘　要　小青煤矿采用了新型回撤液压支架设备，并在使用中对其进行了改造，保证了液压支架安全、快速回撤，并节省了资金。

关键词　回撤设备优化；液压支架；应用

1　概述

现阶段，由于人员少、工人操作技能差，导致回撤速度慢，需要提高回撤速度。液压支架在工作面回撤过程中需要时间长，因此为确保采煤工作面快速、安全回撤，小青煤矿使用了一套新型的液压支架回撤设备，但在使用的过程中发现了一些问题，通过对液压支架回撤设备的改造，使此套回撤设备更易于操作、更符合作业现场的实际需要。

2　回撤液压支架设备的改造及使用

液压支架回撤设备由液压支架调向平台、液压支架回撤车、回撤装车机构三个独立部分组成。

液压支架调向平台作业的作用是将液压支架拽出并进行调向，将液压支架拽到液压支架回撤车上。

液压支架回撤车的作用是将液压支架运输到回撤装车机构处，并通过回撤装车机构上的转盘旋转，使液压支架调向。

回撤装车机构的作用是将液压支架拽到平板车上。

2.1　液压支架调向平台改造及使用

液压支架调向平台的使用方法如图1所示。

（1）液压支架调向平台的引架平台与被撤支架对齐后，改接被撤液压支架的液压管路；将牵引缸引出来的圆环链钩头挂在被撤液压支架大脚眼上。

（2）降被撤液压支架大柱，伸出牵引缸带动圆环链拉液压支架，被撤液压支架压在过渡平台上时，摘下钩头；挂装车臂大缸引出的钢丝绳钩头，伸液压缸，使液压支架调向。

（3）液压支架调向后，收回装车臂大缸，装车臂的钢丝绳钩头挂到液压支架侧护板或底座眼上，伸出装车臂大缸，将液压支架拉上回撤装车机构；捆绑牢固后，用绞车将回撤出的液压支架运到回撤装车机构处。

由于主牵引缸牵引力小，牵引缸损坏频繁，回撤支架遇到阻力时（底板不平、泥泞，顶板货跟得紧等情况），牵引不动液压支架。改造后，将原来使用的 ϕ160 mm 牵引缸更换为 ϕ200 mm 牵引缸，

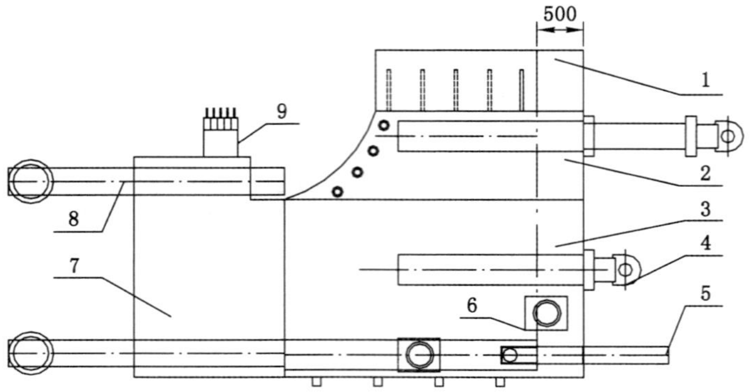

1—引架平台;2—过渡平台;3—转向平台;4—推拉方箱;5—主牵引缸;6—辅助调向滑轮;
7—装车平台;8—装车臂组;9—可伸缩阀组。

图1 改造后的液压支架调向平台

并增加一个牵引缸,增大了牵引力。将 ϕ10 mm 进、回液高压胶管改成进液使用 ϕ10 mm 高压胶管,回液使用 ϕ19 mm 高压胶管,解决了回液慢的问题。

原来操作阀放到底板上,回撤几组液压支架后,就需人工将操作阀前移,费时费力,改造后,将操作阀固定到装车臂侧面,随液压支架调向平台一同前移,减少人工挪运,操作更方便、安全、省力。

因为井下底板不平整或有坡度,装车平台有时低于液压支架回撤车,需使用木段垫高装车平台。改造后,加高装车平台,使其前端始终高于液压支架回撤车,避免了刮卡、无法装车等情况。

转向平台上安装一个调向滑轮,辅助支架调向。

2.2 液压支架回撤车改造及使用

液压支架回撤车使用方法:如图2所示,使用工作面安设的绞车牵引液压支架回撤车,实现液压支架回撤车从液压支架调向平台到回撤装车机构之间的往返。转盘能够转动,从而带动液压支架转向,使液压支架转动90°,以满足装车要求。

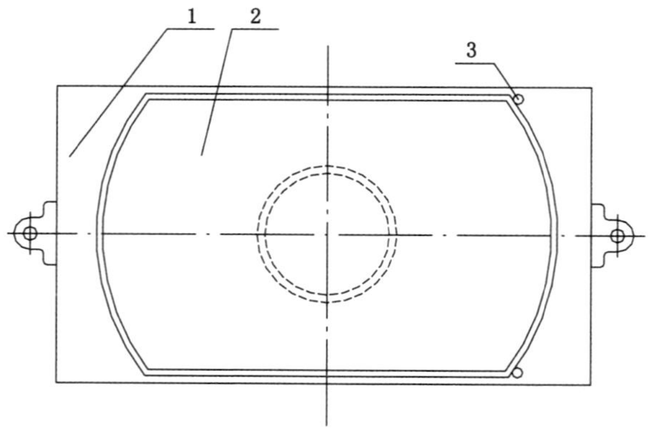

1—铲板;2—转盘;3—定位销。

图2 改造后的液压支架回撤车

液压支架回撤车车轮间距为2 000 mm,井下轨道轨距为600 mm,回撤液压支架时需将原有轨道拆除,重新铺轨道。改造后,车轮间距变为600 mm,回撤液压支架时不需要重新铺轨道,省时省力,提高了工作效率。

原液压支架回撤车设计使用液压缸固定液压支架、转动转盘、辅助牵引等。改造后,去掉车梁、横梁、液压缸、阀等，只保留铲板、转盘，更简单、便于操作。

液压支架回撤车去掉液压缸、横梁等，转盘无法固定，运输时转动，改造后，在转盘两侧加定位销，防止转盘转动，液压支架到回撤装车机构时，将定位销取下，便可转动转盘转向。

2.3 回撤装车机构改造及使用

回撤装车机构使用方法：如图 3 所示，平板车运到底盘方箱上并锁好，内外牵引臂引出的钢丝绳钩头挂在液压支架侧护板孔眼上，伸出牵引臂，带动钢丝绳，将液压支架拉到底盘方箱上事先准备好的平板车上。

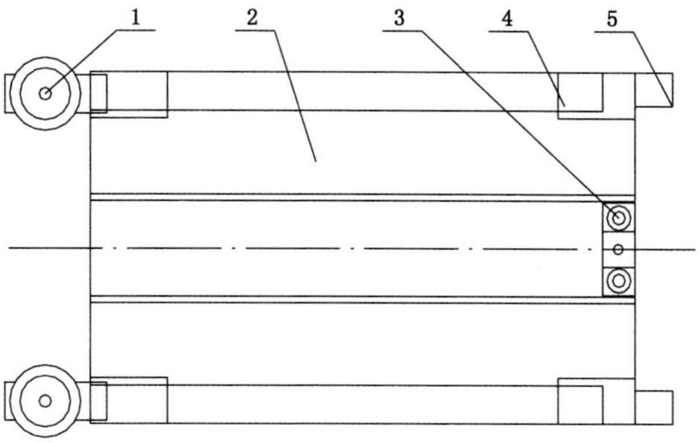

1—内外牵引臂；2—底盘方箱；3—锁车机构；4—抬底装置；5—顶车机构。

图 3　改造后的回撤装车机构

回撤装车机构前的轨道打 2 根地锚杆固定，防止拽液压支架时窜动。

去掉锁车碰头中间连接铁，防止车辆通过时刮碰头销。

3　液压支架回撤设备使用过程

回撤液压支架的步骤如下：

(1) 提前改液压支架液压管路，调向平台的引架平台与被撤支架对齐；将牵引缸引出来的钩头挂在被撤液压支架大脚眼上。

(2) 降液压支架，伸出牵引缸，将液压支架拉到过渡平台上，装车臂大缸引出的钢丝绳钩头挂到液压支架侧护板上，伸出装车臂大缸，进行调向。

(3) 用液压支架调向平台装车臂将液压支架拉上液压支架回撤车；捆绑牢固后，用绞车运到回撤装车机构处换车。

(4) 工作面轨道影响推移撤架平台时，拆掉轨道，加短轨道。

(5) 推撤架平台、拉掩护架：主、副掩护架一起伸推拉缸，向前推撤架平台，使引架平台与下一个被撤液压支架对齐。先拉主掩护架，在主掩护架上上一根工字钢，工字钢一侧探入回撤三角区，对三角区进行支护，主掩护架升起接顶；再拉副掩护架，副掩护架到位后升起接顶，在工字钢下打 2 根单体支柱。

(6) 液压支架架脚底面与平板车上平面高度一致后，用回撤装车机构伸缩臂将液压支架拉上平板车。

(7) 液压支架装上平板车后，检查液压支架高度、侧护板及装载情况，确认无误后捆绑牢固，运出支架。

(8) 将液压支架回撤车拉回工作面，进行下一循环。

4 实施效果

该套回撤设备在改造后，更能适应井下作业要求，已经应用于多个工作面液压支架的回撤，设备操作简单、故障率低、安全性高，既减轻了工人劳动强度，又提高了回撤效率，保证了液压支架安全、快速的回撤，也提高了整个工作面的回撤速度。

5 经济效益

此套液压支架回撤设备尺寸小，与以前的回撤设备相比，可减少一排支护顶锚杆。小青煤矿工作面一般长度为 220 m，每个工作面可节省锚杆 275 套，每套锚杆 80 元，按照每年回撤 5 次计算，可节省资金 11 万元。该设备简化了施工方法，降低了劳动强度，提高了回撤速度，且具有安全效益。

6 结束语

该套液压支架回撤设备改造后的成功使用，降低了工人的劳动强度，简化了施工方法，节省了支护费用，提高了液压支架回撤速度，使用效果良好，为其他工作面回撤液压支架提供了经验。

龙湖煤矿膏体充填综采工艺应用与创新

沙金

（黑龙江龙煤七台河矿业有限责任公司龙湖煤矿，黑龙江 七台河　154600）

摘　要　龙湖煤矿膏体充填项目工作面采用液压支架综采工艺，采后顶板不垮落，顶板岩层移动没有明显的“上三带”分布，井下开采对地面影响较小，有利于控制地表沉陷，保护地表建筑物；消耗废弃矸石和电厂粉煤灰，实现固体废弃物综合利用，减少土地占用，保护生态环境，实现矿山绿色开采。

关键词　膏体充填；绿色开采；充填配比；综采

1　工作面概况

工作面概况见表1。

表1　工作面概况

<table>
<tr><td>水平名称</td><td colspan="2">一水平</td><td colspan="2">采区名称</td><td colspan="3">一采下山区</td></tr>
<tr><td>地面标高/m</td><td colspan="2">230～245</td><td colspan="2">井下标高/m</td><td colspan="3">－356.09～－230.41</td></tr>
<tr><td>地面相对位置</td><td colspan="7">地面标高 219～235 m，地表有耕地、房屋，对工作面无影响</td></tr>
<tr><td>回采对地面设施的影响</td><td colspan="7">65B、67 上均未回采，经七台河矿业有限责任公司研究决定回采 68 层时采用膏体充填法管理顶板，能有效地保护地面设施和北立风井</td></tr>
<tr><td>井下位置</td><td colspan="7">工作面上部 6 m 为 68 上煤层，上部 16 m 为 67 下煤层，下部 20 m 为 69 煤层，下部 40 m 为 70 煤层，下部 60 m 为 71 煤层，71 煤层未采动，其余均不可采，对工作面无影响</td></tr>
<tr><td>四邻关系</td><td colspan="7">采煤工作面位于一采下山区主井左部，东部是下山区主井井筒，西部为 F69 正断层，南部为 F69 正断层，北部为立井及保安煤柱，邻近无其他采掘工作面</td></tr>
<tr><td rowspan="6">走向长度/m</td><td rowspan="3">块段 1</td><td>上巷</td><td>350</td><td rowspan="3">倾斜长度/m</td><td rowspan="3">210</td><td rowspan="3">面积/m²</td><td rowspan="3">84 000</td></tr>
<tr><td>下巷</td><td>327</td></tr>
<tr><td>平均</td><td>338.5</td></tr>
<tr><td rowspan="3">块段 2</td><td>上巷</td><td>240</td><td rowspan="3">倾斜长度/m</td><td rowspan="3">150</td><td rowspan="3">面积/m²</td><td rowspan="3">45 000</td></tr>
<tr><td>下巷</td><td>327</td></tr>
<tr><td>平均</td><td>283.5</td></tr>
</table>

根据采场情况布置对拉工作面，采用走向长壁开采方法。工作面采用采煤机落煤；综采液压支架支护顶板；采空区采用膏体充填。

块段1工作面采高2.5 m,块段2工作面采高2.5 m,单位循环进度0.8 m,充填步距2.4 m。工作面支护形式为单体液压支柱支护,开始正常生产时采用高档普采,后来经过技术创新将充填的单体液压支柱改为液压支架,开采工艺改成综采与充填相结合的方式。

2 充填系统简介

煤炭资源是有限且不可再生的,煤炭企业必须珍惜煤炭资源,提高资源回收率,减少环境污染。龙湖煤矿煤种优质,采用矸石充填开采效果更加明显,既提高了煤炭资源回收率和矿井经济效益,又延长了矿井服务年限,还减少环境污染,避免建筑物损坏和土地塌陷赔偿。且现在利用现有生产系统在正规面生产的同时进行矸石充填开采,可以大大减少将来压煤开采系统投入。

充填开采是七台河矿业有限责任公司安全发展的需要。矿井充填开采是公司大力实施科技创新、实现安全高效发展的有力举措。通过学习考察充填开采工艺,看到了矿井充填开采投入少、成本低、技术成熟、经济效益显著的优势,增强了七煤人推进矿井充填开采的信心,让七煤人看到了新的发展希望。截至2024年5月末,充填开采项目累计出煤65万t,累计充填量50万m^3。充填开采主要利用破碎洗选矸石、矸石山矸石和电厂废弃炉渣、粉煤灰等废弃物料,共计消耗粉煤灰30万t,矸石44万t,大大减少了扬尘、矸石山自燃、占用土地等环境污染。

充填系统简单可靠,投资少,尽量利用井下现有生产系统,且能兼顾各片区压煤回收原则,综合确定了“井下建站、投料井方案”。而投料井施工需避开采空区,且地表应有足够的存储充填料场地,还要便于车辆运输。

根据龙湖煤矿浅部煤层开采及存储充填料场地情况,结合井下巷道布置和压煤充填开采规划,确定投料井位置在龙湖选煤厂货场地磅南侧附近。投料井深度480 m,落在−245 m水平(一采下山区二片后石门水平),后期在−100 m水平(投料井深度335 m)改造投料井。

在一采下山区二片后石门至投料井底部施工516(486+30)m皮带巷及150 m回风巷,在皮带巷施工至195 m处施工30 m充填泵站硐室,服务先期充填开采区域。先期完成后,在−100 m水平一采下山区主运石门向后施工30 m充填泵站硐室,在充填泵站至投料井深度335 m处施工280 m皮带巷和180 m回风巷,将投料井钢管巷道高度段改造成活节,服务后期充填开采区域。

① 先期充填开采区域(−245 m水平):充填管路最长1 760 m,且10°左右下山900 m,拐弯点2处,1台充填泵即可满足要求。

② 后期充填开采区域(−100 m水平):充填管路最长1 100 m,无上山,拐弯点2处,1台充填泵即可满足要求。

地面料场简介:在靠近矸石山北侧西部布置破碎系统,将矸石山矸石破碎并存储到矸石储料场,在龙湖选煤厂货场西侧设置60 m×30 m储矸石防雨料场和30 m×30 m储电厂炉渣料场,在储料场至投料井铺设上料皮带长廊,用于添加粉煤灰和运输充填料至投料井;在上料皮带旁边设置两个粉煤灰储料仓,将粉煤灰比例添加到上料皮带上。靠地磅南侧附近设置ϕ500 mm×451 m深投料井,井底落在−221 m水平。投料井下施工矸石储料仓,旁边施工水泥仓,2个仓下部至一采下山区二片后石门施工皮带运输巷516(486+30充填泵站硐室)m,至斜井施工330 m回风通道巷及联络巷,服务先期充填开采区域。

固化剂(以水泥为主)从地面2个200 t水泥罐(料场砂子存储棚处)用专用水泥车经副立井运到井下水泥仓,然后按比例添加至运输矸石皮带上。

井下工作面充填工艺目前主要充填开采技术为破碎矸石抛掷充填技术、低压管路风力充填技术、长壁综合机械化矸石充填技术、膏体充填技术,通过对比,膏体充填技术控制覆岩及地表沉陷效果显著安全性高。如图1所示。

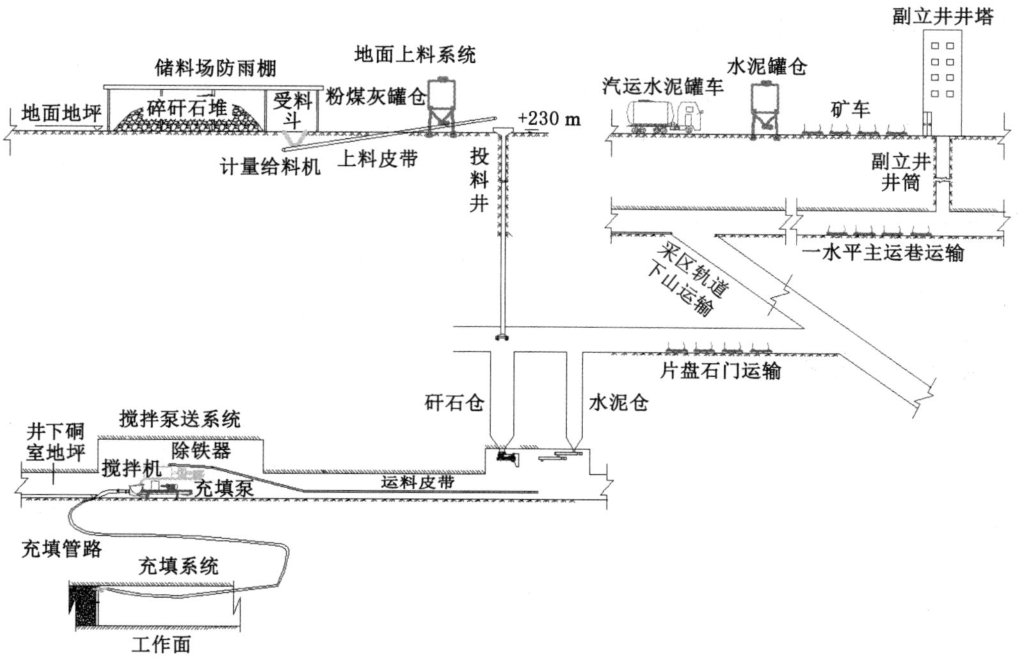

图 1　龙湖煤矿似膏体充填系统示意图

制定工艺流程。采用 HBMD200/15-630SF 型充填泵(1 用 1 备),额定流量为 200 m^3/h,电机功率 2×315 kW(1 用 1 备)。实际应用工作时压力为 6～8 MPa,每 8 秒打 1 次,每小时充填量为 70～80 m^3/h。MJD-2000D 型搅拌机(1 用 1 备),生产能力 100～180 m^3/h,电机功率 110 kW。LS650 型螺旋输送机(1 用 1 备),生产能力 100～200 m^3/h,电机功率 37 kW。建立煤矸石破碎及投料系统。破碎后的煤矸石、粉煤灰通过变频称重给料机定量配比经上料皮带运至投料井投入井下矸石仓;六采工业广场设水泥罐,散装水泥经翻车机翻入井下水泥仓;建立井下充填泵站输料系统。矸石仓内的混合料和水泥仓内的水泥通过变频称重给料机经皮带运输至充填泵站,通过搅拌机和螺旋输送机加水搅拌后,由充填泵加压经充填管路输送至采煤工作面充填池内。建立地面充填实验室。根据山东科技大学编制的龙湖煤矿膏体充填开采方案设计相关要求,通过试验数据分析,确定充填料配比为水泥 6%、粉煤灰 22%、矸石 52%、水 20%。经过 2 年多的充填试验,根据井下测定配比及实验数据分析,将粉煤灰含量调整至 30%,降低了矸石含量至 44%,其他不变。

制定岩移观测方案。地面共设立了 49 个岩移观测站,井下顺槽巷道安设 16 组顶板离层仪,8 组顶底板移近量观测站,6 组自制顶板下沉量监测装置,对地表下沉量、井下覆岩压力和移动量进行观测。

经过 3 年的充填回采,膏体充填开采顶板岩层移动没有明显的垮落带、裂缝带和弯曲下沉带的“上三带”分布,无周期来压显现。截至目前,井下巷道顶板最大下沉量为 1 cm,地面无下沉量。充填开采可消除安全隐患,保护生态和资源,实现煤炭绿色开采。首先,能够有效地控制顶板和上覆岩层运移,防止地表沉陷,保护地表和地下水资源;其次,能够大幅降低矿压显现强度,有效预防顶板事故和突水事故,消除采空区瓦斯积聚和浮煤自燃风险,提高煤矿安全保障能力;最后,能够大量消化煤矸石,减少地面矸石山堆积占地,消除对生态环境的污染,避免地面基础设施、建筑物损毁和村庄搬迁。

3 项目创新的基本内容

采煤方法：最初采用倾斜长臂后退式高档普采采煤方法，单位循环进度 0.8 m，充填步距 2.4 m。一采下山区 68 层左三片块段Ⅰ工作面长度 210 m，采高平均 2.5 m；一采下山区 68 层左三片块段Ⅱ工作面长度 120 m，采高平均 2.5 m，2 个工作面为对拉工作面。2 个工作面交替生产，保证回采与充填互不影响。在充填期间工作面不停产预计原班回采煤量 567 t，月采煤量 1.7 万 t，循环充填矸石膏体 388.8 m^3。年产煤量 20 万 t，年充填矸石量 14.1 万 t。后期经过工艺创新，将充填工作面的单体液压支柱改为液压支架综采，实现了充填工艺与综采的相结合，保证了安全，增加了产量。

4 在实际生产过程中改进生产工艺

龙湖煤矿充填开采项目于 2020 年 3 月正式投产。从 2021 年 5 月开始，一直到 8 月，龙湖煤矿充填区井下充填管路频繁出现管路堵塞的情况，三天两头一堵，每次处理都要频繁拆卸大部分管路，错过了处理堵点的最佳时间（即发生管路堵塞后的 1～1.5 h 以内），从而导致大面积管路堵塞，增加了劳动量，既浪费人力、物力、财力，又影响了充填的正规循环，更降低了煤炭产量。

面对这种情况，采区班子一起探讨，苦心钻研，在充填管路上又多加了一个三通，初步设计是在充填的主管路上每隔 50 m 增加一根带有三通的主管。增加这个三通的好处一是在发生管路堵塞的时候能够缩短打料距离，降低管路的阻力。二是逐段排查三通，快速找到堵点，节省堵管时间。在之后的生产实践中多增加的这个三通也确实起到了相当不错的效果，由一名班子成员和充填工几人就能够快速找到堵点，既节省了时间，又保证了充填循环，为采煤工作面正常生产提供了必要的条件。

技术人员利用充填实验室通过反复试验，最终确定膏体配比方案，充填干料中粒径小于 1 mm 的占比 55％以上，既保证了充填膏体凝固后有足够的强度，又保证了膏体的流动性和可输送性，解决了堵管的问题。采煤工作面仰斜开采倾角增大至 9°，充填膏体一次接顶率由 80％提升至 95％以上，提高了充填作业质量。同时充填池内的浆体压力主要集中在软帮侧已凝固的充填实体上，减少浆体对充填池下帮的压力及跑浆事故的发生，提高了充填作业的安全性。更换新型土工布，沥水率提高至约 3％，膏体凝固速度加快，性能提升明显。优化充填流程，每个充填池每次充料 300～400 mm 高即跳到下一个充填池充料，确保充填池内的水分可以充分沥出，确保作业安全。充填队 1 个小班即可完成围池工作，4 个小班完成一个采煤、充填作业循环。通过劳动组织优化及岗位优化，实现井上、井下多工种兼职，围池过程中采煤工、充填工、辅助工交叉作业，降低生产人工成本，经济效益明显。将充填的采煤工艺改成综采液压支架后，充填提高了围池子和充填的效益，充填液压支架具有围池子快、充填效果好的特点，并且可以仅围一个池子，减少了工人的劳动强度和充填的时间，增加了充填工作的效率。

优化充填管路路线，对充填新甲乙面（68 层左三片）充填管路进行改造。施工二片降段管子道，对原有充填管路进行改造，合理规划充填路线，缩短充填泵送距离，降低充填堵管几率。

5 结论

（1）本项目可对建筑物下压煤及井巷煤柱压覆煤炭资源进行回收，对延长龙湖煤矿服务年限具有重要的现实意义，项目的实施符合有关规定。

（2）本项目通过类比法对地表产生的移动变形值进行了预计，地面建（构）筑物在Ⅰ级损坏范围内，受采动影响很小，满足保护建筑物及井巷的要求。

（3）本项目充填开采方案在经济上合理，技术上可行，年产煤量可达 16.8 万 t，经济效益可观。

（4）本项目对七台河矿业有限责任公司可持续性发展有着重要的意义，此外实施充填开采可以有效减轻地表沉降、解决矸石及粉煤灰排放问题，符合国家保护环境的大政方针，是功在当代、利在千秋的重要工程。

（5）充填工作面安装综采液压支架，使充填开采与综采工艺相结合，增加了产量，保证了现场的安全。

参考文献

[1] 郭惟嘉，张新国，史俊伟，等.煤矿充填法开采技术研究现状及应用前景[J].山东科技大学学报（自然科学版），2010，29(4)：24-29.

[2] 杨胜利，白亚光，李佳.煤矿充填开采的现状综合分析与展望[J].煤炭工程，2013，45(10)：4-6.

深部复合顶板巷道支护设计与优化工程实践

苏朝晖，胡伟，赵志永

（淮南矿业（集团）有限责任公司潘集第三煤矿，安徽 淮南 232000）

摘 要 为了确保矿井复合顶板巷道在煤矿开采时的稳定，以潘集第三煤矿西三 11-2 煤下部采区 1692(1)工作面轨道顺槽为研究对象，对原岩的赋存状况和原有的支护方案进行分析。结果表明，原支护方案暂时可以满足安全支护需要，但考虑本巷道为典型深部多次应力扰动下复合顶板沿空掘巷，采用数值模拟分析了锚杆与短锚索预应力承载结构，研究发现短锚索预应力承载结构的应力场范围更大，能够有效控制围岩变形。通过矿压观测及其规律分析，验证了该设计的可行性。

关键词 深部工作面；数值模拟；支护方案；矿压观测

我国煤矿中普遍存在着层状复合顶板巷道，由于该顶板中层理和裂隙发育，难以形成稳定的承载结构，因此容易发生大面积冒顶事故。根据统计数据，顶板事故在煤矿安全事故中占比超过 40%，因此控制复合顶板的稳定性成为煤矿安全中的重要难题[1-2]。锚网索采用预紧方式对围岩进行主动支护，形成主动锚固结构，改善围岩力学性能，实现对支护围岩的协同控制[3-6]。许兴亮等[7]提出锚杆与被锚固围岩相互作用形成预应力承载结构，能够稳定内层破碎软弱围岩，外层关键岩梁结构与内层锚固支护结构相互作用，共同保护巷道。侯朝炯等[8]提出锚杆与围岩相互作用形成的小结构维稳巷道顶板能够有效地加强锚固区内的岩体，提高其残余强度，从而保持巷道破碎区域围岩的稳定性。张琦等[9]通过数值模拟分析发现，锚杆预应力承载结构对锚杆主动支护起到关键作用，结合锚索的悬吊作用能有效控制围岩变形。赵志永等[10]通过现场调研和理论计算，对初始支护参数进行适当调整，能有效控制巷道顶板。秦志宏等[11]通过理论分析和 FLAC3D 数值模拟方法，对原始支护参数进行了优化研究，并提出了一种新的复合支护技术。综上，为了控制复合顶板的稳定性，需要改善围岩力学参数，充分发挥围岩自承能力，并在围岩内形成预应力承载结构，以实现结构与围岩的协调作用，从而达到支护效果。

前人研究表明，较大的预应力承载结构能够有效保持巷道整体稳定性[12]。本文针对矿井复合顶板巷道难以支护的问题，采用短锚索代替锚杆，制定优化支护方案，对支护方案进行数值模拟分析，并进行现场应用，结果显示优化后的围岩变形破坏范围小，比原方案更具优越性，可为相似工程条件提供参考。

1 工程概况

1692(1)工作面标高－832～－891 m，开采 11-2 煤，煤层厚度 2.7～3.1 m，均厚 2.8 m。1692(1)轨道顺槽设计长度 1 360 m，留设 7.8 m 煤柱，沿 1682(1)采空区边缘掘进。1692(1)轨道顺槽与

1682(1)采空区平面位置关系如图 1 所示。

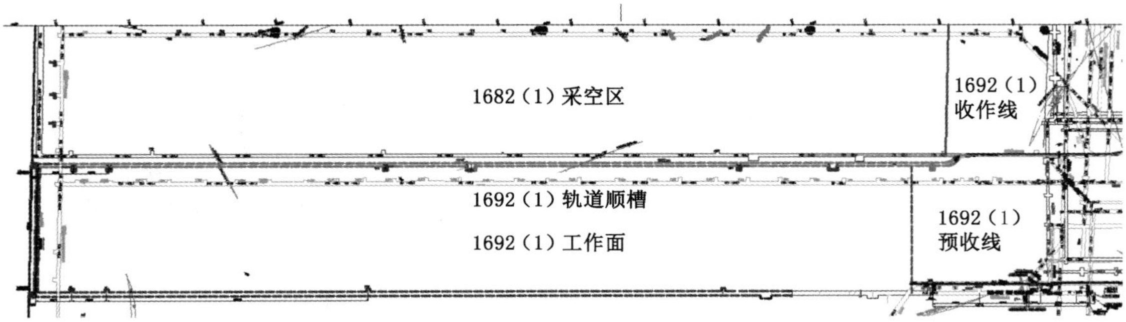

图 1　平面位置关系图

2　巷道顶板及帮部初始支护设计方案

（1）顶板锚杆支护：顶板钢带沿巷道横向铺设，每个钢带上安装 7 根锚杆，除肩窝位置 2 根锚杆与顶板面呈 10°角锚入外，其余均穿过钢带孔垂直顶板锚入。锚杆规格为 ϕ22 mm×2 400 mm，间排距 800 mm×800 mm，顶板锚杆采用全长锚固，使用 1 卷 K2550 和 2 卷 Z2860 型全长预应力锚固剂，M5 钢带长度 5 000 mm，菱形金属网采用 10# 铁丝编制，规格为 6 000 mm×1 100 mm。

（2）顶板锚索支护：在锚杆的中间布置 3 根顶锚索，在顶板距两帮 400 mm 处各布置 1 列沿走向的锚索，锚索全部穿过 T3 钢带锚索孔垂直顶板锚入。顶板条件较好时锚索规格为 ϕ21.8 mm×6 300 mm；顶板条件差、锚索锚固在稳定岩层中的长度小于 1 200 mm 时，锚索规格为 ϕ21.8 mm×7 500 mm。中间部分锚索间排距为 1 100 mm×800 mm，两帮侧顶板沿走向锚索间排距为 4 400 mm×1 100 mm，T3 钢带长度为 2 600 mm，每根锚索配用 2 卷 Z2860 锚固剂。需做好探测工作，顶板条件变化时，及时改变锚索长度，保证锚索生根在稳定岩层中长度不小于 1 200 mm。

（3）两帮锚杆支护：帮部采用了 5 根无纵筋螺纹钢预拉力锚杆、M5 钢带和菱形金属网。金属网紧贴煤帮，横向铺设，并与相邻金属网搭接 200 mm，搭接处使用 14# 铁丝进行联网。钢带纵向铺设并压紧金属网以加固支护系统。帮部锚杆规格为 ϕ22 mm×2 400 mm，间排距为 800 mm×800 mm，每根锚杆使用 1 卷 K2550 和 1 卷 Z2860 锚固剂加长锚固；帮部菱形金属网采用 10# 铁丝编制，规格为 3 600 mm×1 100 mm。在煤柱帮距顶板 1 500 mm 处布置 1 列沿走向的锚索，锚索全部穿过 T3 钢带锚索孔垂直锚入，锚索规格为 ϕ21.8 mm×4 300 mm，排距为 1 100 mm，每根锚索使用 2 卷 Z2860 锚固剂。初始支护设计如图 2 所示。

使用初始支护方案，巷道围岩变形累计最大为 258 mm，顶板支护比较稳定，初始支护设计方案暂时满足安全支护的需求，考虑 1692(1)轨道顺槽属于典型深部多次应力扰动下复合顶板沿空掘巷围岩控制问题，其稳定性将会受到 1682(1)工作面采动影响，在掘进过程中会受到应力重分布影响，加之后期本面回采的采动影响，因此轨道顺槽受到多次应力扰动，轨道顺槽稳定性维护比较困难。因此，需要对 1692(1)轨道顺槽现有支护方案进行优化，以保证轨道顺槽的长时稳定。

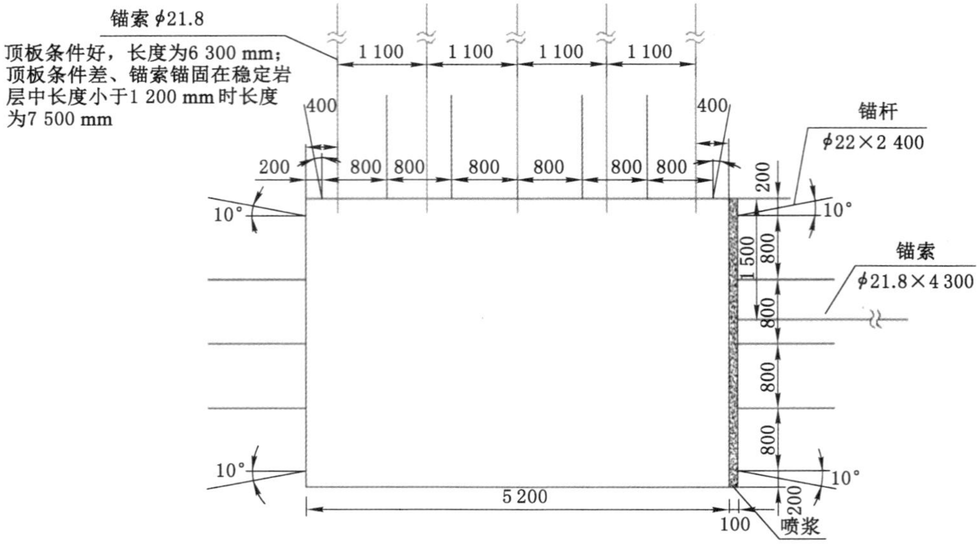

图 2　初始支护设计正视图

3　支护方案可行性数值分析

3.1　数值分析模型建立

根据 1692(1)轨道顺槽地质条件，我们用 FLAC3D 建立了一个三维计算模型，其尺寸长为 50 m、高为 40 m，并沿着巷道推进方向延伸 120 m。为了更准确地模拟巷道周围的围岩变化，对模型巷道周围进行了适当的网格加密，总共划分为 77 700 个六面体单元。在模型的上部施加了覆岩层的自重应力，并采用了莫尔-库仑屈服准则进行计算。数值计算模型如图 3 所示。

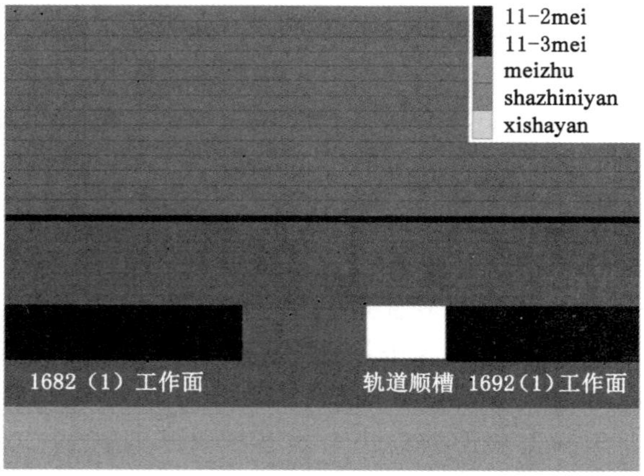

图 3　数值计算模型

3.2　支护参数变更前后方案对比

为了模拟两种支护参数下的预应力承载结构分布特征，本次模拟采用了不同的锚索长度，优化方案采用短锚索代替锚杆。两种支护方案分别如下。

(1) 原支护方案

① 顶板锚杆数量每排 7 根，长度为 2.4 m，间排距为 800 mm×800 mm；顶板锚索数量每排 5

根，长度为 6.3 m，位于中间的 3 根锚索间排距为 1 100 mm×800 mm，两侧帮部的 2 根锚索间排距为 4 400 mm×1 100 mm。

② 煤柱侧帮部锚杆数量每排 5 根，长度为 2.4 m，间排距为 800 mm×800 mm；煤柱帮锚索数量为 1 根，长度为 4.3 m，排距为 1 100 mm。

③ 实体煤侧帮部锚杆数量每排 5 根，长度为 2.4 m，间排距为 800 mm×800 mm。

（2）支护优化方案

① 顶板锚杆数量每排 7 根，长度为 2.4 m，间排距为 800 mm×800 mm；顶板锚索数量每排 5 根，长度为 7.5 m，中间 3 根锚索间排距为 1 100 mm×800 mm，两侧 2 根锚索间排距为 4 400 mm×1 100 mm；

② 煤柱侧帮部锚杆数量每排 4 根，长度为 2.4 m，间排距为 800 mm×800 mm；煤柱帮锚索数量为 3 根，中间 2 根长度为 4.3 m，间排距为 1 200 mm×1 100 mm，距离顶板 200 mm 布置 1 根长度为 3.1 m 的锚索，排距为 800 mm。

③ 实体煤侧帮部锚杆数量每排 5 根，长度为 2.4 m，间排距为 800 mm×800 mm；实体煤侧帮锚索数量为 2 根，距离顶板 1.6 m 的锚索长度为 4.3 m，排距为 1 100 mm，距离顶板 0.2 m 的锚索长度为 3.1 m，排距为 800 mm。

3.3 数值模拟结果分析

如图 4 所示，对比原方案与优化方案的水平应力分布，优化方案的水平应力峰值大于原方案，优化后的方案在帮部增加锚索，将上帮角的锚杆换成短锚索，使用锚索配合锚杆联合支护，锚杆锚索联合支护形成的预应力承载结构范围增大，进而与深部围岩相连接，预应力承载结构的稳定性显著提高，也使得深部围岩的承载能力增强，岩体共同承载的范围增大，巷道维护效果明显。

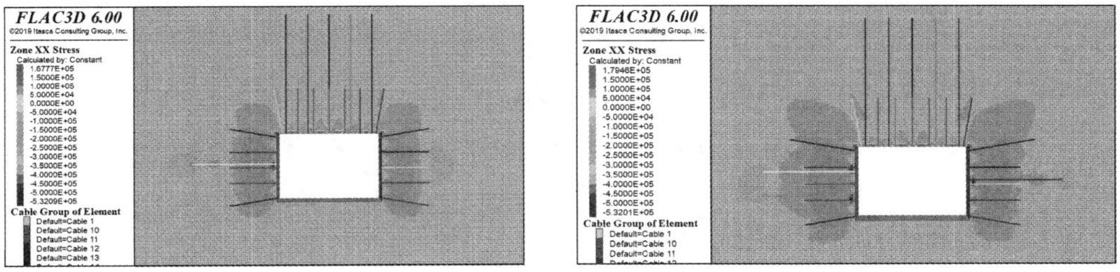

(a) 原方案　　(b) 优化方案

图 4　水平应力对比

如图 5 所示，对比原方案与优化方案的垂直应力分布，优化方案的垂直应力峰值大于原方案，原方案顶板使用 6.3 m 长的锚索，预应力扩散范围小，相比优化后的方案使用 7.5 m 长的锚索，预应力扩散范围增大，有效压应力区的相互连接，在巷道上方形成连续的有效预应力承载层，使得巷道轴向方向的围岩能够被有效支护。

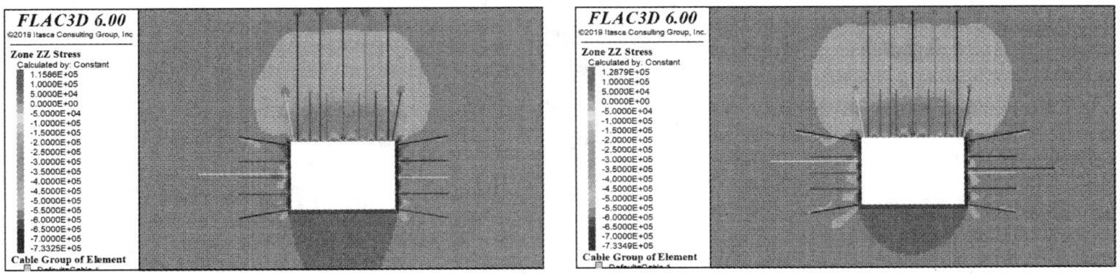

(a) 原方案　　(b) 优化方案

图 5　垂直应力对比

4 现场应用

4.1 正式支护设计

通过前文对两种支护方案的数值模拟结果进行对比，得出1692(1)轨道顺槽正式支护设计方案，如图6所示。

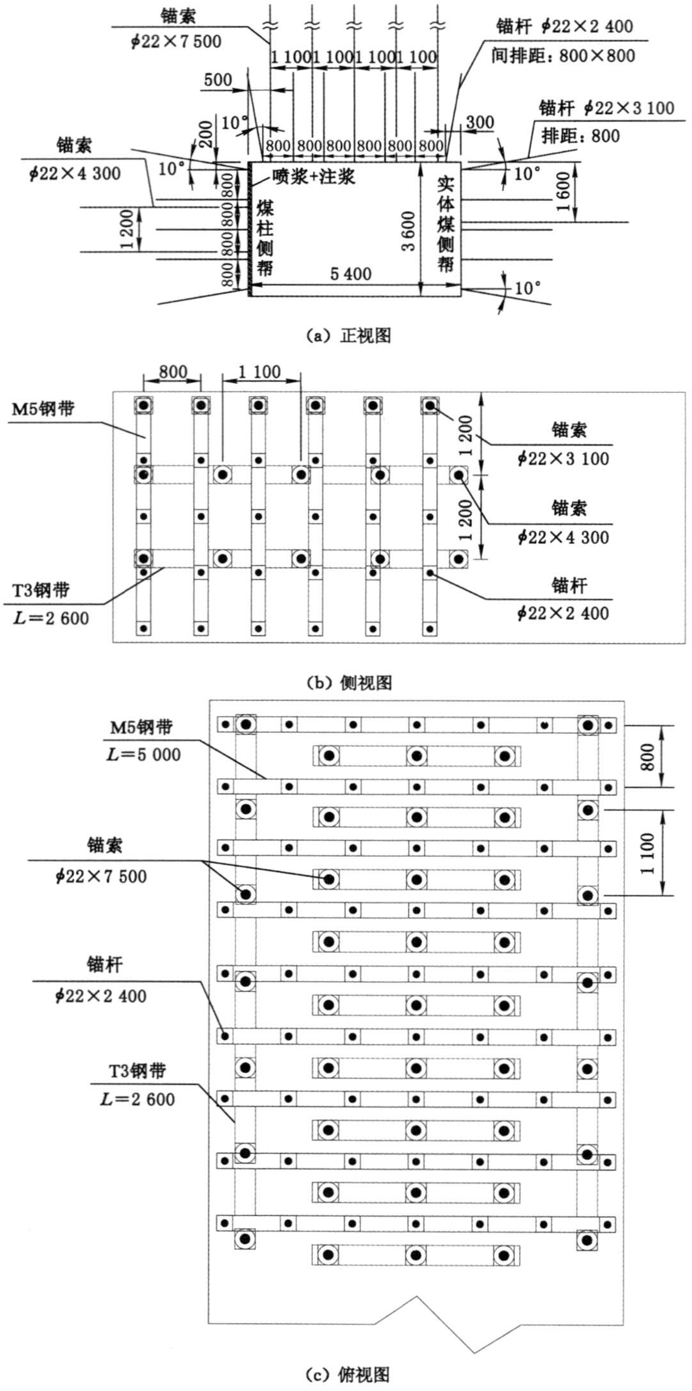

图6 1692(1)轨道顺槽正式支护设计

4.2 巷道围岩变形监测测站布置方式

为了检验1692(1)轨道顺槽施工质量及支护效果,需进行巷道围岩变形监测。来研究针对不同支护形式进行巷道围岩变形监测,在原支护方案处布置B1、Z1测站,在优化支护方案处布置Z2、Z3测站,监测测站具体布置如图7所示。

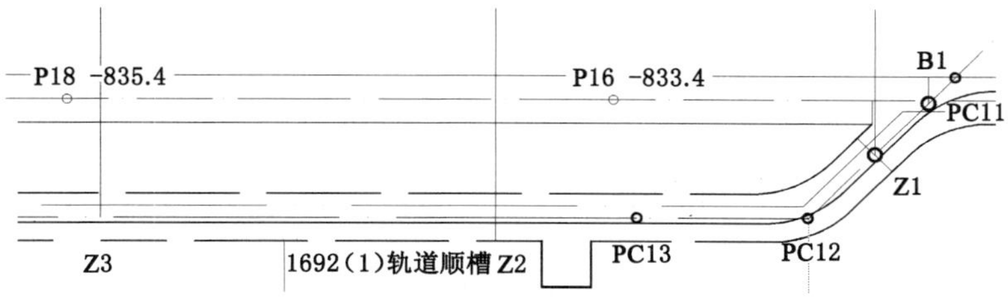

图7 测站布置示意图(单位:m)

4.3 巷道围岩表面位移监测分析

分别选取原支护方案处的测站Z1,优化支护方案处的测站Z2进行巷道围岩表面位移监测分析,两个测站围岩表面变形情况如图8所示。

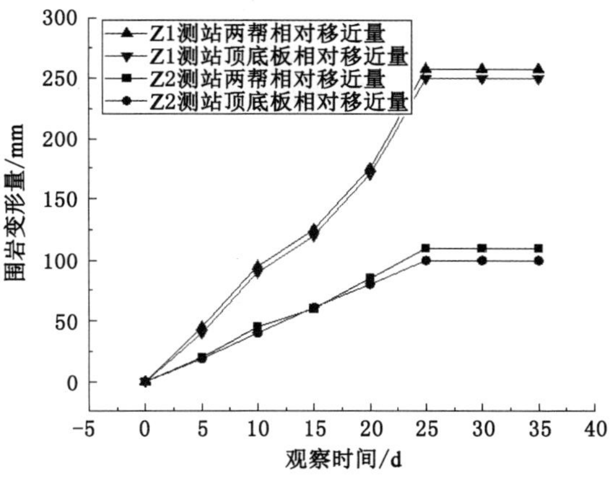

图8 部分测站围岩表面变形情况

由图8可知,原支护方案处的测站Z1两帮相对移近量累计最大为258 mm,顶底板相对移近量累计最大为250 mm;优化支护方案处的测站Z2两帮相对移近量累计最大为110 mm,顶底板相对移近量累计最大为100 mm。由此可见,优化后的围岩变形量更小,能保证轨道顺槽的长时稳定。

5 结论

结合巷道具体的地质情况及现场施工,对巷道的原支护方案进行针对性优化,利用数值模拟对优化方案的可行性进行验证,最后进行矿压观测,经分析,适当增加锚索长度,并将上帮角锚杆换成短锚索,使得预应力承载结构的范围增大,有利于锚杆、锚索联合支护系统更好地形成预应力承载结构,对锚杆、锚索发挥主动支护作用具有重要作用,能够精准有效地控制复合顶板围岩变形。

参考文献

[1] 赵国栋.巨厚复合顶煤大断面煤巷围岩控制技术研究[D].北京:中国矿业大学(北京),2011.

[2] 余涛，赵光明，孟祥瑞，等. 复合顶板稳定性分析及支护参数设计[J]. 煤炭科学技术，2020，48(增刊1)：18-23.

[3] 房万伟，郭洪涛，李洋，等. 极近距离采空区下复合层高效开采技术研究与应用[J]. 煤炭技术，2021，40(8)：64-66.

[4] 吴佳俊，胡祖栋. 锚杆参数对支护体的强化特征研究[J]. 邵阳学院学报(自然科学版)，2021，18(4)：41-46.

[5] 任硕，周逸群，王鹏飞. 软弱夹层复合顶板动压巷道支护技术研究[J]. 煤炭技术，2021，40(8)：32-36.

[6] 关玉祥，朱阳涛. 复合顶板托顶煤巷道锚喷注联合控制技术[J]. 陕西煤炭，2021，40(4)：98-102.

[7] 许兴亮，张农，李桂臣，等. 巷道覆岩关键岩梁与预应力承载结构力学效应[J]. 中国矿业大学学报，2008(4)：560-564.

[8] 侯朝炯，李学华. 综放沿空掘巷围岩大、小结构的稳定性原理[J]. 煤炭学报，2001(1)：1-7.

[9] 张琦，郭玉岗，赵斌，等. 原相煤矿沿空留巷支护技术研究[J]. 煤炭技术，2019，38(1)：41-45.

[10] 赵志永，刘呈勇，武东峰，等. 深部工作面回采巷道支护设计与优化工程实践研究[J]. 科学技术创新，2023(16)：69-72.

[11] 秦志宏，程详，孟祥瑞，等. 厚顶煤夹矸顶板下巷道复合支护技术研究[J]. 煤炭工程，2022，54(2)：49-54.

[12] 张农，袁亮. 离层破碎型煤巷顶板的控制原理[J]. 采矿与安全工程学报，2006，23(1)：34-38.

综采工作面高速回采工艺方法优化

倪绍文

（淮沪煤电有限公司丁集煤矿，安徽 淮南　232001）

摘　要　综采工作面回采受瓦斯地质条件、技术装备、人员素质等多方面因素制约，提高单产是综采工作面发展的趋势和要求。采煤准备队在丁集煤矿1541(3)工作面进行回采时，对以往的回采经验进行总结，对回采工艺方法进行优化，在保证工作面安全回采的前提下提高了工作面单产，实现了综采工作面安全高速回采。

关键词　综采工作面；提高单产；回采工艺

1　1541(3)工作面基本情况

1541(3)工作面东侧为正断层DF40(H＝15～40 m)，西侧为东三采区系统大巷，南侧为尚未掘进的1551(3)工作面，北侧为已收作的1531(3)工作面。该面运输顺槽走向长1 268 m，轨道顺槽走向长1 540 m，倾向长264.5 m，工作面平均倾角1°～18°，工作面地质构造较复杂，发育11条正断层，其中落差大于等于2 m的断层9条，小于2 m的2条。其中对工作面回采影响较大的断层有：3F_8(H＝5.7～9 m)、F1541(3)～3(H＝2.3～4 m)、3F_44(H＝2.1 m)、SF285(H＝1～5 m)、3F13_305(H＝2～5 m)、SF284(H＝4.3 m)。

2　1541(3)工作面高速回采技术优化

1541(3)工作面运输顺槽走向长1 268 m，轨道顺槽走向长1 540 m，根据该矿东部13-1煤层回采的经验数据，单月回采退尺最高140 m，平均约120 m，而在1541(3)工作面应用高速回采技术优化组合的工艺方法，使得工作面单月退尺突破170 m大关。经过对工作面系统和工艺方法不断的探索和实践，我们对高速回采技术优化组合工艺主要从技术创新和生产组织两大方面进行优化组合。

2.1　技术创新与优化

2.1.1　创新端头支护方式

传统的端头支护方式多采用跨机头(机尾)大棚对端头三角区域进行支护，即使用单体配合4.5 m挑棚迈步式前进，在生产过程中难以避免的工序就是停机串端头大棚，既费时费力，安全又不能得到保证，因为串大棚作业难度大，需要多人协调作业，因此综采工作面在端头串棚作业过程中发生工伤事故的概率极高。对端头支护方式的创新与优化成为工作面高速回采的重点和难点，根据1531(3)、1242(3)等工作面回采的经验，该矿果断采取成熟的“一梁四锚”工艺替代端头迈步走向棚，“一梁四锚”工艺即在工字钢上打眼，将工字钢使用 7.3 m 锚索锁在顶板上，经过多个工作面的验证，在巷道采帮侧提前施工一排走向“一梁四锚”工字钢锚索棚，不仅可以将锚索棚作为端头支护大棚使用，而且锚索的主动支护作用对巷道肩窝的变形控制和端头三角处顶板的离层控制是单体被动支护效果所无法达到的。使用“一梁四锚”加固技术是解决高速回采端头支护的较安全、高效的支护方式。

2.1.2 创新优化自动化设备

1541(3)工作面对设备进行了升级，工作面部分设备实现了自动化功能，在控制中心可以由一名操作工控制喷雾泵、乳化泵、带式输送机、转载机和运输机的一键启停，减少了人员的投入，为高效生产提供了基础保障。

2.1.3 创新优化充填方式

综采工作面端头充填多使用编织袋装煤矸进行充填，在高速回采过程中，由于装煤矸及码袋充填所需的时间很长，如果充填断面大的话，使用码袋充填方式所需的时间几乎和煤机割煤的时间相差无几，造成大量时间浪费在充填处理上，开机率低下，为了提高开机率就必须对充填方式进行创新优化。1541(3)工作面创新采用充填气囊进行充填，即节约了人力也节约了充填成本，还大大缩短了充填所需的时间(使用气囊充填每次充填时间不到 1 小时)，保证了有效的割煤时间，使得开机率得到大大提升，为高速回采提供了时间上的保证。

2.1.4 创新优化两巷断面治理

丁集矿地压大，综采工作面两巷帮部来压及底鼓现象严重，工作面上、下出口断面是制约回采效率的一大因素。为保证两巷断面符合要求，1541(3)工作面两巷各使用一部挖掘机超前卧底，既保证了两巷断面，又减轻了职工的劳动强度、提高了工作效率。1541(3)运输顺槽带式输送机机尾使用一部挖掘机跟着转载机进度超前卧底，轨道顺槽上出口挑棚口外使用一部挖掘机超前卧底，确保巷道高度满足生产需求。

2.1.5 创新优化瓦斯治理方式

在高速回采过程中，瓦斯成为制约高速回采的一大因素，工作面现行的高、低抽巷由于受地质构造等影响，老塘埋管受瓦斯运动规律等因素影响都不能发挥很好的作用时，就可能造成工作面割煤过程中煤壁瓦斯浓度超标。1541(3)工作面采用了在断层上、下盘 10 m 范围内施工超前排放孔排放煤壁瓦斯的治理方式，取得了很好的成效。钻孔主要施工在煤层变厚区段、断层带等瓦斯溢出异常的地点，排放孔钻孔直径为 75 mm，为了保证钻孔的排放效果，要求深度不低于 10 m，工作面生产时完全在超前排放孔的掩护之下进行，保证了瓦斯不影响高效生产。

2.2 生产组织的创新与优化

2.2.1 生产班与修整班劳动组织的创新与优化

为了提高采煤班的割煤效率，保证生产班的割煤时间和开机率，要求修整班对中班端头作业的针对性加强，对修整班端头收作充填等做如下安排：

(1) 中班修整班充填必须满足夜班生产 4 刀的充填距离。

(2) 严肃开机时间和开机率。修整班在生产班进入工作面开机前，提前将端头的回柱回棚、剪网、退锚等作业完成，保证夜班 00:00 之前可以直接投入生产，并保证生产班进入生产的前两刀时不需要投入人力进行回柱及回棚作业，对任何影响正常开机时间的行为进行追责处理。

(3) 夜班生产班班前会提前，早班及中班班前会推迟，保证生产时间不低于 8 小时，确保夜班完成 4 刀煤。

(4) 夜班在割煤结束后必须完成拉转载机、皮带尾及收作充填，早班在接班后能够迅速投入生产，保证夜班生产时间不低于 8 小时，保证夜班割煤不低于 4 刀。

2.2.2 机电班劳动组织的创新与优化

(1) 采用循环管理牌板管理制度。针对高速回采所带来的诸多机电问题，该矿在井下控制台处放置一本工作面设备问题记录表，对生产班生产过程中出现的影响生产的机电问题，根据影响的情况、重要性等进行分级处理，并按照轻重缓急填写在记录表里，限定整改日期及整改责任人，所有管技人员通过记录表直接管理和落实管理责任，使得安全问题、机电问题等得到有效的控制和管理，保证了安全高效回采。

(2) 在日常检修期间外，该矿另外在生产班专门配置了一个机工，在生产过程中巡视带式输送机，以保证生产班产量的完成。在正常生产中，发现输送带跑偏严重时，及时调整 H 架，来纠正输送带跑偏问题；发现有托辊不转的及时更换，防止磨损输送带。

(3) 检修班人员对带式输送机卡扣进行了编号，每个中班都对带式输送机卡扣进行检查，对损坏两片以上的卡扣进行更换。

(4) 机尾马蹄儿底下开了个天窗，并加工了冲洗工具，每班对机尾进行冲洗，防止煤噎到里面清理不出来，造成断带。

3 经济效益及应用价值

(1) 按照传统回采技术，单月回采退尺仅可回采 140 m，而高速回采工艺方法创新与优化技术在 1541(3)工作面的成功应用，使工作面单月退尺突破 170 m，比传统回采技术要多回采 30 m，在 1541(3)工作面按照每月多回采 30 m 的经济效益进行计算：

$$Q = LMHrKV$$

式中 Q——1541(3)工作面回采 30 m 时的产量，t；

L——采面长度，取 264.5 m；

M——走向长度，取 30 m；

H——平均采高，取 4.0 m；

r——煤密度，取 1.41 t/m^3；

K——涨产系数，取 1.15；

V——回采率，取 0.95。

则 $Q=264.5\times30\times4.0\times1.41\times1.15\times0.95=48\ 893$(t)。

即单月多回收煤炭约 4.9 万 t，按照煤炭价格 600 元/t 进行计算，实现直接经济效益 2 940 万元。

(2) 按照编织袋充填方式进行充填，根于经验，每天最低投入编织袋 700 条，按照每条单价 1.38 元计，每月仅编织袋一项的材料费为 700×1.38×30=28 980(元)。根据计划，1541(3)工作面回采约 12 个月，仅充填气囊的使用一项，在 1541(3)工作面就可为该矿节约材料成本 34.8 万元。

4 结论

由此可见，高速回采工艺方法创新与优化技术是确保采煤工作面快速推进的重要措施，很大程度上解放了采煤队力量，有力地保障了安全生产，在综采工作面回采过程中极具应用价值，在今后回采过程中的推广和应用的价值是不可估量的。

参考文献

[1] 范明建，林健，赵忠证，等. 深井厚煤层坚硬顶板强动压巷道围岩控制技术研究与应用[J]. 中国矿业，2020，29(2)：106-111.
[2] 王猛. 煤矿深部开采巷道围岩变形破坏特征试验研究及其控制技术[M]. 徐州：中国矿业大学出版社，2022.
[3] 赵文才，付国军. 煤矿智能化技术[M]. 北京：煤炭工业出版社，2020.

深部复杂地质构造煤层窄沿空采煤工作面矿压显现与控制技术实践应用

刘明亮，郭永建，张周鑫

（淮沪煤电有限公司丁集煤矿，安徽 淮南　232001）

摘　要　沿空巷道因受邻近工作面采动压力影响，因而在回采过程中较实体煤巷道更难以维护，是煤矿最难维护的巷道之一。沿空巷道稳定性主要取决于巷道围岩的压力特征，包括邻近工作面采动压力及本工作面采动压力的动载作用方式、动载作用持续时间等。丁集煤矿1361(1)工作面回风顺槽为典型的深部复杂地质条件下窄宽小煤柱沿空巷道，根据回采期间矿压显现规律总结得出，沿空巷道小煤柱喷注浆对围岩压力显现有极大的改善作用，极大地增强了动压区支护范围和围岩强度，减少了回采期间的巷道维护量，对两淮地区深部开采有极高的实用性和可推广性。

关键词　深部开采；窄小煤柱；矿压显现；喷注浆技术

0　前言

目前，采煤工作面两巷布置多采用沿空留巷无煤柱开采和留设窄煤柱沿空开采，一方面提高了资源回收率，另一方面巷道围岩压力较之前有所缓解。但还是经常发生动力现象，导致巷道围岩变形，围岩变形后巷道断面缩小，对运输、通风以及行人等形成阻碍，甚至不能满足安全出口的要求，严重影响了安全生产。本文主要以丁集煤矿1361(1)工作面回风顺槽为工程技术背景，分析其对窄煤柱进行喷注浆加固后，沿空巷道在回采期间的矿压动力显现情况，得出该沿空巷道二次加固技术在两淮地区深部开采中的实用性和可推广性。

1　工程概况

丁集煤矿采场布局采用盘区式布置，本文中的工程背景1361(1)工作面位于东二南11-2采区，东侧为F42(H=5～10 m)正断层，西侧为东二南11-2采区大巷保护煤柱，南侧为1371(1)工作面(尚未采掘)，北侧的1351(1)工作面已回采，上覆13-1煤未采动。该工作面煤层底板标高为－826.9～－981.9 m，走向长度1 936.5 m，倾斜长度201.2 m，总体呈东高西低，局部略有起伏，整体煤岩层倾角2°～10°，平均6°，回采区域共有25条正断层和4个坑透异常区，回风顺槽与1351(1)工作面留设有8 m窄煤柱，是典型的高埋深、高地压地质构造复杂开采工作面。具体布置图如图1所示。

煤层结构复杂，直接顶普遍为砂质泥岩，基本顶以砂质泥岩为主，局部发育薄层细砂岩，11-2煤顶发育有层厚不均的11-3煤和多层煤线。顶底板岩性及厚度如表1所示。

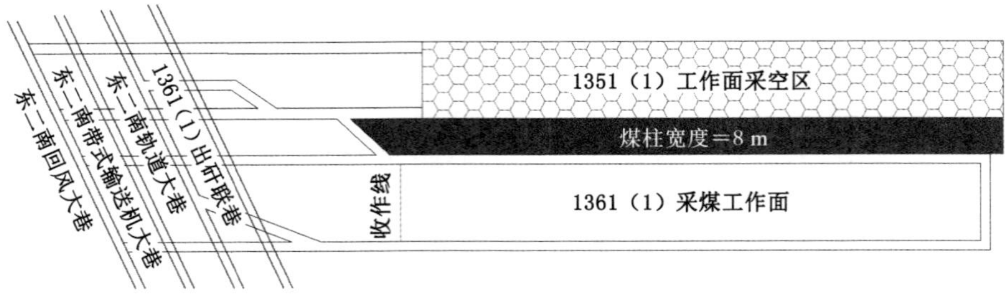

图 1　1361(1)工作面布置示意图

表 1　煤层顶底板情况表

顶底板名称	平均厚度/m	岩石名称
基本顶	2.2	砂质泥岩/细砂岩
11-3 煤	0.5	—
直接顶	3.4	砂质泥岩
11-2 煤	2.6	—
直接底	3.6	砂质泥岩
基本底	1.3	细砂岩

2　回风顺槽窄煤柱喷注浆矿压治理控制技术

2.1　简介

1361(1)工作面回风顺槽从 GS2 点前 40.7 m(即轨道顺槽退尺点 1 950 m)开始即进入 1351(1)工作面(已于 2021 年 8 月回采结束)沿空段(煤柱宽度 8 m);回采前,采用 ZBQ15/6 型煤矿用气动注浆泵配合久米纳矿用无机充填加固材料(KWJG-4 型)对非采煤帮煤柱进行喷注浆加固处理。

2.2　施工方案

(1) 1361(1) 回风顺槽自巷道拨门口起向工作面方向对巷道沿空煤柱帮部全部喷注,先喷浆后注浆,一次喷注施工滞后迎头不超过 200 m,超过 200 m 后再进行二次补注共计 1 850 m;里口 150 m 至开切眼煤壁段为未喷注段。具体如图 2 所示。

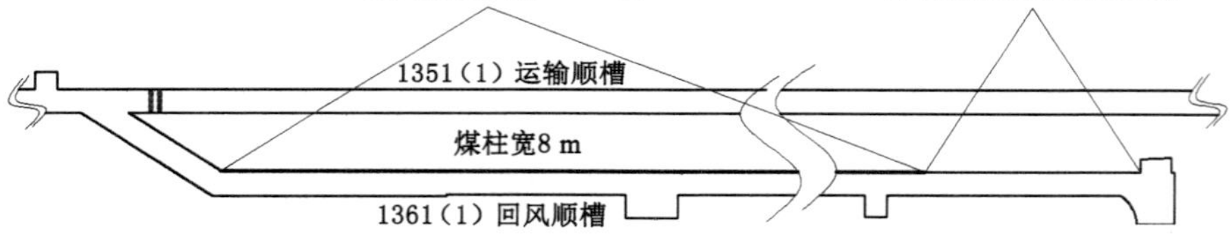

图 2　1361(1)工作面回风顺槽喷注浆分段布置示意图

(2) 为保证喷注浆连续化施工,设置了由 5 人组成的喷注浆专班,固定岗位固定人员专门从事该项工作,从机构配置上确保施工的有序进行。

(3) 为确保喷注浆的效果,施工现场严格视频验收和孔口挂牌管理的责任制度,实现施工全过程的有效监管。

2.3　技术参数

(1) 根据巷道高度不同,采用分类实施的方法。当巷高小于 2.5 m 时,注浆孔采取单排孔并布置在巷帮中间；巷高大于等于 2.5 m 时注浆孔采用三花眼布置，第一排注浆孔距离顶板不大于 1 m，以 10°扎角向顶板施工，第二排注浆孔距离底板不大于 1 m，以 10°扎角向底板施工。注浆孔间距不大于 3 m，孔径 42 mm，孔深 4 m。具体如图 3 所示。

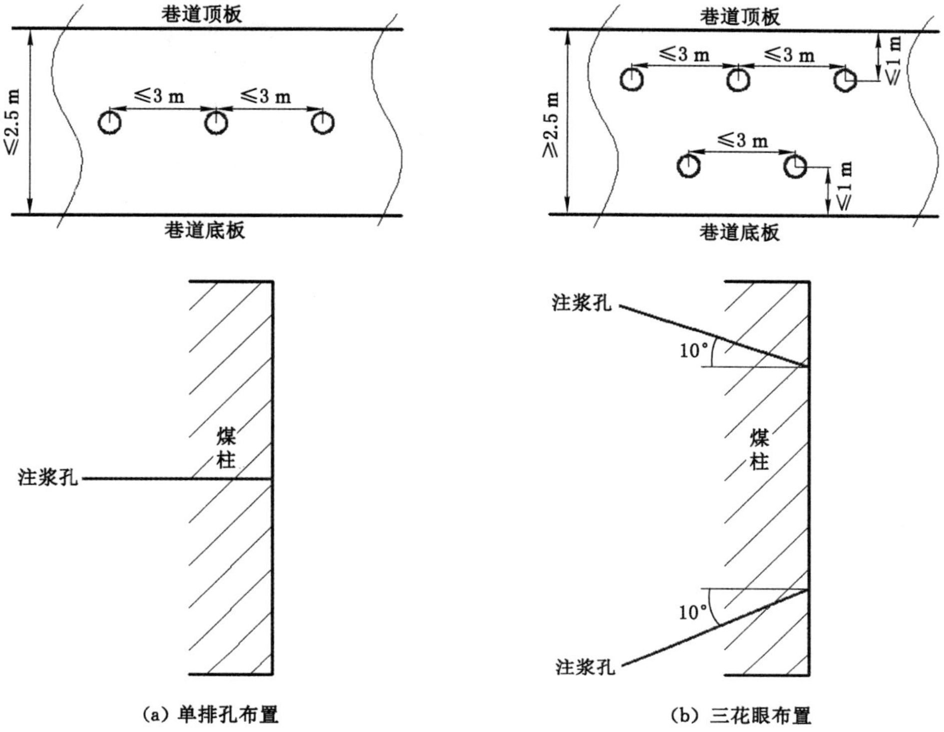

图 3　1361(1)工作面回风顺槽喷注浆技术参数示意图

(2) 为实现喷注浆效果最大化，采用三花眼布置时，先注下部眼后注上部眼，交叉错茬施工；当在巷道下山方向施工时，适当的放大注浆孔布置间距，以利于浆液的扩散。具体如图 4 所示。

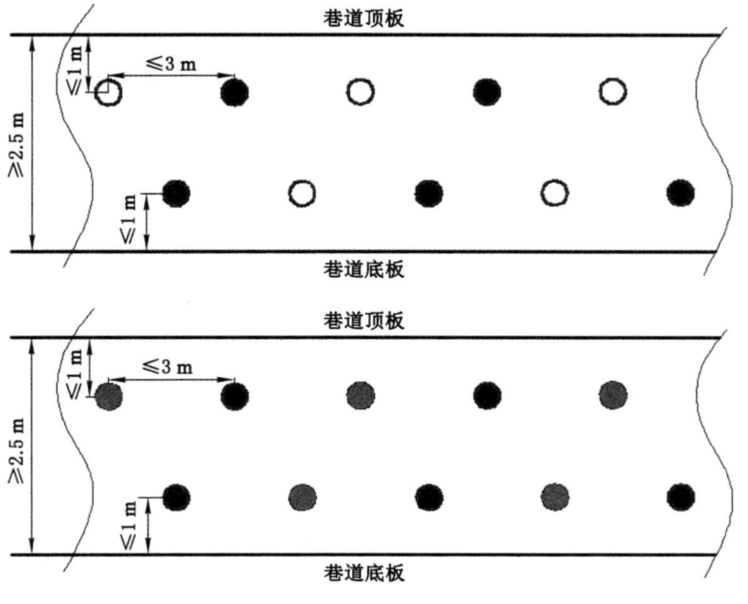

图 4　1361(1)工作面回风顺槽交叉错茬喷注浆示意图

(3) 注浆管采用4分花管与实管配合0.3 m长矿用封孔器,长度均为2 m/根,孔口为实管,孔底为花管,封孔位置距孔口不大于2 m。具体如图5所示。

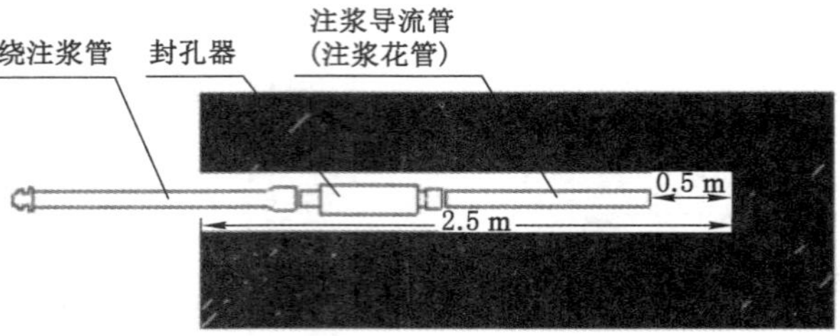

图5 注浆封孔示意图

(4) 注浆材料选用久米纳矿用无机充填加固双组分材料(规格型号:KWJG-4),该材料具有无收缩、微膨胀、渗透性好、可泵送、初凝快、抗压强度高、反应过程中温度低、不含氯化物、抗腐蚀的特性;水灰比为0.45∶1,为精准掌握水灰比,特制作如图6所示搅拌桶。注浆设备选用ZBQ15/6型煤矿用往复式活塞式气动注浆泵,注浆压力不小于5 MPa。

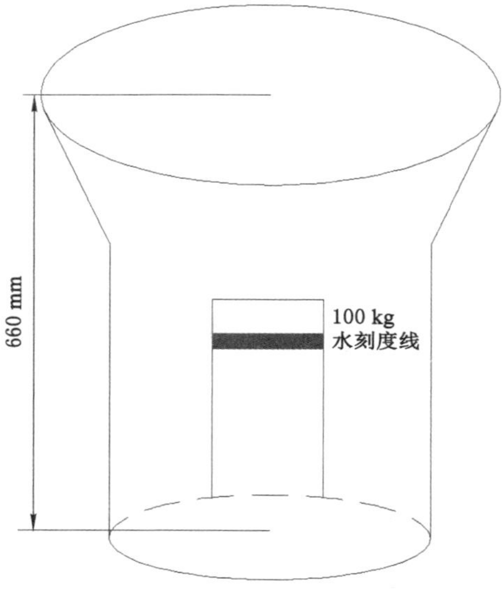

图6 搅拌桶

2.4 喷注浆效果后评估

(1) 1361(1)工作面回风顺槽煤柱共施工1 068个注浆孔,累计注浆8 019袋(25 kg/袋),每孔注浆量不少于7.5袋(约187 kg),共计200.475 t,累计长度1 850 m。

(2) 1361(1)工作面自开始回采以来,采用十字测点法观测巷道围岩位移情况,分别选取里段未喷注浆与外段喷注浆数据对比分析。具体如图7、图8所示。

(3) 通过对比分析发现,该巷道两帮位移速度喷注浆段最大70 mm/d,且随着距离工作面煤壁越来越远,位移速率逐步趋于缓和;而未喷注浆段最大100 mm/d,且随着距离工作面煤壁越来越远,位移速率相对喷注浆段较大;顶板下沉量方面,喷注浆段与未喷注浆段整体变化速率均较缓。

(4) 通过现场效果考察分析发现,该巷道未喷注浆段两帮位移量最终稳定在800～1 200 mm之间,顶板下沉量稳定在400～650 mm之间;喷注浆段两帮位移量最终稳定在300～450 mm之间,顶板下沉量稳定在200～350 mm之间。

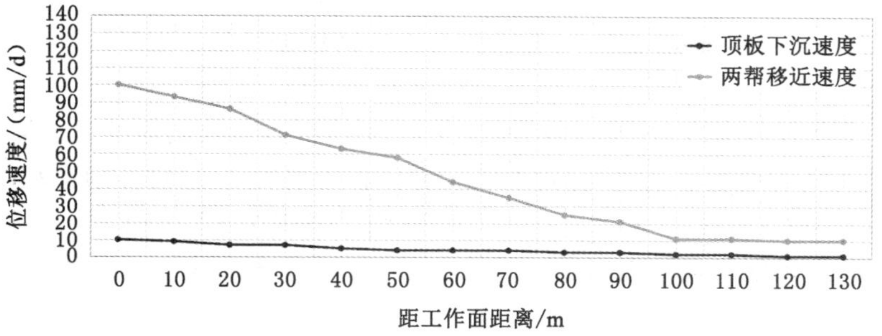

图 7　1361(1)工作面回风顺槽里段未喷注浆段顶板下沉与两帮位移图

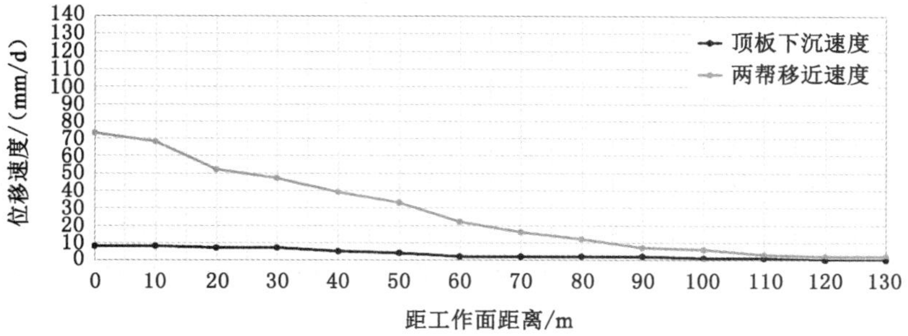

图 8　1361(1)工作面回风顺槽外段喷注浆段顶板下沉与两帮位移图

(a) 未喷注浆段煤柱变形挤压管路　　(b) 喷注浆段煤柱无明显位移变形

图 9　1361(1)工作面回风顺槽喷注浆现场效果前后对比图

(5) 通过综合人工工效分析发现，该巷道采取喷注浆加固措施后，极大地减少了卧底量，与未喷注浆段相比平均节省了 3～4 人/班的卧底工作量，有效地提高了采煤人工吨煤工效。

3　结论

(1) 巷道变形是地质构造、采动压力、巷道围岩性质等多种因素综合作用的结果，沿空巷道围岩压力特征是决定巷道稳定性的关键因素，本文中的背景工作面是两淮地区典型的煤层赋存特征，沿空掘进和回采过程中均出现两帮变形、部分区域顶板下沉、顶板断锚、坠肚等压力显现特征。

(2) 合理的支护设计对巷道围岩变形的控制至关重要，设计源头中要首先科学分析各类沿空巷道的围岩压力特征，选择最有利的巷道布置方式，避免不利情况的出现；在此基础上，优化支护方案，使之适应巷道布置的围岩压力特征，要根据围岩动力特征分别考虑掘进时的初始支护和回采期间的补强支护方案。

(3) 窄煤柱喷注浆技术是改善沿空巷道围岩性质的重要措施，极大地增强了煤柱体的强度，较好地削弱了超前动压影响范围和强度，有效地控制住了巷道围岩变形，极大地减小了采煤队回采期间巷道的超前维护量，很大程度上解放了采煤队力量，有力地保障了安全生产。

(4) 关于沿空巷道控制围岩变形问题，仍是两淮地区深井开采地压治理技术持续需要研究解决的重要课题。

参考文献

[1] 范明建，林健，赵忠证，等. 深井厚煤层坚硬顶板强动压巷道围岩控制技术研究与应用[J]. 中国矿业，2020，29(2)：106-111.

[2] 高峰，石蒙，汪占领，等. 浅埋深特厚煤层小煤柱沿空掘巷强力支护技术研究[J]. 矿业安全与环保，2019，46(6)：72-76，83.

[3] 李建军. 沿空掘巷窄煤柱应力及围岩变形规律研究[J]. 煤炭技术，2019，38(11)：43-46.

[4] 梁家豪. 小煤柱沿空掘巷支护技术研究应用[J]. 煤炭技术，2019，38(10)：21-23.

[5] 刘卫东. 庞庞塔矿特厚煤层综放工作面强动压巷道围岩变形特征[J]煤，2020，29(2)：50-52，67.

[6] 马国军. 中厚煤层留窄小煤柱沿空掘巷技术[J]. 煤炭工程，2019，51(12)：72-76.

[7] 赵恩祺. 特厚煤层综放工作面沿空掘巷围岩控制技术研究[J]. 山东煤炭科技，2019(12)：48-50.

大倾角破碎顶板综放工作面柔性网铺网使棚技术

方建雨，芦浩，董盼盼

（淮北矿业（集团）有限责任公司涡北煤矿，安徽 亳州　233600）

摘　要　涡北煤矿8205工作面首次采用柔性网铺网使棚，为确保施工质量，矿井先后深入朱仙庄、祁南煤矿学习铺网技术，铺网位置17#架至机尾夹矸厚度平均4.3 m，具备锚索支护条件，柔性网的应用大大缩短了施工工期，减化了工艺流程，降低了劳动强度，提高了拆除效率。

关键词　大倾角；柔性网；铺网使棚

1　矿井概况

涡北煤矿井田位于淮北平原西部，井田地形平坦，新生界松散层较厚，一般379～444 m。矿井设计生产能力120万t/a，核定生产能力180万t/a。主采煤层为较稳定的8_1、8_2煤层。8_1煤厚0～7.19 m，平均3.78 m，8_2煤可采煤厚1.67～8.20 m，平均3.36 m，煤层倾角一般为11°～37°，地质构造复杂程度属中等类型，局部中等偏复杂。

8205工作面，煤层倾角20°～40°，平均32°。8煤直接顶为泥岩，厚1.36～3.20 m，平均2.21 m；基本顶为粉砂岩（局部为泥岩）、细砂岩互层，单层厚0.86～12.87 m，总厚21.92～27.64 m，平均23.86 m；铺网位置工作面9#～16#架全岩，其余全煤，平均采高2.7 m。8_1煤厚2.5～6.1 m，平均3.9 m，8_2煤厚1.1～3.8 m，平均2.8 m，夹矸厚3.5～5.0 m，平均4.3 m。

2　铺网使棚技术方案

2.1　施工前准备工作

（1）备齐施工所需的矿用高强聚酯纤维柔性网55 m×11 m（下称柔性网）及其附件、绞盘、双抗网、金属网、木料、钢丝绳、绳卡、U型钢、棚卡、手镐、铲子等材料、工具。

（2）铺网开始前对工作面车、支架进行调整，采高不小于2.8 m，做到运输机、支架直，液压支架仰、俯采角度统一。

（3）上下端头和两巷逐步衬平，不得留有台阶。

（4）金属网采用8#镀锌铁丝编制的菱形格方网，其规格为：长×宽＝5.0 m×1.0 m，菱形格为40 mm×40 mm，应备足不少于两循环所需金属网。

（5）金属网上方采用双抗网过顶，双抗网规格：长×宽＝3.0 m×1.0 m。

（6）联网铁丝采用双股16#镀锌铁丝，应备足不少于两循环所需联网铁丝。

（7）联网采用特制的联网钩进行，应准备不少于20把联网钩。

（8）使大棚机头机尾采用4.0 m矿用36U型钢配合2.7 m L型腿，中间架采用3.2 m矿用

29U 型钢配合 2.7 m L 型腿进行支护。

(9) 备足铺网使大棚所使用的单体、半圆木、双抗网、笆片、大笆、板皮等材料。

(10) 井下应备足注液枪、高压管、手镐、铲子、钢钎等正常生产所需工具。

2.2 铺网技术方案

(1) 当工作面机尾距离收作线 12 m 时,工作面开始铺设第一硐网,从机头开始逐步铺设,整体采用 3 英寸钢管+金属网+双抗网进行铺设。

(2) 在第一硐铺设完成后,工作面 1# ～66# 架再采用单层矿用高强聚酯纤维柔性网(下称柔性网)+钢丝绳进行铺设,相邻柔性网搭接长度 5 m,柔性网和金属网搭接长度不小于 200 mm。共采用 2 张柔性网,每张柔性网沿工作面方向长 55 m,沿走向方向长 11 m。

2.3 铺网使小棚技术方案

铺网第一硐必须采取人工使棚管理顶板,采用走向棚支护顶板,顶板支护方法为:采用 ϕ200 mm×2 000 mm 半圆木配合单体支柱架设走向棚,一梁两柱,每架两棚,棚距(750±50)mm[(1 000±50)mm],支柱支设在煤壁侧梁端 200 mm 处,另一单体支设在距煤壁侧两端 1 000 mm 处,顶、帮采用板皮或 1 600 mm 半圆木配合大笆背严封实(如图 1 所示),工作面岩石较硬时采用爆破施工。

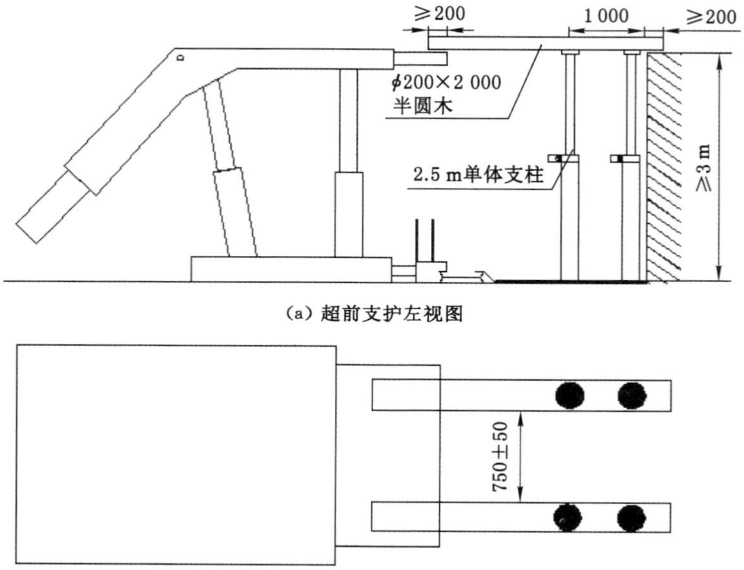

(a) 超前支护左视图

(b) 超前支护俯视图

图 1 工作面走向超前支护示意图

2.4 铺网使大棚技术方案

(1) 当第一硐网触及底板 500 mm 时,工作面开始人工使大棚。铺网结束后,对全铺网段采用半圆木配合单体支柱顺序架设走向超前棚支护顶板。

(2) 机头 1# ～4# 架、机尾 63# ～66# 架前每架用两根 4.0 m 长 36U 型钢配合 2.7 m L 型腿进行支护,U 型钢一端搭在支架前梁处,搭接不少于 200 mm,另一端使用 2.7 m L 型腿进行支护,再配合锚索+盖板方式缝到顶板上,锚索规格 YMSϕ21.8 mm×6 200 mm,L 型腿使用两根 YMSϕ21.8 mm×4 100 mm 锚索配合 U 型钢梁与煤壁固定,并使第 64# 架的 U 型钢托住 3 m 对接 U 型钢过顶料,增加支护强度并为后期出架准备支架拐弯通道空间。如图 2 所示。

(3) 施工方法:先在煤壁侧掏一梁窝,再在煤壁侧掏一腿窝,棚梁距支架顶梁两边的距离为

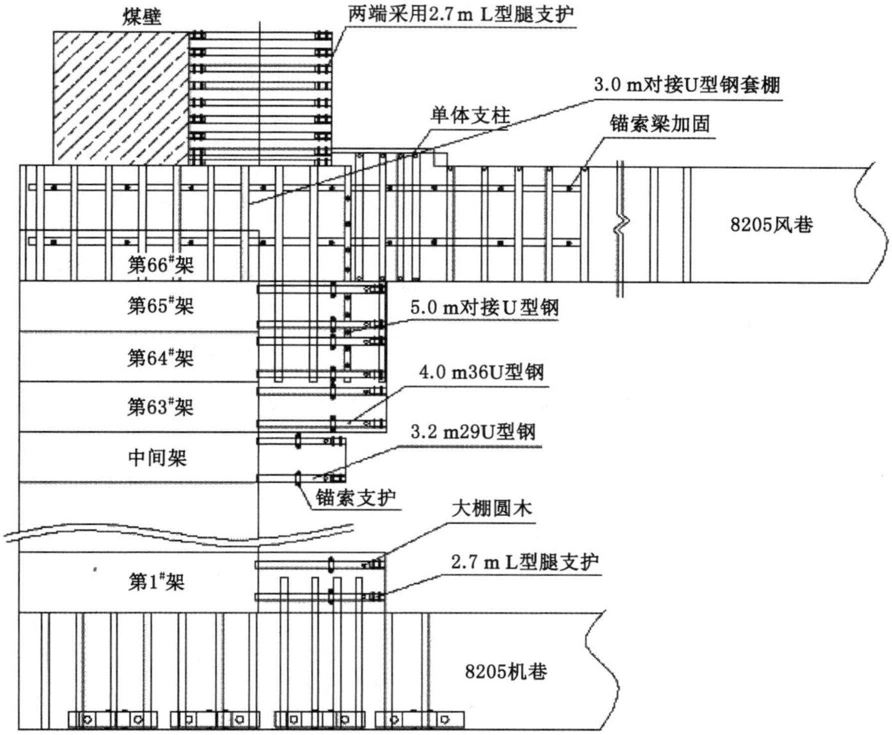

图 2　铺网使大棚示意图

200 mm，其梁用规格为 ϕ200 mm×1 600 mm 的半圆木，腿用 DWX31.5 的单体液压支柱，一梁一柱。待稍降液压支柱收回支架伸缩前梁，半圆木一端放入梁窝内不少于 200 mm，另一端搭在支架前梁上不少于 200 mm。并及时用半圆木、笆片、板皮过顶，过顶材料相互间距不得大于 200 mm。迅速升起支架，伸出前梁，并及时在煤壁侧栽腿子。

(4) 工作面先按以上要求正常施工超前棚后，再向前施工一硐，第二次施工时，先在煤壁侧掏一腿窝，宽度距运输机铲煤板不小于 1 400 mm，采用一根 ϕ200 mm×1 600 mm 半圆木配合 DWX31.5 单体液压支柱，在第一次施工的走向棚梁两边打一临时带帽点柱，替掉原棚梁及支柱，采用 3.2 m 矿用 29U 型钢配合 DWX31.5 单体液压支柱在第一硐支护处套设一棚，支柱支设在煤壁侧梁端 200 mm 处，U 型钢另一端搭在支架顶梁上长度不小于 200 mm，煤壁侧使用 2.7 m L 型腿进行支护，再配合卡缆盖板使用锚索(6.2 m)缝到顶板上，煤壁侧帮部打锚索(4.1 m)加强支护。要求使用半圆木、板皮配合大笆过顶并封严接实，用板皮或铁背板配合大笆封实腰帮，腰帮必须上到顶下到底并接实，防止片帮。

(5) 确保二次施工后超前支护的宽度不小于 2 800 mm，高度不小于 2 600 mm，依次类推直至二次施工结束。

2.5　铺网施工方法及技术要求

(1) 铺网前，工作面割煤一刀，将工作面取直，采高控制在不小于 2.8 m，工作面运输机及支架走齐走正，防止局部支架及运输机超前或滞后，造成工作面铺网进度不统一。

(2) 工作面铺第一硐及使用金属网铺网段采取分段顺序作业，第一硐用 3 英寸钢管配合 10# 铁丝固定金属网。先采用人工超前架棚方式进行，之后再用煤机扫底。超前铺网架棚规格要求：使用长 2.0 m 半圆木做梁、3.15 m 单体液压支柱做腿，一梁两柱垂直工作面架走向棚超前管理顶板，一架两棚，棚距 750 mm(±50 mm)，一端伸入支架前梁上方不少于 200 mm，架前煤壁背帮支柱为两棵，支柱拴齐拴牢防倒绳，正规有劲。使用双层网过顶，金属网下过大板，过顶木料铺平、铺正，防止移架撕网。双层网长边沿工作面倾向布置，每层网倾向、走向压茬≥200 mm，用 16# 双股铁丝连接牢固，联网间距≤200 mm。

(3) 使用柔性网铺网施工方法如下：

顶板岩性较好段铺网工艺流程：上网→拉架→联绳、联网→收钢丝绳盘网→割煤→抵车→松钢丝绳放网，重复以上程序。

顶板破碎段铺网工艺流程：煤机端头插刀后，运输机抵直→端面顶板管理→上网→联网联绳→煤机割煤→推车→移架。

① 在第一片柔性网运到位后，工作面偶数号支架上安设的绞盘细钢丝绳穿过顶梁和护帮板的间隙，然后再用细钢丝绳上的钩子勾住上网边，工作面奇数号支架上安设的绞盘细钢丝绳从柔性网下方穿过并勾住下网边，将支架护帮板收回，然后收紧支架上的绞盘细钢丝绳将网挂起。

② 收回所有支架伸缩梁，将支架护帮板打开挑起柔性网和钢丝绳，支架伸出伸缩梁后升紧支架，将网与第一道钢丝绳挑至支架顶梁之上。

③ 将绞盘钢丝绳钩子从网边卸下，从顶梁和护帮板的间隙收回，再从柔性网下方穿过勾住网边，支架伸出伸缩梁，托住柔性网。

④ 后续柔性网依次运到位后，按上述步骤上网，同时在已上好网的地段拉移支架，相邻柔性网在上网完成后，搭接部位展开后及时联绳、联网。

⑤ 在柔性网上网完成、支架拉移完成后，收紧绞盘钢丝绳将网盘起，启动煤机割底煤、抵车，松绞盘钢丝绳，将网放下，然后拉移支架，搭接部位展开的网及时联绳、联网，依照上述顺序重复割煤、松钢丝绳放网、铺网、拉架联绳、联网、收钢丝绳盘网程序。

上网示意图如图 3 所示，铺网施工示意图如图 4 所示。

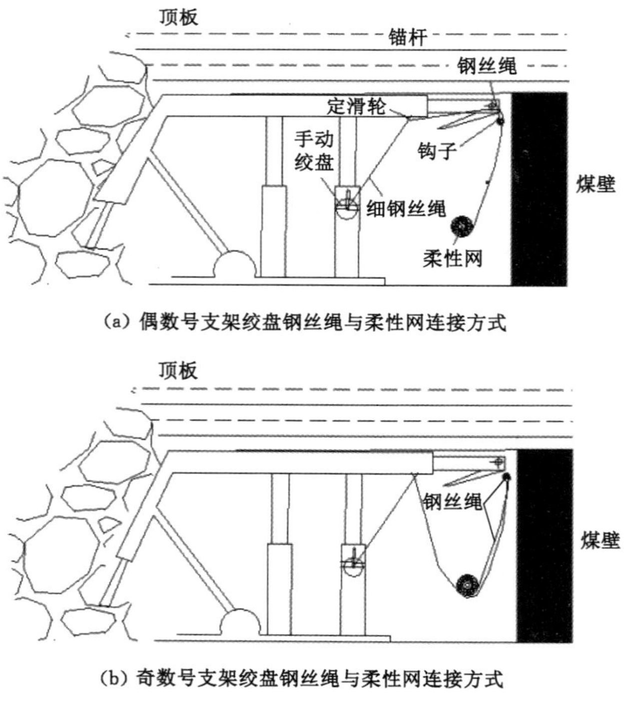

图 3　上网示意图

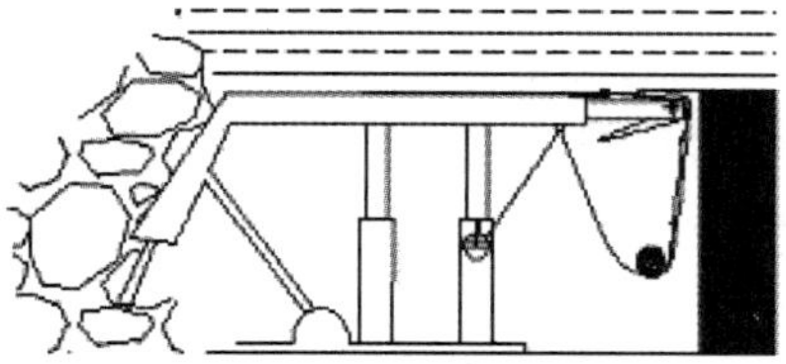

(a) 上第一硐柔性网

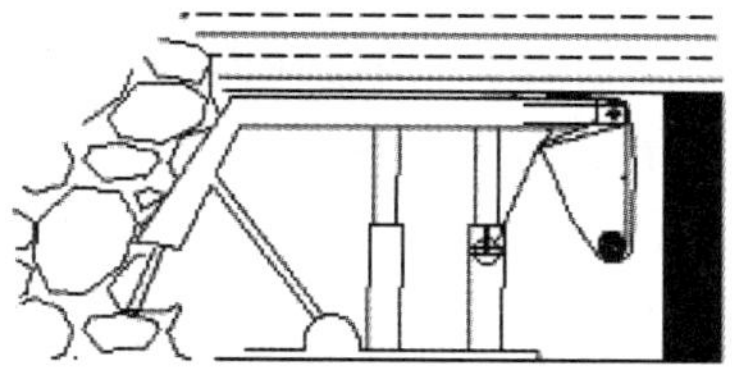

(b) 移架

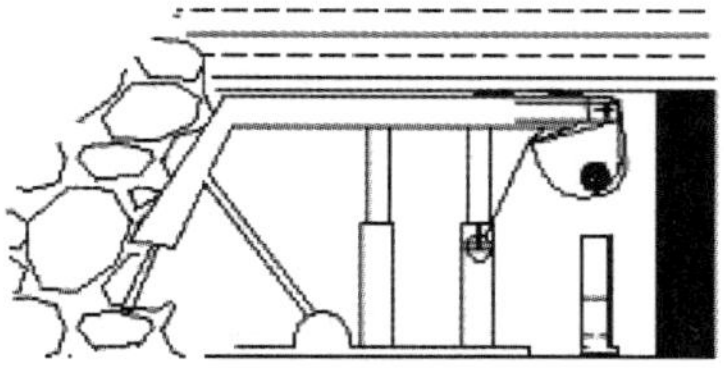

(c) 割煤

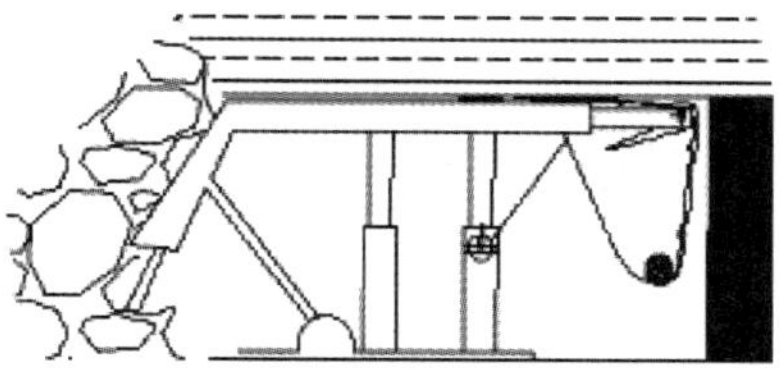

(d) 伸伸缩梁

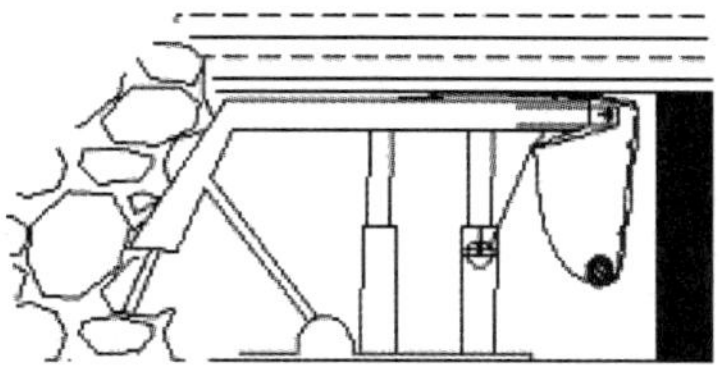

(e) 移架

图 4　铺网施工示意图

(4) 本工作面共铺设两张网片，网片规格为长×宽＝55 m×11 m，直至铺满整个工作面。网片与网片之间采用搭接的方式进行联网，搭接长度为 5 m，搭接方法采用 8# 双股铁丝沿加强带四周隔三孔缝制，形状呈矩形，一次搭接缝制 2～3 个加强带，2～3 个循环搭接缝制一次。网片铺设要平整，不能出现网包现象。

挂网应从机头向机尾方向进行，第一片网运到位后，将捆网的尼龙绳剪开，人工将网展开 3.5 m 左右，人员站在梯子上将网边和托绳固定在固网锚杆上，并上好锚杆托盘、螺母固网。上绳时要将钢丝绳穿过柔性网卷的下边，以便于吊网。完成第一片网片的挂设，再进行第二片网片的挂设，并按要求搭接联网。按照上述顺序完成整个工作面的挂网作业。

工作面挂完网后，起吊柔性网，将柔性网反向吊起，置于支架前梁下，尽量拉紧，避免出现下沉成弧形及采煤机割网、刮网等现象。采煤机返空刀至机尾，推刮板输送机后开始割煤，松开手动绞盘将柔性网缓慢放下后移架作业，采用间隔移架的方式将支架拉出。按照上述割煤移架方式，直至工作面达到停采线位置。相邻金属网搭接长度不小于 200 mm，金属网与柔性网搭接长度不小于 200 mm。

(5) 工作面铺网期间，当顶板煤壁出现宽出的金属网边，采煤机割煤前，必须先将宽出的金属网挂起并降低采煤机滚筒，防止采煤机割网。

(6) 采煤过程中注意观察柔性网片，防止采煤机滚筒或采煤机机身刮坏网片，当出现网片刮坏时，使用金属网进行修补。金属网要覆盖被破坏的区域，使用 16# 扎丝将金属网与柔性网扎紧。

(7) 拉架时，严禁带压擦顶移架，支架顶梁必须降到钢丝绳下 50 mm 左右，防止在拉架过程中将钢丝绳推出。

(8) 移架时，必须两人一组，一人观察、一人操作，控制好移架的速度，注意观察支架尖锐的棱角是否刮柔性网，防止支架将网刮破。

(9) 顶板破碎段柔性网铺网，钢丝绳之间加穿废旧轨道等材料，钢丝绳和废旧轨道等材料要与柔性网连接成整体，严禁出现坠网情况发生。

（10）铺网结束，第一硐金属网必须触及老塘侧底板，最后一硐超前顶梁前端不小于 500 mm。

（11）根据柔性网使用技术协议要求，钢丝绳已提前固定在柔性网上，铺设柔性网的过程即为铺设钢丝绳过程。

（12）顶板破碎段铺网使小棚方法：

① 进入煤壁前，用钎子找净煤壁活岩活矸，并清理后路确保后路畅通。开茬时（开茬处顶板要完好），用手镐或钎子向煤壁掏梁窝。

② 掏梁窝后，沿倾向垂直煤壁使半圆木（规格 ϕ200 mm×2 000 mm）一端伸入煤壁 200 mm，另一端伸入支架顶梁 200 mm，使用板皮配合双抗网过顶，单体液压支柱初撑力不小于 50 kN，活柱拔高不低于 600 mm。

③ 在木梁下补齐背帮柱和中柱作为临时支护，背帮柱应向煤壁扎 85°角，用大笆配合塘材把开茬处上帮背严背实。

④ 连续使两棵木梁后按照上述使棚方法自上而下逐棚使棚，待通硐使好棚后，开始铺柔性网。按要求连接牢固、结实，铺好后必须悬挂在安全位置，防止采煤机滚筒刮碰。发现刮网、撕网时，必须及时补网，待处理好后，方可继续施工作业。

⑤ 工作面铺网使小棚宽度为 1.8 m，使棚高度不低于 2.5 m，使棚做到顶板平缓无台阶。工作面每一硐采通后，由采煤机司机开煤机扫底，将底板扫平后再抵车移架；煤机扫底前，将影响范围内扫底的支柱及时替掉打设在煤壁棚档中，拴牢防倒绳，防止煤机误割支柱。

（13）使大棚方法。

① 随着工作面铺网工作进行，第一硐网必须触及底板 500 mm，支架停止前移，开始使大棚。

② 大棚采用开茬使小棚，然后再使大棚刷大的方法进行使棚。每茬不低于 3 人，拉茬距不小于 15 m。大棚使棚方法如下：

a. 每架先用 ϕ200 mm×2 000 mm 半圆木使小棚（使棚方法与半圆木铺网使棚方法相同），进尺 1.6 m。使好小棚后用 3.2 m 的 29U 型钢使一梁两柱走向棚，替换掉原 1.6 m 半圆木小棚。使棚一端深入煤壁 200 mm，一端深入支架前梁 200 mm，将帮顶腰严过实，每采一棚大棚都必须及时过顶、联网、背帮。

b. 每茬连续使 2 棚大棚后，人员站在已使正规木棚下，按照由上向下的顺序逐棚按照掏梁窝→把 U 型钢放中柱上→过顶→把中柱升足劲→补背帮圆木→背帮→改中柱进行使棚。拴齐拴牢防倒绳，最后形成高度不低于 2.8 m 的大棚。

c. 受工作面支架调向影响，机头 1# ～4# 架、机尾 63# ～66# 架前每架用两根 4.0 m 长 36U 型钢配合 DWX31.5 单体液压支柱支护，U 型钢一端搭在支架前梁处，搭接不少于 200 mm，另一端使用 2.7 m L 型腿进行支护，再配合锚索＋盖板方式缝到顶板上，锚索规格 YMSϕ21.8 mm×6 200 mm，并使第 64# 架的 U 型钢托住 3 m 对接 U 型钢过顶料，增加支护强度并为后期出架准备支架拐弯通道空间。

d. 使大棚替小棚期间坚持支柱先支后撤，人行道、后路畅通，支架均正规有劲，严禁出现单撅棚。

e. 使大棚铺顶网与煤壁背帮网要搭接严实。大棚使好后，煤壁侧浮煤必须清理干净，多余的材料要全部运走。

2.6 敷设钢丝绳技术要求

（1）铺第一硐网后，拉移支架，在距金属网煤壁侧网边 200 mm 处沿倾向敷设第一根钢丝绳，使用 ϕ21.5 mm 钢丝绳作为敷绳材料，钢丝绳与金属网网边采用 16# 双股铁丝连接牢固，铁丝至少拧 3 扣，并且要拧紧。

（2）钢丝绳上下端头分别采用不少于3副对应规格的绳卡固定在两巷U型棚上，使用链板机混合人工将钢丝绳拉紧拉直，若钢丝绳中部有接头，接头处钢丝绳搭接长度≥0.5 m，至少要用3个绳卡固定，绳卡间距0.1 m左右。

（3）计划铺网15硐，第一硐用3英寸钢管配合16#铁丝固定金属网，第2至15硐每硐敷设一道不低于ϕ21.5 mm钢丝绳（其中第6、8、10、12硐使用双股）。根据老塘见网情况敷设钢丝绳，确保最后一硐网要超过顶梁前端不小于500 mm。

3 结论

（1）使用柔性网铺网效果较好，工期较传统工艺缩短25%，拆除效率高，8205工作面拆除工期较传统工艺缩短14.3%。

（2）工作面拆除期间采用点柱配合木垛留巷的方式取得了较好的效果，工作面实测风量为350～450 m^3/min，保证了拆除期间的通风安全。

（3）厚夹矸段采用锚索配合盖板及时支护效果良好，避免单体液压支柱卸载及频繁升降对顶板造成的破坏，拆除支架后能够起到良好的顶板支护效果。

参考文献

[1] 冯胜利，陈超群. 柔性网在综采工作面撤架中的应用[J]. 江西煤炭科技，2019(4)：62-65.
[2] 李晋，张博，赵垚庭. 长平矿大采高工作面末采柔性网上网技术[J]. 能源技术与管理，2020，45(1)：78-80.
[3] 李晓龙，马华杰. 高聚酯纤维柔性网在综采末采期间的应用[J]. 山东煤炭科技，2019(3)：15-17.
[4] 孙贻海，胡盼. 聚酯纤维柔性网在综放工作面末采中的应用[J]. 山东煤炭科技，2019(6)：6-7.
[5] 赵伟. 大倾角综放工作面聚酯纤维柔性网快速停采工艺实践效果[J]. 能源与节能，2022(10)：153-157.

综采工作面安全高效回采及收作回撤技术研究与应用

周其鹏，陈中华，柴华桥

（淮北矿业（集团）有限责任公司袁店一井煤矿，安徽 淮北　235000）

摘　要　综采工作面生产过程中应充分了解在开采、生产和管理方面的不足，解决现有状况下存在的问题，积极创新改革管理体制，进行综采工作的安全高效的开采和经营。为此应加强生产、管理过程管控，实现流程化、高效化的全程生产管理模式，做好前期设计、生产过程管控，使得综采过程达到全优。拆除通道的施工方法选择及进度快慢直接关系到矿井的正常生产接替计划，应该根据实际环境和条件设施，针对性地制定优化方案，实现安全高效回采和正常生产接替。

关键词　单产；管理方法；生产接替；大倾角；单轨吊

0　引言

在煤矿开采过程中，综采工作面回采率对煤炭资源的开发利用有着直接的影响，很多煤矿存在用人多、损耗大、成本高、效率低的现象。实践证明，只有保障工作面的安全高效才能全面提高综采工作面的经济效益。随着采煤机械一体化装备的更新换代，综采设备吨位增大、采高增大，单面生产能力增强，工作面设备安装、拆除愈益频繁，材料、设备运输、安装需要更快速、便捷。传统的出架通道施工方法技术相对落后、效率低，且施工周期长，材料上投入较多，安全系数相对较低。煤矿井下水力压裂技术，具有安全性高、易操作、成本低等特点，技术较成熟，已成为缓解巷道高动压影响的重要技术途径。煤矿井下大采高液压支架的运输是一项高难度、高风险的工程，既要做到高效又要保证绝对安全。积极探索柴油单轨吊吊运整体液压支架，提高拆除效率，具有很强的现实意义。

为此，如何实现综采工作面安全高效回采和快速收作接替，成为当前采煤工作的一项重要任务和研究方向。袁店一井煤矿 1030 工作面采取了具体的针对性举措，提高了工作面的回采效率，在经济效益、资源回收等方面有很好的实际价值，保障了矿井的正常接替。

1　工程简介

1.1　工作面概况

袁店一井煤矿 1030 工作面直接顶为泥岩，平均厚度 4.03 m，基本顶为粉砂岩，平均厚度 3.85 m，煤层平均厚度 5.07 m，平均倾角 7°。工作面采用倾斜长壁法布置，开切眼长 99～184 m，走向长度 416 m，使用 ZZ11000-25.5/56D 型支架，回采时采高控制在 2.75～5.4 m 之间。

1.2　切顶护巷巷道状况

1030 机风联巷均为锚网喷支护，巷道支护完好，1030 机巷联巷平均净宽×净高＝5.0 m×3.6 m；

1030 风巷联巷平均净宽×净高=4.0 m×3.2 m，为了满足工作面回采期间运输及后期拆除的需要，尽可能减小后期采动压力对巷道的影响，该组巷道需要保护，经研究决定采用水力压裂切顶以达到保护巷道的目的。

1.3 顶板岩性

顶板岩性根据钻孔 12-D1 探查情况如下：直接顶为砂岩、粉砂岩，共计有 3 层，厚度分别为 8.54 m、8.35 m、9.90 m，详细如图 1 所示。

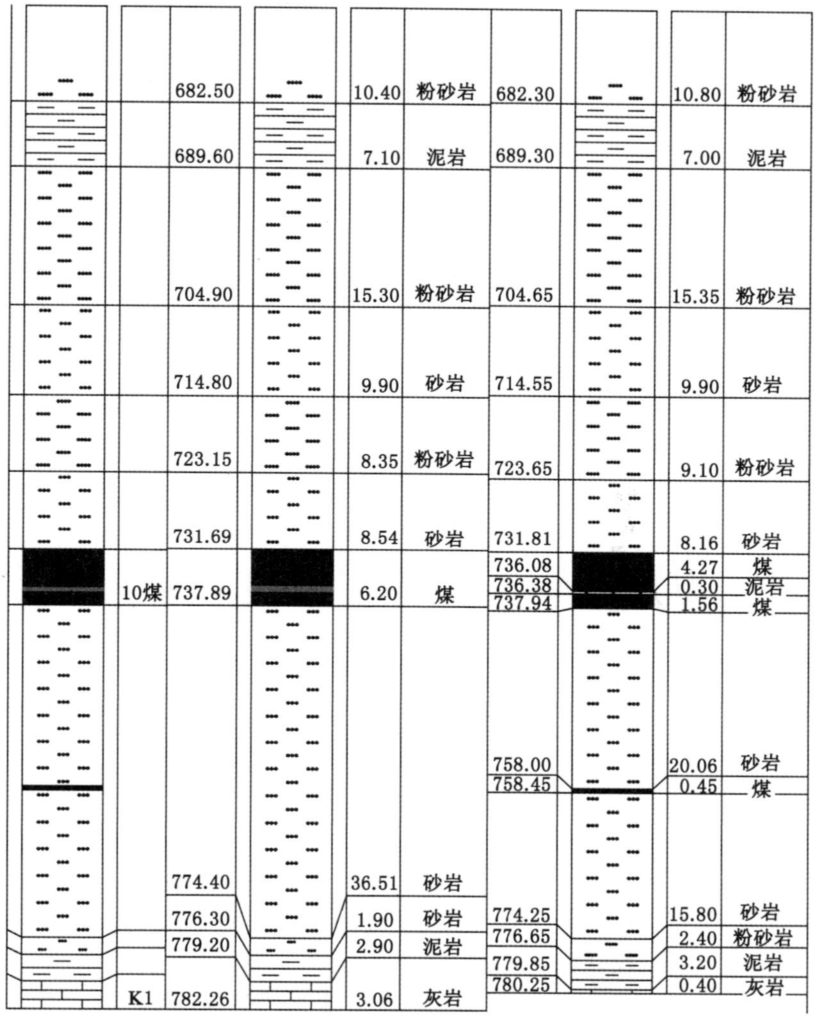

图 1 钻孔 12-D1 岩性示意图(单位：m)

1.4 轨道及设备简介

拆除通道至拆除硐室顶板均采用 I140V 重型单轨吊梁(部分法兰轨)。采用柴油单轨吊(矿用 DZK3500 型)配合承重起吊梁(48 t 起吊梁)吊运整体支架，单轨吊驱动布置采用 7+2+2 模式，如图 2 所示。

1.5 出架线路简介

出架线路：开切眼→弯道 1→1030 风巷→弯道 2→1030 风巷回风联巷→弯道 3→拆除硐室。1030 风巷长 65 m，巷道最大倾角 18°；1030 风巷回风联巷长 55 m，最大倾角 14°。巷道整体受采动

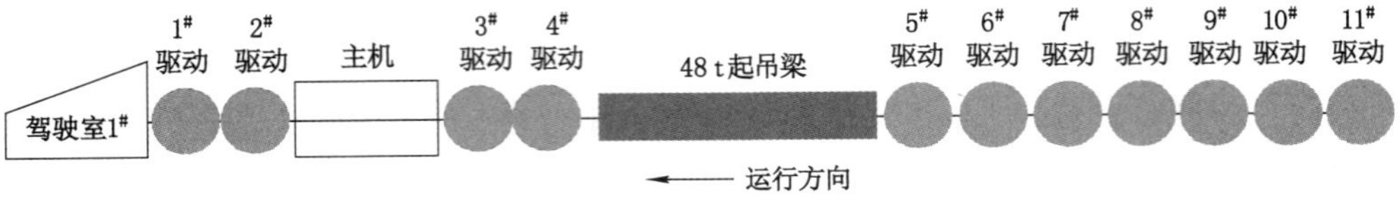

图 2　DZK3500 型柴油单轨吊驱动布置示意图

影响，变形严重，局部地段卧底深度达到 1.6 m，顶部浆皮开裂严重，均采用了锚索梁补强支护。出架通道至拆除硐室整体线路长约 130 m，存在弯道多、倾角大（最大 18°）、下山运输等不利情况，连续吊运整体支架存在较高风险，一旦发生断梁或掉道落架等事故，可能造成拆除作业“瘫痪”或人身事故，因此必须保证单轨吊轨道线路绝对安全。1030 工作面拆除出架线路如图 3 所示。

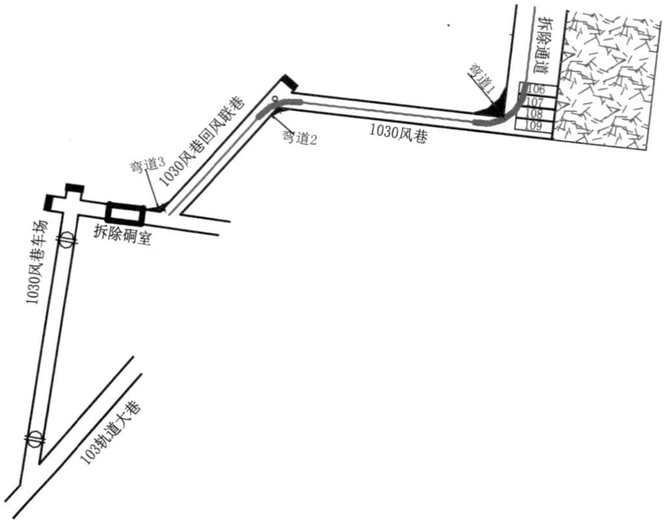

图 3　1030 工作面拆除出架线路示意图

2　改进方法

2.1　工作面回采管控措施

（1）加强技术管理，践行“设计源头前瞻、技术保障得力”的要求，利用现有巷道条件设计工作面运输系统，省去煤眼放眼环节。做实精准地质，秉持“上勘探工程、降地质风险、保安全高效”的精准地质理念。丰富勘探技术手段，提升各类勘探成果质量及效果，确保控制构造、查明条件，科学指导生产。

从设计源头入手，精准查清地质构造、深入透彻分析，工作面回采区域内仅有两个落差 0～3 m 的断层，分别位于初采、收作阶段；根据三维地震、地面钻孔、槽波、工作面穿层孔、顺层孔、两巷实收剖面图等资料综合分析，超前精准研判工作面地质信息，向采区提供精准、详细的地质资料，生产期间指导、监督其精细化采煤，实现了精采细采。

技术指导生产，工程技术人员根据地面钻孔、两巷柱状图、工作面实收剖面图等资料综合分析，超前研判工作面地质信息，根据地质信息在班前会上安排精确挑顶或刹底回采，做到对现场职工技术交底，使职工心中有数，精细化采煤，实现了精采细采。

（2）强化设备保障作用，从工作面设备选型源头抓起，选用 ZZ11000-25.5/56D 型支撑掩护式液压支架，较 1037 工作面 ZY10000-26/56D 掩护式液压支架增大了工作阻力，杜绝了片帮、掉顶现象，在保证安全前提下增大工作面采高，使得正常采高维持在 4.8～5.4 m，提高了煤炭资源回收率。两巷选用超前支架，节省传统工艺抹帽替棚占用的人员，正常回采期间除保证正常生产和检修人员外，每天安排富余人员对两巷施工锚索梁超前加固，能够实现工作面回采与两巷出架路线整治同时完成，节省了工作面收作前要抽调专门人员对出架路线进行整治加固的工序，提高了人力资源利用率和生产效率。

(3) 加强设备管理，区队开展机电管理自查工作，切实做好机电维修工作，精准检修各类机电设备；做实职工教育培训工作，开展“师带徒”方式教学，地面课堂与现场实践相结合，提高机电技能员工业务素质，通过多种途径，培养出业务更精的机电人才，杜绝了因机电设备故障问题长时间影响生产的现象，保障了正规循环作业。

(4) 正常回采期间除保证正常生产和检修人员外，每天安排富余人员对两巷施工锚索梁超前加固，杜绝了因采动影响造成巷道变形严重而影响正常生产的现象，同时也提高了人力资源利用率。

(5) 加强现场管理，工作面过断层或煤层变薄带，严格按照规程措施要求控制好采高，以通过煤机为限，减少破矸量，确定工作面最小采高为 2.75 m，最大采高为 5.4 m。工作面回采岩石段大于 2/3 时，要汇报调度指挥中心听从安排分运，严禁大量矸石混入煤流系统。

(6) 正常回采期间，严格过程管控，确保架齐车直，杜绝了刷刀取车这一工序，严抓工程质量，杜绝了片帮、掉顶和栽车现象，保证了正规循环，使得采高保持在 4.7～5.4 m 之间，提高了资源回收率。

(7) 针对煤质灰分管理问题，矿及区队加强顶板管理，生产期间及时移架护帮护顶，保证初撑力，减少伪顶矸石进入生产系统，杜绝漏、掉顶现象的发生，严禁大块矸石混入。

(8) 强化水分管控。利用两巷顺层孔超前注水，出现顶板淋水时，在工作面施工临时泵窝使用排水泵排水，采煤机械冷却水等必须设置排水管道(水沟)，不得混入煤流；生产系统防尘必须做到雾化、停煤停水。

(9) 强化杂物管控。严禁内部碎木料、塑料瓶、包装袋、旧棉纱等非生产物混入煤流，在煤炭运输环节上，每个转载点都分别设有杂物桶，发现杂物及时拣出来放在杂物桶里，严禁杂物进入运输系统。

(10) 强化分装、分运、分时管理。建立分装、分运系统，排矸时间不得开车出煤，开车前需汇报调度指挥中心征得其同意。水沟、沉淀池清理的煤严格控水后，在排矸时间进入排矸系统排出。

(11) 机、风巷超前卧底，以便增大机头、机尾段采高，减少三角煤煤炭资源损失，浮煤清理干净，提高了资源回收率。

(12) 劳动组织合理，工作面杜绝了撇勾延点现象，职工工作积极性高，工程质量得到了保证。加强队伍建设，树立职工主人翁地位，提高职工素质，激发职工工作积极性，为提高质量、产量和效率打下了基础。

(13) 强化内部市场化考核。采区根据工作面地质情况，制定了内部市场化考核办法，加强工程质量验收，提高资源回收率，对于架前、架档浮煤清理不净和无特殊原因丢底煤或托煤顶造成资源损失的情况按照标准严格进行考核。班组也严格检查、考核，根据科区对本班组的考核详细分解到个人，确保生产各个环节处处有人抓，时时有人管，发现问题及时汇报并处理。

(14) 强化检查监督监管。生产管理部采煤组、地测组，定期对工作面及生产系统进行检查，狠抓过程控制，对丢煤回采现象严格处罚并下发丢煤通知书，要求采区限期整改；另外利用视频和现场检查方式综合督察煤质，杜绝非煤杂物进入生产系统，对违反矿煤质管理规定的行为进行处罚。

(15) 定期总结和分析。采煤系统和区队针对生产状况和煤质灰分每周召开一次生产专题会议,总结上一周生产及煤质管理过程中的得失,好的经验做法继续保持,对不到之处进行总结完善,强化思想意识、践行实际行动,降低煤质灰分,提高有效煤量。

2.2 铺网施工拆除通道

2.2.1 铺网施工

1030 工作面采用单层矿用高强聚酯纤维柔性网(简称柔性网)加钢丝绳进行铺设。工作面共采用 6 张柔性网,每张柔性网沿工作面方向长 37.5 m,沿走向方向长 15 m,相邻柔性网搭接长度 5 m。钢丝绳间距 0.8 m,共计 14 根。

在顶板完好地段每隔两架在顶板打一根锚杆用于挂网,锚杆规格为 ϕ22 mm×2 000 mm,煤顶段时使用锚索,规格为 ϕ22 mm×4 300 mm(根据顶板岩性情况及时调整锚索长度,保证锚索生根在稳定岩层中不小于 1 200 mm),锚杆、锚索位于支架伸缩梁之间,在支架顶梁前 500 mm 位置,外露 150～250 mm,顶板破碎时,使用单体支柱配合半圆木使棚管理。

铺网至最后两硐时,每架架间顶板打一根锚索配合托盘补强支护顶板,锚索规格为 ϕ22 mm×6 300 mm(根据顶板岩性情况及时调整锚索长度,保证锚索生根在稳定岩层中不小于 1 200 mm),锚索位于支架伸缩梁之间,外露 150～250 mm。柔性网落地后铺网结束,开始施工拆除通道。

工作面铺网前局部地段顶板破碎,出现了掉顶现象,通过调研,决定采用硅酸盐改性聚氨酯材料矿用加固材料(A、B 组分)对顶板破碎区域进行加固管理。均匀注浆,注浆压力为 2～5 MPa,现场以松散煤岩体渗出浆液为止。掉顶部分顶板破碎严重,采用常规方式不能满足控制效果,因此,在该区域补打钻孔进行补充注浆,共用 13.02 t 硅酸盐改性聚氨酯材料,按照此方案施工后,杜绝了漏、掉顶现象。

2.2.2 施工拆除通道

拆除通道根据顶板条件不同采用不同支护方式,通常采用锚带网索梁形式支护;顶板破碎地段,采用 U 型钢棚形式支护。15# ～49# 架范围使用 U 型钢棚支护,其余地段施工锚带网支护。详见图 4～图 6。

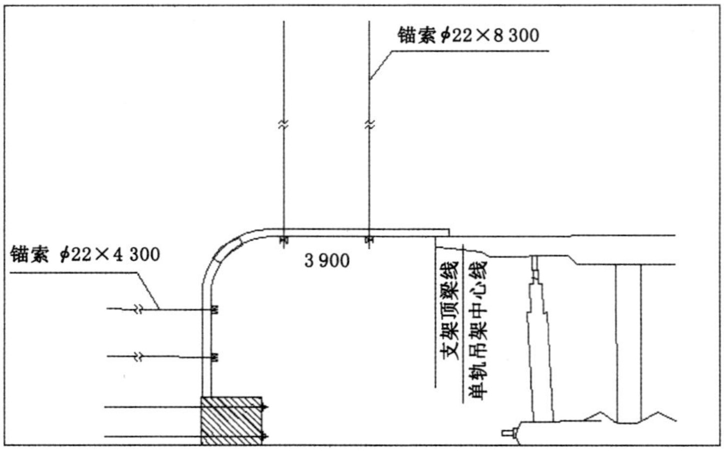

图 4　U 型钢棚形式支护示意图

工作面改变了之前的施工工艺,以往工作面是在拆除通道施工完成后安装单轨吊梁,本工作面是在施工拆除通道期间安装单轨吊梁,施工期间所用锚杆、锚索、锚索梁等物料可以直接运至工作面,节省了人员从风巷料场向工作面运料这一环节,节省的人员可以安排其他工作,减轻了职工劳动强度,提高了人工利用效率。

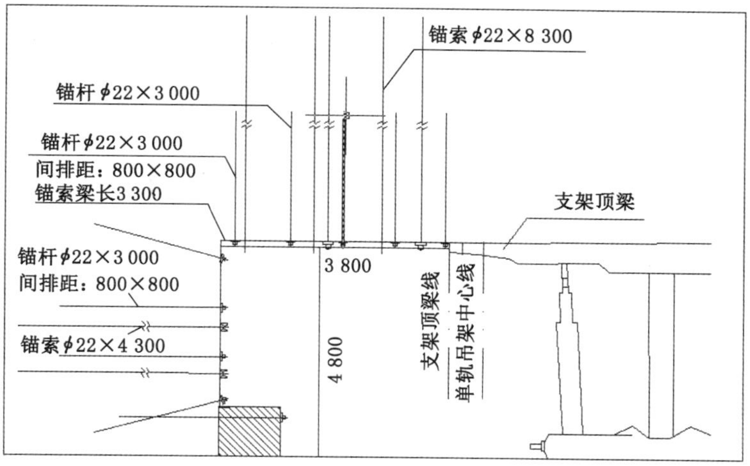

图 5　锚带网索梁形式支护示意图

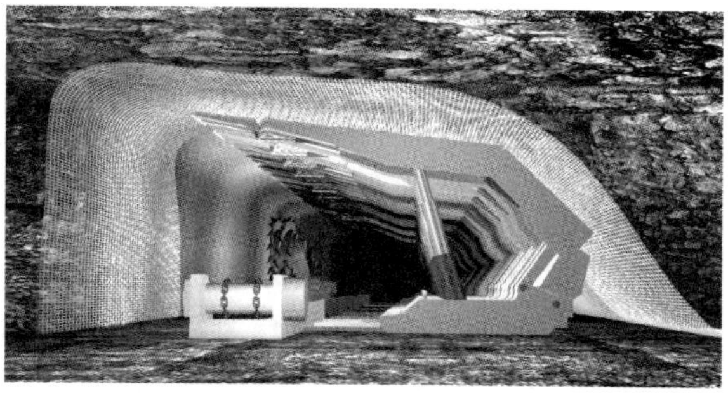

图 6　拆除通道柔性网布置空间示意图

拆除通道施工期间将绞盘钢丝绳松开，使柔性网落地，有效隔绝顶、帮活矸危岩，人员在柔性网下作业，取得了较好的安全效果，实现了铺网和施工拆除通道期间零工伤。

拆除通道施工期间，安排修护准备区同步施工风巷支架拆除点及出架路线卧底，缩短了工作面拆除前准备工程施工时间。

2.3　压裂钻孔设计及简介

1030 机联巷及风巷回风联巷切顶钻孔共设计施工 34 个，其中 1030 机联巷施工切顶钻孔 26 个，分别为 A1～A14、B1～B12；风巷回风联巷施工切顶钻孔 8 个，分别为 C1～C4、D1～D4，具体角度和方向见剖面图 7 和图 8。

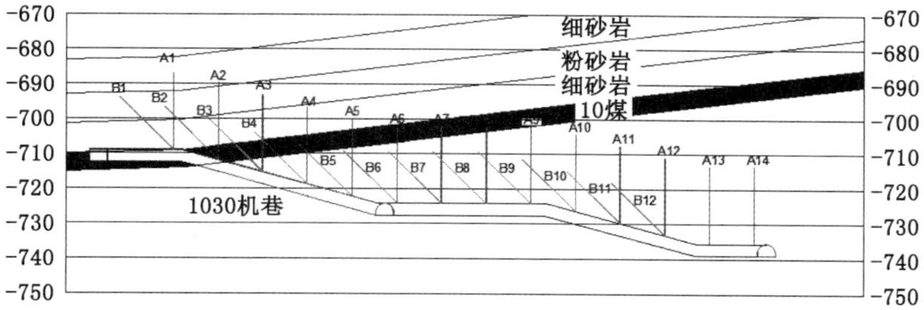

图 7　1030 机巷联巷剖面图(单位:m)

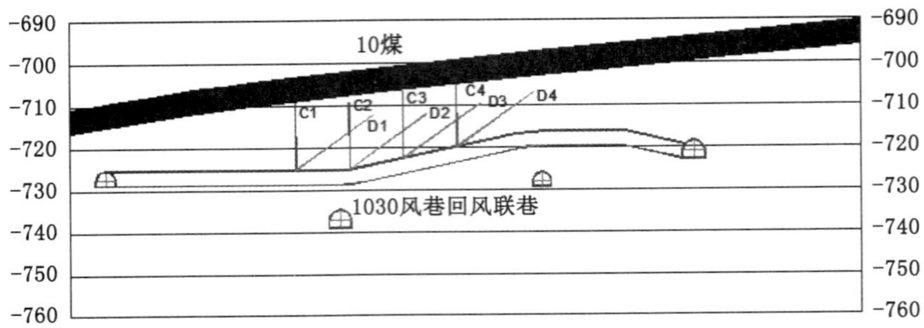

图 8　1030 风巷回风联巷剖面图

压裂钻孔表明：A 孔与巷道呈夹角 90°施工，仰角 45°，孔深 30 m；B 孔与巷道呈夹角 35°施工，仰角 45°，孔深 30 m；C 孔与巷道呈夹角 90°施工，仰角 40°，孔深 25 m；D 孔与巷道呈夹角 35°施工，仰角 45°，孔深 25 m；钻孔直径 94 mm，钻孔间距 12.5 m。A5～A8、B4、B5 钻孔仰角 40°，到煤层就停止，煤层不进行压裂。A2～A4、B2、B3 钻孔详细记录穿煤长度，穿煤段下 108 mm 套管。

2.4　压裂工艺技术要求

（1）压裂顺序。1030 机联巷按照自上而下的顺序进行压裂，即 B1→A1→A2→B2→B3→A3→A4→B4→A5→B5→A6→B6→A7→B7→A8→B8→A9→B9→A10→B10→A11→B11→A12→B12→A13→A14；1030 风巷回风联巷按照从下向上的顺序进行压裂，即 C1→D1→C2→D2→C3→D3→C4→D4。

（2）压裂段数。A、B 钻孔每间隔 4.0 m 为一个压裂段。

（3）压裂压力。采用 1030 工作面乳化泵进行水力压裂，压裂水压不低于 30 MPa，每段压裂时间 20～30 min，压裂过程中发生邻近孔出水、压力突然降低、周边岩石渗水等情况时停止压裂。

（4）为了确保压裂孔附近顶板的支护安全，压裂孔口向里 15 m 不进行压裂。

2.5　整体连续吊运支架创新举措

2.5.1　单轨吊驱动布置优化

（1）整体运输线路存在弯道多、倾角大（最大 18°）、下山等不利因素，单轨吊驱动正常布置是不能满足整架运输的，因此对单轨吊的驱动布置提出了新的要求。为了防止单轨吊及整体支架“放大滑”，在下山运输时，只保留一部分驱动的动力，另外一部分驱动不提供动力，只保留制动力。即按照“2＋2＋7”方式布置，即将驱动分为两大部分，其中 1# ～4# 驱动为一部分，5# ～11# 驱动为一部分，下山运输时 1# ～4# 驱动保持驱动力，5# ～7# 驱动不提供驱动力，只保留制动力。经现场实际运行考验，满足了安全运行的要求。

（2）在单轨吊吊运整体支架运输期间，为了保证单轨吊司机的绝对安全，采用远距离操控机车，通过长线把驾驶室里的操控系统延接至单轨吊外，司机在安全的地点远距离操控驾驶机车，确保了司机的人身安全。

2.5.2　运输线路高效施工及支护

（1）整体支架运输线路要求高，高度不低于 3.6 m（弯道处不低于 3.08 m），宽度不低于 2.4 m。受矿压影响，1030 风巷巷道整体变形严重，现场实测局部地段卧底深度达到 1.6 m，这对施工提出了较高要求。结合现场实际，采用修复作业巷修机配合单轨吊＋集装箱吊运，集中出货，加快了施工进度。卧底后帮部及时挂网封帮补打锚杆后及时喷浆，确保了线路顺畅稳固。

（2）单轨吊轨道调整及更换工作应该先于巷道卧底施工，避免后期登高作业，增大施工难度，增加安全风险，影响施工进度。

2.5.3 过渡梁及弯道梁的加工改进

由于拆除通道内采用的是法兰轨道，风巷其余地段采用的是普通重型轨道，两种轨道连接处难免出现过渡轨道。出架线路上3处弯道均需要整体加工更换法兰轨道。矿井没有弯道成品梁，需要自制加工。针对如何保证加工的过渡轨道及弯道轨道满足整架运输需要这一问题，采用了“井上下对比模拟方式”，现场场地1∶1模拟井下巷道倾角及弯道情况，逐一加工组合，保证了加工质量。经过多次现场实践，过渡轨道避免出现在斜巷段并且尽可能短，弯道梁尽可能曲线圆顺，避免出现急弯，并且尽可能长（巷道弯道允许的情况下尽可能增大曲率半径），详细如图9所示。

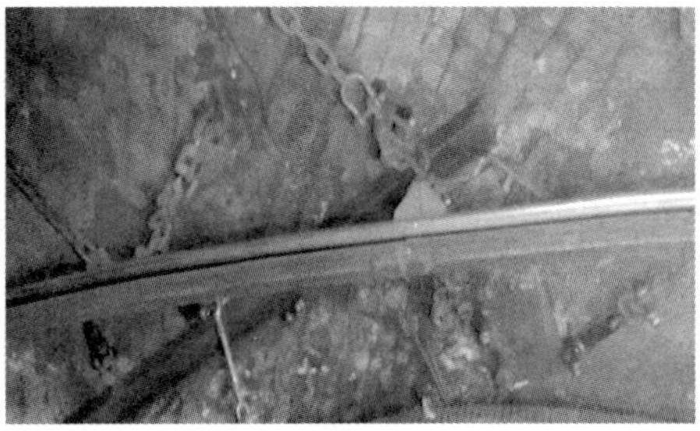

图9 过渡梁及弯道梁安置示意图

2.5.4 压裂单轨吊轨道吊挂形式改进

（1）出架通道内单轨吊轨道采用矿用18 mm×64 mm圆环链链条配合单轨吊专用连接U型环固定在支架顶梁上，相对稳固。

（2）1030风巷U型钢架棚段采用链条缠绕和棚卡吊挂两种方式，稳固性较差，需要改进和增强，结合现场实际每处主吊点采用补打锚杆+U型吊环，具体如图10所示。锚网段多处采用的是双U型吊环吊挂方式，为了增加强度，补打吊挂板，采用吊挂板+U型吊环吊挂，如图11所示。

图10 1030风巷补打锚杆+U型吊环吊挂示意图

图11 1030风巷补打吊挂板+U型吊环吊挂示意图

(3) 斜巷段增加多处纵向加强拉链，轨道中间焊接吊板处对应巷道顶部，补打锚杆＋U型吊环，增加拉链。轨道主吊点处，补打锚杆增加侧拉链。弯道处原来使用的旧卸扣，统一更换为高强卸扣。

3 改进效果分析

2023年1—3月份原煤产量如表1所示，均超过了1 550 t/m，较1037工作面原煤产量1 394 t/m至少增产164 t/m，实现了工作面的安全高效回采。

表1 1030工作面生产分析表

月份	产量/t	进尺/m	单产/(t/m)	灰分/%
2023-01	109 371	66.5	1 644.7	32.28
2023-02	115 860	71.8	1 613.6	30.76
2023-03	100 000	64.2	1 557.6	31.04

工作面铺网施工拆除通道，对之前施工方式进行了优化，使顶帮活矸危岩与施工人员有效隔绝，保障了职工的生命安全，杜绝了人身伤害事故，施工拆除通道期间没有发生一起工伤。安全、施工进度及效率都有了较大的提升，取得了较好的效果。

对1030机联巷及风巷回风联巷实施切顶压裂后，通过巷道变形数据观测，机风联巷矿压显现不明显，巷道没有发生明显变形。

单轨吊轨道线路改造结束后，现场单轨吊吊运整架运行实现了一次成功，其间没有出现断梁现象。现场实测，拆除通道吊装整架后，25 min即可吊运至拆除硐室，大大提高了拆除效率。

4 结论

工作面优化设计源头，回采期间改进管理方法，优化制定合理的针对性施工方案和措施，合理劳动组织，使得工作面在生产中达到了理想状态。生产技术水平的提升，材料的科学管理，工时利用的优化，机械化程度的提升，生产经营活动和各项管理工作的合理化、规范化、标准化、高效化，以及创新的组织，既实现了安全高效回采，又保障了矿井生产接替，值得推广应用。

综采工作面回采巷道车场在临近收作时，巷道往往存在变形严重、超前维护量大等问题，采用水力压裂切顶技术削弱岩层的整体性和稳定性，降低集中应力，以达到使巷道处于低应力区域的目的。分析水力压裂切顶机理，并根据实际条件，对水力压裂有关参数进行优化设计，压裂后车场巷道的底鼓量、顶板下沉量和两帮移近量降低，减小了巷道变形对后期收作的影响，节约了支护成本。

针对工作面出架线路复杂，大倾角、多弯道、连续下山、巷道压力大等客观条件，深入现场积极探索，实现了大型液压支架(ZZ11000-25.5/56D型，重41.82 t)整架运输，为以后的安装拆除积累了宝贵经验。

参考文献

[1] 毕忠强.复杂地质环境矿井下开采技术分析[J].现代工业经济和信息化，2023，13(2)：283-284.

[2] 杜计平，孟宪锐.采矿学[M].徐州：中国矿业大学出版社，2009.

[3] 康红普，王金华，等.煤巷锚杆支护理论与成套技术[M].北京：煤炭工业出版社，2007.

[4] 林勇，王俭，赵忠军，等.大倾角复杂结构煤层工作面智能化综采装备及工艺探讨[J].煤炭科学

技术，2021，49(增刊 1)：69-74.
[5] 麦新琼.浅析综采工作面在复杂的地质条件下的回采工艺[J].科技风，2012(15)：152.
[6] 毛加宁，王绍留.单轨吊辅助运输系统在构造复杂倾角较小缓斜煤层矿井的应用[J].昆明冶金高等专科学校学报，2021，37(5)：20-27.
[7] 沈铭华，吕兆海，潘长斌，等.复杂煤层构造区综采工作面分割优化与工程实践[J].华北科技学院学报，2022，19(3)：1-7.
[8] 杨科，范超尘，刘静波，等.极复杂条件煤层智能化开采安全保障体系及关键技术[J].矿业研究与发，2024，44(3)：164-170.
[9] 杨善国，郑剑，刘畅.浅谈 47.5 t 重型液压支架单轨吊整体运输的应用[J].能源与环境，2018(2)：38-39.
[10] 杨志勇.复杂条件下厚煤层末采支护方案优化应用[J].能源技术与管理，2024，49(1)：79-81.
[11] 张光智.浅谈煤炭集约化、高效化开采技术[J].低碳世界，2013(16)：139-140.
[12] 张曙光.高产高效综采工作面探讨[J].技术与市场，2015，22(6)：102.
[13] 赵杰，刘鹏，刘国伟.煤矿薄煤层托夹矸的高效开采技术的应用[J].中国高新技术企业，2013(3)：108-110.

近突出煤层岩巷盾构法施工与治灾协同快速掘进工艺技术研究

沈阳，贺子明，陈宇峰

（淮北矿业（集团）有限责任公司，安徽 淮北 235000）

摘 要 随着我国煤矿开采技术装备的不断发展，盾构机作为新型、高效掘进装备在煤矿领域得到快速推广应用。淮北矿区井下地质条件复杂，大部分岩巷属于近突出煤层、近含水层施工，且井下断层构造多，巷道多为穿层施工，并伴有淋水，恶劣的地质条件严重制约了盾构工艺在淮北矿区的推广应用。通过复杂地质条件下盾构施工与灾害治理协同快速掘进技术创新研究，提出了盾构巷道突出煤层精准定位与底板水害超前治理技术，形成了断层区域盾构巷道治灾协同快速掘进技术，总结形成了近突出煤层岩巷盾构法施工与治灾协同快速掘进工艺技术，进一步扩展了盾构技术在具有相似条件地层中的应用前景。

关键词 盾构施工；灾害治理；快速掘进

0 引言

随着我国煤矿开采技术装备的不断发展，盾构机作为新型、高效掘进装备在煤矿领域得到快速推广应用。近年来盾构机在煤矿开拓工程施工中显现出了快速、高效的明显优势，有效缓解了部分矿区采掘接替紧张问题。淮北矿业（集团）盾构作业线自 2019 年 12 月 18 日应用以来，先后在袁店二矿实现了 19°上山和 17°下山大倾角极限施工新突破，在杨柳矿创造了月单进 476 m 的“淮矿”纪录，有力保障了淮北矿区矿井采场接替。

1 技术创新背景

淮北矿区井下地质条件复杂，大部分岩巷属于近突出煤层、近含水层施工，且井下断层构造多，多为穿层施工，并伴有淋水。随着淮北矿区采深不断增大，巷道围岩地压也随之增大，巷道支护形式复杂，部分巷道盾构过破碎地段施工，施工单进低，甚至出现停头现象，恶劣的地质条件严重制约了盾构工艺在淮北矿区的推广应用，盾构作为“大国重器”破除岩巷施工瓶颈的效能没有充分发挥出来。

“淮盾 3 号”施工的芦岭Ⅲ1043 风抽巷，巷道长度 2 690 m，最大坡度为 18°，巷道顶板与 10 煤层底板法向距离为 13.5～33.8 m，底板与一灰顶法向距离为 0～40.1 m；巷道施工期间揭露了 7 条断层，最大断层落差 50 m，巷道属于穿层施工，大部分围岩属于泥岩，整体岩性较软，局部过断层段巷道围岩极为破碎。该巷道施工期间同时受到瓦斯、水、断层以及高低压软岩影响，在淮北矿区很具有代表性。为了破解复杂地质条件盾构施工难题，在集团公司指导和芦岭煤矿配合下，我们与科研院校合作，在Ⅲ1043 风抽巷开展了盾构施工技术创新研究，取得了一些盾构施工治灾和协同快速掘进技术成果。

2 盾构施工难题

“淮盾 3 号”盾构机施工的Ⅲ1043 风抽巷，该巷道顶板与煤层法向距离小，有误揭煤和瓦斯突出风险；同时底板与承压水地层法向距离小，存在底板水害威胁；此外，巷道所处地层受多条断层破碎带影响，围岩失稳风险大。因此，Ⅲ1043 风抽巷盾构施工过程中将面临以下工程难题。

2.1 复杂构造区围岩控制难度大

Ⅲ1043 风抽巷地质构造较为复杂，为了探明巷道所处地层地质条件，设计了 15 组地面补勘钻孔用作地质条件详细探查。

根据地面勘探结果，Ⅲ1043 风抽巷顶板距离 10 煤层较近，与 10 煤层底板法向距离为 22.5～33.5 m；同时底板距灰岩较近，底板与一灰顶法向距离为 0～36.7 m。Ⅲ1043 风抽巷顶板围岩岩性较差，尤其在受断层影响区域，顶板围岩质量差，岩体完整性差，在没有有效支护措施下，贸然揭露极易引发顶板垮落。

2.2 近突出煤层施工瓦斯突出危险大

对 10 煤层进行了瓦斯成分测定，并对煤层坚固性系数和瓦斯放散初速度进行了测试，结果表明，10 煤层瓦斯含量为 5.12～7.74 mL/g，平均 6.43 mL/g，自然瓦斯成分 CH_4 气体浓度 55.00%～57.67%，CO_2 气体浓度 18.02%～25.20%；10 煤层煤的坚固性系数 f=0.22～0.51，平均 0.365；瓦斯放散初速度 Δp=6.47～6.89，平均 6.68。Ⅲ1022 上底板抽放巷实测 10 煤层最大原始瓦斯压力为 2.6 MPa，最大原始瓦斯含量为 13.68 m^3/t，测试指标均大于《防治煤与瓦斯突出细则》规定的临界值。参考该测试参数，预计巷道施工区域 10 煤层具有突出危险性。

2.3 近灰岩巷道突水风险大

通过对 1～4 灰岩层富水性进行测试，太灰含水层(1～4 灰)深度 752.75～810.45 m，含水层真厚度 35.95 m，含水层(1～4 灰)富水性弱，但在Ⅲ1043 风抽巷掘进过程中仍有局部底板灰岩承压水突出的风险。

因此，Ⅲ1043 风抽巷顶板围岩条件较差，整体较为破碎，并且与突出煤层(10 煤层)法向距离较近，具有误揭煤和瓦斯突出风险，同时底板灰岩承压水也具有一定的突出风险，当掘进至 F7 和 FD10 大断层时，瓦斯突出和突水的风险更加显著。因此，需要对近突出煤层与底板承压水影响下盾构施工巷道治灾协同快速掘进技术开展研究与应用，保证盾构的安全、高效掘进。

3 创新研究内容

3.1 盾构扰动下节理围岩变形破坏特征研究

为摸清盾构掘进与破碎围岩应力相互影响的力学特性，通过室内试验研究盾构掘进应力路径下节理岩体的力学特性，掌握盾构扰动下节理围岩变形破坏特征。

(1) 节理产状对巷道开挖后围岩的稳定性影响显著，当节理倾角越小，并且走向越平行于巷道轴线时，其越不利于巷道的稳定，盾构机掘进后对围岩的扰动越明显，围岩将产生更大的塑性区、应力调整区域和位移量。

(2) 节理组数对巷道开挖后围岩的稳定性具有十分显著的影响，在本文的数值模拟中，当节理组数由 1 组增加至 3 组后，围岩中的塑性区体积和最大位移量分别增长了 384.5%和 244.9%，TBM 掘进导致的围岩失稳风险将急剧增加。

(3) 节理胶结强度的提高显著减小节理围岩的塑性区范围、应力扰动范围和位移量，即使在较低的节理胶结强度下(如本文中设置的 0.2)，盾构机掘进过程对围岩产生的扰动范围也显著降低，而随着节理胶结强度的增大(胶结强度比大于 0.2)，虽然能够减小围岩塑性区范围和位移量，但对围岩力学性能的改善效果逐渐减弱。

(4) 断层是典型的节理组数多、胶结强度低的松软破碎岩体，如支护不及时，顶底板塑性区将超过 5 m。

3.2 基于定向钻孔的地质条件定位分析

Ⅲ1043 风抽巷与 10 煤层底板法向距离为 22.5～33.5 m，盲目掘进存在误揭煤与瓦斯突出的风险，这就需要对 10 煤层与Ⅲ1043 风抽巷间的相对位置进行精准测定。为此，采用了地面与地下联合定位勘测方法。首先，在地面勘测阶段，在Ⅲ1043 风抽巷掘进方向上布置多个地质勘查孔进行地质勘查，初步确定 10 煤层位置；然后，在盾构掘进前，利用定向钻机，对 10 煤层位置进行地下定向勘测，通过布置若干个定向钻孔，实现对 10 煤层的精准定位。最终，基于地面和地下联合勘测的结果，调整巷道布置层位，避免盾构过程中的揭煤风险。

3.3 盾构巷道底板灰岩水害超前治理技术

由于Ⅲ1043 风抽巷在正断层 F7-1、FD10-1 下盘区域穿灰岩(近三灰)施工，其他区域近灰岩(近一灰)施工。太灰含水层富水性不均一，水压高，巷道揭露区域穿灰岩施工，存在顶底板灰岩水隐患。根据《煤矿防治水细则》要求，采掘工作面接近含水层、导水断层、溶洞时必须超前探查，且巷道布置在灰岩地层中，应满足安全隔水层厚度要求，否则需对灰岩含水层进行超前注浆改造。经计算，三灰的安全隔水层厚度 15.6 m，不满足安全隔水层厚度要求。同时要求探水钻孔沿掘进方向的正前方及含水体方向呈扇形布置，钻孔不得少于 3 个。而且盾构机巷道掘进迎头为盾构刀盘，不具备探查迎头正前方条件。盾构机适用于硬岩掘进，吃硬不吃软，在软岩、断层破碎带中掘进难度较大，支护困难，掘进时迎头不适宜频繁开展地质探查、疏放水及治理，会大大影响盾构机的施工效率。为此，采用地面定向钻孔超前治理方案，对 1 灰地层进行超前注浆治理，有效控制Ⅲ1043 风抽巷底板灰岩水害，具体方法如下：采用地面定向钻孔，分层注浆改造浅部灰岩，对 1 灰地层进行初步注浆治理，并对两侧底板进行定深探查，封堵构造、岩溶裂隙通道，以解决芦岭煤矿Ⅲ1043 底抽巷掘进期间灰岩水害防治问题，确保Ⅲ1043 风抽巷掘进期间实际涌水量不大于 5 m^3/h。

3.4 断层区盾构巷道治灾协同快速掘进技术

Ⅲ1043 风抽巷在掘进过程中面临复杂构造区围岩控制难度大、近突出煤层巷道瓦斯突出危险大、近灰岩巷道突水风险大等系列工程难题，特别是在断层区域，问题更为突出。根据地质勘探结果，当盾构机掘进至 C14 点时，掘进工作面距离 F7 大断层最短距离为 24 m，与 10 煤法向距离为 25.6 m，与灰岩法向距离为 18.4 m，盲目掘进可能导致瓦斯突出与围岩失稳的风险，严重威胁施工安全。因此，围绕Ⅲ1043 风抽巷具体工程地质条件，提出“探-抽-注-支”方案，形成了一套断层区域盾构巷道治灾协同快速掘进技术。

3.4.1 超前地质探测技术

利用盾构装配的液压钻机在 C14 处对Ⅲ1043 风抽巷超前顶板进行地质探查，设计 2 组钻孔，第一组钻孔倾角为 20°，钻孔深度为 96 m，第二组钻孔倾角为 17°，钻孔深度为 92 m，水平探查深度距掘进工作面为 86.6 m。探测结果表明，距离掘进工作面前方 31.2 m 处将揭露破碎带。

3.4.2 瓦斯超前抽采技术

断层破碎带中裂隙网络发达，盲目揭露可能导致瓦斯突出，因此，在揭露断层破碎带前，需要对瓦斯进行抽采。为此，首先利用超前地质钻孔对瓦斯进行初次抽采；然后，当掘进工作面推进至C14前方27 m时，在盾构刀盘上方布置2组骨架孔，其中顶部骨架孔用于瓦斯抽采，骨架孔应钻入硬岩中，并且长度为3～5 m，间距不小于300 mm，倾角为20°。

3.4.3 围岩超前注浆技术

为了治理顶板破碎地层，首先，利用图1所示的底层骨架孔对超前顶板进行注浆；骨架孔注浆完成后，施工小导管注浆孔进行超前注浆，长度确保超过刀盘3 m，注浆管沿护盾外缘布置，角度10°～20°，间距0.5～1.0 m，如图2所示。注浆材料采用P・O 4.25级水泥，水灰比选用1∶1，注浆管型号ϕ20 mm，注浆终压为3～5 MPa，稳压时间15～20 min。

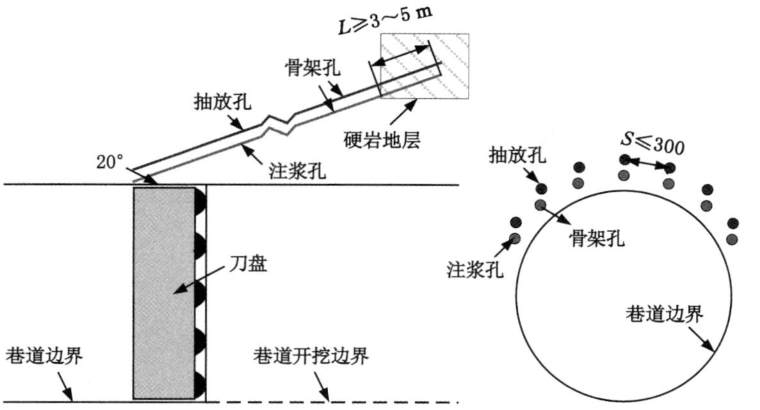

图1 骨架孔布置方案

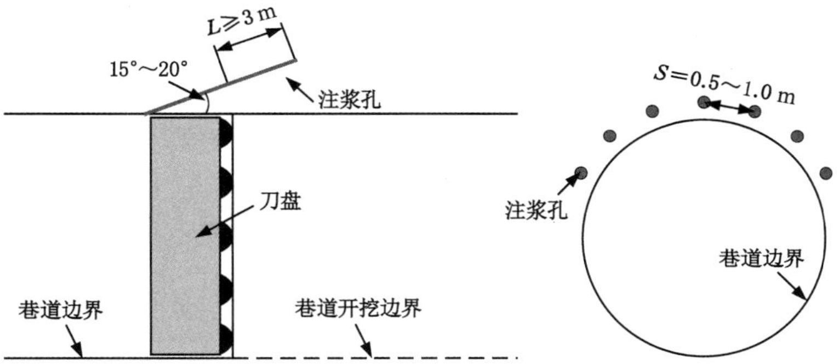

图2 小导管注浆方案

3.4.4 断层区域支护方案

Ⅲ1043风抽巷施工至C14点前37 m，盾构机护盾向前中顶至右肩窝顶板出现漏顶，围岩破碎，针对该特殊断层区域的围岩控制问题，常规支护方式无法有效控制巷道围岩，严重影响安全生产，如图3所示。因此，需要设计断层区域支护方案。

(1) 断层区域施工工序

① 瓦斯管理：为防止处理冒顶期间瓦斯异常，由防突区对冒顶区瓦斯进行抽采，利用地质钻孔进行合茬抽采，同时利用骨架钻孔高抽低注。

② 施工骨架：骨架材料为ϕ73 mm大通径钻杆。

图 3　常规支护下顶板冒顶

③ 撞楔施工：采用 ϕ30 mm 钢管加工，长度为 1 500～3 000 mm，外露 300 mm，间排距 200 mm，角度 5°～10°，沿巷道轮廓线布置，每套两棚施工一茬撞楔。

④ 架棚施工。

⑤ 盾构开挖。

(2) 永久支护

采用 U 型棚对巷道进行套棚支护，受限于施工空间，U 型棚从盾构机护盾退后 2 m 档距施工，套棚支护棚距(中—中)600 mm，U 型棚左右棚腿使用 2 根锚索配合 1 块 U 型棚卡缆进行锁腿，锚索规格 ϕ22 mm×6 300 mm。当架棚通过围岩破碎区时，锚索无法锚固进稳定围岩或无法施工时，棚固定采用 11# 工字钢配合道木和木楔对棚梁和棚腿进行固定，当棚腿垫实后，用混凝土将棚腿与巷帮喷实，确保 U 型棚有效支护，待盾构机向前施工后，再拆除加固工字钢。11# 工字钢长度不小于 4 000 mm，使用 4 根 ϕ22 mm×6 300 mm 的锚索配合 2 个 U 型卡缆进行固定。施工方案如图 4 所示，支护效果图如图 5 所示。

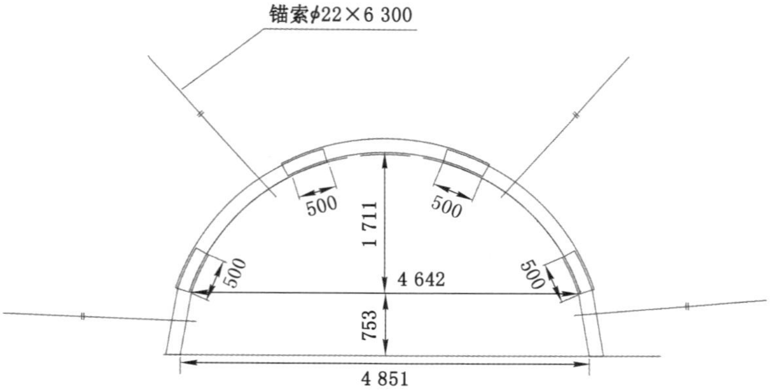

图 4　破碎区架棚施工方案

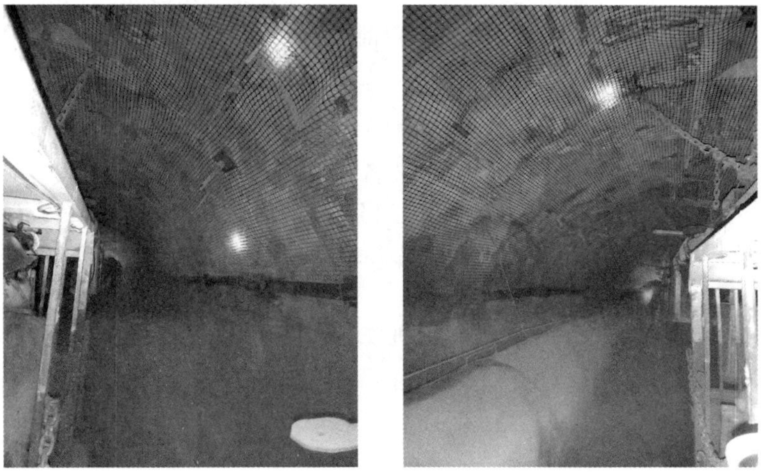

图 5 支护效果图

4 创新研究成果

通过现场和室内试验、理论分析和数值模拟等方法开展了近突出煤层岩巷盾构法施工与治灾协同快速掘进工艺技术研究，得到的主要成果如下：

(1) 试验结果表明节理面上的正应力与剪应力符合莫尔-库仑准则。

(2) 地层上覆应力越大越不利于节理地层中巷道围岩的稳定，当节理的胶结强度低、组数多并且产状不利于围岩稳定时，深部围岩的失稳风险将急剧增长。断层是典型的节理组数多、胶结强度低的松软破碎岩体，若支护不及时，顶底板塑性区将超过 5 m。

(3) 为防止盲目掘进造成煤与瓦斯突出，采用地面与地下联合定位勘测的方法对 10 煤层与Ⅲ1043 风抽巷间的相对位置进行精准测定。首先，在地面勘测阶段，在Ⅲ1043 风抽巷掘进方向上布置多个地质勘查孔进行地质勘查，初步确定 10 煤层位置；然后，在盾构机掘进前，利用定向钻机，对 10 煤层位置进行地下定向勘测，通过布置若干个定向钻孔，实现对 10 煤层的精准定位；最终，基于地面和地下联合勘测的结果，调整巷道布置层位，避免盾构过程中的揭煤风险。

(4) 为消除巷道掘进过程中揭露底板灰岩后的突水风险，提出了地面定向钻孔超前治理方案对该灰岩地层进行注浆以封闭导水通道。采用地面定向钻孔分层注浆改造浅部灰岩，对 1 灰地层进行初步注浆治理，并对两侧底板进行定深探查，封堵构造、岩溶裂隙通道，以解决芦岭煤矿Ⅲ1043 底抽巷掘进期间灰岩水害问题，确保Ⅲ1043 风抽巷掘进期间实际涌水量不大于 5 m^3/h。

(5) 围绕Ⅲ1043 风抽巷断层区域具体工程地质条件，利用“探-抽-注-支”方案，提出了断层区域盾构巷道治灾协同快速掘进技术，并对Ⅲ1043 风抽巷断层中巷道围岩开展了 32 组测点的矿压观测，观测结果表明：各测点中顶底板最大移近量为 425 mm，两帮最大移近量为 158 mm，巷道支护后围岩未发生较大的变形，巷道整体稳定，断面满足生产需求；顶板离层量未发生明显变化；锚杆、锚索锚固性能较好，均处于屈服荷载范围之内，满足锚杆、锚索受力设计要求，锚固效果良好。

5 结论

通过复杂地质条件下盾构施工与灾害治理协同快速掘进技术创新研究，提出了盾构巷道突出煤层精准定位与底板水害超前治理技术，形成了断层区域盾构巷道治灾协同快速掘进技术，并且在芦岭煤矿Ⅲ1043 风抽巷的掘进中得到成功应用，实现了在近突出煤矿、近含压水层的断层复杂地层中的安全高效快速掘进，最终总结形成了近突出煤层岩巷盾构法施工与治灾协同快速掘进工艺，进一步扩展了盾构技术在相似条件地层中的应用前景。

参考文献

[1] 豆旭谦，王力. 煤矿井下硬岩定向钻进技术装备与应用[J]. 煤矿安全，2021，52(11)：117-122.

[2] 范天升. 定向钻探技术在煤矿防治水中的应用分析[J]. 当代化工研究，2021(13)：68-69.

[3] 沈阳. 煤矿复杂围岩条件下盾构机施工方法的研究与应用[J]. 煤矿现代化，2022，31(6)：21-25.

[4] 宋利虎，郎玉泉，林建东，等. 一种煤矿盾构机安全、高效掘进的地震地质指导方法[P]. 北京市：CN115857010A，2023-03-28.

极复杂工作面"一站到位"开采技术的研究与应用

王曙光，徐启雷，李坤

（皖北煤电集团有限公司任楼煤矿，安徽 淮北 235123）

摘 要 任楼煤矿为煤与瓦斯突出矿井，多煤层联合开采布置，地质条件极其复杂，自然灾害耦合叠加。面临当前日趋繁重的生产任务指标，以往前掘后修，搬家频繁，掘、装、采不同标准，灾害治理工程单打独斗等情况已严重制约采掘正常接替。

本文通过超前谋划、全面思考、应用实践，综合考虑工作面在掘进、安装、回采、拆除、封闭阶段的安全生产需求，掘进期间将工作面安装及回采期间的各类硐室、车场、钻场、管线等工程一次施工到位，并将灾害治理措施贯穿其中，真正意义上做到采掘无缝对接，对工作面安全高效生产起到了极为明显的推进作用。

关键词 极复杂；"一站到位"；采掘接续；快速准备；灾害治理

0 前言

煤矿开采作业多在高复杂程度的地质条件下进行，而地质环境的复杂程度越高，开采掘进过程中面临的不可控因素就越多。这些不可控因素会对巷道支护状况造成非常直接的影响，进而威胁到煤矿开采的安全性。因此，煤矿企业需要重视复杂地质条件下支护技术的应用，分析作业环境中开采及掘进可能造成的问题，结合实际来探讨行之有效的支护技术与措施，以保证支护技术充分发挥其应有的功能与作用。随着我国社会经济的不断发展，工业生产规模不断扩大，煤炭需求量日趋增加，煤炭企业必须加快提高现代化矿井开采支护工作质量，并针对复杂地质条件下的煤矿提出科学合理的开采技术，以保障煤矿的安全高效生产。

任楼煤矿为地质条件极复杂、煤与瓦斯突出矿井，经过长时间、多个工作面的探索与实践，形成了"设计源头入手、强化过程管控、提前介入准备、灾害超前治理"的工作面"一站到位"设计思路，盯住"巷道贯通、开始安装、具备回采"三个节点，做到贯通就能安装，安装结束就能投产，投产就能达产的目标。

1 "一站到位"施工及工作面快速准备管理实践

1.1 设计组织

坚持"一设计一论证，不论证不施工"原则，综采工作面掘进开工前 1 个月由总工程师组织地质、采掘、一通三防、机电运输等副总及专业负责人编制掘进"一站到位"设计，设计一经确定，不得随意更改。对综采工作面从巷道掘进到工作面收作进行全周期设计，划定巷道掘进、灾害治理、回采、综采安拆等工程节点，统筹各节点工程工作量、工程标准、时间节点和施工组织，总体设计，有序实施。

1.2 设计理念

树立“回采的需要就是掘进的标准”理念，全面推广应用主动支护，做到次支护强度最大化，确保满足后期回采需要，避免了前掘后修、边采边修的被动局面。同时准确理解和把握“最大化”内涵，“最大化”不是“复杂化”，支护要与围岩条件相对应，在做好地质力学评估基础上，坚持“一巷一策”“一段一策”，科学设计，统筹考虑巷道支护强度与巷道进尺效率。

1.3 设计标准

(1) 设计。

根据巷道功能、标准，重点断面、机电硐室、远距离供电、供液硐室、管线、运输系统、钻场、避难硐室、掘进及回采期间风门墙、防火门墙、收作封闭掏槽等一次设计到位；压风、供水、供电、排水、抽采、注氮等系统能力满足掘进期间钻探施工需要。

(2) 设备配置。

标准配置：掘锚一体机(综掘机＋液压锚杆钻车)＋带式输送机集中控制＋自移机尾(巷道设计长度超过 500 m)＋自动卷带装置(巷道设计长度超过 500 m)＋单轨吊连续运输(柴油单轨吊＋气动单轨吊)＋履带式钻机＋顶板矿压在线监测＋巷修机。如图 1 所示。

标准配置：EBZ220S型掘进机（掘锚护一体机）＋液压锚杆钻车＋巷修机＋2×110 kW带式输送机＋带宽1 m及以上带式输送机（集控＋自移机尾）＋液压卷带装置＋柴油机单轨吊＋泡沫降尘装置＋反冲洗进液过滤装置。

图 1　标准化作业线

(3) 规格质量。

① 按照设计尺寸施工，确保移交时断面满足采煤使用要求。

② 锚杆(索)支护质量符合要求，在断层带、破碎带按照措施加强支护。

③ 工作面机巷底板坡度原则上不大于 10°，断层构造带施工方案需经研讨决定，确保巷道坡度满足带式输送机出煤要求。

④ 工作面两巷停采线以里过断层段巷道高度不超过 4.5 m，否则接顶。

(4) 主运输系统。

① 掘进、采煤及综采安拆装备按标准配置进行选型。

② 带式输送机按照采、掘通用原则选型。掘进期间，机巷铺设 1 部 DSJ100/2×110 型带式输送机，风巷铺设 1 部 DTL100/63/2×75 型带式输送机。

③ 机巷掘进期间带式输送机中间部(H 架、托辊、横梁)使用采煤用带式输送机中间部。

(5) 辅助运输系统(柴油单轨吊)。

① 掘进期间安装时，严格按设计轨道中心线施工，移交安装时单轨吊梁不得更换调整(受矿压

影响、断面不足除外)。

② 掘进准备期间优先形成气动单轨吊打运系统,距离三岔门 300 m 前形成正规柴油单轨吊打运系统,柴油单轨吊功率必须满足巷道安装、拆除需要。

③ 车场至回风巷风墙设计位置、掘进带式输送机机头处单轨吊系统健全,确保设备维护、风墙料打运系统完善。

(6) 管路敷设。

① 风、水、排、灌浆、注氮、瓦斯抽采(非带式输送机侧)管路在掘进期间同步安装,距离迎头符合要求。

② 各类龙门管、弯管等非标加工件在巷道工程施工结束 2 周内安装完成。

(7) 电缆吊挂。

① 电缆钩、电缆型号选择优先考虑采煤使用要求,减少重复安拆。

② 电缆钩吊挂位置与巷道中线的关系要按照满足支架打运、摆放开关列车的要求施工。

③ 动力电缆避免与瓦斯管路敷设在同侧,监控、通信及信号电缆采取分钩吊挂。

(8) 照明灯具安装。

① 照明灯和电缆采用钢绞线或钢丝绳吊挂于巷道顶板,钢绞线或钢丝绳敷设要求、照明灯吊挂要求、距迎头距离等在作业规程中明确。

② 输送带转载点、休息地点、车场、图牌板及硐室等场所照明符合要求,掘进迎头、自移机尾处装有随机移动照明。

(9) 水沟及台阶。

① 淋水段、积水段要施工横水沟,排引至正规水沟。

② 坡度在 12°以上巷道要施工台阶。

(10) 排水及应急广播系统。

① 排水系统:管路按照措施规定延接,水沟、水泵按照设计布置、安装,并处于热备状态。

② 应急广播系统:施工单位负责随进尺延接、维护迎头广播送话器。

(11) 附属硐室。信号、带式输送机、移变、远距离供电、供液、避难等硐室、钻场在掘进期间按设计要求同步施工。

(12) 各类管路采用专用锚杆吊挂,吊挂锚杆掘进时同步施工到位,各类设备所需的起吊锚杆(索),在设备安装前施工到位。

(13) 需施工顺层钻孔的煤巷掘进工作面,掘进期间由瓦斯办及时安排队伍施工顺层钻孔,并及时合茬抽采。钻孔施工原则上距离迎头不超过 200 m。

(14) 为实现煤矿防治水工作由局部治理向区域治理、由井下治理到井上下结合治理的转变,同时减少新区巷道井下超前探查施工时间,实现巷道连续掘进,实施地面区域超前探查工程。工程采用地面定向钻进技术,在探查区域合理布孔,做到钻探全覆盖无盲区,探查煤层底板是否存在断层裂隙或陷落柱等垂向导水通道,最终达到对采区内各工作面超前掩护的目的。

(15) 小煤柱注浆,严格按安全生产标准化要求施工,距离迎头不得大于 300 m,注浆处安设视频监控,月度对标考核。

(16) 皖北矿区回采巷道的支护方式主要为锚网索支护方式,针对部分采煤工作面顶板坚硬,容易因初次放顶期间顶板垮落不及时造成悬顶面积大、瓦斯积聚,后期突然垮落造成瓦斯超限。传统采用炸药爆破方法处理初采及隅角的坚硬顶板,存在一定的安全风险。推广实施水力压裂碎岩技术,杜绝炸药和雷管的使用,工作环境更加安全;施工钻孔更少,单孔控制范围大,并且不干扰工作面正常生产及周边工程正常施工,提高了工作效率;切缝效果更加明显,水压裂缝沿着竖向扩展延伸,从而切断厚硬的中粗粒砂岩层,促使其及时断裂垮落。此项技术在皖北矿区具有极大的参考和借鉴价值。如图 2 所示。

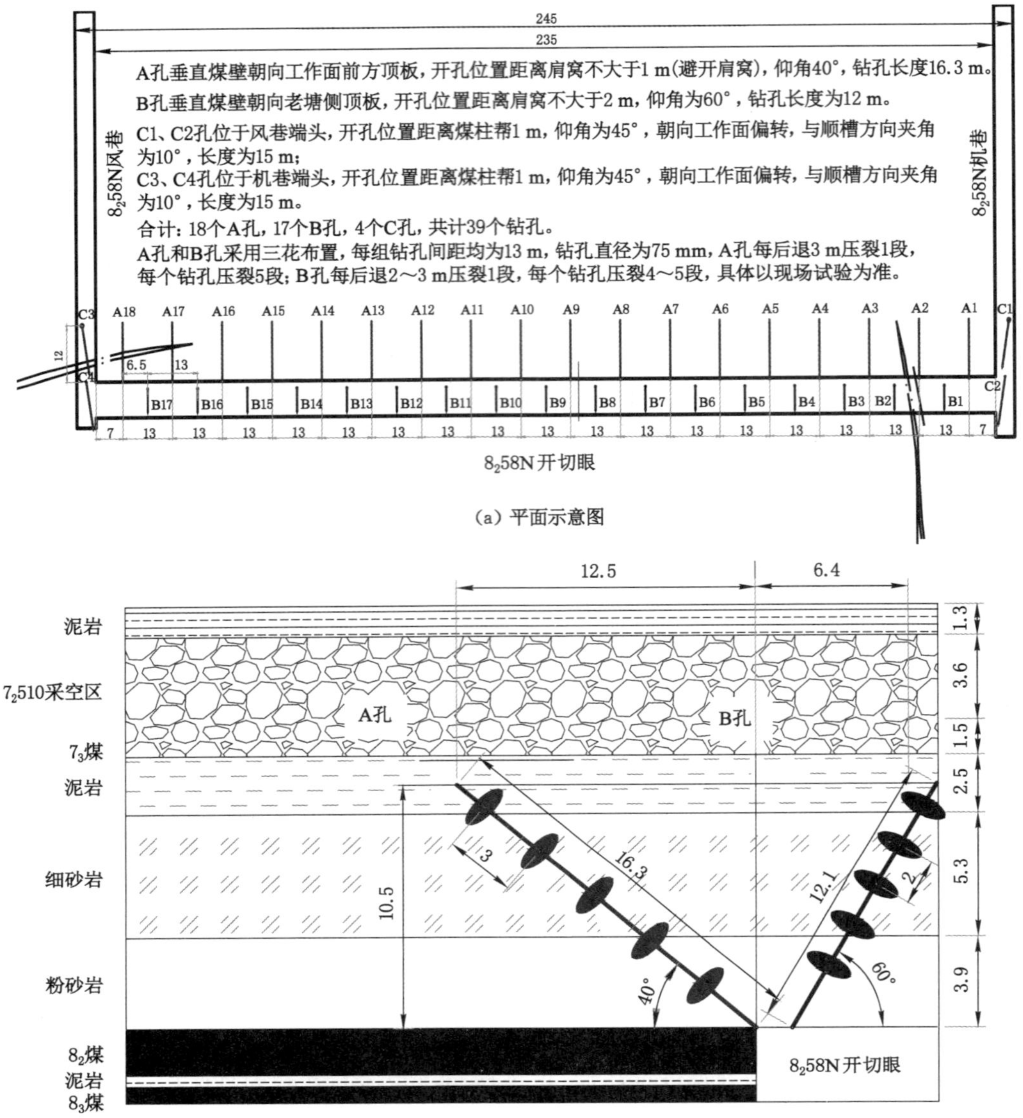

(a) 平面示意图

(b) 剖面示意图

图 2　工作面水力压裂示意图(单位：m)

(17) 针对任楼煤矿工作面回采后巷道大变形问题，探索研究端部悬顶作用下回采巷道围岩变形失稳机理，实施回采巷道切顶卸压护巷技术，从而提高回采巷道围岩稳定控制效果，保障工作面安全生产。

(18) 风门墙、避难硐室。严格按设计施工，支护牢靠，喷浆处理，确保质保期不低于 6 个月。

1.4　支护达标

支护设计采用动态设计方法，遵循“初始设计→井下监测→信息反馈→正式设计”的程序循环进行，因地制宜，正确有效地加固围岩，充分发挥围岩自承能力。将巷道受掘进影响结束时的监测结果(巷道表面位移、围岩深部位移、顶板离层，锚杆、锚索工作荷载等监测数据)用于验证或修正初始设计。修正后的支护设计作为正式设计在井下使用。巷道受到采动影响期间的监测结果用于其他类似条件巷道支护设计的验证与修正。施工单位不得随意改变支护设计，当巷道围岩条件发生较大变化时，应当依据工程监测结果和现场实际评估，确定继续采用原设计的有效性或者修改设计。

1.5 灾害治理

通过前期资料收集，综合分析研判，联合设计、分步实施，策划灾害治理方案。结合装备投入、科研合作等途径，以高效的装备和先进的技术手段做到灾害超前谋划、统一治理，切实保障安全高效生产。

例如，任楼煤矿中五采区 $7_2$513 工作面掘进后期进入瓦斯富集区，掘进期间瓦斯浓度大，严重制约着采掘接替。该矿总结出“五步法”针对性管控措施，从源头上解决瓦斯异常涌出问题，为 $7_2$513 工作面顺利贯通提供了保障。

(1) 探。每循环施工 2 个超前探查钻孔，探清前方煤层赋存和构造情况，保留超前距 10 m。

(2) 测。利用超前探查钻孔取样测定煤层瓦斯含量，同时兼做卸压排放钻孔使用。

(3) 注。利用防突预测钻孔进行煤层注水，降低掘进前煤层瓦斯含量。

(4) 排。增大巷道配风量，机巷实行“双局部通风机双风筒供风”，分别安装一套 2×30 kW 局部通风机配合直径 800 mm 风筒和一套 2×45 kW 局部通风机配合直径 1 000 mm 风筒进行巷道供风。

(5) 控。地面管控：发挥地面安全监控调度员监督管控作用，进尺前班队长向监控调度进行汇报，监控调度员密切关注该巷道甲烷传感器数值变化，数值达到 0.3%时实施地面人工断电管理；当发现传感器监测数据出现连续增大或数值倍增时，按流程汇报有关单位及领导。现场管控：进尺落煤期间瓦斯检查员在综掘机后方安全地点监测巷道瓦斯浓度变化情况，瓦斯浓度达到 0.2%时，提醒现场施工人员降低截割速度，大于 0.3%时停止巷道掘进落煤作业。

对比 $7_2$511 机巷（瓦斯富集区）、开切眼，$7_2$513 机巷（瓦斯富集区）、开切眼掘进期间节约时间 28 天，回风流瓦斯浓度总体控制在 0.3%之内，瓦斯浓度多数在 0.2%上下徘徊，掘进期间瓦斯风险管控可靠有效。

1.6 安拆管控

(1) 本着“谁使用谁负责”的原则，下一环节要超前介入，做好指导服务。安装准备前期积极与采煤预备区联系，邀请专业人员参与到准备方案设计之中，共同研究实施方案，优化施工环节，提高工作面安装效率。

(2) 严格安装质量过程管控。安拆工程施工期间，每班均安排矿相关职能科室管技人员对现场安全及施工质量进行监管。跟班人员现场对关键施工工序签字确认，升井后认真填写跟班汇报表，将当班发现的问题、处理情况、重点环节注意事项等汇报相关领导，使监管更加有力，安拆工作得到有效管控。

2 “一站到位”管理的重点

提前介入，积极参与。首先，坚定“全矿一盘棋”思想，做到系统不分家，坚决消除专业界限。巷道掘进期间，采煤系统人员经常深入掘进工作面实地调查交流，对施工提出意见和建议，确保巷道满足回采需要。其次，安拆准备期间积极与采煤预备区沟通联系，对一些大的方案设计，必须共同研究，使准备工程适应不同安拆队伍需要，减少盲目施工造成的返工问题。第三，加强过程监管，从掘进拨门开始，对整个掘进施工过程进行监管，从源头解决不按标准施工或标准不高影响后期整体使用问题。

3 结束语

综上所述，在任楼煤矿施工中，提前进行了综采工作面的研究，做到了超前谋划，在掘进工作之前，做好了综采工作面回采的准备工作，实现了真正的采掘无缝对接，不但实现了人力和物力的节约，同时显著提高了采掘的效率和水平。

参考文献

[1] 陈伟强.1010-1 工作面快速掘进与一站到位设计技术研究[J].科技创新与应用，2022，12(21)：137-141.
[2] 王振伟.复杂地质条件下煤矿开采掘进支护技术的应用[J].能源与节能，2022(10)：191-192.
[3] 赵宏志."一站到位"在煤矿安全生产中的应用[J].科技创新与应用，2018(18)：159-160.

大埋深综放工作面过复杂地质构造技术的研究与应用

王广伟，类兴财，王永磊

（山东能源新巨龙能源有限责任公司，山东 菏泽 274000）

摘 要 针对新巨龙能源有限责任公司（以下简称新巨龙公司）6305 工作面推采过程中遇到的复杂地质构造，同时受到过联巷和回风巷端头过超高段双重因素耦合叠加影响，采用理论分析与现场实测相结合的方法，对工作面过大断层技术进行研究，制定了过断层的“12336”方案。现场应用效果表明：6305 工作面过大断层、联巷及超高段期间实现了平均每天割煤 2.46 刀的新突破，正规循环率达 98.4%，并且杜绝了任何的轻微伤及以上安全事故，为下一步矿井再次过特大断层积累了现场经验。

关键词 断层构造；注浆加固；顶板管理；深孔预裂

0 前言

采煤工作面回采过程中通常会揭露断层地质构造，断层破碎带不仅会导致顶板破碎、煤壁片帮，还可能会导致支架倾斜，影响回采速度，进而引发顶板事故[1-4]。工作面过断层常用的有平推硬过法、跳采法、调整采高法等方法[5]。为了确保工作面安全高效过断层，王际欣[6]通过对两种不同的过断层方案进行对比，在巷道内施工深孔预裂爆破孔弱化岩层，确保巴彦高勒煤矿 311202 采煤工作面过断层期间生产安全。李欢等[7]通过比较综放工作面过断层技术方案，最终采取挑顶破底的方法顺利通过了断层。王立新[8]通过数值模拟分析了断层区域注浆后的塑性区范围及顶板的变形情况，确定采用注浆加固技术治理断层，确保 8102-3 工作面平稳推过断层。郭鹏[9]、李建功[10]对断层破碎带进行注浆加固，为工作面安全高效开采创造了条件。闫志杰[11]研究分析了工作面过断层的方法及适用特点，采用加强支护和爆破松动的方法，保证了 22207 工作面过断层期间的安全生产。

1 工程概况

新巨龙公司 6305 综放工作面为六采区第五个工作面，工作面平面布置图如图 1 所示。6305 工作面平均走向长度 1 390 m，倾斜长度 260 m，煤层平均倾角 8°，煤层平均厚度 9 m，工作面平均采高 3.7 m，煤层平均埋深 800 m。工作面正常生产期间每日割煤 3 刀，每刀进尺 0.8 m，日产量 6 500 t。

F311 断层横贯整个工作面，延展长度 280 m，断层落差在 0～29 m 之间，落差自进风巷向回风巷逐渐增大。工作面推采至距开切眼 829 m 后在回风巷首先揭露 F311 断层，揭露的断层落差 16 m，倾角 55°。

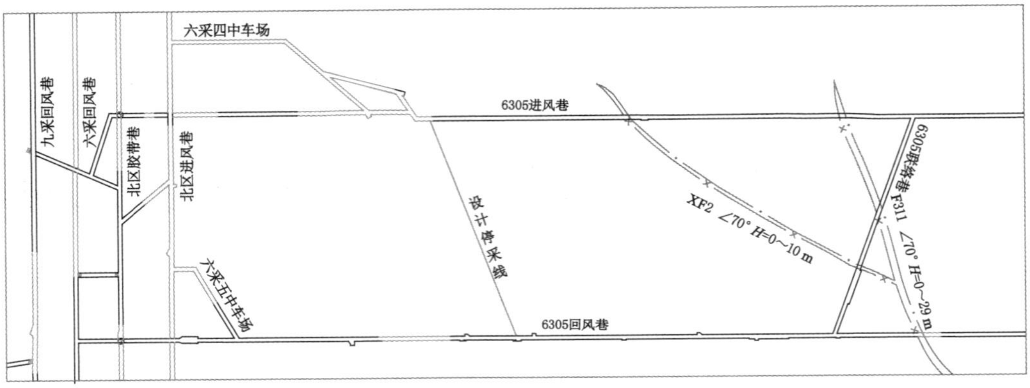

图 1　6305 工作面工程平面图

2 “12336”过断层技术方案

2.1 “1”——坚持“先治后过”理念不动摇

(1) 联巷进入工作面超前动压影响区前，对联巷利用“煤粉袋子＋高水材料”进行充填，充实率达 92%，工作面揭露联巷时有效避免了顶板大面积下沉造成的顶板破碎问题，如图 2 所示。

(2) 充分发挥注浆加固作用，过断层以来累计注浆 37 t，创新应用“动态＋静态”“深部＋浅部”“顶板＋煤壁”相结合的注浆方式，一是顺槽揭露断层位置采取 100 m 超前静态注浆，进入工作面超前 20 m 以内动态注浆，对断层破碎带进行注浆加固，如图 3 所示；二是对工作面 150#、151# 过渡架位置根据顶板或煤壁超前破碎情况，现场采取在平巷或煤壁深、浅孔相结合方式进行注浆，有效控制端头顶板破碎；三是对工作面易顶板破碎、片帮区域进行注浆，既注顶板也注煤壁。

图 2　联巷充填示意图

图 3　断层注浆示意图

2.2 “2”——坚定两个方向，重点关注聚焦

(1) 深入剖析断层、量化推采方案，精准管控实施。针对 F311 断层与工作面夹角较小、断层下盘揭露区域割岩石量较大、随工作面推采移动较快现象，一是断层面以上(断层上盘)40 个支架超前抬底、抬底幅度控制在 8°～12°，有效地将工作面割岩石量由原本 65 个支架缩小至 35 个支架以内；二是断层面以下(断层下盘)抬底幅度控制在 16°～22°以内、溜头顺平巷、15# 支架以上顺煤层倾角，揭露断层开始 5 天时间即找到了断层下盘顶煤；三是坚持对断层下盘全岩区域顶板以上 2 m

以内见煤区域大力放煤，过断层期间通过此方式多回收顶煤 2.9 万 t；四是断层过渡段倾向倾角控制在 13°以内，严控断层过渡段支架姿态，支架有任何歪架迹象时必须使用侧护板甚至单体调架。如图 4、图 5 所示。

图 4　工作面割全岩示意图(单位：m)

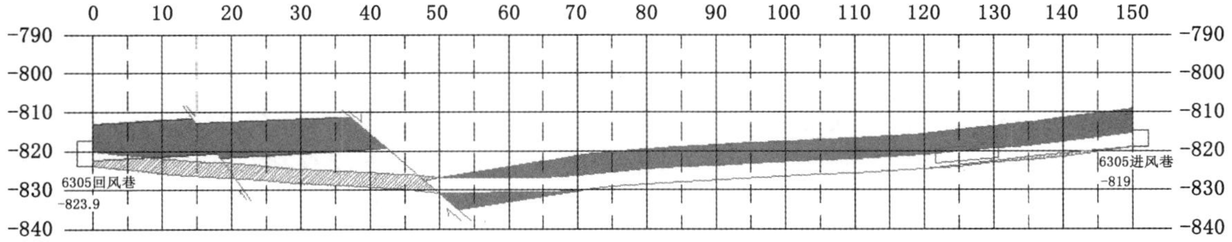

图 5　6305 工作面现场实测剖面图(单位：m)

(2) 严格管控联巷与工作面层位。工作面过联巷段坚持采取卧底、降采高措施，在条件允许情况下始终将联巷顶板控制在工作面顶板之上 0.3～1 m 之间，避免采煤机切割联巷顶板、支架和采煤机陷落的风险。

2.3　“3”——套过断层公式，实施三项“老办法”

针对断层上盘覆压大、揭露煤层酥软、易片帮，进而导致顶板破碎、出现漏顶现象，采取以下措施：

(1) 超前。以“技术就是生产力”为落脚点，抓好工作面走向和倾向两个剖面管理，地测部门每 3 天对工作面前部运输机平面轨迹进行测量，保障工作面断层段处于超前位置，做好工作面层位管理。

(2) 加固。充分发挥注浆加固作用，过断层期间累计施工锚带 176 片，注浆 37.5 t，有效防止因片帮造成顶板破碎或因顶板破碎造成片帮的恶性循环。

(3) 控采高。断层附近支架不断抬底的同时，严格将工作面采高控制在 3.2～3.5 m 之间，避免支架间出现较大错茬或采高不足现象。

2.4　“3”——推进三项保障，确保万无一失

(1) 核心设备管理。一是工作面过断层期间将采煤机普通截齿全部更换为耐磨的肯纳或山特威克型号，截齿硬度较以前提高 2 倍，工作面过断层期间平均每天消耗耐磨截齿 50 个，较之前过断层统计量平均每天减少更换 60 个；二是加强油脂管理，过断层期间由机电管理科每周对工作面油脂进行化验、分析，并绘制变化曲线，指导工作面更换油脂；三是备品备件管理，井下备足过断层期间所需截齿、油脂、刮板等。

(2) 激励信心,做实服务。一是6305工作面过断层困难时期,各相关业务部门、党政工团以为采煤区队服务为核心,切实为区队排忧解难;二是制定切实有效可行的制度,以奖励为主、惩罚为辅,鼓励干部职工树立信心,迎难而上,积极克服困难。

(3) 积极协调,确保意见统一。工作面过联巷、断层、超高段期间每天下午17:30由生产副总经理组织回采专业、地测专业、区队管理人员召开专门过断层、联巷分析会议,统一思想,确定当前制约因素,并制定次日解决方案。

2.5 "6"——突出六项措施,实现科学管理

(1) 延长两巷超前支护长度。工作面沿空侧进风顺槽采用双排单元式超前支架支护,超前支护距离不小于300 m,回风顺槽采用迈步式支架配合单排单元式超前支架支护,超前支护距离不小于120 m,提高巷道抗冲击能力。

(2) 工作面回采前对工作面实施高密度三维地震勘探,实现了断层构造的精准控制,并结合勘探资料准确绘制了工作面揭露断层时预想剖面,制定了由回风顺槽向工作面方向实施超前深孔预裂方案,解决了以往工作面过断层切割困难、需要在工作面爆破的难题,实现了工作面超大断层不爆破的目标。

(3) 加强设备保障。超前考虑切割岩石段可能引起的一切设备损坏,加强对采煤截齿、离合轴、破碎机锤头、后刮板运输机及转载机刮板重点检修,采煤机滚筒全部更换耐磨截齿,生产期间安排专人在刮板运输机机头机尾位置重点监护,防止铁器进入对运输机造成损坏。

(4) 超高段顶板管控。针对回风巷端头过超高段与F311断层下盘叠加造成端头顶板破碎状况,在工作面回风巷超高段上帮侧肩窝采取"锚带+注浆"方式补强支护,并对超高段肩窝位置由顶板至帮部补联双层菱形网,避免漏顶。

(5) 做好人员保障。一是6305过特殊构造期间,将工作重心向6305转移,管理人员人均负责一项重点工作,明确责任到人,保障过断层期间人员力量充足;二是加强劳动组织管理,早班做好设备检修和生产准备工作,保证生产班接班即可生产。

(6) 加强顺槽内断层应力集中区顶板管控。一是进风巷揭露联巷、断层位置前后50 m范围将单元架中心距由3 m全部缩至2 m,并在单元架顶梁上方全部穿设工字钢或U型棚,避免单元架之间出现网兜,进而引起漏顶情况;二是实体煤帮揭露联巷、断层位置前后50 m范围在原先帮部主、被动支护基础上,按照间距2 m补打长度不低于8.3 m锚索线+工字钢补强支护,将帮部变形量由原先3 m减小至2 m以内。

3 现场应用效果分析

为了确保6305工作面能安全高效推采过F311断层,采取了一系列措施,取得如下成果:6305工作面在推采过程中实际揭露全岩架数最大达55架(长96 m),通过采取超前40个支架抬底的措施,将工作面割岩石量缩小至35个支架以内。F311断层下盘抬底幅度控制在22°以内、刮板运输机机头顺平巷、15#支架以上顺煤层倾角,揭露断层开始5天时间即找到了断层下盘顶煤。通过对断层下盘全岩区域顶板以上2 m以内见煤区域大力放煤,过断层期间多回收顶煤2.9万t。过断层期间支架倾向倾角控制在13°以内,支架未出现歪架挤架情况。6305工作面安全推采过F311断层,实现了工作面过大断层、联巷期间平均每天割煤2.46刀的新突破,正规循环率达98.4%。

参考文献

[1] 耿耀强,赵腾飞,陈建明,等.复杂地质条件下综放工作面过断层注浆加固技术[J].煤矿安全,2021,52(6):117-122,128.

[2] 韦庆亮,李彦斌,谷攀,等.综采工作面过断层顶板破坏机理及控制技术[J].煤炭工程,2020,52(4):52-57.

[3] 张喜传,周玉军,张海波.基于新型注浆材料的工作面过破碎断层措施[J].煤矿安全,2018,49(9):187-189,193.

[4] 熊祖强,王凯,丁子文.新型无机注浆材料在大采高工作面过断层注浆加固中的应用[J].煤矿安全,2017,48(4):148-151.

[5] 冯林杨,李想,邢德恩.综采工作面快速过断层方法浅析[J].山东煤炭科技,2012,30(3):150-152.

[6] 王际欣.巴彦高勒煤矿 311202 采煤工作面过断层技术研究[J].煤矿现代化,2021,30(2):15-18.

[7] 李欢,王兵,刘玉鼎,等.杨村煤矿综放工作面过断层技术与管理实践[J].煤矿现代化,2017(1):19-21.

[8] 王立新.综采工作面过断层巷道注浆加固技术研究[J].山西能源学院学报,2021,34(3):3-5.

[9] 郭鹏.97309 综采工作面过断层注浆加固技术研究[J].山东煤炭科技,2021,39(9):41-43.

[10] 李建功.工作面过断层破碎带注浆加固技术实践[J].煤,2019,28(12):37-38,49.

[11] 闫志杰.综采工作面高效过断层技术研究[J].煤矿现代化,2022,31(3):65-68,72.

异形综采工作面联采技术研究与实践

韩小冰，王占坤，杨耀宗

（河南省三软煤层开采工程技术研究中心，河南 郑州 450000）

摘　要　白坪煤业公司由于开采煤炭资源的需要，相邻布置了两个异形综采工作面。为提高工作面单产，该矿进行了联采实践，超长工作面长度达到330 m。回采期间，实测了联采前后周期来压步距及强度，利用数值模拟和现场监测方法研究了联采前后采场超前支承压力分布、巷道变形机理，并从联采工作面对接、工作面合理长度及错距等方面总结了超长联采面双煤机开采工艺，实践证明加长工作面切巷长度具有单产高、巷道掘进率小等优点，但存在矿压显现剧烈、中下巷道不易维护等困难。

关键词　超长工作面；工作面联采；巷道变形；双煤机开采

0　引言

郑州矿区主要开采的二$_1$煤层为典型的“三软”不稳定煤层[1]，长期以来由于生产装备和技术水平的制约，传统综采工作面设计长度一般为120～160 m。近年来采掘装备技术水平不断提升，煤巷锚网支护已普及使用，巷道支架、端头支架等改善了安全出口管理，同时对超前切顶卸压技术进行了有益的试验等，为提高综采工作面长度[2]创造了有利条件。

1　工程概况

白坪煤业公司13031工作面回采前，其上部工作面（上段工作面）已经圈出，为提高精细化管理水平，实现集中化生产，经论证后决定将两个工作面联合布置成一个超长工作面。13031工作面布置如图1所示。

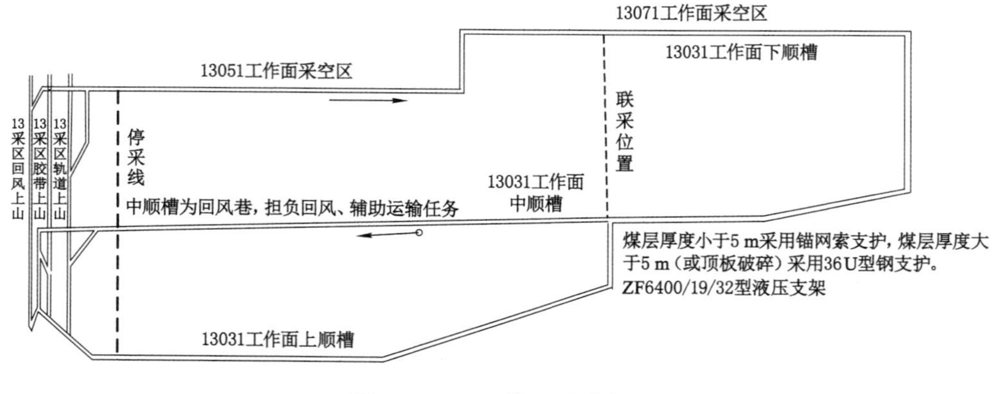

图1　13031工作面联采布置

13031 工作面开采的二$_1$煤层，煤体结构疏松破碎，为典型的构造煤，多呈粉末状、鳞片状，划痕和镜面较发育，f=0.15，煤层埋深 506～719 m。煤层顶板为 13.3～18.3 m 厚中粒砂岩(大占砂岩)直接压煤，f=5～8；直接底为 2.9～7.8 m 厚砂质泥岩，f=3～6。

该工作面采煤方法为走向长壁放顶煤，全部垮落法管理顶板，割煤高度 2.8 m。联采前工作面下段切巷终长 220 m，下巷进风出煤，中间巷回风，下段推进 525 m 后与上段联合；联采后上下段切巷合长 330 m，下巷、中间巷进风出煤，上巷回风，可联合回采走向长 1 140 m。

2 联采前后矿压观测分析

利用在线矿压监测系统，将 13031 工作面布置为上中下 3 个监测区域，每隔 10 架布置 1 组压力分机。在线监测系统布置示意图如图 2 所示。

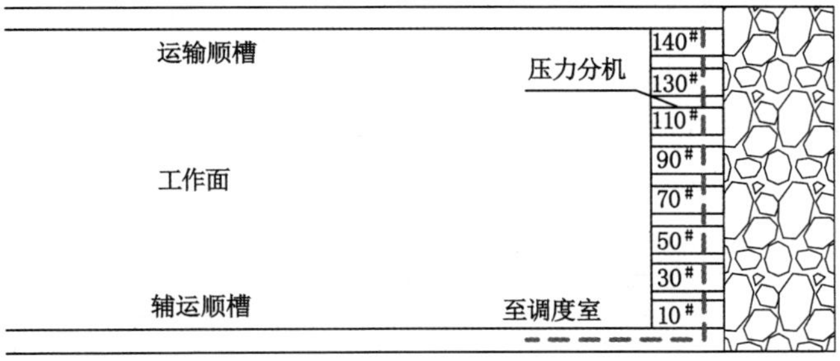

图 2　13031 工作面矿压在线监测示意图

2.1 初采期间矿压观测(切巷 220 m)

初采期间，根据支架工作阻力曲线图，统计工作面自 210 m 推进至 360 m 范围内来压步距与来压强度，见表 1。

表 1　工作面推进 210～360 m 来压步距和来压强度统计

架号	来压步距平均值/m	动载系数平均值
10#	31.5	1.2
20#	25.0	1.2
30#	33.6	1.2
上部平均	30.0	1.2
40#	16.3	1.3
50#	16.9	1.4
60#	17.6	1.3
70#	15.9	1.3
80#	17.0	1.3
90#	16.3	1.2
100#	17.9	1.3
110#	16.1	1.4
中部平均	16.8	1.25

表 1(续)

架号	来压步距平均值/m	动载系数平均值
120#	20.2	1.20
130#	19.5	1.23
140#	24.0	1.13
下部平均	21.3	1.19

从表 1 可看出，工作面上部发生 3～4 次周期来压，平均来压步距 30.0 m；中部发生 8 次周期来压，平均来压步距 16.8 m；下部发生 6～7 次周期来压，平均来压步距 21.3 m。工作面上部平均动载系数 1.2，中部平均 1.25，下部平均 1.19。

从数据看，初采期间来压强度中部＞下部＞上部，整体上工作面矿压显现不剧烈，周期来压强度不大，工作面支架大部分时间处于低阻运行状态。

2.2 联采期间矿压观测(切巷 330 m)

联采期间，统计工作面自 1 030 m 推进至 1 170 m 范围内来压步距与来压强度，见表 2。

表 2 工作面推进 1 030～1 170 m 来压步距和来压强度统计

架号	来压步距平均值/m	动载系数平均值
10#	21.6	1.3
20#	21.8	1.2
40#	20.7	1.4
上部平均	21.4	1.3
60#	14.2	1.4
80#	14.9	1.4
100#	13.2	1.2
110#	16.6	1.3
120#	14.1	1.2
130#	15.4	1.3
140#	15.9	1.3
150#	14.8	1.4
中部平均	14.6	1.35
160#	18.8	1.3
170#	19.5	1.3
190#	19.0	1.3
下部平均	19.1	1.3

从表 2 可看出，工作面上部发生 6 次周期来压，平均来压步距 21.4 m；中部发生 8 次周期来压，平均来压步距 14.6 m；下部发生 7 次周期来压，平均来压步距 19.1 m。工作面上部动载系数平均 1.3，中部平均 1.35，下部平均 1.3。

与短工作面对比，联采后超长工作面顶板活动更剧烈，基本顶断裂更频繁，来压强度增强，仍保持中部>下部>上部的规律，来压步距减小为原来的70%～90%。

3 工作面超前支承压力分布

以13031工作面实际布置形式为基准，参照顶底板岩层综合柱状和岩石物理参数，利用FLAC3D软件模拟工作面联采前后应力分布[3]。将联采开始点作为模型的平面中部位置，模拟范围及坐标设定见图3。

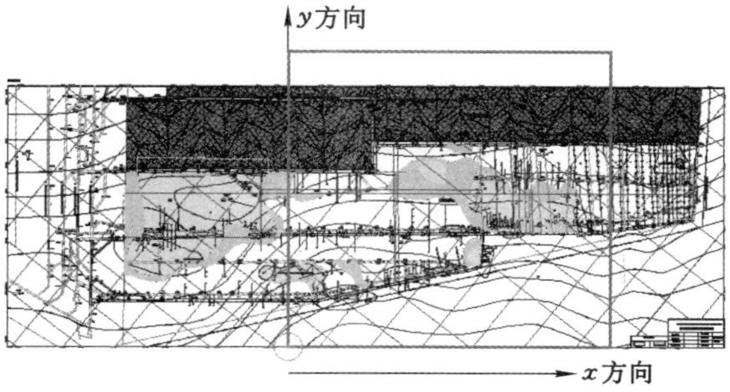

图3 数值模拟计算范围及坐标方向设定

模型如图4所示，x方向800 m，y方向760 m，z方向取300 m厚地层，在模型中用垂直应力代替模型顶至地表地层。

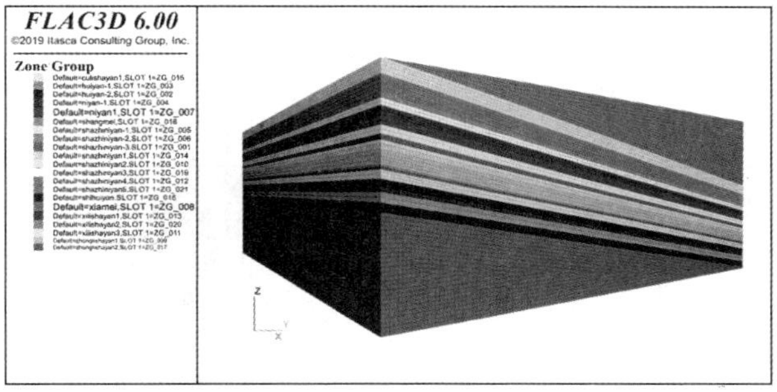

图4 13031工作面三维数值模型

3.1 联采前采场应力分布

由图5、图6可知，超前支承压力由13031工作面上部向下部逐渐增大，在下端头位置处最大。联采前上端头(即中间巷)处，最大超前支承压力30～35 MPa，位置为超前工作面15 m；下端头处，最大超前支承压力55 MPa，位置为超前工作面15～20 m，其压力较大的主要原因为13031工作面超前支承压力和13071采空区侧向支承压力叠加，形成应力集中，其次由于在下巷处煤层较厚，放煤高度大，岩层断裂剧烈造成压力增加。

3.2 联采20 m采场应力分布

由图7、图8可知，13031工作面联采后，上巷位置由于埋深更浅超前支承压力较小，其最大值为20～25 MPa，超前工作面15 m位置；中间巷处超前支承压力大幅度增加，最大值为45～50 MPa，较联采前增加幅度为25%～35%，超前工作面15～20 m，主要由于工作面采长加大，中间巷正处于岩层破断下沉较大处，因此中间巷在联采后由于超前应力的增大和采动剧烈影响，围岩稳定性控制难度进一步增大；下巷支承压力和应力集中区基本保持不变，最大支承压力为50～55 MPa，超前工作面15～20 m。整体而言，下端头超前支承压力相对较大，巷道稳定性控制难度最大。

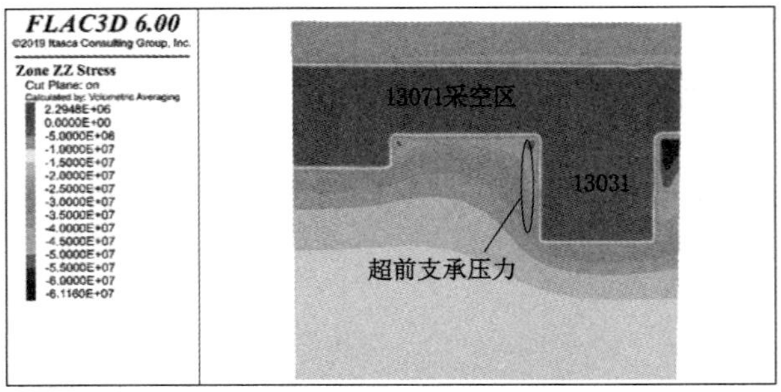

图 5　联采前垂直应力分布

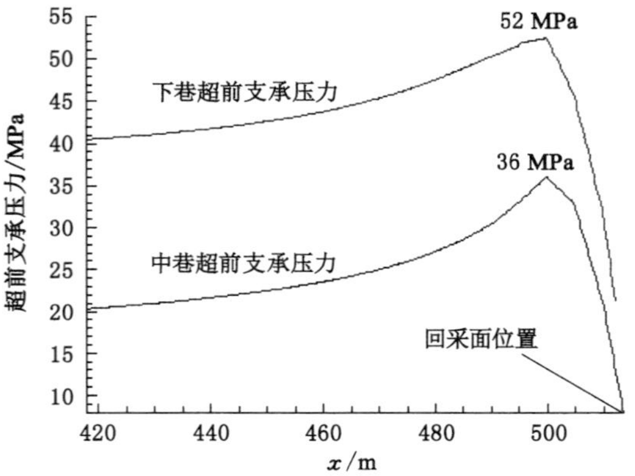

图 6　联采前中、下巷超前支承压力

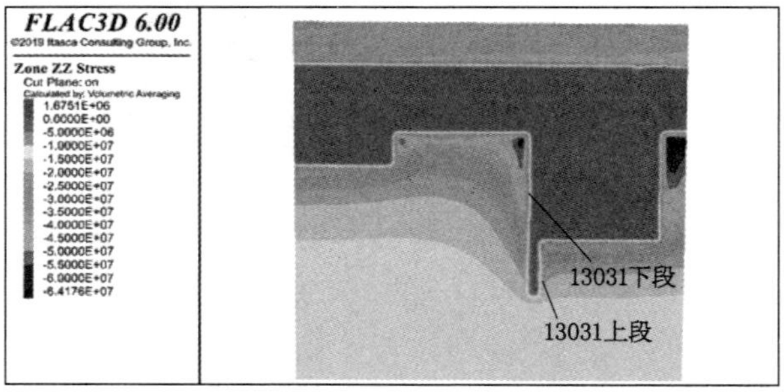

图 7　联采 20 m 垂直应力分布

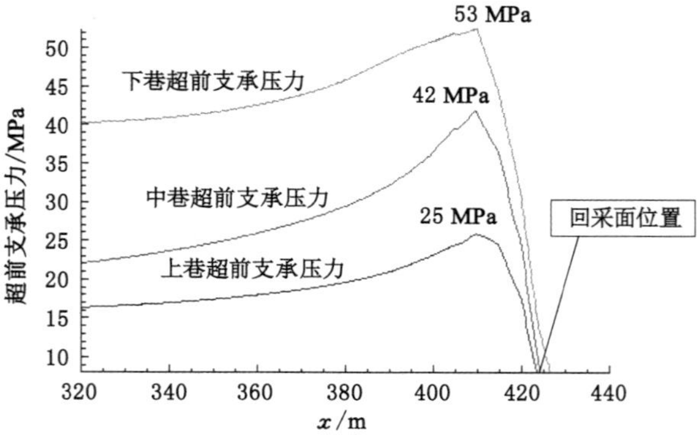

图 8　联采 20 m 上、中、下巷超前支承压力

3.3 联采 80 m 采场应力分布

由图 9、图 10 可知，13031 工作面联采推进 80 m 位置时，超前支承压力较联采推进 20 m 时超前支承压力变化不大。上巷位置超前支承压力较小，约为 25 MPa，超前工作面约 15 m 位置；中间巷处超前支承压力为 45～50 MPa，超前工作面约 15 m；下巷端头支承压力和应力集中区基本保持不变，支承压力为 50～55 MPa，超前工作面 15～20 m。

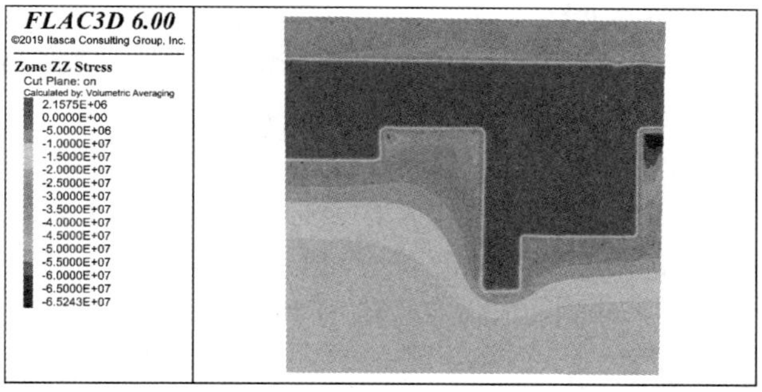

图 9　联采 80 m 垂直应力分布

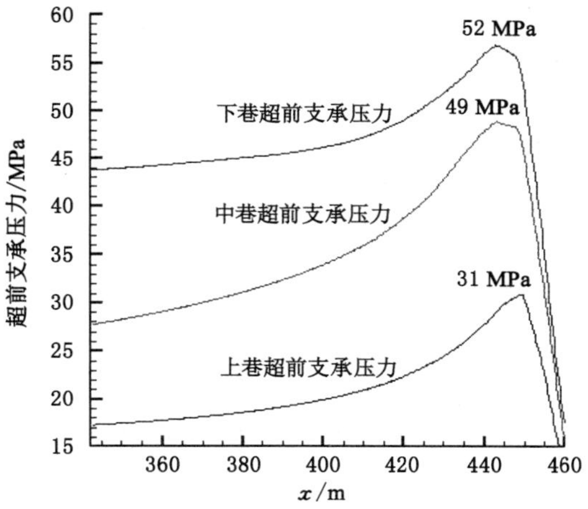

图 10　联采 80 m 上、中、下巷超前支承压力

由数值模拟计算得知，联采后下巷位置处超前支承压力数值和最大支承压力位置基本没有变化，但是随着联采后工作面宽度的增大，以及中间巷相对工作面位置由联采前工作面的上部巷道变成中间巷道，其支承压力有较大增加，增加幅度为 25%～35%；联采后工作面上巷由于采深浅，上部有实体煤固支，其超前支承压力相对中间巷和下巷明显较小。

联采期间，中间巷处于上下两面应力叠加状态，随着中间巷处煤层增厚及推进度减缓等，矿压显现明显剧烈，尤其是超前 40 m 范围内巷道变形严重，经多次采取煤层注水、超前加固支护、套棚等措施无明显效果，为实现安全回采，对其进行了回收弃用。

4 中间巷变形的模拟与监测

4.1 中间巷在超前压力影响下的变形模拟

建立长 100 m、宽 80 m、高 100 m 工作面和中间巷锚网支护模型，利用数值模拟方法观察中间巷受超前矿压影响程度[4]。计算网格单元为边长 1 m 的六面体，采用莫尔-库仑本构模型进行巷道围岩开挖支护后的计算求解，模型如图 11 所示。

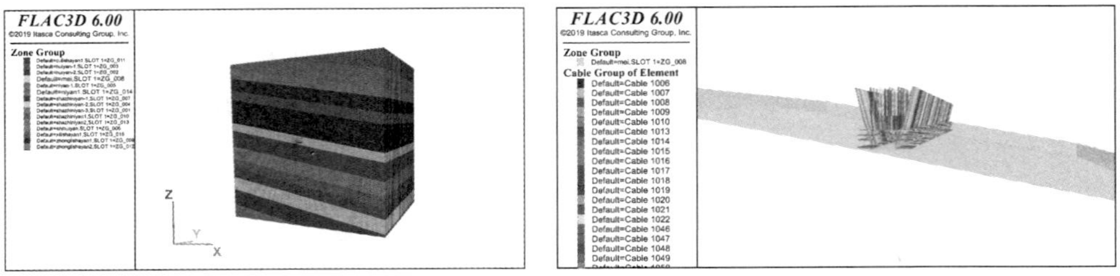

图 11　数值计算模型与支护模型

如图 12 所示，模拟计算出中间巷上帮最大水平位移 540.08 mm，下帮最大水平位移 471.26 mm；顶板最大垂直位移 281.86 mm，底板最大垂直位移 426.15 mm。可见联采后受上下两面应力叠加影响，巷道变形破坏较严重，突出表现特征为两帮内移和底鼓。

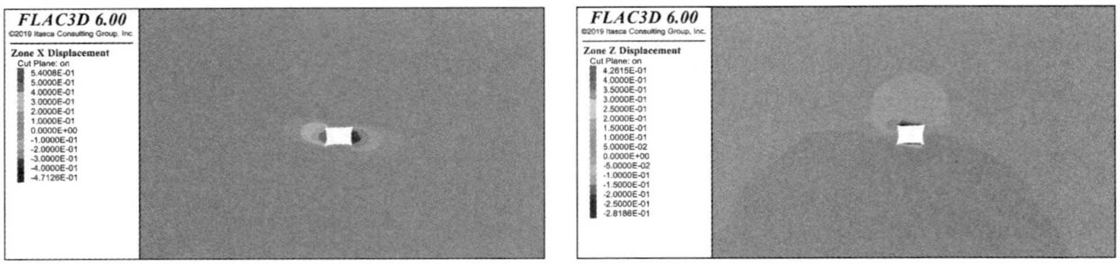

(a) 水平位移云图　　(b) 垂直位移云图

图 12　位移云图

4.2　联采后中间巷变形情况监测

中间巷在联采后 200 m 位置处每 10 m 采用十字布点法布置 1 组巷道表面位移监测站，共计布置 3 组。其中一组监测结果见图 13。从图 13 可知，随着工作面的推进中间巷变形增速，上帮平均变形速度 16.8 mm/d，最大值 34 mm/d，下帮平均变形速度 10.3 mm/d，最大值 28 mm/d，顶板平均下沉速度 9.7 mm/d，最大值 33 mm/d，底板平均变形速度 39.3 mm/d，最大值 97 mm/d。巷道变形速度最大值发生在工作面超前支承压力峰值 15～25 m 位置，与超前压力模拟结果相符。

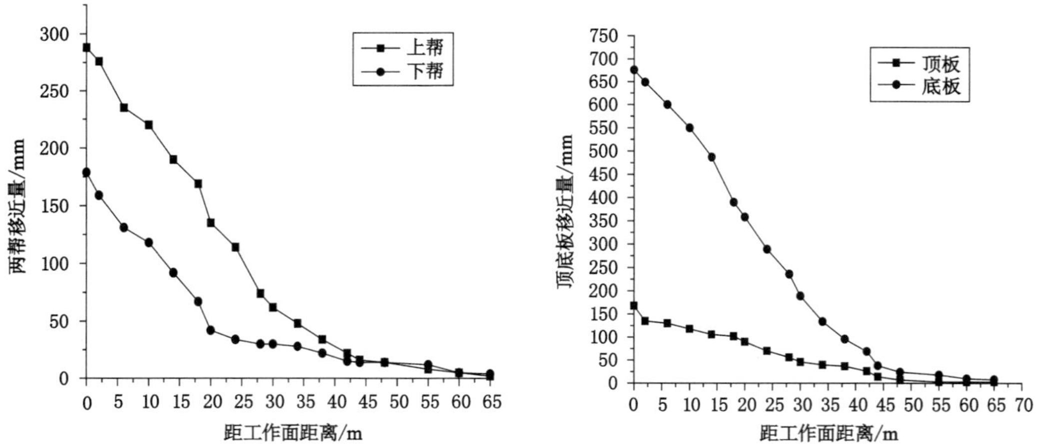

图 13　中间巷移近量监测数据

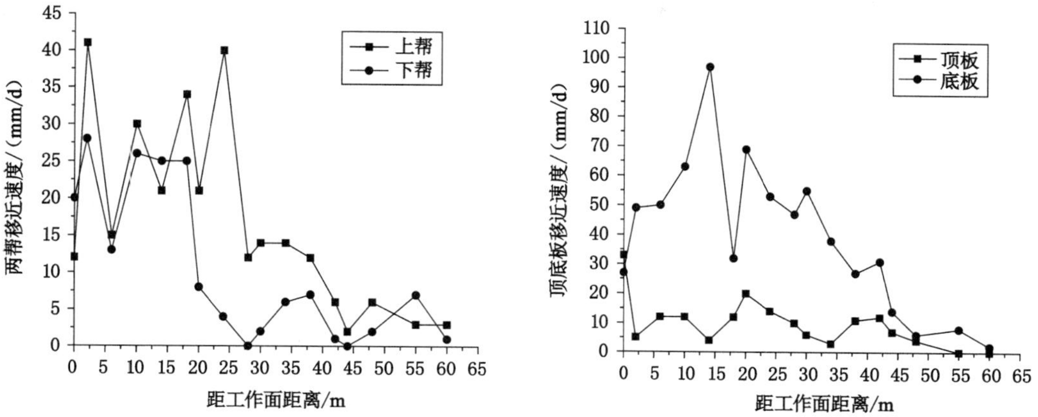

图 13(续)

上帮累计内移 288 mm,下帮累计内移 179 mm,顶板累计下沉 168 mm,底板累计鼓起 676 mm。实测两帮移近量仅中间巷变形模拟结果的 40%～50%,顶板下沉量为模拟结果的 60%,说明巷道支护体系维护效果较好;但底板鼓起量较中间巷变形模拟结果偏大 1.5 倍。

在中间巷变形监测位置附近安装 2 组多点位移计,锚固深度分别为 2 m、7 m,监测结果如图 14 所示。从图中可看出,工作面回采过程中,顶板离层发育一般不超过 20 mm,巷道深部 2 m 处顶板离层大于 7 m 处顶板离层。综合中间巷变形结果来看,顶板岩层应是整体下沉,进一步推断巷道底鼓的重要原因是顶板压力通过两帮煤墙支护体传递至底板,底板软岩层翘曲鼓起。

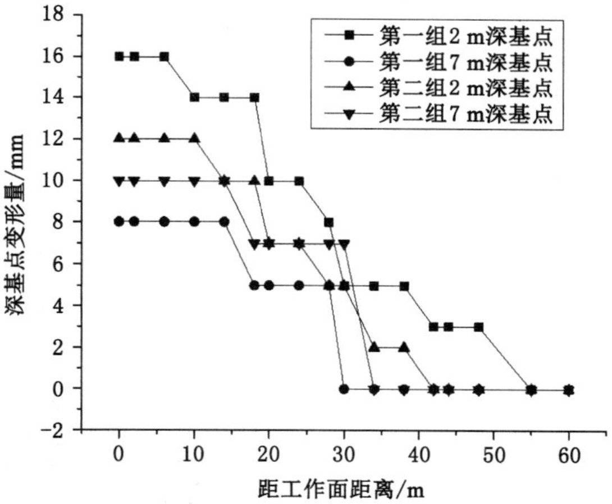

图 14　中间巷深部位移监测

5　下巷变形模式简析

联采工作面下巷本身即为沿空掘巷巷道,小煤柱宽度 7 m,上覆 13.3～18.3 m 厚的中粒砂岩(大占砂岩)。在基本顶完整坚硬条件下,采空区顶板不能及时垮断,顶板悬梁弯曲下沉,易造成工作面煤体内的高应力集中,进而易导致端部巷道严重变形。依据砌体梁理论[5],下巷由于动压引起的变形与中间巷存在明显区别,其变形主要受到端部覆岩运动的影响,尤其是相邻工作面未完全垮落的关键块与本工作面弧形三角板内关键块联动造成的。

可将下巷上覆岩层于上一区段工作面开采后形成的稳定断裂结构在受本工作面动压影响后的再次活动与平衡，分为3个阶段进行简析。

5.1 砌体梁结构形成阶段

上区段工作面回采后覆岩垮落形成采空区，工作面连续回采使采空区上部基本顶周期性破断，导致采空区端部围岩随采空区直接顶的垮落而发生周期性的断裂、回转和弯曲下沉，已破断岩块互相铰接成砌体梁结构。顺着工作面的倾向方向，依次分布着岩块A、B、C，其中岩块A是采空区端部煤体上部尚未受到采动扰动破坏的基本顶岩体，岩块B是已经发生了回转下沉的基本顶块体，岩块C是采空区上方已经垮落下来的基本顶块体，如图15所示。

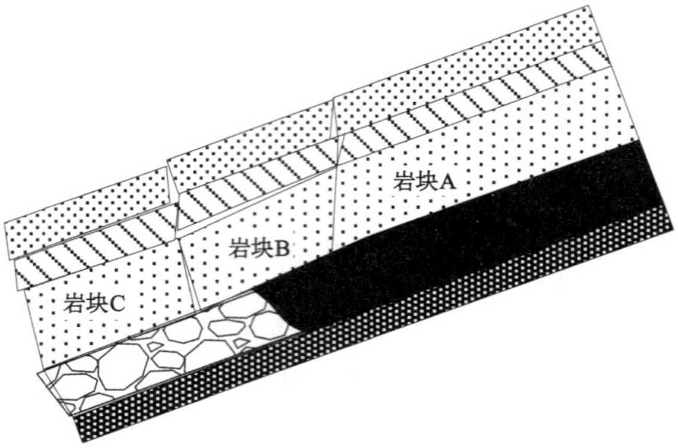

图15　砌体梁结构的形成

5.2 砌体梁结构稳定阶段

工作面刚开采过后，砌体梁结构还不稳定，需经过一定时间的岩层运移，让采空区上方的直接顶充分垮落，在此过程中，岩块B继续发生回转，直至和岩块A与岩块C产生的横向约束足够稳定，采空区已经完全垮落的直接顶矸石被岩块C完全压实为止，砌体梁结构渐渐趋于稳定，如图16所示。

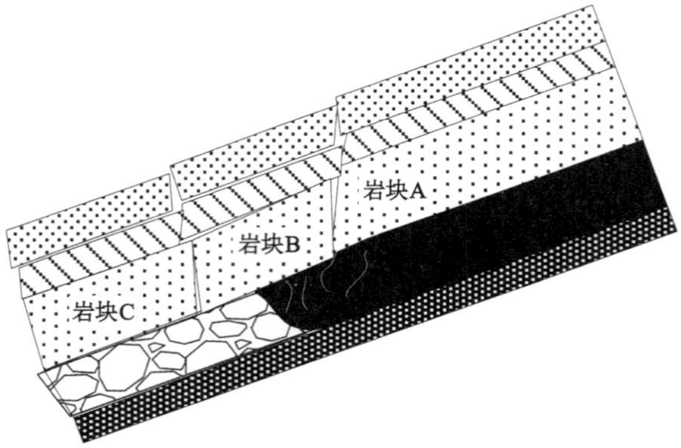

图16　砌体梁结构的稳定

5.3 砌体梁结构失稳破坏阶段

下一区段工作面开采引起的超前应力使原本已经稳定了的砌体梁岩块再次发生活动，在下区段采空区端部也会形成新的砌体梁结构，巷间小煤柱两边均被采空而成为孤岛，此时如果煤柱内部的结构不够稳定，则很容易发生破坏，其上覆砌体梁结构也会发生失稳破坏，造成煤柱围岩应力急剧升高，巷道围岩变形量增大，最终导致整个煤柱失稳破坏，如图 17 所示。

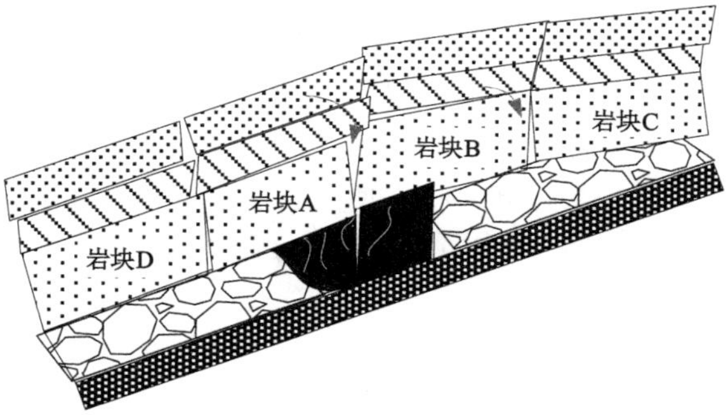

图 17　砌体梁结构的失稳破坏

针对因受动压影响导致的原砌体梁稳定结构再次失稳并与本工作面关键块联动而导致的巷道变形问题，在此提出采用超前切顶卸压方法，在本工作面端头三角区内切断巷道顶板与上区段工作面采空区顶板间的应力传播，改善应力环境；另外，本工作面弧形三角板区域切顶后承载能力减弱，巷道顶板处利于形成短臂梁结构，从而使得巷道变形能够得到较有效控制。

6　超长联采面双机开采工艺

6.1　两面双机对接

13031 工作面联采后倾向长将达到 330 m，若工作面采用一套综采设备和运输设备，对液压支架和刮板输送机的对接精度要求较高，对接后支架间距不易控制，易出现支架重叠及咬架现象。以中间巷为界，将工作面分为上下两段，各装备一套独立的综采设备和运输设备，中间巷加强支护，相对来说避免了输送机精确对接问题，且联采期间有利于工作面设备管理[6]。

整个工作面对接流程可分为准备阶段、调整阶段、合茬调试阶段，各阶段主要工作如下：

(1) 准备上段工作面：预先安装工作面上段综采设备，转载机安装在中顺槽，摆设好端头支架，完成所有设备的安装、调试；并在联采前 5 m 调整通风系统，中间巷由回风巷转变成进风巷。

(2) 调整下段工作面：下段工作面正常回采至距对接位置 100 m 时，开始调整工作面，调整对接架间距，此过程严格按照所给定激光线进行调节，保证对接后架间距 200～300 mm；距对接位置 20 m 时，调整对接点采高，下段工作面上端头 10 架范围停止放煤，技术人员负责测量对接点的采高情况，保证对接时采高一致，对接点上下 5 台支架的侧护板要收回到位；距对接位置 10 m 时，采煤机上行割煤必须放慢截割速度，并由专人现场指挥，随时调整滚筒位置，逐渐将中间巷底板用煤矸或坑木垫起，确保支架顺利对接。

(3) 两工作面接茬：当下段工作面煤壁割透达到对接条件后，首先接通上段工作面支架供、回液高压管路，并对支架电液控操纵阀逐架进行安装调试。人工铺设电缆并安装在电缆夹内。调整支架，使对接的中部槽缝隙吻合，并符合试运转条件。进行低速点动试运转，及时更换存在隐患的链条及刮板、螺栓，确保安全。

6.2　联采面合理长度和错距

单从采煤机割煤能力和工作面运输能力来看，整个工作面上下两段均为相对独立系统，满足单工作面需求。但联采后工作面长度在矿压显现以及瓦斯涌出、通风降尘方面受到限制，必须要进行应力分布分析和通风能力校核。针对 13031 工作面工程布置和地质条件，模拟得出工作面长度为 250～400 m 时，超前支承压力基本保持在 50 MPa 以下，可进行扩大采长的尝试；经通风能力校核,满足通风要求的采长在 380 m 以下。该面实际长度 330 m,生产期间未出现顶板及瓦斯事故。

13031 工作面并不是完整的一个超长工作面,在回采过程中,上段和下段工作面位置可能会有一定的错距。经模拟计算,若下段工作面超前,其上部覆岩垮落后顶板处于不稳定状态,上段工作面的下端头将难以维护;与联采前后支承压力相比,工作面上段超前 10 m 时,3 条巷道超前支承压力没有明显的增加。另外,从工作面通风的角度来说,若上段工作面超前超过 10 m,下段工作面过来的风流将会直接进入上段采空区,不利于生产期间的瓦斯管理,因此工作面合理错距为上段工作面超前下段工作面 1.2～1.8 m,此时也利于工作面设备的集中管理。

7 结论

白坪煤业公司 13031 工作面为两个工作面联采形成的一个超长工作面。采用现场实测、数值模拟等方法研究了联采工作面矿压显现特征、巷道变形机理、联采工作面对接、合理长度及错距等技术,取得的主要结论如下:

(1) 研究了超长工作面矿压显现特征,得到了超前支承压力的时空分布。工作面加长后,来压步距减小,动载系数增大。工作面下部应力峰值大于中部、上部次之。超前应力峰值约为 50 MPa,在工作面前方 15～25 m,应力影响范围达到 80 m。

(2) 揭示了中、下巷道的变形机理。中间巷变形主要原因是工作面采动范围增大、上下两面应力叠加致使顶板岩层整体下沉,顶板压力通过两帮煤墙支护体传递至底板,表现出两帮与底板严重变形;下巷为小煤柱巷道,坚硬砂岩悬顶难以垮落而与上区段工作面顶板联动,巷间小煤柱成为孤岛而造成应力集中,其上覆砌体梁结构也再次失稳活动以致巷道变形。

(3) 优化了联采工作面采煤工艺,联采面双机布置,避免了输送机精确对接问题,有利于工作面设备管理。在工作面长度 330 m,工作面上段超前下段 1.2～1.8 m,强化中、下巷道维护与端头管理情况下,实现了安全高效回采。

参考文献

[1] 付建华,王登科,王建伟,等.郑州矿区"三软"煤层锚网支护技术研究与应用[J].煤炭工程,2021,53(3):68-72.

[2] 来存良.超长综放面设备配套与技术研究[J].矿山压力与顶板管理,2001,18(4):54-55,57.

[3] 马伟伟,程宏,杨玉学.基于 FLAC3D 数值模拟采场顶板变形和应力分布[J].现代矿业,2013,29(9):13-15.

[4] 夏德威,冷坤鹏,张镇铄,等.基于 FLAC3D 数值模拟的软岩巷道围岩稳定性及布置方案研究[J].矿业研究与开发,2020,40(12):92-99.

[5] 缪协兴,钱鸣高.采场围岩整体结构与砌体梁力学模型[J].矿山压力与顶板管理,1995,12(增刊1):3-12,197.

[6] 牛旭原.加长工作面双煤机割煤的可行性分析[J].陕西煤炭,2009,28(1):29-30.

深井软岩巷道超前支护技术研究

侯典臣，李鑫磊，郇恒恒

（焦作煤业（集团）新乡能源有限公司，河南 新乡　453000）

摘　要　针对14030工作面超前段单体支柱支护强度低、劳动强度大等缺点，提出采用主动支护代替被动支护的技术思路，即用注浆锚索代替单体支柱作为超前支护方式。建立了超前支护巷道顶板力学模型，得出超前支护强度表达式，计算并校核了锚杆索参数。采用FLAC3D模拟了原单体支柱与注浆锚索的超前支护效果，并通过现场监测对围岩变形效果、围岩裂隙发育进行了验证。结果表明：① 计算得出超前支护强度为0.41 MPa，在此基础上设计了注浆锚索参数；② 数值模拟结果表明采用注浆锚索超前支护后巷道顶底板变形量、两帮变形量和塑性区范围均有所减小；③ 根据围岩变形和围岩裂隙观测结果，注浆锚索超前支护技术在控制采动软岩回采巷道变形和有效改善巷道围岩结构与性质等方面表现出显著效果，提高了回采速度，有力保障了正常生产。

关键词　超前支护；注浆锚索；软岩巷道

0　前言

近年来，随着井工煤矿的不断开采，煤炭资源开采已逐渐从浅部向深部转移[1-2]。深部巷道围岩应力不断增大，许多岩体因此转化成工程软岩，导致围岩破碎变形问题日益突出，采煤工作面前方一定范围内围岩受开采扰动变形破坏尤为剧烈，严重威胁到矿井人员安全并影响了经济效益[3]。因此，回采巷道成为采煤过程中支撑和维护的关键区域，在采动影响范围内加强巷道支护对保证矿井安全和高效生产至关重要[4]。单体液压支柱和超前液压支架是开采过程中常用的超前支护方式[5]。实践中，单体液压支柱结合铰接顶梁使用最为广泛，但在操作中存在支撑力度不大、效率不高、安全性欠佳以及工人劳动强度大等缺点，容易发生钻底现象[6]。随着工作面机械化、自动化水平不断提升，超前液压支架应运而生，极大提升了开采过程中顺槽顶板的安全性。尽管液压支架在一定程度上克服了单体液压支柱的不足，但也存在一些不可忽视的局限性。伴随着开采进程，液压支架也不断前移，反复支撑和卸载支架会对顶板产生一定应力，使得原本完整的顶板出现裂缝，严重时会导致顶板破碎，给开采工作带来安全隐患。原有的锚杆索支护系统经过液压支架的多次加卸压也会逐渐失效[7]。因此，探索和研究一种科学合理且低成本的超前支护方式，对于解决当前软岩巷道超前支护所面临的困境具有迫切的现实意义。

上述单体或架组超前支护均为被动支护，为变被动为主动，越来越多深层矿井和学者开始关注注浆锚索式超前支护技术[8]。与传统超前支护体相比，注浆锚索能够使锚杆、锚索与围岩形成一体化的稳固结构，不仅能够提高围岩自身承载能力和稳定性，并可防止围岩发生片帮和冒顶，同时，也降低了工人劳动强度和生产成本。

姚强岭等[9]对超前支承压力影响区内注浆锚索超前支护体的稳定性控制建立了力学模型，实现了回采巷道服务全周期一次性主动支护。李立华[10]基于回采巷道超前段围岩变形特征，建立了注浆锚索的浆液扩散计算模型。魏振全[11]在经典弹塑性力学基础上建立了巷道-顶板力矩平衡模型，并分析了注浆锚索超前支护强度。上述研究所构建的各类模型在多个矿区取得了良好效果，但均因未考虑或忽略超前支承压力特性和岩层结构而存在一定局限性。因此，本研究以赵固二矿14030回采顺槽超前段为工程背景，引入 Winkler 理论[12]，在考虑超前支承压力特性和岩层结构的基础上，建立了注浆锚索超前支护力学模型，并在实践中成功运用，丰富了注浆锚索超前支护理论。

1 工程概况

1.1 工作面地质概况

焦作煤业(集团)新乡能源有限公司赵固二矿 14030 工作面主要开采二$_1$煤层，工作面长度 2 000 m，煤层厚度 4.8～6.1 m，平均开采厚度 5.9 m，倾角 4°～6°，为近水平厚煤层。煤层埋深约 700 m，地质条件较为复杂，工作面内共有 7 条断层，直接顶和基本顶分别为砂质泥岩、大占砂岩，厚度分别为 3.6～17.3 m 和 2.8～5.9 m。其中，直接顶裂隙较为发育，结构不太稳定，可随采随冒。直接底和基本底分别为砂质泥岩、灰岩，厚度分别为 13.6～14.1 m 和 0.9～2.1 m，工作面综合柱状图如图 1 所示。

岩 性	名 称	层 位	厚度/m
	大占砂岩	基本顶	2.8～5.9 m
	砂质泥岩	直接顶	3.6～17.3 m
	二$_1$煤	煤层	4.8～6.1 m
	砂质泥岩	直接底	13.7～14.1 m
	灰岩	基本底	0.9～2.1 m

图 1　工作面柱状图

1.2 巷道原始支护参数

14030 工作面上下顺槽净宽 4.6 m、净高 3.2 m，以往采用锚网索-槽钢梁联合超前支护方式，单体液压支柱支护超前距离 25 m。原始支护参数如下：

(1) 顶板锚杆(索)：锚杆规格为 ϕ 20 mm×2 400 mm，间排距 800 mm×1 000 mm，采用 2 卷 Z2350 型锚固剂，锚固长度 1 m，锚杆托盘为 10 mm×150 mm×150 mm，预紧力为 150 kN；锚索规格为 ϕ 21.6 mm×8 250 mm，长槽钢梁与短槽钢梁锚索间排距分别为 1 300 mm×2 000 mm 和 1 350 mm×2 000 mm，采用与锚杆相同的锚固剂 3 卷，锚固长度 2 m，锚索预紧力 350 kN。

(2) 帮锚索：锚索规格为 ϕ 17.8 mm×4 250 mm，间排距 900 mm×1 000 mm，采用与顶锚索相同的锚固剂 3 卷，锚固长度 2 m，配合 12 mm×200 mm×200 mm 铁垫板使用，预紧力 150 kN。具体支护示意图如图 2 所示。

(3) 单体支柱：采用型号 DW45-300/110X 悬浮式单体液压支柱，使用 400 mm×400 mm 柱鞋配合，π 型梁与工字钢底梁长度分别为 4 000 mm 和 2 000 mm。单体支柱排距 1 000 mm，第一路、第二路分别距巷道上帮侧 600 mm 与 900 mm，第三路与第四路分别距巷道中心线 500 mm 与 800 mm。

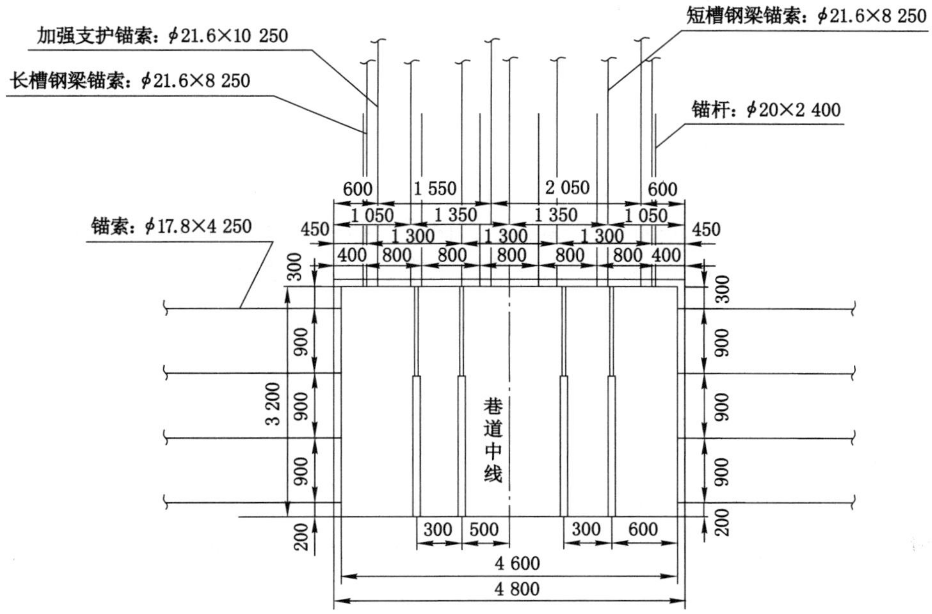

图 2　巷道原始支护图

14030 工作面超前段原单体支柱支护工作量大且为被动支护，难以满足软岩巷道支护要求，为提高巷道的安全性和稳定性，考虑采用注浆锚索支护方式加固巷道围岩，以适应软岩巷道的复杂地质条件和变形特征。

2　注浆锚索超前支护参数确定

2.1　超前支护力学模型

由于巷道的开挖，使得巷道周围应力重新分布，应力在两侧煤体边缘达到峰值，逐渐向深部扩展，最终趋于平衡[13]。结合巷道力学特征，将巷道两帮和顶板分别视为符合 Winkler 假设的可变形基础和 Winkler 基础支承的半无限长弹性基础悬梁。根据材料力学对称性原则，建立超前支护顶板力学模型，如图 3 所示。x 方向正向对应巷道帮部煤壁侧，巷道两侧岩梁所受垂直应力增量由 $q(x)$来表示，q_1 为应力增量的最大值，在边界趋于平衡的 $x=x_1$ 处应力增量变为 0。同时将巷道顶板荷载简化为均布荷载 q_z、M_0 和 M_z 分别为巷道两侧弯矩，Q_0 为巷道侧剪力，B 为巷道宽度。

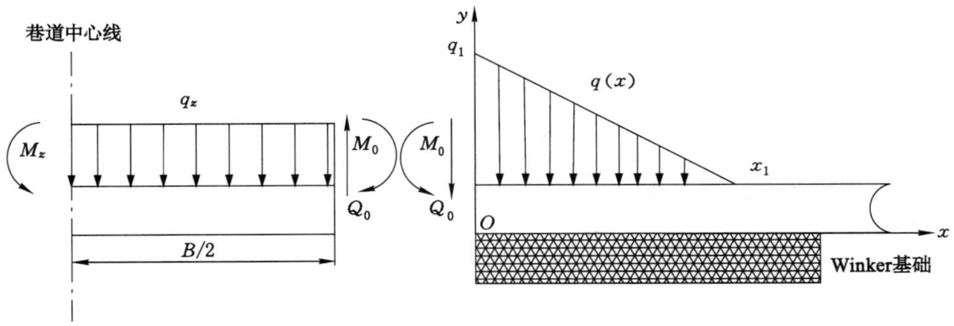

图 3　超前支护力学模型图

巷道一侧最大垂向应力增量 q_1 为：

$$q_1 = (k-1)\gamma H \tag{1}$$

式中 k——侧向应力集中系数；

γ——上覆岩层平均重力密度，取 0.025 MN/m³；

H——巷道埋深，取 700 m。

均布荷载 q_z 的垂直应力增量也由式(1)确定。

基于 Winkler 假设的弹性基础模型，某点在垂向上的位移与作用在该点单位面积上的应力成正比例关系[14]，即 $p(x)=-k_0y(x)$。$p(x)$为煤体单位面积的支撑力；k_0 为基础刚度；$y(x)$为应力作用下产生的挠度。

$$k_0 = \frac{E_1}{(1-\mu_1^2)h_1} \tag{2}$$

式中 E_1——两帮煤体的弹性模量，取 3.22 GPa；

μ_1——煤体泊松比，取 0.37；

h_1——帮部煤体厚度，取 5 m。

在上覆应力和煤岩体反作用力的共同作用下，Winkler 弹性梁的挠曲线微分方程可从图 3 中推测得出，即：

$$EIy^4(x) = q(x) + k_0y(x) \tag{3}$$

式中 E——岩层的弹性模量，取 12.3 GPa；

I——顶板岩梁截面惯性矩；

$y(x)$——巷道顶板挠度。

求解挠曲线微分方程，顶板在弯矩 M_0 和剪应力 Q_0 作用下产生的挠度 $y_1(x)$为：

$$y_1(x) = e^{\lambda x}(A_1\cos\lambda x + A_2\sin\lambda x) + e^{-\lambda x}(A_3\cos\lambda x + A_4\sin\lambda x) \tag{4}$$

$$\lambda = \sqrt[4]{\frac{k_0}{4EI}} \tag{5}$$

由于在构建力学模型时 Winkler 弹性梁为半无限长，其挠度随 x 的增大而稳定并逐渐趋近于0，即 $\lim y_1(x)\to 0$；$\lim e^{\lambda x}\to\infty$；$\lim e^{-\lambda x}\to 0$，因此式(4)可简化为：

$$y_1(x) = \frac{2\lambda}{k_0}[Q_0\theta(x) + \lambda M_0\psi(x)] \quad (x>0) \tag{6}$$

其中，$\theta(x)=e^{-\lambda x}\cos\lambda x$，$\psi(x)=e^{-\lambda x}(\cos\lambda x-\sin\lambda x)$。

计算 Winkler 弹性梁在 $q(x)$作用下的挠度，设梁上点 $x_0\in[0,x_1]$，且 p 为该点所受的垂直应力，此时该点在垂直力作用下的挠度为：

$$\begin{cases} q(t) = \dfrac{x_1-x_0}{x_1}q_1 \\ y_p = \dfrac{p\lambda}{2k}\varphi(x_0-x) + \dfrac{p\lambda}{2k}\left[\theta(x_0)\theta(x) + \dfrac{1}{2}\psi(x_0)\psi(x)\right] \quad (x<x_0) \\ y_p = \dfrac{p\lambda}{2k}\varphi(x-x_0) + \dfrac{p\lambda}{2k}\left[\theta(x_0)\theta(x) + \dfrac{1}{2}\psi(x_0)\psi(x)\right] \quad (x>x_0) \end{cases} \tag{7}$$

在 $q(x)$作用下顶板挠度可由积分获得：

$$y_2(x) = \frac{q_1}{4k_0\lambda x_1}[4\lambda(x_1-x) + \psi(x_1-x) - 2\xi(x_1)\theta(x) - \varphi(x_1)\psi(x)] \quad (x<x_1) \tag{8}$$

Winkler 弹性梁在 $q(x)$、M_0 和 Q_0 的叠加作用下的挠度为：$y_{总}(x)=y_1(x)+y_2(x)$。将其代入总挠曲线微分方程式(9)即可得到煤壁上方弯矩表达式(10)。

$$EI\frac{d^2y(x)}{dx^2} = M(x) \tag{9}$$

$$M_1(x)=\frac{1}{\lambda}\left[\frac{1}{2}q(t)B\xi(x)+\varphi_0\frac{q(t)B^2\lambda}{12}\varphi(x)\right]+\frac{q_1}{8\lambda^3x_1}[\varphi(x_1-x)-2\xi(x_1)\xi(x)-\varphi(x_1)\varphi(x)] \tag{10}$$

$$y_{总}(x)=\frac{2\lambda}{k_0}\left[\frac{1}{2}q_zB\xi(x)+\varphi_0\frac{q_zB\lambda^2}{12}\varphi(x)\right]+\frac{q_1}{8\lambda^3x_1}\cdot[\varphi(x_1-x)-2\xi(x_1)\xi(x)-\varphi(x_1)\varphi(x)]\quad(0<x<x_1) \tag{11}$$

同理在均布荷载 q_z 作用下悬露顶板距原点的弯矩如式(12)所示。将式(12)代入挠曲线微分方程式(10) 经积分化简可得到挠度表达式(13):

$$M_2(x)=M_z+\frac{q_z}{2}\left(\frac{B}{2}+x\right)^2\quad\left(-\frac{B}{2}\leqslant x\leqslant 0\right) \tag{12}$$

$$y_z(x)=\frac{1}{EI}\left[\frac{M_z}{2}x^2+\frac{q_z}{24}\left(\frac{B}{2}+x\right)^4+\frac{1}{2}M_zBx+A\right] \tag{13}$$

同时,顶板基础梁和悬梁在原点处变形协调,即 $y_{总}(0)=y_z(0)$,代入可得 A 为:

$$A=\frac{EI}{k_0}\left\{2\lambda(Q_0+\lambda M_0)+\frac{q_1}{\lambda x_1}[\lambda x_1-\xi(x_1)]\right\}-\frac{1}{24}q_z\left(\frac{B}{4}\right)^4 \tag{14}$$

且 $M_0=\phi_0\frac{q_zB^2}{12}$,$M_z=M_0-\frac{1}{8}q_zB^2$,$\phi_0=\frac{(\lambda B)^3+6(\lambda B)-6R_q\eta(x_1)}{(\lambda B)^2(\lambda B+2)}$,$Q_0=\frac{1}{2}q_zB$,$\eta(x_1)=\frac{1}{\lambda x_1}\cdot[1-\varphi(x_1)]$,$\phi_z=3-2\phi_0$。其中 ϕ_0、ϕ_z 为弯矩修正系数。

针对 14030 工作面超前段进行研究,经过上述公式推导,巷道悬露顶板弯矩与位移表达式化简为:

$$M_2(x)=\phi_0\frac{q_zB^2}{12}+q_zBx+\frac{q_zx^2}{2}\quad\left(-\frac{B}{2}\leqslant x\leqslant 0\right) \tag{15}$$

$$y_z(x)=\frac{1}{EI}\left\{-\phi_0\frac{q_zB^2x^2}{48}+\frac{q_z}{24}\left(\frac{B}{2}+x\right)^4-\phi_z\frac{q_zB^3x}{48}+\frac{EI}{k}\left(q_zB\lambda+\phi_0\frac{q_zB^2\lambda^2}{6}\right)+\frac{q_1[\lambda x_1-\xi(x_1)]}{\lambda x_1}-\frac{q_z}{24}\left(\frac{B}{2}\right)^4\right\} \tag{16}$$

2.2 巷道围岩破坏判据

一般来说,支承压力是巷道超前段产生弯曲变形的主要原因,一旦在支承压力作用下所受的拉应力大于岩石的抗拉强度,就会产生破断[15]。材料力学证实,当梁的跨度大于梁的深度 5 倍(即 $l>5$ h)时,剪切对横截面上各点的弯曲应力的影响才可忽略不计[16-18]。但就本研究而言,巷道顶板厚度如图 1 所示,基本顶厚度 2.8~5.9 m,直接顶厚度 3.6~17.3 m,巷道跨度 4.8 m,此时力学模型跨度与深度之比不满足材料力学中的纯梁弯曲条件。针对此种跨度短、截面深度较高的梁,其截面上的切应力很可能达到相当大的数值。因此,还需对梁进行切应力校核,以判断顶板是否达到剪切破坏标准。

2.2.1 拉伸破坏判据

根据上文巷道悬露顶板的弯矩表达式可以得出最大弯矩为:

$$M_{\max}=\phi_0\frac{q_zB^2}{12}-\frac{3q_zB^2}{8} \tag{17}$$

根据材料力学公式:

$$\sigma_t=\frac{My}{I} \tag{18}$$

式中 y——中性轴至岩梁表面的距离;

I——截面对中性轴的惯性矩。

由于岩梁为矩形截面,则有:

$$I = \frac{bh^3}{12}, y = \frac{h}{2} \tag{19}$$

式中　b——岩梁宽度(即巷道跨度),取 4.8 m;

h——顶板岩梁高度,取 5 m。

将式(18)、式(19)代入式(17)中,得到顶板岩梁拉伸破坏的最大抗拉强度表达式为:

$$\sigma_{\mathrm{tmax}} = \frac{3\phi_0 q_z B^2 - q_z B^2}{4bh^2} \tag{20}$$

2.2.2　剪切破坏判据

对于矩形截面,切应力最大值在中性轴上,即 $y=0$ 时,有:

$$\tau_{\max} = \frac{3F_s}{2bh} \tag{21}$$

式中　F_s——横截面剪力。

对于顶板岩梁,由公式$\frac{\mathrm{d}M_2(x)}{\mathrm{d}x}=F_s(x)$可知剪应力最大为:

$$F_s = \frac{1}{2}q_z \tag{22}$$

则顶板岩梁剪切破坏的最大抗剪强度表达式为:

$$\tau_{\max} = \frac{3q_z}{4bh} \tag{23}$$

在掘进期间,工作面顶板不受开采扰动影响,原有支护系统足以保持其稳定。随着煤层推采工作持续进行,回采巷道上方应力不断增加,导致支护系统失效,此时需要额外增加支撑力来共同维护顶板稳定[14]。但由于工作面单体被动支护存在强度低、效率低、劳动强度大等缺点,因此采用主动支护取代被动支护,即注浆锚索超前支护,将锚索支护与注浆加固技术结合,不仅可以施加预紧力提高承载能力,还可以通过注浆使得工作面围岩结构及性质得到改善。在前述力学模型的基础上建立注浆锚索超前支护强度力学模型,如图 4 所示。

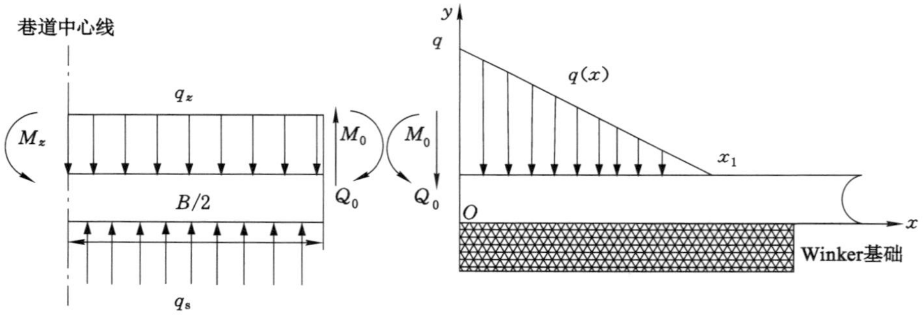

图 4　超前支护强度力学模型图

假设注浆锚索提供支撑力为 q_s,结合上文内容,可得顶板岩梁在注浆锚索支护下的最大拉伸与剪切判据为:

$$\sigma_t \geqslant \frac{3\phi_0(q_z - q_s)B^2 - (q_z - q_s)B^2}{4bh^2} \tag{24}$$

$$\tau = \frac{3\left(q_z - \frac{1}{2}q_s\right)}{4bh} \tag{25}$$

再根据地质条件,可以推算出超前支护强度应满足如下关系,并对应其最大值。

$$\begin{cases} q_s \geqslant q_z - \dfrac{\sigma_t 4bh^2}{B^2(3\phi_0 - 1)} \\ q_s \geqslant 2q_z - \dfrac{3}{8}\tau bh \end{cases} \tag{26}$$

2.3 注浆锚索超前支护参数确定

从工作面端头距超前支护末端为止，q_z 处于不断变化中，则计算得出的支护强度 q_s 也在不断变化，因此提供的超前支护强度需满足支承压力最大点处的强度。考虑周期来压与初次来压的影响，参考 14030 工作面研究成果[11]，超前支护距离为 25 m，最大应力集中系数为 2.1。根据岩石力学测试，顶板岩石抗拉强度为 2.81 MPa，抗剪强度为 4.23 MPa。其他理论计算参数如表 1 所示。

表 1 理论计算所需值

参数	取值	参数	取值
煤层厚度 h_1	5 m	煤层埋深 H	700 m
煤层泊松比 μ_1	0.37	覆岩重力密度 γ	0.025 MN/m^3
基础刚度 k_0	0.75	巷道跨度 B	4.8 m

将上述参数代入超前支护强度计算公式(26)，计算得出满足顶板岩梁拉伸破坏的最小支护强度为 0.17 MPa，满足顶板岩梁剪切破坏的最小支护强度为 0.41 MPa。综合考虑经济效益和材料损耗，选择图 5 所示支护布局方案：注浆锚索规格采用 ϕ 22 mm×8 250 mm，以“三-四”交错式垂直于巷道顶板布置。具体为 1 排 3 根注浆锚索（间排距 1 400 mm×1 000 mm）、1 排 4 根注浆锚索（间排距 1 350 mm×1 000 mm）交错设计，2 根 CK2350 型锚固剂，水泥浆液全长锚固，托盘为 16 mm×300 mm×300 mm 高强度鼓形托盘，锚索预紧力为 350 kN。这样的排布方式可以兼顾经济性和材料损耗率，同时保证锚索的支撑效果。

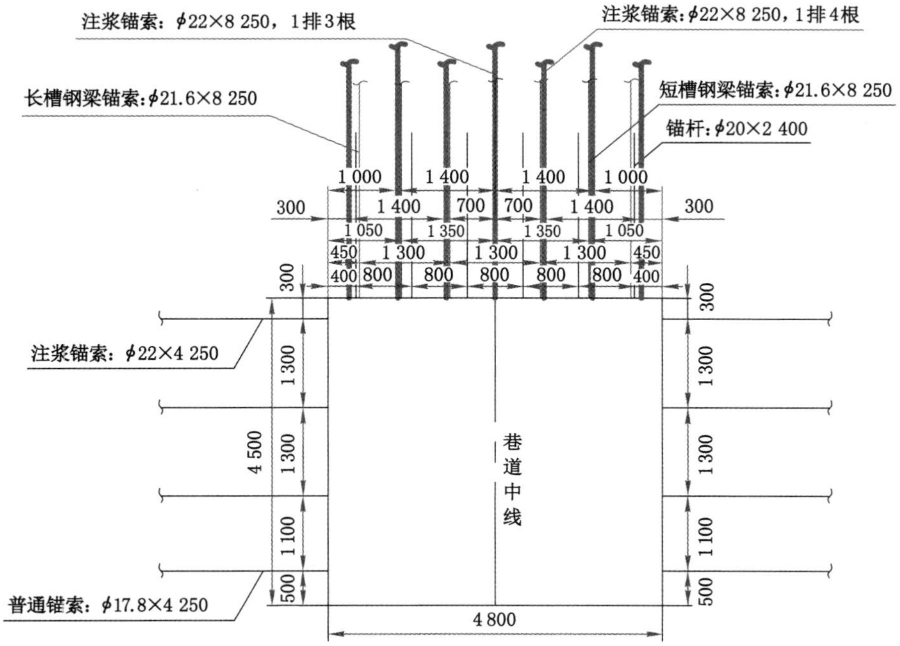

图 5 超前支护示意图

对注浆锚索超前支护强度进行校核，由于注浆锚索呈“三-四”布置，设计锚固力为 350 kN，7 根注浆锚索的支护力总计 2 450 kN，其作用面积为 4.8 m^2（支护面净宽 4.8 m、长 1 m），计算锚索的支护强度（支护力/支护面积）为 0.51 MPa，满足顶板的超前支护需求。原超前单体支柱支护力为 200 kN，每排 4 根单体支柱，排距为 1 m，则作用面积上原超前单体支柱支护的支护力为 800 kN，其支护强度为 0.167 MPa。$Q_{超前} > Q_{单体}$，表明采用注浆锚索对超前支护区域进行支护后，支护力大于原超前单体支柱支护的支护力。

3 注浆锚索超前支护效果分析

3.1 数值模拟分析

根据焦作煤业（集团）新乡能源有限公司赵固二矿二$_1$ 煤现场 14030 工作面实际地质条件，建立尺寸为 300 m×100 m×60 m 的三维数值计算模型，模拟地层共计 9 层，其中待开采煤层为二$_1$煤，其直接底为 10 m 厚的泥岩，直接顶和基本顶为 5 m 厚泥岩与 10 m 厚大占砂岩，模型示意见图 6。对超前单体的支护方式进行模拟时，单体支柱采用 Pile 构件，单体支柱上方工字钢梁以及下方柱鞋采用 Beam 构件。该数值计算模型遵循莫尔-库仑失效准则，根据模型模拟的地层真实埋深，在模型 z 轴方向上施加 16.25 MPa 的均布荷载，以模拟地层的自重应力和其他可能的外加压力，同时对模型侧面和底面施加位移边界限制。数值模拟中涉及的岩体力学参数如表 2 所示。

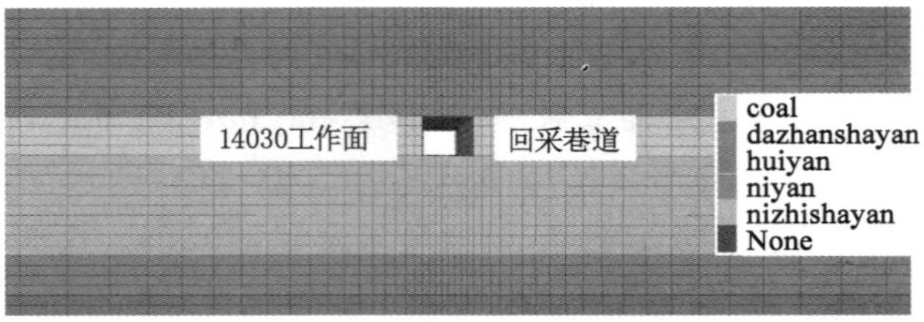

图 6　数值模型图

表 2　岩石力学参数

岩层	密度 ρ/(kg/m^3)	体积模量 K/GPa	切变模量 G/GPa	内摩擦角 φ/(°)	黏聚力 C/MPa	抗拉强度 R_t/MPa
大占砂岩	2 880	9.10	5.90	45	3.90	5.50
泥岩	2 710	2.70	4.82	30	2.20	2.81
二$_1$ 煤层	1 510	1.30	0.60	31	1.40	1.50
砂质泥岩	2 590	3.44	2.54	26	3.36	3.60
灰岩	2 750	8.90	5.30	35	7.90	8.71

图 7 展示了新旧两种超前支护工艺条件下 14030 工作面超前段支承压力最大处的顶底板位移、两帮位移以及塑性区的数值模拟结果，通过对比以评估注浆锚索超前支护工艺的可行性。

图 7(a)和(b)显示了 14030 工作面回采巷道超前段在分别采用单体支柱被动支护和注浆锚索支护两种工艺条件下的顶底板位移情况。对比可以看出，采用注浆锚索支护后，顶底板位移量从 495 mm 降低到了 221 mm，位移量有了显著降低，降幅达到 55.4%。同样的，图 7(c)和(d)显示了两种工艺条件下的两帮位移情况，采用注浆锚索支护后，位移量从 324 mm 降低到了 214 mm，降幅 34.0%。这表明注浆锚索支护工艺可以有效遏制 14030 工作面回采巷道超前段围岩变形。进一步观察巷道围岩塑性区分布可知[图 7(e)和(f)]，单体支柱支护条件下，没有注浆锚索对巷道围岩进行加固，超前段顶板及两帮破坏区域表现出拉伸破坏特征，顶板、底板及两帮塑性破坏范围约为

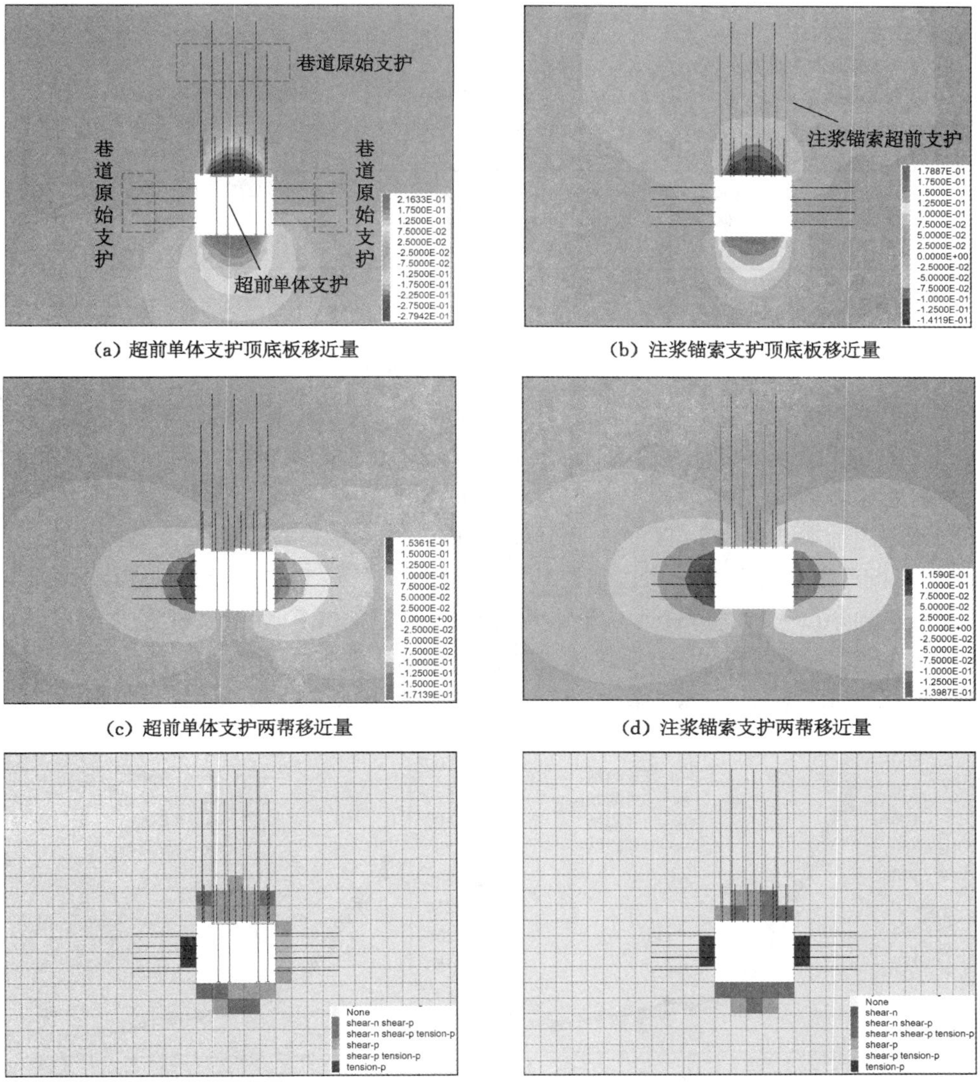

(a) 超前单体支护顶底板移近量　(b) 注浆锚索支护顶底板移近量

(c) 超前单体支护两帮移近量　(d) 注浆锚索支护两帮移近量

(e) 超前单体支护塑性区　(f) 注浆锚索支护塑性区

图 7　单体支柱与注浆锚索超前支护工艺对比结果

3 m(图中一个方格宽为 1 m)，顶板锚杆已经失效，支护效果较差。采取注浆锚索超前支护后，可以看到围岩塑性变形被有效抑制，塑性区明显减小，破坏范围从原来的 3 m 降低至 2 m。由此可以得出结论，注浆锚索超前支护方案在回采期间可以满足支护控制要求且效果良好。

3.2　工程应用分析

3.2.1　巷道围岩变形规律分析

本文提出的注浆锚索超前支护技术方案理论上可行，能够满足巷道围岩控制要求的支护强度，但仍需通过工程应用进一步验证。选取 14030 工作面通尺 350～500 m 处作为井下试验段，全长 150 m。在试验段之前 100 m 处，划定全长同样为 150 m 的一段(通尺 600～750 m 处)作为对比段。试验段范围内采用注浆锚索超前支护，对比段范围内布置单体支柱超前支护。分别在两段工作面前方 60 m 处开始布置观测站，并每隔 20 m 增设一个，每段工作面均布置 4 个，观测站布置如图 8 所示。采用“十字布点法”对超前支护段巷道位移进行观测，对比分析单体超前支护与注浆锚索超前支护时的围岩变形情况。

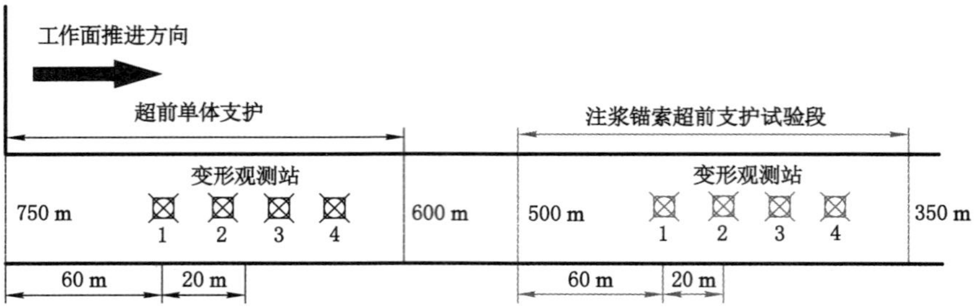

图 8　巷道围岩变形观测点布置

图 9 显示了采用注浆锚索超前支护和超前单体支护两种方式下的试验段和对比段巷道围岩变形量。两种支护方式呈现出相同的变形趋势，即随着与工作面距离的减小，顶底板和两帮的移近量不断增加。这意味着，距离工作面越近，巷道围岩的变形就会越严重。不难确定，回采巷道维护的关键区域应该是超前段 0～40 m 区间内，该范围内围岩变形量最显著。采用单体支柱进行超前支护时，巷道顶底板和两帮的移近量均达到较高数值，顶底板的最大移近量达到 420～463 mm，两帮的最大移近量达到 302～340 mm，远高于采用注浆锚索超前支护后顶底板和两帮的最大移近量 205～225 mm 和 187～202 mm。表明单体支柱在阻止围岩变形方面的效果较为有限，注浆锚索更能够显著控制软弱围岩变形，有效保障巷道服务期的正常使用。

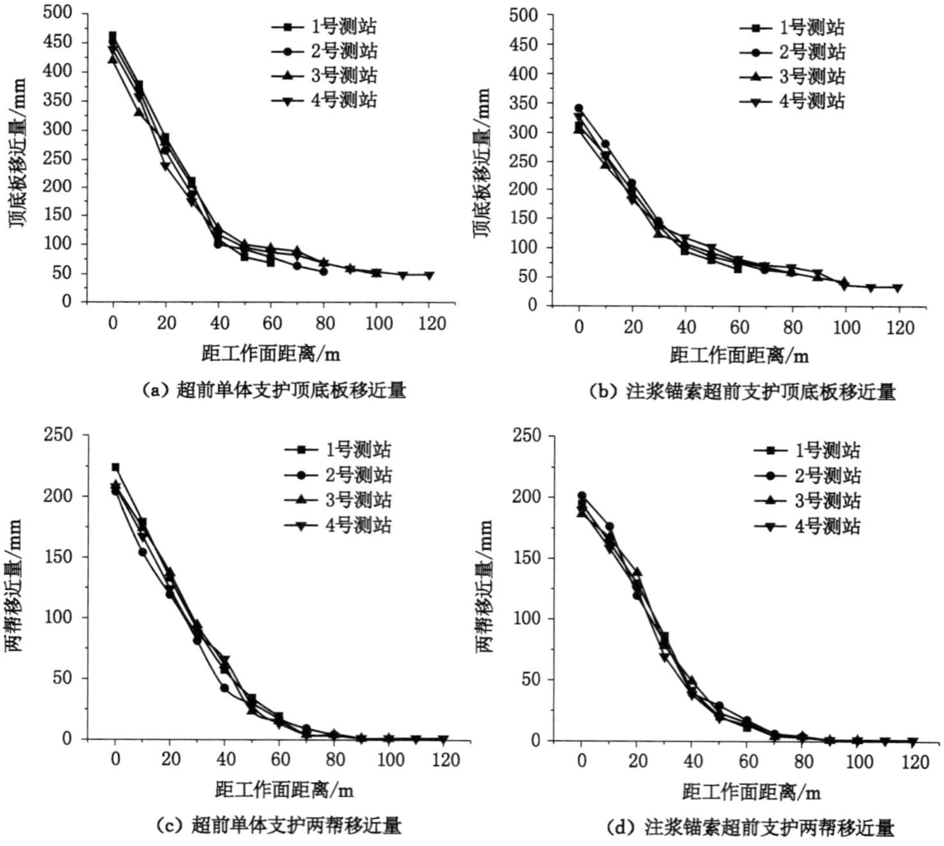

图 9　巷道围岩变形量

3.2.2 巷道围岩裂隙观测分析

为进一步验证注浆锚索超前支护技术能否满足巷道围岩支护强度要求，在上述对比段内工作面前方 75 m 处设立 1 号裂隙观测站，并在试验段内工作面前方 75 m 处设立 2 号裂隙观测站，如图 10 所示。在 1 号与 2 号观测站顶板中央各设置一个探测深度为 10 m 的电视钻孔，通过高清摄像头捕捉围岩内表面的微小变化，用于对比分析两种支护方案下围岩裂隙发育情况，包括裂纹的走向、大小以及深度等。

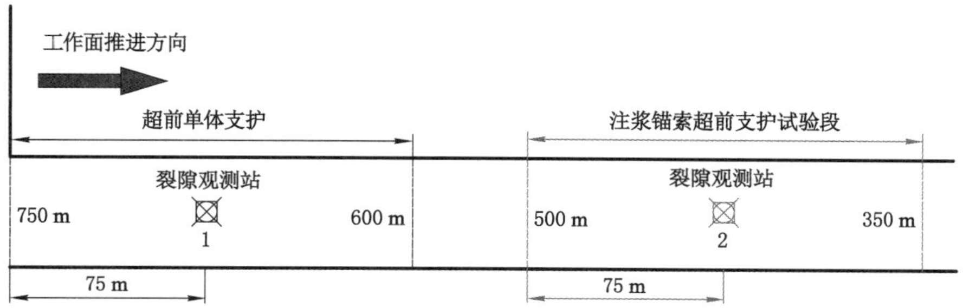

图 10　巷道围岩裂隙观测点布置

图 11 为顶板钻孔内裂隙观测对比图。在对比段内，采用超前单体支护方式，观测结果显示孔口位置裂隙较为发育[图 11(a)]，明显可见垂直钻孔的横向裂隙。随着深度增加，2 m 和 3 m 深位置发育有细长条状纵向裂隙[图 11(b)、(c)]。受岩性所致，孔壁的部分分段较为破碎，可以看到明显的软岩碎屑。在试验段内，采用注浆锚索超前支护方式，从孔口向深部观察均未见明显的横向或纵向裂隙，2～3 m 深度的孔壁仍保持完整，除围岩细小裂隙被浆液充填从而显现出局部的白色小浆脉，以及钻头螺旋状痕迹外，再无明显的节理裂隙。通过对比分析，可以确定注浆锚索超前支护作为一种有效的主动加固方式，能够充填围岩裂隙、降低围岩裂隙发育程度、增强围岩承载能力、提高围岩整体稳定性和安全性。

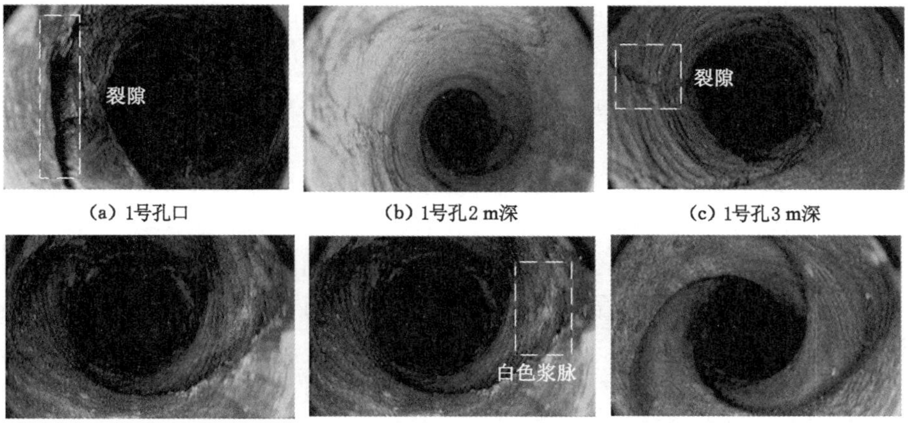

(a) 1号孔口　(b) 1号孔2 m深　(c) 1号孔3 m深

(d) 2号孔口　(e) 2号孔2 m深　(f) 2号孔3 m深

图 11　钻孔内部窥视对比

4　结论

(1) 针对 14030 工作面超前单体支柱支护强度低、工人劳动强度大等特点，采用注浆锚索替代单体支柱，建立了基于 Winkler 理论的超前支护顶板力学模型与超前支护强度力学模型，得出理论超前支护强度，据此选择了合理的注浆锚索参数并进行了校核，为超前支护技术提供了理论支撑。

(2) 通过 FLAC3D 模拟分析了注浆锚索替代单体支柱进行超前支护后回采巷道围岩变形以及塑性区分布特征。注浆锚索支护可以显著缩小塑性区范围，顶底板与两帮变形量较单体支护分别降低了 55.4%和 34.0%。

(3) 根据围岩变形和围岩裂隙观测结果，注浆锚索超前支护技术在控制采动软岩回采巷道变形和改善围岩结构性质等方面表现出显著效果，提高了回采速度，有力保障了正常生产。

参考文献

[1] 孙建峰，张卫清，闫浩，等. 唐口煤矿千米深充填采煤工作面矿压显现规律研究[J]. 矿业研究与开发，2018，38(11)：40-45.

[2] 鞠文君，付玉凯. 我国煤矿巷道支护的难题与对策[J]. 煤矿开采，2015，20(6)：1-5.

[3] 杨军，闵铁军，刘斌慧，等. 深部开采灾害及防治研究进展[J]. 科学技术与工程，2020，20(36)：14767-14776.

[4] 周中平，张承冉，王东亮. 注浆锚索在半孤岛工作面两巷超前支护中的应用[J]. 内蒙古煤炭经济，2019(16)：83-84.

[5] 王莹. 综采工作面垛式超前液压支架设计与应用[J]. 煤矿机械，2021，42(3)：160-163.

[6] 郭继圣. 综采工作面巷道超前液压支架选型设计及展望[J]. 煤炭科学技术，2016，44(11)：30-35.

[7] 丁飞，王谦. 液压支架结构疲劳动态可靠性评估方法[J]. 中国安全科学学报，2015，25(6)：86-90.

[8] 单仁亮，彭杨皓，孔祥松，等. 国内外煤巷支护技术研究进展[J]. 岩石力学与工程学报，2019，38(12)：2377-2403.

[9] 姚强岭，王烜辉，夏泽，等. 煤矿长壁采煤主动式超前支护关键技术及应用[J]. 采矿与安全工程学报，2020，37(2)：289-297.

[10] 李立华. 回采巷道注浆锚索式超前支护技术的应用研究[D]. 徐州：中国矿业大学，2020.

[11] 魏振全. 注浆锚索在厚煤层回采巷道超前支护中的应用[D]. 徐州：中国矿业大学，2020.

[12] 蒋力帅. 工程岩体劣化与大采高沿空巷道围岩控制原理研究[D]. 北京：中国矿业大学(北京)，2016.

[13] 张培鹏，蒋金泉，曲华，等. 千米深井大采高采场围岩应力分布规律数值分析[J]. 煤炭工程，2014，46(5)：48-50.

[14] 柴令. 深部综采面超前支护体—锚固围岩耦合机理与应用[D]. 徐州：中国矿业大学，2018.

[15] 陈峰，潘一山，钟勇. 采动影响下覆岩应力变化规律的数值模拟分析[J]. 中国地质灾害与防治学报，2014，25(3)：74-78.

[16] 沙云东，骆丽，贾秋月，等. 复合材料轴结构力学性能预测及铺层方案设计[J]. 材料科学与工程学报，2016，34(2)：251-256，300.

[17] 姚文娟，叶志明. 不同模量横力弯曲梁的解析解[J]. 应用数学和力学，2004(10)：1014-1022.

[18] 严圣平. 材料力学[M]. 北京：科学出版社，2012.

基岩风化带性质对顶板突水溃砂的影响研究

李小二[1]，许延春[2]，马子民[2]，苗葳[2]，张二蒙[2]，姜文浩[1]，卓运亮[1]，田雨果[2]

（1. 焦作煤业集团赵固（新乡）能源有限责任公司，河南 焦作 454002；
2. 中国矿业大学（北京）能源与矿业学院，北京 100083）

摘　要　基于赵固一矿上覆巨厚冲积层多含水层（组）薄基岩的特点，冲积层下部砂砾含水层水压达到4.0 MPa，为高水压含水层。为确定基岩性质对顶板突水溃砂的影响，保证多含水层（组）薄基岩区的正常回采，对水文勘察孔所取基岩岩样进行点荷载、干燥饱和吸水率和室内崩解试验，通过分析岩样各项试验指标随深度的变化曲线，确定基岩性质及其对留设防砂煤柱的影响。试验表明：基岩风化深度超过20 m；距离冲积层底界面0～6.5 m垂深范围内的泥类岩干燥饱和吸水率大于15％，遇水崩解多呈泥状、碎岩片和碎块泥，隔水性能良好，可以有效弥合采动裂缝，可以作为防水煤柱的保护层；冲积层下面0～11.4 m的风化泥岩强度低于4.0 MPa的冲积层下部细砾含水层水压力，防砂煤柱的保护层不能全部由风化泥岩构成，提出防砂煤柱保护层厚度需要大于11.4 m；砂岩耐崩解性强，干燥饱和吸水率远小于泥类岩，阻隔水性能较差，防水煤柱保护层不可以全部由风化砂岩构成。风化砂岩强度大于4.0 MPa的冲积层下部砂砾含水层水压可以有效抵御上覆水头压力。

关键词　基岩风化带；饱和单轴抗压强度；干燥饱和吸水率；崩解试验；顶板突水溃砂

0　引言

赵固矿区矿井水害具有多样化和复杂化的特点[1]，为回收更多优质煤炭资源，矿井开采上限逐渐提高，这同时导致煤层顶板含水层（组）对矿井安全生产的威胁越发明显[2]，其中巨厚冲积层、多含水层（组）和薄基岩的存在则是导致矿井顶板溃水溃砂的主要原因[3-5]。在赵固矿区已经发生多起顶板突水溃砂事故，因此为解放含水层（组）下压煤，巨厚冲积层多含水层（组）薄基岩下的安全回采已经成为迫切需要解决的问题。对于多含水层（组）薄基岩情况下安全回采，我国有学者对此做了大量的研究，积累了丰富的经验。

朱伟等通过现场观测研究了潞安矿区不同回采工艺对裂缝带发育高度的影响规律[6]；戴华阳等根据岩层理论计算出九龙矿的裂缝带及防水安全煤岩柱的高度，分析了陷落柱对顶板裂隙导水性的影响[7]；浦海等运用数值模拟揭示了在断层影响下，煤层顶板突水通道的形成机制[8]；张杰等通过理论分析研究了顶板隔水黏土层在渗流场和周期性动载共同作用下的失稳规律[9-10]；曾一凡等通过分析顶板基岩风化带的富水性并结合导水裂隙带发育高度预测评价顶板突水危险性[11]；吕广罗等通过开采实践提出巨厚砂砾含水层（组）下保水开采有效方法可控制裂隙带高度、适当调整工作面布局以及推进速度等[12]；王海龙等通过室内突水溃砂灾害相似模拟试验得到顶板含水砂砾在导水裂缝中的移动和突涌的演化特征[13-14]；许延春等通过建立巨厚冲积层薄基岩突水溃砂模型，结合黏土液塑限试验得出高水压下防水煤岩柱的失稳致灾机理[15]。

本文以赵固一矿为背景，结合矿井的水文地质特征，对水文勘察孔的基岩风化带所取的岩样进行点荷载和干燥饱和吸水率试验，对试验结果进行对应转化，获得岩石饱和单轴抗压强度及干燥饱和吸水率随距离冲积层底界面深度变化曲线，并通过室内崩解试验对岩样进行定性描述，划分基岩风化带的范围并分析距离冲积层底界面不同位置岩石的性质对顶板突水溃砂的影响。依据风化带的性质，对高水压冲积含水层提出风化带防水、防砂煤柱保护层的留设方法。

1 地质概况

赵固一矿位于焦作煤田东部，主采煤层平均厚度 5.29 m，埋深 410～860 m，自然垮落法管理顶板。上覆 304.8～539.2 m 的巨厚冲积层，平均厚度 459.8 m，冲积层内部含有多个含水层(组)，可划分为“5 含Ⅴ隔”结构，地表标高＋77 m 左右，含水层标高大部分在－350 m 左右，水头高度大于 400 m，水压高于 4.0 MPa。

赵固一矿北翼基岩厚度范围在 2.82～248.09 m，厚度分布不均，具有明显的自西向东逐渐变薄的特点，因此造成矿井北翼东侧受顶板含水层的威胁更为严重。

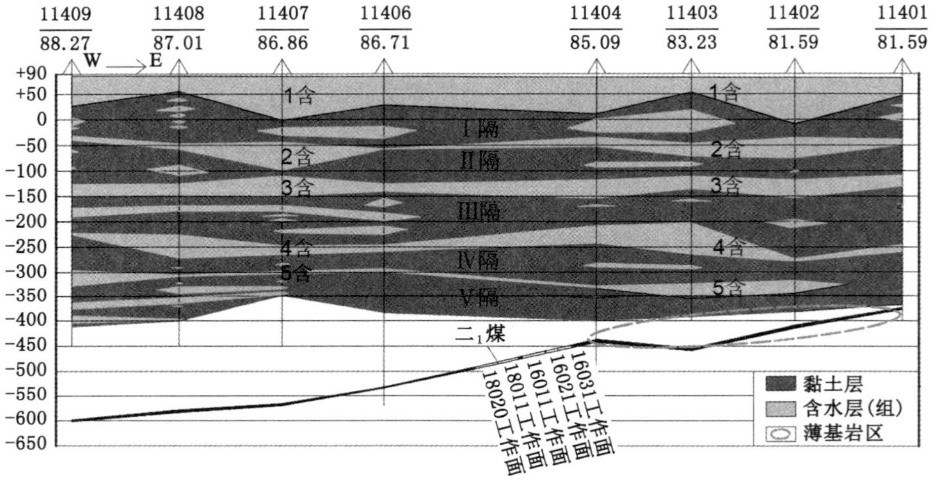

图 1 北翼冲积层东西剖面图(单位：m)

2 基岩风化带岩石饱和单轴抗压分析

大量试验表明，岩石的标准点荷载强度 $I_{s(50)}$ 与单轴抗压强度 R_c 具有明显的关系[16-17]，在岩样数量比较少且难以加工成标准试件的情况下通过点荷载试验获得岩石的强度是一个较好的选择。为获取岩石强度与上覆水头压力的直观对比关系，可采用实测的岩石标准点荷载强度指数 $I_{s(50)}$ 的换算值，并按照下式进行换算[18]：

$$R_c = 22.82 I_{s(50)}{}^{0.75} \tag{1}$$

式中 R_c——岩石饱和单轴抗压强度，MPa；

$I_{s(50)}$——岩石标准点荷载强度，MPa。

根据《工程岩体分级标准》(GB/T 50218—2014)和《煤矿防治水细则》的建议，对矿井北翼 N1 和 N2 水文勘察孔的岩样进行点荷载和干燥饱和吸水率试验，结合本团队以往在赵固一矿南翼的科研成果[19]，试验结果见表1。

表1　饱和单轴抗压强度和干燥饱和吸水率试验结果

岩芯编号	岩性	与冲积层底界面距离/m	饱和单轴抗压强度 R_c/MPa	干燥饱和吸水率/%
N1孔 J-1	泥岩	1	4.36	15.14
N1孔 J-2	铝质泥岩	2	4.06	29.05
N1孔 J-5	砂质泥岩	5	5.22	14.52
N1孔 J-10	泥岩	10	12.95	16.25
N1孔 J-20	砂质泥岩	20	28.74	6.97
N2孔 J-1	砂岩	1	49.00	1.26
N2孔 J-2	砂质泥岩	2	13.36	10.15
N2孔 J-5	砂质泥岩	5	15.94	3.58
N2孔 J-10	砂岩	10	26.16	1.44
N2孔 J-20	粉砂岩	20	24.68	18.99
S1顶 2-1	砂岩	4.9	44.55	2.34
S1顶 2-2	砂岩	16.2	68.50	1.02
S1顶 2-3	砂岩	18.5	76.76	1.11
S1顶 2-4	砂岩	23.8	81.06	0.75
S1顶 2-5	砂岩	31.8	87.92	0.56
S1顶 2-6	砂质泥岩	41.8	20.56	7.28
S3顶 2-1	铝质泥岩	0.9	2.04	46.04
S3顶 2-2	铝质泥岩	4.3	0.00	46.44
S3顶 2-3	铝质泥岩	7.8	13.44	9.26
S3顶 2-4	砂岩	10.4	50.71	2.34
S3顶 2-5	砂岩	17.3	38.52	1.26
S3顶 2-6	砂质泥岩	21.6	25.84	6.29
S2顶 3-1	铝质泥岩	0.8	0.00	35.76
S2顶 3-2	铝质泥岩	2.5	0.00	39.78
S2顶 3-3	铝质泥岩	10.3	0.00	9.31
S2顶 3-4	泥岩	14.8	32.46	3.91
S2顶 3-5	砂质泥岩	17.4	33.67	6.90
S2顶 3-6	砂岩	21.5	65.51	0.78
S2顶 3-7	砂岩	26.0	69.92	0.72
S2顶 3-8	砂质泥岩	29.7	35.31	0.97

根据试验结果绘制岩石饱和单轴抗压强度与距离冲积层底界面的距离关系曲线，如图 2 和图 3 所示。

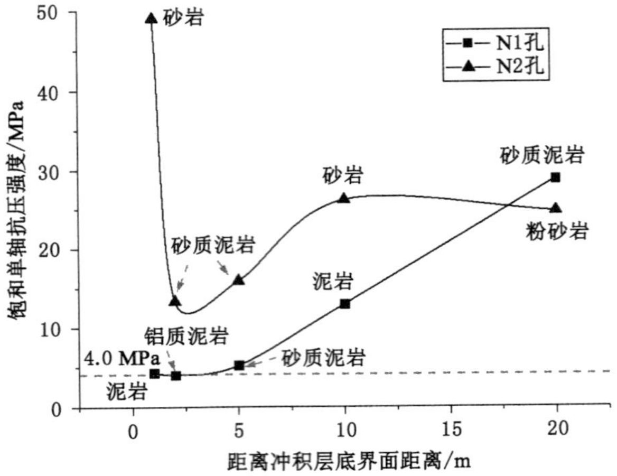

图 2　N1 孔和 N2 孔饱和单轴抗压强度与冲积层底界面距离关系曲线

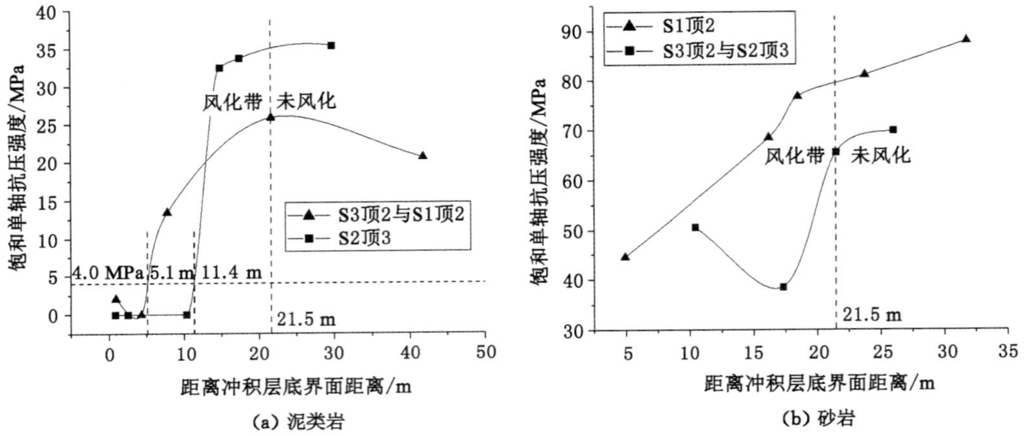

图 3　岩石饱和单轴抗压强度与冲积层底界面距离关系曲线

2.1　北翼风化岩石强度特征

由图 2 可以看出，N1 孔附近的泥类岩饱和单轴抗压强度随着距离冲积层底界面的距离增加而呈增大趋势。在距离 0～5 m 范围内缓慢增加，5～20 m 范围内呈线性增加，表明随深度增加风化作用的影响逐渐减弱。

在距离冲积层底界面 0～2 m 范围内，岩石饱和单轴抗压强度略大于 4.0 MPa，属于极软岩，表明该阶段岩石风化较为彻底，颗粒间的黏结力破坏严重，不宜作为抵抗高水压的有效岩层；从距离冲积层底界面 5 m 处的砂质泥岩开始，其饱和单轴抗压强度为 5.22 MPa，可以有效减小上覆高水压含水层的威胁。

N2 孔附近的岩性为泥类岩和砂岩，在距离冲积层底界面 1～2 m 范围内，岩石饱和单轴抗压强度急剧减小，表明岩性对岩石抗压强度具有显著影响。

自冲积层底界面 2 m 开始（R_c＝13.36 MPa），岩石饱和单轴抗压强度逐渐增加，在距离冲积层底界面 10～20 m 时趋于稳定，和风化规律较为一致。结合实验结果可知，N2 孔附近的岩石自冲积层底界面开始，可以有效减小上覆高水压含水层的威胁。

由于钻孔施工进入基岩 20 m，结合现场所取岩芯皆呈风化后的黄色或黄褐色，可以认为 N1 孔和 N2 孔附近的岩层在距离冲积层底界面 20 m 范围内都在风化带的影响范围。

2.2 南翼风化岩石强度特征

由图 3 可以看出，随着距离冲积层底界面距离的增加砂岩和泥类岩的饱和单轴抗压强度整体上呈增大趋势，后续趋于稳定，这种变化与风化规律有较好的一致性。

砂岩的饱和单轴抗压强度全部远大于 4.0 MPa，可以有效减小上覆高水压含水层的影响；S2 顶 3 孔附近的泥类岩在距离冲积层底界面 0～11.4 m 饱和单轴抗压强度全部小于 4.0 MPa，从 11.4 m 开始泥类岩的强度开始大于 4.0 MPa，并且呈现快速增长的趋势，S3 顶 2 孔附近的泥类岩在距离冲积层底界面 0～5.1 m 饱和单轴抗压强度全部小于 4.0 MPa，从 5.1 m 开始泥类岩的强度开始大于 4.0 MPa，并且呈现快速增长的趋势，表明距离冲积层底界面较近的泥类岩风化作用完全，岩石颗粒间黏结力破坏严重，岩石的饱和单轴抗压强度较低，不能有效抵抗上覆高水压含水层（组）的影响，防砂煤柱保护层不能全部由风化泥岩构成，保护层厚度大于 11.4 m。

自距离冲积层底界面 21.5 m 开始，岩石的饱和单轴抗压强度变化缓慢，变化曲线趋于水平，表明该阶段的岩层受风化作用影响较弱，可以将 21.5 m 定义为风化区和未风化区的分界线。

3 风化带岩石干燥饱和吸水能力分析

受风化作用影响，岩石矿物成分发生变化，内部裂隙数量增加且方向不规则，岩石内部颗粒间的联系被削弱，岩性削弱，土性增强，进而导致岩石的吸水率增加[20]。当岩石干燥饱和吸水率大于 15%时，岩石具有良好的隔水性能。因此岩石的干燥饱和吸水率一定程度上可以反映岩石的风化程度[21]。

根据试验结果表 1 绘制并分析岩石的干燥饱和吸水率与冲积层底界面距离的关系曲线，如图 4 和图 5 所示。

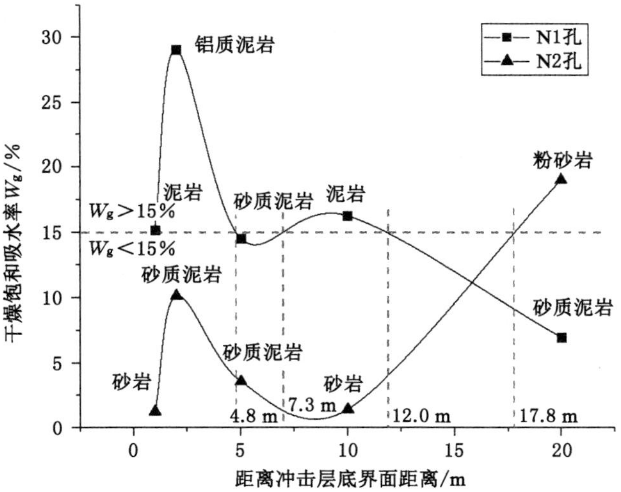

图 4 N1 和 N2 孔岩石干燥饱和吸水率与冲积层底界面距离关系曲线

3.1 北翼岩石干燥饱和吸水率特征

由图 4 可知，在距离冲积层底界面 0～4.8 m 和 7.3～12.0 m 范围内，N1 孔附近的岩层干燥饱

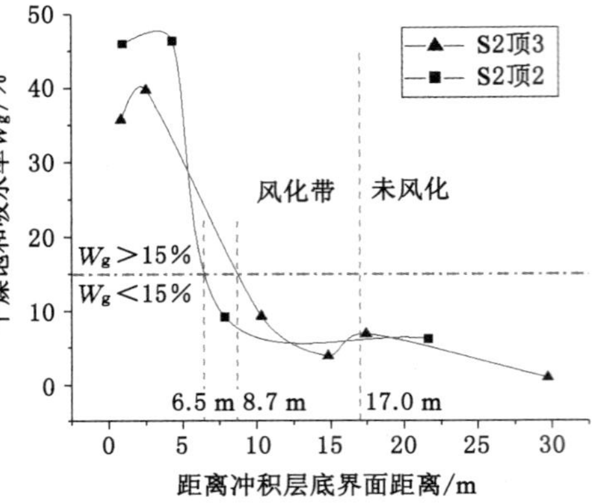

(a) 泥类岩

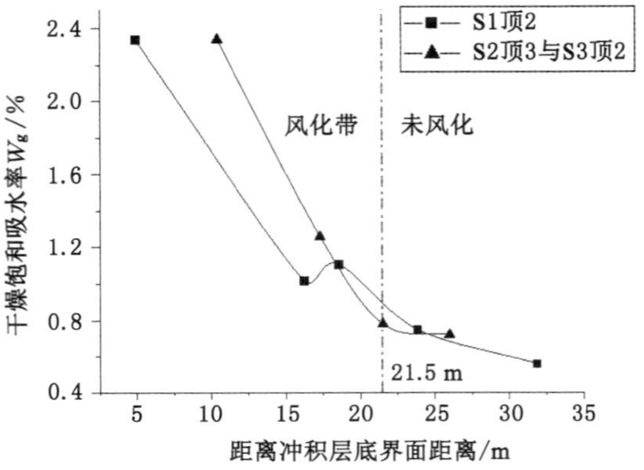

(b) 砂岩

图 5　岩石干燥饱和吸水率与冲积层底界面距离关系曲线

和吸水率大于 15%，表明该岩段具有良好的阻隔水能力；N2 孔在距离冲积层底界面 17.8～20.0 m 范围内岩层干燥饱和吸水率大于 15%，表明该岩段有较好的阻隔水能力。

在距离冲积层底界面 0～10 m 范围内，N1 孔和 N2 孔附近的岩层干燥饱和吸水率变化规律一致，呈现随冲积层底界面距离增加而减小的趋势，与风化规律较为一致。从 10 m 开始，N1 孔和 N2 孔附近岩石的干燥饱和吸水率呈现相反的发展趋势，N1 孔继续减小，N2 孔则出现增大的现象，结合现场取样可知，在距离冲积层底界面 20 m 处 N1 孔为砂质泥岩，N2 孔为粉砂岩，可知除风化作用的影响以外，岩石本身的性质也对其干燥饱和吸水率有显著影响。

在施工范围内，N1 孔和 N2 孔附近岩层干燥饱和吸水率没有趋于稳定的现象出现，可以印证 N1 孔和 N2 孔附近的风化带深度超过 20 m。

3.2　南翼岩石干燥饱和吸水率特征

由图 5 可知，矿井泥类岩和砂岩干燥饱和吸水率随着深度的增加逐渐减小，整体变化规律较为一致，可以反映风化作用随深度增加逐渐减弱的特点。砂岩干燥饱和吸水率远小于 15%，表明砂岩阻隔水性能较差；在距离冲积层底界面 0～6.5 m 和 0～8.7 m 范围内 S2 顶 3 和 S3 顶 2 附近的泥类岩干燥饱和吸水率大于 15%，尤其在 0～5 m 范围内的铝质泥岩干燥饱和吸水率高达 40%左右，表明该范围内泥类岩阻隔水性能良好。

从距离冲积层底界面 17.0 m 和 21.5 m 开始，泥类岩和砂岩的干燥饱和吸水率变化曲线逐渐趋于平稳，由强风化区向微风化区过度，因此可以将此界限定义为泥类岩和砂岩的风化界限。综合上述分析，对于矿井南翼可以将距离冲积层底界面 21.5 m 定义为风化界限，这与通过饱和单轴抗压强度得出的结论一致。防水煤柱保护层不能全部由风化砂岩构成，防砂煤柱保护层含部分风化砂岩可以增强抗水压能力。

4　基岩遇水崩解状况分析

煤层赋存环境多为沉积岩，遇水崩解是沉积岩的显著特征之一，沉积岩崩解后导致岩石的土性增强，强度降低，破碎膨胀，易引起煤层顶板突水溃砂事故[22]。同样岩石崩解破碎后对采动裂缝也有一定的弥合效果，有助于增加岩层的阻隔水性能。因此在煤层顶板上覆高水压含水层(组)时，认识覆岩的崩解性便显得极为重要。岩石的崩解性与其内部裂隙数量呈正相关[23]，由于风化作用导致岩石内部裂隙增加，岩石的耐崩解性也随之变差，因此通过岩石的崩解性可以一定程度反映风化程度。

按照岩石崩解形态分类表[24]（表 2）对岩样崩解状态进行分类，分类结果见表 3。

表 2　岩石崩解形态分类表

崩解分类	崩解物形态	崩解特征
Ⅰ	泥状	浸入水中立刻崩解呈碎泥状
Ⅱ	碎屑泥、碎片泥、碎块泥	浸入水中完全崩解仅需几分钟，长则 20～30 min。呈絮状、粉状崩解，崩解物为颗粒、片状碎屑或碎块，块状崩解物手搓为泥
Ⅲ	碎岩片、碎岩块	浸入水中完全崩解需要 1 h 至数小时。呈片状开裂或块状崩裂、塌落，崩解物为碎岩块或碎岩片
Ⅳ	整体岩块	浸入水中需要数天甚至更长时间不发生破坏，或仅局部沿着隐微节理、裂缝开裂

表 3　岩样崩解状态表

岩芯编号	岩性	崩解状态	岩芯编号	岩性	崩解状态
N1 孔 J-1	泥岩	Ⅲ型碎岩块	N2 孔 J-1	砂岩	Ⅳ型整体岩块
N1 孔 J-2	铝质泥岩	Ⅱ型碎块泥、碎岩片	N2 孔 J-2	砂质泥岩	Ⅳ型整体岩块
N1 孔 J-5	砂质泥岩	Ⅲ型碎岩块、碎岩片	N2 孔 J-5	砂质泥岩	Ⅳ型整体岩块
N1 孔 J-10	泥岩	Ⅱ型碎块泥、碎岩片	N2 孔 J-10	砂岩	Ⅳ型整体岩块
N1 孔 J-20	砂质泥岩	Ⅲ型碎岩块、碎岩片	N2 孔 J-20	粉砂岩	Ⅲ型碎岩块、碎岩片
S1 顶 2-1	砂岩	Ⅳ型整体岩块	S2 顶 3-5	砂质泥岩	Ⅳ型整体岩块
S1 顶 2-2	砂岩	Ⅳ型整体岩块	S2 顶 3-6	砂岩	Ⅳ型整体岩块
S1 顶 2-3	砂岩	Ⅳ型整体岩块	S2 顶 3-7	砂岩	Ⅳ型整体岩块
S1 顶 2-4	砂岩	Ⅳ型整体岩块	S2 顶 3-8	砂质泥岩	Ⅳ型整体岩块
S1 顶 2-5	砂岩	Ⅳ型整体岩块	S3 顶 2-1	铝质泥岩	Ⅱ型碎块泥
S1 顶 2-6	砂质泥岩	Ⅱ型碎岩片	S3 顶 2-2	铝质泥岩	Ⅱ型碎块泥
S2 顶 3-1	铝质泥岩	Ⅰ型泥状	S3 顶 2-3	砂质泥岩	Ⅳ型整体岩块
S2 顶 3-2	铝质泥岩	Ⅰ型泥状	S3 顶 2-4	砂岩	Ⅳ型整体岩块
S2 顶 3-3	砂质泥岩	Ⅲ型碎岩片、碎岩块	S3 顶 2-5	砂岩	Ⅳ型整体岩块
S2 顶 3-4	泥岩	Ⅳ型整体岩块	S3 顶 2-6	砂质泥岩	Ⅳ型整体岩块

由表 3 可见，砂岩受风化作用影响较弱，耐崩解性强，崩解状态多为Ⅳ型整体岩块；而泥类岩则受风化作用影响较为明显，随着距离冲积层底界面距离的增加，崩解状态由Ⅰ型泥状向Ⅳ型整体岩块转变。砂质泥岩和铝质泥岩在入水后 24 h 和 30 min 崩解差异如图 6 所示，铝质泥岩呈现碎块泥，砂质泥岩崩解为碎岩块。

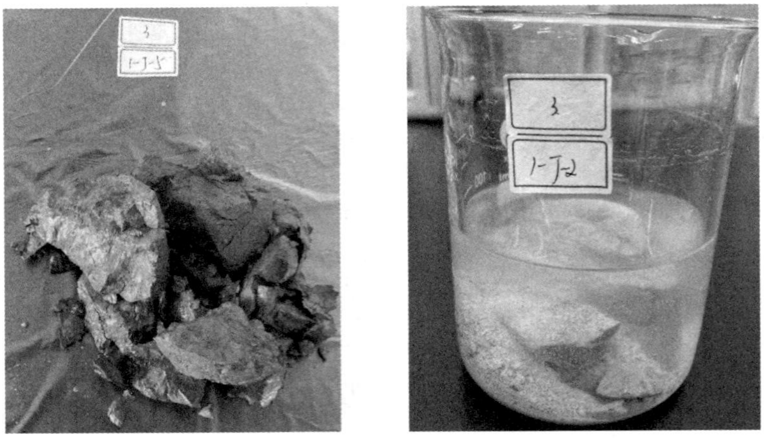

(a) 砂质泥岩　　(b) 铝质泥岩

图 6　砂质泥岩 24 h、铝质泥岩 30 min 后崩解状态

5　风化基岩对顶板突水溃砂的影响分析

工作面开采前通过顶板上仰孔，对基岩风化带含水层进行疏放，另外，相邻工作面开采也对风化带含水层有预疏放的作用，因此，风化带含水层对开采不利影响低。

风化砂岩层以及部分砂质泥岩遇水后仍然为整体岩块耐崩解，不具备再生隔水性；风化后强度较高，冲积层底界面下部的风化砂岩饱和单轴抗压强度全部大于 4.0 MPa，可以有效抵御上覆水头压力；干燥饱和吸水率远小于风化泥类岩，几乎不具有弥合采动裂隙的效果。在矿井的薄基岩区，导水裂缝带高度极容易透过风化基岩波及煤层顶板含水层（组），含水砂体通过导水裂隙渗入工作面，随着水砂流量增加，出水裂缝进而发展为突水管道，导致工作面发生突水溃砂的安全事故，因此防水煤岩柱不应全由风化砂岩构成，应包含风化砂岩上部的部分风化泥类岩，一定厚度的风化砂岩层可以作为安全煤柱保护层的结构稳定层，结合风化泥类岩对采动裂隙的弥合效果，才能够实现防止在水压作用下导水通道从裂隙、裂缝扩展为管道，从而发生溃砂事故。

风化泥岩以及部分风化砂质泥岩遇水后破碎或者泥化耐崩解性差，具备隔水性，风化后强度较低，靠近冲积层底界面附近的泥类岩饱和单轴抗压强度不一定大于 4.0 MPa。在矿井薄基岩区域，风化泥岩受到上覆高水压含水层（组）的影响，当临界水头压力超过风化泥岩裂隙扩展极限时，此时风化泥岩中的采动裂隙即可发展为突水管道，且裂隙扩展速率与含水层（组）水压和水量呈正相关，导致防砂煤岩柱失稳损伤失去阻砂性能，因此在留设防砂煤岩柱时应考虑风化泥岩的损伤厚度，即从冲积层底界面开始到强度大于上覆水头压力的风化泥岩或者风化砂岩之间的风化岩层全部可以定义为防砂煤岩柱的损伤厚度。就试验矿区而言，损伤厚度应选最大值，即赵固一矿应选择 11.4 m 作为损伤厚度；但为了提高资源回收率，损伤厚度可以根据不同钻场的试验结果进行取值，如 N1 孔附近可将冲积层下部 5 m 范围作为防砂煤岩柱损伤厚度。可知在考虑防砂煤岩柱损伤厚度之后，一定厚度的风化泥岩可以作为安全煤柱保护层的隔水层，但是在水压作用下可能会出现导水通道从裂隙、裂缝扩展为管道的情况。因此防砂煤柱保护层不能全部由风化泥岩和风化砂质泥岩构成，应该包含部分风化砂岩作为防砂煤岩柱的稳定支撑结构，以保证防砂煤岩柱的强度。

6　结论

（1）北翼风化带深度超过 20 m，南翼 21.5 m 可以作为基岩风化界限，砂岩和距离冲积层底界面较远的泥类岩可以抵抗上覆高水压含水层(组)的威胁,距离冲积层底界面较近的泥类岩饱和单轴抗压强度较低,面对上覆高水压含水层(组)则有破裂风险,可以抵抗上覆含水层(组)水压威胁的泥类岩具体位置应结合当地地质条件等综合因素做出决定。

(2) 风化砂岩干燥饱和吸水率普遍较低,隔水性和再生隔水性较差;泥类岩干燥饱和吸水率受风化作用影响显著,距离冲积层底界面距离较近的泥类岩干燥饱和吸水率大于 15%,其中铝质泥岩干燥饱和吸水率高达 40%,隔水性和再生隔水性良好,有利于采动裂缝弥合,可以有效抑制裂缝带发育高度。

(3) 遇水崩解后风化砂岩多为Ⅳ型整体岩块,耐崩解性强;风化泥类岩耐崩解性差,整体呈现随着距离冲积层底界面距离增加,耐崩解性逐渐增强的特点。砂岩无法有效弥合采动裂缝,因此不建议将巷道和采煤工作面布置在风化带内,以防止高水压对围岩稳定性的不利影响。

(4) 防砂煤柱保护层不能全部由风化泥岩构成,应在原始计算的防砂煤岩柱厚度基础上增加高水压下的风化泥岩损伤厚度,同时需要部分砂岩作为防砂煤岩柱的稳定支撑结构,以保证防砂煤岩柱抗水压能力;防水煤柱保护层不能全部由风化砂岩构成,应包含部分风化泥岩,以增加其裂隙弥合效果与阻止水砂下泄的性能。

参考文献

[1] 盖秋凯,黄磊,赵霖.基于因子分析法的焦作矿区底板突水模型研究[J].煤炭工程,2021,53(1):123-127.

[2] 尹尚先,徐斌,徐慧,等.综采条件下煤层顶板导水裂缝带高度计算研究[J].煤炭科学技术,2013,41(9):138-142.

[3] 杨俊哲,吴作启,李宏杰,等.浅埋薄基岩工作面溃水溃砂模拟试验及影响因素分析[J].煤炭科学技术,2021,49(10):1-8.

[4] 王家臣,王兆会,唐岳松,等.深埋弱胶结薄基岩厚煤层开采顶板动载冲击效应产生机制试验研究[J].岩石力学与工程学报,2021,40(12):2377-2391.

[5] 杨俊哲,张彬,付兴玉,等.浅埋薄基岩工作面水砂溃涌通道形成机理[J].煤炭学报,2020,45(12):4144-4153.

[6] 朱伟,滕永海,唐志新.潞安矿区综采裂隙带发育高度规律实测研究[J].煤炭科学技术,2017,45(7):167-171.

[7] 戴华阳,廖孟光,孟宪营,等.峰峰矿区九龙矿水库下采煤安全性分析[J].煤炭学报,2014,39(增刊 2):295-300.

[8] 浦海,张东.断层影响下顶板突水特性的数值模拟研究[J].采矿与安全工程学报,2010,27(3):421-424.

[9] 张杰,杨涛,索永录,等.基于隔水土层失稳模型的顶板突水致灾预测研究[J].煤炭学报,2017,42(10):2718-2724.

[10] 杨涛,张杰,林海飞,等.隔水土层孔隙水压畸变与顶板突水灾变的时空响应特征模拟研究[J].采矿与安全工程学报,2021,38(2):317-325.

[11] 曾一凡,李哲,宫厚建,等.顶板风化基岩含水层富水特征与涌(突)水危险性预测[J].煤炭工程,2018,50(2):100-104.

[12] 吕广罗,田刚军,张勇,等.巨厚砂砾岩含水层下特厚煤层保水开采分区及实践[J].煤炭学报,2017,42(1):189-196.

[13] 王海龙,陈绍杰,郭惟嘉.水砂突涌试验系统研制与应用[J].采矿与安全工程学报,2019,36(1):72-79.

[14] 郭惟嘉，王海龙，陈绍杰，等. 采动覆岩涌水溃砂灾害模拟试验系统研制与应用[J]. 岩石力学与工程学报，2016，35(7)：1415-1422.
[15] 许延春，杜明泽，李江华，等. 水压作用下防砂安全煤岩柱失稳机理及留设方法[J]. 煤炭学报，2017，42(2)：328-334.
[16] 张建明，唐志成，刘泉声. 点荷载强度指数估算与岩浆岩的单轴压缩强度的关系[J]. 岩土力学，2015，36(增刊2)：595-602.
[17] 和卢斌，付志亮，王强，等. 岩石点荷载强度与单轴抗压强度线性关系试验[J]. 煤田地质与勘探，2014，42(3)：68-73.
[18] 中华人民共和国住房和城乡建设部. 工程岩体分级标准：GB/T 50218—2014[S]. 北京：中国计划出版社，2015.
[19] 许延春，曹旭初，李江华，等. 赵固一矿基岩风化带阻隔水特征试验研究[J]. 煤炭科学技术，2016，44(1)：178-182.
[20] 李日运，吴林峰. 岩石风化程度特征指标的分析研究[J]. 岩石力学与工程学报，2004，23(22)：3830-3833.
[21] 武强. 煤矿防治水手册[M]. 北京：煤炭工业出版社，2013.
[22] 梁冰，李若尘，姜利国，等. 沉积岩矿物组成对其耐崩解性影响的试验研究[J]. 煤炭科学技术，2018，46(5)：27-32.
[23] 柴肇云，张亚涛，张学尧. 泥岩耐崩解性与矿物组成相关性的试验研究[J]. 煤炭学报，2015，40(5)：1188-1193.
[24] 苏永华，赵明华，刘晓明. 软岩膨胀崩解试验及分形机理[J]. 岩土力学，2005，26(5)：728-732.

基于复合岩体弹性模量优化底板注浆加固深度

许成富[1]，苗葳[2、3]，张博淞[2]，李磊[1]，王立彬[2]

（1. 焦作煤业(集团)有限责任公司九里山矿，河南 焦作 454002；
2. 中国矿业大学(北京)能源学院，北京 100083；
3. 焦作煤业(集团)有限责任公司，河南 焦作 454002）

摘　要　以焦作矿区底板注浆加固改造工作面为研究背景，通过超声波法实测工作面底板注浆前后岩体弹性模量变化情况，定量求得注浆深度范围内复合岩层整体强度变化特征，分析了底板注浆加固对工作面复合岩层底板破坏带的影响。研究表明：经注浆加固后，底板泥岩弹性模量增长640%～852%，砂质泥岩增长241%～641%，砂岩增长221%～247%，L9灰岩增长176%，L8灰岩增长40%～159%，而底板破坏深度由30.59 m降低至11.7 m，减少了约62%。随着注浆加固后底板破坏深度减小，绝对隔水层厚度随之增加。根据岩体强度变化特征求得底板绝对隔水层厚度，对工作面底板注浆加固深度进行优化，采用双层立体布孔方式，保证底板注浆效果的同时，减少了工程总钻探进尺3 140 m，较原计划节约了35天的施工工期。

关键词　弹性模量；底板注浆加固；复合岩体强度；超声波法

焦作矿区为全国有名的大水矿区，具有底板含水层富水性强、含水层补给水源充沛、水压高、隔水层薄的水文地质特征[1-2]。该矿区自1999年引入井下底板注浆加固改造技术以来，通过20多年的生产实践，该技术有效地防止了工作面底板大型突水，降低了底板突水的频次与水量[3-6]。但工作面底板注浆深度的选择基本采用经突水系数法反算后得到的唯一深度，该方法优点是最大限度地预留了足够的安全深度，但是未考虑底板岩层在加固后强度的变化情况以及底板破坏带变化情况，在部分底板含水层富水性弱或水压较低、未超突水系数临界值的区域，则会造成工程资源浪费、底板注浆加固工期延长等，严重影响了工作面生产接替。

底板注浆加固技术主要通过裂隙、岩溶内的流动浆液置换了水或空气的贮存空间，凝固的结石体提高了破碎岩体的完整性，进而提高了岩体强度[7]。根据以往学者研究，单叶民[8]使用新型浆液对破碎砂岩进行加固，加固后的结石体抗压强度增加约73%；吴思宇等[9]通过粉质砂岩和紫砂岩注浆加固研究发现，改造后的岩体弹性模量变化量较小，强度约为原岩残余强度的2倍；翟守俊等[10]研究认为破碎岩体注浆后，其注入介质强度与改造后岩体强度成反比；王琦等[11]对破碎围岩改造后单轴抗压强度和破碎程度进行分析，认为破碎程度与改造后强度无明显相关关系，试件破坏形式为轴向劈裂；刘泉声等[12]对加固后的泥岩岩样进行抗剪试验，发现含单一裂隙的泥岩加固后剪切刚度增加，粗糙裂隙内凸台和固结后的浆液可以共同传递剪切应力，起到提高裂隙岩体抗剪强度的效果；许延春等[13]建立了注浆加固工作面底板突水“孔隙-裂隙升降型”力学模型，描述了注浆加固降低孔隙裂隙岩体类型、开采提升岩体类型的力学机理。

以往研究成果多集中于注浆后岩体强度变化方面，很少有将工作面现场实测岩体力学变化结果应用在确定底板注浆加固深度方面。本文以焦作矿区九里山矿、赵固二矿底板注浆加固工作面为例，采用超声波技术现场实测底板注浆加固岩体弹性模量变化，综合测定了底板加固前后工作面底板破坏情况，并应用于确定工作面底板注浆加固工程深度。

1 岩体强度测定方法

1.1 测定原理

岩体声波测试技术是研究纵波和横波在岩体内部的传播速度及规律，据此推断岩体相关的物理力学状态，获得岩体的弹性模型，为评价工程岩体质量提供参考。岩体中由于裂隙和结构面的存在，不能看作是理想的均匀介质。从工程角度考虑，当超声波波长远小于所测量原岩体的空间尺寸时，可将岩体视为连续的各向同性线弹性材料。岩体内部波速与岩体弹性模量关系如下[14]。

$$E_d = \frac{\rho(1+\mu_d)(1-2\mu_d)}{1-\mu_d}v_p^2 \tag{1}$$

$$\Delta E = E_d - E_d' \tag{2}$$

$$\lambda = \frac{E'_d - E_d}{E_d} \times 100\% \tag{3}$$

式中 ρ——岩体密度，g/cm^3；

E_d、E'_d——注浆前后岩体动弹性模量，GPa；

ΔE——岩体动弹性模量变化量，GPa；

μ_d——岩体动泊松比；

v_p——岩体内部纵波波速；

λ——注浆加固岩体动弹性模量增强度，%。

1.2 测定设备

选用 ZBL-U520 型单孔非金属超声波探测仪(图 1)，包括一个发射换能器 T 和两个接收换能器 R_1、R_2，其中 T 至 R_1 的距离 L 为源距，R_1、R_2 之间的距离 ΔL 为间距。其工作原理是：将探头置于钻孔中心，通过主机激励发射换能器 T 辐射声波，满足入射角等于第一临界角的声线，在岩体中声波折射角等于 90°，即声波沿孔壁滑行，然后折射回孔中，由接收换能器 R_1、R_2 分别接收。通过接收声波在岩体中的传播时间差 Δt 来计算岩体内部声波速度，从而求得岩体弹性力学参数。超声波法所测为岩体动弹性模量 E_d，根据转换公式 $E_j = 0.25E_d^{1.3}$，可得岩体静弹性模量 E_j，即一般概念上的弹性模量 E。

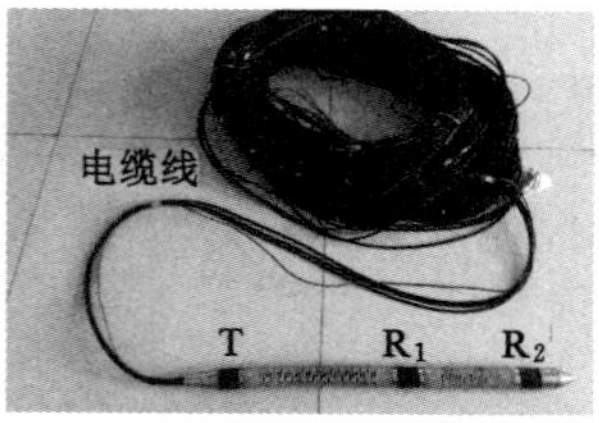

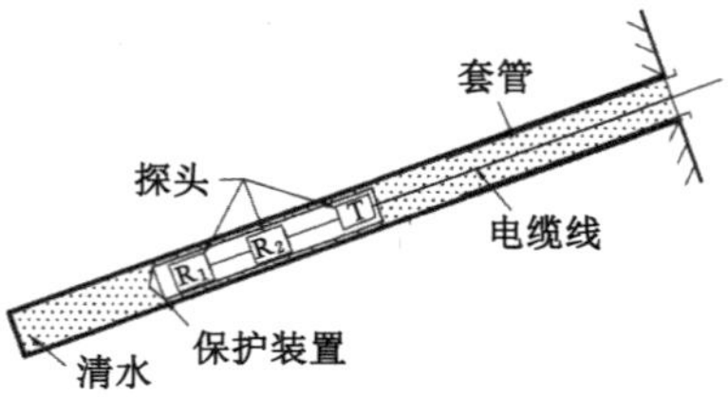

图 1 ZBL-U520 型单孔非金属超声波探测仪

2 基于声波参数转化后的复合岩层底板破坏突水评价

2.1 煤层底板复合岩层底抗压强度计算

采场底板的岩体由不同岩性、不同厚度的岩层构成，具有非均质特性，如图 2 所示。在探测得到各个岩层具体的力学参数后，根据实际地层赋存概况，建立多岩层复合底板的关键参数计算体系，并据此对注浆工作面突水危险性进行评价。

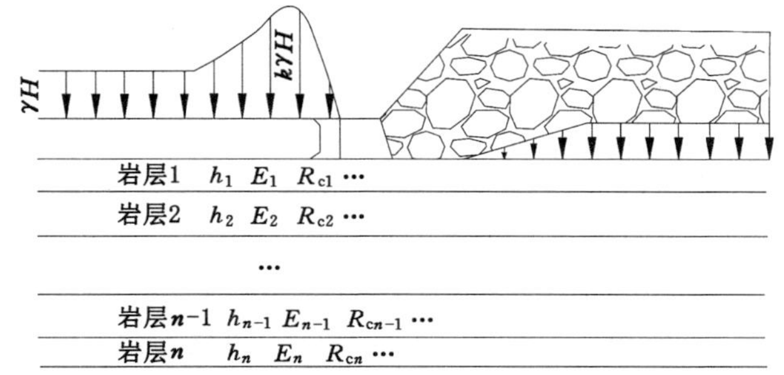

图 2 采场应力分布与岩层参数位置示意图

针对煤层底板多岩层力学问题，可通过平均模量法进行分析。本次计算视厚度为权值，按照公式对底板岩体的强度进行加权平均，而后对容重等相关参数再进行平均，最终得出适合该工作面的统一参数值再进行计算。

$$\bar{R}_c = \frac{h_1 R_{c1} + h_2 R_{c2} + \cdots h_i R_{ci} + \cdots h_n R_{cn}}{h_1 + h_2 + \cdots + h_i + \cdots + h_n} = \frac{\sum_{i=1}^{n} h_i R_{ci}}{\sum_{i=1}^{n} h_i} \tag{4}$$

式中 $\bar{R}_c$——底板岩层抗压强度加权平均值，MPa；

h_i——第 i 岩层的厚度，m；

R_{ci}——第 i 岩层的抗压强度，MPa。

根据断裂力学理论公式，底板破坏带深度为：

$$h = \frac{1.57\gamma^2 h^2 L}{4\bar{R}_c^2} \tag{5}$$

式中 γ——底板隔水层平均重力密度，N/m^3；

h——煤层开采深度，m；

L——工作面长，m。

由公式(5)可知，底板岩层的抗压强度与底板破坏深度成反比例关系，即底板岩层抗压强度增强，底板破坏深度将减小。

根据底板突水系数计算公式 $T = p/(M-h)$，p 为受威胁含水层水压，M 为绝对隔水层厚度(经注浆加固合格的隔水层)，h 为底板破坏带深度。当底板破坏带深度 h 减小时，底板绝对隔水层厚度增大，突水危险系数 T 减小。根据《煤矿防治水细则》，当正常地带突水系数选取临界值 0.1 MPa/m 时，可算出绝对隔水层厚度值。

2.2 岩体强度变化测定

在焦作矿区九里山矿 15091 工作面利用超声波法选择一个底板钻孔，于工作面开采前后分别测定两次注浆加固后的岩体弹性模量(第 2 次由于钻孔变形，仅探测至孔深 36.3 m)；在赵固二矿 11030 工作面选取同一底板钻孔，利用超声波法分别测定加固前、加固后和工作面开采影响期间的底板弹性模量。两工作面底板岩层组合基本一致，主要充水含水层为 L8 灰岩含水层，距离煤层 23.0～26.5 m，间接充水含水层为 L2 灰岩含水层，距离煤层 72～75 m，含水层之间由泥岩、砂质泥岩、薄层灰岩组成的复合岩体隔水层隔开。测定区域避开工作面回采、断层构造等影响因素。

探测钻孔孔口至垂深 12 m 处因下有金属套管，现场实测自超声波探头完全出套管进入岩层后进行，每 2 m 收集一次数据，到进入 L8 灰岩含水层垂距 4.5 m 底终止(未穿过 L8 灰岩)。

为提高观测精度，在观测过程中确保钻孔中注满水。将超声波测量电缆另一头与超声仪连接，利用超声仪记录下探头所在的不同位置岩层的波速。观测完毕后，将塑料管、电缆及探头一起从钻孔中取出。通过在工作面底板注浆加固前后分别对底板岩层进行波速观测与对比分析，得到注浆浆液充填对底板岩层力学性质的影响。

探测结果如图 3、表 1 所示，可以看出底板岩层经过注浆加固后，弹性模量出现明显增强，其中泥岩增长最大，增长了 640%～852%，其次为砂质泥岩，增长 241%～641%，砂岩增长 221%～247%，L9 灰岩增长 176%，L8 灰岩增长 40%～159%。由岩性与弹性模量增长比例可以看出，泥质岩类一般硬度小，受到高压注浆等外因劈裂作用后，更易产生裂隙，浆液充填裂隙凝固后使得岩体弹性模量有了较大增长。

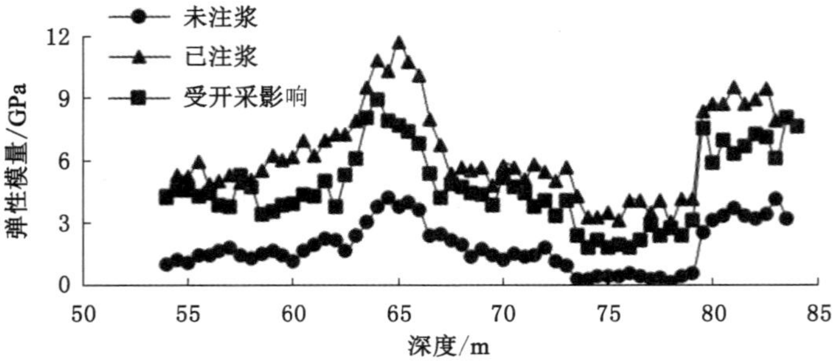

(a) 11030工作面注浆前后底板岩层弹性模量

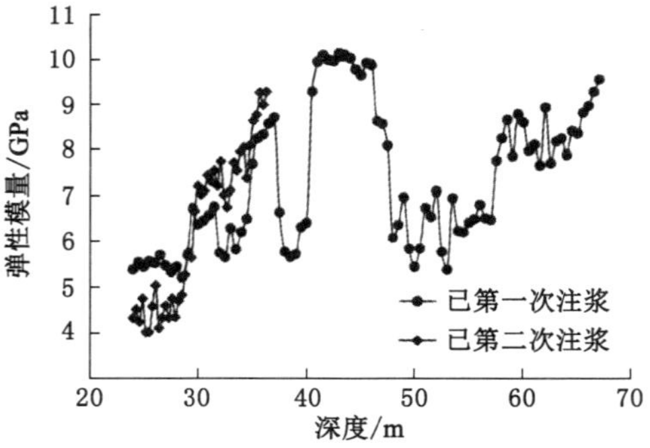

(b) 15091工作面注浆后岩层弹性模量

图 3　超声波观测底板岩层弹性模量变化曲线图

表 1　底板岩层超声波观测成果表

底板垂深/m	弹性模量平均值/GPa			11030 弹性模量增强度 E_Z(绝对值,比例)	15091 弹性模量增强度 E_Z(绝对值,比例)	岩性
	11030 注浆前 E_1	11030 注浆后 E_2	15091 注浆后 E_3			
12.0～17.5	1.7	5.9	5.29	4.2 GPa(247%)	3.59 GPa(221%)	砂岩
17.5～18.5	3.8	10.5	10.49	6.7 GPa(176%)	6.69 GPa(176%)	L9 灰岩
18.5～23.0	1.7	5.8	12.60	4.1 GPa(241%)	10.9 GPa(641%)	砂质泥岩
23.0～28.5	0.5	3.7	4.76	3.2 GPa(640%)	4.26 GPa(852%)	泥岩
28.5～33.5	3.4	8.8	4.76	5.4 GPa(159%)	1.36 GPa(40%)	L8 灰岩

2.3 九里山矿 15091 工作面底板复合岩层抗压强度计算

15091 采煤工作面位于焦作矿区九里山矿东翼，煤层厚度平均 5.5 m，工作面长 110 m，采深最大 470 m。底板直接充水含水层 L8 灰岩含水层厚约 8.5 m，底板隔水层厚约 23 m，水压约 1.92 MPa，突水系数 0.08 MPa/m；间接充水含水层 L2 灰岩含水层厚约 12 m，底板隔水层厚约 75 m，水压约 3.8 MPa，突水系数 0.05 MPa/m。工作面采用直流电法实测底板破坏带深度 15 m。为避免工作面回采过程中水害事故发生，回采前进行了 L8 灰岩底板注浆与断层注浆加固，其中底板注浆加固深度为 L8 灰岩下垂距 35 m，即煤层底板下 66.5 m。

由于超声波实测过程中煤层底板垂深 12 m 以上有套管阻隔，未能实测数值，采用相同岩性的弹性模量进行计算。不同岩性、构造特征下沉积岩单轴抗压强度与弹性模量之间的关系见表 2[15]。

表 2 沉积岩单轴抗压强度与弹性模量关系式

岩性	关系式
砂岩	$E=0.088\,7R_c^{1.085\,1}$
泥岩	$E=0.092\,4R_c^{1.133\,9}$
砂质泥岩	$E=0.018\,6R_c^{1.742\,6}$
灰岩	$E=0.091\,3R_c^{1.205\,3}$

将换算后的底板不同岩层抗压强度数值代入公式(4)，计算得 15091 工作面 L8 灰岩及以上底板复合岩层抗压强度结果见表 3。

表 3 15091 工作面底板复合岩层抗压强度计算结果表

岩性	厚度/m	原岩平均弹性模量/GPa	加固后岩层平均弹性模量/GPa	换算后原岩抗压强度/MPa	换算后加固岩层抗压强度/MPa	原岩复合岩层抗压强度/MPa	加固后复合岩层抗压强度/MPa
泥岩	2.2	0.5	4.76	4.43	32.34	13.40	36.17
砂质泥岩	3.8	1.7	12.60	13.34	42.12		
砂岩	5.5	1.7	5.29	13.34	43.28		
L9 灰岩	1.5	3.8	10.49	22.05	51.21		
砂质泥岩	4.5	1.7	12.60	13.34	42.12		
泥岩	5.5	0.5	4.76	4.43	32.34		
L8 灰岩	8.5	3.4	4.76	20.11	26.59		

2.4 工作面底板加固深度安全性评价

将转换后的原岩复合岩层抗压强度值代入公式(5)，根据工作面地质资料，其中 γ 取 $2.4\times10^4\ \text{N/m}^3$，$h$ 取 470 m，L 取 110 m。可得在原岩状态下，底板破坏深度为 30.59 m，煤层距离 L8 灰岩含水层 23 m，则工作面底板破坏带直接连通浅部 L8 灰岩含水层，造成突水。

工作面注浆加固后，底板岩体强度得到明显提升，根据加固后复合岩层抗压强度计算底板破坏深度为 11.7 m，与现场实测底板破坏深度基本一致。底板破坏深度取计算与现场实测最大值 15 m，突水系数按临界值 0.1 MPa/m 考虑(断层破碎带已加固)，则除去底板破坏带后的注浆加固绝对隔水层厚度应为 53 m，工作面实际底板注浆加固深度为底板下 66.5 m，超过绝对隔水层厚度 13.5 m。

由以上分析可知，在留设有一定余量未加固底板隔水层的前提下，目前采用的底板整体加固深度虽然保证了足够的绝对隔水层厚度，但在水文地质条件相对简单的工作面，则会造成一定程度的人工、材料与工期浪费。

3 底板注浆深度优化实例

3.1 九里山矿 16131 工作面概况

16131 工作面位于 16 采区东翼，与 15091 工作面属同一水文地质单元，地质与水文地质情况基本一致。工作面长 129 m，埋深 463 m，共有一条断层（落差 1.4 m）。

工作面 L8 灰岩含水层厚 8.0 m，最高水压为 0.83 MPa，最小隔水层厚约为 23 m；间接充水含水层为 L2 灰岩含水层，厚约 12 m，最高水压为 3.6 MPa，最小隔水层厚约为 76 m。工作面含水层水压与断层条件相较优于 15091 工作面。

3.2 底板注浆深度优化

（1）绝对隔水层厚度计算

将工作面注浆后的复合岩层抗压强度值及工作面各项参数代入公式（5），得出 L8 灰岩注浆加固后底板破坏深度为 13.2 m，与 15091 工作面实测底板破坏深度相比取最大值，即 15 m。

（2）加固深度确定

L8 灰岩注浆加固后要威胁 L2 灰岩含水层，水压 3.6 MPa，底板破坏深度取计算与现场实测最大值 15 m，突水系数按临界值 0.1 MPa/m 考虑，则除去底板破坏带后的注浆加固绝对隔水层厚度为 51 m，即工作面实际底板注浆加固层位应至少位于 L8 灰岩下 20 m 处，相较于 15091 工作面底板注浆加固工程设计垂深可减少 15 m。

（3）底板加固钻孔设计优化

根据工作面水文地质特征与加固后岩体特征，对工作面底板注浆加固设计进行如下调整：

① 采用双层立体布孔方式交错布置。根据以上计算结果，采用交叉布孔方式将部分钻孔终孔垂深减少，并分两个层次进行钻孔终孔位置设计：第一层次钻孔施工深度为 L8 灰岩底板下垂深 20 m，满足计算求得的注浆加固绝对隔水层厚度；第二层次保留原设计深度，即 L8 灰岩底板下垂深不少于 35 m，以消除深部导水裂隙威胁（见图 4），形成双层网状结构。

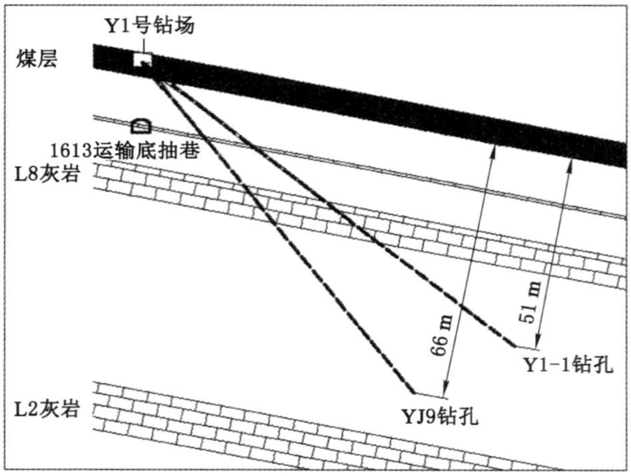

图 4　16131 工作面 Y1 钻场双层立体布孔剖面示意图

② 需设计专门的断层加固钻孔，对断层面和断层上下盘含水层进行注浆加固，消除断层导水性。

③ 对物探低阻异常区要进行钻探验证。

3.3 工程效果验证

工程施工底板注浆钻孔 381 个(含断层加固钻孔),累计钻探进尺 42 024.50 m,钻孔总出水量 2 629.29 m^3/h,注入干料 8 327.19 t(水泥 2 625.35 t,黏土 5 701.84 t)。加固前瞬变电磁探测异常区 10 处,加固后瞬变电磁勘探均已变为相对高阻区。

16131 工作面底板注浆加固工程已通过评价验收开始回采,工作面没有底板涌水情况。较未优化前减少了钻探工程进尺 3 140 m,并节省约 35 天的钻孔施工工期,保证了工作面正常接替。

4 结论

(1) 通过实测底板注浆前后岩体弹性模量变化情况,发现经底板注浆加固后岩体弹性模量明显增强:泥岩增长 640%~852%,砂质泥岩增长 241%~641%,砂岩增长 221%~247%,L9 灰岩增长 176%,L8 灰岩增长 40%~159%。由岩性与弹性模量增长比例可以看出,泥质岩类易受到高压注浆劈裂作用产生裂隙,浆液充填裂隙凝固后使得岩体弹性模量增幅最大。

(2) 根据实测底板岩体弹性模量计算复合岩层的抗压强度,根据换算后求得原岩状态下底板破坏深度为 30.59 m,加固后岩体底板破坏深度为 11.7 m,深度减少了约 62%;随着注浆加固后底板破坏深度减小,绝对隔水层厚度随之增加。

(3) 根据注浆加固后底板绝对隔水层厚度计算,优化九里山矿 16131 工作面底板注浆加固工程设计,采用立体双层布孔方式,在保证工程质量的同时,减少了工程总钻探进尺 3 140 m,较原计划节约了 35 天的施工工期。

参考文献

[1] 苗葳,许延春,阚雪冬,等.大水矿区底板采动“两带”实测方法研究[J].煤炭技术,2022,41(3):116-119.

[2] 盖秋凯,黄磊,赵霖.基于因子分析法的焦作矿区底板突水模型研究[J].煤炭工程,2021,53(1):123-127.

[3] 尹尚先,徐维,尹慧超,等.深部开采底板厚隔水层突水危险性评价方法研究[J].煤炭科学技术,2020,48(1):83-89.

[4] 武强,李慎举,刘守强,等.AHP 法确定煤层底板突水主控因素权重及系统研发[J].煤炭科学技术,2017,45(1):154-159.

[5] 查华胜,张海江,连会青,等.潘二煤矿 A 组煤层底板灰岩水害微震监测[J].煤炭学报,2022,47(8):3001-3014.

[6] 张党育,蒋勤明,高春芳,等.华北型煤田底板岩溶水害区域治理关键技术研究进展[J].煤炭科学技术,2020,48(6):31-36.

[7] 胡少银,刘泉声,李世辉.裂隙岩体注浆理论研究进展及展望[J].煤炭科学技术,2022,50(1):112-126.

[8] 单叶民.模拟注浆材料加固散煤体实验效果分析[J].煤炭技术,2014,33(11):170-172.

[9] 吴思宇,李奇罪,张华帅.注浆加固对破裂岩体力学性能的影响[J].才智,2010(5):72.

[10] 翟守俊,王文学,胡巍,等.基于 ADINA 的动压影响下巷道围岩稳定性数值分析[J].能源技术与管理,2011(1):25-26.

[11] 王琦,王雷,刘博宏,等.破碎围岩注浆体孔隙特征和力学性能研究[J].中国矿业大学学报(自然科学版),2019,48(6):1197-1205.

[12] 刘泉声,周越识,卢超波,等.含裂隙泥岩注浆前后力学特性试验研究[J].采矿与安全工程学

报,2016,33(3):509-514,520.
[13] 许延春,李见波.注浆加固工作面底板突水“孔隙-裂隙升降型”力学模型[J].中国矿业大学学报(自然科学版),2014,43(1):49-55.
[14] 许延春,谢小锋,刘世奇,等.注浆加固工作面底板岩体力学性质“增强-损伤”的定量测定[J].采矿与安全工程学报,2017,34(6):1186-1193.
[15] 何鹏,刘长武,王琛,等.沉积岩单轴抗压强度与弹性模量关系研究[J].四川大学学报(工程科学版),2011,43(4):7-12.

槽波地震技术在巷道超前探测中的应用

刘宝宝，温亨聪

（河南焦煤能源有限公司科学技术研究所，河南 焦作 454002）

摘 要 为了提高煤矿巷道地质构造的超前探测效果，基于槽波地震勘探的特点，创新性应用槽波地震技术探明工作面掘进头前方地质构造异常体的分布状况，同时采用克希霍夫叠前深度偏移法和拟 VSP 法双向处理分析，实现工作面掘进头前方的岩性构造成像和位置精确定位，提高掘进头前方地质构造探测结果的精确度和可靠性。研究结果表明：应用槽波地震技术，结合克希霍夫叠前深度偏移法和拟 VSP 法综合分析解释，能够探明掘进头前方地质构造分布状况，效果良好，结果可靠。

关键词 槽波地震；超前探；地质构造；克希霍夫叠前深度偏移法；拟 VSP 法

我国多数矿区水文地质条件复杂，煤岩层断层、裂隙等地质构造广泛发育，水害事故频发，严重影响了煤矿的安全生产[1]。巷道掘进时急需利用超前探测技术提前预报掘进头前方的地质构造异常体，防止发生灾害事故、保障施工安全[2]。目前国内外巷道超前探测应用较多的物探方法主要有地震反射法、探地雷达方法、直流电法和瞬变电磁法等[3]。其中槽波地震勘探以其拥有探测距离大、精度高、抗电干扰能力强、波形特征较易识别以及最终结果直观等特点而成为矿井工作面地质构造探测的重要勘探手段，探测时普遍应用槽波地震透射法和反射法勘探[4]。尽管槽波地震勘探作为工作面构造探测的重要方法而得到广泛应用，但是对于工作面掘进头的超前探测领域仍存在大量空白，有待进一步拓展、研究[5]。

本文创新性应用槽波地震超前探测技术解决工作面掘进头前方地质构造异常体的探测问题，同时利用克希霍夫叠前深度偏移法和拟 VSP 方法实现掘进头前方的岩性构造成像、位置精确定位，取得了良好的探测效果。

1 方法原理

1.1 煤岩层物性特征

某物体在外力作用下产生形变，当外力去掉之后，物体能迅速恢复到受力前的形态和大小，物体这种特性称为弹性，该介质称之为弹性介质。自然界大部分物质都可以在一定的外力作用下呈现出弹性的性质。在弹性理论的研究中，根据介质的不同特征可分为各向同性和各向异性两类。所有弹性性质和空间方向无关的称之为各向同性介质；反之则为各向异性介质。在矿井地震波勘探中，人工地震震源是在很短的时间内激发的脉冲式地震波，激发的能量对于探测前方的岩层和接收点处介质所产生的作用力较小，可以将它们看作弹性介质，并可以用弹性理论来研究地震波的传播问题。大部分岩、煤在地震勘探中都可以看作是各向同性介质[6]。

在巷道掘进工作面处指定的震源点用锤击或小药量爆炸激发产生地震波。地震波在岩层、煤层中以球面波形式传播，当遇到岩石物性界面（即波阻抗明显差异界面，如断层、采空区、岩石破碎带和岩性变化等）时，一部分地震信号反射回来，一部分信号透射进入前方介质，反射回来的地震信号被高灵敏度的地震检波器接收。按弹性波理论，在波组抗存在差异的不同界面反射信号将发生相位的变化，且反射信号的传播时间和反射界面的距离成正比，因此能对巷道前方地质界面进行测量与评价[7]。

1.2　槽波地震超前探测

槽波地震反射法超前探测原理基于反射法探测原理，工作原理大体为：在掘进头附近巷道内布置震源孔，里面放入一定量的炸药，炸药爆炸时会激发地震波并向四周（包括掘进头前方）传播，地震波在传播过程中若遇到地质异常（如断层、碎裂带、含水层等）时会产生反射波，通过布设在巷道壁上的高灵敏度检波器接收这些反射波信号并进行多重计算、分析、处理，就可以得到掘进头前方的岩层构造等信息[8-9]，如图1所示。

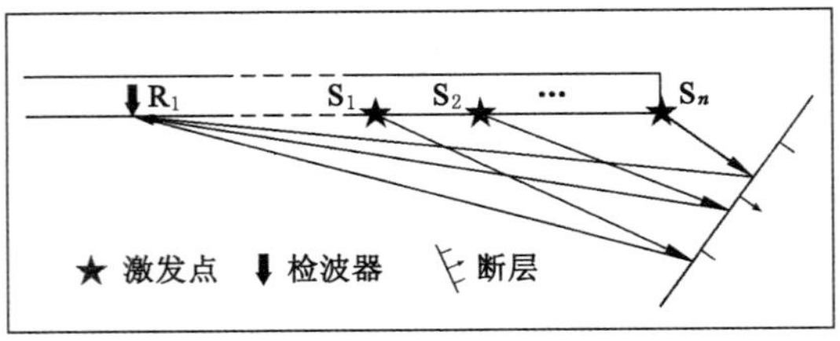

图1　地震反射法超前探测原理示意图

1.3　克希霍夫偏移成像法

地震记录上的反射同相轴因为受波的传播特性的影响和记录方式的限制，往往与其相应的反射地质体在形态和位置上存在不一致性，这种不一致性称为偏移。而设法消除偏移影响的方法称为偏移成像处理，其整体可以视为通过数值计算把地面记录延拓为地下波场的过程。在此过程中，绕射波得到收敛，倾斜界面反射波得到归位，波场干涉得到分解，波前回转现象得到消除，界面折射得以校正（深度偏移），使地层构造、断层分布、断点、尖灭点、边缘、异常体和岩性变化得到清晰成像和准确归位，从而使偏移后的地震剖面与实际地质剖面具有更好的可比性[10]。

在克希霍夫偏移成像法中，考虑了倾斜因子、球面扩散因子和子波整形因子的影响。倾斜因子或方向因子，表示波传播方向与垂直 Z 轴之间夹角的余弦；球面扩散因子，在 $2D$ 波动空间中用 $1/(2vt)$ 表示；子波整形因子指的是，对于 D 偏移定义一个 $45°$ 常相位谱，振幅谱正比于 f。在槽波数据偏移应用中，首先要对信号进行包络运算。

1.4　拟VSP方法

对滤波后的共接收点数据进行多种处理，如拾取直达波旅行时、逐道计算校正时差、拉平反射波叠加等，提高反射波信噪比，使得反射波同相轴连续且呈直线分布，最终得到拟VSP法处理结果图。拟VSP法处理结果图显示了探测范围内煤岩层各处的地震波振幅（能量）大小，尤其是反射波同相轴的分布状况[11]。较清晰反射波同相轴连线与原始记录直达P波连线延长线的交汇点，对应于构造面在巷道正前方的位置（检波点为起始点）。

2　技术优势

2.1　约束激发能量，提高数据采集质量

槽波地震勘探时，煤层中激发出的弹性波大部分在顶、底板两个界面之间反射和混响，槽波能

量主要在煤层内传播、反射、衰减或接收，而向煤层外部传播很少，可大幅度提高超前探测的有效距离和范围，增强岩石物性界面反射回来的地震信号，提升信号分辨率，确保勘探施工数据采集的精细度和可靠性。

2.2 双向处理分析，实现信息多元互补

创新性应用槽波地震技术探明工作面掘进头前方地质构造异常体的分布状况，综合应用克希霍夫叠前深度偏移法和拟 VSP 法双向处理分析，实现工作面掘进头前方的岩性构造成像、位置精确定位等探测信息多元互补，丰富掘进头前方地质构造体的赋存、定位、延伸发育等信息，尽可能达到探查信息的全面丰富、完善提高。

2.3 多种成果对比，提高探测成果准确性

槽波地震超前探测成果解释同时采用克希霍夫叠前深度偏移法和拟 VSP 法双向综合处理分析，运用克希霍夫叠前深度偏移方法实现工作面掘进头前方的岩性构造成像，利用拟 VSP 方法实现掘进头前方的构造位置精确定位成像，两种方法优缺互补、成果对比校验，大幅度提高巷道超前探测的精细度、可靠性。

3 工程实例

赵固二矿 11131 工作面开切眼位于煤层隐伏露头附近，岩层裂隙比较发育，掘进前需查明巷道前方断层等地质异常构造体的分布状况，利用槽波地震超前探测技术，运用克希霍夫叠前深度偏移方法实现工作面掘进头前方的岩性构造成像，同时利用拟 VSP 方法实现掘进头前方的构造位置精确定位成像，通过双向处理分析，提高掘进巷道超前探测的精细度、可靠性，为巷道的安全、顺利掘进提供决策依据。

3.1 施工布置

本次槽波地震超前探在 11131 工作面开切眼通尺 100 m 处实施，采用线性排列布置方式，即沿着掘进巷道一侧布置激发震源和接收检波器，见图 2。设计炮点 24 个、炮间距 1.5 m，检波器点 4 个、道间距 4 m，最小炮检距 18 m，近迎头为首炮位置，每炮激发药量为 75 g，均采用 Ⅰ 段雷管触发。

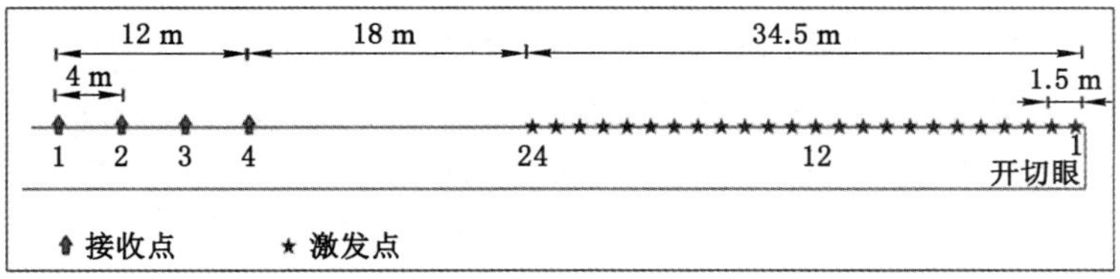

图 2　槽波地震超前探测施工布置图

本次槽波地震勘探使用德国 DMT 公司研制的 Su mmit Ⅱ Ex 防爆槽波地震仪，并搭配槽波专用 GS-A 孔中胶囊高灵敏检波器。其中槽波专用 GS-A 孔中胶囊高灵敏检波器有着分辨视角广、频率响应好、线性度高、抗干扰能力强的特点，利用其在地震信息记录中高保真、高信噪比、高分辨率的优势，有效弥补震源激发能量弱、信号分辨率低等不足，保障井下施工时数据采集的质量。

3.2 勘探结果

(1) 拟 VSP 法处理结果

图 3 为本次槽波地震超前探拟 VSP 法处理结果。图中结果显示：巷道掘进头正前方 100 m 范围内存在 3 组反射界面，对应的反射波同相轴清晰可见，反射波同相轴连线与直达 P 波同相轴连线

交点的横坐标即为构造面与巷道轴线相交的位置。

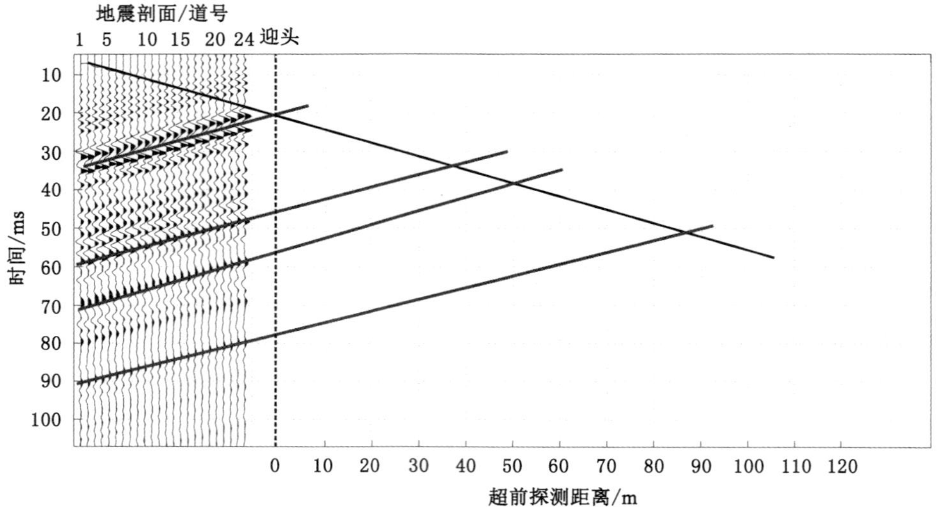

图 3　拟 VSP 法处理结果图

(2) 克希霍夫偏移成像法处理结果

图 4 为克希霍夫偏移成像法处理结果图。图中显示了探测范围内煤岩层各处的地震波振幅大小,振幅(能量)越大、对应区域颜色越偏红色,表示附近存在地质构造异常体(如断层等)的概率越大;振幅(能量)越小、对应区域颜色越偏深蓝色,表示附近煤岩层岩性越均匀。

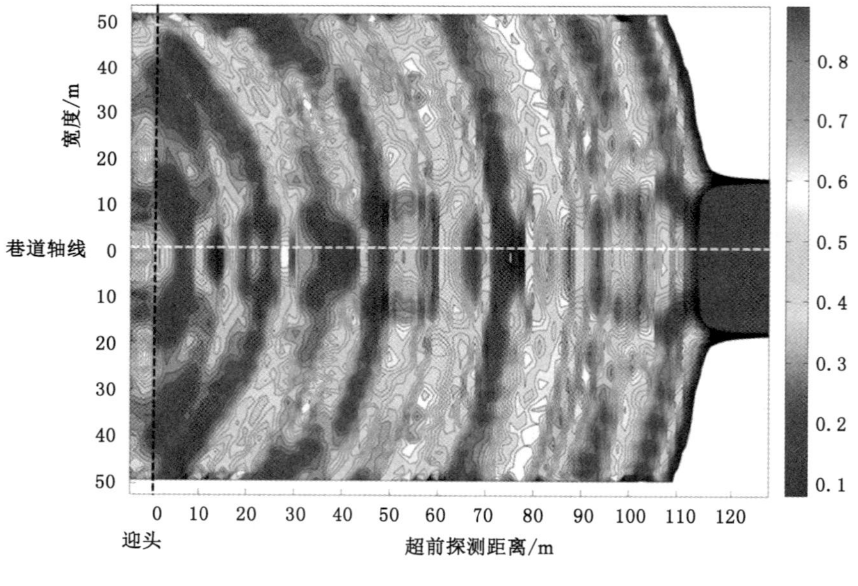

图 4　克希霍夫偏移成像法处理结果图

克希霍夫偏移成像法处理结果显示,探测范围内有多个正负振幅组成的反射弧,分别对应于不同的反射波组,反射弧数量多于拟 VSP 法预测的结果。

3.3　综合解释结果

图 5 为槽波地震超前探测综合解释成果。拟 VSP 法结果显示,巷道掘进头正前方 100 m 范围

内存在3组反射界面，对应的反射波同相轴清晰可见，反射波同相轴连线与直达P波同相轴连线交点的横坐标即为构造面与巷道轴线相交的位置。

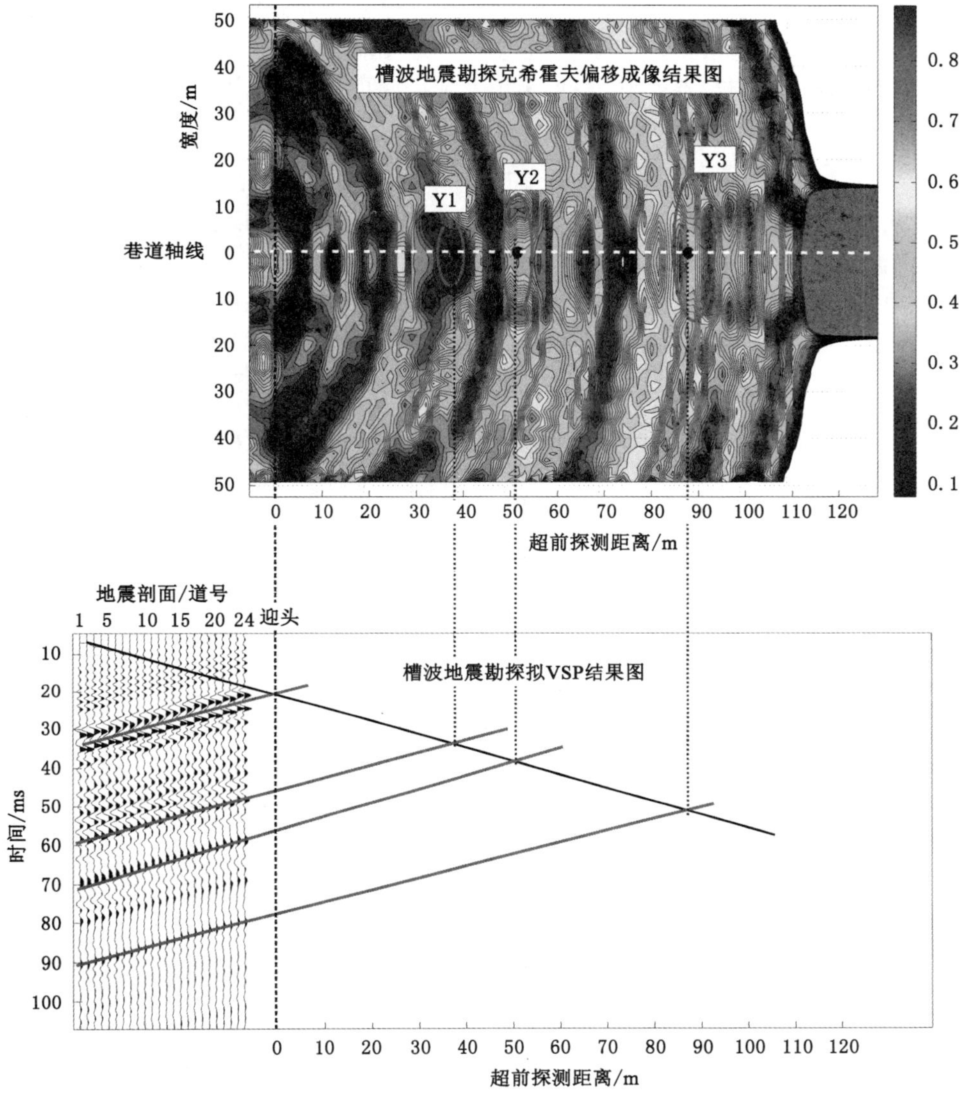

图5　槽波地震超前探测综合解释成果图

克希霍夫偏移法结果显示，巷道掘进头正前方100 m范围内存在多个反射弧，反射弧数量多于拟VSP法预测的结果。该方法中将反射面上的反射能量归位到椭球面上，因此，反射弧与巷道轴线的交点不能准确反映构造面的位置，但是强反射弧段线的方向代表了构造面的走向。将拟VSP法获得的构造面位置标在克希霍夫偏移法结果中，以圆点表示，过圆点画直线，该直线平行于强反射弧段的切线方向，从而获得巷道掘进头正前方构造界面的走向及位置。

图5综合解释成果图显示，迎头前方存在3处地质构造异常区，由近及远分别标记为Y1、Y2、Y3。Y1位于迎头前方(38.0±2.5)m处，分析认为系煤岩层裂隙发育、含水的综合反映；Y2位于迎头前方(51.0±2.5)m处，分析认为系煤岩层裂隙发育或破碎(断裂破碎带)的反映；Y3位于迎头前方(88.0±3.0)m处，分析认为系断层(断裂破碎带)的反映。

3.4 验证情况

矿方对槽波地震超前探结果采用掘进实揭验证，根据 11131 工作面开切眼实际掘进情况，对槽波地震和超前探测成果进行验证，验证结果为：11131 开切眼掘进到通尺 152 m 处 Y2 异常区附近时，煤层较破碎；掘进至通尺 186 m 处 Y3 异常区附近时，煤层较破碎、内含方解石夹层，没有淋水现象，物探结果与巷道实际揭露基本吻合，说明槽波地震超前探结论准确、效果良好、技术可靠。

4 结语

（1）槽波地震超前探测技术在探明工作面掘进头前方地质构造异常体方面效果可靠，准确率较高，拓展了槽波地震在工作面掘进头超前探测领域的创新应用。

（2）槽波地震超前探测技术，其在煤层中激发出的弹性波大部分在顶、底板两个界面之间反射和混响，槽波能量主要在煤层内传播、反射、衰减或接收，而向煤层外部传播很少，可大幅度提高超前探测的有效距离和范围，增强岩石物性界面反射回来的地震信号，提升信号分辨率，确保勘探施工数据采集的质量。

（3）利用槽波地震超前探测技术，运用克希霍夫叠前深度偏移方法实现工作面掘进头前方的岩性构造成像，同时利用拟 VSP 方法实现掘进头前方的构造位置精确定位成像，两种方法优缺互补、成果对比校验，可大幅度提高巷道超前探测的精细度、可靠性。

参考文献

[1] 张华. 地质构造对煤矿开采影响分析[J]. 山东煤炭科技，2017(4)：121-122.

[2] 焦阳，卫金善，廉玉广，等. 综合物探技术在地质构造复杂工作面的应用[J]. 能源与环保，2019，41(6)：39-42.

[3] 程久龙，李飞，彭苏萍，等. 矿井巷道地球物理方法超前探测研究进展与展望[J]. 煤炭学报，2014，39(8)：1742-1750.

[4] 郭银景，巨媛媛，范晓静，等. 槽波地震勘探研究进展[J]. 煤田地质与勘探，2020，48(2)：216-227.

[5] 程建远，李淅龙，张广忠，等. 煤矿井下地震勘探技术应用现状与发展展望[J]. 勘探地球物理进展，2009，32(2)：96-100.

[6] 梁博森，李彦欣. 地震波超前勘探技术在断层探测中的应用与研究[J]. 煤炭技术，2017，36(11)：173-175.

[7] 孟凡彬，左卫华. 地震勘探技术在煤矿隐蔽致灾地质中的应用[J]. 地质装备，2019，20(2)：27-32.

[8] 张国恩. 槽波地震勘探技术在采煤工作面构造探测中的应用[J]. 煤矿安全，2020，51(8)：164-168.

[9] 闫星. 地震波超前勘探技术在断层探测中的应用与研究[J]. 煤炭与化工，2018，41(5)：49-50.

[10] 曾胜强，刘争平，奉建军，等. 隧道反射地震超前预报波场分离方法的数值模拟研究[J]. 地球物理学进展，2019，34(2)：817-825.

[11] 查欣洁，王伟，高星. 拟 VSP 与克希霍夫偏移法在隧道超前预报中的应用[J]. 物探与化探，2016，40(1)：214-219.

采空区侧煤体的应力与瓦斯分布规律研究

王迪

（义马煤业集团孟津煤矿有限责任公司，河南 洛阳 471100）

摘　要　掌握采空区侧煤体的应力与瓦斯分布，对预测矿井沿空掘巷的突出危险性，防治突出事故具有重要指导意义。本文以孟津煤矿为例，通过现场实测采空区侧煤体的应力、瓦斯含量等参数，结合数值模拟手段，得出了采空区侧煤体的应力与瓦斯分布规律。研究发现：邻近采空区煤体的应力与瓦斯含量显著降低，且采空区放置时间越久，瓦斯有效排放范围越大，越不利于发生煤与瓦斯突出。采空区侧煤体的应力和瓦斯分布间存在明显的正相关性，煤体的卸压和塑性破坏造成了煤体渗透率的显著增大。采空区侧煤体的极限平衡区宽度越大，渗透率出现增大的煤体范围越大，进而引起瓦斯有效排放范围越大。12050 采空区侧煤体卸压区、极限平衡区和瓦斯有效排放范围分别为 19.3 m、23.4 m 和 28.7 m，该范围内突出预测指标均低于临界值，指导了 12070 工作面沿空掘巷防治煤与瓦斯突出的采掘实践。

关键词　沿空掘巷；瓦斯场；采动应力；卸压区；煤与瓦斯突出

0　引言

煤与瓦斯突出是煤矿常见的动力灾害之一，严重制约着我国突出矿井煤炭资源的安全高效开采[1-2]。应力和瓦斯作为突出的主要能量来源，是决定突出能否发生以及发生强度的关键因素[3-5]。工作面回采破坏了煤层的原始平衡状态，引起采场周围煤体应力的重新分布以及瓦斯的运移，造成邻近采空区煤体处于卸压状态，煤层瓦斯渗透率和透气性系数显著增大，瓦斯含量和瓦斯压力明显降低，从而降低了邻近采空区煤体的突出危险性。因而，采用沿空掘巷的方式，有利于防治煤巷掘进中煤与瓦斯突出的发生。科学地掌握采空区侧煤体的应力与瓦斯分布规律，对评价突出矿井沿空掘巷的突出危险性、合理设计井下的采掘部署以及防治煤与瓦斯突出的发生等具有重要指导意义。

广大科研工作者针对采场周围煤体的应力与瓦斯分布规律，已经开展了大量的研究工作。钱鸣高院士[6-7]建立了"砌体梁"承载结构力学模型，解释了采场矿山压力的显现规律，发现采场周围存在减压区、增压区和稳压区，倾斜方向支承压力影响范围一般为 15～30 m，应力峰值一般距采空区 15～20 m。韩红凯[8]研究发现覆岩条件会对工作面支承压力的影响范围、峰值位置、峰值大小产生显著影响。谢广祥等[9]研究发现煤层瓦斯场与应力场具有采动耦合效应，构建了瓦斯压力与采动应力的耦合方程。何学秋等[10]利用煤体受力发生破裂会产生电磁辐射的特性，测定了煤岩体卸压带的宽度。林柏泉等[11]研究发现，煤与瓦斯突出和煤巷前方卸压区的大小有直接关系，卸压区越薄，发生突出的可能性越大。张明杰等[12]通过测定邻近采空区煤体的瓦斯含量和瓦斯压力，并结合数值模拟，确定了古汉山矿的有效防突卸压范围，发现该范围内的突出预测指标均小于临界值，在该范围内掘进煤巷无突出危险性。

综上可知，现有关于煤与瓦斯突出和卸压区关系、采场周围煤体应力与瓦斯分布规律的研究，取得了一定的科学认识，但由于覆岩条件、开采条件、煤层瓦斯地质条件对采空区侧煤体应力与瓦斯分布的影响较大，仍难以准确确定特殊开采条件下采空区侧煤体的应力与瓦斯分布，对应力与瓦斯分布间的关联性认识不足。如新安煤田的孟津煤矿，其主采的二$_1$煤层，具有采深大、煤质松软、透气性低、瓦斯压力和含量高等特点，尚不明确该条件下采空区侧煤体的应力与瓦斯分布规律，无法准确预测沿空掘巷中是否存在煤与瓦斯突出的危险性。为此，本文以孟津煤矿为例，采用理论分析、数值模拟、现场应力和瓦斯实测相结合的方法，研究了采空区侧煤体的应力与瓦斯分布规律，同时分析了采空区侧煤体的应力、渗透率和瓦斯分布间的关系，探讨了采空区侧煤体应力与瓦斯分布的关联性，以期为突出矿井的安全高效采掘提供理论与技术支撑。

1 采空区侧煤体应力与瓦斯分布的理论分析

1.1 采动应力分布的理论计算

工作面回采会引起采场周围煤体的应力发生重新分布，应力重新平衡后，在煤体内部形成三个区域：卸压区、应力集中区和原始应力区，根据煤体的状态，又可分为极限平衡区和弹性区，如图1所示[6]。

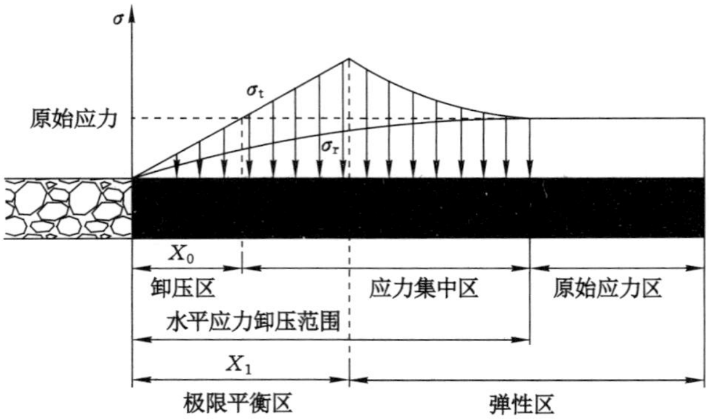

图1 采空区侧煤体应力分布示意图

根据文献[11]，煤层巷道前方垂直应力卸压区宽度和应力峰值位置可分别按公式(1)和(2)计算得出。

$$X_0 = \frac{MA_0}{2\tan\theta}\ln(\gamma H\ \frac{\tan\theta}{C}+1) \tag{1}$$

$$X_1 = \frac{MA_0}{2\tan\theta}\ln(K\gamma H\ \frac{\tan\theta}{C}+1) \tag{2}$$

式中 σ_t——垂直应力，MPa；

σ_r——水平应力，MPa；

X_0——垂直应力卸压区宽度，m；

X_1——极限平衡区宽度，m；

K——应力集中系数；

M——煤层采厚，m；

γ——岩层重力密度，MN/m^3；

A_0——侧压系数；

θ——煤体内摩擦角，(°)；

H——采深，m；

C——顶板与煤层间的黏聚力，MPa。

结合孟津煤矿的开采条件，公式(1)和(2)中各计算参数取值见表1，理论计算得到卸压区宽度为16.1 m，极限平衡区宽度为19.6 m。

表1　孟津煤矿煤体应力分布计算参数取值

γ/(MN/m³)	A_0	θ/(°)	C/MPa	H/m	M/m	K
0.025	0.92	26.4	0.39	714	5.5	2

1.2　煤体预排瓦斯带宽度理论计算

瓦斯涌向采掘空间的程度跟煤壁的暴露时间呈反比，即时间越长，涌出程度越小，最终煤体预排瓦斯带宽度不再随时间变化。孟津煤矿二$_1$煤为贫煤，属于高变质程度，巷道煤壁预排瓦斯带宽度可按式(3)进行计算[13]。煤体暴露时间取240 d，则孟津煤矿巷道煤壁预排瓦斯带宽度为11.28 m。

$$h=\frac{13.85\times 0.0183T}{1+0.0183T} \tag{3}$$

式中　h——煤体预排瓦斯带宽度，m；

T——煤体暴露时间，d。

实际上，由于采空区尺寸远大于巷道尺寸，采空区侧煤体卸压区宽度、极限平衡区宽度和预排瓦斯带宽度均会大于上述理论计算结果。

2　采空区侧煤体应力与瓦斯分布的模拟分析

2.1　数值计算模型的建立

孟津煤矿属煤与瓦斯突出矿井，实测二$_1$煤层瓦斯含量为3.20～16.37 m³/t，瓦斯压力为0.30～3.10 MPa，煤体坚固性系数为0.12～0.46，瓦斯放散初速度为10.5～24.0，煤体破坏类型为Ⅲ～Ⅴ类。12070工作面运输巷设计沿12050采空区掘进，隔离煤柱宽度约3.0 m，巷道宽5.0 m，12050采空区已放置约8个月，如图2所示。为了防治12070工作面运输巷沿空掘进中发生煤与瓦斯突出事故，亟须明确12050采空区侧煤体应力和瓦斯等指标参数的分布。

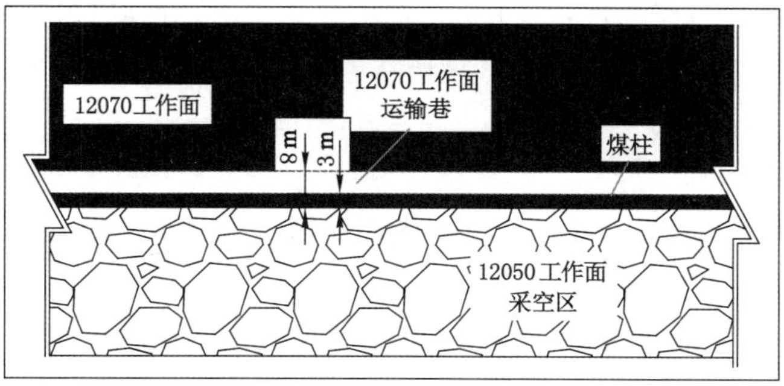

图2　孟津煤矿12050工作面沿空巷道布置示意图

根据孟津煤矿12050和12070工作面的瓦斯地质条件、采掘部署情况，运用Comsol

Multiphysics 模拟软件，结合文献[14-15]的理论计算方程，建立了二维数值计算模型，模拟研究了采空区侧煤体应力与瓦斯的分布，模型如图 3 所示。

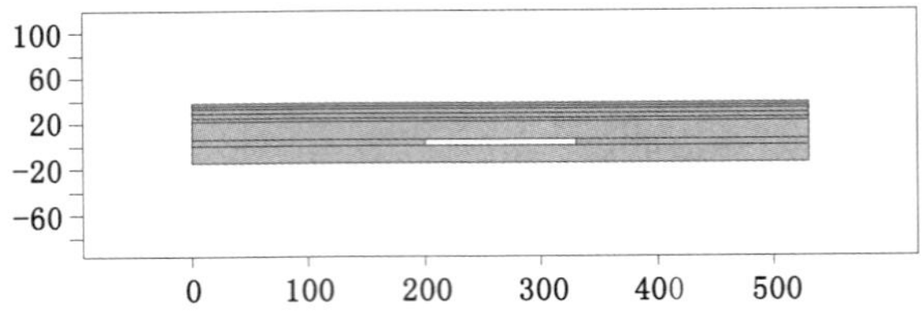

图 3　数值计算模型(单位：m)

模型尺寸为 530 m×52.5 m，采空区尺寸为 130 m×5.5 m。基本顶厚度取 16 m，煤厚取 5.5 m，地层倾角取 0°。煤层埋深约 714 m，在模型顶界面施加 16.56 MPa 的荷载代表上覆岩层重量，煤层初始地应力为 17.50 MPa。根据 12050 和 12070 工作面及附近区域的煤层原始瓦斯含量，模型煤层原始瓦斯含量取 11.85 m^3/t，模型计算参数见表 2。

表 2　模型计算参数表

参数	取值	参数	取值
弹性模量/GPa	2.0	煤体密度/(kg/m^3)	1 530
黏聚力/MPa	1.1	煤层瓦斯的初始渗透率/m^2	1.21×10^{-17}
内摩擦角/(°)	26.4	原始瓦斯含量/(m^3/t)	11.85
单轴抗压强度/MPa	4.25	瓦斯的动力黏度/(Pa·s)	1.08×10^{-5}
吸附常数 a/(m^3/t)	32.246	初始孔隙率/%	4.6
吸附常数 b/MPa^{-1}	0.775	甲烷常压密度/(t/m^3)	0.716
泊松比	0.3	滑脱因子	0.2

2.2　采空区侧煤体应力分布

采空区侧煤体的垂直应力和水平应力分布模拟结果如图 4 所示。由图 4 可知，采空区侧煤体的垂直应力，从煤壁开始逐渐上升至峰值应力后缓慢下降至原始应力，水平应力由煤壁开始逐渐上升至原始应力。若将垂直应力和水平应力恢复至高于或低于原始应力的 10%视为应力影响边界，则垂直应力和水平应力的应力影响范围约为 49.8 m，0～49.8 m 范围内煤体水平应力均低于原始应力，该范围内水平应力处于卸压状态。垂直应力峰值距采空区边界 23.4 m，则采空区侧 0～23.4 m 范围内煤体处于极限平衡区，23.4 m 以深的煤体处于弹性区；采空区侧 19.3 m 范围内煤体的垂直应力小于原始应力，则 0～19.3 m 煤体处于卸压区，19.3～49.8 m 煤体处于应力集中区，49.8 m 以深煤体处于原始应力区。

2.3　采空区侧煤体瓦斯分布

为了探究采空区侧煤体瓦斯分布的演化规律，模拟了不同采空区放置时间条件下，采空区侧煤体的残余瓦斯含量分布，模拟结果如图 5 所示。

由图 5 可知，工作面回采后，采空区周围煤体瓦斯含量出现显著降低，随着煤体与采空区距离的加大，煤体残余瓦斯含量逐渐增大直至原始瓦斯含量；采空区形成时间越久，距离采空区越近，煤体瓦斯含量下降幅度越大。《防治煤与瓦斯突出细则》[16]将煤层瓦斯含量 8 m^3/t 作为临界值，因而本文将瓦斯含量降至该临界值以下的区域定义为瓦斯有效排放范围。工作面回采结束 1 个月、2 个月、3 个月、5 个月、8 个月时，采空区侧煤体瓦斯有效排放范围分别为 21.1 m、23.3 m、24.7 m、

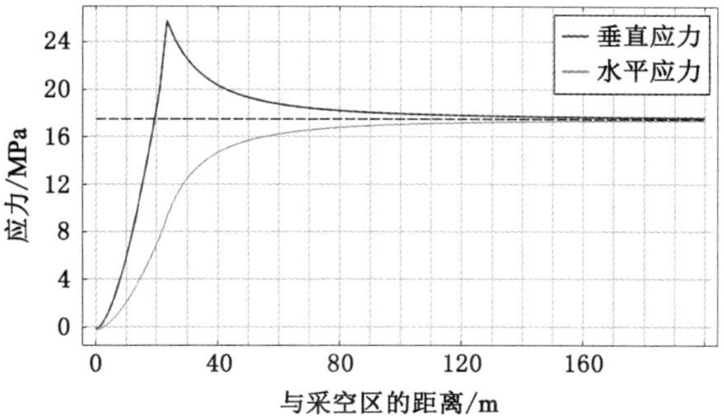

图 4　采空区侧煤体应力分布曲线

26.6 m 和 28.7 m。可见，采空区侧煤体瓦斯有效排放范围与采空区形成时间呈正比，但增加幅度逐渐减小，采空区放置时间越长，越有利于瓦斯的卸压排放。

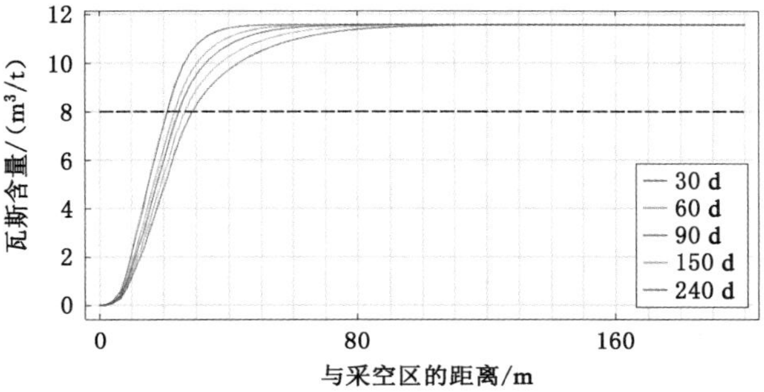

图 5　采空区侧煤体瓦斯含量分布曲线

3　采空区侧煤体应力与瓦斯分布的关联性

为了探究采空区侧煤体应力与瓦斯分布之间的关联性，揭示采空区侧煤体应力影响瓦斯分布的原因，研究了采空区侧煤体应力分布、渗透率分布与瓦斯分布三者间的关系。根据 2.1 节的数值计算模型，可得出采空区侧煤体的应力、渗透率和瓦斯分布曲线，如图 6 所示。

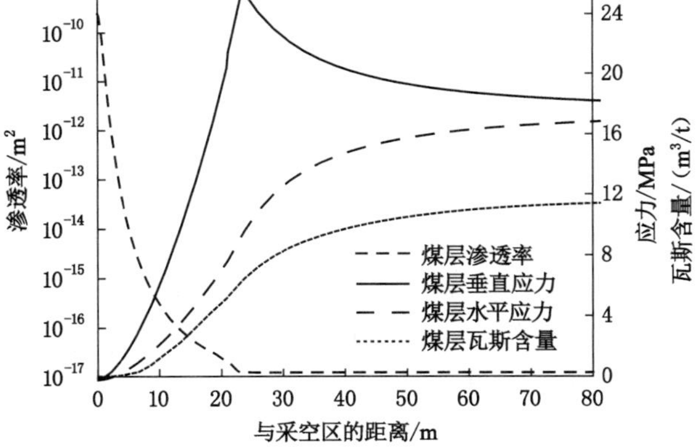

图 6　采空区侧煤体应力、渗透率和瓦斯分布

从图 6 可以得出，邻近采空区煤体的渗透率较原始渗透率增大了数个数量级，处于弹性区的煤

体渗透率基本等于原始渗透率。邻近采空区煤体渗透率增大的区域主要位于采空区侧 23.1 m 范围内，基本等于采空区侧煤体处于极限平衡区的宽度 23.4 m，略小于工作面回采结束 8 个月时的瓦斯有效排放范围 28.7 m。这是由于邻近采空区煤体处于破坏区和塑性区，煤体的塑性破坏造成了煤体裂隙的大量发育，导致了邻近采空区煤体的渗透率最大增大了上千万倍。煤体渗透率的显著增大，引起原有的瓦斯吸附解吸平衡被打破，煤岩体内瓦斯通过扩散运动、层流和渗透流动不断进入采空区，造成该范围内煤体极易处于瓦斯有效排放范围内，但随着采空区放置时间的加大，瓦斯的持续运移会造成瓦斯有效排放范围的进一步加大。可见，采空区侧煤体的应力和瓦斯分布之间存在明显的正相关性，采空区侧煤体的应力分布决定了采空区侧煤体的渗透率分布，进而控制着采空区侧煤体的瓦斯分布。采空区侧煤体的极限平衡区宽度越大，渗透率出现增大的煤体范围越大，瓦斯有效排放范围越大。

4 现场验证与应用

4.1 应力分布的现场实测

由于 12050 工作面已经结束了回采，已无法监测采空区侧煤体的应力变化，故而选择附近正在回采的 11010 工作面，开展了采空侧煤体垂直应力的现场实测工作。在孟津煤矿 11010 工作面前方 120 m、135 m 和 140 m 处，安装了 3 个 KJ24 型钻孔应力计，监测采空区侧煤体垂直应力的变化，深度分别为 20 m、27 m 和 25 m，如图 7 所示。随着工作面的推进，应力计逐渐进入采空区，监测了采空区侧煤体垂直应力的变化规律，监测结果如图 8 所示。从图 8 可以得出，3 个应力计进入采空区 150 m 左右时，应力值基本趋于稳定，且均略高于原始应力值。可见，20 m、25 m 和 27 m 深的煤体处于应力集中区。

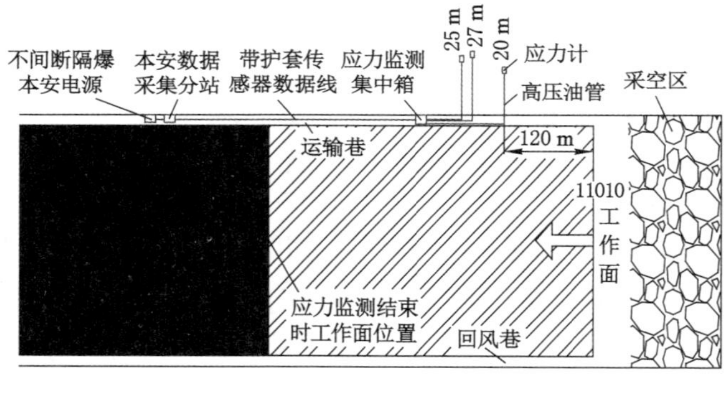

图 7　11010 工作面采空区侧煤体垂直应力监测示意图

此外，由于煤体钻孔钻屑量与煤体所受的应力大小呈正相关关系，钻屑量与采动应力分布的整体趋势基本一致，可用钻屑量间接反映煤体承受的应力大小。在孟津煤矿沿 12050 采空区掘进的 12070 工作面运输巷，开展了巷道侧 30 m 范围内煤体的钻屑量现场实测，实测结果如图 9 所示。由图可知，沿空巷道侧煤体钻屑量变化范围为 3.10～5.20 kg/m，在 16～20 m 深达到最大值，孔深 10～12 m 和钻孔深部的钻屑量比较接近。考虑到巷道和隔离煤柱的宽度为 8 m(见图 2)，并结合数值模拟结果，采空区侧煤体极限平衡区的宽度可取 23.4 m，卸压区宽度可取 19.3 m。

4.2 瓦斯分布的现场实测

在孟津煤矿沿 12050 采空区掘进的 12070 工作面运输巷，开展了巷道侧 30 m 范围内煤体的瓦斯含量和钻屑瓦斯解吸指标现场实测，实测结果分别如图 10 和图 11 所示。由图可知，沿空巷道侧煤体残余瓦斯含量为 1.50～5.80 m^3/t，20 m 以深煤体瓦斯含量相对较大；钻屑瓦斯解吸指标 Δh_2

为 40～120 Pa，22 m 以深煤体钻屑瓦斯解吸指标相对较大。考虑到巷道和隔离煤柱宽度 8 m，并结合数值模拟结果，采空区侧煤体瓦斯的有效排放范围可取 28.7 m。

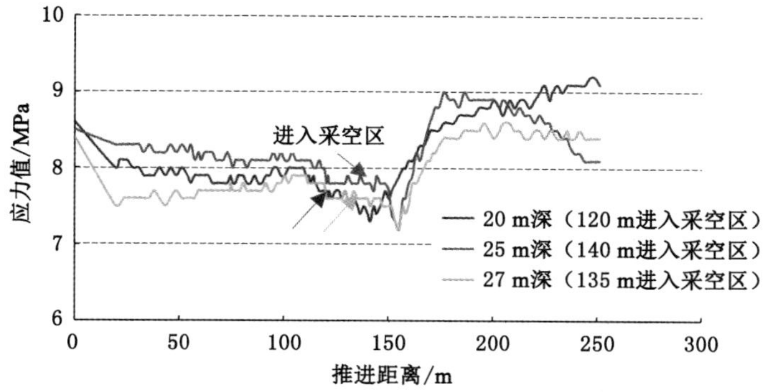

图 8　采空区侧煤体垂直应力分布监测曲线

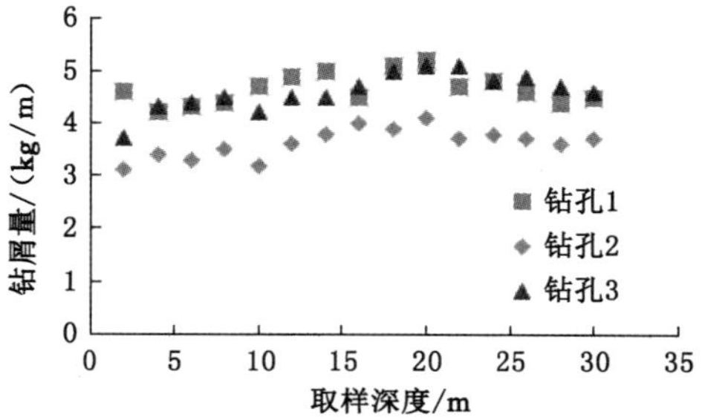

图 9　不同孔深钻屑量分布图

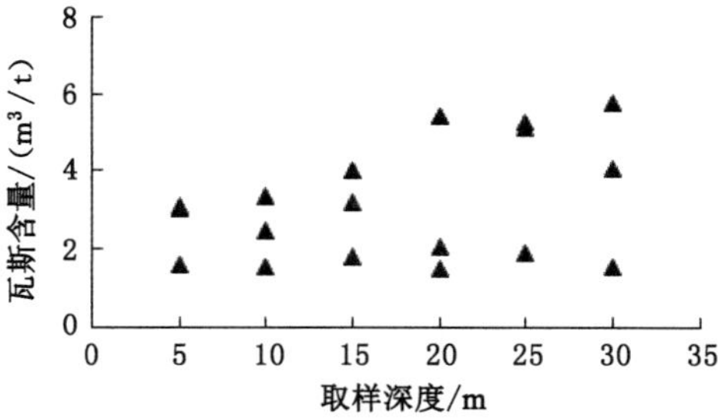

图 10　不同孔深瓦斯含量分布图

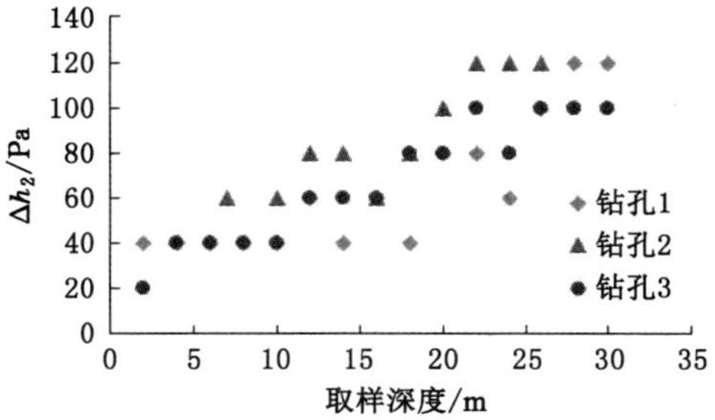

图 11　不同孔深钻屑瓦斯解吸指标分布图

4.3 现场应用

综合数值模拟和现场实测的结果，确定 12050 采空区侧煤体卸压区宽度为 19.3 m，极限平衡区宽度为 23.4 m，瓦斯有效排放范围为 28.7 m。在该范围内钻屑量、瓦斯含量、钻屑瓦斯解吸指标均低于《防治煤与瓦斯突出细则》推荐的临界值。可见，由于 12050 采空区侧煤体的应力卸压、塑性破坏和瓦斯排放，沿空掘进的 12070 工作面运输巷已经不具备发生煤与瓦斯突出的动力条件。

12070 工作面运输巷沿空掘进期间，对有关突出预测指标进行了考察，发现钻屑量为 2.5～4.6 kg/m，钻屑瓦斯解吸指标为 40～120 Pa，均小于《防治煤与瓦斯突出细则》推荐的临界值，日平均绝对瓦斯涌出量在 0.39～1.53 m^3/min，未发生瓦斯动力现象，顺利完成了沿空巷道的安全高效掘进。

5 结论

（1）工作面开采后，邻近采空区煤体的应力与瓦斯含量显著降低，且采空区放置时间越久，瓦斯有效排放范围越大，越不利于沿空掘巷中发生煤与瓦斯突出。

（2）采空区侧煤体的应力和瓦斯分布间存在明显的正相关性，采空区侧煤体的应力分布决定了煤体的渗透率分布，处于极限平衡区煤体的渗透率呈数量级增大。采空区侧煤体极限平衡区的宽度越大，渗透率出现增大的煤体范围越大，瓦斯有效排放范围越大。

（3）通过现场考察采空区侧煤体的钻孔应力、钻屑量、瓦斯含量、钻屑瓦斯解吸指标等参数，结合数值模拟手段，可合理确定出采空区侧煤体的应力与瓦斯分布规律，指导沿空巷道的安全掘进。

（4）孟津煤矿 12050 采空区侧煤体的卸压区宽度为 19.3 m，极限平衡区宽度为 23.4 m，瓦斯有效排放范围为 28.7 m，该范围内的钻屑量、瓦斯含量、钻屑瓦斯解吸指标等指标均低于临界值，采用沿空掘巷的方式掘进 12070 运输巷能有效防治煤与瓦斯突出的发生。

参考文献

[1] 齐庆新，潘一山，李海涛，等. 煤矿深部开采煤岩动力灾害防控理论基础与关键技术[J]. 煤炭学报，2020，45(5)：1567-1584.

[2] LU Jun, YIN Guangzhi, GAO Heng, et al. True triaxial experimental study of disturbed compound dynamic disaster in deep underground coal mine[J]. Rock mechanics and rock engineering, 2020, 53(5): 2347-2364.

[3] 胡千庭，周世宁，周心权. 煤与瓦斯突出过程的力学作用机制[J]. 煤炭学报，2008，33(12)：1368-1372.

[4] 唐巨鹏，杨森林，王亚林，等. 地应力和瓦斯压力作用下深部煤与瓦斯突出试验[J]. 岩土力学，2014，35(10)：2769-2775.

[5] ZHAO Yang, LIN Baiquan, LIU Ting, et al. Mechanism of multifield coupling-induced outburst in mining-disturbed coal seam[J]. Fuel, 2020, 272: 1-11.

[6] 钱鸣高，石平五，许家林，等. 矿山压力与岩层控制[M]. 徐州：中国矿业大学出版社，2010.

[7] 钱鸣高，许家林. 煤炭开采与岩层运动[J]. 煤炭学报，2019，44(4)：973-984.

[8] 韩红凯. 关键层对支承压力分布影响规律的理论研究[D]. 徐州：中国矿业大学，2019.

[9] 谢广祥，胡祖祥，王磊. 工作面煤层瓦斯压力与采动应力的耦合效应[J]. 煤炭学报，2014，39(6)：1089-1093.

[10] 何学秋，王恩元，张仁贵，等. 利用煤岩破坏电磁辐射特性测定煤岩卸压带的研究[J]. 煤矿安全，1996(2)：17-19.

[11] 林柏泉，周世宁，张仁贵. 煤巷卸压带及其在煤和瓦斯突出危险性预测中的应用[J]. 中国矿业

大学学报，1993(4)：47-55.

[12] 张明杰，付帅，谭志宏. 单一低透气性煤层采空区卸压带防突范围确定[J]. 煤炭科学技术，2014，42(8)：25-28.

[13] 国家安全生产监督管理总局. 矿井瓦斯涌出量预测方法：AQ 1018—2006[S]. 北京：煤炭工业出版社，2006.

[14] 尹光志，李铭辉，李生舟，等. 基于含瓦斯煤岩固气耦合模型的钻孔抽采瓦斯三维数值模拟[J]. 煤炭学报，2013，38(4)：535-541.

[15] 郝富昌，刘彦伟，龙威成，等. 蠕变-渗流耦合作用下不同埋深有效抽采半径研究[J]. 煤炭学报，2017，42(10)：2616-2622.

[16] 国家煤矿安全监察局. 防治煤与瓦斯突出细则[M]. 北京：煤炭工业出版社，2019.

超长综采工作面过特大断层技术应用与实践

陈龙

（河南能源集团永煤公司城郊煤矿，河南 商丘 476000）

摘 要 为了解决综采工作面在保证取得最优技术经济时如何过大断层难题，本文以城郊煤矿21108综采工作面过DSF_9断层（落差最大16 m）实践为例，优化了超长工作面过大断层的传统方案，综合分析了影响工作面回采的多种因素，并结合以往过断层的成功实践经验，建立了综采工作面过大断层安全技术保障体系，实施了调整回采方式、采煤工艺、移架方式、设备管理与维护、生产组织等各项有效措施，实现了工作面不受DSF_9大断层阻隔连续推进生产，使得采煤工作面安全、顺利通过了落差达到5倍采高的大断层。为今后其他煤矿类似条件下的综采工作面过大断层积累了宝贵经验，提供了具体实践依据，同时也取得了良好的安全、经济和社会效益。

关键词 采煤工作面；过断层；落差16 m；正断层

0 引言

永夏矿区地质条件复杂多变，断层等地质构造发育较多，断层构造一直都是影响矿井正常生产的不利因素，特别是对于采煤工作面来说，断层等构造严重制约了工作面的安全高效生产。工作面推进至断层影响区时，工作面容易发生煤壁片帮、顶板破碎冒顶、瓦斯超限突出等灾害。众多学者对综采工作面如何过断层进行过很多研究，也总结了几种常用的过断层方法。杜厚永等[1]分析了过断层的几种常用方法，总结了城郊煤矿综采工作面采取平推硬过法过9 m逆断层的实践经验，为类似地质条件的工作面硬过大断层提供了理论依据和实践意义。王同旭等[2]通过数值模拟和理论分析的方法，分析了开采时断层活化致灾机理，得出了断层距采煤工作面小于40 m时，断层影响区域对工作面生产影响较大。张敦喜等[3]通过分析淮南矿区采煤工作面中断层的产状特征及赋存条件，研发了一种超前预加固断层的无机复合注浆材料。王兆会等[4]通过理论分析、现场试验等方法分析了采煤工作面在高强度采动影响下断层附近煤壁片帮机理及控制技术，并提出了综合采用较大初撑力、降低采高、强护帮结合煤壁注浆的过断层措施。一般来说，采煤工作面揭露落差较大断层时需采用跳采法过断层，但采掘接替紧张、生产成本较高的矿井则不适合采用跳采法，若能对传统的平推硬过法进行优化并应用到过断层实践中，不仅能够避免工程量较大的搬家倒面，减少巷道掘进量，也避免了煤炭资源的浪费，提高了工作面的回采率，同时也缓解了矿井采掘接替的局面，降低了矿井的生产成本。本文以城郊煤矿21108综采工作面过DSF_9断层（落差最大16 m）实践为例，综合分析了工作面如何采用平推硬过法过大断层的技术与实践。

1　断层形成机理及其破碎带产生的影响

1.1　断层的形成

断层形成的机理是一个复杂的问题，涉及的课题是多方面的，如断裂岩石的力学性质、破裂面的出现和断层的形成、断层上下盘的相对运动与应力状态等等。地壳运动对地层产生张力和压力，岩石受力超过自身的破坏强度，岩层内部就开始产生破裂裂隙，随着地壳的不断运动，岩体内的裂隙逐渐发育，众多裂隙相互交错形成破裂面，岩层逐渐断开成两盘相互滑动，最终形成断层。它大小不一、范围不等，小的不足 1 m，大的延伸范围达数百上千米，断层构造破坏了岩层的完整性和连续性，由于地层不断运动，断层两盘反复挤压研磨，致使断层面附近区域形成破碎带。

1.2　断层破碎带对生产带来的影响

断层破碎带的形成损坏了岩石的整体性和连续性，破碎带附近的岩石破碎、强度较低，易发生应力集中现象，在推进过程中极易发生煤壁片帮、顶板冒顶、瓦斯突出等事故，对采煤工作面的正常生产带来了较大的不利影响。断层构造相对比较复杂，特别是存在多条构造时相互叠加影响，对工作面安全生产影响较大，容易在采煤工作面过断层时多次发生片帮、漏顶，造成停采停产和人员伤亡事故，断层附近形成的破碎带如图 1 所示。

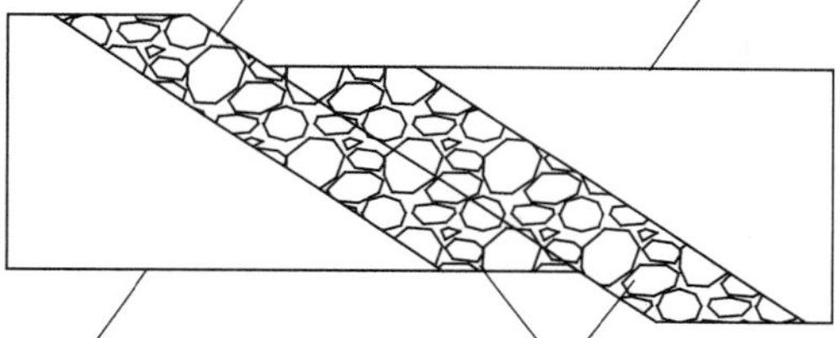

图 1　断层破碎带示意图

2　采煤工作面过断层的常用方法及其局限性

目前采煤工作面过断层的主要方法有跳采法、平推硬过法及调整采高法等[5]，每种方法均有各自的适用条件，如工作面煤层的厚度、断层落差、断层破碎区的岩石硬度、采煤机和支架的设备型号，除此之外还需考虑生产成本及效益等因素。

2.1　跳采法

工作面断层落差较大时通常采用跳采法，该方法分为局部跳采和全部跳采两种方式，全部跳采也称为工作面的搬家倒面，即跳过工作面前方的断层影响区域煤层，在工作面正常回采段重新施工新开切眼，推至断层时，将原工作面的配套机电设备搬至新开的切眼内，在该开切眼中重新安装机电设备，该方法不仅增加了掘进工程量，也延长了生产工期，严重影响了矿井产量，同时也因为甩掉断层影响区域煤层，造成了煤炭资源的浪费。局部跳采适用于工作面两端头存在落差较大的断层，该方法是先缩面回采后进行工作面对接，跳过工作面两端断层影响区域，这种方法最大限度地减少了煤炭资源的浪费，也避免了搬家倒面的工程量。目前采用较多的为局部跳采法过断层，目前城郊煤矿的煤柱工作面回采正采用该方法过断层，但对于工作面内落差较大的断层则不适用。

2.2　平推硬过法

平推硬过法主要适用于断层落差较小，煤层顶底板岩石硬度不大的工作面，该方法主要通过挑顶或卧底的手段强行割岩石使工作面支架和刮板输送机平缓地从断层一盘过渡到另一盘。该方法仅适用于断层落差较小条件，局限性较大，且对综采工作面的采煤机、刮板运输机等设备均产生较大的磨损。

2.3　调整采高法

调整采高法通常适用于断层落差较小，且断层上下盘之间的煤厚大于或等于支架最低使用和煤机通过最低高度时，可以通过降低采高过断层，该方法不影响工作面正常的生产组织，降低了煤质的含矸率，减少了采煤机滚筒的损伤程度，其适用条件局限性比较大，对于断层落差大于煤厚则不适用。

以上传统过断层方法均有各自的适用条件，有着很大的局限性，对于综采工作面内揭露落差高达 16 m 断层，采用传统的平推硬过法显然不能实现安全高效的过断层，若在传统平推硬过法的基础上采取多种技术和举措来保证工作面安全、顺利过断层，这样既给矿井带来了安全、经济效益，还可以给矿井过类似断层提供实践依据。下面以城郊煤矿 21108 综采工作面过 DSF_9 断层实践为例，陈述工作面过大断层的技术应用与实践。

3　工程应用

3.1　工程概况

城郊煤矿 21108 工作面位于二$_2$ 煤，整体为一单斜构造，地层走向变化不大，煤层倾角平均 3.5°，平均煤厚 2.87 m。根据三维地震勘探资料和工作面掘进及相邻工作面回采期间实际揭露情况，工作面内将揭露 DSF_9 断层，落差最大 16 m，走向 228°～238°，倾向 138°～140°。根据 21108 工作面二$_2$ 煤层底板等高线图显示，当工作面推至 1106XH19 点向里 4.9 m 处预计在机尾处揭露 DSF_9 断层，该断层影响工作面倾向长度 310.5 m，走向长度 205.2 m，断层横跨整个工作面，影响回采范围较大，该断层为正断层，断层平面图如图 2 所示。

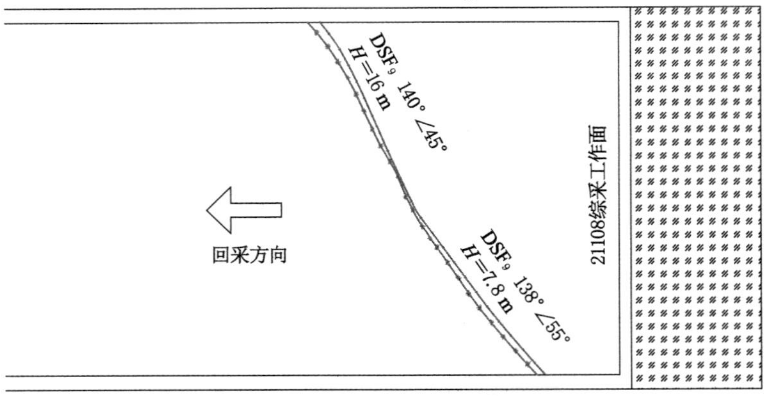

图 2　DSF_9 断层（最大落差 16 m）

3.2　过大断层方案论证

方案一：采用跳采法，工作面跳过断层影响区域，重新掘出新的开切眼，该方法虽然减少了断层对工作面正常生产组织的影响，但增加了掘进开切眼巷道、搬家倒面工程、工作面设备安装及初采初放等工序，工程量巨大且工期较长，严重影响了矿井采掘接替、产量及生产效率，同时要留出断层影响带的隔离煤柱，造成煤炭资源浪费。

方案二：相比较于跳采法，采取平推硬过法强行过断层影响区域，该方法的优点：不仅能够避免过程较为繁杂的搬家倒面工程，不影响工作面正常组织生产，减少了巷道掘进量，也避免了煤炭资源的浪费，提高了工作面的回采率，同时也不影响矿井的采掘接替。缺点：采用提前挑顶或卧底强行截割断层附近的岩石损害工作面采煤机、刮板输送机等设备。

经过论证研究，综合考虑提高煤炭回收率、采掘接替、成本效益等因素，再结合城郊煤矿其他工作面复杂条件下过断层实践经验，本着安全可靠、经济合理、技术可行角度，最终选择方案二。

3.3 过大断层技术实践与应用

地质资料显示，21108 工作面从机尾开始揭露 DSF_9 断层，逐渐发展至机头，断层落差最大可达 16 m，属于城郊煤矿较为罕见的大断层，通过纵向分析和横向比较，选择平推硬过法过断层，采取了以下多种举措保证工作面顺利平稳地推过断层。

3.3.1 调整采煤工艺

(1) 采高控制。工作面过断层期间，为了便于顶板管理，减少破岩量，在断层影响段尽可能地降低采高，但采高不得低于 2.5 m，保证采煤机能够顺利通过。

(2) 俯采角度控制。根据揭露断层面实际落差和移动速度，将断层影响段的刮板输送机和液压支架俯采角度控制在 20°～25°，既保证了运输机能够正常推进，又最大限度地向下进行“找煤”。验收人员每班交接班时均测量一次走向角度(即俯采角度)，若低于 20°或超过 25°，及时调整角度，保证运输机俯采的角度始终在一个科学合理的控制范围之内，以此保证尽快找到煤，减少破岩量和设备的磨损。

(3) 浅截深控制。在破岩硬度较大地段，采取降低正规循环进尺，即由 800 mm 减为 400 mm，以此降低采煤机滚筒的割岩阻力，同时也减少对采煤机各部件的冲击震动影响，从而延长采煤机各部件的使用寿命。

(4) 移架工艺。采煤机割煤后，移架时采用“少降快拉”，必要时可带压擦顶移架，最大限度地减少顶板的扰动。

(5) 工作面倾向角度控制。适当延长倾向上揭露断层的范围，以减小刮板输送机的坡度，降低其运输阻力。

(6) 施工探孔超前预判。在断层影响区域及其发展方向向下施工探孔进行探煤，准确掌握工作面底板距离下方煤层顶板的距离以及煤层的厚度，为下一步提前落溜和俯采角度的控制提供实际依据。

3.3.2 设备管理

(1) 采煤机管理。过 DSF_9 断层之前，将采煤机两个滚筒更换为重型割岩滚筒。过断层期间，每过一排全岩段后，及时停机检查截齿和齿套磨损情况，及时更换磨损严重的截齿或齿套。每天全方位检查和维护采煤机，如检查油位情况，及时添加齿轮油、抗磨液压油，及时紧固液压螺母等。

(2) 液压支架管理。重点检查、维护断层影响段的液压支架的完好情况，及时处理跑冒滴漏窜现象，确保支架初撑力能够满足要求。

(3) 刮板输送机管理。由于采煤机割全岩段时，矸石量较大，对运输机损伤较大，需要重点检查链条磨损情况、刮板输送机横梁断裂情况，发现问题及时更换配件。刮板输送机运行期间，坚持往输送机里加水润滑输送机槽子，以减少链条和槽子之间的摩擦力，降低阻力，防止链条受力过大发生断链现象。

3.3.3 生产组织

因破岩难度较大，采煤机运行速度较慢，为了鼓励班组提高回采效率，适当加快回采进度，当班过断层影响区域，按照正常区段3倍积分进行奖励。

3.3.4 安全技术保障

(1) 在断层影响区域内，严格执行提前挑顶，不允许托顶煤，避免大范围的冒顶事故。

(2) 工作面过断层期间，由于断层落差较大，要控制好工作面的倾向倾角（坡度），控制好采高和刮板输送机的起落幅度。

(3) 在断层影响区域内，采煤机割煤后，紧跟采煤机的前滚筒及时拉超前架或使用伸缩梁支护暴露的顶板，小范围内的掉矸必须及时维护，防止顶板冒落范围扩大。

(4) 过断层期间，工作面局部地段会形成低洼区域，易出现积水现象，需加强低洼区域的排水管理，及时布置水泵并安排专人负责工作面排水工作，保证排水及时。

(5) 目前工作面采煤机所用割岩滚筒适用于硬度不大的岩石，根据工作面实际揭露情况，若岩石硬度不大可直接割岩通过，反之，为避免截割过硬岩石损坏设备，须在岩石断面上打眼放松动炮后再割岩通过，严禁采煤机强行截割坚硬岩石。

通过采取以上多项措施，工作面成功推过DSF_9断层，避免了工作面搬家所带来的工期延长和煤炭资源损失，提高了回采效率，减少了巷道掘进量。为今后其他煤矿类似条件下的综采工作面过大断层积累了宝贵经验，提供了实践依据。

4 结论

本文论证了超长工作面过大断层的两种常用方法，优化了过大断层传统方案，综合分析了影响工作面回采的多种因素和结合以往过断层的成功实践经验，建立了综采工作面过大断层安全技术保障体系，工作面过断层期间实施了调整回采方式、采煤工艺、移架方式、设备管理与维护、生产组织等各项有效措施，实现了工作面不受DSF_9大断层阻隔连续推进生产，使得采煤工作面安全、顺利通过了落差达到5倍采高的大断层（落差最大达到16 m）。同时也取得了良好的安全、经济和社会效益，为今后其他煤矿类似条件下的综采工作面过大断层积累了宝贵经验，提供了实践依据。

参考文献

[1] 杜厚永，马小涛，惠长德，等．城郊煤矿综采面过9 m逆断层技术研究[J]．煤矿现代化，2010(1)：52-54.

[2] 王同旭，曹明辉，江东海．采动影响下断层活化失稳及能量释放规律研究[J]．煤炭科学技术，2022，50(7)：75-83.

[3] 张敦喜，杨张杰，王庆牛，等．采煤工作面断层超前治理技术研究[J]．煤炭科学技术，2021，49(3)：30-36.

[4] 王兆会，杨敬虎，孟浩．大采高工作面过断层构造煤壁片帮机理及控制[J]．煤炭学报，2015，40(1)：42-49.

[5] 张智斌．凤凰山矿采煤工作面过断层的技术应用与实践[J]．山东煤炭科技，2015(8)：22-23.

多构造三软煤层回采巷道覆岩运动及控制分析

苏金华[1]，任金武[1]，张继远[1]，田孟含[2]，张盼[1]，辛亚军[2,3]，吴春浩[2]

（1. 河南能源集团永华能源有限公司，河南 洛阳 471000；
2. 河南理工大学能源科学与工程学院，河南 焦作 454000；
3. 煤炭安全生产与清洁高效利用省部共建协同创新中心，河南 焦作 454000）

摘　要　针对近距离多重滑动构造三软煤层回采巷道变形破坏严重、支护困难的问题，采用相似模拟试验与现场调研监测相结合的研究方法，研究了多重滑动构造三软煤层回采巷道上覆岩层运动特征与回采过程中巷道围岩应力分布规律，提出了多重滑动构造三软煤层回采巷道基本支护方案。研究结果表明：在滑动构造影响下，上覆岩层随着工作面不断推进产生裂隙至裂隙叠加发展至不同岩体之间开始产生离层，随后呈台阶式下沉垮落；巷道顶板的初次来压步距为 20 m，周期来压步距为 15 m，顶板的最终破断形式为台阶式；巷道主应力为水平应力，应力集中出现在巷道的左右两帮，受滑动构造的影响，巷道围岩应力集中不均匀表现为右帮应力集中程度大于左帮；滑动构造影响下，巷道顶底板围岩破碎且围岩变形呈现明显的方向性，巷道右帮的变形量普遍大于左帮；采用 U 型钢棚＋锚索联合支护能够有效控制巷道围岩变形。

关键词　滑动构造；三软煤层；回采巷道；覆岩运动；应力分布；围岩控制

0　引言

在豫西地区滑动构造比较发育，而在滑动构造的影响下，煤岩体往往会比较破碎形成三软煤层，三软煤层巷道在短时间内会出现大变形、底鼓、冒顶等破坏形式。

唐建新、江贝等[1-2]研究了高应力条件下三软煤层回采巷道的破坏机制；宋常胜、普冬冬等[3-4]研究了滑动构造下的三软煤层地应力；盛刚[5]研究了滑动构造下的煤层巷道围岩塑性区以及围岩的流变特性；邓小磊[6]研究了偃龙矿区滑动构造应力影响下的三软煤层巷道支护方式；王兴开等[7]对于滑动构造区极松散煤巷围岩的大变形机制进行了研究；荆升国等[8]对于滑动构造区厚煤层巷道锚固结构形成机制进行了研究；许满贵、来兴平等[9-10]研究了三软煤层综采工作面的覆岩运动规律和裂隙演化规律；针对三软煤层巷道支护困难问题，王旭锋等[11]研究了大倾角三软煤层巷道关键部位的强化支护技术；孟现锋等[12]研究了三软煤层高应力大采长工作面并提出了优化设计方案；王琦等[13]研究了三软煤层沿空巷道的破坏机制；孙恒山[14]研究了滑动构造带下采煤的上覆岩层的运动规律；张武[15]研究了滑动构造影响下巷道围岩的变形情况以及控制技术；王沉等[16]针对三软煤层回采巷道支护难题研究了断面优化理论，提出了优化高度概念；范子仪等[17]研究了采动影响下软岩巷道的非对称变形特征；文志杰等[18]研究了软岩回采巷道的底鼓破坏机制；潘锐等[19]研究了三软煤层回采支撑压力分布。

本文通过相似模拟实验，研究了嵩山煤矿 2112 工作面回采巷道围岩的运动规律以及巷道的应力分布情况，提出了多构造三软煤层回采巷道支护方案，对滑动构造下三软煤层巷道围岩控制具有一定参考意义。

1　工程概况

1.1　地质工程基本特征

2112 工作面主采$二_1$煤层，$二_1$煤层为单一缓倾斜煤层，走向近东西，倾向北，倾角 9°～20°，平均 15°。$二_1$煤层顶板岩性以泥岩及砂质泥岩为主，底板岩性以粉砂岩及泥岩为主。2112 工作面顶底板岩层柱状图见图 1。

柱状	煤层标志层名称	层序号	岩层倾角/(°)	厚度/m	岩石名称
		1	12	3.42	砂质泥岩
		2	12	6.94	泥岩
	$二_3$	3	12	0.29	煤层
		4	12	2.26	细粒砂岩
		5	17	2.96	粉砂岩
		6	17	2.67	砂质泥岩
	$二_2$	7	17	0.67	煤层
		8	17	1.96	砂质泥岩
		9	17	1.42	细粒砂岩
		10	11	3.13	砂质泥岩
		11	11	2.99	泥岩
	$二_1$	12	11	3.78	煤层
		13	11	1.20	泥岩
	Se	14	11	2.76	细粒砂岩
		15	11	3.60	砂质泥岩
	L8	16	12	1.67	石灰岩
	$一_8^2$	17	12	0.36	煤层
		18	12	1.96	砂质泥岩
	$一_8^1$	19	12	0.64	煤层
		20	12	1.60	泥岩
	L7	21	12	7.82	石灰岩

图 1　2112 工作面顶底板柱状图(部分)

1.2　滑动构造特征

滑动构造是嵩山矿主要构造，主滑面位于$二_1$煤层之上，与$二_1$煤层近似平行，上覆岩层受重力作用沿滑面由高向低滑动。在构造应力的作用下，$二_1$煤层顶板的泥岩、砂质泥岩破碎严重，最终导致嵩山矿形成了顶板软、底板软、煤层软的三软煤层(图 2)。

1.3　巷道围岩变形破坏特征

顶板呈块体冒落，两帮水平移动，围岩初期收缩速度快，变形持续时间较长，断面由梯形半圆拱内缩成不规则形状(图 3)。巷道底鼓现象严重，呈整体凸出，清底困难，严重影响正常使用。

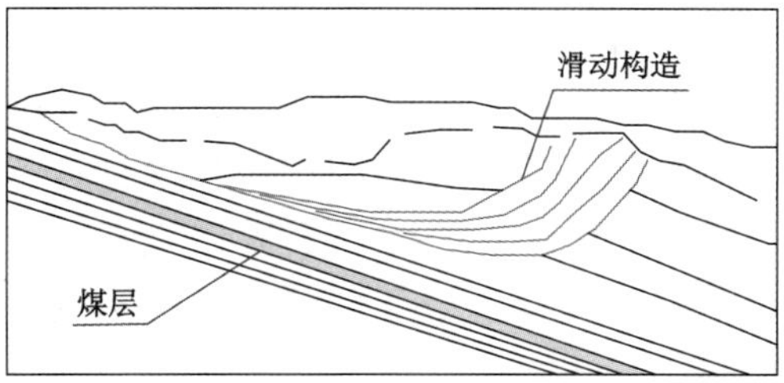

图 2　滑动构造剖面图

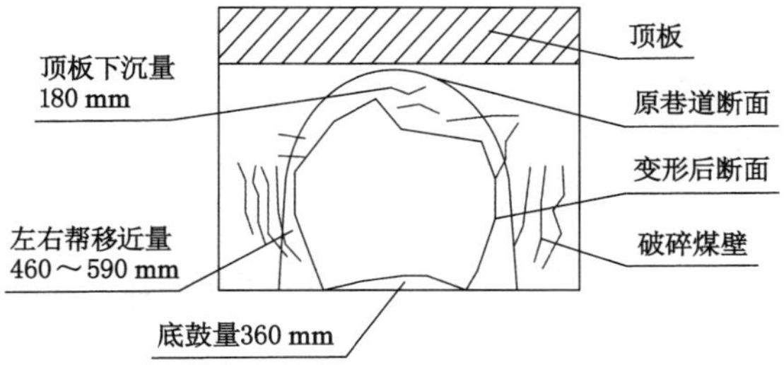

图 3　巷道围岩变形破坏形态

2　相似模拟试验设计

2.1　试验方案设计

采用二维模拟煤层倾向剖面，设计模型尺寸为 2 500 mm(长)×200 mm(宽) ×1 000 mm(高)，模拟范围为 125 m×10 m×50 m。根据原型确定几何相似比为 1∶50，重力密度相似比为 0.68，强度相似比为 0.013 6，根据岩性最终确定模型各分层的材料配比号和用量见表 1。

表 1　材料配比用量表

层位	岩性	配比号	总质量/kg	层位	岩性	配比号	总质量/kg
14	细粒砂岩	855	30.0	28	中粒砂岩	855	83.3
13	砂质泥岩	873	55.3	27	粉砂岩	855	14.0
12	泥岩	873	51.0	26	砂质泥岩	873	101.8
11	煤层	964	65.7	25	粉砂岩	855	55.5
10	砂质泥岩	873	18.7	24	砖块		
9	细粒砂岩	855	39.9	23	细粒砂岩	855	6.1
8	砂质泥岩	873	47.8	22	砂质泥岩	873	9.9
7	石灰岩	864	19.4	21	泥岩	873	40.5
6	煤层	964	5.5	20	煤层	964	4.1
5	砂质泥岩	873	20.4	19	细粒砂岩	855	20.0
4	煤层	964	6.8	18	粉砂岩	855	35.1
3	泥岩	873	14.7	17	砂质泥岩	873	47.0
2	石灰岩	864	55.6	16	煤层	964	13.0
1	砂质泥岩	873	14.5	15	砂质泥岩	873	34.0

2.2 巷道布置及观测方案

本次试验在模型中开挖三个巷道模拟现场的三条巷，其中两条为2112工作面南部邻近已回采完的工作面两巷，另一条为与其两条巷相邻工作面的运输巷或者回风巷。在模型中从右到左依次命名1# 巷、2# 巷、3# 巷，设计为梯形半圆拱巷道。其中1# 巷距模型左边界62.5 cm，距下边界110 cm；2# 巷距左边界125 cm，距下边界279 cm；3# 巷距左边界187.5 cm，距下边界42 cm，具体布置如图4所示。

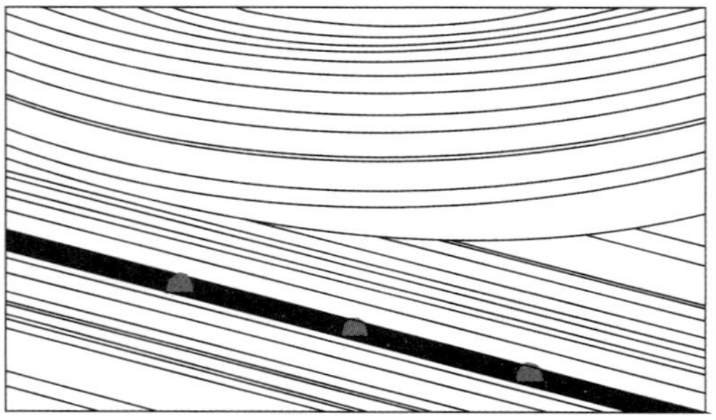

图4　巷道布置示意图

本试验采用压力盒连接XL2101C程控电阻应变仪采集应力变化，通过测试分析软件自动采集数据。位移监测采用近影测量技术，从模型的右侧开始开挖，用数码相机对位移监测点进行拍照，记录在开挖过程中监测点的位移情况。试验结束以后，通过数码相机拍摄的照片统计整个试验过程中位移监测点的位移数据并分析覆岩运动规律，位移测点布置示意图见图5。

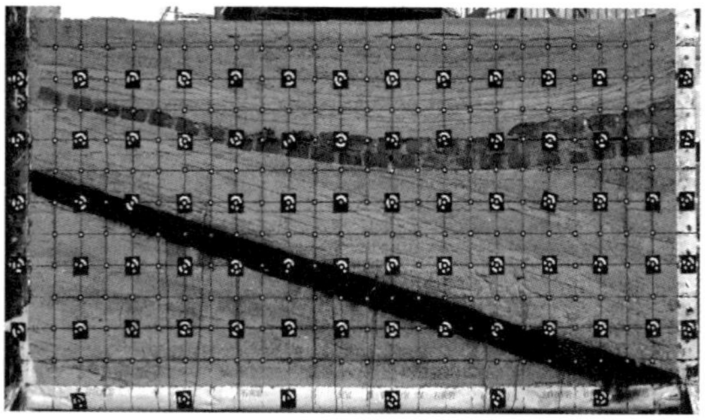

图5　位移测点布置示意图

3　试验结果分析

3.1　2112工作面覆岩运动规律分析

（1）基本顶初次来压。工作面自开切眼推进到20 m时，上覆岩层裂隙开始发育，裂隙发育高度17.5 m，长度11.5 m，沿层面发育，随后裂隙急速发育并发生垮落[图6(a)]。

（2）基本顶周期来压。随着工作面的继续推进，上覆岩层未发生明显的变化，工作面推进至37.5 m时，在移架卸压的过程中，上覆岩层出现两条新的离层裂隙并迅速发育发生第二次垮落，垮落形态呈梯形[图6(b)]，垮落步距15 m，此时，工作面基本顶的第一次周期来压结束。工作面推进至90 m停止回采，直接顶和基本顶呈台阶式下沉破断。在整个推进的过程中顶板共垮落5次，平均垮落步距15 m。

（3）基本顶最终破断。在工作面推进的过程中，顶板首先产生裂隙。随着工作面的推进，裂隙

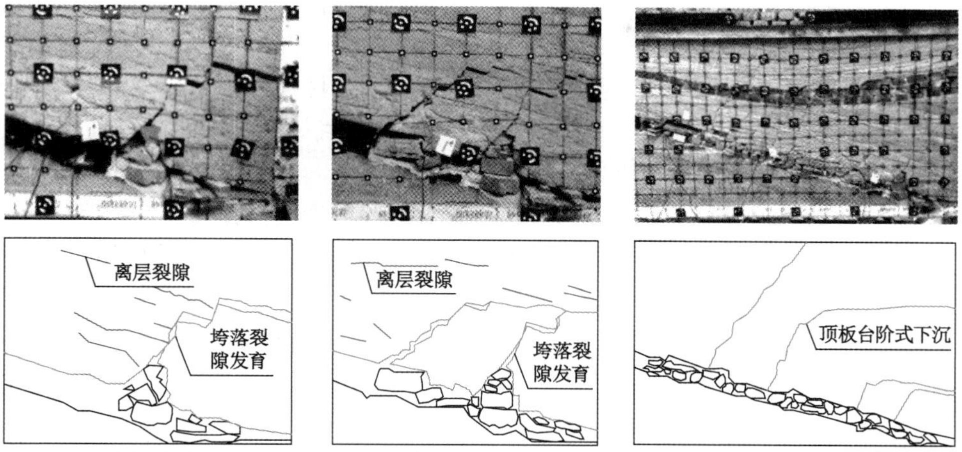

(a) 初次来压　(b) 第一次周期来压　(c) 最终破断

图 6　顶板垮落及裂缝发育情况

垂直于煤层倾向发育。随着裂隙的发育，岩体开始出现离层，在液压支架移架之后直接顶和基本顶同步呈台阶式下沉垮落[图 6(c)]。

3.2　三软煤层巷道应力变化分析

巷道掘进之后围岩平衡应力状态被打破，应力重新分布。因此，由覆岩运动造成的三软煤层回采顶板来压规律可以通过巷道周围应力分布情况来反映。

图 7 为 1#、2#、3# 巷道顶板及左右两帮应力随着工作面的推进变化图。分析可知，随着工作面的推进，1#、2#、3# 巷道顶板的应力均在增加。当巷道位于工作面前方 1 m 范围内巷道顶板应力达到峰值，1# 巷道顶板应力峰值 8.09 MPa；2# 巷道顶板应力峰值 12.28 MPa；3# 巷道顶板应力峰值 11.54 MPa。当工作面推过巷道之后，巷道顶板应力有所降低并最终低于原岩应力。

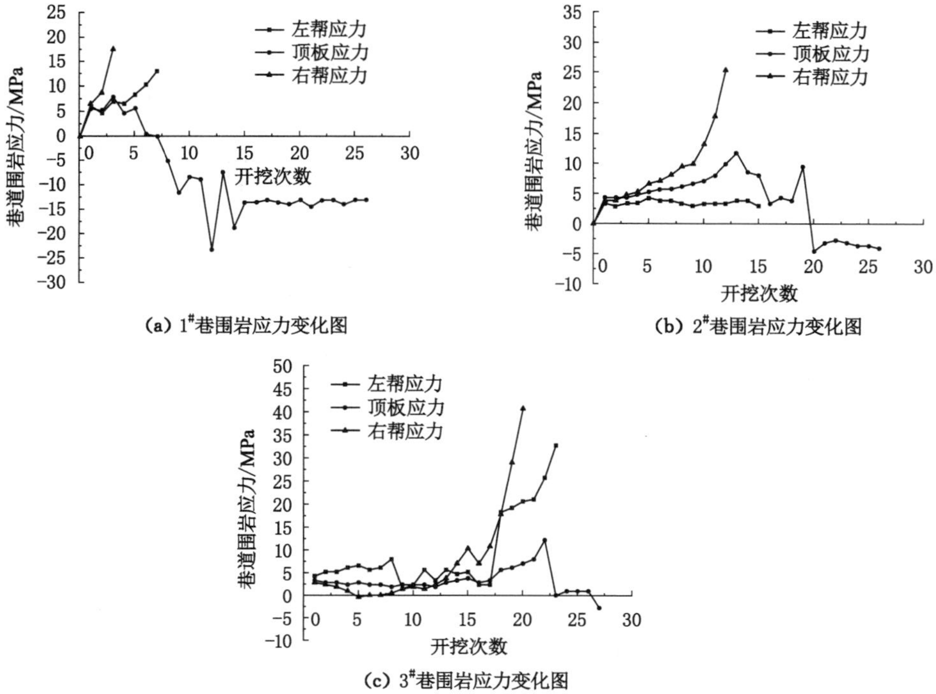

(a) 1#巷围岩应力变化图　(b) 2#巷围岩应力变化图

(c) 3#巷围岩应力变化图

图 7　巷道围岩应力变化图

在嵩山重力滑动构造影响下，巷道内应力分布不均匀，三条巷道均出现了应力集中现象，且应力集中发生在巷道的两帮，应力集中系数分别为1.6、3.45、5.65。加之2112工作面的采动影响，巷道右帮的应力集中程度大于左帮。由图7可知1#巷道右帮应力峰值17.87 MPa，左帮应力峰值15.74 MPa；2#巷道右帮应力峰值25.37 MPa，左帮应力峰值3.83 MPa；3#巷道右帮应力峰值40.74 MPa，左帮应力峰值32.79 MPa。

由于受嵩山滑动构造的影响，巷道围岩水平应力分布呈现明显的不均匀性，表现为巷道的右帮应力大于左帮。且巷道在距工作面煤壁1 m范围内应力达到峰值，工作面超前压力影响范围为工作面前方8 m。

4 工程应用

4.1 支护方案设计

在滑动构造的影响下，2112工作面回采巷道围岩破碎，应力集中不均匀，糜棱煤强度低、破碎深度大、应力水平高。针对破碎的巷道表面采用U型钢棚加塑料护帮网进行护表，钢棚采用U36型钢加工，顶梁及肩窝处搭接均为400 mm，菱形网采用ϕ8 mm钢丝，尺寸为5 000 mm×900 mm。或者用宽50 mm、长900 mm的U36型钢加工或ϕ12 mm钢筋加工的钢筋梯铁背板进行护表。针对2112工作面回采巷道破碎深度大锚杆作用失效的情况，在棚档间打设锚索进行补强支护，锚索打设要求正顶端部卡缆处打设1根，顶部两端卡缆左右500 mm处、两帮上卡缆向上350 mm处、两帮下卡缆向下350 mm处及两帮底板向上500 mm、1 100 mm处各打设1根锚索。顶部锚索规格ϕ21.6 mm×8 300 mm，帮部锚索规格ϕ21.6 mm×8 300 mm，每根锚索使用1支MSK2350、2支MSZ2350型锚固剂，顶部、帮部锚索预紧力均为200 kN，锚索外露长度150～200 mm，具体支护规格见图8。

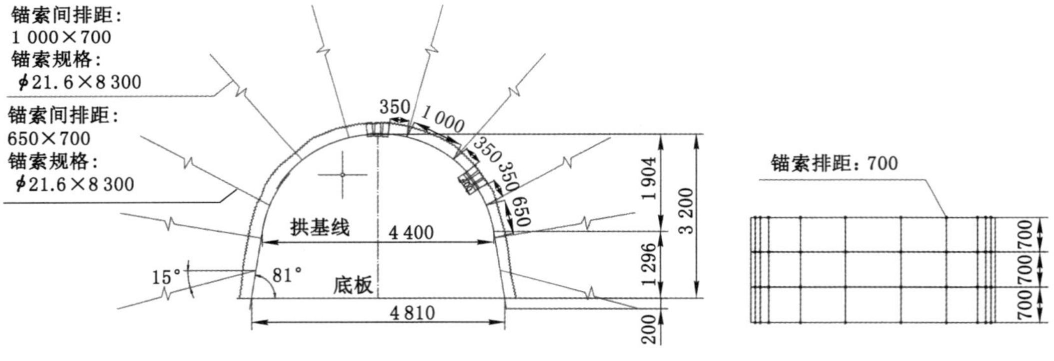

图8 锚索补强支护方案示意图

4.2 现场围岩位移监测分析

采用U型钢棚＋锚索联合支护方案以后，2112工作面回采巷道矿压观测结果如图9所示，巷道围岩总体变形速率在开始的20 d内为剧烈衰减期，20～70 d为缓慢衰减期，70 d后为稳定期，80 d后该测点已稳定，不再进行后续观测。

观测稳定后，受水平构造应力影响，巷道左右帮移近量590 mm，变形速率7.7 mm/d，左帮变形速率4.2 mm/d，右帮变形速率3.5 mm/d。顶底板移近量370 mm，顶板下沉量145 mm，下沉速率1.9 mm/d，底鼓量225 mm，变形速率6.8 mm/d。

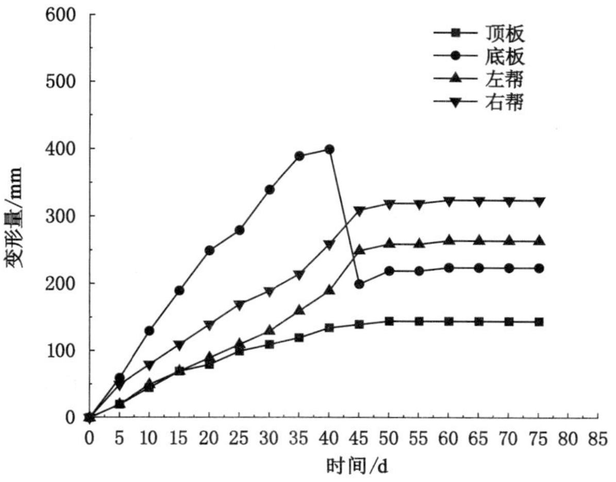

图 9　巷道围岩变形观测结果

5　结论

(1) 受滑动构造影响，随着工作面推进，三软煤层回采巷道上覆岩层产生裂隙离层并呈台阶式下沉垮落，工作面顶板初次来压步距为 20 m，周期来压步距为 15 m，最终破断形式为台阶式。

(2) 滑动构造挤压作用下，巷道围岩水平应力大于垂直水平，应力主要集中在两帮，集中系数为 3.57，右帮应力集中大于左帮。

(3) 滑动构造挤压作用使得煤层顶底板围岩破碎，巷道非对称变形，右帮变形量大于左帮。巷道稳定后顶底板移近量为 370 mm，左右帮移近量为 590 mm。

(4) 采用 U 型钢棚＋塑料菱形网护帮＋锚索补强联合支护方案后，巷道断面收缩率小于 15%，围岩控制效果显著。

参考文献

[1] 唐建新，王艳磊，舒国钧，等. 高应力“三软”煤层回采巷道围岩破坏机制及控制研究[J]. 采矿与安全工程学报，2018，35(3)：449-456.

[2] 江贝，李术才，王琦，等. 三软煤层巷道破坏机制及锚注对比试验[J]. 煤炭学报，2015，40(10)：2336-2346.

[3] 宋常胜，朱琦琦，任金武，等. 滑动构造区煤矿地应力特征研究[J]. 煤炭技术，2022，41(9)：1-5.

[4] 普冬冬. 滑动构造区煤巷围岩松动圈数值模拟[J]. 河南工程学院学报(自然科学版)，2021，33(2)：34-37.

[5] 盛刚. 滑动构造对煤层巷道围岩的影响[J]. 中国煤炭地质，2019，31(11)：66-69.

[6] 邓小磊. 偃龙矿区受嵩山滑动构造应力影响下三软煤层巷道支护技术研究[J]. 内蒙古煤炭经济，2019(18)：10-11.

[7] 王兴开，谢文兵，荆升国，等. 滑动构造区极松散煤巷围岩大变形控制机制试验研究[J]. 岩石力学与工程学报，2018，37(2)：312-324.

[8] 荆升国，鹿利恒，江静. 滑动构造区厚煤层巷道锚固结构形成机制研究与应用[J]. 采矿与安全工程学报，2017，34(5)：928-932.

[9] 许满贵，魏攀，李树刚，等. “三软”煤层综采工作面覆岩运移和裂隙演化规律实验研究[J]. 煤炭

学报，2017，42(增刊 1)：122-127.
[10] 来兴平，崔峰，曹建涛，等. 三软煤层综放工作面覆岩垮落及裂隙导水特征分析[J]. 煤炭学报，2017，42(1)：148-154.
[11] 王旭锋，汪洋，张东升. 大倾角“三软”煤层巷道关键部位强化支护技术研究[J]. 采矿与安全工程学报，2017，34(2)：208-213.
[12] 孟现锋，辛亚军，张继远，等. 三软煤层高应力大采长工作面优化设计[J]. 能源与节能，2022(8)：26-28，144.
[13] 王琦，潘锐，李术才，等. 三软煤层沿空巷道破坏机制及锚注控制[J]. 煤炭学报，2016，41(5)：1111-1119.
[14] 孙恒山. 滑动构造带下采煤上覆岩层移动规律研究[J]. 内蒙古煤炭经济，2017(19)：104-105.
[15] 张武. 滑动构造影响下巷道围岩变形及控制技术研究[J]. 技术与市场，2016，23(6)：178-179.
[16] 王沉，屠世浩，李召鑫，等. 深部“三软”煤层回采巷道断面优化研究[J]. 中国矿业大学学报，2015，44(1)：9-15.
[17] 范子仪，李永亮，孙昊，等. 采动影响下弱胶结软岩巷道非对称变形特征与控制对策[J]. 采矿与岩层控制工程学报，2022，4(2)：44-53.
[18] 文志杰，卢建宇，肖庆华，等. 软岩回采巷道底臌破坏机制与支护技术[J]. 煤炭学报，2019，44(7)：1991-1999.
[19] 潘锐，蔡毅，黄厚旭，等. 三软煤层回采支承压力分布及支护构件受力规律研究[J]. 采矿与安全工程学报，2021，38(6)：1091-1099.

帷幕注浆改造技术在断层破碎带的应用与安全隔水层厚度分析

王磊

（河南能源集团鹤壁煤电股份有限公司第八煤矿，河南 鹤壁 458000）

摘　要　本文详细讨论了帷幕注浆改造技术在煤矿断裂带改造中的应用和效果。通过全面分析注浆工程设计、施工情况及其工程质量，得出帷幕注浆技术具有显著的堵水加固效果的结论。研究基于流体二灰承压水与固体破碎岩体间的相互作用机制，确保了帷幕体的稳定性，有效防止了其破坏。帷幕注浆技术的核心目标是截断水流，防止突水事故的发生。通过注浆充填、闭合导水裂隙及岩溶等方式，该帷幕墙有效切断了掘进空间与强含水层或强含水体的水力联系，从而实现了隔水与抗压的双重功能。

关键词　帷幕注浆；松动圈范围；断层破碎带；安全隔水层厚度；承压水封堵

1　概述

1.1　研究目的及意义

在山西二$_1$组垂直煤的开采过程中，鹤煤八矿面临的主要突水水源为C_2L_2石灰岩、O_2m奥陶系灰岩、太灰上段灰岩（八灰）和太灰下段灰岩（二灰），以及煤层底板中的岩溶水，作为主要的潜在水源，它构成了对安全生产的主要威胁。

1.2　帷幕注浆概述

帷幕注浆是通过在巷道迎头向正前方施工段的拱顶、两帮及底板布置合理孔距的钻孔，向这些钻孔中注入特制浆液，确保注浆体在各孔之间形成紧密的相互搭接，以此构筑起一道坚固的混凝土帷幕式防水墙。这道防水墙能有效地截断水流，最终实现防止巷道突水的目标。

在正前方目标段采用伞形布孔法，对这些导水裂隙和岩溶区域进行注浆充填与闭合处理，经过处理后，这些区域将被转化为具有特定厚度的坚固帷幕墙，从而有效切断掘进空间与强含水层或强含水体之间的水力联系，最终实现隔水与抗压的双重功效。如图1所示。

2　帷幕灌浆技术在断层破碎带改造中的应用

2.1　巷道工程概况

2.1.1　巷道位置

三水平运输斜巷位于矿井－655 m水平，其设计起始于－655 m南大巷，施工长度达

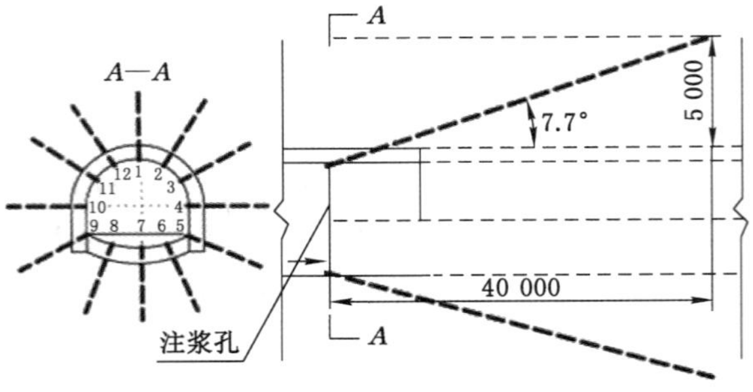

图 1　帷幕注浆示意图

436 m。在掘进过程中，巷道将穿越多个断层，包括 $30F_{10}$、$13F_6$ 和 $30F_7$。当前资料显示，本区域的地质构造及水文环境复杂，尤其是邻近的地下 C_2L_2 石灰岩含水层，存在显著的突水威胁。针对这一情况，已经开展了一系列钻探与注浆工程，旨在探测并稳固地层裂隙。采用先进的注浆技术，有效封堵了导水通道，增强了地基的流体力学稳定性，从而保障了施工过程的安全并大幅降低了突水风险。

2.1.2　巷道地质及水文地质条件

（1）地质概况

三水平皮带运输斜巷施工将过三条断层，依次如下：

$30F_{10}$ 正断层地质特征：倾向为 341°，倾角为 70°，落差范围为 0～15 m。

$13F_6$ 正断层地质特征：倾向为 132°，倾角为 70°，落差范围为 0～19 m，在 3105 运煤上山和 −655 m 南大巷的勘探中，均发现了 $13F_6$ 正断层的存在。

$30F_7$ 正断层地质特征：倾向为 137°，倾角为 80°，落差范围为 0～9 m。

详见图 2。

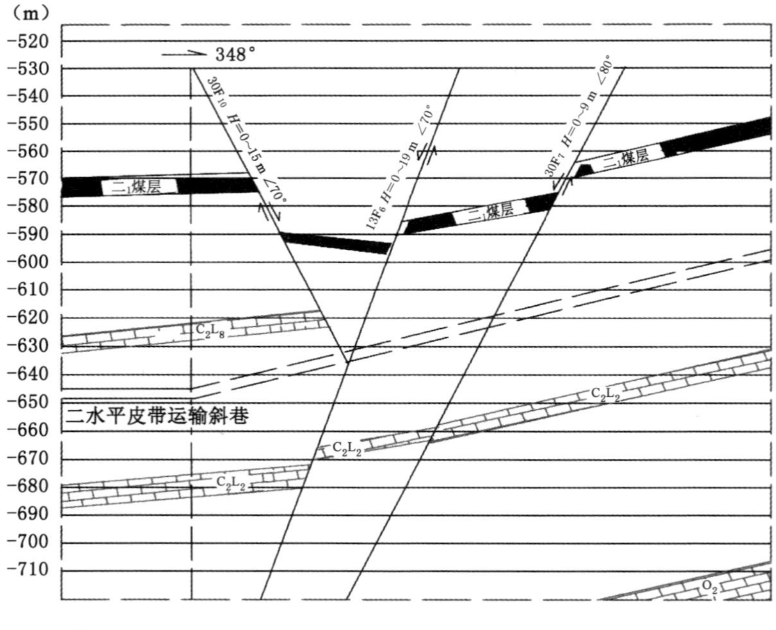

图 2　三水平皮带运输斜巷断层破碎带位置地质情况剖面图

(2) 巷道水文地质条件

根据水文钻探数据，太原组 C_2L_2 灰岩含水层的水位在+110.59 m。钻孔点沿−655 m 水平南巷和三级带状运输斜巷设置。值得注意的是，巷道底板位于−649.5 m 高程，与 C_2L_2 灰岩含水层保持 33 m 的距离。此外，二$_1$煤层底板与 C_2L_2 灰岩含水层之间还有 102 m 的显著距离。因此，巷道底板的防水层预计将承受 7.9 MPa 的水压力。

2.2 注浆工程设计情况

2.2.1 岩巷施工松动圈范围计算

施工松动圈范围根据巷道围岩裂隙发育的经验公式计算。

$$R = (0.78 + 2.13\gamma H/R_c)a \tag{1}$$

式中 R——正常块段的围岩破碎圈半径，m；

γ——巷道岩层平均重力密度，取 0.026 46 MN/m^3；

H——巷道埋深，取 823 m；

R_c——巷道所在岩层平均抗压强度，按底板各岩层的抗拉强度取加权平均值 21 MPa；

a——巷道毛半径，取水平方向的毛半径 2.7 m。

将上述数据代入式(1)，计算得围岩破碎圈的半径为 8.1 m。

2.2.2 安全隔水层厚度计算

$$t = \frac{L(\sqrt{\gamma^2 L^2 + 8K_p p} - \gamma L)}{4K_p} \tag{2}$$

式中 t——防水层的安全厚度，m；

L——巷道底板宽度，取扩修后巷道毛宽 5.4 m；

γ——底板隔水层平均重力密度，取 0.026 46 MN/m^3；

K_p——底板隔水层的平均抗拉强度，该值是通过计算三水平皮带运输斜巷相应位置底板各岩层抗拉强度的加权平均值获得的，取 1.8 MPa；

p——代表底板防水层实际承受的水压，取 7.9 MPa。

理论验算得出，安全隔水层厚度 t 约为 7.9 m，该数据即为隔水帷幕体必须达到的厚度。

2.2.3 帷幕注浆施工的目的

钻探和灌浆工程的主要目的是调查三级带式运输倾斜巷道未勘探段内断层的导水性和含水层的富水性。当在断层破碎带内检测到导水通道时，计划实施灌浆加固措施。同样，对含水层水量异常丰富的区域采取加固措施。通过实施这些措施，我们旨在有效地密封导水通道，增强底板的防水能力。计划实施注浆充填和改造措施，采取措施的主要目的是封闭导水通道，进而提升巷道周边岩体的整体抗水压能力，以保障巷道掘进过程的安全与稳定。

2.2.4 帷幕注浆工程规模

根据 2.2.1 节和 2.2.2 节的计算结果，我们计划实施的帷幕注浆控制范围必须满足以下要求：

(1) 帷幕体的有效部分应位于后期巷道掘进形成的松动圈(半径为 8.1 m)之外。

(2) 所有钻孔形成的帷幕体必须相互连接形成完整的帷幕，且其有效厚度至少应达到 7.9 m。

(3) 帷幕体应确保贯穿整个断层破碎带。

帷幕注浆工程应达到的范围见图 3。

为了满足上述要求，本工程精心规划了 4 个钻场，设计了 44 个钻孔，分别位于−655 m 南大巷和三水平运输斜巷，并计划完成 4 308 m 的钻孔工程量。加固工作将重点针对特定区域进行，具体加固范围如下：巷道正前方平面控制距离 112 m，上帮最远控制 56 m，下帮控制 28 m，巷道底板下

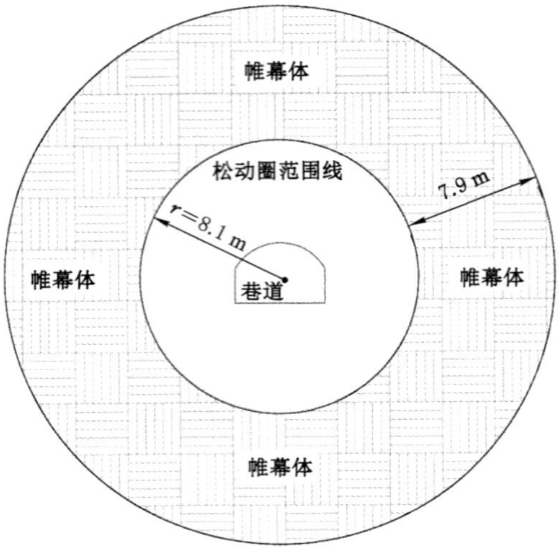

图 3 三水平皮带运输斜巷帷幕注浆应达到的范围示意图

垂深 54 m，顶板上控制 25 m。

2.2.5 设计参数(表 1)

表 1 钻孔参数表

钻场名称	孔号	方位/(°)	倾角/(°)	一级套管(127 mm)/m	二级套管(108 mm)/m	设计孔深/m
1 号钻场	A1	327	−24	15	30	90
	A2	327	−6	15	30	88
	A3	327	9	15	30	97
	B1	345	−28	15	30	97
	B2	345	−13	15	30	98
	B3	345	−3	15	30	102
	C1	337	−26	15	30	91
	C2	337	−10	15	30	93
	C3	337	1	15	30	94
	D1	353	−30	15	30	101
	D2	353	−16	15	30	99
	D3	353	−4	15	30	111
2 号钻场	E1	329	−21	15	30	95
	E2	329	−5	15	30	99
	E3	329	9	15	30	108
	E4	329	20	15	30	116
	F1	320	−27	15	30	80
	F2	320	−11	15	30	97
	F3	320	6	15	30	106
	F4	320	18	15	30	111
	2 检 1	319	−13	20	36	85
	2 检 2	319	10	20	36	94

表 1(续)

钻场名称	孔号	方位/(°)	倾角/(°)	一级套管（127 mm)/m	二级套管（108 mm)/m	设计孔深/m
3 号钻场	G1	348	3	15	30	99
	G2	348	13	15	30	108
	G3	348	23	15	30	114
	G4	348	−11	15	30	97
	G5	348	−50	15	30	65
	G6	348	−30	15	30	97
	G7	348	−4	15	30	102
	G8	348	8	15	30	107
	H1	5	−33	15	30	108
	H2	5	−20	15	30	115
	H3	5	−9	15	30	118
	H4	5	3	15	30	120
	I1	357	−32	15	30	98
	I2	357	−18	15	30	102
	I3	357	−4	15	30	108
	I4	357	7	15	30	114
	3 检 1	330	−9	15	30	84
	3 检 2	330	6	15	30	83
补充钻场	J1	339	−46	15	30	75
	J2	359	−39	15	30	90
	K1	324	−40	15	32	74
	K2	332	−42	15	31	78
合计	44			670	1 335	4 308

2.2.6 施工技术要求

(1) 钻孔施工的工序如下：首先钻井，然后安装第一级套管并固定管道，随后钻孔并进行压力测试。第二阶段重复此步骤，安装第二阶段套管、固定管道、钻孔和另一次压力测试。然后完成最后的钻孔阶段，最后进行灌浆和封孔。

(2) 钻孔套管结构：确保最终钻孔直径在 75～94 mm 的范围内。

(3) 考虑到本区岩层的稳定性与地质结构，决定对所有钻孔实行二级套管方案。一级套管至少为 15 m，二级套管至少为 30 m。套管螺纹的母扣和公扣长度应匹配，允许误差不超过 2 mm。依据围岩破碎情况，可适当加装护壁管，其孔径设为 146 mm。

(4) 注浆应始于套管内部，持续至孔壁开始回流浓浆为止。接着，使用麻布严密封闭孔壁，并适度施压以防止浆液泄漏。注浆应间歇性地进行，直到内部压力达到 8 MPa 或耐压值稳定在预定标准之内。

(5) 固管要求：首先，使用 ϕ133 mm 钻头钻进至超过一级套管设计位置 0.5～1.0 m，随后下入 ϕ127 mm 套管进行注浆固管。完成注浆作业后，必须保证浆体凝固时间至少为 24 h；若浆液含有水玻璃，则凝固时间减少至 12 h。随后采用 ϕ113 mm 的钻头继续钻孔，直至到达一级套管下方

0.5 m的位置，接着执行耐压测试。该测试需要在8 MPa的压力下维持30 min，并确保孔壁四周无渗漏迹象；如检测到泄漏，则必须重新进行封闭加固。一级套管通过耐压测试后，换回ϕ113 mm的钻头，钻至超出二级套管预定位置0.5～1.0 m。最终步骤是使用ϕ94 mm的钻头钻至二级套管之下0.5 m处，并进行最终耐压测试，要求压力达到16 MPa，持续30 min，并再次确认没有渗漏发生；若发现有漏水或渗水情况，需要重复封闭工序。

(6) 注浆要求：钻探作业完成后，应立刻进行注浆作业。将浆液的比重维持在1.16。随着注入体积的增加，逐步调整浆液的比重，以便逐级提升压力，实现期望的注浆效果。最终，必须确保注浆的终端压力符合设计标准，以保证注浆作业的质量。

2.3 工程施工情况

本工程共设立了4个钻场，具体如下：在－655 m南大巷内，设有1号钻场，其他3个钻场设置在三水平运输斜巷内。本工程原设计钻孔数为44个，实际施工中完成了40个钻孔，并对其中4个钻孔进行了优化调整。钻探工作累计进尺达到了4 005.3 m，注浆总量为703.3 t，每个钻孔平均注浆量为17.6 t。最大涌水量达到了105.1 m^3/h，其中，涌水量超过10 m^3/h的钻孔有19个，占总数的47.5%；涌水量小于10 m^3/h的钻孔有8个，占总数的20%；而无水钻孔则有13个，占总数的32.5%。

2.4 工程质量分析

2.4.1 钻孔布置合理性分析

巷道底板安全隔水层厚度t=7.9 m，实际钻探探测深度为巷道底板下垂深54 m，远大于安全隔水层厚度。

钻孔平面控制帮距按下式计算确定：

$$L = 0.5KM\sqrt{\frac{3p}{K_p}} \tag{3}$$

式中 K——安全系数，一般取2～5；

M——取巷道高度3.5 m；

p——实际水头值，取理论计算值7.9 MPa；

K_p——煤的抗拉强度，取0.587 MPa。

经计算，钻孔平面控制帮距为22.2 m，实际钻孔控制上帮大于30 m，下帮28 m，符合规定要求。

2.4.2 出水情况分析

本次探查及注浆加固工程共施工了40个钻孔，其中27个钻孔出水，其中，最大单孔涌水量达到105.1 m^3/h。钻孔首次出水均发生在断层破碎带与含水层的交界处，具体出水层位为C_2L_2灰岩含水层。经过地测部门的水样化验分析，确定出水水源为灰岩水。

2.4.3 单位水量注浆量分析

本工程钻孔的总涌水量为1 182.8 m^3/h，总注浆量为703.3 t。经计算，出水量与注浆量的比例约为1∶0.6。这一数据表明，钻孔揭露的岩层局部存在裂隙发育，但整体而言，岩层的裂隙并不发达，导致注浆效果不佳，浆液扩散距离较短。

2.4.4 物探验证情况

根据鹤壁煤电股份有限公司工程技术研究中心提交的《鹤煤八矿三水平皮带运输斜巷水文地质条件探测成果报告》，本次物探底板探测方向未发现富水异常区域(见图4)。

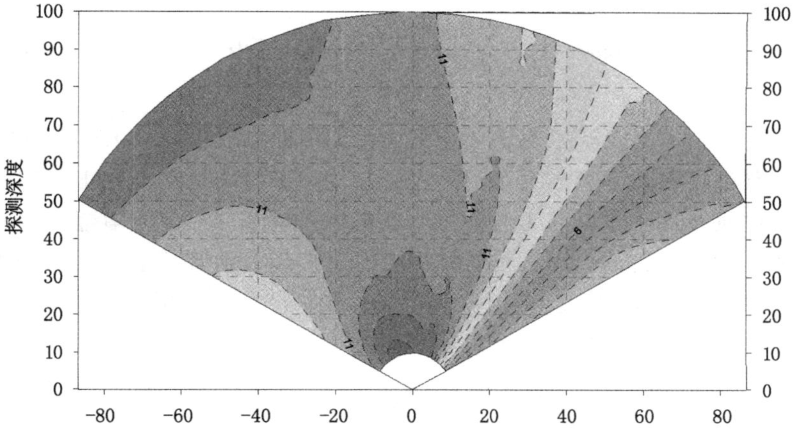

图 4　三水平皮带运输斜巷底板斜下 45°方向探测切片(单位:m)

3　堵水加固效果分析

本次探查工程共完成了 40 个钻孔的施工,其中 27 个钻孔出现出水现象。所有钻孔揭露的出水点、裂隙和断层带均已完成注浆充填加固工作。

施工检验孔的结果显示,钻孔注浆效果良好,成功实现了注浆加固的目标。进一步的物探验证结果也表明,在底板探测的正前方向,未发现任何富水异常区域。所有揭露的裂隙、含水层和断层带均得到了有效的注浆充填加固。

在后期三水平运输斜巷的施工过程及完成后,观察到巷道未出现明显的变形,且顶板和底板均未出现出水现象。

4　结论

(1) 在三水平皮带运输斜巷穿越断层破碎带时,我们成功地实施了帷幕注浆技术,该技术基于对流体(二灰承压水)和固体(破碎岩体)相互影响和相互作用的深入研究。在实施过程中,同时采取疏水降压措施,取得了显著的效果。水压降低后,二灰水对帷幕体的影响明显减弱,从而确保了疏水降压措施能有效避免帷幕体遭受破坏。采取了一系列措施,有效防范流体(二灰承压水)突破到采掘空间。

(2) 本次断层探查及注浆加固工程已圆满完成,整体表现优异。钻孔严格遵循设计要求进行施工,施工工艺和工序均达到设计标准。封孔质量合格,钻孔合格率高达 95%,圆满实现了断层探查与注浆加固的预期目标。断层探查及注浆加固工程的平面控制范围上帮超出 30 m,下帮则严格控制在 28 m 以内,巷道底板下垂深度达 54 m,均严格符合帷幕设计的各项要求。在深部标高－650 m 以下区域,我们针对 $30F_{10}$、$13F_6$、$30F_7$ 断层进行了详细的探查。靠近断层带与含水层交界处的这些断层,其富水性表现相对显著。钻孔揭露数据表明,灰岩区域出水量大且水压较高。尽管如此,我们已对所有钻孔揭露的出水点、裂隙及断层带实施了注浆充填加固措施,注浆效果显著。在探查钻孔的控制区域内,已清晰掌握了巷道掘进头向前 100 m 范围内的地质条件。鉴于断层破碎带已经完成了注浆充填加固工作,得以确保巷道的安全掘进。在岩巷施工期间,预计最大出水量将控制在 10 m^3/h 以内。

(3) 在三水平皮带运输斜巷的施工过程中,我们采取了缩短爆破进尺和加强支护的有效措施,以防止巷道松动圈扩大,并避免对帷幕体造成破坏。同时,我们进一步采取措施,防止流体(二灰承压水)突破到采掘空间。

参考文献

[1] 富鹏飞.帷幕注浆技术在煤矿水害防治中的应用[J].煤矿现代化,2020(6):69-70,73.
[2] 蒋杰.帷幕注浆工艺在鼎盛煤矿突水治理中的应用研究[J].煤炭与化工,2022,45(8):55-58.
[3] 邵瑞丽.帷幕注浆及地下水回灌工艺在大水矿床中的应用[J].河北冶金,2019(2):17-19.
[4] 张敦喜,杨永刚,杨张杰,等.综采工作面断层构造带超前治理成套技术及应用[J].煤炭科技,2020,41(4):80-85.

低浓度抽采钻孔疏通提浓技术研究与应用

王超，孔祥翔，张志强

（河南能源化工集团鹤煤九矿，河南 鹤壁 458000）

摘 要 通过对矿井原有封孔工艺中存在的问题进行分析，进行了封孔器改进，并自制了疏通装置，经现场试验对比，取得了较好封孔效果。

关键词 瓦斯抽采；钻孔封孔；二次堵漏

0 引言

随着我国瓦斯治理技术、装备日趋成熟，瓦斯抽采钻孔已经成为瓦斯治理的重要手段，钻孔封孔工艺对瓦斯抽采钻孔的成孔、抽采质量有着重要的影响，在一定程度上能够决定抽采钻孔瓦斯抽采浓度以及衰减效果，进而影响瓦斯抽采效果。影响钻孔瓦斯抽采浓度的主要因素有钻孔的深度、瓦斯压力、抽采负压、煤层透气性、钻孔的直径、封孔段的长度、施工钻孔见矸情况等。抽采钻孔在施工中，周围煤岩体应力平衡状态遭到毁坏，当围岩应力较大或煤体强度较低时，钻孔极易失稳坍塌；或者在退钻后出现孔壁变形或剥落。此外，随着抽采时间的延长，钻孔容易发生蠕变缩径，甚至闭合[1]。

本文对鹤煤九矿原有封孔工艺中存在的问题进行了分析，并将该矿封孔工艺改进后的钻孔抽采参数与原有封孔工艺进行对比，为进一步改进抽采封孔工艺提供了一定的理论和现场经验。

1 原有封孔方式概况

鹤煤九矿原使用的是“两堵两注”式封孔工艺，即封孔器使用两端囊袋封孔后，通过注浆泵将封孔浆液经注浆管对里外 2 个囊袋注浆，待 2 个囊袋注浆膨胀后封堵钻孔并支撑孔壁，里外囊袋间形成密闭的注浆空间，最后对封孔段进行注浆，充填该区域孔壁周围裂隙，如图 1 所示。这种封孔方式封孔长度 8 m，外囊袋至封孔器外段 9.5 m，它较“两堵一注”封孔剂封孔密封性提升，但是在井下长期使用中存在以下两点问题：一是施工地点巷道变形、损坏，围岩裂隙对钻孔封孔效果影响大；二是钻孔封孔及抽采期间，钻孔内煤粉堵塞封孔管。

2 封孔工艺的改进

（1）对原使用的“两堵两注”通管直连封孔器进行了装备改进，加强裂隙带封孔注浆长度。

增大钻孔注浆段长度：将原封孔器注浆段长度调整至 16 m，同时增大钻孔注浆量，有效减少裂隙带漏气。

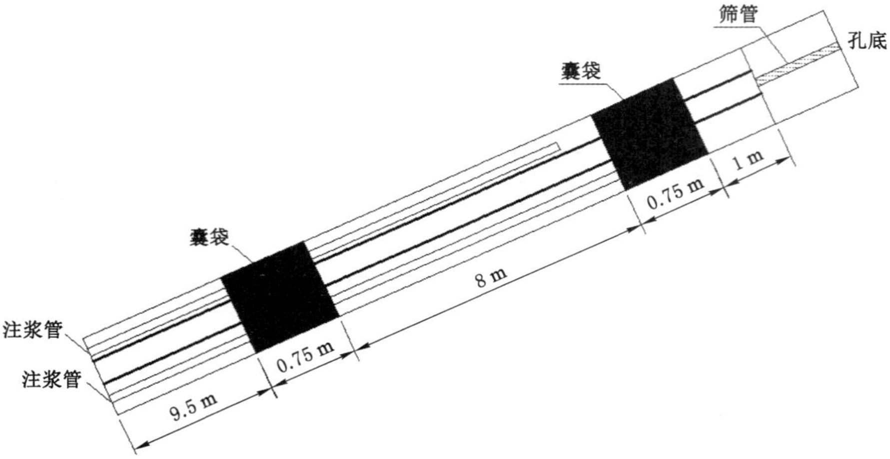

图 1　原“两堵两注”封孔工艺示意图

进行二次注浆：以 ϕ19 mm 铝塑管作为封孔管对孔口聚氨酯至第一囊袋段进行二次注浆，在聚氨酯发泡膨胀和注浆泵的持续增压下使浆液渗入钻孔壁裂隙中，有效地阻隔孔内裂隙与外界连通通道，提高封孔质量。

(2) 针对封孔管内堵塞情况，研制了钻孔疏通装置，如图 2 所示。分别使用风力和水力驱动，通过连接管送入封孔器中，对封孔器及筛管内进行排渣，装置可调节疏通压力，并在保证各接口密封效果的基础上，安装了压力表和防护链，便于现场施工。在比较效果后，后期统一使用风力进行疏通。

改进后的封孔工艺如图 3 所示。

图 2　钻孔疏通装置

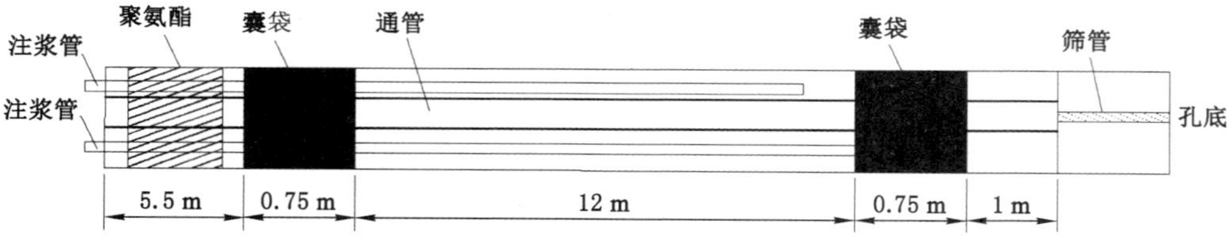

图 3　改进后“两堵两注”封孔工艺示意图

3　使用效果分析

为了便于进行对比分析，在矿井 3103 中底抽进行试验，3103 中底抽划分为 3 个抽采单元，其中 1 单元施工较早，2 单元已施工完毕，目前正在施工 3 单元，本次主要处理的钻孔位于 2、3 单元。

在纯量上，1 单元为正常衰减；2 单元经处理后衰减趋势减缓，且在全部处理后有上升趋势；3 单元由于新施工钻孔占比较大，整体上升，如图 4 所示。在浓度上，体现着与纯量同样的趋势，如图 5 所示。

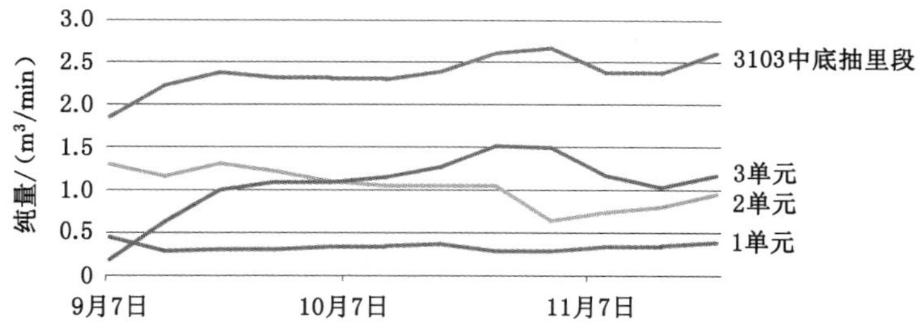

图 4　处理前后纯量变化

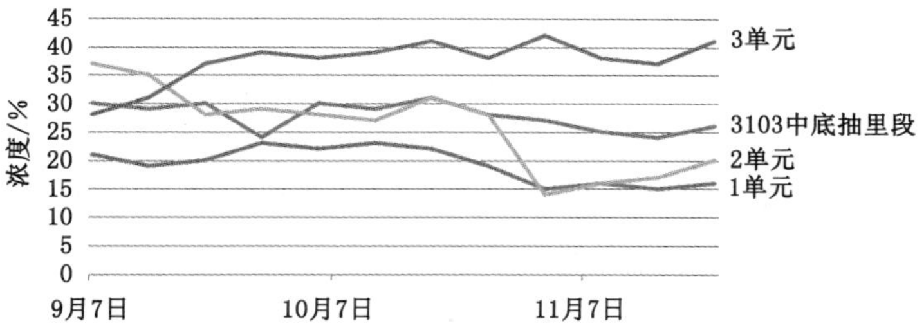

图 5　处理前后浓度变化

4　结论

为提高高瓦斯抽采钻孔封孔质量，在封孔工艺中必须解决以下几个问题：

（1）研究施工巷道采动裂隙对钻孔影响范围，从而确定钻孔始封深度，同时尽可能增大钻孔封孔深度，通过钻孔注浆，对钻孔注浆段裂隙进行充分封闭。

（2）对已施工钻孔，要进行钻孔通透性检查，并及时对堵塞钻孔进行处理。

通过对鹤煤九矿封孔工艺的改进，提高了钻孔密闭性，提升了封孔效果。封孔工艺应该不断地结合井下抽采现场实际进行调整，努力提升矿井瓦斯抽采浓度，确保安全生产。

参考文献

[1] 刘春.松软煤层瓦斯抽采钻孔塌孔失效特性及控制技术基础[D].徐州：中国矿业大学，2005.

井工煤矿采空区水害防治管理与实践

王勇，巩起立，刘煜炜

（河南能源化工集团鹤煤九矿，河南 鹤壁 458000）

摘　要　通过对老空区的调查分析及必要的补充勘探，查明采空区范围及积水情况，并对水害威胁程度做出预测，在采掘工程平面图和矿井充水性图上标出积水线、探水线和警戒线。针对《煤矿防治水细则》及《河南省煤矿防治水管理办法》等要求，提前在工作面进行预埋管引水钻孔的设计与实施，这样可以有效消除采空区积水。

关键词　采空区积水；预埋管引水；老矿水害防治

在煤矿生产过程中，防治水工作非常重要，尤其是采空区水害防治。采空区水害主要特点有：① 突发性。老空透水事故一般因未准确掌握积水区位置或未采取有效探放措施而发生，因此，矿井充水常具有突发性、强破坏性。不论积水量大小，突水量都很集中，来势猛、流速快，具强大冲溃力，积水量大、水压高时破坏尤甚，对开采威胁大。绝大多数重特大老空透水事故均为此类型。② 腐蚀性。一般老空水具酸性，对井下轨道、金属支架、钢丝绳、排水等金属设备有腐蚀作用。③ 有害气体伤人。老空水透出一般伴有有害气体的涌出。因此针对鹤煤九矿采空区水害防治，采取了工作面预埋管引水钻孔方案，彻底消除了工作面回采期间采空区动水的影响，确保了回采结束后的采空区内不会积存大量的采空区积水，保证了相邻工作面掘进及回采期间不受采空区水害威胁。

1　老空水治理原则

依据《煤矿防治水细则》及《河南省煤矿防治水管理办法》要求，老空水探放需要严格执行“四步工作法”，即查全、探清、放净、验准。查全：通过对老空区的调查分析及必要的补充勘探，查明采空区范围及积水情况，并对水害威胁程度做出预测，在采掘工程平面图和矿井充水性图上标出积水线、探水线和警戒线。探清：在邻近小煤矿老空区和资料不可靠的情况下，要“有掘必探”，必须使用钻探方法，确保钻孔密度、超前距和帮距，同时配合物探、化探等多种勘探手段，避免出现探查盲区，确保底数清、情况明。放净：严格落实可控放水措施，保障放水安全，严禁近探近放、失控放水；加强放水孔水量、水压观测，确保疏干放净。验准：做好探放水效果评价，施工检验钻孔，确保验证准确可靠，老空水不放净不得掘进和回采。要严格执行老空水“三线”管理制度，在采掘工程平面图、矿井充水性图上要标明积水线、探水线、警戒线。

针对《煤矿防治水细则》及《河南省煤矿防治水管理办法》以上要求，在工作面回采前进行预埋管引水钻孔的设计与实施，这样可以有效消除采空区积水。

2 预埋管引水钻孔主要做法

2.1 3202 工作面概况

3202 工作面井下位置位于三水平二采区，面积为 101 895.75 m^2，南部靠近 31 采区 3100 和 3102 工作面采空区，北部为设计 34 采区(未开拓区)，东部为 3200 工作面采空区，西部为 3204 工作面采空区。工作面下部主要有 3202 上底板抽放巷、3202 下底板抽放巷，34 采区轨道运输巷。地面位置在龙宫村南部附近，属丘陵阶地貌，地面标高一般在＋150.1～＋186.7 m 之间，煤层底板标高为－515 m～－568 m，该工作面煤层距地面垂深为 665～755 m。

为了使 3202 工作面回采期间不受采空区动水影响，确保回采结束后形成的采空区不存有大量的采空区积水，保证相邻工作面掘进及回采期间不受 3202 采空区积水威胁，根据 3202 工作面的仰采的布置特点，在其最低点下部 34 采区轨道运输巷对 3202 工作面实施了本次预埋管引水工程。

2.2 工程施工位置及钻孔布置情况

施工地点：本次施工地点为 34 采区轨道运输巷 D180 点前 30 m、31 m 及 29 m 处。详见设计图 1。

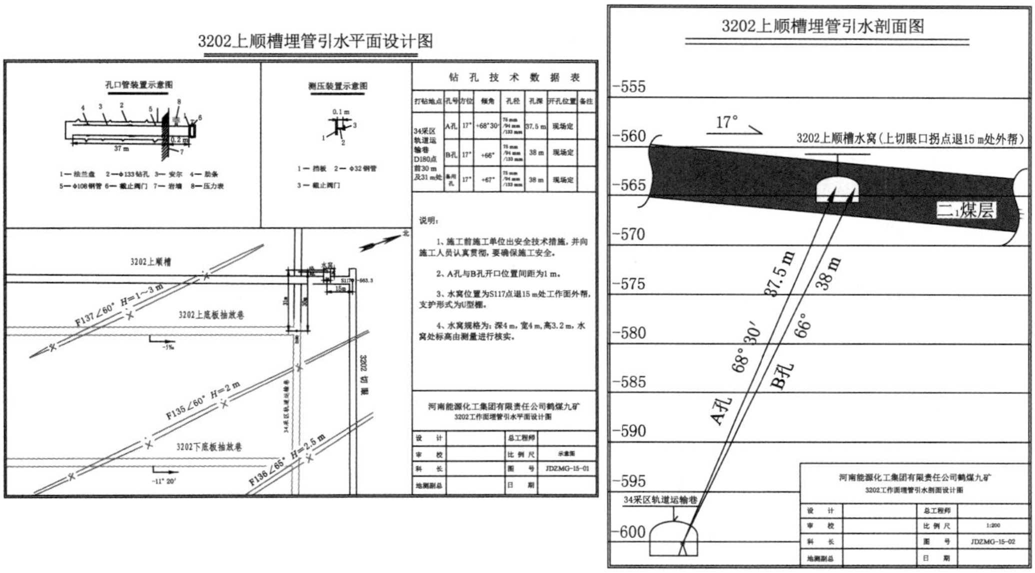

图 1　3202 上顺槽埋管引水设计图

钻孔设计：本次钻进共设计 3 个孔 A、B、C，其中 C 孔为备用孔。钻孔设计参数见表 1。

表 1　3202 上顺槽埋管引水钻孔设计参数

施工地点	孔号	方位/(°)	倾角/(°)	孔径/mm	孔深/m	开孔位置	备　注
34 采区轨道运输巷 D180 点前 30 m、31 m 及 29 m 处	A	17	68.5	75/94/133	37.5	巷顶下 0.4 m	预计 36 m 左右见 3202 水窝
	B	17	66	75/94/133	38	巷顶下 0.5 m	预计 36.5 m 左右见 3202 水窝
	C (备用)	17	67	75/94/133	38	巷顶下 0.5 m	预计 36.3 m 左右见 3202 水窝

2.3 预埋管引水工程实际施工完成情况

3202综放工作面为32采区首采工作面，工作面开切眼最低标高为－563.3 m，为了使3202工作面回采期间不受采空区动水影响，确保回采结束后形成的采空区不存有大量的采空区积水，保证相邻工作面掘进及回采期间不受3202采空区积水威胁，在34采区轨道运输巷(与3202工作面下顺槽立交处)对3202工作面进行了预埋管引水孔的埋管设计和施工，本次钻进共设计3个钻孔，实际施工钻孔5个孔，工程量193.5 m。详见表2。

表2　3202上顺槽埋管引水钻孔实钻参数

施工地点及位置	巷顶距离/m	孔号	方位/(°)	倾角/(°)	孔深/m
34采区轨道运输大巷D180点前30 m、31 m及29 m处	1.2	A	17	68	37.5
	0.5	B	17	66	37.5
	0.4	C	17	64.5	40.5
	0.7	补1	17	65	37.5
	1.5	补2	17	48	40.5

本次施工的5个埋管引水钻孔均打到3202上顺槽及钻场内，对5处钻孔全程埋管，在钻孔出露附近进行打木垛支护，并在上部安装T字形过滤装置，给泄水留足空间，防止巷道压死钻孔造成堵塞而失去引水作用。

2.4 预埋管引水效果评价

在34采区轨道运输大巷对3202工作面进行的预埋管引水，共施工了5个钻孔，累计进尺193.5 m，正常情况下最少可以排水100 m^3/h，可以满足工作面最大涌水量95 m^3/h的排水要求。

自回采开始，工作面生产用水、顶板砂岩水均从引水孔泄出。回采结束后，在紧邻采空区的3204工作面机巷掘进期间，揭露了该埋管引水钻场，现场钻场内木垛和孔口管口T字形过滤装置均处于完整的正常状态，仍然可以将水引至34采区轨道运输巷，说明该工程非常可靠。

3 实施效果

通过对3202工作面进行预埋管引水钻孔的设计与实施，彻底消除了3202工作面回采期间采空区动水的影响，确保了回采结束后形成的采空区未积存大量的采空区积水，保证了相邻工作面掘进及回采期间不受3202采空区积水威胁。同时节省了回采过程中工作面下安全口的水泵排水费用，也减少了采空区积水的概率。

进一步证实在工作面回采之前，提前预埋管引水可以为工作面以后的防治水工作减轻负担，工作面回采期间无须安装排水设备。

通过该项目的实施，总结了一套老空水害主动防治经验，从源头上下手，不给采空区造成积水的机会，保证了采空区周边巷道的安全掘进和工作面的安全回采，其经济效益、社会效益和安全效益显著。

船型向斜构造高应力高瓦斯工作面开采技术研究

黄艳，刘海涛，杨开安

（四川川煤华荣能源有限责任公司小宝鼎煤矿，四川 攀枝花 617013）

摘　要　复杂地质条件下，煤炭开采受煤层、顶板、瓦斯、水害等各种因素影响，面临开采效率低、安全隐患多、管理效能差等综合难题，小宝鼎煤矿目前生产水平在＋890～＋1 400 m，该采区资源赋存情况、煤层地质条件极其复杂，针对该独特、复杂、艰难的开采技术条件，小宝鼎煤矿围绕船型向斜构造、大倾角、厚层复合顶板、高应力、高瓦斯、轴部积水等安全高效开采技术难题，开展开采技术攻关和创新，形成了锅底船型向斜钩爪高应力高瓦斯工作面安全高效开采关键技术体系，对相同地质条件的煤矿安全高效生产具有一定的推广应用价值。

关键词　船型向斜构造；高应力；高瓦斯；安全高效开采

0　前言

小宝鼎煤矿是国家“三线”建设攀枝花市第一个投产煤矿，经过 60 年的开采，当前只剩一个生产采区即十二采区，可采储量 3 089 kt，采区内共有 16#、23# 两对背向斜地质构造带，且存在次生断层和其他隐伏构造。随着小宝鼎煤矿十二采区开采深度的增加，十二采区进入深部“锅底”（＋990～＋950 m）进行采掘作业，16# 向斜轴附近矿山应力集中，造成十二采区 39# 煤层瓦斯赋存含量高、压力大，矿山压力大，巷道顶底板围岩变形量大，轴部易积水，灾害治理难度大，开采难题较多。为有效利用矿井剩余资源，达到精采细收目的，小宝鼎煤矿积极开展开采技术攻关，对船型向斜构造高瓦斯高应力工作面进行系统性开采研究，通过不断改进、革新、实施，取得了良好的安全、经济、社会效益。

1　工作面情况

12393-1 采煤工作面位于 12 采区 39# 煤层 16# 向斜轴部“锅底”区域，受到 16#、23# 两对向背斜共同影响，煤岩体形成四周向中心逐渐变缓、端头高中间低的“锅底船型”特殊赋存形态。工作面推进方向（走向）倾角介于－5°～20°，“锅底”区域煤层倾角起伏不平，特别是两对向斜轴部区域附近存在 30～50 m 的近水平煤层，两翼煤层坡度－16°～55°，“锅底船型”区域煤层最大埋深约 650 m，工作面平均走向长 199 m，最大斜长 235 m，平均倾斜长度 216 m。39# 煤层为中厚煤层，煤厚变化大，在 2.19～3.60 m 之间，平均 2.52 m。工作面局部点煤层结构复杂，煤层中含有 0.2～0.8 m 厚的暗黑色构造碎裂粉状软分层，煤层松软容易发生片帮冒顶。煤层夹矸增多，含夹矸 2～4 层。煤层采高 2.26～3.47 m，平均采高 2.84 m。最大残余瓦斯含量 4.917 3 m^3/t，最大可解析瓦斯含量 3.141 5 m^3/t，煤层瓦斯压力为 0.52 MPa，工作面正常涌水量为 0.10 m^3/h，最大涌水量为0.28 m^3/h。运输巷揭露F1、F2、F3、F4四条逆断层，构造破坏了该煤层顶底板的连续性和完整性。工作面16#向背斜以东直接顶为灰色薄层状泥岩、粉砂质泥岩夹煤线互层，破碎松软易垮落，厚度2.4～9.0 m。基本顶为厚度约26.25 m灰色厚层状含砾粗砂岩，块状结构、致密坚硬，以及灰色中厚层状粉砂岩(含水层)，块状结构、致密坚硬；直接底为厚度约1.32 m的灰色中厚层状粉砂岩，稳定坚固；基本底为厚度约6.0 m的灰色厚层状细砂岩，岩石坚固、赋存稳定，以及石英粗砂岩，块状结构、致密坚固。

2 开采技术难点

(1)“孤岛”工作面综采。12393-1采煤工作面位于12采区39#煤层16#向斜轴部“锅底”区域，北部为12392-1采空区，西部为12392-3采空区，东部为12392-2采空区；工作面倾斜长度190～230 m，属于“孤岛”不规则综采工作面。

(2)高瓦斯工作面。39#煤层为高瓦斯煤层，煤层原始瓦斯含量高达12.13 m^3/t，瓦斯压力为0.52 MPa，区域瓦斯集聚差异大，因煤层倾角、厚度变化较大，传统瓦斯治理容易产生治灾盲区，瓦斯赋存条件复杂，瓦斯治灾难度大。

(3)“船型”工作面。工作面倾向方向存在上下端头高中间低、走向方向翘起的“船型”姿态，工作面煤层倾角介于－16°～40°，开采期间裂隙水、喷雾消尘水、冷却水等汇聚到工作面向斜轴部，造成轴部积水、支架起伏倾斜、机组无法割透煤层等难题，开采难度大。

(4)大斜长不规则工作面。12393-1工作面最大倾斜长度达235 m，煤层厚度在2.2～3.6 m之间，煤层采高在2.5～3.5 m间，是小宝鼎煤矿第一个倾斜长度超过230 m的工作面；工作面呈五边形。

(5)高应力复杂地质构造工作面。12393-1工作面内存在次生断层和其他隐伏构造，煤层倾角变化较大，断层多，易造成工作面支架超高，容易漏顶、挤架、咬架和倒架。矿山压力大，直接顶为灰色薄层状泥岩、粉砂质泥岩夹煤线互层，复合顶板厚度在2～9 m，复合顶局部破碎松软易垮落。附近巷道顶底板围岩变形量大，最大达到800 mm。顶底板管理难度大。

(6)“V”字形撤出通道。工作面开采结束的支架撤出通道受16#向斜及23#背斜影响，撤出通道呈“V”字形，支架撤出困难。

3 复杂难采煤层安全高效开采技术研究

3.1 大倾角综采工作面过断层技术

为解决复杂地质条件下综采工作面过断层安全开采难题，创新提出综采工作面过断层的8种不同方法，分别是：直接硬过法、调整采高法、强行截割围岩法、爆破挑顶破底法、工作面搬家跳采法、开掘绕巷法、放弃综采法、变厚度过断层法。通过现场实践，变厚度过断层法实现了复杂地质条件综采工作面快速过地质构造带，大幅提高了12393-1工作面生产效率，保障了生产安全，且未出现支架倒架、挤架现象，及煤壁片帮、飞石伤人安全生产事故。

变厚度过断层法技术实施要点：逐步提升过断层构造破碎超高段工作面支架和刮板输送机高度，并采用桉木进行垫底，且每次提架高度不得高于400 mm，使抬高面呈一缓坡平缓过渡，保障了工作面过断层构造破碎带的安全开采。通过检索查新，国内外未见具有上述特点的过断层构造破碎带方式。

3.2 工作面风巷沿空掘巷技术

12393-1上风巷上部为12392-3工作面，掘巷的可行性方案有4种：无煤柱沿空掘巷，应力降低区留小煤柱掘巷，应力增高区留较大煤柱掘巷，原岩应力区留大煤柱护巷，如图1所示。根据煤体上方固定的支承压力分布可以看出，在位置2、3掘进巷道，正处于应力增高区，巷道承受压力大，不易维护；在位置4掘进巷道，虽然巷道处于原岩应力区，比较容易维护，但煤柱损失比较大，通过计算和数值模拟，选择在位置1掘进巷道，从应力区、维护量和煤柱损失量等因素综合对比，得出无煤柱沿空掘巷是最佳方案。

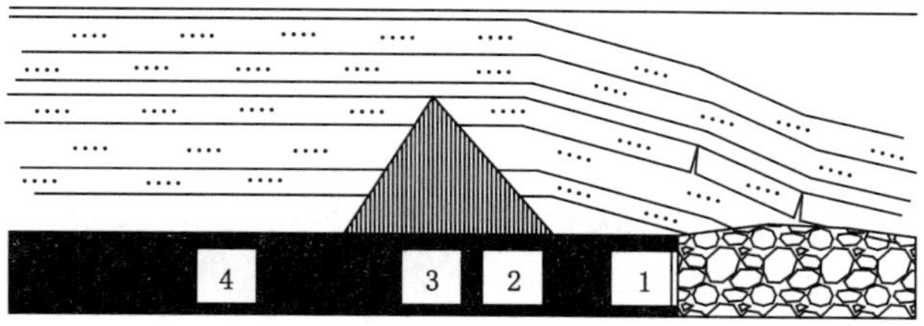

图1　沿空掘巷位置与应力关系示意图

3.3　工作面瓦斯超前综合治理技术

针对工作面煤层特殊赋存状态，创新提出工作面“极限块段划分＋穿层菱形布孔方式＋水压预裂增透＋Y型通风”采前综合瓦斯治理方案。主要采取穿层＋顺层的抽采治理方式，积极引用水力压裂煤层增透技术，同时采用大直径钻孔，提高瓦斯抽采效果。创新提出极限块段划分，分8个块段治理瓦斯，每个块段分源计量，分块段抽采达标评判。为确保瓦斯抽采钻孔对工作面全覆盖，设计在39#煤层底板合理布置了4条瓦斯治理巷穿层治理瓦斯，分别为1条布置在12393-1运输巷底板附近，用于治理12393-1运输巷瓦斯，在工作面内布置3条瓦斯治理巷用于工作面内瓦斯治理，结合顺层＋穿层的抽采治理方式，积极引进水力压裂煤层增透技术，消除瓦斯抽采盲区，提高瓦斯抽采效率。

创新设计穿层钻孔布置方案，将传统矩形布孔修改为菱形布孔方式，科学合理减少钻孔工程量，通过试验反复优化调整菱形穿层钻孔布置。现场反复试验对比结论：6 m×2 m的菱形钻孔布置方案具有显著优势，钻孔密度为0.1个/m^2，比矩形布孔方式减少了钻孔施工工程量37 526 m，极大缩短了穿层钻孔施工工期。

开采期间坚持K_1测定和瓦斯释放孔施工；开展工作面坚硬顶板弱化深孔预裂爆破技术研究，以配合采空区及上隅角瓦斯综合治理；采空区瓦斯治理采用预埋抽采管、卸压抽采方式。

常规采用的“U”形通风方式对上隅角和回风巷瓦斯管理难度较大，如遇基本顶周期来压，仍有瓦斯超限现象发生，故在12采区回风巷内施工1条12393-1回风联络斜巷，配合12393-1运输巷沿空留巷实现采煤工作面“Y”形通风 。

3.4　发明应用矿用长锚索快速稳固技术，控制高应力破碎顶板

12393-1上风巷顶板矿压显现明显，巷道顶底板围岩变形量大，顶板下沉量在300～800 mm，原施工的ϕ17.8 mm矿用锚索出现多次拉断“射出”情况，发生过锚索“射出”伤人事故。项目组研究决定采用ϕ21.6 mm锚索支护顶板，同时发明矿用长锚索快速稳固技术，根据技术改进后的顶板离层观测，顶板下沉量小于30 mm，且未出现锚索被拉断、掉落现象。

矿用ϕ21.6 mm长锚索快速加固结构为缠绕在锚索周向的铁丝圈，取材容易，操作方便，为保证缠绕效果，在锚索的锚固端缠绕铁丝，单个铁丝圈缠绕至少3圈并扭结弯曲接头。缠绕加固结构的间距在0.2～0.4 m，为了提高缠绕加固结构的可靠性，可设置多个，并沿锚索纵向间隔布置。使锚索与药卷搅拌充分、均匀，增大锚索与药卷、锚固剂之间的摩擦阻力，锚索施工后凝固待张拉时间由原来的6 h降低到20 min，便可达到设计预应力。通过检索查新，国内外未见具有上述特点的矿用长锚索快速稳固技术。

3.5　工作面设备超前安装技术创新

为确保矿井生产不脱节，超前完成工作面开采设备安装，在工作面上风巷段煤层倾角达到20°的情况下，矿研究决定创新提出支架安装由12393-1工作面开切眼回风巷向运输巷方向负坡度逐架安装，对原12392-1工作面支架的撤出路线进行维修，将综采支架沿开切眼倾斜方向，从安装开切眼上风巷向工作面运输巷方向负坡度安装，该安装方式是顺坡方向安装，支架在斜坡面存在下滑或倾倒的安全风险，因此制定实施了一系列周密的针对性措施，防止已安装的支架倾斜滑动伤及下方支架安装人员。

同样的运输起点，从工作面上风巷安装，运输安装距离在800 m以上，创新安装方案使支架安装运输距离降至150 m，缩短了安装运输距离650 m以上，提前12天完成工作面支架安装。

3.6　顶板破碎段开采技术

(1) 采高控制

为了减少其他因素对采高的影响，利用FLAC3D模型分析了采高3.2 m、2.4 m时围岩破坏状态(见图2)。经过分析，采高2.4 m不存在支架前方顶板冒落的问题，工作面围岩稳定性将得到有效控制。为此，在工作面距断层6 m时，采用“综采工作面刮板输送机提升装置”，将本工作面的采高快速从3.2 m降至2.4 m。过断层期间采高控制在2.2～2.4 m。随着工作面的推进，断层面逐渐移向回风巷，采高也从工作面下端头逐渐恢复至3.2 m。

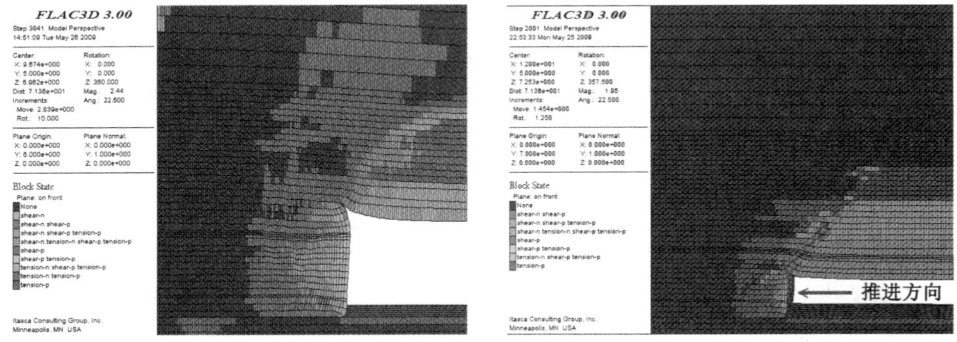

(a) 3.2 m　　(b) 2.4 m

图2　采高为3.2 m和2.4 m条件下的围岩破坏状态

(2) 破煤(岩)技术

采线位于煤壁或破碎岩壁时，对断层带附近30 m范围内采用台阶式割煤工艺。台阶式割煤工艺是指采煤机下行割煤，前滚筒沿顶板割顶煤，后滚筒则不沿底板割煤形成台阶，采煤机上行清扫浮煤时，前滚筒割台阶煤，后滚筒则清扫浮煤。部分采线位于断层上盘顶板时采用爆破破岩，采煤机清扫岩石和拉底，从断层的下盘进入上盘，拉底量为每刀50～100 mm，按5°的俯角推进，采取卧三刀平三刀方式割煤(岩)，以防止损坏刮板输送机。

3.7　创新工作面支架回撤技术

受16#向斜、23#背斜影响，工作面回撤通道呈“V”字形，造成在回撤16#向斜轴部以东支架时，顶板随撤随冒，且沿支架撤出方向冒落，掩埋即将撤出的相邻支架，造成下一支架撤出非常困难，安全隐患大。

针对工作面“V”字形回撤通道存在回撤牵引钢丝绳摩擦顶板和支架顶梁问题，项目组在回撤通道最低变坡点位置研制了压绳装置。

针对工作面下部运输巷往回风巷方向负坡度段，支架回撤后顶板垮落岩石向支架内移动，易掩埋相邻支架，项目组对回撤通道段顶板和煤壁均进行锚网索加强支护，局部将锚索长度由原来的7.3 m增加到10.3 m，发明了长锚索快速锚固技术，且锚索锚固段锚入顶板稳定岩层中1.5 m以上，确保了支护有效，杜绝了顶板垮冒事故及支架被埋影响。通过检索查新，国内外未见具有上述特点的设备回撤技术。

3.8 工作面轴部积水治理技术

工作面倾向方向存在端头高中间低的“船型”姿态，导致周围采空区水和生产废水进入工作面造成轴部积水，针对这一问题，设计在工作面底板巷瓦斯治理中打穿层钻孔，该孔可兼作放水孔，利用一孔多用技术，将构造部位的瓦斯抽排孔用于排水，工作面积水通过穿层钻孔直接流入底板抽排巷中，实现了工作面轴部“锅底”区域自流排水，解决了轴部积水造成的生产难题。

4 效益分析

4.1 经济效益分析

① 工作面采用沿空掘巷，减少了工作面回风巷阶段煤柱留设20 m，该工作面多回收煤炭资源14 700 t；② 通过实施沿空掘巷技术方案，至少较以往提前1个月形成采煤工作面，防止采煤工作面脱节；③ 穿层钻孔的菱形布置方案二相较于矩形布置方案一横向控制6 m＞5 m，纵向控制2 m＞1.5 m，钻孔利用率大为提高，两方案的工程量之比为0.1/0.168＝0.6，本次施工设计，方案二的钻孔设计进尺为56 289 m，方案一钻孔进尺为93 815 m，减少工程量37 526 m；④ 钻孔菱形布置比矩形布置，提高了瓦斯抽采效率，提前2.7个月抽采达标，早投产2.7个月。

该项目成功实施为企业总计新增效益18 863.7万元，新增利润8 082.6万元，节约投资1 115.3万元。

4.2 安全效益分析

结合现场实际，创新提出合理技术方案和应用于现场的针对性措施，解决了采空区及上隅角瓦斯管理、复合顶板管理、高地应力、工作面轴部积水等灾害治理技术难题，避免了水、瓦斯及顶板灾害事故，项目实施期间千人轻伤率为0，安全质量标准化达二级，12393-1工作面开采实现了“零死亡、零超限、零突出、零发火、零透水”安全生产目标，具有显著的安全效益。

4.3 社会效益分析

消除了工作面瓦斯、复合顶板、高地应力、水害等灾害因素影响，提高原煤工效，降低职工的劳动强度，避免了矿井生产脱节，确保了矿井产量，提高了工人薪资待遇，保证了职工队伍稳定，维护了矿区和谐，并有效锻炼了复杂开采条件下的综采工作面职工队伍，为我矿及公司开采类似条件下综采工作面，积累了很多宝贵的经验。

急倾斜大采高智能化综采设备选型优化与安全设施研发配套

刘华君，杨启军，向敏

（四川川煤石洞沟煤业有限责任公司，四川 广元 628209）

摘　要　智能化综合机械化开采是当前煤炭行业发展的趋势，石洞沟煤业采煤工艺开拓源是俯伪斜柔性液压掩护支架采煤方法和炮采落煤工艺，目前，已属于落后工艺，更是煤矿监管重点对象，若不进行机械化探索，势必将被行业所淘汰。但是，我矿煤层开采条件属“三大、一难”，即：倾角大、采高大、受地质构造影响采高变化大（最大倾角达74°，最大采高达4.74 m）及对地质构造带的加固治理难度大，煤层松软，破碎顶板与松软顶底板交加，在国内外同类型煤层中极其罕见，开采难度极大，其急倾斜大采高智能化综采技术探索并加以实施属于国内外首次探索与应用，据了解国内外暂无成功案例，需要解决的关键技术和安全问题极多。

为了解决上述问题，同时提高煤矿的生产效率、降低生产成本和提高安全开采的可靠性，石洞沟煤业公司积极探索与研究柔掩采煤工艺向智能化开采工艺的转型，提出了急倾斜大采高智能化综采“三机”配套方案优化，取得了工作面安装调试成功。

关键词　急倾斜大采高；智能化综采；“三机”配套优化

1　急倾斜大采高智能化综采工作面可行性研究

石洞沟煤业从2021年3月开始进行急倾斜大采高综合机械化开采可行性研究，2021年8月石洞沟煤矿与研发团队嘉华机械公司、上海天地公司、四川坤宇沃达、山东矿机集团等相关厂家工程师进行了采区地质情况现场调研分析和技术论证，就31111智能化综采面“三机”配套和智能化开采等方面进行了全面的地质情况分析，对采高变化、倾角变化、构造带治理、开采工艺进行开采技术研究和讨论。项目可行性研发组历经10个月的艰难探索与研究，其间川煤集团、华荣能源公司、广旺中心配套研发团队多次到石洞沟煤业公司深入现场调研，进行顶底板岩性分析、采高变化及地质构造带的影响分析、现场采面选择定位，通过16次专题会议讨论，选择了31111工作面为智能化综采首采面。

为确保智能化综采项目的可靠实施，石洞沟煤业成立了智能化综采项目领导小组和项目技术攻关小组，联合重庆大学姜永东教授团队从智能化综采面可行性研究到急倾斜综采工作面相似模拟、综采采场围岩活动规律、综采工作面“支架-围岩”系统作用关系以及稳定性控制机制理论分析研究，再到矿压测试与现场岩性抽芯压力试验等内容的实践，极大地加快了智能化综采可行性的研究进程。

相似模拟提升了急倾斜大采高智能化综采工作面选架的认识高度，使研究过程、选定工作面更加趋于实际情况，避免了不必要的研发资金投入。开采工艺的定位，拟定超前沿空护巷无煤柱开采，减少了煤炭资源的浪费，明确了对急倾斜大采高智能化综采工作面的设备选型的定位方向。

2 急倾斜大采高智能化综采工作面“三机”配套方案优化

31111智能化综采工作面主要系统由3部分组成：工作面部分、顺槽部分、地面部分。其中工作面部分位于井下采场，工作面核心装备为采煤机、液压支架、刮板运输机等，工作面俯伪斜3°～5°，俯伪倾斜长平均85 m，开切眼段倾角达到69°。工作面选配中煤科工MG400/990-WD4无链交流电牵引采煤机落煤，总装机功率990 kW，截割功率2×400 kW，采用多电机横向布置的总体结构，“一拖一”交流变频调速。该设备体积小、故障少，大大提高了整机的牵引速度和牵引力。工作面采用嘉华机械公司的ZY5200/18/48QD型液压支架，支架为两柱掩护式，支架原初设计35 t，采用理论计算和相似模拟试验，从支架在急倾斜工作面的稳架论证，选择了优质钢材作掩护梁，将设计质量降为26.2 t，保证了支架有效初撑力和稳定性。支架改进了架间挡矸装置、架前挡矸板，与嘉华机械公司共同研发了机道挡矸装置。机道挡矸装置用于工作面机组临时检修防飞矸，定位检修时保障操作人员到工作面设置第二道挡矸墙时，增设了第一道操作安全防线，为机道检修提供了安全保证。支架控制方式全部采用电液控制，同时工作面支架实现成组程序自动控制，支架配套多功能防倒、防滑装置，解决急倾斜大采高煤层综采工作面支架倾倒及咬架问题。工作面采用SGZ800/400型刮板输送机运煤，增加了采煤截割运行的稳定性。由于31111智能化综采采用走向长壁俯伪斜采煤法布置方式，工作面煤炭沿煤壁自溜，可减少工作面刮板机卡链、断链、设备故障影响生产和飞矸对人员的威胁；同时降低工作面布置角度，有利于克服走向长壁采煤法的缺点，获得较好的技术、经济与安全效果。

井下顺槽部分通过布设供电系统、集控系统等作为辅助设备，为工作面远程自动开停提供了先进装备保证。远程电液控及水处理净化系统装备运行配套，实现了自动配供液。远程自动配供液系统设计在31采区二区段专用硐室，一是便于采面接替；二是供31111工作面同时，还可以为31113、31115工作面集中供液，大大规避了设备多次拆搬造成的人力、物力、硐室施工投入及设备损坏的影响和损失。地面部分配套设施建设在中心调度室，通过矿井环网实现井下巷道、工作面、设备、人员等的全方位动态监测及相关设备的远程控制，实现一键启动操作。

3 急倾斜大采高智能化综采设备安装、联合调试

石洞沟煤业急倾斜大采高智能化综采是该矿首次设备配套，考虑急倾斜大采高工作面安装的安全可靠性，在31111急倾斜大采高工作面创新了液压支架快速调向竖放操作提升方法。31111急倾斜大采高智能综采工作面支架竖放难度在于支架长达7.46 m(降1.8 m高度)，宽1.75 m，重26.2 t，要在开切眼口有效卸车、有效转向、有效下放、可靠自溜到工作面下端头，这是一个技术课题。

石洞沟煤业在开切眼口上部设计了大吨位双速绞车配套系统，双轨运架、平台滑板双槽浇筑，为装架锁架提供了操作便捷，多台绞车双向对拉，减少了人工摆架的操作程序。

智能化综采系统设备快速安装。2022年10月上旬进入井下安装，11月5日完成全部入井设备安装，11月15日进行井下联调联试，12月8日开始试生产，12月15日开始稳定生产，2023年1月25日华荣公司组织有关人员对石洞沟煤业智能化综采工作面各单项及系统进行投产验收，并验收通过。

工作面初采期间，安装支架40部，斜长73 m，工作面共计安装支架49部，斜长88 m，最大采高4.7 m，平均采高3.6 m。截至2023年7月末，工作面已回采7个半月，共计推进445 m，剩余55 m。其中2022年12月、2023年1月为试生产期间，分别推进16 m、32 m，2月份推进71 m，3月份推进62 m，4月份推进65 m，5月份推进75 m，6月份推进85 m，7月份推进39 m。截至2023年

9月底，工作面月度最高产量是6月份，由于无构造带影响，推进最高水平为85 m，实现了月产3.6万t的最好成绩。工作面正常情况下，平均每天可实现3～4刀割煤量，达到平均日产约1 500 t的生产能力，产量实现了项目建设目标。

4 智能化综采技术攻关成果应用

4.1 综采超前沿空护巷支架研发应用

煤矿开采过程中，机巷沿空护巷显得越来越重要，它既可减少一条巷道掘进，更重要的是少丢失煤炭资源。石洞沟煤业现有的护巷技术已成功护巷5条，在5条护巷案例中，针对急倾斜煤层的沿空护巷方式有了新的突破点，正在西南矿井急倾斜煤层中试验与应用，但在急倾斜大采高综采工作面进行架式提前沿空护巷还没有更好的成熟技术。大采高急倾斜综采工作面相对于炮采工作面的矿压显现活动更加剧烈，岩层压力更大、冲击力更直接，护巷的成形、宽度、高度要求更高，护巷后必须满足下一个工作面的大支架安全运进工作面上口，因此急倾斜大采高煤层综采工作面沿空护巷技术一直都是世界性难题。针对这个难题，石洞沟煤业发明了一种“门式分体抗弯型可缩综采护巷支架”，区别于传统整体式护巷支架的受力分解传递、受力挤压可缩、门式曲臂稳架、可分体运输、整体连接安装、分体回拆等功能，可解决护巷支架安装后拆卸困难，以及受水平压力无法可缩调节的问题，同时解决了安装后支架受力不均、部分支架失稳，以及单体支柱分段控架中的补供液问题。本实用新型技术通过门式、可缩结构解决了护巷中支架受力弯曲位移较大，巷道成形不好的技术难题，分体结构有效解决了装车宽度有限、安装重量大、用人多的问题；门式、可缩分体结构综采护巷支架可以实现对急倾斜大采高综采工作面沿空护巷巷道的巷帮贴合支撑、压力分解以及压力释放，有效地保障了巷道支护强度以及受压缓冲作用。

4.2 穿越构造带破碎顶板加固安全高效开采护巷

针对急倾斜大采高综采工作面过构造带难题，石洞沟煤业联合重庆大学优化了支架的配套功能和结构，提出了穿越构造带提前打孔注浆加固的技术措施，为急倾斜大采高智能化综采工作面设备配套选型提供了技术支撑。采用室内试验、理论研究、数值分析、现场监测等综合方法，系统研究了急倾斜大采高煤层综采矿压显现规律、综采过构造带破碎顶板加固方法、采区岩层破断规律，研究出了一套急倾斜大采高智能化综采工作面穿越构造带破碎顶板加固技术。工作面构造带破碎顶板的成功加固，减少了工作面搬家倒面的次数，保障了31111急倾斜煤层智能化开采的正常生产，保证了职工的稳定收入，提高了职工的幸福感。

5 专利研发，攻克技术难题

对31111智能化综采工作面防倒、防滑、防飞矸技术进行了深入研究。由于工作面开采存在较高的风险，包括片帮、冒顶、飞矸伤人、支架下滑、倒架、咬架以及机械设备故障等安全隐患。石洞沟煤业进行了安全防护设施和设备的创新尝试，研发申报受理专利8项，已授权发明专利1项，实用新型专利2项。攻克的以下技术难题使石洞沟煤业急倾斜煤层开采工艺得到了突破，在急倾斜工作面安全管理上得到了提升，创新了支架的安全防护功能，优化了采煤工艺。

5.1 采煤机专用检修段三级网式柜状销插式折叠架前、架间挡矸板

该装置在液压支架上安装后能够有效地防止开采截割中飞溅的煤岩块落入架前通道，防止飞矸伤人，从而提高采煤效率；减少人工清理工作面煤矸石的工作量，降低了人力成本，提高了劳动工效；有效地防止煤岩块飞溅对液压支架的砸伤，增强采煤工作面作业的安全保障，可以避免煤矸石对液压支架管路的损坏，延长设备的使用寿命，减少设备的故障率，降低维修成本，提高设备的可靠性；可以

减少煤尘和散矸的飞扬，解决了采煤工作面的工程质量问题，为安全生产提供了有力的技术支撑。

5.2 刮板简易机头下口煤流量自控导向装置

煤流量自控导向装置，一是解决下出口飞矸外扬（分块螺栓连接，全封闭，易换、易搬运）；二是解决溜煤准确煤流导向（工作面煤炭通过侧板油缸倒角挡煤导向进入溜煤眼输入桥式转载机）；三是设计门开式油缸，解决了内眼口堵塞的问题。

5.3 输送机联体可缩分接式安全防护装置

一是解决下端桥式转载机料槽段防飞矸与挡煤；二是解决取缔端头支架后的安全管理及新配设施与桥式转载机配套行走的问题；三是解决巷道高低不一、溜煤口不能全封闭的问题（对伸缩式油缸加高板进行了巷道高度修正与封闭式挡煤矸调节）。

5.4 可调缓冲式急倾斜综采护巷支架

由于下端头未安装配置端头支架，一旦工作面溜煤口段顶板破碎时，该装置要确保护巷不漏渣，行人有可靠的畅通路段，起到飞矸不能伤人、护巷不支顶、支顶不漏矸的作用。同时减少了 3 部端头支架的投入，提高了设备可利用率。

5.5 下料口桥式转载机煤流控制自动输送器

主要解决工作面大块煤矸进入破碎机时有堵煤、多次挤压造成压死桥式转载机的问题。输煤流自控器是在多煤炭碰撞中自动上升，在煤流拥挤时煤炭在导流板作用下上行，槽内缓冲自溜槽中输入皮带，减少设备故障率和生产影响，缓减了安全风险。

5.6 下出口自移挡矸式切顶密集组合支架

该装置通过液压油缸的组合配套、铰链连接于工作面排头支架上，实现了工作面下端头缺口处顶板的有效支护，达到了铰链连接的倾角可调，油缸伸缩实现了高度、宽度、长度随意调节。下出口的挡矸可靠性大大增强，支撑轮油缸实现了组合支架移动时间隙调节，下口超宽时可伸缩支护下帮煤壁，支架移动时支轮可减少擦帮阻力，与排头架连接实现了组合支架自移同步行走宽度调节。

6 存在问题与操作工艺

由于矿井采煤工作面煤层倾角大、采高大、煤层松软，实施智能化综采技术难度极大，经过该矿攻坚克难，开展关键技术攻关，已在 31111 智能化综采工作面正常生产和回撤，打破了复杂地质条件下不能上、不敢上综采的思想，实现了智能化综采梦。但操作工对智能化综采技术掌握不够，操作不熟练，还需要加强智能化综采技术的学习。

石洞沟煤业一直在做穿越构造带治理的项目攻关，并取得了一定的成效。但是由于 420 m 处 F5 逆断层影响，导致支架部分咬架，1～12 号支架倒架，工作面推进困难，给矿山的安全生产和综采工作面的推进造成不同程度的支护和开采困难。在技术人员帮助下，31111 智能化综采工作面最终实现安全目标，进入安全回撤通道。

参考文献

[1] 邱俊帅.煤矿综采工作面“三机”选型与配套研究 [J].机械管理开发，2022，37(8)：324-326.

[2] 史红瑞.放顶煤综采工作面三机选型设计方案[J].山西煤炭，2018，38(3)：66-68.

[3] 瓮升华，吴攀飞，赵晓龙，等.浅析急倾斜煤层工作面三机配套选型[J].内蒙古煤炭经济，2019(8)：105-106.

[4] 杨文明，刘程，杨元凯，等.工作面“三机”设备智能选型与设计系统开发[J].矿山机械，2022，50(3)：1-6.

110607综采工作面采空区防灭火技术研究

宁志勇

（贵州水矿控股集团有限责任公司，贵州 六盘水 553000）

摘　要　本文以贵州织金县文家坝一矿110607综采工作面为例，设计矿井在采用喷洒阻化剂、注氮、配备束管监测系统、设置防火门等防灭火措施的基础上，在110607综采工作面运输巷设置防火积水坑，在工作面采空区发生煤层自燃风险时，可以通过注水密闭工作面运输巷内的积水坑，阻断工作面的进风风流，抑制及消除工作面采空区自然发火的风险。

关键词　采空区；煤层自燃；内因火灾防治；防火积水坑

0　引言

矿井火灾是威胁煤矿安全生产的主要灾害之一。据不完全统计，在国内主要产煤省份的130个矿区中，面临煤自然发火灾害的在70%以上[1-3]。目前，煤矿井下常用的防灭火技术有堵漏防灭火、均压防灭火、惰性气体（泡沫）防灭火、阻化剂防灭火、高分子材料防灭火、三相泡沫防灭火、灌浆防灭火、胶体防灭火等，主要是从控制漏风、火区惰化、煤体阻化、吸热降温、胶体防灭火等方面发展起来的防灭火技术[4-6]。

文家坝一矿设计生产能力为210万t/a，一期项目（一分区）现为120万t/a的生产采区，二期项目（二分区）现为90万t/a的建设采区。矿井位于阿弓向斜北段中部，区内含煤地层为二叠系上统长兴组及龙潭组，含可采及局部可采煤层6层，煤层编号为6、7、16、23、27、30号，煤层平均厚度为0.98～2.60 m，属薄及中厚煤层，煤层倾角6°～15°。该矿井为煤与瓦斯突出矿井，主要可采煤层均有煤与瓦斯突出危险性，除6号煤层为Ⅱ类自燃煤层外，其余煤层均为Ⅰ类容易自燃煤层。开采有煤与瓦斯突出危险及煤层自然发火危险的煤层，在对工作面采空区进行瓦斯抽采的同时会导致采空区漏风量增大，增加采空区内煤层自然发火的危险，下文以110607综采工作面为例，探讨如何有效防治工作面采空区自然发火危险。

1　工作面概况

设计110607工作面倾向长153 m，走向长1 287 m，开采标高+1 400～+1 475 m，采用综合机械化采煤工艺，走向长壁后退式采煤法，6号煤层平均厚度2.6 m，顶板为灰岩、燧石灰岩、细砂岩、粉砂质泥岩、粉砂岩等，底板为细砂岩、泥质粉砂岩、灰岩等。设计一次采全高，全部垮落法管理顶板，工作面采用U形通风，配风量为1 440 m^3/min。110607工作面布置见图1。

设计110607工作面运输巷和回风巷采用拱形断面，断面尺寸均为5.2 m（宽）×2.916 m（高），净断面面积为12.92 m^2，掘进断面面积16.53 m^2，采用“29U型棚＋喷混凝土”支护，架棚间距为

600 mm，采用半圆木将帮顶刹严背实（空间较大时，用半圆木或道木架设“井”字形木垛接实帮顶），棚与棚之间采用 3 根撑拉杆稳固，采用 6 副卡缆固定 U 型棚，巷道喷浆封闭，喷混凝土厚度大于等于 100 mm，且能有效封闭，防止巷道与采空区之间漏风，断面布置见图 2。工作面采用 ZGY5000-17/38D 型支撑掩护式液压支架支护，工作面运输巷和回风巷超前支护采用铰接顶梁＋单体液压支柱支护。

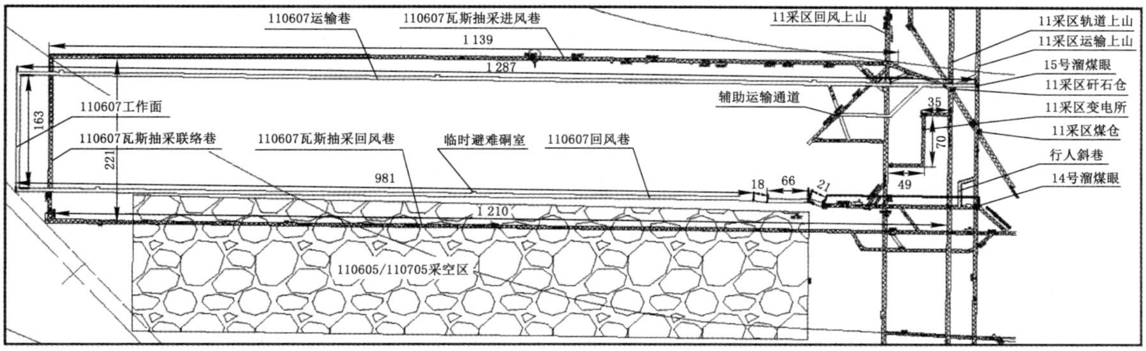

图 1　110607 工作面布置平面图（单位：m）

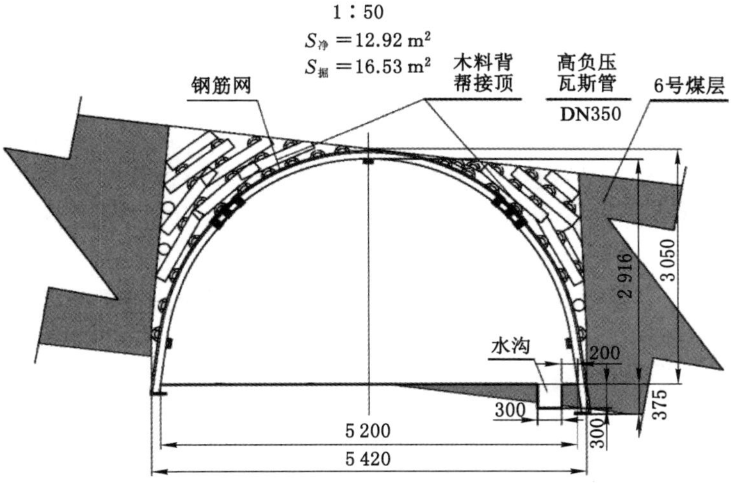

图 2　110607 工作面运输巷、回风巷断面图

2　工作面自然发火危险性分析

2.1　工作面自然发火危险性

110607 工作面浅部 6 号煤层 110605 工作面和 7 号煤层 110705 工作面均已回采完。设计 110607 工作面采用沿空掘巷，沿 110605 工作面回风巷留设 3 m 煤柱掘进 110607 回风巷。6 号煤层下距 7 号煤层 10.79 m，6 号煤层为Ⅱ类自燃煤层，7 号煤层为Ⅰ类容易自燃煤层，实测最短自然发火期 57 天。110607 工作面回采时由于周边煤体卸压，形成漏风通道，如封闭不严易导致漏风，采空区遗煤存在自然发火危险。

6 号煤层有煤与瓦斯突出危险，设计在 110607 工作面采用高位钻孔抽采顶板裂隙带瓦斯以及采用埋管抽采采空区瓦斯，由于负压抽采增加了采空区内的漏风量，同时增加了采空区遗煤自然发火的危险。

2.2 煤层自然发火预测预报

2.2.1 煤层自然发火标志气体及临界值

矿井以一氧化碳作为工作面采空区自然发火标志性气体，以 1 ppm(1×10^{-6})作为临界值，煤矿通防部门每天对采煤工作面架间、上隅角及回风巷一氧化碳情况检查 1 次，每天对采煤工作面预留抽放管及高位抽放巷系统内的气体进行取样分析 1 次，出现一氧化碳时每班至少取样分析 1 次，当一氧化碳浓度达到临界值时需立即查明原因，并安排专人落实防灭火措施。

2.2.2 煤层自燃的判定

110607 采煤工作面出现如下预兆之一时，即存在自燃火灾隐患：① 风流中出现一氧化碳，其浓度呈上升趋势；② 风流中出现二氧化碳，其浓度呈上升趋势；③ 煤、岩、空气和水温升高，并超过正常温度；④ 风流中氧含量降低，其消耗量呈上升趋势。

110607 采煤工作面出现如下现象之一时，即判定为发生自燃火灾：① 由于自燃出现火炭、火焰、烟雾等现象；② 由于自燃出现空气、煤炭、围岩及其他介质温度升高，并超过 70 ℃，其风流中出现一氧化碳，且浓度有上升趋势。

2.2.3 束管监测系统

矿井在一分区工业场地设置有 JSG-8 型自然发火束管监测系统，在 110607 工作面设一套井下分站，该系统接入矿井计算机局域网。在 110607 工作面回风巷安设一氧化碳传感器、温度传感器，一氧化碳传感器预警值为 1 ppm，温度传感器报警值为≥30 ℃，实现实时对回风流中一氧化碳和温度进行监测。

束管监测系统管路路线为：地面→矿井主平硐→＋1 310 m 主石门→井底车场→井底联络巷→11 采区回风上山→110607 回风巷回风通道→110607 回风巷→110607 采煤工作面。

地面建有气相色谱分析实验室，对束管监测系统没有监测的内容（如乙烯、乙炔等）进行检测，每周对采空区密闭、采煤工作面回风隅角及其回风巷、高冒区等其他可能发生自然发火地点的气体取样分析 1 次（如发现气体异常，每天检查分析 1 次），以便及时做出煤的自然发火早期预报。

3 防灭火措施

3.1 喷洒阻化剂

矿井采用喷洒阻化剂防灭火措施，阻化剂由氯化钙溶液组成。设计选用 2 台 WJ-24 型阻化剂喷射泵，功率为 2.4 kW，泵流量为 2.4 m^3/h，额定工作压力为 2.0～3.0 MPa。喷洒地点主要为 110607 工作面采空区，喷洒方法如下：① 从上隅角靠采空区侧，向采空区喷洒；② 沿切顶线向采空区喷洒；③ 在运输巷与老塘交界处向采空区喷洒。工作面采空区阻化剂日喷洒量为 8.76 m^3/d，计算公式如下：

$$
\begin{aligned}
V &= Q_y \eta \rho_c LHS \\
&= 0.06\times0.05\times1.53\times153\times2.6\times4.8 \\
&= 8.76\ (m^3/d)
\end{aligned}
$$

式中 Q_y——吨煤用液量，取 0.06 m^3；

η——工作面丢煤率，5%；

ρ_c——煤的视密度，取 1.53 t/m^3；

L——工作面长度，取 153 m；

H——工作面采高，取 2.6 m；

S——工作面日进度，取 4.8 m/d。

3.2 注氮防灭火

当110607工作面架间或上隅角检查或分析发现一氧化碳时，应向工作面采空区实施预防性注氮，氮气需注入工作面采空区氧化带内，当发现有火灾征兆时，采用连续注氮直到征兆消除。采煤工作面注氮量按下式计算：

$$Q_N = 60Q_0(C_1 - C_2)/(C_N + C_2 - 1)$$
$$= 60 \times 10 \times (0.10 - 0.07)/(0.97 + 0.07 - 1) = 450\ (m^3/h)$$

式中 Q_N——注氮流量，m^3/h；

Q_0——采空区氧化带内的漏风量，取10 m^3/min；

C_1——采空区氧化带内的原始氧浓度，取10%；

C_2——采空区防火惰化指标，取7%；

C_N——注入氮气的纯度，取97%。

根据《煤炭矿井设计防火规范》(GB 51078—2015)第4.3.8条的规定："制氮设备选择宜按总注氮量乘以1.2～1.5的富余系数确定"，设计取富余系数为1.5，故注氮量为450×1.5=675 m^3/h。

根据以上计算，矿井一分区风井场地设置2台DTD-1000制氮机及配套设施，一用一备，以满足矿井注氮的需要。制氮机空气耗量21.7 m^3/min，氮气产量1 000 m^3/h，额定电压/频率AC220 V/50 Hz，氮气纯度≥97%，氮气出口压力为0.6 MPa。

注氮系统管路采用DN100无缝钢管安装至110607运输巷，每隔30 m安设旁侧三通，路线为：矿井一分区风井场地→矿井一分区南东翼进风斜井→11采区轨道上山→+1 380 m车场→110607运输巷辅助运输→110607运输巷。

3.3 消防洒水

井下消防洒水采用管道枝状管网供水，供水主管道分别为DN200(回风斜井井筒)和DN125(进风斜井井筒)，由一分区风井场地回风斜井井筒和进风斜井井筒进入，沿回风斜井井筒、进风斜井井筒敷设至井下各用水点，供给110607工作面和各掘进工作面生产、消防和供水施救用水。110607工作面消防洒水由距一分区风井场地进风斜井井口西北面水平距离约85 m处1座800 m^3消防洒水、安全调节水池(池底标高+1 489.20 m)提供，常高压供水，消防水池保持有不少于200 m^3的水量。在带式输送机巷道中每隔50 m设置三通和阀门，其他巷道每隔100 m设置三通和阀门。

110607工作面消防洒水管路路线为：矿井一分区风井场地→矿井一分区南东翼进风斜井→11采区轨道上山→+1 380 m车场→110607运输巷辅助运输→110607运输巷。

矿井一分区风井场地→矿井一分区南东翼进风斜井→井底车场→井底车场联络巷→11采区运输上山→行人联络巷→110607回风巷。

3.4 防火积水坑

开采110607工作面时需按《煤矿防灭火细则》规定设置防火门，当工作面通风系统形成后需按设计构筑防火门墙，并储备足够数量的封闭防火门的材料。除此之外，设计在110607工作面停采线附近的运输巷内设置1个防火积水坑，如图3和图4所示。

在与采煤工作面运输巷相连的110607辅助运输联络巷内设置1趟DN125应急供水管路，供水管路的进水口与110607辅助运输联络巷内安设的供水管相连，供水管路出水口为防火积水坑方向，供水管路两端安设控制闸阀，若需放水封闭防火积水坑则打开供水管路两端闸阀进行放水；供水管路两端闸阀能直接在调度室远程控制。发生紧急情况时，注入防火积水坑内的水量能密封采煤工作面运输巷整个巷道断面及巷道顶板松动圈范围，注入水的总量约1 000 m^3，所需时间约8 h。

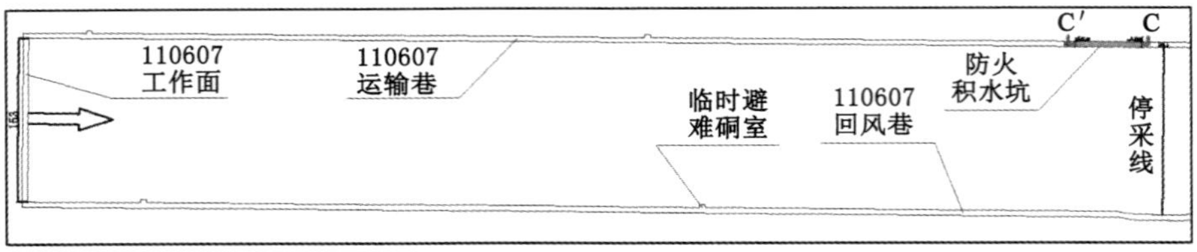

图 3　110607 工作面运输巷防火积水坑布置平面图

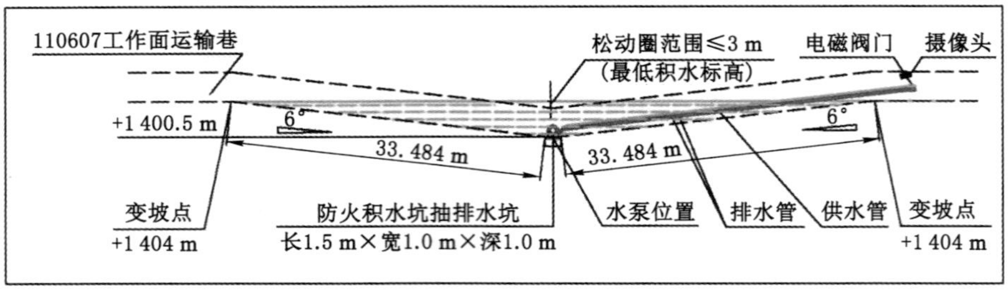

图 4　110607 工作面运输巷防火积水坑布置 C′—C 剖面图

防火积水坑内最低点处设置 1 个抽排水坑，抽排水坑尺寸为：长 1.5 m×宽 1.0 m×深 1.0 m，抽排水坑容量为 1.5 m^3，抽排水坑上部设盖板，抽排水坑内安设两台排 BQS50-30-7.5/N 型潜水泵（一备一用），扬程 30 m，流量是 50 m^3/h，同时在防火积水坑内安设两趟 DN150 排水管，通过排水泵及排水管将抽排水坑内的水排至 11 采区运输上山内，最后通过主平硐自流排水。在靠近辅助运输联络巷一侧的 110607 工作面运输巷内安设监控摄像头，摄像头需对准采煤工作面运输巷内积水坑，监控摄像头电源实现闭锁。通过注水密闭工作面运输巷内的积水坑，阻断工作面的进风风流，可以抑制及消除工作面采空区自然发火的风险。

4　结论

本文分析了贵州织金县文家坝一矿 110607 综采工作面自然发火危险性，确定了以一氧化碳作为工作面采空区自然发火标志性气体和预警临界值，在矿井一分区工业场地设置有 JSG-8 型自然发火束管监测系统，设计在采用喷洒阻化剂和注氮防灭火措施的基础上，在 110607 综采工作面运输巷设置了防火积水坑，通过采取以上防灭火措施来抑制及消除工作面采空区自然发火风险，为采煤工作面煤炭安全高效回采创造了良好的条件。

参考文献

[1] 唐辉. 近距离煤层群开采高位遗煤自然发火防治技术[J]. 煤矿安全，2017，48(6)：69-71.

[2] 余陶. 采空区瓦斯与煤自燃复合灾害防治机理与技术研究[D]. 合肥：中国科学技术大学，2014.

[3] 邓军，白祖锦，肖旸，等. 煤自燃灾害防治技术现状与挑战[J]. 煤矿安全，2020，51(10)：118-125.

[4] 李连. 矿井综合防灭火技术在煤自燃火灾中的应用[J]. 煤矿安全，2008，39(1)：31-35.

[5] 鲜学福，王宏图，姜德义，等. 我国煤矿矿井防灭火技术研究综述[J]. 中国工程科学，2001，3(12)：28-32.

[6] 国家矿山安全监察局. 煤矿防灭火细则[M]. 北京：应急管理出版社，2021.

低透气松软煤层水力冲孔技术应用与分析

刘颖，牟洁，王琳

（贵州省盘州市能源局，贵州 六盘水 553504）

摘 要 低透气松软煤层煤与瓦斯突出防治技术是煤矿瓦斯灾害治理攻坚性难题，是目前乃至今后较长一段时期的防治重点，探索解决低透气松软严重突出煤层的煤与瓦斯突出防治技术，在保证安全的前提下大幅度提高掘进速度，改变采掘接替紧张、实现煤矿安全高效开采是突出矿井可持续发展的当务之急。煤体原始瓦斯压力、地应力和煤的物理力学性质等多种因素的共同作用导致煤与瓦斯突出，突出的动力来源煤岩中的弹性潜能和瓦斯的膨胀能，水力冲孔过程可以破坏煤体原始应力状态，使裂隙自由面扩大，打破瓦斯吸附与解吸的动态平衡，加快瓦斯解吸和排放，使部分吸附瓦斯转化成游离瓦斯，而游离瓦斯则通过裂隙运移得以排放，大幅度释放煤体及围岩中的弹性潜能和瓦斯膨胀能，提高瓦斯抽采浓度和抽放效率。通过在盘南旧屋基井区有限责任公司1730底抽巷的应用，充分证明水力冲孔技术能高效提高松软低透气性煤层的瓦斯抽采浓度及流量，对防治瓦斯事故具有极其重要的意义。

关键词 水力冲孔；冲出煤量；影响半径；浓度；流量

1 工程实施背景

盘南煤炭旧屋基井区有限责任公司采用斜井开拓，中央并列式通风，19# 煤层平均厚3.5 m，倾角8°～10°，顶、底板岩性为粉砂岩，层理结构致密、完整，极具封闭性，煤层坚固性系数0.35，透气性系数0.475 7 $m^2/(MPa^2 \cdot d)$，透气性差，瓦斯吸附力较强，属于松软难抽放煤层。此前，该公司建立“钻到位、管到底、孔封严、水放干”十二字瓦斯治理体系，从施钻、埋管、封孔、注浆、联网等工序不断进行改进及完善，但瓦斯抽放效果没有明显提升，采掘活动中瓦斯超限事故频繁发生，单孔瓦斯抽采浓度均低于10％，严重制约煤矿安全生产。为此，决定在1730西底抽巷实施水力冲孔瓦斯治理技术的探索，增加煤层透气性，破解19# 煤层瓦斯治理技术瓶颈问题。

2 工程概况

1730西底抽放巷巷道位于19# 煤与26# 煤之间的岩层中，距19# 煤法线距离为15～30 m。设计长度310 m，已掘200 m，其中K0＋120 m段已布置540个普通抽采钻孔进行瓦斯抽放。巷道断面为11.23 m^2的半圆拱形，采用锚网＋喷浆联合支护。

3 水力冲孔机理

水力冲孔过程就是破坏剥落原始煤体，使其煤层突出能量在可控的条件下缓慢释放，逐渐形成较大直径的孔洞，煤体原始应力状态发生改变，煤体裂隙自由面扩大，游离瓦斯大量释放的过程。首先，利用高压水射流破碎煤体，并在一定时间内冲出，形成较大直径的孔洞，从而破坏煤体原始应力平衡状态，孔洞周围煤体向孔洞径直方向发生大幅度位移，促使应力状态重新分布，集中应力带前移，有效应力降低；其次，煤层中新裂缝的产生和应力水平的降低打破了瓦斯吸附与解吸的动态平衡，使部分吸附瓦斯转化成游离瓦斯，而游离瓦斯则通过裂隙运移得以排放，大幅度地释放煤体及围岩中的弹性潜能和瓦斯膨胀能，煤层瓦斯透气性显著提高；最后，高压水浸入煤体，煤体的塑性增加，脆性减小，可降低煤体中残存瓦斯的解吸速度。水力冲孔过程冲出大量瓦斯和煤炭，因此在煤体中形成一定的卸压、排放瓦斯区域，在这个安全区域内，破坏了突出发生的基础条件，起到有效的防治突出效果。

4　水力冲孔设计

4.1　冲孔技术参数

（1）冲孔压力：根据中国矿业大学安全生产检测检验中心编制的《贵州盘南煤炭开发有限责任公司响水矿旧屋基井区 5#、12#、17#、19# 煤层瓦斯参数测定报告》，19# 煤层坚固性系数 $f=0.35$，推荐泵压为 f 值的 20 倍，破煤有效压力应 P 大于或等于 7 MPa，推荐压力 10 MPa，初期冲孔压力控制在 10～15 MPa 之间（后期可通过冲孔实际施工情况并经试验考察更改冲孔压力范围），冲孔时先低压后高压。

（2）流量不低于 200 L/min。

（3）冲孔时间可根据现场情况而定，一般为每米煤段不低于 30 min，冲孔到返清水为止，冲孔总时长不少于 2 h，见煤段较长时不少于 3 h。

（4）冲出煤量：每米煤段出煤量根据现场实际情况确定。

4.2　钻孔布置

根据《防治煤与瓦斯突出细则》规定，1730 西底抽巷穿层钻孔控制范围为 11194 机巷宽度及其两侧各 15 m，影响半径为 3 m。

1730 西底抽巷已掘巷道剩余 80 m 未布置抽放钻孔（K0＋120 m 范围已布置了抽放钻孔），考虑巷道后续延伸爆破因素影响，决定在距迎头 50～80 m 范围布置水力冲孔钻孔。沿巷道方向共布置 5 组钻孔，组距 6 m，每组 10 个，共计 50 个钻孔，为便于施钻联网，每组分 2 排，排距为 3 m。

4.3　工艺流程

工艺流程为：钻机安装→防喷装置安装→岩石段钻孔→煤段冲孔→瓦斯及煤渣处理→封孔注浆→联网抽放。其中钻机安装、岩石段钻孔、封孔注浆及联网抽放等同普通瓦斯抽采技术。

（1）防喷装置安装。用 ϕ135 mm 钻头扩孔 1 m 后，退杆卸下钻头，将防喷装置导管插入钻孔固定，再将导气管连至抽放管路，水渣排放管接至矿车。

（2）冲孔。冲孔采取渐进式，从下往上匀速来回冲刷。每 1 根钻杆长度为分段节点冲孔，直至煤层顶板。钻孔进入煤层时停钻，开启高压水泵，将压力调至 10～15 MPa，钻杆进水改为高压水，开始冲孔。

（3）瓦斯及煤渣处理。大部分瓦斯通过防喷装置导气管进入抽采管路，水、煤渣及少量瓦斯通过排渣管流入煤水分离器，混合有气水的瓦斯进入气水分离装置分离后，接入瓦斯抽采管路；煤和水通过过滤网再次分离，煤渣落至底板，人工装入矿车运出，水由水沟流至水仓（由于钻杆排渣槽及防喷装置抱紧套磨损产生间隙等因素，尚有部分煤水直接落至底板，流至沉淀池）。因购置的分离器筛孔孔径过小，煤渣极易堵塞，无法做到水渣分离，冲孔产生的瓦斯大部分都通过导气管进入抽采管路，混在煤水中的瓦斯很少，不会产生瓦斯超限等事故。

(4) 水力冲孔系统及设备。水力冲孔系统由乳化液泵、水箱、压力表、防喷装置、喷头等组成。乳化液泵型号 KZS200/31.5L(额定流量 200 L/min,额定压力 31.5 MPa),喷头利用普通 ϕ94 mm 合金钻头加工而成(将原有小孔堵塞,在钻头中心、侧边各钻 1 个 ϕ4 mm 喷孔);钻机型号 ZDY4200SWL;高压胶管内径为 25 mm、耐压 32 MPa。

4.4 安全事项

(1) 按设计要求的钻孔角度和开孔位置施工钻孔。

(2) 钻机开机前,首先检查钻机是否运转正常,检查高压水管路是否连接牢固,保证高压水管路每个连接处都有管卡子。

(3) 冲孔打钻人员必须衣扣整齐,灯带系好,开钻后人与钻机保持一定距离,以证保人身安全,钻机、水泵安设必须牢固,防止翻倒及下滑伤人。在人工取下钻杆及加钻杆时,钻机的控制开关必须打到停止位置,不得违章作业。

(4) 在操作冲孔过程中严格控制钻机加压量,保证不因压力过大导致钻孔偏斜、钻杆夹死。在冲钻过程中出现动力现象(如顶钻、夹钻、喷孔等),必须停止冲孔。

(5) 冲孔过程中必须随时对孔口的瓦斯浓度进行检查,以钻孔为圆心,半径 0.4 m,距岩壁 0.6 m 以外,瓦斯浓度不得超过 0.5%,距岩壁 0.2～0.6 m 以内,瓦斯浓度不得超过 2%(距岩壁 0.2 m 以内不做限制),否则必须停止打钻,撤出人员。

(6) 冲孔钻场地点设专职瓦检员,负责冲孔地点的瓦斯检查,必须在冲孔地点悬挂便携式瓦斯报警仪,回风流中瓦斯浓度达到 0.8%时立即停止作业,撤出人员并汇报调度室。

(7) 冲孔地点压风自救装置无风、风量不足,消防设施、灭火器材及安全设施不到位时,严禁开钻。

(8) 巷道内电气设备防爆完好率必须达到 100%。

(9) 钻机要摆放平稳,打牢压紧。各类电气设备、管线、钻杆、工具要放在巷道的同一侧,并摆放、吊挂整齐。

(10) 钻孔施工地点回风侧 10 m 内设瓦斯传感器,上齐风电闭锁及瓦斯电闭锁保护装置,当瓦斯超限时能立即断电。

(11) 每班冲孔人员必须填好冲孔记录,做到详细、准确。

(12) 冲孔过程中要注意观察钻孔的出水和煤情况,人员避开钻孔方向,防止喷孔伤人。

(13) 现场人员(包括瓦检员在内)必须熟知突出预兆,如瓦斯忽大忽小、顶板压力大、有煤炮声、严重喷孔、顶钻夹钻等,发现预兆及时断电撤人并及时汇报调度。

(14) 冲孔过程中要反复进退钻杆,尽可能多冲煤,并注意观察钻孔是否正常出水和煤,防止摩擦产生高温引燃瓦斯、煤尘。

(15) 冲孔地点附近必须安装直通调度室的电话并确保完好,发生紧急情况,必须立即向调度室汇报。

5 工程实施情况

钻场选择布置在 K0+120 m 处,距第 5 组钻场 8 m,距迎头 80 m 处。沿巷道顶部圆弧部分布置 6 个钻孔,开孔距 0.4 m,终孔距 5 m。

射流管周边 2 个 ϕ2 mm 的射流孔无法冲刷前方煤体,满足不了冲孔设计要求,且射流孔孔径过小,易堵塞。通过技术改进,将普通钻头原来的风水孔焊堵,再在钻头中心及周边各钻 1 个 ϕ4 mm 射流孔,钻头兼做射流器,并同时对钻头前方及周边煤体进行冲刷。通过采取上述措施,提升了工作效率,冲孔中从未发生过堵孔退杆现象,冲出的煤体颗粒大,一般为 ϕ1～5 mm。

通过实践,平均每天完成 1.2 个钻孔,单孔初始瓦斯浓度为 10%～82%,平均 51.67%;流量为

0.10～0.38 m^3/min，平均 0.29 m^3/min；平均冲煤量为 2.5 t/m，平均单孔冲煤量为 11.67 t，共计冲煤 70 t。

6 效果分析

6.1 钻孔工程量

(1) 钻孔数量比较：普通钻孔密度为 4.5 个/m，按照原来的设计，水力冲孔钻孔为 1.5 个/m，前者是后者的 3 倍。

(2) 工程进度比较(钻孔、注浆封孔、连抽)：普通钻孔一个小班可以完成 2.5 个孔，水力冲孔钻孔可以完成 0.33 个孔，前者是后者的 7.6 倍。

6.2 钻孔瓦斯浓度比较

在负压相同的条件下，水力冲孔单孔瓦斯浓度是非冲孔钻孔的 10 倍，充分说明水力冲孔提高了煤层的透气性，拓宽了抽放范围，提高了抽采效率。

非水力冲孔钻孔瓦斯浓度衰减速度快，一般 24 h 衰减 90%；水力冲孔钻孔在不串孔的情况下，一般 24 h 衰减不会超过 10%。

6.3 钻孔瓦斯抽采量比较

本次水力冲孔钻孔抽放范围为 24 m×35 m，抽放瓦斯 7.9 万 m^3，而相同抽放范围的非水力冲孔钻孔抽放的瓦斯为 1.3 万 m^3。

7 存在的问题

(1) 水力冲孔有效影响半径理论依据不足，钻孔布置仅凭经验，导致 36.8%的钻孔串孔，降低了抽采效率，造成经济上的浪费。

(2) 单位长度冲煤量与瓦斯抽采参数变化的关系缺乏理论依据，不能精准确定钻孔冲煤数量。

(3) 作业人员操作水平不高，冲煤速度慢，工作效率低。

(4) 设备故障率高，特别是高压水辫性能不稳定，严重影响工程进度。

(5) 冲孔瓦斯涌出量较大，不均衡，特别是停机续接钻杆时从孔内涌出的瓦斯控制技术要求高，冲孔时易发生瓦斯超限事故。

8 对策与措施

(1) 制定水力冲孔影响半径测定方案，组织人员进行测试，为钻孔设计提供科学依据。

(2) 成立以技术负责人为组长的技术攻关组，对单位长度冲煤量与瓦斯抽采参数变化的关系进行研究，提升冲孔工作效率。

(3) 通过技术改造提高钻机水辫质量，改善水辫性能，减少影响因素。

(4) 在钻机上安装专门瓦斯抽放管，抽放上杆时从钻杆内孔涌出的瓦斯，确保瓦斯不超限。

9 结论

水力冲孔技术能有效增加煤层透气性，可以提高煤层瓦斯抽采浓度及流量，特别适应低透气性煤层瓦斯抽采。冲孔设备简便，操作简单。矿井可以根据煤层实际情况，采取相应措施，完全能达到提升瓦斯抽采效率的目的，大幅度地释放煤体及围岩中的弹性潜能和瓦斯膨胀能，煤层瓦斯透气性显著提高。可见，水力冲孔技术对防治瓦斯超限及煤与瓦斯突出具有重要意义。

近距离煤层群隔层“探、治”瓦斯技术体系研究及应用

张书军，刘东，赵康

（贵州豫能投资有限公司，贵州 贵阳 550000）

摘　要　为解决贵州地区近距离复杂煤层群采掘过程中邻近煤层瓦斯防治难题，提出了包括邻近煤层瓦斯参数探查技术、保护层开采上覆岩层“三带”范围考察技术和邻近煤层瓦斯抽采防治技术的隔层“探、治”瓦斯技术体系。该技术体系在安顺煤矿的应用结果表明：M9 煤层工作面采空区冒落带和裂隙带高度分别约为 3.8 m 和 15.7 m，能够有效增益上覆 M8 煤层瓦斯治理；邻近煤层瓦斯抽采效果受到抽采孔空间位置、长度和工作面推进情况影响，高位钻场、高位巷、高位定向长钻孔和密集穿层高位钻孔抽采方式的抽采纯量分别能达到 12 m^3/min、37.7 m^3/min、10.0 m^3/min 和 40.1 m^3/min，高位巷和密集穿层高位钻孔抽采效果更优。研究成果为贵州地区煤层群瓦斯高效治理提供了理论和工程实践基础。

关键词　近距离煤层群；瓦斯防治；裂隙带；高位钻场；定向长钻孔

0　引言

贵州矿井多为煤层群开采，煤层赋存条件复杂，具有喀斯特地形地貌和侏罗山式褶皱的典型特征，褶曲构造繁多[1]，且煤层断裂、断层发育，易造成局部区域煤层应力集中及煤体松散破碎，原始煤层瓦斯含量普遍较高、透气性低[2-5]，瓦斯治理难度较大[6]，很多矿井虽然采用了水力压裂[7-9]、水力冲孔[10-11]、水力割缝[12-13]以及冲压一体化技术[14]等措施强化瓦斯治理，但仍很难从根本上解决高效治理瓦斯难题，矿井采掘接替失调难以避免；层间距较近，多集中在 1.5～38 m[1]，大多小于 30 倍采高，掘采过程中可能会因邻近煤层卸压涌出瓦斯导致瓦斯超限，也可能造成煤巷掘进过程中出现误近、误揭煤，甚至导致煤与瓦斯突出风险，传统的只开采卸压不抽被保护层瓦斯技术模式已不能满足生产需要[15]。因此，近距离复杂煤层群瓦斯防治技术探索是贵州地区煤矿安全攻关的重要任务之一，也是贯彻《防治煤与瓦斯突出细则》第六十二条的要求。本文在总结贵州豫能近年来煤层群探测和瓦斯防治工作的基础上，建立了适用于近距离复杂煤层群的隔层“探、治”瓦斯技术体系，在煤层采掘过程中对邻近煤层进行精准探测及瓦斯治理，为贵州地区煤层群瓦斯防治和矿井安全生产提供技术基础。

1　近距离复杂煤层群隔层“探、治”瓦斯技术体系

1.1　邻近煤层瓦斯参数探查技术

在煤巷掘进期间，沿巷道方向每 20～50 m 至少施工一个探查钻孔，钻孔角度与上邻近煤层夹角大于 70°、与下邻近煤层夹角不小于 30°，准确记录钻孔过每一层煤的见煤点和止煤点以确定煤

层距离和厚度，探查邻近煤层赋存和构造发育情况，并取样测煤层瓦斯含量、封孔测煤层瓦斯压力。钻探数据作为煤层掘进和后期邻近煤层瓦斯治理设计的依据。

1.2 保护层开采上覆岩层“三带”范围研究

煤层开采后上覆煤岩层形成“三带”：冒落带、裂隙带和弯曲下沉带，对于多煤层开采，冒落带和裂隙带有利于邻近煤层瓦斯散逸，也同时会导致采煤工作面瓦斯升高，采用经验公式计算与电法测试得到采空区“三带”范围，对于回采过程中的工作面瓦斯治理及邻近层瓦斯抽采有着良好的指导意义。电法测试选用AM、ABM法两种方法，AM法每次测试时间0.5 s，每次测试2 min；ABM法每次测试时间0.2 s，每次测试40 min。

1.3 邻近煤层瓦斯抽采防治技术

邻近煤层瓦斯预抽技术是解决首采煤层回采瓦斯异常和邻近层瓦斯治理问题的有效手段，本技术体系通常采用的邻近层瓦斯抽采技术包括：高位钻场抽采、高位巷抽采、高位定向长钻孔抽采、密集穿层高位钻孔抽采，辅以煤层开采所致的煤岩层裂隙带及煤层卸压效果，可以实现长时间高效率的邻近煤层瓦斯抽采。

2 隔层“探、治”瓦斯技术体系应用情况

2.1 应用矿井概况

技术体系在贵州豫能所管理6对矿井都进行了应用推广，本文以安顺煤矿为例。安顺煤矿为煤与瓦斯突出矿井，井田含煤地层为上二叠统龙潭组，可采煤层为M0、M8、M9煤层，煤层倾角0～4°，三层可采含煤层总厚度为4.21 m，目前开采下组M8、M9煤层，煤层间距17.96 m。M9煤层是可采煤层，煤层厚度1.53 m，试验区域最大原始瓦斯含量9.2 m^3/t；最大原始瓦斯压力0.77 MPa；瓦斯放散初速度Δp为25～32；煤的坚固性系数$f=0.81\sim0.85$；煤的破坏类型为Ⅱ～Ⅲ；钻孔流量衰减系数α为0.042～0.068 d^{-1}；煤层透气性系数λ为0.093 2～0.145 8 $m^2/(MPa^2\cdot d)$。M8煤层平均厚度1.21 m，局部可采，试验区域最大原始瓦斯含量9.31 m^3/t；最大原始瓦斯压力0.76 MPa；瓦斯放散初速度Δp为28；煤的坚固性系数$f=0.4$；煤的破坏类型为Ⅲ类；钻孔流量衰减系数α为0.021 5 d^{-1}；透气性系数λ为0.130 1 $m^2/(MPa^2\cdot d)$。M9煤层直接顶板为深灰色粉砂质黏土岩或灰黑色碳质黏土岩。

2.2 上覆岩层三带范围考察

根据安顺煤矿M9煤层顶板岩性，参考《建筑物、水体、铁路及主要井巷煤柱留设与压煤开采规范》，本文计算冒落带、裂隙带高度分别采用经验公式(1)、公式(2)。

$$H_m=\frac{100\sum M}{6.2\sum M+32}\pm1.5 \tag{1}$$

$$H_l=\frac{100\sum M}{3.1\sum M+5.0}\pm4.0 \tag{2}$$

式中 H_m——冒落带高度，m；

H_l——裂隙带高度，m；

$\sum M$——累计采高，取1.7 m。

经计算冒落带高度范围为2.5～5.5 m，裂隙带高度范围为15～23 m，裂隙带和冒落带总高度为17.5～28.5 m。

采用电法测试9305工作面保护层开采的“三带”范围，其结果如图1所示，从正演结果图可以

看出：工作面冒落带距离工作面约为 20 m，冒落带高度约为 3.8 m，裂隙带范围约为 15.7 m，冒落带与裂隙带总高度约为 19.5 m，与计算结果较为一致。两煤层间距 17.96 m，裂隙带范围覆盖至 M8 煤层，保护层开采能有效增加邻近煤层瓦斯抽采效率。

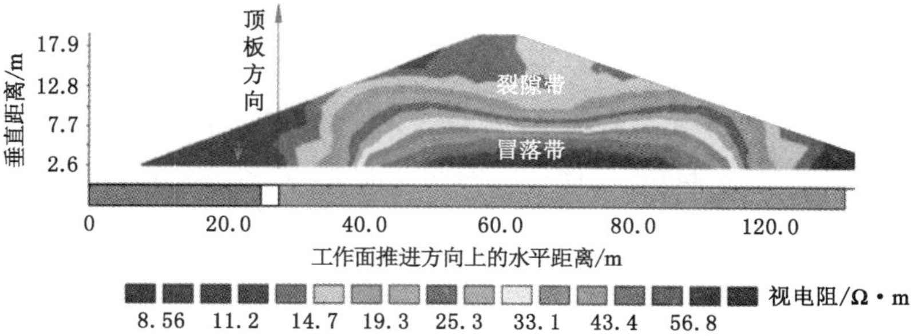

图 1　采空区“三带”电法正演结果

2.3　邻近煤层探查

邻近煤层探查分为一探和二探。一探即在 M9 煤层掘进迎头正前方施工上、下探孔，终孔于迎头正前方 70 m、M9 煤层法向距离 30 m，钻孔夹角 23°，每 40 m 施工 1 组 2 个钻孔，目的是探明在掘巷道邻近煤层层位；二探为补充探查，在 M9 煤层巷道内每隔 20 m 施工 1 个顶板孔，钻孔与 M8 煤层夹角为 90°，钻孔进入 M8 煤层顶板 2 m，用于验证 M8 煤层层位并测取瓦斯参数，钻孔设计示意图如图 2 所示。掘进工作面钻探数据结果：M8 煤层厚度 0～4.9 m，平均 1.4 m，煤层赋存并不稳定，距离 M9 煤层 16～20 m，平均 18 m；实测 M8 煤层最大原始瓦斯含量 9.13 m^3/t，平均 8.67 m^3/t。

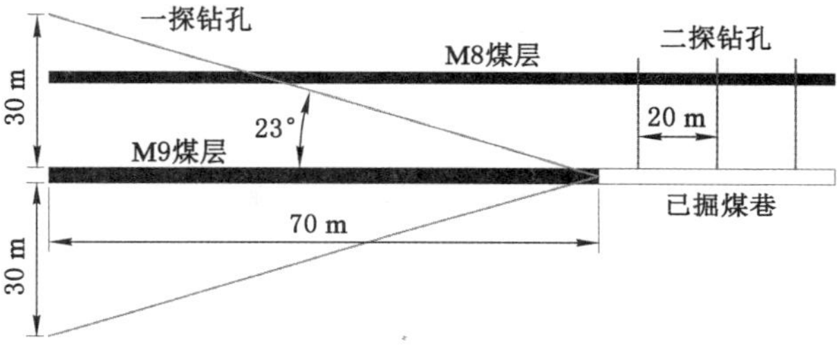

图 2　探查钻孔示意图

2.4　邻近煤层瓦斯抽采防治技术应用效果

2.4.1　高位钻场抽采技术及其效果

如图 3 所示，高位钻场布置在 M9 煤层顶板，钻场规格为 6 m×6 m×3 m，与 M9 煤层工作面开切眼平距 80 m，距 M9 煤层 8 m、M8 煤层 7 m，钻场内施工高位钻孔抽采邻近层瓦斯，钻孔设计 21 个，总长度 1 374 m，钻孔孔底水平方向上距 M9 煤层回风巷 5 m、开切眼 10 m，钻孔倾角 2°～3°，孔底距 M8 煤层 3～4 m。

钻孔分 4 组连抽，从下到上分别为 1～4 组（对应钻孔编号 1～5、6～10、11～15、16～21），抽采曲线如图 4 所示，分析可知：工作面推进 28.4 m 时，第 2、3 组钻孔的浓度和纯流量开始明显增加，第 2 组浓度和纯流量增加至 70%、1.62 m^3/min，第 3 组则分别增加至 42%和 0.43 m^3/min，这与工作面推进 30 m 时顶板初次来压的情况相吻合，且靠近工作面中部的第 2 组钻孔纯流量更大，说明此区域顶板垮落更充分，煤岩层裂隙更发育；推进 30～60 m 期间，这两组钻孔纯流量持续增加；工作面推至 50 m 左右时，第 1、4 组钻孔浓度和纯流量开始增加，靠近工作面中部的第 1 组钻孔纯

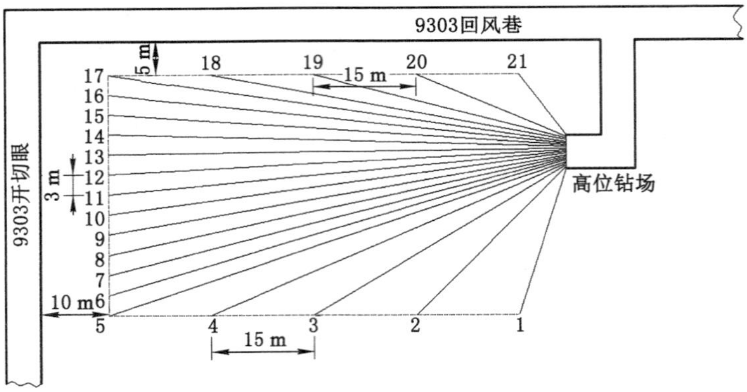

图 3　9303 工作面高位钻场设计图

流量明显高于边缘区域的第 4 组钻孔，也证明顶板垮落形成的裂隙带更集中于工作面中部。工作面推至 62 m 时，4 组钻孔抽采纯流量达到最大 15.17 m^3/min，之后总的纯流量开始下降，分析认为是扇形孔有效控制范围减小所致；推至 75 m 时随着顶板周期来压，顶板裂隙范围进一步扩展，抽采量又开始增加。从数据整体变化可知，正常情况下高位钻场抽采量在 12 m^3/min 上下，抽采效果较好。

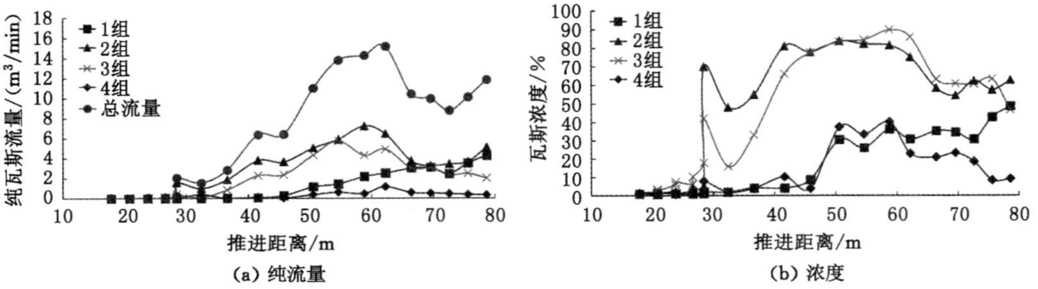

图 4　9303 工作面高位钻场抽采效果图

2.4.2　高位巷抽采技术及其效果

9100 工作面上部 M8 煤层有一条平行于工作面回采方向的探煤巷道，工作面回采过程中作为瓦斯抽采巷，如图 5 所示，探巷与 9100 回风巷外侧平距 45 m，巷内施工本煤层钻孔 233 个，孔深 100 m，孔间距 2 m，控制 9100 工作面倾向方向 50 m 范围。

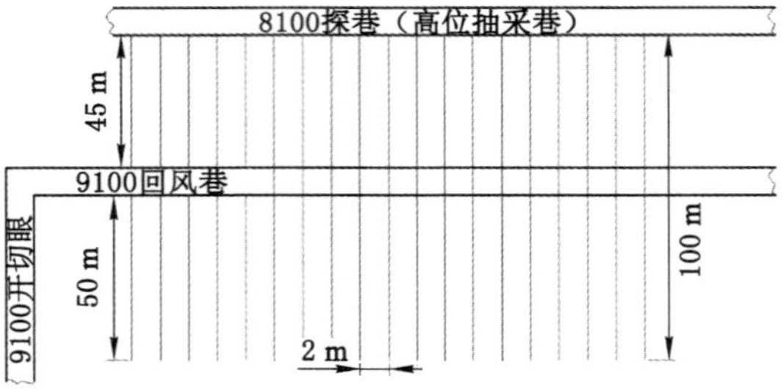

图 5　9100 工作面高位抽采巷

9100 工作面推采期间高位巷瓦斯抽采数据如图 6 所示，工作面初次来压后，两趟管路抽采量明显增加且持续稳定，1# 管路抽采浓度在 20.1%～40.0%之间，平均 26.1%，抽采纯流量在 9.7～16.1 m^3/min 之间，平均 12.7 m^3/min；2# 管路抽采浓度在 38.1%～47.8%之间，平均 43.0%，抽

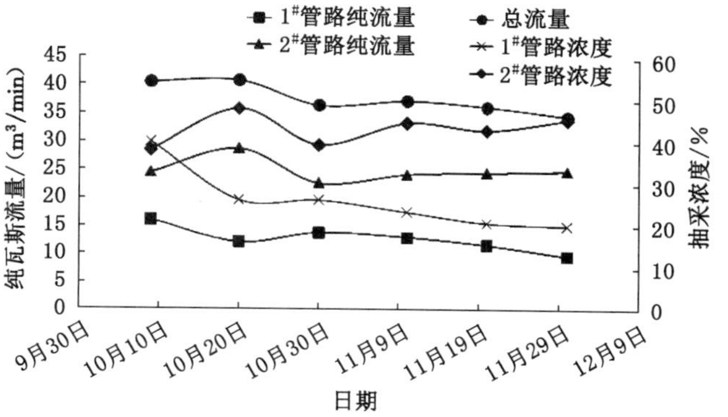

图 6　高位抽采巷抽采数据

采纯流量在 22.7～28.2 m³/min 之间，平均 25.0 m³/min；总抽采纯流量 34.7～41.0 m³/min 之间，平均 37.7 m³/min，相较于 9100 工作面推采前瓦斯抽采纯流量 6.1 m³/min 提升了 31.6 m³/min。从以上数据可知，工作面垮落使上部 M8 煤层充分卸压，煤层瓦斯大量涌出至裂隙通道后进入抽采管路，整体抽采效果良好。

2.4.3　高位定向长钻孔抽采技术及其效果

为解决高位钻场施工难度大、服务期短、通风难的问题，9303 工作面在高位钻场之外施工了两组定向钻场，钻场深 5 m、长 10 m，每组钻场施工 3 个高位定向长钻孔，钻孔水平段在 M8 煤层底板 3～5 m 处，1# 定向钻场距离开切眼 395 m，其高位定向长钻孔平面轨迹如图 7 所示，1#-1、1#-2、1#-3 高位长钻孔孔底距离开切眼距离分别为 68.5 m、96.5 m、190.6 m，3 个钻孔与回风巷平距分别为 12 m、25 m、33 m 左右。

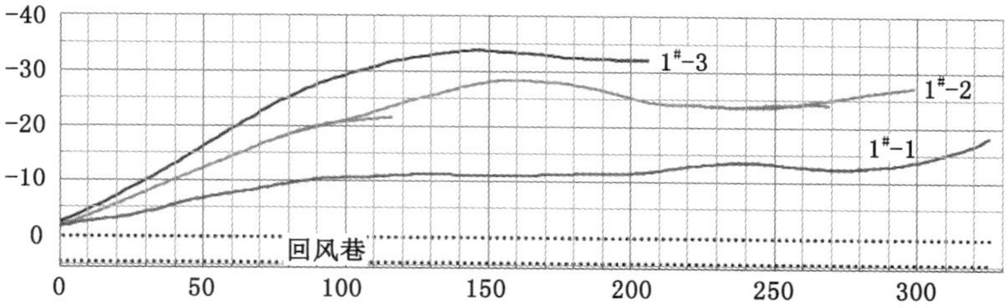

图 7　9303 回风巷高位定向长钻孔实钻平面图(单位：m)

高位定向长钻孔抽采数据如图 8 所示，图中竖虚线为 3 个钻孔与开切眼平距，虚线在数据前的说明钻孔连抽时工作面已过孔底位置。从图中可以看出，工作面推至 76.7 m 时，过 1#-1 孔底 8.2 m，钻孔浓度和纯流量有小幅度的提升，说明煤层顶板有裂隙产生，再推至 115.3 m 时(过 1#-1 孔底 46.8 m)，钻孔浓度和纯流量有较大幅度提升，分别达到了 10.8% 和 0.195 m³/min，直到推至 157.7 m(过 1#-1 孔底 89.2 m)时，浓度和纯流量才有明显增量，达到了 78.5% 和 4.0 m³/min；1#-2 和 1#-3 成孔时，工作面已分别推过孔底 18.8 m 和 11.3 m，1#-2 钻孔连抽初期浓度和纯流量达到 26.2% 和 0.85 m³/min，而 1#-3 钻孔连抽初期浓度和纯流量则高达 93.0% 和 1.67 m³/min，已进入稳定抽采阶段。通过对比 3 个钻孔抽采情况，可以说明工作面中部顶板垮落更容易、裂隙发育更早也更明显，有利于快速治理邻近层瓦斯；靠近回风巷的顶板，因回风巷外侧煤体支撑作用不易垮落，上部 M8 煤层卸压迟，1#-1 钻孔抽采效果延迟性大。抽采数据表明 1#-1 钻孔所在区域煤层一旦充分卸压，其钻孔纯流量快速大幅度提升，而邻近的 1#-2 钻孔纯流量则有明显下降，这是因为 1#-1 钻孔所在区域充分卸压前，M8 煤层卸压区域瓦斯都是通过 1#-2 钻孔抽采，而 1#-1 钻孔所在区域充分卸压后，部分瓦斯则从该钻孔抽采，加上新增卸压煤层瓦斯，导致总纯流量大幅增加。

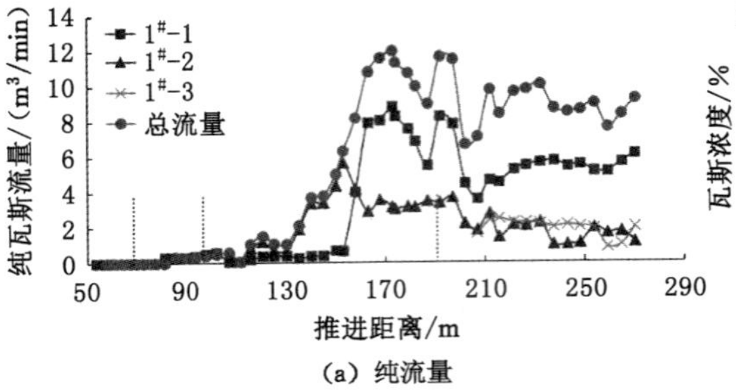

图 8　定向长钻孔抽采效果图

2.4.4　密集穿层高位钻孔抽采技术及其效果

在 M9 煤层工作面回风巷向回采区域上部 M8 煤层施工穿层高位钻孔，如图 9 所示，每组设计 6 个钻孔，组间距 12 m，钻孔开孔间距 1 m，孔底间距 6 m，钻孔呈扇形布置，钻孔夹角分别为 17°、22°、27°、32°、36°和 39°，倾角分别为 16°、15°、14°、13.5°、13°和 12°，控制工作面倾斜方向 15～45 m，钻孔穿过 M8 煤层进入顶板 0.5 m。

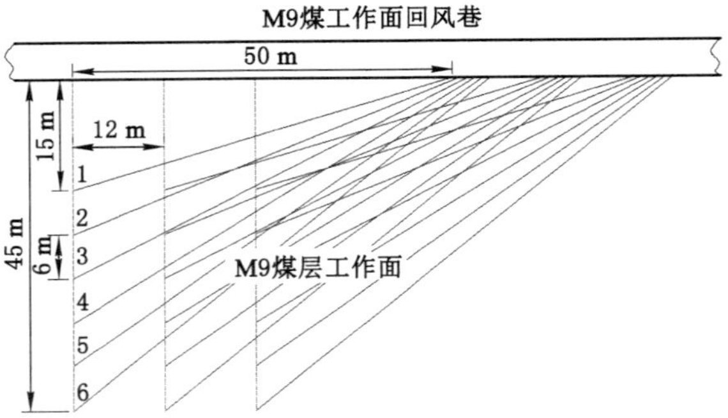

图 9　密集穿层高位钻孔设计

考察 9303 工作面开切眼外 6 组高位钻孔数据，发现工作面推至钻孔孔底附近时抽采浓度和纯流量大幅增加，至距高位钻孔开孔位置 18～22 m 时钻孔抽采浓度衰减明显；有效抽采期间密集穿层高位钻孔平均抽采浓度为 39%，各钻场总抽采纯量高达 40.1 m^3/min，抽采效果显著。

2.5　隔层抽采瓦斯技术对比

高位钻场的钻孔利用率高，抽采效果较好，钻孔集中易于管理，但钻场施工周期长、通风管理较为困难，钻场覆盖范围较小、服务周期短。高位巷覆盖范围广、服务周期长，瓦斯抽采效果好，但高位巷层位选择考虑因素繁多，巷道工程量大，时间和成本投入都很大。高位定向长钻孔的单孔抽采瓦斯量大，钻孔覆盖的范围广、服务周期长，钻孔数量少利于管理，且钻孔同时可用于煤层勘探及裂隙水疏导；但钻孔功效低、施工周期长，长钻孔抽采能力受限，使得大范围抽采时能力不足。密集穿层高位钻孔施工方便、功效高，设备可选择性好，抽采效果良好；但钻孔工程量很大，钻孔服务的周期较短，钻孔封孔难度大易漏气，且钻孔数量多管理难度大。

3　结论

(1) 本文在总结工程经验的基础上，建立了包括邻近煤层瓦斯参数探查技术、保护层开采上覆岩层“三带”范围研究和邻近煤层瓦斯抽采防治技术的近距离复杂煤层群隔层“探、治”瓦斯技术体系，该技术体系已在贵州地区多对矿井应用。

(2) 探明了邻近 M8 煤层厚度、层间距和瓦斯含量，并通过电法测试，得到 M9 煤层工作面采空区冒落带和裂隙带高度分别约为 3.8 m 和 15.7 m，与经验公式计算结果相一致，结合两煤层层位关系，确定了裂隙带对 M8 煤层的有效影响，为邻近煤层瓦斯抽采治理提供理论基础。

(3) 工程应用了高位钻场、高位巷、高位定向长钻孔、密集穿层高位钻孔 4 种邻近煤层瓦斯抽采技术，分析了工作面推进过程中各抽采方式的钻孔浓度和纯流量变化规律，发现钻孔抽采效果受工作面推进情况、钻孔在倾向上的空间位置以及钻孔长度等因素影响，且在试验区域地质条件下，高位巷和密集穿层高位钻孔抽采效果要优于高位钻场和高位定向长钻孔。

参考文献

[1] 何鑫. 贵州无烟煤矿区突出区域预测指标研究[D]. 贵阳：贵州大学，2018.

[2] 周岩，龙祖根，马曙，等. 近距离高突煤层群防治煤与瓦斯突出技术探讨[J]. 矿山机械，2010，38(12)：21-24.

[3] 杨柳. 贵州煤矿防突工作中存在的问题及对策分析[J]. 煤炭技术，2019，38(8)：124-127.

[4] 韩真理. 贵州省煤与瓦斯突出特点及防治对策[J]. 煤炭科学技术，2011，39(9)：50-54.

[5] 衡献伟，李青松，徐晓乾，等. 六盘水煤田突出煤层分布特征及瓦斯防治对策建议[J]. 煤炭技术，2021，40(7)：78-82.

[6] 王智. 贵州高突矿井底抽巷水力冲孔瓦斯抽采技术研究[D]. 西安：西安科技大学，2021.

[7] 刘志飞，谢雄刚. 水力压裂技术在区域瓦斯抽采中的应用效果[J]. 矿业工程研究，2022，37(3)：45-50.

[8] 李偲. 定向长钻孔水力压裂煤层增透提高瓦斯抽采效果研究[D]. 贵阳：贵州大学，2022.

[9] 康向涛，江明泉，黄滚，等. 多煤层联合水压裂缝扩展规律应用研究[J]. 采矿与安全工程学报，2021，38(3)：602-608.

[10] 梁银权. 高瓦斯煤层底抽＋冲孔协同石门揭煤技术[J]. 煤炭技术，2017，36(9)：69-71.

[11] 宋大钊，何志龙，连洪全，等. 糯东煤矿低透软煤层水力冲孔瓦斯治理技术研究[J]. 煤炭技术，2014，33(10)：22-24.

[12] 郭亚玲. 贵州高瓦斯低透煤层高压水力割缝增透技术研究[D]. 贵阳：贵州大学，2022.

[13] 刘志伟，赵金明，张仰强，等. 绿塘煤矿超高压水力割缝卸压增透效果考察及应用[J]. 矿业安全与环保，2019，46(1)：43-46.

[14] 刘东，刘文. 水力冲孔压裂卸压增透抽采瓦斯技术研究[J]. 煤炭科学技术，2019，47(3)：136-141.

[15] 袁亮. 煤与瓦斯共采理论与关键技术[C]//中国煤炭学会. 中国煤炭学会 2013 高层学术论坛. 2013：65-210.

基于高位定向长钻孔的大佛寺煤矿卸压瓦斯抽采技术研究与应用

贺海鸿[1]，杨朝[1]，张亚潮[1]，王俊[1]，郑文龙[1]，李建华[1]，张圆圆[2]，李庆钊[2]

（1. 陕西彬长矿业集团有限公司，陕西 咸阳 712000；2. 中国矿业大学安全工程学院，江苏 徐州 221116）

摘 要 陕西彬长大佛寺煤矿为高瓦斯矿井，绝对瓦斯涌出量 104.81 m^3/min，相对瓦斯涌出量 11.02 m^3/t。矿井瓦斯治理工作坚持"超前预报、组织管理、综合研判、技术保障、效果评价"相结合的综合防治工作体系，采空区卸压采取"大孔径、多层次、高负压、大流量、密集抽"技术思路，基于采空区"O"形圈模型、采动覆岩裂隙分布及采空区瓦斯迁移规律等理论基础，针对大佛寺煤矿卸压瓦斯抽采的"高位钻孔设计、布置层位确定及抽采工艺"进行了探索，并对瓦斯治理效果进行了评判。结果表明，实施高位钻孔工艺后，工作面上隅角甲烷浓度稳定在 0.15%～0.45%，回风甲烷浓度稳定在 0.2%～0.35%，证明高位定向长钻孔能够有效治理工作面卸压瓦斯，杜绝工作面瓦斯超限，确保矿井安全生产。

关键词 大佛寺煤矿；卸压瓦斯；定向长钻孔；瓦斯抽采；工程应用

煤炭是我国的主体能源，我国是世界上最大的煤炭能源生产和消费大国。据统计，2022 年我国煤炭占一次能源消费比例约 56.2%[1]。中国工程院预测，2050 年煤炭在我国一次能源消费比例还将保持在 50%左右[2]。2050 年以前，以煤炭为主导的能源结构难以改变，以煤炭为主导能源是国家发展的必然选择。近年来，随着煤矿开采深度与开采强度的不断增加，井下瓦斯问题严重制约着矿井的高效与安全生产。特别是在陕西号召取消高抽巷的背景下，探索符合大佛寺煤矿地质条件下的卸压瓦斯抽采技术具有重要意义。

采动覆岩裂隙的发育为采空区瓦斯的运移提供了通道，因而研究采动覆岩裂隙的演化对采空区卸压瓦斯治理具有重要意义，刘天泉通过理论分析加现场观测，将采场裂隙场分为"横三带"与"竖三带"[3]。20 世纪 90 年代钱鸣高院士提出关键层理论[4]。而后，钱鸣高、许家林等基于关键层理论，采用实验与数值模拟相结合的方法，分析了覆岩裂隙分布情况并提出了著名的采动裂隙"O"形圈理论[5]。李树刚等分析了采动后覆岩关键层活动特征对裂隙带分布形态的影响，提出"采动裂隙椭抛带"理论[6-7]。

作为一种卸压瓦斯抽采技术，高位定向钻孔因具有投入成本低、井下施工操作简单、抽采效果好等优点，近年来正在被广泛应用[8-9]，如平煤八矿、招贤矿业、平煤二矿等诸多矿井都应用了高位定向钻孔并取得了较好的效果[10-13]。

基于此，本文在前人研究的基础上，以大佛寺煤矿 40204 工作面、4034^{上}02 工作面为研究对象，以"大孔径、多层次、高负压、大流量、密集抽"为采空区瓦斯治理思路，建立了适合于本矿，以"大直径高位定向钻孔"为主的采空区卸压瓦斯治理方法及经验。

1 工作面概况

陕西彬长大佛寺煤矿是陕煤集团彬长矿业公司首期开发建设的5座特大型现代化矿井之一，矿井主采煤层为4煤，4上煤局部可采，其中4煤平均厚度11.65 m，4上煤平均厚度2.88 m，分别采用综采放顶煤和综采回采工艺。瓦斯等级鉴定为高瓦斯矿井，矿井绝对瓦斯涌出量最大达到190.4 m^3/min。

40204工作面是402采区南翼布置的第2个综放工作面。工作面走向长1 875 m，倾向长220 m，可采长度1 725 m，煤层平均厚度11.8 m，可采厚度10.8 m，工作面可采储量483.3万t。整体由北向南变薄，平均煤厚11.8 m，属特厚煤层。煤层倾角0～12°，中北部、南部整体较为平缓(0～4°)，中部、北部倾角较大(6°～12°)，煤层赋存较为稳定。

4034上02工作面是在403采区南翼4上煤布置的首采工作面。工作面走向长1 702 m，可采长度1 552 m，倾向300 m，煤层厚度1.8～2.8 m，平均煤厚2.3 m，平均可采煤厚2.3 m，总体呈现中部师家店向斜附近厚，向南、北两边逐渐变薄的趋势，煤层受师家店向斜影响，工作面中部较为平缓，南、北部煤层倾角较大，倾角0～11°，采用全部垮落法管理顶板。4034上02工作面整体与4煤隔厚5～29 m，中部隔厚最大，向南向北隔厚逐渐变薄。工作面下部邻近层4煤层厚度10.15 m。

2 采动覆岩裂隙演化特征

2.1 物理相似模拟实验

煤层开采过程中，现场很难直接观测到覆岩裂隙变化情况，而实验室物理相似模拟实验则能够很好地解决这一问题。本研究基于大佛寺煤矿工作面地质条件进行了煤层采动相似模拟实验，观测了煤层采动过程中覆岩裂隙的发育情况，为卸压瓦斯的运移富集及分布规律研究提供理论基础。

图1为工作面回采到63 m时覆岩裂隙发育情况，基本顶完全破断并垮落，上方出现离层裂隙，离层裂隙最大高度4.5 m，开切眼破断角为65°，工作面侧破断角为73°，上方离层裂隙高度发展到距煤层14.5 m；亚1关键层未出现断裂，成为悬臂梁，其下方将形成半椭圆截面环形体形态的空间结构，即低位瓦斯富集区。

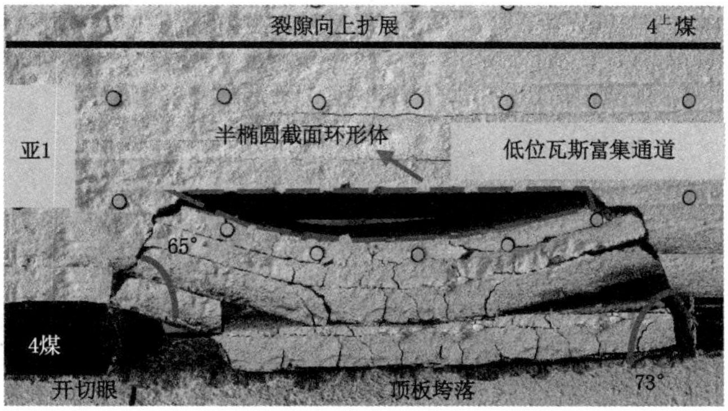

图1 回采63 m时覆岩裂隙发育情况

图2为工作面回采到117 m时覆岩裂隙发育情况，此时亚2关键层破断，原半椭圆截面环形体形态的空间结构被压缩成三角截面环形体；上方离层裂隙继续向上扩展，离层高度明显有所减小，在亚3关键层下方将形成一跨度56.5 m、高度2.4 m的半椭圆截面环形体，即为中位瓦斯富集区。

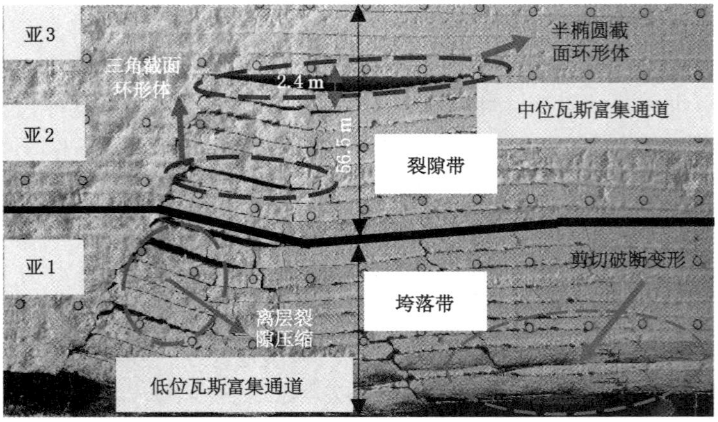

图 2　回采 117 m 时覆岩裂隙发育情况

2.2　现场测试

为了预测现场采动覆岩裂隙分布的实际情况，本文基于相似模拟实验裂隙发育情况，结合现场采用孔内分段注水和钻孔窥视的方法对相似模拟实验结果进行了工程验证，现场实验结果如图 3 所示。结果表明，垮落带距顶板 18～21 m；低位瓦斯富集区处于亚 1 关键层下方，距顶板约 19 m，中位瓦斯富集区位于亚 2 关键层下部，距顶板约 32 m，从而对实验得到的中低位瓦斯结果进行验证。

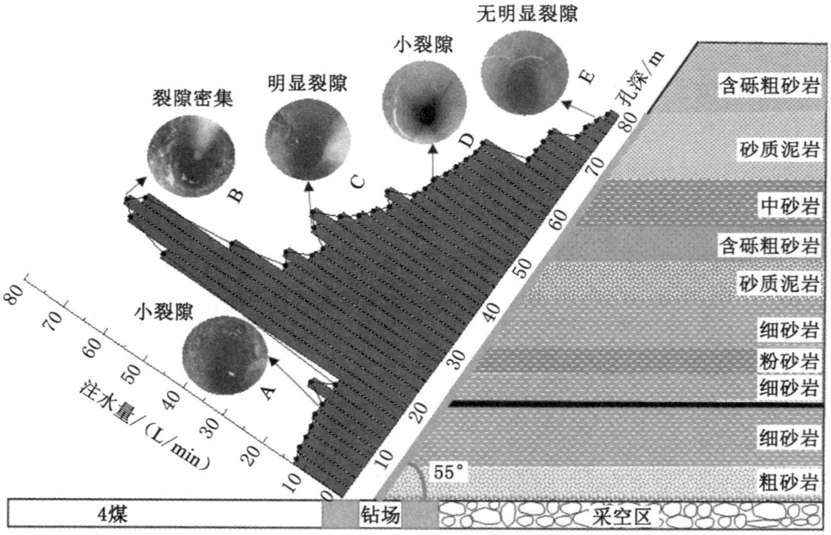

图 3　分段注水和钻孔窥视实验结果

3　卸压瓦斯抽采数值模拟

3.1　抽采钻孔布置方案

基于物理模拟对卸压瓦斯富集区域的分析，本节在物理模型的基础上，分别在煤层顶板高度 12 m、20 m 层位各布置 4 个高位定向钻孔；在距离煤层顶板高度 30 m 层位处布置 2 个高位定向钻孔。其中钻孔孔径为 200 mm，钻孔深入采空区 35 m，钻孔布置于数值计算模型中如图 4 所示，高位定向抽采钻孔的布置参数如表 1 所示。

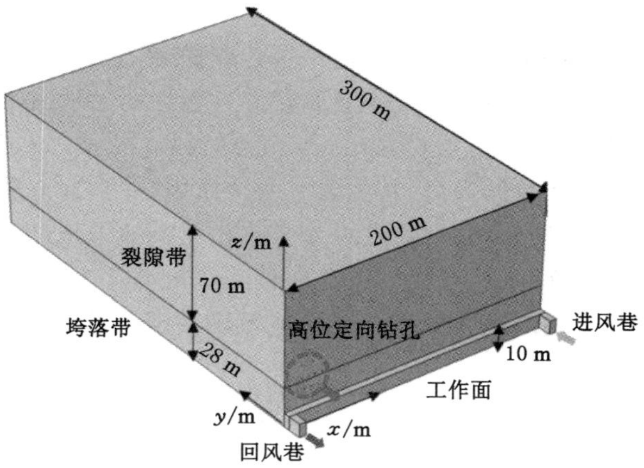

图 4　高位钻孔抽采卸压瓦斯物理模型

表 1　抽采钻孔布置参数

钻孔编号	距离煤层顶板高度/m	距回风巷的距离/m
1#	12	5
2#	12	10
3#	12	15
4#	12	20
5#	20	8
6#	20	13
7#	20	18
8#	20	23
9#	30	8
10#	30	16

3.2　高位定向长钻孔抽采效果

图 5 为设置了高位定向长钻孔抽采条件下采空区瓦斯浓度三维空间分布情况，为了分析各层位钻孔瓦斯抽采效果，提取了各个钻孔抽采孔口的瓦斯抽采浓度，如表 2 所示。由表 2 可知，12 m

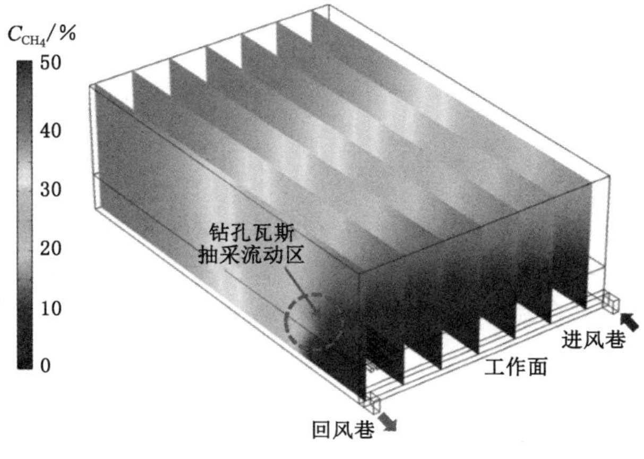

图 5　高位定向钻孔抽采下采空区瓦斯浓度分布

高度处4个钻孔的瓦斯抽采浓度分别为0.6%、2.4%、3.1%、0.85%，可以看到，这一层位各个钻孔瓦斯抽采浓度差异较大，分析认为这是由于这一层位裂隙较大，风流容易进入，对瓦斯在裂隙中的流动影响较大，从而导致钻孔瓦斯抽采浓度差异较大且各钻孔的抽采浓度都相对较低。20 m高度处的4个钻孔瓦斯抽采浓度分别为4.6%、6.0%、3.5%、3.3%，与12 m层位的瓦斯抽采浓度相比，这一层位钻孔瓦斯抽采浓度整体升高，其主要有两个原因，一是这一层位受风流影响变小，二是这一层位更加接近瓦斯富集区域。30 m层位的2个钻孔瓦斯抽采浓度分别为9.0%、8.6%，与前两个层位相比，其瓦斯抽采浓度更高，且两钻孔瓦斯抽采浓度几乎一致，原因在于此区域是卸压瓦斯的最佳富集区域，说明此区域内距回风巷8～16 m范围内瓦斯抽采浓度最大。

表2　各层位高位定向钻孔瓦斯抽采浓度

钻孔编号	抽采瓦斯浓度/%	钻孔编号	抽采瓦斯浓度/%
1#	0.6	6#	6.0
2#	2.4	7#	3.5
3#	3.1	8#	3.3
4#	0.85	9#	9.0
5#	4.6	10#	8.6

当钻孔布置层位不同时，其抽采效果也不同。从模拟结果不难发现，随着钻孔布置层位向上移动，钻孔抽采的瓦斯浓度也在增加，但是钻孔布置层位不同，抽采的瓦斯浓度增大的趋势有所不同，这是由于采空区的孔隙率并不是一个定值，而是一个会随着覆岩裂隙发育而变化的量，不同层位的孔隙率不同，会形成瓦斯通过能力各不相同的瓦斯运移通道，在这些通道内，风流对瓦斯运移的影响也各不相同，因此当钻孔布置在不同高度时，抽采的瓦斯浓度也会不同，模拟结果表明，30 m层位是瓦斯最佳富集位置，故在此层位布置抽采钻孔最为合理。

3.3　钻孔布置参数确定

针对4煤、4上煤顶板岩性特点，4煤工作面高位定向钻孔布置在煤层顶板以上12～30 m砂岩层中，4上煤工作面布置在顶板以上10～20 m砂岩层中。根据确定层位，工作面回风巷每400 m左右布置一个定向钻场，每个钻场内布置一组高位定向钻孔(一般4煤特厚煤层布置8～10个，4上煤中厚煤层布置6～8个)，孔径200 mm，钻孔层位位于顶板向上12～30 m的稳定岩层中，与回风巷平距12～32 m，终孔间距5 m，孔深450～500 m，如图6所示。为保证瓦斯抽采连续性，钻孔压茬第一层位不少于60 m(2个来压步距)，第二层位不少于80 m(3个来压步距)，第三层位不少于100 m(4个来压步距)。

4　高位定向钻孔施工方案

4.1　施工设备

高位定向钻孔施工采用ZDY15000LD型煤矿用履带式全液压坑道钻机。该型钻机是用于中硬岩煤层的大功率深孔定向钻机，适用孔底马达定向钻进、孔口回转钻进以及复合定向钻进等多种施工工艺。具备施工2 000 m定向长钻孔的能力，满足本煤层和顶板高位瓦斯抽放钻孔施工需要。

4.2　钻孔施工工艺

高位定向钻孔主要分为两级孔身结构，一级孔身结构主要为下孔口管、固孔、安装孔口抽采装置，如图7所示；二级孔身结构为定向钻进孔段，目的是通过钻杆弯曲造斜使钻孔沿着设定轨迹到达目标层位，实现抽采瓦斯的目的。

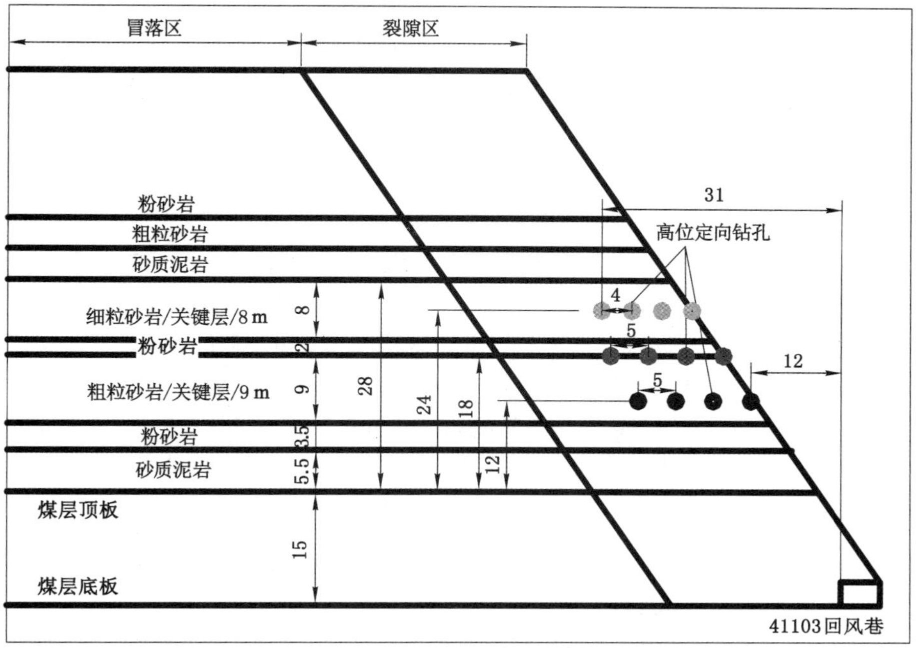

图 6　高位定向钻孔采空区“O”形圈布置示意图(单位:m)

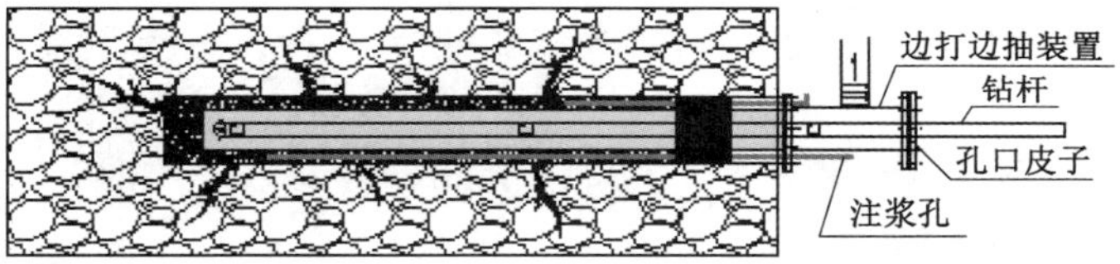

图 7　高位定向钻孔孔口抽采装置安装示意图

高位钻孔施工过程中,首先进行开孔爬坡段施工,下入 ϕ200 mm 孔口管进行封孔,然后进行 ϕ120 mm 定向钻进施工,最后采用正向扩孔工艺技术依次完成 ϕ150 mm、ϕ200 mm 高位大直径钻孔扩孔,施工钻具组合如下:

(1) 开孔爬坡孔段:ϕ120 mm 定向钻头＋ϕ89 mm 螺杆马达＋变径接手＋ϕ89 mm 下无磁＋ϕ89 mm 探管外管＋ϕ89 mm 上无磁＋ϕ89 mm 高韧性外平钻杆＋ϕ89 mm 水辫。

(2) 开孔爬坡段扩孔:ϕ153 mm/ϕ200 mm/ϕ250 mm 加强型螺旋扩孔钻头＋ϕ89 mm 高韧性外平钻杆＋ϕ89 mm 水辫。针对大佛寺煤矿顶板复杂地层大直径高位定向钻孔成孔难题,采用增大爬坡段钻孔倾角、扩大钻孔直径等方法,提升钻孔排渣能力、缩短爬坡段距离、降低对孔壁的冲刷,成功穿过定向爬坡复杂地层段后,立即使用 ϕ219 mm 套管进行封孔、护孔。

(3) 定向钻进段:ϕ120 mm 定向钻头＋ϕ89 mm 螺杆马达＋变径接手＋ϕ89 mm 下无磁＋ϕ89 mm 探管外管＋ϕ89 mm 上无磁＋ϕ89 mm 高韧性外平钻杆＋ϕ89 mm 水辫。采用定向钻进工艺技术,利用 ϕ89 mm 高韧性外平钻杆,配套使用泥浆脉冲无线随钻测量系统,强化钻孔排渣、对钻孔轨迹精确定向,按照设计控制层位、轨迹,直至钻孔达到设计深度。

(4) 定向钻进段扩孔:ϕ153 mm/ϕ200 mm/加强型螺旋扩孔钻头＋ϕ89 mm 高韧性外平钻杆＋ϕ89 mm 水辫。依次使用 ϕ153 mm/ϕ200 mm/加强型螺旋扩孔钻头进行扩孔,使钻孔孔径达到设计深度。

4.3 钻孔封孔及护孔工艺

钻孔封孔使用 ϕ219 mm 钢套管进行封孔(至开孔段孔底),采用“环壁注浆封孔法”进行封堵,孔口使用编织袋+固邦德封孔剂封堵,中部灌注 SFCK-1 型矿用封孔注浆材料。封堵完成后进行试压,将清水通过套管内孔注入钻孔打压,压力不低于 2 MPa,以孔壁不出水为原则,否则必须进行复注,确保密封性后方可进行定向钻进。

高位定向钻孔以“大孔径、高负压、大流量”思路进行抽采,为确保正常抽采,钻孔需要达到一定的抽采流量。因顶板岩性多变,钻孔遇到泥岩、破碎带时容易发生塌孔及变形失效等问题,直接影响瓦斯抽采效果。

为解决高位定向钻孔失效问题,选用 ϕ89 mm 筛管进行护孔,筛管护孔深度不足 300 m,不能满足正常钻孔深度需要。经过技术研讨,大佛寺煤矿实施套铣钻杆+“筛管护孔”下筛管技术,即先将 ϕ127 mm 套铣钻杆下至距孔底 40 m 处,然后将 ϕ89 mm 筛管沿套铣钻杆下至孔底进行护孔,最后将套铣钻杆退出钻孔。该技术既保证了钻孔完好性,又保证了单孔抽采效率。

4.4 高位定向钻孔抽采设计

为了准确考察以孔代巷技术的瓦斯抽采效果,对钻场内的抽采系统进行专门设计,现场抽采钻孔布置情况如图 8 所示,采用“高负压、大流量”进行抽采。

图 8 钻场高位定向钻孔抽采

设计安装 ϕ450 mm 抽采管用于高位定向钻孔抽采,抽采流量 80～120 m^3/min,管路在风桥段安装孔板流量计、瓦斯抽采管道监测系统,钻场支管路选择 ϕ315 mm 支管路,实时监测高位定向抽采系统抽采情况。钻场内布置 ϕ315 mm 抽采支管路,钻孔单孔连接抽采支管路,安装单孔控制阀门、单孔孔板流量计等装置。单孔设计抽采负压 10～40 kPa,每班安排专人测定单孔抽采瓦斯浓度、负压、流量等参数,及时进行调整,确保抽采效果稳定、可靠。

5 瓦斯抽采效果及经验分析

5.1 瓦斯抽采效果分析

本节在前文采动卸压瓦斯富集规律及卸压瓦斯抽采效果理论计算结果的基础上,结合高位定向长钻孔布置的关键参数,在大佛寺煤矿 40204 工作面、4034^{上}02 工作面开展卸压瓦斯抽采工程应用,对卸压瓦斯富集规律及抽采效果的模拟结果进行工程验证。

图 9 为高位定向钻孔抽采瓦斯浓度及抽采瓦斯流量随抽采时间的变化曲线,从图中可以看到,高位定向钻孔抽采瓦斯浓度在 0.2%～43.1%之间,平均抽采瓦斯浓度 13.6%;钻孔抽采瓦斯流量在 0.24～12.80 m^3/min 之间,平均 7.61 m^3/min。从整体抽采效果来看,当预抽巷关闭后,高位定

向钻孔瓦斯抽采量和抽采浓度迅速增大，随着时间的推移，瓦斯抽采量及浓度有所下降并逐渐进入平稳变化阶段；在钻场接替阶段，瓦斯抽采量及浓度快速下降。

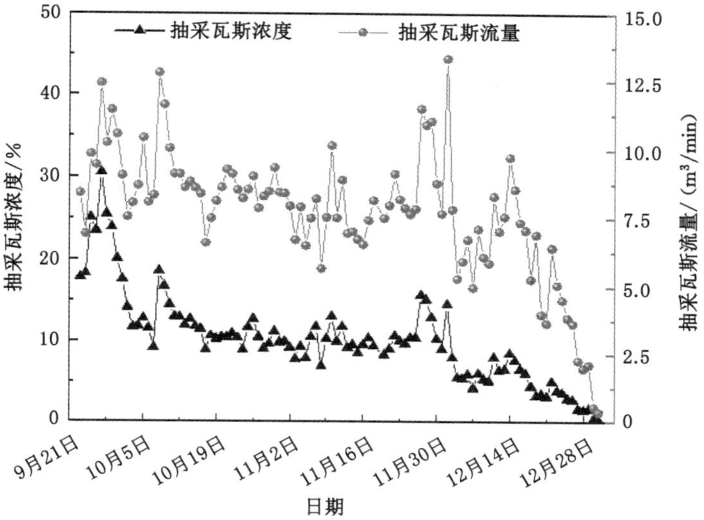

图9　高位定向钻孔抽采卸压瓦斯效果

图10为高位定向钻孔瓦斯抽采量与瓦斯涌出量之间的关系，可以看出高位定向钻孔抽采量占工作面瓦斯涌出量的37%～63%，平均抽采占比47.5%，卸压瓦斯抽采效果显著，达到了治理工作面来自采空区卸压瓦斯的目的。

通过高位定向钻孔实施后，工作面上隅角甲烷浓度稳定在0.15%～0.45%，回风甲烷浓度稳定在0.20%～0.35%，证明高位定向长钻孔能够有效治理工作面卸压瓦斯，杜绝工作面瓦斯超限，确保矿井安全生产。

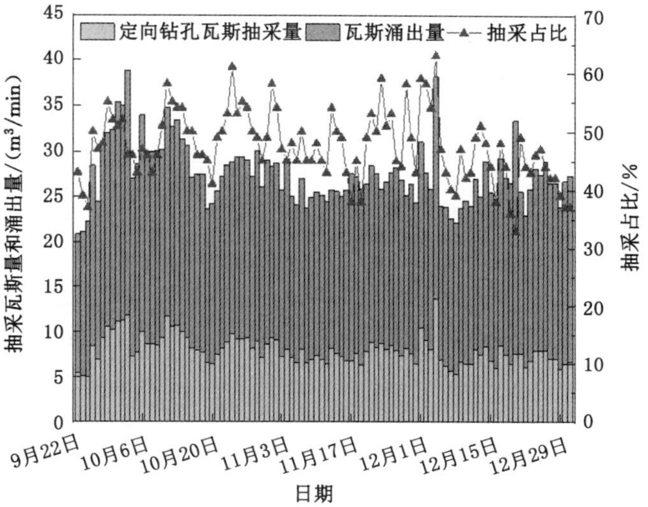

图10　高位定向钻孔卸压瓦斯抽采效果

5.2　高位定向钻孔施工、管理经验

大佛寺煤矿通过近两年大量工程实践，分析了工作面采动裂隙带的分布规律、瓦斯赋存特征，制定了定向钻孔布置工艺，分析了高位定向钻孔抽采效果，并制定了相应的应对措施，为本矿采空

区瓦斯治理提供了技术思路，开启了采空区卸压瓦斯治理新模式。工作面构建了“以采前瓦斯预抽达标为基础，以采后卸压瓦斯抽采为核心”的瓦斯防治技术体系，有效治理了工作面卸压瓦斯，实现了“以孔代巷”卸压抽采，总结可得以下 4 点施工及管理经验供参考：

(1) 高位定向钻孔设计

根据采空区“O”形圈模型研究理论，结合高位定向钻孔施工及抽采经验，钻孔应布置在冒落带顶部，靠近裂隙带砂岩层中，砂岩层结构稳定，便于钻孔施工，透气性好，裂隙发育，利于抽采高浓度卸压瓦斯。具体设计层位：4 煤煤层顶板以上 10～30 m 区段，$4^{上}$ 煤煤层顶板以上 10～20 m；水平距回风巷帮部 12～32 m 裂隙区域，钻孔间距大于 5 m。

(2) 顶板复杂岩性施工定向钻孔期间护孔技术

高位定向钻孔施工过程中，按照设计钻孔轨迹需要爬坡至目标稳定层位(砂岩)，煤层顶板存在泥岩、页岩等不稳定岩层，施工期间钻孔塌孔、夹钻现象严重，为防止施工期间的泥岩、页岩等不稳定岩层造成塌孔及夹钻事故，需要对爬坡段钻孔采用套管护孔工艺。具体操作是采用定向钻进技术施工至目标层位后，对钻孔进行扩孔，依次采用 ϕ150 mm、ϕ200 mm、ϕ250 mm 钻头扩孔，反复冲孔扫孔，排净孔内煤渣后，迅速安装 ϕ219 mm 铁质套管进行护孔，套管采用丝口连接，采用环壁注浆法进行封堵，确保钻孔密闭性。注浆结束 8 h 后开始定向钻进。

(3) 高位定向钻孔“筛管护孔”技术

高位定向钻孔布置在顶板遇到复杂泥岩层时，钻孔会发生内敛收缩，甚至闭合，直接导致钻孔单孔抽采效率降低甚至钻孔失效。针对此现状，大佛寺煤矿实施套铣钻杆＋套管“筛管护孔”下套管技术，即先将 ϕ127 mm 套铣钻杆＋取芯钻头下至距孔底 40 m 处，然后将 ϕ89 mm 筛管沿套铣钻杆下至孔底进行护孔(筛管护孔最深达到 570 m)，最后将套铣钻杆退出钻孔。该技术既保证了钻孔完好性，又保证了单孔抽采效率。

(4) 初采初放期高位定向钻孔抽采管理

工作面初采初放期间，孔内岩粉堵塞管路、抽采系统积水、裂隙带发育不充分等，直接影响抽采效果，针对以上情况，具体采取以下措施解决，一是起钻前要反复冲孔、扫孔，尽可能排净孔内煤渣；二是工作面初采初放期间，采取施工切顶炮松动措施；三是抽采初期，安排专人反复清理管路煤渣，直至煤渣彻底排除干净；四是做好抽采放水工作，安装大容量集水器、自动放水器；五是观察瓦斯管道在线监测系统，每班安排人工检查抽采系统，进行比对、分析，发现问题后及时采取措施进行处理。

6 结论

(1) 通过物理相似模拟实验和现场注水加钻孔窥视的方法，得到了覆岩裂隙随工作面推进的变化情况，确定了采空区内瓦斯运移富集区域并进行了实验验证，为瓦斯抽采钻孔的布置提供参考。

(2) 通过数值模拟计算、现场工程实践等方法，确定了瓦斯抽采钻孔的布置参数，并在大佛寺煤矿 40204 工作面、$4034^{上}02$ 工作面进行了工程验证，结果表明，理论计算结果应用于工程现场时能够达到良好的瓦斯治理效果，高位定向钻孔“以孔代巷”卸压抽采在工作面成功应用，工作面回风、上隅角瓦斯浓度安全可靠，实现矿井瓦斯“零超限”工作目标。

(3) 大佛寺矿工作面采空区卸压瓦斯治理以“大孔径、多层次、高负压、大流量、密集抽”为采空区瓦斯治理思路，积极探索建立了适合于本矿的以“大直径高位定向钻孔”为主的采空区卸压瓦斯治理方法，为工作面瓦斯治理积累了丰富的经验，确保了矿井安全生产。

参考文献

[1] 国家统计局.中华人民共和国2022年国民经济和社会发展统计公报[R].2023.

[2] 曹新.中国能源发展战略与石油安全对策研究[J].经济研究参考,2005(57):2-15.

[3] 刘天泉.矿山岩体采动影响与控制工程学及其应用[J].煤炭学报,1995,20(1):1-5.

[4] 钱鸣高,缪协兴,许家林.岩层控制中的关键层理论研究.煤炭学报,1996,21(3):225-230.

[5] 钱鸣高,许家林.覆岩采动裂隙分布的"O"形圈特征研究[J].煤炭学报,1998(10):466-469.

[6] 李树刚,石平五,钱鸣高.覆岩采动裂隙椭抛带动态分布特征研究[J].矿山压力与顶板管理,1999(增刊1):44-46.

[7] 李树刚,钱鸣高.综放开采覆岩离层裂隙变化及空隙渗流特性研究[J].岩石力学与工程学报,2000,19(5):604-607.

[8] 童碧,许超,刘飞,等.淮南矿区瓦斯抽采中以孔代巷技术研究与工程实践[J].煤炭科学技术,2018,46(4):33-39.

[9] 郭明杰,郭文兵,赵高博,等.长壁开采覆岩内水平定向长钻孔位置特征与卸压瓦斯抽采机理[J].煤炭学报,2023,48(10):3750-3765.

[10] 郭明功,王彬彬,刘思博,等.深部缓倾斜煤层"以孔代巷"抽采技术[J].西安科技大学学报,2022,42(6):1071-1079.

[11] 陶云奇,张剑钊,郭明功,等.采动卸压瓦斯抽采以孔代巷技术研究与工程实践[J].矿业安全与环保,2022,49(5):43-48.

[12] 王坤.高瓦斯矿井以孔代巷瓦斯治理技术研究[J].内蒙古煤炭经济,2022(18):64-66.

[13] 苏楠,王栋栋,梁海汀,等.定向钻孔"以孔代巷"技术抽采裂隙卸压瓦斯研究与应用[J].内蒙古煤炭经济,2022(15):29-31.

定向长钻孔分段压裂大区域煤层增透强化瓦斯抽采工程应用

原德胜[1]，郭魏虎[1]，马小辉[1]，王向阳[1]，王晨阳[2]

（1. 陕西彬长矿业集团有限公司，陕西 咸阳 712000；
2. 中煤科工西安研究院（集团）有限公司，陕西 西安 713600）

摘　要　针对孟村煤矿4#煤层瓦斯抽采效率低、瓦斯抽采衰减快、瓦斯治理时间成本长等问题，开展了定向长钻孔分段水力压裂大区域煤层增透与强化瓦斯抽采技术研究，在孟村煤矿403109工作面运输顺槽、回风顺槽开展定向长钻孔分段水力压裂工程应用，分析水力压裂曲线特征，考察水力压裂影响半径、钻孔瓦斯抽采效果，并对压裂区与未压裂区瓦斯抽采差异性进行分析。开展了4个钻孔分段水力压裂工程应用，每个钻孔分13段压裂，单孔压裂液量为1 598～1 626 m^3，水力压裂最大压力为18.7 MPa，最大压裂影响半径为30 m。水力压裂后采集压裂区煤样发现，煤层孔隙直径和数量均增加，同时煤体孔隙间的连通性也大幅增加；钻孔瓦斯抽采浓度相比未压裂钻孔提高了3.39～8.91倍，抽采纯量提高了4.00～70.00倍。有效提高了煤矿瓦斯抽采效率，为矿井瓦斯高效抽采与安全生产提供技术保障。

关键词　低透气性；瓦斯灾害；水力压裂；定向钻孔；抽采效率

0　引言

水力压裂技术作为一种有效增加煤层透气性的措施在煤矿瓦斯治理中得到广泛应用，其原理是通过高压泵向煤体注入压裂水，高压水迫使煤层发生破裂产生新裂缝，同时沟通煤层的原生裂隙，最终形成丰富的裂缝网络；同时，压裂后打破原始煤体中原有瓦斯吸附解吸的动态平衡，降低煤体瓦斯压力，从而促进吸附在基质孔隙中的瓦斯解吸。水力压裂裂缝网与瓦斯加速解吸的“双重”效应，对提高煤层瓦斯抽采浓度和瓦斯治理水平具有重要的意义，这也是从根本上解决矿井瓦斯灾害问题。富向深入开展水力压裂煤层增透机制研究，揭示了水力压裂裂缝启裂机制、瓦斯运移规律。孙广义等编制了钻孔起裂、弱面扩展延伸和次级弱面起裂的数值计算程序，提出了本煤层瓦斯抽采集中水力压裂综合设计的构想。黄炳香基于大尺寸真三轴水力压裂实验装备，系统研究了水力压裂裂缝扩展规律和水力弱化的控制技术，研究成果在铜川矿务局陈家山煤矿进行了高瓦斯坚硬厚顶煤弱化煤岩体现场试验，取得了显著效果。李全贵提出了煤矿脉动水力压裂新技术，研究了脉动水力压裂增透机制、工艺参数并在现场开展工业性试验，取得了很好的效果。近年来，随着一大批煤矿井下大功率、高效率成套定向钻探装备和分段水力压裂装备应用于煤矿井下，特别是中硬煤层长钻孔分段水力压裂技术实现了大区域煤层增透与瓦斯超前预抽，使矿井瓦斯灾害防治水平提升到了新高度。中煤科工西安研究院(集团)有限公司瓦斯防治团队基于孟村煤矿瓦斯灾害特征,研发出适用于孟村 4# 煤层长钻孔分段压裂增透工艺技术与成套装备,对孟村煤矿瓦斯治理具有重要意义。本文以孟村煤矿 403109 工作间运输顺槽、回风顺槽开展的长钻孔分段水力压裂大区域强化瓦斯抽采工程为研究对象,考察水力压裂过程、压裂影响范围及瓦斯抽采效果,形成适合孟村煤矿的煤层顺层定向长钻孔分段水力压裂增透工艺技术,为矿井瓦斯区域高效抽采提供技术支撑。

1 水力压裂作用原理

煤矿井下水力压裂增透以高压水作为动力,克服煤层破裂应力、管路摩擦阻力和自然滤失,将其大排量注入目标煤层。高压水的挤压作用迫使煤体弱面张开产生新裂隙,同时促进原生孔隙、裂隙的扩张、延伸和贯通,增加煤层空间体积和孔裂隙之间的连通性,形成相互交汇的三维立体高渗裂隙(缝)网络结构,如图 1 所示。从而改善煤层渗透特性,为煤层瓦斯的扩散与渗流提供优势运移通道,降低瓦斯抽采难度,最终实现矿井瓦斯高效治理的目的。

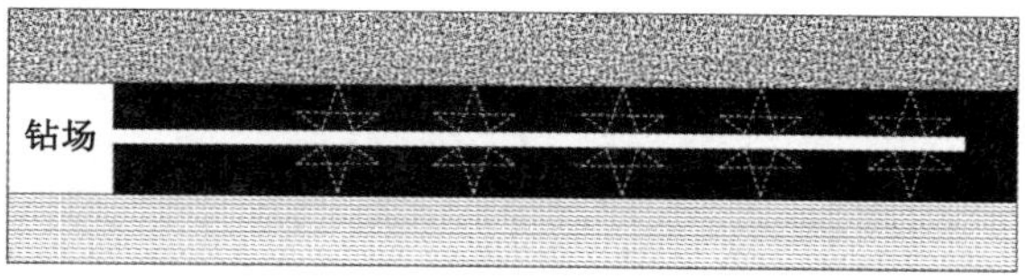

图 1　水力压裂作用原理示意图

2 定向长钻孔分段水力压裂设备及工艺技术

2.1 定向长钻孔分段压裂设备

定向长钻孔分段水力压裂设备系统由定向钻机、定向钻杆、螺杆马达、压裂泵组、蓄水箱等组成,如图 2 所示。① 定向钻机:ZDY12000LD 型煤矿用履带式全液压定向钻机,该钻机是一种低转速、大转矩、适用于大直径近水平深孔钻进的自行式全液压动力头式坑道钻机;② 钻杆采用 ϕ89 mm 铍铜无磁钻杆,材料选用无磁性的铍铜;③ 螺杆马达是一种把液体的压力能转换为机械能的能量容积式正排量动力转换装置,主要由旁通阀总成、螺杆马达(定子、转子)总成、万向轴总成、传动轴总成 4 大部分组成;④ BYW80/450 型煤矿井下压裂泵组,由动力端、齿轮箱、液力端、润滑系统几部分组成,具有结构紧凑、体积较小的特点,适用于煤层压裂及注水等作业;⑤ 分段压裂工具组合为:引鞋+球座+防砂封隔器+反洗阀+定压截流器+防砂封隔器+安全丢手+油管,如图 3 所示。

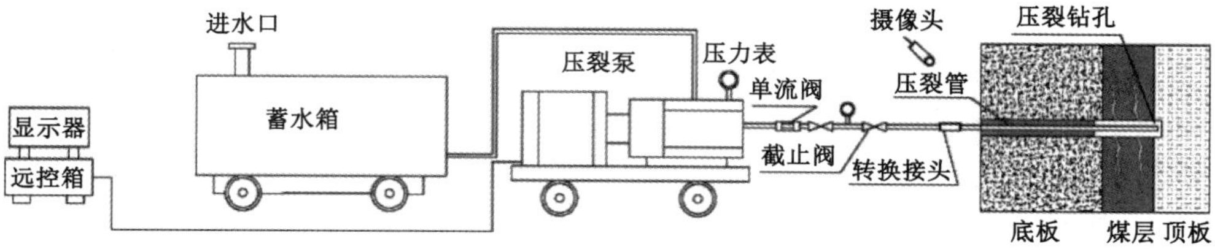

图 2　分段水力压裂设备系统示意图

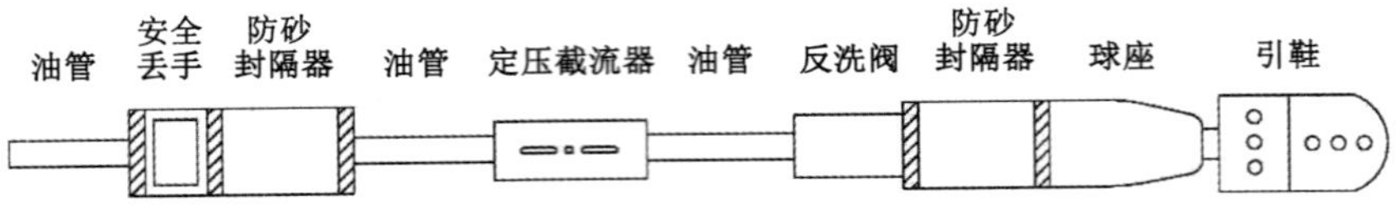

图 3　分段压裂工具组合

2.2　工艺流程

工艺流程主要包括压裂工具定位、裸眼坐封、分段压裂、保压放排 4 个阶段。采用由孔底向外的“后退式”压裂施工顺序，孔底为第一分段，向孔口后退，压裂工具依次拖动至设计位置进行压裂施工。

(1) 压裂工具定位：根据硬煤顺层定向长钻孔轨迹，确定硬煤定向长钻孔的分段数量和封隔器的封隔位置。

(2) 裸眼坐封：压裂开始时，在高压泵组的驱动下，高压流体进入封隔器胶筒，胶筒在流体压力作用下发生膨胀，封堵钻孔环形空间，完成硬煤裸眼坐封。封隔器胶筒膨胀变形后，实现了钻孔环形空间封孔以及胶筒两端的阻隔。

(3) 分段压裂：裸眼坐封完成后，增加压裂泵组排量和压力，进行压裂施工。压裂过程中应翔实记录压力、流量等施工参数；由于硬煤裂隙以扩张延伸为主，还需要对施工区域煤岩浸水情况即时监测，为压裂效果分析提供依据。

(4) 保压放排：完成设计注水量，分段压裂施工结束。关闭压裂工具阀门，进入保压阶段，在自然滤失作用下，孔内压力自然降低、重新平衡，管柱压力小于地层压力时，保压结束。打开孔口阀门，封隔器解封，放排孔内积水，连接管路进行瓦斯抽采。

3　定向长钻孔分段水力压裂技术应用

3.1　工程概况

孟村煤矿目前可采煤层为 4 煤层，煤层整体破坏类型为 Ⅰ～Ⅱ类，煤质坚硬，f=1.48～2.46，4 号煤层钻孔瓦斯流量衰减系数 α 平均值为 0.038 2 d^{-1}，煤层透气性系数平均值为 5.935 $m^2/(MPa^2 \cdot d)$。403109 工作面为 403 盘区的首采工作面，工作面走向长度为 2 555 m，其中可采走向长度 2 350 m，倾向长度 220 m，厚度为 19.5～22.5 m、平均 21.5 m，煤层结构简单，含 0～1 层夹矸，煤层倾角 −5°～3°，平均 −1°。

3.2　方案设计

3.2.1　定向长钻孔设计

本次施工区域为 403109 工作面顺槽，共设计 4 个煤层顺层定向长钻孔，其中 1#、2# 钻孔开孔点分别位于 403109 回风巷 1# 钻场(350 m)和 2# 钻场(450 m)，3#、4# 钻孔开孔点位于 403109 运输巷 1# 钻场(350 m)和 2# 钻场(450 m)，详见表 1。压裂钻孔主孔设计深度 850 m，孔径 120 mm，钻孔水平段与巷道之间的距离为 45 m，沿巷道掘进方向顺层钻进。主孔施工完成后，施工 4 个分支孔，单个分支孔设计深度 100 m，分支孔间距 200 m。

表 1　钻孔参数设计

钻孔编号	开孔位置	一开孔径/mm	套管下深/m	二开孔径/mm	主孔深度/m	分支孔累计深度/m	分支孔间距/m	钻孔进尺/m
1#	403109 回风巷 1# 钻场	193	50	120	850	400	200	1 250
2#	403109 回风巷 2# 钻场				850	400	200	1 250
3#	403109 运输巷 1# 钻场				850	400	200	1 250
4#	403109 运输巷 2# 钻场				850	400	200	1 250

钻孔采用二开结构设计，一开孔深 50 m，孔径 120 mm，扩孔 ϕ120 mm→ϕ153 mm→ϕ193 mm，成孔后下入 ϕ146 mm 套管(50 m)；二开孔径 120 mm，钻进至终孔。钻孔参数设计见表 1，钻孔布置剖面图如图 4 所示。

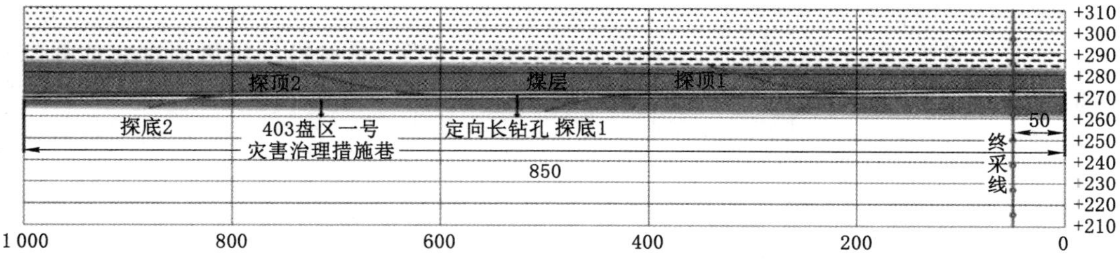

图 4　压裂钻孔剖面位置(单位：m)

3.2.2　分段水力压裂工艺技术

设计采用“分段压裂延展裂隙＋整体压裂沟通网络”的技术工艺。结合施工区域地质特征和钻探施工情况，设计水力压裂段间距 50 m，封隔器卡距 10 m，单孔压裂段数 13 段，注水量 1 500 m^3。

4　水力压裂工程施工及效果分析

4.1　水力压裂工程施工

1# 钻孔于 2022 年 8 月 27 日开始压裂施工，9 月 11 日完成整孔 13 段压裂，历时 16 天，每段压裂时间 157～445 min，总计 2 575 min，最大泵注压力 10.3～16.1 MPa，平均 8.4～12.7 MPa，最大泵注排量 37.0～48.7 m^3/h，平均 33.6～42.3 m^3/h，总计注水量 1 598 m^3。

2# 钻孔于 2022 年 9 月 30 日开始压裂施工，10 月 9 日完成整孔 13 段压裂，历时 10 天，每段压裂时间 132～472 min，总计 2 520 min，最大泵注压力 8.4～14.7 MPa，平均 6.5～11.4 MPa，最大泵注排量 27.3～50.8 m^3/h，平均 18.8～45.6 m^3/h，总计注水量 1 623 m^3。

3# 钻孔于 2023 年 2 月 19 日开始压裂施工，3 月 5 日完成整孔 13 段压裂，历时 15 天，每段压裂时间 136～497 min，总计 2 556 min，最大泵注压力 11.7～18.7 MPa，平均 8.1～14.4 MPa，最大泵注排量 31.8～54.8 m^3/h，平均 26.0～44.5 m^3/h，总计注水量 1 626 m^3。

4# 钻孔于 2023 年 3 月 12 日开始压裂施工，3 月 25 日完成整孔 14 段压裂，历时 14 天，每段压裂时间 130～462 min，总计 2 560 min，最大泵注压力 10.4～17.2 MPa，平均 7.9～13.2 MPa，最大

泵注排量 30.5～51.7 m^3/h，平均 24.0～42.8 m^3/h，总计注水量 1 621 m^3。

水力压裂钻孔数据监测如图 5 所示。

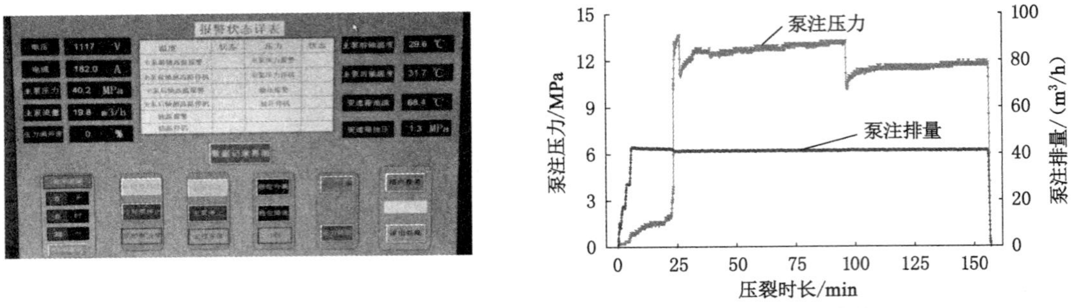

(a) 压裂参数监测系统　　(b) 水力压裂曲线

图 5　水力压裂钻孔数据监测

4.2　效果分析

4.2.1　压裂影响范围监测

本次水力压裂半径采用钻孔瞬变电磁法进行监测，即将发射线圈与接收探头一同送入钻孔中，逐点进行三分量测量，通过顺钻孔方向的垂直分量 Z 的二次场分析钻孔周围可能存在的低阻异常区(见图 6)，通过垂直于钻孔且相互正交的两组水平分量 X、Y(X 分量垂直于孔向右，Y 分量垂直于孔向下)的二次场分析异常相对于钻孔的空间方位，最终形成以钻孔为中心，径向一定距离范围内的圆柱形探测区域。

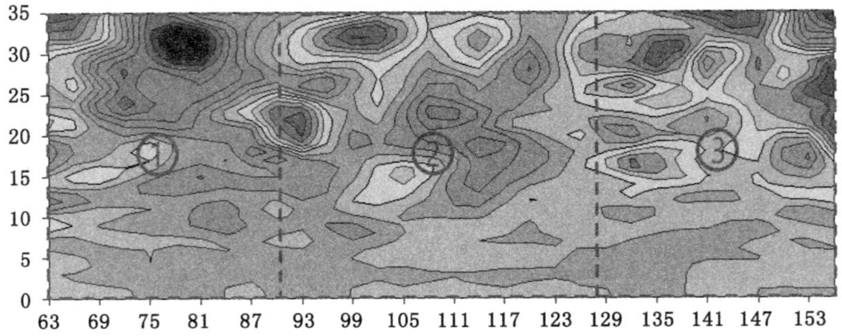

图 6　压裂后纯异常分布情况(单位：m)

通过监测分析，压裂后测区内明显多出若干沿应力主方向发育、垂直于钻孔方向的条带状低阻异常，异常的延伸方向均为钻孔左下方和对称的右上方。低阻异常主要分布在压裂点附近，最大压裂影响范围 30 m。

4.2.2　瓦斯抽采参数分析

1# 压裂钻孔于 2022 年 9 月 17 日开始监测瓦斯抽采参数，累计监测 58 天。钻孔瓦斯抽采数据统计表明：钻孔瓦斯抽采浓度为 12.60%～19.30%，平均为 16.21%，瓦斯抽采浓度相对稳定；钻孔瓦斯抽采纯量为 0.002～0.021 m^3/min，平均为 0.012 m^3/min，抽采量曲线整体表现为钻孔初始抽采纯量较大，随抽采时间的增加逐渐衰减的趋势；监测期内，钻孔瓦斯日均抽采纯量 16.747 m^3，累计瓦斯抽采纯量 971.328 m^3，瓦斯抽采参数曲线如图 7 所示。

2# 压裂钻孔于 2022 年 10 月 15 日开始监测瓦斯抽采参数，累计监测 63 天。钻孔瓦斯抽采监测数据统计表明：钻孔瓦斯抽采浓度为 14.75%～23.00%，平均为 18.80%；钻孔瓦斯抽采纯量为

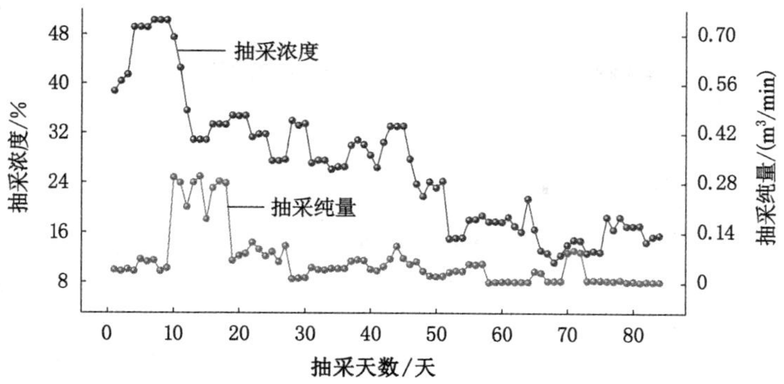

图 7　1# 压裂孔瓦斯抽采参数曲线

0.005～0.031 m³/min，平均为 0.016 m³/min，呈初始抽采量较大，随抽采时间的增加逐渐衰减的趋势；监测期内，钻孔瓦斯日均抽采纯量 22.364 m³，累计瓦斯抽采纯量 1 408.955 m³，抽采曲线如图 8 所示。

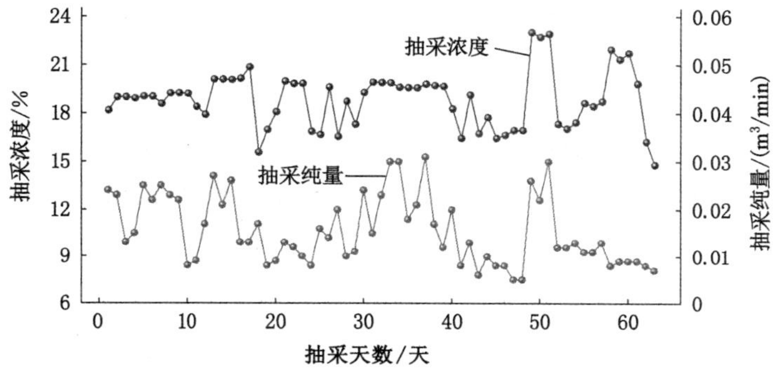

图 8　2# 压裂孔瓦斯抽采参数曲线

3# 压裂钻孔于 2022 年 11 月 3 日开始监测瓦斯抽采参数，累计监测 84 天。钻孔瓦斯抽采数据统计表明：钻孔瓦斯抽采浓度为 11.32%～50.47%，平均为 26.60%；钻孔瓦斯抽采纯量为 0.002～0.298 m³/min，平均为 0.062 m³/min；监测期内，钻孔瓦斯日均抽采纯量 89.766 m³，累计瓦斯抽采量 7 540.368 m³，抽采曲线如图 9 所示。

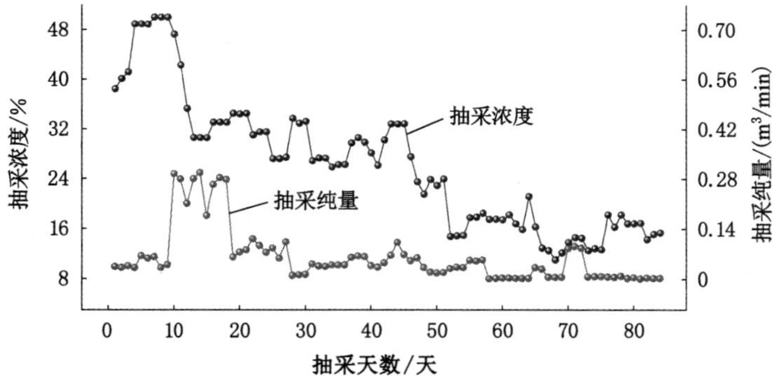

图 9　3# 压裂孔瓦斯抽采参数曲线

4# 压裂钻孔于 2022 年 12 月 7 日开始监测瓦斯抽采参数，累计监测 41 天。钻孔瓦斯抽采数据统计表明:钻孔瓦斯抽采浓度为18.24%～57.84%,平均为42.61%;钻孔瓦斯抽采纯量为0.09～0.26 m³/min,平均为0.21 m³/min;监测期内,钻孔瓦斯日均抽采纯量312.62 m³,累计瓦斯抽采量12 817.47 m³,抽采曲线如图10所示。

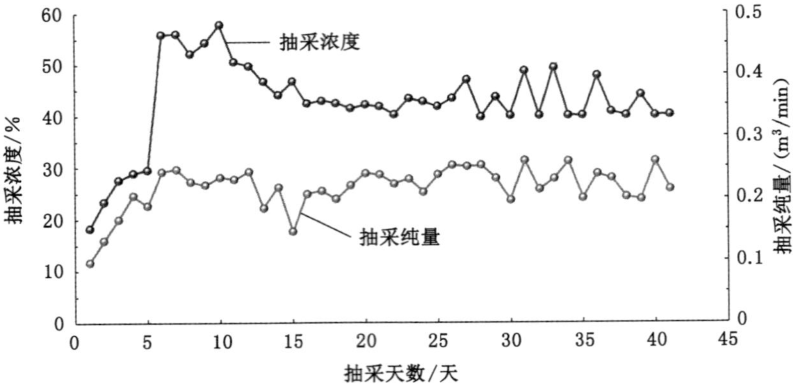

图10　4# 压裂孔瓦斯抽采参数曲线

4.2.3　抽采效果分析

监测期内,1# 钻孔瓦斯平均抽采浓度16.21%,钻孔瓦斯平均抽采纯量0.012 m³/min;2# 钻孔瓦斯平均抽采浓度18.80%,钻孔瓦斯平均抽采纯量0.016 m³/min;3# 钻孔瓦斯平均抽采浓度26.60%,钻孔瓦斯平均抽采纯量0.062 m³/min;4# 钻孔瓦斯平均抽采浓度42.61%,钻孔瓦斯平均抽采纯量0.210 m³/min。相比普通钻孔,压裂钻孔瓦斯抽采浓度提高了3.39～8.91倍,百米钻孔瓦斯抽采纯量提高了4.00～70.00倍。抽采参数对比如图11所示。

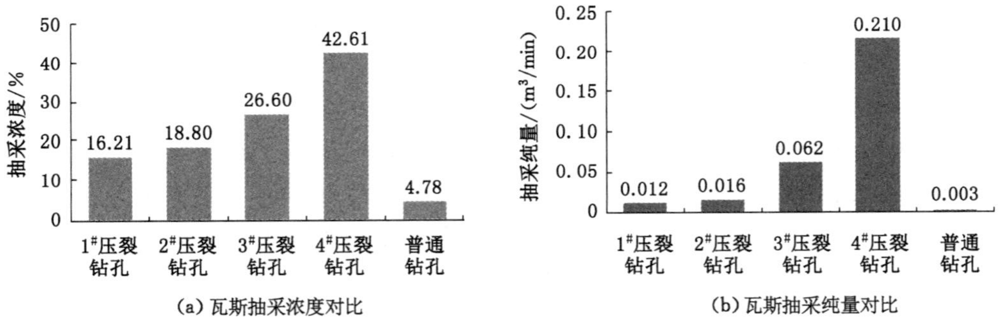

图11　压裂钻孔抽采效果对比

5　结论

(1) 水力压裂能够扩大孔隙直径,增加孔隙数量,增强煤体孔隙间的连通性。本文定性分析了水力压裂过程中煤层裂隙扩展特征及延伸规律,确定了顺层长钻孔分段水力压裂段间距及封隔器卡距。

(2) 优选了煤矿井下水力压裂泵组、煤层裸眼分段压裂工具组合,升级改进了压裂工具,探索出适合于孟村煤矿的顺层定向长钻孔分段压裂施工工艺技术,呈现出"裂缝受阻(快速漏失)—裂缝平衡(漏失平衡)—裂缝稳定(漏失减少)"压裂曲线特征。

(3) 分析确定了4煤层最大压裂影响半径为30 m,钻孔瓦斯平均抽采浓度为16.21%～42.61%;钻孔瓦斯平均抽采纯量为0.012～0.210 m³/min;钻孔累计瓦斯抽采量9 920.651 m³。

与普通预抽钻孔对比，压裂钻孔瓦斯抽采浓度提高了 3.39～8.91 倍，百米抽采流量提高了 4.00～70.00 倍。

参考文献

[1] 冯达晖.煤矿井下分段水力压裂梳状定向长钻孔钻进技术研究[J].探矿工程：岩土钻掘工程，2018，45(5)：8-12.

[2] 付江伟.井下水力压裂煤层应力场与瓦斯流场模拟研究[D].徐州：中国矿业大学，2013.

[3] 富向."点"式定向水力压裂机理及工程应用[D].沈阳：东北大学，2013.

[4] 郭超奇，赵继展，李小建，等.中硬低渗煤层定向长钻孔水力压裂瓦斯高效抽采技术与应用[J].煤田地质与勘探，2020，48(6)：103-108.

[5] 贾秉义，陈冬冬，吴杰，等.煤矿井下顶板梳状长钻孔分段压裂强化瓦斯抽采实践[J].煤田地质与勘探，2021，49(2)：70-76.

[6] 李国栋，郑凯歌，陈冬冬.赵固二矿本煤层定向长钻孔水力压裂增透技术研究[J].煤炭工程，2019，51(7)：53-57.

[7] 李全贵.脉动载荷下煤体裂隙演化规律及其在瓦斯抽采中的应用研究[D].徐州：中国矿业大学，2015.

[8] 吕有厂.水力压裂技术在高瓦斯低透气性矿井中的应用[J].重庆大学学报，2010，33(7)：102-107.

[9] 牟全斌，闫志铭，张俭.煤矿井下定向长钻孔水力压裂瓦斯高效抽采技术[J].煤炭科学技术，2020，48(7)：296-303.

[10] 史小卫，林萌，王思鹏.低渗煤层井下水力压裂增透技术应用研究[J].中国煤炭，2011，37(4)：7-9，81-83.

[11] 孙炳兴，王兆丰，伍厚荣.水力压裂增透技术在瓦斯抽采中的应用[J].煤炭科学技术，2010，38(11)：78-80，119.

[12] 王晨阳，李树刚，张永涛，等.煤矿井下硬煤层顺层长钻孔分段压裂强化瓦斯抽采技术及应用[J].煤田地质与勘探，2022，50(8)：72-81.

[13] 王建利，陈冬冬，贾秉义.韩城矿区碎软煤层顶板梳状孔水力压裂瓦斯抽采工程实践[J].煤田地质与勘探，2018，46(4)：17-21.

[14] 徐幼平，林柏泉，翟成，等.定向水力压裂裂隙扩展动态特征分析及其应用[J].中国安全科学学报，2011，21(7)：104-110.

[15] 赵睿，范涛，李宇腾，等.钻孔瞬变电磁探测在水力压裂效果检测中的应用[J].煤田地质与勘探，2020，48(4)：41-45.

[16] 郑凯歌.碎软低透煤层底板梳状长钻孔分段水力压裂增透技术研究[J].采矿与安全工程学报，2020，37(2)：272-281.

[17] 郑凯歌，龙威成，赵乐凯，等.顺煤层定向长钻孔水力压裂煤层增透技术及试验研究[J].河南理工大学学报(自然科学版)，2019，38(3)：10-15.

冲击倾向性特厚煤层大倾角切巷综掘技术研究与应用

李宣东，上官科峰，张斌斌，金建成

（华亭煤业集团有限责任公司，甘肃 平凉　744100）

摘　要　机组稳定性是制约综掘技术应用于大倾角巷道掘进的关键难题。本文围绕华亭煤业山寨煤矿3506工作面冲击倾向性特厚煤层大倾角切巷掘进工程实际，分析了大倾角切巷掘进存在的问题，采用力学分析、数值模拟和现场实测的综合研究方法开展了掘进装备及配套关键技术研究。研究结果表明：综合机械化掘进相较炮掘法具有显著的经济技术优势，提出了大倾角切巷的"底座油缸推移式"综掘施工技术，验证了支顶装置的承载及变形特征满足综掘机组稳定要求，形成了以"小坡度—缓坡变线—大坡度"坡度调整、支顶维稳装置优化、掘进钻孔解危卸压为核心的大倾角特厚煤层切巷掘进关键技术，有效保障了冲击特厚煤层大倾角切巷安全高效掘进施工。

关键词　冲击地压；大倾角切巷；综合机械化；稳定装置

0　引言

近年来，大倾角巷道的掘进一直是困扰煤矿安全生产的难题[1]。目前，倾角小于15°的巷道基本实现了机械化作业，但倾角大于15°的巷道掘进施工很难避免掘进机组的稳定性及滑移问题[2-3]。为此，诸多学者开展了相关研究：张浩春[4]通过EBZ-260型悬臂式掘进机台阶式分次掘进施工实现了16°大断面岩层上山掘进作业；宫延明等[5]通过改造掘进机液压系统增加跟步式助力油缸的方法，实现了采用S150J型掘进机进行22°大倾角巷道的掘进；胡建勇[6]通过不断将煤、矸石存放于综掘机后部制作小于12°综掘机行走平台的方法，实现了EBZ-230型综掘机完成25°切巷掘进；李禹兴[7]通过增加掘进机履带与底板摩擦力、高强度锚杆牵引切割头助力以及快速掘进工艺优化等方法阻止掘进机失稳，实现了22°巷道的掘进施工。现有研究多针对不同巷道地质条件提出针对性的控制方案，但我国煤矿分布广泛，地质条件差异性较大[8]，尤其是带有冲击倾向性的煤层巷道掘进研究较少。本文以华亭煤业山寨煤矿冲击倾向性特厚煤层3506工作面大倾角切巷掘进为研究对象，深入分析综掘机施工期间的机组受力情况及稳定性情况，提出27°大倾角开切眼综掘施工方案，并开展工业性试验，以期为类似条件矿井大倾角综掘工作面施工提供可借鉴的经验。

1　工作面概况

1.1　切巷位置

山寨煤矿隶属于甘肃华亭煤业集团有限责任公司，井田位于华亭煤田西北部，从东到西主要包括东部背斜构造，中部单斜构造，西部向斜及边界断层。矿井目前主采5煤层，3506工作面位于三采区北翼，属于三区段采煤工作面，埋深 572～628 m，北部为井田边界，南部为待回采的 3506 工作面，东部及西部与 3506 两顺槽联通。工作面切巷外错 3504 工作面 88 m，工作面回风顺槽与运输顺槽高差超过 60 m，切巷施工坡度达 27°，属于典型的大倾角切巷掘进。

1.2 切巷围岩概况

3506 工作面切巷设计全长 193.288 m，断面为矩形，掘进宽度 4.7 m、高度 3.6 m。切巷附近煤层厚度为 6.97～17.12 m，属特厚煤层，含夹矸 0～3 层，厚度 0～0.07 m，以泥岩、碳质泥岩为主。5 煤层单轴抗压强度 2.68～19.28 MPa，平均 10.77 MPa，抗拉强度 0.26～1.53 MPa，平均 0.62 MPa，煤层层理及节理裂隙发育丰富，煤质疏松。煤层顶板以薄层状砂质泥岩、泥岩及碳质泥岩为主，基本顶为灰色细砂岩，底板为砂质泥岩、泥质粉砂岩、细砂岩及中～粗砂岩，泥质胶结，层理不清。

切巷掘进范围内地质构造较为简单，为一单斜构造，无褶皱、断层等地质构造。切巷距煤层底板第二含水层距离较近，涌水量为 0.001 2 L/(s · m)，渗透系数为 0.007 6 m/d，属弱含水层。3506 切巷掘进期间冲击地压危险状态等级评定综合指数 W_t = 0.44，具有弱冲击危险性。

1.3 切巷掘进存在的问题

受切巷施工角度限制，目前矿井已有的 EBZ160、EBZ200 型综掘机均无法满足 3506 切巷掘进施工要求。若采用传统的炮掘法掘进施工，下山掘进受水患影响严重，且钻眼爆破、煤流运输困难；而上山掘进工人劳动强度大，危险性高，掘进速度慢，无法保障矿井正常生产接续。

2 冲击特厚煤层大倾角切巷掘进技术

2.1 大倾角切巷掘进方案

长期以来，国内对回采巷道快速掘进技术进行了大量的研究，在掘进设备稳定性、掘进工艺参数、矿压规律等研究领域取得了一定的成果[9-10]。目前，15°以下的大倾角开切眼已全部实现了机械化作业，但超过 15°后履带式掘进机无法掘进，综掘机移动和防滑是制约施工的关键性问题。同时，传统的炮掘法在采掘接续、施工工艺、安全隐患、均衡生产等方面的难度较大[11-13]。两种施工方法的主要指标对比如下：

(1) 施工工艺流程对比

炮掘法工艺流程：交接班→安全检查→敲帮问顶→钻眼前准备→钻眼→检查瓦斯→装药连线→检查瓦斯→撤人设警戒→爆破→检查瓦斯等→洒水消尘等→出煤→临时支护→永久支护→质量检查。

综掘工艺流程：交接班→安全检查→超前支护→割煤、运煤及材料准备→敲帮问顶、临时支护→永久支护→质量检查。

相比炮掘法工艺流程而言，综合机械化施工工艺流程较简单，节约了打眼、装药、排炮烟等大量时间，避免了爆破作业带来的火工品领退、运输、拒爆、残爆、瓦斯超限等安全隐患[14]，具有显著的技术优势。

(2) 劳动组织及掘进效率对比

炮掘法打眼、出煤劳动强度大，流程用时长，施工人员多，很难满足冲击地压矿井掘进工作面限员管理的规定。而综合机械化掘进速度快、安全系数高，具有显著的经济技术优势。

2.2 掘进施工方案的确定

为避免炮掘法掘进效率低、爆破对围岩扰动大等问题，3506 工作面切巷掘进选择综合机械化施工，EBZ135 综掘机、桥式转载机组合而成底座＋油缸＋底座的组合，与支顶液压柱相互配合实现整个机体的相对固定，综掘机的截割部分和旋转部分安装在桥式转载机上，转载机落地段中部槽的上面安装一个滑道，综掘机的滑移底座安装在滑道上。设备布置示意图如图 1 所示。

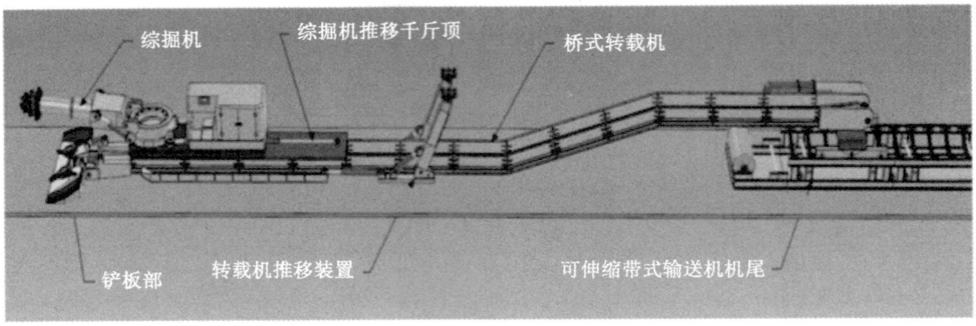

图 1　机械化施工示意图

采用综合机械化下山掘进施工方式，相比上山掘进减弱了掘进工作面冲击地压导致冒顶、片帮的问题，减小了掘进期间大块煤矸滚动下滑风险，有效保证了大倾角巷道施工安全、高效，实现了掘进工作面单班作业人数不超过 18 人，冲击地压煤层掘进工作面 200 m 范围内(包括卸压作业期间)不超过 9 人的规定。

3　切巷综掘设备稳定性研究

3.1　综掘机支顶装置受力状态分析

机组通过两端分别固定在综掘机和桥式转载机落地段上的底座推拉油缸的伸缩，实现了掘进机在本装置组件上移动、截割、装载。“顶天立地”的滑移结构克服了履带复杂结构的弊端，在实现大坡度掘进的同时，保证了掘进机与刮板输送机相对位置的稳定。机组液压支柱在大倾角切巷的受力简化模型如图 2 所示。

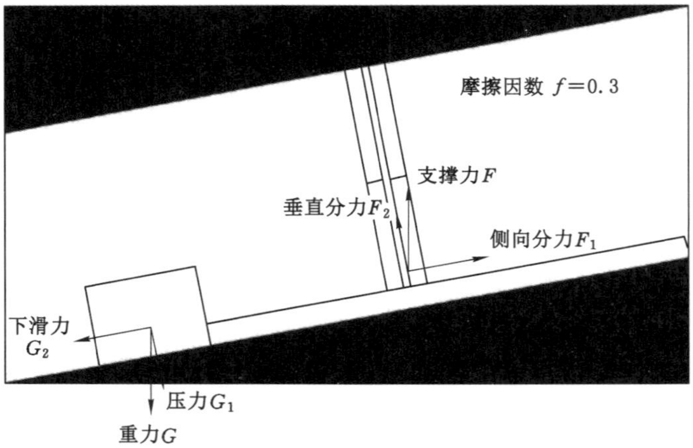

图 2　模拟加压下支顶装置受力状态

综掘机组由于支顶装置在巷道顶底板上产生的摩擦力与其沿巷道走向的分力保持平衡实现稳定工作，其原理相当于液压支架支顶后对前后刮板输送机的推拉作用，该装置受力计算如下：

$$(QS+Mg\cos\alpha)mf=Mg\sin\alpha \tag{1}$$

式中　Q——支顶装置最小荷载，MPa；

M——机组最大载重，kg；

S——支顶装置横截面面积，m^2；

g——重力加速度，取 9.8 m/s^2；

α——切巷设计施工坡度，取 27°；

f——机组与煤层底板的摩擦因数，取 0.3；

m——装置在复杂荷载情况下的安全系数，取 5。

通过计算得出 $Q=7.03\ MPa<Q_{max}$，即支顶装置的实际工作荷载小于其最大静载，可有效支撑机组稳定，不产生滑移。

3.2 开切眼综掘设备稳定性数值模拟分析

(1) 数值模型建立

通过建立支顶装置等比的仿真模型，模拟井下 27°大倾角、给定支顶装置最大支撑力下，液压柱的变形情况，并分析该情况下综掘机组是否出现滑移。根据 EBZ135 综掘机支顶装置实际尺寸，利用 CREO 软件等比简化创建模型，如图 3 所示。

图 3 数值计算模型

(2) 数值模型参数设置

参数设定：EBZ135 综掘机的支顶装置采用高强度钢材，仿真材料选择 45 号钢，密度为 $7.8\times 10^3\ kg/m^3$，泊松比为 0.28，杨氏模量为 210 GPa。

约束条件：支顶装置与底部转载机固定在一起，整个装置运动形式仅为液压柱垂直运动，不发生左右偏移。因此，在模型底部与液压柱四周添加位移约束。

施加荷载：根据支顶装置最大支撑力，对顶部平面施加均匀荷载 20 MPa。

(3) 支顶装置受力模拟结果分析

选取支顶装置的某一条边，分析不同压力条件下支顶装置的应变情况。研究结果表明，在施加最大荷载 20 MPa 静态分析下支顶装置的变形量变化较小，说明支顶装置在最大支撑力作用下，不会发生较大变形而使得设备损坏，可保持设计荷载长时间稳定工作。

4 大倾角特厚煤层切巷掘进关键技术

EBZ135 综掘机组的截割部分和旋转部分安装在桥式转载机上，转载机落地段中部槽的上面安装滑道，综掘机的滑移底座安装在滑道上，设备在转载机落地段的滑道上面来回滑动。机身长度可达 19.6 m，同时综掘机铲板卧底量较小(100 mm)，虽然能增大机组接地面积，通过支顶装置能较好地实现机组空间维稳，但当巷道底板起伏、坡度变化大时，将综掘机机身调整至设计坡度施工难度较大，且易造成变坡点巷道超高时支顶装置接顶不实。为此，提出针对性的优化技术。

4.1 “小坡度—缓坡变线—大坡度”坡度调整技术

根据煤层地质条件，巷道开口先沿顶掘进 23 m，待设备安装完成功后进行缓坡变线，再根据巷道实测贯通数据进行大坡度调整，变坡时配套该机组的液压调坡装置，采用支撑座铸造件、连接座、升降油缸、销轴分两组内置在滑倒两侧末端，支撑力与机组载重相匹配，装置与滑道通过连接座、销轴等连接，通过操控液压油缸伸降、调整机组尾部高低来达到改变机身倾角的目的，同时与机组立柱使用同一液压系统并有独立的液压操作阀，使得整个机组灵活适应巷道坡度变化。

4.2 支顶维稳装置优化技术

针对掘进变坡过程中支顶装置接顶不实问题，通过增加支顶装置油缸数量、优化接顶部件来确保设备的正常推移。针对综掘机、桥式转载机与后部搭接的刮板输送机中心线不平行，桥式转载机移动过程中易发生掉道的问题，采用两侧稳定油缸牢固支撑巷道两帮来进行调偏和移动，同时严格按照巷道中心线铺设刮板输送机，确保设备运行的稳定性，根据围岩的稳定性及时加固巷道两帮，使两帮的支护强度满足维稳油缸的反复支撑。

4.3 掘进钻孔解危卸压技术

当掘进迎头即两帮压力显现较强，监测数据超过临界值或有异变趋势时，通过松动爆破卸压技术形成承载结构外围应力弱化带，将巷道围岩压力传递到深部，并缓冲阻截岩体内部能量传播。在迎头即巷帮危险区域采用卸压爆破按照由外向里的顺序进行卸压解危，一轮卸压后进行效果检验，必要时优化参数进行重复爆破卸压，直至各项指标小于临界值。

5 掘进施工效果分析

5.1 卸压解危效果分析

3506 工作面切巷内钻屑值小于临界值(2.4 kg/m)，且钻屑孔钻进过程中无卡钻、吸钻、顶钻、异响及孔内冲击等动力现象。同时，卸压解危后微震监测能量及频次保持在稳定状态且未发生($\geqslant 1.94\times10^4$ J)微震事件，微震监测无异常变化趋势，卸压防冲取得了较好的效果，保障了切巷掘进顺利进行。

5.2 切巷掘进施工效果分析

冲击倾向性特厚煤层大倾角切巷综掘技术在实践中得到成功检验，3506 工作面切巷掘进单日进尺平均为 6 m，最大为 7.2 m，月进尺突破 180 m，效果显著，有效保障了矿井正常的生产接续。

6 结论

(1) 本文总结分析了冲击特厚煤层大倾角切巷掘进存在的问题，并通过对比分析确定了综合机械化掘进施工方案。

(2) 提出了冲击特厚煤层大倾角切巷的“底座油缸推移式”综掘施工技术，通过力学分析和数值模拟研究了支顶装置的稳定性规律，通过“底座＋油缸＋底座”方式实现了综掘机的移动，破解了大倾角履带式综掘机组失稳的问题。

(3) 提出了以“小坡度—缓坡变线—大坡度”坡度调整、支顶维稳装置优化、掘进钻孔解危卸压为核心的大倾角特厚煤层切巷掘进关键技术，实现了综掘机机身灵活适应坡度变化及支顶装置接顶稳定，有效促进冲击特厚煤层大倾角切巷安全高效掘进施工。

参考文献

[1] 陈兆平，袁明波．大倾角半煤岩巷道综合机械化快速掘进实践[J]．内蒙古煤炭经济，2016(12)：134-136.

[2] 刘雁明．大倾角综掘巷道快速掘进及支护优化研究[J]．机械管理开发，2022，37(10)：214-216.

[3] 宗凯，符世琛．大倾角巷道掘进机截割过程整机滑移的力学模型[J]．黑龙江科技大学学报，2020，30(4)：404-410.

[4] 张浩春．大断面大倾角大机组岩巷掘进工艺探析[J]．煤炭工程，2019，51(增刊2)：44-48.

[5] 宫延明，孙全发，刘云刚．综掘机大倾角巷道施工实践[J]．煤矿安全，2008，39(6)：71-72.

[6] 胡建勇．高地应力大倾角巷道综掘施工工艺优化[J]．中国石油和化工标准与质量，2020，40(1)：221-222.

[7] 李禹兴．超长大倾角巷道快速掘进技术与工艺[J]．煤炭与化工，2018，41(6)：34-36.

[8] 肖宗．"三软"大倾角煤层煤巷掘进施工技术研究[J]．山东煤炭科技，2018(3)：5-7.

[9] 孙建成．煤矿大倾角巷道掘进工艺优化应用[J]．煤炭科技，2022，43(1)：114-117.

[10] 李勇，李冬，康兰东．耙装机在掘进机大倾角掘进中的应用[J]．山东煤炭科技，2020(9)：146-148.

[11] 黄以寿，赵传祥．大倾角下山岩巷快速掘进关键技术研究与应用[J]．建井技术，2021，42(4)：1-4.

[12] 孙立虎，王敏，于冰冰，等．大倾角倒梯形煤巷新型配套快速掘进技术研究[J]．煤炭工程，2023，55(11)：49-55.

[13] 苏泽明．高应力大倾角切眼综掘施工工艺优化[J]．机械管理开发，2023，38(7)：186-187.

[14] 董开封，丘富旺．掘进机在大倾角上山巷道施工中的研究应用[J]．煤炭工程，2014，46(6)：46-47.

冲击地压煤层相同采区采掘互扰微震活动时空演化规律分析

陈翰伟，朱金平，李学军

（甘肃华亭煤电股份有限公司陈家沟煤矿，甘肃 平凉 744100）

摘 要 通过分析某冲击地压矿井相同采区采掘工作面，在不同采掘间距条件下的微震事件震源及能量规律，总结影响区域及其后果，研判重点防治区域，研究成果可指导冲击地压矿井工作面的生产布局。

关键词 冲击地压；微震；采掘互扰

0 前言

微震监测作为冲击地压矿井主要的区域监测手段之一，可对矿震震源进行定位和能量计算，分析矿震集中的区域，预测震动趋势，进一步确定震动能量释放与采掘活动的因果关系，动态掌握监测区域的危险状态，从而提前采取针对性局部监测及卸压措施[1-2]。本文仅针对某矿同一采区的8514综放工作面与8522掘进工作面，在不同采掘间距条件下的采掘扰动微震震动分析，进而验证冲击地压矿井工作面安全生产布局。

1 工作面概况

8514综放工作面与8522运输顺槽正掘工作面之间目前并未设计工作面，两工作面之间的水平间距最小约为84 m。虽然两工作面之间的最小水平间距大于一般的区段煤柱留设间距宽度，但两者之间当前并未设计任何工作面，因此两工作面可以近似看成相向生产的“相邻采-掘工作面”。2023年5月1日至2023年7月中旬，8522运输顺槽正掘工作面停止作业，运输顺槽由8522运输顺槽反掘工作面单独作业，8514综放工作面继续回采；2023年7月中旬至8522运输顺槽贯通，8522运输顺槽正掘工作面作业与8514综放工作面交替作业，具体为早班8514综放工作面回采，中班8522运输顺槽正掘工作面掘进。具体如图1所示。

2 工作面微震活动时空演化规律

为进一步验证8514综放工作面与8522运输顺槽正掘工作面采掘扰动对两工作面能量释放的影响，利用微震数据和两工作面采掘之间的位置关系，对其进行进一步的分析。根据实际采掘记录，可将其分为三个阶段进行分析，分别是：阶段一，两工作面间距大于350 m，时间区间为2023年03月01日—2023年04月30日；阶段二，两工作面间距达到350 m，8522运输顺槽正掘工作面停掘，8514综放工作面单独作业，时间区间为2023年04月30日—2023年07月14日；阶段三，8522

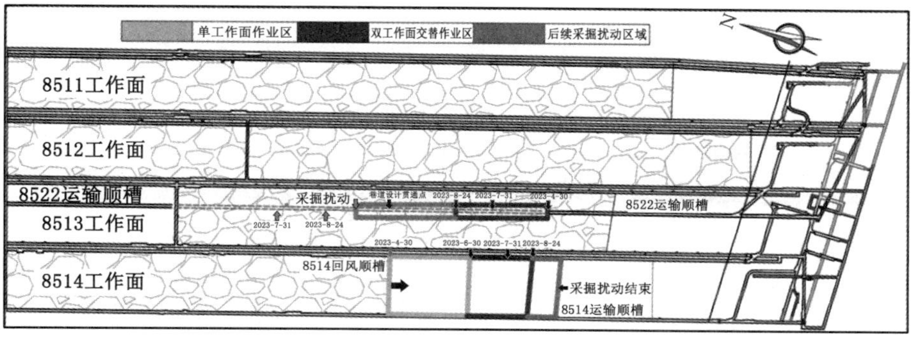

图 1　工作面位置关系示意图

运输顺槽正掘工作面恢复掘进，两工作面交替作业，时间区间为 2023 年 07 月 14 日—2023 年 08 月 24 日。

2.1　阶段一微震时空分布特征

2023 年 3 月 1 日—2023 年 4 月 30 日期间 8514 综放工作面与 8522 运输顺槽正掘工作面及其附近区域共发生微震事件 209 次，其中震源能量小于 10^3 J 的微震事件有 131 次，占总微震事件的 62.7%；震源能量在 10^3～10^4 J 的微震事件有 78 次，占总微震事件的 37.3%；没有震源能量大于 10^4 J 的微震事件。图 2 为 8514 综放工作面与 8522 运输顺槽正掘工作面在此统计时间内不同能级的微震事件占比示意图，由图可知不管微震事件的能量大小，绝大多数的微震事件分布在 8514 综放工作面及其附近，少数的微震事件分布在 8522 运输顺槽正掘工作面及其附近。

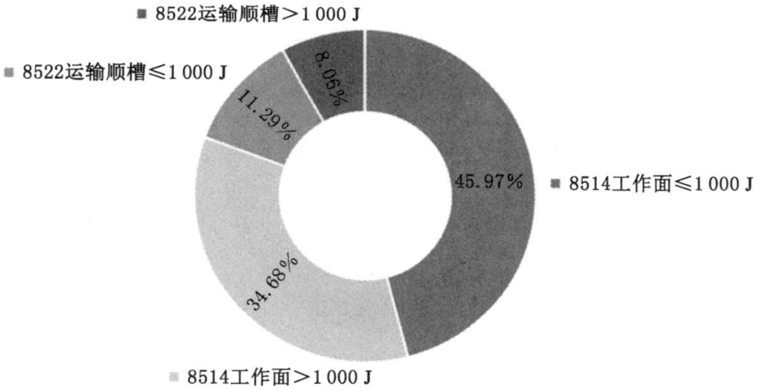

图 2　不同区域、不同能级微震事件占比示意图

图 3 为阶段一期间不同能级微震事件的具体位置分布示意，由图可知绝大多数的微震事件分布在 8514 综放工作面面前超前支承压力影响区，且回风顺槽侧微震积聚程度较高；对于 8522 运输顺槽正掘工作面，其掘进迎头基本没有微震事件分布，有少量的微震事件分布在上分层工作面的采空区内。说明在两工作面间距大于 350 m 之前，两工作面并不存在采掘扰动，且区域微震活动主要受 8514 回采工作面影响，8522 运输顺槽正掘工作面对周围煤岩体的能量释放影响不大。

2.2　阶段二微震时空分布特征

2023 年 4 月 30 日—2023 年 7 月 14 日期间 8514 综放工作面与 8522 运输顺槽正掘工作面及其附近区域共发生微震事件 283 次，其中震源能量小于 10^3 J 的微震事件有 174 次，占总微震事件的 61.5%；震源能量在 10^3～10^4 J 的微震事件有 109 次，占总微震事件的 38.5%；没有震源能量大于 10^4 J 的微震事件。图 4 为 8514 综放工作面与 8522 运输顺槽正掘工作面在此统计时间内不同能级的微震事件占比示意图，由图可知不管微震事件的能量大小，绝大多数的微震事件分布在8514综放工作面及其附近，少数的微震事件分布在8522运输顺槽正掘工作面及其附近。

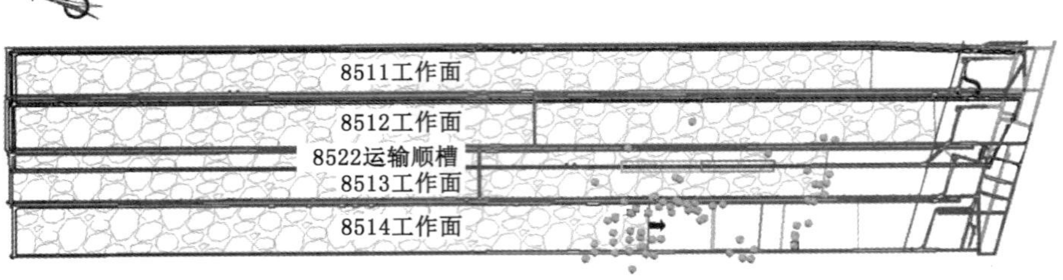

(a) 小于10^3 J微震事件

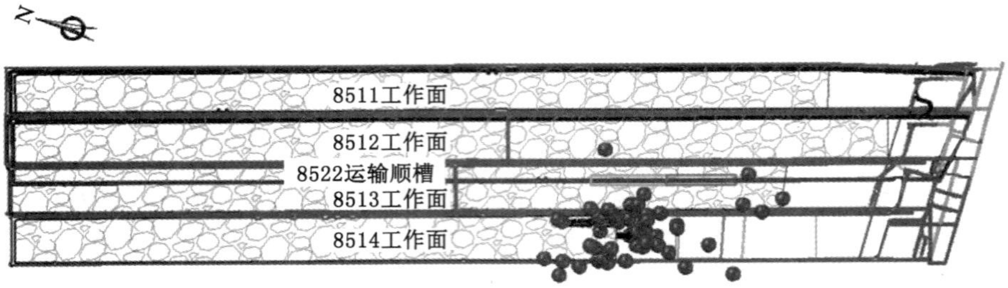

(b) 10^3～10^4 J微震事件

图 3　阶段一期间微震事件分布平面图

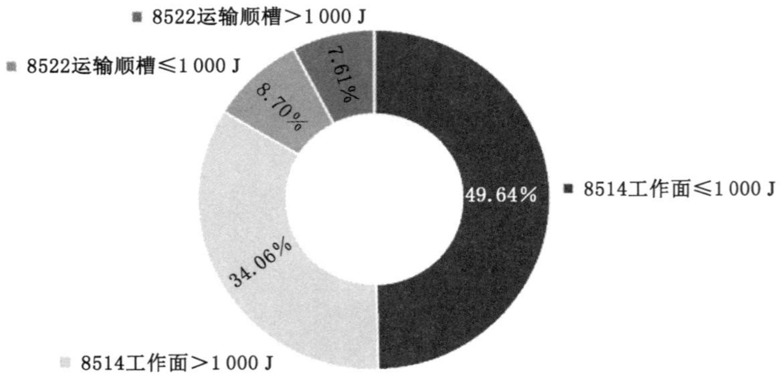

图 4　不同区域、不同能级微震事件占比示意图

图5为阶段二期间不同能级微震事件的具体位置分布示意，由图可知阶段二期间所有微震事件分布的聚集性较高，主要分布在8514综放工作面面前超前支承压力影响区和8522运输顺槽正掘工作面其掘进迎头前方采空区，且掘进迎头前方小于10^3 J的微震事件数量与大于10^3 J的微震事件数量基本相同，说明当两工作面间距小于350 m后，受8514回采面超前支承压力的影响，8522运输顺槽正掘工作面掘进迎头前方上分层开采形成的采空区内煤岩体活动较为频繁，相对危险性较高[3]。进一步分析发现，8514工作面回风顺槽侧的微震事件数量仍然最多，说明回风顺槽侧煤岩体活动频繁，冲击危险性较高。

2.3　阶段三微震时空分布特征

2023年7月14日—2023年8月24日期间8514综放工作面与8522运输顺槽正掘工作面及其附近区域共发生微震事件240次，其中震源能量(E)小于10^3 J的微震事件有133次，占总微震事件的55.4%；震源能量(E)在10^3～10^4 J的微震事件有107次，占总微震事件的44.6%；没有震

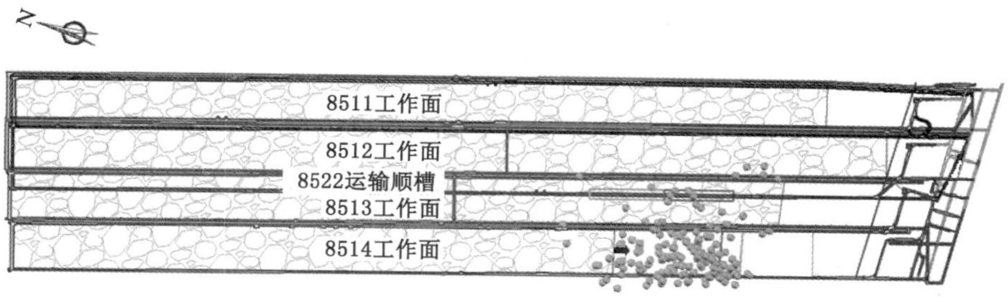

(a) 小于10^3 J微震事件

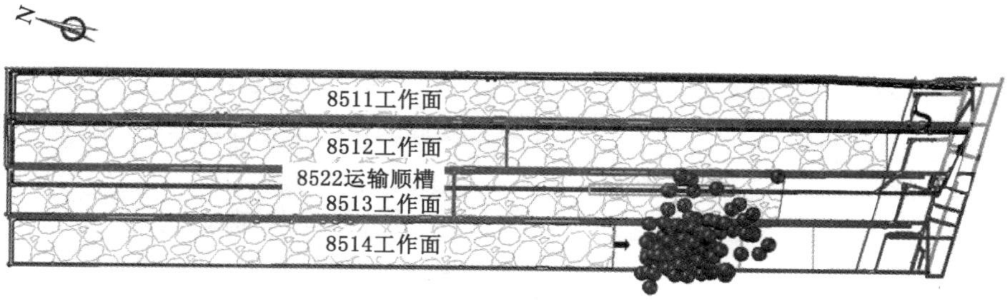

(b) 10^3～10^4 J微震事件

图 5　阶段二期间微震事件分布平面图

源能量(E)大于 10^4 J 的微震事件。图 6 为 8514 综放工作面与 8522 运输顺槽正掘工作面在此统计时间内不同能级的微震事件占比示意图，由图可知不管微震事件的能量大小，绝大多数的微震事件分布在 8514 综放工作面及其附近，少数的微震事件分布在 8522 运输顺槽正掘工作面及其附近。

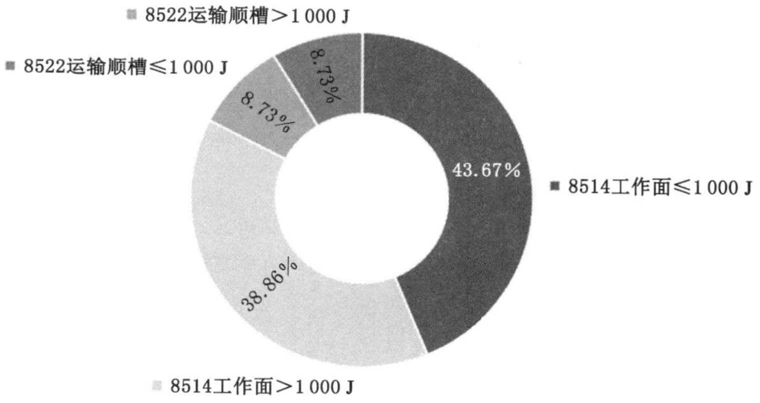

图 6　不同区域、不同能级微震事件占比示意图

图 7 为阶段三期间不同能级微震事件的具体位置分布示意，由图可知阶段三期间所有微震事件分布同阶段二期间基本一致，同样为：微震事件整体聚集性较高，主要分布在 8514 综放工作面面前超前支承压力影响区、8514 工作面回风顺槽侧和 8522 运输顺槽正掘工作面其掘进迎头，说明受 8514 回采面超前支承压力的影响，8522 运输顺槽正掘工作面掘进迎头附近煤岩体活动较为频繁，相对危险性较高。受采空区、采掘扰动等因素的影响，8514 工作面回风顺槽侧的微震活动频繁，危险性较高。对于 8522 运输顺槽正掘工作面，其掘进迎头发生的震源能量大于 10^3 J 的微震事件要多于小于 10^3 J 的微震事件，这说明虽然 8514 综放工作面与 8522 运输顺槽正掘工作面交替作业，但随着两个工作面的间距缩小，采掘扰动对掘进面的影响进一步增加，导致其掘进头煤岩体活动释放的能量增加，增加了掘进面的危险性[4-5]。

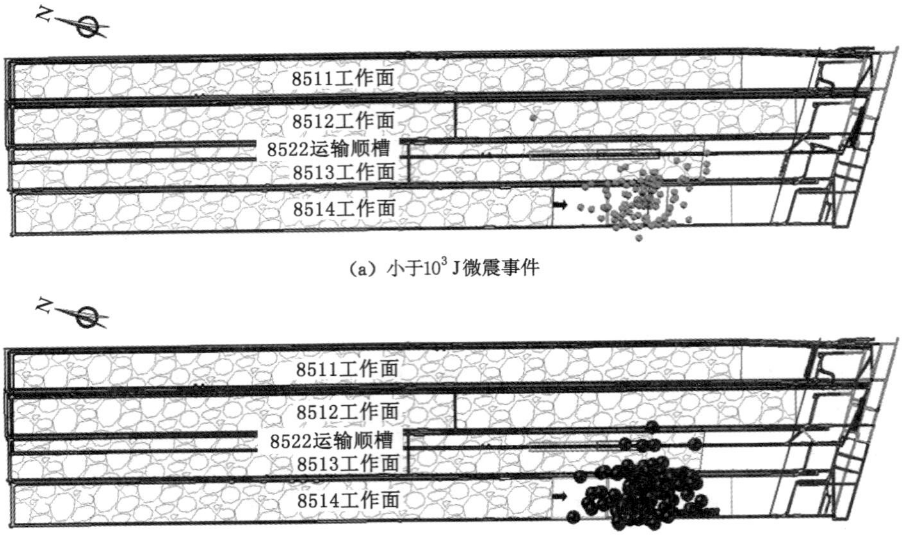

图 7　阶段二期间微震事件分布平面图

3　分析结论

通过对 8514 综放工作面与 8522 运输顺槽正掘工作面不同工作面采掘间距期间的微震事件能量及其分布分析，得出结论如下：

(1) 当期记录的 8514 综放工作面与 8522 运输顺槽正掘工作面采掘期间的微震事件能量没有大于 10^4 J 的，说明两工作面采掘期间在采取卸压措施后应力集中程度相对较小，冲击危险性较小。

(2) 当 8514 综放工作面与 8522 运输顺槽正掘工作面间距大于 350 m 时，两工作面基本不存在采掘扰动；两工作面周围煤岩体活动主要受 8514 综放工作面影响，8522 运输顺槽正掘工作面掘进对其周围煤岩体活动影响不大，基本不产生微震事件[6]。

(3) 当 8514 综放工作面与 8522 运输顺槽正掘工作面间距小于 350 m 时，随着工作面间距的减小 8514 回采工作面对 8522 运输顺槽正掘工作面产生的影响增大，致使其掘进头煤岩体活动增加，且释放的能量增大。

(4) 整个期间，8514 综放工作面回风顺槽侧的微震活动频繁，聚集性较高，冲击危险性较大，且随着两工作面间距的减小，10^3～10^4 J 微震事件数量占比增加[7]。

(5) 8514 综放工作面与 8522 运输顺槽正掘工作面采掘扰动引起的煤岩体活动变化与两工作面间距关系较大，且微震活动主要受 8514 综放工作面影响，当 8514 综放工作面与 8522 运输顺槽正掘工作面间距大于 350 m 时，两工作面基本不存在采掘扰动；两工作面周围煤岩体活动主要受 8514 综放工作面影响，8522 运输顺槽正掘工作面掘进对其周围煤岩体活动影响不大，基本不产生微震事件；当 8514 综放工作面与 8522 运输顺槽正掘工作面间距小于 350 m 时，随着工作面间距的减小，8514 回采工作面对 8522 运输顺槽正掘工作面产生的影响增大，致使其掘进头煤岩体活动增加，且释放的能量增大。

(6) 整体来看，两工作面采掘至今所有的微震事件能量没有大于 10^4 J 的，且在两工作面间距最小的交替作业期间，微震事件能量增幅较小，说明采掘扰动引起的应力增量较小，两工作面不同采掘阶段在采取卸压措施后煤岩应力集中程度相对较小，整体冲击危险性较小。

(7) 8514 综放工作面回风侧区域受采掘扰动和采空区影响，相对应力集中程度较高，冲击危险性也相对较大。

(8) 不同阶段对比来看,单工作面单独作业的安全性要高于两个工作面交替作业,但两工作面交替作业引起的应力变化也较小,经后期分析比对可确保安全生产。

参考文献

[1] 王书文,毛德兵,杜涛涛,等.基于地震CT技术的冲击地压危险性评价模型[J].煤炭学报,37(增刊1):1-6.

[2] 蔡武,窦林名,李振雷,等.矿震震动波速度层析成像评估冲击危险的验证[J].地球物理学报,2016,59(1):252-262.

[3] 郑有雷.微震震动波解析预测冲击地压危险性技术研究[R].济宁:兖州煤业股份有限公司,2015.

[4] 王涛.断层活化诱发煤岩冲击失稳的机理研究[D].北京:中国矿业大学(北京),2012.

[5] 潘一山,王来贵,章梦涛,等.断层冲击地压发生的理论与试验研究[J].岩石力学与工程学报,1998,17(6):642-649.

[6] 李志华,窦林名,陆振裕,等.采动诱发断层滑移失稳的研究[J].采矿与安全工程学报,2010,27(4):499-504.

[7] 李振雷,窦林名,蔡武,等.深部厚煤层断层煤柱型冲击矿压机制研究[J].岩石力学与工程学报,2013,32(2):333-342.

特厚冲击地压煤层采掘工作面相互扰动特征与应力互馈规律分析

陈翰伟，朱金平，李学军

（甘肃华亭煤电股份有限公司陈家沟煤矿，甘肃 平凉 744100）

摘　要　本文以某特厚煤层和冲击地压矿井采掘布置为例，分析总结特厚冲击地压煤层采掘工作面的相互扰动特征和应力互馈规律，发现采掘相互扰动诱发冲击显现以巷道冲击为主，且回采巷道占比更大，其中两回采面之间的采掘扰动影响程度最大。相向采掘工作面采动应力增量峰值与原岩应力、应力集中程度等成正相关，与煤体残余强度等量成负相关。

关键词　特厚冲击地压煤层；采掘扰动；诱发冲击；应力互馈

0　前言

对于冲击地压矿井而言，采掘扰动具有其特殊性，对冲击地压的发生有着重要影响。与非冲击地压矿井类似，采掘工作面将导致围岩产生不断演化的采动应力场，在采掘过程及过后的一段时间内，巷道围岩应力场处于动态调整当中，该过程伴随着围岩分区域加、卸载，最终导致应力与弹性能的重新分布。而近距离采掘工作面的存在将导致该演化过程更加剧烈，围岩加、卸载作用更加频繁，加、卸载强度更高，使得近距离采掘工作面之间煤岩层更易发生破坏[1]。

为防止近距离采掘工作面相互扰动诱发冲击地压显现，《煤矿安全规程》《防治煤矿冲击地压细则》等规章中对冲击地压矿井采掘间距有了明确规定，但诱发冲击地压的根源都在于采掘空间结构引起的应力条件，在采掘前具有的高静载地应力环境、采动过程中形成的开挖卸荷作用、动力扰动等，都对采场区域的应力调整起到关键控制作用[2]。本文基于特厚冲击地压煤层采掘工作面的相互扰动特征和应力互馈规律分析总结，对指导类似布置工作面防冲措施部署具有重要现实意义。

1　类似矿井采掘布置

应用某特厚煤层冲击地压矿井总结分析。当上分层 8514 综放工作面回采至同下分层 8522 运输顺槽正掘工作面邻近 350 m，此时矿井将 8522 运输顺槽正掘工作面停止作业，由下分层 8522 运输顺槽反掘工作面单独作业。后为保证安全，8514 综放工作面与 8522 运输顺槽正掘工作面交替作业，除此之外，8522 运输顺槽反掘工作面正常作业。后续若各工作面保持均匀生产速度继续作业，8522 运输顺槽反掘工作面将在掘进约 57 m 后同 8514 综放工作面间距小于 350 m；当 8522 运输顺槽贯通后，8514 综放工作面回采向前推进约 55 m。具体区域分布见图 1，图中青色图案填充区域为两工作面间距小于 350 m 后，8514 综放工作面单独作业区域；红色填充区域为 8522 运输顺槽正掘工作面与 8514 综放工作面交替作业区域；绿色填充区域为 8514 综放工作面至 8522 运输顺槽贯通前回采区域。(注:由于 8514 为上分层工作面,8522 为下分层工作面,8522 运输顺槽同 8514 综放工作面之间平均垂直间距 11 m,其对于 8514 综放工作面与 8522 运输顺槽正掘工作面间距 350 m 边界划分的影响小于 0.2 m,因此在整个计算中忽略不计,所有计算以水平间距为主)

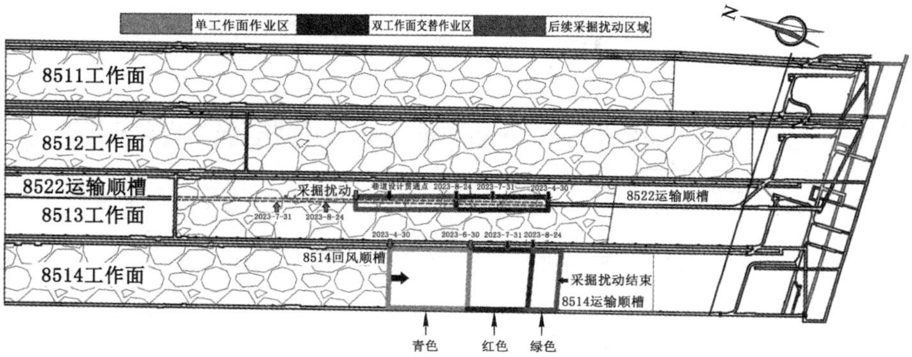

图 1　工作面采掘扰动关系示意图

2　相向采-掘工作面的静载应力互馈过程

8514 综放工作面与 8522 运输顺槽掘进工作面位置关系示意图(图 2)中可以看出,8514 综放工作面与 8522 运输顺槽之间目前并未设计工作面,两工作面之间的水平间距最小约为 84 m。虽然两工作面之间的最小水平间距大于该矿一般的区段煤柱留设间距宽度,但两者之间当前并未设计任何工作面,因此两工作面可以近似看成“相邻采-掘工作面”。

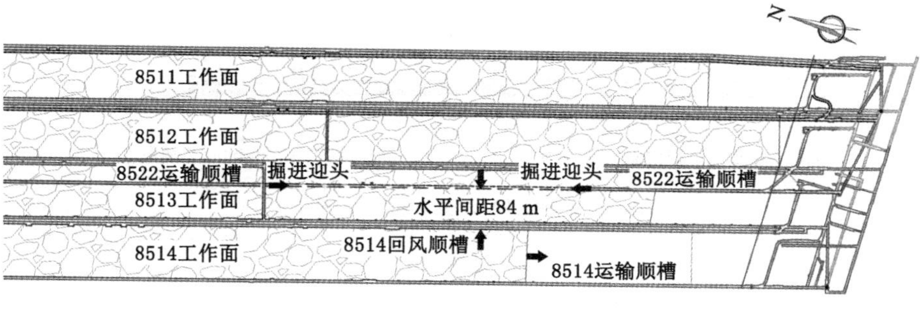

图 2　8514 综放工作面与 8522 运输顺槽掘进工作面位置关系示意图

基于图 2 进一步说明,相邻采-掘工作面相向扰动是指先采工作面和后掘工作面,其中掘进工作面是为后续采面做准备,两者采-掘方向相反。根据研究,相邻采-掘工作面相向扰动程度受工作面间距影响,工作面间距越近,彼此应力叠加程度更高,对应的冲击危险性更高[3]。

为更好地分析相邻采-掘工作面之间的采掘扰动影响过程,将其整个过程简化。由图 2 可知,将相向采-掘工作面分为先采工作面 1 和后掘面 2,其中先采工作面 1 沿走向的垂直应力峰值为 $k_1\gamma H$,后掘工作面 2 沿走向的垂直应力增量峰值为 $(k_2-1)\gamma H$,工作面相向采-掘过程中的应力叠加扰动可大致分为以下几个阶段:

(1) 阶段Ⅰ:如图 3(a)所示,相向采-掘工作面距离较远时,先采工作面和后掘工作面之间不存在采动应力相互叠加,对彼此的应力场无明显的扰动效应。

(2) 阶段Ⅱ:如图 3(b)所示,当相向采-掘工作面逐渐靠近并达到初始临界距离时先采工作面和后掘工作面采动应力增量开始产生叠加。

(3) 阶段Ⅲ:如图 3(c)(d)所示,当相向采-掘工作面继续靠近时,先采工作面的应力场和后掘工作面的采动应力增量以函数形式产生正向叠加，其叠加值与工作面之间的相对距离位置函数呈相关性。当相互影响距离等于 b 时，应力叠加达到最大峰值关系 $(k_1+k_2-1)\gamma H$。

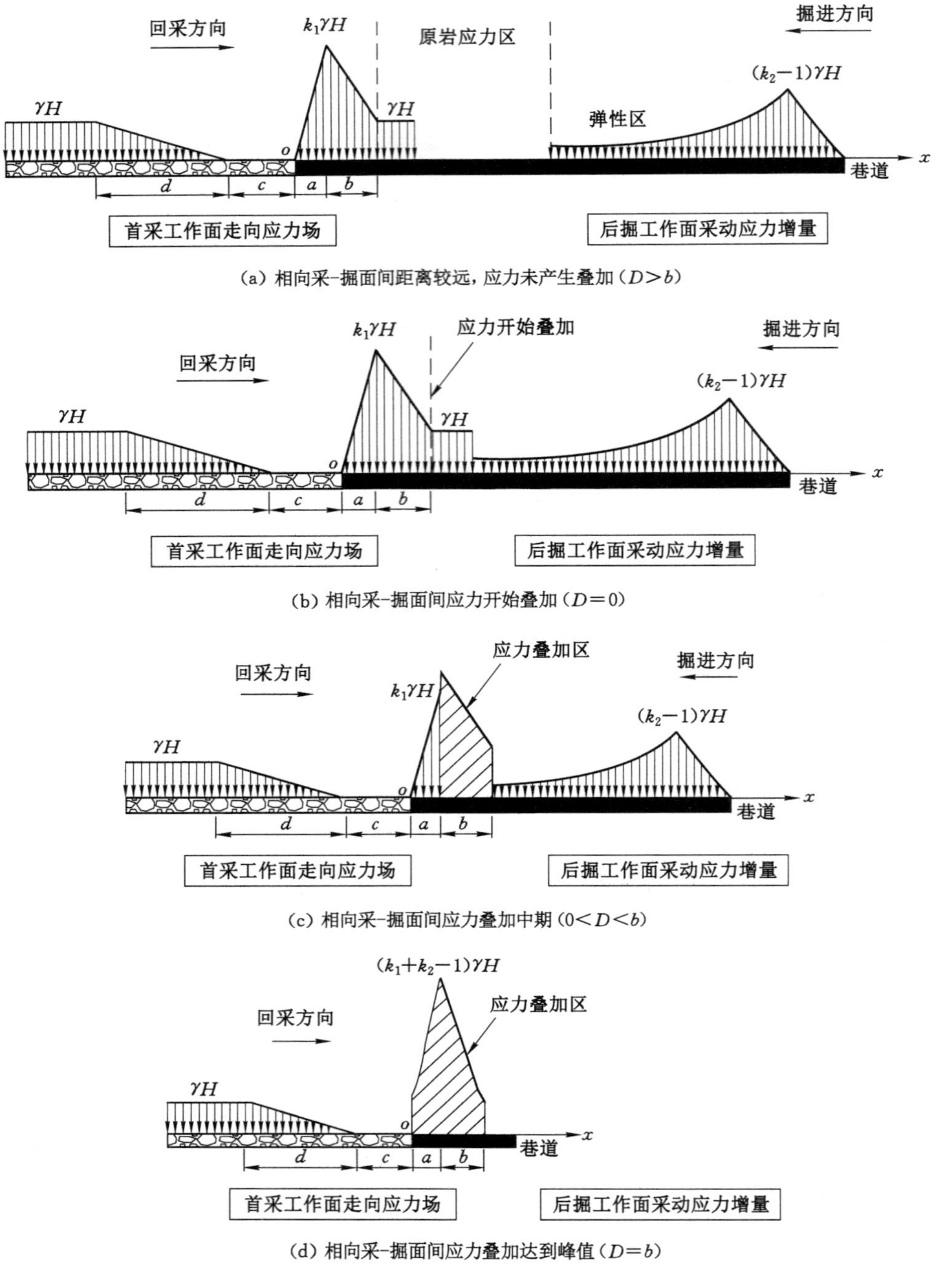

(a) 相向采-掘面间距离较远，应力未产生叠加（$D>b$）

(b) 相向采-掘面间应力开始叠加（$D=0$）

(c) 相向采-掘面间应力叠加中期（$0<D<b$）

(d) 相向采-掘面间应力叠加达到峰值（$D=b$）

图 3　相向采-掘工作面应力叠加扰动过程

3　不同参数影响下的相向采-掘工作面应力互馈情况

3.1　相向采-掘工作面应力互馈影响参数

根据上文的理论分析，对于相向掘进工作面的静载应力互馈，仅需要考虑弹性区的叠加情况。

根据学者对于回采工作面采动应力场、掘进工作面采动应力场的研究，可以以理想脆弹性材料模型作为煤体的本构材料模型，该模型认为材料在弹性阶段呈现线性特性，一旦达到应力峰值后，强度立即降为残余抗压强度。因此选取原岩应力(P)、巷道高度(h)、煤体残余强度(σ_{cr})、弹性区宽度(b)、应力集中系数(k)等参数进行分析。具体为利用 Matlab 编写基于理想脆弹性材料模型的工作面支承应力解算程序，采用控制变量法对采动应力增量值进行分析，具体参数值详见下述分析[4]。

根据地质资料可知，8514 综放工作面及 8522 掘进工作面的埋深约为 500～600 m，对应的原岩应力为 12.5～15.0 MPa，在此基础上考虑地质构造、开采布局、保护层开采等因素对应力场的影响，设计 10 MPa、15 MPa、20 MPa 作为原岩应力讨论值。8514 综放工作面两巷及 8522 运输顺槽的设计高度为 3.7 m，净高度为 3.6 m，因此设计 3 m、4 m 作为巷道高度的讨论值。8514 及 8522 工作面所开采的煤 5 层单轴抗压强度为 9.86 MPa，对于煤体残余抗压强度，由于并未对煤 5 层煤样的残余强度进行测定，通常其值较小，根据单轴抗压强度取 1 MPa、3 MPa、5 MPa、7 MPa 作为讨论值。

对于弹性区宽度(b)、应力集中系数(k)，结合工作面实际情况，分别取 10 m、25 m、40 m、55 m 和 2、3、4、5 作为讨论值。

3.2　原岩应力影响

图 4 为不同原岩应力的相向采掘工作面应力互馈情况，图中黑色曲线代表掘进工作面的超前支撑应力分布情况，云图代表不同参数取值情况下对相向采掘过程中采动应力增量情况的影响。

由图 4 可知，当相向采-掘工作面相对距离大于 30 m 时，应力增量小于 1×10^4 Pa；当相对距离小于 30 m 时，采动应力变化梯度显著增大，因此可将 30 m 视为此条件下相向采-掘工作面采动影响范围；随着原岩应力的升高，掘进工作面采动支承应力峰值逐渐升高，相向采掘工作面采动影响峰值也逐渐升高。当掘进工作面原岩应力为 10 MPa 时，受相向采掘工作面影响的采动应力增量峰值约为 3.6×10^4 Pa；而当掘进工作面原岩应力为 20 MPa 时，受相向采掘工作面影响的采动应力增量峰值约为 3.8×10^4 Pa。可见，原岩应力与受相向工作面采掘影响的采动应力之间为正相关关系。

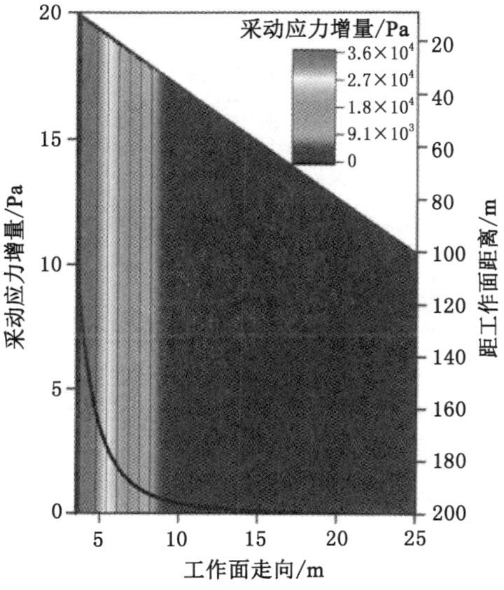

(a) P=10 MPa

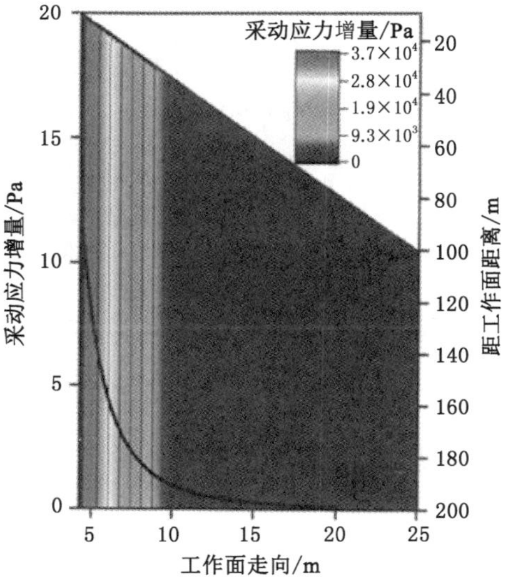

(b) P=15 MPa

图 4　不同原岩应力下的相向采掘工作面采动应力互馈情况

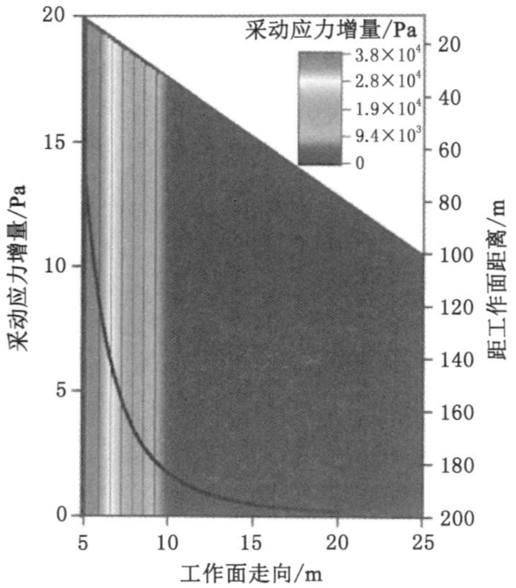

(c) P=20 MPa

图 4(续)

3.3 巷道高度影响

图 5 为不同巷道高度的相向采掘工作面采动应力互馈情况。

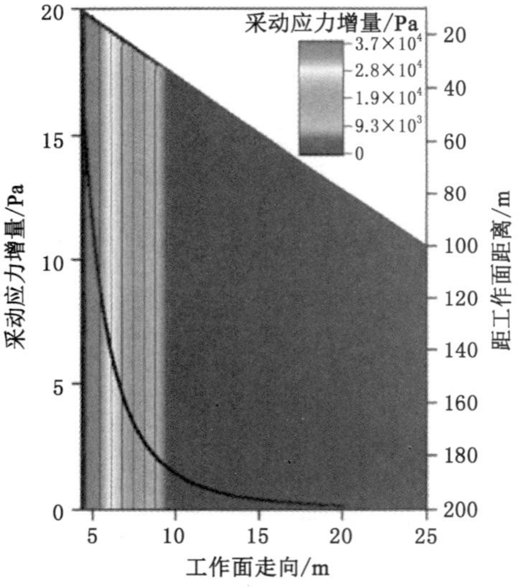

(a) h=3 m

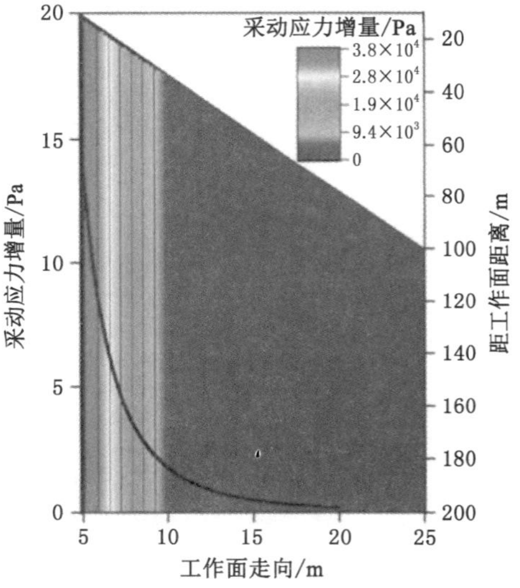

(b) h=4 m

图 5　不同巷道高度的相向采掘工作面采动应力互馈情况

由图 5 可知，随着掘进工作面巷道高度的升高，工作面采动支承应力峰值逐渐升高，相向采掘工作面采动影响峰值也逐渐升高。当掘进工作面巷道高度为 3 m 时，受相向采掘工作面影响的采动应力增量峰值约为 3.7×10^4 Pa；而当掘进工作面巷道高度为 4 m 时，受相向采掘工作面影响的采动应力增量峰值约为 3.8×10^4 Pa。可见巷道高度与受相向工作面采掘影响的采动应力为正相关关系。同样的，当相向采-掘工作面相对距离大于 30 m 时，应力增量小于 1×10^4 Pa；当相对距离小于 30 m 时，采动应力变化梯度显著增大。也可将 30 m 视为此条件下相向采-掘工作面采动影响范围。

3.4 煤体残余抗压强度影响

图 6 为不同煤体残余抗压强度的相向采掘工作面采动应力互馈情况。

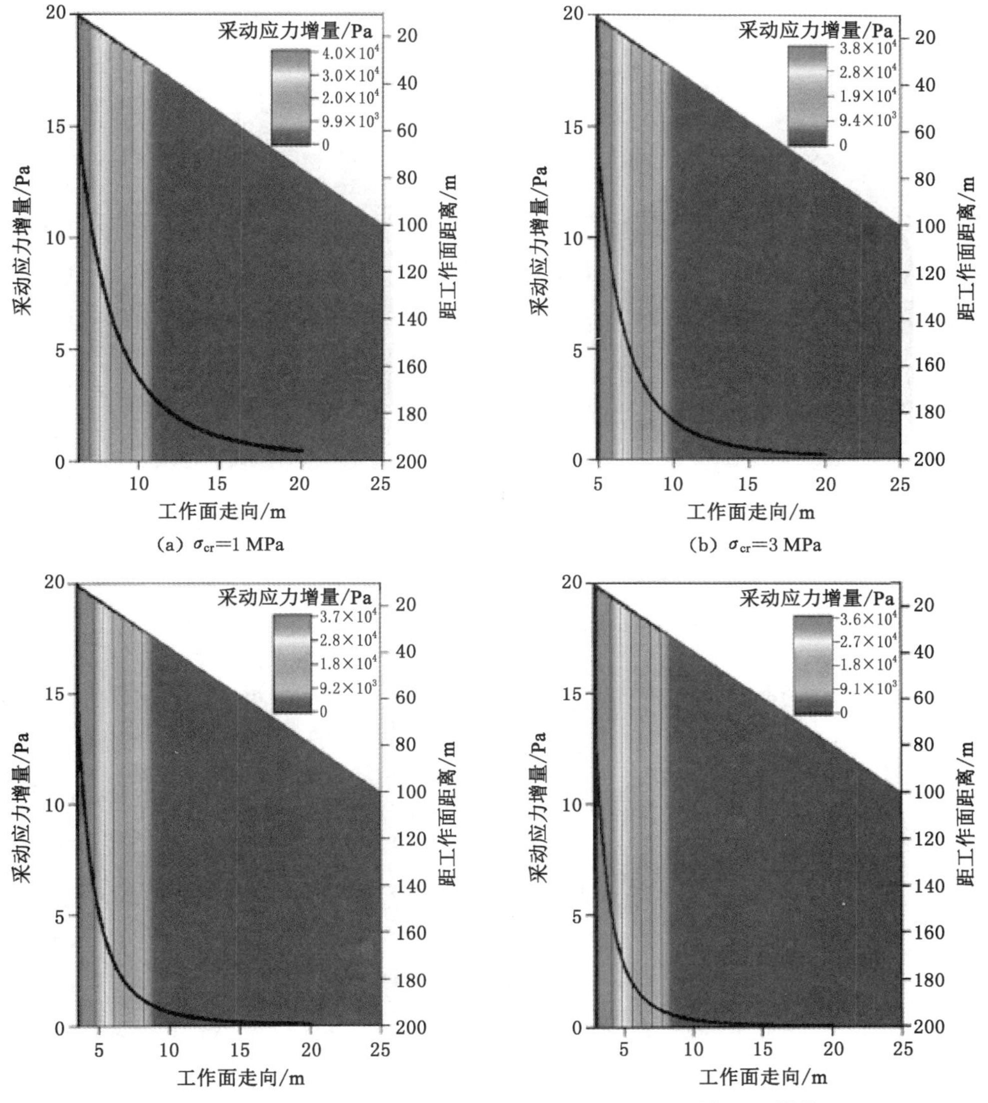

(a) σ_{cr}=1 MPa　(b) σ_{cr}=3 MPa

(c) σ_{cr}=5 MPa　(d) σ_{cr}=7 MPa

图 6　不同残余抗压强度的相向采掘工作面采动应力互馈情况

由图 6 可知，随着掘进工作面煤体残余抗压强度的升高，本工作面采动支承应力峰值基本不变，相向采掘工作面采动影响峰值逐渐降低。当掘进工作面煤体残余抗压强度为 1 MPa 时，受相向采掘工作面影响的采动应力增量峰值约为 4.0×10^4 Pa；而当掘进工作面煤体残余抗压强度为 7 MPa 时，受相向采掘工作面影响的采动应力增量峰值约为 3.6×10^4 Pa。可见煤体残余抗压强度与受相向工作面采掘影响的采动应力为负相关关系。同样的，当相向采-掘工作面相对距离大于 30 m 时，应力增量小于 1×10^4 Pa；当相对距离小于 30 m 时，采动应力变化梯度显著增大。也可将 30 m 视为此条件下相向采-掘工作面采动影响范围。

3.5 弹性区宽度影响

图 7 为不同弹性区宽度的相向采掘工作面采动应力互馈情况。

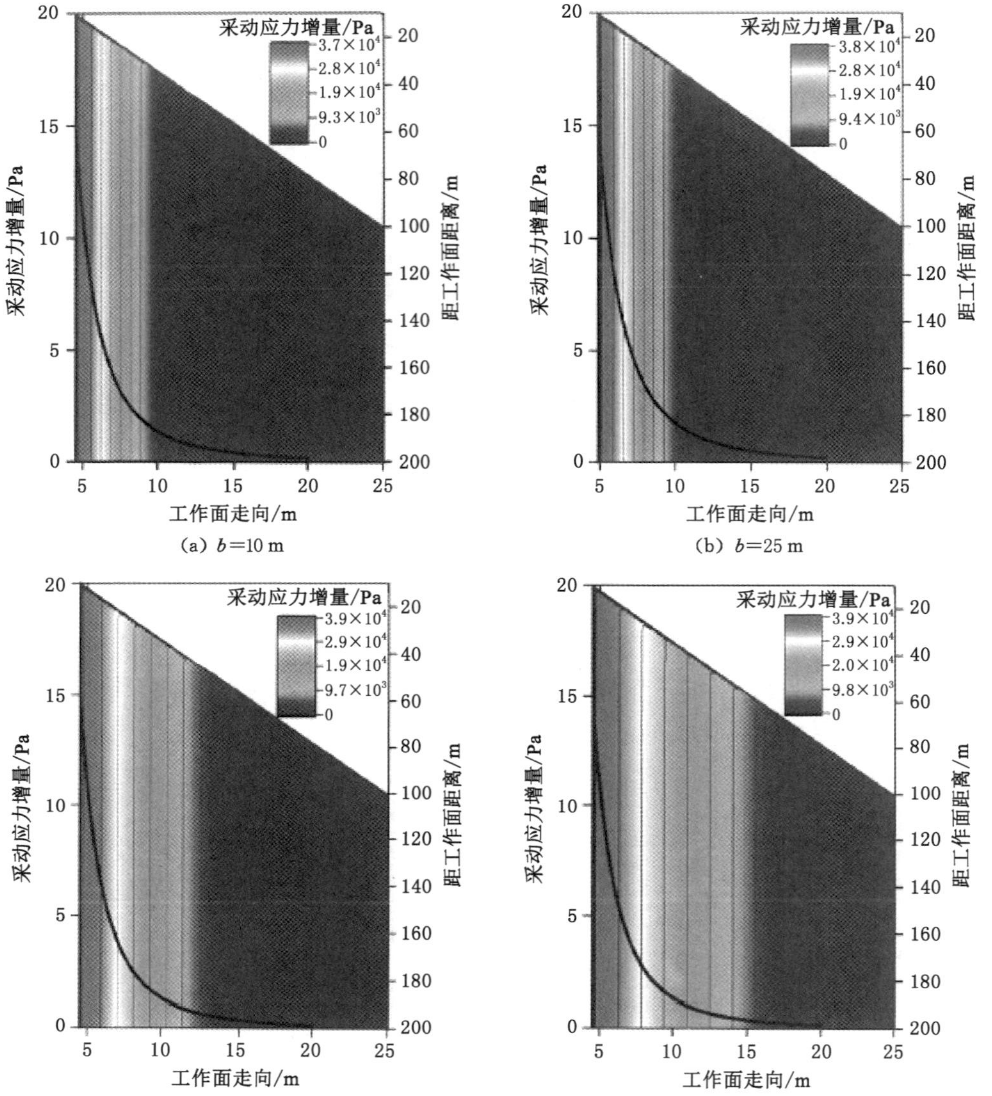

(a) b=10 m　(b) b=25 m　(c) b=40 m　(d) b=55 m

图 7　不同弹性区宽度的相向采掘工作面采动应力互馈情况

由图 7 可知，随着回采工作面弹性区宽度的升高，本工作面采动支承应力峰值保持不变，相向采掘工作面采动影响峰值逐渐升高。当回采工作面弹性区宽度为 10 m 时，受相向采掘工作面影响的采动应力增量峰值约为 3.7×10^4 Pa；当回采工作面弹性区宽度为 55 m 时，受相向采掘工作面影响的采动应力增量峰值约为 3.9×10^4 Pa。可见弹性区宽度与受相向工作面采掘影响的采动应力为正相关关系。随着弹性区宽度的增加，应力增量较大值区间增大，当弹性区宽度为 55 m 时，且相向采-掘工作面相对距离大于 50 m 时，应力增量小于 1×10^4 Pa；当相对距离小于 50 m 时，采动应力变化梯度显著增大。因此将 50 m 视为此条件下相向采-掘工作面采动影响范围。

3.6 应力集中程度

图 8 为不同应力集中程度的相向采掘工作面采动应力互馈情况。

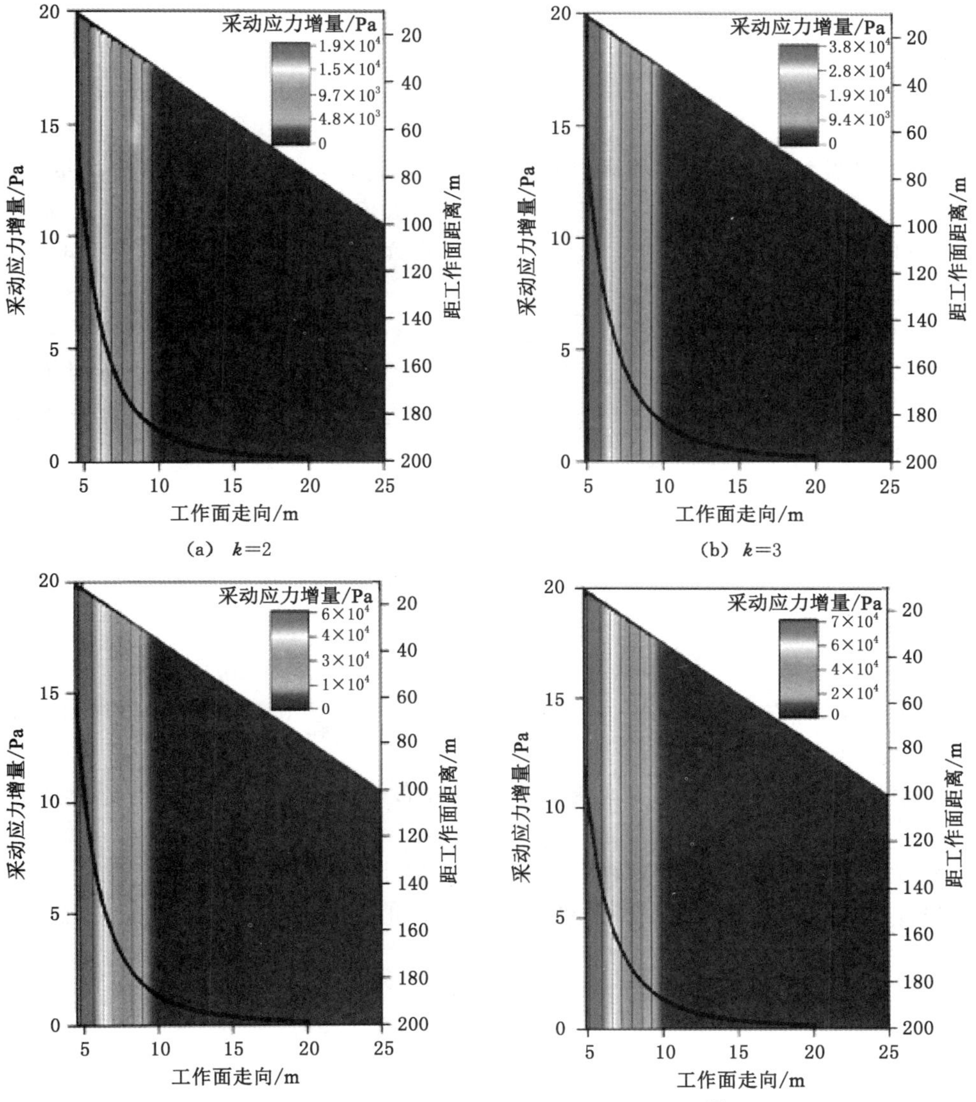

(a) $k=2$　(b) $k=3$　(c) $k=4$　(d) $k=5$

图 8　不同应力集中程度的相向采掘工作面采动应力互馈情况

由图 8 可知，随着回采工作面应力集中程度的升高，本工作面采动支承应力峰值保持不变，相向采掘工作面采动影响峰值逐渐升高。当回采工作面应力集中程度为 2 时，受相向采掘工作面影响的采动应力增量峰值约为 1.9×10^{4} Pa；而回采工作面应力集中程度为 5 时，受相向采掘工作面影响的采动应力增量峰值约为 7×10^{4} Pa。可见应力集中程度与受相向工作面采掘影响的采动应力为正相关关系。同样的，当相向采-掘工作面相对距离大于 30 m 时，应力增量小于 1×10^{4} Pa；当相对距离小于 30 m 时，采动应力变化梯度显著增大。也可将 30 m 视为此条件下相向采-掘工作面采动影响范围。

3.7 采掘互扰应力反馈规律

8514 综放工作面与 8522 运输顺槽正掘工作面相向采掘过程中，相向采掘工作面采动应力增量峰值与原岩应力、应力集中程度等成正相关，与煤体残余抗压强度等成负相关，且弹性区宽度对于采动应力增量范围的影响较大，应力集中程度对于采动应力增量峰值的影响较大。结合 8514 综放工作面与 8522 运输顺槽正掘工作面实际条件，当相向采-掘工作面相对距离大于 50 m 时，应力增量小于 1×10^4 Pa，且应力增量随着相对距离的增大而减小。

4 结论

（1）基于统计数据分析得到采掘相互扰动诱冲与采掘活动的关系密不可分的结论，采掘相互扰动诱发冲击显现以巷道冲击为主，且回采巷道占比更大，其中两回采面之间的采掘扰动影响程度最大；根据 8514 综放工作面与 8522 运输顺槽正掘工作面的位置关系，将其采掘扰动分为“相向相邻采-掘工作面扰动”。

（2）在分析相向采掘工作面采掘扰动过程时得出结论：相向采掘工作面采动应力增量峰值与原岩应力、应力集中程度成正相关，与煤体残余抗压强度成负相关，且弹性区宽度对于采动应力增量范围的影响较大，应力集中程度对于采动应力增量峰值的影响较大；当相向采-掘工作面相对距离大于 50 m 时，应力增量小于 1×10^4 Pa。

（3）由于 8514 综放工作面与 8522 运输顺槽正掘工作面之间的最小水平间距约为 84 m，且根据采掘布局，两工作面实际开采过程中的间距大于 84 m。84 m＞50 m，因此两工作面采掘扰动引起的应力增量小于 1×10^4 Pa，且应力增量随着相对距离的增大而减小。

参考文献

[1] 窦林名，姜耀东，曹安业，等. 煤矿冲击矿压动静载的“应力场—震动波场”监测预警技术[J]. 岩石力学与工程学报，2017，36(4)：803-811.

[2] 杨岁寒. 综采放顶煤工作面冲击地压微震事件分布规律研究[J]. 能源与环保，2019，41(9)：52-56.

[3] 刘晨光. 矿井冲击地压预防措施研究[J]. 能源与环保，2020，42(6)：53-57

[4] 王涛. 断层活化诱发煤岩冲击失稳的机理研究[D]. 北京：中国矿业大学(北京)，2012.

“三阶分段组合措施孔法”在井工煤矿高冒区自然发火防治中的研究与实践

白镓泺，吴军，王文

（华亭煤业集团赤城煤矿，甘肃 平凉 744100）

摘　要　易燃煤层巷道高冒区因煤体呈破碎状存在，漏风通道裂隙发育，供氧蓄热条件充分，极易自然发火。且这些地点往往呈不规则状零星分布，受矿压和后期采动影响二次复燃性极高，是井工煤矿内因火灾防治的重点难点。在不断研究总结赤城煤矿高冒区防灭火经验的基础上提出了“三阶分段组合措施孔”防灭火工艺，经过现场灭火、防火实践验证，成效显著，值得推广。

关键词　高冒区；防灭火；三阶分段；组合措施孔

1　基本情况

赤城煤矿公司 1502-1 综放工作面位于矿井一采区 6# ～9# 勘探线之间，布置在煤 5-2 层上分层，其倾向上侧 260 m 段为 1501 综放工作面采空区，其东南部以煤层露头为界，工作面底部无采掘活动，东北侧为防隔水煤柱，西北侧为井筒保护煤柱。1502-1 综放工作面回风顺槽长 849 m，运输顺槽长 736 m，平均可采走向长为 660 m，工作面平均斜长 104 m，平均倾角 38°，煤层平均厚度 6.5 m，采高 2.6 m，顶煤平均厚度 3.9 m。煤质为中灰、低硫、高挥发分、高热值不黏煤(BN31)，煤的自燃等级为Ⅱ类，具有自燃倾向和爆炸危险性。

2　巷道现状

1502-1 回风顺槽走向长 849 m，为圆弧拱断面，净宽 4.4 m，净高 3.75 m，净断面积 15.57 m，采用锚、网、索配合钢筋托梁联合支护。掘进 1502-1 回风顺槽是为形成 1502-1 综放工作面做准备，接续 1501 回采工作面，其主要用途为：回风、行人、运送物料等。巷道掘进施工至 424 m 时，因地质构造原因，煤层机理紊乱，呈松软沫状，顶板稳定性差，产生了高达 11.5 m 的锥形冒落空洞。通过架设钢支架，补强支护，迈步式缓慢掘进等措施顺利通过该区域后对巷道进行了全断面喷浆封堵，并将其编号 3M 纳入防火观测点进行日常监测。

3　存在的问题

2022 年 11 月上旬 1502-1 工作面切眼导硐贯通，形成全风压通风。11 月 24 日早班悬挂在 1502-1 回风顺槽高冒区编号 3M 的 CO 传感器超限报警，报警值为 28 ppm。后经瓦检员人工监测发现高冒区巷道顶板 CO 浓度达 127 ppm，人工取样测得高冒区空洞内 CO 浓度 656 ppm、CH_4浓度 0.92%、O_2浓度 16.3%、C_2H_4浓度 2 ppm，并有烟雾伴随着刺鼻煤焦油味从巷道顶板裂隙不断溢出，防火形势非常严峻。

4 机理分析

该高冒区是受地质构造变化、煤层赋存条件和煤质影响产生的，空洞内煤体松软破碎，裂隙漏风连续，供氧条件充分，蓄热氧化剧烈，气体成分复杂，防治难度大，风险高。

(1) 鉴于此要在保持现有状态不变的情况下灭火，回风流侧全面警戒，进风侧由救护大队配合灭火。

(2) 按照高冒区自然发火机理分析：固结破碎煤体堵塞漏风通道，注水浸润煤体消除高温点，饱和注氮惰化置换空洞内氧气是灭火的关键。

(3) 按照高冒区形成断裂下沉带、离层带、破碎带的"三带"特性，提出"三阶分段组合措施法"立体防灭火工艺，即以终孔位置为导向，向封闭的高冒区施工高度不同的钻孔(高位孔—断裂下沉带、中位孔—离层带、低位孔—破碎带)，根据不同用途沿钻孔插入注水(阻化剂溶液)、注氮(液氮)、注高分子材料的特制花管(见图 1)，并将插管与钻孔间的空隙封堵严实，达到安全、精准、高效灭火的目的。

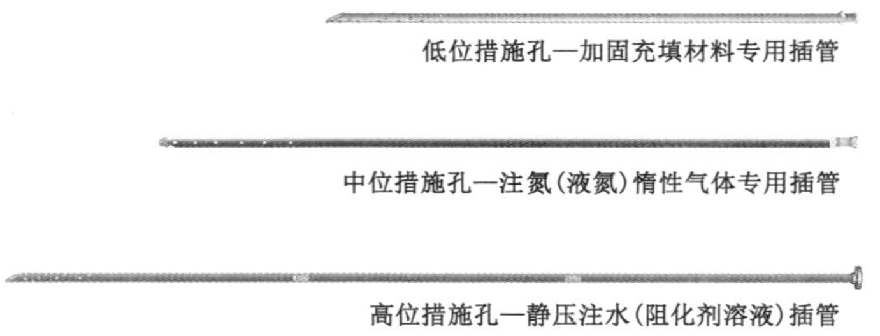

图 1　三种措施孔插管

5 "三阶分段组合措施孔法"的创新实践

5.1 三阶段组合措施(见图 2)

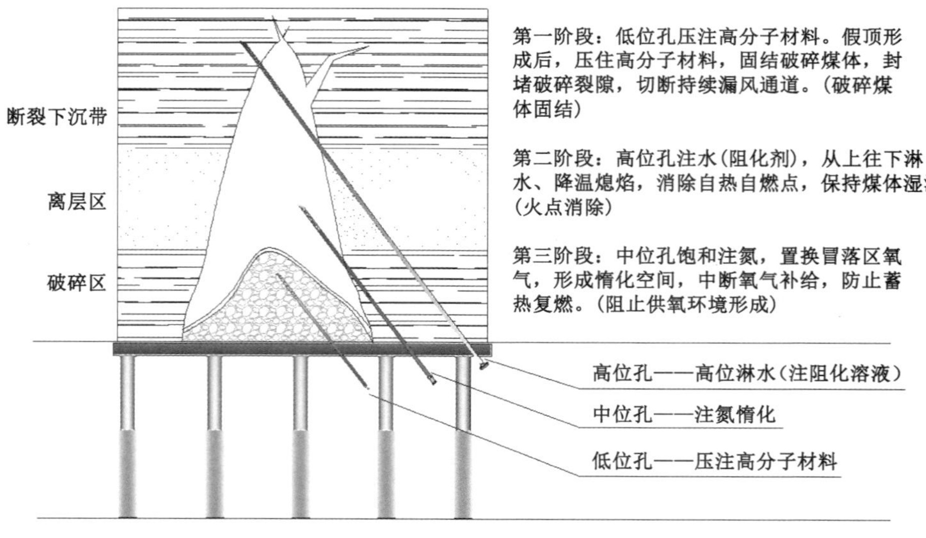

图 2 "三阶分段组合措施孔法"在 1502-1 回风顺槽高冒区灭火、防火的实践示意

（1）低位孔加固堵漏。低位钻孔终孔位置伸出巷道假顶（破碎带）200～500 mm，布设 8 分管，通过压注加固充填的高分子材料，对破碎煤体进行固结，对漏风裂隙进行充填，对破碎顶板（人工假顶）进行加固，确保与周围巷道形成整体，达到切断供氧通道，将冒落空间与外界隔绝的目的。

（2）高位孔淋水降温。高位钻孔，以巷道冒落高度为准，插入高冒区断裂下沉带顶部实体 800～1 200 mm，使静压淋水（阻化剂溶液）从最高点呈锥形均匀向四周扩散，对高温煤体全方位包裹、浸润，达到降温消焰、根除高温点的目的。

（3）中位孔注氮惰化。中位钻孔终孔位于离层带，高出破碎带（假顶）800～1 500 mm，端头采取防堵措施，四周施工倒鱼鳞式花眼，花管长度 300～500 mm，下端安设球阀，可控制开闭。其目的在于利用氮气上行的特点，向封闭区的冒落区饱和注氮气（液氮），将密闭区内氧气全部置换出来，使高冒区内始终处于饱和惰化的正压状态，达到隔绝氧气、延缓煤体氧化的目的。

5.2 防复燃措施

（1）定点监测。将监测点作为自然发火重灾区管控，除了日常检测外，在封闭区预留气体检测孔和热敏电阻测温孔各 1 个，用于人工气温检测和束管取样分析，确保日常监测数据准确可靠。

（2）间歇阻化。对原注水孔进行保留（球阀控制），发现温度异常即静压注阻化剂溶液，对蓄热点煤体降温，延缓煤体氧化。

（3）目标注氮。对原注氮孔进行保留（球阀控制），一旦发现氧含量升高，即打开注氮球阀，进行微量饱和注氮。

（4）辅助喷涂。根据工作面采动及矿压影响情况，对巷道顶板及冒落区前后 20 m 巷道进行全断面喷涂，有效防止漏风。

以上措施，可根治高温点，防止复燃，为后期安全回采提供了安全基础。

5.3 防治效果

依据“三阶分段组合措施孔法”工艺要求，积极施工钻孔，设计专用插管，按照“高位孔淋水（阻化剂）降温，中位孔注氮惰化，低位孔加固堵漏”的工序，当班就消除了高温点，置换了孔洞氧气，加固充填了漏风裂隙，防治效果非常显著。

6 结论

“三阶分段措施孔法”是一种集监测预警、降温惰化、充填加固于一体的矿井高冒区组合钻孔插管防灭火工艺。当巷道高冒区温度异常出现自燃征兆时，通过施工终孔位置高差不同的钻孔，安设用途不同的套管，采取“高位孔淋水降温，中位孔注氮惰化，低位孔加固堵漏”的三阶分段组合施工工艺，能精准快速地消灭蓄热高温点，切断漏风供氧裂隙，固结破碎煤体，饱和惰化冒落空间，且插管的特殊结构和复用功能从根本上解决了复燃的可能性。通过在赤城煤矿公司 1501 首采综放工作面的摸索研究、1502-1 综放工作面的实践论证，1502-2 综放工作面的普及推广，该方法简单的工序流程，高效的施工方法，立体的灭火手段，显著的防灭火效果得到了现场验证。配合气体、温度实时监测手段，它能快速高效地实现高冒区火灾的灭与防。其“准、快、全、稳”的防灭火能力是对传统巷道高冒区的防灭火理论、方法、工艺、装备的革新，为煤炭行业解决高冒区防灭火问题提供了新的技术指导，值得借鉴推广。

极近距离采空区下中厚煤层工作面扩掘安装一体化技术的实践

冯家良，支永东，康汉丰

（华亭煤业集团新柏煤矿有限责任公司，甘肃 平凉 744000）

摘 要 针对新柏煤矿公司极近距离采空区下中厚煤层 35201 工作面安装通道跨度大，工作面安装支架时悬顶面积大，顶板垮落风险高的问题，基于工作面设备快速安装、减小空顶距方面考虑，提出“开切眼扩掘＋设备安装”一体化施工工艺，并在新柏煤矿公司 35201 工作面进行应用。结果表明：“开切眼扩掘＋设备安装”一体化施工工艺在新柏煤矿公司 35201 工作面成功实施，扩掘与安装同步进行，采用滑移支架支护顶板，解决了极近距离采空区下中厚煤层顶板管理难度大的问题，同时，实现机械化减人、降低劳动强度、快速完成工作面安装，缩短安装工期，提前生产见效。

关键词 极近距离采空区下；中厚煤层；快速安装；扩掘安装一体化

0 引言

我国是一个产煤大国，煤炭赋存分布广泛，并伴有多层赋存的特点，随着我国经济的快速发展，社会对煤炭资源的需求量不断增大，浅部煤炭资源日渐枯竭，开采煤层群下部煤层已成为煤炭开采可持续发展必然趋势。在极近距离采空区下开采过程中，工作面扩掘、设备安装安全管理成为重中之重，传统形式的开切眼导硐、扩掘、设备安装依次施工工艺在工序、安全管理、工期方面已无法满足安全高产高效矿井需求。为提高机械化使用比例，实现机械化减人、降低劳动强度、快速完成工作面安装，进行扩掘安装一体化施工工艺的研究与应用，可使安全管理、经济效益实现质的提升。新柏煤矿公司 35201 工作面成功应用扩掘安装一体化技术，对极近距离采空区下中厚煤层工作面设备安装具有重要指导意义。

1 35201 工作面概况

35201 工作面东部为井田边界保护煤柱，西部为三采区下山和采区大巷保护煤柱，北部、南部及下部为煤$_{5-2}$实体煤未采动，上部为 3510、3512、3514 工作面采空区，区内主要以山坡、沟壑为主。35201 开切眼布置在 3512、3514 工作面采空区下部，设计长度 220 m，坡度 12.5°，设计宽度 7.8 m，开切眼煤层平均厚度 3.2 m，顶板距上分层采空区平均厚度 1.6 m，底板岩性为砂质泥岩，深灰色，具滑面，硬度小，遇水易膨胀，f（普氏硬度）为 4～5。开切眼采用托夹矸破底掘进，先导硐、后扩掘安装掘进工艺，导硐为梯形断面，掘宽 3.9 m，净宽 3.6 m，高 2.85 m，巷道支护采用锚网＋钢支架支护；开切眼扩掘为梯形断面，掘宽 3.9 m，净宽 3.6 m，高 2.85 m。

2 扩掘安装设备

TYA-600 型液压支架调移装置 1 套，BYX-15T 型液压臂架式起吊装置 2 台，KCQ55Y-75KW 型电动齿轨卡轨车 1 套，ZWY-135/6 型挖掘式装载机，ZLH2 * 600/24/34 型滑移式超前支护装置 1 套，30 kg/1.5 m 型模块轨道 150 节，40 t 刮板机 3 台。

3 扩掘安装一体化施工工艺简介

35201 工作面综采设备安装工程包括地面分解装车、入井运输、井下安装三个阶段，进行流水和交叉作业。其中井下安装工程分解为开切眼上口至皮带自移机尾段运输；下顺槽胶带机自移机尾、转载机、破碎机、超前液压支架、端头架安装，切眼内扩掘设备及液压支架安装，前、后部刮板机及采煤机安装，上顺槽超前液压支架安装。

设备安装顺序：切眼上口组装液压臂架式起吊装置 1→铺设切眼上口模块轨道→安装电动齿轨卡轨车及液压支架调移装置→铺设模块轨道至切眼下口→切眼下口组装液压臂架式起吊装置 2→下放并组装扩掘安装设备→安装胶带机自移机尾、转载机、破碎机、下顺槽超前液压支架、端头支架→安装后部刮板机机头→安装过渡支架 3 副，扩掘、安装中间支架及后部刮板输送机（扩掘 1.5 m、安装 1 副支架和 1 节溜槽，同时拆除模块轨道 1 节）→回收扩掘安装设备→安装后部刮板输送机机尾→安装工作面上口过渡支架→安装前部刮板机→安装采煤机→安装刮板输送机链条及机尾部→安装上顺槽超前液压支架 2 组。

扩掘顺序：扩掘→出渣→拉移扩掘支护支架→顶板及煤帮进行锚杆网支护→自移刮板机后方延长 40 t 刮板机→安装支架→扩掘进入下一循环。

扩掘安装一体化施工工艺如图 1 所示。

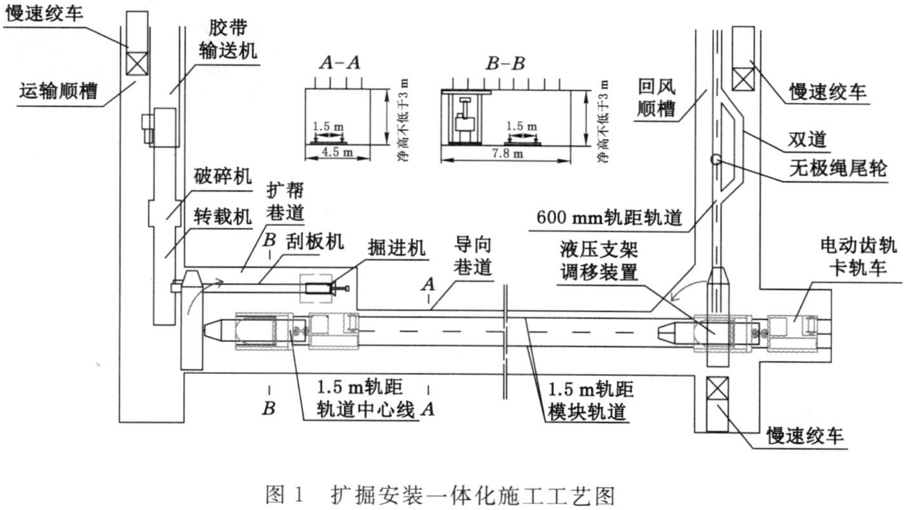

图 1　扩掘安装一体化施工工艺图

工艺流程如下：

（1）首先形成工作面模块轨道运输系统，模块轨道由工作面上口向下口逐节安装。先在工作面上口使用液压臂架式起吊装置安装 5 节模块轨道，再安装电动齿轨卡轨车，工作面上口至下口模块轨道使用电动齿轨卡轨车联合安装叉车向下运输，并由安装叉车完成工作面内模块轨道的吊装及安装工作。

（2）工作面运输系统形成后，首先按胶带机自移机尾、转载机、破碎机、超前液压支架、端头支架顺序下放下顺槽设备，设备运输至下口后，再运输至安装地点，利用液压臂架式起吊装置起吊安装。

(3) 35201 工作面切眼扩掘采用 ZWY-135/6 型挖掘式装载机割煤，ZLH2×600/24/34 型滑移式超前支护装置临时支护顶板，SGB420/40 型自移刮板机及 40 t 刮板机配合完成出渣，开切眼刮板机根据扩掘进度延伸。

(4) 工作面扩掘前，首先安装工作面机头 3 副过渡支架，然后按照 1.5 m 的循环进度扩掘，迎脸距已安装好的支架左侧护板满足 1.5 m 后停止扩掘，支护顶帮，并安装一副液压支架，每安装 2 副支架安装 2 次后部刮板机溜槽(每次 2 节)，依次循环完成工作面剩余支架的安装(机尾最后 3 副过渡支架暂停安装)。扩掘施工时先将液压支架换装在安装叉车上并运输至扩掘地点前方 10 m 处等待安装，待扩掘施工达到要求后停止扩掘，同时使用电动齿轨卡轨车下放支架至扩掘位置，使用安装叉车将支架顺时针旋转，使支架前梁朝向煤壁侧，安装前拆除支架旋转半径范围内的单体支柱(由专人观察顶板情况)，待液压支架安装完毕后，及时恢复拆除的单体支柱(打戴帽点柱临时支护顶板)，再继续扩掘工作。

(5) 工作面顶帮支护。工作面扩掘临时支护使用滑移式超前支护装置，滑移式超前支护装置采用迈步式移动，1# 与 2# 滑移式超前支护装置顶梁部分为衔接状态，且支护稳定，1# 在前、2# 在后，先降下 2# 滑移式支护装置立柱，使 2# 顶梁与顶板分离，继续降柱使底座悬空，然后收缩左右行走油缸，使 2# 滑移式超前支护装置向前移动 1 m，拉移支架完成后 2# 滑移式超前支护装置升柱接顶，同时伸出 2# 滑移式超前支护装置后掩护梁控制顶板，并且使用锚杆钻机对扩掘段顶板及煤帮锚网进行支护，支护完毕后进行该循环内第二次扩掘，再降下 1# 滑移式超前支护装置立柱，使顶梁与顶板分离，继续降柱使底座悬空，然后进行拉移 1# 滑移式超前支护装置，1# 滑移式超前支护装置推移完成，支架升柱接顶，同时伸出 1# 扩掘支架前掩护梁控制顶板，依次完成一个循环。

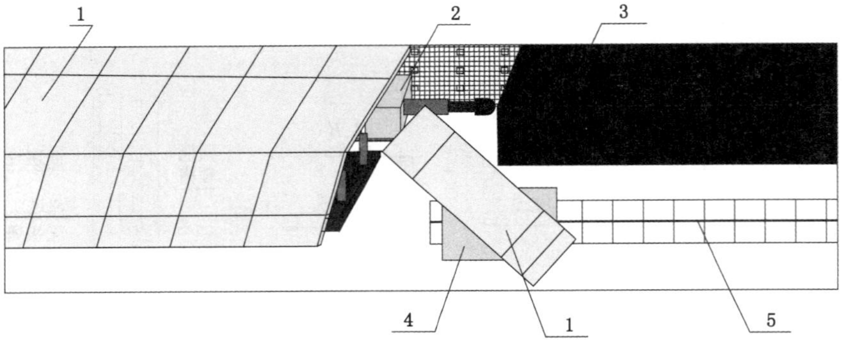

1—液压支架；2—综掘机；3—工作面煤壁；4—安装叉车；5—模块化轨道。

图 2 采煤工作面扩掘安装示意图

(6) 工作面支架安装剩余 3 副过渡架时，安装后部刮板机机尾，完成前部刮板机、采煤机的安装，及前后部刮板机链条铺设工作，然后安装 3 副过渡架、前部刮板机机尾。

(7) 上顺槽超前支架采用 2 台液压臂架式起吊装置配合起吊安装。

4 35201 工作面扩掘安装一体化工艺的优点

(1) 相比传统扩掘工艺中因顶板较薄(平均厚度 1.6 m)，扩掘后需架设钢支架、打设抬棚支护顶板，扩掘安装一体化工艺采用 ZLH2×600/24/34 型滑移式超前支护装置控制顶板，利用液压系统前移，边安装边扩掘，节省钢支架架设、打设抬棚工序，降低了工人劳动强度，消除了钢支架架设、打设抬棚过程中的安全风险，提高扩掘工程的安全性。

(2) 扩安期间采用 KCQ55Y-75KW 型电动齿轨卡轨车运输、安装，运输时采用远程遥控控制，减小与危险位置的距离，电动齿轨卡轨车采用齿轮啮合运输安全稳定，安装叉车伸缩臂可上下左右调整，避免支架安装时发生倒架事件，使设备安装、调整时更加灵活。相比传统绞车牵引安装叉车安装，减少上口下放绞车 1 台，消除钢丝绳伤人的风险，提高了安装过程中的安全性。

(3) 扩安一体化工艺起吊期间采用 BYX-15T 型液压臂架式起吊装置，起吊装置通过履带行走运输，起吊臂可上下左右调整，运输、起吊更加灵活。而传统工艺中因顶板较薄，无法打注专用起吊锚索，需在钢支架顶梁下打设单体柱，挂多台手动葫芦起吊，起吊物重时，工字钢硬度较小，易弯曲变形，或起吊重心不稳易翻梁。相比而言，扩安一体化工艺消除了手拉葫芦操作过程中的安全风险，实现了对液压支架的精准卸车、安装，避免了后期人工调整，减轻了支架安装时的工作强度，提高了设备安装期间起吊作业的安全性。

(4) 支架安装时，传统安装工艺需大面积拆除钢支架、抬棚，交替打设抬棚进行支护顶板，仍然存在大面积空顶安全风险。而扩安一体化工艺采用边扩边安工艺，将减小大面积空顶，降低顶板安全风险，提高支架安装过程中的安全性。

(5) 传统工艺轨道铺设采用钢轨，需采用人工配合风镐、洋镐开挖枕木基坑，人力抬运枕木、轨道进行铺轨作业。扩安一体化工艺采用 30 kg/1.5 m 型模块轨道，利用 KCQ55Y-75KW 型电动齿轨卡轨车和 TYA-600 型液压支架调移装置运输，利用 TYA-600 型液压支架调移装置起吊卸车，轨道无须开挖枕木基坑，直接平放至底板，采用专用螺栓进行固定，减轻了轨道铺设过程中的劳动强度。

(6) 降低工人劳动强度。扩掘安安装一体化安装工艺机械化程度高，仅投入电动齿轨卡轨车、液压臂架式起吊装置、滑移式支架等设备投用，省去扩掘侧抬棚、木垛打设，并减少了设备安装期间频繁使用单体柱、手动葫芦等重体力劳动，降低工人劳动强度。

(7) 扩掘安装一体化安装工艺与传统切眼扩掘、设备安装工艺工期相比，传统工艺施工工期 70 天(以新柏煤矿公司 35201 工作面参考，其中切眼扩掘 35 天，设备安装 35 天，共 70 天)，扩掘安装一体化工艺施工工期 58 天，可缩短工期 12 天左右。

(8) 相比传统扩掘、安装工艺，35201 工作面扩掘安装一体化工艺可总体节省材料费 308 891 元，节省材料投入 508 130 元。

5 结束语

扩掘安装一体化施工工艺在新柏煤矿公司极近距离采空区下 35201 工作面成功应用，安全性和经济性成效显著，说明该技术在开切眼大面积顶板控制，设备快速、精准安装方面有较大的推广前景。

三等奖获奖文章

大埋深煤层顶板弱胶结砂砾岩高压含水层水害防治对策

韩克勇

（国能神东杭锦能源公司塔然高勒煤矿，内蒙古 鄂尔多斯　017400）

摘　要　本文以塔然高勒煤矿为例，通过对井田地质及水文地质条件、水害特征的分析，针对大埋深煤层顶板侏罗系中统-侏罗系中下统（J_2z～$J_{1\text{-}2}y$）延安组裂隙孔隙承压含水层厚度大、岩石胶结差、压力高、与煤层间隔水层薄等特征，在总结前期经验的基础上提出了"综合勘探，立体探查；统筹兼顾，优化设计；源头预防，措施前置；工程治理，根除隐患；可控疏放，避峰填谷；动态监测，精准预报"六项水害防治对策，为保障煤矿安全生产提供理论支持和实践指导。

关键词　大埋深；弱胶结砂砾岩；高压；水害防治对策；源头预防；可控疏放

0　引言

矿井水害是煤矿五大灾害之首，是煤矿安全生产的重要影响因素，它不仅影响煤矿的正常生产，还会对矿工的生命安全构成威胁。特别是近年来随着开采深度的不断增加，水文地质条件日趋复杂，对安全生产威胁愈发严重，因此研究复杂条件下煤矿水害防治具有重要意义。本文以塔然高勒煤矿为例，通过对井田地质及水文地质条件、水害特征的分析，针对大埋深煤层顶板侏罗系中统-侏罗系中下统（J_2z～$J_{1\text{-}2}y$）延安组裂隙孔隙承压含水层厚度大、岩石胶结差、压力高、与煤层间隔水层薄等特征，按照《煤矿防治水细则》"推进防治水工作由过程治理向源头预防、局部治理向区域治理、井下治理向井上下结合治理、措施防范向工程治理、治水为主向治保结合的转变"的要求，采用钻探、物探、化探、监测等手段开展了大量工作，在此基础上提出针对性的水害防治对策，指导矿井水害防治工作。

1　矿井概况

塔然高勒井田位于内蒙古鄂尔多斯市境内，行政区划属杭锦旗及达拉特旗。该井田面积约345.527 2 km^2，矿井地质资源量2 240.99 Mt，设计生产能力10.00 Mt/a，服务年限106.1 a。主要可采煤层有3层，其中3^{-1}煤层为主采煤层，平均埋深600 m左右，煤层平均厚度3.67 m，水文地质类型为"复杂"型。

塔然高勒煤矿于2008年开工建设，2014年因铀资源压覆导致矿井停建，2023年4月10日矿井恢复建设。立井采用单水平开拓方式，近水平开采，初期采用中央分列式通风方式，机械抽出式通风方法。井下煤炭运输采用带式输送机运煤，辅助运输采用无轨胶轮车。设计确定各煤层采煤方法为走向长壁与倾斜长壁相结合的采煤方法，全部垮落法管理顶板，综合机械化采煤。

2 矿井地质

2.1 地层

塔然高勒井田位于东胜煤田的西北部边缘，新生代地质营力的作用在井田表现得较为强烈，上部地层遭受剥蚀并被枝状沟谷切割破坏。井田钻孔揭露区内地层由老至新发育有：三叠系上统延长组（T_3y）、侏罗系中下统延安组（$J_{1-2}y$）、侏罗系中统直罗组（J_2z）、白垩系下统志丹群（K_1zh）和新生界第四系（Q）等地层。详见表 1。

表 1　塔然高勒井田地层一览表

地层				岩性特征	厚度/m
界	系	统	组		
新生界	第四系	全新统	Q_4^{al+pl} Q_4^{eol}	以现代风积沙为主，主要为中细砂及亚砂土，在河谷滩地和一些地势低洼地带还有冲、洪积层，一般厚度小于 20 m	0～58.6
中生界	白垩系	志丹群	K_1zh	上部为深红色泥岩与褐红色细砂岩，具有斜层理和交错层理；中部具有大型交错层理的中、粗砂岩；底部为灰绿、褐红色砂砾岩、砾岩	120.18～446.56
	侏罗系	中统	直罗组 J_2z	上部灰绿色、局部紫杂色泥岩、砂质泥岩、粉砂岩与灰黄绿色细砂岩互层，泥岩多具水平层理，含铁质结核；下部为浅黄、灰白色、灰黄色中-粗粒含砾砂岩、砂砾岩，砂砾成分有花岗岩、斑岩等，分选差，砾径最大为 300 mm。局部含 2 煤组，不可采	106.05～349.73
		中下统	延安组 $J_{1-2}y$	灰白色细、中粒长石砂岩，深灰色泥岩，砂质泥岩及煤层组成的含煤岩系，泥岩中多含岭铁矿结核，含丰富瓣鳃类化石。煤系自下而上分为三段，其中一段含 5 煤组，二段含 3、4 煤组，三段含 2 煤组。含主要可采煤层 3 层，编号为：3^{-1}、4^{-1}、4^{-2}煤。煤层顶底板多为砂质泥岩、泥岩及粉砂岩	72.95～208.94
	三叠系	上统	延长组 T_3y	黄、灰绿、紫、灰黑色块状中、粗粒砂岩，夹黑灰绿色泥岩及煤线	未见底

2.2 可采煤层

含煤地层为侏罗系中下统延安组，延安组平均厚度 200.13 m。根据沉积旋回和岩性组合特征，延安组划分为三个岩段：一岩段含 5、6 煤组，其中 5^{-1}煤层为不可采煤层；二岩段含 3、4 煤组，其中 3^{-1}、4^{-1}、4^{-2}为可采煤层；三岩段含 2 煤组，不含可采煤层。

2.3 构造

井田构造形态与区域含煤地层构造形态基本一致，总体为一向南西倾斜的单斜构造，倾向 220°～250°，地层倾角 1°～5°，地层产状沿走向及倾向均有一定变化，但变化不大。沿走向发育有宽缓的波状起伏；经三维地震勘探发现，区内发育大于 5 m 的褶曲 2 个，其中背斜和向斜各 1 个，井田内未发现大的断裂和褶皱构造，无岩浆岩侵入。井田构造复杂程度属简单类型。

3 矿井水文地质

3.1 区域水文地质

塔然高勒井田属于鄂尔多斯白垩系碎屑岩裂隙孔隙含水层系统摩林河-盐海子水流亚系统中

的亚什图沟-桃力庙海子子系统(见图 1、表 2)。区内白垩统含水层地下水水动力条件受气候、地形、地貌、岩性等因素控制,而中侏罗统含水层地下水水动力条件主要受产状和岩性的控制。塔然高勒井田水文地质类型为"复杂"型。

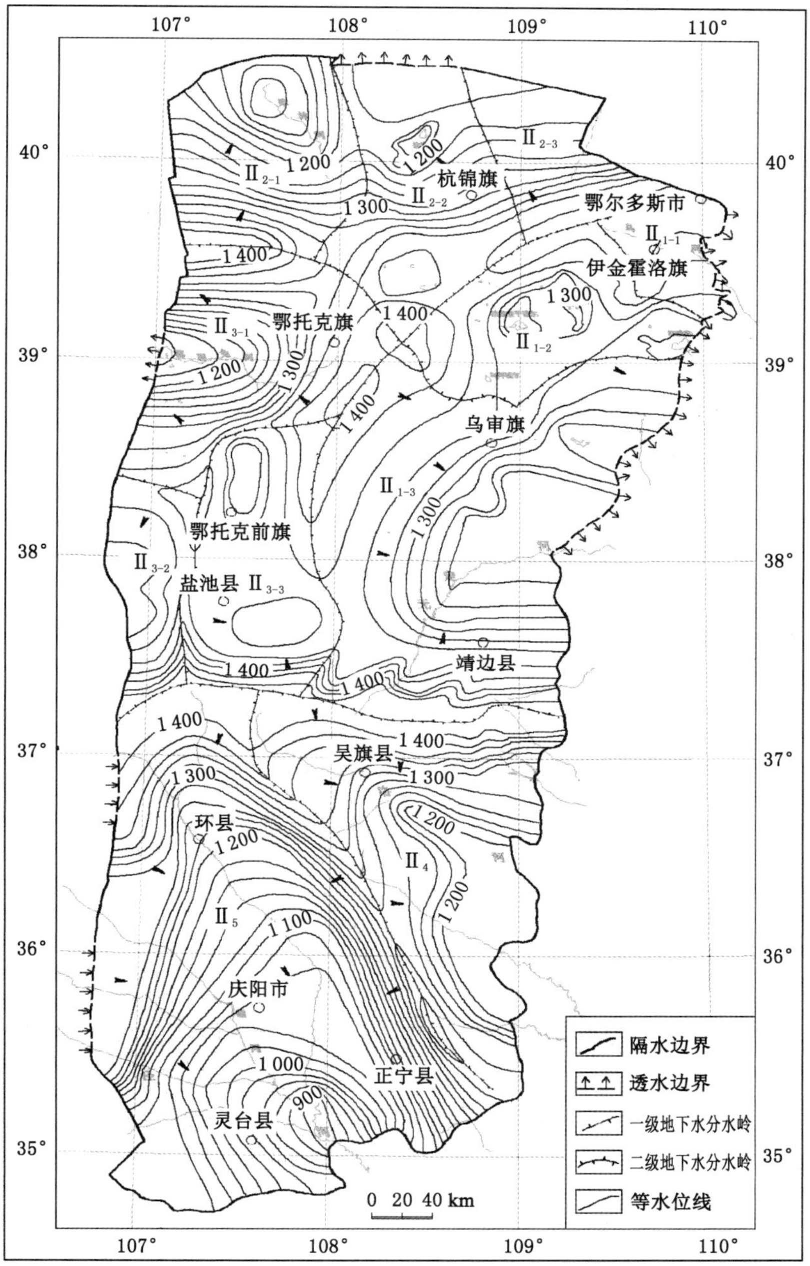

Ⅱ—地下水流系统编号;Ⅱ$_1$—地下水流亚系统编号;Ⅱ$_{1-3}$地下水流子系统编号。

图 1 鄂尔多斯白垩系盆地地下水流系统划分图

表 2　鄂尔多斯白垩系盆地地下水流系统划分表

地下水流系统			面积/km^2	地下水流系统基本特征
系统	亚系统	子系统		
鄂尔多斯白垩系盆地地下水水流系统(Ⅱ)	乌兰木伦河-无定河亚系统(Ⅱ$_1$)	乌兰木伦河子系统(Ⅱ$_{1-1}$)	2 500.00	地下水流向总体上由西向东径流，循环深度约 300 m，最终向乌兰木伦河进行排泄
		苏贝淖-红碱淖子系统(Ⅱ$_{1-2}$)	9 428.00	地下水呈向心状向湖泊汇流，以湖泊为排泄基准面形成了众多局域水流系统
		无定河子系统(Ⅱ$_{1-3}$)	25 764.00	地下水呈向心状和扇状自西北向东南方向径流，最终向无定河进行排泄
	摩林河-盐海子亚系统(Ⅱ$_2$)	摩林河子系统(Ⅱ$_{2-1}$)	7 852.00	地下水流向总体上由南向北径流，最终向摩林河及其尾闾湖进行排泄
		盐海子子系统(Ⅱ$_{2-2}$)	8 644.00	地下水流向总体上由南向北径流，循环深度约 500 m，以盐海子为最终排泄点
		亚什图沟-桃力庙海子子系统(Ⅱ$_{2-3}$)	4 296.00	地下水总体由南向北径流，含水层厚度小，水流分层不明显，以地表河流为最终排泄点
	都思兔河-盐池亚系统(Ⅱ$_3$)	都思兔河子系统(Ⅱ$_{3-1}$)	10 924.00	地下水流总体朝向都思兔河下游汇集，地下水循环深度达 1 000 m，最终向都思兔河进行排泄
		上海庙子系统(Ⅱ$_{3-2}$)	2 864.00	地下水径流方向呈向心状，以小型湖泊和河流为地下水最终排泄点
		盐池子系统(Ⅱ$_{3-3}$)	8 756.00	属典型的内流系统，地下水从四周分别向苟池及呼和召运移并最终排泄
	延河-洛河亚系统(Ⅱ$_4$)		16 494.35	地下水总体上由西北向东南径流，分别向延河、洛河、葫芦河、沮河进行排泄
	泾河-马莲河亚系统(Ⅱ$_5$)		34 559.43	地下水流呈扇状从盆地周边向马莲河、泾河方向汇集并最终排泄，具有典型承压水盆地的特征
合计			132 081.78	

3.2　主要含(隔)水层

井田范围内主要含水层为：第四系(Q)松散层潜水含水层、白垩系下统志丹群(K$_1zh$)孔隙潜水～承压水含水层、侏罗系中统-侏罗系中下统(J$_2z$～J$_{1-2}y$)延安组裂隙孔隙承压含水层(以下简称“延安组含水层”)、三叠系上统延长组(T$_3y$)碎屑岩类承压水含水层；隔水层为侏罗系中下统顶部隔水层、侏罗系中统延安组顶部隔水层、侏罗系中统延安组底部隔水层，其中延安组含水层是矿井直接和主要充水含水层，是矿井的主要充水因素，具体见图 2。

3.3　地下水的补给、径流和排泄条件

(1) 潜水

井田潜水主要赋存于沟谷第四系全新统冲洪积(Q$_4^{al+pl}$)砂砾石层及第四系残坡积(Q$_{3+4}$)中细砂中。因此，潜水的主要补给来源为大气降水。本区大气降水量较小而且集中，潜水的补给量一般也不大，降水多以径流的形式流出区外，降水的一部分渗入地下补给地下水，因此雨季潜水的补给量较大，旱季潜水的补给量较小。潜水一般沿沟谷方向向北径流，潜水的排泄方式有径流排泄、人工挖井开采排泄、泉水排泄、蒸发排泄、向河水排泄等。

(2) 承压水

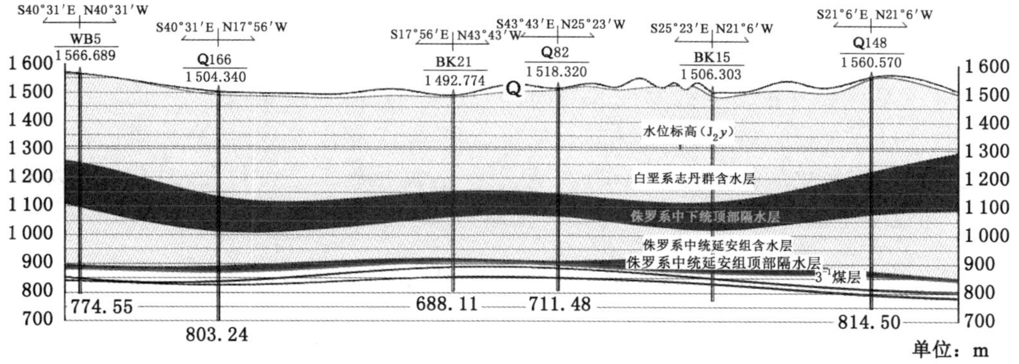

图 2　水文地质剖面图

井田承压水主要赋存于白垩系下统志丹群(K_1zh)、侏罗系中统(J_2)、延安组砂岩中。承压水的主要补给来源为区外承压水的侧向径流补给，次为上部潜水的越流补给，在沟谷两侧基岩出露处(志丹群)也接受大气降水的垂直渗入补给。承压水一般沿地层走向径流，其排泄以侧向径流排泄为主，次为人工打井开采排泄，在地形低洼处还以泉水的形式排泄，一般沿北及西北方向流出区外。

4　矿井水害特征

塔然高勒煤矿煤层开采的主要和直接充水含水层主要为延安组含水层。该含水层段砂砾岩厚度 143～203 m，平均 174.20 m，单位涌水量 q=0.005 3～0.164 0 L/(s·m)，富水性弱～中等，渗透系数 K=0.006 4～0.232 7 m/d。近年水位静止标高在 1 310.28～1 332.89 m，平均为 1 317.28 m。目前，开拓巷道在+910 m 水平左右，矿井巷道和工作面顶板承受下含水层段水压为约 4.0 MPa。充水通道主要是煤层开采形成的垮落带和导水裂隙带，其次为断层、裂隙、封闭不良钻孔等。煤层开采后，垮落带和导水裂隙带进入延安组含水层段，使该含水层段中的地下水从垮落带溃入矿井或沿导水裂隙带涌入矿井。

5　矿井水害防治实践及对策

(1) 综合勘探，立体探查。自 2017 年以来，为进一步查清先期开采区域地质及水文地质条件，塔然高勒煤矿进行了多次地面补充勘探。采用地形航空摄影测绘、水文地质调查、地面瞬变电磁、采区三维地震、机械岩心钻探、地球物理测井、采样测试的综合勘查方法，完成 1∶5 000 航空摄影地形测量 155.12 km²、1∶10 000 水文地质调查 100 km²、地面瞬变电磁勘探 15.44 km²、三维地震勘探 9.06 km²、地质及水工地质钻孔 96 个。同时，在立井施工前按要求施工井筒检查孔；在井下采掘区域提前进行物探、钻探；在工作面回采前后进行顶板冒落带、裂隙带、弯曲下沉带探测，对顶板含、隔水层情况进行全方位立体探查，并总结矿井充水规律，用以指导矿井水害防治工作。

(2) 统筹兼顾，优化设计。在矿井初步设计阶段，便充分考虑地质及水文地质因素，将工作面走向与沉积带方向呈夹角布置。采煤工作面形成前在回撤通道附近进行放水试验，获取含水层相关参数，进一步优化工作面疏放水设计。矿井排水系统和采区排水系统在按照设计涌水量设计的同时，要留有一定的余地，以应对可能出现的涌水量波动，可为后续工作面开采提供安全保障。

(3) 源头预防，措施前置。在矿井建设过程中，为了避免后续生产建设产生新的安全风险和隐患，在工程施工前制定针对性预防措施，并严格落实，确保矿井建设安全。

例 1:优化地面钻孔封孔设计、施工工艺及流程。针对 2007 年前施工钻孔封孔质量不详的实际情况，塔然高勒煤矿对西翼辅运大巷附近的 Q172 钻孔进行了启封检查，发现该钻孔仅对煤系地层进行了水泥浆封闭，上部地层使用泥浆灌封且不连续，存在将上部含水层串通导致井下突水的风险。针对该情况，塔然高勒煤矿优化了地面钻孔封孔设计、施工工艺，编制了专门的钻孔封孔流程（见表3），要求对后续钻孔进行全孔水泥浆封闭，严格按封孔流程作业，建设单位、监理单位、施工单位共同对封孔过程全程旁站监管，确保封孔质量。自2017年以来，塔然高勒煤矿在井田内施工的所有钻孔均严格按优化后的钻孔封孔设计、施工工艺、流程施工进行封孔，封孔质量均达到设计要求，为矿井建设安全创造了条件。

表3　钻孔封孔流程表

序号	流程步骤	作业内容	作业标准
1	进场准备	1. 佩戴劳动防护用品：口罩、手套、安全帽等； 2. 遵守钻机机台安全告知，熟悉安全逃生路线及方法； 3. 熟悉封孔设计及相关技术参数	1. 劳动防护用品齐全、质量合格； 2. 逃生路线畅通无杂物，逃生集合点空旷平坦； 3. 按照现场指挥人员讲解要求进行逃生； 4. 封孔设计符合设计规范
2	核实钻探进尺	1. 根据钻孔终孔进尺，核实钻杆的单杆、大根长度及数量； 2. 对核实的钻杆，留存图片资料	1. 核实钻杆数量时，钻杆必须全部提到地面，在钻塔上摆放整齐； 2. 对钻杆从三个不同方向拍摄照片
4	核实进场水泥量	1. 根据钻孔终孔进尺，预算封孔水泥量； 2. 检查水泥是否失效，拍照留存资料	1. 统计水泥时按一袋水泥封3 m计算； 2. 封孔使用水泥标号为42.5#； 3. 现场水泥量若小于预计水泥量制止施工
5	下钻	1. 封孔前循环泥浆； 2. 下钻开始封孔	将钻杆全部下到钻孔内，允许钻孔底部留1～2 m的钻杆余量
6	搅拌水泥浆	现场开始搅拌水泥浆	水灰比优于0.6：1（封孔现场0.7 m^3的泥浆罐，搅拌一罐水泥浆水泥量不得少于14袋水泥）
7	注浆提钻	根据注浆量对提取的钻杆长度进行控制	1. 按一袋水泥封3 m的量进行控制，第一次提钻预留20 m钻杆长度（例如：1罐水泥浆搅拌14袋水泥，第一次注浆注3罐水泥浆，可以向上提取106 m的钻杆长度，从第二次注浆开始，每注1罐14袋水泥浆，提42 m钻杆）； 2. 注浆过程中应连续注浆； 3. 钻杆不得提出水泥液面
8	注浆封孔结束	1. 观测孔内返出的泥浆； 2. 现场对返出的浆液进行拍照及视频留存； 3. 封孔结束后，旁站人员收集封孔设计和封孔记录表	1. 待孔内有大量灰白色水泥浆，返出地面泥浆沟后，可视该钻孔完成封孔； 2. 封孔记录表参数齐全，符合要求

例2：北翼进、回风立井采用冻结法施工工艺，避免施工过程中涌水量过大造成灾害。塔然高勒煤矿已建成的主立井、副立井、回风立井在建设前期采用普通法施工，但施工过程中水文地质条件发生了较大变化，井筒实际涌水量最大达到118 m^3/h，涌水量的增大给井筒施工造成了极大的困难，后经相关专家论证会，改为冻结法施工。为避免类似灾害，北翼进、回风立井采用冻结法施工工艺。

例3：井下探放水钻孔采用双层孔口管工艺，防止安装孔口管发生突水。针对塔然高勒煤矿3^{-1}煤顶板含水层水压高（约4.0 MPa）、隔水层较薄（约10 m）、施工困难等实际情况，为防止安装孔口管（设计长度20 m）钻至含水层发生突水，探放水钻孔采用了双层孔口管工艺：① 开孔孔径172 mm，孔深5.5 m，下入管径159 mm一级孔口管，注浆固管，待凝24小时后进行打压试验，打压压力 5 MPa，对套管的稳定和固结情况进行检测。② 打压合格后，用 133 mm 钻头钻进至孔深 22 m，下入管径 127 mm 二级套管，注浆固管，同样进行打压实验，打压压力 6.5 MPa。③ 打压合格后，用 91 mm 钻头钻进至设计孔深。如图 3 所示，该工艺可有效防止安装孔口管发生突水。

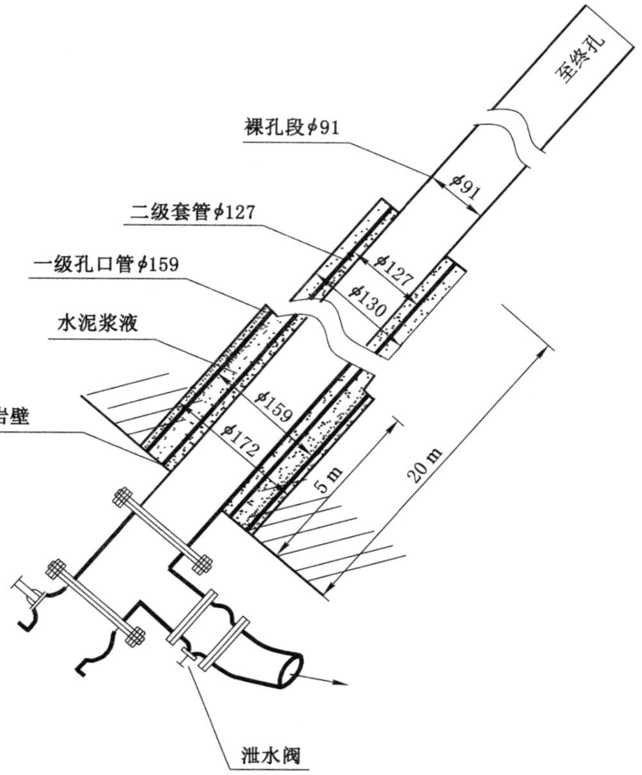

图 3　二级孔口管钻孔结构示意图

(4) 工程治理，根除隐患。根据采掘接续计划，针对已经存在的隐患采取积极主动治理措施，消除或降低存在的安全风险和隐患，确保矿井建设安全。

例 1：启封封闭不良钻孔，消除安全隐患。对影响采掘安全的封闭不良钻孔进行启封检查，重新封孔。针对 2007 年前施工钻孔封孔质量不详的实际情况，2014 年对西翼辅运大巷附近的 Q172 钻孔进行了启封检查，发现该钻孔对煤系地层进行了水泥浆封闭，上部地层仅用泥浆灌封且不连续，存在将上部含水层串通导致井下突水的风险。根据 Q172 钻孔启封检查的实际情况推断 2009 年施工的 Q 字开头的钻孔封孔质量存在问题，对后期采掘风险较大，需根据接续计划分批次提前进行启封处理。

例 2：采用施工环状隔离体阻断不良冻结孔导水通道的方法根治主立井冻结孔水害。2013 年 7 月 21 日主井井筒深度 631 m 处西装载硐室南帮及井筒出水，涌水量最大达 218 m^3/h。经分析出水原因为冻结孔环状空间封闭不良，导通上部承压含水层所致。后采用了施工环状隔离体阻断不良冻结孔导水通道的方法进行治理。方案要点：在 3^{-1}煤以下的砂质泥岩隔水层中，围绕主井施工一个环形措施巷，巷道断面 2 m×2 m，巷道中线距离主井中心距离 12 m，较实际冻结孔与井筒中心距离 8 m 向外扩了 4 m。通过环形措施巷向井筒方向开挖耳硐，揭露冻结孔，截断冻结管，对上部及下部进行注浆处理，最后通过注浆彻底封堵环形措施巷，阻断冻结孔导水通道，达到根治主立井冻结孔水害的目的。

(5) 可控疏放，避峰填谷。根据含水层水的可疏放性及采掘接续安排，提前对回采工作面顶板水进行疏放，通过疏放水孔孔口闸阀控制放水量，避免集中涌水，实现疏放水过程安全可控。工作面开采后，矿井涌水量波动幅度较大，也可以通过控制疏放水孔孔口闸阀控制放水量，缓解周期性涌水对排水系统的压力。

（6）动态监测，精准预报。塔然高勒煤矿在立体探查和超前探查的基础上，还建立了井上下结合的 KJ117 矿井水文监测预警系统，可实时全方位监测如下信息：① 长观孔，监测水位、温度、水质；② 气象站，监测风速、风向、空气温度、空气湿度、雨量、气压等；③ 水仓，监测明渠流量；④ 试采工作面，监测水压、管道流量等数据。在系统中设置对应参数的预警值后，实现了预警功能，做到提前发现，超前治理。矿井水文监测预警系统动态监测数据为精准预报提供了基础数据。

6 结论

本文以塔然高勒井田为例，通过对地质及水文地质条件、水害特征的分析，针对大埋深煤层顶板侏罗系中统-侏罗系中下统（J_2z～$J_{1\text{-}2}y$）延安组裂隙孔隙承压含水层厚度大、岩石胶结差、压力高、与煤层间隔水层薄等特征，在总结经验的基础上提出了“综合勘探，立体探查；统筹兼顾，优化设计；源头预防，措施前置；工程治理，根除隐患；可控疏放，避峰填谷；动态监测，精准预报”六项水害防治对策，为保障煤矿安全生产提供了理论支持和实践指导，对类似水文地质条件的水害防治工作有较强的借鉴意义。

参考文献

[1] 董书宁，姬亚东，王皓，等. 鄂尔多斯盆地侏罗纪煤田典型顶板水害防控技术与应用[J]. 煤炭学报，2020，45(7)：2367-2375.

[2] 刘罡. 矿井水水文地质研究及水害防治对策研究[J]. 西部探矿工程，2023，35(6)：105-107.

[3] 刘守强，武强，曾一凡.《煤矿防治水细则》修订要点解析[J]. 煤炭工程，2019，51(3)：1-4.

[4] 孙文洁，李文杰，宁殿艳，等. 我国煤矿水害事故现状、预测及防治建议[J]. 煤田地质与勘探，2023，51(12)：185-194.

[5] 魏银萍. 煤矿地质勘查与防治水工作的结合问题探讨[J]. 当代化工研究，2023(1)：27-29.

[6] 谢吉东. 树牢“水害可防可控”理念强化事前有效预防[N]. 中国煤炭报，2023-05-30(001).

[7] 闫建华，王朝引，丁湘. 鄂尔多斯侏罗系煤田水文地质特征及防治水对策[J]. 建井技术，2013，34(6)：36-39.

复杂地质条件下受构造挤压煤层厚度变化探测方法及特征规律研究

周鹏，王文军

（霍州煤电集团技术研究院，山西 霍州　031400）

摘　要　为了开展复杂地质条件下煤层厚度变化规律探测，需要选用合理的方法对回采工作面内部的煤层赋存及构造发育情况进行针对性探查，利用综合物探技术手段对复杂地质条件下受构造挤压煤层厚度变化情况进行探查，从而有效指导矿井安全、高效生产。通过现场对工作面煤层厚度、产状及煤层煤质等相关情况进行调研，研究判断地质构造复杂回采工作面煤层厚度变化是否受沉积环境影响；研究煤层厚度受大中型地质构造、小型构造单元影响程度、煤层厚度变化的起始位置，综合分析煤层厚度变化受各类复杂地质因素的影响程度，进而准确分析煤层厚度变化趋势，预测薄（无）煤区范围，有效指导矿井生产。

关键词　煤层厚度；变化；复杂；特征；方法

0　前言

煤层厚度的变化的原因是多种多样的，尤其是在复杂地质条件下，煤层厚度往往复杂多变，但究其成因主要可以分为原生变化和后生变化两大类。原生变化是指泥炭层堆积过程中，在形成煤层顶板岩层的沉积物覆盖以前，由于各种地质作用的影响而引起的煤层形态和厚度的变化；后生变化是指泥炭层被新的沉积物覆盖以后或煤系形成之后，由于构造变动、岩浆侵入、河流剥蚀等地质作用所引起的煤层形态和厚度的变化。

对煤层形态和厚度变化影响最显著的是不协调褶曲。地层受到挤压后，由于岩石力学性质和应力状态不同，各自产生了幅度不同、形态不一的褶曲变形。这种不协调褶曲中所夹的软岩层（尤其是煤层）容易形成不规则增厚带或变薄带。有些煤田小型波状褶曲十分发育，由于层间滑动的扭力作用，使煤层局部压薄和增厚（见图 1）。

图 1　后生褶皱引起的煤层厚度变化

1　概况

山西焦煤霍州煤电金能煤业开采深度 450～1 300 m 标高，现开采 2# 煤层。2# 煤种主要为

1/3 焦煤，煤层厚度 0～16 m，平均厚度 4.41 m，倾角 12°；2[#] 煤层全井田带压，矿井地质类型简单、水文地质类型中等。1201 回采面为矿井首采工作面，所开采的 2[#] 煤层在掘进过程中煤层经常发生分岔、变薄、尖灭等煤层厚度急剧变化的情况，该工作面煤质松软且煤层有层间滑动现象，且该矿井煤层顶板、底板较软，因此金能煤业首采工作面所采 2 号煤为典型的“三软”煤层。通过掘进期间对现场煤质查看分析，工作面构造发育不明显，但平移断层有多处发育现象，煤层厚度异常变化给工作面生产布局带来了较大的影响。为了解决矿井生产难题，需开展金能煤业 2[#] 煤层厚度变化分析研究，从煤层沉积环境、后期构造发育规律及应力变化等方面进行研究，分析矿井构造发育规律并总结薄(无)煤区域分布范围，指导矿井的生产。

2 探测方法

金能煤业 1201 工作面煤层厚度变化快，很短距离内煤层厚度从 16.0～0.5 m 发生快速变化。为摸清首采面煤层厚度变化情况，针对金能煤厚变化快的特点，采用无线电波坑道透视技术进行探测，首次探测按照正常点间距布设，发射间距 50 m、接收间距 10 m，单次接收范围 100 m。探测后结合实际揭露煤层厚度进行对比分析，部分区域煤层厚度变化有较好反映，部分区域反映不明显。针对这种情况，第二次探测，布设发射间距 30 m，接收间距 10 m，单次接收范围 130 m，对布设方式进行了改良加密，并且辅助以瞬变电磁探测。通过前后探测对比结合实际探查煤厚资料，分析工作面整体煤厚变化情况。

3 基本原理

3.1 无线电波坑透探测原理

无线电波坑道透视是用来探测顺煤层两巷之间的各种地质构造异常体。工作时，发射机与接收机分别位于不同巷道中，发射机发射固定频率的电磁波，接收机在一定范围内逐点观测电磁波穿透煤层后剩余场强值。

交替成层的含煤地层是非均匀介质，电磁波在含煤地层中传播可分解为垂直层理和平行层理方向，在垂直层理方向是非均匀介质，在同一煤层一定范围内平行层理方向上可近似认为是均匀的。电磁波透视是在顺煤层的两巷道或两钻孔中进行。假设辐射源(天线轴)中点 O 为原点，在近似均匀、各向同性煤层中，观测点 P 到 O 点的距离为 r，则 P 点的电磁波场强度 H_P 可由下式表示：

$$H_P = H_0 \frac{e^{-\beta r}}{r} f(\theta) \tag{1}$$

式中 H_0 ——在一定的发射功率下天线周围煤层的初始场强，A/m。

β——煤层对电磁波的吸收系数；

r ——P 点到 O 点的直线距离，m；

$f(\theta)$ ——方向性因子，θ 是偶极子轴与观测点方向的夹角，一般采用 $f(\theta) = \sin\theta$ 来计算。

在辐射条件不随时间变化时，H_0 是一常数，吸收系数 β 是影响场强幅值的主要参数，它的值越大，场强变化就越大。吸收系数与电磁波频率和煤层的电阻率等电性参数有直接关系：在同一均匀煤层中，频率越高吸收系数就越大，电磁波穿透煤层距离就近；煤层电阻率越低，吸收系数也越大。

煤层中断裂构造的界面，构造引起的煤层破碎带、煤层破坏软分层带以及富含水低电阻率带等都能对电磁波产生折射、反射和吸收，造成电磁波能量的损耗。如果发射源发射的电磁波穿越煤层途径中，存在断层、陷落柱、富含水带、顶板垮塌和富积水的采空区，冲刷、煤层产状变化带、煤层厚度变化和煤层破坏软分层带等地质异常体时，接收到的电磁波能量就会明显减弱，形成透视阴影(异常区)。矿井无线电波透视技术，就是根据电磁波在煤层中的传播特性而研制的一种收、发电磁波的仪器和资料处理系统。

3.2 瞬变电磁法探测原理

矿井瞬变电磁法是利用不接地回线或接地线源向地下发射一次脉冲电磁场，在一次脉冲电磁场间歇期间，利用线圈或接地电极观测二次涡流场的方法。其基本工作原理是：于巷道内设置通以一定波形电流的发射线圈，从而在其周围空间产生一次磁场，并在巷道周围导电岩矿体中产生感应电流，断电后，感应电流由于热损耗而随时间衰减，衰减过程一般分为早、中和晚期。早期的电磁场相当于频率域中的高频成分，衰减快，趋肤深度小；晚期成分则相当于频率域中的低频成分，衰减慢，趋肤深度大。通过测量断电后不同时间的二次场随时间变化规律，可得到不同深度的地电特征。

4 探测成果分析解释

4.1 第一次常规无线坑透探测成果分析

发射机相对固定，接收机在一定范围内逐点观测其场强值。布置测点间距为 10 m，发射点间距为 50 m，每个发射点对应 11 个接收点。井下施工采用双边发射探测：两条巷道均布置发射测点，对应另一条巷道布置接收测点。由于切巷未施工，因此在 1201 运输顺槽探测距离共计 950 m，1201 回风顺槽探测距离 980 m。先后进行数据处理，剔除影响后共计圈定 4 处明显的高衰减异常区域，分别编号为 E1、E2、E3、E4(见图 2)。

(1) E1 异常区位于 1201 运输顺槽 $21^{\#}\sim36^{\#}$ 测点间，异常范围内场强衰减约 5～10 dB。分析该异常区为煤层变薄区，也可能存在其他隐伏构造。

(2) E2 异常区位于 1201 运输顺槽 $42^{\#}\sim51^{\#}$ 测点间，异常范围内场强衰减约 5～10 dB。分析该异常区为煤层变薄区，也可能受 $H=2$ m 断层影响所致。

(3) E3 异常区位于 1201 运输顺槽 $62^{\#}\sim70^{\#}$ 测点间，异常范围内场强衰减约 5～10 dB。分析该异常区为煤层变薄区，也可能存在其他隐伏构造。

(4) E4 异常区位于 1201 回风顺槽 $75^{\#}\sim96^{\#}$ 测点间，异常范围内场强衰减约 5～15 dB，分析该异常区为煤层变薄区，也可能存在其他隐伏构造。

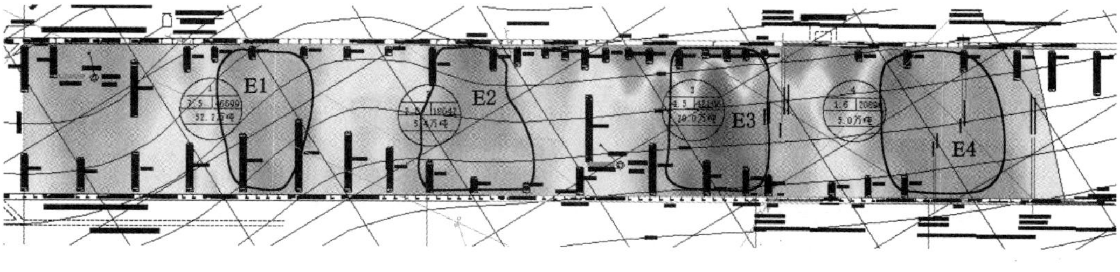

图 2 第一次常规坑透探测成果图

4.2 第二次采用加密测点坑透探测成果分析

布置测点间距为 10 m，发射点间距为 30 m，每个发射点对应 7～13 个接收点。井下施工采用双边发射探测：两条巷道均布置发射测点，对应另一条巷道布置接收测点。1201 回风顺槽发射测点以 $6^{\#}$ 导线点前 37 m 为 $0^{\#}$ 发射点，分别以 10 m 为点距编号，发射点的间距为 30 m，对应巷道的一定区段进行扇形扫描接收；另一条巷道发射测点以 1201 运输顺槽 $5^{\#}$ 导线点前 33 m 为 $0^{\#}$ 发射点，分别以 10 m 为点距编号，发射点的间距基本为 30 m，对应巷道的一定区段进行扇形扫描接收。1201 回采面探测范围长度为 1 380 m，1201 回风顺槽布置 138 个测点，1201 运输顺槽布置 138 个测点，如图 3 所示。

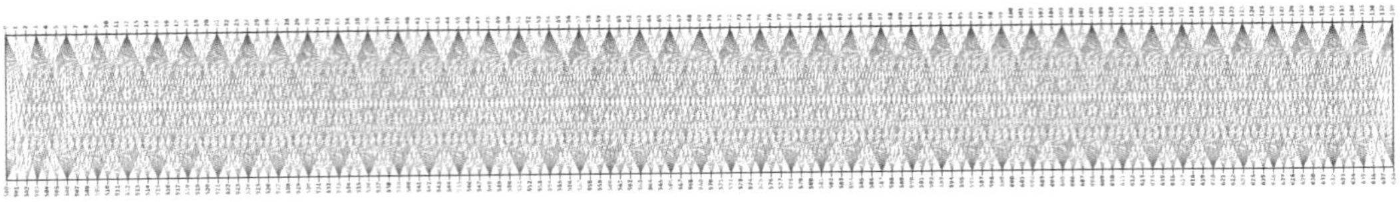

图 3　第二次加密坑透探测测点布置图

本次探测接收数据较稳定、完整，从综合曲线图上可看出，1201 工作面探测曲线变化符合坑透探测规律。从本次探测工作可以看出无线电波对 1201 工作面有较好的反映，经过计算机数据处理及人工交汇，发现 6 处较为集中的异常区，编号为 E1、E2、E3、E4、E5、E6（见图 4）。探测的异常区域主要是衰减系数变化大的区域，以下对异常区范围进行细化分析。

(1) E1 异常区～E4 异常区与第一次常规坑透探测异常区位置及范围基本一致，细化相比较后加密坑透探测后异常区范围更为精准。

(2) E5 异常区位于 1201 运输顺槽 103# ～114# 测点间，异常范围内场强衰减约 5～10 dB。分析该异常区为煤层变薄区，也可能存在其他隐伏构造。

(3) E6 异常区位于 1201 回风顺槽 109# ～138# 测点间，异常范围内场强衰减约 5～15 dB。分析该异常区为煤层变薄区，也可能受 $H=0.7$ m、$H=0.8$ m 断层影响所致。

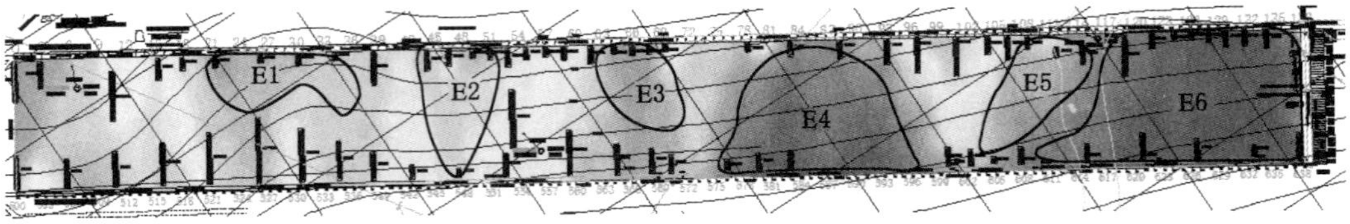

图 4　第二次加密坑透探测成果图

4.3　两次坑透探测成果对比分析

根据两次无线坑透成果分析，可见常规探测与加密探测时异常分布范围一致性比较好，异常位置基本相符，其中 E1～E4 异常区分布范围在两次坑透成果图中反映较为明显，且与巷道实际揭露的煤层变薄区能够相互对应和验证。另外从成果对比（见图 5）中可以反映出加密坑透测点探测成果中煤层厚度变化区域更为明显。其变化特征是：煤层厚度越小，场强衰减越大；煤层厚度越大，场强衰减越小。

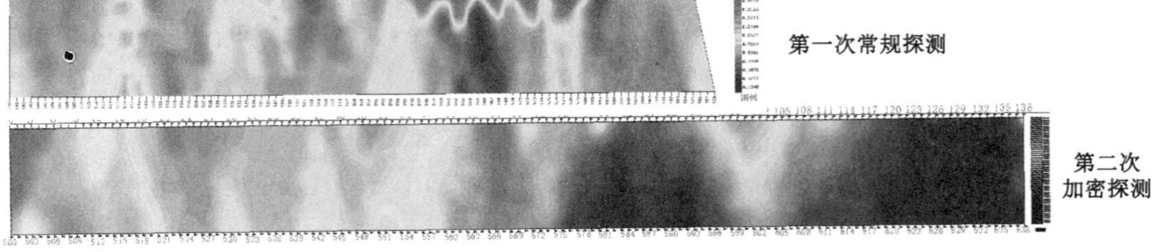

图 5　两次坑透探测成果图对比

4.4　瞬变电磁探测成果

在沿顶板 30°方向探测时，相对视电阻率值总体变化相对较大。本次探测发现 4 处明显的低阻异常区，编号为 S1、S2、S3、S4（见图 6）。S1 异常区位于 1201 运输顺槽 5# ～16# 测点间（9# 测点前

4 m～13# 测点前 49 m)，S2 异常区位于 1201 运输顺槽 52#～56# 测点间(27# 测点前 20 m～27# 测点前 60 m)，S3 异常区位于 1201 回风顺槽 61#～65# 测点间(24# 测点前 67 m～24# 测点前 107 m)，S4 异常区位于 1201 回风顺槽 82#～88# 测点间(30# 测点前 6 m～32# 测点前 22 m)。分析出该异常区范围内构造裂隙发育，含裂隙水。

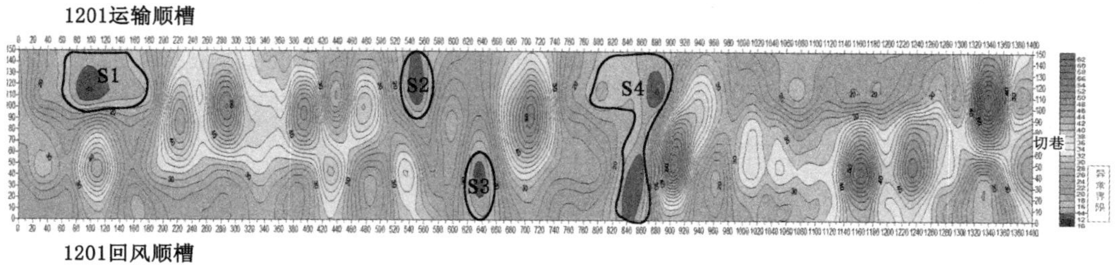

图 6　1201 工作面顶板 30°方向瞬变电磁法视电阻率等值线切片图

在沿内部顺层方向探测时，相对视电阻率值总体变化相对较大。本次探测发现 3 处明显的低阻异常区，编号为 S2、S3、S4(见图 7)。S2 异常区位于 1201 运输顺槽 52#～56# 测点间(27# 测点前 20 m～27# 测点前 60 m)，S3 异常区位于 1201 回风顺槽 61#～65# 测点间(24# 测点前 67 m～24# 测点前 107 m)，S4 异常区位于 1201 回风顺槽 82#～88# 测点间(30# 测点前 6 m～32# 测点前 22 m)。分析出该异常区范围内构造裂隙发育，含裂隙水。

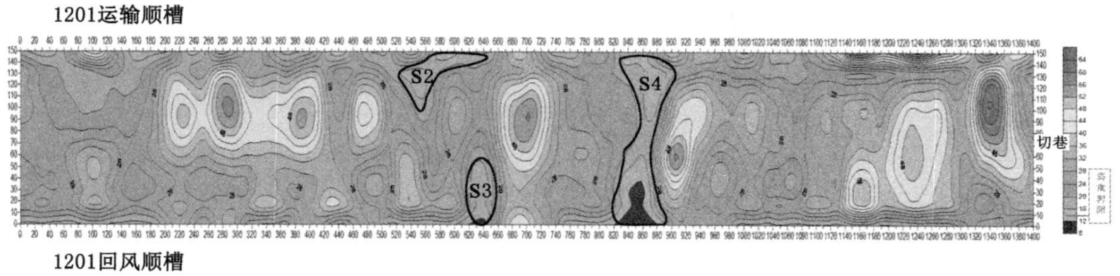

图 7　1201 工作面内部顺层方向瞬变电磁法视电阻率等值线切片图

在沿底板 30°方向探测时，相对视电阻率值总体变化相对较大。本次探测发现 4 处明显的低阻异常区，编号为 S1、S2、S3、S3、S4(见图 8)。S1 异常区位于 1201 运输顺槽 5#～16# 测点间(9# 测点前 4 m～13# 测点前 49 m)，S2 异常区位于 1201 运输顺槽 52#～56# 测点间(27# 测点前 20 m～27# 测点前 60 m)，S3 异常区位于 1201 回风顺槽 61#～65# 测点间(24# 测点前 67 m～24# 测点前 107 m)，S4 异常区位于 1201 回风顺槽 82#～88# 测点间(30# 测点前 6 m～32# 测点前 22 m)。分析出该异常区范围内构造裂隙发育，含裂隙水。

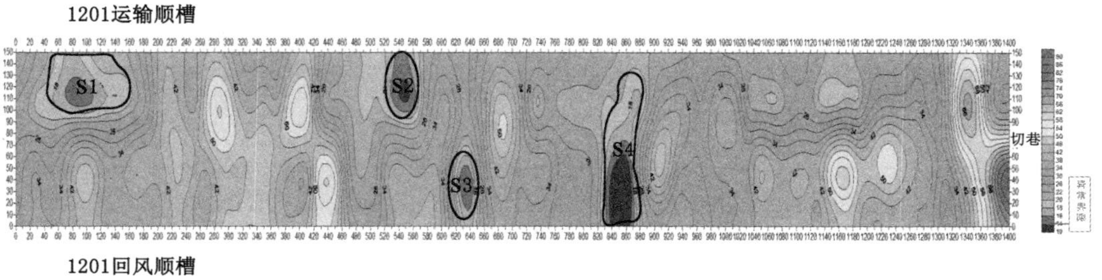

图 8　1201 工作面底板 30°方向瞬变电磁法视电阻率等值线切片图

5 工作面煤层产状揭露情况统计

1201 工作面 2# 煤层厚度为 0～16 m，煤层顶板为泥岩、砂质泥岩，底板为泥岩。通过对 1201 两顺槽工作面揭露或钻探资料收集分析，总结煤层厚度变化如表 1 所列。

表 1　1201 运输顺槽、回风顺槽煤层厚度变化及坑透异常区域对应情况表

<table>
<tr><th colspan="4">1201 运输顺槽</th><th colspan="4">1201 回风顺槽</th></tr>
<tr><th>位置/m</th><th>煤层厚度/m</th><th>坑透异常区</th><th>瞬变电异常区</th><th>位置/m</th><th>煤层厚度/m</th><th>坑透异常区</th><th>瞬变电异常区</th></tr>
<tr><td>71</td><td>9.5</td><td></td><td></td><td>135</td><td>7.5</td><td></td><td></td></tr>
<tr><td>95</td><td>6</td><td></td><td>S1</td><td>190</td><td>6.5</td><td></td><td></td></tr>
<tr><td>225</td><td>10.7</td><td></td><td></td><td>241</td><td>8</td><td></td><td></td></tr>
<tr><td>284</td><td>1.5</td><td rowspan="3">E1</td><td></td><td>292</td><td>10</td><td></td><td></td></tr>
<tr><td>333</td><td>1</td><td></td><td>342</td><td>12.5</td><td></td><td></td></tr>
<tr><td>375</td><td>1</td><td></td><td>396</td><td>16</td><td></td><td></td></tr>
<tr><td>414</td><td>0.4</td><td rowspan="2">E2</td><td></td><td>441</td><td>13</td><td></td><td></td></tr>
<tr><td>455</td><td>7.5</td><td></td><td>482</td><td>9.3</td><td></td><td></td></tr>
<tr><td>512</td><td>4</td><td></td><td rowspan="3">S2</td><td>518</td><td>6</td><td></td><td rowspan="2">S2</td></tr>
<tr><td>536</td><td>2.8</td><td></td><td>560</td><td>2.1</td><td rowspan="3">E3</td></tr>
<tr><td>561</td><td>0.8</td><td></td><td>610</td><td>0.8</td><td rowspan="2">S3</td></tr>
<tr><td>580</td><td>1.3</td><td></td><td></td><td>658</td><td>5.2</td></tr>
<tr><td>600</td><td>3.5</td><td></td><td></td><td>728</td><td>11</td><td></td><td></td></tr>
<tr><td>618</td><td>1.7</td><td rowspan="6">E3</td><td rowspan="3">S3</td><td>780</td><td>7</td><td></td><td></td></tr>
<tr><td>638</td><td>1</td><td>816</td><td>5.5</td><td></td><td rowspan="2">S4</td></tr>
<tr><td>660</td><td>2</td><td>837</td><td>3.5</td><td rowspan="3">E4</td></tr>
<tr><td>694</td><td>3.2</td><td></td><td>898</td><td>2</td><td></td></tr>
<tr><td>712</td><td>0.6</td><td></td><td>932</td><td>3.6</td><td></td></tr>
<tr><td>731</td><td>1.3</td><td></td><td>965</td><td>4</td><td></td><td></td></tr>
<tr><td>751</td><td>1</td><td rowspan="5">E4</td><td></td><td></td><td></td><td></td><td></td></tr>
<tr><td>767</td><td>0.5</td><td rowspan="2">S4</td><td></td><td></td><td></td><td></td></tr>
<tr><td>856</td><td>1</td><td></td><td></td><td></td><td></td></tr>
<tr><td>902</td><td>2.7</td><td></td><td></td><td></td><td></td><td></td></tr>
<tr><td>954</td><td>3.5</td><td></td><td></td><td></td><td></td><td></td></tr>
<tr><td>1 005</td><td>5.5</td><td></td><td></td><td></td><td></td><td></td><td></td></tr>
<tr><td>1 038</td><td>3</td><td></td><td></td><td></td><td></td><td></td><td></td></tr>
<tr><td>1 081</td><td>9</td><td></td><td></td><td></td><td></td><td></td><td></td></tr>
<tr><td>1 114</td><td>3.5</td><td>E5</td><td></td><td></td><td></td><td></td><td></td></tr>
<tr><td>1 135</td><td>5</td><td></td><td></td><td></td><td></td><td></td><td></td></tr>
<tr><td>1 157</td><td>2</td><td></td><td></td><td></td><td></td><td></td><td></td></tr>
<tr><td>1 188</td><td>8</td><td></td><td></td><td></td><td></td><td></td><td></td></tr>
</table>

1201 轨道顺槽、回风顺槽煤层厚度变化曲线分别见图 9 和图 10。从两图中可以看出，正巷在

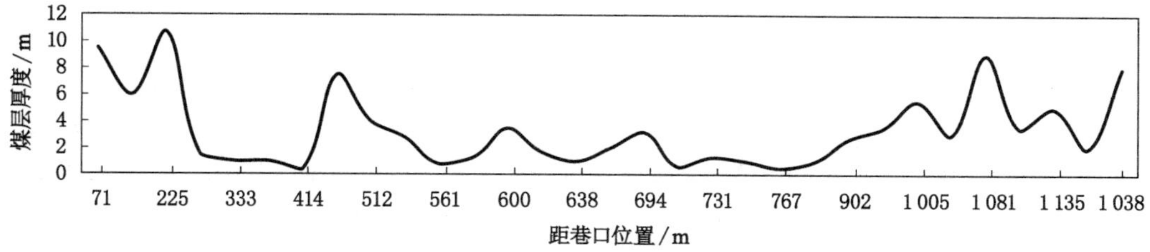

图 9　1201 运输顺槽掘进距离与煤层厚度变化曲线图

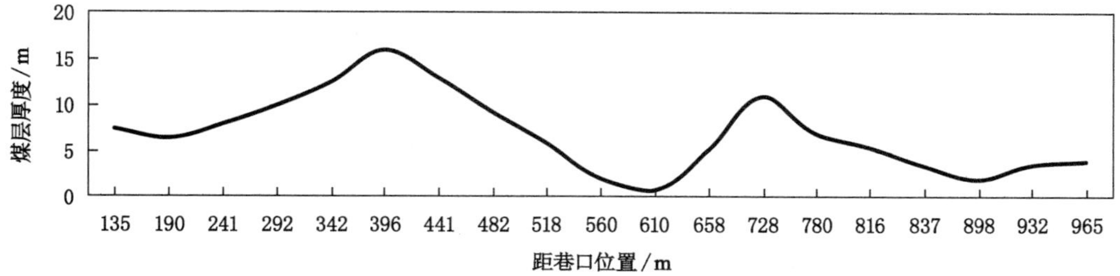

图 10　1201 回风顺槽掘进距离与煤层厚度变化曲线图

280～420 m、710～850 m 区段煤层厚度较薄，局部煤层尖灭；副巷在 560～620 m、980～1 020 m 区段煤层厚度变化较大，局部煤层尖灭。

6　结语

通过上述对比分析可知，无线电波坑透技术对煤层厚度变化有较好的反映，其变化特征是：煤层厚度越小，场强衰减越大；煤层厚度越大，场强衰减越小；煤层厚度变化越小，坑透场强衰减越小；煤层厚度变化越大，坑透场强衰减越大。即：坑透场强衰减值与煤层厚度成反比，与煤层厚度变化成正比。瞬变电磁在煤层变薄且煤岩裂隙含水的情况下对煤层厚度变化有一定的反映，能够起到辅助无线电坑透成果、补充探测煤层厚度变化的作用。将两种物探方法相互结合，综合分析，可以更加准确地预测煤层厚度变化趋势，从而有效指导矿井安全生产。

参考文献

[1] 陈民振. 中国煤矿物探研究[M]. 北京：地质出版社，2006.

[2] 董健，翟培合，陈磊，等. 电法超前探技术探讨与应用[J]. 科学技术与工程，2012，12(16)：3944-3946.

[3] 韩德品，李丹，程久龙，等. 超前探测灾害性含导水地质构造的直流电法[J]. 煤炭学报，2010，35(4)：635-639.

[4] 李明星. 综合物探在大型断层破碎带探测中的应用[J]. 中国煤炭，2018，44(8)：53-57.

[5] 李世峰，金瞰昆，周俊杰.《资源与工程地球物理勘探》[M]. 北京：化学工业出版社，2011.

[6] 李云波，李好. 矿井瞬变电磁法富水体超前探测原理及应用研究[J]. 矿业安全与环保，2013，40(2)：69-72.

[7] 马文豪，查文锋. 直流电测深技术在底板岩层赋水探测中的应用[J]. 陕西煤炭，2019，38(3)：79-81.

[8] 山西霍州煤电集团有限责任公司,中煤科工集团西安研究院.煤矿防治水技术手册[M].北京:煤炭工业出版社,2013.

[9] 万三凯,王文军,周鹏.综合物探技术在承压开采工作面探查中的应用[J].煤炭与化工,2017(7):17-19.

[10] 杨桂林,刘金涛,王柱.直流电测深数据处理方法在地下水勘探中的应用效果[J].资源环境与工程,2008,22(6):610-613.

永智煤矿大巷煤柱回收技术研究

郭建东[1]，邬海江[1]，王雁峰[2]

（1. 内蒙古满世煤炭集团股份有限公司，内蒙古 鄂尔多斯 016064；
2. 准格尔旗永智煤炭有限公司，内蒙古 鄂尔多斯 010499）

摘　要　针对永智煤矿3-1煤层大巷煤柱回收综采工作面实际情况，提出了大巷煤柱回收的回采方法及支护方法，并且综合运用现场矿压监测、理论分析和数值模拟手段，对大巷煤柱回收的孤岛工作面矿压显现规律和控制方法进行深入研究，在煤矿回收的实际过程中，体现出了良好的经济效益和社会效益。本文系统阐述了浅埋薄基岩多巷布置条件下，进行大巷煤柱回采的方法，并对矿压研究等进行了深入研究。研究成果对于类似地质条件下的煤柱回收具有重要的借鉴意义。

关键词　大巷煤柱回收；开采方法；孤岛工作面；矿压研究

0　前言

近年以来，煤炭在我国能源结构中占比下降，但仍然处于主导地位。作为不可再生资源，对煤炭资源进行合理的开发和利用具有重要的战略意义。基于此，各煤炭企业生产经营方针中最重要的一点就是提高资源的回收率。将大巷煤柱回收利用提高资源的回收率具有重要意义。

准格尔旗永智煤炭有限公司位于鄂尔多斯市准格尔旗境内，是内蒙古满世煤炭集团股份有限公司的下属子公司，煤矿核定生产能力180万t/a，矿井采用斜井多水平开拓方式，布置有主斜井、副斜井，回风斜井三条井筒，井口均位于井田中东部边界附近的工业场地内，矿井采用长壁采煤法，综合机械化采煤工艺，全部垮落法管理顶板。

3-1煤层大巷间留存约30 m宽度保护煤柱，如果不进行大巷煤柱的回收，则对于煤炭资源是严重的浪费。经过技术人员对于大巷煤柱的认真分析和研究，基于对煤柱长度和宽度，煤层厚度、产状，顶底板岩性，采煤方式，瓦斯情况，通风方式，支护方式，运输条件等的清晰认知，决定对大巷煤柱按照正规工作面进行圈定和回采。

1　回收煤柱方案

1.1　煤柱回收可行性

（1）3-1煤层自然厚度3.09～3.91 m，平均厚度3.15 m，煤层赋存较稳定，结构简单，资源可靠。

（2）3-1煤层倾角平缓，倾角1°～3°，可以采用长壁工作面综合机械化采煤工艺回收。

（3）3-1煤层大巷煤柱回收区域两侧均为采空区。大巷两翼均为长壁工作面开采，采空区顶板已全部垮落，无顶板悬空不垮落现象，大巷煤柱无集中压力；各工作面均采用综合机械化采煤法，煤炭回收率达到95%以上，采空区煤遗留少，无自然发火迹象；采空区外原顺槽巷道口均砌筑了永久性密闭，经调查分析认为，回收大巷煤柱不会对采空区密闭造成破坏。此外，未发现采空区有自燃现象，采空区内基本无积水。

（4）现保留的5条大巷支护可靠，其中3-1煤南翼进风巷及3-1煤北翼回风巷个别地点有片帮现象，现已对3-1煤南翼进风巷采取加强支护措施；大巷外侧的顺槽巷道和煤柱内侧大巷之间的联络巷均较完整，对其进行超前支护后，对煤柱安全回收影响不大。

1.2 工作面及巷道布置

1.2.1 煤柱回收工作面运输顺槽布置

利用原有3-1煤南翼进风巷作为大巷煤柱回收工作面运输顺槽（兼回风），运输顺槽全长1 416 m，矩形断面，巷道净宽4.5 m，净高3.2 m，净断面积14.4 m^2，沿3-1煤层底板布置，运输顺槽安装DSJ100/80/315型可伸缩胶带输送机。

1.2.2 煤柱回收工作面辅运顺槽布置

利用原3-1煤辅助运输大巷作为大巷煤柱回收工作面的辅运顺槽（兼进风），辅运顺槽全长1 405 m，矩形断面，巷道净宽4.8 m，净高3.2 m，净断面积15.36 m^2，沿3-1煤层底板布置，底板采用混凝土铺底，混凝土厚200 mm，巷道内运行防爆无轨胶轮车。

1.2.3 原3-1煤北翼回风巷、原3-1煤运输大巷和原3-1煤回风大巷

原3-1煤北翼回风巷（1号进风巷）、原3-1煤运输大巷（2号进风巷）和原3-1煤回风大巷（3号进风巷）作为工作面的辅助进风巷使用。

1.2.4 工作面布置

工作面切眼沿3-1煤层底板掘进，垂直3-1煤大巷布置，切眼与3111辅助运输顺槽联络巷东侧相距44.6 m。工作面切眼矩形断面，净宽为7.0 m，净高为3.0 m，净断面21.0 m^2。工作面布置见图1。

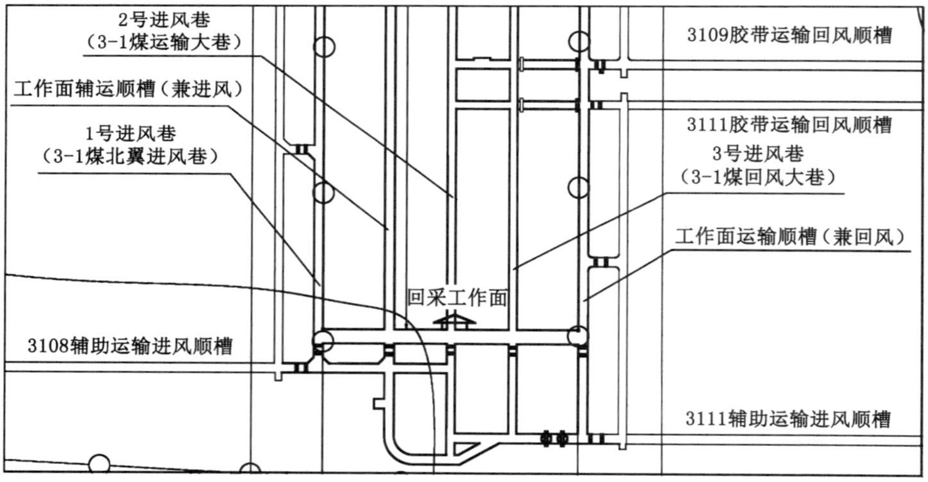

图1 工作面布置平面图

2 回采分析

2.1 受力分析

孤岛工作面的围岩结构较为特殊，由于两面采空，受采动影响较一般工作面更大，两侧采空区

覆岩由于无法形成自承结构，覆岩应力均向实体煤处转移，回采过程中其原岩应力场逐渐被弱化，由采动应力场造成的围岩应力变化占工作面应力变化的主要部分，直接顶破断垮落、基本顶来压以及高位覆岩运动都会更加剧烈。

覆岩关键层由岩层的刚度及其破断距作为依据。只有刚度和破断距同时满足时，才会决定该岩层是否为关键层[1]。大巷煤柱工作面煤岩物理参数见表1。

表1　大巷煤柱工作面煤岩物理参数

岩性	厚度/m	密度/(kg/m³)	体积模量/GPa	剪切模量/GPa	黏聚力/MPa	抗拉强度/MPa	内摩擦角/(°)	弹性模量/GPa
细砂岩	6.74	2 550	2.00	1.43	2.46	2.70	29	2.52
砂质泥岩	9.55	2 400	1.80	1.23	1.16	1.30	29	2.16
粉砂岩	29.25	2 560	3.12	2.25	1.85	3.61	26	3.74
泥岩	3.53	2 300	2.00	1.43	2.46	2.70	30	2.4
细砂岩	24.71	2 550	2.00	1.43	2.46	2.70	29	2.52
砂质泥岩	0.78	2 400	1.80	1.23	1.16	1.30	29	2.16
煤	0.35	1 250	1.50	1.00	0.80	1.20	25	1.8
砂质泥岩	0.75	2 400	1.80	1.23	1.16	1.30	29	2.16
3-1 煤	3.15	1 250	1.50	1.00	0.80	1.20	25	1.8
砂质泥岩	21.10	2 400	1.80	1.23	1.16	1.30	29	2.16

2.1.1　关键层判别

(1) 由组合梁原理可知，第 n 层岩层对于第 j 层岩层的影响载荷为 $(q_n)_j$，计算公式为：

$$(q_n)_j = \frac{E_j h_j (\gamma_1 h_1 + \gamma_2 h_2 + \cdots + \gamma_n h_n)}{E_1 h_1{}^3 + E_2 h_2^3 + \cdots + E_n h_n^3} \tag{1}$$

式中　$(q_n)_j$——第 n 岩层对第 j 层作用的载荷，kPa；

E_n——第 n 层岩层的弹性模量，MPa；

h_n——第 n 层岩层的厚度，m；

γ_n——第 n 层岩层的体积力，MN/m^3。

结合式(1)，岩层关键层还需要满足式(2)：

$$q_{n+1} < q_n \tag{2}$$

将表1数据代入可得：

$$(q_2)_1 = 20.215\ \text{kPa} > (q_3)_1 = 18.227\ \text{kPa}$$

$$q_2 = 4.287\ 5\ \text{kPa} > (q_3)_2 = 1.584\ 7\ \text{kPa}$$

$$q_3 = 18.346\ \text{kPa} > (q_4)_3 = 0.017\ \text{kPa}$$

$$(q_5)_4 = 695.139\ \text{kPa} > (q_6)_4 = 412.708\ \text{kPa}$$

由此确定3-1煤层以上顺序向上6层，除2、5层皆为硬岩，分别对应编号1～6，计算7～8层皆不满足式(2)。

(2) 通过硬岩破断距 L 判断关键层还需满足强度条件，即下位硬岩破断距离小于上位硬岩破断距：

$$L_j < L_{j+1} \tag{3}$$

由材料力学固支梁力学模型计算公式知：

$$L_j = h_j \sqrt{\frac{2R_{Tj}}{q_j}} \tag{4}$$

经计算

$$L_1 = 8.5\ \mathrm{m} < L_3 = 9.28\ \mathrm{m} < L_4 = 68.87\ \mathrm{m} < L_6 = 75.08\ \mathrm{m}$$

则第 6 层 29.25 m 厚的粉砂岩为主关键层，第 4 层 24.71 m 厚的细砂岩为亚关键层 1，第 3 层 0.78 m 厚的砂质泥岩是亚关键层 2，第 1 层 0.75 m 厚的砂质泥岩为亚关键层 3，但是考虑到碎胀填充采空区，第 1 层、2 层、3 层以及部分第 4 层厚度应当视为直接顶。

2.1.2　基本顶初次来压力学模型

采场初次来压，基本顶初次来压力学模型如图 2 所示。初次来压后采空区后方破断的基本顶断块体铰接形成三铰拱式的平衡，在覆岩应力作用下随工作面推进回转下沉。

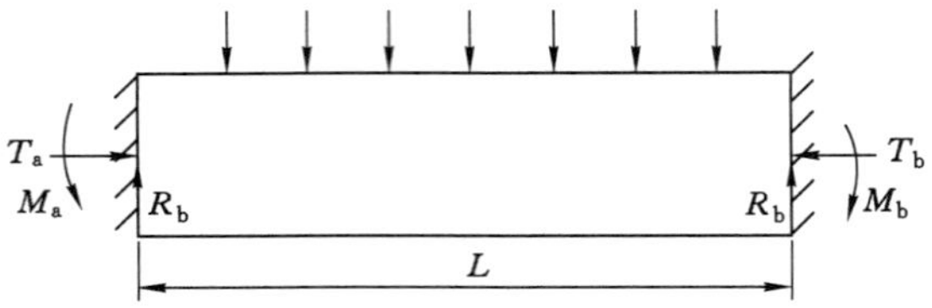

图 2　基本顶固支梁力学模型

由材料力学可知：固支梁梁截面内任意点的正应力为：

$$\sigma = \frac{M \cdot y}{J_z} \tag{5}$$

式中　M——该点断面位置弯矩；

y——该点距离中性轴垂直距离；

J_z——断面对中性轴的惯性矩。

基本顶梁式破断断面按矩形计算，则

$$J_z = \frac{1}{12}h^3 \tag{6}$$

$$M_{\max} = \frac{1}{12}qL^3 \tag{7}$$

从而可以得到梁内最大拉应力发生在固定梁两端，其值为：

$$\sigma_{\max} = \frac{qL^2}{2h^2} \tag{8}$$

当应力值达到抗拉极限时，即 $\sigma_{\max} = R_T$，基本顶断裂，由此可得基本顶初次断裂步距 L_T 为：

$$L_T = h\sqrt{\frac{2R_T}{q}} \tag{9}$$

式中　L_T——基本顶初次断裂步距；

R_T——基本顶抗拉强度极限；

q——基本顶覆岩载荷。

代入数据，得 $L_T = 75.08$ m。

2.1.3　基本顶周期来压力学模型

当工作面推进到一定距离后，水平挤压力不足以维持铰接结构的稳定性而导致不断下沉，最终失稳，并形成 3 个或多个铰接岩块，岩块间相互作用，提供水平推力保持结构平衡，即砌体梁平衡结构，该结构失稳使采场产生周期来压。周期来压过程中基本顶按一定的步距周期性断裂，回采过程中基本顶的稳定性对采场空间矿压显现特征起到关键作用，而其断裂原因主要为基本顶在自重及其上覆岩层载荷作用下发生拉破坏。为简化计算可按悬臂梁折断方式进行计算，悬臂梁力学模型如图 3 所示，计算公式下：

$$L = h\sqrt{\frac{R_T}{3q}} \tag{10}$$

代入数据，得 L=30.65 m。

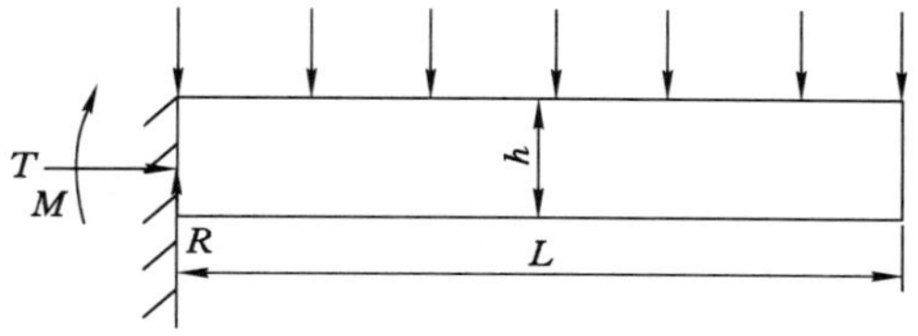

图 3　基本顶悬臂梁力学模型

2.1.4　顶板压力的估计

由于根据柱状图可知上覆岩层的容重大致相同，所以采用以直接顶载荷倍数估算基本顶的载荷的方法计算顶板压力：

$$p = 2 \times \frac{m}{K-1}\gamma \tag{11}$$

式中　m——采高，m；

K——刚破碎时碎胀系数，取 1.25～1.50；

p——顶板压力，MPa。

经计算，p=0.315～0.630 MPa。

2.2　3-1 煤层大巷煤柱回采数值模拟分析

2.2.1　模型建立

基于永智煤矿的地质资料和开采条件，建立的工作面长 124.4 m，推进长度 981.6 m，煤层平均厚度 3.1 m，埋深 78.81 m。在推进方向上煤柱回收工作面两旁，共有 10 个工作面采空区，工作面宽度按顺时针方向依次取 195.43 m，174.616 m，175.287 m，175.35 m，161.67 m，114.646 m，226.538 m，227.161 m，230 m，120.509 m。考虑到边界效应，左右留 150 m 宽，模型总尺寸为宽 471.55 m、长 981.6 m、高 99.91 m。模型见图 4。

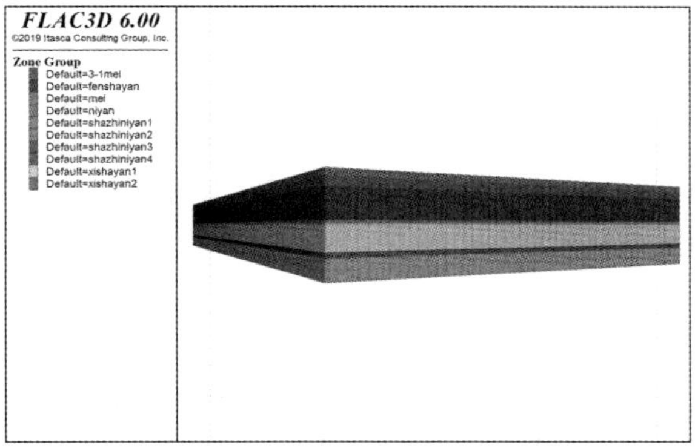

图 4　数值模拟模型图

模型各层煤岩层力学参数赋值同表 1，获得的云图见图 5 和图 6。

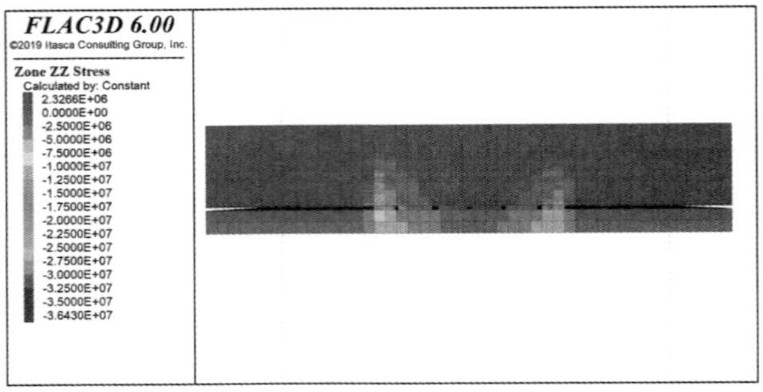

(a) 采空区

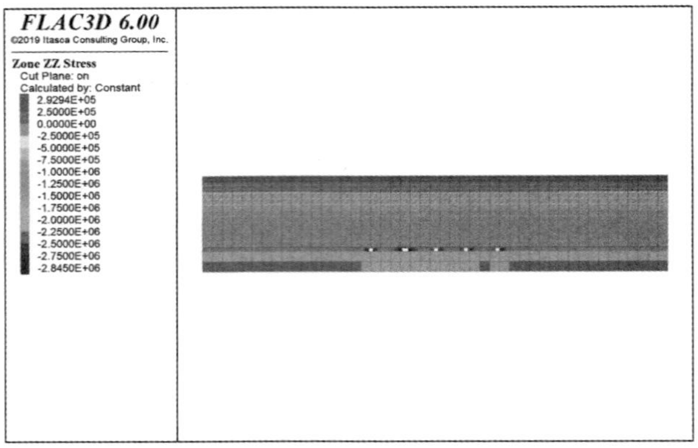

(b) 采空区垮落稳定图

图 5　开挖前应力云图

2.2.2　开挖前应力云图分析

工作面回采前，大巷间留有的保护煤柱相较，各个采空区间的保护煤柱较宽，所以应力集中相对较弱，表现为在大巷煤柱边缘接触采空区位置应力集中的现象，考虑采空区采用全部垮落法处理顶板，所以进行了适度填充，根据现场资料，隔离煤柱确实起到了保护隔离的作用。

2.2.3　工作面推进应力变化云图分析

(1) 从环境变化角度看

通过开挖过程，可以看出原来采空区间中对于煤柱回采工作面的应力分布影响不大，对于大巷煤柱回采工作面与采空区间煤柱有一定影响，工作面应力情况主要受到大巷间煤柱影响制约。由于回收煤柱过程采用全部垮落法处理顶板，对于工作面的顶板压力会相对模拟削弱，理论上应该处于图 5(b)和图 6(a)的压力范围。

出于安全考虑，对大巷与采空区间煤柱进行分区评估加强和存在必要性评价，该煤柱承担隔离采空区和分担开采过程中地应力的任务。

(2) 从工作面开采推进角度看

另一方面，随着工作面推进，大巷间的煤柱(回采煤柱)承担的压力规律并没有明显的变化，处于中间强、两边较弱的状态，说明开采环境的应力在不考虑动载效应的影响下是相对稳定的。

所以液压支架在考虑基本的顶板压力的情况下，更应该着重考虑初次和周期来压的影响。

2.3　顶板初次来压与周期来压的观测

观测仪器采用 KJ216(653)型煤矿顶板动态监测系统，监测综采工作面支架工作阻力、初撑力。

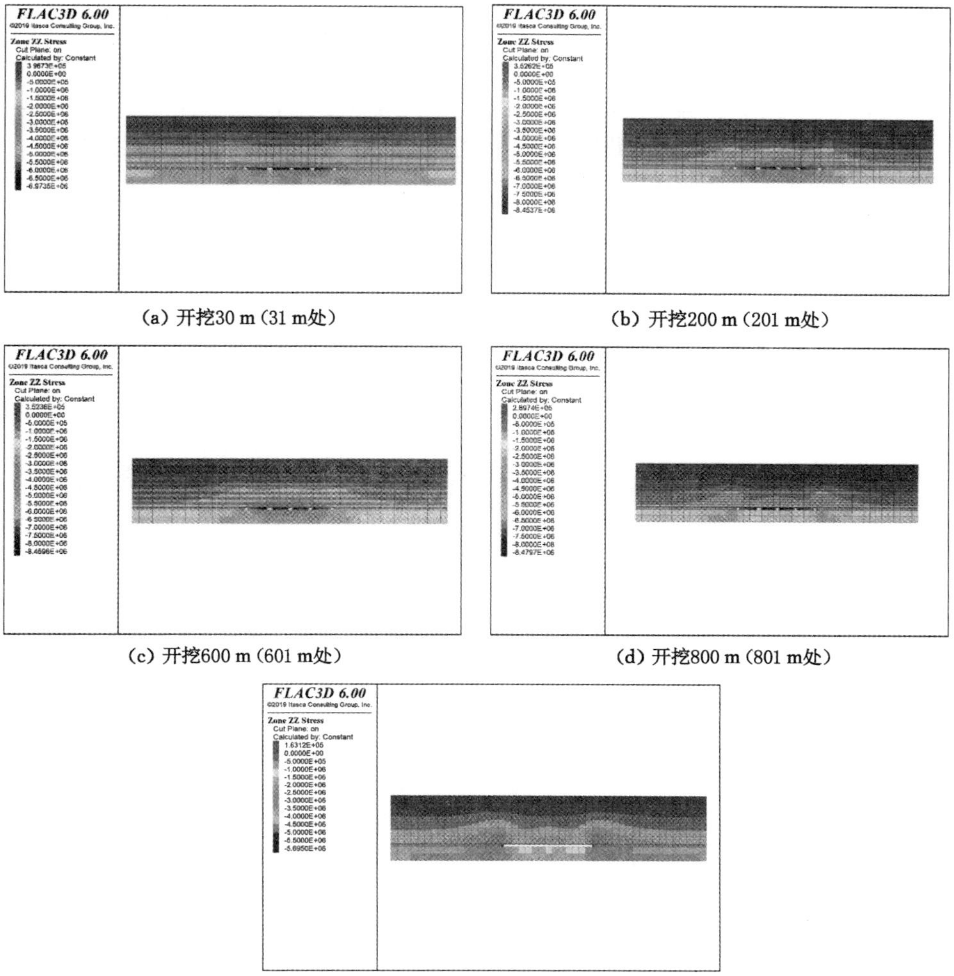

(a) 开挖30 m (31 m处)　(b) 开挖200 m (201 m处)

(c) 开挖600 m (601 m处)　(d) 开挖800 m (801 m处)

(e) 开挖600 m (600 m处)

图 6　工作面推进应力变化云图

沿工作面布置方向共设 6 个观测站，工作面的上部、中部和下部各布置 2 个，安装的是 KJ216-F 矿用本安型顶板监测分站。

支架压力观测设备经安装调试后，以实测数据为基础，按照工作面正常推进时期进行实时数据分析。通过矿压实测数据(见表 3)分析，掌握工作面在正常推进期间的顶板初次来压和周期来压规律。

经对矿压监测及现场观测数据分析，发现 3-1 煤大巷煤柱回收工作面周期来压机头 8 次，中部 8 次，机尾 8 次，机头段周期来压平均步距为 18.13 m，平均来压强度 35.29 MPa；中部段周期来压平均步距 17.99 m，平均来压强度 36.66 MPa；机尾段周期来压平均步距 19.88 m，平均来压强度 35.41 MPa；整体平均步距 18.67 m，平均来压强度 35.79 MPa，间隔时间在 4 d 左右，压力释放在 1～2 个班。

步距小于计算值，考虑为目前开挖位置顶板岩层厚度变化导致，来压规律符合模拟规律。工作面顶板压强基本稳定，与图 5(b)基本吻合，符合预期。

表 3　3-1 煤大巷煤柱回收工作面压力研究与分析

支架位置	机头段			中部			机尾段			备注
	2#(21 架)			3#(36 架)			5#(66 架)			
本月周期来压次数	来压时刻 来压强度/MPa	推采位置/m	步距/m	来压时刻 来压强度/MPa	推采位置/m	步距/m	来压时刻 来压强度/MPa	推采位置/m	步距/m	
第 1 次	2022/5/2 16:34 37.7	838.9	16.9	2022/5/2 15:39 43.6	834.35	24.2	2022/5/3 0:39 37.8	833.0	30.5	
第 2 次	2022/5/7 4:20 41.8	865	26.1	2022/5/7 9:15 41.0	860.55	26.2	2022/5/7 1:20 38.0	851.9	18.9	
第 3 次	2022/5/10 23:09 41.4	880.5	15.5	2022/5/10 18:04 44.3	878.35	17.8	2022/5/10 21:34 38.5	863.5	11.6	
第 4 次	2022/5/14 1:40 32.1	896.1	15.6	2022/5/14 1:00 29.9	891.7	13.4	2022/5/14 1:15 32.0	878.7	15.2	
第 5 次	2022/5/17 16:30 33.5	917.6	21.5	2022/5/18 14:55 30.4	909.05	17.3	2022/5/19 2:53 35.2	908.6	29.9	
第 6 次	2022/5/25 19:33 34.8	931.7	14.1	2022/5/24 16:48 38.0	921.2	12.2	2022/5/24 13:28 29.4	926.4	17.8	
第 7 次	2022/5/28 4:28 31.5	945.3	13.6	2022/5/27 14:23 32.8	936.9	15.7	2022/5/29 20:03 38.0	949.8	23.4	
第 8 次	2022/5/31 4:18 29.5	967	21.7	2022/5/29 22:38 33.3	954	17.1	2022/5/31 14:03 34.4	961.5	11.7	
步距平均值/m	18.13			17.99			19.88			
步距整体平均值/m	18.67									
来压强度平均值/MPa	35.29			36.66			35.41			
来压强度整体平均值/MPa	35.79									

3　采煤方法

矿井采用长壁采煤法，综合机械化采煤工艺，后退式采煤，利用大巷煤柱回收工作面运输顺槽(原 3-1 煤南翼进风巷)作为工作面运输巷(回风巷)，全部垮落法处理采空区顶板。

4　支护方法

4.1　工作面支护设计

工作面切眼矩形断面，净宽为 7.0 m，净高为 3.0 m，净断面 21.0 m^2，C20 混凝土硬化底板，硬化厚度 200 mm。巷道顶板采用锚网索联合支护。锚杆选用 ϕ18 mm×1 800 mm 的螺纹钢锚杆，锚杆间、排距为 800 mm×800 mm。锚索选用 ϕ15.24 mm×7 000 mm 的钢绞线，间排距为

2 400 mm×2 400 mm，布置两排锚索。沿开切眼中部打两排木点柱作为临时支护。工作面切眼长度为 124.4 m，共安装 87 架综采支架。

4.2 煤柱回收工作面运输顺槽超前支护

大巷煤柱回收工作面运输顺槽超前支护采用双排单体液压支柱配金属铰接顶梁对顶板进行加强支护，单体液压支柱为 DW40-250/110XL(G)型，支柱排距 1 m，距离煤柱、煤壁侧宽度不小于 0.8 m，超前支护长度不小于 20 m。

4.3 特殊地段支护

4.3.1 原大巷支护

工作面推进过程中需提前 30 m 对巷道两帮的原有锚杆进行清理，当煤壁破碎时，清理后按照 1 000 mm×1 000 mm 间、排距补打 3 排 ϕ18 mm×1 600 mm 的玻璃钢锚杆，锚杆帮实行三花布置，对于巷道顶板的原有支护则不予变动。工作面辅运顺槽、1 号进风巷、2 号进风巷和 3 号进风巷的超前支护采用液压支架支护，每条巷道安装 5 架 ZY6600/18/37 型液压支架，超前支护长度不小于 30 m。

4.3.2 联络巷的超前支护

联络巷原支护采用锚网或锚网喷支护，用 ϕ15.24 mm×7 000 mm 型锚索补强。联巷的超前支护必须至少提前 30 m 进行超前支护，支护方式为单体液压支柱配合 Π 型钢梁，工作面推进过程中对影响回采的单体液压支柱进行及时回撤。特殊地段，根据顶板情况和压力等情况可加密支护或调整支护方式。

4.3.3 永久密闭的巷前支护

对 1 号进风巷及工作面运输顺槽外侧设有永久密闭的巷道，在原有支护的基础上补设连体木垛，进一步加强对密闭巷道的保护，提前支护与工作面的距离不小于 30 m。

4.3.4 风桥的超前支护

回风过桥原支护为顶板采用工字钢混凝土支护，锚杆选用 ϕ18 mm×1 800 mm 的圆钢锚杆，锚杆间、排距为 800 mm×800 mm，ϕ15.24 mm×7 000 mm 型锚索支护。超前支护采用如下方式：对于回风过桥正常高度段支护采用 ϕ15.24 mm×7 000 mm 型锚索支护。联巷的超前支护必须至少提前 30 m 进行，支护方式为单体液压支柱配合铰接顶梁，间、排距为 1 000 mm×1 000 mm，工作面推进过程中对影响回采的单体液压支柱进行及时回撤。

4.3.5 原水仓、临时水窝的超前支护

事先将原水仓、水窝淤泥清捞干净，再浇筑混凝土，混凝土强度为 C20，浇筑厚度 200 mm，逐层填埋，硬化后与煤层底板高度一致，保证回采工作面的顺利通过。工作面推进过程中，至少提前 30 m 对水仓、水窝巷道进行超前支护，支护方式为单体液压支柱配合铰接顶梁，间、排距为 1 000 mm×1 000 mm，工作面推进过程中对影响回采的单体液压支柱进行及时回撤。

5 效益分析

(1) 经济效益。采矿工作面可采长度 950 m，可采储量(回收煤柱) 39.12 万 t，吨煤成本 200 元，按照当时售价吨煤元利润为 300 元，为企业创造净利润约 1.2 亿元，具有显著的经济效益。

(2) 社会效益。从资源角度，回收大巷煤柱有效提高了煤炭资源的回收率，避免了煤炭资源的损失浪费；从矿井角度，回收大巷煤柱，提高了矿井的服务年限，是矿井可持续发展的可行之

路;从理论技术角度,本次对于永智煤矿大巷煤柱回收技术研究,是对于国内相对缺少的大巷煤柱回收研究的丰富和补充,而建立一套适合我国的矿井煤柱回收技术体系,正需要不断地研究完善。

参考文献

[1] 钱鸣高,石平五,许家林. 矿山压力与岩层控制[M]. 中国矿业大学出版社,2010.

基于水压致裂的厚硬顶板破断控制技术研究

赵高明[1,3]，王灵杰[2]，檀小胜[1,3]

（1. 淮河能源西部煤电集团有限公司，内蒙古 鄂尔多斯 017000；
2. 湖南第一工业设计研究院有限公司，湖南 长沙 410011；
3. 鄂尔多斯市中北煤化工有限公司，内蒙古 鄂尔多斯 017000）

摘 要 水压致裂技术是控制厚硬顶板的一种有效途径，本文以某矿Ⅱ1011工作面来压显现非常强烈的顶板为背景，综合运用力学分析、数值模拟和现场试验等方法，对水压致裂的厚硬顶板破断控制技术开展研究。通过建立水压致裂顶板力学计算模型，获得了顶板水压致裂高度计算公式，确定了工作面最佳致裂高度为8.0 m，基本顶细砂岩起裂的最小注水压力为46.0 MPa；建立了厚硬砂岩顶板水压致裂数值计算模型，研究了不同水压致裂高度条件下顶板破断、垮落特征；当致裂高度为0 m和6 m时，未达到致裂顶板的效果，致裂高度为8 m或10 m时，基本顶能完全垮落，确定水压致裂最佳高度为8 m；进行水压致裂后，厚硬顶板初次来压步距平均为21.6 m，初次来压时工作面支架最大压力为33.1 MPa，占额定压力的85.52%，水压致裂顶板后明显减小了来压步距，降低了矿压显现强度，支架立柱受力良好，确保了工作面安全高效开采。

关键词 厚硬顶板；水压致裂；数值模拟；顶板控制

0 引言

厚硬顶板条件下的工作面回采不同于一般条件下的回采，当工作面坚硬顶板发生大范围垮落时，顶板来压强烈，对工作面造成较大冲击荷载，同时会引起岩层震动，易发生冲击地压，严重威胁工作面的安全高效开采，采用水压致裂技术是控制厚硬顶板的一种有效途径[1-5]。

一直以来，许多专家学者针对水压致裂控制厚硬顶板的问题，做出了大量研究，取得了非常显著的成果。黄炳香等[6-9]在水压致裂技术方面进行了深入研究，提出了水压致裂技术的相关理论，研制了水压致裂技术的相关设备，并在现场进行了大量实践，得到了较好的应用效果。刘洪磊[10]从流固耦合角度出发，研究水压致裂的裂纹扩展机制，讨论了有效应力系数对起裂压力的影响，得到了不同条件下水压致裂起裂条件和裂纹扩展的规律。王爱国[11]通过现场实践，对工作面煤层上方的坚硬顶板进行了水压致裂，通过设计合理钻孔布置方案，确定相关参数，在进行水压致裂后，坚硬顶板的周期断裂步距减小，支架的工作阻力降低，表明水压致裂控顶效果较好。曾照凯等[12]通过现场实践，在工作面初采期间，对坚硬顶板使用水压致裂技术，研究水力压裂对顶板的弱化作用及对初次垮落的控制效果，在采用水力压裂控制顶板后，工作面基本顶初次断裂步距明显缩短，达到了控制坚硬顶板初次断裂步距的效果。于斌等[13-14]对煤层上覆坚硬顶板进行了水力压裂现场试验，研究结果表明：在水压致裂后，顶板及两帮位移明显减小，煤壁片帮和瓦斯浓度得到有效降低，坚硬顶板在工作面回采后能够及时垮落。康红普[15-16]、冯彦军[17-18]等通过应力监测，得到了水压致裂前后注水孔附近的应力变化规律，其研究结果表明：水力压裂时，主应力会出现突变，岩石压裂后的主应力降低，通过现场实践后，表明水压致裂破坏了坚硬顶板的整体性，弱化了顶板的强度。

某矿Ⅱ1011工作面为来压显现非常强烈的顶板，为达到防治厚硬顶板矿压灾害的目的，采用水压致裂措施降低顶板来压强度，本文通过理论计算、数值模拟及现场实测等，论证该工作面水压致裂顶板的有效性及可行性。

1 水压致裂理论

在深部水压致裂顶板时，首先在顶板中钻孔，再进行高压注水致裂顶板岩石，在高压注水时，钻孔周边局部区域将产生拉应力，当拉应力超过顶板岩石的抗拉强度时，岩石将会产生张拉裂纹，裂纹在持续高水压作用下逐渐扩展为裂隙。取钻孔及其周边局部区域为研究对象，建立水压致裂顶板时钻孔内裂隙扩展的力学分析模型，注水孔的孔径为 a，顶板注水孔的围岩应力为 P_0，注水压力为 P_s。

当注水压力 P_s 较小时，孔壁受外压。当注水压力 P_s 逐渐增大，对于岩体本身，有抵抗裂纹扩展的强度，由于抗压和抗剪切破坏的强度远大于抗拉强度，故此临界强度取岩石的抗拉强度。当 P_s 增大至刚好使得岩体产生裂纹时，由临界状态的平衡条件可得：

$$P_s = 2P_0 + R \tag{1}$$

式中 P_s——岩体起裂时的注水压力，MPa；

P_0——起裂位置的围岩应力，MPa；

R——岩体的抗拉强度，MPa。

考虑到Ⅱ1011工作面的实际情况，由于基本顶细砂岩的抗拉强度为5.49 MPa，在超前工作面煤壁一定距离内会出现应力集中现象，则使得岩体产生裂纹的注水压力为：

$$P_r = 2K\gamma h^* + R \tag{2}$$

式中 P_r——基本顶砂岩起裂时的注水压力，MPa；

k——应力集中系数；

γ——基本顶上覆载荷的平均容重，kN/m^3；

h^*——水压致裂位置的平均深度，m。

根据数值模拟计算，在工作面回采初期得到该工作面前方顶板应力集中系数 k 为1.50，取 $\gamma=25.0\ kN/m^3$，水压致裂位置的平均深度为 $h=540$ m，基本顶的抗拉强度为 $R=5.49$ MPa，经计算后得注水压力 $P_r=46.0$ MPa。

水压致裂破坏顶板的整体性，使顶板岩石的承载能力降低，在上覆岩层的自重应力作用下，岩石达到临界屈服强度时，顶板将发生破断、垮落。根据Ⅱ1011工作面顶板岩层条件，建立水压致裂薄板力学计算模型，如图1所示。

根据顶板初次破断方程，在未进行水压致裂时，顶板初次断裂步距为 a_1，则有：

$$12qa_1^2 - \pi^2 h^2 R_L\left(3 + \frac{a_1^4}{b^4} + \frac{2a_1^2}{b^2}\right) = 0 \tag{3}$$

式中 q——基本顶所受上覆载荷，MPa；

a_1——基本顶初次垮落步距，m；

h——基本顶厚度，m；

R_L——基本顶所能承受的极限强度，MPa；

b——工作面长度，m。

在进行水压致裂后，预期控制顶板垮落步距为 a_0，将水压起裂点高度位置以下岩层视为无承

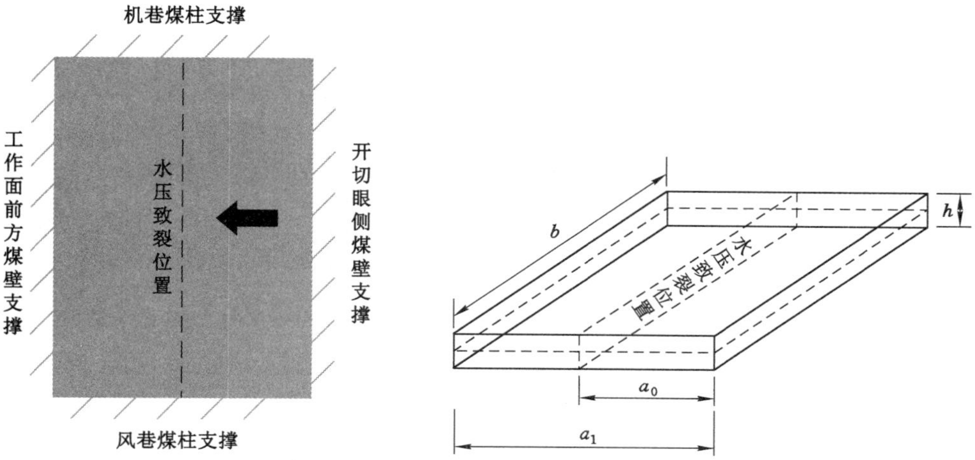

图 1　水压致裂薄板力学计算模型

载能力的岩层，仅顶板起裂点位置以上部分厚度为 h_2 的岩层支承上覆荷载，建立水压致裂顶板力学计算模型（如图 2 所示），则有：

$$12qa_0^2 - \pi^2 h_2^2 R_L\left(3 + \frac{a_0^4}{b^4} + \frac{2a_0^2}{b^2}\right) = 0 \tag{4}$$

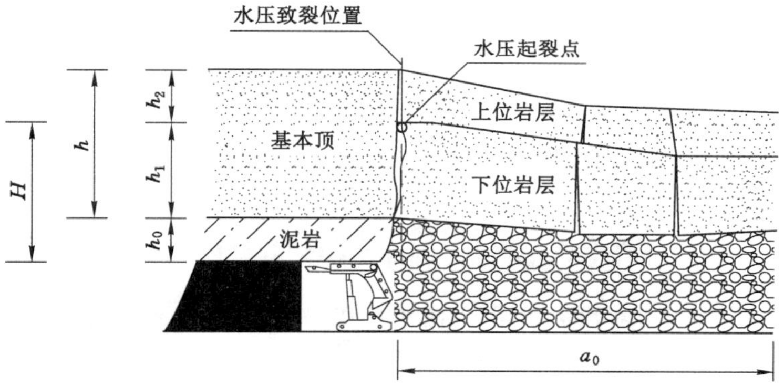

图 2　水压致裂顶板力学模型

在未进行水压致裂时，基本顶的极限垮落步距为 a_1，在进行水压致裂后，控制其垮落步距为 a_0，则有：

$$a_0 = \frac{1}{n}a_1 \tag{5}$$

联立式(3)、式(4)、式(5)得：

$$h_2 = \frac{h}{n}\left(\frac{3b^4 + 3n^4a_0^4 + 2n^2a_0^2b^2}{3b^4 + 3a_0^4 + 2a_0^2b^2}\right) \tag{6}$$

由图 3 可得，水压致裂高度 H 为：

$$H = h_1 + h_0 = h - h_2 + h_0 \tag{7}$$

联立式(6)和式(7)可得水压致裂高度计算公式为：

$$H = h + h_0 - \frac{h}{n}\left(\frac{3b^4 + 3n^4a_0^4 + 2n^2a_0^2b^2}{3b^4 + 3a_0^4 + 2a_0^2b^2}\right) \tag{8}$$

式中　H——水压致裂高度，m；

h——基本顶厚度，m；

h_0——直接顶厚度，m；

b——工作面长度，m；

n——极限垮落步距控制倍数，$n=a_1/a_0$；

a_0——水压致裂后基本顶初次断裂步距，m。

根据Ⅱ1011工作面顶板岩层相关条件，基本顶细砂岩的厚度为 $h=9.4$ m，基本顶为泥岩，其厚度为 $h_0=2.0$ m，极限垮落步距控制倍数为 $n=2.83$，工作面长度取 $b=167$ m，水压致裂控制基本顶初次断裂步距为 $a_0=20.0$ m，将相关数据代入式(8)求得水压致裂高度为7.87 m，综合考虑施工技术等条件，取整数为 $H=8.0$ m。

2　顶板水压致裂数值模拟研究

为研究水压致裂技术下工作面厚硬顶板的破断特征，采用离散元数值模拟软件3DEC来模拟顶板的垮落。3DEC中认为不连续面是块体相互作用的边界，离散块体在不连续面产生大的位移和块的旋转，在水压致裂顶板时，将致裂产生的裂纹效果视为在顶板内部产生了一组不连续的节理面，厚硬顶板在节理面处发生破断。

2.1　数值模型设计

根据Ⅱ1011工作面开采条件及其上覆岩层的结构特征，在模拟工作面回采20 m过程中，为有效控制顶板初次垮落步距，根据水压致裂高度的不同，设计四种水压致裂模拟方案，分别对应方案一为 $H=0$ m(不采取水压致裂)、方案二为 $H=6.0$ m、方案三为 $H=8.0$ m、方案四为 $H=10.0$ m。将煤层顶板至亚关键层Ⅳ之间的60 m的岩层作为研究对象，建立数值模型，模型尺寸为100 m×5 m×80 m(图3)。

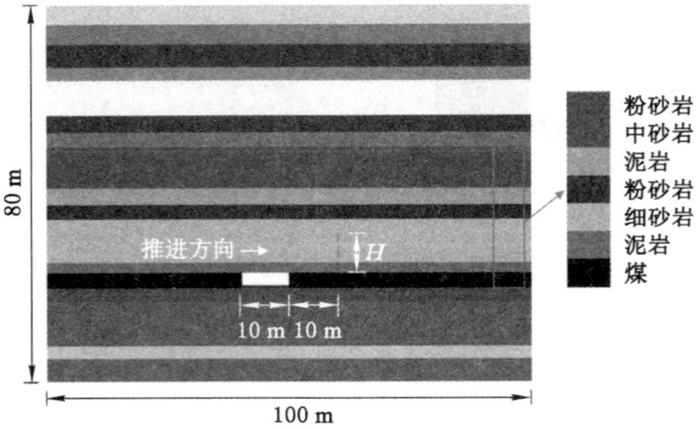

图3　数值计算模型

在数值计算中块体的本构模型定义为莫尔-库仑模型，节理的本构模型定义为库仑滑移模型，数值计算相关参数见表1。模型边界采用施加约束的方法，对模型中 x 轴、y 轴水平方向两侧及底面边界等5个边界面施加固定约束，z 轴上部为自由边界条件。由于煤层的平均埋深为540 m，模型中工作面上部已有约60 m的岩体，故在模型上部边界施加 $\sigma_z=12.0$ MPa的载荷模拟上覆岩层的自重，取水平应力为 $\sigma_x=\sigma_y=0.75\sigma_z$。在模型自适应平衡之后，对工作面进行模拟开挖10 m，再通过设置节理面的高度 H 来模拟致裂效果，如图4所示。

表 1　数值模拟围岩力学参数表

序号	岩层名称	体积模量/GPa	剪切模量/GPa	黏聚力/MPa	内摩擦角/(°)	抗拉强度/MPa	密度/(kg/m³)
1	细砂岩	22.10	11.40	6.95	44	5.49	2 665
2	泥岩	13.00	7.42	1.30	48	1.26	2 462
3	煤	9.17	6.31	1.15	29	1.35	1 420
4	粗砂岩	16.70	13.60	4.85	46	5.98	2 697
5	粉砂岩	14.20	13.00	4.53	38	2.23	2 720
6	中砂岩	23.50	21.50	2.70	42	4.86	2 660

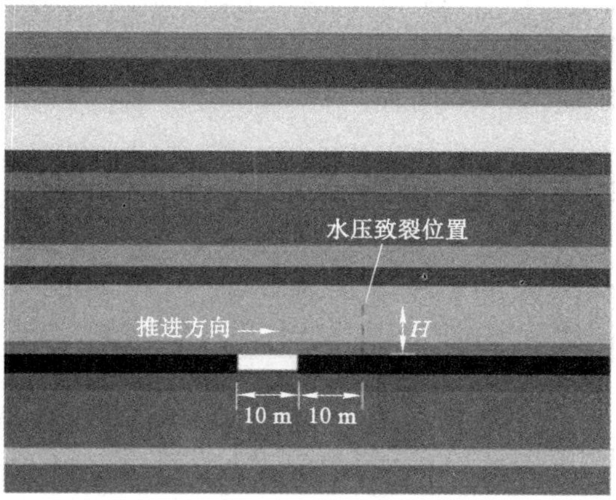

图 4　水压致裂数值模拟过程

2.2　不同高度致裂位移与应力变化规律

在对Ⅱ1011 工作面厚硬顶板采取水压致裂技术措施控制顶板的初次垮落步距时，工作面回采 20 m 后，通过对比厚硬顶板在不同致裂高度条件下的破断特征，以确定水压致的最佳高度位置。

当采取方案一，即水压致裂高度为 $H=0$ m 时，如图 5 所示，在不采取水压致裂技术措施控制厚硬顶板的条件下，工作面回采 20 m 后，回采距离大于直接顶的初次垮落步距，直接顶泥岩在其自重应力作用下，发生了断裂、垮落，而基本顶具有较强的承载能力，在上覆岩层的载荷作用下能够保持稳定。

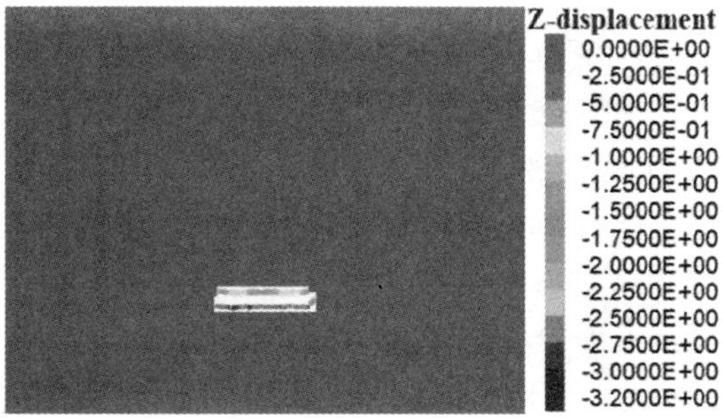

图 5　$H=0$ m 顶板位移分布

当采取方案二，即水压致裂高度为 $H=6.0$ m 时，如图 6 所示，在工作面回采 20 m 后，基本顶下位岩层一端在高水压作用下，沿水压致裂位置处的节理面发生断裂，另一端由切眼侧煤柱支承，形成悬臂结构，在自重应力作用下，工作面上方顶板发生回转下沉，回转的顶板在下沉过程中折断并垮落，垮落后的局部基本顶细砂岩与泥岩直接作用于工作面支架上。在工作面顶板上方 6 m 高度位置，基本顶上位岩层与下位岩层发生了离层，离层高度较大，且基本顶上位岩层在上覆载荷作用下极不稳定，容易发生二次断裂，将会在工作面造成较大冲击动载，对工作面安全开采造成一定威胁。

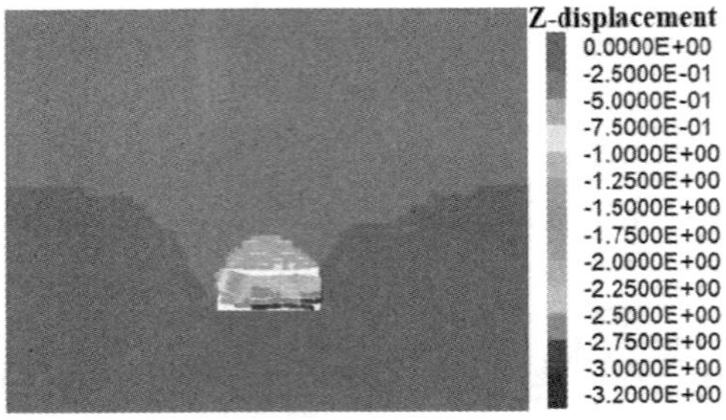

图 6　$H=6$ m 顶板位移分布

当采取方案三，即水压致裂高度为 $H=8.0$ m 时，如图 7 所示，在工作面回采 20 m 后，基本顶下位岩层沿致裂位置处的节理面发生了断裂，断裂后的顶板在下沉过程中发生回转、折断并充填采空区，基本顶上位岩层在其上覆荷载作用下失稳并在中部发生断裂，断裂的岩层与下位岩层同步垮落。基本顶断裂后，在基本顶与其上方粉砂岩岩层之间产生了高度较小的离层，其上方的粉砂岩在基本顶垮落后，受到上覆荷载的作用也发生垮落，垮落后的粉砂岩逐渐下沉而使得离层闭合。在水压致裂高度为 8.0 m 的条件下，采空区上方厚硬顶板能够完全垮落，垮落后的顶板能较好充填采空区，同时在工作面形成的动载较小。

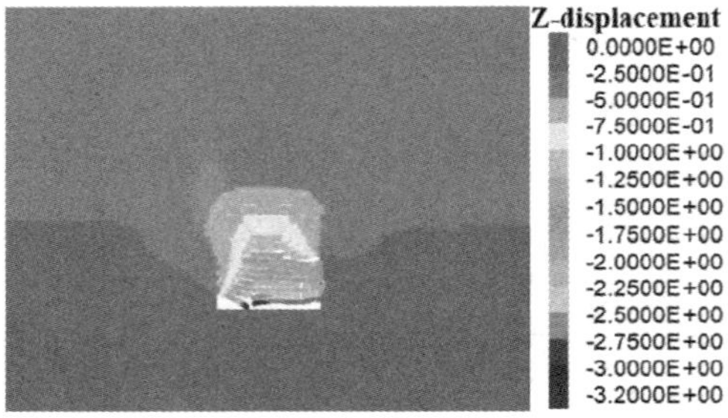

图 7　$H=8$ m 顶板位移分布

当采取方案四，即水压致裂高度为 $H=10.0$ m 时，如图 8 所示，在工作面回采 20 m 后，基本顶在上覆载荷作用下，沿水压致裂位置全部同步断裂，断裂后的基本顶在自重应力及上覆载荷的共同作用下发生回转下沉。基本顶上方的粉砂岩岩层在基本顶垮落的同时出现断裂，断裂后的粉砂岩与基本顶同步下沉，顶板上方岩层表现为一端直接作用在工作面的支架上，另一端在回转过程中于中部折断，折断后的顶板在垮落后充填采空区。在水压致裂高度为 10.0 m 的条件下，采空区上方厚硬顶板完全垮落，垮落后的顶板能较好充填采空区。

在采取不同方案对厚硬顶板进行水压致裂时，工作面围岩的应力变化情况也各有不同，如图 9 所示。同时，对工作面前方煤柱应力进行监测，得到不同致裂方案下工作面前方煤柱支承压力的分布情况，如图 10 所示。

当不采取水压致裂技术措施时，直接顶泥岩在回采 20 m 后发生了垮落，而基本顶由工作面支架、前方煤柱及切眼侧煤柱支承，沿工作面推进方向，在采空区前方及后方煤柱中出现较明显的应力集中，工作面前方 3.6 m 处应力集中系数为 2.01。

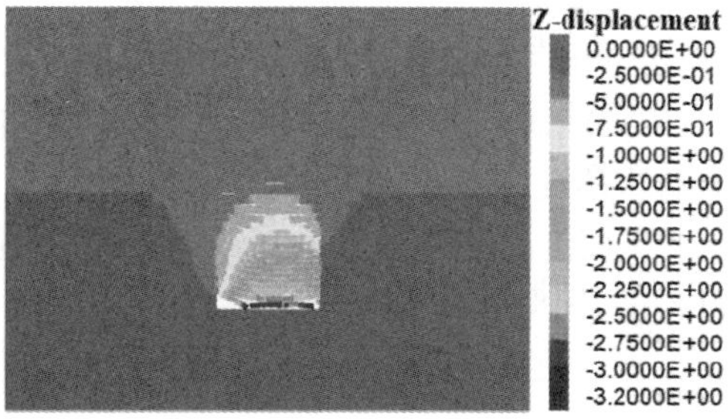

图 8　$H=10$ m 顶板位移分布

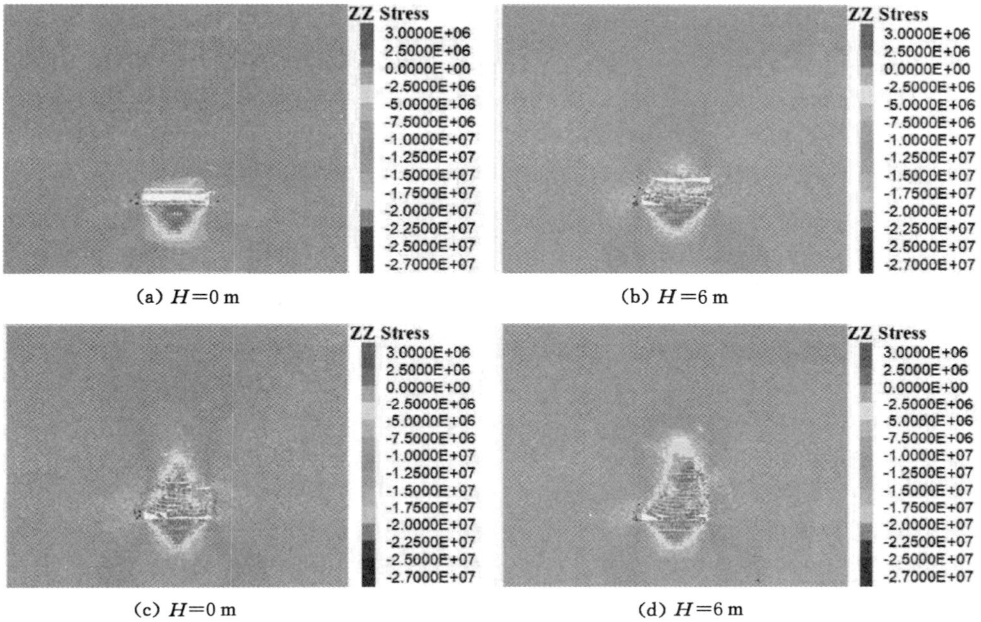

图 9　不同致裂高度下顶板应力分布

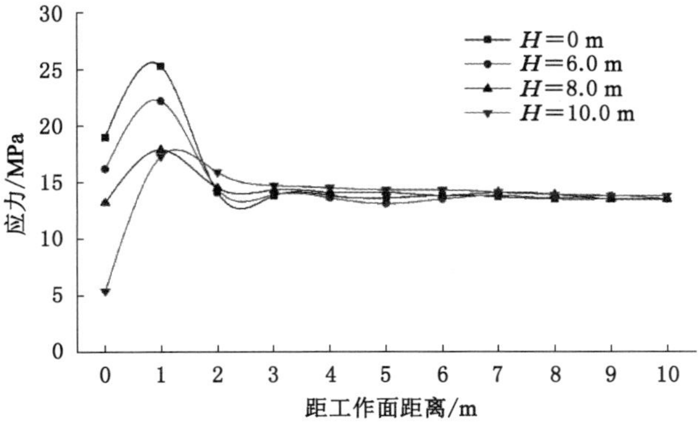

图 10　不同致裂高度工作面前方煤柱支撑压力分布

水压致裂高度为 6.0 m，基本顶下位岩层发生了断裂，作用在工作面煤柱上的顶板载荷有所减小，工作面前方煤柱中出现较小卸压，应力集中系数降为 1.64。

水压致裂高度为 8.0 m，工作面上方基本顶在高水压作用下，顶板岩层的整体性发生了破坏，承载能力急剧降低，在基本顶上覆载荷及其自重应力作用下，整体发生了断裂，断裂后的顶板往采空区侧回转，在回转过程中发生折断而充填采空区，故作用在支架上方的载荷较小，工作面前方煤柱中的应力集中系数降为 1.32，比未采取水压致裂时降低了 34.3%，应力集中现象有所改善，同时采空区顶板上覆岩层因基本顶的垮落而出现大范围卸压。

水压致裂高度为 10.0 m，工作面上方基本顶在水压致裂后，顶板岩层表现出整体同步垮落，采空区顶板上覆岩层出现大面积卸压，同时在工作面前方煤柱中，应力集中系数为 1.27，比未采取水压致裂时降低了 36.8%。

综合以上分析，水压致裂高度位置的不同将直接影响基本顶的垮落效果，当不采用水压致裂技术措施控制顶板时，基本顶将由工作面支架、前方煤柱及切眼侧煤柱支承，在工作面前方形成较明显的应力集中现象；采取水压致裂后，随着致裂高度的增大，工作面前方煤柱卸压更为明显。致裂高度为 6.0 m，基本顶仅下位岩层垮落，而上位岩层仍具有支承其上覆岩层的能力，未能达到控制厚硬顶板的效果；当致裂高度为 8.0 m 或 10.0 m，基本顶均能完全发生垮落，达到了控制初次断裂步距的效果，且垮落后的顶板对工作面造成的冲击动载较小，工作面前方煤柱中应力集中现象有明显改善。

采用方案三和方案四进行水压致裂，均能达到控制厚硬顶板的效果，而在水压致裂过程中需控制注水量，若注水量过小，则不能达到致裂效果，若注水量过大，会导致工作面支架淋水等，影响工作面回采。故综合安全、经济等因素等考虑，在对Ⅱ1011 工作面进行水压致裂控制基本顶初次断裂步距时，采用方案三即致裂高度为 8.0 m 时，能达到致裂最佳效果，更利于工作面的安全开采。

3 工程实践

3.1 工程背景

某矿Ⅱ1011 工作面可采煤层的厚度平均为 3.2 m，走向长 800 m，倾斜长平均 167 m，煤层倾角 24°。煤层上方直接顶为泥岩，颜色为灰至深灰色，呈块状，内部含有少量的植物化石碎片，厚度 2.0 m；基本顶为厚硬砂岩，厚 9.4 m，坚固性系数较大。工作面选用的支架型号是 ZZ7600-20/40，其工作阻力 7 600 kN，额定工作压力 38.7 MPa。工作面日进尺 4 m，月平均进度 120 m。参考相邻采区厚硬顶板条件下的工作面煤层开采特征，预测Ⅱ1011 工作面在基本顶初次自然垮落时，来压显现将非常强烈，会对工作面安全回采造成极大威胁，故在工作面回采时采用水压致裂技术控制厚硬顶板初次垮落。

3.2 钻孔布置及施工工艺

根据直接顶和基本顶的厚度等，由式(8)求得水压致裂高度为 7.87 m，考虑施工技术等条件，取整数 8.0 m；湿润半径 18.78 m，考虑 1/3 范围需重复进行浸润，确定钻孔间距为 25 m。

钻孔方向对水压致裂厚硬顶板的效果也有较大影响，Ⅱ1011 工作面根据煤层倾角及顶板岩层条件等，为便于定位和施工，在风巷中设置有水平钻孔，并以此钻孔施工收尾。

从机巷到风巷依次将钻孔编号为 1# ～6#，并采用单孔钻机依次施工钻孔。水压致裂钻孔布置如图 11 所示，机巷侧布置 1#、2#、3# 钻孔，1# 钻孔仰角为 39°，钻孔长度 26.8 m，3# 钻孔施工距离最深，长度 76.1 m，仰角 28°；风巷侧布置 4#、5# 和 6# 钻孔，6# 钻孔按水平方向施工，钻孔长度 20.9 m，其余两个钻孔的水压致裂位置均位于水平轴线以下，4# 钻孔的俯角 12°，钻孔长度 70.7 m。钻孔相关参数见表 2。

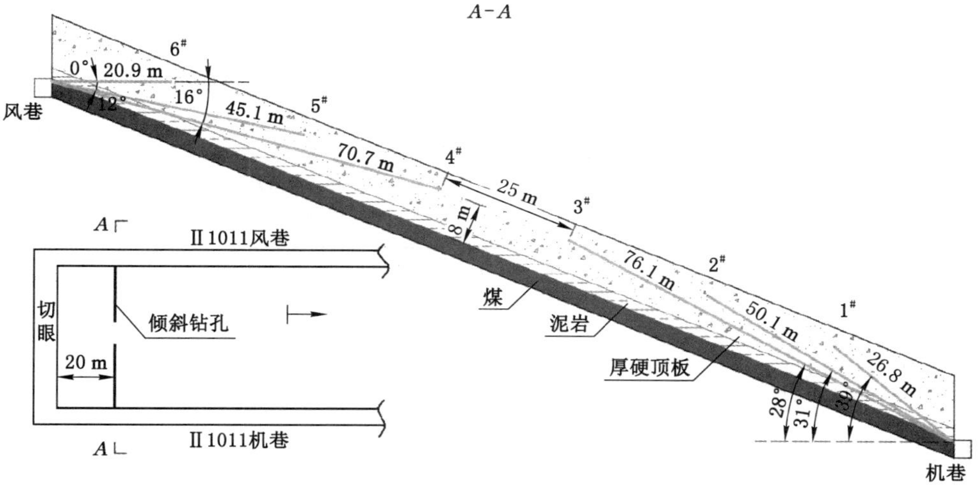

图 11　水压致裂钻孔布置示意图

表 2　水压致裂钻孔参数表

钻孔号	起钻位置	俯角或仰角	角度/(°)	钻孔长度/m
1#	机巷	仰角	39°	26.8
2#			31°	50.1
3#			28°	76.1
4#	风巷	俯角	16°	70.7
5#			12°	45.1
6#			0	20.9

封孔方式采用专用封孔器进行封孔，封孔时首先将封孔器与无缝钢管连接，无缝钢管的内径为 25 mm，每根无缝钢管长 2 m，采用丝扣连接，通过钢管将封孔器送到指定位置，再用手摇注液泵加压以完成封孔。

在完成封孔后即可开始向厚硬砂岩顶板中注入高压水进行致裂，注水时的压力一般由顶板的岩性决定。根据数值模拟结果，在Ⅱ1011 工作面回采初期，取该工作面前方顶板应力集中系数为 1.50，计算水压致裂时的最小注水压力为 46 MPa，则Ⅱ1011 工作面水压致裂厚硬砂岩顶板时的起裂压力在 45～50 MPa 之间，设置高压水泵的额定压力为 55 MPa。

3.3　效果分析

在工作面回采初期，对工作面厚硬顶板进行水压致裂，同时监测各支架压力，从机巷到风巷将支架依次编号为 1#～114#，可得各支架在回采过程中的矿压显现特征。其中，10#、29#、58# 及 87# 液压支架在回采初期一个月内压力变化情况如图 12～图 15 所示。由图可见，随着工作面推进，支架压力呈现周期性变化。

根据现场支架压力实测可知，当工作面跨过水压致裂位置时，厚硬顶板如期发生断裂、垮落，初次来压步距平均为 21.6 m，初次来压时工作面支架最大压力为 33.1 MPa，占额定压力的 85.52%。随着工作面持续推进，周期来压步距平均为 23.6 m，周期来压时工作面支架最大压力为 34.4 MPa，为额定压力的 88.89%。

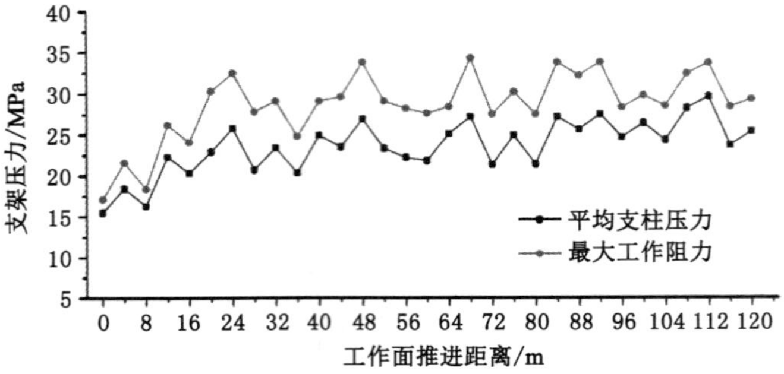

图 12　10# 支架压力变化情况

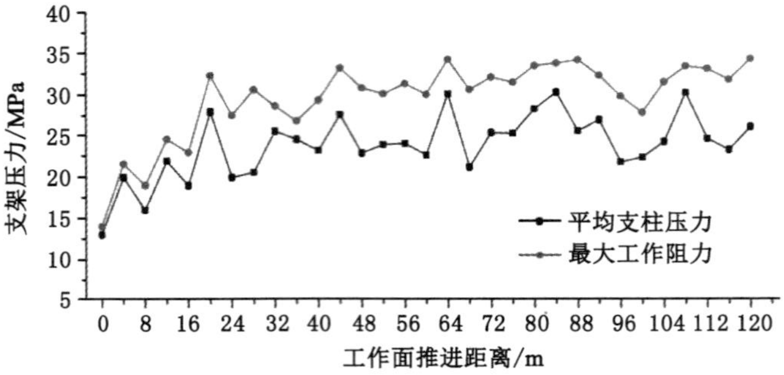

图 13　29# 支架压力变化情况

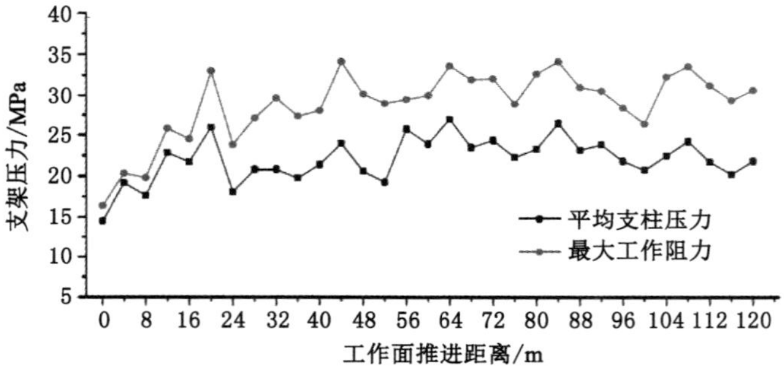

图 14　58# 支架压力变化情况

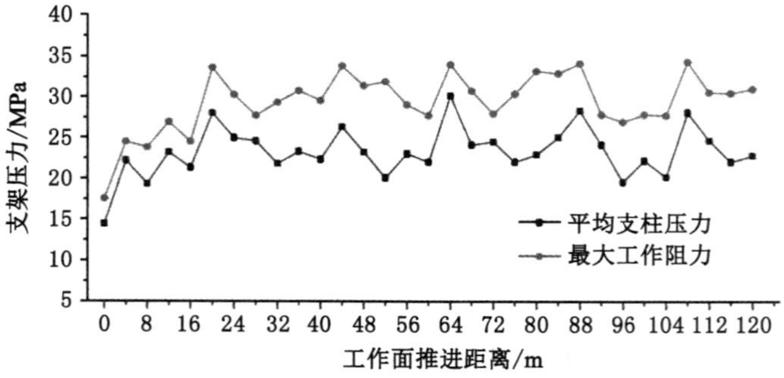

图 15　87# 支架压力变化情况

4 结论

(1) 经过理论计算，基本顶细砂岩起裂的最小注水压力为 46.0 MPa，通过建立水压致裂顶板力学计算模型，获得了顶板水压致裂高度计算公式，确定了工作面最佳致裂高度为 8.0 m。

(2) 建立了厚硬砂岩顶板水压致裂数值计算模型，研究了不同水压致裂高度条件下顶板破断、垮落特征。致裂高度为 0 m 和 6 m 时，未达到致裂顶板的效果。致裂高度为 8 m 或 10 m 时，基本顶能完全垮落，为减少水压致裂厚硬顶板的工程量，同时达到较好的水压致裂效果，确定水压致裂最佳高度为 8 m。

(3) 进行水压致裂后，厚硬顶板初次来压步距平均为 21.6 m，初次来压时工作面支架最大压力为 33.1 MPa，占额定压力的 85.52%，水压致裂顶板后明显减小了来压步距，降低了矿压显现强度，支架立柱受力良好，确保了工作面安全高效开采。

参考文献

[1] 赵善坤. 深孔顶板预裂爆破与定向水压致裂防冲适用性对比分析[J]. 采矿与安全工程学报，2021,38(4):706-719.

[2] SUN Y X, FU Y K, WANG T. Field application of directional hydraulic fracturing technology for controlling thick hard roof: a case study[J]. Arabian journal of geosciences, 2021, 14(6): 438.

[3] WANG W J, LI S Q, BAI J B, et al. An innovative approach for gob-side entry retaining with thick and hard roof: a case study[J]. Tehnički vjesnik, 2018, 25(4): 1028-1036.

[4] SUN G J, FENG T, LIU J H. Survey on roof movement of the gangue backfill working face [J]. Journal of vibroengineering, 2019, 21(4): 1107-1115.

[5] ZHENG K G, ZHANG T, ZHAO J H, et al. Evolution and management of thick-hard roof using goaf-based multistage hydraulic fracturing technology—a case study in western Chinese coal field[J]. Arabian journal of geosciences, 2021, 14(10): 876.

[6] 黄炳香，邓广哲，刘长友. 煤岩体水力致裂弱化技术及其进展[J]. 中国工程科学，2007,9(4):83-88.

[7] 黄炳香. 煤岩体水力致裂弱化的理论与应用研究[D]. 徐州：中国矿业大学，2009.

[8] 黄炳香，程庆迎，刘长友，等. 煤岩体水力致裂理论及其工艺技术框架[J]. 采矿与安全工程学报，2011,28(2):167-173.

[9] 黄炳香，赵兴龙，陈树亮，等. 坚硬顶板水压致裂控制理论与成套技术[J]. 岩石力学与工程学报，2017,36(12):2954-2970.

[10] 刘洪磊. 岩体水压致裂机理研究及在矿山突水中的应用[D]. 沈阳：东北大学，2011.

[11] 王爱国. 同忻矿特厚煤层坚硬顶板水压致裂技术[J]. 煤矿安全，2015,46(3):54-57.

[12] 曾照凯，陈苏社，冯彦军. 水力压裂技术在综采工作面初放顶板控制中的应用[J]. 陕西煤炭，2017,36(增刊 1):84-87,134.

[13] 于斌，段宏飞. 特厚煤层高强度综放开采水力压裂顶板控制技术研究[J]. 岩石力学与工程学报，2014,33(4):778-785.

[14] 于斌，刘长友，杨敬轩，等. 坚硬厚层顶板的破断失稳及其控制研究[J]. 中国矿业大学学报，2013,42(3):342-348.

[15] 康红普，冯彦军. 定向水力压裂工作面煤体应力监测及其演化规律[J]. 煤炭学报，2012,37(12):1953-1959.

[16] 康红普,冯彦军.煤矿井下水力压裂技术及在围岩控制中的应用[J].煤炭科学技术,2017,45(1):1-9.
[17] 冯彦军,康红普.定向水力压裂控制煤矿坚硬难垮顶板试验[J].岩石力学与工程学报,2012,31(6):1148-1155.
[18] 冯彦军,周瑜苍,刘勇,等.水力压裂在酸刺沟煤矿初次放顶中的应用[J].煤矿开采,2016,21(5):75-78.

煤矿掘进巷道穿层过轨道石门工艺研究

尤占一，陈健民，马超

（铁法煤业（集团）有限责任公司晓明煤矿，辽宁 铁岭 112000）

摘　要　煤矿掘进过程经常遇到特殊地质构造或特殊层位关系等情况，如果没有采取合理有效的方式进行施工则在一定程度上存在安全隐患，不利于生产安全。晓明煤矿掘进过程出现穿层过轨道石门的情况，巷道交错层间距较小（层间距不足 5 m），施工期间顶板淋水且较为破碎，传统补打锚索、锚杆加强支护等方法存在一定不足，因此既要满足所掘巷道服务年限期间人员行走安全，又要满足轨道石门正常行车、行人的安全要求存在一定难度。晓明矿根据实际生产情况，通过在轨道石门拉底施工地坑浇筑混凝土、掘进巷道提前补打锚索梁、背棚等方法较好地解决了掘进过轨道石门遇到的问题，为其他矿井在类似情况下的掘进工作提供了一定技术经验。

关键词　穿层过石门；帮顶破碎；浇筑混凝土；背棚

随着对生产安全水平的要求越来越高，矿井企业在不断加大开采力度的同时如何提高掘进的技术水平成了重中之重，掘进水平的高低对生产效率、生产安全、开采质量都起到了关键作用。本文对煤矿掘进期间遇特殊巷道层位关系时的掘进技术进行深入研究，可为类似情况矿井提供一定参考。

1　掘进巷道施工情况

晓明矿 $N_2$801 回风顺槽服务年限为 3 年，下山施工至 33 m 时穿层在北翼轨道石门下方通过，经过地质实际量取 $N_2$801 回风顺槽与北翼轨道石门法线距离为 1.2 m。随着巷道不断掘进，原有围岩应力遭到破坏，当施工至轨道石门下方时巷道原有极限平衡区遭到破坏。由于层间距较小，围岩容易冒落，冒落后极限平衡区域进一步加大，应力又进行了重新分布。因顶板较为破碎，以往补打锚杆、锚索的补强支护的方法无法实施，且轨道石门底板裂隙含水导致巷道掘进期间顶板存在淋水，大大加增加了施工难度。因此采取合适的施工方法确保 $N_2$801 回风顺槽安全高效地穿层通过轨道石门，对保障后期行人运输的安全显得尤为重要。现场构造如图 1、图 2 所示。

2　施工方案的确定

2.1　采取传统锚杆＋金属网＋锚索梁＋背棚联合支护方式进行支护

（1）采取锚杆支护这种主动支护方式，提前对巷道给予一定预紧力矩，当围岩受力结构遭到破坏时锚杆可以将周围岩体小范围形成整体。在利用锚索梁将锚杆形成的组合梁整体悬吊于顶板稳定层当中，对施工比较有利。然而回风顺槽与轨道石门层间距不足，且轨道石门底鼓经过多次拉

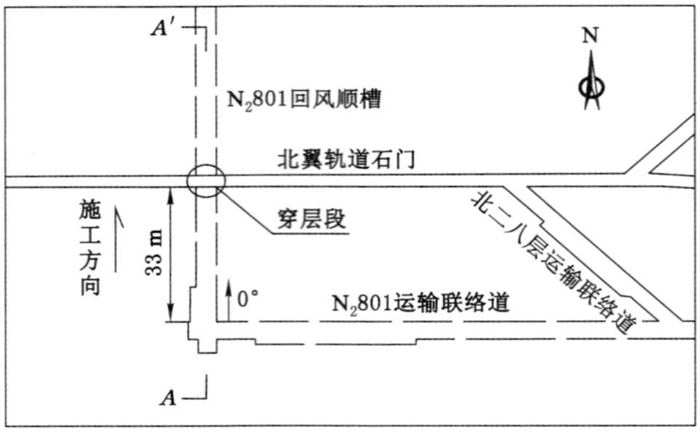

图 1　穿层段平面图

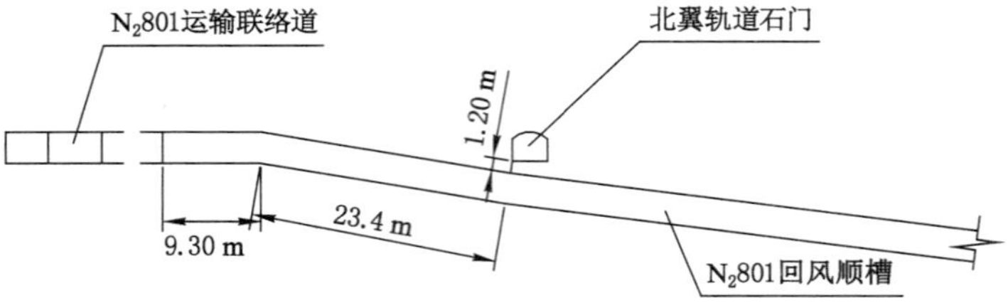

图 2　穿层段剖面图

底，底板较为破碎，不存在稳定层。

(2) 提前拉底留顶，造成巷道上平盘距离不足，给后期拉放车工作带来难度，同时造成掘进期间煤量丢失。

(3) 架棚属于被动支护，过石门期间由于层间距较小，轨道石门运输期间产生振动，顶板破碎容易出现冒落抽条、片帮等情况，不及时处理顶板容易出现垮落。存在人身伤害的安全风险。棚梁不能接在稳定顶板上，巷道支护质量差，大大降低架棚支护承受载荷的能力。后期维护工程量较大，需投入大量人力物力，造成浪费。

2.2　采取轨道石门施工地坑、浇筑混凝土＋回风顺槽施工锚索梁＋回风顺槽过旧巷段背 T 形棚

(1) 施工工序较为简单、安全。提前在回风顺槽过轨道石门段施工地坑、浇筑混凝土。利用钢筋混凝土之间较好的黏结力，受荷后协调变形，可形成强度较高、刚度较大的结构，具有很好的耐久性。抗风化能力较强，使顶板形成统一整体，满足服务年限内运行及行人要求。

(2) 混凝土可以根据设计要求施工所需的长度。

(3) 钢筋混凝土作为 $N_2$801 回风顺槽过轨道石门段顶板，保障安全的同时可节约一定锚杆、锚索钢筋钢带、金属网等支护材料。

(4) $N_2$801 回风顺槽过轨道石门时，顶板较为完整，不存在浮石活块，只需进行简单临时支护即可，在一定程度上提高了过轨道石门期间的掘进效率，保证了安全。

(5) 为加强顶板安全管理，回风顺槽过轨道石门前后 5 m 范围背 T 形棚，棚梁通过木柈与平整的混凝土顶板接严剁实，大大发挥了 T 形棚良好的承载力。

(6) 避免后期由于顶板来压造成巷道顶板下沉带来的维修工程量。杜绝顶板锚杆、锚锁失效局部冒顶带来的安全隐患。

通过比较，确认第二种方案在安全和生产方面都存在优越性。

3 施工工艺

3.1 轨道石门施工地坑、浇筑混凝土

(1) 回风顺槽过轨道石门前，人力使用风镐、撬棍在北翼轨道石门过旧巷段 10 m 范围内施工地坑。

(2) 地坑中，两帮采用锚杆压金属网的方式进行支护。地坑中铺设钢筋网，ϕ12 mm 钢筋作为骨架，加强混凝土整体牢固性；铺垫黄泥，防止回风顺槽过轨道石门时巷道漏风造成风量减少；铺设道渣，加强铁道稳定性。

(3) 施工工序如下：底板铺设一层钢筋网，网片之间用设计弯钩进行连接→距离底板 150 mm 沿轨道石门方向铺设钢筋钢带，垂直轨道石门方向在两帮锚杆上挂好钢筋钢带，钢带交叉点用 10# 铁线捆绑牢固→浇筑 400 mm 厚混凝土→按上述方法继续铺设钢筋钢带→浇筑 250 mm 厚混凝土→铺垫 200 mm 厚黄泥→铺设皮带→铺设 300 mm 厚道渣→铁道调平、调直。如图 3 所示。

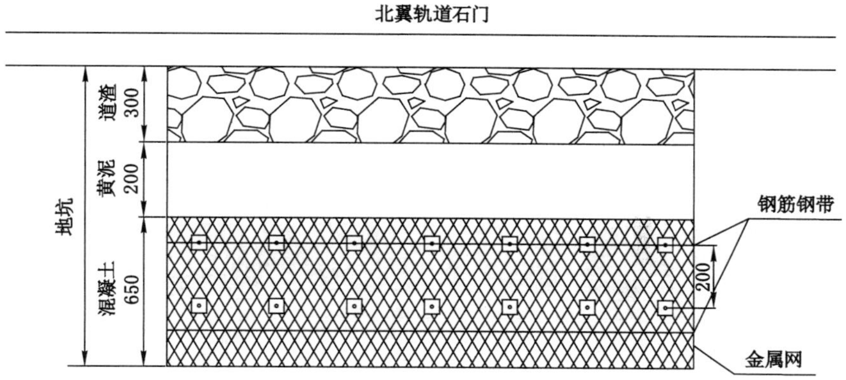

图 3 北翼轨道石门施工地坑示意图

3.2 回风顺槽加打工字钢锚索梁＋背 T 形棚

(1) 测量部门在 $N_2$801 回风顺槽两帮做好标记点，标明距北翼轨道石门距离；在北翼轨道石门做好影响范围标记点。

(2) $N_2$801 回风顺槽掘进距离北翼轨道石门边缘 5 m 距离时：

① 严格执行小循环作业，即每循环 1 排(900 mm)，最大控顶距为 1 300 mm，最小控顶距为 400 mm。

② 派专人在工作面中心顶板下方打 1 个探眼，探明旧巷的具体位置，眼深 2 200 mm，距巷道左帮 2 500 mm，与巷道顶板夹角为 24°。探眼角度为预计数值，施工时以实际测量数据进行调整。

③ 当探眼打到混凝土顶板时，及时向跟班干部汇报，发现有漏风情况必须用黄泥将探眼封堵严实，经瓦检员确认无误后方可进行作业。

④ 施工时，在轨道石门两帮前后 5 m 范围内补强施工锚索梁，梁长 4 000 mm(3 眼)，孔距 1 800 mm，排距 900 mm。

⑤ 揭露混凝土顶板后，采取补打单体液压支柱下压 2 m(1.2 m)长木柈的方式临时支护顶板，单体滞后工作面不超过 3 m。

⑥ 工作面过旧巷 10 m 后停止掘进，及时在升井方向距离混凝土顶板 4 m 位置开始背棚施工，加强支护。

布置情况如图 4、图 5 所示。

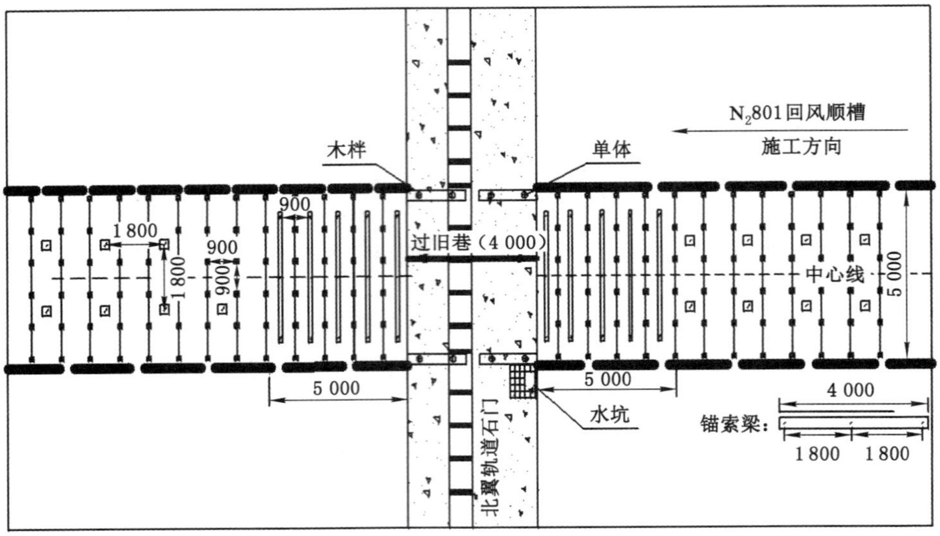

图 4　N_2801 回风顺槽穿层段加强支护示意图

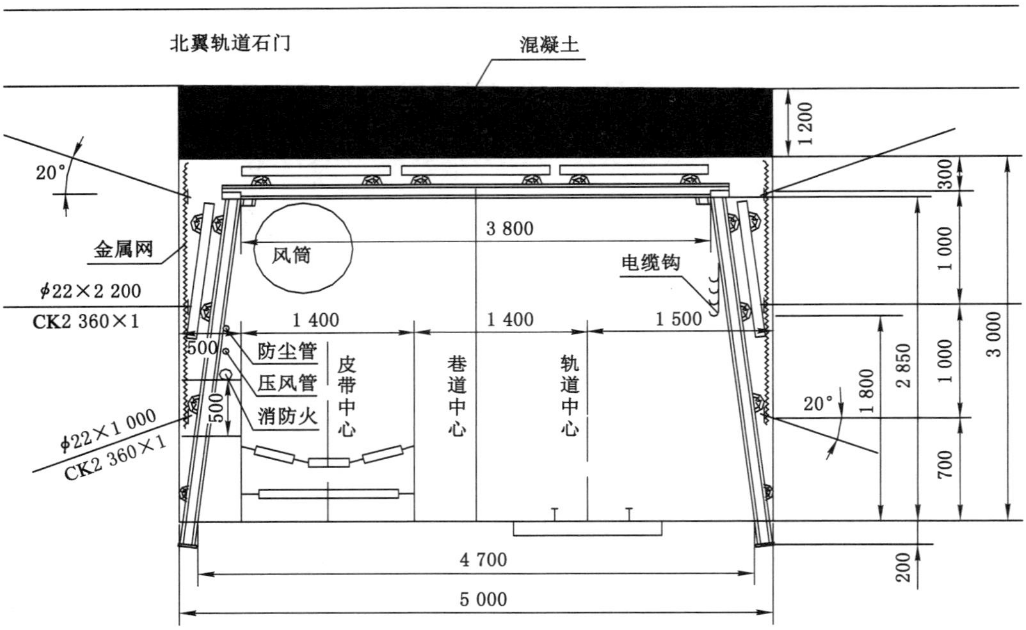

图 5　N_2801 回风顺槽穿层段背棚支护示意图

4　施工过程注意事项

4.1　施工地坑、浇筑混凝土安全注意事项

(1) 施工首先沿铁道两侧进行拉底，最后再将铁道下方 1.4 m 宽范围拉底，地坑规格达到设计标准，铁道调平、调直，轨枕间距调匀。

(2) 施工人员进入工作地点前，由专人检查施工地点的帮顶情况，用长撬棍找净帮顶浮石、活块。在施工地点升井方向 60 m 设好警戒(防止机车误入)，地坑两侧 10 m 范围设好警戒，无关人员严禁入内。每班完活后，地坑两侧 10 m 范围设警示牌，防止行人误入摔伤。

(3) 拉底可分段进行，但人员之间必须保持 2 m 安全距离，防止锹镐相互刮碰而伤及身体。

(4) 接设风镐时用 $10^{\#}$ 铁线将风头和风镐捆绑牢固，并牢牢地绑在风镐的手把上，以防抽头伤人。

(5) 人力手攉锹装货时，人员在矿车两侧作业，与矿车保持 500 mm 距离，防止货物下落伤人。当地坑深度增加直接向矿车中装货难度加大时，先将地坑中浮货传至原巷道底板，再二次将浮货装至矿车当中。

(6) 运输队运送矿车期间，所有作业人员必须退到警戒线外安全地点，否则严禁动车。车辆运至指定地点停稳、前后阻好后作业人员方可进行拉底、装货作业。

(7) 每次装车数不得超过 6 个矿车，装货前车辆必须停稳、阻牢。矿车装满后，每次推车数为 1 辆，两辆车距离不得小于 10 m。

(8) 铁道两侧拉底出货时，矿车可根据现场实际情况调整车位。铁道下方拉底出货时，矿车严禁进入铁道下方已经施工完拉底段。此时采取二次倒货的方法进行装货。

(9) 为便于出货，当车辆需调整位置时，地坑中人员立即停止作业，躲避至安全地点后方可进行推车作业。待车辆停稳、阻好后方可重新进入地坑继续作业。

(10) 当班装车结束后，清理装货点及附近杂物、浮货，达到文明化生产要求。

4.2 地坑铺锚索、浇筑混凝土安全技术措施

(1) 作业前，清除运料线路内的障碍物，确保线路畅通，检查料堆的稳固情况。

(2) 拿料时，要由上而下，禁止从中间抽取。

(3) 扛料时要精力集中，保持 2.5 m 以上的安全距离。

(4) 放料时，放料处不许有人及其他散放杂物，以防物料弹起伤人；码料时，要分类集中码放，保证平稳、牢固、整齐。

(5) 搅拌机械操作人员注意上料、下料时料斗下无人，手脚不得接触还在搅拌的滚筒。

(6) 使用滑槽、串筒时应检查是否连接牢固，车辆应挡牢，做到稳起稳落。

(7) 搅拌机安设在平坦位置，用方木垫起前后轴轮，使轮胎搁高架空，以免开动时发生跑动。

(8) 搅拌筒的旋转方向应按箭头指示方向，如不符合实际，应更正电机接线。

(9) 检查转动离合器和制动器是否灵活可靠，钢丝绳有无损坏，轨道滑轮是否良好，周围有无障碍及各部位的润滑情况等。

(10) 当搅拌机搅拌完毕或预计停歇 1 h 以上，除将余料出净外，应用石子和清水倒入料筒内，开机转动，把粘在料筒上的砂浆冲洗干净后全部卸出。料筒内不得有积水，以免料筒和叶片生锈。同时还应清理搅拌筒外积尘，使机械保持清洁完好。当班施工结束，及时停电闭锁，确保安全。

4.3 背棚施工安全注意事项

(1) 背棚由下山方向向上山方向逐架(首架背对棚，初始架三架棚)进行。过旧巷期间每架棚子帮、顶刹好，楔子打全，拉筋上齐后方准进行下一架施工。

(2) 工作前，要认真执行“敲帮问顶”制度，必须使用专用工具找净工作地点前后 10 m 范围内帮、顶、迎面浮石、险块。作业前，必须将退路清理好，确保安全退路畅通。

(3) 作业前，备齐施工材料，物料码放整齐。保护好风筒、缆线等设施。作业时，必须随时找净帮、顶、迎面浮石、险块。安排专人监护帮、顶及迎面情况，发现问题，及时停止作业，撤出人员，进行处理。

(4) 施工时，首先挖好柱窝。挖柱窝要找到实底或垫实，不得将棚腿放在浮货上。使用风镐挖柱窝时，风管接头必须用 $10^{\#}$ 铁线上好二道保护，防止风绳脱落伤人。

(5) 施工时,人员先将棚腿立在待背棚地点,并采用双股 $10^{\#}$ 以上铁线绑在帮上,施工人员扶住棚腿,待棚梁托起后将棚梁放入接口处,依次进行上卡子、拉筋、刹帮、刹顶工作;上梁时,作业人员必须口号一致,站稳拿牢,要求手不准扶在梁的上面或伸入梁头接口处,必须扶在梁的侧面。

(6) 抬运棚梁、棚腿等物件时,人员之间互相配合好,稳拿稳放,行走时注意脚下,防止被杂物绊倒。作业时,作业地点挂好警戒旗。与工作无关的人员严禁随意通过。

(7) 刹帮、顶前,必须先找净帮、顶及迎面浮石、险块,观察好帮、顶,清理好退路,确保退路畅通,由专人递料、专人刹顶并打紧木楔。作业时要由班长及有经验的老工人操作,严禁空顶作业。

(8) 作业人员登高作业时,使用马镫(梯子)和跳板(或刹杆)搭设的作业平台。马镫(铁管焊制)与跳板(或刹杆)之间利用 $10^{\#}$ 双股铁线绑牢,马镫放稳,高度满足施工要求,其宽度不少于 0.8 m,保证平台稳固可靠、水平,跳板厚度不小于 50 mm。

(9) 背棚首尾两架棚,用特制拉筋(或 40 t 锚链)固定在巷道帮、顶锚杆上,棚梁两道、两侧棚腿各一道。

(10) 每班收工前,帮、顶必须接实、接严,确保工作地点安全整洁。物料码放整齐,做到文明化生产。

4.4 其他方面安全注意事项

(1) 加强帮、顶管理,作业前及作业过程中严格执行"敲帮问顶"制度,找净帮、顶、迎面浮石、险块,派专人进行顶板监护,发现顶板出现掉渣、下沉、异响等情况时及时停止作业,撤出人员。

(2) 掘进机截割期间,掘进机司机及看帮人员必须时刻观察好帮、顶板情况,采取分次、慢速截割,每次截割后待截割头附近煤尘散尽视线清晰后再进行截割,防止截割头破坏混凝土顶板。当顶板浮石活块无法截割到时,采用人力使用风镐撬棍的方式找净。

(3) 如发现旧巷被揭露,施工单位停止作业,瓦检员进行检查,跟班干部及时汇报有关科室,以便确定下一步施工方案。

(4) 加强工作面通风设施的管理工作,风筒吊挂符合要求,距迎头距离符合规定,无漏风脱节现象,保持工作面正常通风,瓦斯监测仪器、仪表按照标准吊挂,确保灵敏可靠。

(5) 作业前及作业过程中施工单位随时检查帮、顶状况,瓦检员随时检查瓦斯、有毒有害气体、温度等情况,发现工作面有异常情况立即停止作业,人员撤出至新鲜风流中,并将检查结果汇报矿调度,采取措施进行处理。隐患排除后,方可正常作业。

(6) 跟班干部、班组长必须佩带便携式瓦检仪,悬挂在指定位置。所有作业人员必须随身佩戴完好的自救器。

5 施工工艺效果

$N_2$801 回风顺槽及切眼目前已经施工完毕,过石门至施工完毕,整体工期 10 个月,其间运输机车日常给掘进单位运送物料。安拆综掘机期间,运送综掘机本体、履带、截割头等很多大件,始终平稳运行,承载力满足要求,底板未出现任何异常情况。回风顺槽过石门段混凝土顶板良好,棚梁支护有效,能够保障运输及行人安全,取得了良好的支护效果。

6 结论

从以上支护效果可以看出,煤矿掘进巷道穿层过旧巷层间距较小时,采取施工地坑、浇筑混凝土+回风顺槽过旧巷段背 T 形棚+过石门段两侧施工锚索梁联合支护的方式,可以有效地保障服务年限内巷道行人、行车安全。

深井开采地应力测试研究及应用

徐爱国，刘磊，刘宇

（铁法煤业集团大强煤矿有限责任公司，辽宁 沈阳 110000）

摘　要　地应力是地下工程中最重要的参数之一，深埋巷道复杂地应力条件是引起煤矿巷道变形、支护损坏及冲击地压等灾害的根本原因，掌握地应力场的空间分布规律，是确定矿井总体布置、支护形式、巷道断面、支护参数等技术参数的基础要求。大强煤矿埋深大，地应力条件复杂，本文根据大强煤矿矿井工程地质条件进行了地应力测试方法选择及地应力方案设计，得出了原岩地应力数据，通过测试结果分析了矿区地应力特征及其对巷道的影响，对后期施工提供了可靠有效的施工依据，也为类似质条件矿井的地应力测试提供了一定的指导。

关键词　地应力；测量方法；工程应用；套芯应力解除法

0　前　言

岩体地应力指的是存在于岩体中工程开始扰动前各个位置及各个方向所存在的应力的空间分布状态，也称岩体初始应力、绝对应力或原岩应力[1]。陈宗基[2]认为地应力主要是由岩体自重、地形(势)、板块运动、剥蚀作用及封闭应力等因素引起。当矿井地下部分岩体开挖之后，围岩初始应力状态发生变化，应力的重分布导致应力集中而影响到地下结构的稳定性，需要进行适当的支护以保持围岩稳定。因此，了解地应力是矿井建设和支护的前提。

大强煤矿现开采区域为九采区，埋深达 1 000～1 200 m，施工区域处于“三高一扰动”等复杂的工程地质环境，矿井地压显现明显，伴随着因高地应力造成的巷道大变形破坏现象，威胁井下工人的生命安全以及煤矿的经济效益。针对受冲击地压影响的千米深井而言，测试地应力工作是十分必要的[3]。通过测试分析矿井地层主应力方向、大小及对冲击地压的影响，为深部复杂应力场条件影响下，巷道稳定性控制研究提供基础，同时，为其他采区的准备巷道设计和冲击地压防治提供重要的依据。

1932 年，R. S. Lieurace 在胡佛大坝首次进行了原岩应力测试[4]，此后地应力测试技术迅速发展，广泛应用于能源、资源开发、地震活动等领域。20 世纪 70 年代，Worotnicki 和 Walton 研制出了空心包体应变计[5]，并在之后得到了广泛应用，目前空心包体应变计已成为世界上采用最广泛的应力解除测量设备[6-8]。当前地应力测试方法达数十种[9]，测量仪器多达百余种，其中经典水压致裂法、原生裂隙水压致裂法和套芯应力解除法是 2003 年国际岩石力学测试专业委员会(ISRM) 推荐的 3 种地应力测试方法。目前各类地应力测量方法都具有其优缺点，根据大强煤矿工程地质条件，本文采用套芯应力解除法进行地应力测试。

1 地应力测量原理及方法

1.1 地应力测量原理

测量原始地应力，可通过现场测试岩体的三维应力状态获取应力参数，岩体中一点的应力状态可由选定坐标系中的六个分量（σ_x、σ_y、σ_z、τ_{xy}、τ_{yz}、τ_{zx}）来表示，如图 1 所示。一般情况下，地应力的六个应力分量是非零的，处于相对静止的平衡状态，无法直接得知，但通过扰动解除应力可以测到地应力。应力解除法的原理是岩石从受力作用的岩体中取出后，岩石会发生膨胀变形，测量出应力解除后的三维膨胀变形，通过现场弹模率定确定其弹性模量，由线性虎克定律计算出应力解除前岩体中应力的大小和方向。具体讲就是在岩石中先打一个测量钻孔，将空芯包体测定设备安装在测孔中观测读数，然后在测量孔外同心套钻钻取岩芯，使岩芯与围岩脱离，岩芯上的应力因解除而恢复，根据应力解除前后仪器所测得的差值，即可计算出应力的大小和方向。

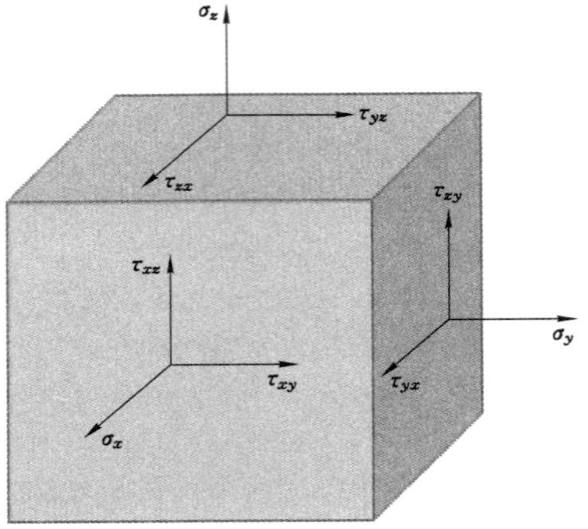

图 1 六个应力分量

1.2 地应力测量方案

地应力现场量测需要地质钻机，专用钻具，包括锥形钻头、变径接头、取芯管等，空心包体及数字应变仪。施工步骤如下（见图 2）：

(1) 在测试点用钻机向围岩钻进应力解除孔，钻深以巷道围岩应力场的范围为准，一般为巷道跨度的 1.5～2 倍，钻头直径 130 mm。

(2) 磨平钻孔孔底，换锥形钻头做锥形孔底，以保证后面的小孔与大孔同轴芯。

(3) 施工安装空芯包体孔，钻机更换变径钻头，即用 ϕ130 mm 导向钻杆安装 ϕ36 mm 的小钻头，钻进 30 cm。钻孔完成后清洗孔壁，保证黏结剂将包体与小孔壁粘牢。

(4) 空芯包体安装。用砂纸将空芯包体外侧圆柱面打毛，按比例配制好黏结剂（A，B），在空芯包体的空腔内倒入适量的黏结剂，固定好销钉，将包体安装在定向器上。慢慢地将其送入大孔中，记下长度推进到小孔中，继续推进至固定销的剪断。固定销剪断后，活塞继续向前推进 8 cm，包体成功地安装于小孔中。

(5) 读取应变仪初始数据。安装空心包体 20 h 左右，环氧树脂固化，将推杆和定向器小心地从钻孔中拔出，记下定向器所显示的应力计的偏角，并用罗盘测量出钻孔的方位和倾角。用 10# 铁丝将包体的电缆线从 ϕ130 mm 的钻头和岩芯套筒、钻杆穿出，将钻头、岩芯套筒和钻杆送入孔中，并记录推进的深度，以便检验钻头是否到达孔底。接通 YHY16 型智能数字应变仪，每隔 10 min 读数一次，连续三次读数相差不超过 5 时，即认为稳定，并将此读数作为初始值。

(6) 套芯地应力解除与应变测试。按预定分级深度钻进，进行套芯解除，每级深度为 3 cm。每解除一级深度，停钻读数，连续读取两次。套芯解除至一定深度后，应变计读数趋于稳定。每隔 10 min 读数一次，连续三次读数之差不超过 5，可认为读数稳定不再解除。将空芯包体的岩芯折断并取出，并对岩芯的岩性进行描述。升井后使用岩芯弹模和泊松比的率定器测定其他参数。

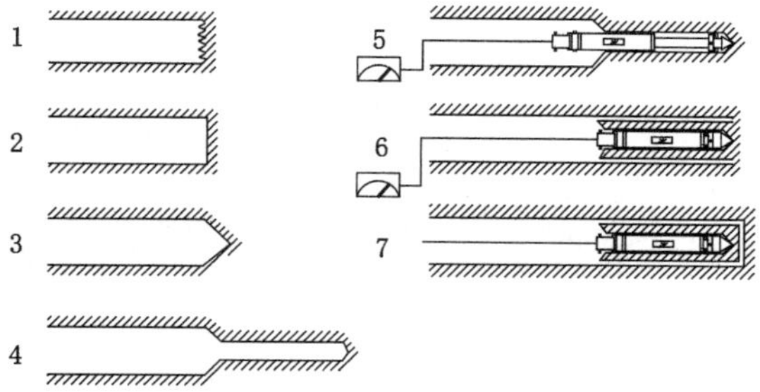

图 2　应变法应力解除过程示意图

1.3　地应力分量计算

每个应力点的三维应力状态可由选定坐标系中的六个分量(σ_x,σ_y,σ_z,τ_{xy},τ_{yz},τ_{zx})表示，主应力大小为 σ_1,σ_2,σ_3，与大地坐标系 XYZ 关系用 9 个方向余弦或 9 个夹角值可以完全确定。但在实测中，钻孔与岩层、与大地坐标总会呈某一角度(仰角或俯角)。设 xyz 为钻孔坐标系，在该坐标系下的地应力是实测地应力。由此，只要有了两套坐标系的相对关系和实测地应力的全部分量，通过坐标变换就可得到 XYZ 坐标下的应力分量，并由此求得主应力的大小和方向，通过在岩体钻孔中安装应变传感器测量孔壁的应变即可计算出岩体中的应力状态。此计算的过程可应用计算机程序来完成。

2　工程应用

2.1　矿井概况

大强煤矿井田处于天山-阴山纬向构造带和新华夏系第二沉降带的交界复合部位。地层以太古界变质岩系构成盆地基底，受北部辽阳窝堡断隆、南部卧牛石隆起、东部八虎山背斜、西部后新丘背斜的影响，在本区内产生了多个同沉积的短轴背、向斜构造，呈雁行状排列，同时产生了东西向、北西、北东向三组断裂。井田内以断裂构造为主，褶曲构造不发育。含煤地层产状平缓，倾角一般 5°～22°，为总体走向近东西、向南倾斜的单斜构造，井田内发育断层 810 条。

2.2　地应力测点布置

地应力测点的选择应遵守远离断层，避开岩石破碎带、断裂发育带、采空区、应力集中区的原则，测点应尽量布置在多个水平。根据原岩应力测点布置的基本原则，在现有巷道揭露范围内选择了 10 个测点进行原岩应力实测，测点具体布置见图 3。

2.3　原岩应力实测

根据现场施工条件及地质条件，确定原岩应力测量钻孔的方位角为 180°，钻孔仰角为 8°，测点深度为 990.5 m。首先应用 ϕ130 mm 的取芯钻头施工安装应力传感器的导孔，深度为 8.0 m；然后在导孔孔底使用变径钻头施工变径孔，深度为 4 cm；再应用 ϕ36 mm 取芯钻头施工与导孔同心的安装小孔，该孔深度为 32 cm，取出的岩芯岩性为灰黑色砾岩；最后使用专用清洗头清理安装小孔。安装孔完成后，为清洗钻孔和顺利安装应力传感器，在钻孔内安装 ϕ75 mm PVC 塑料管。对钻孔清理完毕后，使用干燥剂对小孔进行干燥。根据安装小孔岩芯完整情况，应力传感器安装在孔深

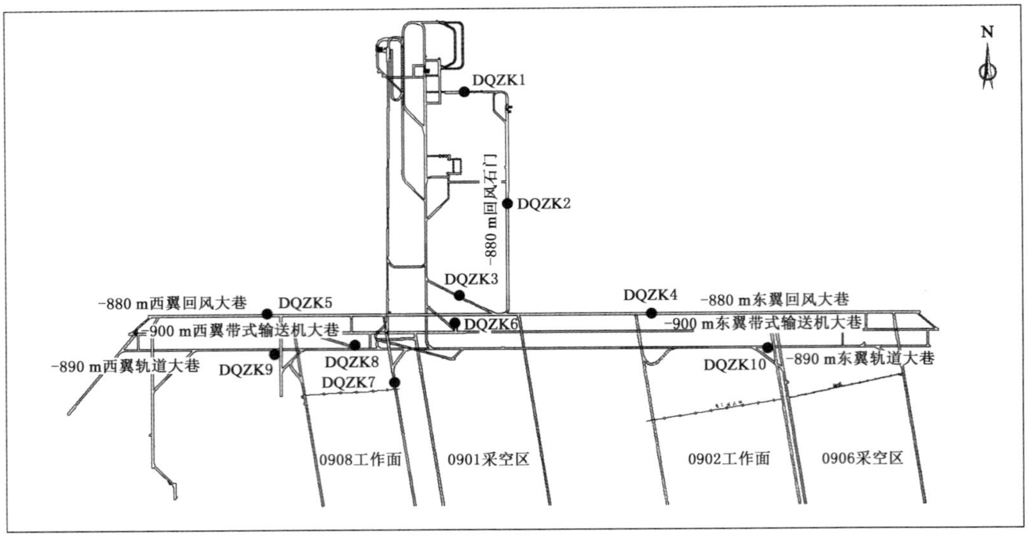

图 3　大强煤矿原岩应力测点布置图

10.36 m 处，采用黏结的方法安装应力计。黏结剂固化约 24 h 后，对装有应力计的岩体进行了套芯应力解除，取出岩芯。解除后的传感器如图 4 所示。

图 4　DQZK1 传感器应力解除后岩芯照片

应立计解除期间实测应力计应变片随解除距离的应变变化曲线如图 5 所示。由图可见应立计解除开始至解除距离 10 cm 阶段，应变曲线平缓，应变随解除距离的变化幅度很小，说明钻头未推进至应变片位置；当解除距离至 10 cm 后，应变量急剧增加，当解除至应变片位置即解除距离达 22 cm 时，应变量达到最大值；当解除通过应变片后，各应变片的应变曲线趋于平缓，解除至 25 cm 后，应变量基本不变，解除至 32 cm 时，应变解除结束。应变解除曲线正常，可作为计算应力的依据。从应力解除过程来看，应变片工作正常。应用专用数据处理软件对测量数据进行处理后表明，各种不同组合的应变片数据相关系数为 0.938，可信度较高。

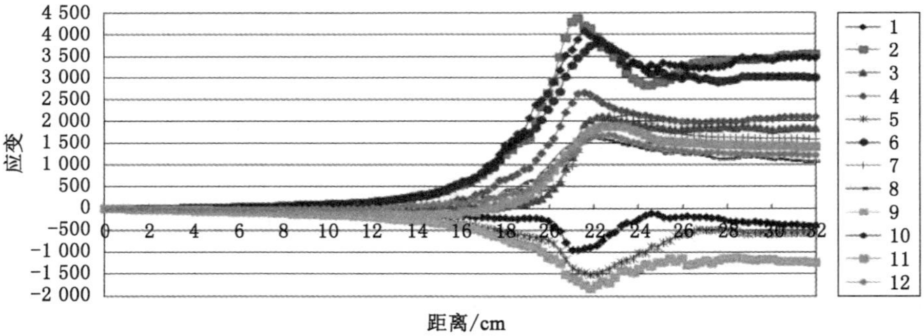

图 5　DQZK1 应力计应力解除曲线

通过实测得到的各应变片的应变量，应用应力计专用处理软件计算应力，如 DQM 应力计算结果列于表 1，DQZK1 测点原岩应力空间分布见图 6。

表 1　DQZK1 测点原岩应力实测结果

主应力	应力实测值/MPa	方位角/(°)	倾角/(°)
σ_1	39.38	182.34	10.41
σ_2	22.88	69.07	65.05
σ_3	21.23	96.68	−22.40
σ_v	24.81		

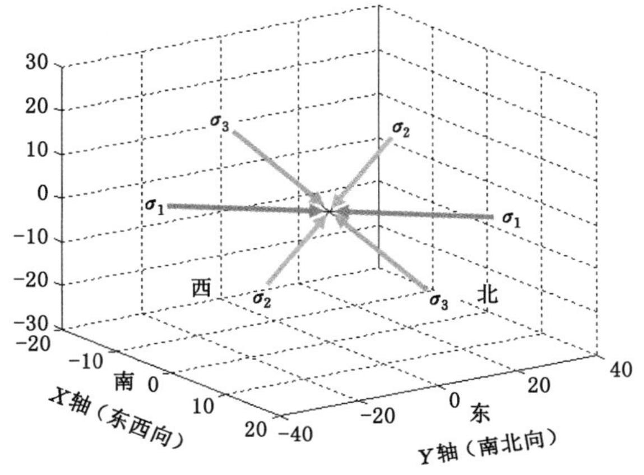

图 6　DQZK1 测点原岩应力空间分布示意图

3　原岩应力实测结果分析

3.1　原岩应力特点

布置了 10 个原岩应力测点，实测最大主应力的方位角集中在 177.15°～182.34°，应力值大小在 34.87～39.38 MPa，倾角在－10.91°～10.41°，说明各个测点最大主应力的倾角均小于 30°，最大主应力均可视为水平应力。中间主应力的方位角集中在 63.26°～69.07°，应力值大小在22.88～26.37 MPa。最小主应力的方位角集中在 91.19°～96.68°，应力值大小在 16.57～21.23 MPa。最大水平主应力为垂直应力的 1.41～1.59 倍，实测的最大水平主应力为最小水平主应力的 1.85～2.10 倍，实测的垂直应力与按照上覆岩层厚度和容重计算的垂直应力基本相近。

3.2　地应力对巷道影响的分析

在最大水平应力足以造成围岩破坏的条件下，巷道掘进方向对于最大限度地保持巷道的稳定性具有重要意义。根据实测数据和巷道破坏程度的评价，分析最大水平应力与巷道呈不同角度的情况下巷道破坏的情况。按与最大水平主应力呈不同角度掘进的巷道将经受不同程度的应力集中的影响，相应地巷道状况也会有显著的差别，如图 7 所示：当巷道掘进方向与最大水平主应力平行时，受水平应力影响最小，对顶底板的稳定最有利；当巷道掘进方向与最大水平主应力垂直时，受水平应力影响最大，对顶底板的稳定最为不利；与最大水平主应力以一定角度斜交的巷道，巷道一侧出现应力集中而另一侧应力释放，因而顶底板的变形破坏会偏向巷道的某一侧。

在顶板条件较差的地段如顶板岩层强度低、岩层胶结差或构造发育等部位，水平应力对巷道和

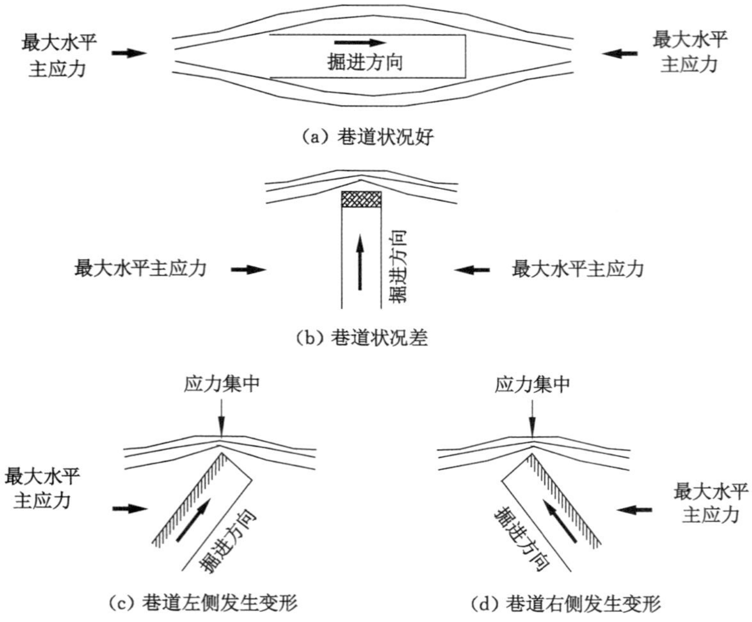

图 7　不同掘进方向巷道状况的差异(平面图)

采场的影响显现程度更加明显。由于围岩强度较低,水平应力会造成顶板破坏的范围不断加深,即破坏范围向顶板深部逐渐转移。

4　结论与建议

4.1　结论

原岩应力场的最大主应力为水平应力,最大水平应力的大小为 34.87～39.38 MPa,方向为 177.15°～182.34°;最大水平应力大于垂直应力,最大水平主应力为垂直应力的 1.41～1.59 倍,对井下岩层的变形破坏方式及矿压显现规律会有明显的影响;实测的最大水平主应力为最小水平主应力的 1.85～2.10 倍,即 $\sigma_{hmax}=(1.85\sim2.10)\sigma_{hmin}$,水平应力对巷道掘进的影响具有较为明显的方向性;实测的垂直应力与按照上覆岩层厚度和容重计算的垂直应力基本相近。

4.2　建议

在矿井巷道支护设计、冲击地压防治工作中,尽量使巷道的掘进方向与最大水平应力的方向一致,以减少水平应力对巷道的影响。

当水平应力超过垂直应力时,动力现象的影响可能加大,应对动力区预测划分灾害的危险性区域,采取安全措施。

随着采深的加深,原岩应力加大,采动压影响可能引起的地应力叠加产生地应力集中。地应力集中是产生矿井冲击动力破坏的根源,建议在矿山压力显现严重区域布置应力监测传感器,掌握应力集中的动态过程和应力集中程度,为防冲工作提供科学依据。

参考文献

[1] 蔡美峰. 地应力测量原理和技术(修订版)[M]. 北京:科学出版社,2000.
[2] 陈宗基. 地下巷道长期稳定性的力学问题[J]. 岩石力学与工程学报,1982(1):1-20.
[3] 蔡增祥,刘尉俊,秦云东,等. 千米深井深部地应力测量与分布规律探索[J]. 中国矿业,2019,28

(增刊 1):275-278.

[4] 李金奎,李广,田照军.空心包体在郓城煤矿中地应力测试的应用[J].工业安全与环保,2019,45(4):15-19.

[5] 李强,曾平,许静,等.不同应力解除法地应力测试方法对比及工程应用[J].人民长江,2019,50(3):156-160.

[6] 刘允芳.水压致裂法三维地应力测量[J].岩石力学与工程学报,1991(3):246-256.

[7] 徐俊.钻孔应力解除法(空心包体应变计)地应力测试两个关键问题研究[D].株洲:湖南工业大学,2018.

[8] 高会春,杨胜利,刘新杰,等.空心包体地应力测试方法与工程应用[J].煤炭工程,2015,47(4):83-85,89.

[9] 杨东辉.基于钻孔岩芯 Kaiser 效应的地应力测试方法与应用研究[D].北京:中国矿业大学(北京),2019.

胶带输送机在大倾角巷道使用中存在的问题与对策研究

张顶柱

（铁法煤业集团建设工程有限责任公司矿山建设工程分公司，辽宁 铁岭 112000）

摘　要　胶带输送机因其连续运输性及运载量大等优点被广泛应用在煤矿生产过程中，特别是在煤矿掘进施工中配合掘进机实现综合机械化施工。但巷道倾角超过16°时使用胶带输送机进行下行拉运煤（矸石）存在很多的安全问题。本文针对大倾角巷道使用胶带输送机存在的诸多问题，分析了对应措施，可拓展胶带输送机在倾斜巷道中的使用范围，具有广泛的推广价值。

关键词　大倾角；胶带输送机；防滑技术；上山施工；大包围

0　前言

在我国煤矿井巷工程掘进施工过程中，矸石运输系统是制约掘进施工进尺速度的关键环节之一，常用的运输方式有刮板输送机运输、矿车运输、胶带输送机运输。通常在选用的过程中会根据巷道施工长度、断面、倾角等参数进行综合选定。这其中煤矿用胶带输送机具有运输量大、工作环境复杂、承载能力强以及运输距离较长等优点，已成为我国煤矿井下采煤、掘进施工中首选的主要运输设备。它在我国煤矿的应用也是经历了从通用到特殊、小型到大型、单机到成套的发展历程。21世纪以来，随着工业制造水平的提高和电子信息技术的发展，带式输送机的技术发展呈现出大运量、高带速、大功率、长运距、多机型等特点，应用范围涵盖了大中小型井工矿和露天矿的散料运输，是不可或缺的重要运输设备之一。

1　胶带输送机在大倾角巷道中使用的运行工况分析

煤矿常规使用光面胶带输送机运输物料，应用的巷道倾角一般不能超过16°。但也有一些矿井在掘进施工中考虑到胶带输送机的优越性，在一些大倾角的巷道中也使用其进行物料运输。比如，铁煤集团大兴煤矿南二集中回风上山巷道设计长度360 m，倾角24°，巷道宽度5.3 m，高3.65 m，巷道断面17.22 m^2，煤岩类别为岩石，支护形式为锚喷支护，因斜巷拉放车作业环节多、设施复杂、自动化程度低多为人工操作、地质条件多变，易发生安全事故等原因，最终选择了胶带输送机运输。

在这种24°大倾角巷道施工中使用胶带输送机时，输送机在启动、正常运行及制动停车过程中，载荷的变化会引起整个系统运行阻力的变化，该阻力或正或负，处于交变状态。系统在有载起车过程中，若加速度过大会使输送机的张力增大，对系统各部件也会产生机械和电气冲击。在有载停车过程中，若减速度过大也将产生张力增大和滚料现象，甚者使输送带与传动滚筒产生间隙造成打滑以致飞带。在输送机制动时，需求的制动力大，其制动减速度需限定在0.1～0.2 m/s^2范围，才能使制动平稳可靠。

1.1 空载及轻载启动

空载启动及轻载启动虽然是两种不同的工作状态，但都有电动正功运行的相似工况，为此在启动时要进行负载状态的判断。当发出起车指令，制动及检速系统工作，带速检测为零或在预定时间内未达到额定带速时，则判定为正功状态，需电机投入，电机运行至额定带速后，进入正常运行工况。

1.2 重载启动

重载启动是指承载带上载有额定物料或接近额定物料的情况，此时启动输送机为重载启动工况。起车指令发出，制动、检测系统工作，由物料重力的下行分力牵引输送机起车运行，经检测带速及电机转速接近同步转速时，电机投入，为负功运行状态，达到额定带速后，输送机进入正常运行工况。

1.3 正常运行

当输送机正常起车，经检测系统测定加速度、速度达到额定值，并延时一定时间后，加载点开始加载，控制系统进入闭环控制状态，输送机进入正常运行工况。

1.4 超速制动

在运行过程中，由于加载的非均匀性及使用条件恶劣，造成运量及运行阻力呈动态变量，以致产生较大下行负力并以一定的加速度快速运行，产生超速，若不加以阻止会飞车。因此，该工况下需设置超速保护且采取制动措施，以遏制超速的发展，此为超速制动工况。

1.5 空载正常停机

当输送机卸载完毕停机时，将按设定程序延时停机。延时停机过程中由于运行阻力克服惯性力而自动减速，当带速降到 0.15 m/s 时，制动系统投入而逐渐停车。

1.6 重载正常停机或事故停机

当输送机处于额定负载运行状态，或由于突发事故需停机，系统运行在负功状态，电机为发电工况，此时输送机得到停机指令，闭锁加载点停止加载，制动系统投入软制动，以使制动加速度在 $-0.1\sim-0.2\ m/s^2$ 范围，经检测系统测得电机转速至同步或接近同步转速时，断开电机，以防制动系统未达到预定制动力矩而发生飞车事故。

1.7 重载失电停机

当输送机满载运行时，由于突然停电，系统运行在负功状态，电机的发电制动力矩突然消失，此时制动系统应在后备保护装置的作用下实施柔性可靠制动，以消除飞车事故的发生。

使用胶带运输易出现矸石在胶带上下滑、滚落飞出及胶带停机制动不可靠、飞带等现象，可能造成人员伤害。

2 胶带输送机在大倾角巷道中使用的关键问题

2.1 矸石在运行中的稳定性

下运矸石时矸石产生的下行分力使其有向下滚、滑动的趋势，倾角越大物料下滚、滑动的趋势越大，物料的稳定性就越差。由于机架振动、托辊跳动及其间距的不合理等因素，将使矸石的稳定性恶化。当输送机急停时，由于惯性作用，将使矸石产生滚滑。因此，防止矸石在输送机上滚滑是解决输送矸石稳定性的主要问题。

2.2 加速度的控制

输送机在启、制动时，因过大的加速度不仅会产生矸石滚滑，也易产生超速飞车或飞带事故。合理的启、制动加速度对确保运行安全性尤为重要，因此必须采用有效的加速度控制装置以避免加速度的不合理而引发事故。

2.3 运行中的飞车现象

随着负载量的变化，输送机处于正负功率的交变状态，当呈现超载或严重超载时，将发生因大于电机的额定转矩或最大转矩而超速或飞车现象。因而消除该状况发生的潜在因素是解决飞车现象的关键。

2.4 运行中的飞带现象

由于井下使用条件的恶劣，在胶带与传动滚筒间黏聚较多的煤泥、水浆等，导致传动摩擦系数减小、不打滑传动条件破坏，当传动滚筒停止转动而输送带仍按原运动方向继续滑行，即为飞带现象。须采取可靠措施遏制胶带滑行。

3 采取的应对措施

3.1 防止矸石下滑、滚落、飞出

大倾角下运输保持矸石稳定性的关键是矸石与胶带间及矸石间的摩擦力是否大于矸石重力的下行分力。通常采取的措施有：压带式输送、深槽型输送等。

压带式输送是借助辅带对矸石施加压力，产生足够的摩擦阻力以阻止矸石的滚滑，达到矸石的稳定运行，提高输送倾角。其结构形式多种，因结构复杂、制造成本较高、矸石料流的非均匀性等因素，应用受到一定限制。

深槽型输送机是通过增加侧辊槽角，进而增加槽深，使输送带挤压物料，从而增大物料和输送带间的摩擦力，以及增大物料间的内摩擦，达到增阻防滑、稳定输送的目的。其结构形式为单（双）梁、双排 V 型四辊结构，底 V 辊槽角 25°，侧辊槽角 50°～60°，经中、边支柱装配于梁架上，具有加工精度高、对中性良好等特点。其设计原则：尽量减小底 V 辊的支撑长度；加大侧辊槽角以提高物料的堆积深度；加长侧辊的长度以增加托辊对物料的夹持长度。为防止大块物料在输送带中浮于碎料表面而滚动及少量料流中的单个块料在胶带上的下行滚动，采用柔性防滚挡装置，该装置由柔性挡帘、跑偏抗辊、门式框架等构成，通常安装间距 20 m 左右。这种方式是将普通带式输送机的三节托辊改造成四节托辊，对托辊的安装精度要求较高，改造量较大。

结合以上两种矸石防滑形式，通过深入研究探讨，在原有胶带输送机基础上设计了一套大包围直接搭接式压带防滑装置。该装置采用通用的胶带杠、旧胶带、∟50×5 角钢，用螺栓及卡板组合成人字形钢结构架。∟50×5 角钢上端和胶带杠用螺栓连接，下端用卡板与胶带杠固定，人字架每隔 1.5 m 一架。这样整个钢结构防护架便由多个人形架组合成一体，形成一个连续的钢结构框架。在人字架的内侧安装旧胶带，旧胶带的安装位置下边紧贴运输胶带，距胶带中心 100 mm，上边人字头露出 200 mm 宽。旧胶带和钢结构架之间两侧各安设一根胶带杠，防止运输矸石时防护胶带被挤出防护架。其主要结构及在胶带运输机上的安装方式如图 1、图 2 所示。

为了增加胶带输送机运输矸石的稳定性，胶带架与巷道底板采用锚杆固定牢固。人字形防护架每隔 20 m 用钢丝绳与巷道顶板用锚杆固定牢固。胶带运输矸石时，使矸石几乎在一个密闭的环境下运输，固定的防护胶带始终紧贴在运输胶带上面，只有中间 200 mm 宽部分未接触，使运输胶带的上带与固定的防护胶带形成了摩擦滑动运行。其运行原理如图 3、图 4 所示。

矸石运输时，运输胶带上带仅靠中间 200 mm 宽未与防滑胶带接触部分托运矸石，增加矸石之

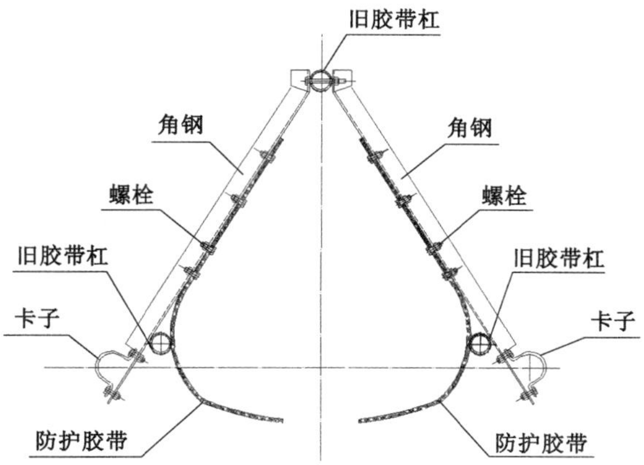

图 1　大包围形式直接搭接压带防滑装置

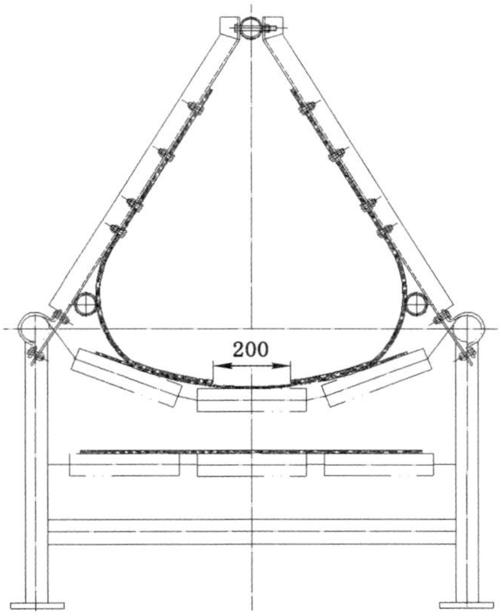

图 2　大包围直接搭接式压带防滑装置安装示意图

间的摩擦力，有效保证了矸石在胶带上不下滑。即使有少量矸石下滑滚落，有了防护胶带的阻挡，也不能从胶带上飞出落到巷道内。

胶带停机制动时，固定防护胶带上存有矸石，增加了防护胶带与运输胶带上带、运输胶带上带与托辊之间的正压力，使它们之间的相互摩擦作用增大。在它们的共同作用有效保障了胶带在停机时不自动下滑。即使有少量矸石下滑、滚落，大包围结构也能有效地防止矸石滚落到胶带外面。这些都保证了巷道施工人员不受矸石飞出的伤害。

3.2　防止胶带输送机停机时胶带自动下滑、飞带

经分析论证，胶带机的制动闸能有效控制其传动惯性和带少量货物下滑。有了大包围结构的防滑装置后能解决胶带停机时胶带带货下滑问题。因为防护胶带与运输胶带始终贴在一起，运输矸石时，仅利用中间 200 mm 未接触部分托运矸石，其余矸石留在了防护胶带上并对运输胶带产生正压力，使防护胶带与运输胶带产生摩擦、运动矸石与静止矸石产生摩擦。当胶带机驱动部停止运转时，靠防护胶带与运输胶带之间的摩擦力及矸石之间的摩擦力共同作用，使胶带及时停止运动，实现了胶带停机时物料不自动下滑、飞车。

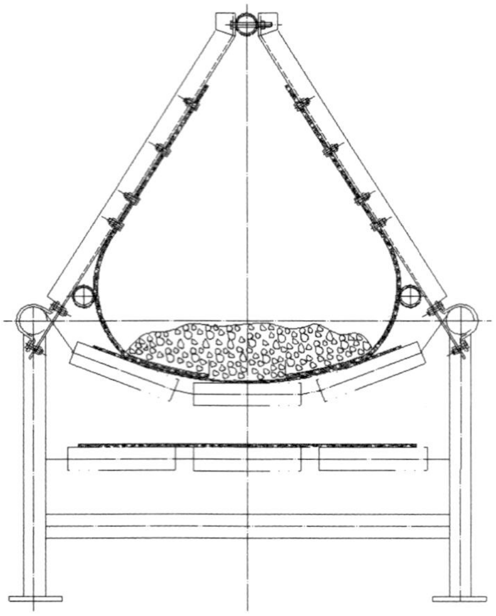

图 3　胶带上货初始状态

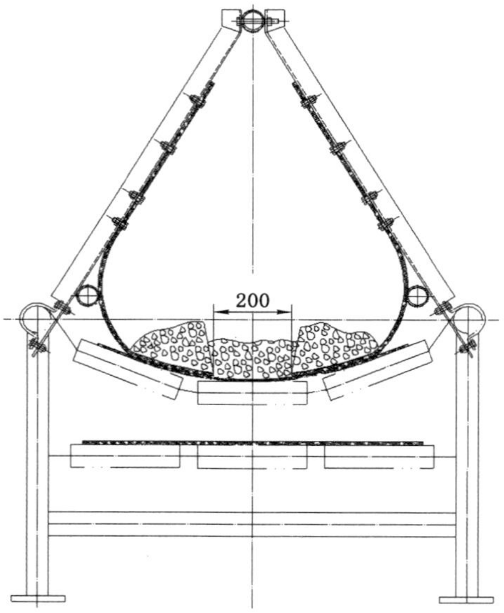

图 4　胶带运输矸石工作状态

3.3　防止胶带输送机断带时胶带下滑飞出

胶带的防跑货装置和胶带架不间断的钢结构架将运输胶带全部封闭住，同时与巷道的顶板、底板进行了固定，胶带卸载缓冲仓设置了全封闭的挡矸墙，有效地防止了断带时胶带飞出。

3.4　防止胶带输送机飞车

大包围防滑装置致使运输胶带的矸石运量有所减少，只靠中间 200 mm 空间运输矸石，胶带输送机属于轻载运行。因为没有负载量的变化，输送机处于功率不变的状态，不会呈现超载或严重超载，所以消除了因大于电机的额定转矩或最大转矩而超速、飞车的现象。

4 结束语

通过上述对胶带输送机在大倾角巷道中使用的问题分析与采取的应对措施，特别是设计的大包围形式直接搭接压带式防滑装置是一种新型防物料下滑技术，有效解决了大倾角巷道施工中胶带上物料下滑、滚落飞出，胶带停止制动出现飞带等系列问题，有效保障了胶带运输安全，减少了人员伤害，有利于现场文明标准化施工。研究内容丰富了光面胶带在大倾角巷道施工中的应用经验。

工作面区域应力判定及冲击地压多源监测预警研究

杨兴，耿辉，郭蕴颉

（阜新矿业（集团）有限责任公司，辽宁 阜新 123100）

摘　要　为了进一步提高冲击地压监测预警的准确性，防止冲击地压灾害的发生，本文基于微震监测、声发射、电磁辐射等采集到的恒大煤矿1366工作面多源监测数据，进行了工作面精准震源定位、区域应力判定和冲击地压多源监测预警，确定了冲击地压监测预警多源敏感指标，确定了应力集中区域，判断了冲击地压危险等级，并提出了合理有效的卸压措施。这些措施可提高冲击地压监测预警的准确度和效率，保障煤矿作业的安全。

关键词　冲击地压；微震监测；震源能量；震动波CT探测；多源监测预警

随着我国煤矿开采深度逐渐增加，煤岩动力灾害带来的风险也越来越值得关注[1-3]。其中冲击地压是煤矿井巷或工作面周围煤岩体由于弹性能的瞬时释放而产生的以突然、急剧、猛烈的破坏为特征的动力现象[4-5]，常伴随煤岩体的瞬间位移与抛出、巨响及气浪，严重时会造成人员伤亡和井巷的毁坏，甚至引起地表塌陷而导致局部地震[6]。冲击地压严重威胁煤矿安全高效生产，并会造成严重的人员伤亡和经济损失[7-9]。

目前对冲击地压的监测预警有多种手段，如采动应力监测[10]、微震监测、地音监测[11-14]、电磁辐射监测等。很多学者对不同预警方法进行了研究，王恩元等[15]提出了煤岩动力灾害声电协同监测及预警技术，实现了电磁辐射和声发射技术的有机融合和优势互补；田向辉等[16]研究提出了基于每日微震最大能量和微震能量及频次偏差高值总数最大值的定量-趋势冲击危险预警方法；何学秋等[17]利用微震频次指标、能量指标监测煤层采掘扰动及地质异常，提出了突出危险煤层微震区域动态监测新方法，研究了微震监测技术实现区域监测的理论基础，建立了相应指标评价体系；徐文全、王恩元等[18,19]研发了煤岩体采动应力监测系统，可用于冲击地压等煤岩动力灾害监测预警。

微震监测技术作为一种实时、动态、连续的监测手段，在矿山、石油和边坡等岩土工程中得到了广泛应用。微震监测是通过监测煤岩体破裂产生的震动[20-21]，对煤岩体的破坏状况等信息作出评价的监测技术，其具有实时、动态、连续监测的特点[22]，可以实时、准确地获知已发生微震事件的位置、能量、发生频次等信息，进而判断煤岩体的稳定性，从而为冲击地压等煤岩动力灾害提供预警信息[23-24]，已广泛应用在不同领域的地下工程岩爆监测预警实践中[25-26]。其中，对微震监测过程中微震信号的动态效应与特征分析是提高微震监测精度的关键[27-29]。

虽然前人对冲击地压监测预警做了大量研究，但在微震监测信息的深度挖掘以及基于多源监测指标融合的监测预警研究方面有待进一步提高。因此，在前人研究的基础上，本文基于微震监测、声发射、电磁辐射等采集到的恒大煤矿1366工作面多源监测数据，进行工作面精准震源定位、区域应力判定和冲击地压多源监测预警。研究确定冲击地压监测预警多源敏感指标，确定应力集中区域，判断冲击地压危险等级，并提出合理有效的卸压措施。通过对恒大煤矿 1366 工作面冲击地压微震、声电等多源监测信息的深度分析，提高了冲击地压监测预警的准确度和效率，保证了煤矿作业的安全。

1　工作面及微震监测系统概况

1.1　工作面位置

1366 工作面位于恒大煤矿 126 采区，运输顺槽长 590 m，可采长度 487 m；回风顺槽长 485 m，可采长度 485 m，开切眼长 142～186 m；开采面积 83 575 m^2。该工作面开采标高为－654.5～－691.1 m，地表标高为＋169.5～＋178 m。1366 工作面位于王营向斜轴轴部，煤层呈宽缓向斜构造，煤层走向 N48°～70°，轴南煤层倾向 SE，轴北煤层倾向 NW，煤层倾角 1°～7°。1366 工作面经鉴定有中等冲击危险性，发生过多起能量在 10^4 J 以上的微震事件，大能量煤岩动力现象事件发生频繁。

1.2　煤层情况

1366 工作面开采煤层为水泉层群的水泉 2 层与水泉 3 层。水泉 2 层厚度在 1.6～2.4 m，平均厚度 1.94 m，煤层结构简单，有 1～2 层夹石，厚度在 0.1～0.2 m；水泉 3 层厚度在 2.8～3.9 m，平均厚度 3.43 m，煤层结构简单，有 1～2 层夹石，厚度在 0.1～0.3 m。煤层节理、裂隙发育。水泉 2 层与水泉 3 层煤层分组夹石厚度 0.2～1.6 m，由北向南变薄。

1.3　工作面微震监测系统布置

SOS 微震监测系统可对矿井微震信号进行远距离、实时、动态、自动监测，记录微震事件的完整波形。通过数据处理分析，可以监测能量大于 100 J、频率在 0～600 Hz 的震动发生的时间、能量及空间三维坐标，实现对监测区域动力现象危险程度的实时评价。

利用 SOS 微震监测系统对 1366 工作面生产活动范围进行区域监测，根据记录的微震频次、能量等参数来评价冲击危险发生趋势，为评价 1366 工作面生产活动范围内的冲击危险提供依据。该系统在 1366 工作面布置 4 个微震传感器，布置情况如图 1 所示。

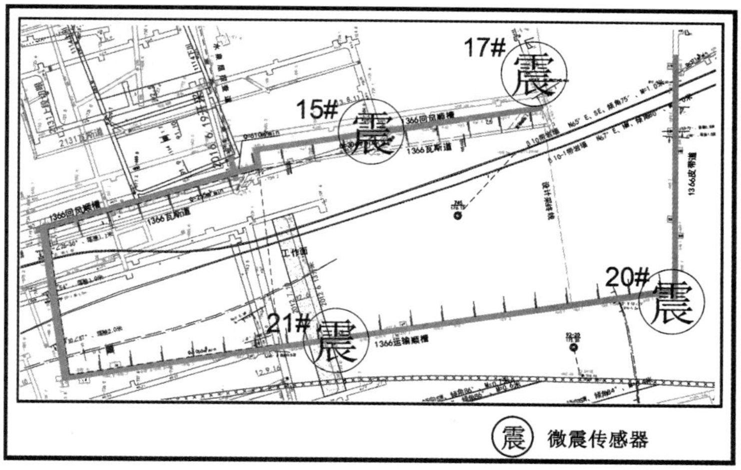

图 1　1366 工作面微震传感器布置图

2 恒大煤矿工作面微震监测参数时空演化规律分析

2.1 微震监测时空演化规律

根据工作面微震监测信息，统计分析工作面微震监测的频次、能量等参数随工作面推进的演化规律，统计分析结果如图 2 所示。

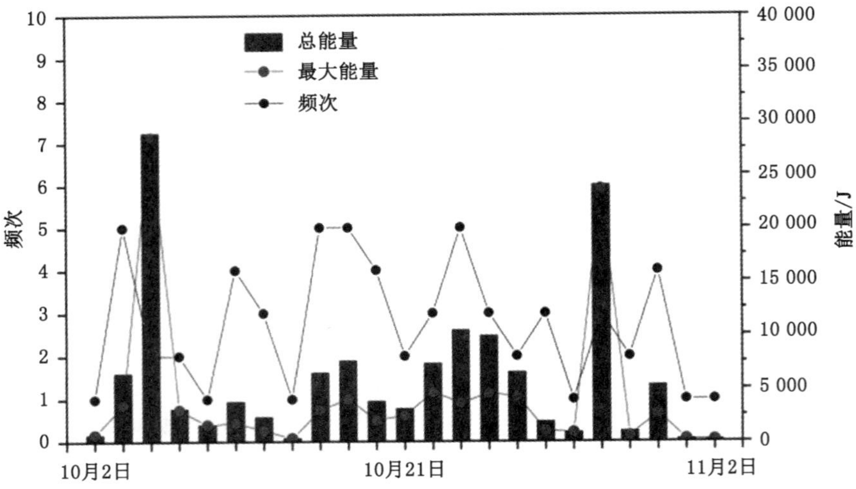

(a) 10月2日—11月2日微震统计

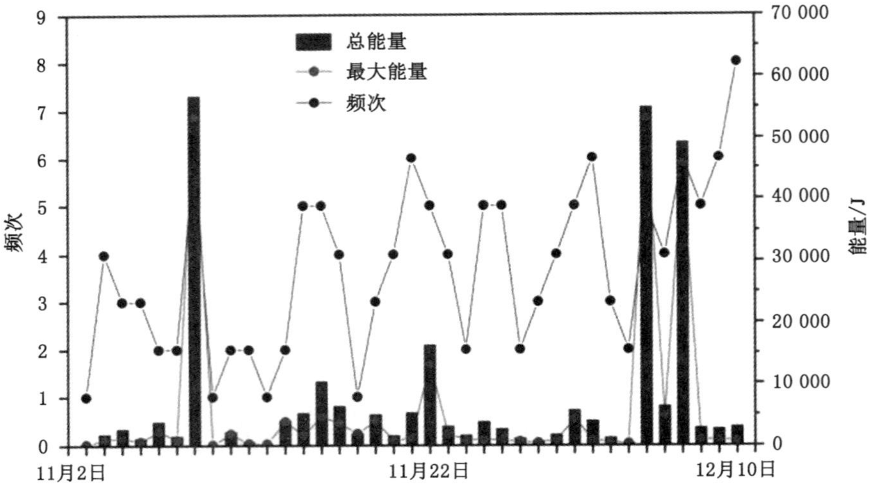

(b) 11月2日—12月10日微震统计

图 2 1366 工作面回采期间不同时间微震统计参数

基于建立的单纯形和双差联合定位法确定微震事件的精准震源位置，对微震事件的震源位置分布及演化规律进行分析。震源定位结果如图 3 所示。

基于获取的精准震源位置和震源能量，可以进一步判定工作面微震事件与工作面的关系及对工作面的影响。工作面微震事件能量云图如图 4 所示。

通过对微震频次、能量演化规律的分析，以及获得的精准震源位置和微震能量与工作面的关系，可以判断工作面推进过程中能量的演化规律以及采掘作业对工作面的影响，对工作面大能量事件发生的可能性和位置有初步的判识。为确定冲击地压微震频次、能量等监测预警敏感指标打下基础。

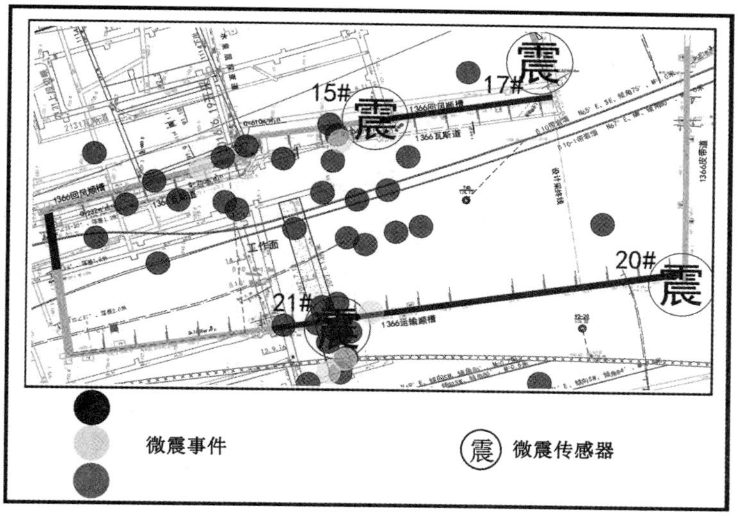

(a) 10月2日—11月2日工作面微震震源位置

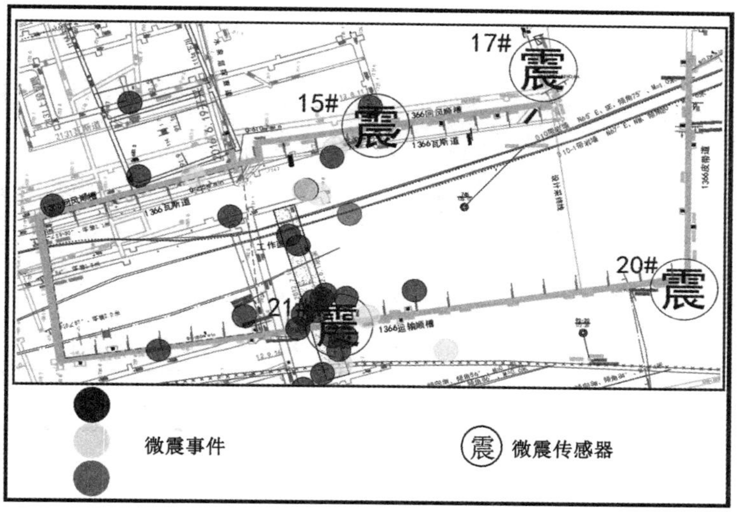

(b) 11月2日—12月10日工作面微震震源位置

图 3　1366 工作面不同时间微震震源位置

2.2　震动波 CT 探测技术

在恒大煤矿 1366 工作面前期数据代入理论模型优化后，根据矿震信号建立矿震震动波速层析成像模型，以获得反演区域的波速分布。利用震动波走时曲线的层析成像就是要找到一个速度模型，使得计算的理论震动波到时与实际标记到时相符。震动波理论到时可用如下方程描述：

$$t_i = \int_{\Gamma_i} \frac{1}{V(x,y,z)} \mathrm{d}\vec{x} + t_0 = \int_{\Gamma_i} S(x,y,z) \mathrm{d}\vec{x} + t_0 \tag{1}$$

式中　$V(x,y,z)$——速度分布；

t_i——理论计算震动波到时；

t_0——震源的发震时刻；

Γ_i——传播射线，而 $S(x,y,z)$ 等于 $1/V(x,y,z)$，为点 (x,y,z) 上的慢度值。

被动层析成像中射线 Γ_i 路径的起点是未知的，即震源位置是未知数，对一新安装微震监测系统的煤矿，需根据常值速度模型估计震源位置，并作为模型输入的初始值。当速度模型改变时，还

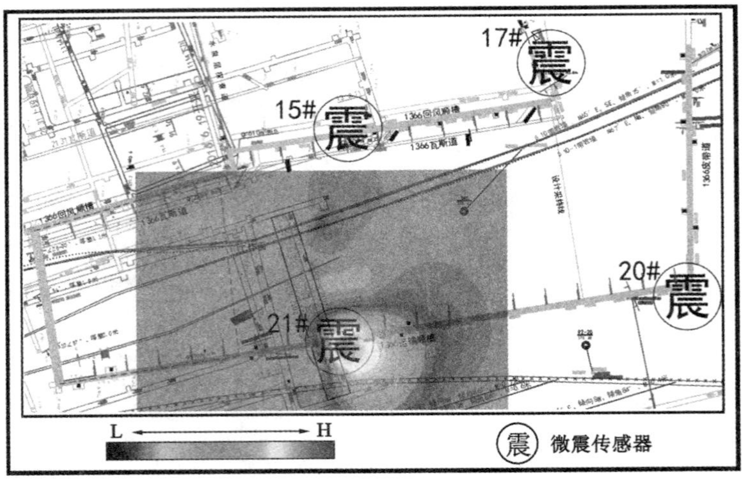

(a) 10月2日—11月2日工作面微震事件能量云图

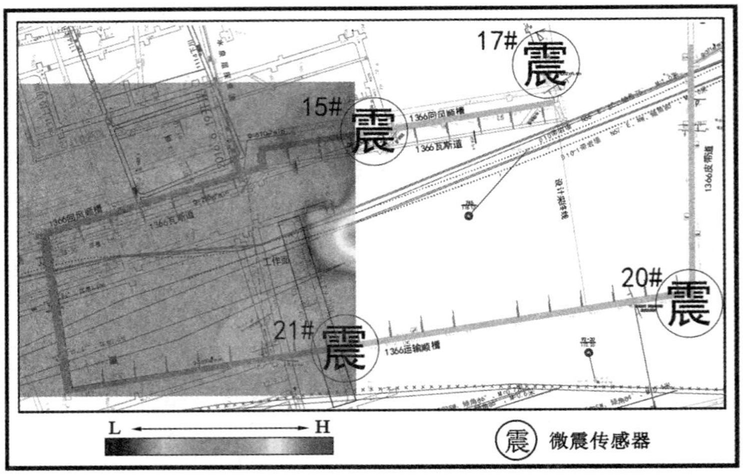

(b) 11月2日—12月10日工作面微震事件能量云图

图 4　1366 工作面不同时间微震监测能量云图

要利用定位程序重新进行震源位置的计算，并修改传播射线的起点位置。

$$\boldsymbol{GS} + \boldsymbol{T}^0 = \boldsymbol{d} \tag{2}$$

式中　$\boldsymbol{d}$ ——长度为 m 的计算到时向量；

$\boldsymbol{S}$ ——长度为 n 的模型参数向量，即慢度；

$\boldsymbol{T}^0$ ——长度为 m 的发震时刻向量；

$\boldsymbol{G}$ —— $m \times n$ 的敏感矩阵，其元素 $G_{i,j}$ 由经过模型第 j 个单元第 i 条射线决定。

通常，这一系列方程组是欠定方程组，即实际上 rank($\boldsymbol{G}$)＜n。然而，对于一个欠定的问题，通常尝试得到最小范数的最小二乘解，即向量 $\boldsymbol{S}$ 沿 $\|\boldsymbol{S}\|$ 方向最小化 $\|\boldsymbol{GS}+\boldsymbol{T}^0-\boldsymbol{d}\|$，式中 $\|...\|$ 为欧几里得范数。在最小化 $\|\boldsymbol{GS}+\boldsymbol{T}^0-\boldsymbol{d}\|$ 的条件下，通过求解正规方程 $\boldsymbol{G}^{\mathrm{T}}\boldsymbol{GS}+\boldsymbol{G}^{\mathrm{T}}\boldsymbol{T}^0=\boldsymbol{G}^{\mathrm{T}}\boldsymbol{d}$ 得到最小二乘解，式中 $\boldsymbol{G}^{\mathrm{T}}$ 为 $\boldsymbol{G}$ 的转置。但是，如果 $\boldsymbol{G}^{\mathrm{T}}\boldsymbol{G}$ 是奇异的或近似奇异的，数据 $\boldsymbol{d}$ 中的误差将会显著影响模型参数 $\boldsymbol{S}$ 的估计，观测数据本身不能完全求解模型。因此，反演得到的解是不稳定的。为了得到稳定的解，一些调整是必需的。对于阻尼最小二乘(DSL)问题，方程可调整为：

$$\begin{bmatrix}\boldsymbol{G}\\ \varepsilon\boldsymbol{I}\end{bmatrix}\boldsymbol{S}+\begin{bmatrix}\boldsymbol{T}^0\\ 0\end{bmatrix}=\begin{bmatrix}\boldsymbol{d}\\ 0\end{bmatrix} \tag{3}$$

式中　ε——小的正标量。

建立的最小二乘解的方程形式为：

$$(\boldsymbol{G}^{\mathrm{T}}\boldsymbol{G}+\varepsilon^{2}\boldsymbol{I})\boldsymbol{S}=\boldsymbol{G}^{\mathrm{T}}(\boldsymbol{d}-\boldsymbol{T}^{0}) \tag{4}$$

得到优化后的适用于恒大煤矿的应力波 CT 反演模型后，再使用 SIRT 算法求解应力波层析成像解，即可获得应力波 CT 反演成像图。

首先应用波速与应力的经验模型，在前期积累大量 1366 工作面数据的基础上，对波速-应力模型进行修改，得到了适用于 1366 工作面的反演模型，通过计算波速反演得到 1366 工作面两顺槽范围内各个区域的相对应力大小。基于震动波 CT 探测技术，可以实现工作面区域应力探测，1366 工作面区域应力探测结果如图 5 所示。

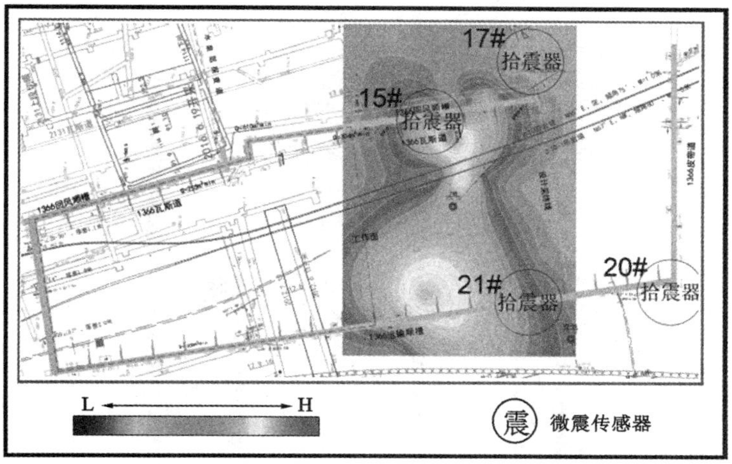

(a) 10月2日—11月2日工作面震动波CT区域应力探测

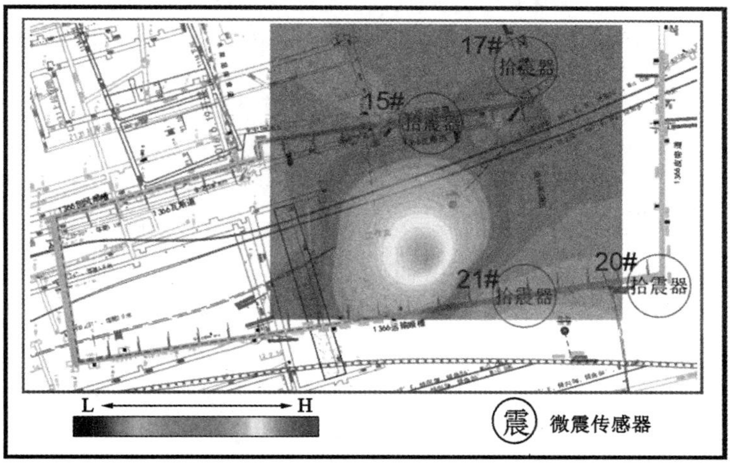

(b) 11月2日—12月10日工作面震动波CT区域应力探测

图 5　1366 工作面不同时间震动波 CT 区域应力探测

根据震动波 CT 区域应力探测结果，可以对工作面区域应力场进行准确有效的评估，确定应力集中区域。根据应力集中位置、应力集中影响范围、应力集中相对严重程度等指标对 1366 工作面冲击地压危险性进行了有效预警，并对现场的卸压方案进行了一定的指导，保障了 1366 工作面的安全开采。

3 恒大煤矿1366工作面多参量监测预警

3.1 工作面大能量事件多源预警案例1

如图6所示,1366工作面12月21日发生了较大能量释放事件。在发生此次大能量释放事件的前8天内,微震能量较小,没有出现能量显现现象。长期的弹性能积聚和微震频次增多的现象预示着即将有大能量事件出现,该现象符合弹性能积聚规律。由图7可以看出,1366工作面运输顺槽侧电磁辐射值明显出现连续下降趋势,而1366回风顺槽侧电磁辐射趋势不明显,因此可以初步判断该次应力集中位于运输顺槽侧。从应力波CT反演(图8)上看,应力集中区域位于运输顺槽处,故综合预警该日风险性较强,需警惕。

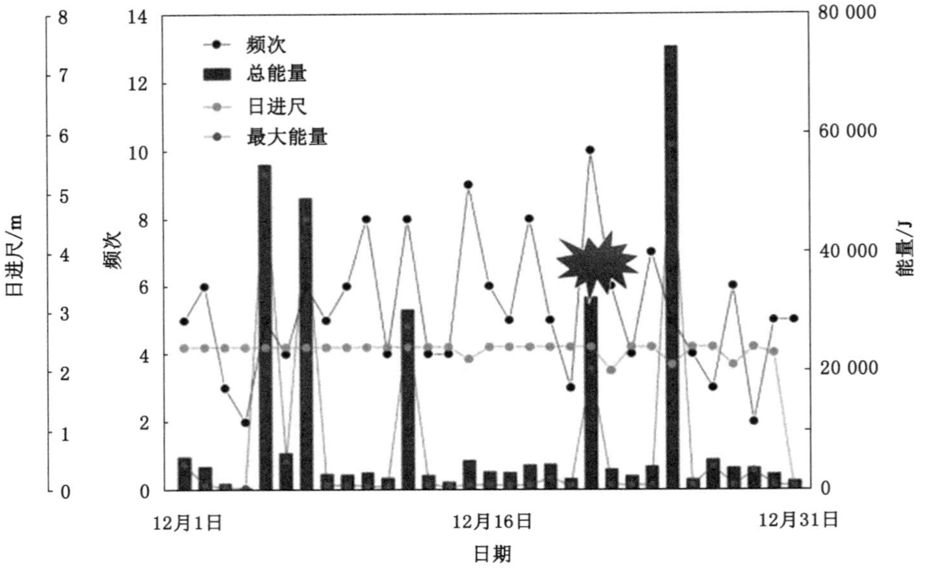

图6 12月微震事件统计

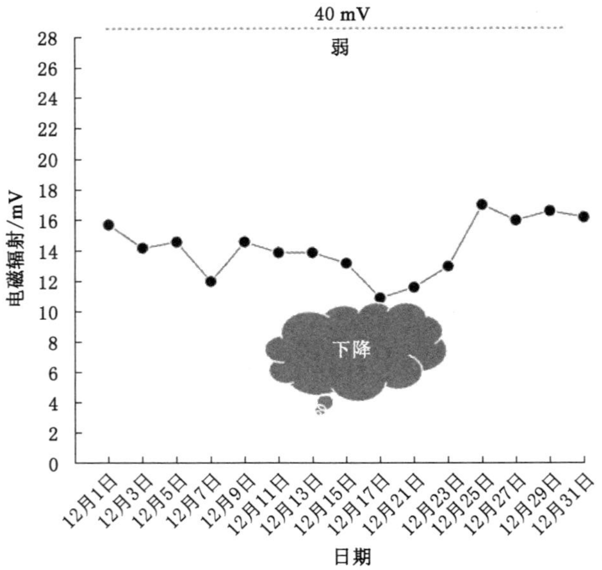

(a) 12月运输顺槽电磁辐射统计

图7 12月电磁辐射监测统计

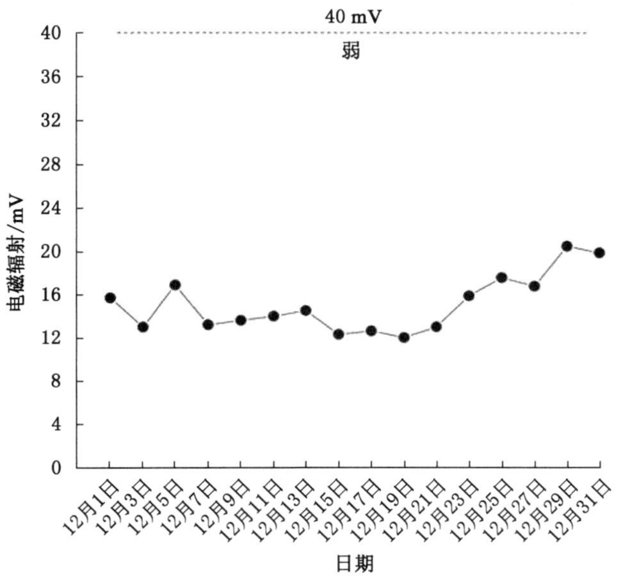

(b) 12月回风顺槽电磁辐射统计

图 7(续)

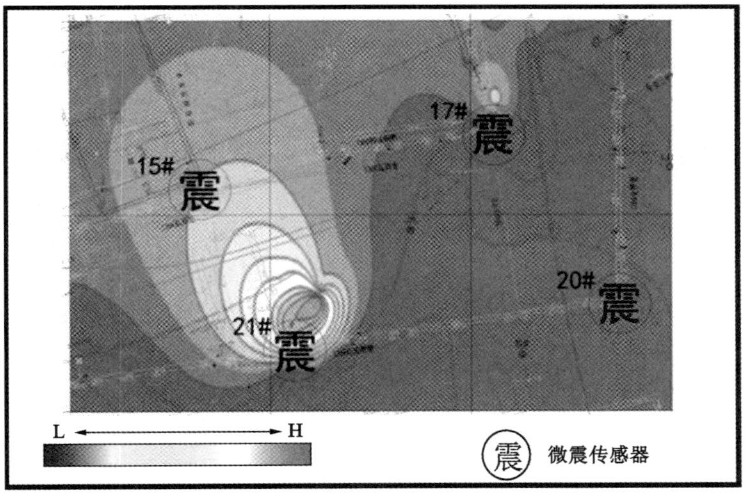

图 8　震动波 CT 反演结果

根据多源监测结果，判定了工作面风险等级及区域，如图 9 所示。由图 9 可以看出，高风险性区域位于运输顺槽，在距离工作面前方 90～150 m 处；中风险性区域位于运输顺槽，在距离工作面前方 40～80 m 处。外回风顺槽风险性区域向远离工作面方向扩大。

综上所述，给出了强 S_2 的风险评级，并给出了具体的建议：警惕 1366 工作面运输顺槽侧动力现象；在运输顺槽距工作面前方 90～150 m 处进行卸压措施；在运输顺槽距工作面前方 40～80 m 处适当进行卸压措施等。

3.2　工作面大能量事件多源预警案例 2

如图 10 所示，1366 工作面 5 月 17 日当日微震频次突增，远超平日监测值，这是风险性较高的情况，小频次小能量事件的释放有可能是大事件甚至冲击地压灾害的前兆。从前几日情况来看，微震频次也处于高位，且每日能量值均在 8 000 J 左右。认为该日频次过高，具有很强的风险性，有必

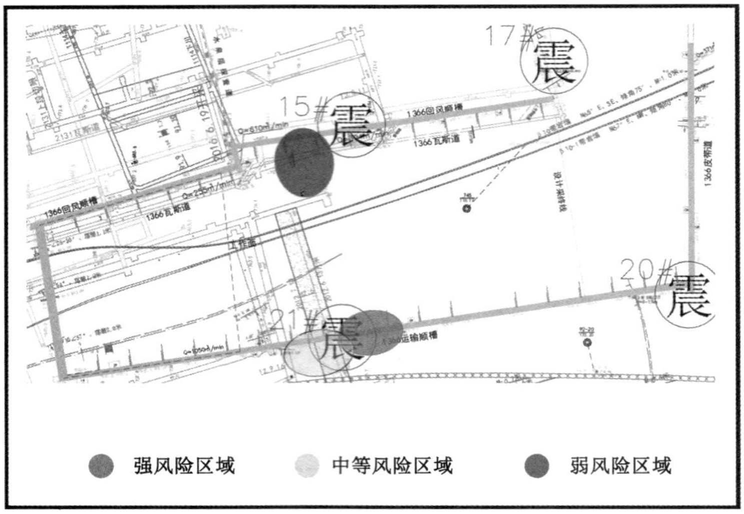

图 9　风险区域判断

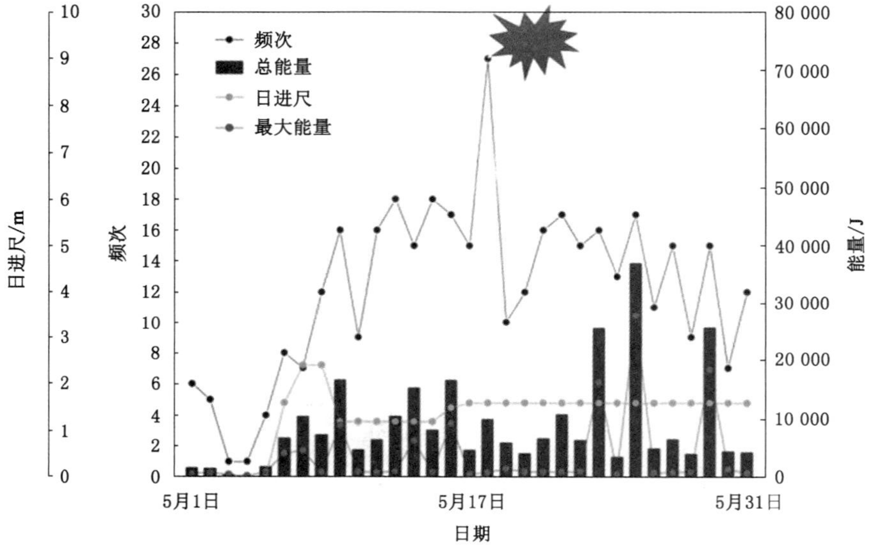

图 10　5 月微震参数统计

要对卸压措施进行检查并进一步观察该情况。从电磁辐射角度分析(见图 11),1366 工作面运输顺槽侧出现先上升再下降的现象,但是下降的现象不明显;而回风顺槽侧则出现了持续上升的情况,这说明在该时间段内两顺槽均存在一定的应力集中现象且回风顺槽处更为严重。从应力波 CT 反演图(图 12)中也可以证实电磁辐射的规律。

根据多源监测结果,判定了工作面风险等级及区域:中等风险区域位于运输顺槽侧,在距工作面前方 40～100 m 处,风险有所下降,强风险区域位于回风顺槽侧,在距工作面前方 40～90 m 处。由于回风顺槽工作面前方 20 m 处卸压效果较好,风险有所下降。

综上所述,给出了强 S_2 的风险评级,提醒现场工作人员警惕 1366 工作面运输顺槽侧动力现象;提出在回风顺槽距工作面前方 40～90 m 等处适当进行卸压措施等建议。5 月的一些微震能量释放现象也表明该段的卸压措施实施较好,能量得以持续释放。

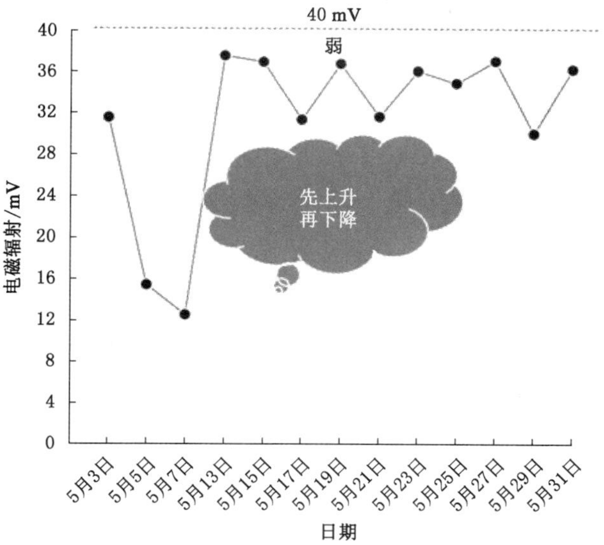

(a) 5月运输顺槽电磁辐射统计

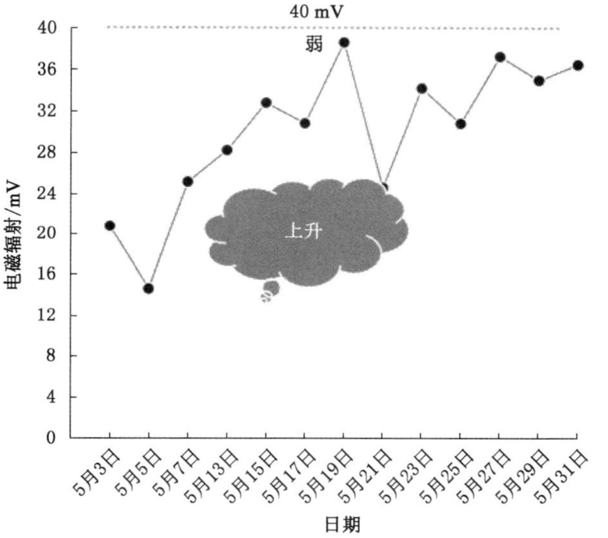

(b) 5月回风顺槽电磁辐射统计

图 11　5 月 1366 工作面电磁辐射统计

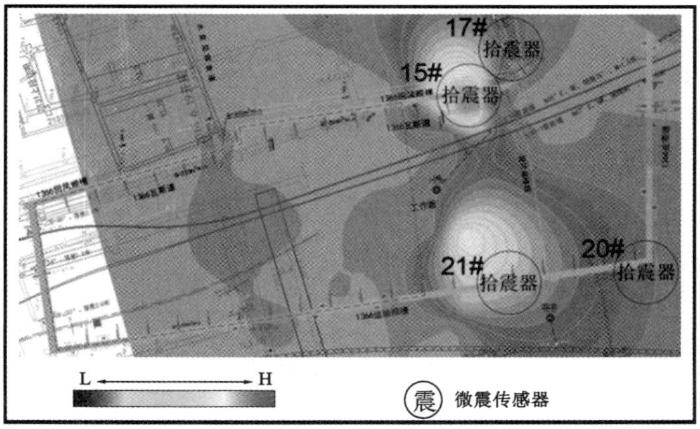

图 12　震动波 CT 反演结果

4 结语

（1）根据工作面多源监测信息对大能量微震事件响应情况，确定了微震频次、能量等微震敏感指标及声电强度等多源敏感指标；

（2）基于震动波 CT 反演，确定了不同区域的应力分布情况，明确了应力集中区域；

（3）根据不同指标响应的情况判断了冲击地压危险性等级，可以对冲击地压危险性进行迅速准确的判断，证明了多参量监测预警的必要性和准确性；

（4）根据微震频次、能量和应力分布情况，准确判断了工作面危险区域，提出了合理有效的卸压措施，防止冲击地压灾害的发生。通过对恒大煤矿 1366 工作面冲击地压微震、声电等多源监测信息的深度分析，提高了冲击地压监测预警的准确度和效率，保证了煤矿作业的安全。

参考文献

[1] 谢和平，周宏伟，薛东杰，等. 煤炭深部开采与极限开采深度的研究与思考[J]. 煤炭学报，2012，37(4)：535-542.

[2] 袁亮. 我国深部煤与瓦斯共采战略思考[J]. 煤炭学报，2016，41(1)：1-6.

[3] 谢和平. 深部岩体力学与开采理论研究进展[J]. 煤炭学报，2019，44(5)：1283-1305.

[4] 姜耀东，潘一山，姜福兴，等. 我国煤炭开采中的冲击地压机理和防治[J]. 煤炭学报，2014，39(2)：205-213.

[5] ROMASHOV A N, TSYGANKOV S S. Generalized model of rock bursts[J]. Journal of Mining Science，1993，28(5)：420-423.

[6] 朱建波，马斌文，谢和平，等. 煤矿矿震与冲击地压的区别与联系及矿震扰动诱冲初探[J]. 煤炭学报，2022，47(9)：1-15.

[7] 窦林名，田鑫元，曹安业，等. 我国煤矿冲击地压防治现状与难题[J]. 煤炭学报，2022，47(1)：152-171.

[8] DOU L M, MU Z L, LI Z L, et al. Research progress of monitoring, forecasting, and prevention of rockburst in underground coal mining in China[J]. International journal of coal science and technology，2014，1(3)：278-288.

[9] CAI W, BAI X X, SI G Y, et al. A monitoring investigation into rock burst mechanism based on the coupled theory of static and dynamic stresses [J]. Rock mechanics and rock engineering，2020，53(12)：5451-5471.

[10] 高明忠，刘军军，林文明，等. 特厚煤层超前采动原位应力演化规律研究[J]. 煤炭科学技术，2020，48(2)：28-35.

[11] 朱斯陶，姜福兴，刘金海，等. 复合厚煤层巷道掘进冲击地压机制及监测预警技术[J]. 煤炭学报，2020，45(5)：1659-1670.

[12] 齐庆新，李首滨，王淑坤. 地音监测技术及其在矿压监测中的应用研究[J]. 煤炭学报，1994(3)：221-232.

[13] 窦林名，何学秋，BERNARD D. 冲击矿压危险性评价的地音法[J]. 中国矿业大学学报(自然科学版)，2000，29(1)：85-88.

[14] 任勇，夏永学，张修峰. 基于地音活动规律的冲击危险性评价技术[J]. 煤矿开采，2010，15(6)：90-92，102.

[15] 王恩元，刘晓斐，何学秋，等. 煤岩动力灾害声电协同监测技术及预警应用[J]. 中国矿业大学

学报，2018，47(5)：942-948.
[16] 田向辉，李振雷，宋大钊，等. 某冲击地压频发工作面微震冲击前兆信息特征及预警方法研究[J]. 岩石力学与工程学报，2020，39(12)：2471-2482.
[17] 何学秋，王安虎，窦林名，等. 突出危险煤层微震区域动态监测技术[J]. 煤炭学报，2018，43(11)：3122-3129.
[18] 王恩元，徐文全，何学秋，等. 煤岩体应力动态监测系统开发及应用[J]. 岩石力学与工程学报，2017，36(增刊 2)：3935-3942.
[19] 徐文全，王恩元，沈荣喜，等. 采动应力监测传感装置及应用研究[J]. 采矿与安全工程学报，2016，33(6)：1123-1129，1137.
[20] MA T H，TANG C A，TANG S B，et al. Rockburst mechanism and prediction based on microseismic monitoring[J]. International journal of rock mechanics and mining sciences，2018，110：177-188.
[21] CAI W，DOU L M，ZHANG M，et al. A fuzzy comprehensive evaluation methodology for rock burst forecasting using microseismicmonitoring[J]. Tunnelling and underground space technology，2018，80：232-245.
[22] 李楠，王恩元，GE M C. 微震监测技术及其在煤矿的应用现状与展望[J]. 煤炭学报，2017，42(增刊 1)：83-96.
[23] COOK N G W. The application of seismic techniques to problems in rockmechanics[J]. International journal of rock mechanics and mining sciences and geomechanics abstracts，1964，1(2)：169-179.
[24] BRADY B T，LEIGHTON F W. Seismicity anomaly prior to a moderate rock burst：a case study[J]. International journal of rock mechanics and mining sciences and geomechanics abstracts，1977，14(3)：127-132.
[25] 周春华，李云安，尹健民，等. 基于微震与电磁辐射联合监测的多元岩爆预警方法研究[J]. 岩土工程学报，2020，42(3)：457-466.
[26] 王雷，王琦，李术才，等. 软岩巷道掘进期间微震活动特征及稳定性分析[J]. 采矿与安全工程学报，2018，35(1)：10-18.
[27] 贾宝新，李峰，周琳力，等. 基于时频分析的微震 P 波和 S 波到时联合拾取方法[J]. 岩土力学，2021，42(5)：1253-1265.
[28] 张法全，王海飞，王国富，等. 基于 RST-NMF 模型的微震信号时频分析和识别[J]. 振动与冲击，2019，38(17)：1-7.
[29] 陆菜平，窦林名，吴兴荣，等. 煤岩冲击前兆微震频谱演变规律的试验与实证研究[J]. 岩石力学与工程学报，2008(3)：519-525.

张集煤矿1410(3)上提工作面安全高效回采关键技术探索与成功应用

魏明，周增辉，朱小举

（淮南矿业集团张集煤矿，安徽 淮南 232100）

摘　要　张集煤矿为减缓13-1煤工作面接替紧张的局面，多回收优质煤炭资源，增加矿井经济效益设计开采1410(3)上提工作面。

根据张集矿回采经验，上提工作面回采期间存在极大的突水风险，以及工作面矿压显现剧烈、顶板管理困难等重大技术难题。通过采取一系列技术手段，1410(3)工作面回采期间，克服了提高上限开采围岩稳定性差、两巷矿压显现剧烈、下伏14218工作面回采扰动等诸多困难，实现了安全高效开采，最高月回采375 m，创造了淮南矿业集团回采纪录，极大地缓解了13-1煤工作面接替紧张的局面，多回收优质煤炭资源117.2万t(实测煤质热量5 200 kcal/kg以上)，创造经济效益10.5亿元，保证了矿井效益持续、稳定。

关键词　上提工作面；安全高效；快速回采

1　项目实施过程

1.1　工作面情况

1.1.1　工作面位置

张集煤矿1410(3)上提工作面位于西二13-1上山采区最北部，该采区的其他工作面1411(3)、1412(3)、1413(3)、1414(3)、1415(3)均已回采结束。1410(3)工作面东至西二采区系统巷道，西至F209断层，北至13-1煤层40 m防水煤柱线，南为1411(3)工作面，下伏11-2煤层。

1.1.2　煤层情况

13-1煤为黑色，以块状为主，局部为粉末状、鳞片状，弱玻璃光泽；煤岩成分以暗煤为主，次为亮煤，夹镜煤条带，属半暗～半亮型煤；煤层结构简单；煤层稳定，局部受构造影响，煤层变薄、变软。工作面内煤厚1.8～4.5 m，平均4 m。

1.1.3　煤层顶、底情况

(1) 煤层顶、底板岩性特征

13-1煤层顶、底板岩性特征见表1。

表 1　13-1 煤层顶、底板岩性特征

顶底板名称	岩石名称	厚度/m	岩性特征
基本顶	细砂岩	$\frac{1.0\sim5.6}{3.2}$	浅灰色细砂岩，局部含菱铁成分，岩性致密较坚硬
直接顶	泥岩、煤线	$\frac{0\sim4.9}{2.8}$	以灰色泥岩为主，中间夹煤线 1～3 层（单层厚 0.2～0.3 m）。泥岩抗压强度为 17.08 MPa，抗拉强度为 0.73 MPa
伪顶	—	—	—
直接底	泥岩、13-1 下煤及砂质泥岩	$\frac{4.5\sim7.7}{5.7}$	以灰色泥岩为主，发育厚约 0.8 m 的 13-1 下煤，局部相变为砂质泥岩。砂质泥岩抗压强度为 81.42 MPa，抗拉强度为 2.36 MPa
基本底	中砂岩	$\frac{2.5\sim9.3}{5.9}$	灰白色，致密、块状、硅质胶结

（2）煤层顶板分类

13-1 煤层顶板主要由泥岩、砂泥岩、砂岩组成，经过对 13-1 煤层顶板以上 40 m 范围内岩性进行统计，其中泥岩占比为 46.08%～78.04%，砂岩所占比例在 21.96%～53.92%。根据基本顶砂岩所占比例，综合考虑顶板岩性特征，判定该工作面顶板覆岩类型属中硬～坚硬类型。

1.1.4　地质构造情况

根据周边采掘工程及勘探钻孔资料分析，巷道所处区段 13-1 煤层的总体形态为单斜构造，其产状为：200°～210°∠8°～12°。

回采期间对回采影响较大断层为 Fw201（H＝1.8～2.5 m）、F1410(3)01（H＝1.5 m）、Fg3（H＝2 m）、Fg2（H＝2.5 m）。此外，工作面坑透圈定 3 异常区：3 个均为断层、煤层变薄影响异常区，对工作面回采影响较大。这 3 个异常区的情况如表 2 所列。

表 2　3 个异常区的情况

编号	异常区对应巷道实见范围		异常特征说明
1# 异常区	轨道顺槽退尺	—	煤层变薄异常区。运输顺槽揭露煤层变薄，综合曲线图显示该区域低值异常，实测场强图显示该区域低值异常，吸收系数图显示该区域高值异常。区内煤层变薄，影响程度 H<1 煤厚，对回采影响较大
	运输顺槽退尺	1 060～1 142 m	
2# 异常区	轨道顺槽退尺	1 290～1 460 m	断层、煤层变薄异常区。两巷揭露多条断层，落差 0.9～2.7 m；区域内煤层变薄，综合曲线图显示该区域低值异常，实测场强图显示该区域低值异常，吸收系数图显示该区域高值异常。区内断层发育，煤层变薄，影响程度 H<1 煤厚，对回采影响较大
	运输顺槽退尺	1 250～1 360 m	
3# 异常区	轨道顺槽退尺	1 680～1 750 m	煤层变薄异常区。两巷揭露煤层变薄，综合曲线图显示该区域低值异常，实测场强图显示该区域低值异常，吸收系数图显示该区域高值异常。区内煤层变薄，影响程度 H<1 煤厚，对回采影响较大
	运输顺槽退尺	1 630～1 685 m	

1.1.5　水文地质情况

工作面松散层厚度为 302.95～380.80 m（上含、中含为含水层），其中中隔厚度为 15.55～39.80 m，是阻隔新生界的中部含水层与煤系地层的砂岩裂隙水之间水力联系的天然屏障，与煤系地层含水层无水力联系。依据《建筑物、水体、铁路及主要井巷煤柱留设与压煤开采规范》，水体采动等级为Ⅲ类，工作面可留设顶板防塌安全煤岩柱。

根据西二13-1采区以及相邻的西一13-1采区相关资料，1410(3)工作面的主要充水水源为13-1煤层顶板砂岩裂隙水。其出水形式以滴淋水为主，个别地段单个出水点最大出水量为3 m^3/h。在遇构造，裂隙发育地段、相对富水地段，最大涌水量为12.6 m^3/h。在工作面初采期间，最大涌水量为25 m^3/h，出水均呈逐渐疏干趋势。

运用“比拟法”，参考相邻1411(3)上提工作面，经计算，1410(3)工作面预计正常涌水量为0～5 m^3/h，最大涌水量为15.7 m^3/h。

1.2 工作面回采准备

1.2.1 顺槽优化布置

轨道顺槽通过1410(3)轨顺回风联巷与西二13-1专用煤层回风上山连接，形成轨道顺槽掘进、工作面回采期间回风系统；通过1410(3)轨顺提料斜巷、1411(3)轨顺进料联巷与西二采区13-1煤底板轨道上山连接，形成轨道顺槽掘进、工作面回采期间辅助运输系统；通过1410(3)施工联巷与运输顺槽相连，形成轨道顺槽初期掘进期间煤炭运输系统。

1.2.2 工作面参数优化设计

矿井初步设计该采区13-1煤开采上限－410 m，为安全起见，减小巷道与新生界松散层水水力联系。因此工作面设计面宽为78 m，使工作面轨道顺槽、运输顺槽位于40～60 m防水煤柱线之间，煤层底板标高为－384.1～－427.1 m。煤层顶板最高点和最小防塌煤(岩)柱均位于轨道顺槽中部，此处煤层顶板标高－395.8 m，对应的基岩面标高－355.8 m，防塌煤(岩)柱40.0 m>33.0 m[根据潘谢矿区经验需留设的防塌安全煤(岩)柱]。

设计采用走向长壁后退式回采的采煤方法，顶板管理为全部垮落法。工作面可采长度1 880 m，面宽78 m。

1.2.3 支护方式优化

1410(3)工作面轨道顺槽、运输顺槽及切眼均采用锚索网支护，采用工程类比法(类比《1411(3)工作面两巷及切眼锚索网支护设计》)确定1410(3)工作面两巷及切眼锚索网支护参数，同时在实践过程中根据矿压观测结果及顶板岩性结构变化状况不断调整优化支护参数。

1.3 工作面安全高效回采采取措施

1.3.1 优化设备选型

根据西二13-1采区的地质情况以及采矿设计规范的要求，1410(3)工作面采用走向长壁后退式采煤法，一次采全高综合机械化采煤工艺，全部垮落法管理顶板，根据工作面条件，选取的主要设备如表3所列。

表3 1410(3)工作面设备选型表

序号	设备名称	型号规格	数量	电机功率/kW	电压/V
1	液压支架	ZZ13000/24/50D	48		
2	采煤机	MG750/1900-WD	1	1 900	3 300
3	刮板输送机	SGZ1000/1710	1	855×2	3 300
4	破碎机	PCM250	1	250	3 300
5	转载机	SZZ1000/400	1	400	3 300
6	胶带机	DSJ120/200/4×355	1	4×355	1 140

1.3.2 优化运输顺槽出煤系统

(1) 优化皮带机头出煤系统

工作面运输顺槽出煤系统设计为皮带机与直通仓搭接，由于前期掘进准备出现偏差，直通仓中心与皮带机中心线偏差 2.7 m，导致出货难度大，经研究论证，采用 3 m 长，40°溜煤板出货方式，保证了工作面生产系统顺畅。工作面回采期间，未曾出现皮带机头溜煤板出煤不畅、卡堵现象。

(2) 优化除铁器系统

工作面端头进刀过程中会产生大量的锚杆、钢带等杂物，部分铁器会进入煤流系统，除铁器吸附铁器杂物时，除铁器看护人员需停皮带机去除，影响工作面正常生产节奏及时间。

由于 1410(3)上提工作面面长仅 78 m，圆班割煤 18 刀左右，工作面两端头产生大量铁器杂物，为减少除铁器处去除杂物时间，由综采一队自行设计了除铁器自移装置(见图 1)，在不影响皮带运转的情况下，通过除铁器自移去除铁器杂物，圆班减少去除铁器造成的停皮带时间 3 h，保证了生产时长。

图 1 1410(3)工作面自移式除铁器设计

1.3.3 优化割煤工序

正常的割煤工艺流程为斜切进刀→打三角煤→割煤→移架→推溜→斜切进刀。由于该工作面面长较短，仅为 78 m，考虑到煤机机身长度在 15 m 左右，基本上采煤机都在两端头作业，为提高割煤效率，经过分析研究，决定由端头斜切进刀改为中部斜切进刀方式：机头割透一刀后回退至一个机身长度后再移架抵车，机头再进，如此机头连进三刀，机尾连进三刀，从而减少移架、抵车时间以及人员架档内频繁跟机移架作业。

1.3.4 加强巷道支护，减少巷道位移变形

工作面回采前，开始在工作面两巷顶板进行加强支护，沿两巷巷道顶板重新施工两排 7.3 m 工字钢锚索加强支护，以减少矿压显现。运输顺槽沿空巷道采用小煤柱注浆与薄喷加固的方式进行帮部补强；同时回采期间，每小班在转载机后打设木垛，保证端头支护强度，确保机头三角处应力集中区域的巷道高度。

1.3.5 开展矿压分析研究，指导下伏工作面 14218 的回采

1410(3)工作面与 14218 工作面呈斜交布置，层间距为 169 m，1410(3)切眼距离 14218 运输顺

槽平距 122.7 m，工作面回采至 820 m 与 14218 工作面相交。两回采工作面的作业巷道受采动影响变形比单一回采更为严重(图 2)。针对这一交叉回采现象，1410(3)工作面回采期间，通过分析两个工作面同采期间 1410(3)的矿压显现规律，为减小 14218 采动影响，合理调控了 14218 的回采进度，确保了 1410(3)工作面的平稳安全回采。

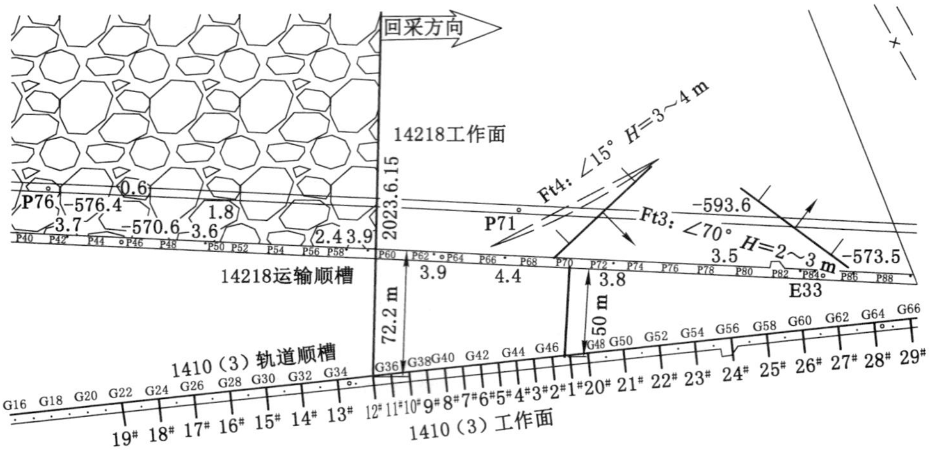

图 2　1410(3)工作面与 14218 工作面交叉影响平面图

1.3.6　超前进行断层、应力集中区治理，确保过断层、应力集中区期间顶板安全

回采期间对回采影响最大断层为 Fw201(H=1.8～2.5 m)仰采断层以及下伏 1412(1)工作面 160 m 的遗留煤柱应力区。为保证工作面过断层期间及过遗留煤柱应力区期间顶板安全，在分析断层特征及水文地质条件基础上，采用超前注浆技术对断层破碎带进行了加固(见图 3)，实现了对断层破碎带加固、堵水的双重效果，达到了巷道围岩加固及含水层改造的双重目的。共设计注浆钻孔 21 个，累计注浆量 17.6 t，保证安全通过断层。

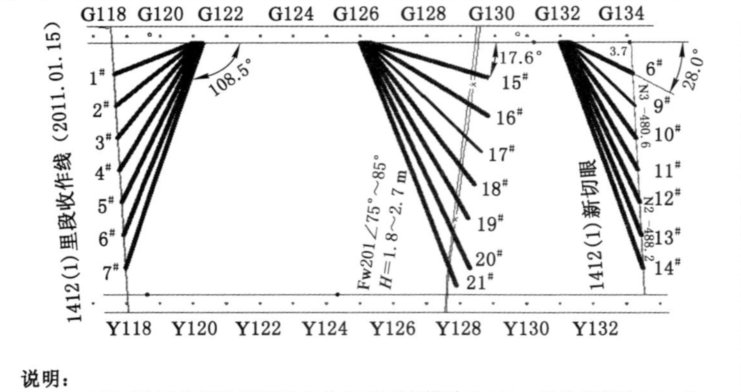

说明：

1. 1410(3)工作面注浆钻孔方位角以面向煤壁为90°，左边巷帮为0°，右边巷帮为180°；倾角以水平面为基准，偏上为正，偏下为负；注浆钻孔直径不小于75 mm。

2. 注浆钻孔开孔位置布置在钻场顶板向下1.8 m处，钻孔平行布置，钻孔间距0.5 m。

3. 钻孔施工完毕后，钻孔内全程下1寸注浆管(其中里段带花管)，使用聚胺酯药包、水泥浆和注浆胶囊进行"两堵一注"式联合封孔，封孔距离10 m，同时铁管最外端安装相应截止阀。

4. 钻孔设计总长度为1 084 m。

孔号	孔深/m	方位角/(°)	俯仰角/(°)	花管长度/m
1#	27	108.5	10	17
2#	32	111.4	5.1	20
3#	39	115.3	1.4	20
4#	47	120.7	-1	20
5#	56	128.5	-2.7	20
6#	65	140.1	-4	20
7#	75	157.4	-4.9	20
8#	22	28.0	14.0	12
9#	29	45.3	9.0	19
10#	37	55.2	4.3	17
11#	46	61.4	2.2	20
12#	55	65.4	0.5	20
13#	65	68.3	-1.1	20
14#	74	70.4	-2.0	20
15#	40	17.6	7.1	20
16#	44	33	4.7	20
17#	55	44.9	0.5	20
18#	56	53.7	0.4	20
19#	66	60.2	-2.5	20
20#	73	65.2	-4.4	20
21#	62	68.9	-5	20

图 3　1410(3)工作面 Fw201 断层(H=1.8～2.5 m)及应力集中区加固注浆设计

1.3.7 优化矿井生产调度管理

1410(3)工作面回采时间为2023年6月12日—2023年11月28日，同一时期回采的另外3个工作面是1222(1)、1155(1)和1511(1)工作面，这3个工作面地质顶板条件均强于1410(3)工作面。为保证1410(3)工作面的快速推进，通过调度调控，降低1222(1)和1155(1)工作面推进度，杜绝了系统运载能力对1410(3)工作面快速回采的影响。

2 取得成果

2.1 与以往上提工作面回采对比

在张集矿成功开采的14个上提工作面中，与1410(3)工作面地质条件相似的有邻近的属于西一13-1采区的1210(3)、1214(3)工作面，其中1210(3)工作面最小防塌煤柱为高度40 m，1214(3)最小防塌煤柱高度为33 m。

2.1.1 1214(3)上提工作面开采情况

1214(3)工作面(平均)走向长度为800 m，倾斜长为197 m，采高3.7 m。工作面于2006年06月22日开始回采，回采初期(2006年6月22日—2006年12月7日)共回采了260 m，平均日进两刀。2006年7月开始，该面进入1211(1)工作面压茬段(运输顺槽100 m范围)，受到顶板、压茬压力及地质构造综合因素影响，推进度缓慢，其中10月份推进19 m、11月份仅推进8 m、12月份仅推进7.5 m。但经过努力之后，2007年1月安全通过1211(1)工作面的压茬范围。到2007年4月26日收作，历时309天，平均日进2.59 m(3.2刀)。

2.1.2 1210(3)上提工作面开采情况

1210(3)工作面(平均)走向长度为914 m，倾斜长为125.2 m，采高3.5 m。工作面于2009年6月4日开始回采，2009年7月10日工作面开始过Fs115断层及煤层变薄区，岩性为砂岩，工作面推进缓慢，月推进度仅17 m。到2009年12月25日收作，历时205天，平均日进4.46 m(5.6刀)。

2.1.3 1410(3)上提工作面开采情况

1410(3)工作面(平均)走向长度为1 835 m，倾斜长为78 m，采高4 m。工作面于2023年6月12日开始回采，到2023年11月28日收作，历时170天，平均日进10.8 m(13.5刀)。

对此可见，经过采取一系列措施有效保证了1410(3)上提工作面的安全高效回采。

2.2 取得的经济效益

1410(3)工作面于2023年6月至11月回采，极大缓解了13-1煤工作面接替紧张的局面，多回收优质煤炭资源117.2万t(实测煤质热量5 200 kcal/kg以上)，创造经济效益10.5亿元，保证了矿井效益持续、稳定。

1410(3)工作面回采期间，克服了提高上限开采围岩稳定性差、两巷矿压显现剧烈、下伏14218工作面回采扰动等诸多困难，实现了安全高效开采，最高月回采375 m，创造了集团公司历史回采纪录。

参考文献

[1] 崔贵波.阳煤一矿工作面交叉对采中巷道变形规律分析[J].煤炭化工，2017，40(9)：4-8.

[2] 高志军，范士彦，曹洪勇，等.超前帷幕注浆技术在蔡园煤矿导水断层治理中的应用[J].山东国土资源，2012，28(9)：46-48.

[3] 李军.上提工作面加大采高回采实践[J].安徽科技，2007(7)：44-45.

大采深综放工作面“三软”煤层开采的技术研究与应用

郭雷

（淮北矿业（集团）有限责任公司信湖煤矿，安徽 淮北 235000）

摘 要 煤炭是我国最主要的基础性能源，是我国经济持续快速发展的源动力。尽管我国的煤炭产量相当可观，但由于多年的开采活动，使煤炭资源进一步开采的条件越来越困难，尤其大采深综放工作面“三软”煤层开采时，回采整体呈现出回采工效小、回采率低、安全事故频发的现象。基于煤层及顶底板均较松软且受工作面复杂条件的影响，“三软”煤层工作面易出现煤壁片帮、支架钻底倾斜失稳等一系列现象。目前人们对“三软”煤层工作面上覆岩层变形破断规律、应力分布规律以及片帮程度等尚不明确，因此研究和掌握“三软”条件下走向长壁工作面覆岩变形破坏规律，针对“三软”煤层工作面开采的关键问题提出相应解决措施，为类似条件下的工作面开采提供理论与实践指导就显得极为重要。本文主要是对大采深综放工作面“三软”煤层的实际回采经验进行研究与分析，提出相关建议。

关键词 综放工作面；“三软”煤层；大采深

0 引言

三软煤层开采存在的主要问题是工作面“底板-支架-顶板”支护系统的整体刚度不够，工作面开采过程中矿压显现相对剧烈，顶底板相对移近量大、煤壁片帮严重、支撑体系不稳定等，严重制约着工作面安全高效生产。由于顶板强度小，覆岩裂隙发育、破碎程度较大，顶板冒落现象严重；煤质较软使得煤壁片帮现象严重，煤壁片帮和顶板漏、冒相互诱发，导致三软煤层工作面顶板控制非常困难。

“三软”煤层具备顶板软、煤层软和底板软的三软特征，既不利于支护，又不利于透气，控制不好压力容易发生片帮、冒顶等事故，且巷道支护困难，给职工的人身安全以及设备的正常运行带来巨大威胁，且严重制约了工作面高效回采，导致工作面开采进度慢和产量低。

淮北矿区也是我国典型的“三软”煤层矿区，中厚煤层分布广泛。本文针对淮北地区信湖煤矿“三软”厚煤层综放开采覆岩运动和矿压显现规律特殊、顶煤回收率低下等特点，以信湖煤矿 818 工作面为工程背景，利用岩石力学实验、数值模拟等方法研究工作面围岩物理力学特性、开采技术条件、矿压显现规律、顶煤放出规律等科学问题，发挥综合机械化放顶煤开采的技术优势，实现煤矿安全高效生产。

1 矿井采场状况

信湖煤矿位于安徽省涡阳县境内，行政区划属涡阳县，距涡阳县城约 14 km，生产规模 300 万 t/a，矿区面积 114.3432 km^2。矿井采用立井、石门、水平运输大巷开拓方式，一水平标高－960 m。矿井现有一个生产采区 81 采区。

818 综放工作面位于工业广场东侧，相对地面位置为村庄、农田、沟渠，该面为矿井首采面，位于 81 采区上山右翼，上区段为 816 工作面(未准备)，下区段为 8110 工作面(未准备)，左靠 81 采区上山，右邻 SDF33 断层及 81 采区边界。818 工作面地面标高 ＋30.75～＋31.93 m，巷道标高 －858.6～－927.0 m，走向长度 1 900 m，倾斜宽 180 m，斜面面积 342 000 m^2。818 工作面切眼剖面见图 1。

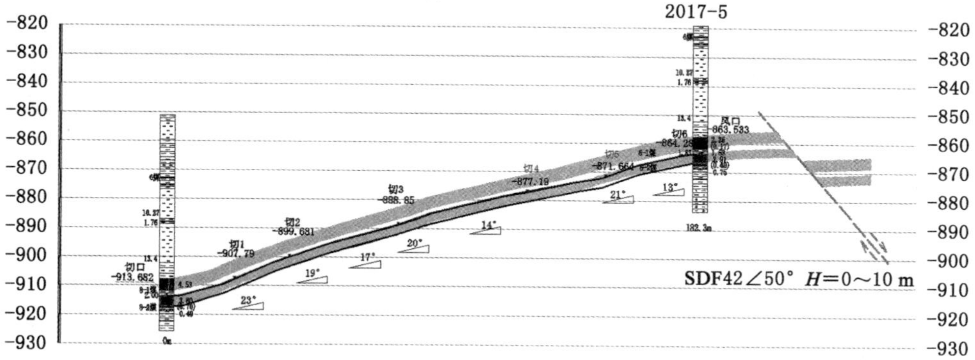

图 1　818 工作面切眼剖面图

2　开采工艺及设备布置

818 工作面采煤方法为单一走向长壁后退式综采放顶煤，以放煤工序为中心，以“两刀一放”为基础工艺，其回采工艺流程为：割煤→超前临时支护→推前部运输机→移架护顶→放煤→拉后部运输机。

818 综放工作面主要设备配置情况如表 1 所列。

表 1　818 综放工作面主要设备配置

设备名称	规格型号	单位	数量	主要技术参数
双滚筒采煤机	MG500/1180-WD	台	1	采高范围 1.8～3.5 m
液压支架	ZF10000/18/36D	架	115	支架宽度 1 390～1 630 mm，初撑力 7 758 kN，支护强度1.2 MPa，底板比压 3.2 MPa
过渡支架	ZFG10000/22/35D	架	6	支架宽度 1 560～1 800 m，初撑力 7 756 kN，支护强度1.02 MPa，底板比压 3.1 MPa
端头支架	ZQL2×5000/21/40D	组	1	支撑宽度 800 mm，初撑力 3 878 kN
端头支架	ZQL.2×7500/21/40D	组	1	支撑宽度 800 mm，初撑力 5 817 kN
超前支架	ZQL5000/21/40D	架	机巷 3，风巷 17	支撑宽度 950 mm，初撑力 3 878 kN
运输机	SGZ800/1050	部	2	电压 3 300 V，功率 525 kW(变频)，运输能力 1 500 t/h
中双链刮板转载机	SZZ800/400	部	1	运输能力 1 800 t/h，功率 400 kW
轮式破碎机	PLM3000	部	1	破碎能力 3 000 t/h，进料口宽 900 mm，功率 250 kW，电压3 300 V，外形尺寸 4 500 mm×1970 mm×1 819 mm，质量 16 t
可缩性胶带输送机	DSJ120/160/2×400	部	1	功率 2×400 kW，输送量 1 600 t/h
乳化液泵站	BRW630/37.5	套	1	额定流量 630 L/min，额定压力 37.5 MPa，电机功率 450 kW(变频)
喷雾泵	BPW516/16	套	1	额定流量 16 MPa，电机功率 160 kW(工频)，电压 1 140 V

工艺参数：

① 采高的确定，工作面煤层赋存条件稳定，8_2煤厚度 1.7～2.91 m，正常回采期间，采高平均 2.6 m；工作面过断层及构造异常区期间，煤层的变化会导致工作面出现鼓岗或洼窝，最低采高不应低于 2.4 m，同时采高不应大于 3.4 m。确定 818 工作面最小采高为 2.4 m，最大采高为 3.4 m。8_2煤厚度变薄时，跟 8_2煤顶板适当破底回采，采高不低于 2.4 m；8_2煤厚度在 2.4～3.4 m 时，跟 8_2煤顶底板回采；8_2煤厚度大于 3.4 m 时，跟 8_2煤顶板适当丢底回采，采高不大于 3.4 m。

② 采放比：工作面割煤高度 2.6 m，平均放煤矸高度 5.8 m，采放比 2.6/5.8＝1∶2.2。

③ 落煤：采用双滚筒电牵引机组割底煤和支架尾梁插板伸缩摆动、矿山压力破碎上位顶煤，并借助插板破碎大块煤矸防止堵塞放煤口的综合落煤方式。割煤截深 0.6 m。

④ 割煤与进刀方式：采用端部斜切进刀割三角煤的进刀，双向往返割煤，追机推移工作面运输机。

3 矿压分析及围岩控制

3.1 工作面矿压规律显现情况

3.1.1 工作面初次来压情况

(1) 818 综放工作面 2021 年 3 月底开始安装，于 2021 年 5 月 18 日验收、试运转。为全面准确反映矿压显现规律，工作面安装 ZE07 型综采自动化控制系统实时在线监测，支架初撑力不符合要求时，系统具备自动补液功能。集中控制中心有相应的支架初撑力、工作阻力监视功能，数据经井下环网上传到地面调度指挥中心，可动态显示支架阻力变化参数。各压力分站实时记录并上传支架的初撑力和工作阻力，能够动态掌握工作面顶板来压情况。

分析 818 综放工作面矿压在线监测来压参数可知，首次来压日期为 5 月 29 至 6 月 3 日，工作面按照中部→中下部→上部(机尾)顺序来压，来压步距 24.9～30 m。现场具体来压情况为：来压期间顶板有剧烈响声，工作面液压支架受力工作阻力增加，煤帮有轻微片帮，局部地段支架安全阀开启。来压规律表现为：① 来压持续时间长 3～4 d；② 顶板来压体现为局部来压，先下部，后上部；③ 来压前煤壁顶板破碎，片帮深度≤800 mm，支架工阻明显增加，最大 45 MPa。结合 818 综放工作面现场支架压力、回采情况，现场观测情况，判断工作面基本顶初次来压步距为 25～30 m，平均 27.5 m。

3.1.2 工作面周期来压情况

(1) 818 综放工作面液压支架工作阻力利用 ZE07 型综采自动化控制系统实时在线观测。工作面液压支架共计 122 架，每隔 10 架布置一个测点，来观测液压支架初撑力及工作阻力，分析工作面矿压显现情况。对 2022 年下半年工作面支架工作阻力进行统计分析，确定周期来压步距。从统计结果(图 2)来看，工作面周期来压显现规律较明显，均发生在工作面中部；来压期间工作面内出现局部片漏；两巷超前压力显现主要体现为巷道缓慢底鼓，最大变形在上下出口附近，机巷受积水影响，围岩变形显现相对较明显。周期来压期间，工作面液压支架前立柱初撑力平均为 26.1 MPa，工作阻力平均为 30.08 MPa；后立柱初撑力平均为 14.05 MPa，工作阻力平均为 17.5 MPa；机巷超前支护工作阻力平均为 26.3 MPa；风巷超前支护工作阻力平均为 26.1 MPa；平均周期来压步距为 18.08 m。

3.1.3 工作面机巷和风巷矿压显现情况

在 818 工作面两巷内布置巷道表面位移测点进行持续的矿压监测。两巷平均每隔 50 m 布置一个测点，每个测点处对巷道高度及宽度进行测量，记录巷道顶底板移近量及两帮移近量。选取机巷和风巷的 14，16，18 号测点进行观察，它们的顶底板位移量和巷道变形量如图 3 所示。

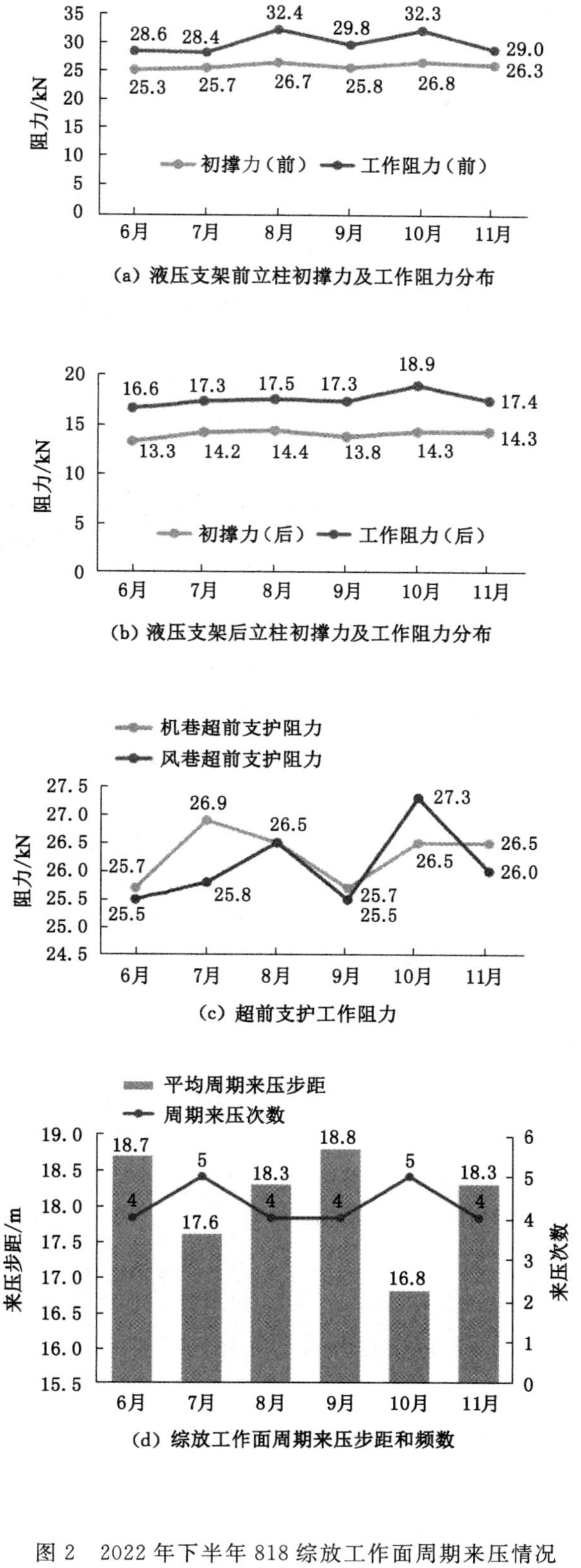

图2　2022年下半年818综放工作面周期来压情况

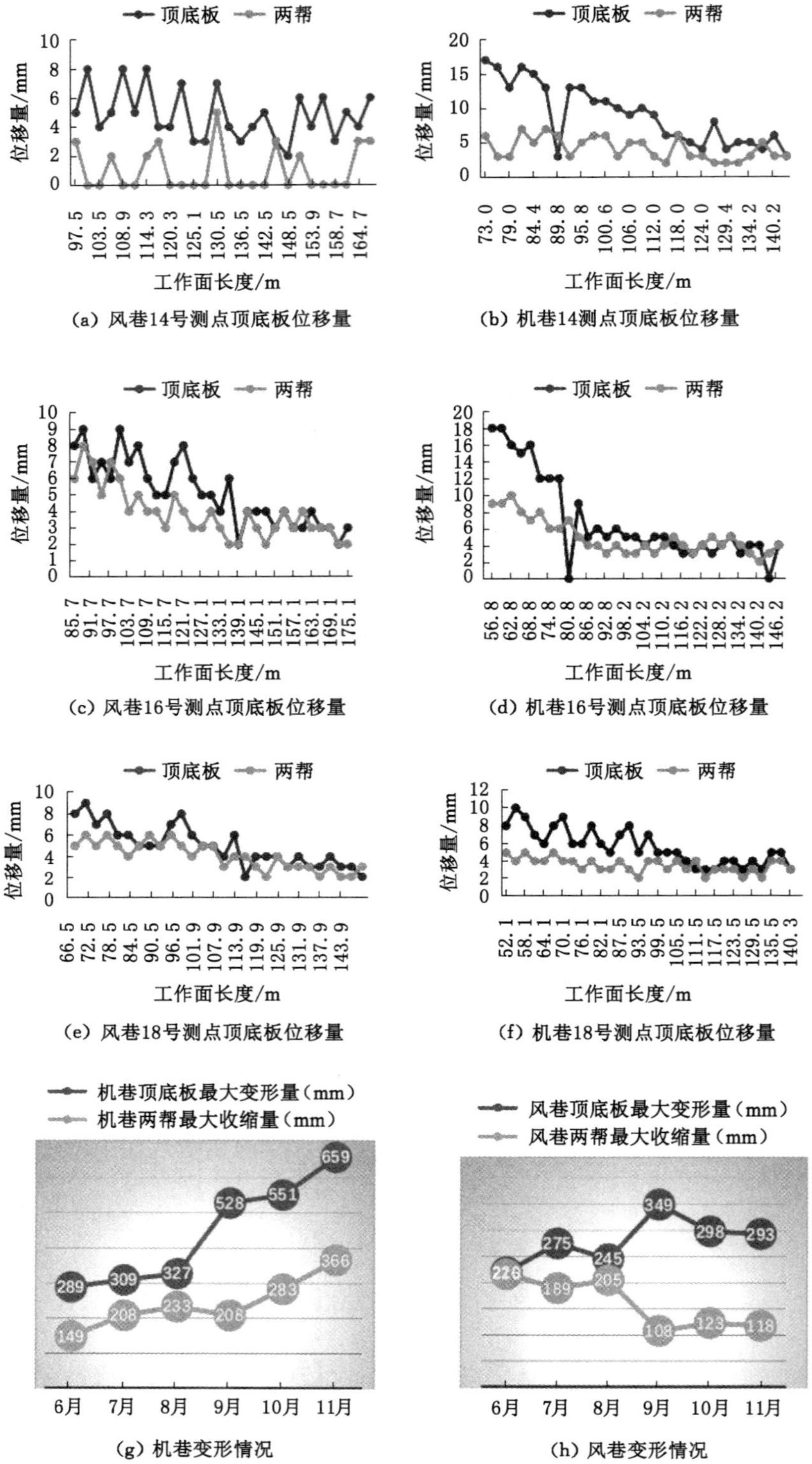

图 3　818 综放工作面 2022 年下半年巷道变形情况

由图 3 可见，818 综放工作面周期来压期间，机巷顶底板变形量最大为 659 mm，最小为 289 mm，平均为 443.83 mm；风巷顶底板变形量最大为 349 mm，最小为 220 mm，平均为 280 mm；机巷两帮收缩量最大为 366 mm，最小为 149 mm，平均为 241.17 mm；风巷两帮收缩量最大为 216 mm，最小为 108 mm，平均为 159.83 mm。

3.2 工作面顶板及巷道围岩控制措施

3.2.1 工作面顶板控制措施

（1）工作面内顶板控制

严格按照“818 工作面周期来压安全管控实施方案”组织施工，确保工作面来压期间的安全生产。对工作面内支护本次采取追机移架的方式，一般情况下，滞后采煤机后滚筒 4 个左右架子时及时对顶板进行支护。在采煤机进行割煤时，先进行支架的移动，支架移动到位后，再移动刮板输送机。采煤机完成割煤，支架移动到位后，支架及时将伸缩梁伸出，及时进行顶板支护，这时护臂板也随之伸出，完成割煤工作。其次，各项顶板控制举措应该严格落实到位，保持支架初撑力不低于 24 MPa。支架与支架之间的距离应当控制在 0.1 m 的范围内，更好提升支架支护的整体性。煤壁顶板与支架前梁端之间的垮落高度应当控制在 0.3 m 的范围内。工作面在开采时，严格控制采高，保持采高 2.6～2.7 m，避免出现超高现象，控制相邻支架顶板落差在侧护板 2/3 范围内。应严格做到“三直一平”，液压支架之间的偏差应控制在 0.05 m 的范围内。通过上述参数的保证，对于提升支护质量有着明显的作用。

（2）端头及超前支护顶板控制

在端头支护时，选择使用端头支架与过度支架对端头安全出口位置的顶板进行控制。尾端头选择使用过渡支架的方式进行顶板控制。切眼外选择使用超前支架进行顶板控制。

（3）特殊情况下顶板管理

首先，来压及停采前顶板管理措施。在来压之前，技术人员应当做好预防支护工作，确保工作面支架初撑力。其次，支架在支护升紧时，应当达到规定的初撑力，防止工作面出现周期来压时，给工作面产生强大冲击，出现支架被压死的情况。针对来压期间顶板破碎、煤壁片帮情况，采取人工扒护帮板和超前维护的方式，保证工作面正常回采。在停采之前，停采线的位置应当严格按照具体设计位置，在停采线 15 m 的范围内，工作面两个巷道的顶板应当最大限度地控制完整。停采时，应当根据工作面开采情况，确定出周期来压的步距。在停采之前，对于两个巷道应当采取针对性的支护补强举措。此外，对于停采之前进行的工作面铺网，应当采取针对性的铺网施工措施，精准确定出铺网的位置，从而更好地提升支护的强度。其次，在顶板破碎的情况下，应当针对性地强化顶板管理。在遇到顶板破碎时，移架滞后采煤机前滚筒 2 个支架并擦顶带压移架，在架子移动之后，及时将伸缩梁伸出来，对于护帮板应当及时将顶板和机道等维护到位。特别是片帮位置相对较深，或者煤壁较为松软时，应当采取超前二次移架的方式对顶板进行针对性的强化支护。此外，这个过程中，采煤机前滚筒应当适当地降低，防止出现割顶煤的问题。

3.2.2 工作面巷道围岩控制措施

（1）提高深部巷道围岩强度

① 采用高强支护加固措施在围岩原来的抗剪强度上来强化围岩，严格控制围岩沿原生裂隙和次生裂隙发展，通过提高支护阻力来减少围岩变形量。

② 由于卸载作用导致围岩破碎区范围加大，在控制裂隙继续发展的同时，可以采用水泥等高强度材料通过围岩注浆的方法来填充裂隙，达到修补裂隙、改善围岩布局、强化围岩的目的。

③ 针对巷道两帮移近量大、巷道底鼓严重的现象，要改善以往的支护习惯，重视顶板支护的同时加强对两帮及底角的支护，以降低两帮移近量、巷道底鼓程度，维护围岩的自身残余强度。

（2）改善围岩应力状态

① 深部巷道挖掘过程中，围岩由三向受力转为两向受力，围岩从本来的稳定状况转变为非稳定状况，因此要尽可能恢复巷道的法向应力，改善围岩应力状态。

② 通过水力割缝、打卸压孔等一系列卸压技术，对深部巷道围岩受到的多种形式的压力进行卸压，将集中分布的荷载转移到离巷道较远的支撑区，减小采动支撑作业对巷道产生的应力，降低作用在围岩上的压力。

③ 此外，统筹规划巷道位置，条件允许的情况下将其设在低应力区，选择合理的作业时间及先后顺序，降低相邻区段作业时带来的的影响，也能够提高巷道围岩稳定性。

4 工作面顶煤放出规律

4.1 不同放煤循环的顶煤放出规律情况

工作面不同推进阶段的顶煤放出量和回收率如图 4 和图 5 所示。

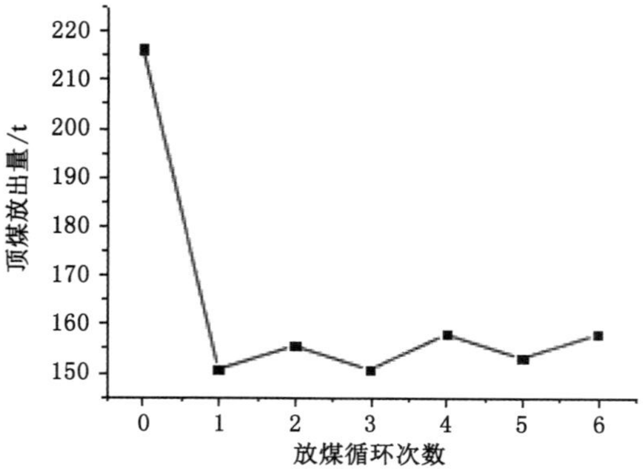

图 4 不同推进阶段采场顶煤放出量

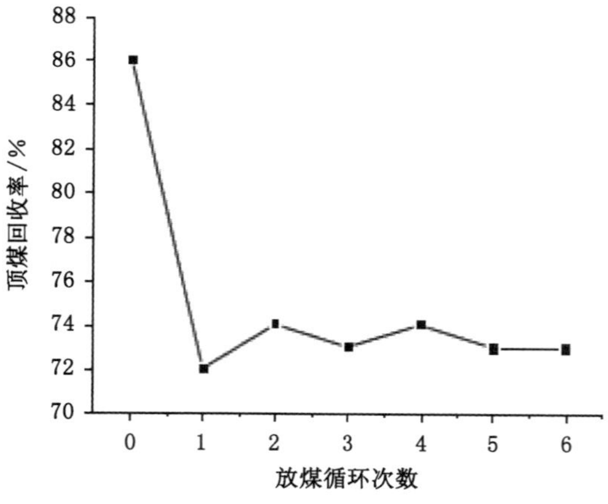

图 5 不同推进阶段采场顶煤回收率

从图 4 和图 5 可以看出，工作面的顶煤放出量和回收率随着放煤循环的增加呈现先减小后稳定的趋势。在初次放煤时，顶煤的放出量和回收率都比较高，周期放煤时两者均在一定范围内波动。初次放煤循环的顶煤放出量是整个工作面回采放煤量的最大值，回收率在 86%左右，而周期放煤时平均在 73%，第二次放煤时的顶煤放出量较小，低于平均值，实际生产中为提高效率可以缩短第二次放煤工序的时间。

4.2 不同埋深工作面的顶煤放出规律情况

在分析不同埋深煤岩分布形态的基础上，对其顶煤放出量和回收率进行分析，总结初次放煤循环顶煤放出量、周期放煤循环顶煤放出量与埋深的关系，如图6所示。

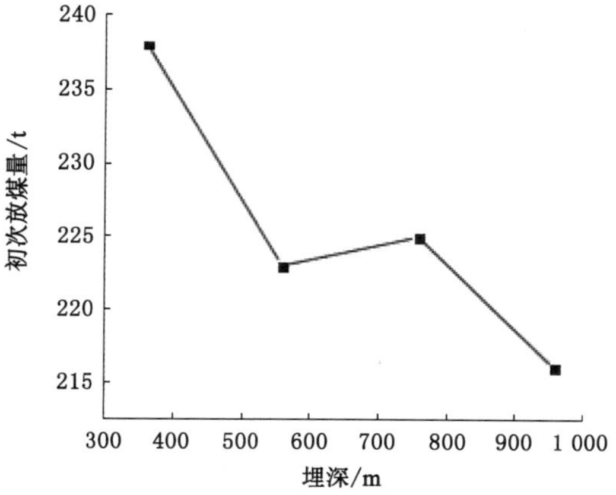

图6　不同埋深条件下的采场初次放煤量

从图6中可以看出，初次放煤循环过程中，顶煤放出量随着埋深的增加，整体呈现不断下降的趋势，这表明埋深的增加使得顶煤的破碎程度较高，但由于受直接顶的影响，顶煤的放出量仍然下降，间接说明了直接顶岩层力学性质对顶煤的放出量影响是比较明显的。

周期放煤循环平均放煤量远小于初始放煤循环，如图7所示。从图7中可以看出，周期放煤循环过程中，顶煤放出量随着埋深的增加，整体也呈现不断下降的趋势，这说明直接顶的岩性对放煤规律的影响贯穿工作面整个作业周期，周期放煤量与埋深的关系基本呈线性。在实际生产过程中，应注意尽量保证采场直接顶的完整性，避免其对顶煤的运移回收产生影响。

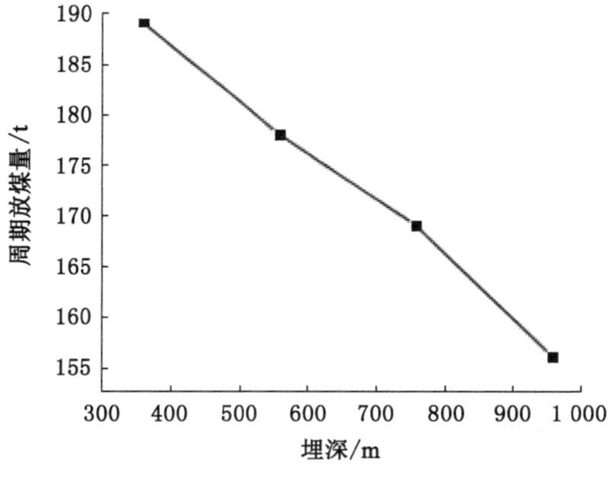

图7　不同埋深条件下的采场周期放煤量

顶煤回收率与埋深的关系如图8所示。从图8中可以看出，顶煤回收率随着埋深的增加，整体仍然呈现不断下降的趋势，在埋深960 m的时候回收率偏低，平均约为73%，这是由于直接顶与顶煤比较破碎，煤岩累计位移量较大。回采时应加强顶板的管理，通过管理措施防止顶煤架间冒落，进而防止煤岩分界面在空间上频繁发生改变，从而提高顶煤的回收率。

4.3 不同岩层硬度的顶煤放出规律情况

在分析埋深对工作面顶煤放出规律的过程中，发现煤岩体的力学性质对采场顶煤放出量、回收

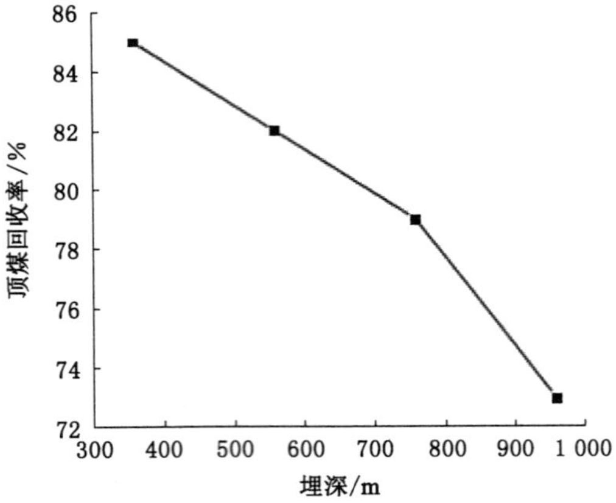

图 8　不同埋深条件下的采场顶煤回收率

率以及煤岩分布形态具有显著影响。在此基础上，随即探究不同直接顶岩层硬度条件下工作面顶煤放出规律。模型分别设置 2，4，6，8 四个梯度的岩层硬度，从煤岩放出形态、初次顶煤放出量（图 9）、周期顶煤放出量（图 10）和顶煤回收率（图 11）等方面对比分析各个特征参数与岩层硬度的关系，得出岩层硬度对工作面顶煤放出的影响。

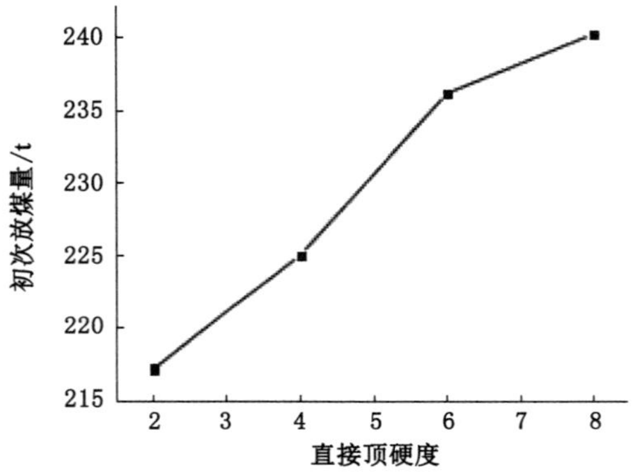

图 9　不同直接顶硬度下采场的初次放煤量

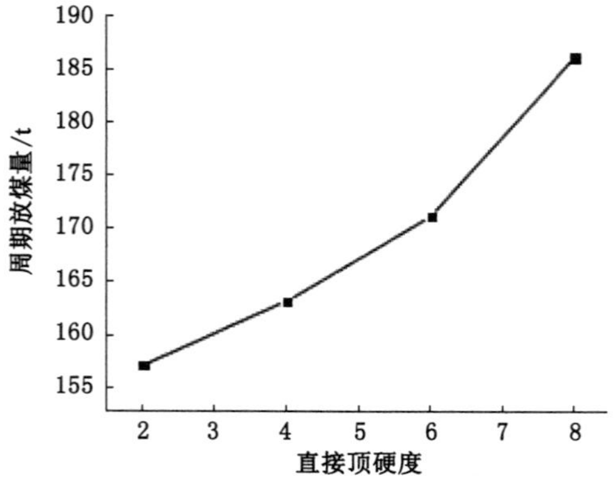

图 10　不同直接顶硬度下采场的周期放煤量

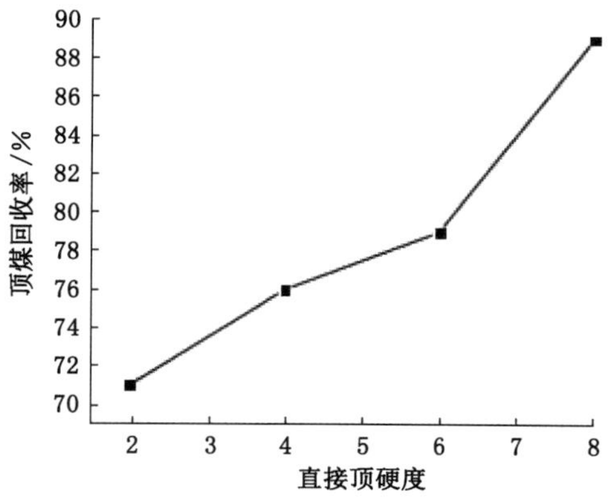

图 11　不同直接顶硬度下采场的顶煤回收率

从图 9 中可以看出，初次放煤循环过程中，顶煤放出量随着直接顶硬度的增加，整体呈现上升的趋势。说明在直接顶岩层硬度增加时，岩块之间的黏聚力和摩擦力加大，工作面推进时不容易垮落，直接顶与顶煤的接触面就越小。在其他条件一定时，直接顶强度高对支架上方的顶煤放出是有利的。

不同直接顶硬度下周期放煤循环平均放煤量远小于初始放煤循环。从图 10 中可以看出，周期放煤循环过程中，顶煤放出量随着硬度的增加，整体也呈现不断上升的趋势，说明直接顶的岩性对顶煤的放出仍然具有重大影响。在硬度 6～8 阶段曲线斜率有所增加，表明直接顶的破坏形式基本由散体式转为破断式，与顶煤的接触面积非常少，顶煤的放出量非常高。

从图 11 中可以看出，顶煤回收率随着岩层硬度的增加，整体呈现不断上升的趋势，在硬度 $f=2$ 时候的回收率偏低，平均约 71%，说明直接顶较破碎开采时会加大混矸率，造成煤炭资源一定程度的浪费，回采时应加强顶板的管理。而硬度增加直接顶垮落步距加大时，顶煤能够很好地放出。因此回采时应注意保持液压支架支撑力的稳定性，减少支架卸压加压的次数，从而使直接顶岩层运动尽量缓和，实现顶煤回收率的提高。

5　技术经济效益

本文以淮北矿业集团信湖煤矿 818 工作面为主要研究背景，运用物理实验、理论分析、数值模拟、现场调研与实测等研究方法，对“三软”煤层工作面覆岩运动及应力演化规律、矿压显现规律、顶煤放出规律等进行了系统研究，保证了信湖煤矿 818 工作面的安全高效回采。

顶煤回收率计算公式

$$\eta = \frac{Q_{放}}{Q_{总}} \tag{1}$$

式中　η——顶煤回收率；

$Q_{放}$——放出纯煤量；

$Q_{总}$——放煤总量。

由上式计算得 818 工作面顶煤回收率为 85.78%。

2022 年，818 工作面月产量情况如图 12 所示。从图 12 中可以看出，818 工作面 2022 年月最高产量为 22.34 万 t，月最低产量为 17.30 万 t，月平均产量 19.76 万 t，818 工作面开采时间内月平均产量为 18.21 万 t。

信湖煤矿 818 综放工作面安全高效回采的成功为今后其他工作面的回采提供了指导，为技术方案的确定奠定了基础。同时，该回采工艺为淮北矿业综采放顶煤工作面的回采拟定了基本的施

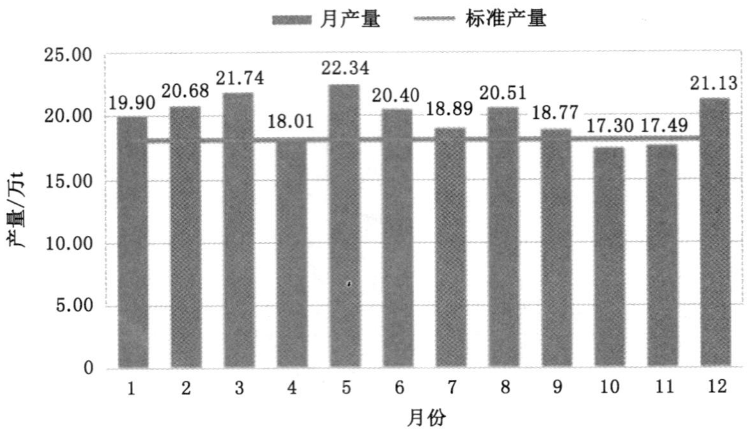

图 12　818 工作面 2022 年产量情况

工模式,初步解决了"三软"煤层综采放顶煤回采管理困难的问题。

本文具有一定的创新性与前瞻性,进一步深入研究复杂地质条件下"三软"厚煤层综放工作面覆岩运移和破坏规律对于开采时的设备选型、围岩控制以及安全高效生产具有重要的意义,对于解决复杂地质条件下"三软"厚煤层综放开采这类技术难题有重要的参考价值,对该矿区应用综放技术、提高煤炭回收率、实现安全高效生产具有重要的科学与工程意义。

参考文献

[1] 陈文俊."三软"煤层采场岩层移动规律数值模拟研究[J].煤炭技术,2009,28(1):83-85.

[2] 邓改革.火铺矿三软煤层安全高效回采技术研究[D].徐州:中国矿业大学,2014.

[3] 黄炳辉.淮北矿区三软煤层综合机械化采区合理参数的确定[J].煤炭科学技术,2006,34(7):50-52.

[4] 黄炳辉.三软煤层综采长壁工作面采场矿压分析[J].煤炭科学技术,2004,32(12):5-8.

[5] 王国际,姜志刚,郭军杰.数值模拟在"三软"煤层开采中的应用[J].煤炭工程,2010,42(12):67-69.

[6] 吴士良.三软煤层大采高综采围岩控制技术[J].焦作工学院学报(自然科学版),1999,18(3):185-188.

[7] 伍永平,刘孔智,贠东风,等.大倾角煤层安全高效开采技术研究进展[J].煤炭学报,2014,39(8):1611-1618.

[8] 夏洪春,郑学军,李金奎,等.三软煤层超长工作面采场矿压显现规律研究[J].大连大学学报,2008,29(3):124-128.

[9] 姚强岭,曹胜根,王福海,等."三软"煤层大采高组合滑移支架适用性研究[J].采矿与安全工程学报,2010,27(2):185-189.

[10] 张凤杰,高召宁,孟祥瑞."三软"厚煤层顶底板破坏特征的数值模拟[J].煤矿安全,2013(2):64-66.

坚硬顶板工作面初采放顶高效小孔径水力压裂应用创新

营龙，牛峰，李晓飞

（淮北矿业（集团）有限责任公司桃园煤矿，安徽 宿州　234116）

摘　要　淮北矿业股份有限公司桃园煤矿Ⅱ8225工作面主采82煤层，矿井为高瓦斯矿井。工作面顶板较为坚硬，完整性强，造成初次放顶期间顶板垮落不及时，易造成悬顶面积大，可能发生顶板突然垮落，给安全生产带来威胁。目前针对悬顶的治理方法主要有爆破预裂和水力压裂等。传统一般采用火药爆破的方式进行强制放顶，实践表明爆破放顶虽然有助于弱化煤层顶板强度，可使顶板岩层及时垮落，但爆破放顶的同时会产生大量有毒有害气体，消耗大量的炸药、雷管和被筒等，存在工程量和炸药量大、成本高、污染井下空气等问题，且在高瓦斯矿井或煤层中应用爆破法控顶时，需采取防止瓦斯或煤尘爆炸的措施，在火药运输、存放、使用等方面存在重大的安全隐患，对矿井的安全生产是极为不利的。

关键词　水力压裂；顶板；来压显现；综采工作面

0　引言

水力压裂强制放顶与传统的深孔预裂爆破放顶技术相比有以下优势：一是安全性更高，使用水力压裂杜绝了炸药和雷管的使用，工作环境更加安全；二是工作效率高，水力压裂施工钻孔更少，单孔控制范围大，并且不干扰工作面正常生产及周边工程正常施工，提高了工作效率；三是切缝效果更加明显，水力压裂切缝更加清晰完整，孔壁开裂效果好，水压裂缝沿着竖向扩展延伸，从而切断厚硬的中粗粒砂岩层，促使其及时断裂垮落。水力压裂技术由于其安全性高、动力扰动小、作用范围大、成本低的优点，已经在煤矿的顶板处理方面取得了较为广泛的应用。水压致裂处理坚硬顶板是其发展方向。针对桃园煤矿Ⅱ8225工作面的顶板结构、岩性及力学特性，开展水力压裂技术研究工作，消除初采悬顶问题，进而总结出一套适合桃园煤矿的水力压裂控制技术，保证矿井的安全高效生产。随着采掘设备能力的增强以及开采工艺水平的提升，煤层一次采出空间急剧增加，坚硬顶板条件下的煤层，在开采后其顶板具有较强的连续性，大面积悬顶的现象常有发生。随着回采距离的增加，采空区悬顶面积不断增大，采场矿压控制难题也随之产生。因此，为消除坚硬难垮顶板对工作面有序生产带来的安全隐患，国内外众多学者对其进行了大量研究。

1　工作面概况

Ⅱ8225切眼位于Ⅱ2采区左翼，主要为Ⅱ8225综采工作面回采服务，服务年限约5个月，巷道标高为－648.4～－712.6 m。8_2煤层属二叠系下石盒子组，煤岩层总厚为1.5～2.1 m，平均1.7 m，局部含有一层夹矸为泥岩，厚0～0.35 m，平均0.10 m；直接顶为中粒砂岩，浅灰白色，石英质为主，次圆状，硅质胶结，夹有碳质条带，斜层理，厚度 7.16～7.67 m；基本顶为粉砂岩，浅灰色，含有云母碎片，厚度 9.23～10.98 m；直接底为泥岩，黑色，团块状构造，含较多长条状植物化石，厚度 0.34～1.08 m；基本底为细砂岩，灰色，石英为主，泥钙质胶结，碳质组成水平层理，厚度 3.89～4.88 m；煤层倾角为 15°～25°，平均 19°。Ⅱ8225 工作面煤层顶底板情况如表 1 所示，综合柱状图见图 1。

表 1　工作面煤层顶底板情况

顶底板名称	岩石名称	厚度/m	岩性特征
基本顶	粉砂岩	9.8	浅灰色，含有云母碎片。普氏系数 f:7～8
直接顶	中砂岩	7.4	浅灰白色，石英质为主，次圆状，硅质胶结，夹有碳质条带，斜层理。普氏系数 f:7～8
直接底	泥　岩	0.54	黑色，团块状构造，含较多长条状植物化石。普氏系数 f:3～5
基本底	细砂岩	4.44	灰色，石英为主，泥钙质胶结，碳质组成水平层理。普氏系数 f:7～8

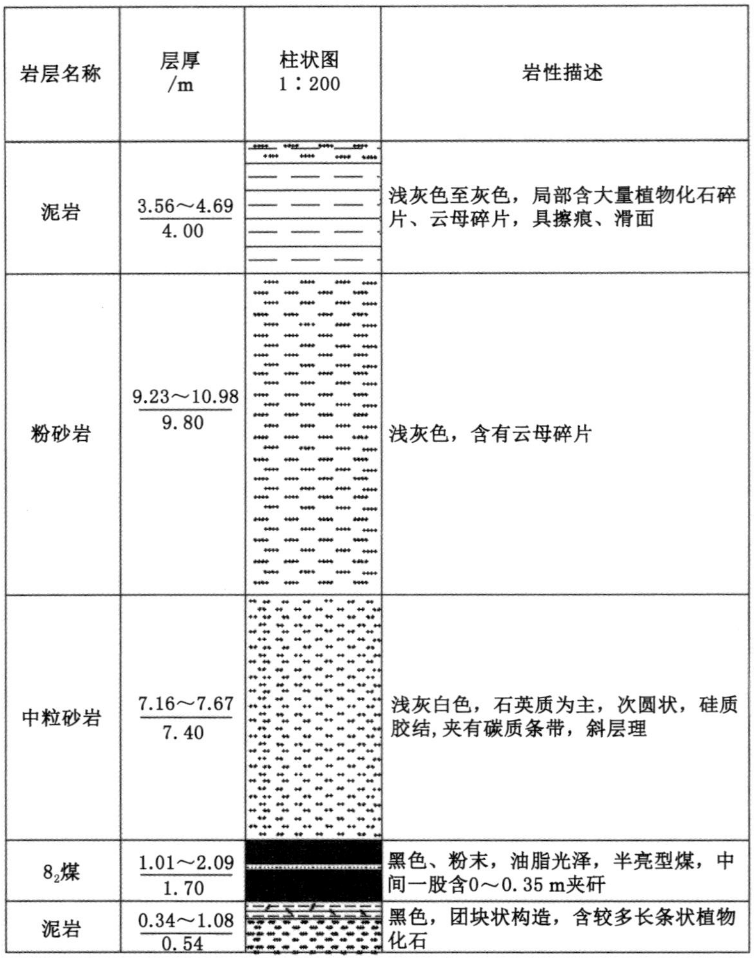

图 1　Ⅱ8225 工作面综合柱状图

Ⅱ8225 工作面切眼断面为净宽×净高＝6 800 mm×2 800 mm，断面形状为矩形，跟煤顶施工。切眼采用导硐法施工，导硐规格为净宽×净高＝5 000 mm×2 800 mm，贯通后再刷大至设计宽度。

导硐顶板采用 GM22/2800-490 高强锚杆，每根锚杆使用两支 MSZ2950 型树脂药卷锚固，铁丝网配合 M 型钢带护顶；导硐老塘帮采用 GM22/2800-490 高强锚杆、铁丝网配合 M 型钢带护帮；导硐预刷大侧采用 MGSLϕ20 mm×2 000 mm 玻璃钢锚杆、盖板配合铁丝网护帮；锚杆间排距均为 800 mm。

切眼顶板距离导硐中偏老塘帮 1 075 mm、1 875 mm，偏煤壁侧 525 mm 各布置一排单体锚索加强支护（导硐部分），锚索间距 1 600 mm；导硐中偏煤壁侧 3 725 mm 布置一排单体锚索加强支护（刷大部分），间距 800 mm；导硐中偏老塘帮 275 mm、偏煤壁侧 2 125 mm 沿切眼方向各布置一道锚索梁，锚索、锚索梁交错布置，导硐施工时顶板锚索按“3-2-3”布置。

Ⅱ8225 工作面平面布置见图 2。

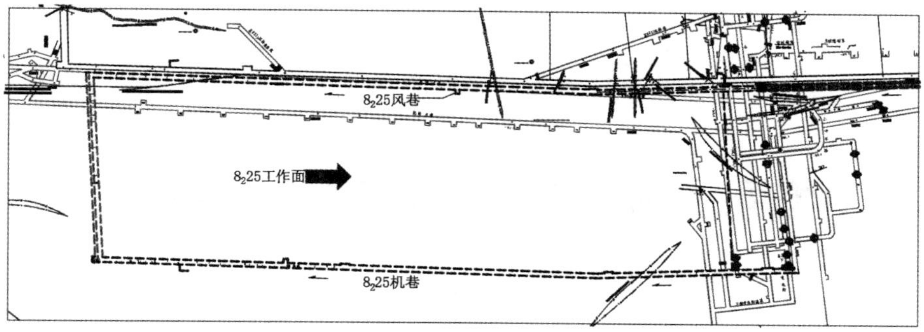

图 2　Ⅱ8225 工作面平面布置

2　初采放顶控制思路

2.1　初采放顶特征

采煤工作面初采过程中，采空区的顶板会发生 O-X 形断裂，如图 3 所示。随着工作面进一步推进，中部顶板会发生周期性断裂，如图 3 的 C 所示；端头部位受煤柱支撑，会形成三角区悬顶，端头三角区顶板也会随着工作面推进产生周期性断裂，如图 3 的 B 所示。

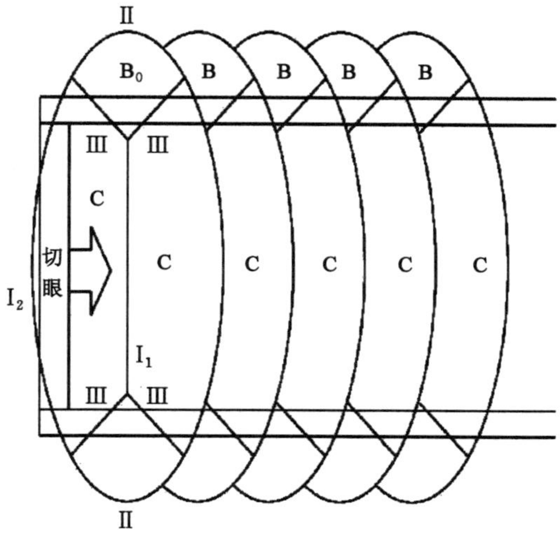

I_1，I_2—基本顶长边断裂线；Ⅱ—基本顶短边断裂线；Ⅲ—弧形三角板断裂线；
B_0—基本顶初次垮落弧形三角板结构块；B—基本顶周期垮落弧形三角板结构块；C—基本顶垮落结构块。

图 3　工作面顶板垮落基本形态

2.2 初采放顶水力压裂控制机理

水力压裂初采放顶的控制机理如图 4 所示，工作面初采期间，坚硬顶板悬跨于工作面侧和靠开切眼侧的煤体上，可视为两端固支的梁。随着工作面的推进和坚硬顶板悬跨距离的增大，在其上覆岩压力的作用下，当坚硬顶板达到其极限跨距时，便发生初次断裂和垮落。因此，在开切眼处通过水力压裂的方式，人工增加坚硬顶板中裂缝的数目，在坚硬顶板中形成复杂水压裂缝网络，破坏其整体性，从而改变坚硬顶板在此支撑点的约束条件和断裂特性，促使采空区悬顶及时垮落。

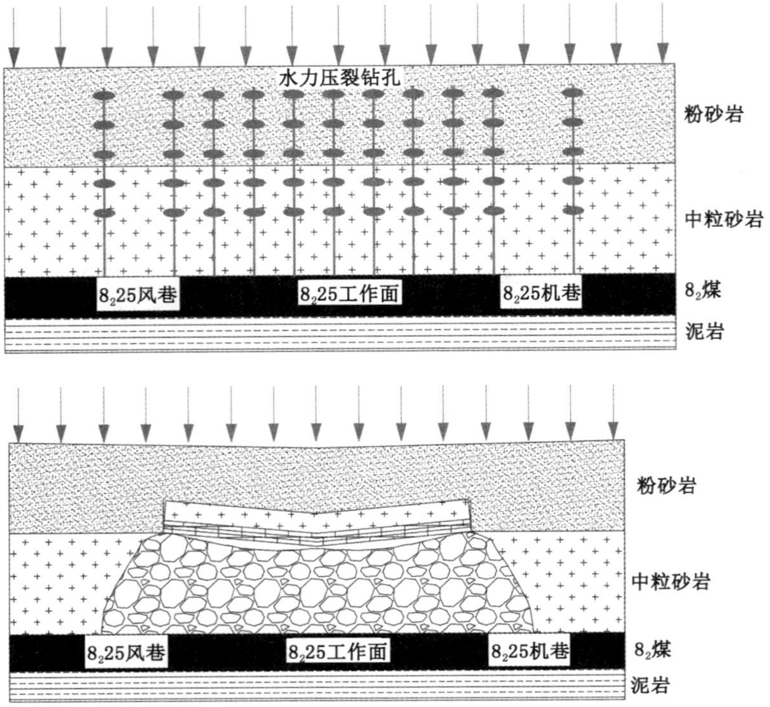

图 4　水力压裂初采放顶控制机理

压裂关键层的确定，是决定着压裂成功与否的关键。对于初采放顶，压裂关键层通常为直接顶、基本顶岩层及其附近的坚硬岩层，如果直接顶岩层厚度超过 3 m，并且相对完整，那么也应该对其压裂。

按照裂化后顶板冒落高度应充满采空区的原则，将回采高度 1.7 m、碎胀系数 1.15、$K_p=1.15$ 代入下式可得压裂高度为 14 m。

$$\sum h = \frac{M}{K_p} \tag{1}$$

根据钻孔柱状图可知，切眼垮落带的上覆岩层主要为 7.4 m 的中粒砂岩和 9.8 m 的粉砂岩。按照压裂关键层理论，确定压裂层位为 7.4 m 的中粒砂岩和 6.4 m 的粉砂岩。

3 主要做法

3.1 顶板水力压裂力学模型及参数计算

工作面初采期间的顶板岩层力学结构如图 3 所示。切眼及初采期间顶板可简化为两边固支结构，如图 5 所示，该力学结构下顶板的两端及中部优先发生张拉破坏，因此，顶板预处理的可选部位为煤壁侧顶板(A 区)、顶板岩层中部(B 区)、采空区侧顶板岩层(C 区)。

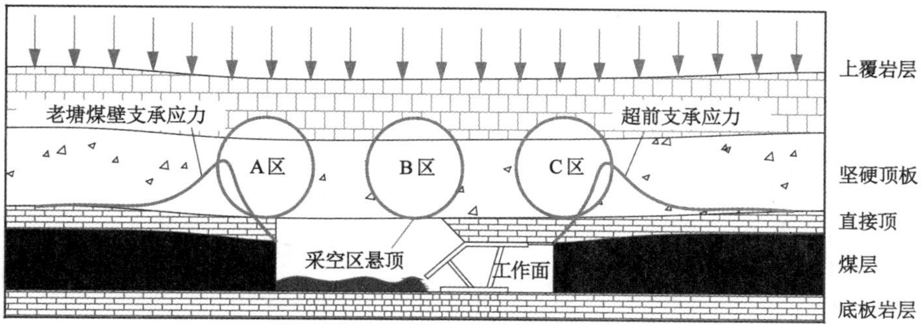

图 5　初采期间固支梁结构

对图 6 中的顶板岩层处理的三个区域进行对比分析：(1) 对于 B 区域顶板岩层，由于切眼上方的顶板岩层竖向受力较小，水平应力大于竖向应力，且水平层理发育，因此水压裂缝主要沿着水平方向扩展，这对于顶板岩层控制断裂是不利的；(2) A 区和 C 区顶板岩层在顶板弯曲时，均容易发生张拉破坏而使得岩层断裂。

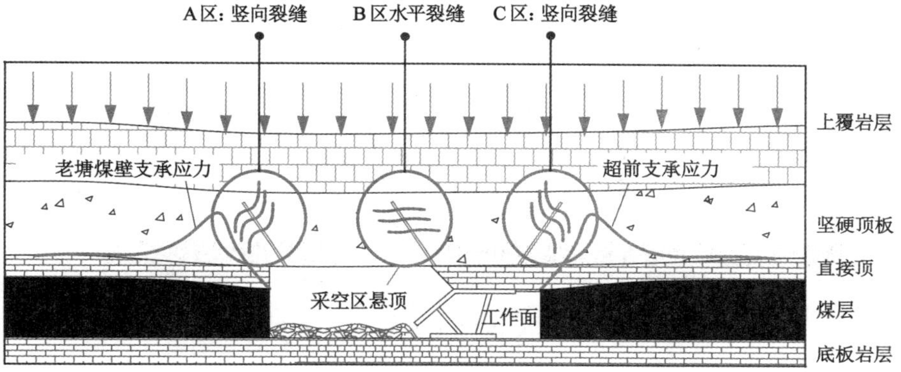

图 6　合理压裂部位的选择

综上可知，应在工作面回采前，在切眼内应分别朝向工作面和老塘的顶板施工压裂钻孔。

3.2　初采放顶水力压裂施工方案

3.2.1　钻孔布置

预计水力压裂后，直接顶的初次垮落步距为 10 m，细砂岩基本顶的初次垮落步距为 15～20 m。基于此，制定初采放顶的两条切顶线：一是工作面前方的断顶线，二是切眼上方的顶板。

在Ⅱ8225 整个切眼及两巷 20 m 范围内进行水力压裂，其中切眼架前布置 17 个 A 孔、16 个 B 孔，工作面推进 6 m 后施工 8 个 C 孔，上下隅角施工 10 个 D 孔，共计 51 个钻孔。每个钻孔平均压裂 4～5 段，预计压裂 255 段。

初采顶板水力压裂控制技术方案如图 7 所示，具体参数如下：

(1) A 孔布置 17 个，编号分别为 A1～A17，钻孔朝向切眼煤壁前方施工，仰角为 75°，钻孔间距为 10.5 m，钻孔长度为 14 m。

(2) B 孔布置 16 个，编号分别为 B1～B16，钻孔朝向老塘方向施工，仰角为 75°，钻孔间距为 10.5 m，钻孔长度为 14 m。

(3) C 孔布置 8 个，编号分别为 C1～C8，在工作面向前推进 6 m 后施工，钻孔竖直向上施工，钻孔间距为 20 m，钻孔长度为 14 m。

(4) D 孔布置 10 个，编号分别为 D1～D10，钻孔竖直向上施工，施工间距 6 m，钻孔长度为

12 m。

所有钻孔采用锚索钻机施工，钻孔直径为 50 mm。

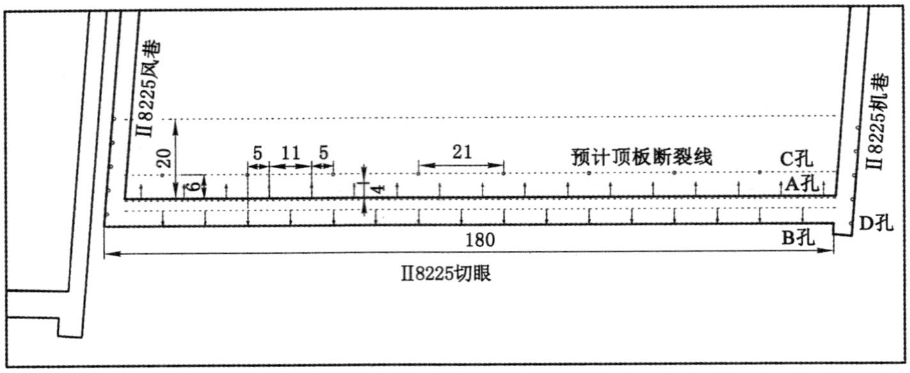

(a) 平面图

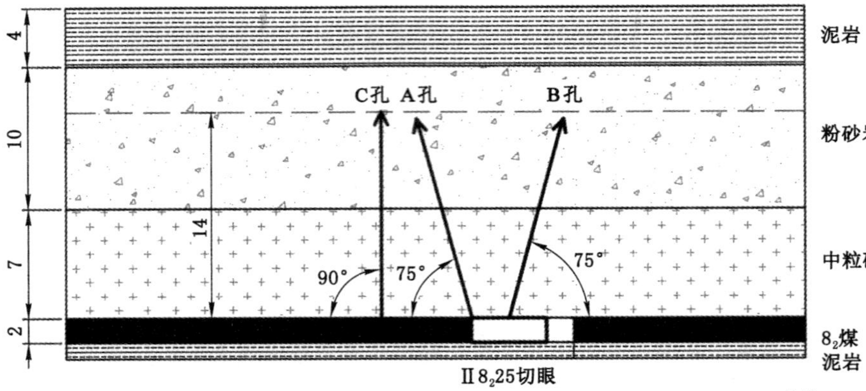

(b) 剖面图

图 7 工作面初次放顶水力压裂钻孔布置

3.2.2 压裂施工顺序

安装支架与压裂施工可平行作业，压裂顺序与支架安装顺序一致，压裂钻孔滞后安置好的支架 20 m 范围即可。

注意：

(1) 由于顶板条件会变化，因此钻孔长度、间距以及压裂时间等参数，在现场根据钻孔施工情况和水力压裂情况进行适当调整；

(2) 断层前后 6 m 范围内不布置钻孔。

3.2.3 压裂工艺

水力压裂设备主要设备包括高压泵、水箱、高压管路、送装杆、封孔器、压力和流量实时监测系统、定向槽切割钻头，压裂工艺原理见图 8。目前国内已有成套水力压裂系统，其中最大压裂泵额定输出压力 70 MPa，所有的产品材料在耐压、尺寸、性能方面均匹配合理，并根据实施条件形成了系列化产品，可满足不同现场条件的要求。

3.3 初采放顶水力压裂现场施工

3.3.1 现场施工

在切眼内安装支架，滞后安装支架 30 m 距离，采用液压钻机施工钻孔。钻孔直径为 75 mm。具体施工工序如下：

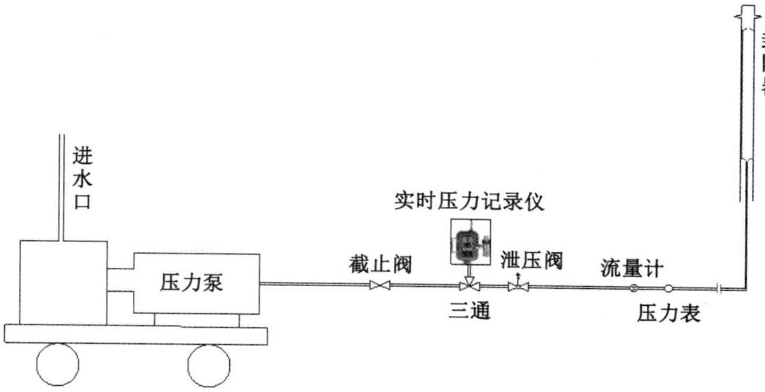

图 8　水力压裂工艺原理

(1) 施工前需先检查水力压裂高压泵及高压管路是否连接完毕,检查完毕后,将封隔器与注水钢管连接,送入钻孔中指定位置,并利用孔口锁紧装置固定钢管,防止连接好的封隔器和钢管等脱落。

(2) 采用静压水管和手动泵,将封隔器内水压力提升至 10～12 MPa,使其有效封孔。

(3) 开泵缓慢加压直至排量达到 200 L/min,保压时间为 25～30 min,记录压裂过程中水泵的压力变化以及现场压裂的现象。

(4) 完成压裂后,缓慢关小注水阀门,待压力完全解除后关闭供液管路,并将泄压阀开启,高压管路与注水钢管分离。

(5) 将手动泵卸压并拆卸注水钢管使封隔器后退至下一段压裂位置。重复步骤(1)～(3)进行后续的压裂。在压裂完成后逐段拆卸注水钢管直至取出封隔器,并恢复支架状态。

3.3.2　*施工记录*

水力压裂注水实施情况如下:

(1) 8 月 20 日早班对 B6 号孔注水,共施工 4 段,其中一、二段压裂时间为 30 min,三段压裂时间为 20 min,四段 15 min。前两段注水期间压力稳定在 20 MPa 左右,一段压裂 10 min 后 B7 孔外侧锚索孔出水,压裂 23 min 后 B8 孔出水;二段压裂 8 min 后,B6 和 B7 孔间锚索孔漏水,压裂 12 min 后 B6 孔下方巷中处孔漏水。三段压力稳定在 16 MPa,压裂 5 min 后 B6 孔向下锚索孔出水。四段压力稳定在 9 MPa,压裂 5 min 后 B6 孔向下锚索孔出水。

(2) 8 月 20 日中班对 B7 号注水,共压裂 4 段,每段压裂时间均为 30 min,注水压力均为 16 MPa,一、三段压裂 20 min 后附近锚索出水,二段压裂 16 min 后附近锚索出水,四段压裂 10 min 后邻近钻孔出水。

(3) 8 月 21 日早班封堵 A7、A8、B9 孔,对 B8 孔注水,压裂一段,压裂时间为 30 min,压裂 20 min 后 A7、A8 孔处顶板淋水。随后开始对 B9 孔施工,压裂时间为 30 min。

(4) 8 月 21 日中班注水 B10 孔一、二段。

(5) 8 月 22 日早班压裂 B8 孔三、四段,压裂时间为 30 min,注水压力为 20 MPa。压裂8 min A7、A8 孔顶板锚索孔淋水,压裂 17 minA7 孔处顶板淋水。

(6) 8 月 22 日早班对 B8 孔三段注水,压裂时间为 25 min,压裂 15 min 后 B7 下方锚索孔出水。对 B10 孔两段注水,三段压裂 20 min;四段压裂 15 min,第 8 min 时 B9、B10 间顶板淋水逐渐变大。

(7) 8 月 23 日早班对 B13 孔注水,共压裂 5 段。一～四段压裂时间均为 30 min,五段压裂 15 min。四段压裂 20 min 后 1 处顶板锚索孔淋水。五段压裂 7 min 后多处顶板锚索孔淋水。

(8) 8 月 23 日中班注 B14 孔水 3 段,注水压力稳定在 20 MPa,压裂时间均为 30 min,每段间隔约 2 m。一段压裂 25 min 后 B13 号孔向上锚索孔淋水变大，二段压裂 20 min 后 B13 孔上方锚索孔淋水。

(9) 8 月 23 日夜班给 B14 孔四、五两段注水，压裂时间均为 30 min。

(10) 8 月 24 日中班施工 A12 孔，共施工 4 段，其中一、二段施工 30 min，四、五段施工 15 min。一段压裂 15 min 后 B12 孔出水，二段压裂 10 min 后 B12 孔出水，三段压裂 4 min 后 A12 孔上方两架与 A11 孔间顶板锚杆淋水较多。四段压裂 2 min 后 A12 和 A11 孔间顶板锚杆孔漏水如暴雨。

(11) 8 月 25 日中班 A6 号孔注水 5 段，一、二段压裂 30 min，三段压裂 25 min，四、五段压裂均为 15 min。其中二段 B7 孔加压封堵后开始压裂，一、二段压力均为 22 MPa。一段压裂 20 min 后 B7 孔出水，继续压裂至 30 min；二段压裂 25 min 后周围锚索淋水大；三段压裂 10 min 后周围锚杆淋水；四、五段均在压裂 5 min 时出现锚杆淋水，出水较大。

(12) 8 月 25 日夜班对 A10 孔注水 4 段，每段间隔 3 m，前三段施工时间均为 30 min，第四段施工时间为 15 min，第一段压裂 30 min 后 A9 出水，压裂后三段出水较大。

(13) 8 月 26 日中班 A7 孔注水 5 段，每段间隔 3 m，一段注水压力 18 MPa，压裂 10 min 停止。二、三段注水压力均为 20 MPa，压裂 30 min。A8 孔加压封堵开始压裂，20 min 后 B9 孔出水，同时 A7、A8 孔之间锚索淋水。四段注水压力 19 MPa，压裂 30 min，5 min 后 A7、A8 孔之间锚索淋水增大。五段注水压力 18 MPa，压裂 20 min。

(14) 8 月 27 日夜班压裂 A4 号孔和 A3 号孔各 3 段。A4 孔一段 7 m 处压裂 25 min，压力 18 MPa，出水较多，压裂 10 min 后 A4 孔附近巷中锚索孔出水较多；二段压裂时间为 13 min，注水压力 11 MPa；三段压裂 4 min 顶板大面积出水。A3 孔一段 7 m 处压裂时间 25 min，压力 17 MPa，压裂 5 min 后巷中锚索孔出水，22 min 后压力下降到 14 MPa；二段压裂 25 min，压力为 11 MPa，5 min 后 A 孔附近锚索孔出水；三段压裂时间 20 min，压裂 3 min 后 A3 孔周围顶板淋水慢慢变大。

(15) 8 月 28 日夜班注 D1 孔与 D2 孔均 4 段。D1 孔一段压裂 30 min，注水压力 18 MPa，压裂 10 min 后 D2 孔和 A1 孔出水，两孔间锚索孔淋水较小；二段压裂时间 25 min，压力 17 MPa，压裂7 min 后，压力降到 12 MPa，10 min 后 D2 孔出水；三段压裂时间 25 min，压力 11 MPa，压裂 10 min 后 D2 孔出水；四段压裂时间 10 min，压力 15 MPa，压裂 5 min 后 D2 孔和两孔间锚杆孔漏水。D2 孔一段压裂时间 15 min，压力 14 MPa，压裂 10 min 时本孔口出水；二段压裂时间 15 min，压力 10 MPa，压裂 8 min 后 D1 孔出水；三段压裂时间 15 min，压力 10 MPa，压裂10 min D1 孔出水；四段压裂时间 10 min，压力 9 MPa，压裂 7 min 后 D1 两孔间锚杆孔漏水较多。

3.4 端头悬顶水力压裂治理

3.4.1 端头悬顶的特征

端头三角区悬顶的原因主要包括两个方面：① 当工作面上方的顶板较为完整和坚硬时，端头三角区的顶板并不能随着工作面顶板的周期性破断而发生垮落，只是局部或者浅层垮落，形成狭长的空腔结构，空腔高度 1～2 m，长度可达 20 m；② 支护强度较高也会阻碍悬顶的垮落，当上层顶板未发生明显断裂时，锚索的悬吊作用致使悬顶悬而不断、裂而不落，造成垮落不及时。

3.4.2 端头悬顶的控制机理

从端头顶板悬顶的情况看，在锚杆和锚索锚固范围内，退锚后的锚杆和锚索仍然对顶板产生锚固作用，而且端头区顶板的稳定性较好，工作面采空区覆岩的活动对端头顶板垮落失稳的影响程度有限。因此，通过端头区顶板水力压裂可人工增加裂缝的数目，在顶板中形成水压裂缝网络，破坏顶板和锚固体的完整性，从而促使端头悬顶及时垮落。根据巷道的断面尺寸和支护条件，端头悬顶的预裂对象主要为中低位岩层，即：通过预裂锚杆锚固的岩层、锚杆和锚索的中间岩层、锚索的锚固层、锚索上方的岩层，使得锚固结构破坏，并且促使岩层及时垮落。水力压裂端头悬顶治理示意图见图9。

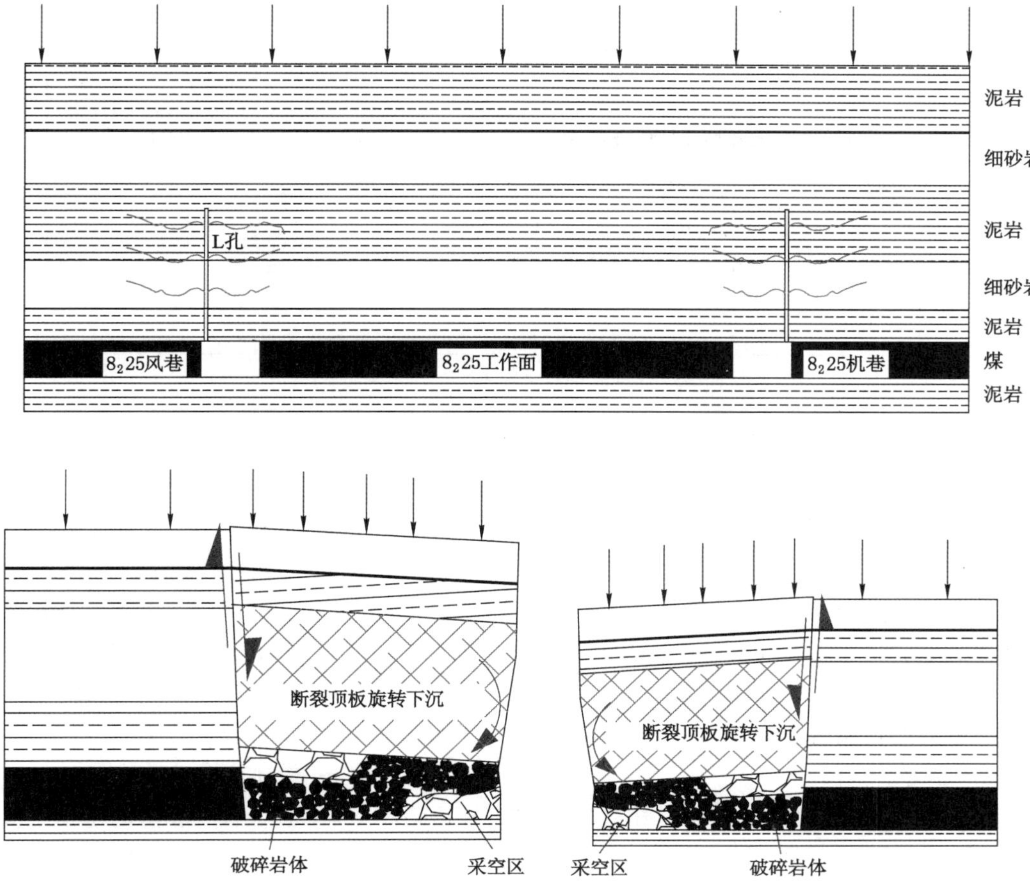

图9　水力压裂端头悬顶治理示意图

4　顶板水力压裂效果评价

4.1　初采放顶压裂效果评价

通过对初采期间顶板的垮落情况进行统计，可知：

(1) 与不采取强制放顶措施相比，工作面初采放顶步距(大范围的顶板垮落)由采取措施前的30～40 m减小至10～20 m。

(2) 压裂后顶板为逐段垮落(见图10)，没有出现大面积突然冒落，矿压显现缓和。

4.2　端头悬顶压裂效果评价

通过对工作面推进期间风巷垮落情况进行统计，可知：压裂后的端头悬顶距离普遍减小，由压裂前的悬顶距离10～20 m减小为5 m以内；端头顶板随采随冒，冒落块度均匀，充填密实，空腔结构消失，未出现隅角瓦斯超限现象，悬顶问题得到有效治理。

4.3　实施结论

(1) 揭示了初采悬顶和端头悬顶的力学机理，建立了初采放顶水力压裂及端头悬顶水力压裂的力学模型，确定了压裂的关键层位、压裂半径、起裂应力等关键参数。

(2) 研发出了超小孔径封隔器，创新性地提出了初采放顶双小孔径切顶线的初采放顶工艺，有

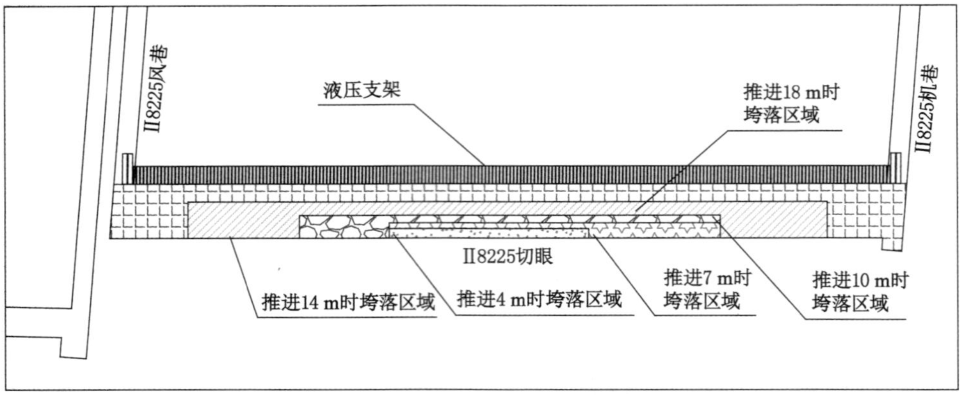

图 10　工作面实施水力压裂后采空区顶板垮落情况示意

效消除压裂盲区，提高了施工效率。

(3) 提出了隅角悬顶水力切顶治理方法，通过煤帮处的竖向钻孔，利用头区顶板竖向应力高的特点，形成平行于巷道方向的纵向裂缝，有效切断顶板，消除了端头空腔结构悬顶的问题。

(4) 顶板压裂过程中，水压为 20～30 MPa，水压裂缝扩展半径为 5～7 m。水压裂缝在 10 min 内扩展速度较快，10～20 min 扩展速度减小，20 min 以后扩展半径增加缓慢。压裂钻孔的间距应不小于 6 m。

(5) 与不采取强制放顶措施相比，工作面初采放顶步距(大范围的顶板垮落)减小至 12 m 以内，实施效果良好。

(6) 与不采取强制放顶措施相比，压裂后的端头悬顶距离普遍减小，由压裂前的悬顶距离 10～20 m 减小为 5 m 以内；端头顶板随采随冒，冒落块度均匀，充填密实，空腔结构消失，未出现隅角瓦斯超限现象，悬顶问题得到有效治理。

5　实施效果

与不采取强制放顶措施相比，工作面初采放顶步距(大范围的顶板垮落)由采取措施前的 30～40 m 减小至 10～20 m，提前了 20 m 进入正常回采阶段。

经济价值：按照原计划初采期间采 2 m/d，正常回采期间采 4 m/d，实际比计划多采 20 m，约 1 万 t 煤，给当月创造了可观的经济效益。

安全价值：水力压裂强制放顶与传统的深孔预裂爆破放顶相比，一是安全性更高(使用水力压裂杜绝了炸药和雷管的使用，工作环境更加安全)，二是工作效率高(水力压裂施工钻孔更少，单孔控制范围大，并且不干扰工作面正常生产及周边工程正常施工，提高了工作效率)。

针对桃园煤矿Ⅱ8225 工作面的顶板结构、岩性及力学特性，开展水力压裂技术研究工作，消除初采悬顶问题，进而总结出一套适合桃园煤矿的水力压裂控制技术，保证了矿井的安全高效生产。

参考文献

[1] 刘文文. 水力压裂技术在何家塔煤矿初次放顶中的应用[J]. 内蒙古煤炭经济，2018 (8)：128-129，138.

[2] 史春生. 李雅庄煤矿水力压裂切顶技术应用研究[J]. 能源与环保，2018，40(7)：90-92，95.

[3] 宋明明.水力压裂切顶在寺河矿的应用[J].山东煤炭科技,2017(4):127-130.
[4] 徐永圻.煤矿开采学[M].徐州:中国矿业大学出版社,2008.
[5] 张有河.高压水力压裂切顶技术在综采工作面初采放顶中的应用[J].煤炭与化工,2022,45(2),5-7,53.

许疃煤矿复杂地质条件综采面液压支架选型研究

刘振，胡威，祁连光

（淮北矿业（集团）有限责任公司许疃煤矿，安徽 淮北 235000）

摘　要　针对复杂地质条件综采面液压支架选型问题，以许疃煤矿 7_2210 工作面工程地质条件为背景，通过理论分析、数值模拟等方法，确定了工作面液压支架选型，掌握了工作面顶板破坏特征，提出了工作面再生顶板加固措施。研究结果表明，许疃煤矿 7_2210 工作面应选择能够防止架前片帮、冒顶的四柱支撑掩护式液压支架，计算得出液压支架工作阻力不低于 10 195.5 kN，初撑力不得低于 8 800 kN。将工作面液压支架选型结果应用于许疃煤矿 7_2210 工作面，并开展现场矿压监测，进一步验证了工作面液压支架选型的合理性，保证了 7_2210 工作面安全高效开采。研究成果可为类似地质条件下的综采面液压支架选型提供一定的借鉴意义。

关键词　煤层分叉；再生顶板；综采工作面；液压支架选型；顶板加固

0　引言

缓倾斜煤层是指埋藏倾角在 8°～25°的煤层。缓倾斜煤层在开采过程中，受煤层倾角影响，工作面内液压支架重力沿工作面倾向的分力增大，垂向分力减小，液压支架稳定性变差，容易导致支架下滑、倾倒，架间挤压和咬架等现象发生。此外，液压支架处于煤层顶底板、煤壁和相邻支架的非均匀受力环境之中[1]。

目前，现有研究大多关注急倾斜厚煤层开采液压支架选型，对于缓倾斜煤层开采支架选型研究较少[2]。针对此种情况，本文基于许疃煤矿 7_2210 工作面工程地质条件为研究背景，理论确定了工作面液压支架选型主要参数，模拟分析了 7_2210 工作面顶板破坏特征，提出了工作面再生顶板加固措施，分析了回采期间矿压显现特征，验证了工作面液压支架选型的合理性。研究成果可为后续其他缓倾斜煤层开采液压支架选型提供参考依据。

1　工程地质条件

1.1　工作面位置

许疃煤矿 7_2210 工作面回采 7_2# 煤，位于 $82_下$ 采区上山右翼第二阶段。上区段（西）为 7_228 工作面（正在回采），下区段（东）为 7_2212 工作面（尚未准备），北到许疃断层上盘防水煤柱，南到 SDF_{405}（$\angle 65°\sim 89°$，$H=0\sim 27$ m）正断层附近，上覆 7_1210 工作面（已回采）、7_1212 工作面（已回采）。

1.2　煤层条件

里段：长度 714 m，为 7_1# 与 7_2# 煤层合并区，7_2# 煤层厚度为 3.80～6.00 m，平均 5.05 m。

外段：长度 1 309 m，为 $7_1{}^{\#}$ 与 $7_2{}^{\#}$ 煤层分叉区，$7_2{}^{\#}$ 煤层厚度为 2.70～4.61 m，平均 3.18 m。

$7_2{}^{\#}$ 煤层属二叠系下统下石盒子组，煤层赋存较稳定，结构复杂；局部含 0～3 层夹矸，平均厚度为 0.10 m 左右；煤类为 FM，煤质以中等挥发分（30%～37.5%）为主的低灰、强黏结、酸性灰渣、低硫、低磷、高发热量为特征的碎块状煤。

$7_2$210 工作面外段及里段煤层顶底板特征分别见表 1、表 2。

表 1　$7_2$210 工作面外段煤层顶底板情况

顶底板名称	岩石名称	厚度/m	岩 性 特 征
基本顶	粉砂岩	$\frac{0～1.95}{0.88}$	粉砂岩，灰～深灰色，碳高，具植物化石
直接顶	泥岩	$\frac{1.50～7.77}{4.86}$	泥岩，深灰色，薄层状水平隐层理，底部显灰黑色，含少量植物化石碎片
直接底	泥岩	$\frac{3.20～4.09}{3.65}$	泥岩，深灰色，具水平层理，可见镜面擦痕，中部夹细砂条带，含碳较高
基本底	细砂岩	$\frac{7.17～12.30}{9.88}$	细砂岩，浅灰色，主要矿物为石英、长石，含硅质结核，含碳高，具水平层理，层面有碳化脉

表 2　$7_2$210 工作面里段煤层顶底板情况

顶底板名称	岩石名称	厚度/m	岩 性 特 征
基本顶	细砂岩	$\frac{12.04～16.80}{14.95}$	细砂岩，浅灰-灰白色，主要由石英组成，局部为粉砂，发育水平层理及缓波状层理，层面具较多炭质，并含高炭化植物根茎化石碎片
直接顶	泥岩	$\frac{0～1.00}{0.52}$	泥岩，深灰色，厚层块状，含碳化植物叶部化石
直接底	泥岩	$\frac{0～5.39}{3.28}$	泥岩，灰-深灰色，厚层块状，具根茎部化石，顶部风化后为碎块状，底部含粉砂质，为块状
基本底	细砂岩	$\frac{8.40～14.85}{11.02}$	细砂岩，灰-浅灰白色，成分以石英为主，次为长石及其他暗色矿物，分选好，薄层状，顶部为细砂岩及泥岩，互层为水平层理，中-下部为斜层理及杂煤层理，裂隙发育破碎

1.3　构造情况

$7_2$210 工作面地质构造复杂，主要构造形迹是断裂构造和褶曲。工作面煤系地层总体呈西南-东北走向，向东南倾斜的单斜构造，煤层在走向上有几处起伏，煤层倾角为 2°～27°，平均 13°左右。

根据三维地震勘探资料，以及 $7_2$28 工作面，$7_1$210 工作面，$7_1$212 工作面，$7_2$210 机巷、风巷和切眼实际揭露资料综合分析，工作面回采范围内共发育断层 64 条，其中，$0<H\leqslant3.0$ m 断层 59 条，$3.0<H\leqslant5.0$ m 断层 5 条，横波解释构造异常区 2 处，横波解释断层 18 条。

2　工作面液压支架选型

2.1　液压支架选型方法

目前工作面液压支架选型常用的研究方法主要有三种，分别为理论计算、工程类比和数值模拟。

（1）理论计算

在支架选型过程中，支架的支护强度、工作阻力、支撑高度等参数的确定需要理论计算，工作面顶底板结构的确定也会用到理论计算[3]。理论计算的适用范围比较广，矿井的首采工作面和非首采工作面在进行设备选型计算时，都可以采用理论计算。

(2) 工程类比

工程类比法主要是通过调研收集国内相似地质赋存条件下的缓斜煤层开采工作数据，通过对已开采的和正在开采的煤层工作面支架参数及使用情况进行统计整合，为待选型工作面提供经验指导与参数借鉴。工作面煤层厚度和顶底板条件是工程类比法中的重要参考依据[4]。工程类比法应用简单，一般较直接，具有相似开采经验的工作面对未选型工作面的实际选型工作具有很高的参考价值，现场应用比较多。

(3) 数值模拟

数值模拟常用到 UDEC、FLAC3D 等数值模拟软件，相关模拟软件可以模拟回采工作中工作面顶底板应力分布特征、应力状态下顶底板移近量大小以及煤岩体塑性区发育状况等[5]。通过对不同支护强度的模拟分析，可以达到合理选择支架型号的目的。

2.2 液压支架架型选择

目前，国内外应用较为广泛的综采液压支架有两柱掩护式和四柱支撑掩护式液压支架，如图 1 所示。

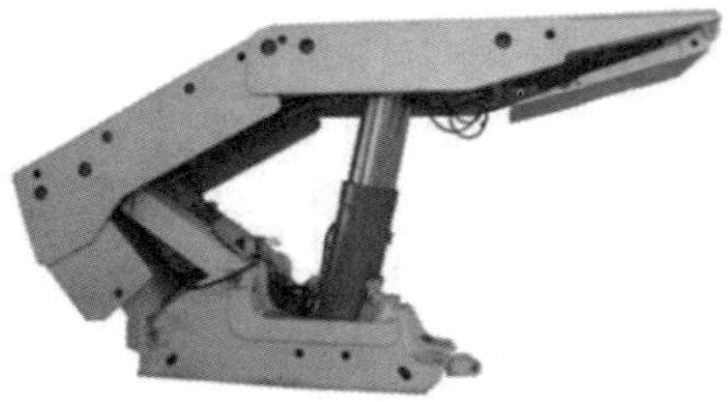

(a) 两柱掩护式

(b) 四柱支撑掩护式

图 1 常用的综采液压支架

7_2210 工作面外段处在 $7_1{}^{\#}$ 煤层与 $7_2{}^{\#}$ 煤层的分岔区。部分煤层间距小，使得 7_1212 工作面开采时对底板的损伤严重，下方 7_2210 工作面顶板特别破碎，顶板强度较低，随着工作面随采随落，需防止移架过程中出现大量矸石冒落现象。工作面底板强度低，且有浮煤与冒落的矸石，支架易插底[6]。因此，采用有效的顶板控制技术是 7_2210 工作面成功开采的关键[7]。

一些矿区在开采“三软”煤层时，通过及时支护、带压移架、依靠支架提供足够的工作阻力和初撑力、保护直接顶不提前失稳、尽可能早地主动承担顶板压力等方法[8]，来减轻煤壁承受的压力，从而保持煤壁的稳定，避免冒顶片帮。

液压支架顶梁的调平能力是保证顶板完整的前提[9]。四柱支撑掩护式液压支架调平顶梁的性能比两柱掩护式液压支架强。两柱掩护式支架对较破碎的顶板，将无法再恢复降架造成的顶板松动，最后失稳，使支架顶梁呈“高射炮”形式。这种情况下，如果煤质松软，因支架不能承受过多的顶板岩石，顶板压力必然更多地转移到煤壁上，导致煤壁失稳片帮，形成恶性循环。

两柱掩护式液压支架平衡区范围小，对外载荷的支架合力变化适应能力差[10]。四柱支撑掩护式液压支架平衡区范围大，适应外载荷对支架合力变化影响能力更强。7_2210 工作面顶板有相当大的区域为 7_1212 工作面采空区冒落矸石，且顶板破碎，回采时顶板压力变化大。

综上所述，四柱支撑掩护式液压支架更适应 7_2210 工作面，它利于顶梁在破碎及松软顶板下的调平，架前片帮、冒顶的防止。

2.3 液压支架参数选择

(1) 液压支架高度

支架高度的确定与矿井的煤厚、采高及运输条件有关。综合考虑许疃矿井实际情况($7_2$210 工作面平均走向 1 902 m,其中,里段平均走向 670 m,煤层厚度为 3.50～6.21 m,平均 5.05 m;外段平均走向 1 232 m,煤层厚度为 1.70～4.21 m,平均 3.18 m),确定采高控制在 3.20～5.40 m。因此,液压支架最小高度应小于 3.20 m,最大高度应大于 5.40 m。

(2) 支架宽度与中心距

目前,国内外液压支架的中心距主要有 1.25 m、1.50 m、1.75 m、2.00 m 等几种。从支架的下井、运输等方面考虑,1.25 m 和 1.50 m 中心距的较为方便;而从支架使用过程中的稳定性、设备配套的角度出发,1.75 m 与 2.00 m 宽中心距的支架更具优势。根据下井、运输以及工作面地质条件等,为加快推进速度,支架中心距选择 1.75 m,架宽 1.66～1.86 m 较为合适。

(3) 支架顶梁受力分析

液压支架工作阻力的合理选择,直接影响着破碎顶板的控制效果。对于 $7_1$212 工作面采空区下 $7_2$210 工作面顶板的支架,其顶梁主要受块体的载荷作用,因此对工作面液压支架支护阻力的设计非常重要。

顶板冒落矸石拱的受力分析如图 2 所示。图中,支架上方垮落矸石呈现拱形结构,拱内矸石总重量传递到块体上形成载荷,拱处于极限平衡状态。q_0 为上部载荷,P 为矸石限制拱外移的摩擦力,F 为拱顶水平推力,因散体压力拱内无拉应力,由 $\sum M_\rho = 0$ 可推出:

$$\sum M_\rho = Fy - \frac{q_0 x^2}{2} = 0 \tag{1}$$

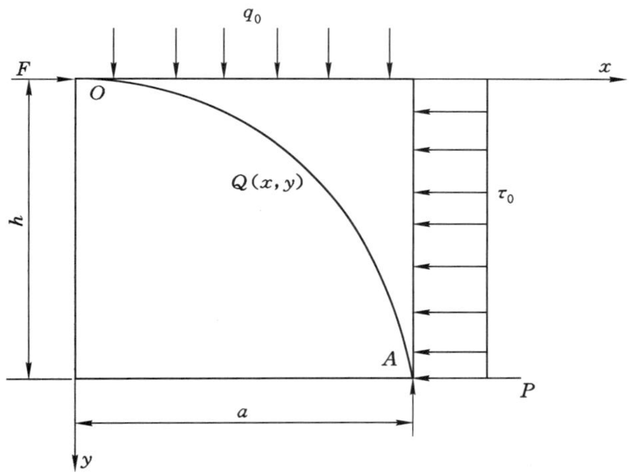

图 2　顶板冒落矸石拱受力示意

化简得:

$$y = \frac{q_0 x^2}{2F} \tag{2}$$

从式(2)可得,该拱的方程曲线为抛物线。为增强拱的稳定性,增加部分富余系数,取:

$$F = fq_0 a - \tau_0 h \tag{3}$$

式中　f——硬度系数;

a——拱一半的跨距;

τ_0——拱稳定性富余系数的附加剪切力强度;

h——拱高。

由式(2)和式(3)可得拱高：

$$h = \frac{qa^2}{2(fq_0a - \tau_0 h)} \tag{4}$$

由此得到：

$$\tau_0 = \frac{2fq_0ah - q_0a^2}{2h^2} \tag{5}$$

令 $\frac{\partial \tau_0}{\partial h} = 0$，得：

$$h = \frac{a}{f} \tag{6}$$

设 L_c为工作面的控顶距，拱底宽度近似为：

$$2a = L_c \tag{7}$$

由式(6)和式(7)得到拱高为：

$$h = \frac{L_c}{2f} \tag{8}$$

设拱高为 h 的矩形均布载荷，求得作用在工作面上方块体结构上的竖向载荷集度 q_y为：

$$q_{0y} = \frac{L_c\gamma}{2f} \tag{9}$$

式中 γ——拱矸石平均容重。

块体结构上的水平载荷集度 q_{0x}为：

$$q_{0x} = (\frac{L_c\gamma}{2f} + \frac{1}{2}\gamma H)\tan^2(\frac{\pi}{4} - \frac{\varphi}{2}) \tag{10}$$

式中 φ——散矸石的内摩擦角。

式(9)和式(10)即为顶板块体上方散体矸石作用在块体上的载荷。

由块体结构分析可知，支架顶梁的工作阻力是控制顶板的稳定性重要因素。令顶梁长度为 L_r，支架宽度为 W_r，当顶板为破裂顶板时，块体平衡时支架顶梁需施加的力为：

$$P_r = \frac{L_c\gamma}{2f}W_rL_r \tag{11}$$

许疃煤矿 $7_2$210 工作面顶梁最大控顶长度为 4 749 mm，拱矸石平均容重为 25 kN/m³，散体矸石的硬度系数为 0.12，架宽为 1.5 m，顶梁长度为 4 399 mm，计算得支架顶梁受力为 P_r = 8 195.5 kN。因此，支架顶梁支护阻力不得低于 8 195.5 kN。

(4) 支护强度

支护强度不仅影响支架的使用范围、结构重量与制造成本，还影响工作面顶板冒落程度[11]。支架平均支护强度与顶板的冒落程度关系如图 3 所示。

从图 3 中可看出，支护强度在 900～1 200 kN/m²之间时顶板处于临界状态。当阻力高于这个范围时，对端面冒顶的影响不大；反之端面冒落程度将急剧增加。因此，控制好支护强度，将会减少端面冒顶。

支护强度计算公式如下：

① 经验估算法

直接顶载荷 Q 计算公式为：

$$Q = \sum hL\gamma \tag{12}$$

式中 $\sum h$ ——直接顶厚度，m；

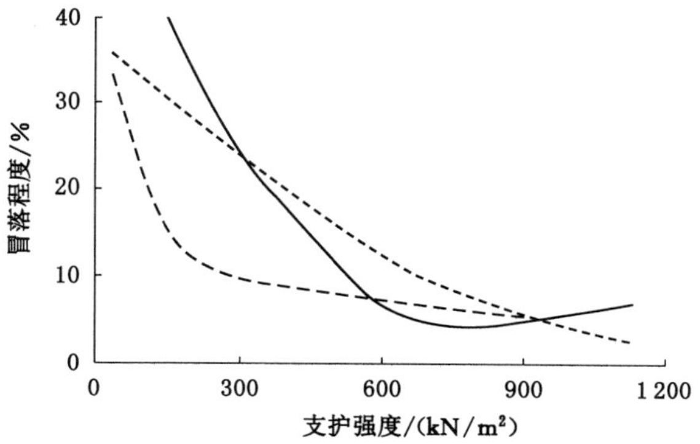

图 3　支护强度对顶板破碎的影响

L——控顶距，m；

γ——容重，kN/m^3。

其载荷集度为：

$$q_1 = \sum h\gamma \tag{13}$$

基本顶载荷采用直接顶的倍数法进行计算，得到：

$$q = q_1 + q_2 = n\gamma M/(K_p - 1) \tag{14}$$

式中　q_2——顶载荷集度，kN/m^2；

n——载荷系数，取 $n=2$；

M——采高，m；

K_p——垮落矸石的膨胀系数，取 $K_p=1.25\sim1.50$。

计算得 $q=970\sim1\ 050\ kN/m^2$。

② 顶板分类法

顶板Ⅰ～Ⅲ级时额定支护强度下限公式为：

$$Q_s = 72.3M + 4.5L_p + 78.9B_c - 10.24N - 62.1 \tag{15}$$

式中　L_p——基本顶周期来压步距，m；

B_c——最大控顶距，m；

N——直接顶厚度与采高之比。

根据许疃煤矿条件类似的 7_2# 煤层工作面情况取值，M 取 3.7 m、L_p 取 10.5 m、B_c 取 5 m、N 取 0.85～4，计算得 $Q_s=906\sim938\ kN/m^2$。综合两种计算方法得出支护强度在 906～1 050 kN/m^2 之间。

(5) 支架工作阻力

支架的工作阻力主要取决于支架的支护强度和支护顶板的空顶区面积。初撑力与工作阻力可根据工作面基本顶处于稳定阶段和来压期间的支护强度来确定，然后计算所受到的压力。

由工作面的配套设备尺寸、支架控顶距以及测算的支护强度得到的工作阻力如下：

$$p = n_1(L_K + L_D)Bq/(\eta_1 \eta_2)$$

式中　n_1——安全系数，取 $n=1.1\sim1.3$；

L_K——顶梁长度，m；

L_D——端距，m。

根据许疃煤矿相关煤岩力学参数，代入相关数据可得支架工作阻力为 10 195.5 kN。综合上述顶梁受力分析、支护强度分析、工作阻力分析得到所选支架工作阻力不得低于 10 195.5 kN，考虑到将来随着采深的加大和工作面构造等情况，留一定富裕系数，因此工作阻力取 11 000 kN。根据许疃煤矿煤层地质条件以及工作面顶板条件，支架初撑力比确定为 80%比较适宜，确定初撑力不得低于 8 800 kN。

3 工作面再生顶板加固

3.1 数值模型建立

根据 $7_1$212 工作面和 $7_2$210 工作面相对位置关系及工程地质特征，建立数值模型。模型 X 方向为煤层走向，Y 方向为煤层倾向，Z 方向为模拟范围内岩层厚度。数值模型中工作面的布置依据实际工作面的错距及倾向宽度确定。数值模型 X、Y、Z 方向的设计尺寸分别为 360 m、380 m、150 m，数值模型如图 4 所示。图中，$7_1$212 工作面走向长 210 m，倾向宽度 168 m；$7_2$210 工作面走向长 210 m，倾向宽度 188 m，煤层埋深 550 m。

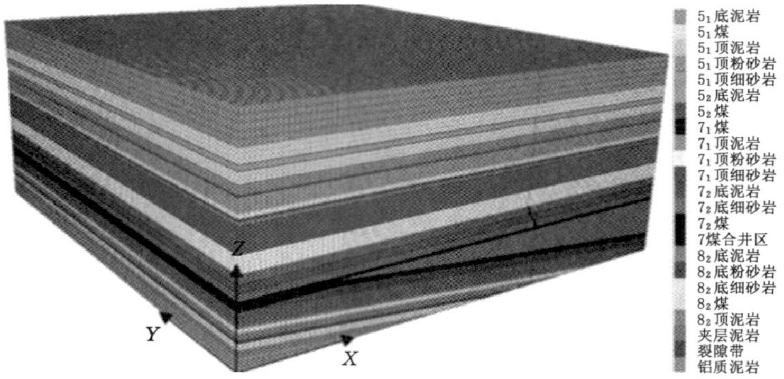

图 4 数值模型示意

$7_1$212 工作面与 $7_2$210 工作面空间位置关系如图 5 所示。模型共计 993 216 个单元节点，964 535 个单元块体。为了防止模型出现较大的变形，将模型底部进行全约束，左、右、前、后模型四面用 X、Y 方向约束固定，模型顶部设置为自由边界，对模型进行自重应力补偿，模型顶面受力，施加的应力值为地表至模型顶面的松散层及基岩自重，方向竖直向下，大小为 11.75 MPa。基于莫尔-库仑破坏准则，模型计算中采用 Mohr-Coulomb 塑性本构模型和 Mohr-Coulomb 屈服准则[12]。

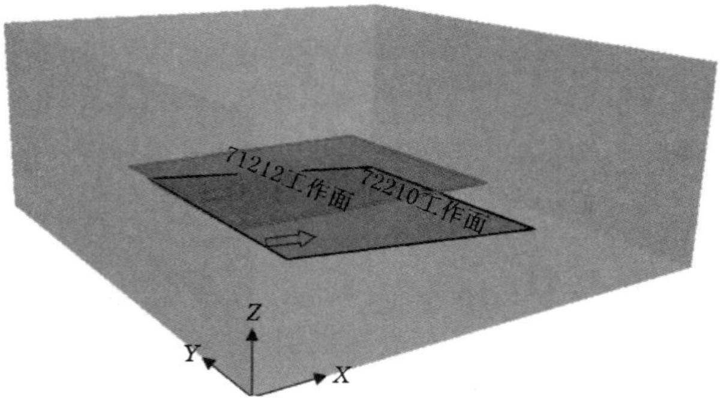

图 5 数值模型中工作面空间位置示意

3.2 模拟结果分析

在 $7_1$212 工作面回采过程中，提取 $7_1$212 工作面采动后走向顶底板塑性破坏特征，如图 6 所示，分析其对 $7_2$210 工作面顶板塑性破坏特征的影响。

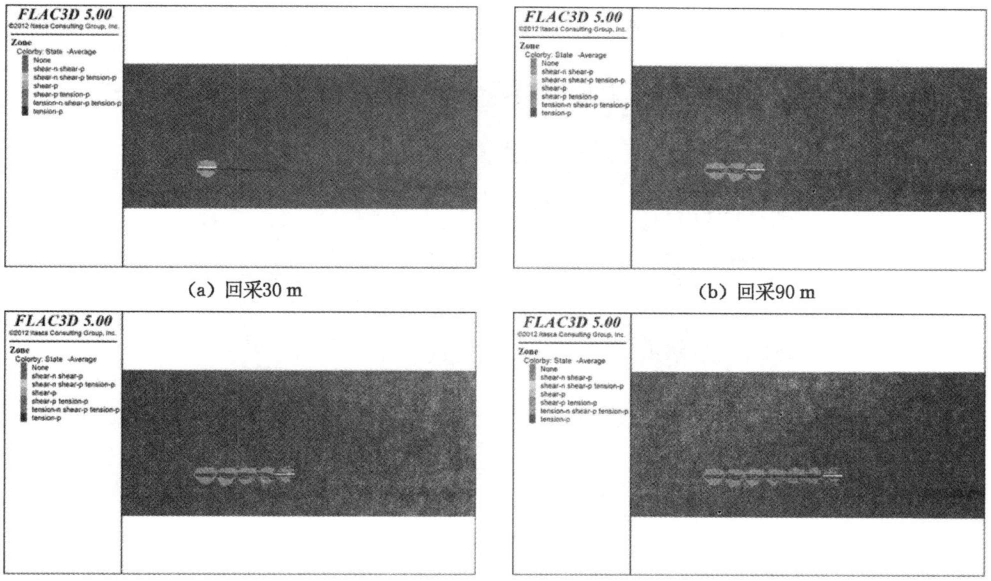

(a) 回采30 m　　(b) 回采90 m

(c) 回采150 m　　(d) 回采210 m

图 6　$7_1$212 工作面开采时底板破坏特征

分析图 6 可知：

(1) 当 $7_1$212 工作面回采至 30 m 时，其底板双拉应力区内的拉张塑性区破坏深度为 6 m 左右，即在 $7_2$210 工作面顶板上方靠近 $7_1$212 工作面 6 m 范围内的岩层已经完全破坏；而 $7_2$210 工作面端部受应力集中影响，其煤壁处底板剪切破坏深度达 16 m，延伸至 $7_2$210 工作面。

(2) 当 $7_1$212 工作面回采至 90 m 时，剪切破坏最大深度稳定在 $7_2$210 工作面顶板上方靠近 $7_1$212 工作面 25 m 左右，双拉破坏区破坏深度为 $7_2$210 工作面顶板上方靠近 $7_1$212 工作面 6 m 处。

(3) 当 $7_1$212 工作面回采至 150 m 时，工作面经历 6 次周期来压，经对比可知，自回采 90 m 后，围岩破坏范围已基本趋于稳定，$7_2$210 工作面顶板上方靠近 $7_1$212 工作面的岩层破坏深度不再发生较大的改变。

(4) 当工作面回采结束后，沿煤层走向剖面，$7_2$210 工作面顶板上方靠近 $7_1$212 工作面 6 m 范围内岩体整体破坏。

3.3 再生顶板加固措施

由数值模拟结果可知，$7_1$212 工作面采动时，会对其底板 6 m 范围内的岩层产生破坏，也就是 $7_2$210 顶板靠近 $7_1$212 工作面 6 m 的范围呈现破碎状态。为确保 $7_2$210 工作面中段及外段安全高效开采，计划在 $7_2$210 工作面掘进前拟通过地面钻孔预注浆方式对工作面中段 600 m 与外段收作线附近 150 m 区域 $7_1^{\#}$ 与 $7_2^{\#}$ 煤层间距范围内煤层再生顶板进行加固。

$7_2$210 地面预注浆加固煤层再生顶板工程共设计钻探工程量 5 068 m/9 孔，该工程于 2020 年 3 月 11 日开始施工，2020 年 10 月 3 日结束，完成钻探总工程量 5 109.40 m/9 孔。注浆工程总注浆量 66 396.202 m^3，浆液密度 1.1～1.45 g/cm^3，析水率约 5%～61%，平均 31%。经计算，9 个钻孔注浆总析水量约为 21 138.24 m^3。$7_2$210 工作面(外段)2 个地面注浆钻孔封孔质量良好，注浆范围段及其外 100 m 范围、顶板瞬变电磁勘探查出的 2 个低阻异常区经钻探验证无存水异常，工作面水文地质条件清楚，$7_2$210 工作面(外段)采掘期间无注浆次生水害影响。

4　回采期间矿压显现特征

基于许疃煤矿 $7_2$210 工作面综采自动化控制系统的液压支架初始压力曲线，结合理论分析与工作面每天推进距离，计算得出工作面基本顶初次来压步距，选取典型的 15$^{\#}$ 液压支架初始压力曲线（如图 7 所示）进行分析。

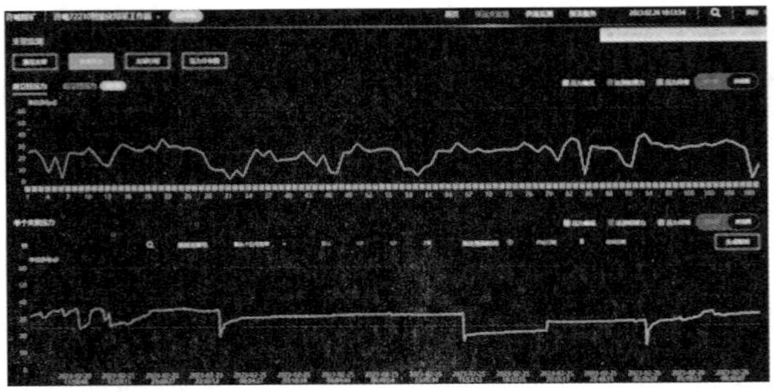

图 7　15$^{\#}$ 液压支架原始压力曲线

由图 7 分析可知，15$^{\#}$ 液压支架呈现一次或多次增阻现象，支架最大工作阻力达到 34.8 MPa，来压持续时间 9 h。

基于收集的工作面初次来压期间液压支架压力数据，结合工作面推进距离，计算得出工作面不同位置的初次来压步距，如图 8 所示。由图 8 分析可知，工作面初次来压的位置顺序为从下部依次向上部扩展。经现场勘查显示，$7_2$210 工作面初次来压工作阻力范围为 22～32 MPa，来压强度较小。采用设计的液压支架后的 $7_2$210 工作面顶板整体强度增加，顶板承载面积更大，应力分散，顶板的压力可得到有效控制，即液压支架的受力较小。

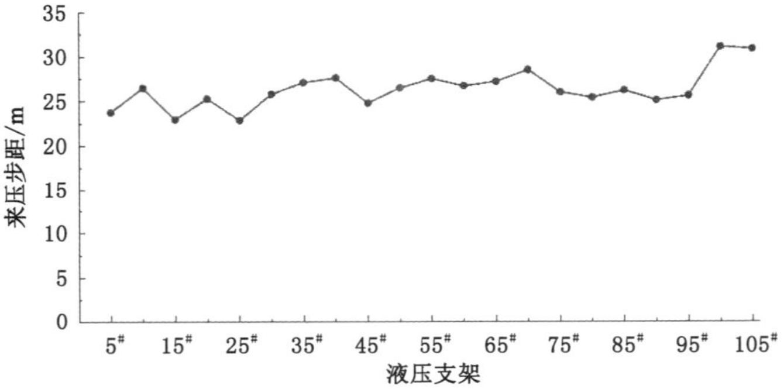

图 8　$7_2$210 工作面不同位置初次来压步距曲线（不含切眼）

5　结论

（1）基于许疃煤矿 $7_2$210 工作面具体采矿地质条件及 $7_2$210 工作面顶板受 $7_1$212 工作面回采的影响，对两柱掩护式支架和四柱支撑掩护式支架的优缺点进行对比分析，最终选用四柱支撑掩护式液压支架。

（2）理论分析与计算得到所选支架最小高度应小于 3.20 m，最大高度应大于 5.40 m；支架中心距选择 1.75 m，架宽 1.66～1.86 m 较为合适；支架工作阻力不得低于 10 195.5 kN，初撑力不得低于 8 800 kN。

（3）数值模拟结果表明，$7_1$212 工作面底板的拉张塑性区破坏深度为 6 m 左右；$7_1$212 工作面煤壁底板处剪切破坏深度在 16～25 m 范围内。

（4）现场实测结果表明，采用设计的液压支架后的 $7_2$210 工作面顶板整体强度增加，顶板承载面积更大，应力分散，顶板的压力可得到有效控制。

参考文献

[1] 雷洋，岳鑫，吴锋锋.急倾斜不稳定特厚煤层综放工作面“三机”设备选型研究[J].煤炭工程，2023，55(9)：1-5.

[2] 高青松.近水平复杂结构煤层综采液压支架选型试验探究[J].山东煤炭科技，2017(7)：132-134.

[3] 张五计.浅谈复杂地质条件下的综采工作面设备选型[J].中州煤炭，2014(8)：13-14.

[4] 王平，冯涛，蒋运良，等.软弱再生顶板巷道围岩失稳机理及其控制原理与技术[J].煤炭学报，2019，44(10)：2953-2965.

[5] 谢国正.黄陵二号煤矿 211 智能化综采工作面三机选型及配套研究[J].内蒙古煤炭经济，2022(22)：24-26.

[6] 雷奇，贠东风，伍永平，等.大倾角长壁综采“三机”选型配套关键技术[J].煤矿开采，2017，22(1)：36-40.

[7] 张生剑.综放工作面“三机”选型配套及工程应用[J].山西煤炭，2018，38(4)：61-63.

[8] 姜士坤.急倾斜综采工作面智能化“三机”选型研究[J].内蒙古煤炭经济，2023(3)：50-52.

[9] 史红瑞.放顶煤综采工作面三机选型设计方案[J].山西煤炭，2018，38(3)：66-68.

[10] 王琳.综采工作面“三机”选型配套探讨[J].矿业装备，2018(2)：126-127.

[11] 邱俊帅.煤矿综采工作面“三机”选型与配套研究[J].机械管理开发，2022，37(8)：324-326.

[12] 王宏伟.薄煤层综采工作面“三机”选型及应用[J].矿业装备，2019(3)：156-157.

智能化工作面过仰采、复合顶板、断层及褶曲技术研究与应用

孙永恒，刘洪涛，解海军

（淮北矿业（集团）有限责任公司临涣煤矿，安徽 淮北　235000）

摘　要　临涣煤矿7111智能化工作面由于煤矿井下地质条件复杂，发育断层、褶曲较多，在工作面回采过程中，工作面仰采且直接顶极破碎，地质条件极为复杂，对生产影响较大，工作面如何实现安全高效快速推进，成为技术管理的重点和难点。本文介绍了7111智能化工作面快速过仰采、复合顶板、断层及褶曲工程实例，具有很好的借鉴意义，为实现工作面的安全高效回采提供了指导性意见。

关键词　智能化工作面；安全高效；复合顶板；仰采；褶曲

0　引言

临涣煤矿7111智能化工作面走向长395 m，倾斜长172 m，仰采角度平均超过12°，最高达到22°，工作面煤层顶板由不同岩性的岩层构成，岩层之间黏结力弱，在这样的条件下进行仰采作业，对顶板管理要求高，支护难度大。同时，该工作面内有断层、褶曲等构造15条，最大落差7 m，地质条件极为复杂，安全管理难度大、回采困难多。

1　工作面位置及概况

7111智能化工作面为I_{11}采区"孤岛"工作面，工作面为仰采，下伏9111、9113已回采工作面，北邻BF_{18}断层，南邻7112、7114工作面（已回采），西至I_{11}采区轨道石门及各阶段联巷，东至小陈家断层防水煤柱线。根据巷道实际揭露资料及三维地震精细化解释成果，工作面回采范围内共发育10条断层，均为正断层，其中落差$H \geqslant 2$ m的断层有9条。切眼揭露2条断层：DF_{10}、$F_{7111\text{-}2}$，落差分别为3.3～7 m、1.4～2 m，DF_{10}断层对回采影响较大，走向影响132 m、倾向影响32 m；机巷及风巷掘进期间揭露2条断层：$F_{7111\text{-}1}$、$\mathrm{I}_{11}F_{64}$，落差分别为1.7 m、2.6 m，$\mathrm{I}_{11}F_{64}$断层对回采影响较大，走向影响33 m、倾向影响19 m；其余6条断层均在面内，其中DF_9、$\mathrm{I}_{11}F_{36}$、$F_{9111\text{-}M4}$、$F_{9113\text{-}25}$断层落差分别为0～3.5 m、0～2.6 m、0～5 m、0～2.2 m，对回采影响较大。另外依据下伏9111、9113工作面实际揭露资料分析，回采范围内发育6条褶曲，受其影响煤层起伏较大，预计回采期间有一定影响。根据坑透勘探资料对5处异常区段进行综合分析：① 1号异常：推断该处异常主要为$F_{7111\text{-}2}$断层、DF_{10}断层以及煤层变薄区综合影响所致；② 2号异常：推断该处异常主要为煤层局部裂隙发育影响所致；③ 3号异常：推断该处异常主要为DF_9断层、局部褶曲以及煤层变薄区综合影响所致；④ 4号异常：推断该处异常主要为$\mathrm{I}_{11}F_{64}$和$F_{9111\text{-}M4}$断层影响所致；⑤ 5号异常：推断该处异常

主要为 $F_{7111\text{-}1}$ 断层影响所致。

该工作面煤层厚度 1.0～6.0 m，平均 2.6 m；机巷走向长度 399.5 m，风巷走向长度 390.5 m；采用锚带网索支护（施工中遇见断层、过破碎带等顶板管理特殊地段不适宜采用锚网支护时则采用架棚支护）；顶板以泥岩、细砂岩为主，底板以泥岩、粉砂岩为主；工作面水文地质条件属简单类型；切眼平均倾角 11°，长度 172 m。

工作面设计安装为智能化工作面，面内安装有 MG550/1430WD 型采煤机、SGZ-800/2×700 型刮板输送机、SZZ800/400 型转载机和 PLM3000 型破碎机各一部，机巷安装 SDJ150 型带式输送机一部。工作面采用 ZE07 型液压支架电液控系统对 117 架型号为 ZZ8800/20/40 型液压支架、下端头 2 架 ZZ8800/20/40 型液压支架进行控制；工作面两巷采用 ZQL2×5000/21/40 型超前支架进行支护。

2 工作面过仰采、复合顶板、断层及褶曲平面示意图

7111 智能化工作面面内有断层、褶曲等构造 15 条，最大落差 7 m，地质条件极为复杂，安全管理难度大、回采困难多。该工作面过仰采、复合顶板、断层及褶曲期间平面示意图如图 1 所示。

3 工作面过仰采、复合顶板、断层及褶曲方案及技术要求

3.1 仰采

设备：合理使用液压支架的两级护帮板，以提高对顶板、煤壁的维护能力，同时加强设备尤其是液压支架的完好性检修，减少设备意外损坏率及机电影响。

工作面仰采角度大于或等于 16°时，采取防止煤（矸）窜出刮板输送机伤人的措施。架前设置防护网，网眼规格为 100 mm×100 mm，防护网使用 14# 双股铁丝将上端固定在液压支架顶梁起吊点上，一架两个固定点，下端固定在刮板输送机电缆槽上，固定间距 200 mm，防护网压茬与铁丝连接宽度均为 200 mm。采煤机运行期间，严格控制采煤机的牵引速度，采煤机司机必须在架间采用遥控器远距离进行操作，不得站在飞矸或窜矸波及范围内，防止飞矸伤人。

工作面回采时精准控制机头、机尾的超前量，确保液压支架、刮板输送机不上窜下滑，从而控制液压支架状态。

根据机风巷角度合理调整工作面仰采角度，工作面要紧跟机风巷的角度保持抬车、提架趋势，采煤机控制好割煤抬车幅度，液压支架顶梁、底座与刮板输送机抬高幅度一致，使液压支架顶梁与刮板输送机垂直，保持液压支架支护状态的稳定性，抬车幅度要控制在每刀不大于 200 mm，避免出现高低差现象。

人员进入煤壁作业前必须液压支架护帮、护顶到位，工作面刮板输送机停电闭锁挂牌，必须切断采煤机前级供电开关电源并断开采煤机隔离开关及挂停电牌，打开采煤机截割部离合器，人员禁止操作施工地点相邻上、下 5 架内的液压支架，进液截止阀关闭并安排专人看护。割煤、移架时采用遥控器远距离操作，电液控成组抵车，确保操作人员安全。

工作面坚持正规循环作业，提高推进速度，将压力甩至老塘侧，同时煤壁加强注水，提升煤壁塑性，减少片帮现象。工作面通过二次抵车跟架加快推进度的方式，减少端面距控顶时间。

工作面合理控制采高，采高不超过 3.0 m，保证液压支架正规有劲。液压支架垂直顶、底板，歪斜度小于±5°；液压支架平行接触顶板，仰俯角小于 7°；液压支架与刮板输送机垂直连接，偏差小于 5°。顶板破碎处用大笆、板皮等对伸缩前梁缝隙进行超前过顶。

割煤期间，实行追机移架的方式对顶板进行及时支护，护帮板紧跟采煤机滚筒收、护，减少煤壁空帮时间。顶板漏顶严重时，采取先临时后永久的原则进行架棚管理。具体方法如下：先用长为

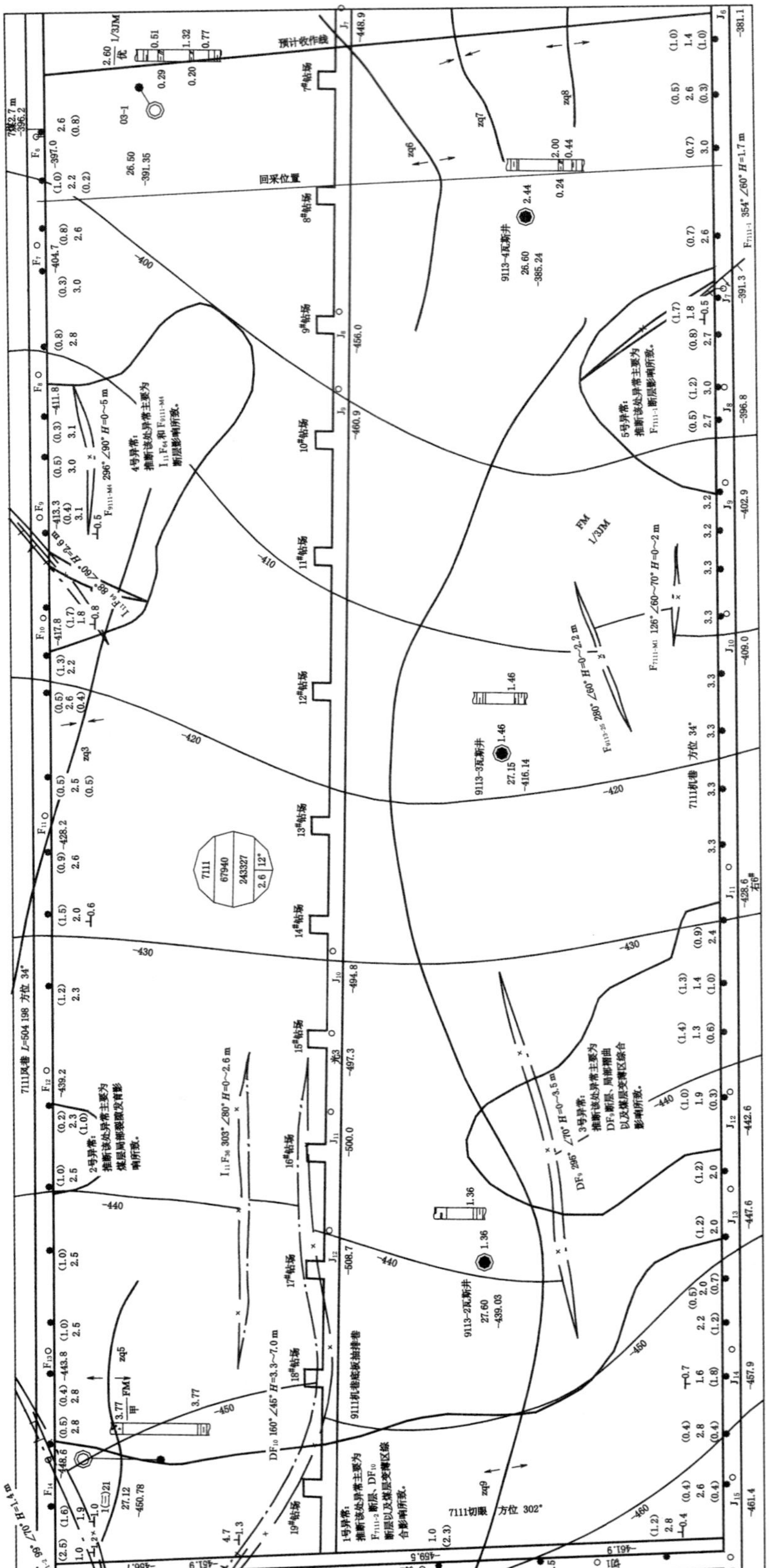

图1 工作面过仰采、复合顶板、断层及褶曲示意图

1 600 mm 的半圆木贴顶梁向煤壁侧架走向棚，一梁两柱；待走向棚架够宽后，在走向棚下方架设两排倾向棚支护，棚梁用长度为 2 000 mm、厚度不小于 150 mm 的木料，棚腿用 DWX3.5 型单体支柱。支柱棵棵穿鞋，并拴齐双防倒绳，支柱初撑力不小于 90 kN/棵。

液压支架拉移过后与顶板形成面接触，保证初撑力符合要求。液压支架拉移过程采用带压移架，液压支架伸缩前梁的收回速度与移架速度匹配，避免移架时伸缩前梁出现收缩现象，减少煤壁片帮。

3.2 过复合顶板

设备：合理使用液压支架的两级护帮板，以提高对顶板、煤壁的维护能力，同时加强设备尤其是液压支架的完好性检修，减少设备意外损坏率及机电影响。

对于非常破碎、顶板悬露时间极短的复合破碎顶板，主要利用机风巷、煤壁注水提升煤壁塑性，减少片帮现象，提高围岩的整体承载能力。利用清水泵站的液压系统，将液压管路与自动膨胀式封孔管连接（连接时将阀门关闭），将封孔管插入钻孔，在压力小于 6 MPa 时，开启阀门，膨胀管膨胀紧贴钻孔壁，起到封孔作用；压力达 6 MPa 以上时，封孔管前端阀门自动打开，向孔内注水。注水时，要求封孔器前的液压管路上装设减压阀、专用注水流量压力表、截止阀等，注水前将封孔器全部插入孔内，封孔器末端到孔口距离不小于 200 mm。注水时注水孔上下 15 m 范围内煤壁侧严禁有人作业，人员严禁正对封孔器。当注水孔附近渗水时，该孔注水工作完毕。

工作面合理控制采高，采高不超过 3.0 m，保证液压支架正规有劲。液压支架垂直顶、底板，歪斜度小于±5°；液压支架平行接触顶板，仰俯角小于 7°；液压支架与刮板输送机垂直连接，偏差小于 5°。顶板破碎处用大笆、板皮等对伸缩前梁缝隙进行超前过顶。

割煤期间，实行追机移架的方式对顶板进行及时支护，护帮板紧跟煤机滚筒收、护，减少煤壁空帮时间。顶板漏顶严重时，采取先临时后永久的原则进行架棚管理。具体方法如下：先用长为 1 600 mm 的半圆木贴顶梁向煤壁侧架走向棚，一梁两柱；待走向棚架够宽后，在走向棚下方架设两排倾向棚支护，梁用长度为 2 000 mm、厚度不小于 150 mm 的木料，棚腿用 DWX3.5 型单体支柱。支柱棵棵穿鞋，并拴齐双防倒绳，支柱初撑力不小于 90 kN/棵。

液压支架拉移过后与顶板形成面接触，保证初撑力符合要求。液压支架拉移过程采用带压移架，支架伸缩前梁的收回速度与移架速度匹配，避免移架时伸缩前梁出现收缩现象，减少煤壁片帮。

3.3 过断层及褶曲

设备：合理使用液压支架的两级护帮板，以提高对顶板、煤壁的维护能力，同时加强设备尤其是液压支架的完好性检修，减少设备意外损坏率及机电影响。

对断层及褶曲构造情况进行日分析，精准判断层位，科学指导生产。

割煤期间，实行追机移架的方式对顶板进行及时支护，护帮板紧跟煤机滚筒收、护，减少煤壁空帮时间。顶板漏顶严重时，采取先临时后永久的原则进行架棚管理。具体方法如下：先用长为 1 600 mm 的半圆木贴顶梁向煤壁侧架走向棚，一梁两柱；待走向棚架够宽后，在走向棚下方架设两排倾向棚支护，梁用长度为 2 000 mm、厚度不小于 150 mm 的木料，棚腿用 DWX3.5 型单体支柱。支柱棵棵穿鞋，并拴齐双防倒绳。支柱初撑力不小于 90 kN/棵。

煤机割硬岩时分层、分次进行，以降低煤机负荷，降低设备损坏率。割硬岩及易产生大块矸石时采取机尾向机头的单向割煤方式，同时采用“破矸神器”进行快速破矸，减少破矸影响时间。

加强断层及褶曲交界线处的瓦斯、水的管理，防止瓦斯、水害事故发生。工作面加强防火管理，煤壁做到跟顶回采，加强工作面清理，控制采空区遗煤，同时加强工作面正规循环，减少采空区遗煤暴露时间。

4 特色亮点

（1）进行超前加固。机巷采用 4 排锚索桁架补强支护，风巷采用 3 排锚索桁架补强支护，桁架梁采用 3.0 m 长 11# 工字钢加工而成，一梁三索，锚索规格为 ϕ22 mm×6 300 mm，对超前压力影响范围内的巷道进行补强支护，效果显著。

(2) 精准科学研判。对断层及褶曲构造等情况进行日分析，精准判断层位，科学指导生产。

(3) 注水固化煤壁。每天早班在煤壁和机巷向外 10 m 位置处打注水眼，利用清水泵进行浅孔动压注水，增强煤壁的可塑性，有效杜绝片帮和顶板事故的发生。

(4) 面内顶板管理。顶板破碎处用大笆、板皮等对伸缩前梁缝隙进行超前过顶，防止顶板片漏。严格控制工作面构造处采高不超过 3.0 m，保证液压支架正规有劲。

(5) 二次抵车移架。抵车移架后利用富余量进行二次抵车移架，减小空顶距，加快推进度，是控制煤壁片帮的有效措施。顶帮破碎严重时，护好帮后采取人工攉煤抵车并带压移架。

(6) 控制抬车幅度。根据机风巷角度合理调整工作面仰采角度，控制提车幅度，避免高低差现象出现。仰采角度大于或等于 16°时，必须设置倾向防飞矸网。

5 结论

煤矿综采工作面过仰采、复合顶板、断层及褶曲是经常遇到的现象。上述工程实例，通过进行超前加固、精准科学研判、注水固化煤壁、面内顶板管理、二次抵车移架、控制抬车幅度等，工作面安全快速高效回采，通过科学筹划，严格管理，7111 智能化工作面创造了极大的经济效益及社会效益。

经济效益：实现了工作面的连续推进，该工作面自 2023 年 2 月回采以来，平均月产量保持在 8.8 万 t 左右。

社会效益：针对工作面仰采角度大、复合顶板、断层及褶曲较多导致的多方面问题，矿领导超前谋划，组织召开了“破解仰采难题”专项会议，对仰采阶段安全生产重点工作作了详细安排，要求：仰采期间安全方面要严抓细管，加大设备检修维护力度，加强技术保障；跟班人员坚持“手拉手”交接班，确保每班工作衔接无隐患、无纰漏，严格执行 7111 工作面仰采安全技术措施规定，严抓现场管理，确保设备正常运行，保证安全生产。回采以来，因地制宜对巷道进行超前加固，机巷采用 4 排锚索桁架补强支护，风巷采用 3 排锚索桁架补强支护，对超前压力影响范围内的巷道进行补强支护，效果显著。精准科学研判，对断层及褶曲构造等情况进行日分析，精准判断层位，科学指导生产。注水固化煤壁，每天早班在煤壁和机巷向外 10 m 位置处打注水眼，利用清水泵进行浅孔动压注水，增强煤壁的可塑性，有效杜绝了片帮和顶板事故的发生。控制抬车幅度，根据机风巷角度合理调整工作面仰采角度，避免液压支架高低差现象出现。通过以上措施，保证了工作面快速推进，为智能化工作面过仰采、复合顶板、断层及褶曲提供了新的技术改进方法，避免了过仰采、复合顶板、断层及褶曲期间工作面推进度缓慢的现象，实现了工作面的安全高效推进，为智能化工作面过仰采、复合顶板、断层及褶曲积累了宝贵的管理及操作经验，锻炼了综采队伍素质，提高了现场管理水平，攻克了采煤工作面复合顶板仰采难题，为矿安全生产奠定了坚实基础，为完成生产任务提供了有力保障，为该矿及周边矿区综采工作面过复杂地质条件回采积累了宝贵经验。

参考文献

[1] 杜锋卓. 煤矿复合顶板支护研究[J]. 科教导刊-电子版(下旬)，2017(2)：169.
[2] 彭绍杰. 复合顶板控制技术[J]. 矿山压力与顶板管理，2001，18(2)：26-28.
[3] 张登龙. 褶曲构造对煤矿生产的影响与对策[J]. 煤矿开采，2002，7(3)：9-10.
[4] 赵天平. 仰采孤岛面遭遇复合顶板的回采方法[J]. 煤，2004，13(3)：28，43.

朱庄矿Ⅲ635工作面切顶留巷矿压显现及围岩运动特征研究

侯志强，关浩，林卫国

（淮北矿业（集团）有限责任公司朱庄煤矿，安徽 淮北　235000）

摘　要　本文分析朱庄矿Ⅲ635工作面沿空巷道顶板情况及矿压作用特征，提出沿空巷道分区分时监测方案，通过观测机巷围岩运动特征，发现巷道大变形区域为工作面后210 m范围内，该区域内矿压显现强烈，存在严重的底鼓现象，采取相应措施后可保证巷道正常服务于下一工作面。切顶留巷技术成功应用于朱庄煤矿，为该矿其他工作面留巷工作提供了宝贵的实践经验。

关键词　切顶留巷；矿压观测；矿压显现

0　引言

沿空留巷作为无煤柱开采中最常用的一种技术[1-2]，最显著的优势是增加了煤炭资源回采率、降低了瓦斯突出和冲击地压等灾害发生的概率，但顶板来压剧烈，导致巷道维护困难。切顶卸压技术可以切断采空区顶板与巷道顶板的应力传递路径，减弱采空区顶板垮落对巷道围岩的影响，同时采空区顶板岩层垮落充实后可以作为巷道的岩帮，起到一定的支撑作用，经过多个矿区的实践，切顶留巷已成为一套成熟的工艺[3-7]。在爆破动载、工作面采动影响下，切顶巷道应力环境十分复杂，对其进行全面的矿压监测尤其重要[8-10]。本文以朱庄矿Ⅲ635工作面为背景，对切顶留巷后矿压显现及围岩运动进行分析。

1　工作面概况

朱庄矿Ⅲ635工作面走向长度532 m，倾向长度189 m，工作面标高－513～－579 m，地面标高＋31.4～＋32.3 m。所采煤层为6煤，层位属二叠系下统山西组，煤厚1.7～3.3 m，平均厚2.6 m，煤层结构简单，赋存稳定；煤层倾角5°～28°，平均13°。直接顶和直接底均为泥岩，平均厚度分别为4.58 m、2.20 m；基本顶为粉砂岩，平均厚度为13.35 m；基本底为细砂岩，平均厚度为28.09 m。

2　切顶留巷设计

2.1　Ⅲ635机巷分区

工作面推进过程中，根据巷道所受采动影响程度、巷道内工程施工情况和巷道所处应力及稳定状态，结合以往现场监测数据，在工作面前后新增加3个区域，即超前切顶区、滞后临时支护区、成巷稳定区，如图1所示。

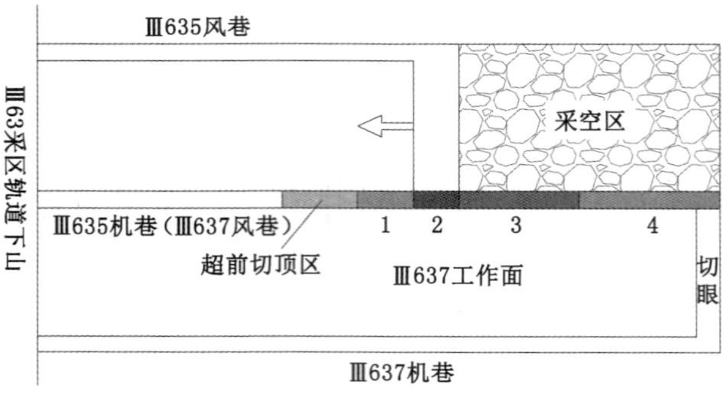

1—超前支护区;2—端头支护区;3—滞后临时支护区;4—成巷稳定区。

图1 切顶卸压沿空留巷区域划分

超前切顶区位于超前支护区之前,在这个区域内主要进行超前预裂切缝及巷道加强支护。

滞后临时支护区位于工作面端头支护区之后,工作面回采后,顶板沿切缝垮落形成巷帮,为防止矸石垮落时窜入留巷内,因此距离工作面较近的架后区域需要及时进行巷帮挡矸防护和顶板临时支护。

成巷稳定区位于滞后临时支护区之后,随着工作面继续推进,当巷道距离工作面较远时,工作面附近的顶板运动对巷道产生较小的影响,且采空区内顶板岩层运动基本趋于稳定,此时回撤滞后临时支护,只保留巷帮挡矸防护即可。

2.2 切顶卸压沿空留巷工艺流程

切顶卸压沿空留巷工艺流程(图2)如下:超前工作面顶板恒阻锚索加强支护、帮部锚索补强支护→顶板预裂爆破钻孔施工→定向预裂爆破→工作面回采→工作面后方巷道顶板临时支护+挡矸支护+铺设风筒布+喷浆→矿压观测、回撤临时支护成巷。

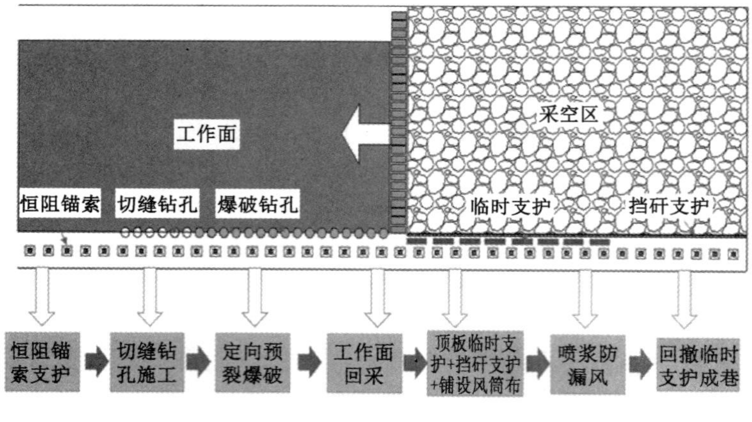

图2 切顶卸压沿空留巷工艺流程图

2.3 监测方案

采用"十字布点法"监测巷道表面位移变化,在机巷内从切眼开始,每隔15～20 m布置一个测点,测点布置时,保证顶底测点连线与两帮测点连线垂直。

3 沿空留巷巷道加强支护

考虑到Ⅲ635工作面机巷将进行沿空留巷,巷道原支护强度较低,留巷巷道经历两次采动影响、服务年限较长，为确保留巷效果，需对巷道进行补强。沿空留巷巷道二次采煤帮稳定性对于巷道围岩稳定及留巷变形至关重要，为保证留巷效果及满足下一工作面回采要求，需对二次采煤帮进行补强支护，巷道加强支护应至少超前工作面预裂切缝 50 m，最终确定巷道补强参数如下：

(1) 顶板：采用 ϕ21.8 mm、L=10 300 mm 的恒阻锚索沿巷道走向布置 4 列，4 列锚索按照工作面回采方向从Ⅲ635 切眼口开始向外施工，锚索孔用锚杆钻机进行施工。锚索孔垂直顶板施工，每根锚索采用 1 支 K2550、3 支 Z2550 型树脂锚固剂进行锚固，快速锚固剂在端头；恒阻器规格为 HZS35-300-0.5，恒阻器长 450 mm，外径 79 mm，最大允许变形量 350 mm；锚索托盘规格为 TPF400×400/16 mm，锚索预紧力不小于 250 kN，锚固力不小于 420 kN，锚固长度不小于 2 000 mm，锚固后锚索外露长度为 150～300 mm(顶板破碎时外露长度可增加到 150～400 mm)。

① 第 1 列锚索距切缝线(紧贴回采帮)600 mm，排距 800 mm；

② 第 2 列锚索距切缝线 1 700 mm，排距 1 600 mm；

③ 第 3 列锚索距切缝线 2 900 mm，排距 3 200 mm；

④ 第 4 列锚索距切缝线 4 000 mm，排距 3 200 mm。

(2) 二次采煤帮：采用 2 m 长竖向 14# 槽钢梁配合锚索支护，14# 槽钢梁梁中对称开孔，孔距 1 600 mm，锚索每排 2 根，排距 1 600 mm，上部锚索距顶板 800 mm，仰角 45°，下部锚索距上部锚索 1 600 mm，俯角 30°，上部锚索规格：ϕ17.8 mm、L=6 300 mm，下部锚索规格：ϕ17.8 mm、L=3 150 mm。

巷道补强支护如图 3、图 4 所示。

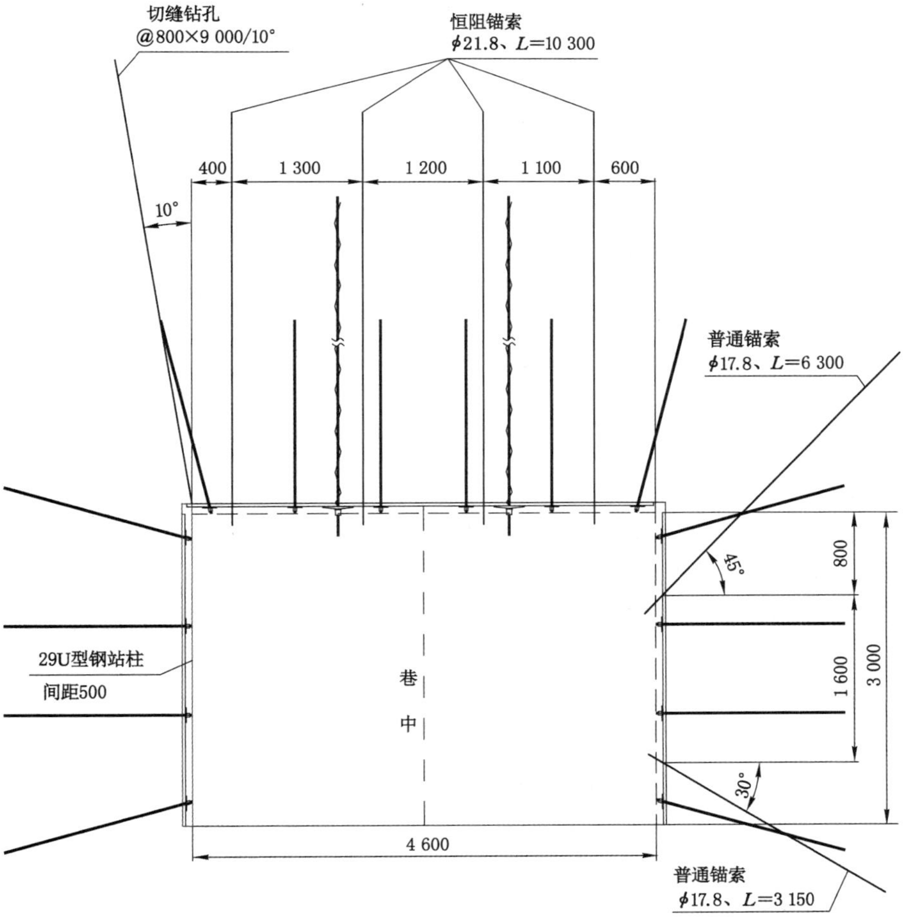

图 3　巷道补强支护断面示意图

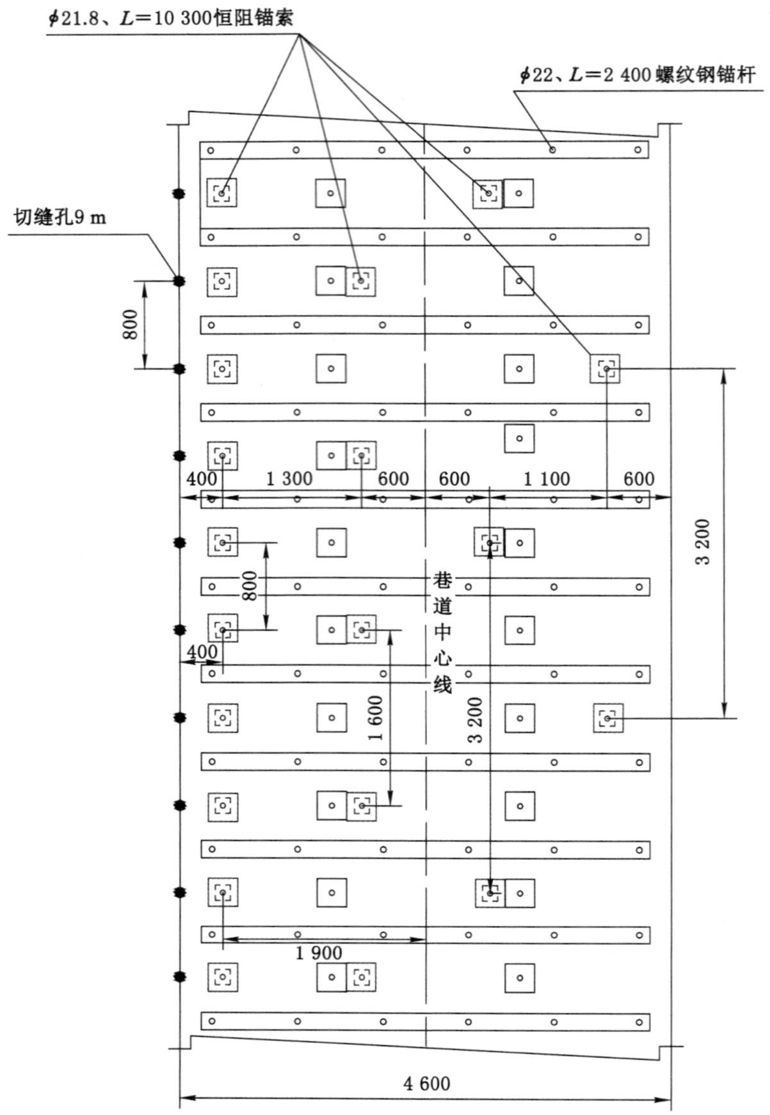

图 4　巷道补强支护平面示意图

(3) 恒阻锚索安装工艺：

① 钻孔(钢绞线安装孔)：采用 ϕ32 mm 钻头钻孔，钻孔与岩面垂直，偏差小于 5°，眼位误差不得超过 100 mm，钻孔深度比锚索(钢绞线)总长浅 200～300 mm。

② 扩孔(恒阻器安装孔)：采用 ϕ95 mm 的专用扩孔钻头，将导向杆放入已钻好的小孔内连接钻机进行扩孔(小孔与大孔须同心)，扩孔深度 500 mm。

③ 清孔及孔口处修正：清理孔内的岩粉粉石渣和其他残留物，对扩孔后孔口处进行修正，保证钻孔与岩面成 90°。

④ 准备锚固剂：恒阻锚索锚固长度一般不小于 2 m，批量安装前应做锚固力测试，必须保证锚固力不小于 420 kN。

⑤ 安装钢绞线：将锚固剂送入小孔内，用锚索(钢绞线)把锚固剂推入孔底，用锚索钻机边推进边搅拌，锚索送到孔底后搅拌 15～20 s 后停止搅拌，等待 2～3 min(具体搅拌时间和凝固时间务必以实际使用的锚固剂型号为准)后撤下钻机。一般情况下，锚索锚固后锚索体外露孔外长度以

150～300 mm 为宜(顶板破碎时外露长度可增加到 150～400 mm)。

⑥ 安装锚索恒阻器:锚索(钢绞线)锚固完成后,将大托盘套在锚索恒阻器上,恒阻器通过外露的钢绞线穿进去,然后把恒阻器推入大孔内,恒阻器托盘贴紧岩壁,然后把专用锁杯穿过锚索,锁具外锚环与恒阻器中恒阻装置贴紧,放好夹片,然后用锚索张拉机夹持锚索(钢绞线)进行张拉,张拉力值达到 250～260 kN 停止张拉。

⑦ 卸载:预紧力应控制在 250～260 kN 为安装标准,撤下张拉机,完成安装。

4 矿压显现规律

随着工作面的推进,对 2021 年 3 月 1 日至 7 月 31 日期间 26 个测点的顶底板移近量及两帮移近量进行分析,研究朱庄矿Ⅲ635 机巷矿压显现规律及围岩运动特征。

通过观测机巷表面位移变化,发现留巷的变形特征,进一步推测出工作面后的滞后临时支护区所处范围,以便于合理利用垛式支架进行加强支护,既能将巷道留设完整又节省经济成本。

3 月根据沿空留巷段设的 9 个十字监测数据分析,上帮变形量最大为 255 mm,下帮无明显变形(距切眼 30 m 和 40 m 处变形量 20 mm),数据变形详见图 5(a)。3 月工作面已推进 117 m,因工

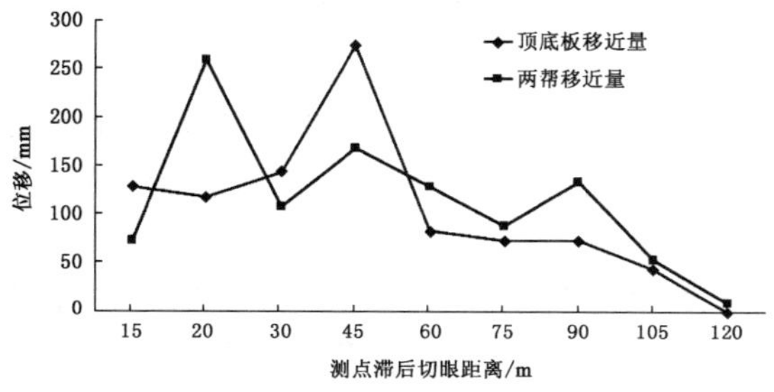

(a) 3月巷道位移量

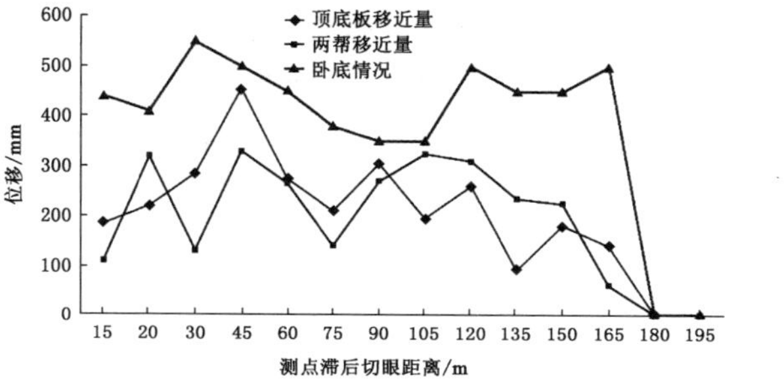

(b) 4月巷道位移量

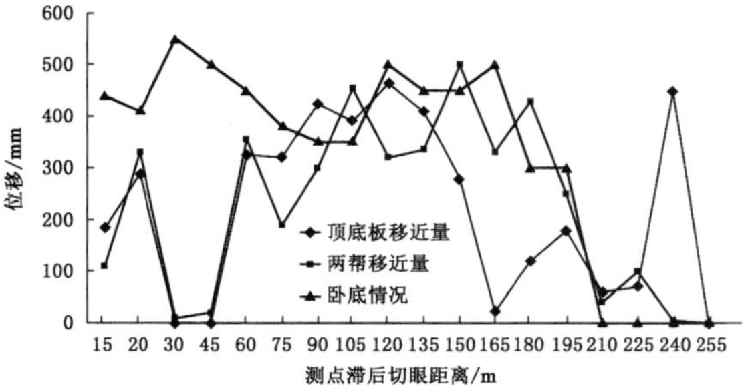

(c) 5月巷道位移量

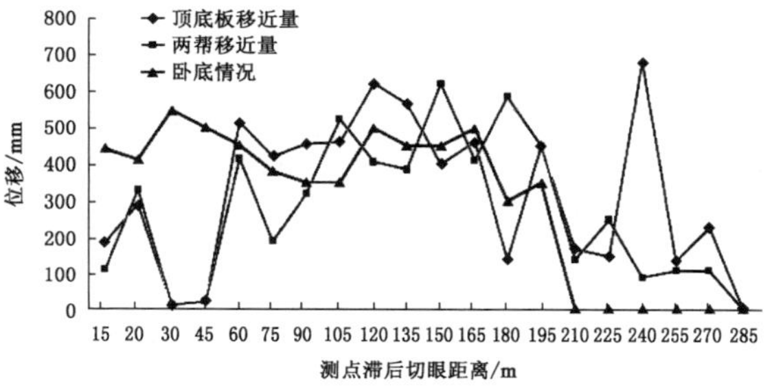

(d) 6月巷道位移量

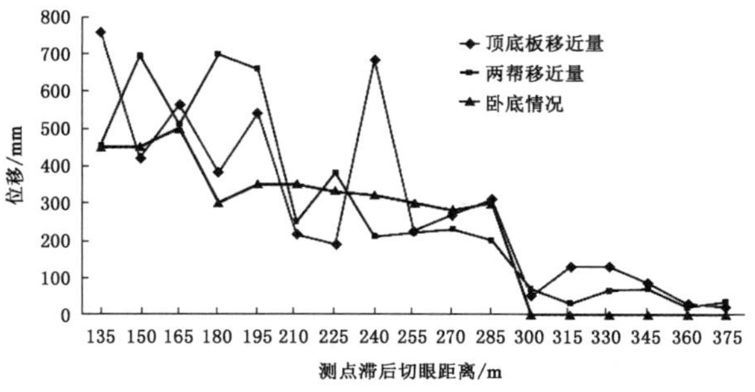

(e) 7月巷道位移量

图 5　Ⅲ635 机巷位移监测结果

作面机巷采用沿空留巷，周期来压期间工作面后 15～75 m 范围内巷道压力明显，巷道变形量大。距切眼 20 m 处两帮移近量最大，为 260 mm，可见此区域水平应力较大。在工作面前后约 25 m 范围内巷道变形较大，处于机巷的超前支护区、端头支护区和滞后临时支护区。沿空留巷巷道二次采煤帮稳定性对于巷道围岩稳定及留巷变形至关重要，为保证留巷效果及满足下一工作面回采要求，需对二次采煤帮进行补强支护，现场采用加密垛式支架补强支护，回采期间要加强对垛式支架的初撑力管理，垛式支架初撑力不小于 24 MPa；根据矿压显现情况调整垛式支架间距为 3 m。

4 月工作面推进至 190 m，共 14 个测点。经过现场调研，工作面回采期间机巷采用沿空留巷，工作面支架后 15 m 处，顶板下沉量比较小，底板底鼓量大，为了确保满足进垛式支架，需要提前卧底以确保巷道高度满足过单轨吊要求，详细数据见图 5(b)。与 3 月巷道变形量相比，顶底板移近量峰值同样处于距切眼 45 m 处，但位移量增加了 180 mm，每个测点变形量都有所增加，可见随着工作面的推进，机巷受采动影响越来越大，滞后临时支护区还在扩展。回采期间加强超前管理段及沿空留巷段支护要求，确保支护强度符合规定。

5 月工作面推进至 259 m，测点数量增加到 18 个，详细数据见图 5(c)。与 4 月巷道变形量相比，测点距切眼 45 m 范围内顶底板移近量不变，可见已经处于成巷稳定区，此区域内可以将垛式支架撤出，机巷滞后临时支护区约为工作面后 210 m；165 m 后卧底量逐渐降低，顶底板移近量相对减小，该区域矿压显现明显减弱。

6 月测点数量增加到 20 个，详细数据见图 5(d)。与 5 月相比，巷道变形量普遍增加，顶底板移近量最大值达到 685 mm，两帮移近量达到 625 mm；该区域回采过程中对巷道影响较大，增加了巷道维护难度，需适当缩短垛式支架间距，及时进行卧底，以保证巷道正常使用。

7 月总测点数减少，共 17 个，距离工作面 210 m 以外巷道处于成巷稳定区，不具有矿压监测价值，为提高效率，从切眼后 135 m 处开始记录，详细数据见图 5(e)。顶底板移近量和两帮移近量随着与工作面距离的增加逐渐减小，最后趋于稳定。

5　结论

(1) 朱庄煤矿Ⅲ635 工作面顺利进行切顶留巷工作，缓解了煤矿目前出现的采掘接替紧张的局面，保证了矿井安全高效生产，为矿区其他类似条件下的切顶留巷施工提供了借鉴。

(2) 通过观测切顶留巷后机巷顶底板移近量及两帮移近量，巷道大变形区域大致处于工作面后 210 m 范围内。

(3) 滞后临时支护区矿压显现强烈，但在可控范围，采取加强支护和卧底等措施可有效控制巷道变形，等巷道远离工作面处于成巷稳定区时，巷道可以正常为下一工作面服务。

参考文献

[1] 王凯，杨宝贵，王鹏宇，等. 软弱厚煤层沿空留巷变形破坏特征及控制研究[J]. 岩土力学，2022，43(7)：1913-1924，1960.

[2] 华心祝. 我国沿空留巷支护技术发展现状及改进建议[J]. 煤炭科学技术，2006，34(12)：78-81.

[3] 杨军，魏庆龙，王亚军，等. 切顶卸压无煤柱自成巷顶板变形机制及控制对策研究[J]. 岩土力学，2020，41(3)：989-998.

[4] 吕维赟，路凯，任卓鑫，等. 切顶卸压沿空留巷围岩变形规律研究[J]. 煤矿安全，2022，53(6)：212-217.

[5] 何满潮，马资敏，郭志飚，等. 深部中厚煤层切顶留巷关键技术参数研究[J]. 中国矿业大学学报，2018，47(3)：468-477.

[6] 马新根，何满潮，李钊，等.复合顶板无煤柱自成巷切顶爆破设计关键参数研究[J].中国矿业大学学报，2019，48(2)：236-246，277.
[7] 石振文，高海涛，齐伟明，等.沿空切顶留巷围岩变形规律分析[J].煤炭技术，2022，41(7)：33-36.
[8] 张鹏，曹学文.柔模沿空留巷工艺及矿压显现规律研究[J].煤炭技术，2021，40(12)：59-63.
[9] 杨小凤.我国沿空留巷围岩控制技术现状[J].煤炭技术，2013，32(7)：68-70.
[10] 王苏健，王翔宇，刘效贤，等.象山矿无煤柱沿空留巷成套技术研究[J].煤炭工程，2021，53(4)：33-38.

“三软”煤层大倾角综放工作面安全高效开采关键技术研究与应用

王伟，赵坤鹏

（淮北矿业（集团）有限责任公司安徽神源煤化工有限公司，安徽 淮北 235000）

摘 要 本文针对“三软”煤层大倾角综放工作面开采特点，以神源煤化工 7401“三软”煤层大倾角综放工作面工程地质条件为背景，提出了设备配套与选型，制定了“三软”煤层大倾角综放工作面输送机防滑、支架防倒防滑、工作面防飞矸伤人安全技术措施，优化了工作面塑化煤体、机头三角煤顶板控制、放煤控制方案，保证了工作面顶板无冒漏、支架运行状态良好，实现了“三软”煤层大倾角综放工作面安全高效开采。

关键词 综放工作面；大倾角；“三软”煤层；顶板控制；安全高效开采

0 引言

基于冒落矸石滑移的自然安息角为 35°以及走向长壁工作面液压支架最大适用倾角为 55°，部分学者将倾角在 35°～55°范围内的煤层称为“大倾角煤层”。我国大倾角煤层的储量占到探明储量的 20％，其煤炭产出量占到全国煤炭生产总量的 10％，由于其特殊的成煤环境，使得大倾角煤层中一半以上为优质焦煤和无烟煤，是我国保护性开采的稀缺煤种[1]。此类煤层开采时，由于倾角较大，受煤岩自重、采场应力分布影响，顶板极难控制。当利用综采放顶煤的方法开采大倾角“三软”煤层时，破碎的顶煤也会由于受到较大倾角作用力而产生移动，“顶煤-支架”接触关系极度弱化，采场“支架-围岩”系统的不稳定性将进一步加剧，进而影响综放工作面的放煤回收率。不仅如此，大倾角工作面飞矸易对作业人员造成风险。因此，针对“三软”煤层大倾角综放工作面，进行顶板控制、防飞矸控制、放煤控制，保证工作面安全高效回采势在必行。

神源煤化工 7401 工作面为“三软”煤层大倾角工作面，采用综放工艺进行回采时遇到诸多难题，而目前神源煤化工类似条件的工作面较多。因此，本文从设备选型与控制、顶板控制、支架稳定出发，提出了工作面设备配套与选型，制定了“三软”煤层大倾角综放工作面输送机防滑、支架防倒防滑、工作面防飞矸伤人安全技术措施，优化了工作面塑化煤体、机头三角煤顶板控制、放煤控制方案。

1 工作面概况

神源煤化工 7401 工作面煤厚 0.60～11.20 m，平均 5.36 m，煤层厚度变化大，属于不稳定煤层，且为“三软”煤层。工作面煤层在倾向方向上呈楔形，外段倾向上煤层厚度变化较大，里段倾向上煤层厚度变化相对较小。工作面长 100 m，工作面走向长 1 248 m。煤层倾角为 28°～45°，平均为 35°。工作面采用综放工艺开采。

2 工作面设备配套及选型

7401 工作面为大倾角综放工作面，支架易发生歪斜，且工作面机头机尾衔接处应力集中区压力大，为保证满足顶板支护强度，对工作面支架进行选型设计。

2.1 工作面中间支架选型设计

（1）通过计算，7401 工作面上部顶板压力最大值约为 9 587 kN，因此，该工作面支架额定工作阻力可选 10 000 kN。

（2）根据 72 煤厚度变化幅度确定液压支架支撑高度为 2.0～3.5 m，支架中心距为 1.5 m。

（3）为降低液压支架重心，增加底座厚度，底座之间装置千斤顶，底座设计为全封底形式后部开档，既减小底板比压又具有较强的排浮煤能力。

（4）为防止液压支架侧翻，增加侧护板高度，侧护板之间安装千斤顶，前梁、顶梁、掩护梁和尾梁的侧护板均可两侧同时活动，增强调架能力和液压支架全封闭式护顶能力。

（5）由于 72 煤硬度小，预计开采期间会遭遇端面漏冒和煤壁片帮等问题，影响正常生产，因此，建议采用整体顶梁结构设计，增强前端顶梁和护帮板的支护能力。

综上，7401 大倾角工作面选用 ZF10000/18/36D 型放顶煤支架 59 架，支架能满足支护要求，拥有双侧护板，调节能力较强。

2.2 工作面过渡支架选型设计

工作面机头机尾衔接处应力集中，且为上下出口人行通道，必须保证行人畅通，支护强度高。

（1）该支架为正四连杆四柱支撑掩护式放顶煤过渡支架。采用滞后支护形式，前、后立柱间设置行人通道，结构紧凑，可满足前、后部刮板输送机及采煤机配套要求，使前、后刮板输送机有合理的布局空间，保证作业安全。设计适应倾角 35°活动拆卸式脚踏板缝合在原脚踏板上，倾角不大时可拆卸使用，脚踏板加防滑钢筋，以适应工作面仰俯采时工人行走。另在前立柱增加行走扶手。

（2）过渡支架顶梁采用铰接前梁结构，前梁带伸缩，随行一级护帮，可及时支护暴露顶煤，防止架前片帮冒顶事故的发生。

（3）过渡支架采用双侧可同时活动的侧护装置（带双向锁，无弹簧）。尾梁设置活动侧护板。侧护板采用掩护梁叠压顶梁及尾梁结构。

（4）过渡支架掩护梁铰接小尾梁结构。通过操纵尾梁千斤顶及调整尾梁的上下摆动和插板伸缩，有效防止老塘向支架内窜矸，保证维修空间安全。

（5）过渡架连杆采用前单后单正四连杆稳定机构，后部维护空间大。

（6）支架底座为整体式刚性底座，底座前部用厚钢板过桥连接，后部用箱形结构连接。底座前端为大圆弧结构，防止移架时啃底。

（7）支架顶梁上预留防倒机构安装位置，底座上预留防滑装置安装位置。

综上，7401 大倾角工作面机头机尾衔接处选用 ZFG10000/22/35D 型过渡支架 12 架，其中机头 3 架、机尾 9 架，配备防倒装置，支护强度大，能满足支护要求。

2.3 工作面采煤机选型设计

工作面的 72 煤层最小煤层厚 0.60 m，最大煤层厚 11.20 m，平均煤厚 5.36 m，根据煤机、支架适应采高范围及安全因素考虑，确定本工作面采高在 2.4～2.8 m 并跟底回采。

采用 MG500/1170-AWD1 矮型采煤机，工作面回采期间采高保证采煤机通过即可。采煤机设计爬坡能力 45°，适用于本工作面。

3 “三软”煤层大倾角综放工作面设备防倒防滑安全技术

7401“三软”煤层大倾角综放工作面回采期间存在支架歪倒、输送机下滑、飞矸伤人等安全隐患。为保证工作面安全顺利回采，特编制如下安全技术措施。

3.1 工作面输送机防滑

大倾角工作面刮板输送机易下滑，导致输送机机头和转载机不能正常搭接，直接影响到工作面出煤系统。7401 工作面采取以下输送机防滑措施：

(1) 调整工作面角度，使工作面机头超前机尾 5～15 m，形成伪倾斜工作面。

(2) 每隔 5 架安设一组千斤顶，共设 13 组，后期视现场情况决定是否补设千斤顶。将其与后部车进行软连接，隔架拉车。软连接长度要适中，牢固可靠，张弛有劲。

(3) 回采期间，坚持单向抵车、双向割煤，工作面机头 5 架范围做到丢底回采，防止输送机下滑。

(4) 防滑支架推移杆使用整体式，后部输送机每 10 架安装一个防滑千斤顶。

3.2 工作面支架防倒防滑

大倾角工作面支架在移架时容易出现倒架。7401 工作面采取以下支架防倒防滑措施：

(1) 工作面液压支架顶梁上设有防倒千斤顶连接装置。在拉架时收紧防倒千斤顶，同时撑开侧护千斤顶，可以防止工作面出现歪架、倒架现象。

(2) 严格制定支架操作顺序。严格控制支架采高在 2.4～2.8 m 以内，严禁超高；割煤期间工作面从下向上或者从上向下依次单向移架，避免了因大范围地移动支架造成歪架咬架。

(3) 机、风巷准备数量充足的方木，发现支架有倾倒征兆，及时在支架底板下方垫实方木，使工作面支架形成反倾角，架身有往机尾倾倒的趋势，防止支架歪倒、下滑。

(4) 严格落实煤壁常态化注水制度，防止煤壁片帮导致支架歪倒。

(5) 加强工作面初撑力管理，确保支架初撑力达到设计要求。

3.3 工作面防飞矸伤人

根据《煤矿安全规程》规定，工作面倾角超过 25°，要有防飞矸安全设施。为确保施工安全，7401 工作面采取以下具体措施：

(1) 倾向挡矸网：挡矸网网孔规格不大于 100 mm×100 mm，网绳必须使用韧性好、耐撞击的柔性防水型材料，其直径不小于 10 mm；挡矸网覆盖范围为下至第一架顶梁下边缘，上至最后一架顶梁上边缘(局部大倾角时，下方和上方超出起止架分别不少于 20 架、10 架)，并做到人行道侧全封闭。

(2) 输送机机尾与煤壁之间必须设置防护网，非割煤推溜期间处于防护状态。

(3) 转载机机尾转载点处必须设置长度不小于 4 m 的挡矸板，其材质选用厚度不小于 10 mm 钢板，并做到全封闭。

(4) 人员进入煤壁作业前，作业地点上方不大于 3 m 位置处必须设置一道全断面封闭的护身板，并固定牢固可靠。

(5) 规范使用挡矸网、挡矸板和防护网，每班开工前，跟班干部和班队长必须对其完好情况进行排查。

(6) 倾向挡矸网必须处于常闭状态。

(7) 移架、采煤机和输送机运行时，在下出口至煤壁向外 5 m 位置拉设警戒网，此范围内严禁人员作业或行走。

(8) 移架、采煤机和输送机运行时，严禁人员架前作业。

(9) 未正常使用挡矸网时，严禁人员进入煤壁。

4 “三软”煤层大倾角综放工作面顶板管理安全技术措施

4.1 工作面机头超前管理

7401工作面机头下出口第1至3架压力大，为应力集中区，为防止此段煤壁片帮、漏顶，需进行超前架棚管理。

(1) 采用规格为2 m长的U型钢配合DW31.5-250/100型单体液压支柱，一梁一柱，间距700 mm，每架两棚。U型钢棚距750 mm，一端搭在支架顶梁上，搭接长度不小于200 mm，另一端搭在紧贴煤壁的单体液压支柱上。U型钢上铺设金属网配合板皮过顶管理，U型钢间搭接长度不小于300 mm，用两副U型钢卡缆固定。

(2) 超前架棚，支架顶梁要走平，严禁在浮煤或浮矸上架设单体液压支柱。单体液压支柱要正规有劲(软底地段穿铁鞋)，初撑力不低于90 kN，拴齐拴牢防倒绳。

(3) 架棚段，要坚持在煤壁和机巷煤帮侧超前注水作业，防止煤壁片漏。

(4) 若随着工作面向前推进，1号过渡支架与转载机之间距离超过500 mm，需要在空顶范围沿走向打设一排挑棚对其进行补强支护。

通过超前架棚管理措施，有效地超前维护应力集中区顶板，保证了工作面机头顶板无冒漏。

4.2 工作面注水塑化煤体

“三软”煤层极为松散，易发生片漏造成顶煤抽空支架失稳歪斜。

(1) 打眼方法：采用手持气动钻机打眼，距顶板约0.5～1.0 m，眼距10～15 m，眼深6 m，仰角10°～12°。打眼必须避开矸石。

(2) 注水方法：接在工作面专用一趟清水泵管路截止阀上，插好U型销，把膨胀头插入注水孔内，开启阀门，泵压控制在6～8 MPa，开始向煤层注水。注水时采用间歇注水法，至煤壁挂汗，关闭截止阀，待5 min后方可取出封孔器。取封孔器时，人员应站在注水孔斜上方。

(3) 使用注水器注水时，封孔器必须全部塞入煤眼内，其外端距眼口不小于500 mm。在同一钻孔内，不能用不同规格的膨胀管，绝不能用管路直接插入膨胀管使用。

(4) 每天利用早班时间对工作面煤体超前打眼注水，加固煤体塑性，待中班割煤时，煤体易塑化完成，有效避免了“三软”煤层易冒漏问题。

5 顶煤冒放性研究

研究顶煤破碎机理与顶煤冒放性是确定厚煤层开采技术、确定顶煤工作面采放工艺、进行支架设计、提高顶煤采出率、改善顶煤破碎技术的基础。

5.1 不同采高对顶煤放出率的影响

不同采高条件下每次放煤过程顶煤放出量大小如表1所示。

表1 各采高顶煤放出率计算结果

采高/m	放出顶煤颗粒数	顶煤颗粒总数	顶煤回收率/%
2	652	738	88.35
2.5	655	738	88.75
3	576	738	78.05

根据 7401 工作面不同采高下煤岩分界面形态模拟分析(图 1),结合顶煤回收率和残煤空间分布情况,建议选用 2.5 m 采高进行开采。

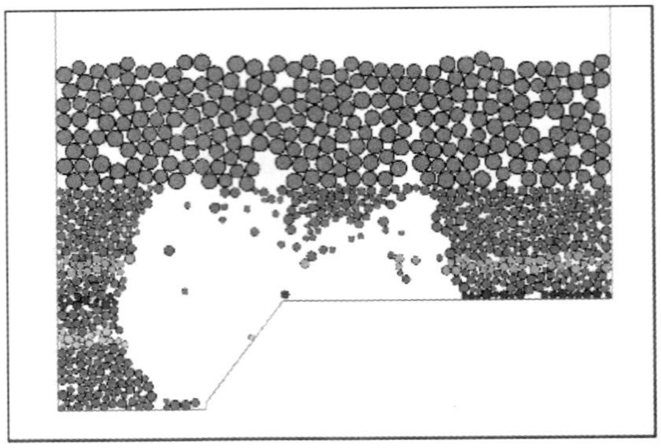

(a) 2 m采高

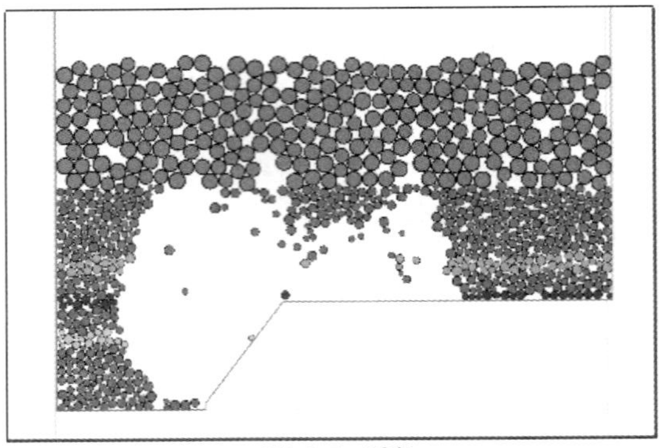

(b) 2.5 m采高

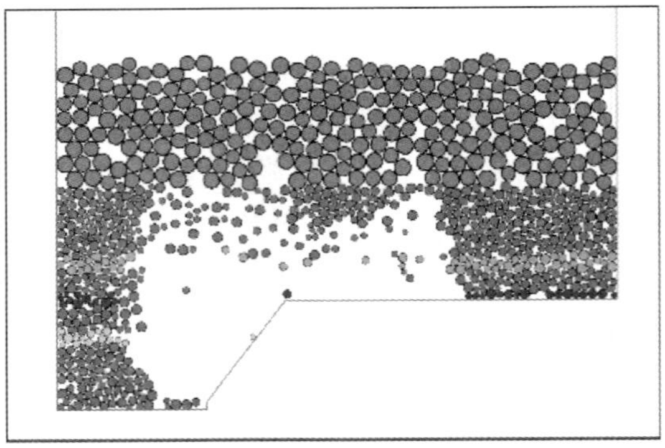

(c) 3 m采高

图 1　顶煤空间分布

5.2　放煤工艺优化

采用合理的放煤方法,采取从下向上的放煤顺序,坚持一刀一放,多轮间隔顺序放煤,这种方法能更好地把煤放出,同时减少了矸石的混入量。

为确保工作面上下端头顶板稳定性,工作面上下各 5 架坚持不放煤。

顶煤放出体与煤岩分界面有较多的重合度,即可以较好地放出顶煤,减少矸石混入,合理确定放煤工艺顺序及分段内支架数量时,就是尽可能多地提高顶煤放出体边界与放煤前煤岩分界面的重合度,或者说煤岩分界面较好地包络着顶煤放出体,这可以最大限度地放出顶煤和减少矸石混入。

开发了极倾斜厚煤层走向长壁综放开采的“下行动态分段、段内上行放煤”的采放工艺，即采煤机自上而下割煤，自下而上装煤，自下而上移架；自上而下动态分段，每个放煤分段内自下而上放煤；自下而上整体推移前刮板输送机和拉移后刮板输送机。

6 支架运行状态现场实测

为充分掌握工作面矿压显现规律，合理有效地进行采场围岩控制，同时也为支架的选型提供决策依据，2022 年 9 月 1 日至 30 日对 7401 工作面支架运行状态进行了现场实测。

6.1 支架活柱行程余量

采场围岩控制的关键在于保证支柱具有行程，工作面支架不被压死。根据观测的支架活柱行程余量数据可以绘制出活柱行程余量柱状图(图 2)。

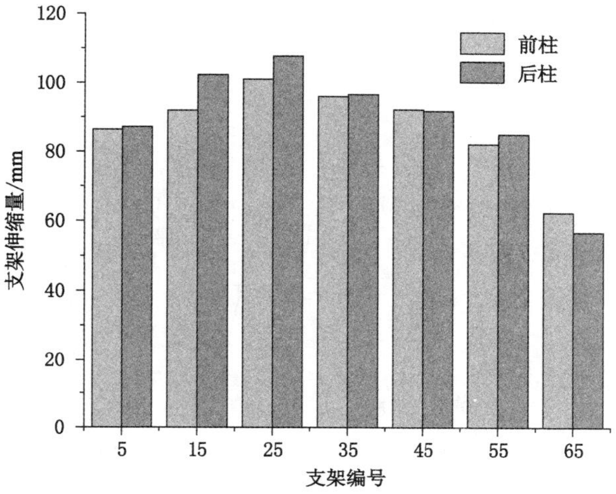

图 2 活柱行程余量柱状图

由图 2 可见，工作面中上部活柱行程余量较小，反映出工作面中上部顶板下沉量较大，压力较大。由于 7401 工作面支架上方为较为破碎的顶煤，支架后柱上方顶煤已经放出，造成支架后柱活柱行程余量普遍大于前柱活柱行程余量，后柱工作阻力小于前柱工作阻力。

6.2 支架横向歪斜角

支架横向歪斜角量测支架顶梁与顶板之间横向的夹角，歪斜角不应大于 5°。可约定顶梁向下口歪斜时其夹角为负值，向上口歪斜时其夹角为正值。根据现场支架歪斜角测量数据得到支架歪斜角变化曲线(图 3)。

由图 3 可见，工作面回采期间，支架横向歪斜角多为－5°～0°，在规定范围－5°～5°内，支架运行状态良好。

6.3 支架俯仰角

工作面支架顶梁俯仰角是指顶梁与顶板间纵向夹角，俯仰角不应大于 7°。可约定俯仰角俯角为正、仰角为负。

由支架俯仰角变化曲线(图 4)可以看出，工作面回采期间，支架走向仰俯角在－6°～4°之间波动，基本在规定范围－7°～7°内，支架运行状态良好。

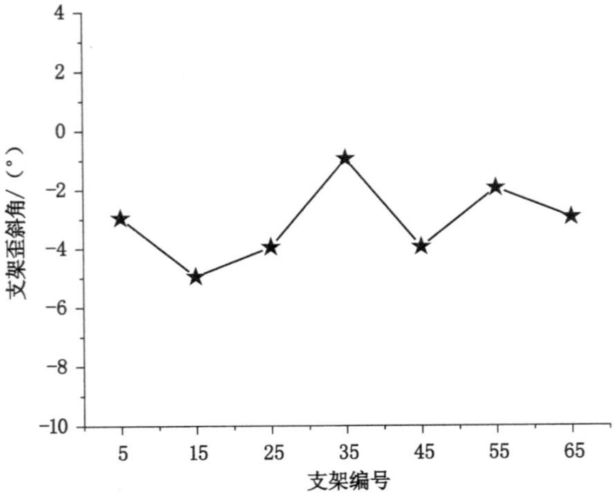

图3　9月7日支架歪斜角

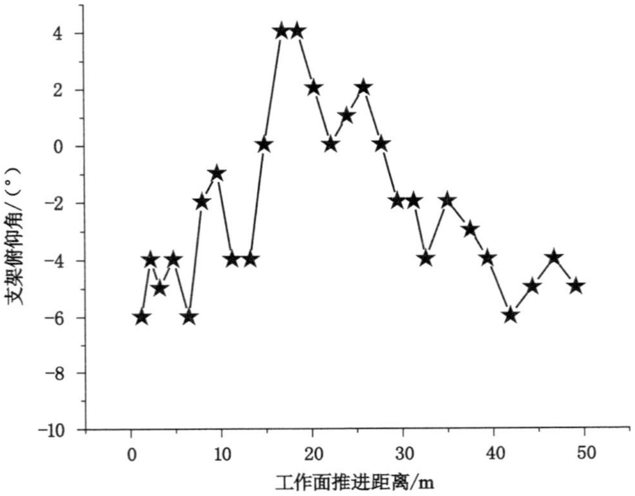

图4　25# 支架俯仰角

7　结论

（1）通过理论分析和现场调研，确定了“三软”煤层大倾角综放工作面支架选型与配套设备设计。

（2）提出了“三软”煤层大倾角综放工作面输送机防滑、支架防倒防滑、工作面防飞矸伤人安全技术措施。

（3）提出了工作面机头应力集中区顶板管控措施、“三软”煤体塑化措施，优化了放煤工艺。

（4）通过支架活柱行程余量、支架横向歪斜角、支架俯仰角现场实测数据表明工作面支架运行状态良好，能够适应7401工作面工程地质条件。

8　取得的经济、社会效益

7401工作面为邹庄煤矿四采区首采工作面，本矿对于大倾角不稳定厚煤层综放无成功案例可供借鉴。因此，本文运用理论分析、数值模拟、现场实践等研究方法，以邹庄煤矿7401工作面工程地质为背景，对大倾角“三软”厚煤层综采放顶煤工艺适应性评价、顶煤破碎机理与冒放性、采煤工艺方式选择、大倾角综放面矿压显现特征、工作面设备防倒防滑技术及片帮冒顶防治技术等进行系统研究，研究成果可为邹庄煤矿四采区待采综放面提供参考，同时为大倾角“三软”厚煤层安全高效开采提供理论依据和技术经验。

研究成果的成功应用，提高了综合机械化开采水平和劳动效率，减低了工人劳动强度，取得了良好的安全、技术和经济效益，使邹庄煤矿7401工作面成功实现安全高效回采，为类似条件矿井的高效开采探索出了新道路，极大地推动了淮北矿区技术进步，使我国同样复杂地质条件下的大倾角综放技术实现了新的突破，进一步拓宽了综放开采的应用范围和应用条件，填补了采矿技术空白，实现了巨大技术进步。

参考文献

[1] 李虎林，负东风. 急-倾斜厚煤层长壁综放采场矿压显现规律研究[C]//中国煤炭工业可持续发展的新型工业化之路——高效、安全、洁净、结构优化. 海南:[出版者不详]，2004:207-213.

厚砂岩坚硬顶板条件下沿空留巷技术研究与应用

倪杰，董村

（皖北煤电集团有限责任公司祁东煤矿，安徽 宿州 234000）

摘 要 祁东煤矿 $8_2$35 采煤工作面的基本顶为厚度近 30 m 的坚硬砂岩顶板（无直接顶），该工作面回风巷在沿空留巷过程中实施了“超前切顶爆破卸压”“高预应力注浆锚索和双排垛式支架加强支护”“非回采帮‘外锚-内卸’协同控制技术”等成套关键技术后，留巷内巷道围岩变形量均在可控范围内，巷道在经过简单卧底修整后便可直接作为下一个工作面的运输巷使用，相较于重新开掘一条巷道或对留巷进行大修而言，可有效缓解矿井采掘接续难题，且技术经济效果明显，对在类似厚砂岩坚硬顶板条件下实施切顶卸压沿空留巷有一定的借鉴作用。

关键词 厚砂岩坚硬顶板；沿空留巷；切顶卸压；加强支护；外锚-内卸

0 引言

在我国井工煤矿煤层顶板赋存特征类型中，坚硬厚顶板占三分之一左右，此类顶板的主要特征为岩层厚度大、整体性强、岩石强度高、自承能力强等。厚硬顶板煤层在开采后很难垮落，基本顶“O-X”破断特征不明显，尤其是在沿空留巷场景下，留巷上方的弧形“三角块”顶板与采空区顶板的力学联系较大，形成了一种“长悬壁”结构，从而导致留巷内动压现象剧烈显现，主要表现在顶板旋转下沉（回采帮侧下沉量大于非回采帮侧）、底板鼓起、巷帮涨帮变形等明显变大。本文以皖北煤电集团有限责任公司祁东煤矿 $8_2$35 工作面在近 30 m 厚砂岩坚硬顶板条件下实施切顶卸压沿空留巷为工程背景，通过实施超前切顶爆破减小留巷顶板与采空区顶板之间的力学联系、施工高预应力注浆锚索和双排垛式支架提高顶板的完整性和支护强度、在非回采帮实施“外锚-内卸”协同控制技术提高帮部支护强度，并使得侧向支撑应力向深部转移，以改善巷道围岩的应力环境和减小巷道变形。在实施上述一系列关键技术和措施后，该工作面风巷沿空留巷效果较好，可为在类似厚硬顶板条件下实施沿空留巷的矿井提供参考和借鉴。

1 工程概况

1.1 工作面概况

$8_2$35 工作面位于祁东煤矿东翼一水平三采区，起止标高为－480.5～－538.2 m，工作面倾向宽 180.5 m（平距），走向长约 947 m，采用走向长壁开采，全部垮落法管理顶板；$8_2$35 机巷为原 $8_2$37 工作面风巷沿空留巷所得，$8_2$35 风巷在工作面回采过程中实施沿空留巷，计划作为 $8_2$33 工作面的机巷使用（具体见图 1）。本工作面回采的 8_2煤，层间含一层泥岩夹矸，厚约 0.3～1.1 m，最大煤厚

1.9 m，最小煤厚 0.9 m，平均煤厚 1.4 m。煤层产状变化较大，倾角 11°～15°，平均为 13°左右。

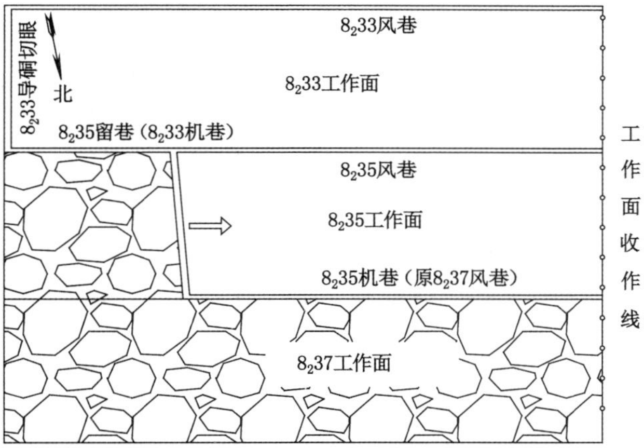

图 1　$8_2$35 工作面平面示意图

1.2　顶板概况

$8_2$35 工作面综合柱状图如图 2 所示。

累厚/m	真厚/m	柱状	岩性名称	岩性描述
4.21	2.72～6.30 4.21		泥岩	灰色，质地不均致密块状，偶见植物化石碎片
7.91	3.30～4.20 3.70		7_1煤采空区	黑色，条痕棕黑色，粒状及碎块状，内生裂隙发育，弱玻璃光泽
9.48	0～3.10 1.57		泥岩	灰色，质地不均致密块状，偶见植物化石碎片
38.91	25.57～30.40 29.43		砂岩	浅灰白色，石英为主，次为长石、云母碎片，次圆状分选中等，硅质胶结，夹有深灰色不规则泥质包体
40.31	0.90～1.90 1.40		8_2煤	黑色，条痕棕黑色，粒状及碎块状，内生裂隙发育，弱玻璃光泽，夹矸为灰黑色泥岩
43.51	1.30～5.80 3.20		泥岩	灰色，质地不均致密块状，含粉砂较多

图 2　$8_2$35 工作面综合柱状图

顶板：浅灰色、灰白色细砂岩，细～中粒，下部渐细，夹深灰色泥岩条带，显水平层理，成分主要为石英、长石，厚 25.57～30.40 m。自然状态抗压强度平均为 1 119 kg/cm^2，变异范围为 993～1 240 kg/cm^2，普氏硬度系数为 12。

2 施工工艺及关键技术

2.1 超前切顶爆破卸压

2.1.1 切顶高度的确定

综合考虑 $8_2$35 工作面上部 7_1煤在开采过程中对底板破坏深度和本煤层回采期间切顶钻机的技术参数、钻孔工作量大小等因素，来确定切顶高度。

根据统计法经验公式，确定 7_1煤开采对底板的破坏深度 h：

$$h = 0.0085H + 0.01665\alpha + 0.1079L - 4.3579 = 18.8\ (\mathrm{m})$$

式中 H——开采深度，取 478 m；

α——煤层倾角，取 13°；

L——工作面斜长，取 175 m。

则理论上最小切顶高度 S 为：

$$S = D - h = 12.2\ (\mathrm{m})$$

式中 D——7_1煤和 8_2煤层间距，31 m。

为确保切顶效果，取 7_1煤底板破坏深度和 8_2煤顶板切顶高度的压茬长度为 4～5 m(实际取 4.8 m)，并结合切顶钻机的技术参数和钻孔工作量大小，确定切顶高度为 17 m(图 3)。

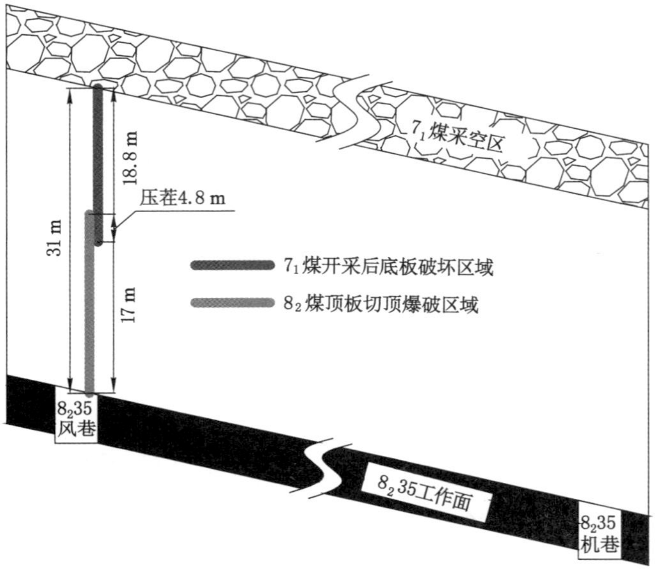

图 3 $8_2$35 风巷切顶高度示意图

2.1.2 切顶钻孔参数

为最大限度发挥切顶爆破的卸压效果，按照“深孔切、浅孔裂”的技术原理，采用深、浅孔间隔布置、相互配合的方法进行切顶爆破卸压(图 4)。

钻孔位置 S 即钻孔开孔处与回采帮的距离。根据切顶卸压沿空留巷技术原理，钻孔与巷帮的距离 S 越小越好，但由于顶板钻机需要作业空间和方便顶板钻机施工等客观因素，钻孔位置 S 通常需要取一定数值。根据 $8_2$35 回风巷设备布置情况及钻机的设备情况，结合留巷后巷道断面要求，确定爆破钻孔与回采帮距离 S=0.2 m。

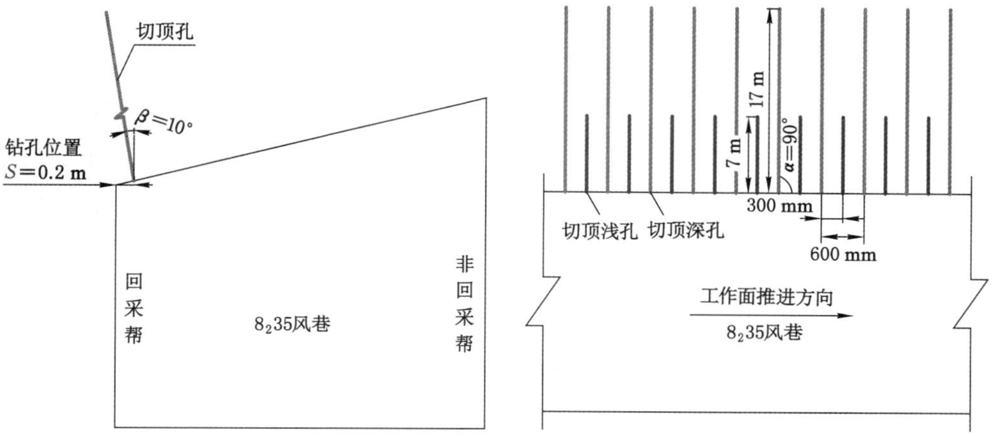

图 4　$8_2$35 风巷切顶孔布置示意图

钻孔倾角 α 是指在巷道断面图中，钻孔与水平方向的夹角；倾角 β 是指在巷道中线剖面图中，钻孔与竖直方向的夹角。钻孔倾角 α、β 的取值要考虑是否有利于钻机施工、是否有利于钻孔装药、是否能保证切缝效果、是否能减少装药量等因素；倾角 α 还要考虑切顶后，切顶线上方基本顶短悬臂梁悬露长度等影响因素。结合 $8_2$35 回风巷顶板岩层厚度及顶板钻机的施工情况，确定钻孔倾角 $\alpha=90°$，$\beta=10°$。

"深孔"使用 CMQ1-1300/45 型煤矿切顶钻车配套 ϕ50 mm 钻头、ϕ28 mm 钻杆，自工作面上口沿工作面推进方向顺序施工，钻孔深度 17 m，间距 0.6 m。

"浅孔"采用 MQT-130/3.2 型气动锚杆钻机配套 ϕ42 mm 钻头、ϕ19 mm 中空六棱钻杆，钻孔深度 7 m，间距 0.6 m，与深孔均匀、间隔布置。

切顶卸压爆破钻孔技术参数见表 1。

表 1　切顶卸压爆破钻孔技术参数

内容	参数(深孔/浅孔)	相关说明
钻孔位置 S	0.2 m	以巷道回采帮上肩窝为基准
钻孔倾角 α	90°	钻孔与巷道走向方向之间的夹角
钻孔倾角 β	10°	钻孔与竖直方向的夹角
钻孔深 H	17 m/7 m	—
钻孔直径 d	50 mm/42 mm	—
钻孔间距 L	0.6 m	可根据顶板岩性情况及预裂爆破效果进行调整，深浅孔间隔布置

2.1.3　爆破参数

选用煤矿许用三级水胶炸药，炸药直径为 35 mm，长 300 mm，质量为 380 g。该水胶炸药属浆状炸药的一种，系含水炸药，采用氧化剂、敏化剂、胶凝剂与交联剂等成分组成，采用水溶性甲胺硝酸盐作敏化剂，爆轰感度高，抗水性强，密度大，爆炸威力较大，成本低。深孔每孔装药 28 节，封孔长度不低于 5.6 m；浅孔每孔装药 11 节，封孔长度不低于 2.5 m。为便于装药，并保证爆破效果，预裂切缝钻孔装药采用半个 PE 管作为炸药的载体，装药时使用胶带将炸药固定在 PE 半管上，PE 管外径为 40 mm，内径为 36 mm，管长 2.1 m 和 3.1 m 搭配使用，如图 5 所示。

深孔爆破每次爆破个数不超过 10 孔，并保证超前工作面不低于 180 m；浅孔爆破每次爆破个数不超过 10 孔，滞后深孔，但超前工作面距离不得大于 60 m。

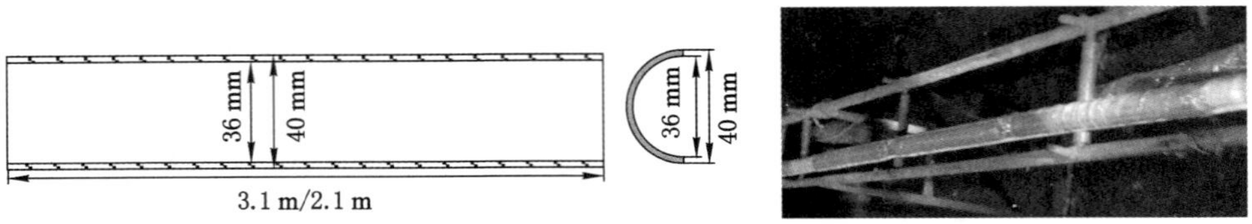

图 5　PE 半管结构及与炸药连接示意图

2.2　高预应力注浆锚索和双排垛式支架加强支护

顶板在实施超前切顶爆破卸压后，受爆破应力波的扰动，原有支护可能会松动甚至失效，出现顶板离层、下沉等，需要对原有支护进行补强支护。顶板补强支护主要目的有：① 组合、加固顶板，强化顶板厚短悬臂梁的结构，提升顶板整体的强度；② 防止和减小顶板下沉量，确保巷道在复用前满足下一个工作面的通风、运输等安全生产要求。

2.2.1　高预应力注浆锚索支护参数

（1）超前切顶爆破后，在距离超前切顶线 400 mm 和 2 900 mm（排距 2 500 mm）处各施工一排高预应力注浆锚索补强支护，间距采用“大小裆”布置，即 980 mm/1 960 mm 交错施工。锚索补强支护超前工作面不低于 30 m，且必须在超前切顶（浅孔）爆破后施工，锚索预应力不低于 180 kN，确保托盘压紧、压正钢带梁并紧贴岩面。

（2）为有效、及时抑制围岩离层与滑动，提高整体支护强度，对锚索采取注浆措施，以达到全长锚固和充填顶板裂隙的效果。具体要求如下：

① 注浆材料采用久米纳矿用无机充填加固材料（KWJG-3），水灰比为 0.20～0.25，注浆压力为 3～6 MPa。

② 锚索注浆滞后工作面 15～30 m 施工。

2.2.2　垛式支架支护参数

在留巷内沿巷道走向布置两排 ZQL 2×2000/20.6/45 型垛式支架作为留巷加强支护，垛式支架间排距为 2.94 m×3 m，初撑力不低于 24 MPa。

高预应力注浆锚索和垛式支架加强支护示意图如图 6 所示、

2.3　非回采帮“外锚-内卸”协同控制技术

2.3.1　“外锚-内卸”协同控制技术原理

“外锚”是指在煤帮浅部围岩采取补打高强锚索加固，改善围岩力学参数，提高围岩强度和锚索锚固力，组成浅部围岩强化承载结构圈，改善巷道近表围岩的应力状态，且控制围岩裂隙产生、扩展与贯通，大幅提升巷道浅部锚固体结构强度，为开展内部造穴卸压创造良好的施工环境。

“内卸”是指在煤帮深部范围内施工形成一系列的大洞穴，使得巷帮形成的支承应力峰值向深部大幅度转移，减缓或阻隔多重采动影响对巷道围岩的破坏作用，并使得该处围岩变形能得以释放，同时能为深部煤岩体持续蠕变变形提供较大的补偿空间，吸收大部分变形，为巷道创造良好的应力环境，进而有效减小巷道围岩变形。

2.3.2　“外锚-内卸”施工参数

（1）“外锚”

风巷非切顶帮补打 2 根锚索，锚索规格为 ϕ21.8 mm×6 300 mm，锚索间排距为 1 600 mm×

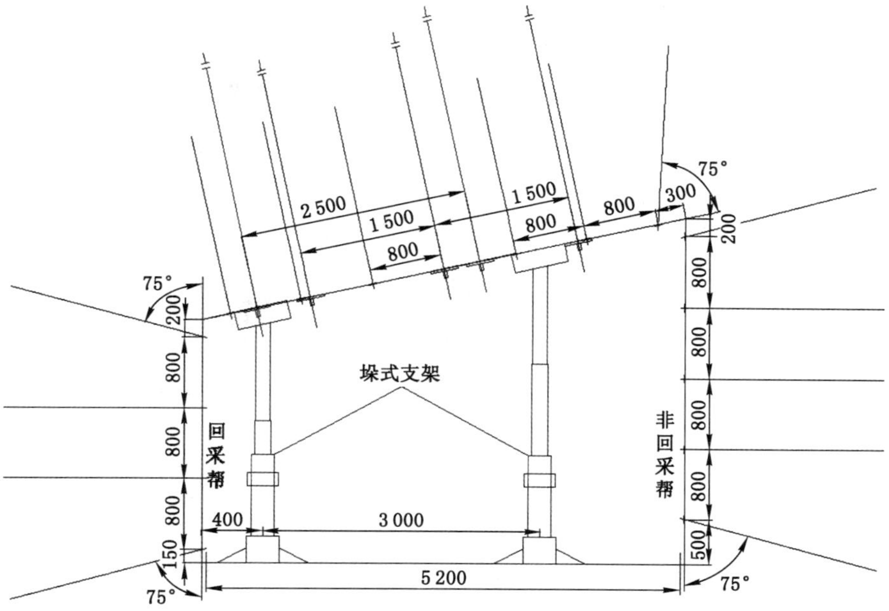

(a) 加强支护断面图

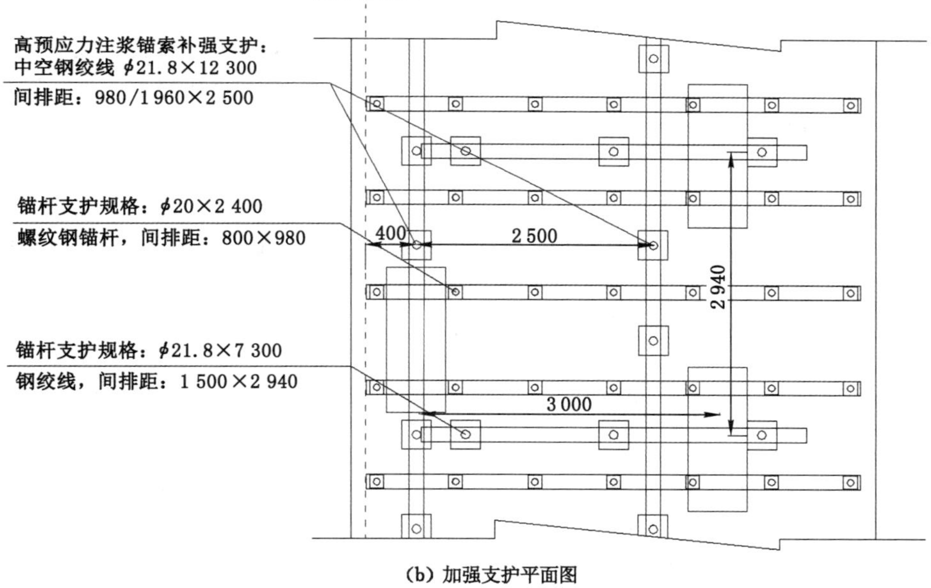

(b) 加强支护平面图

图 6　高预应力注浆锚索和垛式支架加强支护示意图

1 960 mm，每排 2 根锚索，每眼用 3 卷 Z2850 型树脂锚固剂，上帮锚索向上倾斜 15°，距离顶板距离为 500 mm，中帮锚索向下倾斜 10°。锚索锚入后及时张拉，两帮锚索预紧力不低于 150 kN。帮部上下两根锚索配合钢带（同一排锚索搭配钢带纵向连接）＋金属托盘加固支护，形成锚索梁桁架结构。

留巷非回采帮“外锚”加强支护示意图如图 7 所示。

（2）“内卸”

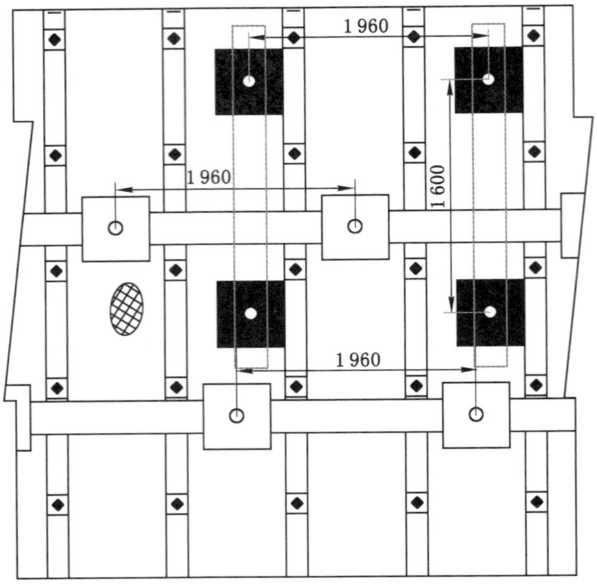

图 7 留巷非回采帮"外锚"加强支护示意图

采用 ZDY7300LX 煤矿用履带式全液压坑道钻机配合变径机械水力造穴设备。卸压孔位于 $8_2$35 风巷非回采帮距离底板 1.5 m 高度处(根据现场实际情况可适当调整)。钻孔垂直巷道壁布置,倾角 16°,卸压孔间距为 3.92 m(即 4 排原巷道支护宽度),浅部普通孔长度约为 9 m,深部造穴孔深 3.0 m,单孔出煤量不低于 2.0～2.5 m^3。为了防止造穴冲孔对巷帮浅部锚固体内煤体的破坏,首先对普通孔内 7.0 m 范围插入地质套管(可根据现场普通孔成孔效果调整地质套管长度)进行防护,然后钻头通过套管进入,对深部 9～12 m 范围内煤体实施造穴,造穴完成后及时封孔。

造穴完成后,根据现场实际工作进度,在部分孔洞中布设囊袋调压系统,对巷帮煤体内部孔洞闭合度进行监测。

留巷非回采帮"内卸"和囊袋调压系统示意图如图 8 所示。

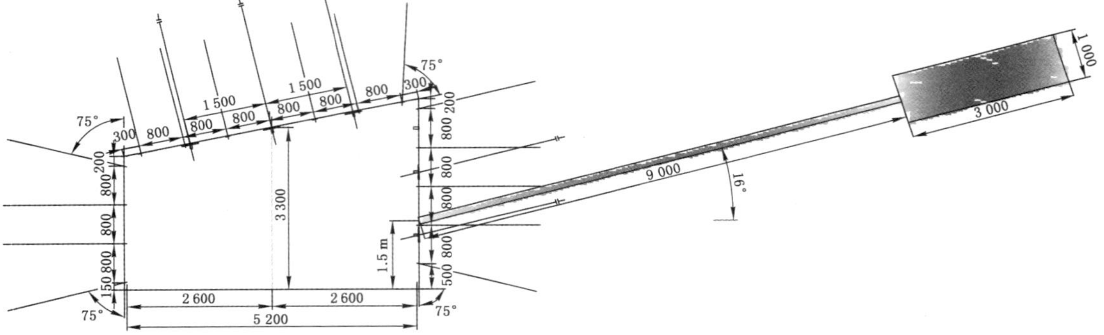

(a) 留巷非回采帮"内卸"

图 8 留巷非回采帮"内卸"和囊袋调压系统示意图

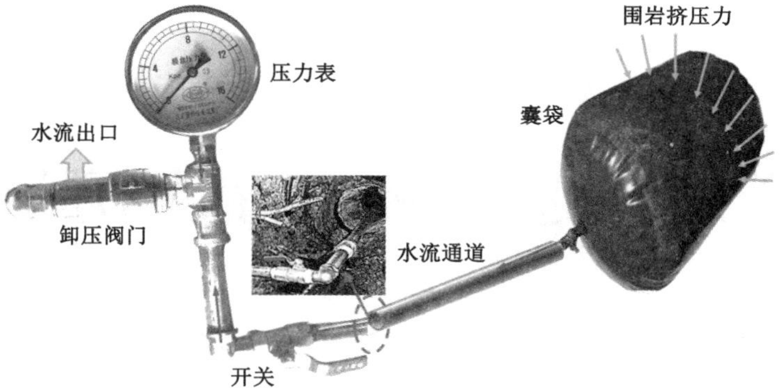

(b) 囊袋调压系统

图 8(续)

3 矿压观测

为考察 $8_2$35 风巷围岩稳定性的综合控制效果，在巷道内实施了包括巷道围岩表面位移、离层、囊袋受压以及卸压孔洞收敛度等的综合观测方法。对相关数据的统计和分析结果如下：巷道顶板下沉量为 138～271 mm，顶板离层量为 5～39 mm，底鼓量为 312～639 mm，两帮移近量为 349～603 mm，卸压孔洞收敛度达 86%以上。

4 结论

通过以皖北煤电集团有限责任公司祁东煤矿 $8_2$35 工作面在近 30 m 厚砂岩坚硬顶板条件下实施切顶卸压沿空留巷为工程背景，对厚砂岩坚硬顶板条件下的沿空巷道实施了"超前切顶爆破卸压""高预应力注浆锚索和双排垛式支架加强支护""非回采帮'外锚-内卸'协同控制技术"等巷道围岩综合控制技术措施，根据矿压观测数据分析，巷道顶板下沉量为 138～271 mm，顶板离层量为 5～39 mm，底鼓量为 312～639 mm，两帮移近量为 349～603 mm，卸压孔洞收敛度达 86%以上，巷道围岩变形得到了有效控制，满足安全生产需要。

参考文献

[1] 国家煤炭工业局. 建筑物、水体、铁路及主要井巷煤柱留设与压煤开采规程[M]. 北京：煤炭工业出版社，2000.

[2] 李明轩，刘勇，王永洁，等. 坚硬顶板水力分段压裂切顶留巷技术及应用研究[J]. 中国矿业，2023，32(12)：153-160.

[3] 刘宗柱. 非充分采动沿空巷道围岩控制技术研究[J]. 山西焦煤科技，2023，47(11)：13-16，47.

[4] 谢生荣，王恩，陈冬冬，等. 深部强采动大断面煤巷围岩外锚-内卸协同控制技术[J]. 煤炭学报，2022，47(5)：1946-1957.

[5] 张毅，张新天，郭供应，等. 赵官煤矿 2707W 工作面沿空留巷应用研究[J]. 煤炭技术，2023，42(12)：17-21.

[6] 赵伟. 坚硬顶板切顶卸压及沿空留巷支护方法研究[J]. 山西焦煤科技，2023，47(10)：32-36，40.

义桥矿井南部边角资源煤柱留设合理性研究

左常清，刘尊欣，刘亚楠

（汶上义桥煤矿有限责任公司，山东 济宁 272100）

摘　要　本文根据义桥煤矿 3315 工作面区域图形资料，建立 FLAC3D 数值模型，揭示 3315 工作面采动破坏场、应力场演化规律，得到 3315 工作面回采结束后 3315 工作面与唐阳煤矿 431 工作面之间煤柱塑性区宽度为 68 m，两工作面之间煤柱塑性区未贯通；3315 工作面边界煤柱稳定性安全系数为 2.38，煤柱承载性能良好。研究结果表明，3315 工作面边界煤柱可以保持一定稳定性，煤柱留设合理。

关键词　煤柱稳定性；数值模拟；破坏场；应力场

1　工程概况

3315 工作面区域平面图如图 1 所示。3315 工作面位于三采区南部，计划 2025 年 1 月开始回采，主采 $3_{下}$ 煤层。该煤层赋存较稳定，预计煤层厚度为 3.5～5.7 m，平均 4.5 m，煤层倾角为 10°～26°，平均 18°，地面标高＋42.5～＋43.4 m，井下标高－320～－650 m。3315 工作面区域地面为基本农田和窦村（已搬迁）村址，无较大构筑物及其他需要保护的建筑物；南侧为井田边界煤柱和唐阳煤矿 431 工作面采空区，3315 工作面与 431 工作面间煤柱宽度为 74～80 m；北侧为 3313 工作面，3315 工作面和 3313 工作面间煤柱宽度为 6 m。3313 工作面于 2023 年 1 月开始回采。3315 工作面区域附近汶 101 钻孔柱状如图 2 所示。

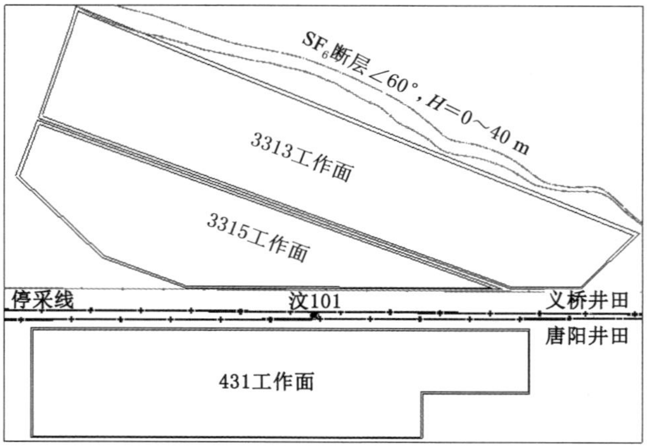

图 1　3315 工作面区域平面图

层号	厚度/m	埋深/m	岩层岩性	岩层图例
31	234.80	234.80	松散层	
30	18.20	253.00	中砂岩	
29	183.30	436.30	无芯	
28	4.00	440.30	泥岩	
27	4.70	445.00	铝土岩	
26	9.00	454.00	细砂岩	
25	7.10	461.10	泥岩	
24	6.70	467.80	粉砂岩	
23	2.70	470.50	中砂岩	
22	8.00	478.50	粉砂岩	
21	2.70	481.20	细砂岩	
20	7.30	488.50	粉砂岩	
19	2.00	490.50	细砂岩	
18	3.80	494.30	粉砂岩	
17	10.70	505.00	泥岩	
16	5.60	510.60	中砂岩	
15	3.90	514.50	粉砂岩	
14	1.70	516.20	细砂岩	
13	1.10	517.30	粉砂岩	
12	4.50	521.80	细砂岩	
11	1.10	522.90	中砂岩	
10	4.70	527.60	细砂岩	
9	5.50	533.10	粉砂岩	
8	0.40	533.50	2煤层	
7	5.60	539.10	粉砂岩	
6	7.47	546.57	细砂岩	
5	0.70	547.27	$3^{上}$煤层	
4	1.13	548.40	粉砂岩	
3	2.20	550.60	细砂岩	
2	8.50	559.10	中砂岩	
1	5.22	564.32	泥岩	
0	6.24	570.56	$3_{下}$煤层	

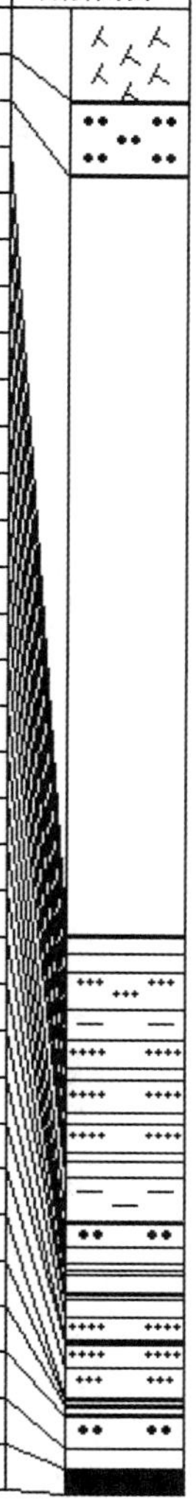

图 2　汶 101 钻孔柱状图

2　3315 工作面边界煤柱数值模拟分析

2.1　数值模拟模型

根据图 1 工程平面图和图 2 汶 101 钻孔柱状图，使用 Rhino 平台＋Griddle 插件建立如图 3(a)所示的 FLAC3D 数值模型。数值模型长 1 415 m(X 轴方向)、宽 1 050 m(Y 轴方向)、高 760 m(Z 轴方向)。根据三采区工作面和唐阳煤矿 431 工作面实际开采先后顺序，数值模拟中首先开挖 431 工作面，其次开挖 3313 工作面，最后开挖 3315 工作面。431 工作面开挖范围为 130 m/220 m(倾向宽度)×980 m(走向长度)；3313 工作面开挖范围为 160 m/220 m(倾向宽度)×1 120 m(走向长度)；3315 工作面为不规则布置工作面，其开挖范围如图 3(b)所示。数值模拟中 431 工作面和 3313 工作面为一次开挖，3315 工作面为分步开挖，每次开挖 50 m，共开挖 16 次，总计走向开挖长度为 800 m。

岩层物理力学参数如表 1 所示。

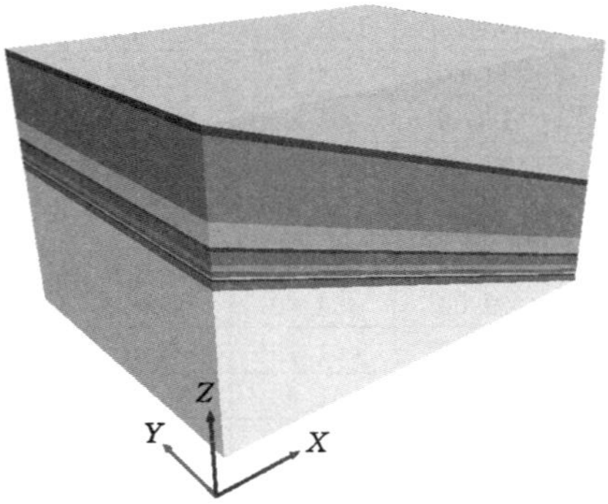

(a) 整体模型

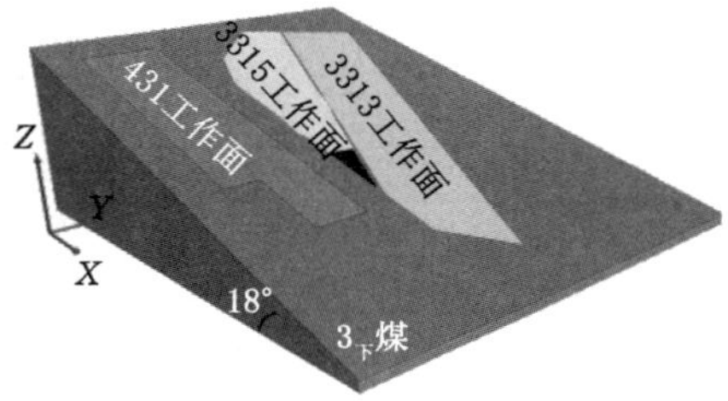

(b) 模型沿3下煤层剖面

图 3 数值模拟模型

表 1 岩层物理力学参数

岩性	容重/(kN/m³)	弹性模量/GPa	泊松比	内摩擦角/(°)	黏聚力/MPa	抗拉强度/MPa
松散层	1 900	2.2	0.38	8.0	0.50	0.30
煤层	1 350	6.8	0.33	22.4	4.87	4.10
泥岩	2 350	7.5	0.28	24.5	6.09	4.23
铝土岩	2 850	8.2	0.27	34.2	11.29	5.72
粉砂岩	2 650	10.2	0.26	25.5	6.43	4.90
细砂岩	2 750	12.5	0.22	27.0	7.52	5.55
中砂岩	2 600	12.0	0.25	26.0	6.59	5.32
粗砂岩	2 600	11.2	0.25	26.5	6.55	4.97

2.2 431 工作面采动破坏场、应力场演化规律

431 工作面回采结束后破坏场如图 4 所示。由图 4 可见，采空区边界煤柱存在拉伸、剪切和拉剪混合等多种破坏模式，煤柱塑性区宽度为 5～20 m，在 431 工作面倾向 740～770 m 处煤柱塑性区宽度最大。

431 工作面回采结束后最大主应力如图 5 所示。由图 5 可见，应力集中分布在 431 采空区煤柱处，应力值为 20～54 MPa，在 431 工作面倾向 770 m 处应力集中程度最大。

2.3 3313 工作面采动破坏场、应力场演化规律

3313 工作面回采结束后破坏场如图 6 所示。由图 6 可见，采空区边界煤柱存在拉伸、剪切和拉剪混合等多种破坏模式，煤柱塑性区宽度为 5～30 m，3313 工作面离 431 工作面越近处，煤柱塑性区宽度越大。

3313 工作面回采结束后最大主应力如图 7 所示。由图 7 可见，应力集中分布在 3313 采空区煤柱处，应力值为 20～58 MPa，随着埋深的增加，应力集中程度增大，与 431 工作面回采后相比，在

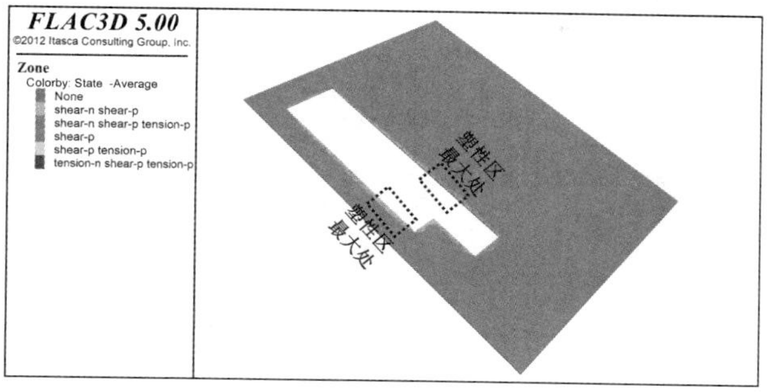

图 4　431 工作面回采后沿 $3_下$ 煤层剖面破坏场

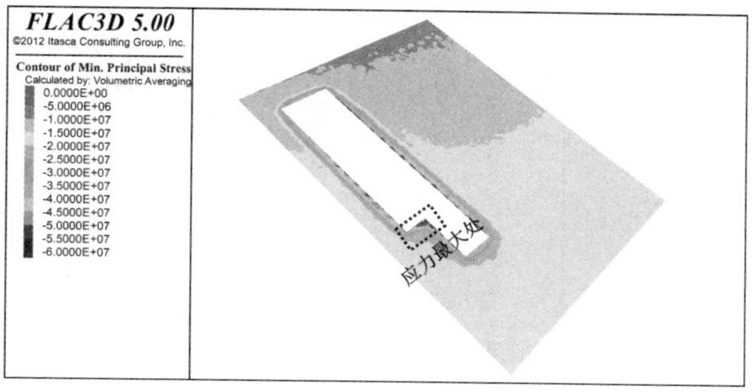

(a) 沿$3_下$煤层剖面应力场

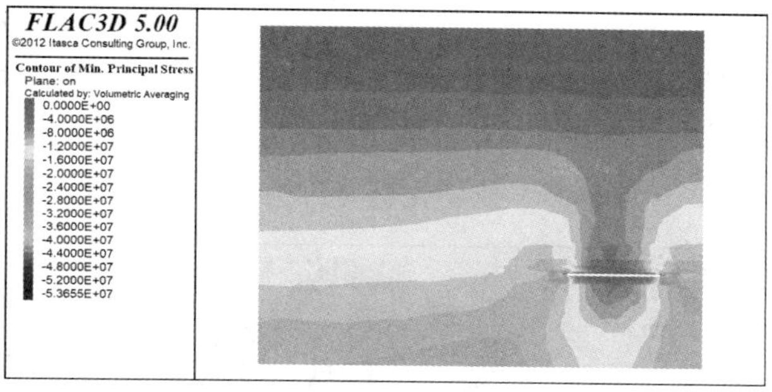

(b) 431工作面倾向剖面（X=770 m）应力场

图 5　431 工作面采动破坏场、应力场

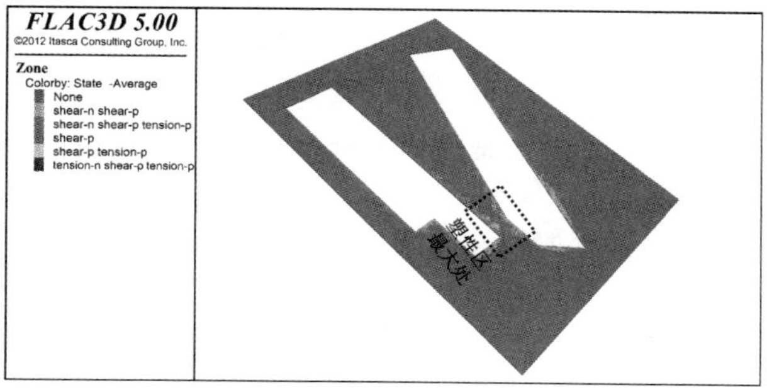

图 6　3313 工作面回采后沿 $3_下$ 煤层剖面破坏场

同一位置处 431 工作面煤柱应力增加，3313 工作面采动对 431 工作面应力场有影响。在 431 工作面倾向 780 m 处，工作面两侧煤柱均出现明显应力集中，采空区两侧煤柱处应力增加，应力最大值为 58 MPa。

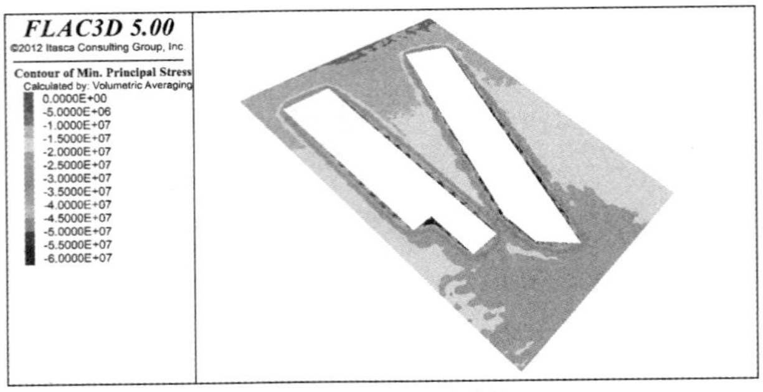

(a) 沿$3_下$煤层剖面应力场

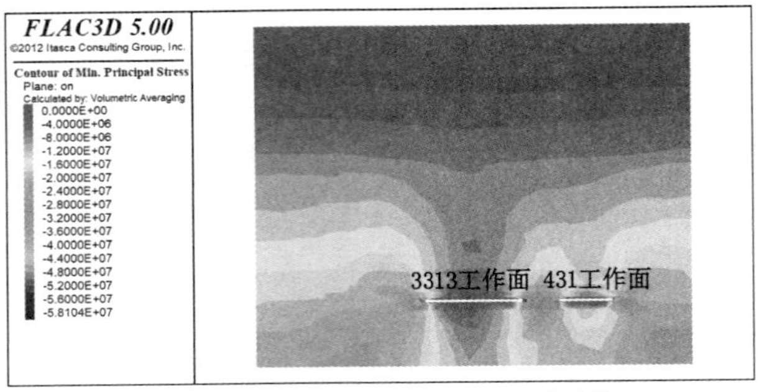

(b) 431工作面倾向剖面（X=780 m）应力场

图 7　3313 工作面采动破坏场、应力场

2.4　3315 工作面采动破坏场、应力场演化规律

3315 工作面推进 50 m 时破坏场如图 8 所示。由图 8 可见，采空区边界煤柱存在拉伸、剪切和拉剪混合等多种破坏模式，3315 工作面煤柱塑性区宽度为 3～6 m。

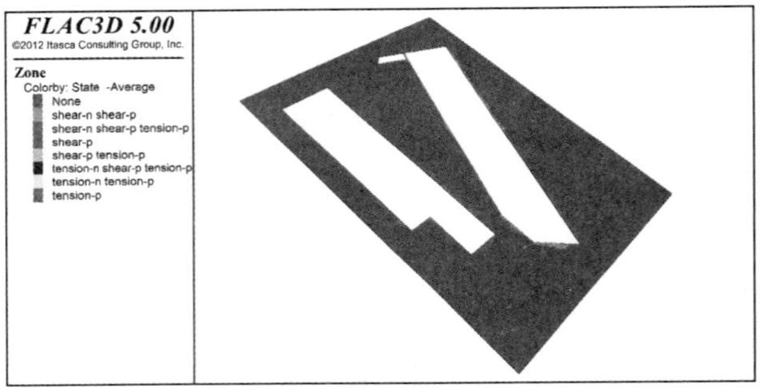

图 8　3315 工作面推进 50 m 时沿 $3_下$ 煤层剖面破坏场

3315 工作面推进 50 m 时最大主应力如图 9 所示。由图 9 可见，应力集中分布在采空区煤柱处，431 工作面和 3313 工作面应力值为 20～58 MPa，3315 工作面应力值为 20～35 MPa，随着埋深的增加，应力集中程度增大，此时 3315 工作面开采未对 431 工作面产生影响。沿 3315 工作面倾向 50 m 处，三工作面之间均出现明显应力集中，应力集中分布在采空区两侧煤柱处，应力最大值为 32 MPa。

3315 工作面推进 500 m 时破坏场如图 10 所示。由图 10 可见，3315 工作面采空区边界煤柱存在拉伸、剪切和拉剪混合等多种破坏模式，3315 工作面煤柱塑性区宽度为 5～15 m。

3315 工作面推进 500 m 时最大主应力如图 11 所示。由图 11 可见，应力集中分布在采空区煤柱处，431 工作面和 3313 工作面应力值为 20～58 MPa，3315 工作面应力值为 20～60 MPa，随着埋深的增加，应力集中程度增大。在3315工作面倾向500 m处，三工作面两侧均出现明显应力集中，应力集中分布在采空区两侧煤柱处，应力最大值为60 MPa，此处3315工作面采动应力对431工作面产生影响。

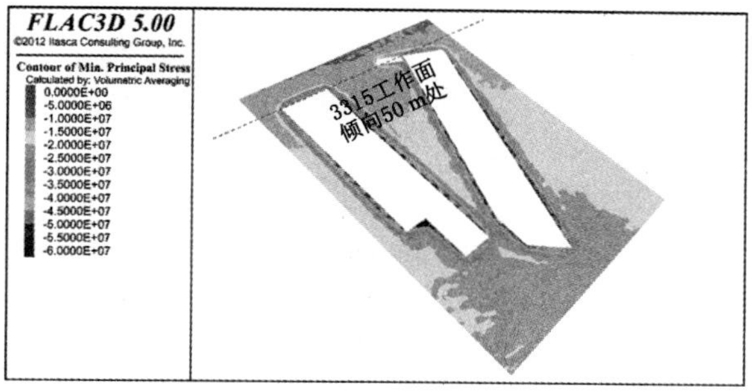

(a) 沿$3_下$煤层剖面应力场

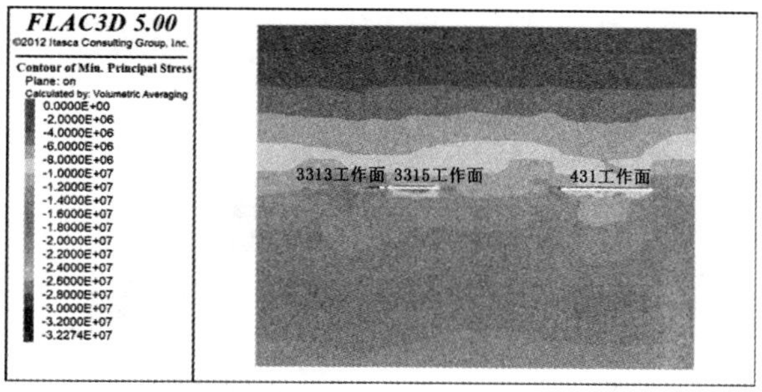

(b) 3315工作面倾向剖面应力场

图9　3315工作面推进50 m时采动破坏场、应力场

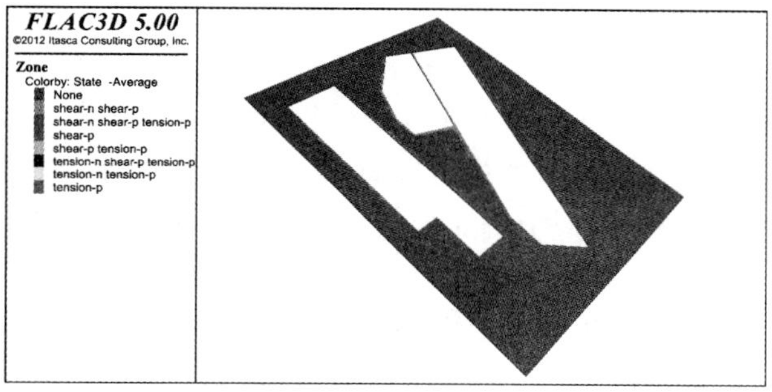

图10　3315工作面推进500 m时沿$3_下$煤层剖面破坏场

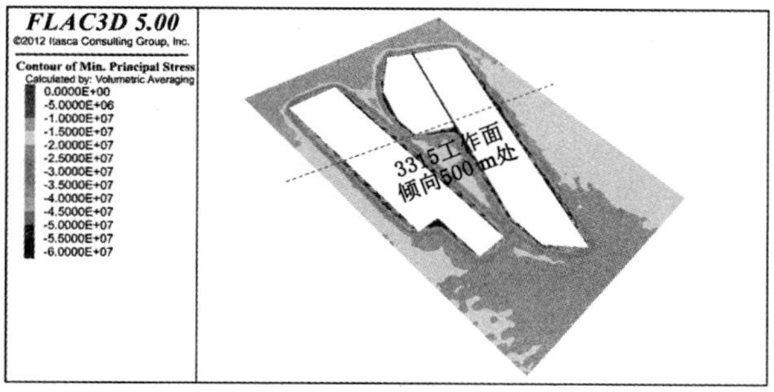

(a) 沿$3_下$煤层剖面应力场

图11　3315工作面推进500 m时采动破坏场、应力场

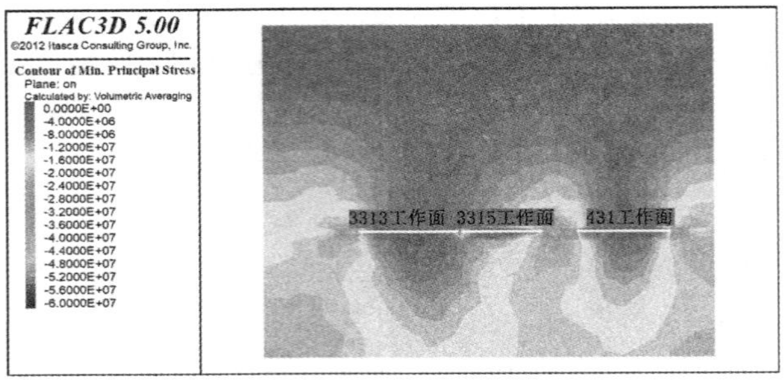

(b) 3315工作面倾向500 m处剖面应力场

图 11(续)

3315 工作面推进 800 m 时破坏场如图 12 所示。由图 12 可见，3315 工作面采空区边界煤柱存在拉伸、剪切和拉剪混合等多种破坏模式，3315 工作面煤柱塑性区宽度为 10～35 m，3315 工作面采空区靠近 431 采空区的煤柱塑性区宽度最大。

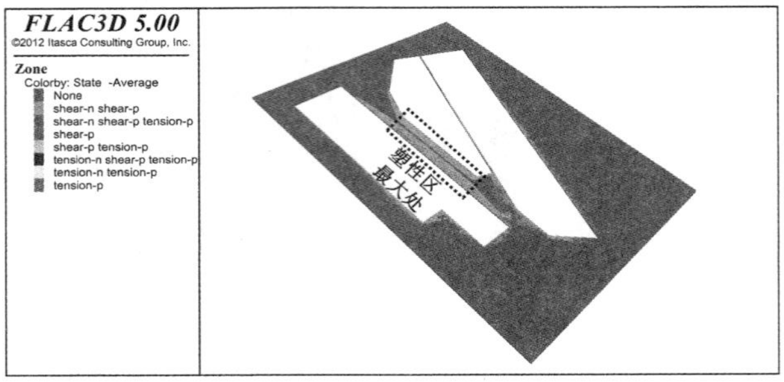

图 12　3315 工作面推进 800 m 时沿 $3_下$ 煤层剖面破坏场

3315 工作面推进 800 m 时最大主应力如图 13 所示。由图 13 可见，应力集中分布在采空区煤柱处，431 工作面和 3313 工作面应力值为 20～60 MPa，3315 工作面应力值为 20～60 MPa，随着埋深的增加，应力集中程度增大。在 3315 工作面倾向 800 m 处，三工作面两侧均出现明显应力集中，应力集中分布在采空区两侧煤柱处，应力最大值为 60 MPa，此处 3315 工作面采动应力对 431 工作面产生影响。

3315 工作面推进过程中，采空区边界煤柱存在拉伸、剪切和拉剪混合等多种破坏模式，且在工作面推进过程中相互转换。当 3315 工作面推进至 0～500 m 时，3315 工作面采空区煤柱塑性区小，431 工作面采空区和 3313 工作面采空区塑性区变化不明显；当 3315 工作面推进至 500～800 m

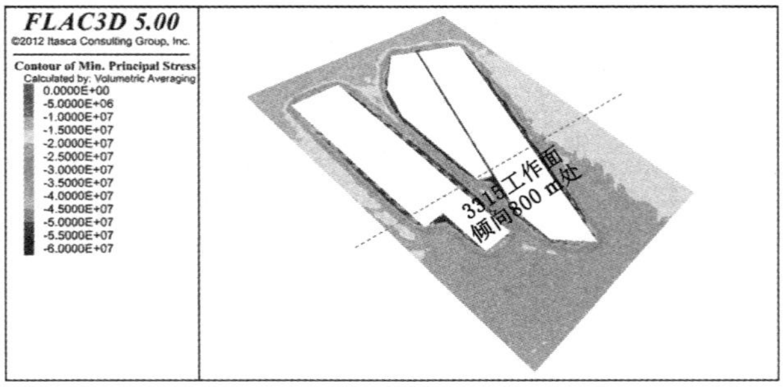

(a) 沿$3_下$煤层剖面应力场

图 13　3315 工作面推进 800 m 时采动破坏场、应力场

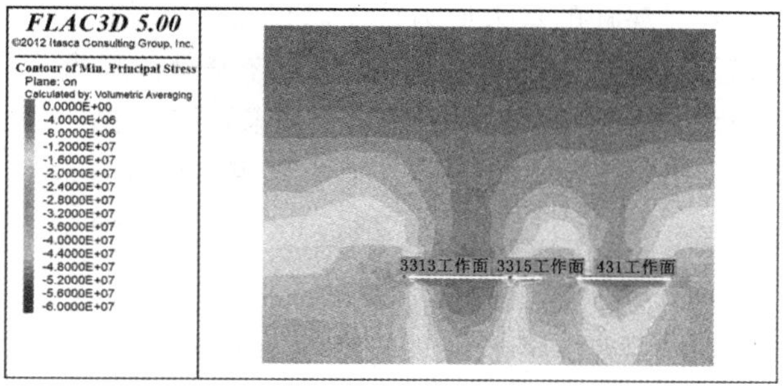

(b) 3315工作面倾向800 m处剖面应力场

图 13(续)

时，3315 工作面采空区与 431 工作面采空区之间煤柱宽度缩小至 74～80 m，煤柱塑性区宽度也逐渐增大；当 3315 工作面推进至 800 m 时，3315 工作面采空区与 431 工作面采空区之间煤柱塑性区宽度为 68 m。3315 工作面与 431 工作面之间煤柱塑性区未贯通，煤柱可以保持一定稳定性，3315 工作面边界煤柱留设合理。

3　3315 工作面边界煤柱稳定性理论分析

3.1　煤柱承受载荷

3315 工作面区域井田边界煤柱宽 74～80 m，取煤柱最小宽度 $B=74$ m，3315 工作面宽度最大为 $L_1=215$ m，431 工作面宽度最大为 $L_2=217$ m，最大开采深度为 $H=693.4$ m，上覆岩层平均容重 $\gamma=25\ 000\ \text{N/m}^3$，同时考虑到裂隙到上部及弯曲下沉带垮落岩层的支撑作用，取悬露岩层载荷的 70%(k)，则 3315 工作面边界煤柱所承受的载荷按下式计算：

$$p=\left[BH+\frac{1}{2}\left(H(L_1+L_2)-\frac{L_1^2+L_2^2}{1.2}\right)\right]\gamma k \tag{1}$$

计算得 p 为 2.84×10^9 N，则 3315 工作面边界煤柱平均应力为 $\sigma_p=\dfrac{p}{B}=38.36$ (MPa)。

3.2　煤柱极限强度

煤柱的强度主要由组成煤柱的煤体强度、煤柱的宽度和高度及总的构造特征决定，现用已为大量现场资料所验证经验公式 Obert-Dwall/Wang 公式计算：

$$R=R_c\left(0.778+0.222\frac{B}{h}\right) \tag{2}$$

式中　R——煤柱的强度，MPa；

R_c——煤柱原位临界立方体单轴抗压强度，MPa，此处取 22.18 MPa；

h——煤柱的高度，m。

大量研究与工程实践表明，当煤柱弹性核区宽度小于煤柱宽度的 65%时，煤柱将发生破坏失稳。因此，以井田边界煤柱弹性核区极限宽度计算煤柱极限强度。义桥煤矿 3315 工作面边界煤柱高度为 3.2 m(按巷道高度计算)，当其宽度为 74 m 时，煤柱强度为 131.12 MPa。

3.3　煤柱稳定性安全系数

根据上述结果求得煤柱强度与所承受平均应力之比，即得到煤柱的稳定性安全系数 f_s：

$$f_s=\frac{R}{\sigma_p} \tag{3}$$

大多数学者将 $f_s=1.5$ 作为判别煤柱稳定性的临界值。当 $f_s>1.5$ 时，煤柱能够较好地承载上覆岩层且保持相对稳定，此时煤柱的最大应力位于煤柱的弹性核区内。随着安全系数的减小，煤柱破坏范围从外部向内部延伸，塑性区不断扩张，煤柱最终完全破坏发生失稳。义桥煤矿 3315 工作面和唐阳煤矿 431 工作面均采用综采放顶煤垮落法开采，井田边界煤柱总尺寸取 74 m，其安全系数为 3.42，煤柱可以保持一定稳定性，3315 工作面边界煤柱留设合理。

4 结论

通过 FLAC3D 数值模拟分析义桥煤矿 3315 工作面区域采动破坏场，当 3315 工作面回采结束时，3315 工作面采空区与 431 工作面采空区之间煤柱宽度为 74～80 m，此处煤柱塑性区宽度为 68 m，3315 工作面与 431 工作面之间煤柱塑性区未贯通；并通过理论分析得到煤柱的稳定性安全系数为 3.42，大于 1.5 的临界值，煤柱承载性能良好。结合数值模拟和理论分析结果，3315 工作面边界煤柱可以保持一定稳定性，煤柱留设合理。

参考文献

[1] 柏建彪，侯朝炯，黄汉富. 沿空掘巷窄煤柱稳定性数值模拟研究[J]. 岩石力学与工程学报，2004，23(20)：3475-3479.

[2] 陈上元，何满潮，王洪建，等. 深井沿空切顶巷道围岩协同控制及应力演化规律[J]. 采矿与安全工程学报，2019，36(4)：660-669.

[3] 陈绍杰，张俊文，尹大伟，等. 充填墙提升煤柱性能机理与数值模拟研究[J]. 采矿与安全工程学报，2017，34(2)：268-275.

[4] 韩承强. 不同宽度区段煤柱巷道围岩结构及变形机理研究[D]. 青岛：山东科技大学，2007.

[5] 康继忠，樊少武，吴宝杨. 综放工作面区段煤柱合理宽度优化研究[J]. 煤炭科学技术，2012，40(10)：37-40.

[6] 刘贵，张华兴，徐乃忠. 深部厚煤层条带开采煤柱的稳定性[J]. 煤炭学报，2008，33(10)：1086-1091.

[7] 钱鸣高，许家林，王家臣，等. 矿山压力与岩层控制[M]. 3 版. 徐州：中国矿业大学出版社，2021.

[8] 王德超，王永军，王琦，等. 深井综放沿空掘巷围岩应力特征模型试验研究[J]. 采矿与安全工程学报，2019，36(5)：932-940.

[9] 王永秀，齐庆新，陈兵，等. 煤柱应力分布规律的数值模拟分析[J]. 煤炭科学技术，2004，32(10)：59-62.

[10] 杨旭旭，靖洪文，陈坤福，等. 深部原岩应力对巷道围岩破裂范围的影响规律研究[J]. 采矿与安全工程学报，2013，30(4)：495-500.

[11] 张军，窦林名，陆菜平，等. 深部综放工作面区段平巷合理位置数值模拟研究[J]. 煤矿开采，2007，12(1)：1-3，7.

[12] 周朋，张佳飞，李各. 近距离煤层采空区下工作面煤柱留设宽度及巷道合理支护参数研究[J]. 煤炭工程，2020，52(7)：5-8.

[13] 邹友峰，邓喀中，马伟民. 矿山开采沉陷工程[M]. 徐州：中国矿业大学出版社，2003.

海滨矿区“三软”岩层动压影响区域巷道超前加固技术研究与应用

马帝涛，任宝全，王晓翠，郭立斌，闫洪森，张凡

（山东能源集团鲁西矿业有限公司梁家煤矿，山东 龙口 265700）

摘　要　龙口矿区“三软”地层随着开采年数的不断延长，准备巷道受采掘工作面回采及开掘的动压影响，巷道的支护难度不断加大，尤其准备巷道同时遭受两侧工作面回采动压重叠影响，巷道出现频繁破坏返修的状况。“三软”岩层巷道围岩自稳期短、压力显现快、塑性变形大、持续时间长，同时围岩极具强膨胀性、扰动性、崩解性、流变性的特点。梁家煤矿对受动压影响区域巷道采用全断面施打注浆锚杆注浆加固方式，注浆后浆液将松散破碎的围岩胶结成整体，从而提高了围岩强度和黏聚力，实现了利用围岩本身作为支护结构的一部分，与原岩形成一个整体，控制了巷道围岩变形，减轻了巷道破坏，有效地完成了“三软”岩层动压影响区域巷道注浆替代传统的架U型钢棚加料石反底拱加固支护返修任务，具有良好的技术应用推广价值。

关键词　“三软”地层；动压影响；超前加固；注浆效果

1　矿井概况

梁家煤矿位于山东省龙口市龙港开发区，是全国唯一一座海滨煤矿，矿井开采深度为－80～－960 m。井田范围西至龙口渤海，北与北皂煤矿相邻，东北与桑园井田相接，东靠洼东煤矿，南以F_{13}、F_{14}、F_{40}、F_{43}、F_{59}断层等为界。井田东西长9～9.5 km，南北宽3～6.1 km，面积47.492 9 km^2。

井田范围内主要有第四系砂砾石层、钙质泥岩、泥灰岩、泥岩-泥灰岩互层、煤$_1$油$_2$、煤$_2$及底板砂岩、煤$_3$～煤$_4$间砂岩、煤$_4$等含水层。正常情况下各含水层间无水力联系，断层导水性弱至不导水，地下水补给排泄条件较差，地面水和海水不影响井下开采，降雨与矿井涌水量的关系不显著。

梁家煤矿主要含煤地层为古近系李家崖组，目前主要开采矿层为煤$_1$油$_2$ 层、煤$_2$层和煤$_4$层。煤$_1$油$_2$ 层平均厚度为4.27 m，发热量为2 900 cal/g，平均倾角为9°；煤$_2$层平均厚度为3.68 m，发热量为4 300 cal/g，平均倾角为9.5°；煤$_4$层平均厚度为6.8 m，发热量为3 600 cal/g，平均倾角为9°。

梁家煤矿主要有长焰煤、含油页岩2种矿种。其中长焰煤结焦性差，为非炼焦用煤，可作为工农业生产的动力燃料和民用燃料。

煤上$_1$顶底板：煤层直接顶板为碳质泥岩，一般厚0.38 m，其上多为泥岩，部分为粉砂岩，厚1.00～6.35 m，属易冒落顶板；基本顶为泥岩夹薄层泥灰岩，厚度一般为11.00 m。煤层直接底板为碳质泥岩，一般厚0.34 m，其下为碳质泥岩夹薄煤层，西厚东薄，厚1.00～6.20 m，但西南部和东部为粉砂岩。

煤$_1$顶底板:煤层直接顶板为含油泥岩～含油粉砂岩,局部为油$_1$。01线以西、16线以东多为粉砂岩,一般厚13.00 m左右,下部为含油泥岩,上部为粉砂岩;16～20线间的南部边缘直接顶板是细砂岩,厚2.50 m,岩性致密,较坚硬,韧性大,属中等冒落顶板。自然状态下顶板抗压强度平均为39.7 MPa。煤层底板为油$_2$及含油泥岩,自然状态下平均抗压强度为49.1 MPa。

油$_2$顶底板:油$_2$顶板为煤$_1$底板。油$_2$直接底板为含油泥岩,致密,韧性大,厚8.32～17.00 m。油$_2$底板南部为含油粉砂岩和含油细砂岩,自然状态下抗压强度为54.3 MPa。

煤$_2$顶底板:煤层直接顶板为含油泥岩,为棕褐色～灰色,致密,韧性大,层位稳定,属中等冒落顶板,其厚度为8.32～17.00 m,自然状态下平均抗压强度为28 MPa。井田西南部和6线以东,顶板以粉砂岩为主,其次为细砂岩、泥岩。砂岩厚达7.50～9.44 m,松散易碎,在井田东南部厚0.25～0.79 m。泥岩为直接顶板,属易～中等冒落顶板。煤层直接底板主要岩性有碳质泥岩、泥岩夹黏土岩、粉砂岩及中～粗砂岩。这些岩相变化较大,无规律可循。砂岩一般多分布在井田中部7～12线、3～4线及19～20线,多为泥质胶结,松散易碎,厚0.52～8.90 m;粉砂岩主要分布在4～10线中段地区及19线以东,及一些零星钻孔所见,粉砂岩多含泥质,易碎,吸水及膨胀性强,厚0.90～4.55 m;泥岩夹黏土岩及碳质泥岩主要分布在10～19线及5～8线北部、1～3线中南段,厚0.28～1.45 m。砂岩泥质胶结,结构疏松;黏土岩具有可塑性,该层极易风化,遇水泥化膨胀发生底鼓现象。其基本底为砂岩夹黏土岩,自然状态下平均抗压强度为18.5 MPa。

煤$_4$顶底板:煤$_4$结构极为复杂,稳定性差。夹矸多达18层,煤组厚度变化极大,中村一带厚度达57 m。随着煤组向井田东南部增厚,而煤层厚度逐渐变薄、尖灭。煤层的直接顶板主要为碳质泥岩及泥岩夹黏土岩,在10线以西一般有0.65 m碳质泥岩夹薄煤层为伪顶,其上主要为泥岩夹煤线,局部为砂岩和粉砂岩。泥岩、碳质泥岩易风化脱落,吸水膨胀,砂岩疏松,属易冒落顶板,在自然状态下其平均抗压强度为33.9 MPa。煤层底板一般为0.64 m的泥岩,局部为碳质泥岩,为煤层的直接底板,易吸水膨胀,工作面底鼓严重,在自然状态下平均抗压强度为36.7 MPa。

油$_4$顶底板:油$_4$顶板即煤$_4$的底板,以泥岩为主。油$_4$底板以含油泥岩为主,主要分布在3～13线间,厚0.51～10.64 m,一般为3.30 m,在02线以西及15～17线间为粉砂岩,厚1.05～16.83 m,一般厚7.00 m。

龙口矿区梁家井田成煤于新生代新近系和古近系,含煤地层的岩性多为泥岩、黏土岩、含油泥岩、碳质页岩和胶结松散的砂岩。岩层节理裂隙发育,松散破碎。大部分岩层中含有蒙脱石、高岭土等膨胀性矿物,易吸水崩解,膨胀性强。围岩自稳时间短,具有显著的流变特性。

2 非刚性超前加固技术研究

龙口矿区"三软"地层随着开采年数的不断延长,准备巷道受采掘工作面回采及开掘的动压影响,巷道变形破坏较重,特别是准备巷道同时遭受两侧工作面回采动压重叠影响,巷道出现顶板下沉、底板底鼓、两帮内挤断裂等频繁破坏的状况,巷道支护极难控制,为满足安全生产,需要多次进行全断面挑顶、扩帮、卧底返修。针对龙口矿区"三软"地层受动压影响准备巷道频繁破坏的问题,在受动压影响前,采用传统的支设U型钢棚加料石底拱超前加固方式不能满足巷道支护需求,需多次返修,造成了大量的材料、人员浪费。为减少施工人员,减轻劳动强度,降低支护费用,采用全断面施打注浆锚杆进行注浆的超前加固支护技术控制巷道变形。

3 非刚性加固技术材料设备

注浆锚杆:MLX50-28/32Z型中空注浆螺旋锚杆,长度为2.2 m,直径为22 mm。

水泥:P.O.42.5R普通硅酸盐水泥,使用新鲜水泥,并注意井下防潮。

减水剂：早强高效减水剂。

水玻璃：波美度为 30～40 °Bé。

注浆泵：ZBYSB80/11-7.5 型煤矿用液压注浆泵。

锚杆布置：全断面施打注浆锚杆，锚杆间排距为 2 000 mm×2 000 mm，底脚注浆锚杆距离底板 300～400 mm，与水平线成 30°～45°俯角施打。锚杆间排距误差为±300 mm。底板正中均匀布置 2 根(有皮带处临近皮带架处 1 根，另外 1 根在皮带与巷帮间均匀布置)，排距 2 m。为提高注浆效果，顺巷注浆锚杆隔排施打，隔排注浆。

全断面注浆预想效果图如图 1 所示。

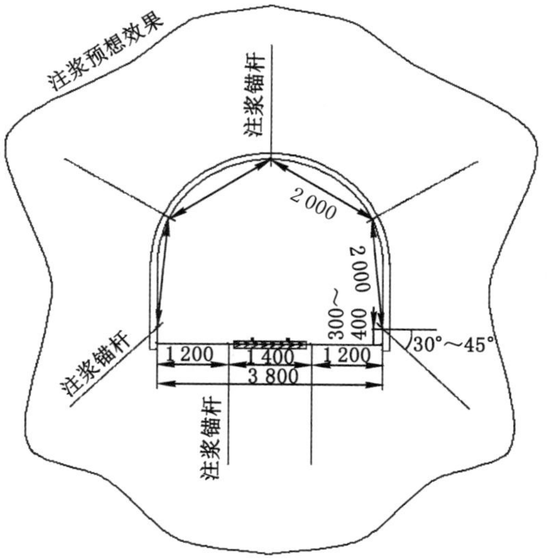

图 1　全断面注浆预想效果图

4　非刚性超前加固优化技术

4.1　非刚性超前加固技术工艺及特点

4.1.1　注浆顺序

同一断面内，先注底板，后注底脚，由下向上，左右对称注浆；不同断面隔排注浆，先注第 1 排、第 3 排、第 5 排……(单排)，注 3～4 排后，再注第 2 排、第 4 排、第 6 排……(双排)。

4.1.2　注浆锚杆安装

注浆锚杆外露长度为 100 mm，采用 ϕ32 mm 钻头开口打孔至 1 m 深度，然后采用 ϕ30 mm 钻头打孔至设计深度。

注浆锚杆旋转安装过程中，注意一定要保证注浆锚杆与安装孔呈直线，不要明显弯曲，否则可能会造成注浆锚杆破断现象。

当锚杆孔口过大时，采用涂抹黄油的麻丝进行顺向缠绕，并用快硬水泥封口，然后再安装锚杆托盘压紧止浆塞。

4.1.3　跑浆处理(双液浆注浆工艺)

出现轻微跑浆或跑浆不严重时：

(1) 如未见有增大趋势，可不进行处理，适当减缓注浆速率，部分裂隙会被水泥浆封堵。

(2) 如有增大趋势,可采用间歇注浆的方式,等浆液凝固一段时间后再进行继续注浆,如此反复。

出现严重跑浆时,采用水泥-水玻璃双液注浆。浆液配比参数见“4.2 浆液及配比”,具体操作工艺如下:需要注入双液浆时,不需停泵,将注浆泵A缸吸浆管用水冲洗干净后放入清水桶中吸水3～4次后(在并入三通前的注浆管路中将水泥浆液和水玻璃浆液隔开),放入配制好的水玻璃桶中,进行双液注浆。

安排专人在跑浆位置观测跑出的浆液情况,并对其进行辨别,当出现双液浆之后(跑出的浆液很快凝固),停泵2～3 s,开泵2～3 s(中速),再停泵2～3 s,再开泵2～3 s(中速),反复数次,过程中实时观察跑浆情况。停止跑浆后,迅速将A缸吸浆管(尽快)用水冲洗干净后放入清水桶中吸水3～4次,然后放入水泥浆液桶中,同时将泵开到最大注浆3～4 s,之后调回原速率,继续单液注浆。

上述转换过程应灵活掌握并控制好,一定不能造成堵管问题。应坚持以下原则:

(1) 每次停泵时间不宜超过3 s,绝对不能超过5～6 s。

(2) 清水桶中的清水保证没有水玻璃或水泥。

4.1.4 其他

(1) 喷浆时在两帮与底板交界处开挖150～200 mm深沟槽,然后对巷道帮部进行喷浆,使帮部喷浆体深入到巷道底板下150～200 mm,减少底脚锚杆注浆时的跑浆现象。

(2) 围岩吃浆量较小时:注浆前先注入清水,冲洗围岩裂隙,使浆液更有效扩散;浆液流量先慢后快再慢,浆液浓度先稀后浓再稀。

(3) 每个注浆班使用注浆泵之前,均应通过用泵吸排清水的方式,检查设备是否正常工作,包括压力表。

(4) 注浆结束后及时清洗注浆泵、搅拌桶及注浆管路、泄压阀,防止设备及管路堵死现象发生。

(5) 注浆结束且浆液固结后及时安装注浆锚杆托盘。

4.2 浆液及配比

4.2.1 水泥单液浆配比

单液浆水泥水灰比(水:水泥,质量比)为0.4:1,不超过0.7:1,浆液水泥含量尽量高;高效减水剂加入量为水泥用量的1.5%左右,根据浆液流动性及注浆难度酌情增减,掺入量以1.0%和2.0% 为下限和上限。

4.2.2 双液注浆

双液注浆主要针对跑浆严重情况或其他特殊情况。

双液注浆时,采用的水泥浆液:水玻璃浆液(体积比)为1:1,将两个吸浆管分别放入水泥浆液桶和水玻璃浆液桶中即可实现。其中水泥浆液采用常规单液浆即可,水灰比0.5:1左右;水玻璃浆液为水玻璃原液与水1:1混合液,特殊情况再行调整。

4.3 注浆压力及注浆量

注浆过程中缓慢升压,采用注浆锚杆时注浆压力不大于3 MPa。单孔注浆量以4～8袋为宜。

5 非刚性超前加固技术应用

自2019年以来梁家煤矿分别在煤$_1$二采轨道上山、煤$_1$六采皮带上山采用全断面注浆加固共施工巷道750 m。

5.1 煤$_1$二采轨道上山全断面注浆加固

5.1.1 1206 工作面对应段注浆加固

1206 工作面在煤$_1$二采轨道上山东侧，工作面切眼长度 240 m。煤$_1$二采轨道上山 340 m 受到 1206 采煤工作面回采动压影响，如支设 U 型钢棚反底拱加固，提升运输期间所有施工人员都要进行躲避，影响 U 型钢棚支设及底板反底拱铺设效率，还要将煤$_1$二采轨道施打的平台拆除、清理轨道上的物料，极大影响煤$_1$二采区的正常生产。通过全断面注浆加固，减少了煤$_1$二采轨道提升运输影响 196 d，节约了大量 U 型钢、道木碹板、料石，减少了平台安撤、清理轨道杂物等带来的人力、物力消耗。

5.1.2 1207 工作面对应段注浆加固

1207 工作面在煤$_1$二采轨道上山西侧，工作面切眼长度 210 m。煤$_1$二采轨道上山 310 m 受到 1207 采煤工作面动压影响。根据煤$_1$二采轨道上山受 1206 采煤工作面动压影响对应段采取全断面注浆加固的成功经验，煤$_1$二采轨道上山在受 1207 采煤工作面动压影响对应段，取消 U 型钢棚、反底拱加固，采取全断面注浆加固，减少了煤$_1$二采轨道提升运输影响 156 d，节约了大量 U 型钢、道木碹板、料石，减少了平台安撤、清理轨道杂物等带来的人力、物力消耗。

5.2 煤$_1$六采皮带上山全断面注浆加固

1608 工作面材料巷、运输巷与煤$_1$六采皮带上山掘进立交施工（煤$_1$六采皮带上山在下方，岩柱 3.3 m），煤$_1$六采皮带上山掘进立交段前后 100 m 受 1608 工作面材料巷、运输巷掘进扰动影响，如支设 U 型钢棚、反底拱加固，在皮带运行期间需要施打平台，且要在皮带两侧及下方绑扎防护网，造成巷道空间狭窄、操作不便，钢棚梁腿、道木、反底拱砂浆、料石等需要人工抬运至施工地点，影响 U 型钢棚支设及底板反底拱施工效率，极大影响煤$_1$六采区的正常生产。通过采取全断面注浆加固，节约了大量 U 型钢、道木碹板、料石、砂浆，且减少了人力、物力消耗。

6 费用对比测算

6.1 传统架棚加料石反底拱费用

（1）料石反底拱延米费用为 934.7 元。

（2）人工费：按照每班施工底拱 1 m，每小班正常出勤 6 人，每工 209 元。该工程每米需人工费 1 254 元。

（3）U 型钢棚延米费用为 2 188.7 元；支设 U 型钢棚延米费用为 2 900 元。

（4）人工费：按照每班支设 4 架 U 型钢棚，U 型钢棚间距 1 m，每小班正常出勤 4 人，每工 209 元，该工程每米需人工费 209 元。

（5）支设 U 型钢棚及底板反底拱延米费用为 5 297.7 元。

6.2 全断面注浆延米费用

每个断面顶帮注浆锚杆间排距为 2 m×2 m，底板注浆锚杆排距 2 m，根据巷道宽度等距离布置 2 根，每根锚杆注浆量按照 4 袋计算，巷道底板每米费用如下：

注浆锚杆：3.5 根×63.38 元=221.83 元

水泥：4 袋×3.5 根×24.2 元=338.8 元

该项工程每米费用：560.63 元

人工费：按照每班注浆施工 56 袋水泥，等于 14 根/4 m，每小班正常出勤 4 人，每工 209 元。经计算，该工程每米需人工费 209 元。

全断面注浆加固延米费用为 769.63 元。

根据以上对比，采用全断面注浆加固，延米费用可节约 4 528.07 元。

自 2019 年以来，梁家煤矿分别在煤$_1$ 二采轨道上山、煤$_1$ 六采皮带上山采取全断面注浆加固共施工巷道 750 m，节约费用 339.6 万元。

7 矿压观测分析对比

7.1 钢棚加固巷道变形观测情况

1108 工作面集中轨道受 1110 采煤工作面动压影响前，对受动压影响段巷道提前进行 U 型钢棚和反底拱加固 200 m，加固后观测数据如下。

7.1.1 集中轨道变形观测情况(表 1)

表 1 集中轨道受动压影响段观测数据

测点	顶底板移近			两帮移近		累计时间/d
	变形量/mm	速率/(mm/d)	顶沉量/mm	变形量/mm	速率/(mm/d)	
1#	420	3.16	10	215	1.62	133
2#	360	2.57	33	134	0.96	140
3#	375	2.82	28	155	1.17	133
4#	478	4.05	59	277	2.35	118
5#	630	5.34	84	283	2.40	118
6#	688	5.83	89	422	3.58	118
7#	600	5.08	93	349	2.96	118
8#	856	7.25	105	305	2.58	118
9#	760	6.44	142	177	1.50	118
10#	673	5.70	126	146	1.24	118
11#	880	7.46	66	276	2.34	118
12#	620	5.25	21	105	0.89	118
13#	236	2.00	19	46	0.39	118
14#	315	2.67	29	109	0.92	118
15#	222	1.88	20	50	0.42	118
16#	160	1.36	12	59	0.50	118
平均	517	4.30	59	194	1.61	

7.1.2 数据分析

(1) 在集中轨道共设测点 16 组，观测时间在 130 d 左右。变形速率顶底板在 1.36～7.46 mm/d，平均为 4.30 mm/d；两帮在 0.39～3.58 mm/d，平均为 1.61 mm/d。巷道变形量顶底板在 160～856 mm，平均为 517 mm；两帮在 46～349 mm，平均为 194 mm。顶沉量在 10～142 mm，平均为 59 mm。

(2) 通过对集中轨道的设点进行观测分析，发现 1108 工作面所对应的轨道上山受采动影响较为明显，巷道变形速率及变形量较大，压力显现明显。

(3) 通过宏观观测，在 1108 工作面上平巷至下平巷之间，发现顶板及腮部有部分喷体及破碎情况，部分钢棚有变形现象。

7.2 注浆加固巷道变形观测情况

7.2.1 变形观测情况(表2)

表2 煤$_1$二采轨道受动压影响段观测数据

测点	顶底板移近			两帮移近		累计时间/d
	变形量/mm	速率/(mm/d)	顶沉量/mm	变形量/mm	速率/(mm/d)	
1#	148	1.40	8	45	0.42	106
2#	176	1.66	15	36	0.34	106
3#	105	0.99	22	43	0.41	106
4#	246	2.32	30	140	1.32	106
5#	206	1.94	22	105	0.99	106
6#	189	1.78	30	96	0.91	106
7#	220	2.20	18	88	0.88	100
8#	256	2.56	23	130	1.30	100
9#	289	3.01	32	125	1.30	96
10#	230	2.40	33	123	1.28	96
11#	309	3.22	29	196	2.04	96
12#	285	3.00	21	178	1.87	95
13#	320	3.56	19	155	1.72	90
14#	315	3.50	29	186	2.07	90
15#	222	2.47	20	107	1.19	90
16#	160	1.78	12	75	0.83	90
平均	230	2.36	23	114	1.18	

7.2.2 数据分析

(1) 在煤$_1$二采轨道共设测点16组,观测时间在100 d左右。变形速率顶底板在0.99～3.56 mm/d,平均为2.36 mm/d;两帮在0.34～2.07 mm/d,平均为1.18 mm/d。巷道变形量顶底板在105～320 mm,平均为230 mm;两帮在36～196 mm,平均为114.3 mm。顶沉量在8～33 mm,平均为23 mm。

(2) 通过对煤$_1$二采轨道的设点进行观测分析,发现1206工作面所对应的轨道上山所受采动影响不大,巷道变形速率及变形量较小,压力显现较轻。

(3) 通过对煤$_1$二采轨道上山进行注浆方式加固效果较为明显。

7.3 变形对比分析

7.3.1 变形对比(表3、图2、图3)

表3 变形量对比表

	顶底板移近量	两帮移近量	顶沉量
集中轨道(架棚+反底拱)	517 mm	194 mm	59 mm
煤$_1$二采轨道(注浆)	230 mm	114 mm	23 mm
占比	44.5%	58.9%	39.1%

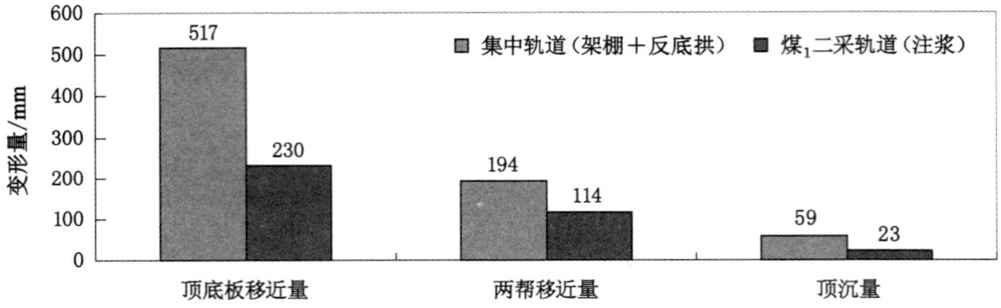

图 2　变形量对比柱状图

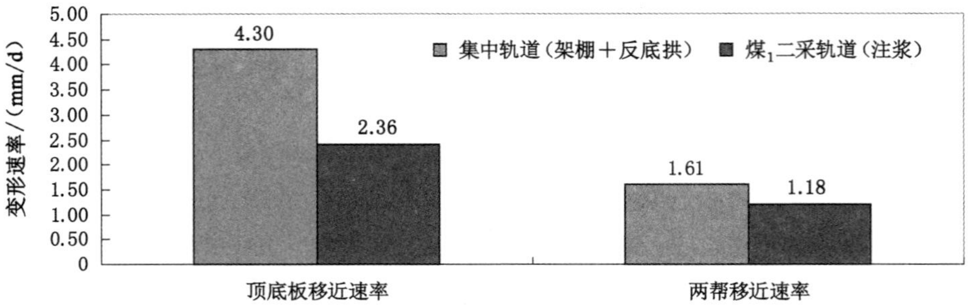

图 3　变形速率对比柱状图

7.3.2　数据分析

（1）对受动压影响的集中轨道上山采用传统 U 型棚加反底拱加固，煤$_1$ 二采轨道上山采用全断面注浆加固。由表 3 及图 2、图 3 可知：顶底板平均移近量集中轨道上山为 517 mm，煤$_1$ 二采轨道上山为 230 mm；两帮平均移近量集中轨道上山为 194 mm，煤$_1$ 二采轨道上山为 114 mm；顶沉量集中轨道上山为 59 mm，煤$_1$ 二采轨道上山为 23 mm。

（2）从表 3 中可以看出，采用注浆支护的煤$_1$二采轨道变形情况明显轻于采用架设钢棚加反底拱支护的集中轨道，顶底板、两帮、顶沉变形量分别占集中轨道各变形量的 44.5%、58.9%、39.1%。

8　优点与建议

8.1　优点

（1）采用注浆锚杆支护时，由于注浆对破碎的岩体起到了胶结、固化作用，巷道整体支护状态较好，巷道喷体破碎程度较轻，巷道破坏程度也较轻。

（2）主动支护强度得到提升。通过新型注浆锚杆的应用，有效地改善了围岩的自身强度，提高了原有锚杆的支护强度，主动支护强度明显提高。

（3）采用注浆支护的巷道受工作面采动影响时的收敛变形量明显小于采用架棚加反底拱支护的集中轨道的收敛变形量，是集中轨道受采动影响收敛变形量的一半左右，注浆锚索、注浆锚杆支护段在采动期间的巷道支护状态较好，均好于以往巷道。

（4）注浆锚杆可以及时封闭围岩，有效阻止围岩吸湿和潮解现象，减少压力集中和巷道变形；同时胶结松散岩层，提高了锚索、锚杆锚固力，增强了锚喷支护效果。

（5）通过加强矿压观测，合理选取巷道注浆锚杆支护材料、锚索支护参数，降低了巷道收敛变形量，提高了劳动效率，节省了支护费用。

8.2 建议

虽然梁家煤矿在“三软”岩层动压影响区域巷道加固质量方面取得了较大的成功，但“三软”岩层动压影响区域巷道的支护极为复杂，仍需要在支护方式、材料等方面进一步改进和完善，减少支护投入、降低劳动强度、提高支护质量，以提高矿井经济效益，保持矿井可持续发展。

9 结论

(1) 受采掘工作面动压影响准备巷道出现顶板下沉、两帮内挤断裂，是“三软”岩层准备巷道的主要特点，传统支设U型钢棚、反底拱加固的支护方式不能满足该类巷道的变形控制要求，防止巷道顶板下沉、两帮内挤断裂、底板底鼓是该类巷道支护的难点、重点、薄弱点。采用在受采掘工作面动压影响前全断面注浆封闭加固的支护方式，是“三软”岩层动压影响区域巷道采取的合理支护加固形式。

(2) “三软”岩层动压影响区域巷道全断面注浆加固是一种技术可靠、经济合理、施工方便、操作简单的支护形式，尤其是在提升运输频繁的准备巷道，采用全断面注浆加固优势更为明显，所以在“三软”岩层动压影响区域巷道全断面注浆加固的支护形式是首选方式。

带式输送机转弯装置适用技术研究

李世先，张永良，张帅帅

（兖矿能源集团股份有限公司兴隆庄煤矿，山东 济宁 272100）

摘　要　近些年来，随着我国科学技术的不断提高和社会的不断发展，煤炭行业也在紧跟科技发展的浪潮，从最初的炮采到后来的普采再到现在的综合机械智能化采煤，都经历了很大的变革，设备也在一步一步地走向革新的道路。为了能够让井下的原煤顺利运输到地面，带式输送机在其中扮演了很重要的角色。为了满足煤矿日益发展的趋势，也为了满足煤矿日产高产的需要，减少煤炭倒运过程，带式输送机转弯装置就被发明出来了。本文介绍了该新型设备的优点及其在兴隆庄煤矿几个工作面从引进到使用再到适用过程的转换，对该矿综机设备更长久地为原煤生产运输提供了帮助，对该新型设备如何更加完善以适用煤炭行业的发展进行了深入思考。

关键词　煤矿综机；带式输送机转弯装置原理；适用技术研究

0　引言

随着我国经济的不断快速发展，对煤炭等资源的需求量也在不断地增加，导致煤炭的开采量以及开采深度都在不断增加，这也间接地导致煤炭开采的难度不断地提高。为了满足煤炭的快速转运、运输需求，减少煤炭来回转运所需要的人力物力，带式输送机转弯装置就被发明了出来。由于煤炭开采是在地下进行的，环境通常都比较恶劣，井下空间也相对狭小，为使这一新型设备能够很好地为我矿原煤生产所利用，我矿投入了大量的人力、物力、财力去研究和使用它，通过在几个采煤工作面的生产实践，该新型设备在我矿已经能够很好地适用，下面就对该新型设备的适用过程进行研究总结。

1　带式输送机转弯装置基本特征以及性能

1.1　带式输送机转弯装置的构成

带式输送机转弯装置主要由五大部分构成，包括转向装置、改向装置、缓冲受料装置、直托辊、清扫器。在转向装置后连接正常输送机胶带机架部分进行运输；改向装置主要与转向装置配合，完成输送机正常转向功能；缓冲受料装置主要是将采煤工作面采出的原煤经过带式输送机，再经过转向装置落至缓冲受料装置上，起到缓冲作用，保证原煤生产的运输（图 1）。

1.2　带式输送机转弯装置的特点

（1）无须动力驱动。带式输送机转弯装置简单来说就是一部中转运输设备，它的工作原理就是代替两部或者多部输送机的搭接运输，只需要将正常带式输送机中的胶带绕过该转向设备即可，

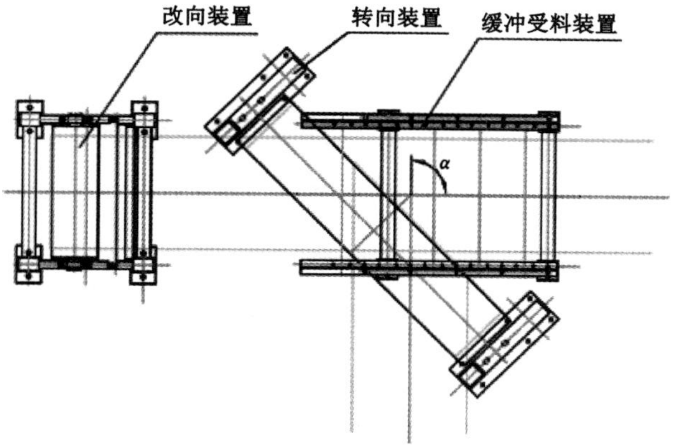

图 1　改向装置、转向转置和缓冲受料装置

不需要电机驱动，从而达到原煤的运输效果。

(2) 适用性能强。该装置能适用井下任何角度巷道以及任何复杂的地质构造，能够完整配套井下任何规格的输送机实现转弯运输。

(3) 角度可调，性能良好。根据井下巷道实际角度，可对该转弯装置进行任意调节，设备可反复使用，从而显著降低运输成本。该设备结构简单，安装方便，承载能力大，运行稳定，经济效益明显。

1.3　带式输送机转弯装置参数选择

由于各煤矿生产能力以及工作面生产原煤的能力不同，所使用的带式输送机宽度不尽相同，为了能够同时满足不同生产能力工作面的需要，对转弯装置参数进行选择(表 1)。

表 1　转弯装置参数选择[1]

转角/(°)	带宽/mm					
	600	800	1 000	1 200	1 400	1 600
0～30/180～150	4 700×1 900×1 850	4 900×2 100×1 850	5 200×2 480×2 070	7 000×2 800×2 520	7 800×3 300×2 930	8 100×3 600×3 300
30～60/150～120	4 400×2 200×1 850	4 600×2 480×1 850	4 800×2 780×2 070	6 000×3 300×2 520	7 200×3 900×2 930	7 500×4 200×3 300
60～90/120～90	4 280×2 500×1 850	4 480×2 580×1 850	5 280×2 980×2 070	5 850×3 600×2 520	7 100×4 300×2 930	7 350×4 750×3 300

2　转弯装置的使用范围

转弯装置的使用范围可谓是极其广泛的，可以使带式输送机实现水平转弯、组合转弯以及上下变坡运行(在大角度上下变坡中可以实现压带功能，防止胶带产生飘带)。

每种情况下，使用转弯装置转弯的过程都不一样。

2.1　同一采煤工作面两不同运输巷道(图 2)

在同一运输系统中，由于运输巷道有弯曲从而必须使用多台带式输送机搭接来运输时，最适合采用该新型转弯装置。利用该设备可实现省工、省安装、省驱动、省设备的目的，从而有效解决原有多部输送机运输的问题，节约了时间，也减少了劳动力。该装置在我矿 3306 工作面以及 B4328 工作面已经完成试用并效果良好。

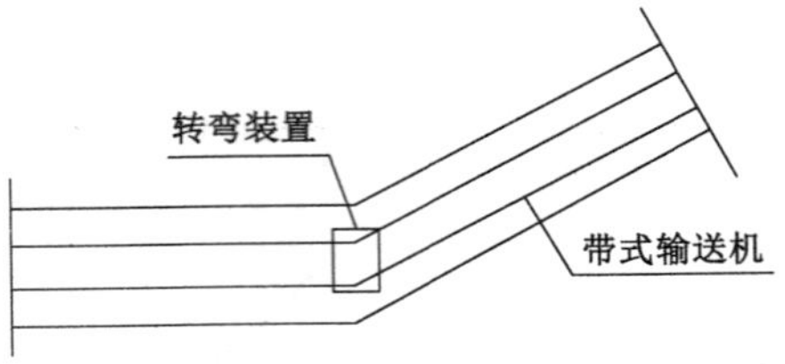

图 2

2.2 掘进迎头掘进巷道直角转弯(图 3)

掘进工作面在掘进过程中,随着巷道的不断延伸,由于特殊的作业环境,需要在掘进机尾部搭接多套刮板溜槽或者安装多部小型皮带来进行掘进工作面煤炭的倒运,既浪费时间,又浪费人工,还增加了工人的劳动强度。使用该新型转弯装置将带式输送机的机尾延伸到掘进机的掘进头可以避免铺刮板输送机带来的麻烦,省工、省电、省维护。该装置在我矿最新掘进的 B5313 工作面投入使用并达到了预期的效果。

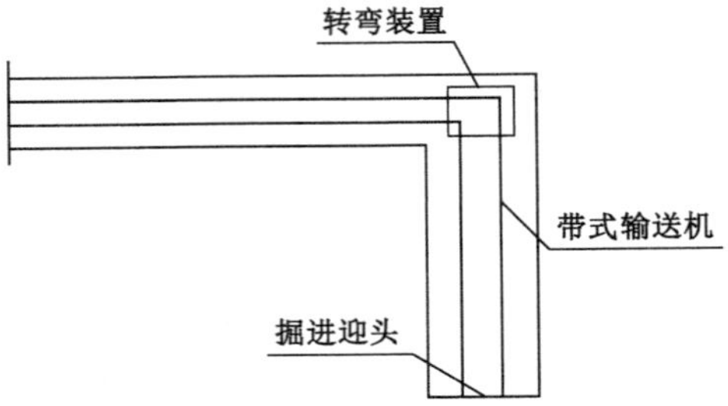

图 3

2.3 同一运输巷道由于煤炭不均匀分布导致巷道高低起伏的(图 4)

运输系统中,由于同一层煤炭不均匀分布,掘进过程中沿着煤层底板掘进,导致巷道高低起伏不平,在工作面回采过程中带式输送机铺设时遇底板起伏不平易使皮带在运输过程中上浮而飘带。使用该装置布设于巷道最低处,使穿过的皮带在该设备上实现压带功能,避免由于飘带原因造成的带式输送机搭接,从而实现一部带式输送机的连续运输。

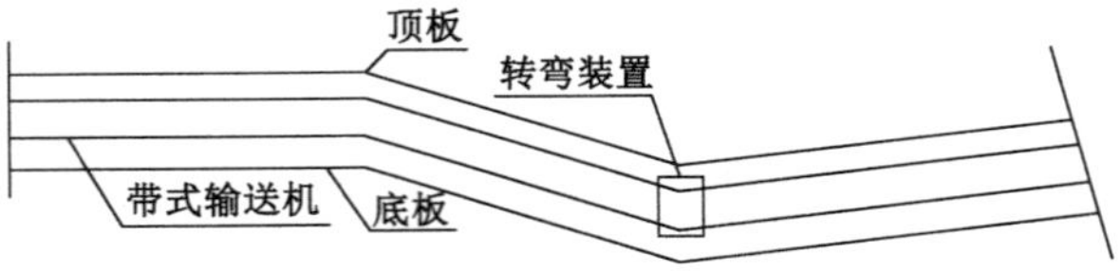

图 4

3 带式输送机转弯装置在我矿各采煤工作面的应用

3.1 $3306_{下}$ 安装工作面转弯装置的使用

3.1.1 工作面概述

$3306_{下}$ 安装工作面为我矿三采区的边角煤工作面,工作面切眼总长度为 202.8～206.2 m,运输巷总长度为 175.0 m,工作面回采至停采线共推进 161.4 m。运输巷常规设备布置方式是在运输巷端头安装一部带式输送机，带式输送机储带仓不少于9节大架，机头段长度至少60 m，再加上机头与正常皮带搭接，预计需要占据运输巷80 m左右的距离。由于该工作面为边角工作面，运输巷长度本身就短，因此布置正常带式输送机不合适，因此我矿在该工作面布置使用了1.2 m带式输送机转弯装置。

3.1.2 转弯装置的使用

（1）工作面运输巷与原来3305工作面运煤巷搭接处安装一部1.2 m转弯装置，在3305工作面运煤巷皮带机头安装一部带式输送机，通过转弯装置将3305工作面运煤巷皮带机延伸至$3306_{下}$运输巷形成完整的运输系统，总运输长度为870 m(3305工作面运煤巷长695 m，$3306_{下}$运输巷长175 m)。

（2）运输巷选用1.2 m带式输送机转弯装置与运输巷正常皮带机架配套安装，与运输巷呈175°搭接安装。

（3）通过带式输送机转弯装置的安装，克服了小工作面由于皮带头长度过长而无法完成正常原煤生产的困难，也克服了大角度运输系统的难度，既实现了原煤稳定高效生产，也减少了煤炭由于设备的损失，更减少了大量人力物力的投入。该转弯装置的投入使用真正实现了高产高效。

3.2 B5313掘进工作面转弯装置的使用

3.2.1 工作面概述

B5313掘进工作面位于五采区南部，切眼与5313切眼相邻，北部与5313探煤巷相邻，东部与7303综掘运煤巷相邻，南部与7303皮联巷相邻。七采区二号皮带巷及泄水巷位于巷道下方。该综掘工作面运输巷长度为238.11 m，工作面切眼导硐长度为130.00 m，总工程量为368.11 m。由于该采煤工作面为边角煤工作面，服务年限较短，运输巷掘进长度与大工作面相比较短，而且该工作面运输巷掘进过程中需要转弯，用原来的布置方式增加了运输所带来的局限性，因此在该运输巷道系统中布置一部1.0 m拐弯装置来将掘进工作面掘出的煤炭进行运输。

3.2.2 1.0 m转弯装置的使用

B5313掘进工作面与原溜煤眼运输巷道处搭接安装1.0 m转弯装置，呈90°搭接。为了节省安装多部输送机和小型刮板溜槽，在该掘进巷道与原溜煤眼巷道直角交会处布设一部1.0 m转弯装置，在原溜煤眼巷道中靠近溜煤眼处安装1.0 m带式输送机驱动设备，在掘进巷道中安装布设1.0 m带式输送机机尾滚筒，通过拐弯装置将在不同巷道中的设备连接，形成运输系统，减少了工人看机维护工时，也减少了设备的维护，节约了人力物力。该掘进工作面一经投入使用就起到了很好的效果。

4 效果及结论

（1）针对$3306_{下}$安装工作面投入使用的1.2 m转弯装置取得了显著的效果，避免了煤炭运输来回倒运的麻烦。

（2）针对B5313掘进工作面投入使用的1.0 m转弯装置，避免了多部带式输送机的搭接，也避免了大量人力物力的投入。

（3）该输送机拐弯装置大多还是使用在服务年限短、平巷较短的工作面以及较短的掘进工作面中，在运输较长且巷道较复杂的采煤、掘进工作面还未使用过，有待进一步研究使用，因为较大的工作面所需的驱动系统较小型工作面更复杂。

参考文献

[1] 李志芬.皮带机转弯装置的设计应用[J].建筑工程技术与设计，2015(7)：1774.

顶空薄夹矸下层煤超长工作面布置设计与生产实践

王中财

（兖矿能源集团股份有限公司东滩煤矿，山东 邹城 273512）

摘　要　结合近几年东滩煤矿对顶空薄夹矸下层煤优化开采设计的生产实践，矿井在四采区对 $43_{下}04$ 综采工作面进行了增加工作面推进长度、跨上分层平巷连续布置方式设计，使 $43_{下}04$ 工作面成为矿井投产以来建成的第一个长度超过 385 m 的顶空薄夹矸特殊条件下开采的下层煤综采工作面，从而为矿井的高产高效生产和持续稳定发展创造了良好的条件。

关键词　顶空；薄夹矸；下层煤；工作面

1　矿井生产现状

东滩煤矿隶属于山东兖矿能源集团股份有限公司，行政区划属于济宁市。矿井始建于 1979 年 12 月 1 日，1989 年 12 月 23 日建成投产。原设计生产能力为 400 万 t/a，核定生产能力为 750 万 t/a。矿井采用一对提升竖井，两个水平（第一水平－660 m，第二水平－745 m）上下山开拓方式，采用对角抽出式通风，主、副井进风，北风井和西风井回风。目前开采第一水平（－660 m 水平）。第一水平划分为东、南、西、北四翼，共布置 7 个采区，分别是东翼一、三、五、七采区，西翼四采区，南翼六采区与北翼十四采区，目前矿井生产采区为一、三、四、六和十四采区，五采区正在开拓准备中，七采区尚未规划。第一水平主采 3 煤层，3 煤层分叉线自西向东贯穿整个矿井。3 煤层平均厚度 7.88 m，$3_{上}$煤层平均厚度 5.38 m，$3_{下}$煤层平均厚度 3.19 m，$3_{上}$、$3_{下}$煤层间距 0～21.85 m。3 煤与 $3_{上}$煤层采用综采放顶煤一次采全高的回采工艺，$3_{下}$煤层采用综合机械化采煤工艺，采用走向长壁后退式采煤方法，全部垮落法管理顶板。地质条件及水文地质条件中等。

随着矿井开采强度不断提高，特别是 3 煤及 $3_{上}$煤层采用放顶煤工艺以来，矿井东、北、西翼厚煤层可采储量日趋减少，南翼六采区受开采矿震制约影响，暂时处于停产状态。目前矿井生产逐渐转入西翼四采区和北翼十四采区剩余的 $3_{下}$煤资源，该区域 $3_{上}$煤已基本回采完毕，$3_{上}$煤与 $3_{下}$煤之间夹矸厚度 0.7～6.0 m。

由于开采期间受历史原因及设备能力与开采条件等限制，四采区、十四采区上部的 $3_{上}$煤工作面布置普遍存在工作面倾向长度较短，单工作面可采储量低、可采期短的现象，若下层煤工作面与上分层工作面平巷采取上下重叠或内错布置，会导致下层煤巷道掘进工程量大，且由于 $3_{下1}$煤层赋存条件不稳定，同时会造成巷道岩石截割量大、掘进效率低等问题，不能满足当前的合理集中生产组织要求，并会造成矿井的生产接续紧张局面。本着合理集中生产、提高生产效率和经济效益的原则，以保证安全生产为前提，我矿对上述区域的 $3_{下}$煤工作面布置进行了适当优化设计，采取加长工作面推进长度、跨上分层平巷连续布置方式，增加了工作面“单刀”回采煤量，提高了工作面生产效率，实现了矿井集中、高效生产。目前该优化模式已经取得了较好的实践经验。

本设计布置工作面位于矿井四采区3煤层分叉区域，分叉的$3_{上}$煤层已基本回采完毕，剩余夹矸下部较薄的$3_{下}$煤及$3_{下}$煤分叉后的$3_{下1}$煤层，是我矿设计施工的第一个长度超过385 m的顶空薄夹矸特殊条件下开采的下层煤综采工作面。

2 采区生产概况

矿井四采区主要回采$3_{上}$煤与$3_{下}$煤(采区南部$3_{下}$煤分叉为$3_{下1}$煤和$3_{下2}$煤，其中：$3_{下1}$煤在采区绝大部分区域发育稳定，厚度为1.10～3.11 m，平均厚度为1.35 m；$3_{下2}$煤分布极不稳定，在采区内沉积缺失严重，赋存区分布不规则，属不稳定煤层)。目前采区内$3_{上}$煤已基本回采完毕，仅剩余采区西部边界的$43_{上}09$(南)工作面和采区东部工业广场保安煤柱线西侧的$43_{上}14$工作面。采区北部合并层区域$3_{下}$煤已经回采完毕，仅剩余南部$3_{下1}$煤，其中$43_{下}06$(南)、$43_{下}03$和$43_{下}02$工作面已按照设计回采完毕，$43_{下}01$工作面回采巷道正在掘进，剩余5个$3_{下1}$煤工作面尚未回采。

3 $43_{下}04$工作面概况

3.1 工作面位置、周边关系及开采情况

$43_{下}04$工作面位于四采区中部，西邻$43_{下}06$(南)工作面采空区，东邻$43_{下}03$工作面采空区，工作面上部为$43_{上}04$、$43_{上}05$工作面采空区。工作面标高为－572.4～－645.4 m，平均为－608.9 m。地面标高为＋43.78～＋45.67 m，平均为＋44.73 m。

工作面地面相对应位置在邹鲍公路以北(距工作面停采线约140 m)、白马河东南(距工作面切眼约130 m)。

3.2 工作面回采煤层地质情况

工作面回采二叠系山西组$3_{下}$($3_{下1}$)煤层，厚度为1.05～3.10 m，平均为1.51 m，工作面中东部小范围煤层厚度较大，最厚达3.10 m，其余地点均较薄，最薄处煤厚1.05 m，整体较稳定。煤层结构复杂，含1～2层夹矸，煤层顶板之下1.05～1.70 m处含一层厚度为0.03～0.50 m的泥岩夹矸，不稳定，工作面中东部发育$3_{下2}$煤层。$3_{下2}$煤层厚度变化大，沉积极不稳定，煤厚0～1.50 m，属局部可采煤层。$3_{下1}$与$3_{下2}$煤层夹矸厚1.00～5.10 m，岩性为粉砂岩，局部相变为碳质泥岩。

$3_{下}$($3_{下1}$)煤层呈黑色，油脂光泽，以暗煤为主，夹镜煤条带，内生裂隙发育，参差状断口，条带状结构，局部煤层较硬。煤层距上部采空区1.60～7.40 m，总体南厚北薄。工作面开采范围内煤层具有合并、分叉现象，煤层普氏硬度f为1～2。

$43_{下}04$工作面煤层顶底板状况如表1所示。

表1 $43_{下}04$工作面煤层顶底板状况表

顶、底板名称	岩石名称	厚度/m	岩性特征
基本顶	冒落砂岩体	$\frac{14.65\sim22.40}{17.97}$	浅灰～灰白色，为$3_{上}$煤层顶板冒落的松散破碎岩块，以中细砂岩为主
直接顶	粉砂岩	$\frac{1.60\sim7.40}{4.35}$	深灰色，钙质胶结，含细砂岩条带，较硬，$f=4\sim5$
直接底	粉砂岩	$\frac{2.60\sim5.50}{4.02}$	灰黑色，含较多的黏土质，富含植物根部化石，断口较平坦，$f=4\sim5$
基本底	中细砂岩	$\frac{15.62\sim20.70}{16.84}$	灰白色，以石英、长石为主，钙质胶结，断口平整，波状层理，局部裂隙发育，$f=6\sim7$

3.3 工作面巷道布置

$43_{下}04$ 综采工作面设计走向长 1 130.5 m，倾斜宽 386 m，工作面总面积 436 373 m^2。

（1）平巷：设计工作面平巷平行布置，西侧平巷作为运输巷，东侧为轨道巷，两平巷均与四采区南部进风行人巷、四采区南部 4# 皮带巷及四采区南部回风巷垂直，其中运输巷与原 $43_{上}05$-2 轨道巷按巷中间距 8 m 内错平行布置，轨道巷与 $43_{下}03$ 轨道巷按巷中间距 8.5 m 平行布置，平巷正常区段沿 $3_{下1}$煤并根据实际情况适当破顶破底掘进。

（2）切眼：由于 44 轨结束提升斜巷受原 $43_{下}03$ 工作面采动影响已破坏严重，上车场及绕道等区域无法修复，原 $43_{下}04$ 轨道巷、$43_{下}05$ 轨道巷和 $43_{下}05$ 运输巷南段及相关联络巷等亦变形严重并永久性封闭，无法修复加固。受上述老巷道影响，为保证工作面掘进与回采安全，设计 $43_{下}04$ 切眼按北帮与 44 轨中间提升斜巷绞车房南帮间距 5 m、与平巷垂直布置，避免上述老巷道对工作面回采的影响；切眼设计长度为 386 m。

（3）设计停采线：暂定与 $43_{上}04$-1 切眼北帮内错 10 m 平行布置。

（4）溜煤眼：$43_{下}04$ 运输巷与四采区南部 4# 皮带巷立交位置施工溜煤眼，通过溜煤眼与 4# 皮带巷连通形成煤流系统。溜煤眼直径 3 500 mm，净深 6.1 m。

$43_{下}04$ 工作面平面布置图如图 1 所示。

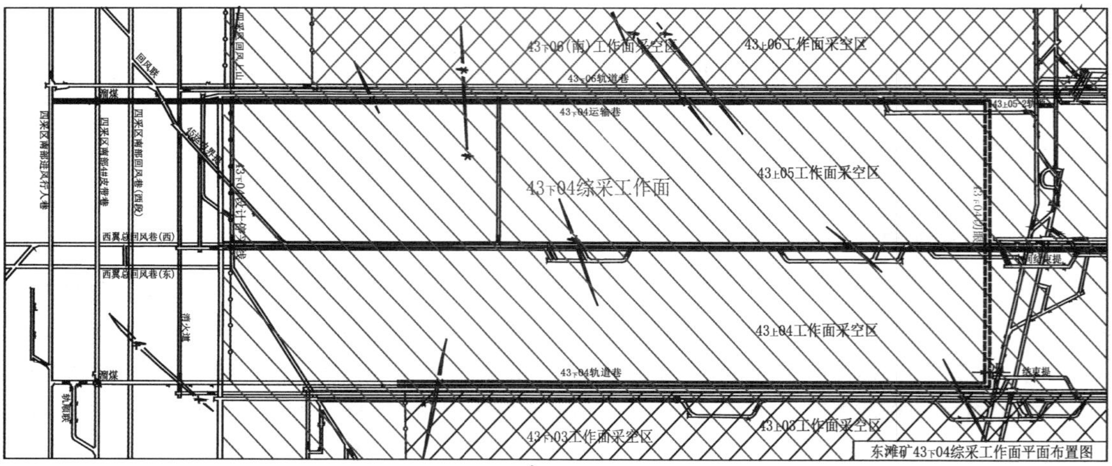

图 1 $43_{下}04$ 工作面平面布置图（图中虚线部分为工作面巷道布置）

3.4 工作面巷道支护设计

工作面为顶空薄夹矸 $3_{下}$ 煤层煤巷掘进，工作面内巷道顶板夹矸厚度平均约为 4.3 m，根据矿井同类煤层条件下巷道掘进支护经验，本工作面回采巷道均采用锚网带与架棚联合支护。

（1）运输巷：巷道正常沿 $3_{下1}$煤沿空掘进，采用梯形断面锚网带与套架 12# 矿工钢梯形棚方式联合支护，棚梁长 4 200 mm，棚腿长 3 300 mm，巷道中净宽 4 500 mm，净高 3 200 mm，净断面积 14.4 m^2，架棚支护棚距为 600～900 mm。

（2）轨道巷：巷道正常沿 $3_{下1}$煤沿空掘进，采用梯形断面锚网带与套架 12# 矿工钢梯形棚方式联合支护，棚梁长 4 000 mm，棚腿长 3 100 mm，巷道中净宽 4 200 mm，净高 3 000 mm，净断面积 12.5 m^2，架棚支护棚距为 600～900 mm。

（3）切眼：切眼正常沿 $3_{下1}$煤掘进，采用梯形断面锚网带与套架矿工钢梯形棚方式联合支护。切眼导硐采用矿工钢梯形棚与锚网联合支护，棚梁长 3 750 mm，巷道中净宽 4 200 mm，净高 2 800 mm，净断面积 11.8 m^2，架棚棚距为 600～800 mm，切眼扩宽采用长 3 750 mm 的 12# 矿工钢棚梁配合单体液压支柱支护，扩宽施工时扩宽侧与导硐结合处棚梁下部分别支设单体支柱。切眼扩刷后巷道中净宽 7 200 mm，净高 3 000 mm，净断面积 21.6 m^2。

$43_{下}04$ 工作面平巷断面与支护图如图 2 所示。

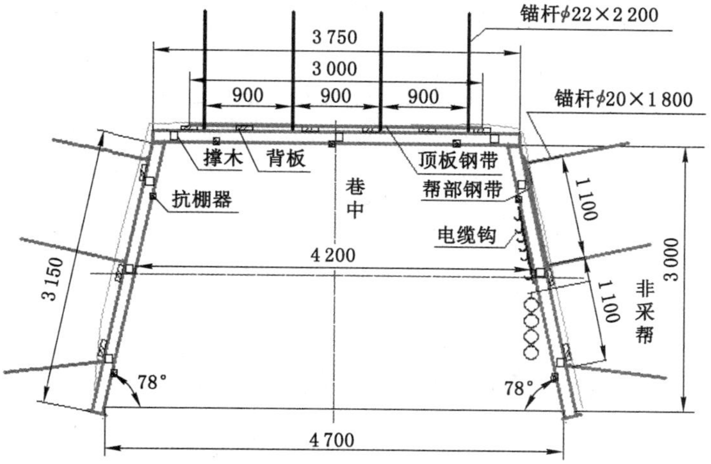

(a) 轨道巷顶空架棚断面与支护图

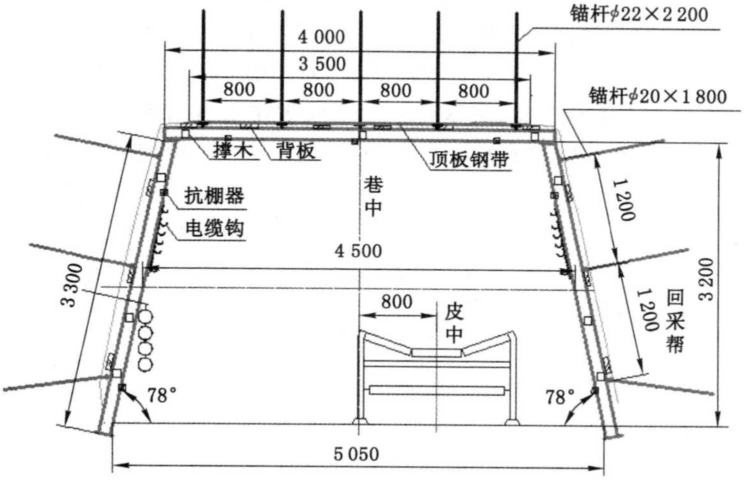

(b) 运输巷顶空架棚断面与支护图

图 2　$43_{下}04$ 工作面平巷断面与支护图

$43_{下}04$ 工作面切眼断面与支护图如图 3 所示。

4　工作面生产工艺及设备配套

4.1　采煤工艺

(1) 采煤方法：采用后退式走向长壁顶板垮落一次采全高采煤法，普通综采回采工艺。

(2) 采煤工序：割煤→移架→推刮板输送机。

(3) 割煤方式：双向割煤，往返一次割两刀，端头自开缺口斜切进刀，螺旋滚筒自动装煤，进刀长度不小于 30 m，进刀深度 0.8 m。

(4) 采高确定：根据煤厚资料，该面回采 $3_{下}$($3_{下1}$)煤，煤层厚 1.05～3.10 m，平均厚 1.51 m，工作面中东部小范围煤层厚度较大，最厚达 3.10 m，其余地点均较薄，最薄处煤厚 1.05 m。当煤厚

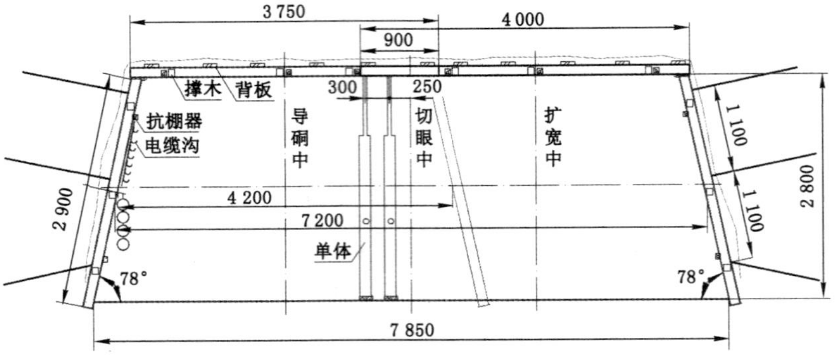

图 3　$43_{下}04$ 工作面切眼断面与支护图

小于 1.60 m 时，一般采用割底的方法通过，采高为 1.60 m；对于煤厚超过 1.60 m 的区域，在保证安全和设备正常前提下尽可能加大采高，以利于多回收煤炭资源。

4.2　顶板管理

工作面上部为 $43_{上}04$、$43_{上}05$ 工作面采空区，直接顶为 $3_{上}$ 煤层与 $3_{下}$ 煤层深灰色粉砂岩夹矸，厚 1.60～7.40 m，平均厚 4.35 m，夹矸上部为 $3_{上}$ 煤层顶板冒落的松散破碎砂岩体。$43_{下}04$ 工作面顶板属 2 类 $Ⅳ_b$ 级顶板，工作面直接顶初次垮落步距为 5～10 m，顶板初次来压步距为 25～35 m，周期来压步距为 10～17 m。平巷支承压力超前影响范围预计为 45～60 m。

工作面共安装有 223 组液压支架，割煤后采取立即支护方式支护顶板，并及时伸出护帮板，工作面移架紧跟煤机，以减少顶板暴露面积和空顶时间。所有支架排列整齐，偏差不超过 5 cm。

轨道巷里段使用 ZQL2×5250/18/34D 型支架 2 组、共 20 m，外段并排布置 16 组 ZQ4000/22/48A 型单元支架支护顶板，单元支架前后中心距为(6±1) m，总支护长度不小于 70 m；运输巷里段采用 ZQL2×3500/18/34D 型支架 3 组、支护 23 m，转载机头向里布置 4 组 ZQ4000/22/48DB 型单元支架，转载机头向外并排布置 12 组 ZQ4000/22/48B 型单元支架支护顶板，单元支架前后中心距为(8±1) m，总支护长度不小于 70 m。

4.3　设备配套

$43_{下}04$ 综采工作面选用 ZY10000/13.5/26D 型工作面支架和 ZYG10000/16/33D 型端头支架支护。工作面采煤机采用 MG500/1200-WD 型电牵引采煤机，最大采高 3.0 m，最小采高 1.3 m，牵引速度 0～14 m/min，电压 3 300 V。刮板输送机型号为 SGZ1000/2×1000，刮板链速度为 1.5 m/s，输送能力为 2 200 t/h。工作面设备总体配套如表 2 所示。

表 2　$43_{下}04$ 工作面设备总体配套表

序号	设备名称	规格型号	额定功率/kW	额定电压/V	数量
1	采煤机	MG500/1200-WD	1 200	3 300	1 台
2	刮板输送机	SGZ1000/2×1000	1 000	3 300	1 部
3	中间支架	ZY10000/13.5/26D	—	—	211 组
4	过渡支架	ZYG10000/16/33D	—	—	4 组
5	桥式转载机	SZZ100/525	525	3 300	1 部
6	破碎机	PLM3000	250	3 300	1 部
7	皮带机	DSJ120/180/4×315	315	1 140	1 部
8	乳化液泵	BRW500/31.5	315	3 300	3 台
9	喷雾泵	BPW516/16	160	3 300	3 台

4.4 智能化配置

$43_下04$工作面生产时设计具备完整的智能化操作系统，系统由多个独立的子系统集成，通过多种技术（控制、以太网、无线、视频、通信、液压等）应用于工作面，实现工作面监控中心对设备的整体集中自动化监控。工作面自动化系统有效保障工作面各设备协调、连续、高效、安全运行，将工人从工作面解放出来，实现少人化高效自动化工作面。

工作面利用支架电液控系统，针对不同工序段设置不同的支架动作设定，利用煤机记忆截割的自动跟机，实现两端头割顶扫底、斜切进刀、自动拉架、反向推刮板输送机等动作。

（1）设备集控一键启停：工作面所有设备集中控制，系统自动完成设备层面的启动条件判断、启动逻辑控制、停止条件判定、停止逻辑控制和意外情况造成的顺序停止。

（2）煤机记忆截割：记忆截割系统主要记忆的内容包括采煤机在工作面的位置、牵引速度、牵引方向、截割顶板和底板的高度、机身两维倾斜以及部分隐含状态关系。煤机记忆截割分为学习模式和自动操作模式，自动操作模式下可在线修改某一段运行动作。

（3）支架自动跟机：工作面液压支架通过红外接收器与煤机机身安装的红外发射器联合作用，动态获取煤机位置，并通过支架电液控系统，实现支架各部件与煤机位置的智能联动。

（4）自动截割三角煤：以触发点为分界线，将两端头三角煤区域划分为不同工序段，通过煤机记忆截割系统，记录并执行煤机的运行动作及牵引方向，在特定触发点定点换向牵引，触发新的工艺。

（5）工作面监控中心：工作面控制中心主要由操作室、计算机、6块21寸本安液晶显示屏、数据交换机、电液控主机等组成。通过控制中心，可以实现对工作面液压支架、采煤机、泵站、“三机”、平巷运输、供配电的协同控制，远程监测工作面设备运行状态并查看工作面设备相关视频信息。

（6）支架电液控系统：工作面液压支架电液控系统主要由支架服务器、支架控制器、液压换向阀、传感器等组成。支架电液控系统能够实现单架控制、成组控制、跟机自动化控制、闭锁及紧急停止、故障显示及报警、自动补压、带压移架、工作面数据集成及上传等功能。当煤机割完煤以后，系统可以根据现场的生产情况，自行选择合适的移架方式将支架拉移到位。系统能够最大限度地满足煤矿综采工作面自动化控制的需要，系统运行稳定可靠，具有遥控功能、稳定的供电电源、人性化的换向阀组手动机构、防护等级高、模块化设计等优势。

5 技术指标和经济效益

通过东滩煤矿对顶空薄夹矸下层煤优化开采设计的生产实践，打破了上下分层开采工作面重叠或内错布置的传统设计方式，对$43_下04$综采工作面进行了增加工作面推进长度、跨上分层平巷连续布置方式设计，较传统重叠布置，可以降低50％巷道掘进工程和工作面安装撤除费用，对矿井减少巷道掘进工程量、提高资源回收率、集中组织生产、保障矿井稳产高产、缓解矿井的接续紧张局面具有十分重要的意义，同时也能为相似矿井同类型地质条件和开采模式的煤层开采提供创新思路和革新技术。

参考文献

［1］王国法．高效综合机械化采煤成套装备技术［M］．徐州：中国矿业大学出版社，2008．
［2］杨德玉．安全高效矿区建设［M］．徐州：中国矿业大学出版社，2008．
［3］张荣立，何国纬，李铎．采矿工程设计手册［M］．北京：煤炭工业出版社，2003．

采煤工作面沿空留巷工艺关键技术研究及应用

朱振伟，李淑文，李全水，朱奕秋

（山东能源新汶矿业集团翟镇煤矿生产服务分公司，山东 新泰 271204）

摘　要　为提高煤炭回收率、降低开采成本，我矿以“110 工法”沿空留巷技术为基础，探索升级“新型留巷技术”，旨在将采掘有机统一，变被动“支”为主动“切”与“支”，变传统“一面双巷”为“一面单巷”，取消区段煤柱，实现无煤柱开采，使矿山压力变害为利。针对薄煤层及中厚煤层特性，通过支护、切顶、封堵等措施，确保留巷顶板拉得住、预裂爆破切得开、采空区封得严护得住，实现巷道重复利用。

关键词　“110 工法”；“一面双巷”；“一面单巷”；巷道重复利用

0　引言

煤炭工业是我国重要的基础产业，有力支撑了我国国民经济和社会平稳较快发展。尽管我国对石油、天然气等优质能源的需求增长快速，对煤炭的需求有所下降，但我国“富煤、贫油、少气”的能源格局决定了石油、天然气对外的依存度很高。出于国家能源储备考虑，我国在较长一段时间内将“坚持以煤炭为主体、电力为中心、油气和新能源全面发展的能源战略”，煤炭作为主体能源的格局不会改变。

煤炭属于不可再生资源，如何将煤炭资源最大程度地开发利用，提高企业的经济及社会效益，是摆在煤矿面前迫在眉睫的重大课题。我国煤矿多采用长壁后退式采煤方法，每个工作面均至少需要掘进两条巷道，而且为了平衡上一个回采面顶板传递的应力，工作面之间通常会留设一个宽度达数十米的煤柱，这个煤柱的煤炭资源一般均会丢弃。据统计，留设煤柱造成的资源约占可采储量的 20%以上，是煤炭资源浪费的主要形式。

近年来，基于“切顶短壁梁理论”的切顶成巷技术开始在国内多个矿区得到应用和推广。该技术是在工作面煤层回采前采用定向聚能爆破技术，在回采巷道沿着采空区侧定向预裂顶板，工作面煤层回采后，在矿山压力作用下，顶板沿着预裂切缝自动切落形成巷帮，从而实现“成巷”。顶板切断后，长壁岩梁变成了短壁岩梁，顶板岩层的应力传递链被切断，顶板周期来压强度将大幅减弱。顶板岩层垮落后形成巷帮，隔断采空区，自动形成一条巷道并将用于下一工作面开采，最终实现一个采煤工作面仅需掘进一条巷道。新巷道位于卸压区，避免了高应力作用区的影响，消除了井下动力灾害孕育的动力源。

翟镇煤矿是新汶矿业集团的骨干生产矿井之一，是省属国有大型现代化矿井，于 1983 年建井，并于 1993 年正式投产。矿井位于新汶煤田北部，井田面积 13.58 km^2，煤炭资源储量 8 587.7 万 t，核定生产能力 170 万 t/a。

翟镇煤矿目前已经开采30多年,资源量逐渐减少。为提高煤炭资源回收率,采煤工作面开展切顶成巷技术研究,通过探索快速高效聚能切顶爆破技术及参数,实现工作面切顶卸压自成巷,项目的预期研究成果对提高翟镇煤矿的资源回收率具有重要的意义。

1 工艺原理

通过沿空留巷工作开展,不断总结摸索经验,根据顶板岩性及矿压位移变化优化了护、切、挡、封等关键施工工艺,分别在薄煤层及中厚煤层开展沿空留巷施工工艺,确保巷道成型质量。

(1) 顶板支护拉得住:目前沿空留巷采用全锚索+注浆锚索+锚索桁架支护顶板。通过优化支护参数,提高顶板的整体强度,达到留巷不变形,巷道二次使用后满足新型超前支护需求。

(2) 预裂爆破切得开:巷道按照聚能管超前预裂爆破方式,达到切顶一条线,切断顶板传递压力途径,减小留巷顶板强度。

(3) 采空区冒落下得来:巷道切顶后,确保采空区充分冒落,杜绝悬顶的存在。巷旁加强支护挡矸,防止喷矸。

(4) 护帮挡矸支护强:巷道切顶后采空区冒落充实后,对巷旁加强支护,确保巷道成型完整。

(5) 巷旁封堵封得严:巷道留巷后对采空区进行封堵,杜绝有害气体的外漏、巷道漏风。

2 地质条件

在翟镇煤矿后组十五层11502W、11503W、11504W等薄煤层工作面沿空留巷试验成功后,在六采四层6403W1工作面中厚煤层实施沿空留巷工艺,将其作为重点工程在采煤工作面推广施工。

(1) 薄煤层:11502W工作面位于后组一采区西部,后一下部十五层运输巷延伸段西侧。该工作面北邻11504W工作面,正在开采;西邻F_2断层,综合落差12~60 m,倾角80°;南邻11503W工作面,尚未施工,11503W工作面地层走向77°~107°,倾向167°~197°,倾角8°~16°,平均12°。工作面整体为一单斜构造,地层整体呈现西南高东北低形态,影响回采的主要地质因素是断层。

(2) 中厚煤层:6403W1工作面位于六采区西翼,北至WF_{17}断层,$H=3\sim70$ m;南至WF_{16}断层,$H=0\sim16$ m;东邻6403W2工作面,尚未开采;西邻WF_{24}断层,$H=0\sim13$ m。工作面回采范围内,地层走向58°~47°,倾向328°~317°,倾角2°~8°,平均5°。工作面整体为一单斜构造,地层整体呈现南高北低形态,影响回采的主要地质因素是断层及煤厚变化。

3 施工技术方案

3.1 支:顶板支护拉得住

目前根据顶板岩性在沿空留巷采用全锚索+注浆锚索+锚索桁架支护顶板。补强锚索超前30 m打设,注浆锚索超前80 m打设,50 m注浆。利用十字测点、顶板离层仪、帮部钻孔应力监测、锚杆(锚索)应力监测等手段观测沿空留巷及超前支护顶板变化,每周进行分析。通过优化支护参数,提高顶板的整体强度,达到留巷不变形,巷道二次使用后满足新型超前支护需求。

3.2 封:预裂爆破封得住

(1) 切顶眼参数试验。薄煤层:11502W工作面每50 m为一组观测数据,打设8 m、10 m孔深进行对比分析。中厚煤层:6403W1工作面沿空留巷根据现场打眼观测顶板岩性效果,调整切顶眼深10 m进行试验,由原来的装药11根改为9根,满足工作面切顶效果。

通过在11502W工作面试验囊袋式封堵,均未冲孔,封孔效果较好,爆破在切顶孔内100%释放。装药时间:平均每孔装药8~9 min,5个孔约40~45 min(5个孔一组起爆)。封堵时间:① 传统的炮泥封堵:平均每孔封堵15~20 min,5个孔约75~100 min。② 堵漏王封堵:平均每孔封堵20~25 min,5个孔约100~125 min。③ 囊袋式封堵:平均每孔注浆2~3 min,5个孔注浆约70~75 min(等待凝固时间60 min,后期试验持续缩短凝固时间)。所用时间对比:堵漏王封堵>炮泥封堵>囊袋注浆封堵。囊袋式封堵在凝固时间为1 h情况下仍比堵漏王与炮泥封堵时间短。通过后期优化封堵时间确定为30 min,相比原计划时间提升50%。

超前切顶囊袋封堵装置如图1所示。

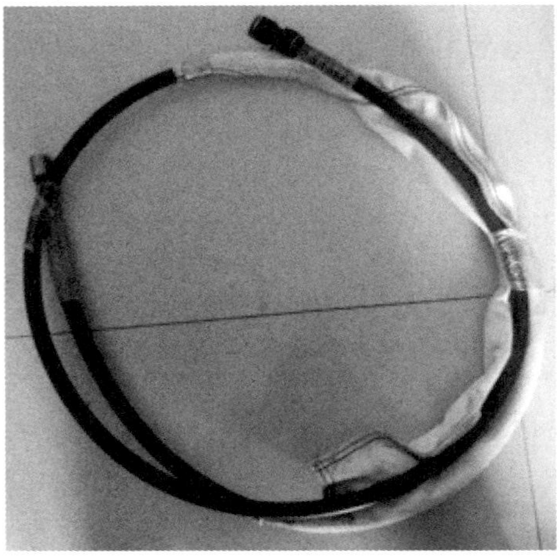

图1 超前切顶囊袋式封堵装置

(2) 切顶眼封堵试验。试验测试了2个1.5 m单囊袋封孔器、2个0.6 m双囊袋封孔器、1个0.7 m单囊袋封孔器共5个孔的封孔爆破试验。材料按照水灰比1∶1配制。注浆时,1#、2#、3#、4#囊袋注浆结束时压力表示数接近2 MPa,5#囊袋在瞬时压力达到1.5 MPa时爆破阀打开,之后继续30 s的注浆工作。通过试验囊袋式封堵满足超前切顶需要,未出现冲孔现象,能量在孔内100%释放,通过优化对比最终选择1.5 m的囊袋。后期可根据切顶孔的长度选择封堵的长度。囊袋式封堵充浆原理如图2所示,封堵前后效果如图3、图4所示。

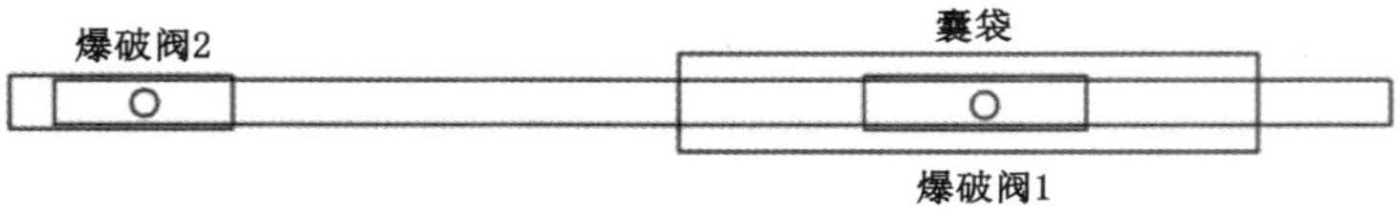

图2 超前切顶封堵装置充浆原理

图3 切顶封堵前效果图

3.3 切:超前切顶切得开

巷道按照聚能管超前预裂爆破方式,达到切顶一条线,切断顶板传递压力途径,减小留巷顶板

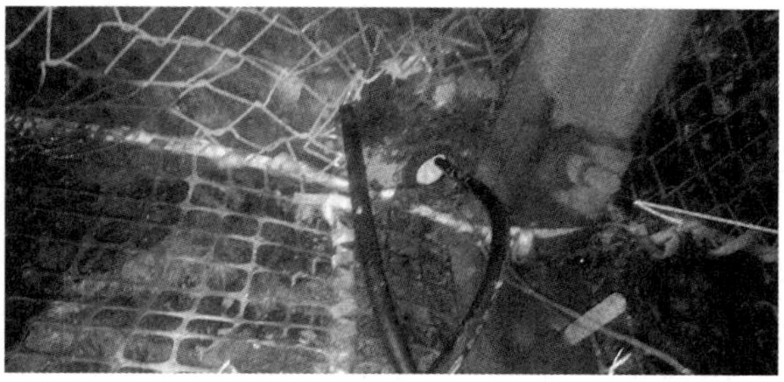

图 4　切顶封堵后效果图

强度，为确保留巷侧老塘顶板充分冒落，采用超前预裂爆破施工，经多次实验，10 m 眼深断顶效果明显。

为提高工作面切顶效率及质量，减少切顶预裂施工专用人员多等问题，经过调研决定采用履带式钻车进行切顶眼打设(图 5)。目前履带式钻车已经投入使用，使用效率比普通锚杆机提升 50%。通过对两种打眼机具效率对比分析，履带式钻机每打设一个 6 m 的炮眼，比锚杆钻机节约 20 min，打眼效率提高近 30%，按每班 6 h 计算，可多打设 2 个炮眼。采用履带式钻机打眼时可减少人员 1 人。采用履带式钻车可有效减轻职工劳动强度，缩短劳动时间，且人员操作按钮即可打设切顶眼，相比锚杆机打设提高了安全系数。

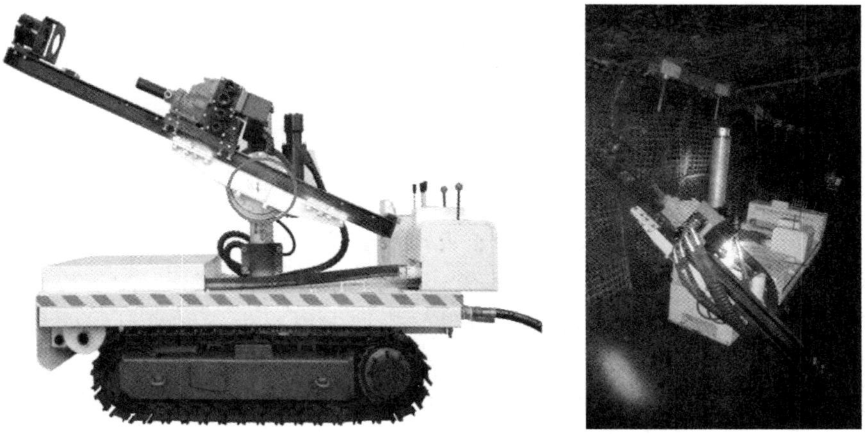

图 5　超前切顶履带式钻车

3.4　护：护帮挡矸支护强

巷道切顶后采空区冒落充实后，对巷旁加强支护，确保巷道成型完整。对中厚煤层两排单体支护＋“井”字形木垛进行优化。通过对 6403W1 矿压观测数据分析，巷道位移变化基本稳定，木垛受压变形较小，随工作面推进，取消“井”字形木垛支护。

通过 6403W1 工作面矿压分析，沿空留巷内距离工作面 22～30 m 移近速度在 3～4 mm/d，随工作面推进 60～100 m 范围内移近速度逐步稳定在 1～2 mm/d，沿空留巷 100 m 后顶底板位移量趋于稳定，从距离工作面 100 m 后通过扩大单体支护间距回撤单体，在减小巷中单体密集支护期间，“十字测点”间距修改为 10 m，每天观测沿空留巷矿压数据变化，目前观测暂无变化。切顶单体里侧打设一排接顶钢棚，间距 0.6 m，柱窝 0.2～0.3 m，倾角 10°～15°，单体迎山打设，与钢棚呈三角支设，稳固钢棚护矸及顶板压力。

4 施工技术优化

（1）超前断面设计优化。不断摸索巷道设计断面合理性，为留巷巷道受压提供余量，统一对留巷巷道设计数据进行规范，巷道宽度由原来的 4 m 更改为 4.5 m，巷道高度在原基础上增加 10%，确保留巷后满足生产需求。

（2）注浆锚索补强支护。对矿井不同顶板岩性进行注浆锚索补强支护选择：针对粉砂岩顶板，优先选用双排注浆锚索桁架支护；对泥灰岩及坚硬砂岩顶板，可直接在原始巷道采用“2＋3＋2”（一排 2 根注浆锚索＋一排 3 根注浆锚索＋一排 2 根注浆锚索）进行支护，确保满足留巷支护需求。

（3）切顶孔封堵。《煤矿安全规程》规定深孔爆破时，封泥长度不得小于孔深的 1/3。目前我们正在推广使用囊袋式封堵。前期采用炮泥封堵，存在封堵时间长、封孔不实易造成冲孔的现象，后期使用堵漏王材质封堵解决了冲孔现象，但存在封堵时间长、价格贵的问题。通过与安徽理工大学合作研究，在 11502W 工作面试验囊袋式封堵，切顶爆破在孔内 100%释放，无论是在封堵时间还是在价格上都要优于炮泥及堵漏王封堵。

（4）组合挡矸体系控风。使用双层金属菱形网配合风筒布，防止向采空区漏风；在预裂孔外侧支设挡矸钢棚，棚腿向老塘侧倾斜，与底板夹角为 75°～80°，与巷道支护单体形成三角支撑结构，确保钢棚支撑有力，所有棚腿拉线支设，形成钢棚控制线。

（5）单体支柱加固巷道。薄煤层巷道在棚腿外侧走向支设一排单体配铰接顶梁的加强支护，形成单体控制线。中厚煤层采用双排单体配铰接顶梁的加强支护，全部取消木垛支护。并根据巷道压力变化情况进行回撤。

5 施工亮点

（1）履带式钻车代替普通锚杆机。采用履带式钻车代替普通锚杆机打设切顶眼。通过对两种打眼机具效率对比分析，履带式钻机每打设一个 6 m 的炮眼，比锚杆钻机节约 20 min，打眼效率提高近 30%，按每班 6 h 计算，可多打设 2 个炮眼。并且采用履带式钻机打眼时可减少施工人员 1 人。

（2）囊袋式封堵的使用。针对切顶眼封堵时间长、封堵效果差的问题进行了改进。① 传统的炮泥封堵：平均每孔封堵 15～20 min，5 个孔约 75～100 min。② 堵漏王封堵：平均每孔封堵 20～25 min，5 个孔约 100～125 min。③ 囊袋式封堵：平均每孔注浆 2～3 min，等待凝固时间 1 h，5 个孔注浆约 70～75 min。所用时间对比为：堵漏王封堵＞炮泥封堵＞囊袋注浆封堵。囊袋式封堵在凝固时间为 1 h 情况下仍比堵漏王与炮泥封堵时间短。后期将持续研究，缩短囊袋封堵凝固时间，并推广使用。

（3）优化装药结构及装药数量。通过囊袋式封堵实验成功，切顶爆破在孔内 100%释放，在切顶效果不变的情况下，根据不同煤层、不同岩性合理优化了装药数量，后组十五层 11502 工作面由原来 6 根雷管优化为 5 根，六采四层 6403W1 工作面由原来 11 根雷管优化为 9 根，减少了雷管的投入，提高了爆破效率。

（4）顶板支护的优化。吸取薄煤层沿空留巷的成功经验，在四层中厚煤层进行沿空留巷施工，持续优化了顶板支护参数。① 逐步取消了中厚煤层木垛的加强支护。② 通过扩大第二排单体支护间距，减少单体支护的投入。③ 巷道补强锚索与切顶眼的间距优化为 1.2～1.5 m，当切顶孔距巷道顶板锚索支护间距小于 0.2 m 时，切顶孔按 80°～85°打设，杜绝了切顶爆破对顶板支护的破坏，提高了沿空留巷支护效率。

(5) 顶板在线监测的应用。通过"十字测点"、数显式顶板离层仪、帮部钻孔应力监测、锚杆(锚索)应力监测、普通顶板离层监测等手段，全面监测轨道巷应力变化情况，监测数据实时传输至井上电脑终端，用于系统分析应力变化情况，便于矿压数据的分析对比，及时有效控制现场顶板。应用了辅助监测等手段，可以有效监测、分析巷道应力变化，数据采用"人工统计"与"数显上传"等两种方式进行，使数据监测更具有有效性、真实性、实时性。通过数据的变化分析，对顶板做到了动态管控，如图 6 所示。

图 6　矿压在线监测

6　经济与社会效益

(1) 安全性：减少了人员投入。① 通过实施新型超前支护，相比传统超前支护，单班单面减少采煤人员 4 人，全矿单班减少 12 人，年减少人工费用 115.2 万元。② 新型沿空留巷取消区段煤柱，切断顶板压力传递途径，减小了应力集中，实现了安全开采。同时增加了回采巷有效空间，提升了安全生产标准化水平。

(2) 技术性：实现单翼采区工作面无缝接续，缓解了生产接续紧张局面；不断优化施工方案，减轻了劳动强度，缩短了劳动时间。单个工作面减少掘进巷道 1 条，降低了万吨掘进率。根据测算情况，通过实施"110 工法"沿空留巷，同比新掘巷道减少投入 64 万元。

(3) 经济性：提高了煤炭资源回收率。通过实施"110 工法"沿空留巷，由留设区段煤柱优化为无煤柱开采，煤炭回收率提高至 98%。后组煤平均每米利润约 0.9 万元，前组煤平均每米利润 1.3 万元，累计沿空留巷实现利润 1 450 万元。

通过项目研究，已经形成了整套具有翟煤特色的沿空留巷技术，并得到了现场工业性实验的验证。后期，将推广本技术到其他工作面及其他矿井，创造更大的经济和社会效益。

参考文献

[1] 蔡煜东，姚林声．神东矿区快速沿空留巷技术研究及应用[J]．分析仪器，1993(4)：12-16.
[2] 陈勇，柏建彪，王襄禹，等．沿空留巷巷内支护技术研究与应用[J]．煤炭学报，2012，37(6)：903-910.
[3] 王飞．中厚煤层膏体巷旁充填沿空留巷技术研究与应用[D]．青岛：山东科技大学，2017.
[4] 颜丙双．浅埋大采高工作面支卸组合沿空留巷技术研究与应用[J]．煤炭工程，2022，54(9)：18-23.

[5] 杨俊彩.神东矿区新型沿空留巷技术装备研究与应用[J].煤炭科学技术,2022,50(增刊 2):113-120.

[6] 张红军,丁可可.突出矿井高水材料沿空留巷技术研究与应用[J].煤矿开采,2017,22(1):77-79,35.

[7] 庄又军,刘汉慈,张帅.复合顶板综采面沿空留巷技术研究与应用[J].金属矿山,2013(6):38-41,52.

含不同落差断层深部煤层开采围岩稳定性研究

詹召伟[1],王彦敏[1],高超[1],王传晨[1],彭瑞[2],姜士源[2],杨学红[2]

(1. 济宁矿业集团有限公司霄云煤矿,山东 济宁 272000;2. 华北科技学院,河北 廊坊 065201)

摘 要 随着煤炭开采深度不断加大,煤矿隐含断层及其分叉点多等问题愈发严重。本文以山东某矿井为背景,采用数值模拟和理论分析相结合的研究方法,建立了存在不同落差断层情况下的煤层开采模型,研究了工作面开采超前影响范围与不同落差断层之间的关系。结果表明:随着断层落差的减小,断层对围岩应力分布及变形的影响范围逐渐减小;当采煤工作面未穿过断层时,运输巷支承压力呈"V"字形分布,采煤工作面穿过断层以后,上下平巷支承压力随着切眼距离的增大逐渐减小,应力集中系数明显降低,上下平巷应力集中系数均小于2,上下平巷的应力主要受采动压力的影响。研究结论可为地质状况相似矿井超前支护范围设计提供指导。

关键词 高应力;不同落差;断层;数值模拟;超前支护

0 引言

随着浅部的煤炭资源开采殆尽,煤炭资源被迫转向深部开采阶段。深部开采条件下,煤矿隐含断层及其分叉点多等问题对煤矿开采工作造成极大威胁,引发一系列的灾害问题。因此,对含断层带矿井的治理成为亟须解决的问题。

长期以来,我国学者对断层影响下的采矿活动做了相关研究,取得了一系列成果。李美燕等[1]以兴隆庄煤矿为工程背景,采用FLAC3D数值模拟,研究了不同断层落差条件下工作面推进时的采动应力及活化规律;江灿等[2]以义马煤田地质条件为地质原型,利用FLAC3D进行数值模拟,研究在不同落差下逆断层上切应力和滑移量变化特征;李志华等[3]以济三煤矿6303面地质条件为背景,进行了断层滑移失稳相似模拟试验及数值模拟;李志华等[4]根据断层滑移失稳与煤岩冲击矿压的关系,建立了断层滑移诱发煤岩冲击的黏滑-黏弹脆性体突变模型;李志华等[5]为了研究断层附近冲击矿压发生规律,采用3DEC数值模拟软件建立相应的断层模型;郭玲莉[6]以典型黏滑失稳模型和预制断层扩展模型为研究对象,对近断层瞬态场进行高频细微研究;朱广安等[7]为研究开采扰动下断层滑移失稳诱发冲击矿压的致灾条件,基于"砌体梁"理论分析了开采过程中断层围岩系统的受力状态和力学响应;王宏伟等[8]建立了逆冲断层赋存条件下的水平加载相似材料模型,运用应力监测和声发射监测等手段,分析了开采扰动下断层滑动面切应力的动态演化特征;王刚等[9]通过FLAC3D数值模拟研究了断层的落差、倾角以及沿上下盘开采对断层滑移失稳的影响;孔朋[10]运用现场调研、理论分析、岩石力学试验与数值模拟等手段,对断层滑移型冲击地压显现特征及其影响因素、开采扰动下断层黏滑动力诱冲机制及断层滑移动力响应与冲击危险性进行了系统研究;于秋鸽[11]为研究上下盘开采断层滑移失稳诱发地表异常沉陷机理,通过理论推导建立上下盘开采断层滑移失稳力学模型和土体近似悬臂断裂模型；刘啸等[12]研究了应力波作用下含大型结构面岩体动力垮塌失稳机制，为含结构面等地质构造条件下岩体开采及稳定性控制提供理论依据；罗锦等[13]基于 FLAC3D 软件，建立了逆断层下盘开采数值模拟模型，模拟研究了不同工况条件开采后地表沉陷的时空演变特征。

但目前现有的文献在断层落差与超前影响范围方面研究得较少，且研究内容和方法相对单一，实际经验较多，缺乏理论与实践的相互佐证。本文以山东某煤矿为实例，采用理论建模和数值计算相结合的方法，研究了含不同落差断层工作面开采的矿压显现规律，以期为矿井断层治理及超前支护设计提供理论指导和应用基础。

1 工程背景

山东某煤矿井田东西长 8.1 km，南北宽 2.9 km，面积 23.424 8 km^2，开采标高为－430～－1 500 m，可采煤层主要为 3 煤层，其岩性结构示意图如图 1 所示。

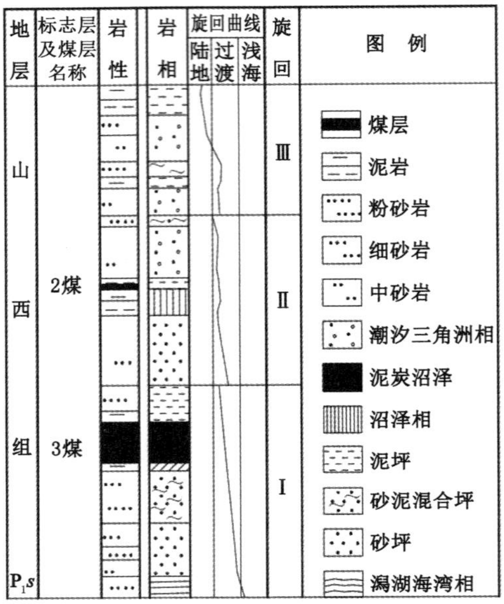

图 1　山西组岩性岩相旋回结构示意图

3 煤层主采工作面为 2307 工作面，由于工作面内断层较多，区域内落差 5～10 m 的断层有 19 条，落差小于 5 m 的断层有 37 条，给工作面的布置带来极大隐患，亟须对不同落差断层开展研究，以期为矿井巷道支护进行技术指导。2307 工作面布置及周边断层情况如图 2 所示。

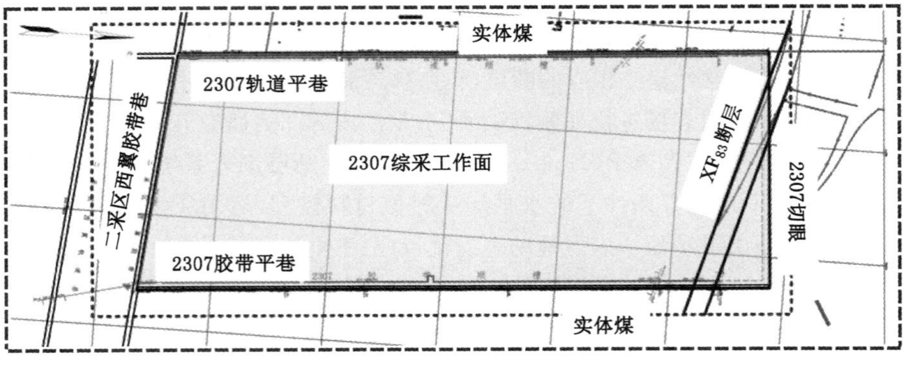

图 2　2307 工作面布置及断层情况

根据 2307 工作面中部地质条件及现场勘测发现，赋存断层走向与巷道走向基本垂直，断层位置相对于顶板已发生下沉，下沉高度约 2 m，断层入侵是影响顶板稳定性的主要原因。因此，本文以 2307 工作面中部为研究对象，对断层的赋存情况进行地质雷达观测，将断层入侵区域划分为Ⅰ、Ⅱ测区。为增加数据可靠性，沿巷道走向方向和垂直走向方向划分 1# 和 2# 两条测线，测量长度 2 m，如图 3 所示，两条测线相互印证，保证数据准确性。

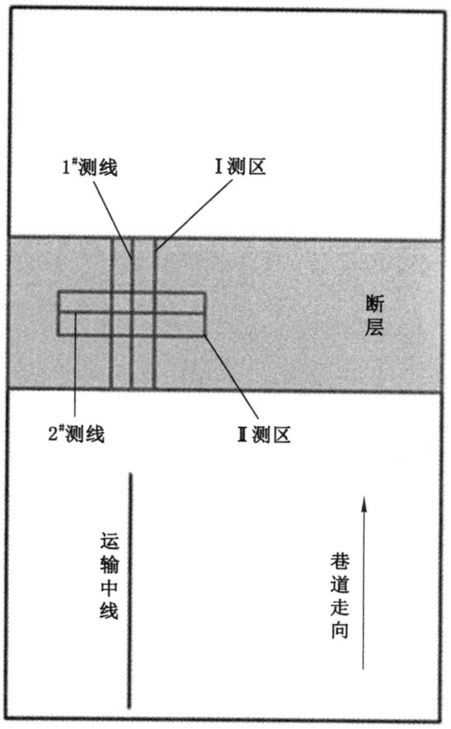

图 3　2307 工作面中部顶板地质雷达探测测线分布

在测区沿巷道顶板断面方向进行地质雷达探测，各测区地质雷达探测剖面图如图 4 所示。

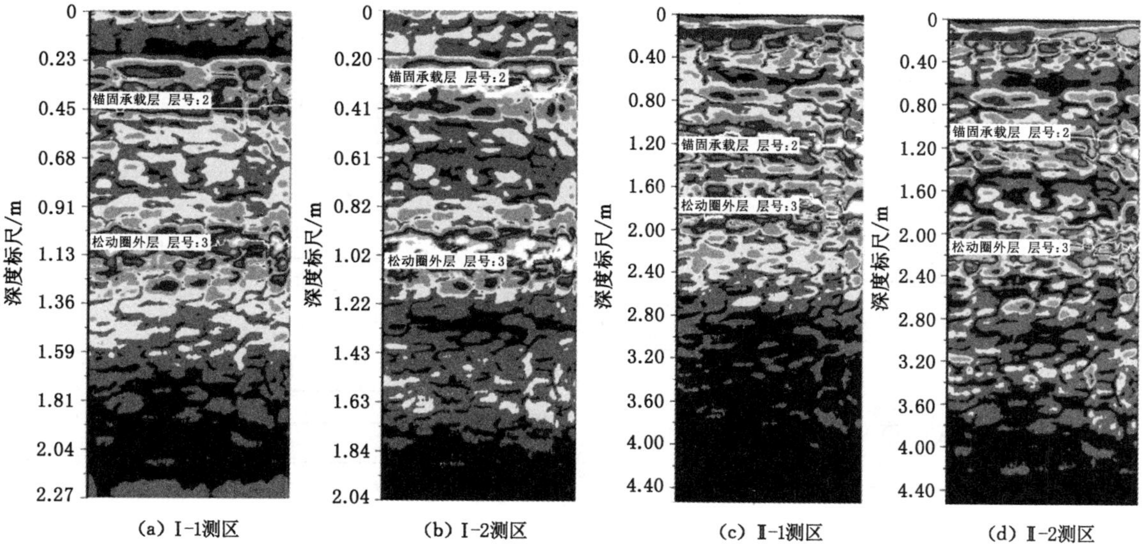

图 4　各测区地质雷达探测剖面图

为进一步对顶板断层赋存特征进行分析，运用软件的层位追踪功能，分析顶板断层位置，得出层位追踪监测图，然后利用软件的输出功能，将测得的顶板断层位置数据导入 Excel 中，得到其变化曲线如图 5 所示。

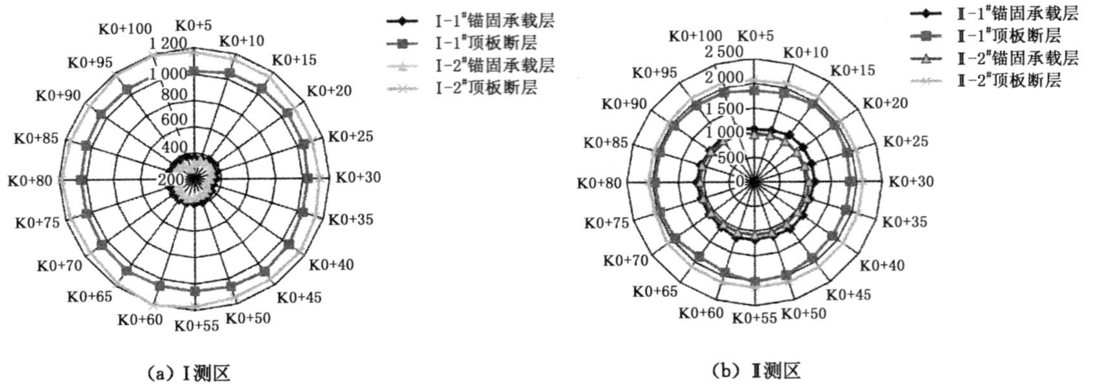

图 5　各测区顶板断层赋存特征雷达图

在地质雷达剖面图中存在强烈的白色光斑带，很明显分别为锚固承载层内外岩体分界面和断层边界内外岩体分界面，说明了锚固承载层的存在，更说明了顶板断层的位置。沿巷道顶板断面方向：Ⅰ测区锚固承载层范围为 0.35 m，巷道顶板距离断层平均为 1.11 m；Ⅱ测区锚固承载层范围为 1.08 m，巷道顶板距离断层平均为 2.06 m。

2　力学模型确定

当工作面直接顶垮落后基本顶悬露，在断层影响下支承条件是一边简支、三边固支的情况。

对于一边简支、三边固支的矩形板，其力学模型如图 6 所示。其中 OL、ON、NM 边为实体煤固支，LM 边为断层简支。此情况下，矩形板的边界条件为：

$$\left.\begin{aligned} \omega_{x=0} &= 0 \quad \frac{\partial \omega}{\partial x}\Big|_{x=0} = 0 \\ \omega_{y=0} &= 0 \quad \frac{\partial \omega}{\partial y}\Big|_{y=0} = 0 \\ \omega_{y=a} &= 0 \quad \frac{\partial \omega}{\partial y}\Big|_{y=a} = 0 \end{aligned}\right\} \tag{1}$$

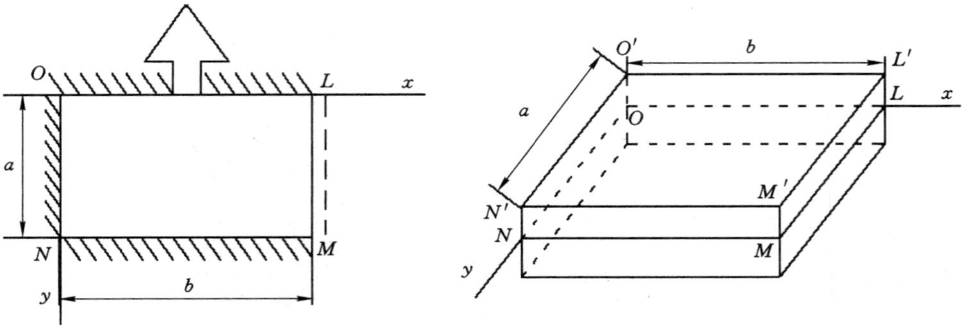

图 6　断层影响下顶板力学模型

选择挠曲面方程：

$$\omega = A\left(\frac{x}{b}\right)^2\left(1-\cos\frac{2\pi y}{a}\right) \tag{2}$$

根据最小势能原理得：

$$A = \frac{qb^4}{6\boldsymbol{D}\left[3+\frac{4}{5}\left(\frac{\pi b}{a}\right)^4+\left(\frac{8}{3}-4a\right)\left(\frac{\pi b}{a}\right)^2\right]} \tag{3}$$

式中 $\boldsymbol{D}$——弹性矩阵；

q——顶板所受的均布荷载，MPa。

由弹性薄板理论得矩形板应力分布公式：

$$\left.\begin{aligned}\sigma_x &= -\frac{2EAZ}{b^2(1-\mu^2)}\left[1+\left(\frac{2\pi^2\mu x^2}{a^2}-1\right)\cos\frac{2\pi y}{a}\right]\\ \sigma_y &= -\frac{2EAZ}{b^2(1-\mu^2)}\left[\mu+\left(\frac{2\pi^2 x^2}{a^2}-\mu\right)\cos\frac{2\pi y}{a}\right]\\ \tau_{xy} &= -\frac{4EZA\pi x}{(1+\mu)ab^2}\sin\frac{2\pi y}{a}\end{aligned}\right\} \tag{4}$$

式中 σ_x——作用在垂直于 x 轴平面上的正应力，MPa；

σ_y——作用在垂直于 y 轴平面上的正应力，MPa；

τ_{xy}——作用在 xy 平面上的剪应力，MPa；

E——顶板岩石的弹性模量，MPa；

μ——顶板岩石的泊松比。

则 $O'L'$、$N'M'$ 边上应力分布为：

$$\left.\begin{aligned}\sigma_x &= \frac{2\pi^2 EA\mu hx^2}{a^2b^2(1-\mu^2)}\\ \sigma_y &= \frac{2\pi^2 EAhx^2}{a^2b^2(1-\mu^2)}\\ \tau_{xy} &= 0\end{aligned}\right\} \tag{5}$$

式中 h——顶板厚度，m。

$O'N'$ 边界上的应力为：

$$\left.\begin{aligned}\sigma_x &= \frac{EAhx^2}{b^2(1-\mu^2)}\left(1-\cos\frac{2\pi y}{a}\right)\\ \sigma_y &= \frac{EAh\mu}{b^2(1-\mu^2)}\left(1-\cos\frac{2\pi y}{a}\right)\\ \tau_{xy} &= 0\end{aligned}\right\} \tag{6}$$

$O'L'$、$N'M'$ 边中点的应力为：

$$\left.\begin{aligned}\sigma_x &= \frac{\pi^2 EA\mu h}{2a^2(1-\mu^2)}\\ \sigma_y &= \frac{\pi^2 EAh}{2a^2(1-\mu^2)}\\ \tau_{xy} &= 0\end{aligned}\right\} \tag{7}$$

$O'N'$ 边中点的应力为：

$$\left.\begin{aligned}\sigma_x &= \frac{2\pi EAh}{b^2(1-\mu^2)}\\ \sigma_y &= \frac{2\mu EAh}{b^2(1-\mu^2)}\\ \tau_{xy} &= 0\end{aligned}\right\} \tag{8}$$

$O'L'$、$N'M'$边中点的应力大于$O'N'$边中点的应力。随着工作面的推进，当悬露顶板达到极限跨度时，首先在 OL、NM 边中点附近发生断裂；随后当 ON 边顶板达到极限强度时，在 ON 边中点附近出现断裂。

3 数值计算模型建立

3.1 模拟方案确定

断层落差是影响采场围岩应力场分布的主要因素之一。为了进一步研究断层落差对煤层开采之后工作面前方支承压力的影响规律，分别建立断层落差为 4 m、6 m、8 m 的数值分析模型。

数值模型涉及以下岩性：顶、底部分(采用粗砂岩参数)，泥岩，细砂岩，粉砂岩，中砂岩，煤与断层。各岩层采用莫尔-库仑模型进行弹塑性计算，具体参数取值如表 1 所示。

表 1　各岩层参数取值

岩石名称	重力密度 /(kg/m³)	弹性模量 /GPa	泊松比	黏聚力 /MPa	抗拉强度 /MPa	摩擦角/(°)	体积模量 /GPa	剪切模量 /GPa
粉砂岩	2 560	16	0.25	7.5	3.80	40	10.67	6.40
泥岩	2 650	12	0.22	3.5	1.64	33	7.14	4.92
细砂岩	2 650	13	0.21	12.5	4.50	42	7.47	5.37
煤	1 420	4	0.35	1.0	0.15	25	4.44	1.48
中砂岩	2 650	14	0.23	7.1	3.50	38	8.64	5.69
粗砂岩	2 650	15	0.22	8.5	3.30	33	8.93	6.15
断层	2 000	8	0.24	0.6	0.30	22	5.13	3.23

为了进一步方便对工作面进行数值计算，对模拟范围内各关键要素进行必要简化，包括但不限于工作面形状、工作面走向倾角、工作面倾向倾角、巷道以及断层，简化后 2307 轨道巷长度为 520 m，胶带巷长度为 550 m，开切眼长度为 200 m，模型南北走向共 850 m，东西倾向共 400 m。工作面平面布置图如图 7 所示。

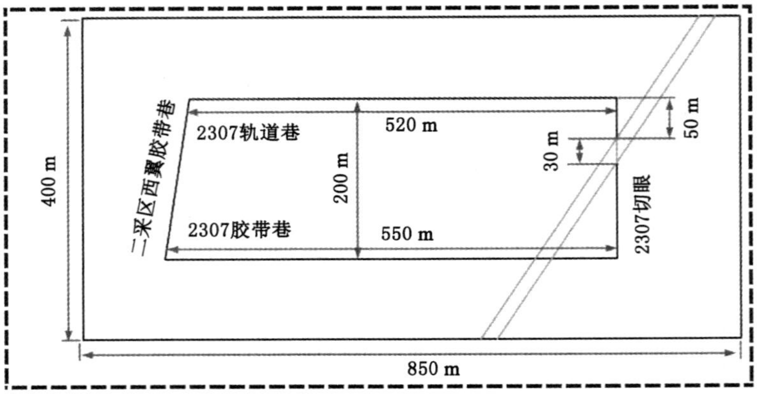

图 7　2307 工作面数值模拟平面图

其中，XF_{83}断层简化为贯穿 2307 切眼与胶带巷，断层倾角为 70°，落差 h 分别为 8 m、6 m 和 4 m，如图 8 所示。

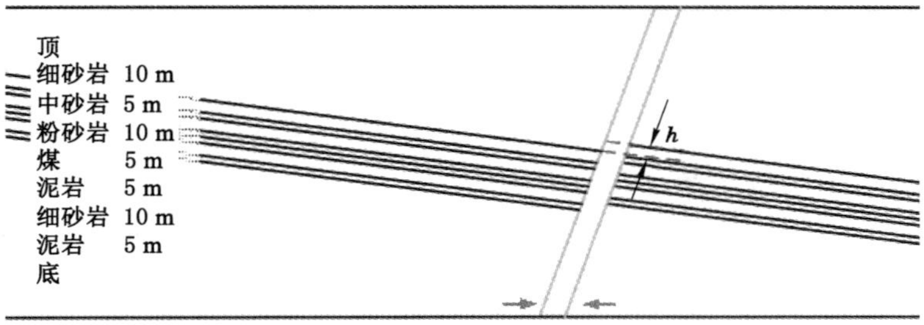

图 8　数值模型简化剖面图

3.2　模型初始平衡

3.2.1　初始平衡位移对比

对模型进行初始平衡，其最大位移如图 9 所示。由图 9 可知，模型整体位移随深度增加而增大，其顶部最大位移为 38.7 cm，同一深度断层两侧下盘受上盘挤压位移较大，而且当断层落差为8 m 时，顶部最大位移范围比落差为 6 m 和 4 m 时的都大，可见断层落差大对位移影响较大。

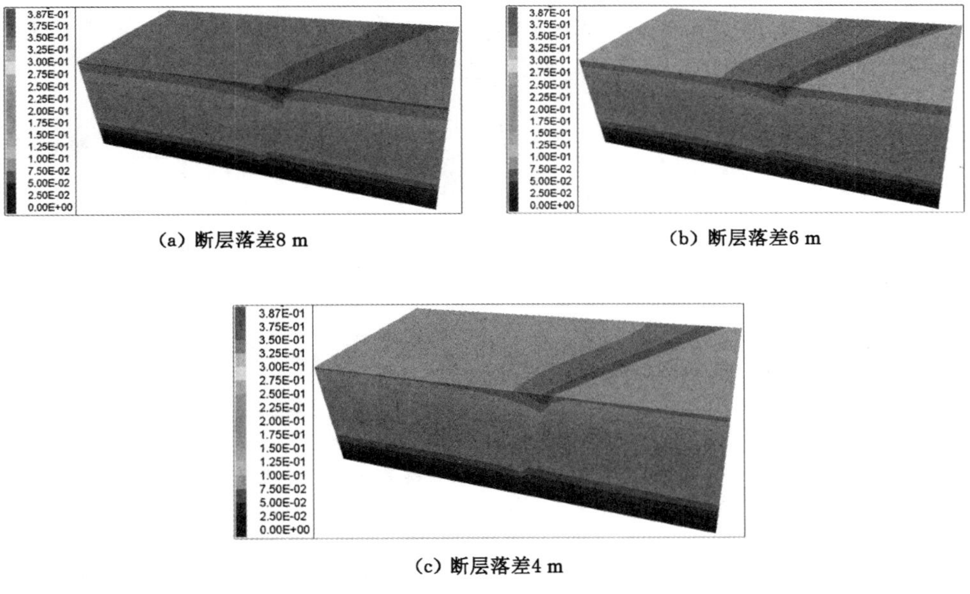

(a) 断层落差8 m　　(b) 断层落差6 m

(c) 断层落差4 m

图 9　初始平衡位移分布

3.2.2　初始平衡最小主应力对比

模型初始平衡后，其最小主应力如图 10 所示。由图 10 可知，模型整体压缩应力随深度增加而增大，其底部最大压应力为 26 MPa，高应力集中区主要分布在断层上盘，而且落差为 8 m 的模型应力集中范围明显大于另外两个模型。断层位置属于低应力区。

(a) 断层落差8 m

(b) 断层落差6 m

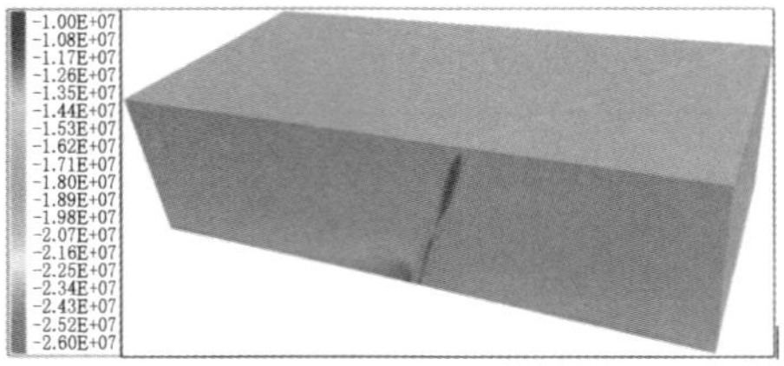

(c) 断层落差4 m

图 10　初始平衡最小主应力分布云图

4　不同断层落差矿压显现特征分析

4.1　开采不同距离围岩应力场分析

对建立好的模型进行开挖处理，分别模拟工作面回采 50 m、100 m 和 150 m 时采场围岩的应力场分布规律，工作面开采不同距离时应力场分布如图 11 所示。

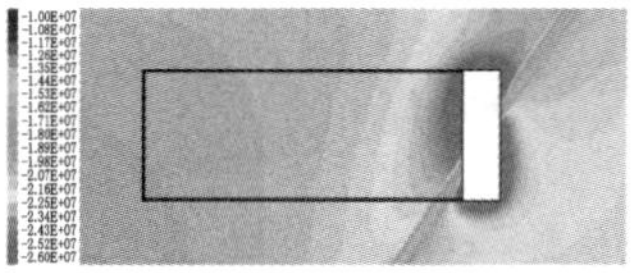

(a) 工作面回采50 m (断层落差8 m)

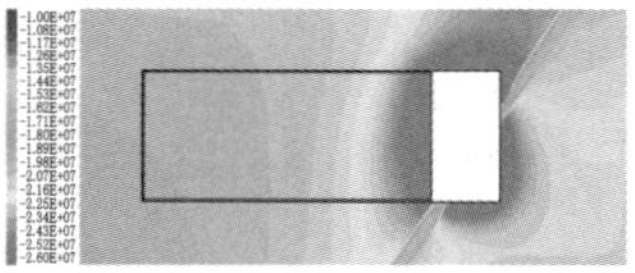

(b) 工作面回采100 m (断层落差8 m)

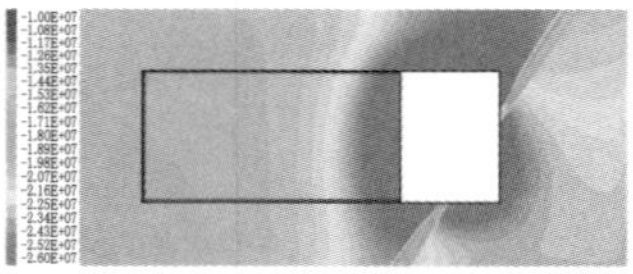

(c) 工作面回采150 m (断层落差8 m)

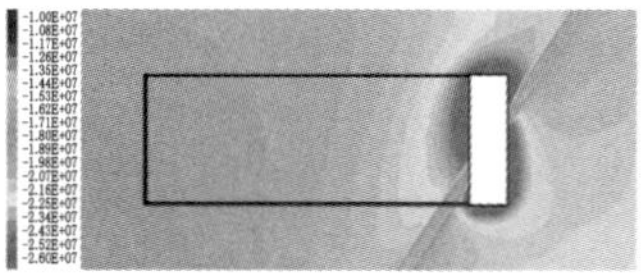

(d) 工作面回采50 m (断层落差6 m)

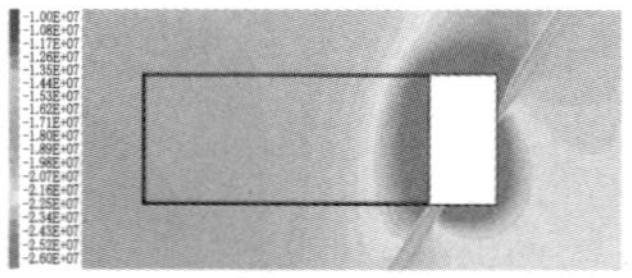

(e) 工作面回采100 m (断层落差6 m)

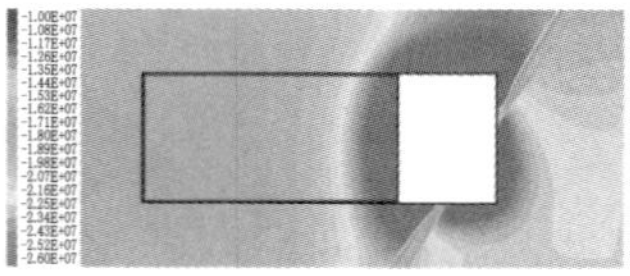

(f) 工作面回采150 m (断层落差6 m)

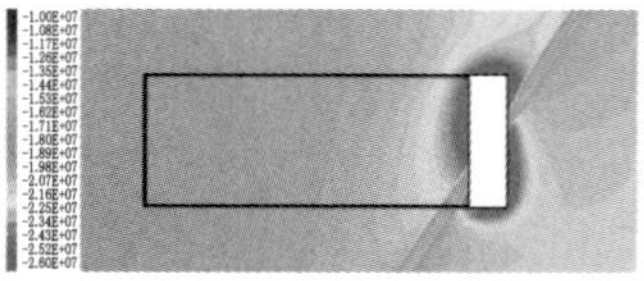

(g) 工作面回采50 m (断层落差4 m)

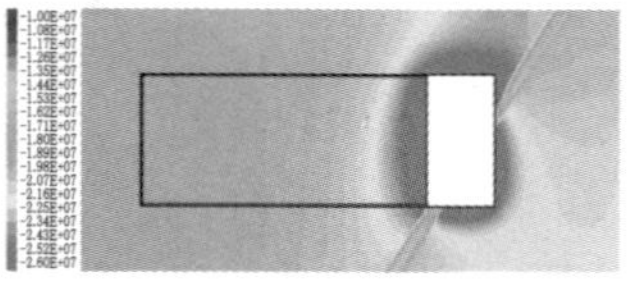

(h) 工作面回采100 m (断层落差4 m)

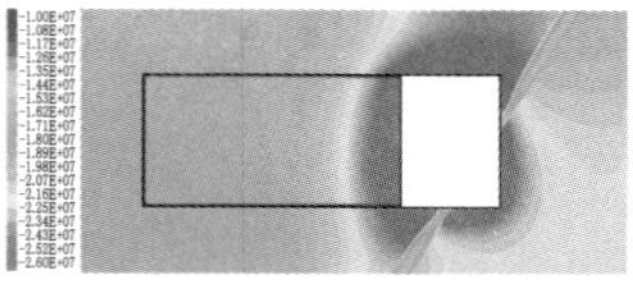

(i) 工作面回采150 m (断层落差4 m)

图 11　工作面不同回采距离时的围岩应力场分布

由图 11 可知，当断层落差为 8 m 时，上下平巷巷道围岩应力均受采动影响较大，出现了明显的应力集中。由于断层的存在，在断层附近出现了小范围的应力降低区，轨道巷未穿过断层，采动影响范围较大，应力影响范围从 100 m 增加到 130 m 左右，同时由于运输巷穿过断层，受断层阻隔的影响运输巷位置超前影响范围较小。当断层落差为 6 m 时，采场围岩最小主应力影响范围从 80 m 增加到 120 m 左右。当断层落差为 4 m 时，应力影响范围从 50 m 增加到 110 m 左右。可见，随着断层落差的减小，断层对围岩的影响范围逐渐减小。

4.2 开采不同距离围岩位移场分析

模型建好之后对模型进行开挖模拟，分别模拟工作面回采 50 m、100 m 和 150 m 时采场围岩的位移场分布规律，工作面开采不同距离时围岩位移场分布如图 12 所示。

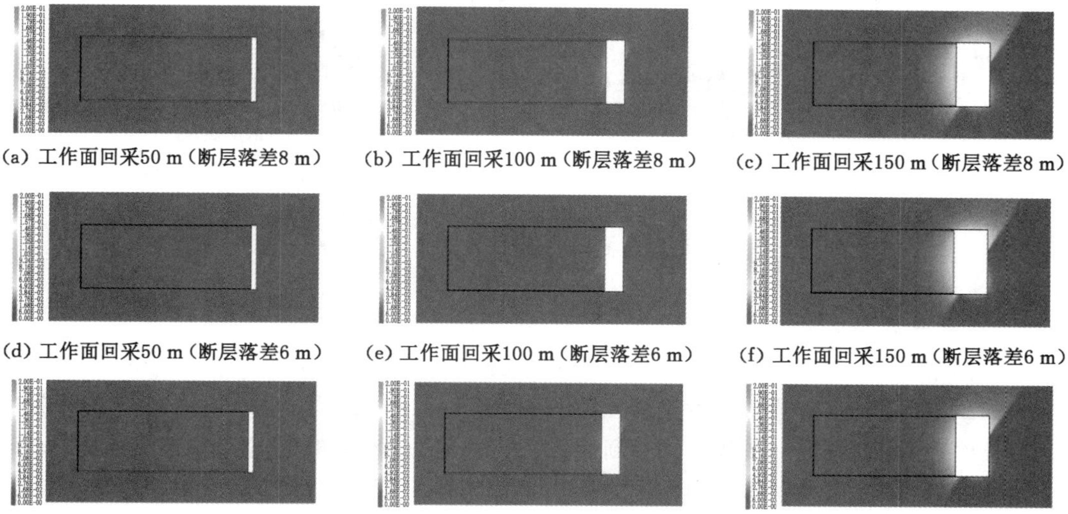

(a) 工作面回采50 m（断层落差8 m）　(b) 工作面回采100 m（断层落差8 m）　(c) 工作面回采150 m（断层落差8 m）

(d) 工作面回采50 m（断层落差6 m）　(e) 工作面回采100 m（断层落差6 m）　(f) 工作面回采150 m（断层落差6 m）

(g) 工作面回采50 m（断层落差4 m）　(h) 工作面回采100 m（断层落差4 m）　(i) 工作面回采150 m（断层落差4 m）

图 12　工作面不同回采距离时的围岩位移场分布

由图 12 可知，受断层影响，在断层的上盘出现了一定的变形位移，随工作面的推进，断层上盘的轨道巷变形位移较为明显。

在回采初期运输巷受断层影响较小，轨道巷的变形影响范围大于运输巷的变形影响范围，直至工作面推进至 150 m，工作面开采已经完全穿过了断层，上下平巷巷道围岩位移均受采动影响较大，在工作面前方均出现了明显的变形位移，轨道巷前方的变形影响范围与运输巷前方的影响范围接近。当断层落差为 8 m 时，变形影响范围为 80 m 左右；当断层落差为 6 m 时，变形影响范围为 70 m 左右；当断层落差为 4 m 时，变形影响范围为 60 m 左右。可见，随着断层落差的减小，断层对围岩的影响范围逐渐减小，但是差距并不大，围岩变形位移位置基本一致。

4.3 开采不同距离时回采巷道超前支承压力分析

模型建好之后对模型进行开挖模拟，分别模拟工作面回采 50 m、100 m 和 150 m 时回采巷道超前支承压力分布规律。

4.3.1 工作面回采 50 m

工作面回采 50 m 时，上下平巷距切眼不同距离时支承压力分布如图 13 所示。由图 13 可知，当断层落差分别为 8 m、6 m 和 4 m 时：轨道巷支承压力分别为 30.8 MPa、29.1 MPa 和27.7 MPa，出现了明显的应力集中现象，应力集中系数分别为 1.51、1.42 和 1.35，随着落差的减小，应力集中程度逐渐减小，同时随着离切眼距离的增大，支承压力逐渐减小；胶带巷最大支承压力分别为 58.1 MPa、53.2 MPa 和 48.2 MPa，应力集中系数分别为 2.86、2.59 和 2.37。胶带巷应力集中系数明显高于轨道巷应力集中系数，由于受断层影响，胶带巷支承压力呈“V”字形分布，在断层位置出现了明显的应力降低区，最低应力为 12 MPa 左右。可见，回采距离增大时，断层对上下平巷的支承压力影响很大，尤其是胶带巷靠近断层位置时受到的影响更大。因此，当胶带巷接近断层位置时，要加强围岩变形位移监测，及时加强支护。

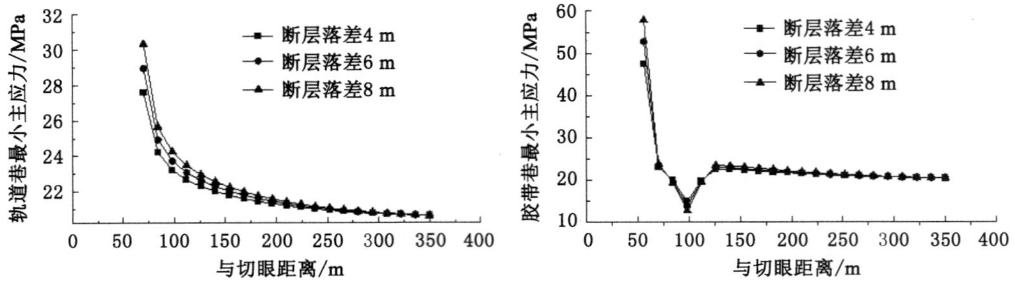

(a) 轨道巷巷帮应力分布　　(b) 胶带巷巷帮应力分布

图 13　回采 50 m 时工作面巷道围岩应力分布

4.3.2　工作面回采 100 m

工作面回采 100 m 时，上下平巷支承压力分布如图 14 所示。由图 14 可知，当断层落差分别为 8 m、6 m 和 4 m 时，轨道巷巷帮最大支承压力分别为 58.8 MPa、53.7 MPa 和 47.7 MPa，出现了明显的应力集中现象，应力集中系数分别达到 2.87、2.61 和 2.32，同时随着离切眼距离的增大，支承压力逐渐减小；胶带巷最大支承压力分别为 32.2 MPa、30.2 MPa 和 29.1 MPa，应力集中系数分别为 1.57、1.47 和 1.42。轨道巷应力集中系数明显高于胶带巷应力集中系数，主要是由于胶带巷已经穿过了断层。可见，断层对上下平巷，尤其是轨道巷的支承压力影响很大。因此，要加强轨道巷围岩变形位移监测，及时加强支护。

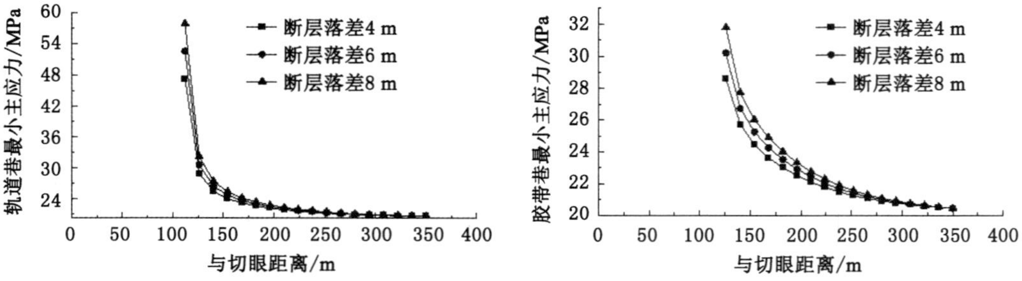

(a) 轨道巷巷帮应力分布　　(b) 胶带巷巷帮应力分布

图 14　回采 100 m 时工作面巷道围岩应力分布

4.3.3　工作面回采 150 m

工作面回采 150 m 时，上下平巷支承压力分布如图 15 所示。由图 15 可知，当断层落差分别为 8 m、6 m 和 4 m 时，轨道巷巷帮最大支承压力分别为 53.3 MPa、46.7 MPa 和 44.1 MPa，出现了明显的应力集中现象，应力集中系数分别为 2.62、2.33 和 2.15，同时随着离切眼距离的增大，支承压力逐渐减小；胶带巷最大支承压力分别为 38.1 MPa、35.7 MPa 和 33.1 MPa，应力集中系数分别为 1.85、1.74 和 1.61。轨道巷应力集中系数明显高于胶带巷应力集中系数，且断层落差越大，支承压力越大。可见，由于工作面开采已经完全穿过了断层，断层对巷道围岩应力分布基本无影响。

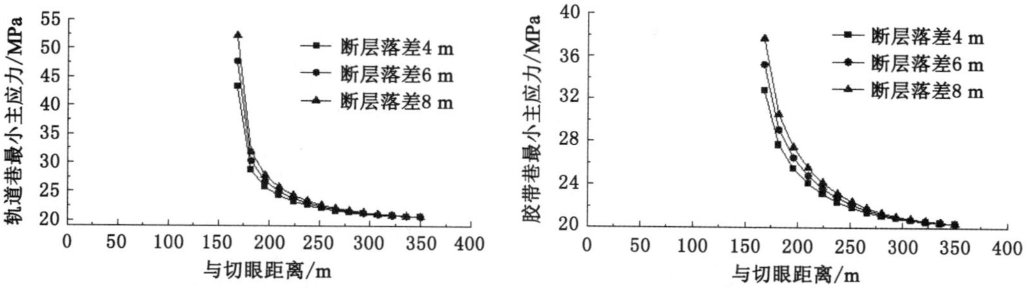

(a) 轨道巷巷帮应力分布　　(b) 胶带巷巷帮应力分布

图 15　回采 150 m 时工作面巷道围岩应力分布

5　现场监测

由于巷道围岩结构破坏特征及受力状态直接影响到支护效果，故采用钻孔窥视仪对巷道围岩（顶板、两帮）裂隙发育情况进行窥探，以对支护方案设计和安全评价进行指导。

考虑到现场环境的复杂性，为简化声波波速的采集过程，现场通常使用的松动圈测试仪为单孔一发双收探头。

5.1　帮部窥视结果分析

在工作面胶带巷共选取 4 个测点进行钻孔窥视，其帮部窥视结果如图 16 所示。由图 16 可见，孔内岩体在 0.5～1.5 m 范围内较为破碎，随着孔深继续增大至 2.0 m，该区域煤体破碎程度较为轻微，而孔深 2.0 m 以上区域的煤炭相对完整，无破碎现象，裂隙发育不明显，支护效果较为明显。

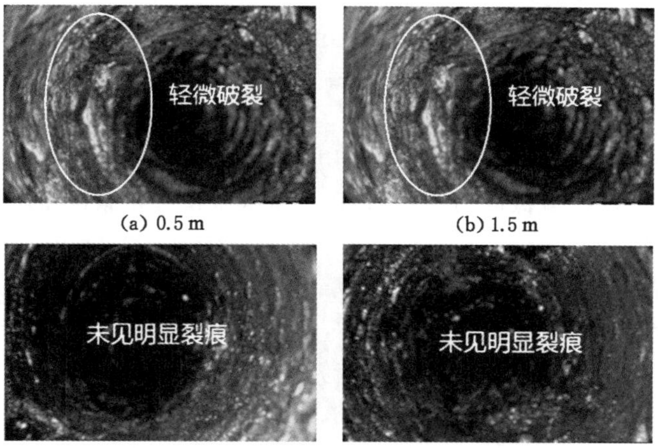

(a) 0.5 m　(b) 1.5 m　(c) 2.0 m　(d) 2.5 m

图 16　胶带巷帮部钻孔窥视图

5.2　顶板窥视结果分析

在工作面轨道巷共选取 4 个测点进行钻孔窥视，其顶板窥视结果如图 17 所示。由图 17 可见，顶板岩体中孔内岩体在 0.4～1.6 m 范围内裂隙较多，且随着深度增加，裂痕破裂程度递减；在 1.6～2.0 m 范围内，有环向裂隙及微小纵向裂隙，发育程度较低，表明随着钻孔深度的增加，裂隙的发育程度明显降低，由塑性区逐渐向弹性区发展；孔深 2.0 m 以上区域的煤炭相对完整，无破碎现象，裂隙发育不明显，支护效果较为明显。

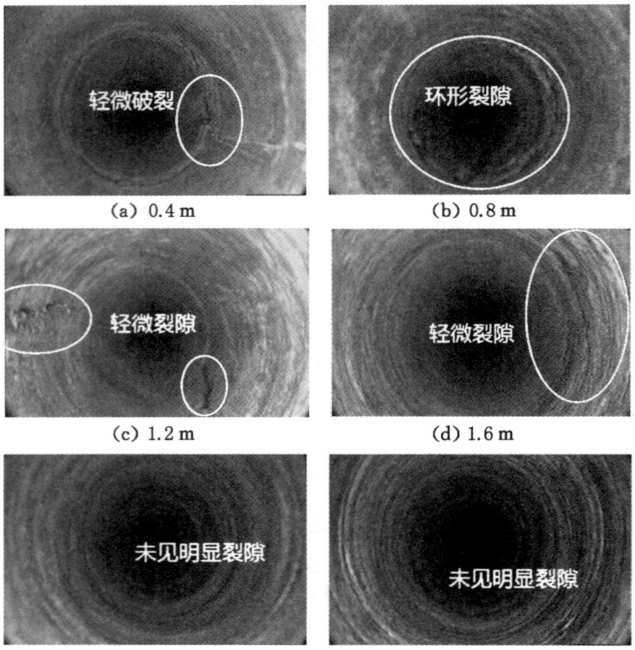

(a) 0.4 m　(b) 0.8 m　(c) 1.2 m　(d) 1.6 m　(e) 2.0 m　(f) 3.0 m

图 17　轨道巷顶板钻孔窥视图

6 结论

(1) 通过模拟结果可得，随着断层落差的减小，断层对围岩应力分布及变形的影响范围逐渐减小，未过断层前超前影响范围差距较小，过断层后工作面回采至 150 m 处时，随断层落差的减小，超前影响范围由 80 m 减小到 60 m。

(2) 由于受断层影响，当回采巷道未穿过断层时，胶带巷支承压力呈“V”字形分布，在断层位置出现了明显的应力降低区，最低应力为 12 MPa 左右，在胶带巷靠近断层位置时，巷帮应力集中系数达到 2.86。

(3) 采煤工作面穿过断层以后，上下平巷支承压力随着切眼距离的增大逐渐减小，应力集中系数明显降低，上下平巷应力集中系数均小于 2.62，上下平巷的应力主要受采动压力的影响。

参考文献

[1] 李美燕，朱飞龙. 不同断层落差采动应力及活化规律优化研究[J]. 煤矿安全，2019，50(4)：218-222.

[2] 江灿，邵明明，王宏伟. 不同落差下断层活化规律的数值分析[C]//北京力学会第二十四届学术年会会议论文集. [出版地不详：出版者不详]，2018.

[3] 李志华，窦林名，陆振裕，等. 采动诱发断层滑移失稳的研究[J]. 采矿与安全工程学报，2010，27(4)：499-504.

[4] 李志华，窦林名，曹安业，等. 采动影响下断层滑移诱发煤岩冲击机理[J]. 煤炭学报，2011，36(增刊 1)：68-73.

[5] 李志华，杨科，华心祝. 采动影响下断层滑移失稳的 3DEC 数值模拟研究[C]//煤矿冲击地压防治的创新与实践——全国防治煤矿冲击地压高端论坛论文汇编. [出版地不详：出版者不详]，

2013:111-115.
[6] 郭玲莉.断层失稳滑动瞬态过程的实验观测与分析[D].北京:中国地震局地质研究所,2013.
[7] 朱广安,窦林名,刘阳,等.采动影响下断层滑移失稳的动力学分析及数值模拟[J].中国矿业大学学报,2016,45(1):27-33.
[8] 王宏伟,邵明明,王刚,等.开采扰动下逆冲断层滑动面应力场演化特征[J].煤炭学报,2019,44(8):2318-2327.
[9] 王刚,张越,王宏伟.断层属性影响断层滑移失稳的数值分析研究[C]//北京力学会第二十五届学术年会会议论文集.[出版地不详:出版者不详],2019:791-793.
[10] 孔朋.采动影响下断层滑移动力响应及诱冲机制研究[D].青岛:山东科技大学,2020.
[11] 于秋鸽.上下盘开采断层滑移失稳诱发地表异常沉陷机理研究[J].采矿与安全工程学报,2021,38(1):41-50.
[12] 刘啸,华心祝,黄志国,等.应力波作用下含大型结构面岩体垮塌动力失稳机制[J].岩石力学与工程学报,2021,40(10):2003-2014.
[13] 罗锦,郭庆彪,陈红凯,等.逆断层下盘开采地表沉陷异常响应实验模拟研究[J].地球物理学进展,2022,37(3):1280-1291.

厚硬顶板工作面切顶卸压研究与应用

许来峥

（河南能源集团有限公司焦煤公司科学技术研究所，河南 焦作 454000）

摘　要　为了解决九里山煤矿14141工作面基本顶来压强度大的难题，综合考虑工作面顶板岩层赋存情况、顶板岩石物理特性，决定对其顶板进行深孔爆破切顶卸压工作。根据地质情况，通过理论分析计算，得出了钻孔布置、钻孔间距、钻孔深度、装药量、封孔长度等参数，并结合现场实际对多个参数进行了修正。应用实践表明：方案实施后采场矿压显现不明显，基本顶初次来压步距较小，来压强度低，没有出现大面积的冒顶、片帮，保证了工作面的安全生产。

关键词　切顶卸压；基本顶；深孔爆破；矿压；钻孔；工作面

0　引言

矿山压力显现规律及其控制方法的研究，是正确进行采矿设计、合理选择支护形式及支架类型，加强顶板管理，保证安全生产的重要一环[1]。采煤工作面煤壁上所承受的支承压力将随着基本顶跨度的加大而增加[2]。特别是遇到厚度大、整体性好、强度高、自承能力强的厚硬顶板时，顶板不能随采随冒，容易造成采面垮冒事故，还可能引起冲击地压。冲击地压是煤矿严重的灾害之一[3]，可能引发其他矿井灾害，尤其是瓦斯、煤尘爆炸，火灾以及水灾，干扰通风系统[2]。目前国内外主要有以下几种坚硬顶板弱化技术：① 注水弱化坚硬顶板[4-7]；② 注入静态破碎剂弱化坚硬顶板[8-9]；③ 爆破弱化坚硬顶板[10-11]。焦煤公司九里山矿14141工作面上部基本顶密度为2 400 kg/m^3，抗压强度大于50 MPa，致密坚硬。因此，在该工作面实施顶板弱化强制放顶卸压工程，以减弱顶板初次来压步距和初次来压强度，从而保证工作面安全顺利开采。

1　工作面概况

14141工作面所采二$_1$煤层多以粒状煤及块状煤为主，倾角为6°～12°，平均为9.5°。其上部0.7 m为粉粒煤，呈末状，光泽暗淡；下部为半亮型中硬煤，呈片状、块状，有金属光泽。煤层结构简单：基本顶主要是砂岩，厚度为9.9 m，深灰色，细至中粒，富含云母层面，含碳质硅质胶结；直接顶为粉砂岩，厚度为2.9 m，灰黑色，含砂量低，有植物化石；伪顶为碳质泥岩，厚度为0.2 m，黑色，有光泽，具滑感，易碎。

2　采面切眼顶板预裂割缝爆破

2.1　爆破孔参数及布置方式

工作面上安全口沿倾向向下开始布置爆破孔，共布置2列，分别布置在14141工作面切眼顶板位置，距两帮均 1 m（可根据现场支护情况微调）。

2.1.1 钻孔长度

爆破孔的孔深主要受以下因素影响：① 切眼煤层顶板中坚硬岩层的厚度；② 切顶钻机驱动马达的旋转扭矩力；③ 矿用炸药的装填方式和承载结构。以上 3 个因素中，顶板坚硬岩层的厚度应作为主要影响因素进行考虑，使坚硬岩层的岩体都在深孔爆破作用范围内。按以往的经验公式推定，有效切顶深度 H 应该为：

$$H=M/(K_p-1)$$

式中 M——工作面割煤高度，此处取 3.5 m；

K_p——岩石破碎后的体积膨胀系数，此处取 1.4。

$$H=3.5/(1.4-1)=8.75\ (\text{m})$$

考虑到切眼顶板直接顶到基本顶厚度为 9 m，为了达到切断基本顶的目的和考虑钻机钻进效率和能力与工作面回采进度的匹配，最终确定炮孔深度为 10 m。

2.1.2 钻孔直径

首先，钻机的能力同样会影响到钻孔直径的大小，只有钻机动力头的扭矩大了，才能搭配较大的钻头，并且产生较高的钻速。其次，巷道顶板岩体条件不同也限制了钻孔的大小。如果顶板岩性较差，岩石比较破碎，则在钻进过程中容易出现变形和塌孔的孔内事故，虽然对钻机钻头的危害较小，但增加了后期下管装药的难度，容易形成废孔或者危孔。最后，封孔工艺的可靠度和成熟度也直接影响了钻孔直径的可扩展范围。随着孔径的增大，封孔料的横截面也增大，这时封孔料的密度、强度就会相对降低，与之产生对比的是爆炸产生的气体作用在封孔料上的总压力相应增大，因此很容易造成窜炮现象的发生。根据以往工程经验，不耦合系数 K 的合理范围为 $1.30<K<1.80$。14141 工作面爆破预裂钻孔直径 $d=50$ mm，矿用三级乳化炸药直径 $\phi=32$ mm，因此不耦合系数 $K=d/\phi=50/32=1.6$，在合理范围以内，符合要求。

2.1.3 孔间距

在进行顶板岩性及裂隙发育情况调研的基础上，结合之前确定的孔径的大小，就可以基本确定孔间距的大小了。但孔间距并不是随着孔径的增大而线性增加的，孔间距应该与孔径在一个合理的范围内，这样才能在尽量减少施工工程量的前提下取得良好的爆破效果。过小的孔间距会使钻孔工程量增大，钻爆成本增加，所以，在保证良好的爆破效果的前提下，应尽量增大孔间距。

理论上，爆破孔的孔间距采取 2 倍裂隙区半径的范围，能够达到较好的爆破效果。

2.1.4 封孔长度

封孔段长度 $L_{封}=H-L_{装}$。封孔段共分为 3 个部分，分别为水炮泥段、空气柱段和炮泥段。炮泥段长度为封孔段长度的 50%，余下部分为空气柱段长度。

根据以上理论及实际验证效果，最终参数为，爆破孔直径为 50 mm，孔间距为 1.6 m；根据 14141 工作面切眼煤层顶板岩性情况，直接顶至基本顶顶板总厚为 11.38 m，爆破孔深度确定为 10 m，每列爆破孔中 7 个孔为 1 组，组间距为 5 m，爆破孔倾角为 +90°。

2.2 装药方式

14141 工作面切眼基本顶厚度为 7.48 m，依据封孔长度约为孔深的 1/3 的原则，将装药总长度暂定为 4.6 m，封孔长度为 3 m。为便于装药，利用 ϕ40 mm 抽放管做药卷载体将炸药送入炮眼。装药结构如图 1 所示。

2.3 深孔爆破效果探测

为了验证爆破后炮孔附近岩体中裂隙发育程度和爆破效果，爆破前在距爆破孔 0.8 m 处施工

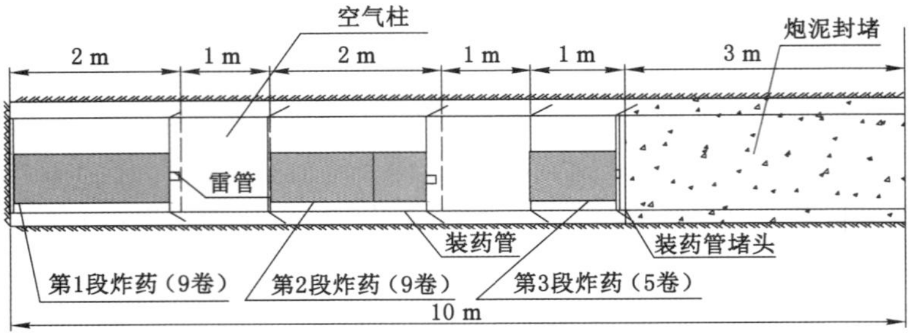

图 1　深孔预裂爆破孔装药结构示意图

一个平行钻孔，利用 YTJ20 型岩层探测记录仪对爆破前后钻孔进行拍照对比。

爆破前后钻孔孔壁不同位置处的裂纹发育程度如图 2 所示。

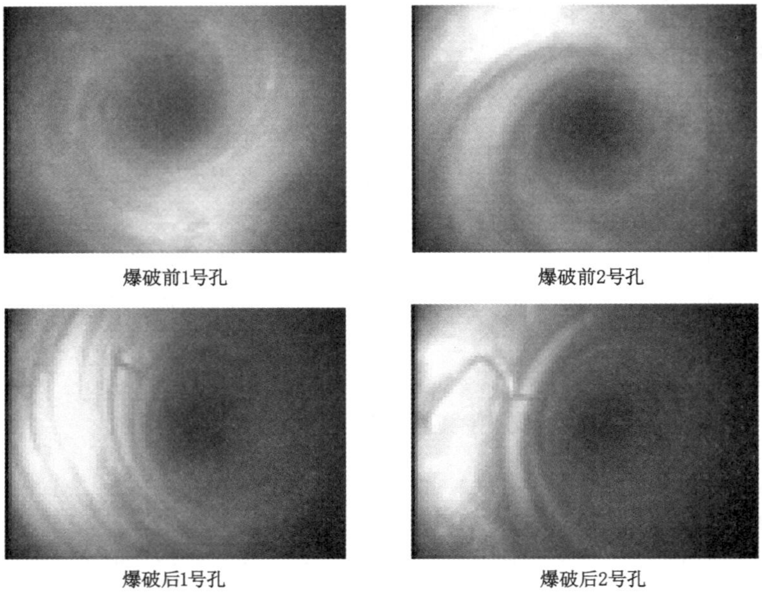

图 2　爆破前后钻孔孔壁裂纹发育程度对比图

由图 2 可见，爆破后孔壁上的裂纹显著增多，出现了明显的纵向裂纹，说明爆破管起到了定向作用，部分区段观测到纵向和环向裂纹交织，部分位置出现塌孔现象，岩石松动破碎，整体性大大降低。

3　工作面切眼矿压规律

3.1　直接顶初次垮落

经过近 50 d 的工作面观测，14141 工作面一共推进了 110 m。由于在开采之前，切眼内进行了顶板预裂爆破，因此在推进过程中，工作面采空区内直接顶随着推进逐渐垮落，垮落岩层基本充满采空区冒落空间，工作面压力较小，煤壁片帮现象不明显，直接顶垮落期间工作面矿压显现比较缓和。

3.2　基本顶初次来压

以实测阻力平均值($\overline{p}$)加其一至二倍均方差(σ_p)作为顶板来压的判据(p')，并以实测曲线中支架阻力是否大于 p'，确定顶板的来压性质、位置和顺序。

当工作面推进到 19～27 m 时，工作面支架阻力开始增加，并在不同区段产生了不同的增加幅度。此时顶底板移近速度出现峰值，活柱下缩量也达到最大，主要是由基本顶断裂下沉所造成。巷道监测表明超前支护压力和巷道变形在此时也有变化，这是工作面来压前的预兆。在进一步分析支架阻力及巷道移近变形的基础上，得出基本顶初次来压步距为 22.2 m 左右。

基本顶初次来压的判别准则：

$$p' = \overline{p} + (1 \sim 2)\sigma_p$$

式中 p'——判定顶板来压的工作阻力；

$\overline{p}$——观测期间全部支架支护阻力时间加权平均值；

σ_p——支护阻力均方差。

14141 工作面实测各支架初次来压期间工作阻力随工作面推进距离变化如图 3～图 5 所示，以 40#、41#、60# 支架工作阻力进行说明。

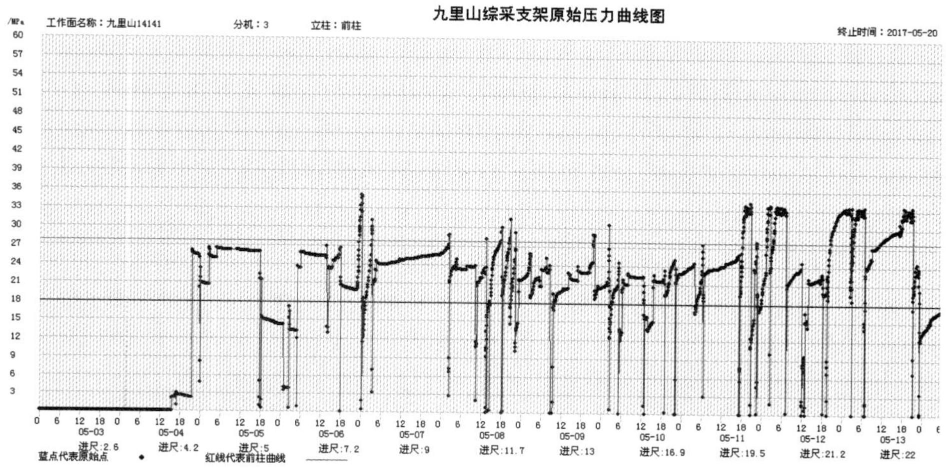

图 3　工作面 40# 支架工作阻力分布曲线图

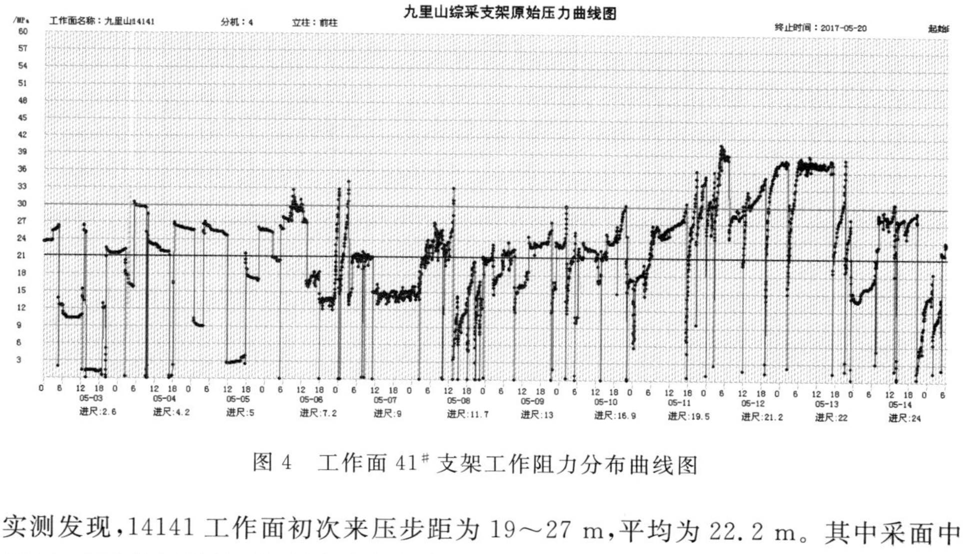

图 4　工作面 41# 支架工作阻力分布曲线图

通过实测发现，14141 工作面初次来压步距为 19～27 m，平均为 22.2 m。其中采面中、上部分来压步距较短，经过分析比较，发现该地段存在一个小断层，使顶板岩层较为破碎。工作面平均工作阻力在来压期间为 3 718 kN，为支架额定工作阻力(6 800 kN)的 54.7%。来压期间最大工作阻力为 7 987.4 kN，为额定工作阻力的 117.5%。来压期间平均循环末阻力为 4 525.1 kN，为额定工作阻力的 66.5%。通过更详细的分析，该工作面支架的整体初撑力偏低，应适当调整液压泵站压

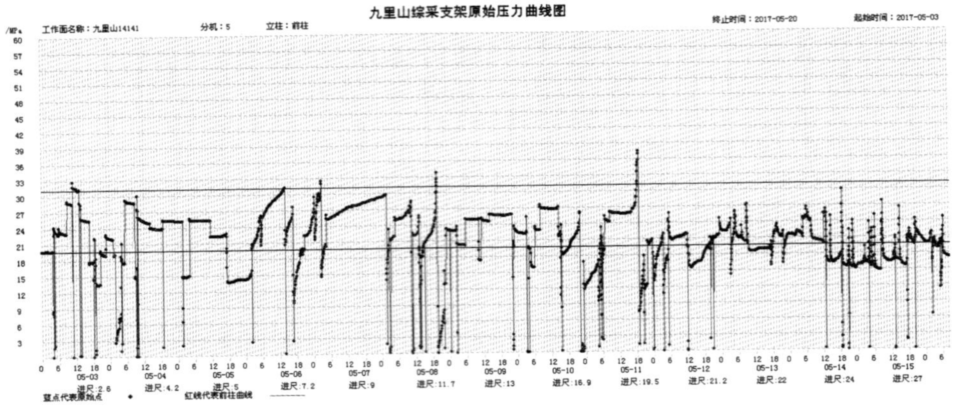

图 5　工作面 $60^{\#}$ 支架工作阻力分布曲线图

力，增加初撑力水平。在现场情况方面，基本顶初次来压期间，顶板岩层发生冒落，工作面煤壁片帮较为明显，特别是工作面中间段，片帮长度总和约为 30 m，一般深度在 0.5～1.0 m，并且基本都在煤壁上半部分。采空区顶板冒落机头和机尾呈现明显的区别，机尾基本垮落，机头出现 2～5 m 左右的悬顶。

3.3　基本顶周期来压

14141 工作面正常回采期间，采面不同位置的支架荷载曲线与工作面推进距离之间关系如图 6～图 8 所示。

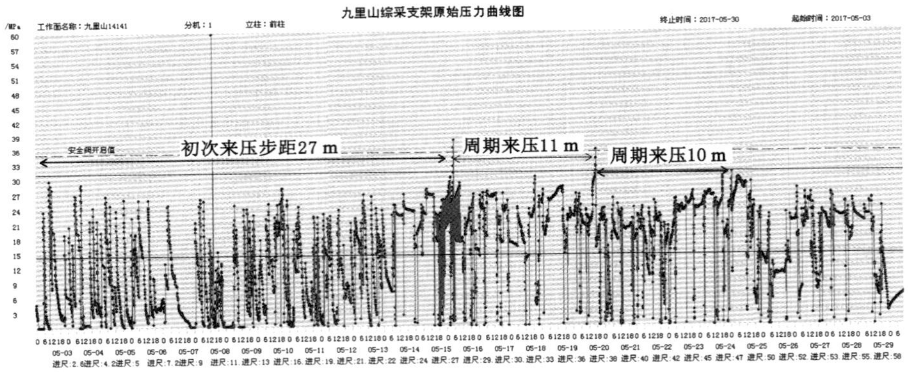

图 6　运输巷切顶侧 $16^{\#}$ 支架支柱荷载曲线图

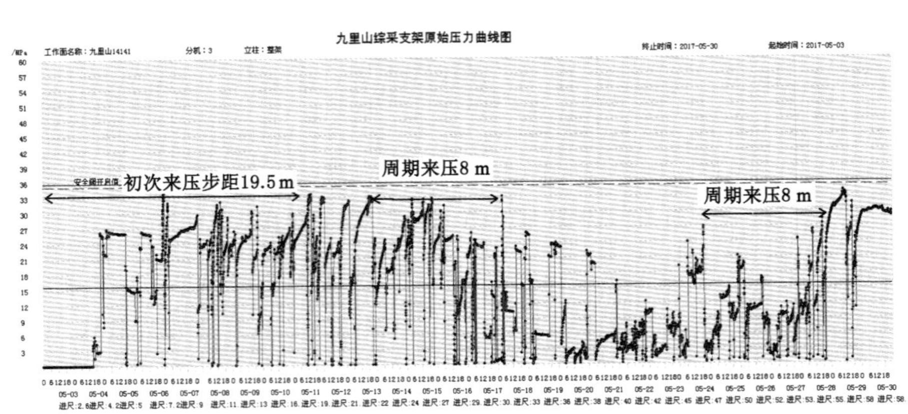

图 7　采面中部 $40^{\#}$ 支架支柱荷载曲线图

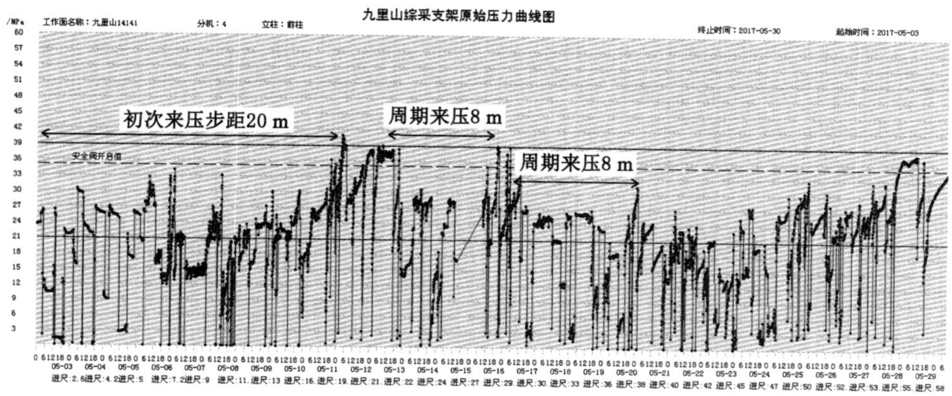

图 8　采面中部 41# 支架支柱荷载曲线图

由上述支架压力变化曲线分析得到工作面支架压力情况，见表 1。

表 1　顶板周期来压支架工作阻力统计表

分机编号	支架编号	安装位置	工作阻力/kN		平均值/kN	
			最大	平均	最大	平均
1	16#	工作面下部	6 280	3 066	6 280	3 066
3	40#	工作面中部	6 809	3 318	6 937	3 332
4	41#	工作面中部	7 065	3 346		
平均			6 724	3 429		

由图表可知：工作面下部轨道巷留巷侧支架较工作面中部支架，最大压力减小 657.0 kN，降低了 9.47%，平均压力减小 266.7 kN，降低了 8.0%；较工作面上部平巷侧支架最大压力减小 467.2 kN，降低了 7.4%，平均压力减小 919.0 kN，降低了 30.0%。根据最大工作阻力数据，工作面中部支架阻力较大，上部次之，下部最小，出现这种情况与工作面中部顶板存在小的断层构造有关，而支架平均工作阻力则是同理论预测的下部最小、中部次之、上部最大相同。

由上述支架压力变化曲线分析得到工作面支架来压步距，见表 2。

表 2　工作面支架来压步距统计表

分机编号	支架编号	安装位置	周期来压步距/m		平均/m
1	16#	工作面下部	11	10	10.5
3	40#	工作面中部	8	8	8
4	41#	工作面中部	8	8	8
6	61#	工作面上部	9	10	9.5
平均					9

综上分析，工作面基本顶周期来压步距约为 8～11 m，平均为 9 m。由图表可知，整体周期来压步距较小，且来压持续时间短，来压强度低，甚至某些地段周期来压不明显，说明切顶卸压对强硬顶板的改造较为成功，起到了弱化顶板的作用。

4　结论

(1) 实施切顶卸压放顶技术，有效减小了采面初次来压步距，减弱了初次来压强度，效果显著。

14141 工作面开切眼实施深孔预裂爆破后，开切眼顶板产生大量裂隙，实现了顶板预裂的目的，有效地降低了工作面基本顶初次来压和周期来压的强度，降低了工作面人员的危险系数，避免了设备、设施的破坏。基本顶在初次来压期间，来压强度小，持续时间短，没有发生采空区瓦斯集中涌出和瓦斯超限现象。周期来压步距只有 10 m 左右，来压强度不明显，甚至有些区段监测不到来压。

(2) 通过分析厚硬顶板条件下综采工作面切顶卸压采面覆岩运动规律，分析了覆岩分层垮落、采面动压和巷道变形之间的关系，得出了切顶卸压后工作面来压规律和巷道围岩长期变形机理。

(3) 形成了一套完整的坚硬顶板下切顶卸压技术体系，为焦作矿区同类条件下该类工程的施工提供了可靠的参考。

参考文献

[1] 耿献文. 矿山压力测控技术[M]. 徐州：中国矿业大学出版社，2002：前言.

[2] 钱鸣高，石平五. 矿山压力与岩层控制[M]. 徐州：中国矿业大学出版社，2003：100.

[3] 袁河津，常荣俊，姚绍强.《煤矿安全规程》专家解读[M]. 徐州：中国矿业大学出版社，2011：85.

[4] 高木福. 坚硬顶板处理步距的数值模拟[J]. 辽宁工程技术大学学报，2006，25(5)：649-651.

[5] 陈荣华，钱鸣高，缪协兴. 注水软化法控制厚硬关键层采场来压数值模拟[J]. 岩石力学与工程学报，2005，24(13)：2266-2271.

[6] 梁大海. 坚硬顶板注水软化机理研究[D]. 太原：太原理工大学，2006.

[7] 关瑞斌. 坚硬顶板水压力作用机理研究[D]. 西安：西安科技大学，2008.

[8] 谭毅. 静态破碎剂在回采工作面端头悬顶处理中的应用与研究[D]. 太原：太原理工大学，2012.

[9] 冯彧雷. 静态破碎剂的膨胀压力测试试验与应用[D]. 淮南：安徽理工大学，2010.

[10] 刘洪伟，李君利. 坚硬顶板弱化技术综述[J]. 煤炭技术，2009，28(2)：50-51.

[11] 郜富平. 坚硬难垮落顶板处理方式浅析[J]. 煤炭技术，2012，21(9)：62-63.

永夏矿区沿空留巷“切顶卸压+补强支护”围岩控制技术应用实践

李秋礼，周琼阳

（河南能源集团有限公司永煤公司顺和煤矿，河南 永城 476600）

摘 要 永夏矿区矿井推广实施沿空留巷技术，促进了矿井安全高效回采。本文结合深井厚泥岩顶板软岩巷道特征，通过调查分析，对沿空留巷不同段分区划定，提出科学的围岩控制对策并进行工业性试验。沿空留巷划分为超前支护、架后支护、成巷稳定3区，采用“切顶卸压+恒阻大变形锚索及普通锚索+36U型钢棚”支护方案，实施分区差异化围岩支护控制、动态巡巷维护，能够有效控制巷道围岩变形，实现巷道支护安全可靠、科学合理的目标，同时为永夏矿区类似条件下工程施工提供了经验借鉴。

关键词 沿空留巷；软岩巷道；切顶卸压；恒阻锚索；36U型钢棚；围岩支护控制

0 引言

无煤柱开采技术主要包括沿空掘巷、沿空留巷、跨巷回采和在采空区形成巷道等技术。无煤柱开采是合理开发煤炭资源，改善巷道维护，减少巷道掘进量，有利于矿井安全生产和改善矿井技术经济效果的一项先进地下开采工艺。推进无煤柱开采，不仅对生产矿井进行技术改造、缓和采掘关系和延长矿井寿命具有现实意义，而且也是使煤炭企业改善安全条件和技术经济指标，增产、增益、减亏的重要途径之一。

在永夏矿区，主要推广应用沿空留巷技术，但在该技术推广期间，受所开采二$_2$煤层顶板存在的深井厚泥岩顶板软岩特征为主的覆岩结构影响，沿空留巷巷道的矿压显现强烈，支护体变形破坏严重，侧压凸出变形、顶板非对称变形等难题日益显现。特别是经历二次采掘影响的沿空留巷围岩，其顶板结构与围岩状态更为复杂，加剧了巷道支护难度与维护成本，严重影响了矿井的安全、高效生产。为科学合理地控制巷道围岩变形，实现巷道留得住、少维护工作目标，以永夏矿区某煤矿沿空留巷为例，探究分析了厚泥岩顶板软岩巷道变形情况，确定了沿空留巷“切顶卸压+恒阻大变形锚索及普通锚索+36U型钢棚”支护方案，通过现场工业试验，为永夏矿区深部软岩条件下沿空留巷围岩稳定性控制提供了参考[1]。

1 工程概况

永夏矿区某煤矿2401综采工作面沿煤层走向布置，运输巷长873 m，回风巷长1 003 m，工作面长176 m，回采面积为99 426 m^2，可采储量为71万t，服务年限为15.1个月，采用全部垮落法处理采空区顶板。可采二$_2$煤层平均厚度为2.3 m，平均倾角为8°，煤层赋存稳定。2401工作面地层综合柱状图如图 1 所示。

岩性名称	柱状	厚度 $\left(\frac{最小\sim最大}{平均}\right)$/m	岩性描述
中砂岩		$\frac{1.39\sim1.74}{1.57}$	浅灰～灰白色，成分为石英、长石等，裂隙发育，层面具钙质，裂隙倾角50°
铝质泥岩		$\frac{0\sim8.91}{4.46}$	浅灰～灰白色，局部含菱铁质鲕粒及黑色斑点，从642.84～647.18 m渐变为灰～浅灰色
粉砂岩		$\frac{1.07\sim12.71}{6.89}$	灰色，夹有泥岩，含植物化石碎片，止深648.00 m，有0.2 m的菱铁矿
中砂岩		$\frac{2.07\sim16.14}{9.11}$	浅灰～灰白色，硅质胶结，局部含泥质团块
粉砂岩		$\frac{4.78\sim5.28}{5.03}$	灰～深灰色，顶部为0.3 m泥岩，局部含砂少，底部为0.81 m细砂岩
泥岩		$\frac{2.39\sim2.59}{2.49}$	深灰～黑色，上部含砂质，下部含植物化石碎片及煤屑
煤		$\frac{2.46\sim2.97}{2.60}$	煤(二$_2$)：黑色～钢灰色，玻璃光泽，块状，以亮煤为主，为半暗煤
泥岩		$\frac{1.70\sim2.27}{1.99}$	黑色，上部含煤屑，含大量炭化植物化石碎片
粉砂岩		$\frac{0\sim1.96}{0.98}$	深灰色，局部含砂质较高，具斜层理，层面含碳质及植物化石碎片
细砂岩		$\frac{4.34\sim9.60}{6.97}$	浅灰色，以石英为主，具明显层理及碳质条带，层面具碳质

图 1　2401 工作面地层综合柱状图

2401 胶带巷(拟实施沿空留巷巷道，下同)全长 892.9 m，主体巷道断面设计为矩形。巷道毛宽 4 800 mm，净宽 4 600 mm，中心净高不低于 2 800 mm。巷道初始设计支护方案如图 2 所示。

2　深井厚泥岩围岩沿空留巷变形分析

结合永夏矿区实际回采留巷情况，对巷道进行情况调研与总结，在原设计支护条件下巷道围岩变形破坏特征主要表现为：

(1) 顶板斜切大面积下沉。厚砂质泥岩顶板在高应力作用下呈整体破碎性下沉，松动圈范围较大。根据矿井顶板钻孔松动圈测定，顶板裂隙深度为 3.2～8.3 m，巷道表面“网兜”较多，顶板最大下沉量达到 900 mm 以上，局部漏矸严重，影响巷道的正常使用。

(2) 两帮非均匀巷内挤出。低帮煤体坚固性系数较低，低帮实体煤帮在垂向应力作用下向巷道内挤出，而沿空留巷段采空区侧巷帮则在采空区破碎矸石侧向力(或称水平应力)作用下向巷道内挤进，造成巷道两帮非均匀挤出，最大收敛量达 900 mm 以上。

(3) 底鼓剪切性错动凸出。底板受到两帮支护体作用呈剪切错动性破坏，经历多次巷道起底，底鼓量严重，最大底鼓量达 900 mm 以上，严重影响巷道的正常使用。

3　深井厚泥岩围岩沿空留巷分区支护控制技术

3.1　沿空留巷切顶爆破高度确定

在沿空留巷回采期间，随着回采推进，由于围岩压力动态变化较大，不同位置巷道围岩松动圈范围并不一致，巷道顶板最大有超过 8 m 的大松动圈围岩，围岩塑性深度较大，在进行巷道围岩控

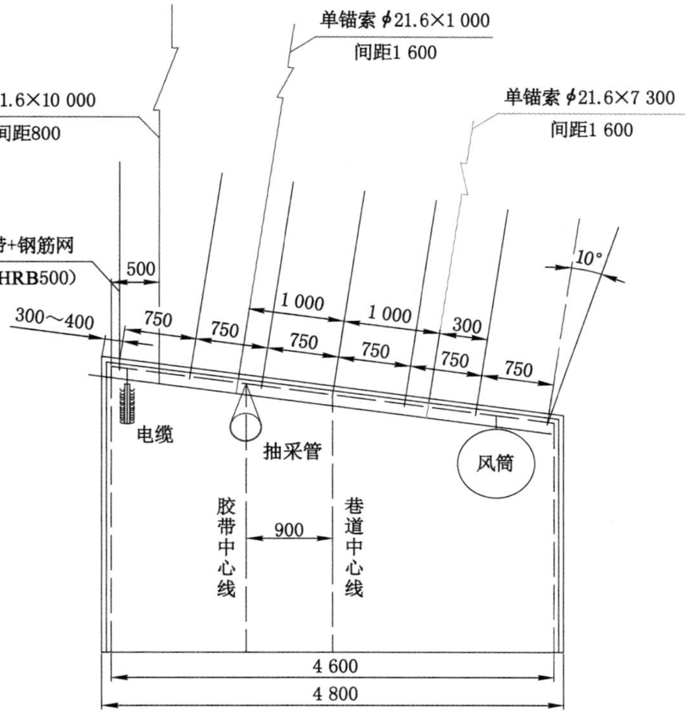

(a) 巷道顶板支护示意图

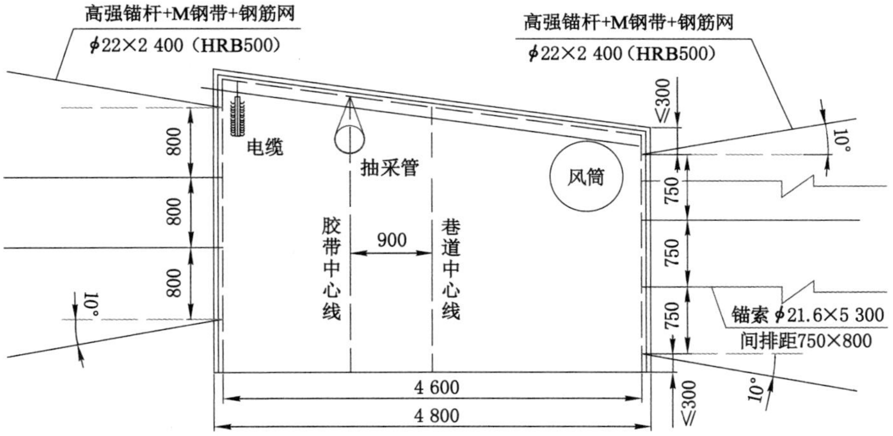

(b) 巷道帮部支护示意图

图 2　2401 胶带巷原设计支护方案

制时，提出分区支护控制技术[2-4]。

2401 胶带巷采用切顶留巷方式，直接顶破碎冒落充填采空区高度计算方法为：

$$H_c = \lambda \cdot h$$

式中　H_c——碎胀高度，m；

h——直接顶高度，m；

λ——碎胀系数，1.3～1.5。

由该式得到充填高度为 9.75～11.25 m。同时，利用切顶冒落矸石作为承载体，可以较好地支撑基本顶岩梁，促进巷道围岩稳定。沿空留巷切顶高度示意图如图 3 所示。

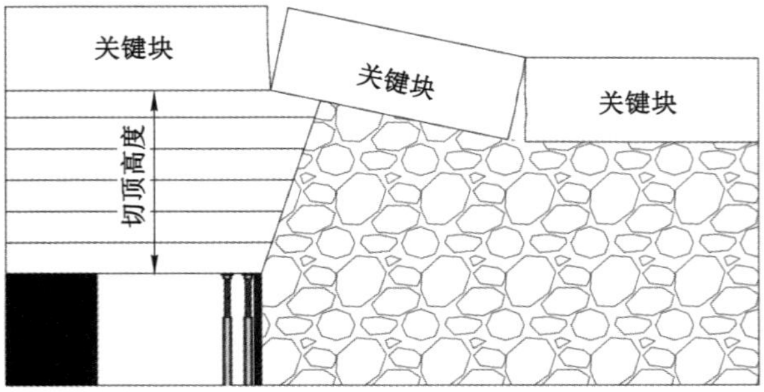

图3 沿空留巷切顶高度示意图

3.2 厚泥岩围岩留巷顶板动压分区分析

根据永夏矿区矿井二$_2$煤层回采期间巷道深部厚泥岩直接顶巷道切顶留巷特性，将2401胶带巷沿空留巷分为超前支护区（工作面前方25 m）、架后临时支护区（架后0～300 m）与成巷稳定区（架后300 m之外）3个不同应力分布区，如图4所示[5-8]。

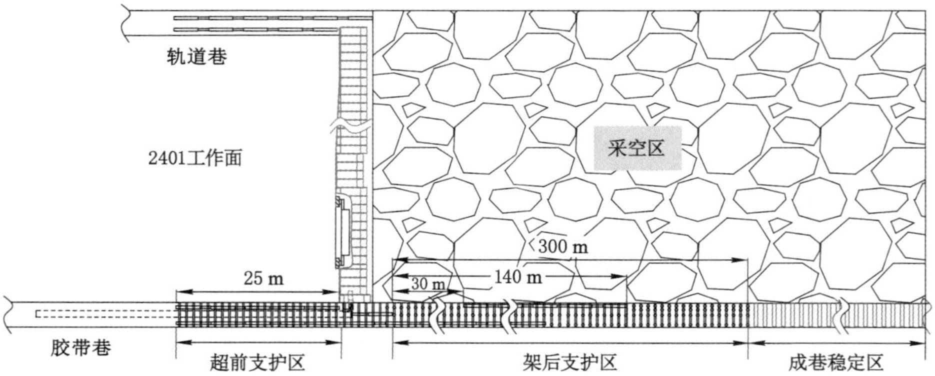

图4 沿空留巷巷道分区支护示意图

（1）超前支护区。此段巷道位于工作面超前采动影响区，巷道顶板压力较大，因此主要进行切顶和恒阻锚索补强支护，并采用超前支架进行控顶。

（2）架后支护区。此段巷道位于工作面滞后影响区，受采空区垮落动压影响明显，巷道顶板压力较大，因此，此段主要采用U型棚柱腿控制采空区侧巷帮，采用单体支柱配合铰接顶梁护顶。

（3）成巷稳定区。此段巷道已避开采动影响，且处于围岩应力相对较低的环境，加强巡巷维护，可回收过多的支护用单体柱。

3.3 切顶卸压＋恒阻补强＋分区围岩支护控制

为满足该矿井沿空留巷支护强度要求，在2401胶带巷试验采用“切顶卸压＋恒阻大变形锚索及普通锚索＋36U型钢棚”支护方案。利用恒阻大变形锚索及普通锚索补强加固顶板，控制顶板下沉，使沿空留巷围岩能够最大限度地发挥自身的承载作用，降低支护体承受的载荷，采空区侧配合使用36U型钢棚＋金属网支护顶板、挡矸[9]。对回采期间巷道顶板动压影响，采用分区支护策略。

（1）超前支护区：补强。超前段回采侧巷帮及煤柱侧巷帮各布置一排液压支架（ZQL2×3200/16/32）进行支护，回采侧巷帮处超前液压支架中心线距离回采侧巷帮850 mm，距离转载机中心线

1 100 mm,煤柱侧巷帮处超前液压支架距离煤柱侧巷帮 650 mm,超前支护范围不少于 20 m。

(2) 架后支护区:控制。为防止直接顶垮落岩石冲入巷道、抑制留巷初期顶板的下沉,架后临时支护采用 36U 型钢配合使用金属网、菱形网挡矸,"单体柱＋π型梁＋超前液压支架"支护(图 5)。36U 型钢位于切缝位置,排距 600 mm。沿空侧超前液压支架,待工作面每回采 30 m 集中挪移一次,减少液压支架反复支撑顶板造成的围岩动载承压变形破坏。

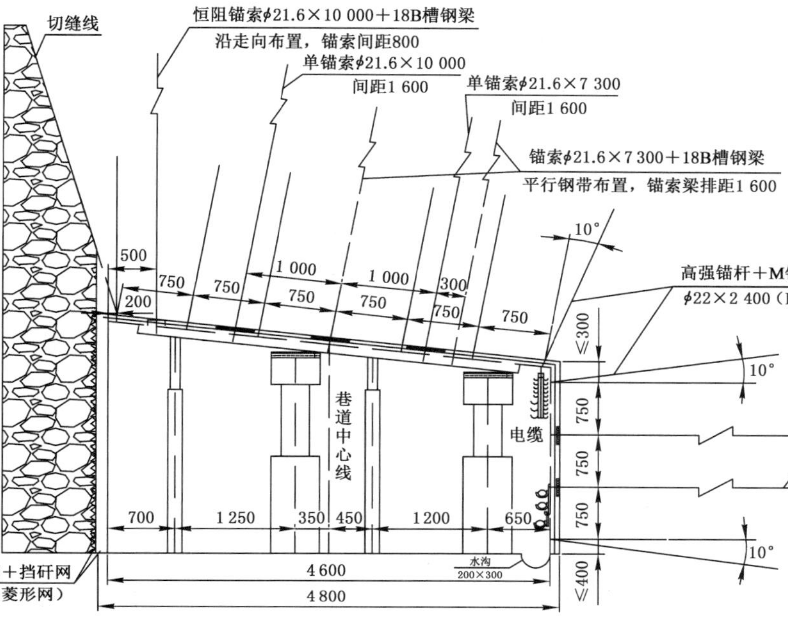

图 5　沿空留巷架后支护区支护示意图

(3) 成巷稳定区:维护。随着工作面推采,在架后 300 m 之后采空区垮落动压影响趋于稳定,可根据顶底板及两帮收敛、巷道压力显现情况,改用单体液压支柱、适当增大单体柱排距或对"单体柱＋π型梁支护"进行回撤等支护形式,保留 36U 型钢对巷道顶板、挡矸支护(图 6),加强成巷稳定区巡查,对围岩变形破坏明显区域及时采取补强支护措施。

3.4　沿空留巷围岩变形监测

采用"十字布点法"表面位移观测、顶板离层仪离层监测、钻孔窥视仪器观测、锚杆锚索载荷分析等方法,对 2401 胶带巷留巷进行巷道围岩监测,主要监测分析巷道围岩收敛、顶板离层及锚杆受力等情况[10]。

经现场观测分析,2401 胶带巷采用支护方案沿空留巷后,距顶板 0.9 m 以下围岩完整性较差;3～4.1 m 段巷道顶板围岩分区呈现裂隙破坏,部分岩层完整性好;5.5 m 以上顶板完整性趋好,锚索＋恒阻锚索补强支护协调作用显著。可见,采用工程试验技术方案支护,实施分区协同支护措施方案后,2401 胶带巷沿空留巷段围岩应力得到释放与切断,巷道围岩收敛量与顶板离层量减小,顶板完整性向好,巷道围岩稳定。

4　实施效果

(1) 针对沿空留巷顶板实施切顶卸压和恒阻锚索支护控制,并在回采动压不同活跃区域进行围岩分区支护控制,超前支护区采用超前液压支架支护,架后支护区采用液压支架＋单体柱支护,成巷稳定区采用单体柱＋U 型钢棚支护。

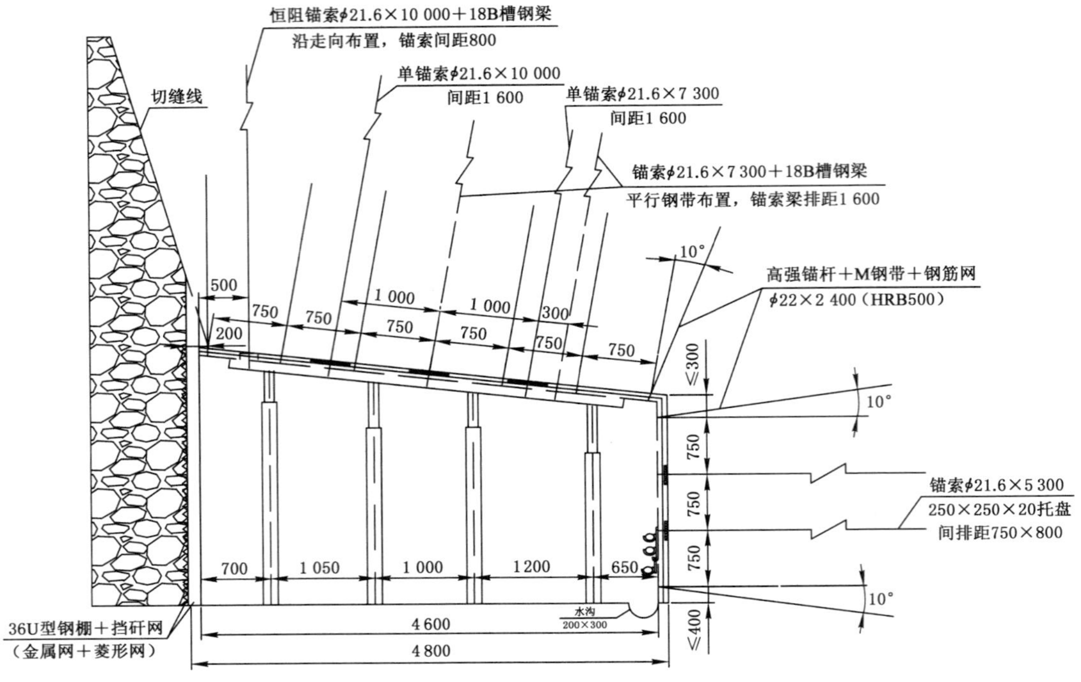

图 6　沿空留巷成巷稳定区支护示意图

（2）针对顶板围岩实施切顶卸压，围岩应力得到释放与切断，采用补强恒阻锚索与单体支柱控制巷道围岩变形，U 型棚柱腿侧控明显，避免帮部碎矸积压鼓出，改善了沿空巷道的围岩应力环境，减小了巷道围岩破坏变形失稳，提高了沿空巷道的稳定性、可靠性。

（3）通过“十字布点法”表面位移观测、顶板离层仪离层监测、钻孔窥视仪器观测等方法，对 2401 胶带巷留巷进行巷道围岩监测，发现巷道变形量和变形速度明显减小，超前巷道围岩及滞后巷道围岩控制达到较好的效果，支护效果较好。

参考文献

[1] 孙广建，张洋，常晓亮，等. 大松动圈围岩沿空留巷切顶卸压-恒阻补强分区支护技术[J]. 采矿与岩层控制工程学报，2022，4(4)：043027.

[2] 周琼阳. 岩巷综掘工艺支护优化技术研究[J]. 内蒙古煤炭经济，2020(11)：5-8.

[3] 陈上元，何满潮，王洪建，等. 深井沿空切顶巷道围岩协同控制及应力演化规律[J]. 采矿与安全工程学报，2019，36(4)：660-669.

[4] 王志强，王鹏，吕文玉，等. 沿空巷道非对称底鼓机理及防控研究[J]. 采矿与安全工程学报，2021，38(2)：215-226.

[5] 孙志勇，张镇，王子越，等. 水力压裂切顶卸压技术在大采高留巷中的应用研究[J]. 煤炭科学技术，2019，47(10)：190-197.

[6] 王方田，尚俊剑，赵宾，等. 切顶卸压沿空留巷围岩结构特征及锚索强化支护技术[J]. 岩石力学与工程学报，2021，40(11)：2296-2305.

[7] 何满潮，陈上元，郭志飚，等. 切顶卸压沿空留巷围岩结构控制及其工程应用[J]. 中国矿业大学学报，2017，46(5)：959-969.

[8] 苏超，弓培林，康红普，等. 深井临空高应力巷道切顶卸压机理研究[J]. 采矿与安全工程学报，

2020,37(6):1104-1113.
[9] 唐芙蓉,马占国,杨党委,等.厚层软岩断顶充填沿空留巷关键参数研究[J].采矿与安全工程学报,2019,36(6):1128-1136.
[10] 高明仕,郭春生,李江锋,等.厚层松软复合顶板煤巷梯次支护力学原理及应用[J].中国矿业大学学报,2011,40(3):333-338.

"三软"煤层高应力大采长工作面优化设计

孟现锋[1],辛亚军[2],任金武[1],张盼[1]

(1. 河南永华能源有限公司嵩山煤矿,河南 洛阳 471000;
2. 河南理工大学能源科学与工程学院,河南 焦作 454000)

摘 要 嵩山煤矿受滑动构造影响下"三软"煤层受高应力影响,巷道变形速度快,采煤工作面采用分段式布置,回采巷道掘进工程量大,变形快,巷道维修工程量大,采掘接替失调,严重制约了矿井的可持续发展。矿井通过开展支护项目攻关,解决了"三软"煤层煤巷支护难题,进行了大采长工作面的优化设计与实践,实现了一井一面集约高效生产,缓解了接替紧张局面。

关键词 "三软"煤层;优化设计;设备选型;巷道布置;锚索支护;安全高效

0 引言

嵩山煤矿位于偃龙煤田嵩山井田中东部,嵩山背斜北翼,矿区主要构造形迹为断裂和嵩山滑动构造,滑体的形成时期为燕山期,在喜山期又再次复活而成为现在的滑体形态,对开采的二$_1$煤层影响较大,在生产过程中直接体现为矿井原岩应力高;同时受滑动构造影响,二$_1$煤层顶板以岩性破碎不完整的泥岩及砂质泥岩为主,二$_1$煤层直接底板岩性以泥岩为主,顶底板强度低,顶底板岩体均属中等完整(Ⅲ级)质量差(Ⅳ级)的不稳定岩层,煤层普氏系数小于0.3,强度极低,手捏即碎。矿井为低瓦斯矿井,水文地质类型为中等。核定生产能力为120万t/a。嵩山煤矿受区域滑动构造影响下"三软"煤层受典型高应力影响,煤巷在掘出时无支护时间顶就垮落,成巷后巷道变形快,需频繁组织返修,采煤工作面两巷不得不采用先掘进岩中巷,分段掘进石门、平巷的方式以降低巷道维护成本,巷道单段长度在140~200 m,加之受综采设备能力不足影响,以往采煤工作面倾斜长度在140~198 m,矿井生产及接替受到严重制约,难以实现高产高效。

1 原综采工作面回采工艺及布置方式分析

1.1 工作面回采工艺

以矿井已回采的2108综采工作面为例,该工作面倾斜长度为198 m,走向长度为939.8 m,综采支架型号为ZF3200/16/24,采煤机型号为MG132/320-WD,前后刮板输送机型号为SGZ630/2×160,采用走向长壁采煤法,综采低位放顶煤采煤工艺,后退式回采,全部垮落法管理顶板。工作面采煤机单向割煤,即采煤机下行割煤,采煤机上行清理浮煤,采煤机滚筒运行将割掉和清理的煤装到前部输送机上运出工作面,下平巷通过SGZ-620/75型刮板输送机和DSJ-800带式输送机运煤。在工作面上端头留三角煤斜切进刀,往返一次进一刀。

1.2 工作面布置方式

2108 综采工作面开采通过采区上下山布置车场，由车场连接岩石集中巷，岩石集中巷布置至工作面回采边界。工作面回采时通过石门连接平巷和岩石集中巷，根据工作面的整体布置和支护情况，平巷采用分段布置，工作面回采时平巷分段掘进，平巷长度一般为 140～200 m。2108 轨道岩石集中巷利用原相邻 2106 工作面胶带岩石集中巷；新掘 2108 胶带岩石集中巷设计全长 522 m。工作面共布置 5 个运料石门和 3 个运煤石门，平均长度约为 80 m，原 2106 工作面胶带岩石集中巷 1# ～2# 运煤石门维修后作为运料石门使用，后期因工作面延长，工作面东段上巷又布置 3 个运料石门，下巷布置 1 个运煤石门、1 个联络巷、1 个胶带改造巷，布置方式较为复杂。具体布置方式见图 1。

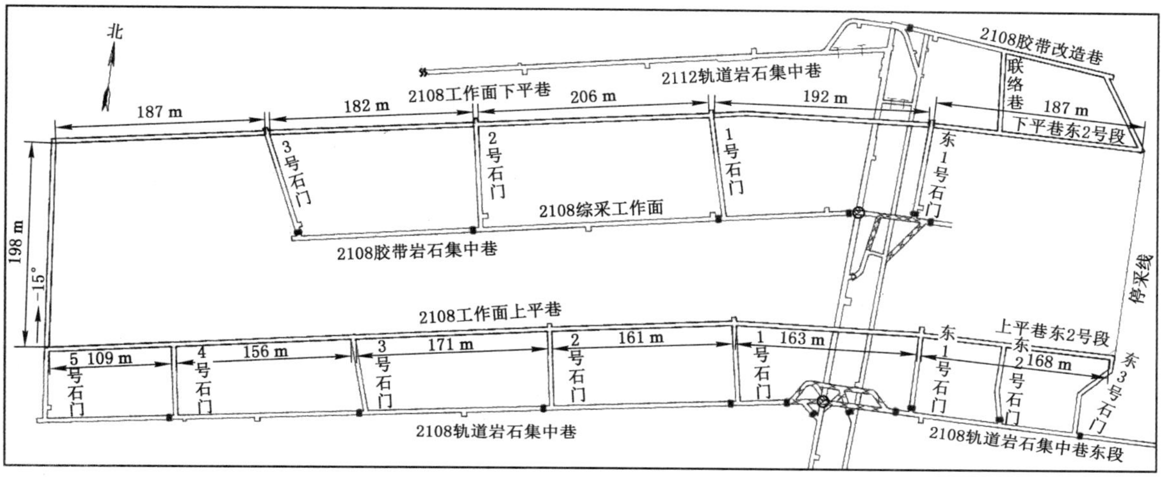

图 1 2108 综采工作面布置方式平面示意图

1.3 原综采工作面巷道布置分析

传统工作面布置及生产方式存在以下缺点：

(1) 巷道掘进工程量大，接替紧张。2108 综采工作面的布置受到地质条件的影响，相比地质条件较好的矿井，要多掘进大量巷道，工作面形成慢，抽不出人员进行新区域开拓，影响长远接替，导致矿井采掘接替紧张。

(2) 巷道变形速度快，维修成本高。受"三软"煤层高地应力及采动应力双重影响，工作面上下巷变形速度快，平均每段平巷需维修 3 遍，巷道失修直接威胁安全生产，且维修工程占用人力多，成本高，生产成本居高不下。

(3) 机械化程度低，施工人员劳动强度大。巷道失修导致适应性机械化程度低，物料运输全靠人力，巷道内风速高、煤尘大，施工人员劳动强度大，工效低，招工难，人员持续流失。

(4) 综采设备老旧，工作面安装的支架、采煤机、刮板输送机等设备能力差，效率低，故障率高，频频因设备故障影响生产。

(5) 循环产量低，矿井需两面同时生产。综采工作面设备落后及较小的倾向长度使得工作面循环产量低，无法实现高产高效，需两区两面同时生产才能达到每年 120 万 t 的产量。

2 "三软"煤层煤巷支护难题的攻克

2.1 煤巷支护理念及支护效果

2019 年以来，矿井不断探索适宜"三软"煤层的支护方式，经过长时间的摸索和创新，打破"三软”煤层不可锚的顽固印象，从断面形状及参数选择、掘进层位、支护材料及配套工机具、锚固力提升、降尘技术上不断探索，最终淘汰原“U36 钢棚＋钢点柱”的完全被动支护形式，通过采用钢棚支护解决糜粉煤层临时控顶难题，以紧跟密集锚索主动支护为主，最终确定采用“钢棚＋锚索”的主被动联合支护，总结出“钢棚控顶、密集锚索、增大断面、强强支护”的支护思路，采用“U36 钢棚＋双向拉伸护帮网、菱形网＋铁背板＋锚杆＋锚索”的主被动结合支护技术。根据矿压观测数据分析，巷道掘进两个月后顶帮位移趋于稳定，保证了煤巷基本断面，基本消除了煤巷维修，支护效果大大提高。2020 年矿井累计维修煤巷 215 m，同比 2019 年减少维修 2 335 m，直接节约生产成本约 1 635 万元。同时，平巷长度由原来的 180 m，增长至 2200 工作面下平巷 460 m，再增长至 2112 工作面上平巷 840 m。仅 2200、2112 工作面，减少岩中巷及石门掘进工程量 1 640 m，直接节约生产成本约 2 460 万元，累计增效 4 095 万元，缓解了矿井接替紧张局面，创造了良好的经济效益。

2.2 煤巷单进水平提升

随着支护技术突破，增大了巷道有效断面，矿井机械化程度有所提高，煤巷掘进迎头使用履带式挖掘机作业，实现履带式挖掘机＋刮板输送机＋带式输送机掘进作业线。掘进头后巷以气动单轨吊辅助运输，使得施工人员劳动强度大大降低，工效得到大幅提升，2021 年以来，煤巷月单进达到了 178 m，创造了嵩山矿煤巷单进最高进尺纪录。

2.3 煤巷支护技术突破对工作面优化布置的影响

矿井以往综采工作面的布置受“三软”煤层高应力及回采动压的影响，煤巷变形速度极快，采用 U36 型钢棚（梯形半圆拱断面）＋U36 型钢点柱的支护形式无法有效控制巷道变形，需频繁进行维修，巷道掘成后需再维修 2～3 遍，为保证工作面安全回采，只能采用上下巷多段式布置，以保证变形巷道在使用期内能够及时得到维修，保障工作面安全出口断面符合要求。工作面上下平巷采用“锚网索＋U36 钢棚”主被动联合支护后，巷道变形得到有效控制，变形速率大大降低，基本杜绝了巷道返修，给长巷道的布置创造了条件，在支护问题得到基本解决的前提下，工作面上下平巷设计可不再采用多段式布置方式，石门数量大大减少，同时岩中巷长度也得以大大缩短，巷道支护效果提升，同时也保证了切眼斜巷掘进期间的巷道稳定性，切眼设计长度首次超过 200 m，达到 240 m，煤巷支护取得突破，为大采长工作面的设计奠定了基础。

3 2112 大采长综采工作面的优化布置及设备选型

3.1 工作面主要巷道布置方式

工作面开采通过采区上下山布置车场，由车场连接岩石集中巷，岩石集中巷布置至工作面回采边界。工作面回采时通过石门连接巷道和岩石集中巷，根据工作面的整体布置和支护情况，下平巷采用分段布置，工作面回采时下平巷分段掘进，上平巷长距离（840 m）掘进一次到位。在长距离煤巷掘进可保证的前提下，2112 轨道岩石集中巷设计长度缩短了 580 m，服务于 2112 工作面回采期间行人、运料、通风及回撤；2112 胶带岩石集中巷为原西翼胶带运输巷，服务于 2112 工作面回采期间行人、运煤、运料、通风。

2112 工作面共布置 1 个运料石门和 2 个运煤石门。2112 工作面切眼位于 2112 工作面运料石门以西 840 m 位置，工作面切眼与 2112 上平巷、2112 下平巷贯通，形成通风系统。

2112 综采工作面布置方式平面示意图如图 2 所示。

3.2 综采“三机”选型

“三软”煤层综放开采的主要困难是煤软、顶软、底软，同时要保证支架的稳定性，回采时易发生片帮、冒顶和支架下陷。维护端面不片帮、不冒顶，防止支架下陷以及保证支架的稳定性，是成功开

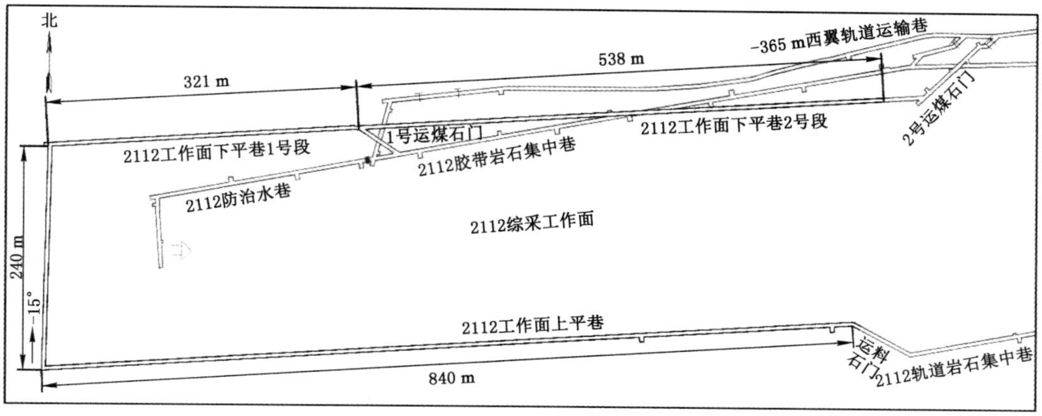

图2　2112综采工作面布置方式平面示意图

采这类煤层的关键。

工作面生产设备的选型和配套是实现达产目标的重要物质基础，直接关系到工作面达产目标能否顺利实现，关系到工作面设备的稳定性和可靠性。工作面设备“三机”选型包括液压支架、采煤机和刮板输送机的选型，液压支架的选型是核心。采煤机、前部刮板输送机、后部刮板输送机、转载机的选型是实现工作面安全、稳产的保证。

3.2.1　液压支架的选型

工作面的支护选用支撑掩护式支架，完成对工作面的支撑、护帮、支架前移，以及推移工作面刮板输送机等一套动作。支架选型应符合以下几个原则：

（1）支护强度与工作面矿压相适应。

（2）支架结构与煤层赋存条件相适应。

（3）支护断面与通风要求相适应。

（4）液压支架与采煤机、输送机等设备相匹配。

因综采工作面顶板基本顶来压周期不明显，有移位现象，具有较大的剪切阻力，压力大且顶板破碎，应选用支撑掩护式支架。

根据“三机”选型配套原则，基于高效、安全、稳产的要求，最终确定使用技术成熟且经过多年实际使用检验的ZF3800/16/24型液压支架，其技术参数如表1所示，过渡支架为ZFG3800/17/28型液压支架。

表1　液压支架(中间架)技术参数表

项目	技术特征
型号	ZF3800/16/24
伸缩行程/mm	700
额定工作阻力/kN	3 800(P=39.7 MPa)
初撑力/kN	2 532(P=31.5 MPa)
支护强度/MPa	0.59(平均)
底板比压/MPa	1.7(平均)
支架中心距/mm	1 500
高度/mm	1 600～2 400
支架宽度/mm	1 450～1 600

表 1(续)

项目	技术特征
推移行程/mm	700(移架有效步距 600)
支架质量/t	11.5(约)
泵站压力/MPa	31.5
适用倾角/(°)	≤25

3.2.2 采煤机的选型

“三软”煤层采煤机选型需符合以下原则：

(1) 要适合嵩山煤矿“三软”及“鸡窝煤”的煤层地质条件，要有一定的卧底能力。

(2) 满足嵩山煤矿 120 万 t/a 的生产能力要求，且实际生产能力要大于工作面设计生产能力；满足与刮板输送机和液压支架的匹配要求。

(3) 嵩山煤矿“三软”煤层顶板极易垮落，要求采煤机截深不能过大。

根据以上 3 个原则，选择 MG200/456-QWD 采煤机，其滚筒直径为 1 400 mm，采高范围为 1 400～2 500 mm，卧底量可达到 230 mm，截深为 630 mm，符合使用要求。

MG200/456-QWD 采煤机技术参数如表 2 所示。

表 2 MG200/456-QWD 采煤机技术参数表

项目	技术特征
型号	MG200/456-QWD
滚筒直径/mm	1 400
截深/mm	630
滚筒转速/(r/min)	42.25
采高范围/mm	1 400～2 500
工作面倾角/(°)	≤35
煤质硬度	≤3
总装机功率/kW	455.5
摇臂回转中心距/mm	5 810
过煤高度/mm	505
卧底量(中部)/mm	230
牵引形式	一拖二机载交流变频调速
牵引速度/(m/min)	0～6
额定牵引力/kN	3 698～4 120
整机质量/t	45

3.2.3 刮板输送机的选型

依据煤层等条件，按照一般的放顶煤配置经验，前部刮板输送机选型为 SGZ630/400 刮板输送机，其技术参数如表 3 所示。按照工作面长度，依据经验拟定刮板输送机的链条采用 26 mm×95 mm 圆环链，设备使用长度按照平巷布置等因素取 260 m。经过验算，该型号刮板输送机各项参数均符合要求。

表 3　SGZ630/400 刮板输送机技术参数

项目	技术特征
运输长度/m	240
输送能力/(t/h)	≥450
总装机功率/kW	2×200
电机型号	YBBP-700G
电机转速/(r/min)	1 488
刮板链速/(m/s)	1.04
刮板链条	中双链
刮板链规格	2-ϕ26×95-C;刮板间距:1 096 mm(8 环)
链条破断负荷/kN	≥850
槽节弯曲度/(°)	±1.1(水平),±2(垂直)
采煤机牵引方式	齿轮-锻造销排;销排节距为 126 mm

3.3　工作面设计生产能力

(1) 循环产量计算公式如下:

$$Q = 1.5XL(h_1C_1 + h_2C_2)\gamma \tag{1}$$

式中　Q——产量,t;

X——循环进度,m,取 0.63 m;

L——工作面长度,m,取 240 m;

h_1——采高,m,为 2.2 m;

h_2——放煤高度,m,取 1.58 m;

C_1——割煤回采率,%,取 96%;

C_2——放煤回采率,%,取 90%;

γ——煤的密度,t/m³,取 1.53 t/m³;

1.5——原煤与实体煤的折算系数。

代入数据,计算得循环产量:

$$Q=0.63\times240\times(2.2\times96\%+1.58\times90\%)\times1.53\times1.5=1\ 226\ (\text{t})$$

故工作面正规循环生产能力为 1 226 t。

(2) 按照每班割 2 刀煤,每天 2 班生产,日产量计算公式如下:

$$Q = 0.85DW \tag{2}$$

式中　Q——日产量,t;

D——日推进循环数,个;

W——正规循环生产能力,t。

代入数据,得:

$$Q=4\times1\ 226\times0.85=4\ 168\ (\text{t})$$

2112 综采工作面投产后,矿井可实现单井单面生产,日生产能力为 4 168 t。嵩山煤矿核定生产能力为 120 万 t/a,每月生产天数取 27.5 d,单面生产达产每天原煤产量需达到 3 636.4 t,故 2112 综采工作面生产能力符合要求。

4 效益分析

与以往多段式采煤工作面相比较，采用"三软"煤层煤巷先进支护工艺的大采长工作面具有回采巷道工程量小、巷道布置简单、回采安全高效、解放施工队伍、保障长远接替等优点，具体进行分析如下：

(1) 岩石集中巷及石门掘进工程量大大减少。经统计，采用煤巷锚网索+架棚复合支护工艺后，相比之前的多段式布置工作面，2112 大采长工作面减少了轨道岩石集中巷掘进工程量约 680 m，减少了 4 条运料石门、3 条运煤石门合计约 360 m 巷道掘进工程量。按照岩巷掘进成本 12 000 元/m 计算，节约费用约 1 248 万元。

(2) 缓解了矿井接替紧张局面。在"三软"煤层煤巷支护取得成功的助力下，大采长工作面的岩中巷及石门掘进工程量大大减少，工作面形成快，相对于传统多段式采煤工作面，减少等待期 5 个月，大大缓解了矿井接替紧张局面。

(3) 解放了人力，实现了集约高效生产。大采长工作面的设计及实施满足了矿井单面达产的条件，相对于一井两面生产，从巷道掘进、维修、服务采煤工作面生产、回撤等工程上节约了大量人力，可投入到新的接替工程的施工中，矿井实现良性循环。

(4) 生产系统简单，回采工效高。一个大采长工作面，相当于以往两个一般工作面，且只占用 1 套设备，循环产量大，生产系统简单，减少了部分岗位操作人员，降低了管理成本和管理难度。

(5) 复杂施工环节减少，安全管理难度降低，保障了安全生产。大采长工作面具有更加可靠的支护方式与更加简单的生产系统，与以往传统工作面布置方式相比，巷道维修、替棚、回撤、跨巷回采等工程大大减少，作业人数少，安全管理工作开展难度降低，管控效果好，保障了矿井安全生产。

5 结论

嵩山煤矿原为东西两区两面同时生产，系统复杂，人员和设备占用多，矿井人员缺口大，生产接替紧张。通过解决"三软"煤层不可锚的技术难题，煤巷锚网索+架棚复合支护取得较大成功，取消了工作面岩石集中巷，优化了工作面布局，综采工作面设计中通过采掘设备的选型升级，掘进施工及回采工效得到大幅度提升，一次性掘进上平巷长度达到 840 m，切眼长度首次达到 240 m，实现偃龙矿区滑动地质构造下"三软"煤层开采矿井的首个大采长工作面布置。合理布置大采长工作面实现了一井一面集中生产，使矿井进入集约安全高效生产的良性发展，也为同样受到"三软"煤层支护、安全高效回采难题困扰的矿井提供了参考。

参考文献

[1] 李琰庆，何礼品，崔宁宁. 深部高应力软岩巷道支护技术优化实践[J]. 中国矿山工程，2010，39(2)：28-31.

[2] 任金武，张明，王晓明. 三软地质条件下高瓦斯综采放顶煤论证研究[J]. 内蒙古煤炭经济，2017(21)：118-119，135.

[3] 吴英峰. 某矿采煤工艺及综采设备选型技术研究[J]. 机械管理开发，2017(4)：59-60，110.

[4] 杨俊哲. 8.8 m 智能超大采高综采工作面关键技术与装备[J]. 煤炭科学技术，2019，47(10)：116-124.

[5] 赵先刚. 锚注联合支护技术在高应力松软围岩巷道中的应用[J]. 煤炭工程，2007(2)：38-40.

大倾角沿空留巷顶板控制技术研究与应用

宁太勇

（河南能源集团有限公司永煤公司新桥煤矿，河南 永城 476600）

摘 要 21101工作面回采期间采用切顶卸压沿空留巷，依据21101工作面的地质资料及巷道围岩结构与特点，摸索了一套适合沿空留巷的巷道支护技术，对控制巷道顶板下沉、减缓两帮压力起到关键作用，同时强调强化初期支护强度，加大初期支护投入，成功解决了大倾角沿空留巷支护技术难题。通过留巷期间围岩观测，巷道支护效果较好，有效控制了留巷在不同时期的变形。

关键词 切顶卸压；沿空留巷；围岩观测

0 引言

随着科学技术的进步，煤矿沿空留巷技术已有较大突破，全国大部分煤矿都已留巷成功，沿空留巷已成为煤矿缓解采掘接替压力及提高回采率的重要技术手段。巷道的留设，要根据不同的矿井、不同的地质条件等，采取不同的顶板管理及支护方法。而沿空留巷重点是如何控制基本顶的回转和下沉变形，如果无法控制基本顶，沿空留巷就无从谈起，故沿空留巷的方法和顶板支护形式对能否留巷成功起到关键作用。

1 巷道基本情况

二$_2$煤层是新桥矿主采煤层，21101工作面下平巷设计长度970 m，巷高3.2 m，掘进期间整体呈现“上山”趋势，平均坡度10°，局部约14°。煤层层位稳定，结构简单。煤层平均厚度3.73 m，最厚处为4.30 m，最薄处为1.92 m。煤层倾角9°～24°。该煤层直接顶为中砂岩(9.5 m)，基本顶为细砂岩(22.2 m)，基本顶之上为粉砂岩(7.9 m)，直接底为粉砂岩(4.85 m)，基本底为细砂岩(7.7 m)。

2 巷道原支护现状

21101工作面下平巷顶板采用“锚网带＋锚索”进行支护。锚杆为ϕ22 mm×2 200 mm高强锚杆，锚杆间排距为800 mm×800 mm，钢带为M5型钢带。顶板施工3排锚索(梁)进行顶板加固，其中沿巷道中心线施工一排锚索梁，采用12#和16#槽钢加工，接替连锁布置，锚索梁长1.8 m，一梁两索，锚索规格为ϕ21.6 mm×10 000 mm，间距1 600 mm，向左、右各偏1 200 mm施工2排槽钢梁，每架槽钢梁配合两根ϕ21.6 mm×7 500 mm锚索施工，槽钢梁长度1.8 m，采用16#槽钢加工，间距为1 600 mm。两帮采用锚网带支护，锚杆为ϕ22 mm×2 200 mm高强锚杆，间排距为

800 mm×800 mm，钢带为 M5 钢带。

3 沿空留巷支护技术设计方案

采用以“切顶卸压＋锚索(梁)支护”为主体的设计方案，利用恒阻大变形锚索补强加固顶板，控制顶板下沉，使沿空留巷围岩能够最大限度地发挥自身承载作用，降低支护体承受的载荷，保证了沿空留巷围岩的稳定性。

3.1 预裂切缝孔深的确定

预裂切缝深度($H_{缝}$)计算公式如下：

$$H_{缝} = \frac{H_{煤} - \Delta H_1 - \Delta H_2}{K - 1}$$

式中 $H_{煤}$——采高，m；

ΔH_1——顶板下沉量，m；

ΔH_2——底鼓量，m；

K——碎胀系数，不同岩石的碎胀系数见表 1。

表 1 几种岩石的碎胀系数

岩石名称	砂砾石	砂质黏土	中硬岩石	坚硬岩石
碎胀系数 K	1.05～1.20	1.20～1.25	1.30～1.50	1.50～2.50

工作面直接顶为中粒砂岩、粗粒砂岩，故 K 取 1.50，不考虑顶板下沉、底鼓量，仅考虑采高的影响。

按下平巷平均煤厚 3.73 m 计算，$H_{缝}$＝7.46 m。

按下平巷最大煤厚 4.3 m 计算，$H_{缝}$＝8.6 m。

根据巷道顶板围岩地质条件，预裂切缝钻孔设计深度为 9 m。

3.2 预裂切缝孔及聚能管参数

切缝孔采用液压锚杆钻车施工。切缝孔靠近巷道回采侧巷帮位置，距巷道回采侧煤壁 200 mm，施工一排，孔间距为 0.6 m，孔深 9 m，孔径 48 mm。切缝孔分别与铅垂线夹角为 15°与 30°交替施工。

切顶采用双向聚能爆破预裂技术，双向聚能管，聚能管外径为 42 mm，内径为 36.5 mm，管长 1 500 mm。聚能爆破采用煤矿三级水胶炸药，炸药直径 35 mm，长度 400 mm，每个孔放置 4 个聚能管。聚能爆破采用正向爆破，每次聚能爆破切缝孔的个数最多为 8 个。

3.3 加固锚索(梁)支护方案

为了保证切顶过程和周期来压期间巷道的稳定性，在进行预裂切顶前采用锚索(梁)加固巷道顶板，回采侧锚索梁及点锚索安装恒阻器。锚索直径为 21.6 mm，长度为 10 300 mm，预紧力为 40 MPa。恒阻器长 500 mm，外径 73 mm，最大允许变形量为 350 mm，恒阻值为(33±2) t，预紧力为 28 t。托盘为 150 mm×150 mm。

沿巷道中心线向回采侧偏 1 900 mm(即距回采侧帮部 600 mm)布置一排连体锚索梁，锚索间距 800 mm，且每根锚索下增加一块 200 mm×200 mm 铁托盘；沿巷道中线向回采侧偏 1 400 mm(即距回采侧帮部 1 100 mm)布置一排点锚索，点锚索配 200 mm×200 mm 锚索托盘。加固支护图见图 1。

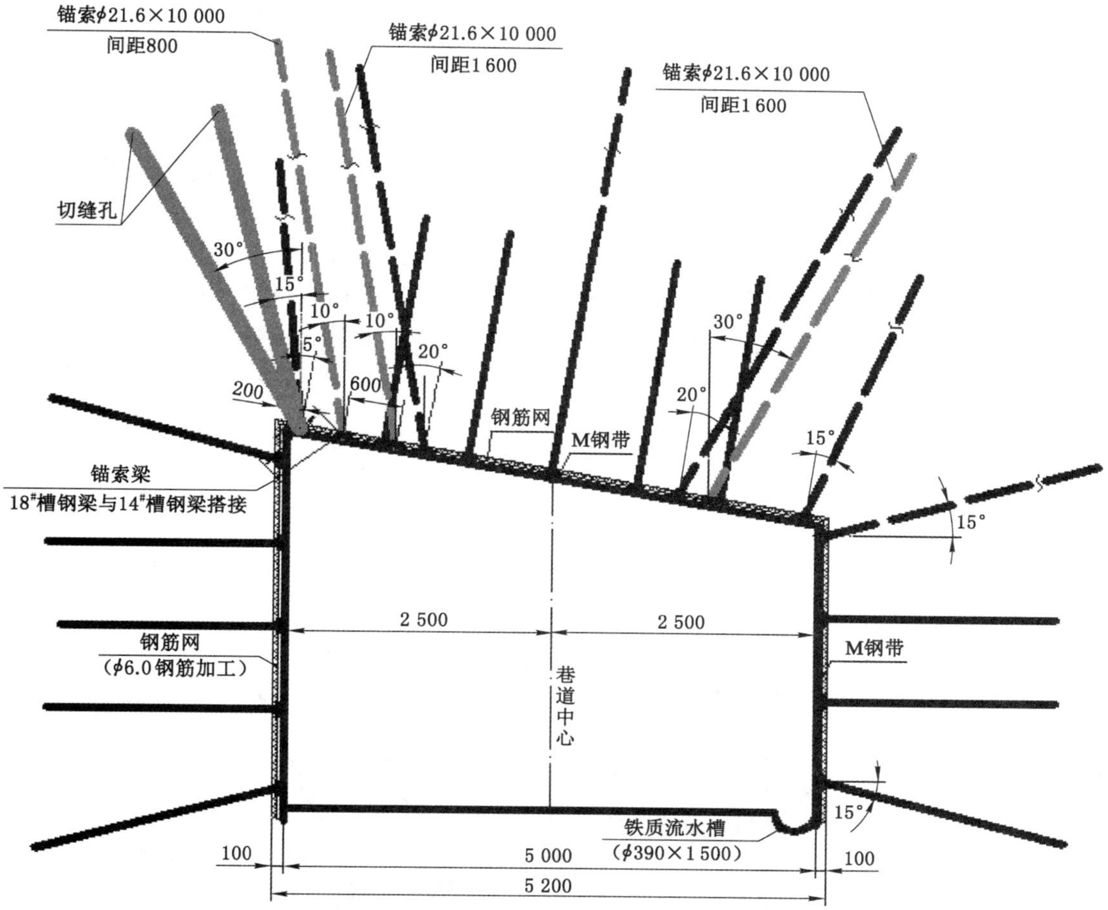

图1　加固支护图

4　巷道临时支护方案

21101工作面回采过程中，不同的回采位置巷道围岩受力情况不同：工作面前方20 m，巷道受到超前压力的影响，应力集中，需加强支护；工作面支架向后0～120 m，顶板垮落，且从顶板垮落到顶板稳定需要较长的时间，此段区域不仅需要加强顶板支护，还需进行挡矸支护；工作面支架120 m之后，顶板基本趋于稳定，巷道来压较小，不再需要进行加强支护，只进行挡矸支护即可。因此，将21101下平巷工作面回采位置附近划分为3个区域：超前支护区（工作面前方20 m）、滞后临时支护区（架后0～120 m）和成巷稳定区（架后120 m之后），根据相应的区域需要采取不同的支护措施。

(1) 超前支护区。21101下平巷超前支护区采取主动支护，在原巷道支护基础上，顶板施工两排锚索梁，即沿巷道中心线向回采侧偏1 600 mm布置两排连体锚索梁，锚索排距1 600 mm，且每根锚索下增加一块200 mm×200 mm铁托盘。

(2) 滞后临时支护区（架后0～120 m）。由于此段巷道位于工作面滞后影响区，受动压影响明显，巷道顶板压力较大。为了防止周期来压时顶板垮落岩石冲入巷道和留巷初期顶板的下沉，故工作面后方120 m范围内采用“单体支柱＋滞后液压支架”进行支护，巷道断面共设计3排单体支柱和1排滞后液压支架：第1排单体柱靠巷道回采侧距巷道中心线2 100 mm；第2排单体柱靠巷道回采侧距巷道中心线1 500 mm；第3排单体柱靠巷道实体侧距巷道中心线2 000 mm。单体柱初撑力不小于 7 MPa，排距 600 mm，间排距偏差不超过 100 mm；滞后液压支架靠巷道上帮，支架中心距巷道中心线 300 mm，偏差不大于 100 mm，每 2 台支架底座之间的距离不大于 200 mm，支架初撑力不小于 20 MPa。工作面拉最后一架前，在其大立柱附近位置铺设钢丝绳、挡矸网并进行 36U 型钢棚腿的架设工作。采用 36U 型钢棚腿、ϕ21.5 mm 钢丝绳及挡矸网进行挡矸支护。36U 型钢棚腿间距 600 mm，与单体支柱间隔布置。36U 型钢棚腿由 2 节搭接组成，搭接长度 500 mm，采用卡缆进行搭接，卡缆间距 200 mm，使用 2 块连接板连接棚腿，卡缆螺栓预紧力为 350 N·m，连接板螺栓预紧力为 200 N·m。36U 型钢上棚腿上部与切缝孔连线对齐，与顶板严密接实，36U 型钢下棚腿下部插入巷道底板实底上。挡矸网采用 1 根 ϕ21.5 mm 钢丝绳(间距 600 mm)、1 层平焊铁丝网和 1 层大眼网铺设而成，平焊铁丝网及大眼网与顶板网相连，并将平焊铁丝网及大眼网铺设至巷道底板，采用 ϕ22 mm×1 500 mm 锚杆将 ϕ21.5 mm 钢丝绳、平焊铁丝网和大眼网固定在底板上。

滞后临时支护设计如图 2 所示。

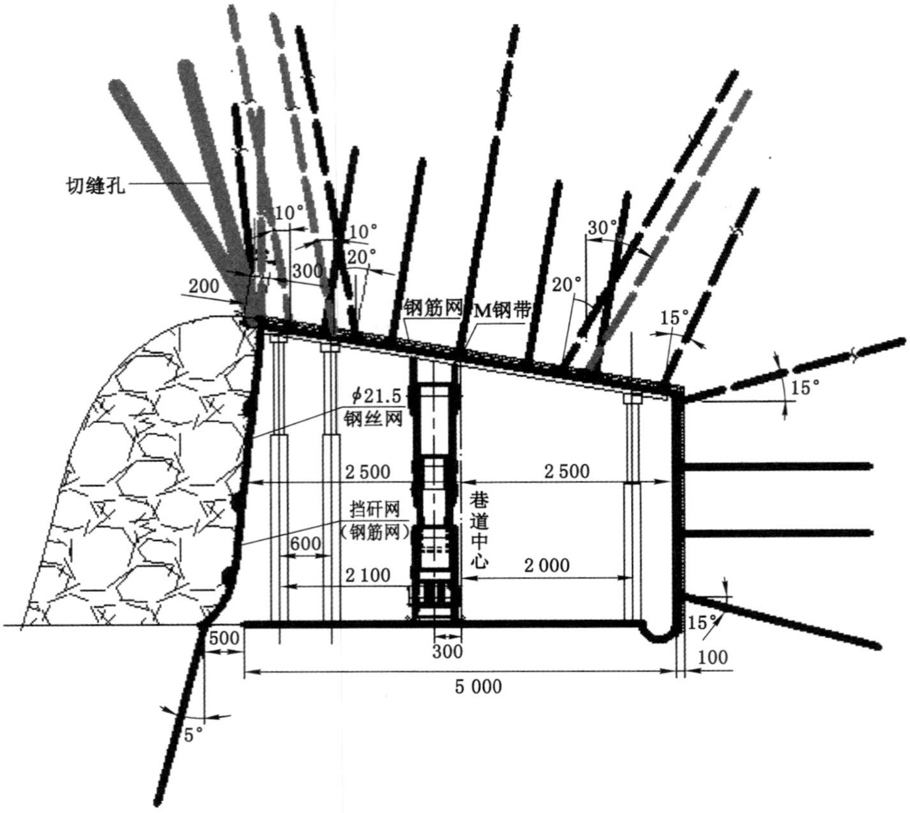

图 2 滞后临时支护设计

(3) 成巷稳定区(架后 120 m 之后)。成巷稳定区巷道受采动影响小，该区域已趋于基本稳定状态，顶板下沉量及单体支柱的压力变化很小，可去掉临时支护的单体柱，只保留 36U 型钢和挡矸网进行挡矸。

5 矿压观测

21101 下平巷留空巷每 50 m 设置 1 组巷道表面位移观测点，观测点距离工作面 50 m 以内时，每天观测 1 次；大于 50 m 时，每周观测 2 次，2 个月后每周观测 1 次。由观测结果可知，留巷期间，两帮移近量最大为 180 mm，其中留空帮移近量为 136 mm，实体帮移近量为 180 mm，顶板移近量为 308 mm，底板移近量为 385 mm，巷道支护强度有效控制了巷道围岩变形。虽然巷道有一定的变形，但留巷总体效果较好，下个工作面投入使用前，只需对留巷重新、简单进行拉底返修后即可使用。

6 结论

（1）采用以“切顶卸压＋锚索（梁）支护”为主的支护方案，利用恒阻大变形锚索补强加固顶板，控制顶板下沉，减缓两帮压力，使沿空留巷围岩能最大限度地发挥自身的承载作用，降低支护体承受的载荷，确保沿空留巷的整体稳定性。

（2）摸索了一套在沿空留巷超前支护区、滞后临时支护区、成巷稳定区的巷道支护技术，强化初期支护强度，加大初期支护投入，成功解决了沿空留巷支护技术难题。

（3）留巷期间，巷道整体变形量不大，留巷整体效果较好，下个工作面投入使用前，只需对留巷重新、简单进行拉底返修后即可使用。

郁山煤业二$_1$煤层开采覆岩“两带”高度发育规律研究

陈刚

（义煤集团新安县郁山煤业有限责任公司，河南 洛阳 471800）

摘　要　“两带”高度是煤矿防治水的重要基础参数。本文以郁山煤业21021工作面为研究对象，采用数值模拟、实验测定和理论分析，研究确定了21021工作面覆岩“两带”发育高度。研究结果表明：导水裂缝带实测值约为47.8 m，垮落带高度约为12.4 m；采空区中部的大部分竖向裂隙闭合，而在工作面开切眼位置和终采线附近，竖向裂隙较为发育。结合覆岩“两带”发育规律及郁山煤业21021工作面“两带”实测结果，提出了适合郁山煤业二$_1$煤层开采的“两带”高度计算公式。

关键词　厚煤层开采；数值模拟；覆岩“两带”；钻孔漏失量

0　引言

煤层开采导致其周围岩体发生不同程度的移动、变形和破坏。随着工作面的推进，这一过程不断重复，最终导致采空区覆岩形成垮落带、导水裂缝带和弯曲下沉带，统称“三带”[1]。水体下采煤时，发育严重的裂缝贯通到覆岩含水层后成为“导水”通道，不利于安全开采和水资源保护。因此，准确确定导水裂缝带发育高度对水体下安全开采具有重要意义[2-3]。

覆岩裂隙发育高度受多种因素影响，难以建立适用范围广泛的理论模型，杨国勇等[4]对多种因素进行分析，结果表明采厚是影响裂缝发育高度的最重要因素。学者们根据大量实测值回归得到不同采厚和覆岩岩性下的裂缝发育高度经验公式，但经验公式往往有较大误差，需要结合现场实测等其他方法确定覆岩破坏高度[5-7]。近年来不断有学者将新技术运用到对覆岩破坏规律的研究上，取得了一系列的成果[8-11]，但目前对导水裂缝带高度的研究仍处于经验统计、类比、数值模拟、相似材料模拟、现场实测以及某一类条件下的理论分析等研究阶段，常用的现场实测方法有地面钻探、钻孔电视法和井下仰孔注水测漏法等[12-14]。

本文以郁山煤业21021工作面为研究对象，对垮落带和导水裂缝带“两带”发育高度进行实测，并根据实测结果研究提出适合郁山煤业采矿地质条件的覆岩“两带”高度计算方法，为相似采矿地质条件下的覆岩破坏研究提供参考。

1　工程概况

郁山煤业位于新安县，矿井面积约为6.2 km^2，生产规模为70万t/a。该矿采用斜井开拓，走向长壁综放开采，全部垮落法管理顶板。21021工作面位于21采区南部，工作面南部边界在31010工作面采空区内，北部为21采区运输下山，下部为21采区未采实体煤工作面，工作面走向长度为900 m，切眼长度为160 m，标高为－37.6～－78.5 m，平均煤厚3.0 m，对应地表标高为＋480～

+590 m。煤层基本顶为香炭砂岩，厚度 4.64～11.77 m，平均厚度 8.67 m，直接顶为中细粒砂岩。21021 工作面整体为一向斜构造，附近无断层、陷落柱等其他地质构造，总体上构造对工作面覆岩导水裂缝带高度影响较小。依据相关勘探及地质资料，将 15# 煤层以上的地层划分出 5 个含水层和 4 个隔水层。

2 覆岩“两带”现场观测

根据现场采矿地质条件，以 21021 工作面为覆岩“两带”观测工作面。观测采用双端封堵测漏装置和钻孔电视两种方法。双端封堵观测系统由双端堵水器、控制台和注水管路组成，将封堵器推送入钻孔后通过控制台对胶囊注水，然后对钻杆注水，同时监测水压，直至注水量与漏失量达到相对平衡，记录此时漏失量，即完成一次观测。

现场观测装置如图 1 所示。

(a) 双端堵水器

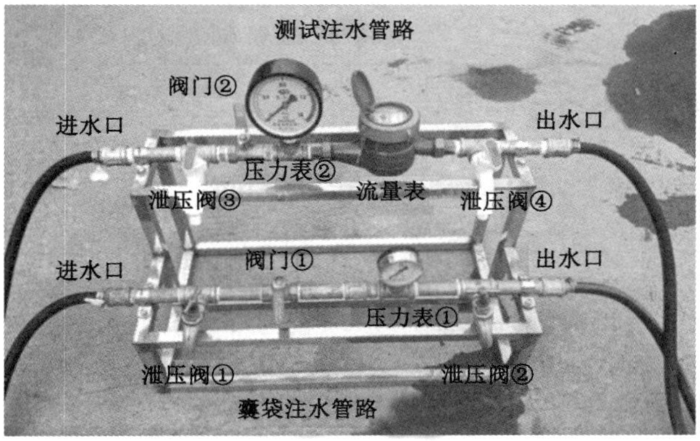

(b) 注水控制台

图 1 现场观测装置

2.1 21021 工作面导水裂缝带高度经验公式计算

21021 工作面顶板以砂岩、泥岩为主，综合覆岩岩性属于中硬岩层。拟选定在 21021 工作面切眼附近进行覆岩“两带”高度实测。根据 21021 工作面煤墙素描图，该区域开采厚度取 2.6 m，参考《煤矿专门水文地质勘查规范》(GB/T 40130—2021)中覆岩岩性为中硬时的综放开采的导水裂缝带高度计算公式：

$$H_{li} = \frac{100M}{0.26M + 6.88} \pm 11.49 \tag{1}$$

$$H_{li} = 20M + 10 \tag{2}$$

式中 H_{li}——导水裂缝带高度；

M——采高。

采用公式(1)计算得到 $H_{li}=22.9 \sim 45.9$ m，采用公式(2)计算得到 $H_{li}=62.0$ m。

因《煤矿专门水文地质勘查规范》(GB/T 40130—2021)中没有垮落带高度计算公式，参考《建筑物、水体、铁路及主要井巷煤柱留设与压煤开采规范》内中硬岩层条件下垮落带高度计算公式：

$$H_k = \frac{100\sum M}{4.7\sum M + 19} \pm 2.2 \tag{3}$$

式中　H_k——垮落带高度，m；

$\sum M$——累计采厚，m。

计算得到垮落带高度 H_k=6.1～10.5 m。

根据上述中硬条件下的垮落带、导水裂缝带高度计算经验公式，计算得到郁山煤业21021工作面切眼附近垮落带预计高度为6.1～10.5 m，导水裂缝带预计高度为22.9～62.0 m，因此导水裂缝带探测主要对覆岩采动破坏高度在22.9～62.0 m范围内的覆岩破坏情况进行控制研究，为确保能观测到导水裂缝带顶界面，施工钻孔垂高至少要增加5 m。

2.2　21021工作面观测钻孔布置及施工设计

本次观测共施工3个钻孔，包括1个对照孔、2个探测孔（1个垮落带探测孔、1个导水裂缝带探测孔）。将钻场设在21采区辅助轨道斜巷与21041工作面上平巷交会处。对照孔向实体煤（21041工作面上方）方向施工，探测孔向21021工作面采空区方向施工。钻孔施工要素如表1所示。

表1　钻孔施工要素表

孔号	仰角	方位角	孔深	孔径	备注
1号	35°	N207°	165.00 m	95～110 mm	裂缝带对照孔
2号	35°	N38°	165.00 m	95～110 mm	裂缝带探测孔
3号	15°	N24°	97.00 m	95～110 mm	垮落带探测孔

此外，为了达到预期的现场探测研究目的，获取较为准确的可靠的观测数据，根据要求，在钻孔施工后应尽快进行现场探测，防止塌孔等现象发生。

2.3　实测结果分析

1号导水裂缝带对照孔的观测由下往上进行，即从钻孔孔深86.0 m处向钻孔顶端依次分段观测，观测至孔深155.0 m。1号钻孔注水漏失量和孔深关系见图2。

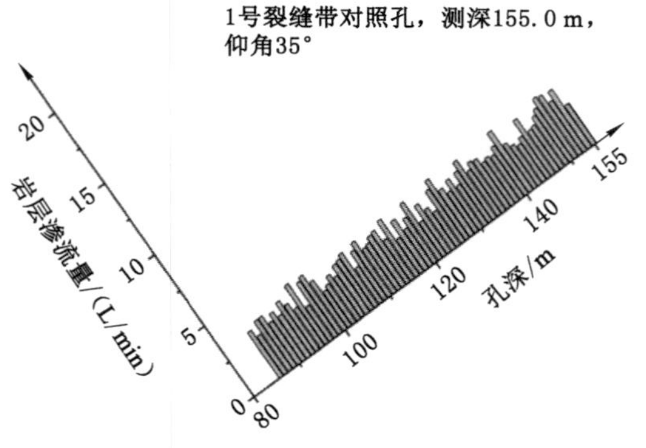

图2　1号裂缝带对照孔观测成果图

由图2可见，1号裂缝带对照孔观测区域内，孔深86.0～155.0 m、垂高49.3～88.9 m阶段，钻孔注水漏失量为2.3～4.0 L/min。钻孔注水漏失量小于5 L/min时，岩层保持完整状态。作为对照孔，本次观测对分析导水裂缝带高度起到较大作用。

2号裂缝带探测孔的观测由下往上进行，即从钻孔孔深85.0 m处向钻孔顶端依次分段观测，观测至孔深164.0 m。2号裂缝带探测孔注水漏失量和孔深关系见图3。根据1号裂缝带对照孔注水实验结果，以注水漏失量大于5 L/min为裂缝带发育范围的判定标准。

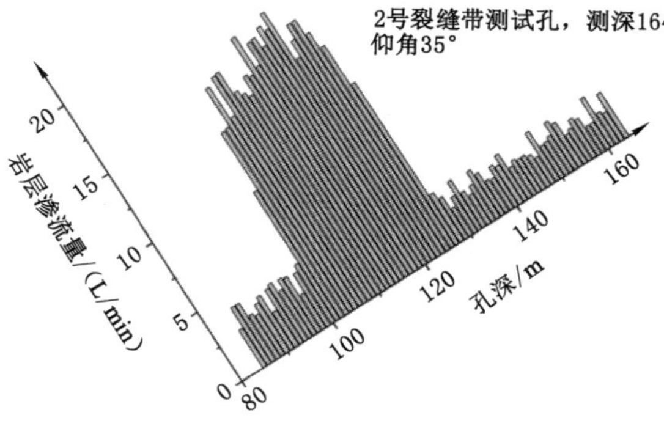

图3　2号裂缝带探测孔观测成果图

由图3可见，2号钻孔观测范围内各段岩层的注水漏失量可以明显分为两个区域，即漏失量较大的区域与漏失量较小的区域。根据钻孔内由下到上的观测顺序，在前段钻孔区域内，孔深85.0～100.0 m，垂高48.8～57.4 m，距离二$_1$煤层顶板约23.8～32.4 m，此区域的钻孔注水漏失量为2.5～4.2 L/min，各岩层段的渗透量均小于5 L/min，钻孔的注水漏失量较小，说明此段尚未进入导水裂缝带发育区域，岩层内主要为原生裂隙；在中间段钻孔区域内，孔深101.0～127.0 m，垂高57.9～72.8 m，距离二$_1$煤层顶板约32.9～47.8 m，此区域钻孔的注水漏失量为9.3～18.3 L/min，各岩层段的渗透量均大于5 L/min，说明此段岩层受采动影响出现裂隙，进入导水裂缝带发育区域；在末段钻孔区域内，孔深128.0～164.0 m，垂高73.4～94.1 m，距离二$_1$煤层顶板约48.4～69.1 m，此区域岩层的注水漏失量为1.9～3.5 L/min，各岩层段的渗透量均小于5 L/min，说明导水裂缝带发育高度未波及到此。

由钻孔孔深100.0 m区域至钻孔孔深102.0 m区域时，即垂高由57.4 m增高至58.5 m时，钻孔的注水漏失量由4.2 L/min突然增加到13.4 L/min，说明此区域内岩层受采动影响产生的次生裂隙较为发育，岩层的导水性能较强。由钻孔孔深127.0 m区域至钻孔孔深128.0 m区域时，即垂高由72.8 m增高至73.4 m时，岩层的渗水量由11.7 L/min降低到3.4 L/min，说明2号裂缝带测试孔观测到的导水裂缝带的最大发育高度应该在孔深127.0 m左右，垂高72.8 m，距离二$_1$煤层顶板约47.8 m，对应2号裂缝带探测孔观测得到的导水裂缝带高度为47.8 m。本次观测数据变化平稳，无异常数据，观测数据质量较高，对分析导水裂缝带高度起到较大作用。

3号探测孔为垮落带高度探测孔，因垮落带内钻孔易塌孔，3号垮落带探测孔施工过程中，项目组成员对其进行现场返水情况观测，发现施工至孔深78.0 m时，钻孔返水量急剧减少，施工至孔深80.0 m时钻孔无返水，直至钻进至孔深91.0 m时（垂高23.6 m，距离二$_1$煤层顶板约12.4 m），钻孔开始明显返水且返水量逐渐增大。据此，判断此区域垮落带发育高度约为12.4 m。

3　21021工作面开采覆岩移动变形破坏数值模拟分析

3.1　数值模型基本参数

采用3DEC数值模拟软件研究随着工作面推进采空区上方覆岩的破坏运动和裂隙发育规律。

计算得到郁山煤业21021工作面切眼附近垮落带预计高度为6.1～10.5 m，导水裂缝带预计高度为22.9～62.0 m；同时考虑到模型边界对模拟计算的影响，因此在煤层下方留有13.5 m。综合上述两方面的因素，确定模型高度为 150 m。为使模型在走向方向上达到充分采动，根据模型中煤层上部岩层高度 H(133.45 m)，设计模型在走向方向推进 260 m(>1.4H)，并在两边留有 70 m 的岩体，确定模型走向长度为 400 m。最后确定模型长 400 m，高 150 m。

本次数值模拟，块体的本构模型选择为莫尔-库仑破坏准则，节理本构模型选择莫尔-库仑滑移破坏下的区域接触弹塑性模型，节理的剪切或拉伸破坏由黏聚力、张力和摩擦残余值来确定。根据钻孔柱状显示，煤层上覆岩层岩性主要为砂质泥岩、泥岩、石灰岩等，各岩性的具体力学参数见表 2。

表 2　力学参数

岩层	密度/(kg/m³)	体积模量/GPa	剪切模量/GPa	黏聚力/MPa	摩擦角/(°)	抗拉强度/MPa
砂质泥岩	2 580	3.72	1.62	3.53	25	2.06
泥岩	2 540	1.23	1.06	2.16	24	1.26
石灰岩	2 800	14.45	8.91	11.80	39	8.50
煤	1 400	1.16	0.73	1.54	22	1.03
铝质泥岩	2 540	1.13	1.04	1.86	25	1.18
中粒砂岩	2 630	2.31	1.26	5.92	26	2.06
粉砂岩	2 580	2.98	1.88	4.28	23	2.55
细粒砂岩	2 610	2.64	1.68	4.36	22	2.32
黄土	1 960	0.28	0.09	1.70	25	0.35

模型边界条件如下：

$x=0$、$x=400$ m 面上约束 X 方向的速度为 0；$y=0$、$y=1$ m 面上约束 Y 方向的速度为 0；$z=-150$ m 面上约束 Z 方向的速度为 0。

模型顶部以上的岩体以加载方式模拟，因此上部边界条件为应力边界条件，且与上覆岩层的重力有关。为了研究方便，载荷的分布形式简化为均布载荷，模型顶部以上的岩体和表土厚度约为 520 m，覆岩平均密度为 2 500 kg/m³，计算得到上覆岩体加载压力大约为 13 MPa。

根据上述岩体的力学参数和边界条件对模型进行初始平衡。

3.2　数值模拟结果及分析

为更加真实地反映出煤炭开采引起的上覆岩层破坏垮落的运动状态，结合实际情况，将 21021 工作面分 13 次进行分步开挖，每次开挖步距为 20 m。

受采动影响，覆岩产生大面积运移，并产生大量涌水通道(采动裂隙)，采动裂隙主要分为竖向裂隙和横向裂隙。横向裂隙主要表现为由于不同层位之间不协调变形导致岩层之间的离层，并只能导通同一层位水流；竖向裂隙主要表现为岩层破断产生的裂隙，可在竖向方向产生导水通道。本次模拟实验将从覆岩的运移规律和裂隙发育特征两方面综合分析，得到采动覆岩的导水裂缝带高度(图 4～图 9)。

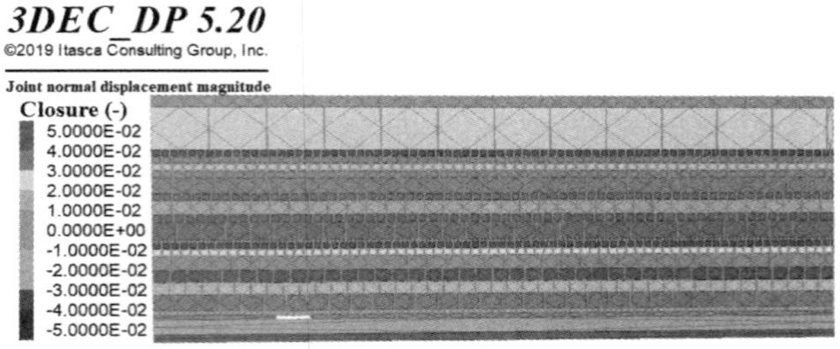

图 4　开挖 20 m 竖直裂隙云图

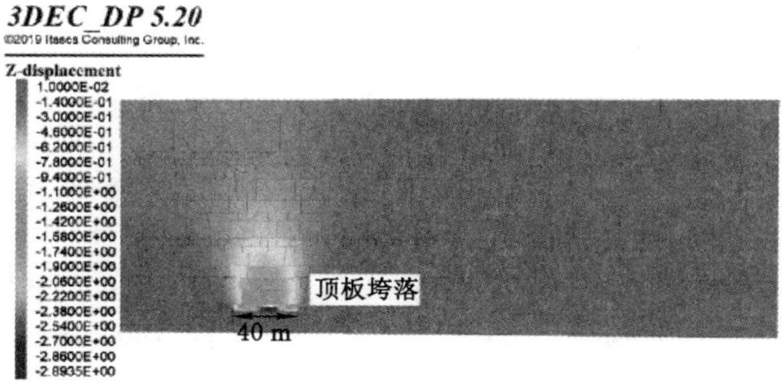

(a) 竖直方向位移云图

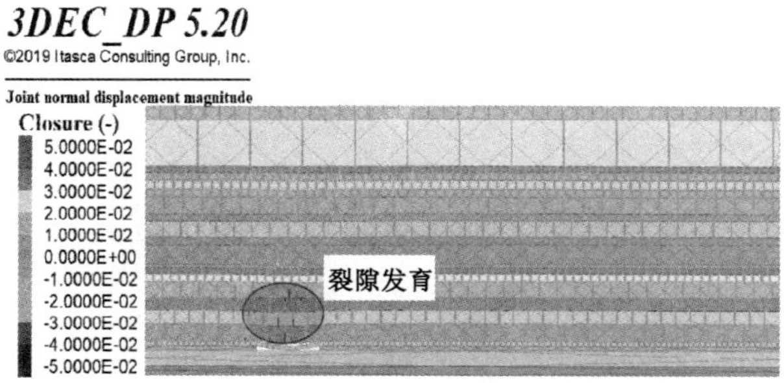

(b) 覆岩裂隙特征图

图 5　开挖 40 m

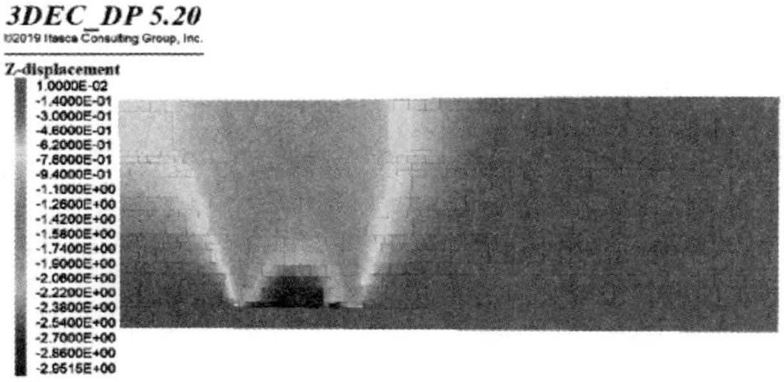

(a) 竖直方向位移云图

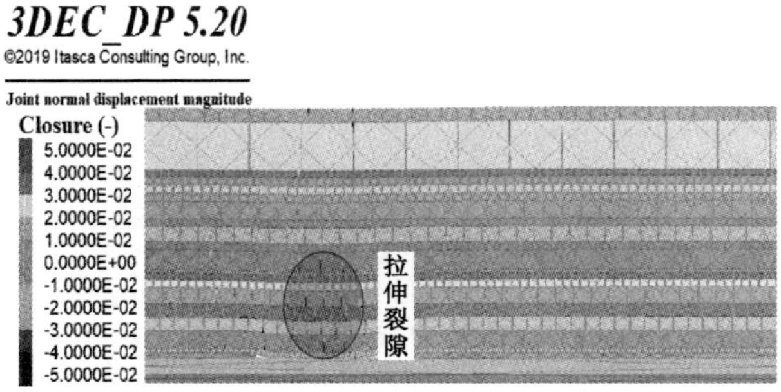

(b) 覆岩裂隙特征图

图 6　开挖 80 m

从模拟结果可以看出，伴随工作面的不断往前推动，上方岩层不断破坏垮落，上方出现离层的位置不断增高，但在竖直方向上随着远离采场离层发育情况逐渐减弱。覆岩离层发育规律如下：开挖至 20 m 时，覆岩开始运移，在煤层上方 11.65 m 处出现离层；开挖至 40 m 时，出现随采随冒的

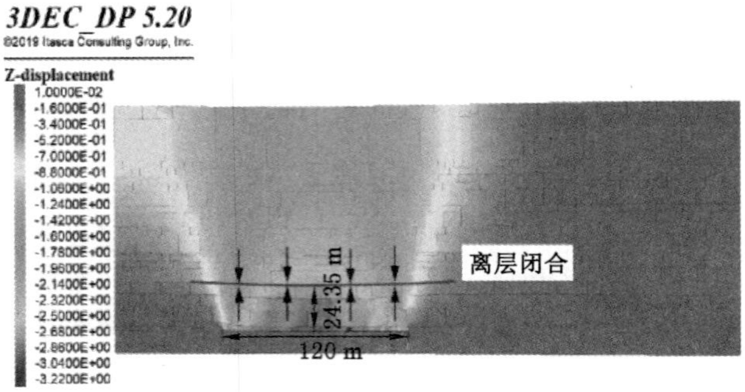

(a) 竖直方向位移云图

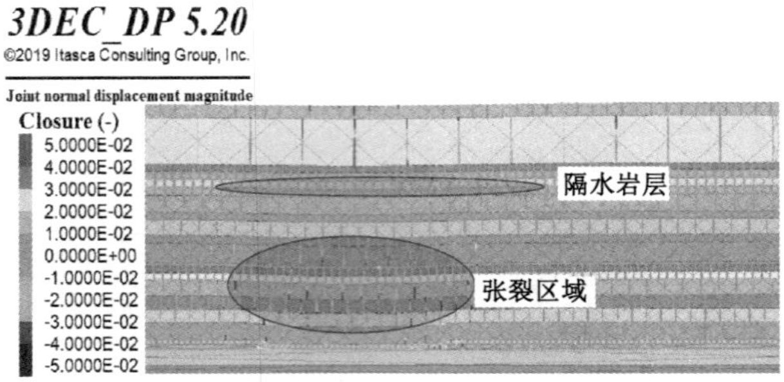

(b) 覆岩裂隙特征图

图 7　开挖 120 m

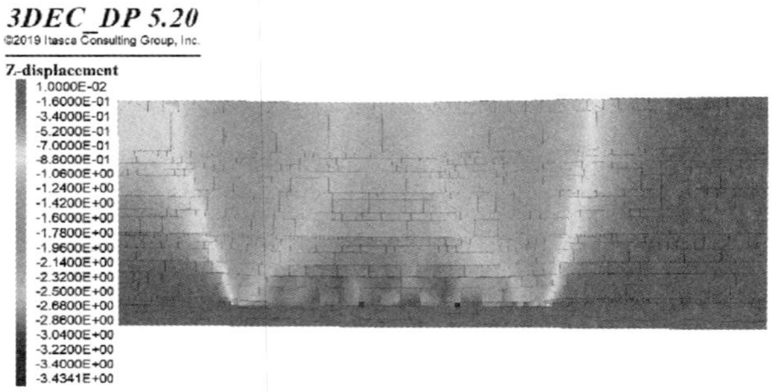

(a) 竖直方向位移云图

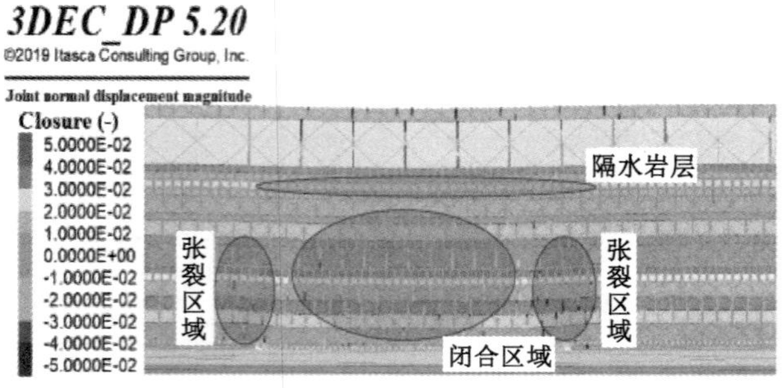

(b) 覆岩裂隙特征图

图 8　开挖 200 m

现象，更上部岩层开始移动；开挖至 80 m 时，发生大面积位移，煤层上方 24.35 m 处出现离层；开挖至 120 m 时，离层发生闭合，且随着工作面进一步向前推进(120～260 m)，无离层再发育。

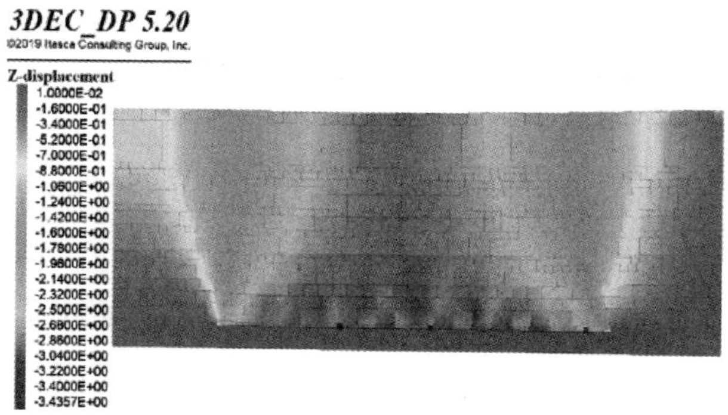

(a) 竖直方向位移云图

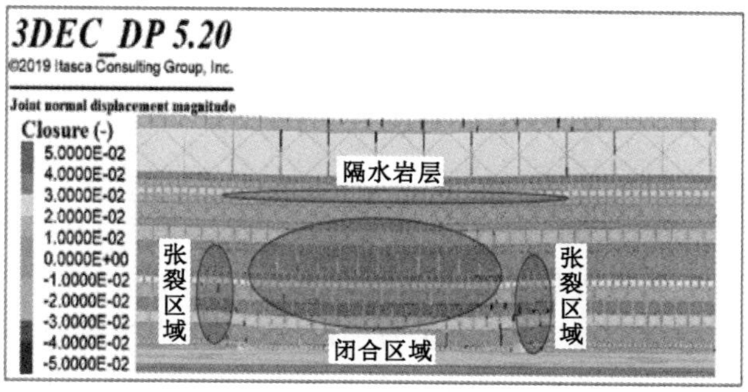

(b) 覆岩裂隙特征图

图 9　开挖 260 m

采动覆岩的竖向裂隙是导通不同层位水源的主要通道，因此竖向裂隙的发育状态决定了采动覆岩的导水裂缝高度。根据模拟结果，竖向裂隙呈现出先开裂后闭合的特征。覆岩竖向裂隙发育规律（覆岩裂隙特征图中正值为开裂，负值为闭合）：开挖至 20 m 时，覆岩上部无明显竖向裂缝；开挖至 40 m 时，在覆岩中产生明显的竖向拉伸裂缝；开挖至 40～80 m 时，多个区域出现竖向裂缝；开挖至 80～120 m 时，可以明显看出竖向裂缝随着工作面的推进不断前移，且原有的部分开裂裂隙逐步演化为闭合裂隙，此现象一直持续到开采结束。开采结束后，可以看出采空区中部的大部分竖向裂隙闭合，而在工作面开切眼位置和终采线附近，竖向裂隙较为发育。

在随着工作面向前推进直至工作面开采结束过程中，明显看出煤层上方 50.2 m 处岩层内部的竖向裂隙为闭合裂隙，形成了有效的隔水岩层，而此岩层的上部和下部岩层内均有大量开裂竖向裂隙。综合分析覆岩离层和竖向裂隙发育规律，得到本工作面的导水裂缝带高度约为 50.2 m。

4　郁山煤业覆岩“两带”高度计算方法研究

郁山煤业二$_1$煤层厚度变化较大，局部厚度超过 8 m。由于开采厚度对覆岩“两带”高度影响较大，收集 53 个工作面覆岩岩性为中硬条件下的导水裂缝带高度结果，分析可知，导水裂缝带高度和开采厚度不以线性关系增长，具有很大的离散性，因此不能以简单的裂采比（垮采比）来分析郁山煤业二$_1$煤层不同开采厚度下的“两带”高度。

通过对实测的导水裂缝带和垮落带高度与经验公式计算的结果进行对比分析（表 3），发现经验公式计算高度的上限值与实测结果相近，相对误差率分别为 0.04 与 0.15，但实测结果都比经验公式计算结果略大。为此，针对郁山煤业其他二$_1$煤层区域开采“两带”高度取值，可在采用经验公式进行计算时引入“两带”高度调整系数 n，导水裂缝带高度调整系数 n 取 1.02，垮落带高度调整系数 n 取 1.15。

表 3 “两带”高度实测值与经验公式计算值对比分析表

导水裂缝带	实测值	47.8 m	相对误差率	0.04
	公式(1)计算上限值	45.9 m		
垮落带	实测值	12.4 m	相对误差率	0.15
	公式(3)计算上限值	10.5 m		

基于上述分析，提出适合郁山煤业二$_1$煤层开采覆岩导水裂缝带和垮落带高度的计算公式：

$$H_{郁li}=\left(\frac{100M}{0.26M+6.88}+11.49\right)\times 1.02 \tag{4}$$

$$H_{郁k}=\left(\frac{100M}{4.7M+19}+2.2\right)\times 1.15 \tag{5}$$

式中 M——采高。

5 结论

（1）郁山煤业 21021 工作面切眼共施工 3 个钻孔，包括 1 个对照孔、2 个探测孔（1 个垮落带探测孔、1 个导水裂缝带探测孔）；经实测，导水裂缝带高度约为 47.8 m，垮落带高度约为 12.4 m。

（2）采用 3DEC 数值模拟软件分析了工作面不同推进距离下的覆岩裂隙发育规律；采空区中部的大部分竖向裂隙闭合，而在工作面开切眼位置和终采线附近，竖向裂隙较为发育。

（3）结合覆岩“两带”发育规律及郁山煤业 21021 工作面“两带”实测结果，提出适合郁山煤业二$_1$煤层开采的“两带”高度计算公式：

$$H_{郁li}=\left(\frac{100M}{0.26M+6.88}+11.49\right)\times 1.02,H_{郁k}=\left(\frac{100M}{4.7M+19}+2.2\right)\times 1.15$$

参考文献

[1] 刘天泉. 矿山岩体采动影响与控制工程学及其应用[J]. 煤炭学报，1995，20(1)：1-5.

[2] 钱鸣高，石平五，许家林. 矿山压力与岩层控制[M]. 2 版. 徐州：中国矿业大学出版社，2010.

[3] 郭文兵. 煤矿开采损害与保护[M]. 3 版. 北京：应急管理出版社，2019.

[4] 杨国勇，陈超，高树林，等. 基于层次分析-模糊聚类分析法的导水裂隙带发育高度研究[J]. 采矿与安全工程学报，2015，32(2)：206-212.

[5] 胡炳南，张华兴，申宝宏. 建筑物、水体、铁路及主要井巷煤柱留设与压煤开采规范[M]. 北京：煤炭工业出版社，2017.

[6] 国家煤矿安全监察局. 煤矿防治水细则[M]. 北京：煤炭工业出版社，2018.

[7] 胡小娟，李文平，曹丁涛，等. 综采导水裂隙带多因素影响指标研究与高度预计[J]. 煤炭学报，2012，37(4)：613-620.

[8] 刘英锋，王世东，王晓蕾. 深埋特厚煤层综放开采覆岩导水裂缝带发育特征[J]. 煤炭学报，2014，39(10)：1970-1976.

[9] 高延法，黄万朋，刘国磊，等. 覆岩导水裂缝与岩层拉伸变形量的关系研究[J]. 采矿与安全工程学报，2012，29(3)：301-306.

[10] 杜文刚，柴敬，张丁丁，等. 采动覆岩导水裂隙发育光纤感测与表征模型试验研究[J]. 煤炭学报，2021，46(5)：1565-1575.

[11] 袁峰，申涛，谢晓深，等. 基于深度学习的地震多属性融合技术在导水裂隙带探测中的应用[J]. 煤炭学报，2021，46(10)：3234-3244.

[12] 杨达明，郭文兵，赵高博，等. 厚松散层软弱覆岩下综放开采导水裂隙带发育高度[J]. 煤炭学报，2019，44(11)：3308-3316.
[13] 谭毅，郭文兵，杨达明，等. 非充分采动下浅埋坚硬顶板“两带”高度分析[J]. 采矿与安全工程学报，2017，34(5)：845-851.
[14] 武强. 煤矿防治水细则解读[M]. 北京：煤炭工业出版社，2018.

复杂条件下综采工作面超前支护技术应用

杨磷，黄正平

（四川川煤华荣能源有限责任公司，四川 攀枝花 617066）

摘　要　针对花山煤矿复合顶板条件下的大倾角大采高工作面两巷超前支护区域由于应力集中程度增大，现有的支护能力较差、支护难度大、工效低、安全性差等问题，采用了理论分析、相似模拟、数值模拟、在线监测等方法，对其两巷超前支护方式、支护参数进行分析研究。研究结果表明：① 该类工作面正常回采时，其超前支护的锚索受力最大达到 19 kN，巷道顶板最大下沉量为 19 mm。工作面前方应力集中在距采线 10～30 m 的范围。② 倾角大采高工作面超前支护采用锚索＋钢筋托梁（钢带、工字钢等）支护，在本工作面回采期间，未发生锚索断裂现象，只出现复合顶板特有的局部兜网现象。③ 本公司在 6152、6231、6144 等十余个大倾角大采高工作面的使用证明，该超前支护技术安全、稳定、可靠，未发生漏顶、冒顶等事故，促进了该类工作面的安全高效开采。

关键词　大倾角；大采高；超前支护；锚索；复合顶板

0　引言

我国大倾角煤层储量丰富，约占煤层总储量的 20％～25％，且受特殊成煤环境控制，大倾角煤层 50％以上的煤炭为优质焦煤和无烟煤。这是我国保护性开采的稀缺煤种，提高该类煤层资源采出率是涉及国家能源安全的重大战略问题。为此，我国一直致力于对大倾角煤层的综合机械开采的研究，但在西南地区此类煤种往往储存于复合顶板大倾角（35°～55°）厚煤层中[1]。以前，此类煤层采用综合机械化留底煤开采工艺，为了提高优质焦煤的采出率，现采用大倾角大采高开采工艺，但两巷（运输巷、回风巷）超前支护严重制约了该类工作面高产高效开采。为此，必须对复合顶板大倾角大采高工作面超前支护技术进行研究。《煤矿安全规程》规定：采煤工作面所有安全出口与巷道连接处超前压力影响范围内必须加强支护，且加强支护的巷道长度不得小于 20 m。国内外学者围绕回采巷道围岩变形破坏及控制进行了大量研究。钱鸣高等[2]提出的“砌体梁理论”及宋振骐等[3]提出的“传递岩梁理论”表明，综采工作面的回采不可避免地在前方煤岩体产生应力集中，对两巷围岩造成不同程度的破坏；谢和平[4]指出深部开采具有强扰动、强时效特性，加速煤岩体材料力学性能劣化和巷道围岩变形破坏；曹新奇等[5]提出回采巷道顶板倾角大于 15°时，采用挖底、接顶超前支护技术方式；徐亚军等[6]对液压支架设计与支护技术进行了大量研究，提出了巷道超前支护采用液压支架技术；潘一山等[7]对巷道防冲液压支架设计方法及其应用进行了研究。

目前，大倾角综采工作面多采用“单体液压支柱＋铰接梁或 π 型梁”形式加强支护，但由于支护强度低、护顶效果差、稳定性差，加剧了工作面与两巷支护的不匹配，易造成安全事故[8]。特别是大倾角（35°～55°）大采高工作面运输巷超前支护范围内布置了转载机、破碎机、自移装置等设备，同时还要兼顾行人、材料运输等，空间狭小，并且受到工作面重复采动的影响，尤其是配套重型综采超前支护设备的大断面巷道，巷道超前支护困难，难以采用现有的超前支护技术。基于此，在分析大倾角大采高综合机械化采煤工作面矿压特征基础上，提出了复杂条件下综采工作面超前支护技术。

1 工作面概述

6143 工作面位于＋1 030 m 六采区，平均走向为 605 m，平均斜长为 121 m，煤层倾角最大为 43°，最小为 37°，平均倾角为 40°，平均采高为 4.20 m，属于复合顶板大倾角厚煤层工作面，煤层顶底板情况如表 1 所示；采用综合机械化后退式采煤方法，主要设备配置如表 2 所示。

表 1 煤层顶底板情况表

顶底板名称	岩石名称	厚度/m	普氏硬度 f	岩性特征
基本顶	粉砂岩	5.01	6～7	浅灰色中厚层状(厚度由上向下逐渐变薄)
直接顶	泥质粉砂岩		4～5	深灰色薄层状(局部为粉砂，向下逐渐变薄)
直接底	泥质粉砂岩与粗粒砂岩	1.59	3～4	深灰色薄层状

表 2 工作面主要设备配置

序号	设备名称	型号	主要技术参数	数量
1	掩护式液压支架	ZY5600/23/48	工作高度：2.3～4.8 m	70
2	采煤机	MG550/1380-WD	适应采高：2.2～4.6 m 牵引速度：0～16 m/min	1
3	工作面刮板输送机	SGZ900/630	输送量：1 800 t/h	1
4	破碎机	PCM2000 型	3 540 mm×1 955 mm×1 736 mm(长×宽×高)	1
5	转载机	SZZ800/315 型	输送量：1 800 t/h	1
6	自移装置	ZY2700	行程：2 700 mm	1
7	急倾斜横式端头液压支架	ZTHJ11400/15/30	适应煤层倾角：≤60° 高度：1.60～3.00 m	3

2 支护方案比较

方案一：楼层支护；方案二：锚索支护。方案一的优点：技术成熟，安全可靠；缺点：工序复杂，人员、材料、资金投入较多，工效低，影响工作面高产高效。方案二的优点：工序简单，工效高；缺点：未曾实施过，不确定因素太多。通过对比分析，以“开拓创新，积累经验”为目的而选择方案二。

3 超前支护技术

3.1 相似模拟

利用相似模拟铺设工作面倾向剖面的平面模型，研究开挖后回风巷和运输巷上覆岩层的垮落特征[9]。

模型煤层倾角为 40°，倾斜长度为 158.20 cm，厚度为 4.20 cm。其余上覆岩层对模型施加的垂直应力采用 10 cm×5 cm×12 cm 配重铁块加载的方式模拟。相似材料模拟配比如表 3 所示。

表 3 相似材料模拟配比表

序号	岩性	分层	模型层厚/cm	每层厚度/cm	每层沙子质量/kg	每层碳酸钙质量/kg	每层石膏质量/kg	每层水质量/kg
1	粗砂岩	1	15.69	15.69	4.921	0.492	0.211	0.625
2	粗砂岩	1	15.69	15.69	14.691	1.469	0.630	1.866
3	粗砂岩	1	15.69	15.69	24.531	2.453	1.051	2.115
4	粗砂岩	1	15.69	15.69	34.343	3.434	1.472	4.361
5	粗砂岩	1	15.69	15.69	44.142	5.414	1.892	6.605
6	粉砂岩	1	3.39	3.39	10.511	0.751	0.751	1.335
7	煤层	1	4.20	4.20	13.395	1.191	0.298	1.654
8	泥质粉砂岩	2	1.50	0.75	2.362	0.236	0.059	0.295
9	中厚粉砂岩	4	8.00	2.00	6.300	0.394	0.394	0.787
10	中粒砂岩	2	2.92	1.46	3.527	0.388	0.259	0.575
11	粉砂岩	1	1.30	1.30	4.090	0.310	0.200	0.512
12	细砂岩	1	2.60	2.60	6.409	0.458	0.458	0.814
13	粗砂岩	5	6.55	1.31	4.834	0.383	0.164	0.487
14	细砂岩	2	3.00	1.50	5.104	0.293	0.293	0.521
15	粗砂岩	7	14.21	2.03	4.929	0.370	0.246	0.616

上覆岩层垮落状态发展图如图 1 所示。由图 1 可见，工作面开挖后，其顶板垮落高度达到 25 m，直到工作面上部短悬臂梁结构处垮落带高度逐渐回落；工作面下部采空区易充实；但运输巷、回风巷的顶板都未垮落，在垮落的 25 m 范围内，运输巷下帮延长线与顶板断裂线夹角为 15°，回风巷与其夹角则远大于 15°。

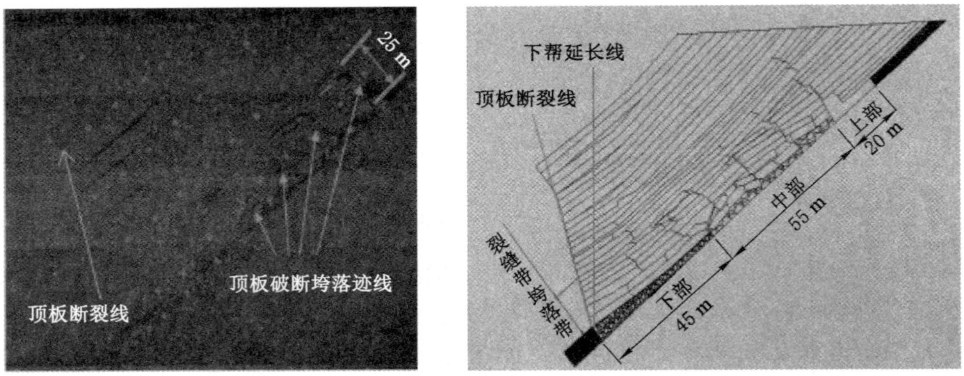

图 1 上覆岩层垮落状态发展图

3.2 数值模拟

模型中煤层及其顶底板岩层均采用工作面岩层的平均厚度，模型尺寸：长×宽×高＝160 m×320 m×160 m；为了便于计算，煤层倾角按照 40°考虑，煤层厚度 4.2 m，工作面按照正倾斜布置，斜长取 120 m。大倾角工作面沿倾向顶板破坏范围及破坏程度不一致，因此超前支承压力的分布存在差异。对工作面全长 120 m 布置 9 条监测线，具体布置方案见图 2。

超前支承压力影响范围按原岩应力影响范围的 1.05 倍考虑。由于各测线埋深不一致，则原岩应力也不一致，分别为 10.61 MPa、10.42 MPa、10.22 MPa、10.02 MPa、9.82 MPa、9.61 MPa、

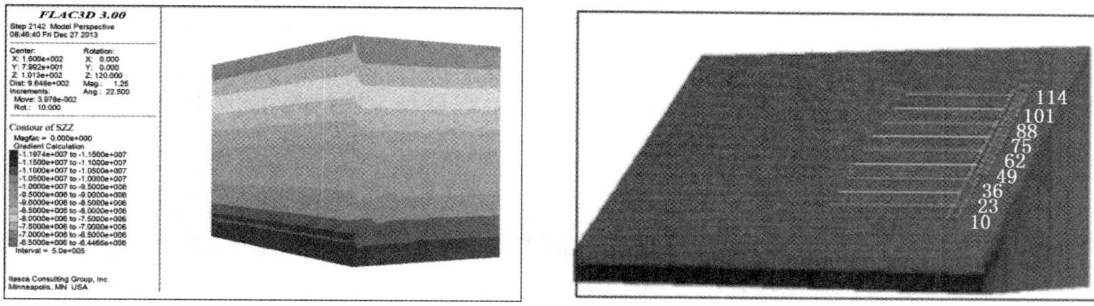

图 2　超前支承压力监测线布置示意图

9.40 MPa、9.20 MPa 和 8.98 MPa。

不同推进度各测线超前应力峰值的变化规律如图 3 所示。分析图 3，随着工作面的推进，超前支承压力峰值曲线逐渐密集，说明应力峰值逐渐趋于稳定。可明显看出应力峰值沿工作面倾向方向中下部较大，而工作面上部和下部应力峰值点较小。根据图 3 可知，当工作面推进至 128 m，工作面中部应力峰值稳定在 15.0 MPa 左右，工作面下部应力峰值稳定在 14.0 MPa 左右，而工作面上部应力峰值则逐渐稳定在 13.7 MPa。

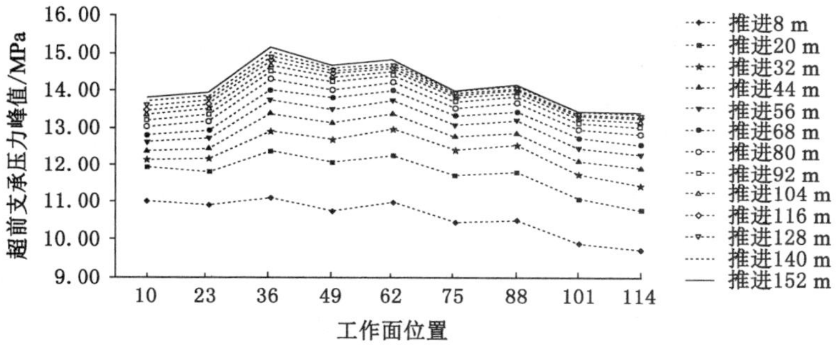

图 3　不同推进度各测线超前应力峰值的变化规律

3.3　支护参数

根据上述模拟实验结果以及采场实际情况，运输巷的顶板控制比较复杂，故以运输巷为主，计算超前支护锚索参数（表 4），回风巷的超前支护锚索参数则以运输巷的参数为参考。

表 4　ϕ17.8 mm 钢绞线参数

名　称	参　数	名　称	参　数	名　称	参　数
钢绞线钢材级别	低松弛型 270K	最低破断载荷	352.8 kN	延伸率	≥3.5%
公称截面面积	248 mm^2	标准抗拉强度	1 860 MPa	屈强比	90%

锚索数目按下式计算：

$$N = k\frac{W}{P_{断}} \tag{1}$$

$$W = B\sum h\sum \gamma D \tag{2}$$

式中　N——锚索数目，根；

k——安全系数（1.0～2.0），取 1.3；

$P_{断}$——锚索的最低破断载荷，kN，取 352.8 kN；

W——被吊岩石的自重,kN;

B——巷道宽度,m,取 4.5 m;

$\sum h$——需要悬吊的不稳定岩层的厚度,m,根据煤层综合柱状图,取 3.16 m;

$\sum \gamma$——悬吊岩石的平均容重,kN/m³,取 23 kN/m³;

D——支护间排距,取 1 m×1 m。

根据工作面综合柱状图和锚索须锚入稳定岩层不低于 1.5 m,设计锚索长度 L 为 5.2 m。经计算,初步选择工作面顶板每排布置 1.2 根锚索支护满足要求,每排布置 2 根锚索支护。

运输巷和回风巷剖面支护示意图如图 4 所示。

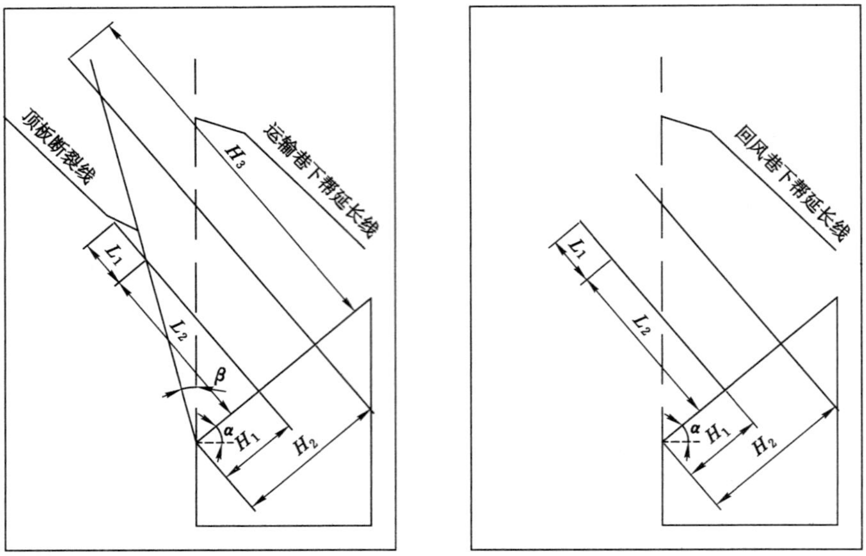

图 4 运输巷和回风巷剖面支护示意图

$$H_1 = L_2/\tan(90-\alpha+\beta) \tag{3}$$

$$L_2 = L - nL_1 - l_1 \tag{4}$$

$$H_2 = H_1 + l \tag{5}$$

$$H_3 = [\frac{L-nL_1-l}{\tan(90-\alpha+\beta)} + l_1]\tan(90-\alpha+\beta) \tag{6}$$

式中 H_1——锚索孔(第一排)距运输巷下帮的距离,mm;

H_2——第二排锚索孔距运输巷下帮的距离,mm;

H_3——第二排锚索的长度,mm;

L——锚索总长度,mm;

L_1——一支 CK2350 锚固剂在 ϕ28 mm 锚孔中锚固钢绞线的长度,mm;

l——锚索外露长度,mm,取 200~250 mm;

L_2——锚索除去 l 和 L_1 的长度,mm;

l_1——第一排锚索距第二排锚索的距离,mm,取 1 500~2 000 mm;

n——锚固剂个数;

α——煤层倾角,(°);

β——顶板断裂线与下帮延长线的夹角,(°),$\beta=0.375\alpha$。

通过计算,一支 CK2350 锚固剂在 ϕ28 mm 锚孔中锚固 ϕ17.8 mm 钢绞线的长度 $L_1=0.56$ m。$n=1$,为了便于施工,运输巷超前支护参数:$H_1=1.8$ m,$L=5.2$ m,$H_2=3.8$ m,$H_3=8.6$ m。

因此，结合两巷原有的锚网索支护，运输巷超前支护参数：第一排锚索 ϕ17.8×5 200 mm，距下帮 1 800 mm，每孔使用 2 个 CK2350 锚固剂，第二排锚索 ϕ17.8×8 600 mm，每孔使用 1 个 CK2350 锚固剂，两排都配合使用长度为 3 200 mm 的钢筋托梁或钢带（搭接长度不少于 100 mm），其间排距为 1 000 mm×2 000 mm，每根锚索采用型号为 KM15-1860 的锁具，其初锚固力不小于 36 MPa[10-11]。在回风巷尾巷里布置一架 ZY5600/23/48 掩护式液压支架[12]，在一定程度上减小超前支护的支承压力。

回风巷和运输巷超前支护平面图如图 5 所示，超前支护实物图如图 6 和图 7 所示。

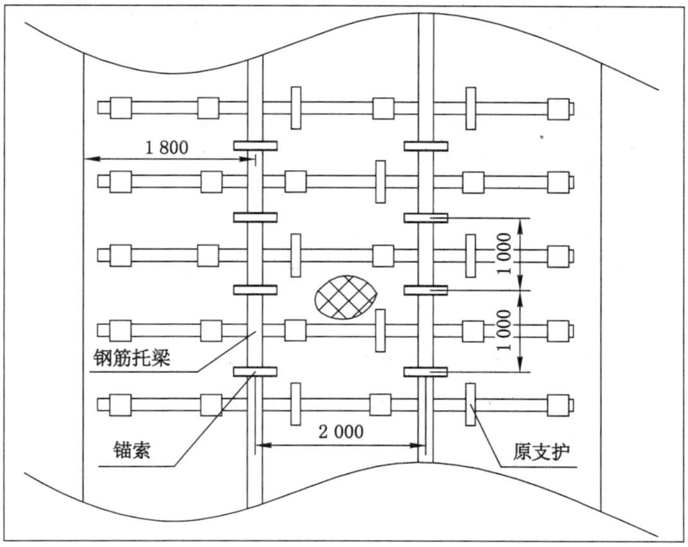

图 5　超前支护平面图

图 6　回风巷超前支护实物图

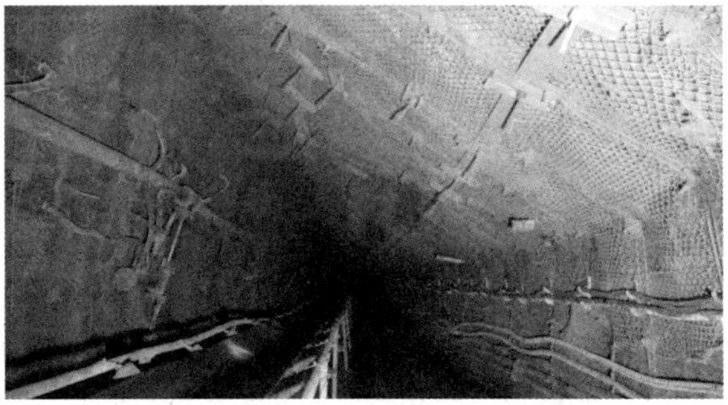

图 7　运输巷超前支护实物图

3.4 监测技术

对两巷超前支护，采用 KJ21 矿山压力监测系统在线监测，主要是在线监测锚杆、锚索的载荷，随时观测锚索(杆)的受力情况，达到锚索(杆)最大应力时及时报警。在两巷布置 10 个测站，距切眼煤帮往外 50 m 处开始布置，每隔 50 m 布置一个测站，每个测站有 1 台锚索测力计和 1 台锚杆测力计。在两巷布置 30 个测点，从切眼煤帮往外 20 m 处开始布置，每隔 20 m 安装一台 DLJ-23 型顶板离层仪。

从运输巷顶板离层仪观测情况(图 8)分析，工作面回采时，运输巷顶板下沉量较小，都没有超过 20 mm，结合工作面压力记录仪记录结果，顶板在初次断裂时下沉量最大，达到 19 mm，推进度越慢，顶板下沉量越大。

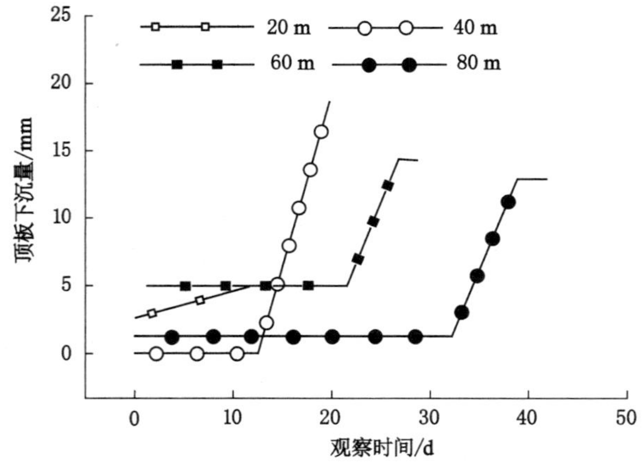

图 8　运输巷顶板下沉量

由图 9 可知，复合顶板大倾角大采高工作面在回采过程中，超前锚索受力最大达到 19 kN，结合工作面上覆岩层垮落情况，在顶板初次垮落时，受力最大；周期来压期间，超前锚索受力小于初次来压期间锚索受力，都远小于锚索的破断载荷。超前锚索距离采线越近的受力越大，反之则越小。锚索受力曲线呈现出类似于弹性变形的特征，反映复合顶板大倾角大采高工作面深部岩层受力变化和超前支承压力情况。结合工作面推进情况，工作面前方应力集中在距采线 10～30 m 的范围。

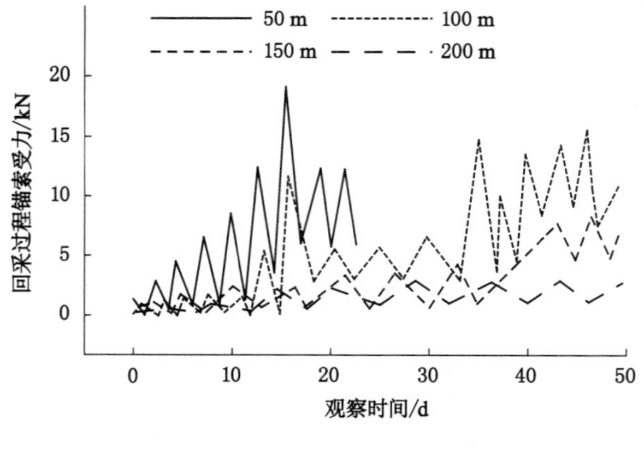

图 9　运输巷超前支护锚索受力曲线

由图 10 可知，复合顶板大倾角大采高工作面在回采过程中，运输巷锚杆受力最大达到 5 kN，结合工作面上覆岩层垮落情况，在顶板初次垮落时，受力最大，但没有锚索受力大。

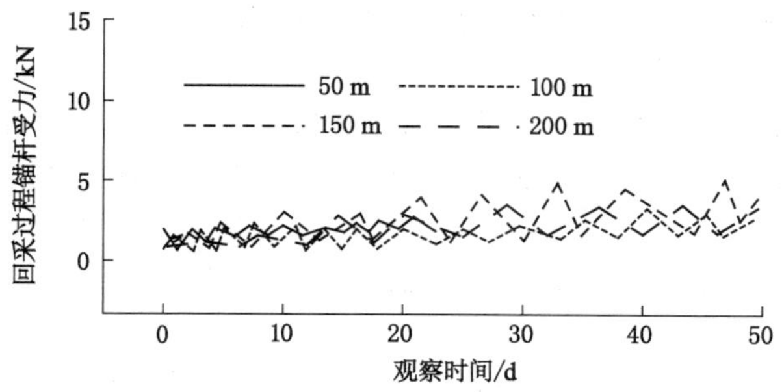

图 10　运输巷锚杆受力曲线

3.5　超前支护施工方法

方法一：由于大倾角大采高工作面两巷的断面达到 15～25 m^2，巷道上帮最大高度达到 8.8 m，施工难度较大，因此，可在巷道掘进时，永久支护完成后，及时采用锚索＋钢筋托梁（钢带或工字钢）超前支护顶板。方法二：采用建筑工地的脚手架管＋“十字扣”搭设操作平台骨架，再铺设厚木板，距采线不小于 30 m 处，采用 ZQS-50 手动手持式锚杆钻机提前打设。此平台搭设在运输巷桥式转载机上，随着桥式转载机移动。方法三：采用 CMM1-18Y 型智能钻锚机器人打设超前支护锚索，操作方法更加方便、安全，支护效率更高。

4　支护效果

（1）复合顶板大倾角大采高工作面超前支护采用锚索＋钢筋托梁（钢带、工字钢等）支护，在工作面回采期间，未发生锚索断裂现象，只出现复合顶板特有的局部兜网现象。

（2）本公司在 6152、6231、6144 等十余个大倾角大采高工作面的使用证明，该超前支护技术安全、稳定、可靠，未发生漏顶、冒顶等事故。

（3）采用大倾角大采高工作面超前支护技术，减少了安全高效生产的影响因素，有利于材料运输、人员行走、巷道通风等，减轻了作业人员的劳动强度，丰富了超前支护的类型，提高了巷道的使用率，促进了安全生产。

5　结论

（1）采用在线监测和顶板离层观测，采用复合顶板大倾角（35°～55°）大采高工作面超前支护技术，工作面正常回采时，超前锚索受力最大达到 19 kN，巷道顶板最大下沉量为 19 mm。工作面前方应力集中在距采线 10～30 m 的范围。

（2）大倾角大采高工作面超前支护技术在实践中不断探索，逐步形成了超前支护施工方法，此方法操作方便安全，投入少，效果好。每天检查设备的同时施工工作面超前支护，不影响工作面正常生产。

（3）大倾角大采高工作面超前支护技术根据工程地质条件选择不同的锚索支护参数，如可选用直径 21.6 mm 及以上的锚索，选用变形模量更大的废旧 π 型钢梁制作成的长度为 500 mm 的托盘，采用厚度为 20 mm 的蝶形小盘等，提高了超前支护的可靠性和安全性。

参考文献

[1] 杨磷，黄正平. 大倾角综采工作面过斜交断层技术[J]. 煤炭工程，2017，49(5)：51-54.
[2] 钱鸣高，许家林. 煤炭开采与岩层运动[J]. 煤炭学报，2019，44(4)：973-984.

[3] 宋振骐，郝建，石永奎，等."实用矿山压力控制理论"的内涵及发展综述[J].山东科技大学学报(自然科学版)，2019，38(1)：1-15.

[4] 谢和平.深部岩体力学与开采理论研究进展[J].煤炭学报，2019，44(5)：1283-1305.

[5] 曹新奇，马立强，杨明福，等.大倾角煤层工作面端头支护及超前支护技术[J].煤炭科学技术，2012，40(7)：1-4.

[6] 徐亚军，张德生，李丁一.全方位行走式超前液压支架研究[J].煤炭科学技术，2019，47(10)：161-166.

[7] 潘一山，高学鹏，王伟，等.冲击地压矿井综采工作面两巷超前支护液压支架研究[J].煤炭科学技术，2021，49(6)：1-12.

[8] 曲秋扬，毛德兵.大倾角大采高综采工作面支架工作阻力分布特征研究[J].中国煤炭，2014(3)：45-48.

[9] 郭文彬，马传斌，宋文杰.厚煤层大断面巷道超前支护技术[J].煤矿安全，2020，51(9)：157-161.

[10] 潘卫东，任志成，孔德中，等.大倾角煤层回采巷道的矿山压力研究[J].煤矿安全，2014，45(3)：35-37，41.

[11] 杨磷.大倾角采煤工作面超前支护结构：ZL201610071613.3[P].2016-04-13.

[12] 杨磷，林勇，黄正平，等.大倾角结构复杂厚煤层大采高综采回采工艺：ZL201910716763.9[P].2019-08-05.

薄煤层工作面过断层多层位开采应用与研究

敖翠云

（贵州省六盘水市盘州市能源局，贵州 六盘水 553537）

摘　要　本文聚焦于薄煤层过断层多层位开采的实际操作难题，旨在提出一系列针对性的处理措施。通过剖析薄煤层开采的地质特征，本文介绍了适用于不同断层类型的安全开采技巧。文中结合具体案例，详细讲述了面对落差不同的断层时的应对策略，如走向断层、倾向断层及斜交断层的开采方法。实践证明，这些处理方式能有效避免或减轻开采中的安全风险，提升开采效率。

关键词　薄煤层；多层位开采；断层处理；操作技巧；实践应用

0　引言

薄煤层开采，特别是在断层复杂地区，一直是煤炭工业面临的巨大挑战。这类煤层通常厚度不足 1.3 m，尽管资源丰富，却因技术难题和安全风险而难以有效利用。多层位开采技术作为解决这一问题的创新手段，不仅能提升资源回收率，更重要的是显著增强开采安全性。本文聚焦于薄煤层多层位开采中的断层处理技术，旨在通过深入分析不同断层类型对开采的影响及其处理策略，提出一系列创新技术方案和管理措施。

1　地质概况与开采条件

在研究薄煤层开采前，理解地质特征是关键。这些煤层厚度不超过 1.3 m，分布复杂，伴随着走向、倾向及斜交断层等多种地质结构，大大增加了开采难度。这种复杂地质条件直接影响开采安全与技术策略，要求精准的地质勘探和灵活的开采技术。特别是对于断层带来的安全挑战，如瓦斯突出和水害，需要高度的顶板管理和风险预防。因此，制定综合地质和技术考量的开采方案至关重要，需深入了解地质状况，采用先进勘探技术和现代化开采设备，以确保开采过程的安全与效率[1]。

2　多层位开采技术

2.1　多层位开采技术概述

多层位开采技术是一种综合性策略，旨在通过精准的地质勘探、创新工艺和先进设备，高效利用煤炭资源，同时承诺安全与环保。该技术在处理复杂地质条件下的多煤层开采中展现独特优势，通过深入地质分析、灵活开采顺序、合理布局与先进支护及通风技术，实现安全高效开采，同时，精确控制瓦斯等危险因素，最小化环境影响，推动煤炭行业可持续发展，确保矿工安全。这体现了面对挑战时寻找各因素平衡的智慧与勇气[2]。

2.2 层间稳定性控制

在多层位开采技术的实践中，层间稳定性控制无疑是一项挑战，尤其是当开采活动激发地压活动，威胁到相邻煤层的安全时更是如此。此类问题的解决，核心在于运用高效的隔离技术与精准的地压监控系统[3]。实现这一目标的方法是，在不同的煤层之间设立适当的隔离带，这些隔离带能有效地分隔开采区域，减少层与层之间的相互影响。同时，部署先进的监测设备，对地压的变化进行实时跟踪，这不仅有助于评估当前的开采条件，也为及时地调整开采策略提供了可能，从而确保了开采过程中各层的稳定性。通过这样的措施，可以有效地预防开采过程中可能出现的地面塌陷、岩层移动等不稳定现象，确保矿工安全以及开采效率。此外，层间稳定性的有效控制还有利于提高煤炭资源的回收率，减少资源的浪费。因此，开发与应用高效的隔离技术和地压监测手段，对于提升多层位开采技术的安全性和经济性具有重要意义[4]。

2.3 瓦斯管理与控制

在多层位开采作业中，瓦斯问题尤为突出，对矿山安全构成了严重威胁。为应对此挑战，采用了一系列创新措施，包括但不限于瓦斯抽采和预抽瓦斯技术，旨在最大限度地降低瓦斯积聚和突出的风险。这些措施能够有效减轻由于瓦斯超标带来的安全隐患，为矿工提供一个更加安全的工作环境。此外，建立了一套科学的瓦斯监测系统，通过实时监控瓦斯含量变化，及时发现潜在的安全风险，并通过自动预警机制，迅速启动应急措施，有效避免了瓦斯突出事故的发生。同时，配合高效的通风系统，不仅可以稀释瓦斯浓度，还能改善矿井内的工作环境，确保瓦斯浓度始终控制在安全标准之内。通过这些综合性的技术和管理措施，瓦斯的管理与控制在多层位开采过程中得到了显著改善，有效提高了矿山的安全生产水平。这不仅体现了对矿工生命安全的高度负责，也为矿山企业的可持续发展奠定了坚实的基础[5]。

2.4 断层区开采安全

在断层区域实施多层位开采，开采安全问题尤为重要。面对这一挑战，必须依托精确的地质勘探数据，对断层的具体位置及其可能对开采活动产生的影响进行详细分析。这一过程中，精细识别断层特征成为确保开采安全的关键步骤。基于这一深入的地质分析，开采策略需灵活调整，以适应复杂的地质条件。例如，通过优化开采布局，可以有效减少断层对开采区的直接影响。同时，加强断层区域的支护措施，如使用高强度的支护材料和先进技术，增加支护密度等，都是确保开采安全的有效方法。此外，采用灵活的开采技术，如分段开采、有序退采等策略，也能大大降低断层活动对开采安全的负面影响。通过这些综合性措施的实施，可以有效避免断层区域的地质灾害，如地面塌陷、水害等，确保多层位开采作业的安全顺利进行。

3 过断层开采的挑战与对策

3.1 落差小于采高的断层处理

处理落差小于采高的断层关键在于减少其对开采的负面影响，确保安全和经济效益。首先，精确地质勘探定位断层，为制定处理措施提供依据。常用方法包括预留煤柱或隔离带以物理分隔，局部调整开采顺序或分段开采以规避影响。对于活动性强的断层区，增强支护措施，如使用高强度支护系统，保障安全。这些措施能有效降低开采风险，提升安全开采水平。选择和实施需根据断层特征和地质条件灵活调整，实时监控和动态评估确保效果，综合应用技术减少断层负面影响。

3.2 落差大于采高的断层处理

3.2.1 走向断层

走向断层，作为矿山开采中常遇到的一种地质现象，对开采活动的影响不容忽视。它们以特定的走向贯穿煤层，既是挑战也是机遇。理解其特性，对矿山安全生产至关重要。面对走向断层，传统的直觉可能会让人选择回避。然而，通过精细的地质勘查，结合现代技术手段，我们能够准确描绘出断层的具体位置与走向，这为安全高效地开采提供了可靠的数据支持。当然，走向断层的开采并非一帆风顺。随之而来的，是对开采方法和技术路线的全新考量。例如，调整工作面的布局，或是采用更为灵活的开采策略，如局部留煤法或错层开采，旨在最大程度减少断层对开采的不利影响。此外，走向断层区域的支护措施也需加以强化。采用高强度支护材料，增设监测设备，实时监控断层活动状态，这些都是确保开采安全的有效措施。

3.2.2 倾向断层

倾向断层，其在地质构造中的角色犹如一把双刃剑，既带来了开采难度，也提供了解决问题的线索。这种类型的断层，以其特有的倾斜角度切割地层，为矿山设计师们呈现了一道复杂的谜题。借助于现代地质勘探技术，对倾向断层的精细勘测成为解决这一谜题的第一步。明确断层的倾向和倾角，是制定有效开采策略的基础。这一过程中，技术人员需发挥创造性思维，将地质信息与开采实践相结合，探索最佳解决方案。在应对倾向断层时，采取的措施多种多样。从调整工作面走向，避免与断层平行开采，到实施分段开采法，减少断层对工作面的直接影响，每一策略的背后都是对安全与效率的双重考量。更进一步，增强断层附近区域的支护工作，也是保障开采安全的重要环节。通过使用高强度的支护材料，加强监测和预警，能够有效预防由于断层活动引起的安全事故。倾向断层的处理不仅是一场技术挑战，更是对开采团队应变能力的考验。在面对这一地质难题时，创新与精准的决策是通往成功的关键。

3.2.3 斜交断层

斜交断层在地质构造中的存在，为矿区开采带来了不小的挑战。这类断层以其独特的走向和倾角穿越地层，使得地质条件复杂化，对开采设计的要求也随之提高。面对这样的地质现象，开采团队必须展开深入的地质勘探，以确保对斜交断层的准确理解。探索斜交断层的秘密，意味着要对其交叉角度、分布范围及其对周围岩体的影响有一个全面的认识。这不仅需要先进的技术手段，还需要地质人员的敏锐洞察力和经验积累。通过这一过程，可以揭示出更为合理的开采路径，避免直接冲击到断层敏感区域，减少可能的安全风险。在斜交断层的具体处理策略上，创新思维发挥着关键作用：或者，通过调整工作面的走向，使之与断层形成较为有利的交角，从而有效降低开采难度；或者，采用灵活的开采方法，比如局部留煤柱或采用分段回采技术，以适应复杂的地质条件。此外，加强断层附近的监测和预警工作，同样不可或缺。利用现代化的监测设备，实时跟踪断层活动的情况，确保在断层活动预兆明显时能够及时采取措施，保障矿工安全，减少经济损失。斜交断层的开采处理，不仅是对技术能力的考验，更是对团队应急响应能力和创新能力的挑战。在这一过程中，每一个决策都至关重要，每一步操作都需要精心谨慎，确保开采活动的安全与效率。

3.3 特殊情况处理

在面对断层带等复杂地质区域的开采时，策略的灵活性和创新性显得尤为重要。地质的多变带来了预测的不确定性，这就要求开采方案能够适应地质条件的快速变化，同时确保安全和经济效益的最大化。考虑到这一点，地质勘察的深度和广度不可或缺。通过详尽的地质勘察，可以揭示出断层带的复杂性，包括断层的走向、倾角以及与矿层的相对位置等信息。这一过程中，地质勘察团队的经验和直觉起到了不可替代的作用，他们能够根据现场的具体情况，提出最合理的开采建议。在实际开采过程中，灵活调整开采方案至关重要。这可能意味着在开采进程中，基于实时监测数据和地质勘察的最新发现，对开采计划进行即时调整。比如，对于某些高风险区域，可能需要采用更为保守的开采方法，或者增加支护措施，以确保开采作业的安全。此外，技术创新也是处理这些复杂地质情况的关键。采用新型的开采技术和设备，如远程控制开采设备、高精度的地质监测仪器等，可以在不直接接触复杂地质区域的情况下，有效地进行开采作业。

4 多层位开采过断层的实际案例分析

在矿产资源的开采过程中，多层位开采技术因其能有效利用矿体、降低成本以及减少对环境的影响而受到重视。此技术在处理断层等复杂地质结构时尤为关键。以下案例分析将深入探讨多层位开采技术在实际中的应用效果与经验教训。某矿区位于地质构造复杂的山脉之中，矿体被多条断层分割，形成了不同的矿体块。传统的单层位开采方式难以适应此类复杂地质条件，因此，矿山决定采用多层位开采技术。该技术不仅能够适应地质构造的复杂性，还能够提高资源的回收率，降低开采成本。开采前，矿山进行了详细的地质勘查，明确了各断层的位置、倾角及矿体的具体分布情况。根据这些信息，制定了多层位开采方案，计划从上至下逐层开采，同时在各层位之间设置合理的安全煤柱，以保障开采过程的稳定性。实际开采过程中，首先在上层矿体进行开采，利用重力辅助矿石的下落，从而减少了矿石运输的成本。随着上层矿体的逐步开采完成，逐渐向下层转移，每一层的开采都紧密依据地质勘查的结果，灵活调整开采方案。然而，在开采过程中也遇到了一些挑战，如某一断层区域因地质条件比预期中更为复杂，导致下层矿体开采时出现了安全隐患。矿山及时调整了开采策略，加强了对该区域的监测，并采取了加固措施，确保了开采作业的安全进行。此外，多层位开采技术还带来了环境保护方面的好处。通过合理的开采顺序和技术手段，大大减少了地表塌陷和环境破坏，保护了矿区周边的生态环境。经验教训方面，该案例表明，详细的地质勘查是成功应用多层位开采技术的关键。只有准确掌握地质信息，才能制定出有效的开采方案。同时，灵活调整开采策略，对于应对地质条件的变化至关重要。此外，环境保护措施的有效实施，不仅符合可持续发展的要求，也是企业社会责任的体现。

5 安全与效率分析

多层位开采技术，作为一种先进的矿山开采方法，不仅大幅度提升了资源回收率，而且在确保开采作业安全方面发挥了至关重要的作用。在探讨其在安全性和效率上的表现时，我们可以从多个角度进行分析。安全性一直是矿山开采领域的首要考虑因素。多层位开采技术通过对矿体的逐层或分区开采，有效避免了大规模地下空间的形成，减少了地表塌陷的风险。在复杂地质条件下，如断层、水文地质条件复杂的区域，传统开采方法往往面临较大的安全风险。而多层位开采技术通过精确的地质勘探和开采计划，能够有效识别和规避潜在的危险，如不稳定的岩层、突水等，从而大大提高了开采作业的安全性。此外，该技术在开采过程中采用的高效监测和管理系统，如实时地质监测、自动化开采设备等，进一步增强了对异常情况的响应能力，确保了作业人员的安全。从效率的角度来看，多层位开采技术显著提高了煤炭资源的回收率。传统的单层位开采往往由于技术限制和安全考虑，不能完全开采煤层中的煤炭资源，尤其是在地质条件复杂或煤层厚度不均匀的情况下。而多层位开采技术通过对矿体的全面评估和精细化管理，能够最大限度地利用矿体，减少煤炭资源的浪费。同时，该技术通过减少开采过程中的重复作业和优化开采顺序，有效降低了开采成本。例如，通过合理的开采层位规划和运输路径设计，可以显著减少物料搬运的距离和时间，从而降低能耗和人力成本。在具体实施中，多层位开采技术还体现了对环境保护的高度重视。通过减少地表破坏和控制矿山废弃物的产生，该技术不仅提高了煤炭开采的经济效益，同时也符合了可持续发展的理念。

6 结论

在面对煤矿开采中的断层处理问题时，科学合理的策略选择和执行显得尤为重要。通过精确的地质勘探、灵活的开采技术应用以及高效的支护措施，可以有效降低断层对煤炭开采的负面影响，确保开采作业的安全性和经济效益。未来，随着技术的不断进步和创新，煤矿开采将更加安全、高效，为能源产业的可持续发展贡献更大的力量。

参考文献

[1] 柴铁锤，朱明，汪国强. 薄煤层炮采工作面高产高效的探索与实践[J]. 中州煤炭，2003(1)：14，41.

[2] 曹建辉，黄祥宽，叶坤辉. 坑透在大倾角薄煤层不规则回采工作面的应用[J]. 煤炭技术，2018，37(1)：41-43.

[3] 陈胜利. 对薄煤层回采工作面高产高效的思考[J]. 煤炭工程师，1994(2)：18-20.

[4] 赵亚伟. 回采工作面探放水技术应用探析[J]. 内蒙古煤炭经济，2014(8)：170，172.

[5] 鲁晓丽. 回采工作面矿压分析及支架设计[J]. 企业技术开发，2013，32(14)：10-11.

构造发育区煤层开采技术研究与应用

胡金春，兰红，田友稳

（贵州林东煤业发展有限责任公司龙凤煤矿，贵州 毕节 551800）

摘 要 本文针对复杂地质构造条件下煤层开采易发生片帮、冒顶和瓦斯事故等影响安全高效回采的难题，采用现场实测、理论分析以及现场试验相结合的研究方法，以龙凤煤矿120910采煤工作面为研究对象，对小构造发育区煤层开采技术进行了研究。结果表明：由于龙凤煤矿9号煤层受采动作用的影响，自与上覆邻近层5号煤层层间距较小，直接顶垮落后5号煤层极易在采空区直接垮落，煤体残余瓦斯直接从采空区涌出，对工作面安全回采带来威胁；针对120910工作面的特殊性，在回采前，对4号、5号和9号煤层瓦斯进行同步治理，三层煤均必须在抽采达标，消除突出危险性后方可进行回采，采用顺层＋穿层钻孔网格化布置的方式，预抽三层煤体的瓦斯，达到区域消突的目的；同时在回采前，在120910回风巷布置高位拦截钻孔同步预抽，拦截邻近层瓦斯，防止其涌出进入工作面，威胁工作面安全；针对在构造区的特殊性，对顶板采用人工开帮及时支护铺网形式，规避了割煤机割煤后瞬时产生的空顶导致的冒顶事故，确保顶板可控，安全回采。

研究成果形成了在小构造发育区开采煤层过构造时的相关控制技术体系，在现场取得了良好的技术效果和经济效益，为相似地质条件下回采煤层过构造时安全开采提供了借鉴。

关键词 小构造发育区；煤层开采；开帮工艺；顶板管理；瓦斯治理

0 引言

在复杂地质条件下煤层开采过程中，瓦斯超限、片帮及冒顶等是对煤矿安全生产极具威胁且常见的灾害[1]。尤其是小构造发育区，随着采煤工作面的不断推进，相邻煤层受到开采扰动等影响，近距离煤层群开采下瓦斯超限、片帮等事故越发频繁。小构造发育区的煤层开采技术不仅影响采煤工作面回采效率，还影响着作业人员安全工作、运输及通风。2011—2024年间我国发生瓦斯突出事故107起、死亡700人，而且贵州瓦斯突出事故发生起数和死亡人数最为严重，分别为29起和261人，所占比重分别为27%和37%[2]。因此，开展适用于小构造发育区条件下的煤层开采技术的研究，对煤矿安全高效生产具有非常重要的意义。

不同地质条件下选取合适的采煤方法不仅能够有效提升煤矿生产效率，还能降低工作面事故发生率。学者们就不同的地质条件提出了不同的采煤方法：为了实现新疆龟兹矿西井A5、A3近距离煤层的安全高效开采，基于矿区单翼采区特殊准备方式，提出了近距离煤层群上下逐替协同开采模式，基于该种新型开采模式给出了龟兹矿近距离煤层协同开采关键技术参数设计要求[3]；针对极近距离煤层开采问题，依据矿压基础理论和矿井开采实际情况，提出了下层安全开采的顶板临界厚度为2.5 m，提出的巷道布置方式和受压变形巷道治理方法能够有效提高煤层安全开采水平[4]；针对我国西部复杂地质条件下煤层开采技术问题，采取了优化矿井开采分布、提高工作面支护强度及合理控制采高等措施，有效地预防了工作面动载矿压事故的发生[5]；通过对极近距离采空区下复合煤层开采受冲击地压影响进行研究，提出了采空区下巷道快速施工关键技术工艺体系，创建了一套“采 5 煤、放 3 煤、筛夹矸”的新型综放分采分储分运工艺，实现了不同煤种采用 1 套运输系统的分采分运技术[6]；为解决构造发育区域薄煤层安全开采问题，通过优选工艺，提出了采用无煤柱切顶成巷工艺配合新型等高式采煤机进行薄煤层开采的新技术[7]。

综上所述，各位学者对不同地质条件下的煤层开采技术进行了研究，但是对于小构造发育区煤层开采技术研究较少，因此开展小构造发育区煤层开采技术研究对煤矿安全生产具有重要意义。本文以龙凤煤矿 120910 采煤工作面为研究对象，该工作面已揭露断层构造 8 条，同时属近距离煤层群开采，上覆 5 号煤层、4 号煤层均为突出煤层，9 号煤层与 5 号煤层层间距为 3～10 m，在回采 9 号煤层过程中，邻近层瓦斯给本层开采带来严重影响，针对工作面在回采过程中容易出现瓦斯超限、片帮和冒顶等灾害问题，在结合前人研究的基础上，探究近距离高瓦斯煤层群工作面回采技术、瓦斯治理措施及顶板管控方法，研究成果能够为相似地质条件下煤层开采技术提供理论依据。

1　工程背景

龙凤煤矿位于金沙县新化乡境内，为生产规模为 90 万 t/a 的生产矿井，地处扬子地块、江南以及右江造山带的过渡区，长期受构造作用影响，发育有不同组合类型褶皱、断裂和韧性剪切带，且该矿属于高突矿井，在采掘过程中表现出瓦斯含量高、地质条件复杂等特点，频繁出现瓦斯突出、片帮等一系列的工程问题。

1.1　煤层概况

矿区内含煤地层为二叠系上统龙潭组，属海陆交互相沉积，可采煤层为 4、5、9、13 号煤层，且都为高变质无烟煤。该矿现开采 9 号煤层，9 号煤层经鉴定为高瓦斯突出煤层，本次研究以 9 号煤层 120910 工作面为研究对象，120910 运巷内受断层构造影响，煤层厚度存在一定变化，介于 2.5～3.5 m，其煤层特征如表 1 所示。

在该工作面，4、5、9 号煤层平均层间距为 3～10 m，属于近距离煤层群，瓦斯灾害严重。13 煤层的顶板以粉砂质泥岩、泥质粉砂岩和碳质泥岩为主，底板以碳质泥岩和粉砂质泥岩为主。9 号煤层顶底板岩性如表 2 所示。

表 1　煤层特征表

项目	指标
煤层倾角(最小～最大/平均)	3°～9°/6°
煤层硬度 f	1.002 8～1.695 2
原始瓦斯含量	14.86 m^3/t
煤尘爆炸性	无
煤层自燃倾向性	Ⅲ类不易自燃

表 2　9 号煤层顶底板情况表

名称		岩石类别	硬度	厚度/m	岩性特征
顶板	基本顶	细砂岩	7	5.00	灰黑色，薄层状，坚硬
	直接顶	粉砂岩	5	3.00	灰色，薄层状，夹泥质条带，坚硬
	伪顶	碳质泥岩	3	0.30	灰色，薄层状，夹泥质条带，坚硬

表 2(续)

名称		岩石类别	硬度	厚度/m	岩性特征
底板	伪底	碳质泥岩	3	0.25	波状层理,半坚硬
	直接底	粉砂岩	3	0.87	灰色,中厚层状,坚硬
	基本底	石灰岩	5	3.99	深黑色,上夹 $FeCO_3$ 结核,半坚硬

1.2 断层分布概况

根据 120910 运巷、120910 切眼、120910 风巷所揭露地层产状及断层情况,综合分析出 120910 采面断层分布及参数如表 3 所示。由表 3 可知,120910 采煤工作面所揭露的断层以正断层为主,断层落差在 0.8～3.2 m,整个工作面揭露多条断层,给采煤工作面布置增加了难度。

表 3 120910 采面断层分布及参数

断面名称	断层位置	巷道里程/m	构造性质	构造参数		
				倾向/(°)	倾角/(°)	落差/m
F120910yn-1	120910 运巷	175	正断层	270	55	1.1
F120910yn-2	120910 运巷	228	逆断层	320	65	3.2
F120910yn-3	120910 运巷	255	正断层	98	30	0.8
F120910yn-4	120910 运巷	855	正断层	27	60	1.4
F120910fn-1	120910 风巷	58	正断层	157	65	1.2
F120910fn-2	120910 风巷	225	正断层	252	42	1.6
F120910fn-3	120910 风巷	452	正断层	88	76	1.4
F120910fn-4	120910 风巷	1 167	正断层	95	45	3.2

1.3 瓦斯概况

1.3.1 矿井瓦斯等级鉴定情况

龙凤煤矿为突出矿井,近年来矿井瓦斯等级鉴定结果见表 4。

表 4 近年来矿井瓦斯等级鉴定结果表

鉴定年度	矿井瓦斯涌出量		鉴定结果
	绝对量/(m^3/min)	相对量/(m^3/t)	
2012 年	13.79	53.38	突出矿井
2014 年	16.83	20.05	突出矿井
2016 年	26.17	14.78	突出矿井
2018 年	14.98	6.52	突出矿井

1.3.2 煤层突出危险性鉴定情况

煤炭科学研究总院重庆研究院 2003 年 9 月出具的《林东矿务局龙凤煤矿煤与瓦斯突出矿井鉴定报告》对 9 号煤层突出危险性进行了鉴定,结论认为:龙凤煤矿 9 号煤层于 2001 年 10 月 29 日发生过一起瓦斯动力现象,按照相关规定 9 煤应定为突出煤层,矿井应定为煤与瓦斯突出矿井。

2　复杂构造区煤层开采技术

2.1　巷道布置

120910 综采工作面运巷、风巷及切眼均布置在 C9 煤层中。120910 运巷为采面回采期间运煤、行人服务，通过 120910 运巷与集中运输大巷皮带搭接，构成综采工作面的运煤系统。120910 风巷为采面回采期间回风、运料、行人服务，通过 120910 风巷、120910 风巷回风绕道与二采区回风上山相连，形成采煤工作面的回风系统。120910 综采工作面平面布置图如图 1 所示。

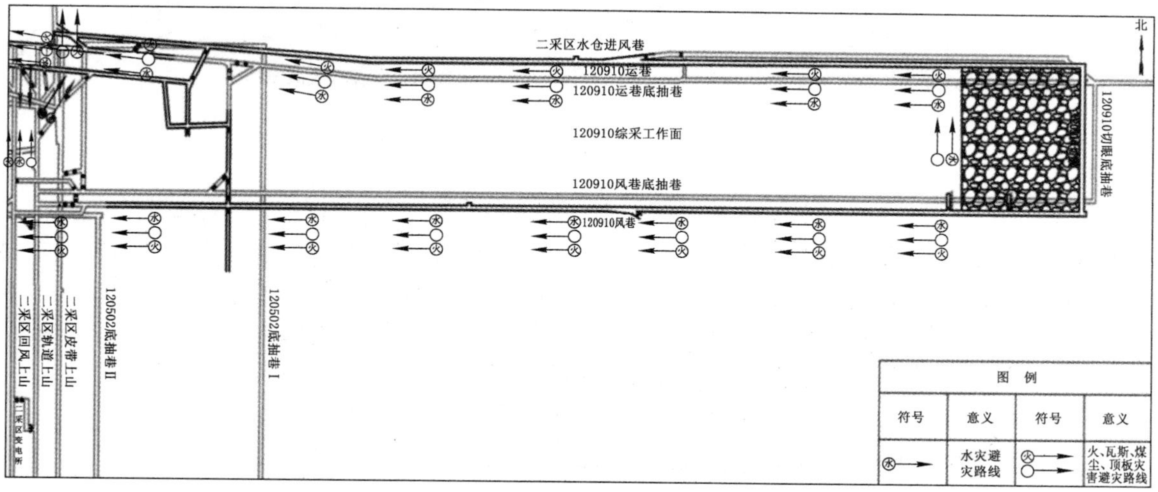

图 1　120910 综采工作面平面布置图

2.2　瓦斯治理

2.2.1　工作面回采前瓦斯治理

采取本煤层顺层钻孔预抽回采区煤层瓦斯的区域防突措施。在工作面回风、运输巷向回采区施工顺层预抽钻孔，钻孔压茬距不小于 10 m，掩护范围至停采线外不小于 20 m 范围，钻孔终孔间距按 4 m 设计，钻孔孔径不小于 94 mm。钻孔施工结束后采取水力（或风力）洗孔方法进行洗孔。封孔采取“两堵一注、带压注浆”的封孔工艺，封孔长度不小于 15 m。

2.2.2　初次来压影响范围内邻近层瓦斯治理

为避免工作面初次来压一次性大面积顶板下沉使上邻近层瓦斯大量涌入采煤工作面导致瓦斯超限，必须采取上邻近层瓦斯治理措施。从采面切眼向上覆煤层施工穿层钻孔，对上覆煤层影响范围进行提前预抽卸压。钻孔按照排间距 4 m、终孔间距 4 m 布置，钻孔孔径不小于 94 mm；控制切眼顶部回采方向上覆煤层 20 m。预抽结束后进行评价，煤层残余瓦斯含量小于 8 m^3/t，且效果检验钻孔施工期间无夹钻、顶钻、喷孔等异常现象即视为治理达标。钻孔施工前，应根据实际揭露产状及上覆煤层实际赋存情况对钻孔参数进行调整，初采过程中当采煤工作面采空区出现大面积空顶时必须采取强制放顶措施。

2.2.3　回采过程中瓦斯治理

采取采空区埋管及顶板钻孔抽采邻近层卸压瓦斯和采空区瓦斯。高位钻孔按终孔位置距 9 号煤顶板 15～20 m 布置，终孔间距 5 m，设计 16 个钻孔，孔径不小于 94 mm，第一组钻孔掩护至切眼外侧不少于 10 m。每组钻孔压茬距不得小于 20 m。顶板钻孔布置示意图如图 2 所示。

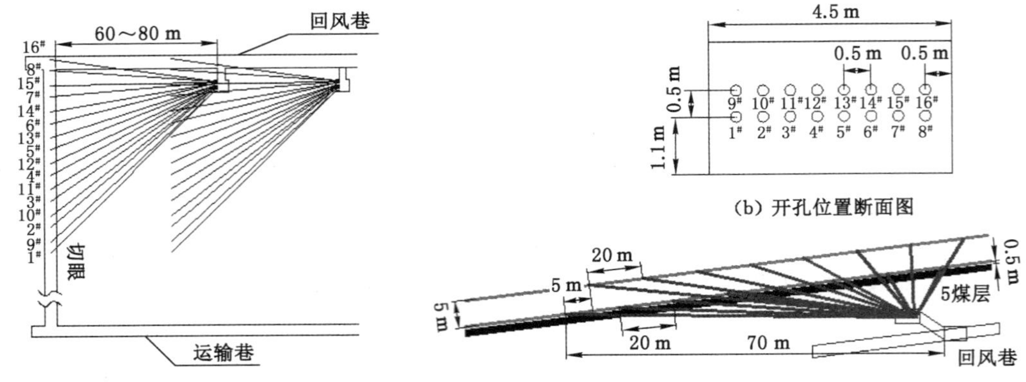

(a) 平面投影图　(b) 开孔位置断面图　(c) 开孔、终孔位置投影图

图 2　顶板钻孔布置示意图

2.3　采煤工艺

120910 综采工作面采长 155 m，采用采煤机端部斜切进刀双向割煤，刮板输送机、转载机、带式输送机联合运煤，掩护式液压支架跟机支护顶板。工作面平均采高 3 m，割煤时应根据煤层顶底板起伏变化情况及时抬刀、落刀，尽量做到不破顶、不破底，保证煤质，工作面循环进度为 800 mm。120910 综采工作面采煤机进刀方式示意图如图 3 所示。

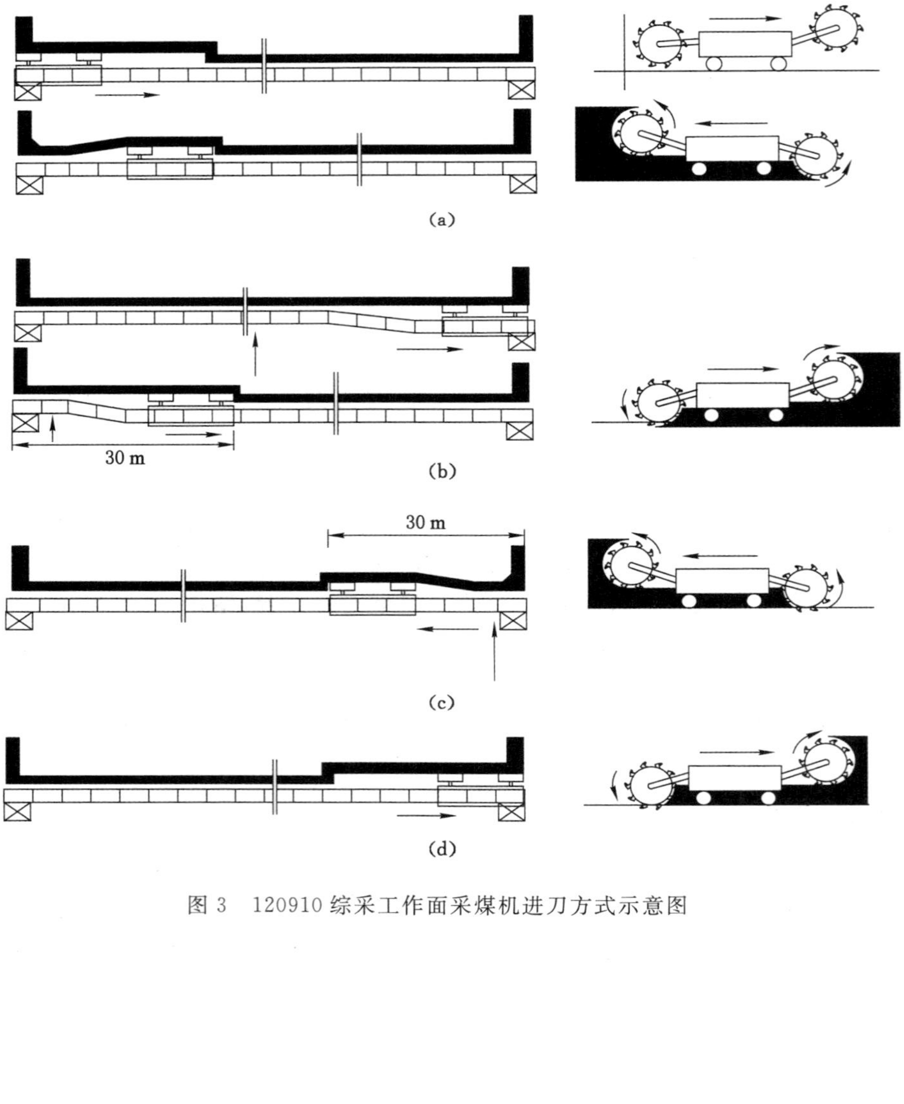

图 3　120910 综采工作面采煤机进刀方式示意图

3 复杂构造区过构造顶板控制安全技术措施

3.1 工作面开帮工艺

3.1.1 开帮工艺

在小构造发育区条件下，受采掘工作的影响，120910 工作面容易出现片帮，因此，本矿提出了适用于小构造发育区条件下的开帮技术，具体工艺如下：

(1) 在工作面进行开帮前，对该区域内进行支架拉超前架、护帮板伸出。

(2) 工作人员进入机道作业时需要先关闭刮板输送机及煤机，同时必须先使用长柄工具将危岩活矸凿掉，漏顶区域支架间的缝隙必须使用木料填实，清理工作完成后，工作人员撤离机道后方可操作支架或进行其他工作。

(3) 开帮工艺流程：刮板输送机、煤机停机闭锁→安全确认→敲帮问顶→临时支护(单体柱＋轨道钢)→人工开帮、出渣→支护。

3.1.2 松软煤层及破碎顶板开帮工艺

(1) 开帮方式：开帮区域采用液压支架配合单体柱、工字钢、轨道钢、π 钢、半圆木支护顶板，采用人工进行开帮，由两端向中间逐步进行，每个作业点开帮距离为一步支架，严禁一个作业点对 2 步及以上支架同时进行开帮作业。开帮作业时必须保证后路畅通，物料不得堵塞行人通道。120910 采煤工作面开帮支护断面示意图如图 4 所示。

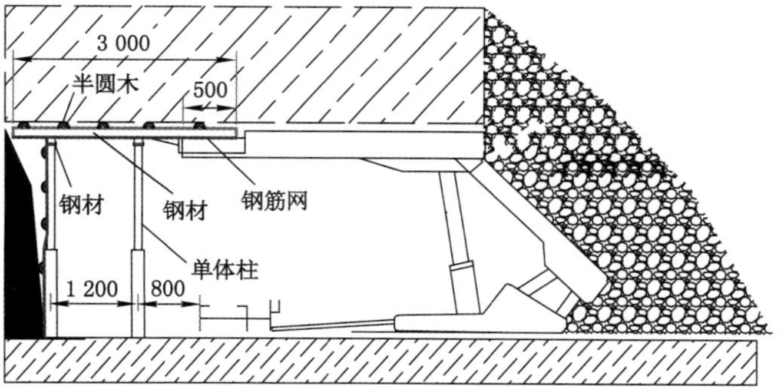

图 4 120910 采煤工作面开帮支护断面示意图

(2) 人工开帮支护措施：根据现场实际情况进行 3 个循环开帮，每循环人工开帮长度 43 m(工作面倾斜方向)，深度 2 m。先采用单体柱配合半圆木对顶、帮进行临时支护，然后再进行人工开帮。煤帮侧采用单体柱施工贴帮柱，采用木料背帮，开帮一架(1.5 m)结束后即采用单体柱、柱鞋、锚网、π 钢、半圆木支护顶板，每步支架采用 2 排单体柱、锚网、π 钢配合半圆木控制顶板。单体柱间距 750 mm、排距 1 200 mm，钢材一端紧贴煤壁，一端伸入支架前梁长度不得小于 500 mm，钢材长度根据现场情况及时调整，同时，沿工作面倾斜方向使用两排钢材横向连锁，开帮段单体柱交替迈步支护。待 3 个循环开帮结束后，根据现场实际情况，顶板若还存在片帮、漏顶现象，则继续采用人工开帮作业。若顶板见实体，再采用煤机对 1# ～29# 支架段进行割煤。采用煤机割煤必须是割通刀，并严格执行拉超前架控制顶板。在支护顶板时，木料与钢材(单体柱)之间必须铺设一层锚网，锚网沿工作面倾斜方向进行铺设，锚网的搭接长度不得小于 100 mm，搭接处必须使用直径不小于 3 mm 铁丝铰接。开帮支护平面示意图如图 5 所示。

3.2 工作面顶板管理

120910 工作面已经探明或者其他未探明的隐伏构造非常发育，导致在回采移架的过程中容易

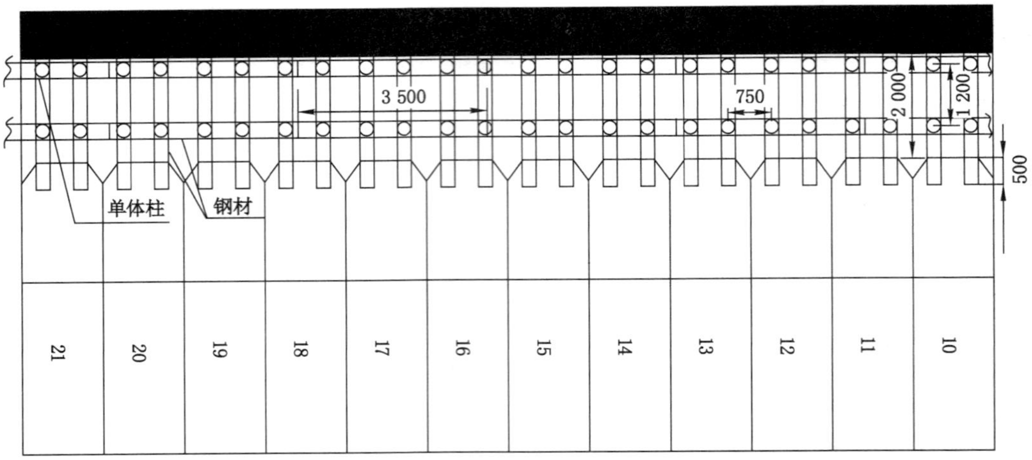

图 5　120910 采煤工作面开帮支护平面示意图

发生冒顶事故，因此合理的顶板管理措施对提高工作面生产效率有着重要作用，具体的顶板管理措施如下：

(1) 确保液压支架初撑力满足 24 MPa，及时拉超前架支护顶板，同时每日检查支架初撑力，移架和机带压拉架同时进行，及时打开护帮板。支架顶梁错差不超过 2/3，支架间错差较大或支架顶部被矸石压实，立柱不能有效伸出时，采用单体柱辅助支架对支撑。工作面部分支架顶梁倾斜角度大于 7°，在拉架过程中逐步将其调至 7°以下，确保支架的支护状态。

(2) 当采掘工作面煤壁片帮比较严重或者刚发生片帮时，不必等采煤机割煤，可采取提前支护，利用前柱与输送机间的富余空间支架向前挪移，使煤壁片帮后的顶板得到提前支护，这时回采工艺过程为移架→采煤→推输送机，可减少梁端与煤壁的空顶距离和空顶时间。在采煤机割煤后及时移支架再移输送机，这时回采工艺过程为割煤→移架→推输送机。为此，支架前柱与输送机的电缆槽托架间要预留 1 次截深距，这种方式用于顶板破碎和容易冒落的煤层段。在超前移架仍未见效的前提下，在支架前梁上增设圆木支护顶板。

(3) 采煤机割到构造处，需要把前后滚筒同时放低，对底煤进行割煤工作，割过后快速拉架(人工处理上部煤檐，处理一架移一架)，减小空顶距，保证顶板支护质量，采煤机处于空载状态，让后滚筒停转，前滚筒空转，待通过该段后，再启动后滚筒。在此段不推刮板输送机，需要把机头割透后退出采煤机，选择顶板完好处再进行进刀。采煤机通过此处时，仍将前滚筒抬高停转，后滚筒放割底煤和装煤，后滚筒过后立即推刮板输送机并快速拉架，并将支架顶梁托住抬棚。在工作面过构造时，采高控制在 2.5～2.8 m，严禁超高回采。

4　结论

(1) 由于龙凤煤矿 9 号煤层受采动作用的影响，且与上覆邻近层 5 号煤层层间距较小，直接顶垮落后 5 号煤层极易在采空区直接垮落，煤体残余瓦斯直接从采空区涌出，对工作面安全回采带来威胁。

(2) 针对 120910 工作面的特殊性，在回采前，对 4 号、5 号和 9 号煤层瓦斯进行同步治理，三层煤都必须要在抽采达标，消除突出危险性后方可进行回采。采用顺层＋穿层钻孔网格化布置的方式，预抽三层煤体的瓦斯，达到区域消突的目的；同时在回采前，在 120910 回风巷布置高位拦截钻孔同步预抽，拦截邻近层瓦斯，防止其涌出进入工作面，威胁工作面安全。

(3) 针对在构造区的特殊性，对顶板采用人工开帮及时支护铺网形式，规避了割煤机割煤后瞬时产生的空顶导致的冒顶事故，确保顶板可控，安全回采。

参考文献

[1] 高鹏，杜超杰，石腾，等. 多断层复杂地质条件下条带充填开采工艺研究[J]. 煤炭工程，2024，56(2)：10-16.

[2] 事故调查和统计司. 2024 年全国矿山安全生产事故情况[EB/OL]. [2023-02-15]. https://www.chinaminesafety.gov.cn/.

[3] 慈忠贞，王佳奇，孟凡林，等. 新疆龟兹矿西井近距离煤层安全高效开采技术[J]. 矿业研究与开发，2019，39(7)：37-41.

[4] 王大鹏. 沙坪煤业 8# 极近距离煤层安全开采技术研究[J]. 煤炭工程，2018，50(增刊 1)：1-4.

[5] 刘长友，李建伟，赵杰，等. 沟谷区域浅埋厚煤层开采动载矿压机理及覆岩导气裂缝分布特征[J]. 采矿与安全工程学报，2023，40(5)：965-971.

[6] 房万伟，郭洪涛，李洋，等. 极近距离采空区下复合层高效开采技术研究与应用[J]. 煤炭技术，2021，40(8)：64-66.

[7] 罗文，杨俊彩. 神东矿区薄煤层安全高效开采技术研究[J]. 煤炭科学技术，2020，48(3)：68-74.

致密厚硬玄武岩下开采围岩动态平衡稳定性监测

邹佳宇，段勇信，景小键

（贵州松河煤业发展有限责任公司，贵州 六盘水 553526）

摘　要　本文结合松河矿 32# 煤层具有的特殊性，通过现场实践及研究，对松河矿 113203 采面采掘应力等相关数据进行监测及分析，确定一套适合松河矿区 32# 煤层的施工方法。

通过布置矿区采掘应力、煤与瓦斯突出监测系统，以煤与瓦斯突出综合假说为基础，应用人工智能技术、大数据技术等，通过微震传感器、瓦斯传感器和风速传感器等，实时监测和分析采掘工作面周围地应力信号和瓦斯涌出量的变化趋势，预警采掘应力、煤与瓦斯突出危险性。

关键词　厚硬玄武岩；致灾机理；矿压监测；采掘应力

0　引言

松河矿作为目前盘江矿区严重的煤与瓦斯突出矿井之一，可采煤层数量多、地质条件复杂、瓦斯抽采困难等诸多因素造成采掘接续长期紧张。因此，通过监测系统对瓦斯、采掘应力致灾机理进行研究并做到危险预测预报，特别是通过科技手段提前对采掘应力及煤与瓦斯突出进行分析，对于松河矿乃至整个盘江矿区都具有重要的意义，对于贵州省条件类似矿井的防治煤与瓦斯突出工作也有着重要的借鉴意义。

1　工作面概况

113203 工作面共布置 5 个工作面，分别为 113203 运输巷、113203 回风巷、113203 运输抽放巷、113203 回风抽放巷及 113203 切眼，均位于贵州松河煤业发展有限责任公司采一区东翼，其中 113203 运输抽放巷为底板抽采巷，与 113203 运输巷平距为 30 m。该工作面所开采的 32# 煤层属于玄武岩组单一煤层，工作面距 29# 煤层 78 m，下伏无煤层，上区段 123201 工作面局部开采，下区段未开采，煤层顶板封闭性好，煤层瓦斯较难运移、逸散出去。32# 煤层的平均厚度为 2.8 m，煤层倾角为 28°，煤层赋存相对稳定；煤的破坏类型为Ⅳ类；32# 煤层伪顶为一层 20～30 cm 厚的高岭石泥岩，直接顶为 7.17 m 的粉砂岩，基本顶为 34.4 m 的玄武岩，直接底为 5.96 m 的铝土岩。项目实施地点为 113203 运输巷、113203 回风巷、113203 运输抽放巷、113203 回风抽放巷。

2　项目概况

113203 掘进工作面厚硬玄武岩致灾机理及工作面矿压显现规律技术研究分为三步实施：一是在 113203 运输抽放巷、113203 回风抽放巷施工微震监测站，安设围岩应力监测站、顶底板离层监测站、锚杆（索）应力监测站，并对监测站附近点进行水力压裂测试；二是分析对比 113203 工作面回采过程中尤其是切顶前后微震监测数据、围岩应力监测数据、顶底板离层监测数据、锚杆(索)受力状态监测数据;三是结合巷道实际生产条件、地质条件等分析厚硬玄武岩下开采致灾机理。

2.1 安设监测站

113203 运输巷设计长度 739 m,厚硬玄武岩致灾机理及工作面矿压显现规律研究技术从 K0+0 m 处实施开始;实际在 113203 运输抽放巷、113203 回风抽放巷、113203 运输巷、113203 回风巷分别设置矿压在线监测设备 14 组、围岩应力监测站 12 处、顶底板离层监测站 6 组、锚杆(索)应力监测站 6 处。在 113203 运输抽放巷、113203 回风抽放巷中距离巷道开口 400 m 处施工安设围岩应力监测站、顶底板离层监测站、锚杆(索)应力监测站。

矿压监测系统是利用计算机技术、数据通信技术、传感器技术解决煤矿顶板稳定性、支护体工况及综采支架工况的智能监测问题,可为顶板灾害的预测预报提供准确的数据支撑,进而为矿山安全高效生产提供保障。该系统集矿井采掘工作面矿压数据采集、数据处理、数据分析、数据存储、数据实时显示、灾变趋势分析、灾害预测预报于一体,采用先进的监测手段对井下围岩变形数据、支护体受力状态等参数进行监测,从而能够及时掌握现场围岩的变形量及变形速率,更好地分析现场采动影响下的围岩稳定性及支护工艺的合理性,为矿方及时采取必要的补强措施提供科学的数据支撑,对保障煤矿安全高效生产具有重要的意义。

回采前在 113203 采面上下巷各安设了 14 组矿压在线监测设备,用于监测采面上下巷矿压显现规律。

2.2 水力压裂实验

在 113203 运输巷、113203 回风巷采用水压致裂方法进行地应力测量。通过地应力测量,可确定围岩的应力状态,即地应力的大小和方向。根据地应力测量结果及综合分析,给出了松河煤矿地应力的赋存规律和基本特征,并为煤矿开采中巷道布置、断面选择以及轴线方位的确定提供设计依据。

此次进行地应力测试的钻孔分别位于 113203 运输巷(钻孔 W1)、113203 回风巷(钻孔 W2、W3),具体测定位置如图 1 所示。钻孔深度如表 1 所示。

图 1 地应力测试钻孔位置图

表 1　地应力测试钻孔深度

钻孔号	W1	W2	W3
测点埋深/m	518.8	418.2	422.4

W1 钻孔位于 113203 运输巷 600 m 处，具体位置如图 2 所示。设计顶板钻孔深度为 20 m。钻孔完成后，经钻孔窥视仪探测，最终选定距离巷道顶板 15.2 m 位置进行测试，分别进行压裂和印模。

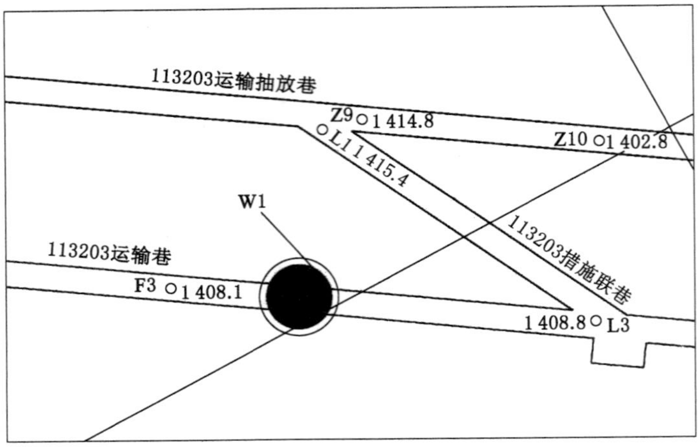

图 2　W1 钻孔位置图

W1 钻孔压力记录曲线如图 3 所示。由图 3 可知，压力曲线较为标准，破裂压力峰值确切、明显，各个循环重复压裂的规律强，表明压力段选取适当，围岩性质好，破裂面均匀，各个循环测得的压裂参数具有良好的一致性，因此可以较为确切地确定出该位置的应力大小及方向。

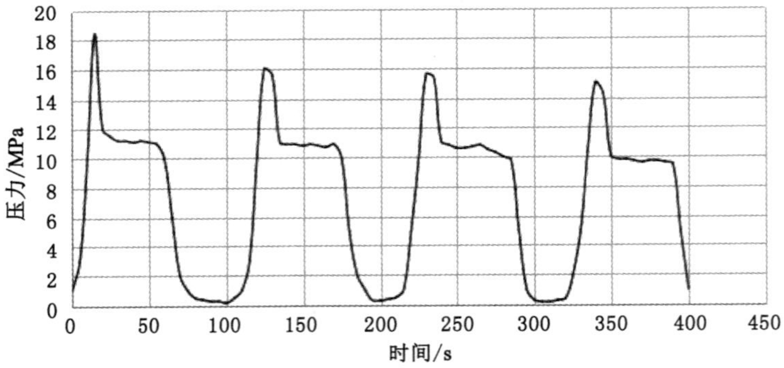

图 3　W1 钻孔压力记录曲线

根据监测数据计算和分析，确定了 W1 钻孔测段初始破裂压力 P_b、二次张裂压力 P_r、闭合压力 P_s 及岩体的抗拉强度 T，根据相关公式，得到最大水平主应力 σ_H、最小水平主应力 σ_h、垂直应力 σ_v，具体见表 2。

表 2　W1 孔水力压裂地应力测试结果

序号	压裂点/m	测点埋深/m	初始破裂压力 P_b/MPa	关闭压力 P_s/MPa	重张压力 P_r/MPa	最大水平主应力 σ_H/MPa	最小水平主应力 σ_h/MPa	垂直应力 σ_v/MPa	抗拉强度 T/MPa	破裂方位
1	15.2	518.8	18.4	11.2	16.0	17.6	11.2	13.0	2.4	N81.6°E

最大水平主应力与垂直应力比值 σ_H/σ_v 反映了两者之间的应力差异，在 W1 钻孔处此比值为 1.35，表明该区域地应力以水平应力为主导，与垂直应力差异不大。按照水压致裂应力测量的基本原理，水压致裂所产生的破裂面的走向就是最大水平主应力的方向。为确定该孔的主应力方向，根据对压裂测试曲线的全面分析，选定钻孔测段进行印模、定向，测量结果见图 4。由图 4 可见该测段的破裂形态均为直立的裂缝，计算求得破裂面的方向为 N81.6°E。

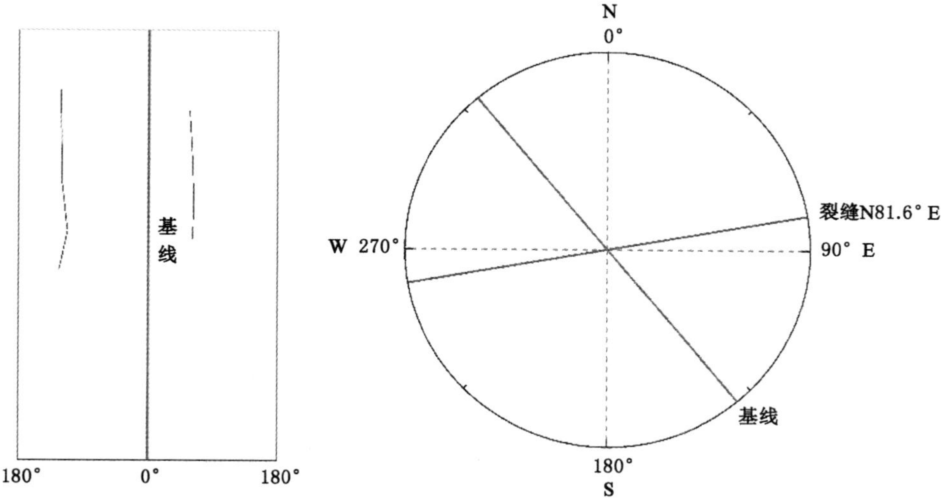

图 4　W1 钻孔测段印模结果

W2、W3 钻孔位于 113203 回风巷，具体测点位置如图 5 所示。设计顶板钻孔深度为 20 m。钻孔完成后，最终选定距离巷道顶板分别 14.8 m、13.6 m 位置进行压裂。

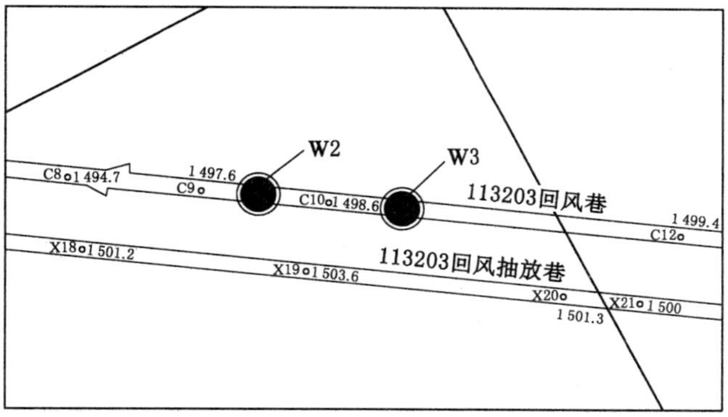

图 5　W2、W3 钻孔位置图

W2、W3 钻孔压力记录曲线如图 6、图 7 所示。由图可知，压力曲线较为标准，破裂压力峰值较为确切，各个循环重复压裂的规律较强，压力段选取较为适当，破裂面较为均匀，可以较为确切地确定出该测段的应力大小及方向。

根据监测数据计算和分析，确定了 W2、W3 钻孔测段的初始破裂压力 P_b、二次张裂压力 P_r、闭合压力 P_s 及岩体的抗拉强度 T，根据相关公式，得到最大水平主应力 σ_H、最小水平主应力 σ_h、垂直应力 σ_v，具体见表 3。

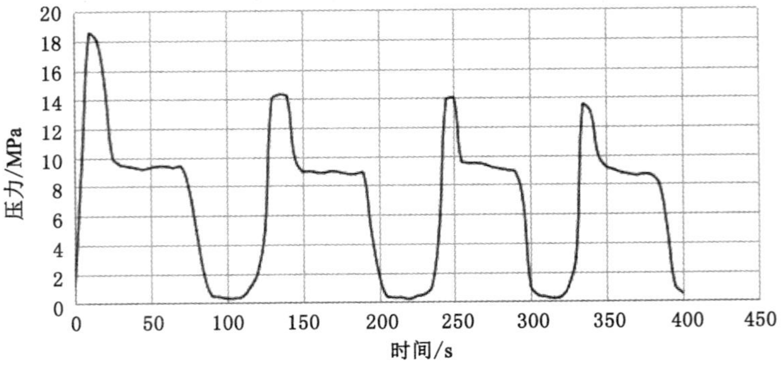

图 6　W2 钻孔压力记录曲线

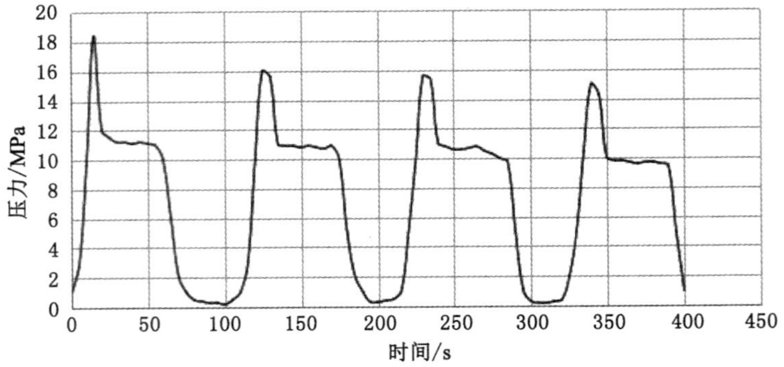

图 7　W3 钻孔压力记录曲线

表 3　W2、W3 孔水力压裂地应力测试结果

序号	压裂点 /m	测点埋深 /m	初始破裂压力 P_b/MPa	关闭压力 P_s/MPa	重张压力 P_r/MPa	最大水平主应力 σ_H/MPa	最小水平主应力 σ_h/MPa	垂直应力 σ_v/MPa	抗拉强度 T/MPa	破裂方位
1	14.8	418.2	17.8	9.2	13.9	13.7	9.2	10.5	3.9	/
2	13.6	422.4	18.5	9.4	14.3	13.9	9.4	10.6	4.2	N85.7°E

W2、W3 钻孔的最大水平主应力与垂直应力比值 σ_H/σ_v 分别为 1.31、1.32，表明该区域地应力以水平应力为主导，与垂直应力差异不大。按照水压致裂应力测量的基本原理，水压致裂所产生的破裂面的走向就是最大水平主应力的方向。为确定该孔的主应力方向，根据对压裂测试曲线的全面分析，选定钻孔测段进行印模、定向，发现该测段的破裂形态为直立裂缝与弯曲裂缝结合形态，计算求得该破裂面的方向为 N85.7°E。

2.3　微震监测

井下检波器布置在 113203 运输巷与 113203 回风巷内侧，分别与 32# 煤层 113203 运输巷和 113203 回风巷水平段处于同一层位。按照工作面推进进度分阶段布置检波器，每个阶段布置 8 个，每个巷道各 4 个，分两个采集点，分别命名为 S1、S2、S3、S4、S5、S6、S7、S8；S1、S2、S3、S4 布置在 113203 运输巷，为采集点 Y-CJ；S5、S6、S7、S8 布置在 113203 回风巷，为采集点 H-CJ；各采集点的检波器之间的距离为 50 m，共 200 m，具体安装如图 8 所示。工作面每推进 300 m，监测同时进入下个阶段，检波器整体往前水平移动 300 m 布置。

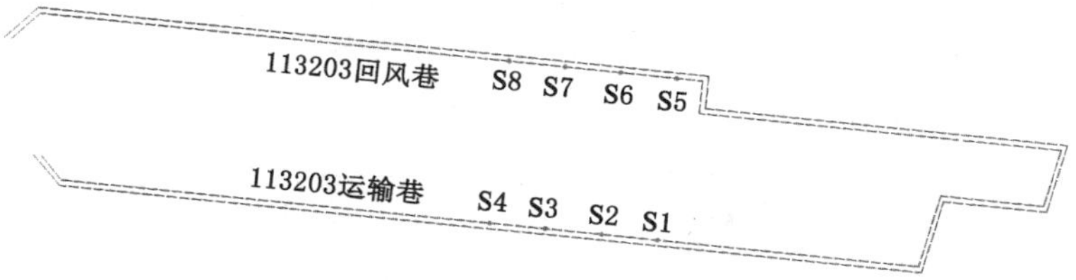

图 8　井下微震测点布置图

检波器通过螺纹连接固定在锚杆上[图 9(a)]。锚杆要求为 $\phi22$ mm 细丝螺纹锚杆。检波器通过 RVVP 屏蔽信号电线和矿用本安电路用接线盒 JHH-4[图 9(b)]连接，然后连接到采集分站[图 10(a)]，采集分站与传输分站[图 10(b)]相连接，然后连接到井下的局域网上，最后通过网线将数据导出到地表数据采集端，具体设备如图 10 所示。其中采集分站电源[图 10(c)]与井下电源连接为采集分站提供电力支持，传输分站电源[图 10(d)]与井下电源连接为传输分站提供电力支持。其中，传输分站需要安装在环网基站附近，使用 6 类网线传输，需要更改协调 3 个 IP(需对接)，保证设备属一个网段。

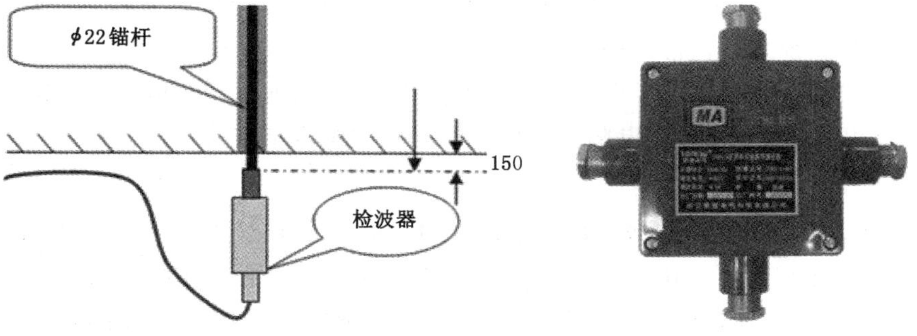

(a) 检波器安装示意图　　(b) 接线盒

图 9　检波器安装示意图及接线盒实物图

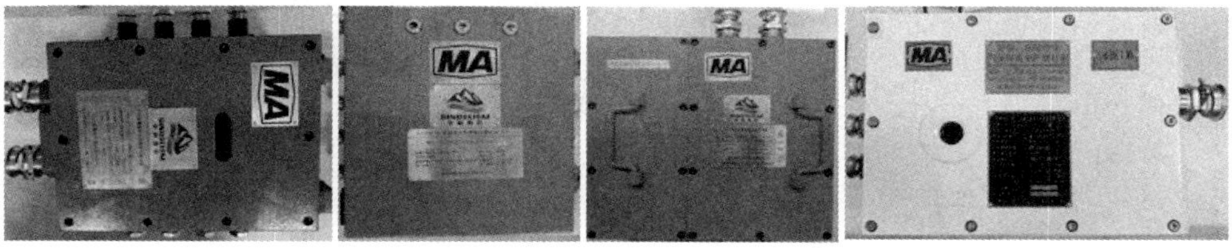

(a) 采集分站　　(b) 传输分站　　(c) 采集分站电源　　(d) 传输分站电源

图 10　采集分站、传输分站、采集分站电源、传输分站电源

各检波器安装结束后，需分别连接到接线盒再连接到采集分站，实现实时监测，通过地面数据反映可实时了解井下微震事件及定位。各检波器之间通过矿用带屏蔽层通信电线(具备矿用产品安全标志证书)连接完成同步授时。具体微震监测系统安装示意图如图 11 所示。

考察井下巷道实际情况，选择适合安装检波器的位置。检波器安装应避免围岩松动和淋水地段，还应尽量避免频繁的井下作业扰动。测点以及接收站应避免布置在强干扰源、强磁场及金属干扰物分布地域。测点周围应设置相关的标识以及围栏，避免周围其他活动的影响，造成监测误差。

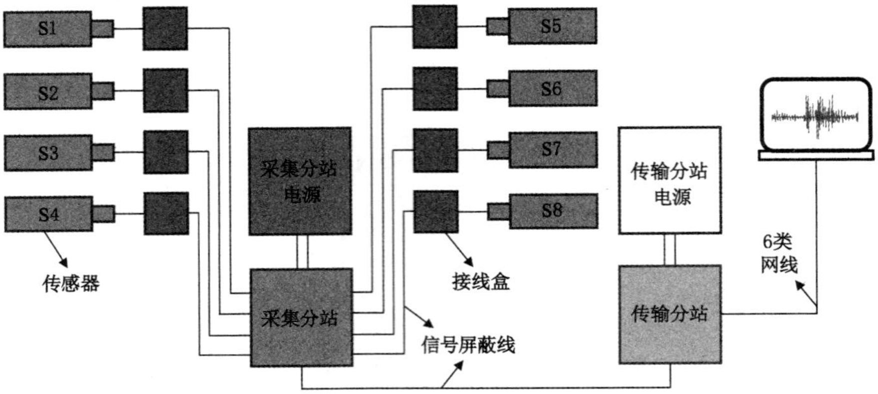

图 11 微震监测系统安装示意图

根据设计方案，铺设检波器到微震采集仪之间的 RVVP 屏蔽信号电线，电线敷设过程中不可强力拖拽，以免破坏电线。另外，电线敷设时在线路上应尽量避免大功率的电气设备，以减少干扰。铺设线路时，不能余量过多出现盘线的情况，以免产生线路干扰。线路尽可能地挂在远离高压电缆的电缆钩上。微震系统连接完成后，测量各检波器坐标，对其进行供电调试，并对井下系统进行连通后的调试，查看系统是否正常运行。

系统正常运行后，应先根据矿上具体情况测出相应波速，如采用爆破方法测定波速。将波速设定完成后，正式开始微震监测，在电脑端上可实时监测到微震事件及定位。

2.4 数据分析

工作面正常进行回采，截至 2024 年 2 月 5 日，113203 采面共计推进 255 m，施工强制切顶 10 个循环，平均每推进 23 m 施工一次。根据现场对液压支架的工作阻力观测及记录，113203 采面随着推进度的增加及强制放顶眼的施工，采面压力呈现周期性规律性变化，最近 3 次强制切顶后的矿压数据与推进度关系如图 12、图 13、图 14 所示。

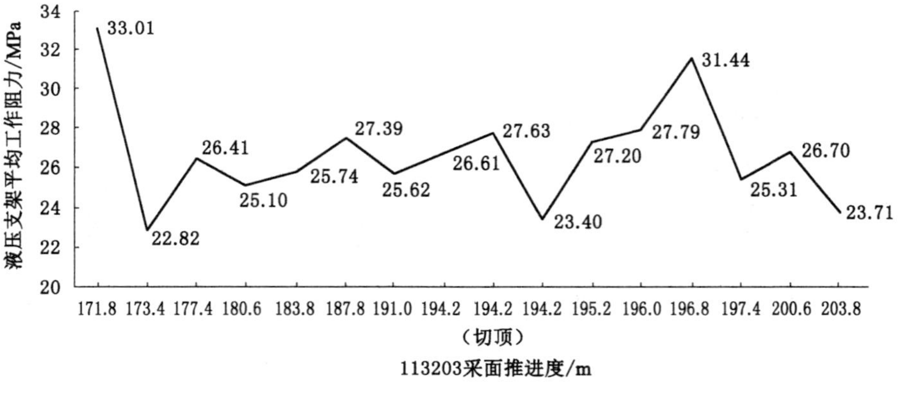

图 12 113203 采面第八循环强制切顶矿压数据与推进度关系

通过矿压在线监测数据(图 15)可以清晰看出，工作面在施工强制切顶后，采面压力呈明显下降后再次随着推进度的增加而增大，每循环推进度达到 20.8～26.4 m 时，采面支架工作阻力峰值均在 30 MPa 以上，每循环平均推进值约为 23 m。所以 113203 采面在推进过程中，每隔 23 m 采取一次强制放顶措施，能显著减小采面矿压显现。

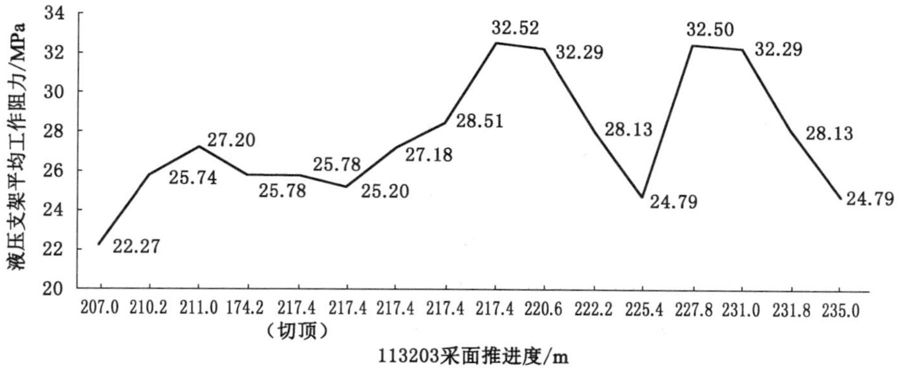

图 13　113203 采面第九循环强制切顶矿压数据与推进度关系

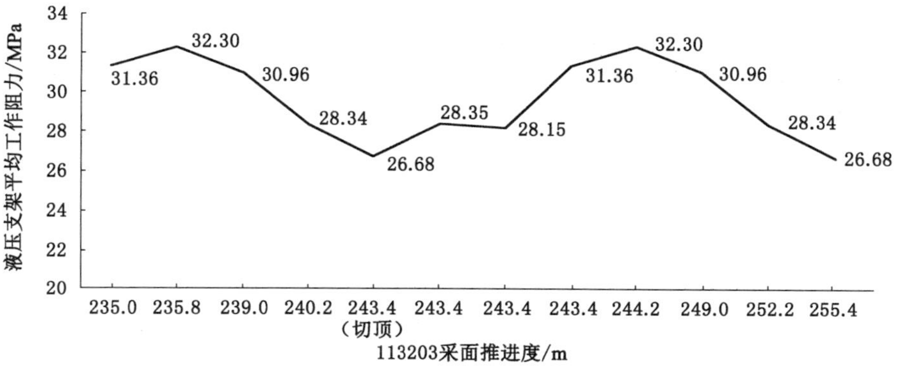

图 14　113203 采面第十循环强制切顶矿压数据与推进度关系

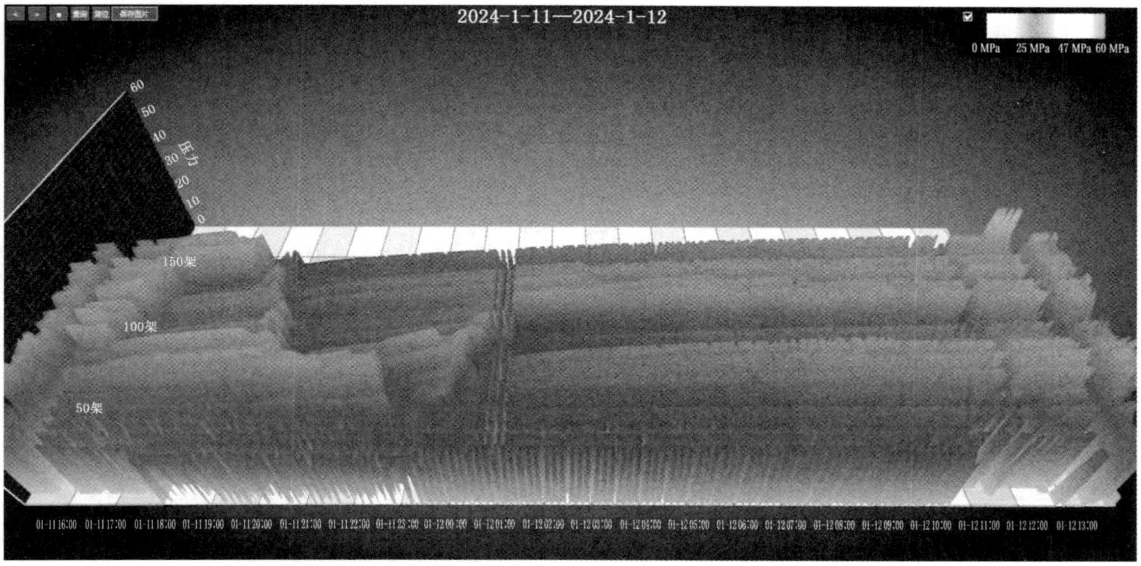

图 15　113203 采面矿压在线监测数据图

3 结论

通过本次监测数据分析，得到如下结果：

(1) 113203 运输巷附近的最大水平主应力值为 17.6 MPa，最小水平主应力值为 11.2 MPa，垂直地应力为 13.0 MPa。平均最大水平主应力方向为 N81.6°E。

(2) 113203 回风巷附近的最大水平主应力值为 13.7～13.9 MPa，最小水平主应力值为 9.2～9.4 MPa，垂直地应力为 10.5～10.6 MPa。平均最大水平主应力方向为 N85.7°E。

(3) 各测点最大水平主应力方向(即破裂方位)有近似性，变化范围为 N81.6°E～N85.7°E。

(4) 综合 3 个测孔测试结果，该煤矿测试点区域的最大水平主应力为 13.7～17.6 MPa，平均为 15.0 MPa；最小水平主应力为 9.2～11.2 MPa，平均为 9.9 MPa；垂直地应力为 10.5～13.0 MPa，平均为 11.3 MPa。

(5) 该矿主应力的大小分布规律均为 $\sigma_H > \sigma_v > \sigma_h$，最大水平主应力与垂直应力比值 σ_H/σ_v 介于 1.31～1.35，表明该区域地应力以水平应力为主导，符合地壳表层地应力分布以水平主应力为主导的普遍规律。与整个贵州矿区的构造应力场比较，松河煤矿属于中等应力区。

(6) 根据现有的矿压在线监测数据显示分析，矿压在线监测系统各项数值的最大值与平均值相差不大，变化趋势明显。通过对 113203 采面回采期间矿压在线监测系统数据分析，上下巷矿山超前压力显现距离为 150 m 左右，采面上下出口 150 m 以内的在线监测系统传感器数值在采面周期来压期间波动比较频繁。在回采过程中，施工强制切顶能够防止采面压力过大并有效降低采面危险性。

(7) 实施切顶技术后，113203 工作面相比 123201 工作面及 113203 运输巷巷道百米回采用时分别节约 81 d、33 d，回采工效得到大幅度提升，最大缩短吨煤用时 72.97%。

(8) 在 113203 运输抽放巷采用矿压监测及机械造穴瓦斯治理工艺为煤层吸附瓦斯提供释放空间，降低瓦斯压力、矿山压力，掘进期间回风流瓦斯含量最高不超过 0.36%，工作面瓦斯含量不超过 0.23%，掘进过程中实现瓦斯零超限和零异常，为矿井安全生产提供了保障。

(9) 从掘进工效、矿山压力与监测、瓦斯抽采浓度、回风流瓦斯浓度等多方面比较，证明了机械造穴瓦斯治理技术针对高封盖指数、低透气性系数、高瓦斯浓度、高压力、难抽采单一煤层瓦斯治理有重大意义。

参考文献

[1] 曹树刚，勾攀峰，樊克恭. 采煤学[M]. 北京：煤炭工业出版社，2017.

[2] 董方庭，郭志宏. 巷道围岩松动圈支护理论[C]//世纪之交软岩工程技术现状与展望. [出版地不详：出版者不详]，1999：62-70.

[3] 胡毅夫，王学杰，岳志平. 破碎围岩加固后岩石位移特征[J]. 中南工业大学学报(自然科学版)，2003，34(3)：311-314.

[4] 刘峰，高路. 煤柱锚杆加固机理与煤柱强度影响因素分析研究[J]. 煤，2008，17(9)：66-68.

高海拔急倾斜厚煤层错层位综放开采关键技术研究

甘江宁，施贵年，孔祥俊

（青海省能源发展（集团）有限责任公司，青海 西宁 810008）

摘 要 我国是以煤炭为主要能源的国家，煤炭资源的可持续发展对我国经济的发展和能源安全至关重要。为了保障煤炭资源的可持续发展，研究复杂难采煤层的开采技术很有必要。本文在分析目前复杂难采煤层开采现状及存在问题的基础上，以青海能源鱼卡有限责任公司一井田为例，分析了高海拔急倾斜厚煤层错层位综放开采关键技术研究方法，提出了错层位负煤柱重叠布置巷道的方法优化工艺，研究综放工作面采放比对顶煤采出率及矿压显现的影响规律，可适当调整综放工作面采放比并进行技术论证。

关键词 高海拔；急倾斜；厚煤层；错层位综放开采

0 引言

青海能源鱼卡有限责任公司目前主采的是1372工作面$M_{7中}$煤层、$M_{7下}$煤层。$M_{7中}$煤层层位较稳定，煤层厚度为7～15 m，煤层倾角为41°～56°；$M_{7下}$煤层厚度为3.8～14 m，煤层倾角为38°～43°。$M_{7下}$距$M_{7中}$煤层2～3 m，直接顶及基本顶均以泥岩为主，平均回采煤层厚度为15 m。该矿原设计采用综合机械化放顶煤长壁工作面开采。

1 主要研究内容

（1）急倾斜厚煤层条件下综放工作面采放比研究。

以鱼卡矿区煤层赋存条件及煤质条件为研究对象，通过生产现场实际情况及各项试验数据论证，研究综放工作面采放比对顶煤采出率及矿压显现的影响规律，可适当调整综放工作面采放比并进行技术论证。

（2）急倾斜巨厚煤层错层位负煤柱综放开采关键技术研究。

急倾斜巨厚煤层错层位负煤柱综放开采关键技术研究主要包括回采巷道布置方式研究、错层位负煤柱综放开采三段式回采工艺及参数研究、错层位负煤柱综放开采巷道及工作面矿压监测设计研究，揭示动压影响下急倾斜巨厚煤层错层位负煤柱综放开采矿压显现规律。

（3）急倾斜巨厚煤层动压巷道恒阻让压注浆支护技术研究。

分析目前矿井在传统支护情况下巷道围岩的变形情况，在对工程地质条件充分研究的基础上，结合恒阻锚索及注浆锚索的结构特征和力学特性分析，研究其在此种顶板条件下的支护机理，提出急倾斜巨厚煤层动压巷道恒阻让压注浆支护技术。

2 现阶段鱼卡矿区巨厚煤层开采难点

目前针对鱼卡矿区巨厚煤层开采，主要采用留设大煤柱的开采形式，按照平均回采煤层厚度15 m计算，30 m保护煤柱每千米浪费煤炭资源63万t，造成了大量煤炭资源的损失，亟须改进巷道布设方式，提高工作面煤炭回采率。

受采动应力的叠加影响，工作面回采之前巷道出现大变形，同时，本工作面回采会对相邻巷道产生影响，造成相邻巷道产生大变形破坏。目前所采用的锚网索、U型棚等支护形式劳动强度大，支护费用高，并且无法对巷道围岩进行有效的控制，致使巷道无法正常使用，多次扩巷翻修严重影响了矿井的正常生产。上述难题造成巷道支护成本居高不下，同时反复修复巷道造成掘进工作量增加，使矿井生产接续紧张。

另外，煤层倾角大同样会带来设备的稳定性问题。鉴于鱼卡矿区传统的留设大煤柱回采方式不能满足节约化资源开采的要求及传统支护手段难以控制鱼卡矿区巷道大变形的技术难题，考虑从新技术及新材料等角度入手，采取科学合理的巷道布设方式及开采形式，进行合理的巷道支护设计，提高巷道支护的有效性和可靠性，进而解决巷道围岩稳定性控制难题，达到高效回采，降低综合成本的目标。

3 高海拔急倾斜煤层采煤方法的分析

3.1 工作面采放比分析

从图1可以看出，随着采放比的逐渐减小，工作面的整体回采率逐渐降低：当采放比为1∶6时，回采率为88.37%；当采放比为1∶8时，回采率为87.35%；当采放比减小到1∶10时，回采率减小为86.44%。

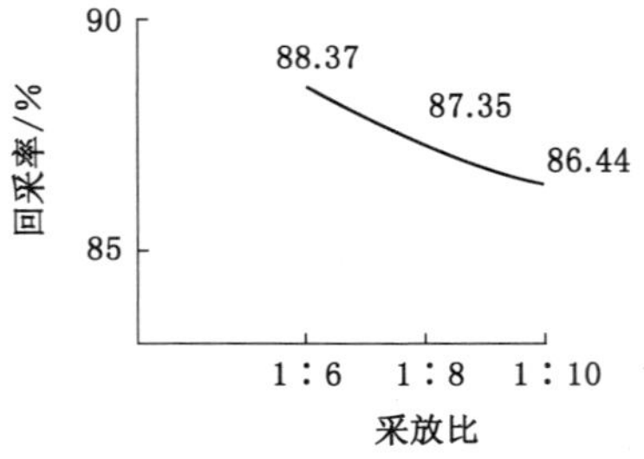

图1 1372工作面不同采放比下回采率图

3.2 错层位开采技术分析

错层位巷道布置方式包括内错式、外错式，如图2所示。

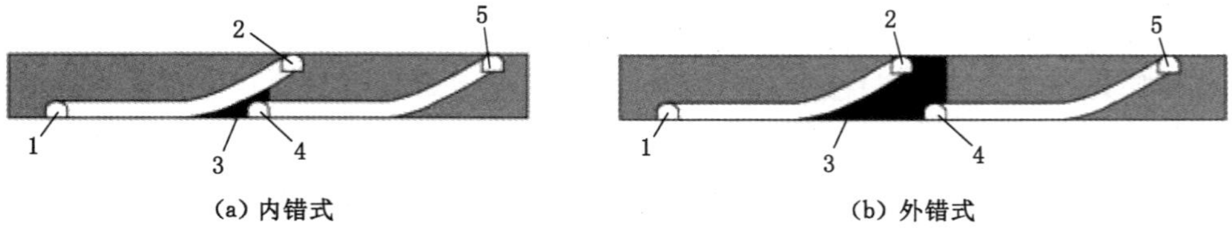

1—区段运输巷；2—区段回风巷；3—丢失三角煤柱；4—下区段运输巷；5—下区段回风巷。

图2 错层位巷道立体化布置方式

图 2(a)所示的内错式巷道布置方式把接续面巷道布置在采空区下方低应力区，易掘进和维护，可减少端头煤损和煤柱损失，实现真正无煤柱开采的优势；对于倾斜煤层，还可缓解工作面设备下滑；同时，接续面巷道不易积聚能量，对防治冲击地压具有明显的作用。但是该方式也存在一些缺点：成巷速度慢，需要上区段回采结束覆岩稳定后才能开掘下区段巷道；为了避免漏矸和采空区漏风，要求工作面采用三段式回采工艺，尤其是铺网工艺段和网下回采工艺段；巷道采用架棚等被动支护，劳动强度较大，为防止下区段顶板垮落，上区段回采时需提前铺设金属网作业，影响正常的采煤作业时间。

图 2(b)所示为错层位外错式巷道布置，此方式允许相邻区段间留设一定宽度煤柱，接续面巷道不必在采空区下掘进，因此不仅在首采面开采过程中省去了内错式起坡过程中的铺网工艺步骤，而且有利于接续面巷道进行锚网索支护等主动支护方式，提高掘进速率。此外，外错式巷道布置有利于减少采空区漏风，保证接续面巷道内的新鲜风流。该方式的不足之处为遗留三角煤柱较大。

3.3 动压巷道支护技术分析

在恒阻大变形材料防冲控制理念的指导下，受“以柔克刚、刚柔并济”哲学思想的启迪，中国矿业大学(北京)深部岩土力学与地下工程国家重点实验室的何满潮院士首次在岩石力学领域 10^{-2}～10 m 的宏观尺度上提出了负泊松比结构的概念与力学行为的科学问题，研发了具有负泊松比效应的 NPR 锚杆，并将其应用于深部动力灾害与滑坡的控制、监测与预测。该锚杆在实现大变形和大伸长量的前提下，可最大限度地吸收围岩变形能并保持阻值基本稳定。该新型支护材料主要由螺母、托盘、恒阻套管和杆体组成。其中，恒阻套管和杆体共同组成 NPR 锚杆的恒阻装置，恒阻套管尾部套装有螺母和托盘，螺母和恒阻装置通过螺纹连接。当深部围岩发生蠕变或者大变形冲击时，依据冲击能量的不同，NPR 锚杆恒阻装置可自动调节并产生滑移变形来抵御岩体变形并保持支护力恒定。因此，恒阻锚杆可依靠恒阻体的摩擦滑移变形，在吸收围岩大变形冲击能量的同时保持恒定支护阻力，进而确保巷道的稳定。

煤巷工程开挖后，破坏了原有岩体的稳定。一方面，基于应力重构，岩体自身的力学属性承受不了而出现应力集中，产生拉力区或塑性区；另一方面，由于施工引起围岩松动，加之地质构造影响，从而降低了围岩稳定程度。因此，类似于传统预应力锚杆施工工艺，在深部岩体未变形破坏前，根据支护设计要求，在 NPR 锚杆安装时添加树脂或水泥砂浆锚固剂锚固。

NPR 锚杆具体支护原理如图 3 所示。

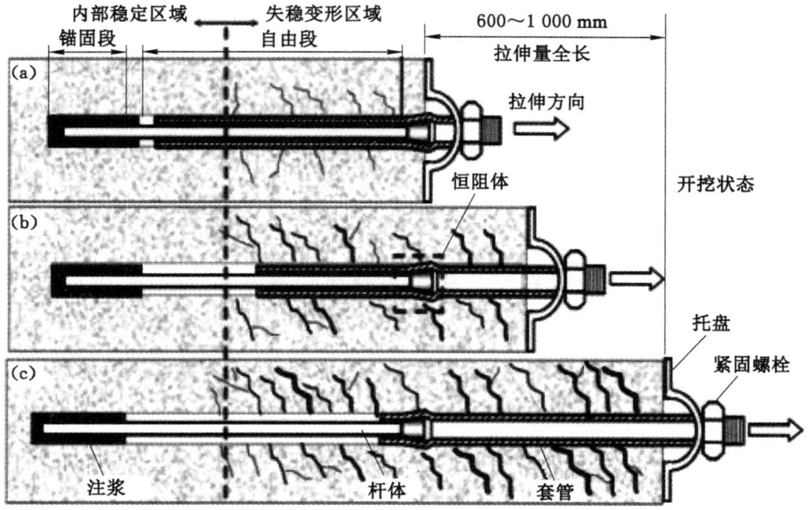

图 3 NPR 锚杆工作原理

3.4 错层位巷道布置分析

错层位巷道布置下综合机械化开采即首采工作面区段运输巷(进风巷)沿煤层顶板布置,回风巷沿煤层底板布置;接续工作面区段进风巷沿上一采空区下方布置,或者可以保留一定宽度的煤柱。在错层位巷道布置系统下的厚煤层放顶煤开采将上分层铺网工艺段、中部放顶煤工艺段、下分层网下工艺段集成于一个工作面,这 3 种工艺用在采煤工作面的不同位置,形成工作面的三段式回采工艺。

与传统放顶煤开采相比错层位巷道布置具有以下优点:

(1) 回采率高。可提高回采率 20%以上。

(2) 有利于巷道掘进与维护。区段运输平巷沿煤层顶板布置,并可根据实际情况采用锚网支护,既可以节约成本还有利于巷道维护;区段回风平巷沿上一工作面采空区下方布置,所受应力仅来自已垮落岩石及一部分煤皮,其所受应力比传统放顶煤区段回风平巷所受应力要小。

(3) 有利于保证工作面设备的稳定性。《煤矿安全规程》对倾角方面的规定有:使用滚筒式采煤机采煤时,工作面倾角在 15°以上时,必须有可靠的防滑装置;工作面倾角在 12°以上时,配套的刮板输送机必须装设防滑、锚固装置。采用综合机械化采煤时,倾角大于 15°时,液压支架必须采取防倒、防滑措施。该煤层平均倾角为 30°,因此对于设备的稳定性要求较高,采用传统的长壁工作面开采均会存在问题。但是,由于采用错层位巷道布置,区段运输平巷沿煤层顶板布置,与沿煤层底板布置工作面段可以通过近似水平的部分连接,此段可以对上部的倾斜段提供一个侧向的支撑力,从而有利于保证工作面设备的稳定性(图 4)。

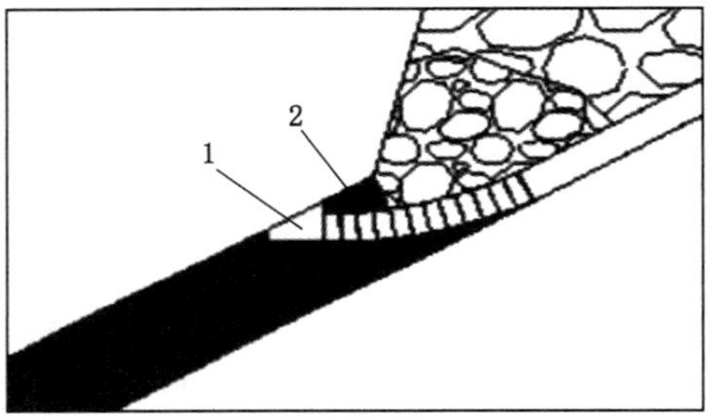

1—区段运输平巷;2—区段运输平巷侧煤柱留设形状。

图 4 区段运输平巷侧煤柱形状示意图

3.5 急倾斜综放开采工作面覆岩运动及巷道变形分析

在大倾角煤层走向长壁开采过程中,工作面直接顶的垮落和基本顶的周期来压在工作面倾斜方向的上、中、下部不同步,实验与现场实测表明:在一般情况下,工作面倾斜方向的中上部先垮落或先周期来压,倾斜方向下部滞后于上部;倾斜方向上方的顶煤或直接顶垮落后,会沿工作面倾斜方向滚(滑)动,最后堆积于工作面下部;工作面顶煤或顶板的运移不对称,在工作面倾斜方向中上方较大,下方较小;工作面倾斜岩层的破坏方式在上部表现为拉剪破坏,在下部表现为压剪破坏。

上覆岩层的运移是一个空间问题,包括上覆岩层垂直于层面的弯曲下沉、破断、回转,还包括沿工作面倾斜方向和垂直于工作面倾斜方向的运移;在破断之前主要表现为弯曲下沉,在破断之后主要表现为沿工作面倾斜方向的滚(滑)动。

大倾角煤层走向长壁工作面开采具有初次来压和周期来压现象,初次来压和周期来压强度(显现程度)取决于顶板岩层中主承载结构的岩性、厚度(组合厚度)、上覆岩层荷载、结构极限稳定跨距以及主承载结构形成的层位(距煤层的距离)等。与缓倾斜煤层开采时相比,在顶板条件相同时,大倾角煤层基本顶来压的步距较大,持续时间较长,但来压强度较同样岩性及生产技术条件下的缓倾斜煤层要小。

4 结论

(1) 以鱼卡矿区 M_7煤层 1372 工作面前段为研究段进行采放比研究发现,鱼卡矿区 M_7煤层随着采放比的逐渐减小,工作面的整体回采率逐渐降低:当采放比为 1∶6 时,回采率为 88.37%;当采放比为 1∶8 时,回采率为 87.35%;当采放比为 1∶10 时,回采率为 86.44%。根据理论分析及 PFC 数值模拟研究,综合考虑煤层采出率、设备成本、通风、行人等因素,确定了该工作面合理的放煤步距和采放比,对厚煤层综放开采,采用放煤步距 0.8 m,即一刀一放,采放比为 1∶8 时,顶煤回收率较高,且节约工时,煤体受阻较小、容易放出,综合经济技术效果较好,既保证了工作面煤炭采出率,又有利于改善工作面工作环境,同时满足相关规范要求。

(2) 对高海拔急倾斜厚煤层进行错层位开采设计,通过理论分析及数值模拟研究发现,错层位重叠布置巷道方式下的巷道围岩位移变化量及应力集中范围明显减小,同时巷道顶部围岩的变形集中于巷道左上部,底部围岩的变形多集中于巷道底部中间正下方,错层位负煤柱重叠布置巷道的方案最优;采用错层位负煤柱内错式巷道布置方式时,对采煤工作面下平巷顶板进行切顶处理,切顶后下巷道围岩的位移量降低,同时下巷道顶部围岩的最大垂直应力对比未切顶时的降低,对错层位内错式巷道布置进行切顶卸压效果明显,可有效降低相邻工作面上平巷围岩变形破坏,改善相邻工作面上平巷受力环境,减少巷道返修。

(3) 针对动压影响巷道及该巷道受力的非对称性,提出恒阻注浆支护技术,在结合 NPR 锚杆和注浆锚杆索支护下,减少锚索使用,同时 NPR 锚杆有效地进行让压支护,保证了巷道支护强度,同时减少了巷道反复维修。

参考文献

[1] 范新民.提高近水平厚煤层综放回采率的技术研究[J].太原理工大学学报,2010,41(6):756-758.

[2] 刘德民,康守昌.错层位巷道布置系统在放顶煤工作面开采中的应用[J].中州煤炭,2003(2):8-9.

[3] 马学京,赵景礼,常云博,等.应用错层位巷道布置提高综放初采回收率的研究[J].煤炭工程,2009(9):94-96.

[4] 王志强,陈超凡,王磊,等.倾斜煤层防水煤岩柱尺寸留设的技术优化研究[J].采矿与安全工程学报,2013,30(5):735-738.

[5] 闫玉彪,柳慧鹏.错层位放顶煤方法老顶垮落方式分析[J].煤炭工程,2004(7):37-38.

[6] 杨茂林.西山厚煤层合理采煤方法的探讨[J].煤,2004,13(2):1-3.

[7] 赵景礼.厚煤层错层位巷道布置采全厚采煤法的研究[J].煤炭学报,2004,29(2):142-145.

[8] 赵景礼,王树岗,陈光升,等.缓倾斜厚煤层全高开采新方法[J].矿山压力与顶板管理,2003(增刊3):25-27.